城市管道施工技术问答

（上册）

陈振木　张润峰　李　广　编著
张崇馥　吴继东　杨俊秋　校审

中国建筑工业出版社

图书在版编目（CIP）数据

城市管道施工技术问答/陈振木，张润峰，李广编著. —北京：
中国建筑工业出版社，2015.10
ISBN 978-7-112-17329-7

Ⅰ.①城…　Ⅱ.①陈…②张…③李…　Ⅲ.①市政工程-管
道施工-问题解答　Ⅳ.①TU990.3-44

中国版本图书馆 CIP 数据核字（2014）第 226818 号

责任编辑：李玲洁　王　磊　田启铭
责任设计：李志立
责任校对：姜小莲　刘　钰

城市管道施工技术问答

陈振木　张润峰　李　广　编著
张崇馥　吴继东　杨俊秋　校审

＊

中国建筑工业出版社出版、发行（北京西郊百万庄）
各地新华书店、建筑书店经销
北京红光制版公司制版
环球印刷（北京）有限公司印刷

＊

开本：787×1092毫米　1/16　印张：106　字数：3002千字
2015年5月第一版　2015年5月第一次印刷
定价：**238.00**元（上、下册）
<u>ISBN 978-7-112-17329-7</u>
（26102）

编者的话

我们在多年市政工程施工实践中，有时感觉到施工现场的管理人员（工长）及中、小型施工队干部对施工中遇到的某些技术和管理上的问题，在概念和处理方法上较为含糊，他们十分需要对施工中出现的问题作出简明准确的解答。在中国建筑工业出版社有关领导安排下，我们承担了编写这本《城市管道工程施工技术问答》的任务。

全书分8章：1. 基础知识、2. 排水管道、3. 给水管道、4. 供热管道、5. 燃气管道、6. 通信管道、7. 电力管道、8. 综合管沟，约2000余题。编写时依据有关施工规范、规程、操作工艺，并参考了众多有关技术书籍、杂志、资料和历年的工作札记。同时将新技术内容及发展过程尽量贯穿于问答之中，以便使年轻的同行们能以较少的时间获取较多的知识量，为在管道施工实践中夯实基础。

本文的大部分内容对于具有初中文化程度和具有一定施工经验的施工人员都能看懂。与城市管道施工相关的学科较多，对其基本知识，本书以浅显的名词解释引入相应的问答中，并针对某些内容（概念）从不同角度（措辞）予以反复阐述，以便读者加深理解，扩大视野；对有些形似而意异的问题，本文力求以较明晰的形式满足不同读者的要求。

文中编入安全等方面的问答，希望能使安全、环保、卫生等意识欠缺的施工人员，对自己及周围人员的生命健康引起足够重视。历来时有（个别）发生自来水或燃气等管道被挖断而造成生命财产重大损失的事故，所以安全施工是管道施工人员必须遵守的最基本准则之一。本书在文明施工方面列入了部分北京文明规范的内容，以利于提升施工队伍的整体素质，并提高了维护自身合法权益和遵守法规的自觉性。

鉴于我们水平有限，不妥之处敬请读者及专家指正。

对编写工作给予指导关心的博士生导师任福田教授、教授级高工上官斯煜和康智以及资深市政工程施工管理专家张崇馥、李君英、王静等表示感谢。对《市政技术》、《中国市政》等有关作者和领导表示感谢。在编写过程中曾得到王维安、王健、王丹萍、陈莉、左燕生、陈思璇、左秩彬等的支持和协助，在此一并致谢。

陈振木

目 录

（上册）

第1章

城市管道工程施工的基础知识

1.1　城市管道工程施工的相关常识

1-1-1　路面受行车作用有哪几种力？

答：行车对路面的作用有三种：

1）车辆荷载作用于路面的垂直压力（静止单位垂直压力约为 0.4～0.7MPa）。

2）由于车辆的制动、加速、转向等形成的水平力。在上坡和加速时，汽车对路面有向后的水平力；在下坡制动和减速时，有向前的水平力；在弯道上行驶，汽车对路面产生向弯道外侧的水平力。

3）由于路面高低不平、汽车的振动而形成的冲击力和振动力。

1-1-2　地面车辆荷载对管道作用标准值的计算方法是怎样的？

答：1）地面车辆荷载对管道上的作用，包括地面行驶的各种车辆，其载重等级、规格型式应根据地面运行要求确定。

2）地面车辆荷载传递到埋地管道顶部的竖向压力标准值，可按下列方法确定：

（1）单个轮压传递到管道顶部的竖向压力标准值可按下式计算 [图 1-1-2 (1)]：

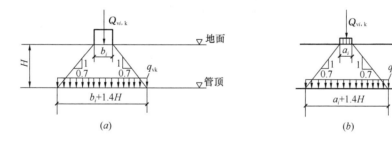

图 1-1-2 (1)　单个轮压的传递分布图

(a) 顺轮胎着地宽度的分布；(b) 顺轮胎着地长度的分布

$$q_{vk} = \frac{\mu_d Q_{vi,k}}{(a_i + 1.4H)(b_i + 1.4H)}$$

式中　q_{vk}——轮压传递到管顶处的竖向压力标准值（kN/m²）；

　　　$Q_{vi,k}$——车辆的 i 个车轮承担的单个轮压标准值（kN）；

　　　a_i——i 个车轮的着地分布长度（m）；

　　　b_i——i 个车轮的着地分布宽度（m）；

　　　H——自车行地面至管顶的深度（m）；

　　　μ_d——动力系数，可按表 1-1-2 采用。

地面在管顶（m）	0.25	0.30	0.40	0.50	0.60	≥0.70
动力系数 μ_d	1.30	1.25	1.20	1.15	1.05	1.00

（2）两个以上单排轮压综合影响传递到管道顶部的竖向压力标准值，可按下式计算[图 1-1-2（2）]：

$$q_{vk} = \frac{\mu_d n Q_{vi,k}}{(a_i + 1.4H)(nb_i + \sum\limits_{j=1}^{n-1} d_{bj} + 1.4H)}$$

式中　　n——车轮的总数量；

d_{bj}——沿车轮着地分布宽度方向，相邻两个车轮间的净距（m）。

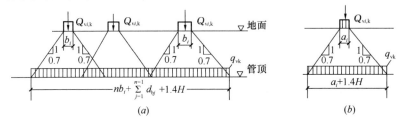

（a）　　　　　　　　　　　（b）

图 1-1-2（2）　两个以上单排轮压综合影响的传递分布图

（a）顺轮胎着地宽度的分布；（b）顺轮胎着地长度的分布

（3）多排轮压综合影响传递到管道顶部的竖向压力标准值，可按下式计算：

$$q_{vk} = \frac{\mu_d \sum\limits_{i=1}^{n} Q_{vi,k}}{(\sum\limits_{i=1}^{m_a} a_i + \sum\limits_{j=1}^{m_a-1} d_{aj} + 1.4H)(\sum\limits_{i=1}^{m_b} b_i + \sum\limits_{j=1}^{m_b-1} d_{bj} + 1.4H)}$$

式中　　m_a——沿车轮着地分布宽度方向的车轮排数；

m_b——沿车轮着地分布长度方向的车轮排数；

d_{aj}——沿车轮着地分布长度方向，相邻两个车轮间的净距（m）。

3）当刚性管道为整体式结构时，地面车辆荷载的影响应考虑结构的整体作用，此时作用在管道上的竖向压力标准值可按下式计算（图 1-1-2（3））：

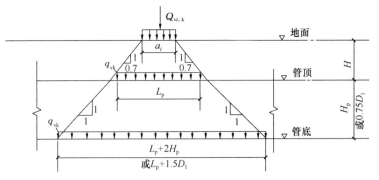

图 1-1-2（3）　考虑结构整体作用时
车辆荷载的竖向压力传递分布

$$q_{ve,k} = q_{vk} \frac{L_p}{L_c}$$

式中　　$q_{ve,k}$——考虑管道整体作用时管道上的竖向压力（kN/m²）；

L_p——轮压传递到管顶处沿管道纵向的影响长度（m）；

L_e——管道纵向承受轮压影响的有效长度（m），对圆形管道可取 $L_e = L_e + 1.5D_1$；对矩形管道可取 $L_e = L_P + 2H_p$，H_p 为管道高度（m）。

4）当地面设有刚性混凝土路面时，一般可不计地面车辆轮压对下部埋设管道的影响，但应计算路基施工时运料车辆和辗压机械的轮压作用影响。

1-1-3　何谓地基容许承载力？其计算方法是怎样的？

答：地基容许承载力就是满足土的强度条件和变形要求时的地基单位面积上所能承受荷载的能力。确定地基土的容许承载力数值是以保证建筑物的沉降量不超过容许值和保证地基稳定即不发生剪切破坏为原则。

它是地基基础设计的基本指标，用符号 $[f_a]$ 表示，它不是个常数，随各种情况而变化。地基容许承载力 $[f_a]$ 的确定与土的种类、基础的宽度和埋置深度、建筑物的结构型式、使用要求、荷载和埋质和大小等等一系列因素有关。确定基本容许承载力 $[f_{a0}]$ 的方法有现场荷载法、理论公式法、《公路桥涵地基与基础设计规范》法。

根据对现有工程进行实地调查、收集大量试验资料，进行统计分析，提出各类土地基容体承载力数值，列入《公路桥涵地基与基础设计规范》，以供使用。使用方法是，首先根据土的物理力学性质，查出基本容许应力 $[f_{a0}]$，然后根据基础具体情况确定容许应力 $[f_a]$，见下公式：

$$[f_a] = [f_{a0}] + k_1 r_1 (b-2) + k_2 r_2 (h-3)$$

式中　$[f_a]$——按基础实际深度和宽度修正后的地基土的容许承载力；

　$[f_{a0}]$——地基土的基本容许承力；

　k_1、k_2——地基土在宽度和深度方面的修正系数；

　　b——基础底面的最小边宽度（m）；当 $b<2m$ 时，取 $b=2m$；当 $b>10m$ 时，取 $b=10m$；

　　h——基础底面的埋置深度；

　　r_1——基底下持力层土的天然容重；

　　r_2——基底以上土的天然容重。

本公式适用条件是相对埋置深度 $h/b \leqslant 4$，不适于冻土和硬质岩。

上式中 $[f_{a0}]$、k_1、k_2 可在《公路桥涵地基与基础设计规范》相关资料表格中查出。

1-1-4　静水压强有几种表示方法？何谓表压真空度？

答：1）压强的表示方法有两种：

（1）绝对压强

以绝对真空状态为零点起算的压强称为绝对压强，用 p_{fd} 表示。

（2）相对压强

以当地大气压强 p_d 为零点起算的压强称为相对压强，用 p 表示。

一般实际工程多采用相对压强来表示压强的大小。相对压强与绝对压强相差 1 个大气压强，二者的关系是

$$p = p_{fd} - p_d$$

2）如果绝对压强大于大气压强，则相对压强是正值，称正压，其值可用压力表测出，故一般均称表压；反之，绝对压强小于大气压强，则相对压强是负值，称负压。这是一种真空状态，真空的大小用真空度 p_k 表示，即

$$p_k = p_d - p_{fd}$$

上式说明真空度是指某点绝对压强比大气压强少的数值，而不是该点的绝对压强值。真空度

的大小，可用真空表测出。

几种压强的关系表示在图 1-1-4 中。

1-1-5　压强的度量单位有哪 3 种表示方法？

答：1）用单位面积上的压力表示，单位为 Pa 或 N/m^2；米制单位为 kgf/m^2 或 kgf/cm^2。

2）用工程气压表示，工程上常用工程气压表示压强单位，1 工程气压 $=9.807\times10^4Pa=1kgf/cm^2$。有时要用到标准大气压，1 标准大气压 $=101.325kPa=760mmHg$。

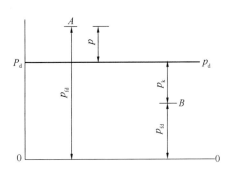

图 1-1-4　几种压强的关系

3）用液柱高度表示，单位为 mH_2O、mmH_2O、$mmHg$。液柱高度用下式计算：

$$h = p/\gamma$$

1-1-6　水动力学几个名词是怎么定义的？

答：1）过流断面

过流断面（简称断面）是指流体运动时所通过的横断面，该断面与流体运动方向垂直。过流断面的形状有圆形、矩形、梯形等。

2）平均流速

在单位时间内流体所移动的距离，称为流速。由于黏滞性的影响，在过流断面上各点的实际流速并不相同，但在工程上都是采用断面上流速的平均值即平均流速来分析和解决流体运动问题的。平均流速是一个假想的流速，即假设过流断面上各点的流速都相等，而按该流速计算出的流量就恰好等于实际流量。可以看出，过流断面上有些点的实际流速比平均流速小，有些点的实际流速比平均流速大。

3）流量

流量是指在单位时间内流体通过过流断面的体积或重力。前者称体积流量，后者称重力流量。

流量、平均流速和过流断面的关系可用下式表示：

$$Q=\omega\gamma$$

式中　Q——体积流量，m^3/s；

γ——平均流速，m/s；

ω——过流断面面积，m^2。

重力流量和体积流量的关系是

$$W=\gamma Q$$

式中　W——重力流量，N/s；

γ——流体重力密度，N/m^3。

1-1-7　什么是有压流与无压流？

答：流体沿流程整个周界都与固体壁面接触，而无自由表面，这种流动称为有压流或压力流。例如自来水、供热管道中的水流都是有压流动。流体沿流程仅部分周界与固体壁面接触，具有自由表面，与大气相接触，这种流动称为无压流或重力流。例如排水管、明渠与河道中的水流，都是无压流动。

1-1-8　什么是恒定流与非恒定流？

答：流体在运动过程中，其各点的流速和压强不随时间而变化，仅与空间位置有关，这种流动称为恒定流；反之，流体各点的流速和压强不仅与空间位置有关，而且还随时间而变化，这种流动就称为非恒定流。

例如当从水箱下部孔口泄水时，不断向水箱充水，保持箱内水位不变，即使泄水量与充水量相等，此时孔口泄流形状、流速和压强均不随时间面变化，这就是恒定流。反之，不向水箱充水，在孔口泄水时，水位是不断下降的，此时泄流形状、流速和压强都随时间变化，这就是非恒定流，如图 1-1-8 所示。水暖与通风工程所涉及的流体运动问题，绝大多数可按恒定流处理。

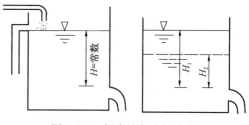

图 1-1-8 恒定流与非恒定流

1-1-9 什么是均匀流和非均匀流？

答：位于同一流线上各质点的流速大小和方向都相同的液流称为均匀流；这就要求液流边界必须是直的，而且过水断面形状大小也都一致。反之，就是非均匀流。在管流中均匀（或非均匀）流和恒定（或非恒定）流相互独立，四种组合中的任何一种都有可能，例如流量不按时而变时，在直径一致的长、直管段中的管流，是恒定均匀流，在渐扩管中的管流，是恒定非均匀流；当流量按时而变时，就分别成为非恒定均匀流和非恒定非均匀流了。在明渠流中，因为有自由表面，一般没有非恒定的均匀流，只可能有恒定均匀流，这时液体质点作匀速直线运动；至于非均匀流，则恒定和非恒定都会发生。

1-1-10 总水头的概念是什么？

答：总水头即液体运动的机械能，就是单位重力流体的位能、动能和压能之总和。

为了应用能量守恒和转换定律解决流体运动问题，首先必须了解流体运动时所具有的能量。

在恒定流中取一管段，如图 1-1-10（1）所示。流体自左向右流动，进口断面为1—1，出口断面为2—2，其位置高度分别为 Z_1 和 Z_2，断面平均流速和压强分别为 v_1 与 v_2，p_1 与 p_2。则该管段各过流断面上所具有的能量有：

1）位能

流体的质量为 m，重力为 mg，当过流断面的位置高度为 Z 时，则位能（或称重力势能）为 mgZ。那么，单位重力流体的位能应为 Z，简称位能，又称为位置水头。

2）动能

重力为 mg 的流体，平均流速为 v，其动能为 $\frac{1}{2}mv^2$，则单位重力流体的动能应为 $\frac{1}{2}mv^2/mg = \frac{v^2}{2g}$，简称动能，又称为流速水头。我们可以把它看作是在流速作用下流体所能上升的高度。在图 1-1-10（2）中，测速管与测压管内的液面高差 h_v，就是断面上 A 点的流速水头。所谓测速管就是一端弯曲为 90°的玻璃管，开口正对水流方向，与测压管合用，可测流速水头。考虑到断面上流速的分布情况，对于用平均流速计算的流速水头；还应乘以动能修正系数，在工程计算中常取其为 1。

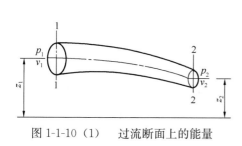

图 1-1-10（1） 过流断面上的能量

图 1-1-10（2） 流速水头

3）压能

流体在压强 p 的作用下，可沿测压管上升的高度为 $h=p/\gamma$，所作的功（压力势能）为 $mg \cdot p/\gamma$，则单位重力流体的压能应为 p/γ，简称压能，又称为压强水头。单位重力流体的位能、动能和压能之和就是单位重力流体的机械能，简称单位总能量，又称为总水头。

1-1-11　液体能量方程概念是什么？

答：理想液体的能量方程式如下：

$$Z_1+p_1/\gamma+v_1^2/2g=Z_2+p_2/\gamma+v_2^2/2g$$

或
$$Z+p/\gamma+v^2/2g=常数$$

上式说明理想不可压缩恒定流中，各过流断面上的单位重力流体的位能、压能和动能之和相等，即各过流断面单位重力流体的总能量不变，或者说各过流断面的总水头相等。它体现了能量守恒原理，故称为能量方程，也称为伯诺里方程。为便于理解能量方程的意义，各过流断面上的水头表示于图 1-1-11 中。

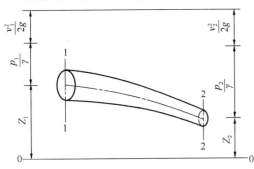

图 1-1-11　理想液体过流断面总水头

与理想液体不同，实际液体是考虑了液体黏滞性存在的一种真实液体。实际液体在流动中必然要克服阻力而消耗一定的能量，即沿流动方向，流体的机械能是减少的。如果液体从断面 1—1 到断面 2—2 间的平均单位能量损失（也称为水头损失）为 h_w（见图），则实际流体的能量方程如下：

$$Z_1+p_1/\gamma+v_1^2/2g=Z_2+p_2/\gamma+v_2^2/2g+h_w$$

上式与式比较，不同之处在于多了一项能量损失 h_w，因此该方程具有很大的实用意义，成为解决实际工程水力计算的重要基础。

1-1-12　何谓表面张力？何谓毛细管现象？

答：表面张力是液体自由表面在分子作用半径一薄层内由于分子引力大于斥力在表层沿表面方向而产生的拉力。表面张力的大小可用表面张力系数 σ 来量度。σ 是自由表面上单位长度上所受的拉力，单位为牛顿/米（N/m）。σ 的值随液体种类和温度而变化，对 20℃ 的水，$\sigma=0.074\text{N/m}$。

盛水的细玻璃管如图 1-1-12 由于表面层内液体分子与玻璃管壁固体分子的相互作用而发生毛细管现象。对 20℃ 的水，玻璃管中的水面高出容器水面的高度 h 约为：$h=29.8/d$（mm）。d 为玻璃管的内径，以毫米计，通常测压管的 d 不小于 10mm。

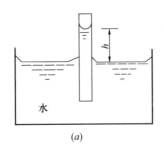

(a)

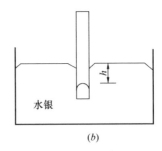

(b)

图 1-1-12　毛细管现象

对水银，玻璃管中汞面低于容器汞面高度 h 约为：$h=10.15/d$（mm）。

1-1-13　黏性的概念是什么？

答：液体运动时若质点之间存在着相对运动，则质点间就要产生一种内摩擦力来抵抗其相对运动，这种性质就叫液体的黏滞性，此摩擦力称为黏滞力。

液体的黏性可用黏性系数 μ 来量度，μ 的国际单位为牛顿·秒/米² $(N \cdot s/m^2)$ 或帕斯卡·秒 $(Pa \cdot s)$，物理制单位为达因·秒/cm²，或称之为"泊斯"，其单位换算为

$$1\text{"泊斯"} = 0.1N \cdot s/m^2$$

液体的黏性还用 $\gamma = \mu/\rho$ 来表示，γ 称为运动黏性系数，其国际单位是 m^2/s，过去习惯上把 1 厘米²/秒（cm²/s）称为 1"斯托克斯"，其换算关系为 1"斯托克斯" $= 0.0001m^2/s$。

水的运动黏性系数 γ 可用下列经验久式计算：

$$\gamma = \frac{0.01775}{1 + 0.0337t + 0.000221t^2}(cm^2/s)$$

其中 t 为水温，以℃计

1-1-14　静水压强的定义是什么？

答：若在盛满水的容器的侧面或底部存在缝隙，水会从缝隙中流出，这种现象说明静止的水有压力存在，这种压力叫静水压力

作用在整个容器表面积上的静水压力，称为静水总压力，用符号表示为 p，作用在单位面积上的静水压力，称为静水压强，因符号表示为 p，两者的数学计算式如下：

$$P = \frac{p}{W}$$

式中　P——平均静水压强，N/m^2 或 Pa；

　　　p——总静水压力，N；

　　　W——受压面积，m^2。

1-1-15　静水压强的两点特性是什么？

答：（1）静水压强方向与作用为的质向方向重合，也即永远垂直并指向作用面。

（2）同一点的静水压强大小在各个方向上是一样的。

1-1-16　压力流和重力流是指什么？

答：压力流是指液体在流动时，液体整个周界（湿周）和所接触的固体壁面没有自由表面，并对接触壁面具有一定的压力，这种流动称为压力流动。如给水管网即是存在一定压力。

重力流是指液体流动时，液体的部分周界（湿周）和固体壁面相接触，而另一部分周界与大气相接触，并具有自由表面，这种流动称为无压流。由于无压流是借助于自身重力作用而产生由高向低滚动，所以又称为重力流。如作为市政工程的各种雨水及污水管道或管渠即是无压流。

1-1-17　流线和迹线的概念有何不同？

答：流线和迹线是两个完全不同的概念。流线是同一瞬时描述流场中水流质点流动方向的线；而迹线则是指同一个水质点在一段时间内所流经的轨迹。

1-1-18　水头损失有几种形式？各自特点如何？

答：水头损失有两种形式分述如下。

（1）沿程水头损失，是指水在管道的流动过程中，水与管道内表面间及相邻流层之间的流速大小不同，存在相对运动而产生摩擦阻力，这种摩擦阻力引起的能耗，称为沿程水头损失，以符号 h_f 表示，计算公式（达两公式）为：

$$h_f = \lambda \times \left(\frac{L}{d}\right) \times \left(\frac{V^2}{28}\right)$$

式中　h_f——管段的沿程水头损失，m；

　　　L——管段长度，m；

　　　d——管段直径，m；

　　　V——断面的平均流速，m/s；

　　　λ——沿程阻力系数。

（2）局部水头损失，是指水流经管路系统中的阀门、弯头等管道配件时，由于边界条件突然发生变化，液体流速也随之相应发生突然变化，并伴随产生局部涡流及质点间的相互碰撞，从而消耗自身能量。这种类型的水头损失称为局部水头损失，以符号 h_m 表示，计算公式为

$$h_m = \zeta \times \frac{V^2}{2g}$$

式中　h_m——管道的局部水头损失，m；

　　　V——断面的平均流速，m/s；

　　　ζ——局部阻力系数。

1-1-19　液体的能量表现形式有哪几种？

答：单位重量液体的能量表现形式有 3 种：

（1）重力势能是指，重量为 mg 高度为 Z 的液体质点的位能是 mgZ（位置水头）。单位重量的液体的势能是 Z，单位为 m。

（2）压强势能是指压能为压强中移动液体质点时压力作功而使液体获得的一种势能 $\frac{\rho}{\gamma}$（压强水头），从几何意义讲 ρ 为相对压强时也即测压管高度。

（3）动能是指以速度 v 流动的重量为 mg 的液体质点动能是 $mr^2/28$（流速水头，也即液体以速度 v 垂直向上喷射到空气中时所达到的高度）。

1-1-20　什么是恒定流能量方程式？

答：恒定流能量方程式如下

$$Z + \frac{p}{r} + \frac{v^2}{28} = 常数$$

这就是"伯诺里"方程。表明液体流动过程也是遵循能量守恒定律的，液体自身的能量不能消灭，也不能创造，只能从一种形式的能量转化成另一种形式。

1-1-21　什么叫湿周？

答：过流断面中管道或管渠边界与液体相接触部分的周长，一般用 X 表示。

1-1-22　什么叫水力半径？

答：水力半径是过流断面截面面积 W 与湿周 X 之比，一般用 R 表示，单位为米（m）。

1-1-23　什么叫水力坡度？

答：单位长度上的能量损失，一般常用的为沿程水头损失的水力坡度，计算式如下：

$$J = \frac{\Delta h}{L}$$

式中　J——水力坡度；

　　　Δh——沿程水头损失，m；

　　　L——管道长度，m。

1-1-24　谢才公式、曼宁公式是如何表达的？

答：谢才公式为：

$$V = C \times \sqrt{R \cdot J}$$

式中　V——流速，m/s；

C——谢才系数；

J——水力坡度；

R——水力半径，m。

曼宁公式为：

$$C = \frac{1}{n} R^{\frac{1}{6}}$$

式中　n——粗糙系数（反映壁面粗糙情况的系数）

　　　R——水力半径，m；

　　　C——谢才系数。

1-1-25　热、热量和热流量的概念各是什么？

答：（1）热是物体所含能量的一种表现形式。

（2）热量是热能变化过程中的数量表示，符号为"Q"。法定计量单位是焦［耳］，符号"J"。常用的非法定计量单位是"卡"（Cal）或"千卡"（kcal）。其换算关系为 $1cal = 4.1868J$。

（3）热流量是功率的概念，即单位时间上的热功。其计量单位为瓦（W）、千瓦（kW）、兆瓦（MW）。常用换算关系为 $1kW = 860kcal/h$。

1-1-26　饱和温度、饱和水、饱和蒸汽的概念是什么？

答：在一定压力下，水达到沸腾的温度（即沸点），叫饱和温度。饱和温度下的水，叫饱和水。饱和温度下的蒸汽，叫饱和蒸汽。汽化过程中，饱和温不变。如果压力升高，饱和温度升高，例如当压力为 1（10^5 Pa）时，饱和温度为 100℃；当压力为 10（10^5 Pa）时，饱和温度为 180℃。

1-1-27　何谓热膨胀？

答：绝大多数物体受热都会膨胀，遇冷都会收缩，这就是热胀冷缩，这种性能称为热胀性。

固体当温度上升 1℃时所引起的长度增长，与它在 0℃时的长度之比，称为线胀系数。以 α 表示线胀系数，则

$$\alpha = \frac{L_t - L_o}{L_o t} \tag{1}$$

式中　α——线胀系数（1/℃）

　　　L_t——固体受热膨胀后（t℃时）的长度（m）

　　　L_o——固体 0℃时的长度（m）

　　　t——固体受热后的温度（℃）

不同的物质线胀系数也不同，见表 1-1-27。

知道了线胀系数 α 及 0℃时的长度 L_0，物体在温度为 t℃时的长度 L_t 即可求出：

$$L_t = L_o(1 + \alpha t) \tag{2}$$

几种材料的线膨胀系数 α（1/℃）值　　　　　　　　　　表 1-1-27

材料名称	α 值（1/℃）	材料名称	α 值（1/℃）
碳素钢	0.0000117	铅	0.0000292
不锈钢	0.0000103	铝	0.0000231
铁	0.0000118	水银（汞）	0.0000182
铸铁	0.0000125	聚氯乙烯	0.00007
灰口铸铁	0.0000108	聚乙烯	0.0001
铜	0.0000165	水泥	0.000014
锌	0.0000165	玻璃	0.000005

上式在实际运用时，常常是已知物体在 t_1℃时的长度 L_1，要求物体在 t_2℃时的长度 L_2，则将式（2）写成下式，可求出（误差可忽略）：

$$L_2 = L_1[1 + \alpha(t_2 - t_1)] \tag{3}$$

物体的温度升高时，除了发生线膨胀外，其体积也会膨胀。物体当温度升高1℃时所引起的体积增长，与它在0℃时的体积之比，称为体胀系数 β。则物体受热膨胀后的体积即为

$$V_t = V_o(1 + \beta t) \tag{4}$$

同样，物体从 t_1℃升高到 t_2℃时的体积 V_2 也可写成：

$$V_2 = V_1[1 + \beta(t_2 - t_1)] \tag{5}$$

V_1 为物体温度在 t_1℃时的体积。

线胀系数与体胀系数的关系为：

$$\beta = 3\alpha \tag{6}$$

液体虽无一定的形状，故亦无线胀系数，但它却有一定的体积，故也有体胀系数。

物体的热膨胀在水暖工程中有重要的意义，例如蒸汽管道受热后的膨胀量很大，要用补偿器来调节等。

1-1-28　何谓导热性？

答：物体的热量由温度较高的表面沿厚度方向传送到温度较低的另一表面的性能，称为导热性。一种材料当表面积为1m²、厚度为1m、两表面温差为1℃时，单位时间所能传导的热量的数值，为此材料的导热系数 λ [kcal/（m·h·℃）]。

导热系数大的物体即传热速度快的物体，如铜、铝、钢铁等，称为热的良导体，如钢的导热系数为 40～50 [kcal/（m·h·℃）]。导热系数小传热速度慢的物体，如烟灰、水垢、石棉、木材等，称为热的不良导体。水垢的导热系数为 0.5～2.0 [kcal/（m·h·℃）]，烟灰为 0.05～0.1 [kcal/（m·h·℃）]，所以烟灰及水垢对传热影响极大。一般 $\lambda < 0.2$ kcal/m·h·℃ 的材料称为保温材料，一般孔隙多、容重小的材料 λ 值也小，可以用作管道及锅炉的保温材料。

液体除了水银和熔化了的金属以外，都不善于导热。气体的导热性能更差。寒冷地区的双层窗户中存在着不流动又不善导热的空气层，以保持室内温暖，就是利用了气体的这个性质。

1-1-29　热的传播方式有哪几种？

答：热量从一个物体转移到另一个物体，或者从物体的一部分转移到邻近部分的过程，叫做热传递。热的传递方式有三种，即传导、对流与辐射。

1）传导

两个温度不同的物体互相接触时，或同一物体的两端温度不等时，温度高的部分的热量，会通过物体内部传给温度低的部分，这种传热方式称为热传导。此时热量的传递并没有物质的迁移，而是通过物质分子间的相互碰撞来传递动能的。

2）对流

当用水壳烧水时，壶底的水受热后温度升高体积膨胀，密度减小而向上浮升；上部温度较低密度较大的凉水往下沉降来补充，受热后又往上升起。壶里的水经过这样上下循环流动，温度逐渐普遍升高。这种依靠流体（液体及气体）本身的流动而传递热量的方式，称为对流。散热器散热使室内空气升温而采暖就是利用了空气的对流。锅炉里高温烟气流动冲刷锅炉受热面也是对流传热。流体的对流能力和导热能力是完全不同的，例如水和空气的导热系数都很低，但它们的对流传热作用却很大。

3）辐射

热源直接向四周散热，不需要任何物质作热媒，这种借助于不同波长的各种电磁波来传递内能的传热方式，称为辐射。辐射热是以直线方式传播的，它会被物体遮隔，并也有反射与折射等

现象。辐射的速度等于光速，为 30 万 km/s。太阳的直接照射，火炉的直接烤灼，锅炉炉膛内燃烧着的燃料向炉膛水冷壁放热等，都是辐射传热的例子。表面黑暗粗糙的物体，能够迅速地大量吸收辐射热，同时也能迅速地大量辐射出自身的热量。

1-1-30 温度是一种什么标志？

答：物体的冷热程度叫温度。从分子运动论的观点来看，温度是分子平均动能的标志。把在 1 个标准大气压下水的沸点和冰点分别定为 100℃ 和 0℃，二者之间分成 100 等份，每一份为 1°（度），这种温标称为国标百分温标，即摄氏温度，以℃表示。

1-1-31 比热的定义是什么？

答：单位质量的物质温度升高 1℃ 时所需要的热量，称为比热 C，单位为 cal/g · ℃ 或 kcal/kg · ℃。则质量为 m 的物质，温度从 t_1 升高到 t_2 时所需要的热量公式，即

$$Q = Cm(t_2 - t_1)$$

1-1-32 水的主要性质有哪些？

答：1）水是无色无味无臭的液体。水在 4℃ 时密度最大，为 $1t/m^3$。在 4℃ 以上时也具有热胀冷缩的性质，受热膨胀密度变小，温度降低体积收缩密度增大，但它的体胀系数不是一个固定的数值，即它的体积膨胀和温度之间不是直线关系。而在 4℃ 以下时，水的热胀性却恰恰相反，温度越低体积越膨胀，所以采暖建筑物冬季要注意防寒保温，避免暖气系统中的水受冻结冰体积膨胀，而将散热器、管道等设备胀裂损坏。水在不同温度时的密度见表 1-1-32。

水在不同温度 t（℃）时的密度 r（kg/m^3）表　　　　　　表 1-1-32

t（℃）	r（kg/m^3）	t（℃）	r（kg/m^3）
1	999.94	75	974.89
2	999.97	76	974.29
3	999.99	77	973.68
4	1,000.00	78	973.07
5	999.99	79	972.45
10	999.74	80	971.83
15	999.15	81	971.21
20	998.26	82	970.57
25	997.11	83	969.94
30	995.72	84	969.30
35	994.09	85	968.65
40	992.24	86	968.00
45	990.25	87	967.34
50	988.07	88	966.68
55	985.73	89	966.01
60	983.24	90	965.34
61	982.72	91	964.67
62	982.20	92	963.99
63	981.67	93	963.30
64	981.13	94	962.61
65	980.59	95	961.92
66	980.05	96	961.22
67	979.50	97	960.51
68	978.94	98	959.81
69	978.38	99	959.09
70	977.81	100	958.38
71	977.23	110	948.93
72	976.66	120	989.82
73	976.07	130	929.97
74	975.48		

2）水的压缩性很小，工程上一般认为水是不可压缩的。水受到压力时，便以相等的压力向各处传播。利用这个原理可以来检查散热器、锅炉、采暖系统等各部分的强度和严密性，这就是水压试验（俗称"打压"）。由于水的压缩性很小。故在试验中发生爆裂时危险性也小。

3）水的比热较大，为 1kcal/kg·℃，故其热容量较大，而且非常易得，因此用作采暖系统中的载热物质是很适宜的。

1-1-33 何谓蒸发？

答：液体表面的汽化现象叫做蒸发，蒸发在任何温度下都能进行。液体在蒸发时需要吸收热量，温度越高，蒸发的速度越快。制冷工程就利用了这一原理，液态氨蒸发变为气态，吸收了周围的热量，达到制冷的目的。

1-1-34 何谓沸腾？

答：工程上所用的水蒸气，一般都是在蒸汽锅炉中产生的。在一定的压力下，水被加热到一定程度时，水的汽化在液体表面和内部同时进行，这种现象称为沸腾。这时的沸腾温度叫做沸点，亦可称为饱和温度，这时的水就叫做饱和水。

水的沸点随压力的不同而变化，在 1 个标准大气压下，水的沸点是 100℃。压力越大，沸点越高；压力越小，沸点越低。例如高山上空气稀薄，气压较低，水在不到 100℃ 时便会沸腾汽化。而在 100 个大气压的高压锅炉中，水要加热到近 310℃ 时才能沸腾。

1-1-35 何谓过热水？

答：既然水的沸点随压力的增大而提高，我们就可以提高锅炉的压力，把水加热到相对于此压力的沸点温度以下，使水的温度提高到 100℃ 以上而不至沸腾汽化，则此时的高温水就称为过热水。在高温水采暖中常采用 110℃ 或 130℃ 的过热水。例如压力为 3kg/cm² 时，水的沸点为 132.9℃，则采用温度为 130℃ 的过热水时尚不致会沸腾汽化。利用过热水采暖可缩小管径和减少散热器用量，从而节约工程造价。

1-1-36 何谓湿蒸汽、干蒸汽、过热蒸汽？

答：对沸腾的水继续加热，水就不断从液态变为气态，水蒸气量逐渐增多，在这个过程中温度始终保持沸点不变，水和水蒸气同时存在，这样的状态称为湿饱和蒸汽，或简称湿蒸汽。若继续加热，水继续汽化，直至最后一滴水完全变为水蒸气时，蒸汽的温度仍然是沸点，此时的水蒸气叫做干饱和蒸汽，简称干蒸汽。如果再继续加热，水蒸气的温度将超过沸点，这种水蒸气叫做过热蒸汽。

1-1-37 何谓汽化潜热？

答：水在从沸腾开始全部汽化为水蒸气的过程中，温度并没有上升，水及水蒸气的温度仍为沸点，对水加热的热量全部用来使水汽化，这部分热量称为汽化潜热，又称汽化热。汽化潜热与水的沸点一样，与压力有关。在一定的压力下，使 1kg 的沸腾水全部汽化为同温度的水蒸气时所需要的热量，叫做汽化潜热。水的汽化潜热比较大，在 1 个大气压下，水的沸点为 100℃，汽化潜热为 539.7kcal/kg。当水蒸气冷凝液化为同温度的水时，同样会放出与汽化潜热数值相等的液化热。蒸汽采暖就是利用了水蒸气的汽化潜热来进行采暖的。

1-1-38 液体压力和水柱是什么关系？

答：工程上所说的压力，实际上指的是压强（压力强度），即单位面积上所受到的垂直的力。压强的单位是帕斯卡，简称帕（Pa），1 帕＝1 牛顿/米²。由于 1 千克（公斤）＝9.8 牛顿，所以 1 公斤/米²＝9.8 牛顿/米²＝9.8 帕。

顺便指出，在当前的压力表中，压强仍以公斤/厘米² 来描述，我们在实际安装工作中，常常听到"几公斤"的说法，所谓"几公斤"，事实上就是指压强为在每平方厘米上压力有多少公斤。这些说法，将逐步为"帕"这一国际标准称谓所替代。

液体的压力只与液体的竖直高度有关：

$$P = rh$$

式中　P——液体内部某一点的压力（kg/m²）；

　　　r——液体的容重（kg/m³）；

　　　h——液体内部某一点到液面的竖直高度，也叫液体的压头（m）。

水的容重在4℃时为1吨/米³。水的竖直高度称为水柱。当容重不变时，也可用水柱高度来表示水的压力。毫米水柱与压力的关系为：

$$1 毫米水柱 = 0.001 米水柱 = 1 公斤/米² = 0.0001 公斤/厘米²$$
$$1000 毫米水柱 = 1 米水柱 = 1000 公斤/米² = 0.1 公斤/厘米²$$
$$10000 毫米水柱 = 10 米水柱 = 10000 公斤/米² = 1 公斤/厘米²$$

例如热水采暖系统顶部的膨胀水箱水面到锅炉压力表之间的垂直高度为18米，则压力表的读数应为1.8公斤/厘米²。

1-1-39　何谓大气压力、相对压力和绝对压力？

答：1）由于空气有重量，所以地球周围的大气层对地球表面就有一定的压力，这个压力叫做大气压力。1个标准大气压＝1.0332公斤/厘米²＝760毫米水银柱。工程上以一个工程大气压作为压力单位。1个工程大气压定为1公斤/厘米²＝10米水柱。

2）以大气压为基准来表示的压力称为相对压力，大于大气压为正压，小于大气压为负压。当用压力表来测量压力时，指针指到零，实际的压力并不为零，因为还受到周围一个大气压的压力，因此压力表上的读数指的是超过大气压力的部分，是相对压力。由于相对压力是用压力表上的读数显示出来的，故又称为表压力（表压）。

3）如果将大气压力本身也加在内，把绝对的真空作为零起算，得到的压力称为绝对压力。绝对压力＝大气压力＋相对压力（表压力）。

当压力小于大气压时，就会形成负压。例如锅炉正常运行时，打开炉门，就会感到周围的空气被吸向炉膛，这就是锅炉负压燃烧的现象。又如机械循环热水采暖系统的水泵吸口端，在水泵刚一运转时也会出现负压现象，常在此处装一块负压表，以观测形成的负压大小。负压也称为真空，真空的程度叫做真空度，计算从1个大气压为零点向下起算。

1-1-40　何谓流体、流量及流速？

答：液体和气体无一定的形状，可以自由流动，故称为流体。流体在单位时间内所流过的距离叫流速，单位为米/秒。流体在单位时间内所流过的容积或重量叫流量，单位为升/秒、公斤/小时等。因为水的容重为1吨/米³，所以水的流量单位米³/小时＝吨/小时，升/秒＝公斤/秒。

流体在管道中的流量与流速、管径的关系如下（流体连续流动方程式）：

$$G = 3600 \frac{\pi}{4} d^2 rv$$

式中　G——管道中流体的流量（kg/h）；

　　　d——管子的内直径（m）；

　　　r——流体的容重（kg/m³）；

　　　v——流体的流速（m/s）。

从上式可以看出，流量与流速及管径的平方成正比。流量确定时，流速则与管径的平方成反比。流速大，管径可小，造价也低，但流动的阻力大，故能源消耗多。流速小，管径需大，造价高，但阻力大，能源消耗少。在选择流速时，还应考虑暖气系统的水力运行稳定（水暖）及避免产生水击现象（汽暖）等因素，以确定合理的流速。

上式中的$\frac{\pi}{4} d^2$是管道的横截面积，当流速不变时，流量与管道的截面积成正比，即流量与管径的平方成正比。例如要保持相同的流量，一根 $4''$ 管如用 $2''$ 管来代替时，$4^2 = 4 \times 2^2$，所以须用四根 $2''$ 管才能与一根 $4''$ 管相当。

1-1-41 流体的阻力有哪两种？

答：流体在管道中流动所要克服的阻力，包括两个方面，一是因管壁的粗糙而引起的流体与管壁间的摩擦阻力，又称长度阻力（沿程阻力）h_c；二是当流体流经管道的各种接头零件（如弯头、三通、阀门等）时，产生涡流现象而引起的局部阻力 h_j。

因此，管子的内壁面应当尽量光滑。管道在焊接连接时，应注意不要让焊接的熔渣落在管道内壁上而结疤。由于焊制的弯头（虾米腰）摩擦阻力大，故应尽量使用煨制的弯头。当两根不同管径的管子焊接在一起时，决不能让小管过多地插入大管内，如图 1-1-41a 所示，而应使之在管外壁相平。为减小局部阻力，在管道的转弯处应尽量煨弯，并采用大一些的弯曲半径，严禁采用图 1-1-41b、c 所示的错误接法。

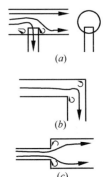

图 1-1-41　管道连接的错误做法

1-1-42 何谓管渠？

答：管渠是指采用砖、石、混凝土砌块砌筑的，钢筋混凝土现场浇筑的或采用钢筋混凝土预制构件装配的矩形，拱形等异型断面的输水通道。

排水管渠是指输送城镇雨、污水或工业废水的管（渠）道。

1-1-43 自流管道、重力流管（渠）道是指什么？

答：自流管道、重力流管（渠）道是指输送的流体是在其自重重力作用运行的管（渠）道，其运行最高水头不超过管（渠）道截面内顶者为无压管（渠）道；其运行最高水头超过管（渠）道截面内顶为有压管（渠）道。

1-1-44 开槽施工是指什么？

答：是指在开挖的沟槽内敷设管（渠）道。

1-1-45 不开槽施工是什么？

答：是指在地层内开挖或成型的洞内敷设或浇筑管（渠）道，有管（涵）顶进法、盾构法、浅埋暗挖法等。

1-1-46 沉井法施工是指什么？

答：是指将预制加工的上下敞口带刃脚的空心井筒状结构沉入开挖的沟槽内的施工方法。

1-1-47 检查井是指什么？

答：是为检查、清理和维修等用的修建在给水排水管道、热力沟、电力沟等地下管道设施上有出入口的构筑物的总称，有井室、井筒、盖板、井盖等组成，俗称人孔。

1-1-48 泵站是什么构筑物？

答：是设置水泵机组、电气设备和管道、阀门等的构筑物。

1-1-49 降水、排水是指什么？

答：是指用机械设备抽排地下水或地层水以降低沟槽内的水位。

1-1-50 管道连接是什么？

答：是将管道上相邻的两个管段连结成一体，在工作状态下达到不出现渗漏的接头。

1-1-51 粘接接头是什么？

答：是指用粘合剂涂抹管子插口外表面及承口端内表面使其粘接牢固的接头，适用于小口径的聚氯乙烯管道。

1-1-52 法兰接头是什么？

答：是指用螺栓紧固相邻管端上法兰使其连接牢固的接头，一般用于钢管、铸铁管、塑料管、玻璃纤维管等管道。

1-1-53　承插式接头是什么？

答：是将管端的平口端插入相邻管的承口端构成的搭接接头。承口和插口间空隙内用柔性密材料时为柔性接头；用刚性密材料时为刚性插头。

1-1-54　"管下腋角"是指什么？

答：是指园管底部支撑范围弧下的两侧三角部位，是管道基础的支撑区域。

1-1-55　回填土是指什么？

答：指回填沟槽的土，一般按规定要求的土质和密度回坡已敷设管道两侧及管顶上部的覆土。

1-1-56　胸腔夯实是什么？

答：是指对按规定要求的土质和密度回填已敷设管道两侧（胸腔）的覆土进行夯实。

1-1-57　严密性试验是什么？

答：是对已敷设好的管道用液体或气体检查管道渗漏情况的试验流程。

1-1-58　闭水试验是什么？

答：是对已敷设的管（渠）按规定的水头用注水的方法来检验其在规定的压力值时是否符合规定的允许渗漏标准的试验。

1-1-59　闭气试验是什么？

答：是对已敷设的管段按规定用充气的方法来查检验其在规定的压力值时是否符合规定的泄漏量的试验。

1-1-60　试验压力的定义是什么？

答：试验压力是指管道、容器或设备进行耐压强度和气密性试验规定所要达到的压

1-1-61　水压试验的定义是什么？

答：水压试验是指为检查管道、设备和系统的强度与密封情况，对其冲水并在试验压力下保持一定的时间所进行的试验。

1-1-62　何谓管道清洗？

答：为清除在安装、检修过程中遗留在管道的脏物，用较大流速的蒸汽，压缩空气或水等对管道进行连续吹洗或冲洗。

1-1-63　何谓公称直径？

答：公称直径是为了概括目义（便于应用）所定的圆管和管件的标定直径，一般用整数。管子的真实内径或外径必须接近标定直径。一般用于管材产品标准。

公称直径又叫名义直径。它与制品结合部的内径相近似，例如阀门的公称直径基本上等于实际内径。但大多数制品的公称直径既不等于实际内径，也不等于实际外径，它只是一种称呼直径。至于制品的实内径和外径，应由制品的技术标准来规定。但是，无能制品的内径与外径多大，管子都能够与公称直径相同的管路附件相连接，以达到互换和通用的目的。

公称直径（公称通径）用代号 DN 表示，代号后边写出公称直径尺寸，例如，某管道的公称直径是 100mm，就用 DN100 表示。如 108mm 无缝钢管、d4″ 的有缝钢管和 d98mm 铸铁管均用 DN100 表示。管道工程常用的公称直径 18 种规格为：15、20、25、32、40、50、65、80、100、125、150、200、250、300、600、700 等。

1-1-64　英制螺纹管多用在何处？其规格是指什么？

答：金属管道的连接多用英制管螺纹。英制管螺纹则用英制规格钢管，而英制钢管的规格是指其内径，且自成一系统。1in 等于 25mm，d4″（4 英寸）用公称直径 DN100 表示。

1-1-65　压力管道和无压管道是指什么？

答：压力管道是指管道内输送的介质是在受压状态下运行的管道，也称非重力流管道。

无压管道是指管内运行介质靠其重力自流的管道，也称为重力流管道。

1-1-66　刚性管道和柔性管道是指什么？

答：刚性管道是指管体结构在管顶竖向压力作用下变形很小，不足以引起管体两侧土体产生弹性抗力，可不考虑管土共同工作的管道。

柔性管道是指管体结构在管顶竖向压力作用下，其变形将导致管侧土体产生弹性抗力，需要考虑管土共同工作的管道。

1-1-67　刚性接口和柔性接口是指什么？

答：刚性接口是指不能承受弯曲应力的管道连接，如用水泥类材料嵌缝或用法兰连接的管道接口。

柔性接口是指能承受弯曲应力的管道连接，如用橡胶圈等材料嵌缝连接的管道接口。

1-1-68　何谓下水管道？

答：下水管道是一种过去的俗称，有些地区习惯上将排水管道叫下水管道，而将给水（自来水）叫作"上水"。

1-1-69　何谓水下管道？

答：敷设在江、河、湖、海的水下用来输送液体、气体或松散固体的管道。水下管道不受水深、地形等条件限制，输送效率高、耗能少。大多数埋于水下上层中，因而检查和维修较困难。登陆部分常处于潮差段或波浪破碎区，易受风浪、潮流、冰凌等影响，在规划和设计时要考虑预防措施。

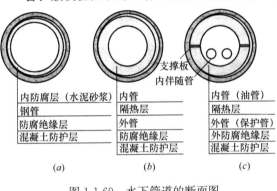

图 1-1-69　水下管道的断面图
（a）单层管；（b）双层管；（c）三层管

水下管道多为钢筋混凝土管和钢管。按其断面构造可分为单层管、双层管和三层管（见图 1-1-69）。单层管用于输送常温的单一材料的流体、气体或固体；双层管用于输送两种材料或在输送过程中需保温的液体或气体；三层管用于在输送过程中需加热的液体或气体。

水下管道的直径，根据输送材料的性质、输送量和输送速度等因素按流体力学计算确定。管壁材料和厚度先按经验假定，而后根据各种荷载作用核算其应力和变形。若不符合规定，则再修改。

1-1-70　何谓地下管道？

答：何谓地下管道是指敷设在地下用于输送液体、气体或松散固体的管道。中国古代早已采用陶土烧制的地下排水管道。明朝建都北京，大量采用砖和条石砌筑地下排水管道。宽达 1 米左右，高达 2 米左右。现代的地下管道种类繁多，有圆形、椭圆形、半椭圆形、多圆心形、卵形、矩形（单孔、双孔和多孔）、马蹄形等各种断面形式，采用钢、铸铁、混凝土、钢筋混凝土、预应力混凝土、砖、石、石棉水泥、陶土、塑料、玻璃钢（增强塑料）等材料建造。

1-1-71　套筒补偿器是什么？

答：套筒补偿器是由用填料密封的芯管和外套管组成的，两者同心套装，并可轴上伸缩运动的补偿器。

何谓预制混凝土圆管和钢筋混凝土圆管？

答：预制混凝土圆管和钢筋混凝土圆管均为机制管，用离心法、悬辊法和定式挤压法制造。管内小于 400mm 时采用混凝土管，大于 500mm 时采用钢筋混凝土管。中国在 20 世纪 70 年代已生产和敷设管径为 2000mm 左右的大口径管道。圆管的壁厚为内径的 1/12～1/10，混凝土强度等级不低于 R30，钢筋大部用冷拔低碳钢丝。平口管接口可用水泥砂浆或钢丝网水泥砂浆抹带；企口管接口用膨胀水泥或石棉水泥填实；当防渗要求较高时宜用预制或现场灌筑的混凝土套环接口，在管接口部分用水泥砂浆，膨胀水泥或石棉水泥等材料填实。

1-1-73　何谓预应力混凝土管？

答：预应力混凝土管内径为 400～1400mm 的管子可用于工作压力为 0.4～1.2MPa 的管道中；当工作压力小于 0.4MPa 时，最大管径可达 4000mm。采用承插式接口和圆形断面胶圈密封止水。有管心绕丝和立式振动挤压两种制管工艺。混凝土不低于 R40，预应力钢筋用高强冷拔钢丝。

1-1-74　何谓自应力混凝土管？

答：自应力混凝土用于工作压力为 0.4～1MPa 的输入管道。内径 100～600mm。采用承插式接口和圆形断面胶圈密封止水。这是一种利用膨胀水泥张拉钢筋而产生预应力的钢筋混凝土管。

1-1-75　何谓铸铁管？

答：铸铁管用于工作压力不超过 1MPa 的输水管道。分低压管（小于 0.45MPa）、普压管（0.45～0.75MPa）和高压管（0.75～1MPa）三种，管径可达 1200mm。有连续铸造和砂型铸造（直立式和离心式）两种制造工艺。

1-1-76　何谓钢管？

答：钢管用于工作压力为 1MPa 以下的输水、输油和输气管道，管内径可达 3000mm 以上。当内径大于 1600mm 时可在管壁上焊刚性环以减小管壁厚度。采用焊接接口。

1-1-77　何谓砖石管道？

答：砖石管道用于无内压的输水和排水管道断面形式一般为矩形或拱形。由于地方性材料砖、石价廉，施工方便，且管道大小可根据地形和流量任意调整，因此，砖石管道为中国各地区普遍采用。矩形断面的净宽可达 4 米左右，高达 3m。拱形断面一般有上部为半圆，下部为直墙的马蹄形和多圆心形两种形式，净宽可达 4m 左右。

砖石管道大多用混凝土或钢筋混凝土底板，矩形断面管道的顶板也采用钢筋混凝土预制板。由于砖面砌体的抗渗性差，一般用水泥砂浆抹面防渗，因此，不宜用于防渗要求高的管道。砖面砌矩形管道不可用作地下通行和半通行的暖气和电缆沟。

1-1-78　钢筋混凝土管道适用于何处？

答：钢筋混凝土管道用于防渗要求高的大中型输水排水管道。现场灌筑的大尺寸管道，其工作内压可达 0.2MPa 时，内径较大。中国已建的大型单孔矩形断面净宽达 8.5m，净高达 4.2m；双孔断面中每孔的净宽和净高分别达 7m 和 3.5m。中型的矩形和拱形断面也可采用预制装配结构。

1-1-79　PVC-U 等六种化学建材管各适用于什么范围？

答：1）硬聚氯乙烯管（PVC-U）重量轻、能耗低、耐腐蚀性好、电绝缘性好、导热性低、广泛用于给水、排水、灌溉、供气、排气、工矿业工艺管道、电线、电缆套管等。

2）高密度聚乙烯管（HDPE）密度大、强度高、耐低温和韧性好，适用于燃气和天然气、给水、排水用管。

3）聚丙烯（PP）管坚硬、耐热、防腐、使用寿命长、价格低，适用于化学液体排放管、盐水排放管、农田灌溉，水处理系统用管。

4）丙烯腈-丁二烯-苯乙烯共聚物管（ABS）具有极高的韧性，适用于温度较高的管道，常用于卫生结具的排水管、输气管、排污管、地下电气导管等腐蚀工业管道。

5）聚乙烯管（PB）具有独特的抗蠕度（冷变形）、耐磨、耐高温性能，主要用于给水管。

6）玻璃纤维增强热固性树脂夹砂管（RPM）重量轻、输送液体阻力小、抗化学和电腐蚀性强，适用于给水、排水管。

1-1-80　何谓强制性条文？

答：根据国务院《建设工程质量管理条例》和建标〔2000〕31号文要求，《工程建设标准强制性条文》应运而生。（以下简称《强制性条文》）。《强制性条文》包括城乡规划、城市建设、房屋建筑、工业建筑、水利工程、电力工程、信息工程、水运工程、公路工程、铁道工程、石油和化工建设工程、矿山工程、人防工程、广播电影电视工程和民航机场工程等部分。

《强制性条文》是现行工程建设国家标准和行业标准中直接涉及人民生命财产安全、人身健康、环境保护和其他公众利益方面的内容，同时也考虑了提高经济效益和社会效益等方面的要求。列入《强制性条文》的所有条文都必须严格执行。《强制性条文》是参与建设活动与各方执行工程建设强制性标准和政府对执行情况实施监督的依据。

今后新批准发布的工程建设标准，凡有强制性条文的，均在文本中明确表示，并编入《工程建设标准强制性条文》。

1-1-81　工程文件中常用的缩写词有哪些？

答：（1）GB、GB/T 中华人民共和国国家标准（前者为强制性，后者为推荐性）；

（2）GBJ、GBJ/T 中华人民共和国国家标准（基本建设方面，前者为强制性，后者为推荐性）；

（3）JGJ、JGJ/T 中华人民共和国行业标准（基本建设方面，前者为强制性，后者为推荐性，由住房和城乡建设部颁布）。

（4）JTJ、JTJ/T 中华人民共和国行业标准（基本建设方面，前者为强制性，后者为推荐性，由交通运输部颁布）；

（5）CECS 中国工程建设标准化协会标准（基本建设方面，中国工程建设标准化协会）；

（6）CJJ 城镇建设行业标准。

1-1-82　工程中常用的物理单位有哪些？

答：有以下常用单位。

米	m	千牛（顿）	kN
毫米	mm	千帕（斯卡）	kPa
平方米	m²	兆帕（斯卡）	MPa
平方毫米	mm²	摄氏度	℃
立方米	m³	小时	h
千克	kg	分	min
吨	t	秒	s

1-1-83　工程招标文件中对使用的标准与规范有何要求？

答：1）在工程实施中所采用的材料、设备与工艺，应符合本规范及本规范引用的设计技术要求、其他标准与规范的相应要求。

2）在工程实施中，所引用的标准或规范如果有局部修订或新颁，在报经雇主及监理工程师批准后，承包人应执行新的标准或规范。

3）对于工程所采用的标准或规范的任何部分，当承包人认为改用其他标准或规范，能够保证工程达到更高质量要求时，承包人应在14天前报经监理工程师审批后，方可采用，否则，承包人应严格执行本规范。但这种批准，应不免除承包人根据合同规定的任何责任。

4）当适用于工程的几种标准与规范出现意义不明或不一致时，应由监理工程师作出解释和校正，并就此向承包人发出指令。除非本规范另有规定，在引用的标准或规范发生分歧时，应按以下顺序优先考虑：

  a. 本规范；

  b. 设计文件提出的设计要求、标准和规范；

  c. 中华人民共和国国家标准；

  d. 有关部门的标准与规范；

  e. 国外有关标准与规范。

当以上标准和规范对同一工作均有规定时，但具体指标不一致时，应执行其中的最高标准。

  5）本工程执行以下技术规范及施工与验收规范

必须达到最新版的国家标准 \ 规范和工作准则等有关法规的要求。

1-1-84　单位工程管道系统施工图设计依据是什么？

答：设计依据：

（1）已审批的初步设计及审批意见。

（2）建设单位提供的本工程用地红线附近的市政给水、污水及雨水管道实况资料和图纸。

（3）经合作方确认的北京市古建园林设计研究院提供的作业图。

（4）国家现行的给水、排水、卫生和消防等工程设计规范。

1-1-85　工程管道系统一般包括哪几部分说明？

答：工程管道系统包括四部分说明，即：给水系统、消防给水设施、污水管道和雨水管道。

1-1-86　工程对管材及接口的要求是什么？

答：1）室外给水管 $DN<75mm$，采用热镀锌钢管；$DN\geqslant75mm$，采用球墨铸铁给水管，（管内壁衬水泥砂浆），承口橡胶密封圈接口。管公称压力为 1.0MPa。

2）一次热网供回水水管采用无缝钢管，管沟内敷设。

3）室外污水、雨水管水池外 $d\leqslant400mm$ 采用承插式混凝土管，$d\geqslant500mm$ 采用承插式钢筋混凝土管，橡胶圈接口。

水池内采用高密度聚乙烯（HDPE）中空壁缠绕管，电热熔带连接（至第一个井）。

4）压力污水、压力废水、压力雨水管采用钢塑管，法兰连接。

5）阀门：$DN\leqslant50mm$ 时采用铜截止阀，$DN>50mm$ 时，给水管和消防水管采用闸阀或双向式蝶阀，公称压力为 1.0MPa。

6）消防水泵接合器的工作压力为 1.6MPa，地下式消火栓的工作压力为 1.0MPa。

1-1-87　工程对管道敷设的要求是什么？

答：1）各种管道在施工前，应对城市接管点的阀门井、污水检查井和雨水检查井的标高和管径进行实测复测。如与施工图标高不一致，应通知设计院进行管道高程调整后，方可施工。

2）给水管：

（1）给水管弯转处利用组合弯头，弯曲管等管件不能完成弯转角度要求时，可在直线管段利用管道承插口偏转进行调整，但承插口的最大偏转角不得大于 1°，以保证接口的严密性。

（2）当给水管敷设在污水管的下面时，应采用钢管或钢套管，套管伸出交叉管的长度每边不得小于 3.0m，套管两端应采用防水材料封闭。

3）排水管：

（1）排水管道的铺设不得出现无坡、倒坡现象。

（2）两检查井之间的管段的坡度应一致。如有困难时，后段坡度不应小于前段管道坡度。

（3）排水管道转弯和交汇处，应保证水流转角等于和大于 90°，但当管径小于 300mm 时，且跌水高度大于 0.30m 时，可不受此限。

4）排水管道跌水水头大于 1m 时，设跌水井。

1-1-88　工程对管道基础的要求有什么规定？

答：1）给水管道：

（1）如为未经扰动的原状土层，则天然地基进行夯实。

（2）如为回填土土层，则在回填土地段做 300mm 厚灰土垫层。

（3）如为岩石或多石层，则在岩石或多石地段做 150mm 厚砂石垫层。

（4）如为软泥土则应更换土壤或每 2.5～3.0m 做混凝土枕基。

2）排水管道：

（1）120°砂石垫层基础的采用条件：岩石和多石土壤、无地下水，非车行道管下的支管，管顶覆土深 0.7～2.0m，$D<600mm$。

（2）C15、120°混凝土基础的采用条件：管道位于车行道下，土壤条件较差，管顶覆土深 0.7～4.0m，$D200mm～1200mm$。

（3）若采用高密度聚乙烯（HDPE）管，其垫层基础详见厂家技术标准。

1-1-89　管道工程对基础施工有什么规定？

答：1）管道基础应坐落在良好原状土层上，如为刚性接口，基地基承载力特征值 f_{ak} 不得低于 80kPa；如为柔性接口，地基承载力特征值 f_{ak} 不得低于 60kPa，否则应进行地基处理。

2）如采用机械开挖管道沟槽时，应保留 0.20m 厚的不开挖土层，该土层用人工清槽，不得超挖，如若超挖，应进行地基处理。

3）砂石基础的压实系数，按国标 04S516 要求施工。回填土密实度按《给水排水管道工程施工及验收规范》GB 50268—2008 规定施工。

4）地基土被扰动，应采取如下处理措施：

（1）扰动 150mm 以内，可原状土夯实，压实系数＞0.95。

（2）扰动 150mm 以上，可用 3∶7 灰土、卵石、碎石、毛石等填充夯实，压实系数≥0.95。

1-1-90　工程对管道防腐有何要求？

答：1）镀锌钢管、钢塑管埋地敷设时，管外壁刷冷底子油一道，石油沥青二道。当埋于腐蚀性土壤或焦渣层内时，应做加强防腐：在管外壁刷冷底子油一道，石油沥青一道，玻璃布一层，冷底子油一道，石油沥青一道，总厚度不大于 6mm。

2）热镀锌钢管的焊缝处，应涂刷二道防锈漆，并包扎纤维布一道后，再刷石油沥青二道。

3）球墨铸铁给水管：无防腐处理或防腐破坏时，则外壁刷冷底子油一道，石油沥青二道。

1-1-91　管道工程对阀门井和检查井有何规定？

答：1）排水管道埋深小于 1.0m，且管径≤300mm 时，采用 ϕ700mm 砖砌直筒型检查井。

2）单侧或双侧有接入管：

（1）管径≤400mm 时，采用 ϕ1000mm 砖砌检查井。

（2）管径≤600mm 时，采用 ϕ1250mm 砖砌检查井。

（3）管径≤800mm 时，采用 ϕ1500mm 砖砌检查井

3）跌落井采用竖管式砖砌收口式跌水井。

4）给水阀门井采用砖砌收口式阀门井。

5）各种砌砖砌阀门井、检查井等均按有防地下水型进行施工。

1-1-92　管道工程对给排水构筑物有何要求？

答：1）水表按国标 S145/17—12《室外水表井及安装图（通管有止回阀）》进行施工。

2）室外消火栓分别按国标 01S201/21《室外地下式消火栓安装图（SA100/65 型支管深装）》及 01SZ01/24《室外地下式消火栓安装图（SA100/65 型干管深装）》进行施工。

3）酒水栓安装图参见华北标 91SB-给/23 进行施工。

4）消防水泵接合器安装按照国标 99S203/17《SQX 型地下消防水泵接合器安装图》进行施工。

5）雨水口设于有道牙的路面时采用边沟式雨水口，而设于无牙道的路面时采用平箅式雨水口。

6）在车行道上的所有检查井、阀门井井盖、井座均采用重型球墨铸铁双层井座和井盖。人行道下和绿化带的井盖、井座采用轻型球墨铸铁单层井座、井盖。

7）在路面上的井盖，上表面应同路面相平，无路面井盖应高出室外设计标高 50mm，并应在井口周围以 0.02 的坡度向外做护坡。

8）化粪池采用钢筋混凝土化粪池，施工按国标 03S702《钢筋混凝土化粪池》进行。池容积为 100m³ 米采用 13 号。其人孔采用重型球墨铸铁双层井盖、井座。通气管室外采用涂塑钢管。

1-1-93 工程对管道试压有何要求？

答：1）室外给水管道试验应按《给水排水管道工程施工及验收规范》（GB 50268—2008）第 10.2.10 条及第 10.2.13 条之规定进行，试验压力为 0.9MPa。

2）室外排水管的试水要求，应按《给水排水管道工程施工及验收规范》（GB 50268—2008）第 10.3.1 条及第 10.3.6 条之规定进行。

3）给水管道试压合格交付使用前，应按《给水排水管道工程施工及验收规范》（GB 50268—2008）第 10.4.1 条及 10.4.4 条的要求，对管道进行冲洗消毒。

1-1-94 管道工程开槽施工图说明是怎样的？

答：1）根据现场实际情况采用明开槽或支撑槽方式，若工程地下管线较多，应采取先深槽后浅槽的施工方法，多头并进，流水作业，交叉工作，避免施工顺序安排不当、反复刨槽带来经济损失。同槽施工时按市政工程标准回填。

2）明开槽边坡系数可采用 1∶2，沟槽开挖成槽后，槽顶严禁出现振动荷载，成槽后应尽快铺设管道，避免长时间亮槽。

3）施工排水：施工时应根据地下水情况制定合理的沟槽排水方案，降低地下水位至槽底 0.5m，建议采用积水坑加排水沟的方法排除槽内积水。

4）高密度聚乙烯双壁波纹管基槽设计标高以上 0.2～0.3m 的原状土应在铺管前人工清理至槽底标高，严禁超挖。如发现淤泥应清至硬底，然后换填碎石。并整平夯实，槽底如有坚硬物体必须清除，用砂石回填处理。

1-1-95 工程埋地管道基础施工图说明是怎样的？

答：1）埋地钢管、不锈钢管、铸铁管做 150mm 砂基础。

2）高密度聚乙烯双壁波纹管采用砂砾垫层基础。对一般的土质地段，基底可铺一层厚度 H_0 为 0.15m 的粗砂基础：对软土地基，且槽底处在地下水位以下时，宜铺垫厚度 H_0 为 0.25m 的砂砾基础。基础型式的选用见下表 1-1-95 所示。

表 1-1-95

基础型式	设计支承角 α	基础设置要求	说　明
A	90°		适用于管顶覆土 0.7～2.5m

基础型式	设计支承角 α	基础设置要求	说　明
B	120°	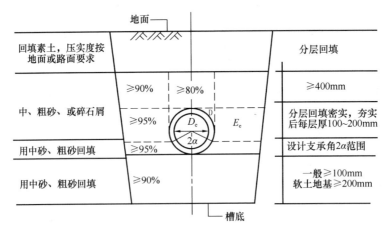	适用于管顶覆土 2.6～4.0m

3）混凝土承插管采用砂石基础，见《国家建筑标准图 90°、120°砂石基础图》。

4）混凝土平口管采用混凝土基础，其做法按《国家建筑标准图 90°、135°混凝土基础图》施工。

5）基槽回填及密实度要求

（1）钢筋混凝土管、钢管、铸铁管

①管道位于车行道下（当年修路），沟槽槽底至管顶以上 0.4m 范围内回填石屑。其余部分还填素土，密实度达到 90% 以上。管顶 0.4m 以上至地面按道路要求施做。

②道路以外的管道，沟槽回填采用素土，其密实度不低于 90%。

（2）高密度聚乙烯双壁波纹管

①管道位于当年修筑路面的车行道下或管道位于软土地层的地段时，沟槽回填应先用中、粗砂将管底腋角部位填充密实，然后用中、粗砂或石屑分层回填至管顶以上 0.4m，其上可回填素土。沟槽应分层对称回填、夯实，每层回填高度应不大于 0.2m。在管顶以上 0.4m 范围内不得使用夯实机具夯实。回填土的压实度，管底到管顶范围内应不小于 90%，管顶以上 0.4m 范围内应不小于 80%，其他部位应不小于 90%。管顶 0.4m 以上若修建道路，按修筑路面或地面要求施做，如下图 1-1-95 所示：

图 1-1-95　管顶路面施工要求

②道路以外的管道，从管底至 0.7D（管径）还填碎石，其上还填素土，密实度达到 90% 以上。

③槽底在管基支承角 2α 范围内必须用中砂或粗砂填充密实，与管壁紧密接触，不得用土或其他材料填充。

1-1-96　管道工程交叉处理施工图说明是怎样的？

答： 管道交叉时按强、弱电管、给水管、排水管顺序从上向下排列，并保证管道垂直间距满足规范、规程要求，否则应按小管让大管、有压让无压原则排序绕行。

1）当上下交叉管道垂直间距（上管外管底与下管外管顶之间最小间距，下同）大于或等于 0.5m 时，下部管道按规定回填，上部管道不做支墩。

2）当上下交叉管道垂直间距小于 0.5m 时，混凝土管道与混凝土管道交叉按下述情况处理：

下面的混凝土管采用 180°混凝土基础，两管之间肥槽部分当上面的混凝土管道直径小于 800mm 时用砖砌回填，等于和大于 800mm 时用 C10 混凝土回填。回填时，在上面的混凝土管道基础下留出 50mm 铺垫砂层，回填宽度等于上面的混凝土管道宽加 300mm。回填长度为 2 倍的大管直径。承插口应离开交叉点，与交叉点距离不得小于 800mm。

3）管径≥$DN400mm$ 的有压管道转弯处应设支墩，按《国标》CS345 施工。

1-1-97　管道工程施工顺序及特殊情况处理施工图说明是怎样的？

答： 1）埋地管道应先铺设下面的管道，从下往上顺序施工。

2）上面的管道坐落在回填土上时，基础以下回填碎石至基础，其上按现行规定处理。

3）凡与构筑物（包括混凝土井）连接的管道，须待构筑物试水沉降基本完成后才能将管道与构筑物接上。

4）各管路尽量同槽施工，并按北京市市政管道施工条例规定施工。

5）中水管道验收时应逐项进行检查，防止误接。

1-1-98　管道工程着色及名称标注施工图说明是怎样的？

答： 1）由于管道种类繁多，为便于识别，防止误接，不同管道采用不同颜色的面漆涂层加以区别，凡地上外露（包括室内）的管道均应涂不同颜色的色环，写明管道的名称，并对各种管道面漆颜色作如下规定：

污水管	黑
雨水管	深灰
煤气管	浅灰
采暖管	银色
普通中水管	浅绿
高品质中水管	黄绿
灌溉给水管	绿
自来水管	蓝
直接饮用水	浅蓝
消火栓、水泵接合器及接管	红

2）各种人孔、检查井盖板均应按市政管理规定标识。

1-1-99　工程管道系统的试验及验收施工图说明是怎样的？

答： 1）热力管按单项设计的施工说明执行。

2）污水管和雨水管的闭水试验执行《给水排水管道工程施工及验收规范》（GB 50268—2008）。也可采用闭气试验，它与闭水试验具有同等效力，闭气试验执行《混凝土排水管道工程闭气试验标准》（CECS 19：90）。

3）高密度聚乙烯双壁波纹管按《室外硬聚氯乙烯给水管道工程施工及验收规范》（CECS 18：90）执行。

4）其余金属管道和钢筋混凝土管道按国标《给水排水管道工程施工及验收规范》（GB 50268—2008）执行。

1.2 工程识图

1-2-1 图纸的线型有几种?

答:图面上的图形都是采用规定的图线画出来的。各种图线的名称、线型、宽度的适用范围如表 1-2-1 所示。

线 型 表 1-2-1

序号	名称	线型	宽 度	适 用 范 围
1	标准实线	——	b	一般可见轮廓线
2	粗实线	——	$>b$	公路平面图、纵断面图上设计线、图框线、结构图中的钢筋线
3	中实线	——	$b/2$	平、纵、横断面图上的设计线,水面线,示坡线
4	细实线	——	$<b/4$	尺寸界线,尺寸线,断面线,斜坡,锥坡,作图线
5	虚线	-----	$b/2\sim b/3$	看不见的轮廓线
6	双点划线	—··—	$\leqslant b/4$	假想轮廓线道路规划中心线
7	点划线	—·—	$\leqslant b/4$	轴线的中心线
8	波浪线	∼	$\leqslant b/4$	表示构造层次的局部界线

注:标准实线的宽度 $b=0.4\sim1.2$mm,同一张图上的标准实线宽度应一致。

1-2-2 绘制图线注意事项有哪些?

答:绘制图线有以下注意事项,见表 1-2-2。

绘制图线的注意事项 表 1-2-2

序号	注意事项	图 例
1	点划线相交时应以长划相交。点划线的起始与终了应为长划	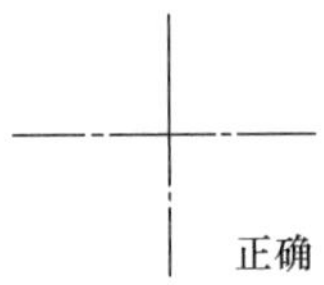 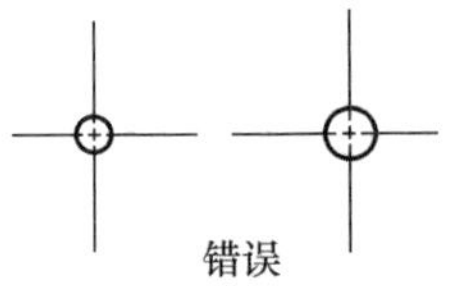 正确 错误
2	图心应以中心线的线段交点表示。中心线应超出圆周约 5mm。当圆直径小于 12mm 时,中心线可由细实线画出超出圆周约 3mm	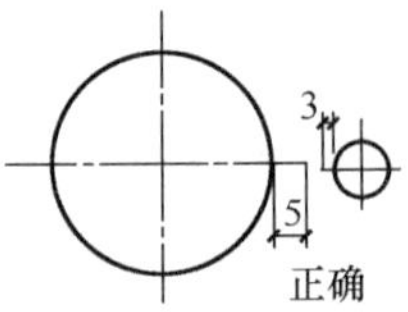 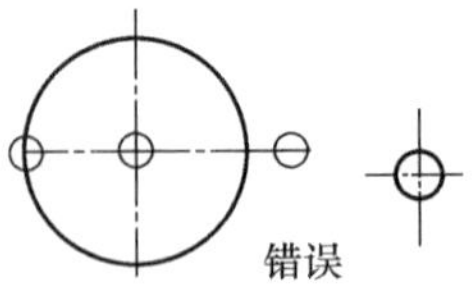 正确 错误
3	虚线与虚线或与其他图线相交时,应以线段相交	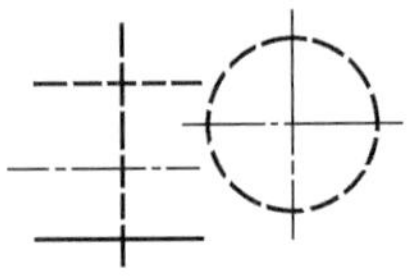 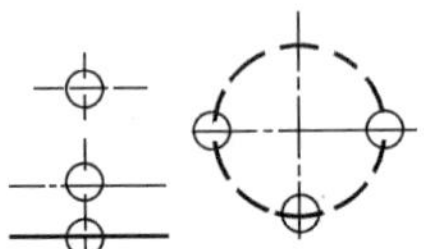 错误

序号	注意事项	图 例	
4	实线与实线相交要整齐	正确	错误
5	虚线与虚线或与其他线垂直相交时，在垂足处不应留有空隙	正确	错误
6	虚线为标准实线的延长线时，不得以短划相接，应留有空隙，以表示两种图线的分界处	正确	不好

1-2-3　尺寸标注的基本规则有哪些？

答：基本规则为：

（1）图上所有尺寸数字是物体的实际大小数值，与图的比例无关。

（2）在市政工程图中，线路的里程桩号以公里（km）为单位；高程，坡长和曲线要素均以米（m）为单位；一般砖、石、混凝土等工程结构物以厘米为单位；钢筋和钢材长度以厘米（cm）为单位，断面尺寸以毫米（mm）为单位。建筑图除标高程为米（m）外均以毫米（mm）为单位。图上尺寸数字之后不必注写尺寸单位，但在说明及技术要求中可注明尺寸单位。

1-2-4　标注尺寸的四要素是什么？

答：一个完整的尺寸应包括尺寸界线、尺寸线，尺寸起止点和尺寸数字四个基本要素，如图1-2-4（1）所示。

（1）尺寸界线的画法

尺寸界线用细实线绘制。并应由图形轮廓线、轴线或对称中心线处引出，也可利用轮廓线、轴线或对称中心线作尺寸界线，如图1-2-4（2）所示。

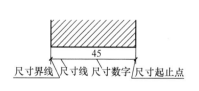

图 1-2-4（1）　标注尺寸四要素

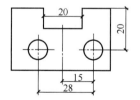

图1-2-4（2）　尺寸界线

（2）尺寸线的画法

尺寸线用细实线绘制。标注线性尺寸时，尺寸线必须与所标注的线段平行。尺寸线不能用其他图线代替，一般也不得与其他图线重合或在其延长线上，如图1-2-4（3）是尺寸线的错误画法。

（3）尺寸起止点的画法

尺寸线的终端可以有下列两种形式：

①箭头　箭头的形式如图1-2-4（4）所示。箭头的尖端与尺寸线接触。在同一张图上箭头大

小要一致。在工程图中在标注圆的直径，圆弧的半径和角度时，尺寸起止点均采用箭头。

②斜短划线　在工程图中一般用斜短划线（中实线）表示，斜短划线向右上方倾斜，成45°倾角，其长度约3毫米。如两尺寸界线内没有足够的地方画短划线，则可由圆黑点代替，但在最外边的起止点必须画短划线如图1-2-4（4）所示。

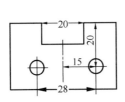

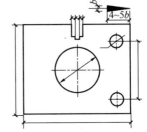

图1-2-4（3）　尺寸线错误的画法　　　　　图1-2-4（4）　尺寸线的终端的画法

（4）尺寸数字

尺寸数字一般标注在尺寸线中间的上方或尺寸线中断处，同一张图上尺寸数字的大小要尽可能一致。如表1-2-4所示。

<table>
<tr><td colspan="3" align="center">常用的尺寸注法</td><td align="right">表 1-2-4</td></tr>
<tr><td>标注内容</td><td align="center">图　　例</td><td align="center">说　　明</td></tr>
<tr><td>尺寸数字
注写方向</td><td></td><td>水平数字头朝上，垂直数字头朝左，并尽量避免在图示30°范围内标注尺寸</td></tr>
<tr><td>角度</td><td></td><td>角度的数字一律写成水平方向，角度用箭头表示。</td></tr>
<tr><td>圆</td><td></td><td>直径的数字前应加符号"ϕ"或"D"，加注"D"时，要在D之后画一等号如$D=14$。
凡圆弧大于半圆，应注以直径尺寸。
圆的直径一般注在圆的内部，如内部不够时也可注在圆的外部。</td></tr>
<tr><td>圆弧</td><td></td><td>凡小于或等于半圆的圆弧，应标注半径尺寸。半径尺寸必须由圆心引出或对准圆心，在数字前加写半径代号"R"。当圆弧半径较大，圆心较远时，半径尺寸线可只画一段，但应对准圆心。</td></tr>
<tr><td>球</td><td></td><td>标注球面直径或球面半径时，须在"ϕ"、"D"或"R"的前面加注球字。</td></tr>
</table>

标注内容	图　例	说　明
坡度	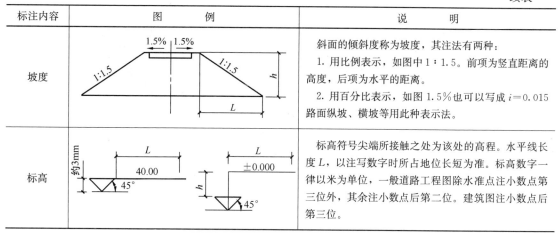	斜面的倾斜度称为坡度，其注法有两种： 1. 用比例表示，如图中 $1:1.5$。前项为竖直距离的高度，后项为水平的距离。 2. 用百分比表示，如图 1.5% 也可以写成 $i=0.015$ 路面纵坡、横坡等用此种表示法。
标高		标高符号尖端所接触之处为该处的高程。水平线长度 L，以注写数字时所占地位长短为准。标高数字一律以米为单位，一般道路工程图除水准点注小数点第三位外，其余注小数点后第二位。建筑图注小数点后第三位。

1-2-5　何谓管道的单线图表示法？

答：由于管道长度与管径相比相差极大，可以假想把管道看成一条线，用单根线条表示管道画出的图，称为单线图。如图 1-2-5 所示立面图用铅垂线表示，平面图用圆圈或圆圈加点表示。

1-2-6　何谓管道双线图表示法？

答：管道双线图是一种将管壁画成一条线的表示方法。如图 1-2-6 是管子垂直放在空间（立管）的双线图表示方法，平面图和立面图上的管子均应画上中心线。

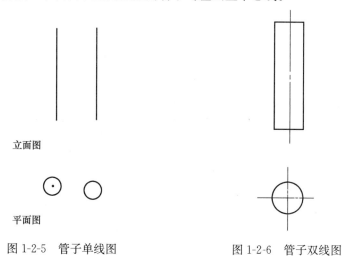

图 1-2-5　管子单线图　　　　　图 1-2-6　管子双线图

1-2-7　什么是供热与燃气管道工程来回弯单线图？

答：两个弯管在同一平面上的组合，一般称为回弯。图 1-2-7 是来回弯的三面投影图，立面图显示了来回弯的实形，它是由弯管 1 和弯管 2 组成；平面图里，弯管 1 投影时先看到立管断口而画成了带点的小圆圈，弯管 2 投影时看到弯管背部，用水平线进入小圆圈中心来表示；侧面图是由两条铅垂线和一个小圆圈组成，弯管 1 投影时看到背部，用直线进入圆圈中心表示，弯管 2 被弯管 1 遮住，用直线画至小圆圈边表示。

1-2-8　什么是摇头弯单线图？

答：两个弯管互成 $90°$ 的组合，一般称为摇头弯。图 1-2-8 是摇头图；平面图里，弯管 1 投影看到背部，画成水平线进入小圆圈中，弯管 2 被弯管 1 遮住，用铅垂线画到小圆圈边表示；侧面图里，弯管 1 投影看到管子断口，用小圆圈加点和铅垂线表示，弯管 2 显示了侧面实形。

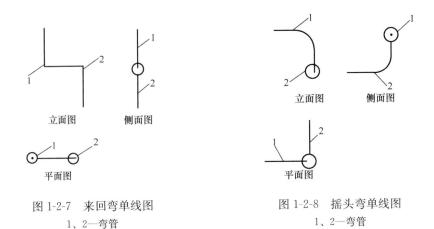

图 1-2-7 来回弯单线图　　　　　　图 1-2-8 摇头弯单线图

1、2—弯管　　　　　　　　　　1、2—弯管

1-2-9 什么是等径三通双线图

答：图 1-2-9 是三通双线图，图 1-2-9（a）是等径正三通双线图，图 1-2-9（b）是等径斜三通图。等径三通两管的交线均为直线。

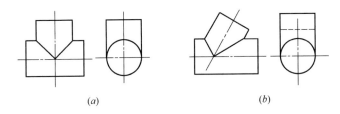

（a）　　　　　　　　　　（b）

图 1-2-9 等径三通双线图

（a）等径正三通；（b）等径斜三通

1-2-10 什么是异径三通双线图？

答：图 1-2-10（a）是异径正三通双线图，图（b）是异径斜三通双线图，异径三通两管交线为圆弧形。

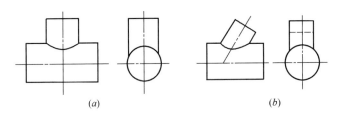

（a）　　　　　　　　　　（b）

图 1-2-10 异径三通双线图

（a）异径正三通；（b）异径斜三通

1-2-11 什么是三通的单线图？

答：图 1-2-11（a）是正三通的单线图，在平面图上先看到立管断口，所以把立管画成一个圆心带点的小圆，横管画在小圆圈边上。在左侧立面图上先看到横管的断口，所以把横管画成一个圆心带点的小圆圈，立管画在小圆圈的两边，在右侧立面图上先看到立管，后看到横管，这时横管画成小圆圈，立管通过小圆的圆心。在单线图里，不论是等径正三通还是异径正三通，其单线图表示形式均相同。等径斜三通和异径斜三通在立面图和侧面图的单线图表示法如图 1-2-11（b）所示。

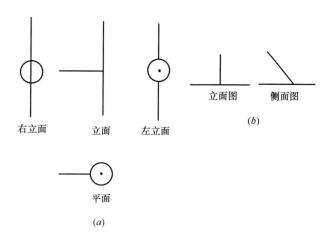

右立面　　　　立面　　　　左立面

立面图　　　侧面图

(b)

平面

(a)

图 1-2-11　三通的单线图

1-2-12　什么是四通的单、双线图？

答：图 1-2-12（a）是等径四通双线图，两根管子十字相交处，其交线呈×形直线。图 1-2-12（b）是等径和异径正四通的单线图。

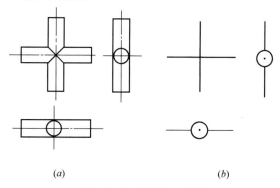

(a)　　　　　　　　　　　　　　　　(b)

图 1-2-12　四通单双线图

1-2-13　什么是异径管的单、双线图？

答：异径管有同心和偏心之分。图 1-2-13（a）是同心异径管的单线图和双线图，同心异径管画成等腰梯形，在单线图里也可以画成等腰三角形。图 1-2-13（b）是偏心异径管的单线图和双线图，偏心异径管不论在平面图，还是在立面图上都用梯形表示。

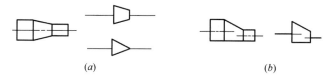

(a)　　　　　　　　　　　　　　　(b)

图 1-2-13　异径管的单双线图

1-2-14　什么是阀门的单线图和带柄的表示画法？

答：在单线图里一般用两个相连接的三角形或实心加手柄线条表示，如图 1-2-14 所示。有的双线图和工艺管道的单线图要求画出阀杆的安装方向，这时凡是投影先看到手轮的，用圆圈画在阀门符号上表示，手柄在后面被遮住的用半圆画在阀门符号上表示。表 1-2-14 是平、立面图上法兰截止阀带柄的几种画法。

图 1-2-14　单线图阀门表示

	阀柄向前	阀柄向后	阀柄向右	阀柄向左
单线图				

1-2-15　设计院对地下管道图例、外线及调压站设计图例、燃气管道一般图例及供热受道一般图例是怎样规定的？

答：分述如下，见表 1-2-15（1）至表 1-2-15（4）。

地下管道图例　　　　　　　　　　　　表 1-2-15（1）

管道名称	图纸着色	横断面图例	平　　面　　图　　例			说　明
			现况（用细线）	设计（用粗线）	计划（用虚线）	
给水（生产）	天兰	⊕				⊗上水井 或 ㊂
给水（生活）	天兰	⊖				
雨水	赭石	⊜				⊗检查井 或 ㊋
水	紫酱	⊜				○ 或 ㊍
煤气（低压）						
煤气（中压）	橙黄	○				㊙煤气井
煤气（高压）						
热力（通行）						
热力（不通行）		◖◗				▭小室 或 ㊐热
热力（半通行）						
电信（直埋，管块）		••• ▦				㊍电信井
电力（直埋，管块）	红	••• ▢				◎电力井
照明电缆（直埋）	红	°				
无轨电力电缆（直埋）	粉红	°				
长途电信电缆（直埋）	绿	°				
广播电缆（直埋）	绿	°				
道路规划中线	红	――――				
道路设计施工中线	红	―――				

注：1. 平面设计中为突出主体工程同时进行设计之管道可将粗线改为双线，如 ――――○――――。
　　2. 拆除之管道在现况上加 ×，如 ―×―○―×― 接现有 ×× 污水管。
　　3. 设计与现况相接应加说明，如 ―――○――― 。
　　4. 线条粗度用管笔时细线虚线宽 0.3mm 粗线宽 0.9～1.0mm。
　　5 本图例为我院统一规定。

外线及调压站设计图例　　　　　　　　　　　　表 1-2-15（2）

序号	名　　称	图　例	序号	名　　称	图　例
1	新建煤气管	―――――	5	高中压调压站	◣
2	现况煤气管线	低　压	6	中低压调压站	◐
3	现况煤气管线	中　压	7	高低压调压站	⊗
4	现况煤气管线	高　压	8	液化气储配站	◨

序号	名　称	图　例	序号	名　称	图　例
9	法兰联接阀门	——⊦▷◁⊦—	21	上水管	井 ⊕(水)
10	丝扣联接阀门	—▷◁—	22	工业管	——I—
11	调长器	——|||——	23	调压器	——⊦▷╱⊦——
12	凝水器	—▶◀—	24	过滤器	⊖
13	套管	—▭—	25	疏水器	◑—
14	大小头	—▷	26	旋塞	—▷◁—
15	现况煤气闸井	(M)	27	止回阀	—▷⫿
16	雨水口	—⊕—	28	水封	⊖⊤—
17	污水管	井 ⊕ – –	29	U型压力计	∪
18	电信管	井 ⊕ /	30	0-200 低压 压力自动记录仪	⊘
19	电力电缆	井 ⊕ ⚡	31	流量孔板	▮
20	热力沟	=======	32	气动阀	⋈

燃气管道一般图例　　　　　　　　表 1-2-15 (3)

编号	名　称	图　例	编号	名　称	图　例
1	粗实线 （新建煤气管道）	——	8	弹簧支架	⊥
2	地沟管	▨▨▨	9	波形补偿器	⎍
3	架空管	·⦂·⦂·	10	放水门	⌐
4	带保温管	⬓⬓⬓	11	放气门	⌐
5	固定支架	—✕—	12	压力表	⊘
6	滑动支架	—▭—	13	温度表	⊡
7	导向支架	—⊤—	14	安全阀	⊀

符号	说明	符号	说明	符号	说明
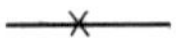	固定支座	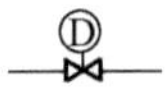	电动调节阀	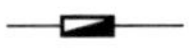	翼轮式水表
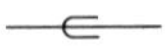	套筒补偿器	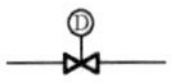	电动阀	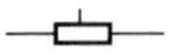	流量变速器
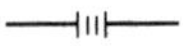	波纹管补偿器	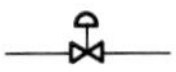	自动调节阀	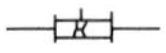	热量计
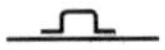	⊓型补偿器	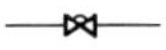	旋塞		泵
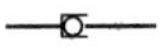	球型补偿器	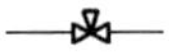	三通旋塞	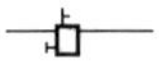	除污器
	堵板		疏水器	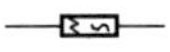	磁水器
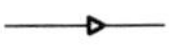	大小头	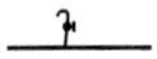	放气装置	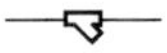	磁性过滤器
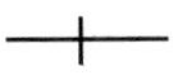	法兰连接	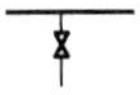	分支管		沉淀器
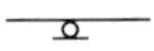	滚动支座	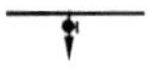	放水装置		分段式快速加热器
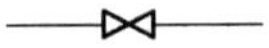	阀门	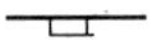	除污短管	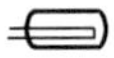	容积式加热器
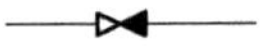	止回阀	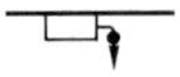	带放水管的除污短管	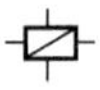	换热器
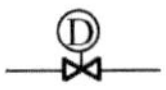	手动调节阀	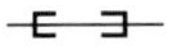	套管敷设段	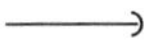	弯管

1-2-16 管道工程有哪些常用图例？

答：兹将《建筑给水排水制图标准》GB/T 50106—2010 和《暖通空调制图标准》（GB/T 50114—2001）等管道工程 67 种图例列于下表 1-2-16 之中：

管道工程部分常用图例 表 1-2-16

序 号	名 称	图 例	说 明
1	存水弯	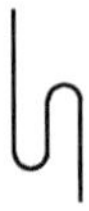	
2	检查口	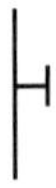	

序　号	名　　称	图　例	说　明
3	清扫口		
4	通气帽		
5	雨水斗		
6	排水漏斗		
7	圆形地漏		
8	方形地漏		
9	自动冲洗水箱		
10	挡　墩		
11	喇叭口		
12	底　阀		
13	自动排气阀		
14	延时自闭冲洗　阀		
15	放水龙头		
16	皮带龙头		
17	洒水龙头		
18	化验龙头		
19	肘式开关		

序　号	名　称	图　例	说　明
20	脚踏开关		
21	室外消火栓		
22	室内消火栓（单口）		
23	室内消火栓（双口）		
24	消防喷头（开式）		
25	消防喷头（闭式）		
26	消防报警阀		
27	水盆、水池		用于一张图内只有一种水盆或水澈
28	洗脸盆		
29	立式洗脸盆		
30	浴　盆		
31	化验盆、洗涤盆		
32	带篦洗涤盆		
33	盥洗槽		
34	污水池		
35	妇女卫生盆		
36	立式小便器		
37	挂式小便器		
38	蹲式大便器		
39	坐式大便器		
40	小便槽		

序　号	名　称	图　例	说　明
41	饮水器		
42	淋浴喷头		
43	雨水口		
44	阀门井、检查井		
45	放气井		
46	泄水井		
47	跌水井		
48	水表井		本图例与流量计相同
49	离心水泵		
50	真空泵		
51	手摇泵		
52	定量泵		
53	管道泵		
54	风　机		
55	压缩机		
56	离心式通风机		
57	轴流式通风机		
58	散热器		
59	热交换器		

序　号	名　　称	图　　例	说　　明
60	水—水热交换器		
61	开水器		
62	喷射器	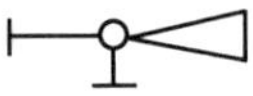	
63	磁水器	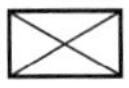	
64	过滤器		
65	除污器	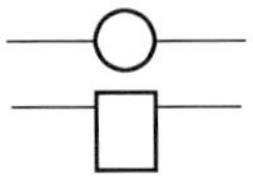 上图：平面 下图：立面
66	暖风机		
67	集气罐	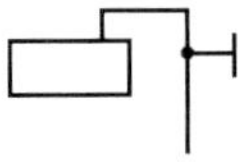	

1-2-17　燃气与供热管道工程中常用哪些管件符号？

答： 燃气与供热管道工程中常用的符号如下：

1) 常用的管件符号

常用管件符号见表 1-2-17（1）。

管　件　符　号　　　　　　　　　表 1-2-17（1）

序号	名　　称	符　　号	说　　明
1	弯头（管）	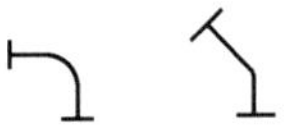	
2	三　通	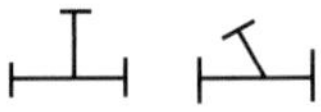	符号是以螺纹连接为例。如法兰、承插和焊接连接形式，可按规定的图形符号组合派生
3	四　通		
4	活接头		
5	外接头	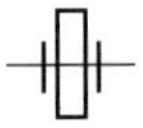	
6	内、外螺纹接头		
7	同心异径管接头	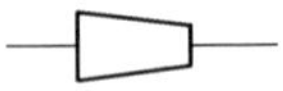	

序号	名 称		符 号	说 明
8	偏心异径管接头	同底		
		同顶		
9	双承插管接头			
10	快换接头		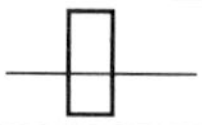	
11	螺纹管帽		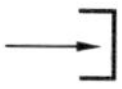	管帽螺纹为内螺纹
12	堵 头			堵头螺纹为外螺纹
13	法兰堵			
14	盲 板			
15	管间盲板			
16	波形补偿器		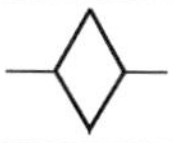	
17	套筒补偿器		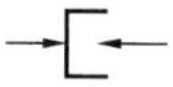	使用时应表示出与管路的连接形式
18	矩形补偿器		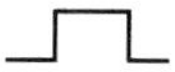	
19	弧形补偿器			
20	球形铰接器			

2）常用管（支）架符号

常用管（支）架符号见表1-2-17（2）。

管 架 符 号 表 1-2-17（2）

序号	名称	管架形式					说明
		一般形式	支（托）架	吊架	弹性支（托）架	弹性吊架	
1	固定管架						
2	活动管架	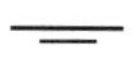			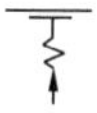		
3	导向管架	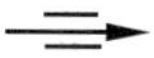		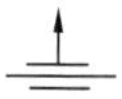		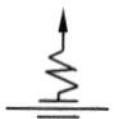	

3）常用的阀门符号

常有的阀门符号见表1-2-17（3）。

常用阀门符号

表 1-2-17（3）

序　号	名　　称		符　号	说　　明
1	截止阀			
2	闸　阀			
3	节流阀			
4	球　阀			
5	蝶　阀		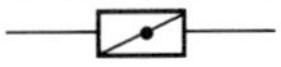	
6	隔膜阀			
7	旋塞阀		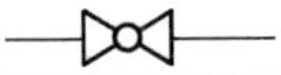	
8	止回阀			流向由空白三角形至非空白三角形
9	安全阀	弹簧式		
		垂锤式	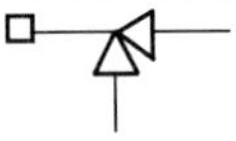	
10	减压阀			
11	疏水阀			
12	角　阀		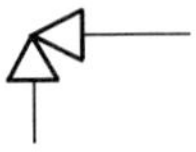	
13	三通阀		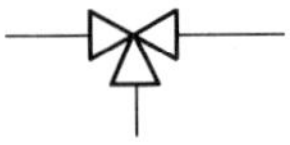	
14	四通阀		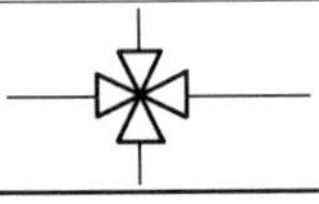	

4）常用阀门与管路连接形式符号

常用阀门与管路连接形式符号见表1-2-17（4）。

阀门与管路一般的连接形式

表 1-2-17（4）

序　号	名　　称	符　号	说　　明
1	螺纹连接		
2	法兰连接		
3	焊接连接		

1-2-18　管道重叠表示法是怎样的？

答：几条管道外在同一铅垂直线上或处于同一水平面上，这几条管道在水平面或立面上的投影就重合在一起了，这就是管道重叠。

在工程制图上管道重叠可以用管线编号的标注方法来表示。在平、立面图里只要编号相同，即表示为同一根管线。如图 1-2-18 立面图里有三根管线，其编号分别为 1、2、3，而平面图上只有一根管线，其编号为 1、2、3，这说明平面图里这一根线（管线）是编号 1、2、3 等三根管线的重合投影。把平、立面对照起来看，就可以断定 1 号管在上，3 号管在下，三根管线处于同一铅垂线上。

1-2-19　何谓折断显露法表示重叠管道？

答：何谓折断显露法，就是几根管线（投影）处于重叠状态时，假想目前向后逐根将管子截去一段，而同时显露出后面几根管子的表示方法。如图 1-2-19 是四根重叠管线，用折断显露法表示的平、立面图。

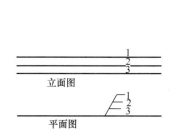

图 1-2-18　三根成排管线的平、立面图　　图 1-2-19　用折断显露法表示的平、立面图

运用折断显露法画管道图时，折断也有明确规定，只有折断符号为对应表示时，才能理解为原来的管线是相通的。通常折断符号用呈 S 形状的一曲、二曲、或三曲表示。如上图中，1 号管线用一曲符号表示，2 号管线用二曲符号表示，3 号管线用三曲符号表示。

1-2-20　管道连接形式有几种？连接符号是怎样的？

答：常见的管道连接形式有 4 种，其中法兰连接、螺纹连接、焊接连接及承插连接的符号见下表 1-2-20。

管道连接形式及其规定符号　　　　　　　　　　表 1-2-20

管道连接形式	规定符号	管道连接形式	规定符号
法兰连接	——┤├——	螺纹连接	———┼———
承插连接	——)——	焊接连接	———●———

1-2-21　何谓管道阶梯剖面图？

答：管道阶梯剖面图是管路系统比较复杂时，为了反映管线在不同位置上的状况，用两个相互平行或垂直的剖切面，对管线进行剖切而得到的剖面图。管道阶梯剖面图又称为管道转折剖面图，按照规定管道阶梯剖面图只允许转折一次，如图 1-2-21（a）所示。管道在两个剖切平面的分界线处，双线管应画成平面，不能画成圆口，如图 1-2-21（b）所示。

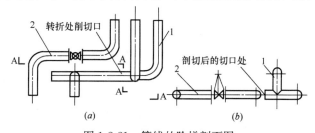

图 1-2-21　管线的阶梯剖面图
（a）管线的平面图；（b）A—A 剖面图

1-2-22　何谓管道轴测图？

答：管道轴测图是用平行投影法，将物体长、宽、高三个方向上形状在一个投影面上同时反映出来的图形如图 1-2-22。它分为两大类，当轴之间夹角为 120°时，画出的管道系统图称为正等测图；当三个轴之间夹角一个为 90°时，而另两个为 135°时，画出的管道系统图称为斜等测图。

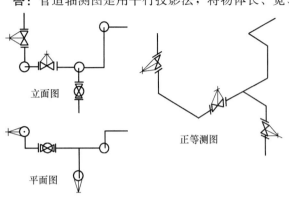

图 1-2-22　管道系统正等测图

图 1-2-22 是一组管路的平、立面图及管路正等测图。通过对三幅图样的分析，可以看出管路由三根立管、三根前后走向管线及两根左右走向管线组成。管路的空间走向，从左面开始是自上而下的立管，立管上装一个阀门，然后向前再向右，在这根左右走向的横管上装有一个阀门，同时由三通开始分成两路：一路自左左继续向右，登高向后再向右，另一路在三通处向前再向下的立管上装有一个阀门。

1-2-23　排水管道设计图，一般有哪些内容？

答：（1）总平面图——用比较大的比例 1∶5000 或 1∶10000 绘制，表明地区排水流域总面积分段汇水面积和管网布局，泄水出路，图纸反映工程全貌和建设作用目的。

（2）平面图——一般用 1∶500 的比例绘制，用一定的图例表明管线的确切位置，与坐标和其他建筑物的关系，并段长度及支线分布。地形地貌等等。由于标注比较详尽，绘图比例也较小，常是多张组成全份图。每张图上划有接图线，右上角划有全份张数和本张次序的符号，如 $\frac{2}{4}$ 全份 4 张之第 2 张。根据图纸给定的数值作定线测量，核对地形地物，办理拆迁占地布置施工。

（3）纵断图——通常用纵向百分之一，横向千分之一，即高程用 1∶100，长度用 1∶1000 的比例绘制，表明管道埋没深度（现状地面及管道流水面绝对高程）。里程桩号（管道长度），分段检查井次序编号（井桩型号），井段长度（L）管径（D），坡度（S），沟管种类。基础种类及与地下其他建筑物之关系，水文地质描述等等，根据纵断图可以考虑施工方案，如开槽断面，排水措施、处理地下障碍的方法，可以计算工程数量，据以编制施工预算，施工作业计划。

（4）标准图亦即通用图，编号有 TPI-1～9 系列，说明排水管道基础、接口、检查井、雨水口、出水口、耐酸管道之技术标准、工艺要求及其详图；TP2-1～3 系列。

说明砖砌方沟断面、钢筋混凝土盖板、附属构筑物之标准尺寸、技术要求及其详图。此外，还有特殊构造之三视图。即上视（平面）、前视（立面）、侧视（侧面），包括剖面、细部大样。

看图要先从总平面图入手掌握工程全貌。再分图、细部详图，了解各部位的关系，工艺要求，构筑物的几何尺寸等等，从而正确指导施工，将设计图纸转化为实物工程。

1-2-24　给水管道设计图，一般有哪些内容？

答：（1）总平面图——常用万分之一的比例测绘，用一定的图例全面表现地区管网布局，供水范围，配水节制等等，使工程规模一目了然。

（2）平面图——一般也是用 1∶500 的比例绘制，用一定的图例标明管线位置与坐标和其他建筑物的平面关系，管件布置及与干支线勾接形成循环管路以及地形地物等等。也是由多张组成全图，每张图在右上角注明图号，并有并接示意图，可以根据图纸实地测量定线，考虑拆迁占地，布置施工。

（3）纵断图——和排水管道图一样也是用纵向百分之一。横向千分之一的比例绘制。除表明管道埋设深度以外（地面高程及管内底高程），还表明管道里程长度和管件安装的具体位置，标明地下各种建筑物与管道的关系数据，处置要求每张图的右上角注有本张图的起止桩号，也有注明共几张图纸和第几张的，管道高程有的设计图采用管中心值，看图前必须弄清。

（4）管件结合图——用示意形式和通用符号，标明各组管件的排列组合，并列有比较详尽的设备材料表。如管件名称、规格、符号、单位、数量、图纸依据等等，便于计划备料组织安装。

（5）标准通用图，按北京市市政设计院现行编号有 TG41～43 系列，分别为管道管件、管道附件井。管道加固支墩等的具体说明，各项工艺要求和各部位的几何尺寸。看图也是应先从点平面了解全部工程规模；平面图上标示的与规划有关的分支管件，要准确掌握安装，必要时需坑探核对；纵断面上标示的排气阀门位置可设在阶段的最高点，吐泥三通则应设在最低点，施工可不受里程桩号限制。

1-2-25　给水排水管道平面图识读时要掌握的主要内容有哪些？

答：给水排水管道平面图识读时要掌握的主要内容如下：

（1）要查明管道的平面位置与走向和各支的方向、长度和直径。

（2）室外给水管道要了解水井表、阀门井、泵站、水塔等构筑物的位置，管道进出的方向以及各构筑物上管道阀门及附件的管道情况。

（3）室外排水管道要了解检查井的编号、位置等情况。检查井是自上游至下顺序编号的，图上用箭头表示流水方向。

1-2-26　雨水管道纵断面图识读时要掌握哪些主要内容？

答：雨水管道纵断面图主要表示，雨水管道的纵断面布置情况。在识读时要掌握的主要内容如下：

（1）查明管道，检查井的断面情况。有关数据列在图纸下面的表格中，一般应有桩号、地面高程、沟管种类、基础种类、水力元素等内容。

（2）由于管道长度方向（图中的横向），比其直径方向（图中的竖向）大得多，为了显示地面的起伏情况，通常采用的比例纵向比横向大 10～20 倍，读图时要注意。

（3）由于纵断面图是沿管道轴线铅垂剖开后画出来的。在读图时注意与该管道相交或交叉的其他管道断面，由于横竖比例的不同，在图中用椭圆表示。

1-2-27　排水管道横断面图主要表示什么？

答：排水管道横断面图主要表示沟槽断面和沟管断面的形状如图 1-2-27 所示。详见排水管道通用图册。

1-2-28　怎样阅读燃气与供热管道施工图？

答：阅读燃气与供热管道施工图要注意以下几点。

（1）首先要查看图样目录、设计说明、图例符号。从目录查对全套图纸是否缺页，选用什么通用图集的相关图样；详细阅读设计说明，掌握设计要领、技术要求和参阅哪些技术规范；图例符号有些施工图不列在首页，而是分别表示在平面图和系统图上，只有弄懂图例符号的意义，才能知道图样所代表的内容。有些首页中有综合材料清单，注意有无特种材料和附件。

（2）阅读平面图时注意管道、设备的相互位置，管道敷设方法，是架空、埋地还是沟敷设，是沿墙还是沿柱子

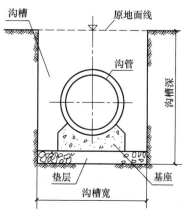

图 1-2-27　管道横断面图

敷设。

工艺流程图反映了设备与管道的连接，各种设备的相互关系，工艺生产的全过程，以及工艺过程中所需要的各种相配合管道的关系。例如，热力站的工艺流程图中就包括给水、排水、热力供水、热力回水等几种管道。

（3）阅读系统图时要注意管道的标高、走向和各管道之间的上下、左右位置，图样上必须标明的管径、变径、标高、坡度、坡向和附件安装位置。剖面图在安装图中，表示设备、管道空间的位置，还可注明管道距建筑物的有关尺寸。纵断面图为室外埋地管道必备的施工图，阅读纵断面图时要搞清埋地管道与地下各种管道、建筑之间的立体交叉关系。

（4）阅读大样图时要注意热力管道中流量孔板和集水器、疏水器等的安装要求。大样图是一种通用图，在具体安装中，在某些细节上由于现场条件变化，有时也得作一些修改。

（5）在读懂全套管道安装图后，可进一步核对材料，先查规格、品种是否齐全后，再计算材料的需要数量。

管道施工图的阅读顺序，并不一定是孤立单独进行的，往往是互相对照起来看，一边看平面图，一边翻阅相关部位的系统图，以便全面正确地进行安装

为了作好安装工作，对复杂的泵房、热力站、调压站等有时绘有综合管道图，将各种管道、电缆、仪表等管线全部标在一张图样上，并标有标高、管径等。此外还要注意土建图样上预埋件、预留洞口等与管道安装图上尺寸一致。

1-2-29　燃气管道平面图识读时要掌握哪些主要内容？

答：室外燃气管道平面图主要表明管道的走向及平面位置，识读时要掌握的主要内容如下：

（1）要查明煤气管道的名称、用途、平面位置及周围的地形地物。

（2）看图时注意用粗实线表示煤气管道的走向和位置，用细实线表示与煤气管平行相邻的其他管道及与煤气管道交叉的其他地上地下管道和构筑物。

（3）查明煤气管道的起点、拐点、终点等，以及钉桩处的节点及里程桩号。

（4）看清管道与道路中心或建筑物的关系以及各闸井的里程桩号和位置。

1-2-30　燃气管道纵断面图识读时要掌握哪些主要内容？

答：室外燃气管道纵断面图，主要表明燃气管道的纵向布道，识读时要掌握的内容如下：

（1）查明与燃气干管交接的管线的名称、高程、管径及其他设备的位置。

（2）看资料表了解设计地面高程、现场地面高程各节点号、桩号等项内容。

（3）管道较多时，有多张图，图签插在最后一张。

1-2-31　供热管道纵断面图识读时要掌握哪些主要内容？

答：室外供热管道纵断面图主要表明供热管道的纵向布置。识读时要掌握的主要内容如下：

（1）了解与供热管道交叉的其他管线埋置情况。

（2）看资料表了解设计地面高程、现况地面高程等项内容。

1-2-32　供热管道横断面图的识读时要掌握哪些内容？

答：供热管道横断面图主要表明管道的横向布置。在识读时要了解图线的意义。在横断面图中粗实线表示管道部分，双点划线表示保温结构，细实线表示土建结构部分的轮廓。还要查明管道横断面高程、管道与支架的连接情况。识读时要与平面图一起对照起来读。

在识读管道类平面图时，首先要熟悉各种图例的符号及其含义。

在识读管道类纵断面图时要注意与平面图对照起来一起读，这样可以进一步弄清各种管道，及其他设备和管线的具体位置，以及它们之间的相互位置。

1-2-33　供热管道平面图识读时要掌握哪些主要内容？供热管道施工图如何阅读？

答：1）室外供热管道平面图主要表明管道的具体平面位置及走向，识读时要掌握的主要内

容如下：

（1）查明管道名称、用途、平面位置、管道直径和连接形式。

（2）看清平面图上各节点及纵横断面图的编号，以便查阅有关图纸。

（3）了解管道支架和辅助设备的布置情况。

（4）管道平面图上用粗实线表示设计管线，用粗虚线表示已建管线。

2）城市供热施工图的阅读方法如下：

（1）查看图样目录、设计说明、图例符号，它们一般放在施工图样的首页。从图样目录查对全套图样是否缺页，选用什么通用图集的相关图样；详细阅读设计说明，掌握设计要领、技术要求和需参阅哪些技术规范；图例符号有些施工图不列在首页，而是分别表示在平面图和系统图上，只有弄懂图例符号的意义，才能知道图样所代表的内容。有些首页中有综合材料清单，翻阅时先作一般了解，看有无特种材料和附件。

（2）阅读平面图或工艺流程图。一般工业与民用管道图可先看平面图，如作为泵房管道安装图，则应先看工艺流程图。平面图表示管道、设备的相互位置，管道敷设方法，是架空、埋地还是地沟敷设，是沿墙还是沿柱子敷设，应在平面图中标明。

工艺流程图反映了设备与管道的连接，各种设备的相互关系，工艺生产的全过程，以及工艺过程中所需要的各种相配合管道的关系。例如，热力站的工艺流程图中就包括给水、排水、热热力供水、热力回水等几种管道。

（3）阅读系统图或剖面图、纵断面图。系统图是按轴测图原理绘制的，立体感强，可以反映管道的标高、走向和各管道之间的上下、左右位置，图样上必须标明管径、变径、标高、坡度、坡向和附件安装位置。剖面图一般用于安装图中，表示设备、管道的空间位置，还可标明管道距建筑物的有关尺寸。纵断面图为室外埋地管道必备的施工图，它反映了埋地管道与地下各种管道、建筑之间的立体交叉关系。

（4）阅读大样图、节点详图和标准图。管道安装图在进入室内时一般有入口图，如热力入口图、煤气平台图、热水供应装置图等，都是绘制成双线管道图，并标明尺寸，确定仪表安装位置和附件设备安装位置。大样图是一些管道连接的通用图样，如给排水中卫生设备的安装，就有若干种类型，可在具体安装时选用；在热力管道中，流量孔板的安装，集水器、疏水器等的安装，也绘有统一的大样图。采暖热交换器、燃气调压器、灶具的安装都有大样图。大样图是一种通用图，在具体安装中，在某些细节上由于现场条件变化，有时也得作一些修改。管道支架、吊架一般绘有通用图集，供安装时选用。上述各相关图样都应熟悉。

（5）在读懂全套管道安装图后，可以再进一步核对材料，先查规格、品种是否齐全后，再计算材料的需要数量。管道施工图的阅读顺序，并不一定是孤立单独进行的，往往是互相对照起来看，一边看平面图，一边翻阅相关部位的系统图，以便全面正确地进行安装。为了作好安装工作，在复杂的泵房、或热力站、调压站等有时绘有综合管道图，将各种管道、电缆、母线、仪表等管线全部标在一张图样上，并标有标高、管径等。此外，安装管道还应查阅土建图样，一份完整的施工设计，在相关的土建图上，都设有预埋件、预留洞，安装时紧密配合，这样可以减少安装的辅助工时、节省材料，而且美观。

1-2-34　看管道图基本要领有哪些？

答：1）必须将几个视图联系起来看。

因为一个视图不能完全准确地反映管线的空间走向，看图时，要根据投影规律，将各个视图联系起来看，而不要孤立地看一个视图。

图 1-2-34 中三组管路的立面图完全一样，如果再看平面图，其区别就非常明显了：图 1-2-34(a)由两个三通组成；图 1-2-34(b)是由一个 90° 弯管和一个三通组成；图 1-2-34(c)是由一个 45° 弯管和一个

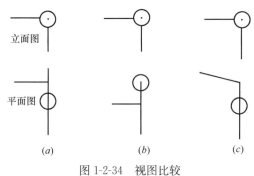

图 1-2-34 视图比较

三通组成。

2）必须认清视图上每一条线和小圆圈的含义。管线正投影图是由线条和小圆圈所组成，因此，看图必须弄清楚各个走向管路在三面投影图上的投影，例如立管在正立面图和侧立面图上都是铅垂线，在平面图上是小圆圈；前后走向管线在正立面图上是小圆圈，在平面图上是铅垂线，且越往下，表示管线越往前，在侧立面图上是水平线；左右走向管线在正立面和平面图上均为水平线，在侧立面图上是小圆圈。

3）必须记住管子、管件、阀门等的表示方法。管路系统是由管子、管件、阀门及其他附件所组成，管道正投影图就是表示管子、管件等的相互关系，因此看图时一定要弄清楚管子及其附件的表示方法，对于管道交叉、重叠的表示方法也要记住，将有关的规定应用于看图过程中去。

1-2-35 看图的方法与步骤有哪些？

答：（1）看图时首先要弄清图纸上给出的是哪些视图及各视图之间的关系。然后以立面图为主，联系其他视图，应用直线的投影特性，将管路系统分成一根一根管线。图 1-2-35 所示是一组管线的平、立面图。以立面图为主，对照平面图，将管路系统分成六根管线，其编号为 1、2、3、4、5、6。

（2）旋转复位想像管线走向。根据三面投影图的投影规律，按照已经分开并编号的管线，在平、立面图上逐一对照，然后经旋转复位即可想像出管路的走向。图 1-2-35（a）所示这组管路的 1 号管线，在平面图上是个小圆圈，在立面图上是铅垂线，说明它是自上向下的一根立管；2 号管线，在平面图上是铅垂线，立面图上看到的是弯头背部的圆圈符号，所以 1 号管与 2 号管组成一个弯管，2 号管是自前向后；3 号管线和 5 号管线，在平、立面图上都是水平线，说明这两根管线是左右走向的管路；4 号管线和 6 号管线与 1 号管线相同，均为立管。

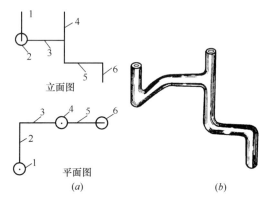

图 1-2-35 管路的看图方法
（a）平、立面图；（b）立体图

（3）综合起来想像整体。搞清楚了各条管线的走向之后，再根据各条管线之间的相互关系，综合起来，将整个管路系统的组成及空间走向就想像出来了。图 1-2-35（a），1、2、3 号管线组成了一个摇头弯、4、5、6 号管线组成了一个来回弯，摇头弯与来回弯之间用三通形连接起来，这条管路的空间走向如图 1-2-35（b）所示。

1-2-36 如何补画第三视图？

答：根据给出的两个视图，补画所缺的第三视图，是培养看图能力和检验能否看懂视图的一种有效的方法。补画第三视图，实际上是看图和画图的综合练习，要充分发挥想像力。首先要根据已知的两个视图想像出管路的组成及管路系统的空间走向，然后根据投影规律，采用对线条的方法画出第三视图。

图 1-2-36 是一组管路的平、立面图，要求画出该管路的左视立面图。

经过对图 1-2-36 的分析，可以看出该管路系统由四根管线组成。利用旋转复位法使管路恢复到空间位置，可以想像出这组管路系统由两个弯管以三通方式连接而成，有两根立管（其中一根立管上装有阀门），一根是左右走向的管线，一根是前后走向的管线，并装有阀门。

利用投影规律，即"三等"关系，将立面图中管线高度变化处向右引水平线，在平面图里将管线前后尺寸变化处向右引水平线，并等距向上转弯，使这些引线相交于各点。

将管路上的管线分别编号，利用相同编号管线对应相交，即1号对1号，2号对2号，3号对3号，4号对4号进行相交，然后根据管道单线图的表示方法，画上相应的符号，这样管路的左视立面图就补画完成了，如图1-2-36所示。

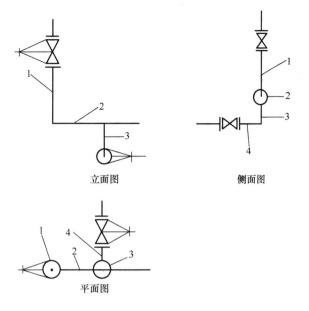

图 1-2-36　管路的平、立面图

1-2-37　在住宅区修建市政工程怎样做好图纸会审工作？

答：小区图纸会审是一项极其严肃和重要的技术工作，是施工准备阶段技术管理的主要内容之一。认真做好图纸会审，对于减少施工图中的差错，完善设计，提高工程质量和保护施工顺利进行都有重要的意义。

怎样才能做好图纸会审呢？主要应采取以下一些做法。

1）图纸会审的程序和审图重点

图纸会审总的程度应该是，先分别学习，后集中会审；先专业单位自审，后由设计、施工、建设单位共同会审。

图纸会审一般分以下三步进行：

（1）熟悉图纸

当施工单位接到新开工程的施工图纸后，各级技术管理人员，包括该工程的施工员、质量检查员、预算员、放线员、测量员及主要工种的班组长等，都应仔细阅读、全面熟悉图纸。

熟悉图纸的重点：

总图的建筑物坐标位置、与单项工程建筑平面图是不是一致。道路、构筑物设计标高是不是可行及定位表达是不是明确无误，建筑物与地下构筑物及管线之间有没有矛盾。

（2）专业自审

在熟悉图纸的基础上，组织本专业系统有关人员集中进行统一查对图纸，核实存在问题，并由该工程主管技术员将存在问题整理归纳，以便提交综合会审会上研究解决。

专业自审图纸的重点：

①设计图纸及有关说明是不是齐全、清楚、明确，图纸设计尺寸等有没有错误或遗漏，图纸之间有没有矛盾，预留孔洞、预埋件、大样图或采用标准构配件图的型号、尺寸有没有错误和矛盾。

②查阅工程地质勘察资料，注意地基处理和基础设计、建筑物与地下构筑物、管线之间有没有问题。在地震区，还应考虑结构抗震性能是不是良好。

③管道、建筑、结构、装修之间有没有矛盾。

④主要结构的设计在强度、刚度、稳定性等方面有没有问题，主要部位的建筑构造是不是合理，设计计算的假定条件和采用的处理方法是不是符合正常施工的实际情况，施工时有没有足够

的稳定性，对安全生产有没有影响。

⑤图纸设计是不是与当地的施工条件及施工能力相一致。

⑥设计中提出的新结构、新技术、新工艺、新材料和特殊工程、复杂工程的技术要求，本单位是不是能够做到。

（3）会审

在各专业已搞完本专业图纸自审以后组织建设单位、设计单位、土建及设备安装等有关施工单位进行图纸综合会审。

图纸综合会审会上，首先由设计单位进行设计交底。然后，由各专业施工单位将自审中整理归纳出的问题一一提出来，与设计、建设单位进行协商。专业之间的施工技术配合问题一并在该会上予以研究解决。

图纸会审的重点：

①土建、安装等各专业施工图纸是不是齐全，审批手续是不是完备，设计是不是符合国家有关的经济和技术政策、规范规定。

②各专业施工图本身存在的问题及解决办法。

③专业图之间坐标、标高等重要数据是不是一致，有没有"错、漏、碰、缺"状况。

④土建图上提供外专业使用的预留孔洞、预埋件规格、数量、位置和有关专业图是不是一致。

⑤各种外部管道、电缆、电线同建筑物内部各专业图是不是衔接一致，碰头位置是不是明确。

⑥建筑安装与土建施工的配合上存在哪些技术问题，设备安装的一些特殊要求土建施工水平能不能达到，专业之间平行立体交叉作业应怎样协调等。

2）图纸会审的组织领导

图纸会审工作必须有组织、有领导、有步骤地进行，并按工程的性质、规模大小、重要程度、特殊要求的高低等分级组织进行。

一般小型工程由工区（队）一级技术负责人组织熟悉图纸、专业自审及带队参加综合会审。公司技术主管部门派员参与该项工作。

大、中型工程或特殊、重要工程由公司技术负责人组织熟悉图纸、专业自审。综合会审时，公司技术负责人带队参加。除担负工程施工任务的工区（队）有关人员参加综合会审外，公司生产、技术、质量、安全等主管部门领导及工程主管科员均应参加。

当土建、水、电、暖等工程任务是由同一施工单位承担时，拟可由公司技术负责人先行在公司内部组织各专业之间的初审，然后，再参加综合会审。

图纸会审是甲、乙、丙三方共同对正式施工前的施工图纸进行审查的重要会议。会审会由建设单位负责召集，建设单位、设计单位、道路、土建、安装等有关施工单位派代表参加。

对规模大、技术复杂、施工周期长的工程当一次会审有困难时，也可按开工先后顺序分阶段进行。

3）图纸会审记要的形成与执行

综合会审会上各专业提出的问题及最后商定的处理意见，建设单位应详细记录，并整理成正式文件，即图纸会审记要。有些问题，需要设计做重大变更或在会审记要中用文字说明不太明确时，应由设计单位另出修改图或变更通知。

整理成文的图纸会审记要，三方代表签名，加盖各单位的公章，同施工图纸份数一样下发给有关单位。

图纸会审记要是施工图的补充、修改和说明。它同施工图一样，是施工单位施工的主要依据之一。记要中议定的问题，不得在施工过程中随意改动和变更。工程交工验收时，图纸会审记要应归入工程技术档案。

在施工过程中，发现图纸仍有差错或与实际情况不符或施工条件变化，如供应材料规格、品种、质量不能完全符合设计要求等，需要进行施工图的修改时，必须严格按设计变更签证手续办理。

目前，图纸会审在许多建筑施工企业已经形成制度，并收到了良好的成效。但有些单位对此重视不够，拿到图纸不进行会审就仓促组织施工，施工中出现问题，便"头疼医头、脚疼医脚"，既不考虑设计意图，又造成了极大的窝工浪费现象。还有的单位图纸会审"走过场"，不细不深，施工过程中搞的手忙脚乱，正常的施工程序受到了影响。这些深刻的教训应引以为戒。只要领导干部和广大技术管理人员高度重视，图纸会审同其他技术管理工作一样，在提高工程质量，保证施工顺利进行等方面将发挥更大的作用。

1-2-38 什么叫标准图

答：标准图是把许多构件、配件、做法按一定的模数统一规格化，可以在不同的工程设计和施工中直接选用，这些规格化的图纸叫标准图。

市政工程中，标准图也很多，如：下水管接口基础，检查井、雨水口、连接井、出口，上水闸井、消火栓井、热力的固定支架、活动支架等。

在设计图中只要标明选择的标准图号即可，如在下水管道图中只标明检查井的图号，如图1-2-38所示。看标准图时要注意以下几点：（1）标准图（通用图），构件型号是按系列化顺序编制的，规格、种类很多。在看图时首先要认真核对构件的编号，千万不要弄错。如果由于不仔细弄错了，可能出现加工的构件安装时用不上，或外形虽然相同，但配筋不同，承重能力不同，用上后很可能造成质量事故。

图 1-2-38 标准图示例

（2）标准图集一般图幅很小，且节点大样密密麻麻布满图面，有的字体很小，初学者会感到眼花瞭乱。看图时首先要认真核对哪部分是与已有关的，要把每个节点和构件整体对照起来看，把每节点看明白拼在一起。

（3）单体构件图要和安装部位对照看，核对尺寸是否相符，防止由于某种疏忽造成按图集施工的构件，安装时尺寸发生矛盾。

1-2-39 北京地区现行使用管道工程的主要标准图集有几种版面？

答：有3种：

1)《建筑安装工程施工图集（8 管道工程）》，中国建筑工业出版社 2014 年 1 月；

2)《市政工程施工图集（JS给水 PS排水）》，中国建筑工业出版社 2003 年 8 月；

3)《建筑设备施工安装通用图集（91SB3 91SB4）》，华北地区建筑设计标准化办公室 1992 年 5 月。

1-2-40 《建筑设备施工安装通用图集（91SB）》有几个系列？

答：本图集共九个分册，编号、名称及编制单位如下：

91SB1	暖气工程	北京市建筑设计研究院
91SB2	卫生工程	北京市建筑设计研究院
91SB3	给水工程	河北省建筑设计院
91SB4	排水工程	太原市建筑设计院
91SB5	锅炉房工程	北京市建筑设计研究院主编
		内蒙古自治区建筑设计院协编

91SB6	通风与空调工程	北京市建筑设计研究院主编
		天津市建筑设计院协编
91SB7	制冷工程	天津市建筑设计院
91SB8	煤气工程	北京市煤气热力设计院
91SB9	热力工程	北京市煤气势力设计院

1-2-41 《建筑安装工程施工图集》8 册各有什么内容？

答： 建筑安装工程施工图集（1～8 册）（第二版），每册内容如下：

1 消防 电梯 保温 水泵 风机工程

2 冷库 通风 空调工程

3 电气工程

4 给水 排水 卫生 煤气工程

5 采暖 锅炉 水处理 输运工程

6 弱电工程

7 常用仪表工程

8 管道工程

本套图集（1～8 册），每部分的编号由汉语拼音第一个字母组成，编号如下：

XF—消防；   KT—空调；   GL—锅炉；

DT—电梯；   DQ—电气；   SCL—水处理；

BW—保温；   JS—给水；   SY—输运；

SB—水泵；   PS—排水；   RD—弱电；

FJ—风机；   WS—卫生；   JK—仪表；

LK—冷库；   MQ—煤气；   GD—管道。

TF—通风；   CN—采暖；

1-2-42 给水排水工程标准图有哪三册？

答： 在给水排水工程的施工图中，除给水排水平面布置图、系统图及不量的详图外，为减小图纸数量及重复劳动，国家编制出版了"给水排水标准图集"，供工程设计人员选用，这些"标准图"在工程图纸中一般不再图示，而是直接指明选用的"标准图号"。

"给水排水标准图集"共分为三册，每册又分上、下两本，每册的主要内容如下：

第一册（S1）：给水水箱、贮水罐、开水器、热交换器的选用及安装图；阀门、水表及排气、排泥阀的安装图；管道保温、管道支架的选用及安装图。

第二册（S2）：化粪池、排水检查井、跌水井的构选图；小型排水构筑物、雨水口的构造详图；排水管道基础、接口及排出口构造详图。

第三册（S3）：钢制管道零件的制作大样图；水池、水塔附属设施、配件的安装详图；投药、消毒、计量设备的安装详图；室内卫生设备安装详图。

1-2-43 绘制下水道竣工图的技术要求是什么？

答：（1）平面图要求平面图的比例尺一般采用 1：500～1：2000。平面图中除应包括平面图绘制一般要素外，还应绘制如下内容：

①管线走向、管径（断面）、附属设施（检查井、人孔等）、里程、长度等，及主要点位的坐标数据；

②主体工程与附属设施的相对距离及竣工测量数据；

③现状地下管线及其管径、高程；

④道路甬中、路中、轴线、规划红线等；

⑤预留管、口及其高程、断面尺寸和所连接管线系统的名称。

（2）纵断面图内容，应包括相关的现状管线、构筑物（注明管径、高程等），及根据专业管理的要求补充必要的内容。

1-2-44 竣工图的绘制方法有哪几种？

答：绘制竣工图以施工图为基本依据，按照施工图改动的不同情况，采用重新绘制或利用施工图改绘成竣工图。

（1）重新绘制

有如下情况，应重新绘制竣工图：

①施工图纸不完整，而具备必要的竣工文件资料。

②施工图纸改动部分，在同一图幅中覆盖面积超过三分之一，及不宜利用施工图改绘清楚的图纸。

③各种地下管线（小型管线除外）。

（2）利用施工图改绘竣工图

有如下情况，可利用施工图改绘成竣工图：

①具备完整的施工图纸。

②局部变动，如结构尺寸、简单数据、工程材料、设备型号等及其他不属于工程图形改动，并可改绘清楚的图纸。

③施工图图形改动部分，在同一图幅中覆盖图纸面积不超过三分之一。

④小区支、户线工程改动部分，不超过工程总长度的五分之一。

1-2-45 利用施工图改绘竣工图，基本上有哪两种方法：

答：1）杠改法

对于少量的文字和数字的修改，可用一条粗实线将被修改部分划去，在其上方或下方（一张图纸上要统一）空白行间填写修改后的内容（文字或数字）。如行间空白有限，可将被修改点全部划去，用线条引到空白处，填写修改后的情况。

对于少量线条的修改，可用"×"号将被修改掉的线条划去，在适当的位置上划上修改后的线条，如有尺寸应予标注。

2）贴图更改法

原施工图由于局部范围内文字、数字修改或增加较多、较集中，影响图面清晰；线条、图形在原图上修改后使图面模糊不清，宜采用贴图更改法。即将需修改的部分用别的图纸书写绘制好，然后粘贴到被修改的位置上。重大工程一般宜采用贴图更改法。

不论用何种方法绘制排水管道工程的竣工图，如设计管道轴线发生位移、检查井增减、管底标高变更或管径发生变化等，除均应注意实测实量数据外，还应在竣工图中注明变更的依据及附件，共同汇集在竣工资料内，以备查考。

当检查井仍在原设计管线的中心线位置上，只是沿中心线方向略有位移，且不影响直线连接时，则只需在竣工图中注明实测实量的井距及标高即可。

1-2-46 竣工图编制的注意事项三要素是什么？

答：竣工图的编制必须做到准确、完整和及时，图面应清晰，并符合长期安全保管的档案要求，具体应注意以下几点：

（1）完整性：即编制范围、内容、数量应与施工图一致。在施工图无增减的情况下，必须做到有一张施工图，就有一张相应的竣工图；当施工图有增加时，竣工菌也应相应增加；当施工图有部分被取消时，则需在竣工图中反映出取消的依据；当施工图有变更时，在竣工图中应得到相应的变更。如施工中发生质量事故，而作处理变更的，亦应在竣工图中明确表示。

（2）准确性：增删、修改必须按实测实量数据或原始资料准确注明。数据、文字、图形要工整清晰，隐蔽工程验收单、业务联系单、变更单等均应完整无缺，竣工图必须加盖竣工图标记章，并由编制人及技术负责人签证，以对竣工图编制负责。标记章应盖在图纸正面右下角的标题栏上方空白处，以便于图纸折叠装订后的查阅。

（3）及时性：竣工图编制的资料，应在施工过程中及时记录、收集和整理，并作妥善的保管，以便汇集于竣工资料中。

1-2-47　编制竣工图时，如何正确采用贴图更改法来完成竣工图？

答：采用贴图更改法来完成竣工图，是将需修改的部分用别的图纸书写绘制好，然后粘贴到被修改的位置上。如果设计管道轴线发生偏移，检查并增减，管底标高有变更或管径发生变化等均应注明实测实量数据外，还应在竣工图中注明变更的依据及附件，共同汇集在竣工资料内以备查考。

当检查井仍在原设计管线的中心线位置上，只是沿中心方向略有位移，且不影响支连管的连接时，则只需在竣工图中注明实测实量的井距及标高即可。

1.3　管道工程施工测量

1-3-1　管道工程施工测量的主要内容有哪些？

答：管道工程施工测量的主要内容有：

（1）熟悉设计图纸、勘察现场情况、掌握施工进度计划、制定施工测量方案；

（2）按设计要求校核或测设中线桩及水准点；

（3）测设施工中线位置及构筑物位置控制桩、加密施工水准点；

（4）槽口放线（开槽边界线放线）；

（5）埋设坡度板，在坡度板上投测中线位置、钉中心钉；

（6）测设高程钉；

（7）施工过程中校测、检查、补充标志及检测中线位置及高程。

（8）竣工测量及资料整理。

1-3-2　工程施工测量包括哪些内容？

答：工程施工测量应包括交接桩、验线、建立临时控制网点、施工测量、变形测量、竣工测量以及依合同规定建立永久观测标志等。

1-3-3　测量人员施工前要做哪些准备工作？

答：测量作业人员进施工测量前，应认真学习设计文件，对勘测单位提供的基准点、基准线、高程测量控制资料和施工图规定的控制资料进行内、外等复核。复核过程中发现不符或与相悖施工路段或与地上、地下建（构）筑物的衔接有矛盾、疑问时，应向建设单位（监理工程师）提出，取得准确结果。

施工前应根据工程合同规定的质量标准，结合现场环境条件，编制施工测量方案，指导测量，布置平面，高程控制网，确定各部位施测方法，首级控制桩的保护措施及组织分工等。

1-3-4　高级测量放线工在业务上应具备哪些基本能力？

答：应具备的基本能力有以下 7 项：

（1）识图、审图及绘图的能力；

（2）掌握不同施工方法进行测量放线的能力；

（3）了解仪器构造、原理，掌握仪器使用、检校与一般维修能力；

（4）各种测量的计算与校核能力；

（5）了解误差基本理论，处理误差及观测数据的能力；

（6）了解工程测量基本理论，针对不同工程采取不同精度、不同测法及校测能力；

（7）综合分析、处理问题、保障安全生产、防止事故与预估预控能力。

1-3-5　测量放线人员如何做好图纸自审和参加图纸会审？

答：（1）图纸自审是接到图纸后，要把全套图纸和有关技术资料仔细全面查阅一遍，把图中"错、漏、碰、缺"尺寸不交圈、标高不对应等差错与问题要一一记出，尤其是对总平面图中的建设用地界限（即建筑红线）、建筑总体布局、定位依据和定位条件要搞清楚。要以轴线图为准，校核建施图与结施图尺寸、标高是否交圈、对立等。

（2）图纸会审是由建设单位（甲方）组织召集，有建设单位、监理单位、设计单位、施工单位及相应的其他原位的技术人员参加的会议并进行设计交底、核对图纸内容、解决图纸中存在的问题与施工中可能出现的问题。测量人员参加会审一定要在会上明确解决：定位依据、定位条件、图纸有关尺寸及标高问题，以取得正确的设计数据。

1-3-6　工程交接桩与验线测量测量人员的职责是什么？

答：测量人员在开工前齐参加由建设单位组织的桩点交接手续，并形成文件。

复测给线测量应在合同约定期内结束，并向建设单位（监理工程师）提交复测报告，经监理工程确认后方可使用。

1-3-7　测量桩位交接要符合哪些要求？

答：测量桩位交接应符合以下要求：

（1）交接桩应有桩平面位置图。

（2）交接桩的数量应根据工程规模，内容确定。当与其他工程衔接时，应向施工分界外延伸至少一点平面控制点和一个高程控制点，作好联测工作。

（3）接桩时应查看桩点位置是否松动或移动，若发生松动、移动，应提出补桩要求。

（4）接桩时应逐一记录现场点位。作好桩位标记，并宜作好栓桩及栓桩标记。

（5）接桩后立即对标桩采取加固与保护措施。

1-3-8　交桩点（施工测量的首级控制点）要满足什么要求？

答：凡国家有关技术标准规定的各种精度的三角点，一级、二级、三级导线点以及相齐精度的 GPS 点均可作为施工测量的首级控制。

勘测单位提供的首级控制点（交桩点）点位中误差（相对起点算）不得大于 ± 2cm。

交桩点应为 2 个以上，以满足施工控制需要。

1-3-9　何谓 WGS-84 坐标系？有何意义？

答：1984 世界大地坐标系（WGS84 坐标系）是原点位于地球质心，4 轴指向 1984.0 的零子午面和赤道的交点，其椭球长半轴是采用国际联合会 17 届大会推荐 $a=6378137$m，GPS 测出的点位即为该坐标值。

GPS 接收显示的是 WGS-84 坐标系的值，它可以通过一定的数学关系转换为 1980 国家大地坐标系及 1954 北京坐标系或其他坐标系。

我国 1980 国家大地坐标系（也叫西安大地坐标系）采用了 1975 年国际大地测量与地球物理联合会第 16 届大会推荐的地球椭球参数为 $a=6378140$m，$a=1/298.257$。

1954 北京坐标系采用了 1942 年克拉索夫斯基椭球作为参考椭球体（$a=6378245$m，$a=1/298.3$），此椭球普通低于中国大地水准面，且自东向西倾斜。

决定地球椭球体形状和大小的参数是旋转椭圆的长半轴(a)短半轴(b)和扁率 $a=(a-b)/a$。

1-3-10　何谓管道工程的设计测量？

答：对于带状管道工程的设计测量，主要是根据附近的测量控制点将其规划中线测设到实地上，并以中线桩为准，施测一定宽度，比例尺为 1∶500 的带状地形图和纵、横断面图，作为工程平面布置及高程、坡度等设计依据。

1-3-11 管道施工测量的顺序是什么？

答：（1）首先是恢复校测设计测量所定的中线桩位。（2）以中线为准，放样工程构筑物的各主要轴线。（3）根据构筑物轴线再进行细部放样，并设置用于施工的标志，作为按图施工的依据。

1-3-12 管道施工测量要注意什么问题？

答：开工前对中线桩的位置，应采取妥善的保留措施，以便施工中随时检查和恢复中线，这是施工测量顺利进行的基本保证。在地下管道施工中，多在沟槽上埋设坡度板，用于控制管道中线高程和坡度；在用顶管法施工时，用经济仪和水准仪或激光导向仪控制掘进方向；在用盾构法施工中，则需要 3 个坐标参数定位，3 个旋转角参数控制掘进方向；在广场施工中，可采用边长 5～10m 的方格网控制场地平面位置与高程，也可以用激光平面仪控制高程。

1-3-13 三角测量、边角测量及导线测量是什么意思？

答：三角测量是在地面上选定一系列点，构成连续三角形，测定三角形各顶点水平角，并根据起始边专、方位角和起始点坐标，经数据处理确定各顶点平面位置的测量方法。

边角测量是综合应用三角测量和三边测量确定各顶点平面位置的测量方法。

导线测量是在地面上按一定要求选定一系列的点依相邻次序连战折线，并测量各线段的边长和转折角，再根据起始数据确定各点平面位置的测量方法。

1-3-14 附合导线、闭合导线是什么意思？

答：附合导线是起止于两个已知点间的单一导线。闭合导线是起止于一个已知点的封闭导线。

1-3-15 中桩、中心桩、中线测量是什么意思？

答：中桩表示中线位置和线路形状，沿线路所设置的标有高程桩号的标志。

中心桩是建（构）筑物在放样时，表示其中心点位置的桩。

中线测量是沿选定的中线测量转角，测设中桩，定出线路中线或实地选定线路中线平面位置的测量工作。

1-3-16 何谓综合管线图？

答：表示一个地区所在地下管线的位置、相对关系、高程及主要建筑物、构筑物的图。

1-3-17 施工控制测量分为哪两项内容？

答：施工控制测量分为平面控制和高程控制两项内容。分述如下：

（1）平面控制网：在全国范围内建立的控制网称国家控制网。分一、二、三、四 4 个等级。

一等精度最高，可以控制较低级点。施工控制网有的是在国家控制网的基础上连测而建立的，有的是测区独立建立的。一般有小三角网和导线网两种形式。位于三角形顶点或导线转点的点称为控制点，施工测量就是使用这些点，用它来测量定位，把图纸上建筑物的位置标定在地面上。

小三角网的布网形式如图 1-3-17（1）所示各项技术指标见表 1-3-17（1）。

小三角测量的技术要求 表 1-3-17（1）

等级	平均边长（m）	测角中误差（s）	三角形个数	起始边边长相对中误差	最弱边长相对中误差	测回数 J_6	测回数 J_2	三角形最大闭合差（s）	方位角闭合差（s）	备注
一级	1000	±5	6～7	1∶40000	1∶20000	6	2	±15		
二级	500	±10	6～7	1∶20000	1∶10000	2	1	±30		

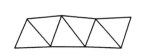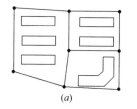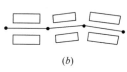

图 1-3-17（1）　三角网布置形式　　　　　图 1-3-17（2）　导线网布网形式

导线网见图 1-3-17（2）和表 1-3-17（2）。

导线测量的技术要求　　　　　　　　　表 1-3-17（2）

等　级	相对闭合差	平均边长（m）	测角中误差（s）	边长丈量较差相对误差	测　回　数		备　注
					J_6	J_2	
一　级	1：10000	200	±6	1：20000	4	2	
二　级	1：5000	100	±12	1：10000	2	1	

小三角网多于建筑区域较大的新兴建筑区或较大型工程。图 1-3-17（2）（a）称闭合导线，多用于城市街区建筑物密集区域。图 1-3-17（2）（b）称支导线，多用于铁路、管道工程等狭长地带。

（2）高程控制网

国家高程控制网分一、二、三、四等四个等级。建筑场地的高程控制网一般是采用三、四等水准测量的方法建立的。大型建筑区高程控制网分两级布置，首级为三等，用四等加密。中小型场区一般为四等水准控制。控制点的距离不大于 1km。每测区不少于三点。

1-3-18　建筑坐标与测量坐标的表示形式是什么？

答：总平面图上用细实线画建筑坐标（B、A）格，用交叉十字线画测量坐标（y、x），并在附注中注明两种坐标的换算公式。矩形建筑物若与坐标轴平行，可只标注其对角坐标。

1-3-19　定位轴图的审核原则有哪几条？

答：定位轴线图的审核原则是：①先校整体四廓尺寸交圈后，再查细部尺寸；②先审定基本依据数据正确无误后，再校核推导数据；③必须采用独立、有效的计算校核方法；④工程总体布局合理、适用，各局部布置符合有关规范要求。

1-3-20　何谓施工方格网？

答：从下三方面来说明：

1）建立施工方格网的意义

目前建筑场地由勘测设计部门提供的控制点为小三角点或导线点，如果利用这些控制点进行建筑物的测量定位，需进行大量的计算工作。且点位往往较少，不仅工作不便，也不易保证建筑物的定位精度。为便于施工测量，一般都在原有控制点的基础上，另建立施工方格网。让格网各点间的连线与建筑物的轴线相平行，这样即可采用直角坐标法进行定位测量。既方便又容易保证定位精度。这叫先整体布网、后局部测量，可减少测量过程的累计误差。由于施工方格网是按建筑物轴线方向互相垂直布置的，所以，成方形或矩形网状，故称方格网，也叫建筑方格网。

2）布网形式及技术指标

布网形式如图1-3-22（1）所示。如果场地范围较小，或是狭长地带，或建筑物平面布置较简单，不强调都布成格网形式，可布成如图1-3-22（2）所示的形状，这种不闭合的控制网，称轴线网。

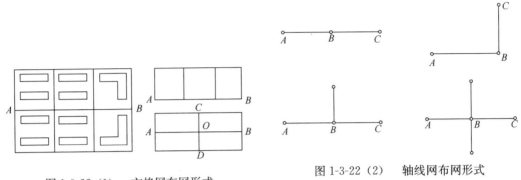

图1-3-22（1）　方格网布网形式　　　　图1-3-22（2）　轴线网布网形式

3）施工方格网的布网原则

（1）方格网的布设形式应根据建筑总平面上各建筑物、构筑物及各种管线的布置情况参照施工总平面图来确定。方格网或轴线网要能控制整个建筑区。

（2）施工方格网的轴线应与主要建筑物的轴线相平行。并使格网点接近测设对象，以便利用格网点直接施测。

（3）方格网的边长（相邻点的距离）一般为100～200m且为10m或1m的整数倍。

（4）网点之间应保持通视良好。桩位能长期保存，施工过程不致毁坏，不妨碍施工。一般点位应布置在道路附近或绿化地带。

（5）应先在总平面图上确定格网点的位置，然后根据建筑物、道路坐标用鲜析法算出各点坐标。

（6）点位要便于使用，桩顶以高出地面10cm左右为宜。

格网点可兼做高程控制点。

（7）建筑场地建立施工方格网后，所有建筑物、构筑物的定位测量都应以方格网为依据，不再利用原控制点。

1-3-21　施工测量的仪器、工具应符合哪些要求？

答：施工测量使用的仪器、工具应符合下列要求：

（1）全站仪、经纬仪、水准仪、钢尺等必须经有资质的计量检测部门检定合格，且在有效期内。

（2）全站仪测角精度不得低于±2″、测距精度不低于（2mm＋2ppm・D）。

（3）经纬仪精度应不低于J_2，水准仪精度应不低于S_3。

（4）钢尺、水准尺、单棱镜、三棱镜、中杆镜等应与仪器匹配。

1-3-22　工程建设常用的测量仪器有哪些？

答：工程建设的规划设计、施工及经营管理阶段进行测量工作所需用的各种定向、测距、测角、测高、测图及摄影测量等方面的仪器主要有12种。如经纬仪、水准仪、平板仪、陀螺经纬仪、滚体静力水准仪、摄影经纬仪、立体坐标量测仪、立体测图仪　正射投影仪、电磁波测距仪、电子整测仪、激光测量仪器等。

1-3-23 什么是方位角？象限角？它们之间的换算关系是什么？

答： 方位角：由子午线的北端顺时针方向量到直线的夹角，叫该直线的方位角，以 ϕ 表示。角值范围从 $0°$ 至 $360°$。

象限角：子午线的北端或南端与直线所夹的锐角，叫该直线的象限角，以 R 表示。象限角不但要写出角值的大小，还必须注明直线所在象限。如 $R_{OM}=$ 北东 $50°$，表示 OM 直线自北向东偏 $50°$。

方位角与象限角的换算关系表 表 1-3-23

直线方向	根据方位角 ϕ 求象限角 R	根据象限角 R 求方位角 ϕ
北东　第一象限	$R=\phi$	$\phi=R$
南东　第二象限	$R=180°-\phi$	$\phi=180°-R$
南西　第三象限	$R=\phi-180°$	$\phi=180°+R$
北西　第四象限	$R=360°-\phi$	$\phi=360°-R$

1-3-24 测量平面坐标系与数学坐标系有何异、同？

答： 两个系统如图 1-3-24 所示。

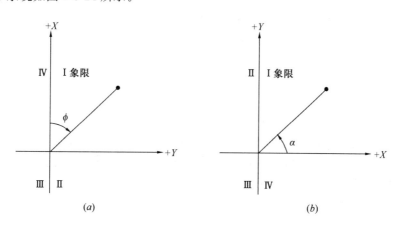

图 1-3-24　坐标图
（a）测量平面坐标图；（b）数学坐标图

如上图所示：

1）X、Y 轴相差 $90°$；即坐标名称调换了。

2）定向角（极角）起算边位置和量角方向不同。

3）按各自定义的坐标系作三角关系运算时，三角函数运算公式不变。

1-3-25 $(X、Y、H)$ 表示地面点位置的概念是什么？

答： 地面点 A 铅直投影到基准面(大地水准面或某一水准面)为 A'，参见图 1-3-25。测区范围不大时，用水平面作基准面，在这个水平面上建立平面直角坐标系，A' 在这个平面直角坐标系中的坐标 (x,y) 表示 A 点的平面位置，A 点到这个基准面的铅直距离 H_A 表示 A 点高程，地面点的位置就是 $(x、y、H_A)$ 表示的。

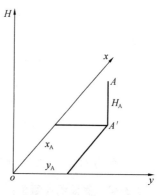

图 1-3-25　地面点位置

1-3-26 水准测量成果校核的方法有哪几种？一般水准测量中应尽量采用哪种方法，为什么？

答：水准测量成果校核方法，有往返测法、闭合测法和附合测法三种。

1）往返测法：从已知水准点起测到欲求高程点后，再按相反的方向测回到原来的已知水准点，两次测得的高差，数值上应相等，符号（＋、－）应相反。即往返高差的代数和应等于零。如不等于零，其值叫闭合差，用 $f_{h测}$ 表示，即 $f_{h测}＝h_往＋h_返$。如闭合差小于允许误差，叫精度合格。

2）闭合测法：从已知高程点开始，在测定水准路线上若干个欲求点高程后，又闭合到起点上。由于起点与终点一致，所以，全线高差的代数和应等于零。如不等于零，其值叫闭合差。闭合差小于允许误差，叫精度合格，然后按闭合差与测站数成正比例的调整方法进行高程调整。

3）附合测法：从一个已知水准点开始。测到欲求点（一点或数点）之后，继续向前施测到另一个已知水准点上闭合。把测得的终点对起点的高差和已知终点对起点的高差进行比较，其差值叫闭合差，闭合差小于允许误差，叫精度合格。

一般水准测量中应尽量采用附合测法，因附合测法起终点使用的不是同一个水准点，容易发现抄错水准点高程、用错水准点和水准点高程变化等问题。

1-3-27 哪几种距离是水平距离？

答：设计图纸标注的距离，里程桩表示的距离都是水平距离，丈量的距离也应该是水平距离，如果丈量的是倾斜距离，必须利用勾股定理改算成水平距离，

$$D=\sqrt{D'^2-h^2}$$

式中 D'——倾斜距离；

h——倾斜距离两端点的高差；

D——与倾斜距离对应的水平距离。

1-3-28 距离的相对误差的概念是什么？

答：距离精度用距离的误差大小表示，有时看不出距离准不准，比如 10cm 误差，对于 30m 距离来说，精度不高，但是 3000m 距离的误差是 10cm，精度就不算低了。用相对误差表示距离丈量精度是合适的。相对误差是误差除以距离，用分子为一的分数表示，分母越大距离精度越高，例如 30m 距离 10cm 误差，则此距离的相对误差是：

$$\frac{0.1}{30}=\frac{1}{300}$$

3000m 距离 10cm 误差，则此距离的相对误差：

$$\frac{0.1}{3000}=\frac{1}{30000}$$

显然，三万分之一的精度高于三百分之一精度。

1-3-29 几种量距方法能达到的精度是多少？

答：（1）皮尺量距：$\frac{1}{200}$；

（2）钢卷尺量距：$\frac{1}{1000}\sim\frac{1}{5000}$；

（3）钢卷尺量距加入尺长、温度和倾斜三种改正：$\frac{1}{10000}\sim\frac{1}{40000}$。

1-3-30 保证钢尺量距精度应该怎样做到齐、紧、直、平？

答：齐——尺端点对齐标志。

紧——用标准拉力把尺拉紧。

直——定线直，在两端点间直线上量距；没有高低障碍水平障碍影响尺拉直。

平——尺身保持水平。

1-3-31 钢尺量距有哪三项改正数？

答：三项改正数为尺长改正数、温度改正数和倾斜改正数。

1-3-32 怎样进行尺长检定？（求每米尺长改正数 Δl_{dl}）

答：国家规定，30 米钢卷尺，尺长在 30±006 米范围都是合格品。所以量距精度要求高于 $\frac{1}{5000}$ 时，要对钢卷尺进行检定，以便在丈量的结果中，加入尺长不正确的改正数。

检定方法是用工作的钢卷尺，在校尺场已知准确长度的两点量距，然后计算工作尺的尺长改正数。

设：校尺场 A、B 两点准确长度是 l，工作尺丈量 AB 长度的结果是 l_o，工作尺一米尺长的改正数是 Δl_{dl}

显然：$l = l_o + l_o \Delta l_{dl}$

$$\therefore \Delta l_{dl} = \frac{l - l_o}{l_o}$$

例：已知校尺场桩距是 120.0747 米，No5 工作尺丈量校尺场桩距，结果是 120.0853m，求 No5 工作尺的一米尺长改正数。

解：
$$\Delta l_{dl} = \frac{120.0747 - 120.0853}{120.0853} = -0.000088\text{m}$$

1-3-33 尺长改正数 Δl_d 怎样计算？

答：Δl_{dl} 表示工作尺一米标记间隔的改正数，实际长度是（$1 + \Delta l_{dl}$），所以用工作尺量距测得长度 l_o，不是准确长度 l，l 应以下式表示

即
$$l = l_o (1 + \Delta l_{dl})$$
$$l = l_o + l_o \Delta l_{dl}$$

实际工作中常把 $l_o \Delta l_{dl}$ 称之量距的尺长改正数 Δl_d。设：用上例 No5 丈量一段距离，结果是：47.335，求这段距离的正确尺寸 l。

$$l = 47.335 + 47.335 \times (-0.000088) = 47.335 - 0.004 = 47.331（米）$$

1-3-34 温度改正数 Δl_t 怎样计算？

答：由于物体冷缩热胀，钢卷尺每变化 1℃，每米尺长要变化 0.000012m，所以量距温度与检尺温度不一致时，除加尺长改正外，还要加入温度改正数

$$\Delta l_t = 0.000012 (t - t_o) l_o$$

式中 t——量距时工作尺温度；

t_o——检尺时工作尺温度。

例：上例 No5 工作尺检尺时温度是 +5℃，而量距时温度是 -7℃，丈量结果是 137.275 米，求这距离的实际长度 l。

$$l = l_o + l_o \Delta l_{dl} + l_o 0.000012(t - t_o)$$
$$= 137.275 + 137.275(-0.000088) + 0.000012(-7-5)137.275$$
$$= 137.275 + (-0.0121) + (-0.0198)$$

$$\therefore \quad l = 137.2431\text{m}$$

1-3-35 什么是倾斜改正数 Δl_h 的计算公式？

答：倾斜改正数的公式为：$\Delta l_h = \dfrac{h^2}{2l_o}$

式中　l_0——丈量的倾斜距离长度；

　　　h——倾斜距离两端点的高差。

1-3-36　下述情形下 AB 间水平距离如何计算？

用＋20℃时实际长度是30.008的30米钢卷尺，在＋17℃时丈量 AB，结果是27.199m，h_{AB}=1.10m，求 AB 之间的水平距离。

答：（1）求尺长改正数

$$\Delta l_d = \frac{30.008-30}{30}27.199 = +0.0073m$$

（2）求温度改正数

$$\Delta l_t = 0.000012（+17-20）27.199 = -0.0010m$$

（3）求倾斜改正数

$$\Delta l_h = -\frac{1.10^2}{2 \times 27.199} = -0.0222m$$

（4）求 AB 间水平距离

$$l = l_0 + \Delta l_d \Delta l_t + \Delta l_h$$

$$= 27.199 + 0.0073 + （-0.0010） + （-0.0222）$$

$$= 27.1831m$$

1-3-37　在什么条件下使用钢尺应先进行检定？

答：我国计量法规定，任何单位和个人在工作岗位使用的计量器具必须经过检定，以保证量值的准确。因此在工程测量中做导线、放线等精度要求较高或跨季节的工程测量中，必须使用经过检定的钢尺。

1-3-38　什么是标准拉力？标准温度？钢尺的名义长？钢尺的实长？钢尺的尺长改正数？温度改正数？

答：标准拉力是指钢尺检定时使用的拉力。一般 30m 尺为 98N(10kgf)，50m 尺为 147N(15kgf)。

标准温度为钢尺检定时温度，一般为＋20℃。

钢尺的名义长是指钢尺本身刻划注记值。

钢尺的实长是指注记值相对应标准尺的长度。

$$尺长正数 = 实长 - 名义长$$

$$每米温度改正数 = 0.000012 \times (t-t_0)$$

t_0 为检尺时温度，t 为丈量时温度，

0.000012/1℃为钢尺的线膨胀系数。

1-3-39　如何计算钢尺尺长改正数？

答：设钢尺丈量结果为 l'，两点间精确距离（实长）为 l

全段尺长改正数为　　　　　　　$\Delta d = l - l'$

每米尺长改正数为　　　　　　　$\Delta d_1 = \frac{l-l'}{l'}$

一般规定尺长改正数大于尺长的 1/10000 时，丈量结果应加改正。

1-3-40　温度改正数的计算方法是什么？

答：设 t_0 为校尺时平均温度，t 为丈量时平均温度 Δd_t 为每米温度改正数。则 $\Delta d_t =$

$0.000012 \times (t-t_0)$。

一般规定量距时温度与校尺温度差超过 10℃时，即应加温度改正。

若 D' 为两点间距的丈量结果，则经尺长改正及温度改正后的两点间实际距离为：

$$D=D'+\Delta d_1 \times D'+0.000012(t-t_0) \times D'$$

1-3-41　钢尺受拉力影响变化规律是什么？

答：设拉力误差为 ΔP，钢尺截面为 A（一般钢尺的断面面积约为 2.5mm^2）。L 为整尺正长，E 为钢的弹性模量（一般约为 $2 \times 10^5 \text{MPa}$），则根据胡克定律，拉力影响尺长变化是：

$$\Delta l_{拉}=\frac{l}{E} \cdot \frac{\Delta P}{A} \cdot L$$

按上式计算用 50m 尺铺地丈量，拉力每增加或减少 9.8N（1kgf），则尺长产生 $\pm 1\text{mm}$ 的误差。

1-3-42　钢尺保养方法的要点是什么？

答：1）钢尺使用中应防止扭结，拧折、脚踏及车轧。

2）用完应擦净，收入尺架。潮湿天气或近期不使用时应涂防锈油后再存放。

1-3-43　常用的丈量两点间距的方法有几种？怎样掌握其精度和求出丈量结果？

答：常用的丈量间距方法有：

1）往返丈量法：用往返丈量结果之差与往返平均值之比计算相对误差（精度），精度合格后，丈量结果以平均值为准。

2）单程精概量法：用精概量结果之差与精量结果之比计算精度。精度合格后，以精量结果为准。

3）单程错尺量法：每尺段之较差一般掌握在 1cm 之内，以各尺段平均值之和做为丈量结果。

市政工程直接丈量的相对误差一般应不超过下列要求：

间距在 200m 以内时　　　　　　　　　　　　　　　　1/5000

间距在 200～500m 时　　　　　　　　　　　　　　　1/10000

间距在 500m 以上时　　　　　　　　　　　　　　　　1/20000

在下列情况下还进行有关项目改正：

尺长改正数大于尺长的 1/10000 时，应进行尺长改正。

与检定时的温差≥±10℃时，应进行温度改正。

尺面倾斜大于 1.5％时，应进行倾斜改正。

1-3-44　精密量距的基本方法和要求是什么？

答：1）场地清理

排除两点间的障碍物，使之通视良好，地势平坦。

2）定线

在两点间以概量方法，以小于尺长的距离分段钉桩，桩上再钉一小钉以标出精确位置。

3）测桩顶高

用水准仪测定相邻桩顶之高差，观测采用往返测法或双仪高法作校核。各段高差的较差应 <5mm。

4）钢尺检验（可在丈量前进行）

与一标准尺比较或与一已知标准长度比较求尺长改正数。并同时记录校尺时平均温度。

5）现场丈量

采用往返测法，每尺段丈量时要使用弹簧秤，用标准拉力，采用错尺读数法，分段丈量桩点之间距离，每段错尺三次，尺读数估读至 0.5mm，各次丈量结果之较差不应超过 2mm，合格后取三次的平均值。丈量时应记录丈量时的温度。

6）计算量距成果

将每段丈量结果经过尺长改正，温度改正和倾斜改正化算成水平距离，再求总和得到全长的往返观测结果，往返较差合于相对误差小于 1/10 万要求后，取往返平均值作为最后成果。

设 D'_i 为各段丈量结果，ΔD_l，ΔD_t，ΔD_h 分别为各段的尺长改正数，温度改正数和倾斜改正数，则

$$D_i = D'_i + \Delta d_1 \cdot D'_i + \Delta d_t \cdot D'_i - \frac{h^2}{2D'_i}$$

$$= D'_i + \Delta D_l + \Delta D_t + \Delta D_h$$

总长 $\qquad\qquad\qquad\qquad D = \Sigma D_i$

1-3-45 使用电磁波测距仪测距主要应注意什么？

答：1）测距仪的检验

测距仪要经过专门机构或本单位具备检验能力的人进行检验。经测定合格后才能在工程测量中使用。

检验的主要项目有：测距仪的加常数、乘常数、照准误差及幅相误差等。

2）观测中的注意事项

主机和反射镜应避免阳光直接照射，在反射镜延长方向不应有反光镜式强光源等背景干扰。在测量的光路中应避开发热体、烟雾扬起的灰尘；如生火的烟囱、高压线、电火花等。

3）注意温度变化对仪器的影响

在使用中迁移地点，温差变化较大时，从仪器箱取出仪器后，要使仪器有一个适应温度变化的时间。

4）测距仪的保养

测距仪及棱镜应注意防尘、防潮，存放在干燥、通风的地方，即使不使用也应隔几个月通电开机检查一次。

在使用或运输中要防止强烈振动，避免仪器内部出现故障。

1-3-46 用水准仪测设已知高程点的基本方法是怎样的？

答：测设已知高程点的工作，在市政工程里常见的有：道路施工中施放边桩；管道工程中测设坡度钉，结构物施工中测混凝土模板浇筑线等。其方法如下：

1）后视水准点，求出视线高。

2）计算各欲测点的"应读前视"（即水准尺立在设计高程线上时应读的前视读数）。

应读前视＝视线高－设计高程

3）在欲测点上（边桩顶、坡度板顶、模板顶）立水准尺，读出前视读数，计算出改正值。

改正数＝前视读数－应读前视

以测点为准，量取改正数画高程线或钉高程钉，即为所求设计（已知）高程的位置。

改正数为"－"值时，表示从测点往下量改正数；改正数为"＋"值时，表示应从测点往上量改正数。

1-3-47 用经纬仪测设已知角值的方向线的基本方法是怎样的（应说明测设过程）？

答：如图 1-3-47 所示，欲以 OA 边为起始边（后视），顺时针方向，以测回法测设 $\angle AOB = 60°53'46''$。

1) 如使用有复测器(度盘离合器)的经纬仪，测设步骤如下：

①安置仪器于测站 O 点上，先用测微轮将分划尺对准 $0'00''$，再用水平制、微动螺旋使双线指标平分度盘 $0°$ 线，将复测器扳手扳下。

②以盘左位置后视 A 点，制动后将扳手扳上，这时检查照准和读数（应为 $0°00'00''$）。

③先转动测微轮对准分划尺应读的角值，本例为 $23'46''$，再利用制、微动转动望远镜使双线指标对准度盘应读角值 $60°30'$。即望远镜水平转动了 $60°53'46''$，这时以此视线为准在地面上定出 B_1 点，（叫前半测回）。

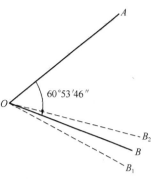

图 1-3-47　测设示意图

④再用盘右位置，以 $180°00'00''$ 为后视，用上述方法以度盘读数为 $180°00'00''+60°53'46''=240°53'46''$ 为准定出 B_2 点。

⑤如无操作错误，则 B_1B_2 的中点 B 即为需要测设的点，OB 即为欲测设的方向线。

⑥为了防止错误，应实测 $\angle AOB$ 一测回，以确认测设的正确性。如误差超限（一般规定限差为 $20''$）应重新测设。

2) 如使用换盘手轮（度盘变化轮）的经纬仪，测设步骤如下：

①将经纬仪安置在 O 点上，以盘左位位置照准后视点 A。

②旋转换盘手轮，使分微尺零分划线对在水平度盘略大 $0°$ 线后，正确读出水平度盘读数，设为 $1'15''$。

③利用制动、微动螺旋顺时针转动望远镜，使度盘读数为 $1'15''+60°53'46''=60°55'01''$，以此时视线为准，在地面上定出 B_1 点。

④用盘右位置，以度盘读数为 $180°$ 多一点为起始读数，再次计算的度盘读数，按上述操作定出 B_2 点。

⑤如无操作错误，B_1B_2 的平均位置 B 即为需要测设的点，OB 即为欲测设的方向线。

⑥为了防止错误，用测回法实测 $\angle AOB$，如误差不超限（一般规定限差为 $20''$），则测设正确，否则应重新测设。

1-3-48　用钢尺测设已知距离的基本方法是怎样的？在测设时如何计算和运用尺长改正数和温度改正数？

答：1) 测设已知距离时，起点和方向是已知的。一般精度要求时，在地面水平情况下，可以从起点沿已知方向，用往返量距或单程双对法进行丈量。如果相对误差在允许范围之内，取两次丈量数的平均值定出终点。

例如：已知起点 A，欲向已知方向测设 B 点，使 $D_{AB}=84.900m$

①使用往返丈量法：从 A 点往 B 方向丈量 $84.900m$ 钉桩，在桩顶暂画点位 B'，再以 B' 为起点往 A 方向丈量。用返量与往量之差，计算丈量精度，如合格（限差一般为 $1/5000$）则利用较差的二分之一在桩上改正求出正确 B 点位置。改正方向举例如下：

上例如返量值为 84.915，则平均值为 $84.9075m$，精度为 $1/6300$，精度合格，应自 B' 向 A 方向改正 $0.0075m$ 得到 B 点。

如返量值为 84.885，则平均值为 84.8925，精度为 $1/6300$，精度合格，应自 B' 向 AB'，延长方向改正 $0.0075m$ 得到 B 点。

②使用单程双对法：也是从 A 点起零，往 B 方向丈量，但因双对点可能会在 $84.900m$ 处出现两点 B_1 和 B_2。若 B_1B_2 长度，属于精度合格范围内，则中点即为终点 B。

2) 如果所测设距离要求精度较高，在丈量时还须加尺长改正数和温度改正数，必要时还应进行倾斜改正。

尺长改正数和温度改正数是根据钢尺检定证书查得。如果没有检定证书，要在测设前进行校尺。如何在测设工作中运用两项改正数，根据欲测设距离的长短可有两种方法，方法如下：

①欲测设距离较短时，如上例说明的丈量方法测设 $D_{AB}=84.900m$，但是钉 B 点时应加两项数值的改正。

如检定证书上标明尺长改正数为 $+6.3mm$，意思是说整尺段（50m 或 30m，本例为 50m），在 147N 的拉力下，在标准温度 $+20℃$ 时，本尺长了 6.3mm。根据往返测设长度平均值 $D_{AB}=84.9075m$ 计算：

$$尺长改正数 = \frac{+6.3mm}{50} \times 84.9075$$
$$= +0.0097m$$

测设时温度如为 35℃。

$$温度改正数 = 0.000012 \times (35-20) \times 84.9075$$
$$= +0.0143m$$
$$两项改正数之和 = (+0.0097) + (+0.0143)$$
$$= +0.024m$$

这里改正数为"+"时，表示丈量 AB 两点时，钢尺长了，实量应减去改正数，反之应加上改正数。

不考虑温度及尺长改正数时，上例改正 $-0.0075m$，加上这两项改正时应改正$(-0.0075-0.0024) = -0.0315m$。如果各项改正值之和为"−"时，则应从 B' 点向 A 方向改正。为"+"时，应向 AB'，延长方向改正。

②欲测设距离较长时，因随着距离加长，改正数也可能增大，故应在测设前，把两项改正数计算好（温度可预估），算出应实量距离的数值，再进行往返丈量，按上述方法取平均值定出终点。如温度与预测值相差较大，已影响精度时，应按实际情况再加以改正。

1-3-49 在什么条件下可使用直角坐标法测设点位？举例说明做法步骤。

答：当欲测设的点与附近的控制点（建筑红线桩、道路中心线，导线点或直角坐标格网点）的距离较近，且能较方便的找出测设点与控制点某一边的直角坐标关系时，可采用直角坐标法。

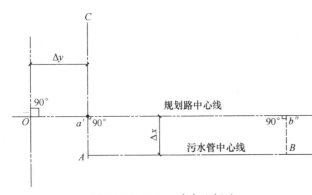

图 1-3-49（1） 直角坐标法

图 1-3-49（1）中 A、B 两点的连线方向为欲建某污水管线的中心线，与道线中心平行相距为 Δx，AC 方向与另一条道路平行相距为 Δy，用直角坐标法测设 A、B 点方法是：首先沿规划路中方向，自 O 点起测设距离 Δy 得 a' 点，再测设距离 $\Delta y+AB$ 得 b' 点，在 a' 和 b' 点分别安置经纬仪测设 90°角及距离 Δx，即得到 A 点和 B 点。

若精度要求较低，90°角也可用钢尺（或皮尺）测设。一般常用 3—4—5

法，如图 1-3-49（2）所示。

欲测设 $BA \perp MN$，由垂足点 B 起沿 M 方向丈量 4m 得 M_1 点，将尺零刻划线对准 B 点，将 9m 刻划对准 M_1 点，使 3m 与 4m 刻划线对齐，两边用力一致拉紧尺，在交点处做标志则可得到 A 点，$\angle M_1 BA=90°$，BA 方向即为垂直于 MN 的方向。

使用直角坐标法，一般均应使用较长边为后视边。使用3—4—5法时，应尽量按3∶4∶5比例采用较长的尺寸，如6m，8m，10m等。

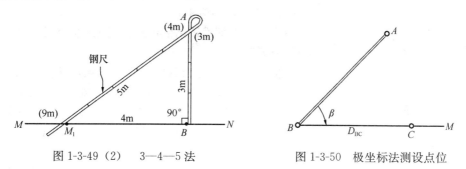

图 1-3-49 (2)　　3—4—5 法　　　　　　　图 1-3-50　极坐标法测设点位

1-3-50　在什么条件下可使用极坐标法测设点位？举例说明做法步骤。

答：当欲测设点坐标已知，且附近也有与欲测设点同一坐标系统的控制点时，或已知极坐标法两个元素 β 角距离 D 时，常用极坐标法测设点位。

图 1-3-50 中，A、B 为已知控制点，C 为欲测设点，三点坐标均已知时，可先计算 β 角及 D_{BC} 距离。两个元素求得之后，安置经纬仪于 B 点，后视 A 点，先测设 β 角，得到 BM 方向（BM 应大于 BC），再测设距离 BC 得到 C 点。

1-3-51　在什么条件下可采用角度交会法测设点位？举例说明做法步骤。

答：当欲测设点与附近控制点之间距离不便于丈量，且无电磁波测距设备时，或已知交会方向时，可采用角度（方向）交会法测设点位。

图 1-3-51 (1) 中，A 点为欲测设的点，β_1、β_2 及 β_3 为交会测设所需测设元素。测设用角 β_1、β_2、β_3 可以通过各点坐标值求得，也可以是按某些条件给定的。根据两个交会元素得到两个方向即可交会出一点，第三方向是为了加强校核而必须做的。

分别安置仪器于 M、N、P 三点，分别测设角度 β_1、β_2、β_3，则三个方向的同一交点将为所测设的点。

事实上由于测量误差，三个方向常交会出一个误差三角形，见图 1-3-51 (2)。如误差三角形较小，在工程精度要求限度之内，则可取三角形重心为欲测设点位。

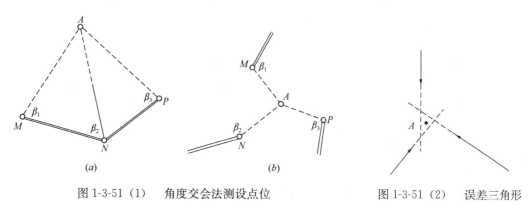

图 1-3-51 (1)　　角度交会法测设点位　　　　图 1-3-51 (2)　　误差三角形

1-3-52　在什么条件下可采用距离交会法测设点位？举例说明做法步骤。

答：距离交会法常用于精度要求不高或概略测设点位时，交会边地势较平坦，边长也不宜过长（不能超过一个钢尺长度）。图 1-3-52 中 A 点为欲测设点，交会边一般选用三个，三个边的距离数值可以是计算的、给定的或图上量的。

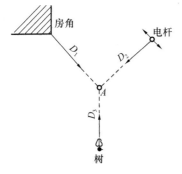

图 1-3-52 距离交会法测设点位

根据已知距离中的两个，自相应的点用钢尺（或皮尺）丈量，两尺拉紧后，交点处即为 A 点，用第三个距离进行校对，如无误，A 点即为所求。

1-3-53 如何用正倒镜法延长直线？如何检验和提高延长直线的精度？

答：要把已知直线 AB 延长至 C 点，具体作法是：如图 1-3-53（a）所示，安置经纬仪于 B 点，对中定平后，先以正镜（盘左）后视 A 点，照准后，制动照准部，纵转望远镜成倒镜（盘右）在视线上定 C_1 点。然后转动照准部，以倒镜（盘右）后视 A 点，照准后又纵转望远镜成正镜（盘左），此时若 C_1 点正在视线上，则 C_1 就是延长线的位置。观测中由于各种误差（尤其是视准轴不垂直横轴）的影响，一般均另得一点 C_2。若 C_1、C_2 在允许范围内，则 C_1C_2 的中点 C 即为已知直线延长线上的点。

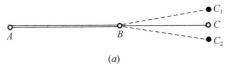
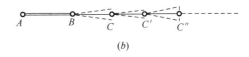

图 1-3-53 正倒镜法延长直线

上述操作叫正倒镜一测回，规范规定还要做第二测回。当第二测回所出现的误差情况及所得的中点位置和第一测回相符，或误差在允许范围内时，则取两次中点的平均位置作为最后成果。

用上述方法可以继续向前延长至所需要的位置。中间安置仪器点即为转点（方向桩），见图 1-3-53（b）。

检验所延长直线精度方法除上述两测回方法外，如已知延长直线的坐标时，可用附近控制点用极坐标法测定其终点坐标，与已知坐标比较确定偏离值，如偏离值在允许范围内，可以按比例调整延长直线的中间转点（方向桩）位置。

为了保证精度，一般规范规定每站直线延长的长度，不应大于后视边长，以减少短边照准误差对延长边的影响。特殊困难地区后视边长与前视边长之比也不应小于 1/3。主要线路延长总距离不应大于 1km，偏差值不应超过 $\pm 2\sqrt{n}$cm，其中 n 为经纬仪置站的转点数。

1-3-54 延长直线时遇到障碍物如何使用三角形法延长直线？

答：图 1-3-54 是用三角形法绕过障碍物继续延长直线的。

图中三角形为等边三角形（每边边长均为 D），故三个内角也均为 60°。当已知直线 AB 延长到 F_1 时，经纬仪安在 F_1 点，后视 A 点，用测回法测设 120°角，并沿前视方向用钢尺丈量 D 值钉出 P 点。仪器再安在 P 点后视 F_1 点，用测回法测设 300°角，并沿前视方向用钢尺仍然丈量 D 值钉出 F_2 点。仪器安在 F_2 点，后视 P 点拨 120°角，在前视方向钉出 C 点，F_2C 便是 AB 的延长线方向了。

在操作时，首先是注意量距精度，其次要注意以长边为后视，减少短边照准误差影响，遇到短边做后视时，应尽量以短边的延长线做后视。

用等边三角形法，一般占地较大，易受限制，也可采用等腰三角形法，但顶角

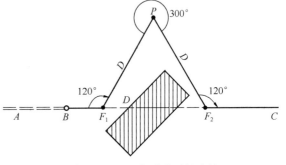

图 1-3-54 三角形法延长直线

应小于120°。特殊情况则应根据地形采用任意三角形，但测设数据要作计算。

1-3-55　如何将经纬仪安置在两点的连线上（在两点之间或两点之外）？

答：1）如图1-3-55（1）所示，欲在 A、B 两点间的直线上设置测站点 F（方向桩）的操作方法如下：

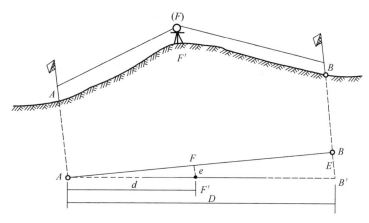

图 1-3-55（1）　两点间安置经纬仪

首先根据目测在地上定出 F 点的概略位置 F'，然后安置仪器于 F' 点，后视 A 点，用正倒镜法将直线 $A\sim F'$ 延长，因 F' 点一般不正在 AB 直线上，因此视线必偏离 B 点，这时量其偏离距离 E，并用视距测出 AB 的间距 D（$FA'+F'B'$）和 FA' 的间距 d，根据相似三角形对应边成正比的原理，即可求出 F' 点偏离直线的值 e：

$$e = FF' = e \cdot \frac{d}{D}$$

将经纬仪沿垂直于 AB 直线方向移动 e 值，然后再用上述方法观测一次，看仪器是否已在直线上，若还有偏差，再移动仪器，直到仪器移至 AB 直线上，然后在经纬仪垂球下面打桩并钉小钉，即定出 A、B 直线上的 F 点（方向桩）。

2）如图 1-3-55（2）所示，欲在 A、B 两点的延长线上设置测站点 F（方向桩）的方法基本上如上所述。经纬仪安置于目估的延长线的 F' 点，后视 A 点，在 B 点处检查视线偏离月点的偏离 E，用下式计算 F' 偏离正确位置的 e 值：

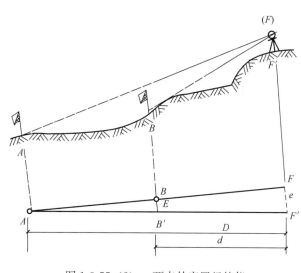

图 1-3-55（2）　两点外安置经纬仪

$$e = F'F = E \cdot \frac{D}{D-d}$$

同上法，移动几次即可求得正确位置 F 点。

一般规定主要线路横向偏差 e 值应控制在 1cm 之内。

1-3-56　用经纬仪如何进行竖向投测？

答：竖向投测就是用经纬仪把直线位置测设到有一定高差的地形，地物之上。如管道顶管工

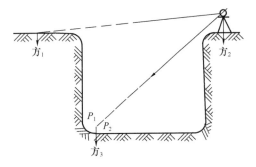

图 1-3-56 用经纬仪竖向投测

程，需要把地面中线放到工作坑底部；桥梁工程中，需要把地面中线放到桥台（墩）之上等等，均需用经纬仪进行竖向投测。

图 1-3-56 是顶管工程工作坑。方$_1$、方$_2$是欲建管道中线上的两个方向桩，需在工作坑底部投测方$_3$点，使方$_3$在欲建管道的中线上。投测方法如下：

经纬仪安置在方$_2$点上，先用盘左后视方$_1$点，制动照准部，转望远镜俯视坑底，前视方向钉出方$_3$桩，在桩顶测出 P_1 点。然后，用盘右再后视方$_1$点，同样前视钉出 P_2 点。如果 P_1 和 P_2 点两点重合，此点就是中线位置。但是在测设中受种种误差存在（尤其是经纬仪的横轴不垂直竖轴，倾角越大，此种误差越大）的影响，一般 P_1、P_2 不重合，若两点相差在允许范围内，则 P_1P_2 取中为 P 点，即为中线位置方$_3$。

上述操作叫正倒镜一测回，一般还要做第二测回。当第二测回所出现的误差情况和所得的中点位置与第一测回相符或误差在允许范围（一般规定不超过 1cm）之内时，则取两次中点的平均位置作为最后成果。

1-3-57 管道工程测设方法常有哪几种？

答：市政工程中，无论是道路还是各种管道中线测设的任务，都是把中线的起点、交点（折点）终点以及里程桩和加桩，按设计意图测设到实地。

测设方法按测设数据获取方法大体分为图解法、解析法及现场选线法三种。

1）图解法：在设计图上量取中线与邻近地物相对关系的图解数据，在实地直接依据这些图解数据来确定中线位置。这种方法测设精度取决于设计图的精度、比例尺的大小、图纸伸缩等因素，一般说这种方法测设精度较低。

2）解析法：根据设计给定的坐标数据或设计指定的某些定线条件做为依据，通过测量和计算将其中线位置测设到实地。这种方法因为是通过计算再实地测量，不受图纸影响，因而测设精度较高。

3）现场选线法：根据设计给定的与实地某些地物的相对关系或某些定线条件在实地根据情况选定或与设计人员一起选定。常用于精度要求较低和非规划地区。

不论用何种方法，在地面上测设好中线位置后，一般均需按工程等级要求通过测量求得解析数据（起终点和各转折点间夹角及距离，必要时应计算坐标）。

1-3-58 测设坡度钉的两种方法是怎样的？

答：1）第一种方法应读前视法：此法较简捷，适用于测设及经常校测（图 1-3-58）。

① 后视水准点，求出视线高。

② 选定下反数，计算坡度钉的"应读前视"（立尺于坡度钉上时，应读的前视读数）。

应读前视＝视线高－（管底设计高程＋下反数）

式中下反数应根据现场实际情况选定，一般要求使坡度钉钉在不妨碍工作和使用方便的高度上（常选 1.500～2.000m）。

管底设计高程可从纵断面图中查出，或用已知点设计高和坡度经过推算得到。

③立尺于坡度板顶，读出板顶前视读数，算出钉坡度钉需要的改正数。

改正数＝板顶前视－应读前视

式中改正数为"＋"时，表示自板顶向上量数钉钉；

改正数为"－"时，表示自板顶向下量数钉钉。

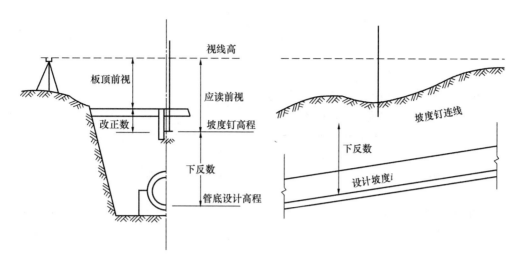

图 1-3-58（1） 应读前视法

④钉好坡度钉后，立尺于所钉坡度钉上，检查实读前视与应读前视是否一致，误差在±2mm以内，即认为坡度钉位置准确。

⑤第一块坡度钉钉好后，即可根据管道设计坡度和坡度板间距，推算出第二块、第二块……坡度板上的应读前视，按上述做法测设各板上的坡度钉。

⑥为了防止观测或计算中的错误，每测一段后应附合到另一个水准点上校核。

⑦测设坡度钉时应注意以下几点：

a. 坡度钉是施工中掌握高程的基本标志，必须准确可靠，为防止误差超限或发生错误，要经常校测，在重要工序（例如打混凝土基础、稳管等）之前和雨、雪天之后，都要仔细做好校对工作。

b. 在测设坡度钉时，除本工段校测之外，还要联测已建成管道或已测好的坡度钉。以防止由于测量上的错误造成各段接不上茬的现象。

c. 在地面起伏较大的地方，常需分段选取合适的下反数。这样，在变换下反数处需要钉两个坡度钉。为了防止施工中用错坡度钉，通常采用钉两个高程板的方法。如图1-3-58（2）所示。

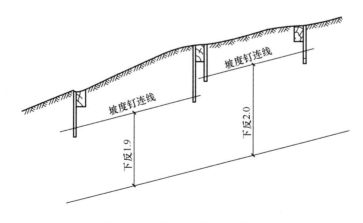

图 1-3-58（2） 钉两个高程板

⑧为了便于施工中掌握高程，在每块坡度板上都应写好高程牌或写明下反数。下面是一种高程牌的形式：

0+619.6 高程牌	
管底设计高：	46.955
坡度钉高程：	48.855
坡度钉至管底设计高：	1.900
坡度钉至基础面：	1.930
坡度钉至槽底：	2.030

2）第二种方法：测绝对高程法：此法适用施工前准备工作。与应读前视法原理相同，计算次序不同。

①测坡度板中线钉处的板顶绝对高程，每块板顶都要进行往返两次观测，所得两个高程相差不得超过 5mm，合格后取两次观测平均值，确定为各板板顶高程。

②按管道设计坡度，计算各坡度板桩号所对应的管底设计高。

③计算板顶至坡度钉的改正数：

$$改正数＝（设计管底高程＋下反数）－板顶高$$

其值为"＋"值时，坡度钉在板顶上方，其值为"－"值时，坡度钉在板顶下方。

以表 546 为例，在 0+469.6 处，板顶测出的高程为 49.527m，管底设计高为 47.401m，下反数为 1.9m。

$$改正数＝（47.401＋1.9）－49.527＝－0.226m$$

从板顶往下量 0.226m 钉坡度钉即为正确位置。

1-3-59 测设坡度板应符合哪些要求？

答：测、设坡度板应符合下列要求：

1）坡度板埋设的间距，排水管道宜为 10m；给水管道宜为 15～20m。管道平面及竖向折点和附属构筑物处，应根据需要增设一块坡度板。

2）坡度板距槽底的高度不应大于 3m。人工挖土，一层沟槽坡度板应在开槽前埋设；多层沟槽应在开挖底层槽前埋设；机械挖土应在机械挖土后，人工清槽底前埋设。

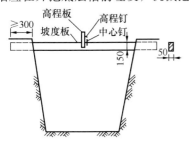

图 1-3-59 坡度板（单位：mm）

3）坡度板应埋设牢固，板顶不得高出地面，设于底层槽者，不得高出槽台面，两端伸出槽边不宜大于 30cm。板的截面宜采用 5cm×15cm。

4）坡度板埋设后，应首先进行管道中心线测量，将管道中心线钉钉在坡度板的顶面上。

5）中心钉测设后，钉高程板，高程板应钉在坡度板的侧面，保持垂直；所有高程板应钉在管道中线的同一侧。

6）高程钉应钉在高程板靠中心线的一侧见图 1-3-59。

7）坡度板上应标明桩号及高程钉至各有关部位的下反常数，井室处的坡度板同时标明井室号。变换常数处，应在坡度板两面分别写清楚，并分别标明其所用高程钉。

1-3-60 管道中线放线是如何进行的？

答：欲挖方时管道中线上各桩将被挖掉，挖方前要引测中线控制桩和井位控制桩。

1）引测控制桩

引测控制桩的方法见图 1-3-60（1）所示。即在中线端点作中线的延长线，

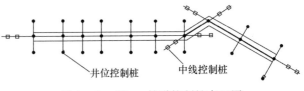

图 1-3-60（1） 管道控制桩布置图

定出中线控制桩。在每个井位垂直于中线引测出井位控制桩。控制桩应设在不受施工干扰，引测方便，易于保存的地方，控制桩至中线的距离应为整米数。以便利用控制桩恢复点位。为防止控制桩毁坏一般要设双桩。

2）设置龙门板

挖方前沿中线每 20～30m，或构筑物附近设置一道龙门板，根据中线控制桩（主点桩）把中线投测到龙门板上，并钉上中线钉，如图 1-3-60（2）在挖方和管道铺设过程中，利用中线钉用吊垂线的方法向下投点，便可控制中线位置。

3）确定沟槽开挖边线

为避免塌方，挖土时需要放边坡，坡度的大小要根据土质情况而定。挖方开口宽度按下式计算，如图 1-3-60（3）所示。

$$B = b + 2mh$$

式中　b——沟底宽度（管外径＋2 倍工作面）；

　　　h——挖方深度；

　　　m——边坡放坡率。

若横剖面坡度较大，中线两侧槽口宽度不同，如图 1-3-60（4），要分别计算出中线两侧的开挖宽度

$$B_1 = \frac{b}{2} + mh_1$$

$$B_2 = \frac{b}{2} + mh_2$$

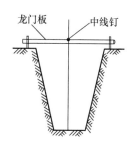

图 1-3-60（2）　龙门板

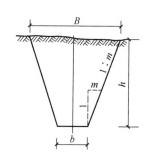

图 1-3-60（3）　挖方宽度示意

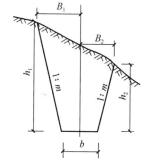

图 1-3-60（4）　挖方宽度计算示意

确定放坡率是一项慎重工作，尤其沟槽较深时放坡率过大会增加挖填方量，放坡率过小又容易塌方（特别是松散土质、春季解冻后及雨季），测量人员要按施工方案规定的放坡系数来确定开挖宽度。

1-3-61　测设龙门板标高是如何进行的？

答：1）各点高程的计算方法

管底高程系指管底内径高程，沟底挖方程如图 1-3-61（1）（a）所示：

沟底高程＝管底高程－（管壁厚＋垫层厚）

龙门板顶面高程与管底高程之差称为下返数，实际挖方深度应等于下返数加管壁厚加垫层厚。

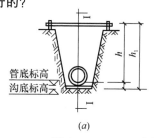

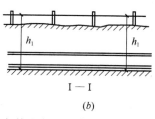

图 1-3-61（1）　龙门板与管底高程的关系

如果龙门板顶面连线与管道坡度相同（即各龙门板下返数为一个常数），见图1-3-61（1b），则利用龙门板控制挖方深度、铺设管道就方便多了。因此，龙门板顶面标高宜随管道标高而变化，即和管道坡度相同。

2）高差法测龙门板高程

下返数的大小要根据自然地面高程来选择。下返数确定后，那么

$$龙门板顶面高程＝管底高程＋下返数$$

假如，若1点管底设计高程是115.30m，设下返数为2.10m，那么

1点龙门板高程＝115.30＋2.10＝117.40m

2点与1点高差＝50×0.003＝0.15m

2点龙门板高程＝117.40－0.15＝117.25m

3点与1点高差＝80×0.003＝0.24m

3点龙门板高程＝117.40－0.24＝117.16m

4点与1点高差＝120×0.003＝0.36m

4点龙门板高程＝117.40－0.36＝117.04m

依此类推，如果水准点的高程为117.60m，后视读数为1.22m，视线高为118.82m，那么

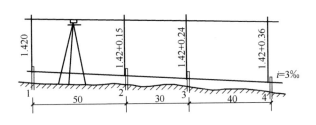

1点龙门板应读读数＝118.82－117.40＝1.42m

2点龙门板应读读数＝1.42＋0.15＝1.57m

3点龙门板应读读数＝1.42＋0.24＝1.66m

4点龙门板应读读数＝1.42＋0.36＝1.78m

图1-3-61（2）　高差法测龙门板高程

测设方法如图1-3-61（2）所示。

1-3-62 斜线法测龙门板高程是怎样进行的？

答：仍按上题中有关数据，测设方法如图1-3-62所示。

1）距1点3m处安置仪器，让仪器的一个调平螺旋在中线连线上，另两个调平螺旋的连线垂直于中线。仪器置平，后视水准点（视线高118.82m），读前视读数1.42m，测出1点龙门板高程（117.40m）。

2）4点与1点高差：

$$120×0.003＝0.36m$$

立尺于4点，读前视读数。

$$1.42＋0.36＝1.78m$$

测出4点龙门板高程。

3）计算4点与A点高差：

$$123×0.003＝0.369m$$

水准尺立在4点龙门板高程不动，调正位于中线上的仪器调平螺旋，使视线倾斜，照准尺面读数为：

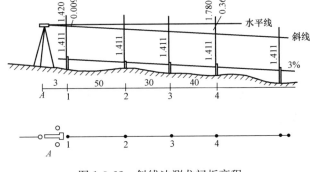

图1-3-62　斜线法测龙门板高程

$$1.78－0.369＝1.411m$$

这时视线的坡度与管道坡度相同。

4）在视线方向任意距离立尺，只要前视读数为1.411m，其龙门板的高程都符合设计要求

（下返数 2.10m）。

1-3-63 用水平线法测龙门板标高是如何进行的？

答：图 1-3-63（1）(a) 是某室外排水管道 1 点至 4 点位置示意图。图 1-3-63（1）(b) 中龙门板标高都在 $-0.50m$ 的水平线上，施工时各点要用不同的下返数来控制挖方和管底标高。

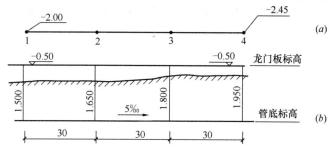

图 1-3-63（1） 水平线法测龙门板标高

1 点下返数 ＝（－0.50）－（－2.00）＝1.50m

2 点与 1 点高差＝30×0.005＝0.15m

2 点下返数＝1.50＋0.15＝1.65m

3 点与 1 点高差＝60×0.005＝0.30m

3 点下返数＝1.50＋0.30＝1.80m

4 点与 1 点高差＝90×0.005＝0.45m

4 点下返数＝1.50＋0.45＝1.95m

由于地形条件限制，各龙门板标高可以采用任意高程，只控制中心位置。然后在龙门板上另设坡度钉，如图 1-3-63（2）所示，施工过程利用坡度钉来控制管底高程。

还可以选用不同的下返数、分段测设龙门板，如图 1-3-63（3）所示。

图 1-3-63（2） 坡度钉的测设方法

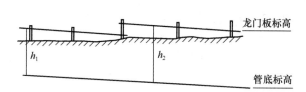

图 1-3-63（3） 分段测设坡度板

当沟槽挖到一定深度时，在沟槽侧壁每隔 10～15m，测设一个坡度桩，坡度桩至沟底标高应为分米的整数倍，然后利用这些坡度桩便可随时检查沟底标高。

1-3-64 构件铅直度的测设是怎样进行的？

答：施工测量中经常需要进行铅直度的测设，精度要求不高的铅直度，利用铅垂线目测就可以了，精度要求高的铅直度要用经纬仪进行。因为经纬仪能够作到，当竖轴铅直时，视准轴绕横轴转作一个竖直面，又因为两个竖直面的交线是铅垂线。所以在两个方向使构件对称轴线在视准轴绕横轴转所成竖直面内，构件就铅直了。下面以变截面构件为例说明构件铅直度的测设。参看图 1-3-64。

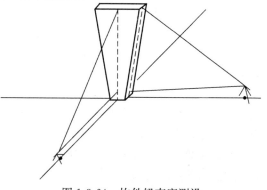

图 1-3-64 构件铅直度测设

1）准备工作

①在构件上和杯口上标出对应高程线、检查基底高程是否合适。

②构件侧面和杯口上弹出构件中心线和构件轴线（构件定位线）。

2）构件定位

构件吊入杯口使杯口高程线与构件对应高程线对齐，杯口上构件轴线与构件上的中心线对齐，临时固定。

3）校正构件铅直度

①事先对经纬仪进行检验校正，特别注意横轴垂直于竖轴的检验核正。

②将两台经纬仪安置于相互垂直的构件轴线上，距构件约一倍半构件高处，先照准底部中线，固定照准部，向上旋转望远镜，指挥构件使中线与十字丝竖丝重合，两台经纬仪都达到要求时，构件固定。

4）注意事项

①校正时，要确保构件底部中心线没有移动，照准部水准管气泡严格居中。

②变截面构件，仪器必须安置在构件轴线上，非变截面构件，仪器可略偏离构件轴线。

③尽量不在日照下进行校正。

1-3-65　坐标解析计算应注意哪几个问题？

答：坐标解析计算应注意如下几个问题：

（1）首先要建立以纵，横坐标增量为直角边而组成直角三角形的概念。否则，其他计算将无从着手。

（2）计算直线与坐标轴的夹角都是锐角。计算三角函数时，直线与 y 轴夹角对应边为 Δx。直线与 x 轴夹角对应边为 Δy。换算过程注意不要弄错。

（3）计算两条直线夹角（称极角）时，要先分别算出两个锐角，然后再相加或相减算出夹角。

（4）在坐标平面上标点（画图）时，要注意点位的上下左右关系，防止相对位置标错，误将两角应相加变相减（或相减变相加）造成错误。

（5）两控制点中任意一点都可作为极角（测站点），其计算结果是一样的。但认定一点后，现场施测时必须用这一点作测站。否则因极点不同，原计算数据不能使用。

（6）必须使用一种坐标值，（建筑坐标或建筑坐标），两者不能混用。

（7）使用函数表计算时，应用五位以上函数表。若精度要求不高，也可用四位函数表。

1-3-66　测量外业工作的校核方法有哪几项？

答：测量外业工作的校核方法有：复测校核，几何条件校核，变换测法校核，总和校核以及概略估算校核。

1-3-67　常用的水准测量成果校核的方法有哪三种？

答：（1）往返测法是由一个已知高程点起向施工现场欲求高程点引测，得到往测高差 $h_{往}$ 后；再返回到已知高程点，得到返测高差 $h_{返}$，当（$h_{往}+h_{返}$）＜允许误差时，则可用已知高程推算出欲求点高程。

（2）闭合测法是由一个已知高程点起，按一个环线向施工现场各欲求高程点引测后，又闭合回到起始的已知高程点，这种测法各段高差 h_1 的总和理论值应为零，即 $\Sigma h=0.000$。若不为零，其值为闭合差，通过误差调整即可求得各欲求点高程。

（3）附合测法　是由一个已知高程点起，向施工现场各欲求高程点引测后，又到另一个已知高程点附和校核，通过误差调整而得到各欲求点的高程。

以上前两种测法，由于只以一个已知高程点为依据，若这个点的点位动了，高程错了或用错了点位，在计算各欲求点高程中均无法发现。

上述（2）闭合测法一般不用故现场实测中最好用附合测法，以避免起始依据有误。

1-3-68 简述只用钢尺、小线与线坠对 *MNPQ* 进行定位的步骤有哪些？

以图 1-3-68 为例：

答：1）由 *A*、*B* 两点以"3—4—5"法向外定出 $A'B' /\!/ AB$，且量得 $AA' = BB'$；

2）由点♯中心向 $A'B'$ 上做垂足得 *C* 点，并量得 ♯*C* 距离；

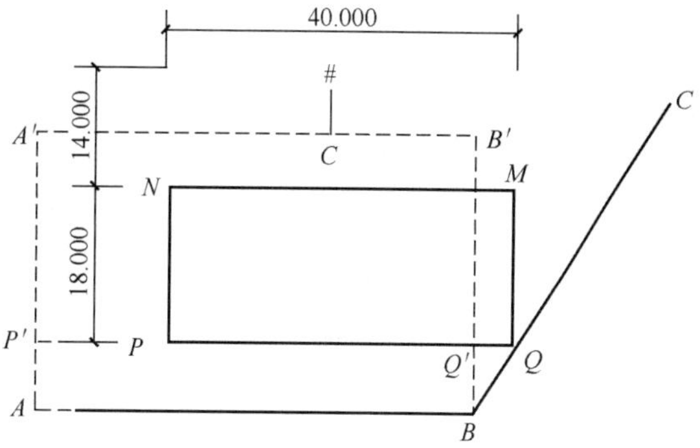

图 1-3-68　建筑场地平面

3）根据 ♯*C* 间距，在 AA'、BB' 上定出 P' 点与 Q' 点；

4）用小线由 $P'Q'$ 与 *BC* 相交定出 *Q* 点，并由 *Q* 点向东量 40.000m 定出 *P* 点；

5）根据 *P*、*Q* 定出 *M*、*N* 点，实地检测并距 *MN* 线应为 14.000m，*PM* 与 *QN* 应相等。

1-3-69 简述用全站仪对 *MNPQ* 进行定位的步骤有哪些？

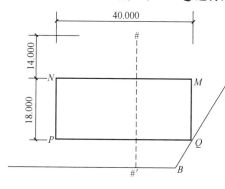

图 1-3-69　建筑场地平面

答：1）将全站仪安在 *B* 点，以 $0°00'00''$ 后视 *A* 点，对 $\angle ABC$ 与 *AB*、*BC* 进行检测，并测出 $\angle AB♯$ 及 *B*♯ 间距；

2）计算 $♯♯' = B♯ \cdot \sin\angle AB♯$，$♯'B = B♯ \cdot \cos\angle AB♯$ 及 *BQ*；

3）计算以 *B* 点为极，*BA* 为极轴的 *P*、*N*、*M*、*Q* 各点极坐标并进行测定；

4）检测 *Q* 点是否在 *BC* 线上，并距 *MN* 应为 14.000m，以及 *PM* 与 *QN* 应相等。

1-3-70 施工测量的基本方法有哪些？

答：基本方法有以下五点，见表 1-3-70。

施工测量的基本方法　　　　　　　　　　　　　　　　　　　　表 1-3-70

项目	测 法 示 意 图	说　明
1）直线丈量		
经过山头定线	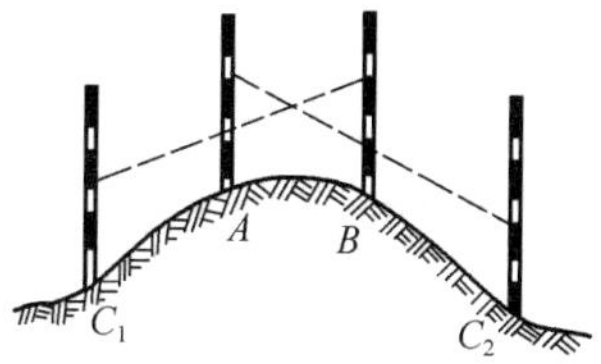	在不通视的 C_1、C_2 两点间定直线时，先在 C_1、C_2 各竖标杆，然后 *A*、*B* 两点两人持标杆互相观看，逐渐移近 C_1、C_2 直线，直至 *A* 点看到 *A*、*B*、C_2 与在 *B* 点看到 *B*、*A*、C_1 均在直线上
经过山谷定线	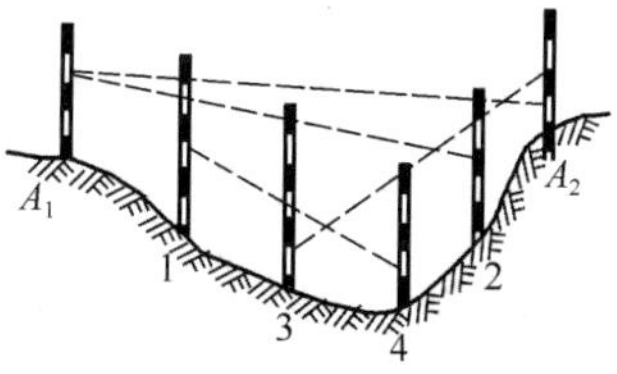	在通过 A_1、A_2 间的山谷定出直线时，先根据 A_1、A_2 定出 1 点；再利用 A_1、1 两点定出 2 点；用 A_1、2 两点定出 3 点；用 1、3 两点定出 4 点

项目	测 法 示 意 图	说 明
间接丈量定线（一）		路线可通视，但有障碍不能直接丈量时，过 A 作垂线 AB，量垂边 AB 及斜边 BC，则 $AC=\sqrt{\overline{BC^2}-\overline{AB^2}}$
间接丈量定线（二）		可用经纬仪观测 $\angle B$ 或 $\angle C$，并丈量 AB 距离，则 $AC=AB\operatorname{tg}B$ $AC=AB\operatorname{ctg}C$
两点间定线（一）		A_1、A_2 点各竖立标杆，从 A_1 瞄向 A_2 方向，1、2 标杆根据 A_1 点瞄视 A_2 的挥动手势移动位置，直至 A_1、1、2、A_2 成一直线
两点间定线（二）		在 A_1 点安放经纬仪，A_2 点竖立标杆，使望远镜十字丝竖轴对准 A_2 点，另 1 人移动 1 标杆就位后，再观测标杆 2，使 A_1、1、2、A_2 在同一直线上
两点的延长线		粗略标定，可用标杆由 A 向 B 瞄 C 点成一直线；精确方法于 A 点置经纬仪瞄 B 点，延长得 C_1 点（正镜），再倒镜观测得 C_2，得 C_1、C_2 中点为 C^*

* 如正、倒镜 C_1、C_2 点重合，则证明在一直线上，C 点无误。

项目	测 法 示 意 图	说　　明
2）卷尺测设垂线		
不能通视丈量定线	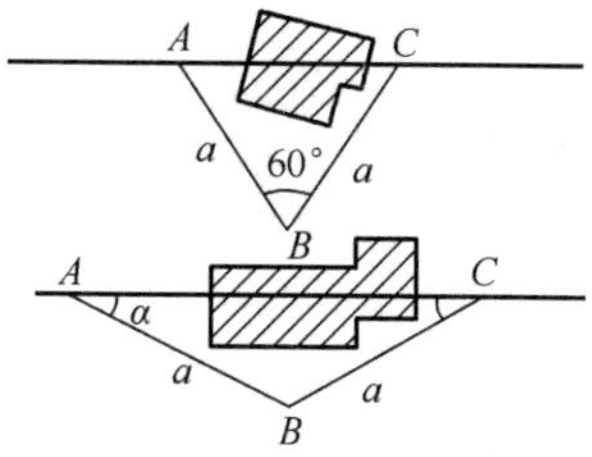	当路线不能通视时，可利用等边三角形原理求出 AC 距离和方向。图示为等边及等腰三角形。则 $$AC=2a\cos\alpha$$
矩形丈量定线	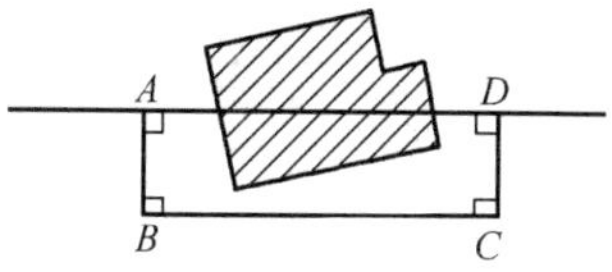	同上述路线遇到障碍不能通视，利用矩形越过，$AB\perp AD$，$CD\perp AD$，$AB=CD$，则 $BC=AD$
倾斜地面直线丈量	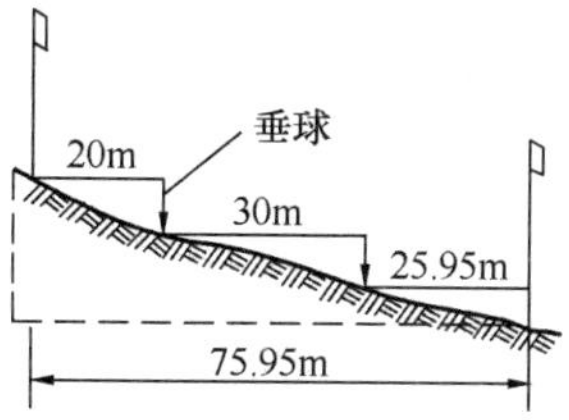	斜坡地丈量时，尺应抬平，用吊垂球的方法测定尺上读数（对应地面上的位置）。按地面倾斜分段丈量，各段长度相加，即得线段总长
平*分法	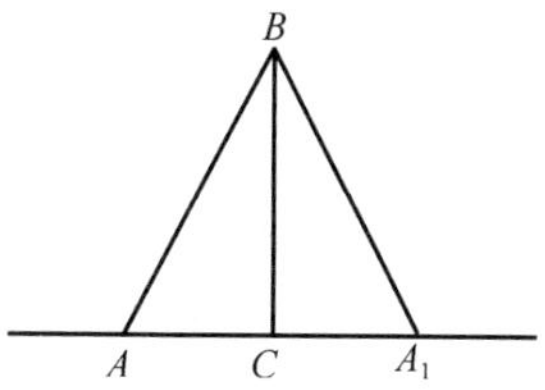	要求在 C 点作 BC 垂直于 AA_1。量 $AC=A_1C$，取一定卷尺长（大于 AA_1），在长度中央即为 B 点。当卷尺拉紧 $BA=BA_1$，则 B 点与 C 点连线即垂线
勾取弦法	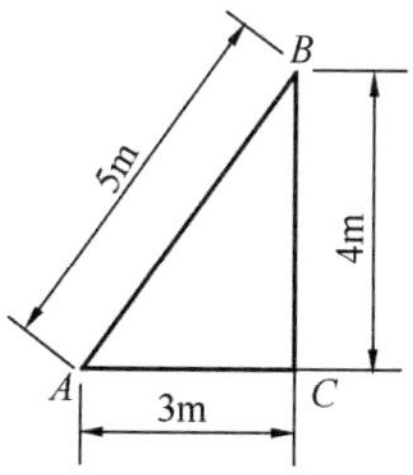	亦即 3、4、5 法。如图示，通过 C 点作 AC 的垂线 BC，只需在卷尺上分别找出 3m、4m、5m 三段长度，然后以 3m、4m 作角边 AC 和 CB，即得垂线 BC
角尺法	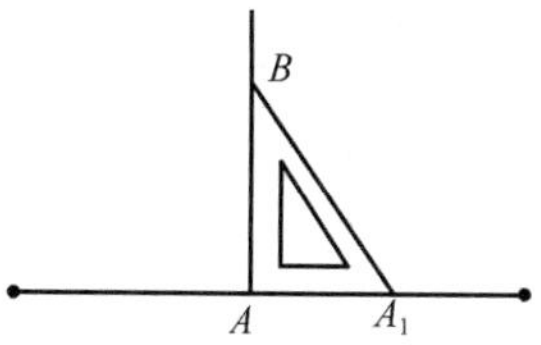	用角尺（木制三角拐尺）测设垂线简便快速。如图示，以直角的一边紧贴中线 AA_1，沿直角另一边画线 AB，即垂线

* 也可用相等半径分别于 A、A_1 为圆心画圆弧相交，求得 B 点。

项目	测 法 示 意 图	说　　明
	3）将已知高程点测设到地面上	
用水准仪测已知高程	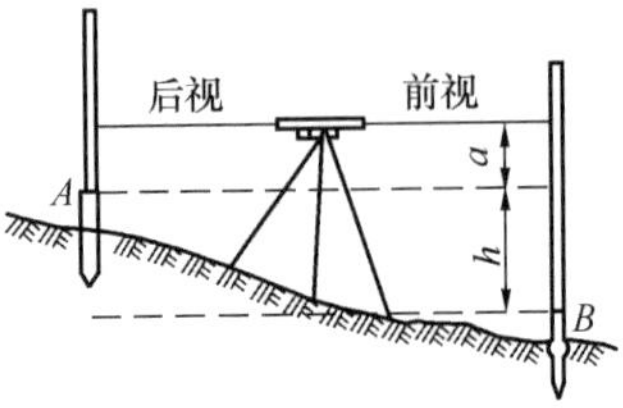	已知 A 点高程为 H_a，现要测设 B 桩，使其高程等于已知高程 H_b。 在 AB 两点之间要放水准仪后视 A，得读数 a。由图示，若 B 点的前视读数为 $h+a$（$h=H_a-H_b$），则 B 点具有已知设计高程 H_b。施测时可轻轻敲打 B 桩，使水准尺读数逐渐达到 $h+a$，此时 B 桩顶高程即为 H_b，也可在桩上划线表示高程
	4）把高程点引入基坑	
高程传递到基坑、竖井	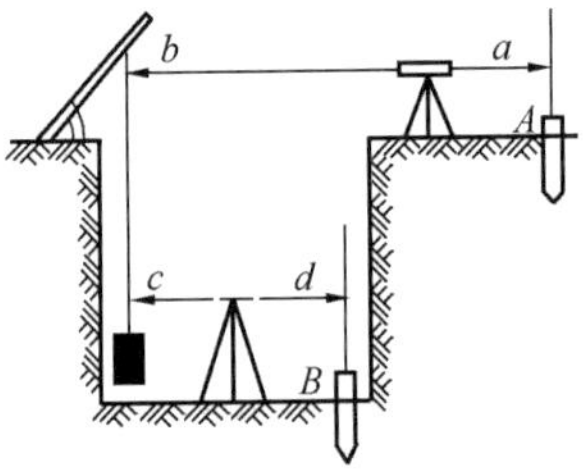	坑口设置木杆，悬挂带有重锤的钢尺，安放水准仪于地面，测 A 点读数 a、钢尺读数 b。然后，移水准仪至坑内，读出钢尺读数 c、B 点读数 d。用 H_A 代表地面水准点的高程，则得坑内临时水准点 B 的高程： $$H_B=H_A+a-(c-b)-d$$ 根据 H_B 进行坑内高程测定
	5）测设已知的水平角	
经纬仪测设法	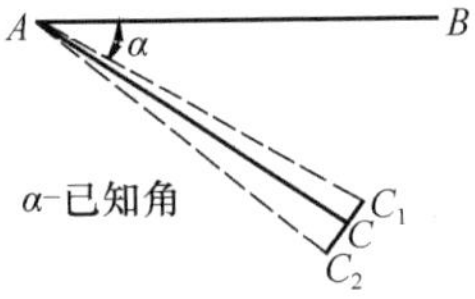	在 A 点置经纬仪，对中整平后，使水平度盘读数为 $0°00'00''$，旋紧止动螺旋； 放开下盘止动螺旋，正镜后视 B 点，关下盘制动；放上盘止动螺旋，转动仪器使度盘读数对准已知角 α，从视线方向定 C_1；倒转望远镜，测 C_2；C_1、C_2 两点如不重合，取中点 C
正切测设法	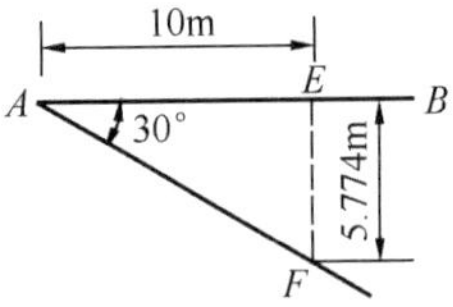	如无经纬仪时，可用正切法定出已知角。图示在 AB 直线上截取 10m 长的一段，作一垂线，在此垂线上截取 $tg30°×10m=5.774m$，得 F 点，则 $\angle EAF=30°$

1-3-71　城市道路管线交叉点标高图是怎样的?

答：见图 1-3-71（1）及图 1-3-71（2）。

1-3-72　管线间最小水平净距为多少?

答：见表 1-3-72。

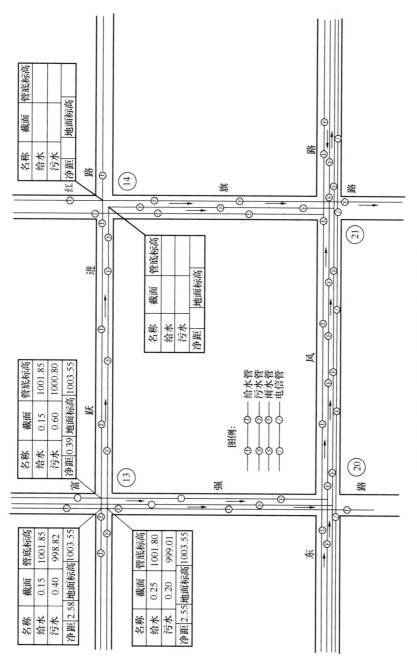

图 1-3-71 (1)　城市道路管线交叉点标高图 (一)

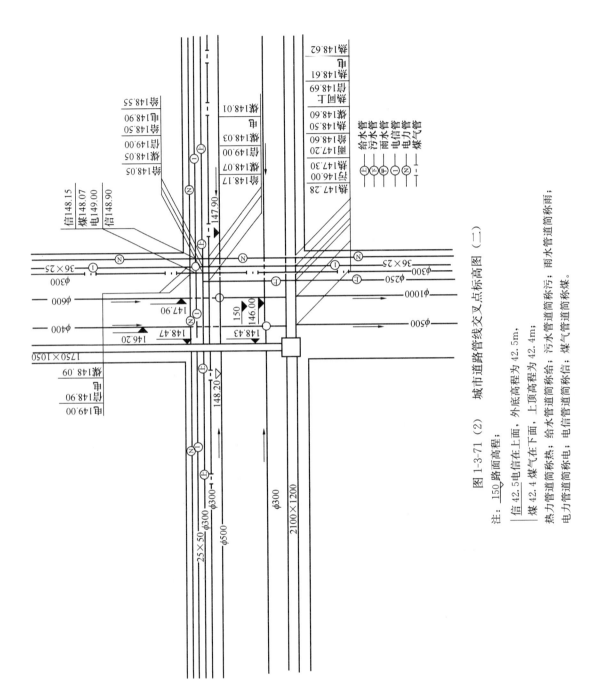

图 1-3-71 (2) 城市道路管线交叉点标高图 (二)

注：150 路面高程；

信 42.5 电信管在上面、外底高程为 42.5m，
煤 42.4 煤气管在下面、上顶高程为 42.4m；

热力管道简称热；给水管道简称给；污水管道简称污；雨水管道简称雨；
电力管道简称电；电信管道简称信；煤气管道简称煤。

表 1-3-72

各种管线最小水平净距表（m）[1]

顺序	管线名称	1	2	3	4 煤气管				5	6	7	8	9	10	11	12
		建筑物	给水管	排水管	低	中	高	高	热力管	电力电缆	电信电缆	电信管道	乔木(中心)	灌木	地上柱杆(中心)	道路侧右边缘
1	建筑物		3.0	3.0[2]	2.0	3.0	4.0	15.0	3.0	0.6	0.6	1.5	3.0[6]	1.5	3.0	—
2	给水管	3.0		1.5[5]	1.0	1.0	1.0	5.0	1.5	0.5	1.0[5]	1.0[5]	1.5	—[8]	1.0	1.5[9]
3	排水管	3.0[2]	1.5[5]		1.0	1.0	1.0	5.0	0.5	0.5	1.0	1.0	1.0[7]	—[8]	1.0	1.0[9]
4	煤气管 低压（压力不超过 0.05MPa 高）	2.0	1.0	1.0					1.0	1.0	1.0	1.0	1.5	1.5	1.0	1.0
	中压（压力 0.051~0.1MPa）	3.0	1.0	1.0					1.0	1.0	1.0	1.0	1.5	1.5	1.0	1.0
	高压（压力 0.101~0.3MPa）	4.0	1.0	1.0					1.0	1.0	2.0	2.0	1.5	1.5	1.0	1.0
	高压（压力 0.301~1.2MPa）	15.0	5.0	5.0					4.0	2.0	10.0	10.0	2.0	2.0	1.5	2.5
5	热力管	3.0	1.5	0.5	1.0	1.0	1.0	4.0		2.0	1.0	1.0	2.0	1.0	1.0	1.5[9]
6	电力电缆	0.6	0.5	0.5	1.0	1.0	1.0	2.0	2.0	—[4]	0.5	0.2	1.5	1.0	0.5	1.0[10]
7	电信电缆（直埋式）	0.6	1.0[5]	1.0	1.0	1.0	2.0	10.0	1.0	0.5		0.2	1.5	—	1.5	1.0[10]
8	电信管道	1.5	1.0[5]	1.0	1.0	1.0	2.0	10.0	1.0	0.2	0.2		1.5	—	1.0	1.0[10]
9	乔木（中心）	3.0[6]	1.5	1.0[7]	1.5	1.5	1.5	2.0	2.0	1.5	1.5	1.5		—	2.0	1.0
10	灌木	1.5	—[8]	—[8]	1.5	1.5	1.5	2.0	1.0	1.0	—	—	—		—[8]	0.5
11	地上柱杆（中心）	3.0	1.0	1.0	1.0	1.0	1.0	1.5	1.0	0.5	1.5	1.0	2.0	—[8]	[8]	0.5
12	道路侧石边缘	—	1.5[9]	1.0[9]	1.0	1.0	1.0	2.5	1.5[9]	1.0[10]	1.0[10]	1.0[10]	1.0	0.5	0.5	

① 表中所列数字，除指明者外，均系管线与管壁间净距，即系管线与管线外壁间距离而言。
② 排水管埋深浅于建筑物基础时，其净距不小于 2.5m，排水管埋深深于建筑物基础时，其净距不小于 3.0m。
③ 表中数值适用于给水管径 d≤200mm。如 d>200mm 时应不小于 3.0m。当污水管的埋深深于平行敷设的生活用水管 0.5m 以上时，其水平净距不小于 3.0m。当 d>200cm 时两管须用金属管等。
④ 并列敷设的电力电缆互相间的净距不应小于下列数值：1）10 及 10kV 以上的电缆与其他任何电压的电缆之间——0.25m；2）10kV 以下的电缆之间——0.10m；3）控制电缆之间——0.05m；4）非同一机构的电缆之间——0.50m；在上述 1）4）两项中，如将 10kV 以下电缆加以可靠的保护（敷设在套管内装置隔离板等），则净距可减至 0.10m。
⑤ 表中数值适用于给水管 d≤200cm。如 d=250~500cm 时，净距为 1.5m；d>500cm 时为 2.0m。
⑥ 尽可能大于 3.0m。
⑦ 与现状大树距离为 2.0m。
⑧ 不需间距。
⑨ 距道路边沟的边缘或路基边坡底均应不小于 1.0m。
⑩ 有关铁路与各种管线的最小水平净距可参考铁路部门有关规定。

1-3-73　管道纵剖面图主要包括哪些主要内容？

答：如图 1-3-73 所示的管道纵剖面图，为了明显地表示出地形起伏情况，高程比例尺要比水平距离比例尺大 10～20 倍。粗横线以上是管线的纵剖面，粗横线以下是管线各项设计数据。图中包括的主要内容如下：

1）表示管线位置和长度的起、止点，转折点。这些点称为管线的主点，图 1-3-73 中 1 点为起点，2 点为折转点，3 点为终点。

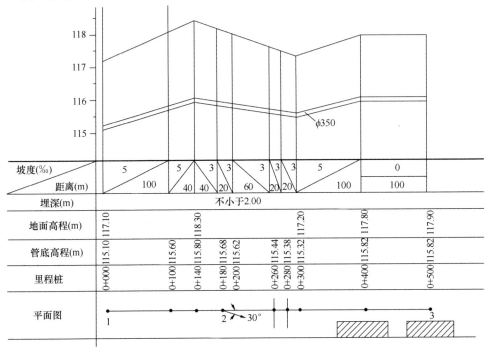

图 1-3-73　管道剖面图

2）对于规模较大的管线要从起点开始，标有里程桩。起点桩为 0+000（+号前面的数值表示公里数，+号后面数值为整数），以后每 100m 钉一桩，编号分别为 0+100，0+200，……。如果百米桩之间有重要地物（如穿越道路或地形变化较大处）应增加标桩，称为加桩。加桩的编号按该桩阶在位置表示，如 1+100，表示该桩距起点为 1140m。

3）表示了两相邻间的水平距离，该点处的管底设计高程、地理高程、管径、埋置深度、管线衔接关系。

4）表明了管道设计坡度，纵剖面图上表示坡度的方法是"↗"表示上坡，"↘"表示下坡"—"表示水平。斜线上方注字是坡度系数，以千分数表示，斜线下方是两桩之间距离。

5）表明了构筑物（检查井、阀门井）的平面位置及高程，及构筑物的编号。

6）还有场区控制点，管线主要点位的坐标及高程。

7）地面横向坡度较大时主要特征点的横剖面图。

1-3-74　管线定位测量要注意什么？怎样进行施测？

答：要深入现场，了解场地环境，按管线平面图找出管道在地面上的位置，检查设计阶段测设的各种定位标志是否齐全，能否满足施工放线的需要。如果点位太少或被毁，要了解场区控制点分布情况，进行补点施测。

现以图 1-3-74 为例介绍地下管道施工过程的测量方法。

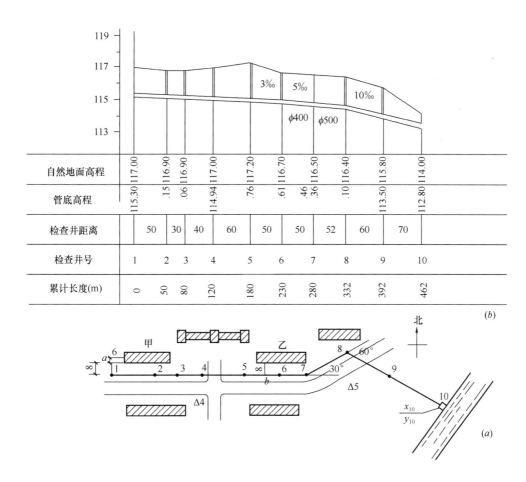

图 1-3-74　管道平面及纵剖面图

（a）管道平面；（b）管道纵剖面

1）根据建筑物定位

图 1-3-74 中定 1 点时，先作建筑物南墙的延长线，从建筑物量 6m 定出 a 点，再过 a 点作延长线的垂线，从 b 点量 8m，定出 1 点。

2）平行线法定位

从建筑物正南墙量出 8m，定 b 点。将仪器置于 1 点，照准 b 点，在视线方向从 1 点依次量取各点间距离，便可定出 2-7 点。

3）导线法定位

将经纬仪置于 7 点后视 1 点，顺时针测角 150°，在视线方向从 7 点量距定出 8 点。同法将仪器置于 8 点，后视 7 点测角可定 9、10 点。

4）极坐标法定位

为校核 10 点位置是否正确，根据管线终点 10 点的坐标和控制点 4、5 点的坐标计算出测量数据，将仪器置于控制点 5，后视控制点 4，用极坐标法校核 10 点位置。

管线主点定位测量，新建管道与原有管道衔接时，以原有管道为准。厂外管道与厂内管道衔接时以厂内管道为准。厂房外管道与厂房内管道衔接时以厂房内管道为准。管道定位测量，其测角精度不大于 30s，量距精度不大于 1/5000，对无压力管道高程测量精度不低于四等水准测量的要求，以保证坡度要求。

1-3-75 施工测量允许误差新老规范有何区别？

答：《给水排水管道工程施工及验收规范》GB 50268—2008 第 3.1.8 条（表 1-3-75（1））给出了施工测量的允许偏差，和原 1997 年规范（表 1-3-75（2））相比，有些改变，保持了较高的精度控制。

（2008 年规范表 3.1.8）施工测量允许偏差 表 1-3-75（1）

项　　目		允　许　偏　差
水准测量高程闭合差	平地	$\pm 20\sqrt{L}$（mm）
	山地	$\pm 6\sqrt{n}$（mm）
导线测量方位角闭合差		$40\sqrt{n}$（″）
导线测量相对闭合差	开槽施工管道	1/1000
	其他方法施工管道	1/3000
直接丈量测距的两次较差		1/5000

注：1. L 为水准测量闭合线路的长度（km）；

　　2. n 为水准或导线测量的测站数。

（1997 年）施工测量允许偏差 表 1-3-75（2）

项　　目		允　许　偏　差
水准测量高程闭合差	平地	$\pm 20\sqrt{L}$（mm）
	山地	$\pm 20\sqrt{n}$（mm）
导线测量方位角闭合差		$40\sqrt{n}$（″）
导线测量相对闭合差		1/3000
直接丈量测距的允许偏差	测站间距<200m	1/5000
	测站间距 200～500m	1/10000
	测站间距>500m	1/20000

1-3-76 施工测量方案"五性"要求是什么？

答：为了制定切实可行的施工测量方案，一定要坚持"五性"的要求，即：①方案内容上一定要满足设计与施工要求的针对性；②在措施上一定要做到对质量与进度的预控性；③在测量精度上一定要做到科学合理性；④在测量方法上一定要做到先进性又是可行性；⑤在人员、仪器与材料的配合上要尽量节省达到经济合理性。

1-3-77 制定测量方案"三了解"是什么？

答：制定测量方案前应做到"三了解"，即了解工程设计与对测量放线的要求情况，了解施工总体安排与对测量放线的要求情况，以及了解施工现场情况，尤其是各种地下管线与构筑物情况。以便能有针对性地做好预控质量与进度的测量放线方案。

1-3-78 管道中线控制测量有什么主要技术要求？

答：管道工程中线测量应采用合同规定的坐标、高程控制系统。如北京地区施工时应采用北京地区坐标系统。中线控制网的布设，应因地制宜，做到确保精度、方便实用、满足施工的实际需要。根据国家有关技术标准的规定各种精度的三角点，含二级以上的导线点及相应精度的 GPS 点，根据施工需要，均可作为给水排水管道中线测量的首级控制。给水排水管道中线控制网的建立可采用三角测量、导线测量、三边测量和边角测量等方法。

1）三角测量应符合的要求

（1）三角测量的主要技术要求，应符合表1-3-78（1）的规定。

三角测量的主要技术要求　　　　　　　　　　表1-3-78（1）

| 等　级 | 平均边长（m） | 平均角误差（″） | 起始边长相对中误差 | 最弱边边长相对中误差 | 测回数 | | 三角形最大闭合差（″） |
					DJ2	DJ6	
一级小三角	1000	5	≤1/40000	≤1/20000	2	4	15
二级小三角	500	10	≤1/20000	≤1/10000	1	2	30

注：中误差、闭合差均为正负值。

（2）三角测量的网（锁）布设应符合下列要求：

①各等级的首级控制网，宜布设成近似等边三角形的网（锁），且其三角形的内角最大不应大于100°，最小不应小于30°；因受地形、地物的限制，个别的角可适当放宽，但也不应小于25°。

②控制网的加密方法及一级、二级小三角的布设，应符合《工程测量规范》GB 50026 的规定。

2）导线测量应符合的要求

（1）导线测量的主要技术要求，应符合表1-3-78（2）的规定。

导线测量的主要技术要求　　　　　　　　　表1-3-78（2）

| 等级 | 导线长度（km） | 平均边长（km） | 测角中误差（″） | 测距中误差（mm） | 测距相对中误差 | 测回数 | | | 方位角闭合差（″） | 相对闭合差 |
						DJ1	DJ2	DJ6		
一级	4	0.5	5	15	≤1/30000	—	2	4	$10\sqrt{n}$	≤1/15000
二级	2.4	0.25	8	15	≤1/14000	—	1	3	$16\sqrt{n}$	≤1/10000

注：表中 n 为测站数。

（2）当导线平均边长较短时，应控制导线的边数，但不得超过表中相应等级导线平均长度和平均边长算得的边数；当导线长度小于表1-3-78（2）中规定的长度的1/3时，导线全长的绝对闭合差不应大于13cm。

（3）导线宜布设成直伸形状，相邻边长不宜相差过大。当附和导线长度超过规定时，应布设成结点网形。结点与结点、结点与高级点之间的导线长度，不应大于表1-3-78（2）中规定长度的0.7倍。

3）三边测量应符合的要求

（1）各等级三边网的起始边至最远边之间的三角形不宜多于10个，三边测量的主要技术要求，应符合表1-3-78（3）中的规定。

三边测量的主要技术要求　　　　　　　　　表1-3-78（3）

等　级	平均边长（km）	测距中误差（mm）	测距相对中误差
一级小三边	1	25	≤1/40000
二级小三边	0.5	25	≤1/20000

注：中误差为正负值。

（2）各等级三边网的边长宜近似相等，其组成的各内角宜为 30°～100°。当受条件限制时，个别角可适当放宽，但不应小于 25°，图形欠佳时，应加测对角线边。

（3）当以测边方法进行交汇插点时，至少应有一个多余观测，根据多余观测与必要观测的结果计算的纵、横坐标差值，不应大于 3.5cm。

1-3-79 管道工程中线控制测量对经纬仪水平角观测有什么技术要求？

答：水平角量测的技术要求和精度应符合控制测量中水平角观测的有关规定。

（1）水平角观测所用的光学经纬仪、电子经纬仪和全站仪，在使用前，应进行下列项目的检验，并应符合规定的技术要求：

①照准部旋转正确，各位置长气泡读数误差，DJ2 型仪器不应超过一格。

②光学仪器的测微器行差、仪器的隙动差，DJ2 型仪器不应大于 2″。

③水平轴不垂直于垂直轴之差，DJ2 型仪器不应超过 15″。

④仪器垂直螺旋使用时，视准轴在水平方向上不应产生偏移。

⑤仪器底部在照准部旋转时，应无明显位移。

⑥光学对点器的对中误差，不应大于 1mm。

2）水平角观测结束后，测角中误差应按式（1）和式（2）计算。

①三角网、边角网的测角中误差

$$m_s = \sqrt{W^2/3n} \tag{1}$$

式中　m_s——测角中误差，(″)；

　　　W——三角形闭合差，(″)；

　　　n——三角形的个数。

②导线（网）测角中误差

$$m_s = \sqrt{(f_B^2/n)/N} \tag{2}$$

式中　m_s——测角中误差，(″)；

　　　f_B——附和导线或闭合导线环的方位角闭合差，(″)；

　　　n——计算 f_B 时的测站数；

　　　N——附和导线或闭合导线环的个数。

1-3-80 使用普通钢尺测距有什么技术要求？

答：1）普通钢尺测距应符合的技术要求

①可采用一根钢尺往返丈量或两根钢尺同方向丈量一次。丈量时，应使用弹簧秤，丈量结果应进行尺长、温度、拉力、倾斜等项改正。

②普通钢尺测距的主要技术要求，应满足表 1-3-80 规定。

普通钢尺测距的主要技术要求　　　　　　　　　表 1-3-80

边长丈量较差的相对误差	作业尺数	丈量总次数	定线最大偏差（mm）	尺段高差较差（mm）	估读（值至）（mm）	温度读数值至（℃）	读尺次数	同尺各次或同段各尺的较差（mm）
1/40000	2	4	50	≤5	0.5	0.5	3	≤2
1/20000	12	2	50	≤10	0.5	0.5	3	≤2
1/10000	12	2	70	≤10	0.5	0.5	2	≤3

2）内业计算应符合的要求

①计算所用全部外业资料与起算数据，应经两人独立检核，确认无误后，方可使用。

②各级平面控制点的计算，可根据需要采用严密平差法或近似平差法。计算时，应采用两人对算或验算方式。

③使用电子计算机平差计算时，应对所用程序进行确认，对输入数据进行校对，对输出数据进行检验。

④经平差级的坐标值为控制的依据，对方位角、夹角和距离应按平差结果反算求得。

1-3-81　管道高程控制测量有什么主要技术要求？

答： 高程控制测量应采用本地区高程系统，采用直接水准测量辅以电磁波测距三角高程测量。给水排水管道工程以二、三级水准测量方法建立首级工程控制。

1）水准测量的主要技术要求，应符合表 1-3-81（1）中的规定。

水准测量的主要技术要求　　　　　　　　　　表 1-3-81（1）

等级	每千米高差全中误差（mm）	路线长度（m）	水准仪的型号	水准尺	观测次数		往返较差附和或环线闭合差
					与已知点联测	附和或环线	
二等	2	—	DSI	铟瓦	往返各一次	往返各一次	$4\sqrt{L}$
三等	6	≤50	DSI	铟瓦	往返各一次	往一次	$12\sqrt{L}$
			DS3	双面		往返各一次	

注：1. 结点之间或结点与高级点之间，其路线的长度，不应大于本表规定的 0.7 倍。

2. L 为往测段、附和或环线的水准路线长度（km）。

3. 三等水准测量可采用双仪高法单面尺施测。

2）水准测量所使用的仪器及水准尺，应符合下列规定：

①水准仪视准轴与水准管轴的夹角，DS1 型不应超过 $15''$，DS3 型不应超过在 $20''$。

②水准尺上的米间隔平均长与名义长之差，对于铟瓦水准尺，不应超过 0.15mm，对于双面水准尺，不应超过 0.5mm。

③二等水准测量采用补偿式自动安平水准仪时，其补偿误差 Δa 不得超过 $0.2''$。

④水准观测的主要技术要求，应符合表 1-3-81（2）中的规定。

水准观测的主要技术要求　　　　　　　　　　表 1-3-81（2）

等级	水准仪的型号	视线长度（m）	前、后视较差（mm）	前、后视累计较差	视线距地面最低高度（m）	基本分划、辅助分划或黑面、红面的读数较差（mm）	基本分划、辅助分划或黑面、红面的所测高差较差（mm）
二级	DS1	50	1	3	0.5	0.5	0.7
三等	DS1	100	3	6	0.3	1.0	1.5
	DS3	75				2.0	3.0

注：1. 二等水准视线长度小于 20m 时，其视线高度应低于 0.3m。

2. 三等水准采用变动仪器高度进行观测单面水准尺时，所测两次高差之差，应与黑面、红面所测高差之差要求相同。

⑤采用电磁波测距三角高程测量进行高程控制测量，宜在平面控制点的基础上布设成三角高程网或高程导线。

⑥高程观测应起讫于不低于三等水准的高程点上，其边长应不超过 1km，边数不应超过 6 条。当边长不超过 0.5km 或单纯作高程控制时，边数可增加 1 倍。

⑦采用电磁波测距三角高程测量对向观测应在较短的时间内进行，计算高差时，应考虑折光差的影响。

⑧三角高程测量的边长测定，应采用不低于 II 级精度。

⑨内业计算时，垂直角度的取值，应精确至 $0.1''$；高程的取值应精确至 1mm。

3) 对高程控制网应进行平差计算，高程控制点高程以平差结果为准。

1-3-82 管道工程的各类控制桩包括哪些？

答：管道工程的各类控制桩包括：起点、终点、折点、井位中心点、变坡点等特征控制点。排水管道中心桩间距宜为 10m，给水等其他管道中心桩间距宜为 15～20m。

1-3-83 管道工程高程以什么作为施工控制基准？

答：管道工程高程以管内底高程作为施工控制基准。检查井应以井内底高程作为控制基准。管道控点高程测量应采用附合水准测量。

1-3-84 高程钉如何设置？

答：受地面或沟槽断面限制，不宜埋设坡度板时，可在沟槽侧壁或槽底两边对称钉设一对高程桩，每对高程桩上钉一对等高的高程钉。高程钉距槽底的距离宜为 1.5m 左右。高程桩沿槽纵向间距宜为 10m。

1-3-85 地下管线设施调查的基本内容及要求是什么？

答：1) 地下管线设施调查的基本内容如表 1-3-85 所示。

2) 地下管线设施调查的要求：

各种地下管线设施调查内容表 表 1-3-85

类　　别		管(沟)内底高	管外顶高	管径或断面	偏管距离	构筑物与管件	材料性质及修建时间	备　　注
给水（水）$\phi \geqslant 75$mm			△	△（管径）	△	△	△	注明管材
污水（污）$\phi \geqslant 300$mm		△		△	△	△	△	雨污水合流按污水算，非圆形管沟断面注宽×高，注明沟形。注意流向。
雨水（雨）$\phi \geqslant 500$mm								
煤气（天、煤、液）			△	△（管径）	△	△（小室尺寸）	△	注明压力等级
热力（热）	有沟道	△		△（宽×高）	△	△（小室尺寸）	△	无沟道应注明材料的厚度，拱形沟量取拱顶高程。
	无沟道		△	△				

类　　别		管(沟)内底高	管外顶高	管径或断面	偏管距离	构筑物与管件	材料性质及修建时间	备　　注
(电力)(力)	沟道管道	△	△	△(宽×高)或直径	△	△	△	标准设计的转折点检修井，要注明长端方向；非标准设计的要量长、短端距离，并绘略图。 电力应注明电压。路灯、电车电缆、应注记"路灯"、"电车"字样。电信电缆要条数。电力电缆要电压×条数。
电信（话）(广)（长）(讯)	管块	△	△	△(宽×高)	△	△	△	
	直埋电缆		△	△(条数)		△	△	
工业管道(工)	自流压力	△	△	△	△	△	△	管子测外顶高，管沟测内底高

注：表中有△者为必须调查项目。构筑物指各种管线的检修井、暗井、进出水口、水源井、闸阀、消火栓、水表、排气门、抽水缸、水室（电信电缆分人孔、手孔）等。管件指三通、四通、变径管、弯管、盖堵等。

①各种地下管线应在明槽时施测，特殊情况下，可采用先用固定地物拴出点位，量取比高，然后再测坐标和高程。拴点误差三角形内接圆直径不应大于15cm。

②应现场直接填写调查表，原始调查数据都应按要求正式记录。

③应测部位高程都应按北京市高程系统，直接实测。如因条件限制用皮尺量取再换算时，误差不应大于±5cm。

④断面尺寸，电信管道以厘米计，其他以毫米计。

⑤注记方法：

电信电缆"条数"；电力电缆"电压×数条"；

管子"管径ϕ"；沟道"宽×高"或"断面形状，宽×高"；

两条平行的（重叠或并行），性质相同的设施应注明，如"2×ϕ1000"；

各种预留管或甩头要注明"预留"；

管线三通，先记主管管径，后注支管管径，如：ϕ200×100；

偏管距离要注明偏距和方向，如：东北管，偏东0.3m。偏距≤0.2m可忽略。

⑥地下管线的来龙去脉要清楚，管线起点、终点、折点、分支点、变径点、变坡点及附属构筑物、管件等主要点位要测全。直线段一般每隔150m选测一点，高程点位与平面点位应取一致。

1-3-86　怎样进行地下工程控制测量？

答：管道工程顶管或盾构等地下工程的施工控制测量，分为地面控制和地下控制两部分，并将两部分联测形成具有统一坐标和高程系统的控制网。如果通过竖井施工要进行井上、井下的平面和高程联系测量。平面联系测量是通过井筒进行联系三角形测量，将地面近井控制点的平面坐标和方向传递到井下平面控制点上，作为井下导线的起始坐标和起始方向。单井平面联系测量通常采用重锤投放两条钢丝，测定垂线投放点的坐标和投点连线的坐标方位角，地下导线即由此计算。近代已逐步采用光学投点仪、激光垂准仪和陀螺经纬仪定向的方法代替上述几何联系测量。如有已掘成的两个竖井，彼此有坑道连通，则可通过井下导线连接两个竖井的设点，进行两井定向测量。高程联系测量通常采用吊垂线法、长钢尺法和长钢丝法，近代则采用电磁波测距仪测梁的方法。地面控制测量和地下控制测量所用仪器、工具（尤其是丈量工具），应进行检定，取得一致的标准。

地面平面控制一般采用导线、测角网、测边网或边角网。高程控制一般采用水准网或电磁波测距三角高程控制网。

地下控制从各洞口或井口引进随坑道掘进而逐步延伸。地下控制网形状和测量方法，依坑道的形状和净空的大小而定，平面控制一般采用导线或狭长的导线网。在地下导线中，采用能够保证设计精度的陀螺经纬仪，加测一边或数边的陀螺方位角，可减少横向贯通误差的积累。小型地下工程常采用中线控制。高程控制一般采用水准测量或电磁波测距仪测量。地下所设的控制点比较容易产生位移。在使用前应予以检测。

1-3-87　怎样进行地下工程定线放样测量？

答：地下工程的定线放样主要根据施工中线和施工水准点进行。先根据施工中线和水准点放样出开挖断面的中心点，以掘进机械进行开挖。近代已用激光导向的方法操纵掘进机械的进程。待洞体成型或部分成型后，即根据校准的中线放样断面线，进行衬砌。隧道（洞）贯通以后，施工中线即可对接，此时要测算坑道横略、纵向、高程和方向的贯通误差，并进行调整。在放样精度要求较高时，贯通误差调整前，应先进行贯通测量，亦即将相向开挖两洞口附近的洞外控制点（或洞内贯通两侧的导线控制点）连成贯通导线或贯通水准线路，重新施测并加以平差。在允许的调整范围内，所有重要放样工作，都以平差后的坐标和高程作为调整施工中线和放样的依据。地下工程衬砌后要进行断面测量，核实净空。

1-3-88　地下工程竣工测量有何作用？

答：地下工程竣工后要测制竣工图并记录必要的测量依据，以备在经营管理阶段还要进行地下工程的设备安装、维修、改建、扩建等各种测量工作之用。

地下工程施工时，因岩体掘空，围岩应力发生变化，可能导致地下建筑及其周围岩体下沉隆起、两侧内挤、断裂等变形和位移。因此，必要时，从施工前开始，直到经营期间，应对地面、地面建筑物、地下岩体进行系统的变形观测，以保证施工安全，鉴定工程质量，开展相应的科学研究工作。

1-3-89　市政工程竣工测量的内容是什么？

答：市政工程竣工测量主要测定各项工程竣工时主要点位的平面位置和高程，市政工程竣工时主要点位如道路交叉点、地下通道的转折点、窖井中心、消火栓等。隐蔽工程要在回填前进行施测。平面坐标根据城市控制点按解析法测定，高程用水准仪直接测定。

1-3-90　地下管线竣工测量注意问题有哪些？

答：新建地下管线竣工测量应注意以下几点：

1）竣工测量应以工程施工中有效的测量控制网点为依据进行测量。控制点被破坏时，应在保证施测细部点的精度下进行恢复。

2）竣工图的坐标系统、标识、图例符号应与原设计图一致。

3）竣工图应根据施工检测记录绘制和对竣工工程现场实测其位置、高程及结构尺寸。

4）竣工测量应在覆土之前进行。否则应在覆土前设置管线待测点，并将设置的位置准确地引到地面上，作好栓点。

1.4　安全、文明施工要求

1-4-1　我国安全生产管理的基本方针是什么？什么是"五大伤害"？什么是"三级"安全教育？什么是处理事故中的"四不放过"？

答：1）我国安全生产管理的基本方针"安全第一、预防为主"；

2) 建筑行业中的"五大伤害"高处坠落、触电事故、物体打击、机械伤害与坍塌事故；

3)"三级"安全教育对新进场或转换工作岗位和离岗后重新上岗人员，必须进行上岗前的"三级"安全教育，即公司教育、项目教育与班组教育，以使从业人员学到必要的劳保知识与规章制度要求；

4) 处理事故中的"四不放过"万一施工现场发生事故，要立即向上级报告，不得隐瞒不报，并按"四不放过"原则进行调查分析和处理。"四不放过"是指：事故原因没有查清楚不放过，事故责任人没有严肃处理不放过，广大职工没有受到教育不放过，针对事故的防范措施没有真正落实不放过。

1-4-2　什么是突发事件应对法？

答： 全国人大常委会于 2007 年 8 月 30 日表决通过的突发事件应对法，自 2007 年 11 月 1 日起施行。

这部法律共 7 章 70 条，分总则、预防与应急准备、监测与预警、应急处置与救援、事后恢复与重建、法律责任、附则。

该法的制定是为了预防和减少突发事件的发生，控制、减轻和消除突发事件引起的严重社会危害，规范突发事件应对活动，保护人民生命财产安全，维护国家安全、公共安全、环境安全和社会秩序。既赋予政府机关必要的应急处置权力，又注意最大限度保护公民合法权益。法律特别规定，有关政府及其部门采取的应对突发事件的措施，应与突发事件可能造成的社会危害的性质、程度和范围相适应，"有多种措施可供选择的，应选择有利于最大程度地保护公民权益的措施"。

1-4-3　公司级的现场安全检查一般有哪些内容？

答： 一般安全检查有 25 项内容，见表 1-4-3。

某市政公司安全检查报告单

表 1-4-3

工程名称			施工单位	
检查日期			检查部门	
	检 查 项 目		合格	存 在 问 题
1	土方基坑	基坑、沟槽放坡、临边防护		
2		基坑、沟槽边堆放物料及机具安全距离		
3		基坑、沟槽上、下人马道或梯子		
4		孔、洞防护		
5	模板	模板工程施工是否符合施工方案		
6		模板支撑系统是否牢固，有防护措施		
7		模板存放		
8	脚手架	脚手架基础		
9		脚手架结构是否符合标准		
10		作业面防护，马道搭设		
11	机械	中小型机械的使用存放		
12		机械转动外露部分防护装置		
13		机械设备电气控制箱		

	检查项目		合格	存在问题
14	起重	吊装作业		
15		吊装索具		
16		操作人员持证上岗		
17	临电	线路架设、照明		
18		配电箱、用电设备		
19		接零保护系统，漏电保护器		
20		用电设备、电焊机		
21	劳保	安全帽、安全带佩带		
22		其他劳动防护用品使用		
23	内业	安全生产体系建立，安全员配备		
24		安全签约、安全技术交底		
25		入场教育、农民工日常教育		
检查结论				
复查				

施工项目负责人	施工项目安全负责人	检查部门负责人

注：1. 对检查出的各类隐患和问题施工单位要做到：整改内容、整改标准、整改措施、时间进度和责任人的"五落实"。

2. 检查单内未发生项目在合格一栏中划对角斜线处理。检查单一式两份检查部门和受检单位各一份。

1-4-4 市政工程文明施工的保障措施有哪些？

答：1）开展文明工地建设活动，确保施工现场整洁有序，工完场清。

2）建立健全文明施工的各项规章制度，制定奖罚措施。

3）施工现场布局合理，施工材料分门别类堆放，现场施工用料堆码整齐有序，做到施工现场整洁干净，树立企业良好的社会形象。

4）修筑全线贯通的施工便道，便于自身施工的同时，为相邻标段施工提供方便，并配合适量的洒水车，施工现场及场内道路每天坚持洒水，创造一个良好的施工生产环境。

5）现场配备安全旗、安全标语、安全警示牌、事故警示板等标志，规范施工生产。

6）工程完工后，及时清理现场，周转材料及时返库，施工垃圾及时运走，做到"工完、料净、场清"。

7）搞好工地的"三线"（生活线、文化线、卫生线）建设，提高职工居住生活质量。

8）尊重当地习俗和宗教信仰，融洽与当地政府和群众的关系，不损害当地群众的利益，促进施工生产顺利进行。

9）施工前及时与当地公安、土地、环保等相关部门联系，了解地方的政策、法规及施工相关事项，施工中遇到问题及时请示，加强沟通，确保施工生产顺利进行。

10）施工中注意保护周边环境，发扬企业的优良传统，不损害老百姓的一草一木，确保当地群众的正常生活。

11）施工中充分利用当地的劳动力资源和物质资源条件，促进地方经济，造福地方百姓。

12）进驻施工现场前制订工地各项管理制度及驻地建设计划，报"项目办"审查。在施工标段起讫点树立门架，上面写明单位名称及施工桩号。关键工程（重要部位及构造物）的施工点悬挂醒目标牌，标牌上写明项目负责人、技术负责人、质检负责人姓名及工程内容、施工配合比、操作规程等，现场人员必须持证上岗，施工现场悬挂宣传标志，营造良好的施工气氛。

1-4-5　清理场地时的安全工作有哪些？

答：《公路工程施工安全技术规程》对清理场地时的安全工作做了如下规定：

（1）清除的杂草、树木严禁放火焚烧，以防引起火灾。

（2）砍伐树木须遵守的规定。

① 伐树前，应将周围有碍砍伐作业的灌木和藤条砍除，并选好安全躲避的退路。

② 伐树范围内应布置警戒，非工作人员不得逗留、接近。

③ 为使树木按预定方向倾倒，要在树木下部倒树方向砍一剎口，其深度为树干直径的 1/4，然后再从剎口上边缘的对面开锯，最后应留 2～3cm 的安全距离。

④ 在陡坡悬崖处砍伐树木，应有防止树木伐倒后顺坡溜滑和撞落石块伤人的安全措施；在山坡上严禁在同一地段的上下同时作业。

⑤ 截锯木料时，三叉马和树干垫撑必须稳固。

⑥ 大风、大雾和雨天不得进行伐树作业。

（3）拆除建（构）筑物前，应制订安全可靠的拆除方案。先将与拆除物有连通的电线、水、气管道切断，并在四周危险区域内围设安全护栏，非工作人员不得进入。拆除工序应由上而下，先外后里，严禁数层同时作业。操作人员应站在脚手架或稳固的结构部位上作业。对有倒坍危险的结构物应予临时支撑加固。拆除某部位时要防止其他部位发生倒塌。拆除梁柱之间前应先拆除其承托的全部结构物，严禁采用掏空、挖切和大面积推倒的拆除方法。

当采用控爆法拆除大型建（构）筑物时，必须有经批准的控制爆破设计文件。

（4）清除淤泥时，应先排除积水，并制订出相应的安全措施后方可清淤。

1-4-6　路基施工对环保有什么要求？

答：《公路路基施工技术规范》对环保作了对空气污染的防治和防止水、土污染和流失两方面的规定。

1）空气污染的防治：施工和各种临时设施和场地，如堆料场、材料加工厂、混凝土厂等，均宜远离居民区（其距离不宜小于 1000m），而且应设于居民区主要风向的下风处。当无法满足时，应采取适当的防尘及消声等环保措施。

粉状材料应采用袋装或其他密封方法运输，不得散装、散卸。施工运输道路，宜采取防止尘土飞扬的措施。

消解块状生石灰时，按照上述原则，选择消解加工的场地。施工人员应配备劳动保护用品，并采取环保措施。

工程施工用的粉末材料宜存放在室内。当受条件限制在露天堆放时，应采取防止尘埃飞扬和因水流失的措施。

在推行机械化施工的进程中，要尽量减少噪声、废气、废水及尘埃等的污染，以保证人民的健康。

在城镇居民地区施工时，由机械设备和工艺操作所产生的噪声，不得超过当地政府规定的标准，否则应采取消声措施。

2）防止水、土污染和流失：公路施工所产生的垃圾和废弃物，如清理场地的表层腐殖土、砍伐的荆棘层林、工程剩余的废料，应根据各自不同的情况分别处理，不得任意裸露弃置。

清洗施工机械、设备及工具的废水、废油等有害物质以及生活污水，不得直接排放于河流、湖泊或其他水域中，也不得倾泻于饮用水源附近的土地上，以防污染水质和土壤。

使用工业废渣填筑公路路基，如废渣中含有可溶性有害物质，可能造成土质、水质污染时，应采取措施，予以处理。

1-4-7　石方工程爆破作业时的安全规定有哪些？

答：石方爆破作业，以及爆破器材的管理、加工、运输、检验和销毁等工作均应执行国家现行的《爆破安全规程》。下面仅介绍装炮工作和起爆工作的安全规定。

1）装炮工作

① 装药前应对炮眼进行验收和清理；对刚打成的炮眼应待其冷却后装药，湿炮眼层擦干后才能装药。

② 严禁烟火和明火照明；无关人员应撤离现场。

③ 应用木质炮棍装药，严禁使用金属器皿装药；深孔装药出现堵塞时，在未装入雷管、起爆药柱前，可采用铜和木制长杆处理。

④ 装好的爆药包（柱）和硝化甘油类炸药，严禁投掷或冲击。

⑤ 不得采用无填塞爆破（护壶除外），也不得使用石块和易燃材料填塞炮孔，不得捣固直接接触药包的填塞材料或用填塞材料冲击起爆药包，也不得在深孔装入起爆药包后直接用木楔填塞；填塞炮眼时不得破坏起爆线路。

2）导火索起爆：应采用一次点火法点火，其长度保证点完导火索后人员能撤至安全地点，但不得短于 1.2m。不得在同次爆破中使用不同燃速的导火索。

露天爆破，一人连续点火的导火索根数不得超过 10 根，严禁使用明火点燃，严禁脚踩和挤压已点燃的导火索。

多人同时点炮时，每人点炮数应大致相等。必须先点燃信号管，信号管响后无论导火索点完与否，人员必须立即撤离。

信号管的长度不得超过该次被点导火索中最短导火索长度的 1/3。

3）电力起爆

① 在同一爆破网络上必须使用同厂、同型号的电雷管，其电阻值差不得超过规定值（应控制在 ±0.2Ω 以内）。

② 爆破网路主线应绝缘良好，并设中间开关，与其他电源线路应分开敷设。

③ 必须严格检查主线、区域线、端线、电源开关和插座等的断通与绝缘情况，在联入网络前各自的两端应短路。

④ 爆破网络的连接必须在全部炮孔装填完毕，无关人员全部撤至安全地点后进行；连接应由工作面向起爆站依次进行，两线的接点应错开 10cm，接点必须牢固，绝缘良好。

⑤ 用动力或照明电源起爆时，起爆开关必须放在上锁的专用起爆箱内，起爆开关箱和起爆器的钥匙在整个爆破作业时间里，须由爆破工作的负责人严加保管，不得交给他人。

⑥ 装好炸药包后，必须撤除工作面的一切电源；雷雨季节应采用非电起爆法。

4）爆破时，应点清爆炸数与装炮数量是否相符。确认炮响完并过 5min 后，方准爆破人员进入爆破作业点。

5）爆破时，个别飞散物对人员的安全距离不得小于表 1-4-7 的规定。

个别飞散物对人的安全距离	表 1-4-7
爆破类型及方法	最小安全距离（m）
1. 破碎大块岩矿	
裸露药包爆破法	400
浅眼爆破法	300
2. 浅眼爆破法	200（复杂地质条件下未修成台阶工作面时不小于 300）
3. 浅眼药壶爆破	300
4. 蛇穴爆破	300
5. 深孔爆破	按设计，但不小于 200
6. 深孔药壶爆破	按设计，但不小于 300
7. 深孔孔底扩壶	50
8. 深孔眼底扩壶	50
9. 洞室爆破	按设计，但不小于 300

注：沿山坡爆破时，下坡方向的安全距离应比表内数值增大 50%。

1-4-8　土方工程施工中一般安全工作有哪些？

答：1）人工挖掘土方须遵守的规定：

① 开挖土方的操作人员之间，必须保持足够的安全距离：横向间距不小于 2m，纵向间距不小于 3m。

② 土方开挖必须自上而下顺序放坡进行，严禁采用挖空底脚的操作方法。

2）高陡边坡处施工必须遵守下列规定：

① 作业人员必须绑系安全带。

② 边坡开挖中如遇地下水涌出，应先排水，后开挖。

③ 开挖工作应与装运作业面相互错开，严禁上、下双重作业。

④ 弃土下方和有滚石危及范围内的道路，应设警示标志，作业时坡下严禁通行。

⑤ 坡面上的操作人员对松动的土、石块必须及时清除，严禁在危石下方作业、休息和存放机具。

3）设有支挡工程的地质不良地段，在考虑分段开挖的同时，应分段修建支挡工程。

4）施工中如发现山体有滑动、崩坍迹象危及施工安全时，应暂停施工，撤出人员和机具，并报上级处理。

5）滑坡地段的开挖，应从滑坡体两侧向中部自上而下进行，严禁全面拉槽开挖，弃土不得堆在主滑区内。开挖挡墙基槽也应从滑坡体两侧向中部分段跳槽进行，并加强支撑，及时砌筑和回填墙背，施工中应设专人观察，严防坍方。

6）在落石与岩堆地段施工，应先清理危石和设置拦截设施后再行开挖。其开挖面坡度应按设计进行，坡面上松动石块应边挖边清除。

7）岩溶地区施工，应认真处理岩溶水的涌出，以免导致突发性的坍陷。泥沼地段施工，应有必要的防范措施，避免人、机下陷。挖出的废土应堆置在合适的地方，以防汛期造成人为的泥石流。

8）采用人工挑、抬、运土，应检查箩筐、土箕、抬杠、扁担、绳索等的牢固程度。

1-4-9　土方工程机械施工中的一般安全工作有哪些？

答：1）会车时应轻车让重车。通过窄路、十字路口、交通繁忙地段及转弯时，注意来往行人及车辆。重车运行，前后两车间距必须大于 5m；下坡时，间距不小于 10m，并严禁车上乘人。

车道应有专人维修，悬崖陡壁处应设防护栏杆。

2）大型机械进场前，应查清所通过道路、桥梁的净宽和承载力是否足够，否则应先予拓宽或加固。

3）施工单位应为进场机械提供临时机棚或停机场地。机械在停机棚内启动时，必须保持通风；棚内严禁烟火，机械人员必须掌握所备灭火器材的使用方法。

4）在电杆附近挖土时，对于不能取消的拉线地垄及杆身，应留出土台。土台半径：电杆为1～1.5m，拉线1.5～2.5m，并视土质决定边坡坡度。土台周围应插警示标杆。

5）机械在危险地段作业时，必须设明显的安全警示标志，并应设专人站在操作人员能看清的地方指挥。驾机人员只能按受指挥人员发出的规定信号。

6）机械在边沟、边坡作业时，应与边缘保持必要的安全距离，使轮胎（履带）压在坚实的地面上。

7）配合机械作业的清底、平地、修坡等辅助工作应与机械作业交替进行。机上、机下人员必须密切配合，协同作业。当必须在机械作业范围内同时进行辅助工作时，停止机械运转后，辅助人员方可进入。

8）施工中遇有土体不稳、发生坍塌、水位暴涨、山洪暴发或在爆破警戒区内听到爆破信号时，应立即停工，人机撤至安全地点。当工作场地发生交通堵塞，地面出现陷车（机），机械运行道路发生打滑，防护设施损坏失效，或工作面不足以保证安全作业时，亦应暂停施工，待恢复正常后方可继续施工。

1-4-10　轨道翻斗车运土时的安全工作是怎样规定的？

答：轨道翻斗车运土时，轨道应铺设平顺，防止死弯，坡度不应大于3%。双线的净间距不得小于1m，平交道两侧的轨道应设长度不小于20m的直线，卸车地段应有10～15m的反坡，并在尽头设车挡。

操作时须遵守下列规定：

1）斗车及制动装置必须完好，装车前应先插牢锁销；装车不得超载、偏载。

2）车辆宜在平道上装土，如在坡道上装土时，须在下坡方向车轮下加楔，以防车辆滑榴。

3）推车人员必须掌好车闸，车速不宜过快，前方有人时应鸣号示意避让；多车同行时，前后间距不得小于20m。

4）卸土时，在下方的作业人员应避开，并防止车辆倾覆，严禁在行走中卸土，卸土后将锁销插好。

5）数车同时卸土，应设专人指挥，两车间距不得小于2m，其间严禁站人。

1-4-11　土方工程中挖掘机作业时的安全工作是怎样规定的？

答：1）发动机启动后，铲斗内、臂杆、履带和机棚上严禁站人。

2）工作位置必须平坦稳固。工作前履带应制动，轮胎式挖掘机应顶好支腿，车身方向应与挖掘工作面延伸方向一致，操作时进铲不应过深，提斗不得过猛。

3）在高陡的工作面上挖掘夹有石块的土方时，应将较大的石块和杂物除掉。如果土体挖成悬空状态而不能自然塌落时，则须用人工处理，严禁用铲斗将悬空土方砸下。

4）对吊杆顶端的滑轮和钢丝绳进行保养、检修拆换时，应将铲斗和吊杆放落地面，然后再进行维修。

5）严禁铲斗从运土车的驾驶室顶上越过。向运土车辆卸土时，应降低铲斗高度，防止偏载或砸坏车厢。铲斗运转范围内严禁站人。

1-4-12　推土机作业时的安全工作是怎样规定的？

答：1）推土机上、下坡时，其坡度不得大于30°；在横坡上作业，其横坡度不得大于10°。

下坡时，宜采用后退下行，严禁空挡滑行。必要时可放下刀片作辅助制动。

2）在陡坡、高坎上作业时，必须有专人指挥，严禁铲刀超出边坡的边缘。送土终了应先换成倒车挡后再提铲刀倒车。

3）在垂直边坡的沟槽作业，其沟槽深度，大型推土机不得超过 2m，小型推土机不得超过 1.5m。推土机刀片不得推坡壁上高于机身的孤石或大土块。

4）推土机在摘卸推土刀片时，必须考虑下次挂装的方便。摘刀片时辅助人员应同司机密切配合，抽穿钢丝绳时应带帆布手套，严禁将眼睛挨近绳孔窥视。

5）多机在同一作业面作业时，前后两机相距不应小于 8m，左右相距应大于 1.5m。两台或两台以上推土机并排推土时，两推土机刀片之间应保持间距 20～30cm。推土前进必须以相同速度直线行使；后退时，应分先后，防止互相碰撞。

6）用推土机伐除大树或清除残墙断壁时，应提高着力点，防止其下部反向倒下。

1-4-13 铲运机作业中的安全规定有哪些？

答：1）拖式铲运机

① 作业前应先将运行道路刮平，其宽度应大于机身宽约 2m。

② 行驶中严禁把铲斗和斗门提升到最高点，以免在转弯时将钢丝绳崩断；下坡时应放下铲运机斗作辅助制动，严禁空挡滑行。

③ 铲斗与机身不正时不得铲土；在开始铲土和提斗时，动作要缓慢；驾驶员离开机车时，应将变速杆放在空挡，关闭发动机，将铲斗放落到地面。

④ 在新填的土堤上作业，应离开土堤边沿 1m 以上；靠路堤边沿填土时，必须保持外侧高内侧低和纵向基本平顺，卸土时铲斗应放低，防止铲运机滑下。

⑤ 多台铲运机作业，前后净距不得小于 10m，左右净距不得小于 2m；两机会车应减速慢行。

⑥ 清除铲斗内积土时，必须先把铲斗牢固支起，推土板恢复常位后，人员才能进入铲斗内清除积土。

⑦ 长距离拖运，必须用挂钩将铲斗挂牢，解除钢丝绳负荷。

2）自行式铲运机

① 自行式铲运机的行车道必须平整、坚实，单行道的宽度不应小于 4.5m（或车宽的 1.5倍），超、会车时，两车净距不得小于 1m。

② 多台机械在工地纵队行驶时，前后间距不得小于 20m。

③ 在作业过程中发现后全离合器制动不灵，机械有异声，警报器发声时，应立即停车检修。

④ 严禁在大于 15°的横坡上行驶，不应在陡坡上进行危险性作业。

1-4-14 汽车作业时的安全规定有哪些？

答：1）载重汽车

① 必须按规定吨位装载，不得超载、超高，不得人货混载，驾驶室内不得超额坐人。

② 车辆装土场地必须平整、坚实。当用机械装土时，汽车就位后应拉紧手闸，装载均匀，不得偏载。

③ 在陡坡、高坡、坑边或填方边坡处卸土时，停卸地点必须平整、坚实，地面宜有反坡，与边缘必须保持安全距离；在危险地段卸土，应有专人指挥。

④ 公路上行驶必须遵守道路交通规则；运载易燃、易爆等危险物品时，应遵守有关规定，除必要的随车人员外，不得搭乘其他人员。

2）自卸汽车：除应遵守上述载重汽车的各条规定外，还应遵守下列规定：

① 发动机启动后应检查起翻装置，确保良好；严禁在驾驶室外操作，翻斗内严禁载人。

② 当装载高度超过车厢栏板时，应平稳行驶，不得猛力加速，也不得紧急制动。

③ 卸料起斗时，应检视上空有无电线，防止刮断。

1-4-15　轮式拖拉机作业时的安全规定有哪些？

答：1）拖拉机和拖斗之间严禁站人。

2）作业时不得在陡坡上转弯、倒车或停车。通行道路的纵坡不得超过 20°，横坡不得超过 6°。

3）作业时严禁向驾驶员传递物品；驾驶室内不得超员坐人。

4）斜坡横向卸土时，严禁倒退。坡度较大，车身左右偏斜过甚时，不得卸土。

1-4-16　压路机作业时的安全规定有哪些？

答：1）必须在压路机前后、左右无障碍物和人员时才能启动。

2）变换压路机前进后退方向应待滚轮停止后进行。严禁利用换向离合器作制动用。

3）压路机靠近路堤边缘作业时，应根据路堤高度留有必要的安全距离。碾压傍山道路时，必须由里侧向外侧碾压。上坡时变速应在制动后进行，下坡时严禁脱挡滑行。

4）两台以上压路机同时作业，其前后间距不得小于 3m；在坡道上纵队行驶时，其间距不得小于 20m。

振动压路机尚应遵守下列规定：

① 启动和停振必须在压路机行走时进行；在坚硬路面行走，严禁振动。

② 碾压松软路基，应先在不振动情况下碾压 1～2 遍，然后再振动碾压。

③ 换向离合器、起振离合器和制动器的调整，必须在主离合器脱开后进行，不得在急转弯时用快速挡；严禁在尚未起振情况下调节振动频率。

1-4-17　小型下水道养护机械一般安全技术操作规程有哪些？

答：要正确、合理和安全地使用小型下水道养护机械，必须按以下小型下水道养护机械一般安全技术操作规程去做：

1）机械设备的操作人员必须经过专门培训，明了机械设备的基本构造、性能和用途，熟悉机械的操作（驾驶）和技术保养；做到会使、会用、会检查、会排除故障。凡培训人员需经考核合格后，由本单位主管部门审核批准并发给操作证后，方可上岗单独操作。各种自行式机械必须经过车辆管理部门检验合格后，方可驾驶操作。

2）非机械操作人员不允许操作机械，饮酒和患有妨碍操作疾病的机械操作人员不允许操作机械。

3）操作人员工作时，必须精神集中，不准吸烟、吃东西和看报纸或作妨碍操作的动作。

4）操作人员在现场工作时，不得擅自离开工作岗位。不得将机械交给非指定人员操作。

5）机械设备应由专人负责使用和管理。操作人员应严格遵守机械保养规定，认真做好班次保养和一级技术保养。要爱护机械、正常保养、合理使用、正确操作，使机械处于良好状态。每班要及时填写机械设备运转、维修和燃油消耗等记录。

6）机械启动前、工作中和工作完毕后，均应随时检查各部，如发生故障应及时排除，或提出保修意见。

7）机械设备不得带病运转或超负荷作业。如遇特殊情况，必须超负荷作业时，需经过试验、测算，经主管技术领导批准后，方可超负荷作业。

8）严格执行交接班制度，认真填写交接记录，随机工具、附属装置、电器和安全装置是否正常；润滑油、燃油、水以及机械运转是否正常。交接清楚后，开机试运转，接班人确认后，方可接班继续工作。

9）机械设备在运行中，如果发现运转异常，应立即停车，切断动力源，进行检查和修理。

10）在冬期，每日工作完毕或长期停止使用时，必须把内燃机内的水放尽（使用防冻液的除外）。

11）添加燃油或打开加油口检查油量时，严禁吸烟或接近明火。

12）机械设备运转时，严禁进行维修、保养等工作。

13）机械的旋转和传动部分，应加防护罩。机械操作人员上班应穿戴好符合规定的劳保防护用品。

14）使用钢丝绳的机械设备，卡子的勾环心必须放在钢丝绳的短头的一侧。凡是新的机械设备，必须按照技术规程要求，试运转、磨合和执行走合期的使用规定，以防机械早期损坏。

15）工作完毕，首先应将机械停放在安全地带，擦洗干净，按规定进行班次保养后，方可离开工作岗位。

以上内容是人们对实际工作经验的归纳，对正确使用下水道养护机械起到了必要的保证。

1-4-18　安全用电的指导思想是什么？发生事故的原因有几条？

答：在下水道养护机械设备中原动机不少是电动机，而且机械设备中也有不少是需要通过"电"来动作的，因此，掌握安全用电知识，并在实际工作中时时、处处贯彻。对于保障人身的安全和下水道养护机械的完好具有重要的意义。

安全用电的指导思想应以预防为主。预防应从思想业务教育，技术措施等几个方面同时进行，保证上岗制度中内容应包括对下水道养护机械驾驶或操作人员安全用电必备知识的教育，并把它作为一项重要的考核内容，不能有半点马虎。技术措施就是根据触电的原因、规律、形式和种类而制定的每个操作人员应严格遵守的操作规程和安全规程。

对多年来市政下水道养护施工发生的一些用电事故分析，一般可有以下原因：1）没有遵守有关的安全操作规程，人体直接碰触到设备的带电部分；2）人体触及因设备绝缘损坏而带电的金属外壳或与之连接的金属架；3）走近高压线路的接地短路点时。另外也找到一些触电事故的规律：主要有1）季节性触电特别是在夏季高温多雨，大气湿度高，这就使带电设备的绝缘程度降低，同时人体因天热出汗多，这些都是增加触电可能性的因素。2）在下水道养护施工中还是低压用电机械设备多，人们接触的机会多在思想上认为危险不大因而保护不严，不重视，这样触电事故往往发生在这里。3）下水道养护作业往往环境潮湿、狭小、多水等容易发生事故。4）操作人员不熟悉安全用电知识，或对之一知半解，也就容易发生事故。

1-4-19　小型下水道养护机械电器设备安全技术操作规程有哪些？

答：每个下水道养护机械设备操作人员在使用电气设备时都必须遵守电气设备安全技术操作规程：

1）电气设备必须有专职电工进行检修或在专职电工的指导下进行工作。修理前必须切断电源，严禁带电修理电气设备。

2）机械设备按规定配备电动机的启动装置。所有保险丝必须符合规定，严禁用铜丝或钢丝代替。

3）电动机驱动的机械设备，在运行中移动时，应由穿绝缘鞋带绝缘手套的人员挪移电缆，避免损坏电缆导致触电事故发生。

4）电气装置如跳闸时，应查明原因，排除故障后再合闸，不能强行合闸。

5）设备启动后应检视各电气仪表，并待电流表指针稳定正常后，才能正式工作。

6）定期检查电器设备的绝缘电阻是否符合规定。不应低于每伏 1000Ω，即对地 220V 绝缘电阻应不小于 $0.22M\Omega$。电器设备接地应良好，必须装有接地线和接零的保险装置，不得借用避雷针地线做接地线。并且不应有漏电现象。

7）电气机械设备的所有接线柱，应紧固，并须经常检查。如发现松动，须切断电源再进行处理。

8）各种机械设备的电闸箱内，必须保持清洁，不准存放任何东西。并应配备有安全锁。

9）用水清洗电动施工机械时，不得将水冲到电气设备上，以免使导线和电器部分受潮发生事故。电气设备应停放在干燥处，现场电气设备应有可靠的防雨、防潮设施。

10）工作中如遇到停电，应立即将电源开关拉开，等来电后重新启动运转。如修理和保养时，不仅要切断电源、拔下保险丝，还应在电闸箱上挂上"修理禁止合闸"的告示牌。

11）工作完毕后，应及时切断电源，并锁好电闸箱。

以上讲的一些是下水道养护机械安全用电内容，切不可小看这些内容。它是用生命和伤痛换来的教训与经验。当然对有特殊要求的机械电气设备，还须请电气专业技术人员详细介绍其安全用电的规程。

1-4-20 城市供热与燃气工程施工安全操作有什么规定？

答：一般规定如下：

1）作业人员必须要经过安全技术培训，掌握本工种的安全生产知识和技能。新工人或转岗工人必须经过入场或转岗培训，考核合格后方可上岗，实习期间必须在有经验的工人带领下进行作业。特种作业人员必须经过安全技术培训，取得主管单位颁发的资质证明后持证上岗。汽车司机必须取得交通管理部门颁发的驾驶证后方可上岗。

2）高处作业、尘毒作业人员应定期参加体检。患有禁忌症者不得从事作业。

3）作业前必须听取安全技术交底，掌握交底内容。作业中必须执行安全技术交底。没有安全技术交底严禁作业。

4）非机械操作工和非电工严禁进行需专业人员操作的机械、电气作业。

5）电动机械应采取防雨、施潮措施。

6）严禁在高压线下堆土、堆料、支搭临时设施和进行机械吊装作业。

7）作业时应保持作业道路通畅、作业环境整洁。在雨、雪后和冬期，露天作业时必须先清除水、雪、霜、冰，并采取防滑措施。

8）作业前必须检查工具、设备、现场环境等，确认安全后方可作业。

9）高处作业时，上下必须走马道（坡道）或安全梯。

10）下沟槽（坑）作业前必须检查槽（坑）壁的稳定状况和环境，确认安全。上下沟槽（坑）必须走马道或安全梯，通过沟槽必须走便桥。严禁在沟槽（坑）内休息。

11）雨期或春融季节深槽（坑）作业时，必须经常检查槽（坑）壁的稳定状况、确认安全。

12）作业时必须按规定使用防护用品。进入施工现场的人员必须戴安全帽，严禁赤脚，严禁穿拖鞋。

13）严禁擅自拆改、移动安全防护设施。需临时拆除或变动安全防护设施时，必须经施工技术管理人员同意，并采取相应的可靠措施。

14）作业时必须遵守劳动纪律，精神集中、不得打闹。严禁酒后作业。

15）脚手架未经验收合格前严禁上架子作业。

16）临边作业时必须在作业区采取防坠落的措施。施工现场的井、洞、坑、池必须有防护篦等防护设施和警示标志。

17）严禁从高处向下方抛扔或者从低处向高处投掷物料、工具。

18）夜间作业场所必须配备足够的照明设施。

19）大雨、大雪、大雾及风力六级以上（含六级）等恶劣天气时，应停止露天的起重、打桩、高处等作业。

20）沟槽边、作业点、道路口必须设明显安全标志，夜间必须设红色警示灯。

21）施工过程中必须保护现场管线、杆线、人防、防护设施和文物。

22）水中筑围堰时，作业人员必须被水深、流速情况穿皮裤衩、救生衣，并佩戴安全绳等防护用品。

23）作业中出现危险征兆时，作业人员应暂停作业，撤至安全区域，并立即向上级报告。未经施工技术管理人员批准，严禁恢复作业。紧急处理时，必须在施工技术管理人员的指挥下进行作业。

24）作业中发生事故，必须及时抢救人员，迅速报告上级，保护事故现场，并采取措施控制事故。如抢救工作可能造成事故扩大或人员伤害时，必须在施工技术管理人员的指导下进行抢救。

1-4-21　人工挖土方安全操作要点有哪些？

答： 人工挖土方安全操作要点分述如下：

1）作业前应按安全技术交底要求了解地下管线、人防及其他构筑物情况，按要求坑探，掌握构筑物的具体位置。地下构筑物外露时，应按交底要求进行加固保护。作业中应避开管线和构筑物。在现状电力、通信电缆 2m 范围内和现状燃气、热力、给排水等管道 1m 范围内挖土时，必须在主管单位人员的监护下采取人工开挖。

2）挖槽（坑）时必须按安全技术交底要求放坡、支撑或护壁。遇边坡不稳、有坍塌危险征兆时，必须立即撤离现场。

3）槽上堆土应距槽边 1m 以外，堆土高度不得超过 1.5m。堆土不得遮压检查井、消防井等设施。

4）槽深大于 2.5m 时，应分层挖土，层高不得超过 2m，层间应设平台，平台宽度不得小于 0.5m。

5）上、下沟槽必须走马道、安全梯。马道、安全梯间距不宜大于 50m。

6）作业时两人横向间距不得小于 2m，纵向间距不得小于 3m。严禁掏洞挖土、坡底护槽、在槽内休息。

7）在竖井（坑）内作业时，必须服从指挥人员的指挥。垂直运输时，作业人员必须立即撤至边缘安全位置。土斗落稳时方可靠近作业。

8）隧道内掘土作业时，必须按照安全技术交底要求操作，严禁超挖。发现异常时必须立即处理，确认安全后方可继续作业；出现危险征兆时，必须立即停止作业，撤至安全位置，并向上级报告。

9）使用钢钎破冻土、坚硬土时，扶钎人应在打锤人侧面用长把夹具扶钎，打锤范围内不得有其他人。锤顶应平整，锤头应安装牢固。钎子应直顺，且不得有飞刺。打锤人不得戴手套。

10）作业中发现地下管道等构筑物、文物、不明物时，必须立即停止作业，向带班人报告，并按要求处理或保护。

11）严禁在脚手架底部、构筑物近旁进行影响基础稳定性的开挖沟槽（坑）作业。

12）必须按安全技术交底要求保持与高压线、变压器、建筑物、构筑物等的安全距离。

1-4-22　人工回填土安全操作有哪些规定？

答： 分述如下：

1）用小车向槽内卸土时，槽边必须设横木挡掩，待槽下人员撤至安全位置后方可倒土。倒土时应"稳倾缓侧"，严禁撒把倒土。

2）取用槽帮土回填时，必须自上而下台阶式取土，严禁掏洞取土。

3）人工打夯时应精神集中。两人打夯时应互相呼应，动作一致，用力均匀。

4）使用电夯时，必须由电工接装电源、闸箱，检查线路、接头、零线及绝缘情况，并经试夯确认安全后方可作业。

5）蛙式夯，手把上的开关按钮应灵敏可靠，手把应缠裹绝缘胶布或套胶管。

6）蛙式夯应由两人操作，一人扶夯，一人牵线。两人必须穿绝缘鞋，戴绝缘手套。牵线人必须在夯后或侧面随机牵线，不得强力拉扯电线。电线绞缠时必须停止操作。严禁夯机砸线。严禁在夯机运行时隔夯扔线。转向或倒线有困难时，应停机。却除夯盘内的土块、杂物时必须停机，严禁配夯机运转中清掏。

7）人工抬、移蛙式夯时必须切断电流。

8）作业后必须拉闸断电，盘好电线，把夯放在无水浸危险的地方，并盖好毡布。

9）回填沟槽（坑）时，应按安全技术交底要求在构造物胸腔两侧分层对称回填，两侧高差应符合规定要求。

1-4-23 城市供热与燃气工程中砌砖、抹灰安全操作要点有哪些？

答：1）一般规定如下：

① 沟槽、基坑内作业前，必须检查槽帮的稳定性，确认无坍塌危险后方可作业。

② 脚手架未经验收前不得使用。验收以后不得随意拆改，严禁搭探头板。

③ 放在脚手架上的工具应平稳。

④ 砌筑作业面下方不得有人。

⑤ 脚手架上砍砖时应向墙面一侧砍。

⑥ 不得在墙顶上作业、行走。

⑦ 雨雪后作业时，应排除积水、清扫积雪并采取防滑措施。

⑧ 上下检查井、脚手架和沟槽时必须走安全梯或马道。

⑨ 冬季施工有霜、雪时，应将脚手架上、沟槽内的霜、雪清除后方可作业。

2）材料运输及堆放规定如下：

① 垂直运输物料时，应待吊篮停稳、放好别杠后方可取、放物料。

② 吊车运转、砂浆时，装料量应低于料斗上沿 10cm。吊物在架子上方下落时，作业人员应躲开。

③ 人工用手推车运砖时，两车前后距离平地不得小于 2m，坡道不得小于 10m。装砖时应先取高处，后取低处，分层按顺序拿取。

④ 运输中通过沟槽时应走便桥，便桥宽度不得小于 1.5m。

⑤ 基槽（坑）边 1m 之内不得堆放物料。

⑥ 脚手架上堆砖不得超过三层，二根排木之间不得放两个灰槽。

⑦ 向槽下运砖应使用溜槽，溜槽底部应垫软物，溜放时应协调配合，上下呼应。

3）砌筑规定如下：

① 沟槽（坑）内砌筑时必须检查槽帮，确认安全后方可作业。

② 砌筑高度大于 1.2m 时，应在脚手架上作业。

③ 砌砖的灰槽应放平稳，灰浆不得装得太满。

④ 搬运、安装检查井和雨水口的井圈、开盖时应两人以上作业，作业人员应协调配合，轻抬轻放。

⑤ 进入管道内作业前，必须先打开相邻盖通风，并做气体检测，确认安全后方可下井作业。

⑥ 预制混凝土构件、路缘石、大方砖的质量超过 25kg 时，应两人用夹具抬运。

4）抹灰、喷浆、喷涂规定如下：

① 作业时马凳必须搭设平稳牢固，跳板跨度不得超过 1.5m，同一跨度内只允许一人作业。

② 搅拌机料斗下严禁有人。不得用手搬转拌和筒或将工具伸入筒里扒砂浆。

③ 机械喷灰、喷涂时，作业人员应按规定佩戴防护用品，压力表、安全阀应灵敏可靠，应拧紧卡牢输浆管各接口。严禁喷嘴对人。

④ 喷浆、喷涂时应按安全技术交底控制压力。超压、管道堵塞时，应及时卸压检修，待合格后方可作业。

1-4-24 供热与燃气施工中混凝土工程安全操作要点有哪些？

答：安全操作要点分述如下：

1）材料运输

① 搬运袋装水泥时，必须按顺序逐层取运。堆放时，垫板应平稳、牢固，按层码垛整齐，高度不得超过 10 袋。

② 使用手推车运输时应平稳推行，不得抢跑，空车应让重车。

③ 需在马道上作业时，马道应设置防滑条和防护栏杆。

④ 用手推车运料，向搅拌机料斗内倒沙石料时，应设挡掩，不得撒把倒料。

⑤ 向搅拌机料斗内倒水泥时，脚不得蹬在料斗上。

⑥ 完成时清扫落地材料，保持现场环境整洁。

2）混凝土运输

① 作业前应检查运输道路和工具，确认安全。

② 运输混凝土小车通过或上下沟槽时必须走便桥或马道，便桥和马道的宽度应不小于 1.5m。应随时清扫在便桥或马道上的混凝土。途经的构筑物或洞口临边必须设置防护栏杆。

③ 小车装运混凝土量应低于车厢 5～10cm。

④ 使用汽车、罐车运送混凝土时，现场道路应平整坚实，必须设专人指挥，指挥人员应站在车辆侧面。卸料时，车轮应挡掩。

⑤ 垂直运输时必须明确联系符号。用提升架运输时，车把不得伸出笼外，车轮应挡掩。中途停车时，必须用滚杠架住吊笼。吊笼运行时，严禁将头或手伸向吊笼的运行区域。用起重机运输时，机臂回转范围内不得有无关人员。

3）混凝土浇筑与振捣

① 浇筑作业必须设专人指挥，分工明确。

② 振捣器必须经电工检查，确认无漏电后方可使用。

③ 在沟槽、基坑中浇筑混凝土前应检查槽帮，确认安全后方可作业。

④ 沟槽深度大于 3m 时，应设置混凝土溜槽。溜放时作业人员应协调配合。

⑤ 泵送混凝土时，宜设 2 名以上人员牵引布料杆。泵送管接口必须安装牢固。

⑥ 浇筑人员不得直接在钢筋上踩踏、行走。

⑦ 浇筑壁、柱、梁、板应站在脚手架或平台上作业。

⑧ 模板仓内作业时必须穿胶靴，戴安全帽。

⑨ 向模板内灌注混凝土时，作业人员应协调配合，灌注人员应听从振捣人员的指挥。

⑩ 浇筑混凝土作业时，模板仓内照明用电必须使用 12V 低压。

4）混凝土养护

① 使用覆盖物养护混凝土时，孔洞必须设安全标志，加盖或设围栏，不得随意挪动安全标志及防护设施。

② 使用电热毯养护应设警示牌、围栏、无关人员不得进入养护区域。严禁折叠使用电热毯，不得在电热毯上压重物，不得用金属丝捆绑电热毯。

③ 浇水养护时，不得倒行拉移胶管。

④ 覆盖物养护材料使用完毕后，应及时清理并存放到指定地点。

⑤ 加热用的蒸气管应架高或使用保温材料包裹。

1-4-25 供热与燃气管道施工中钢筋工程安全操作要点有哪些?

答: 安全操作要点分述如下:

1) 一般规定

①作业前必须检查机械设备、工作环境、照明设施等,符合安全要求后方可作业。

②钢材、半成品必须按规格码放整齐。

③不得在脚手架上集中码放钢筋,应随时用随运送。

④电动机械运行中停电时,应立即切断电源。收工前应按顺序停机,离开现场前必须切断电源,锁好闸箱,清理作业场所。

⑤切断合金钢和直径 10mm 以上圆钢时应采用机械。

⑥机械操作人员应经过培训,了解机械设备的构造、性能和用途,掌握有关使用、维修、保养的安全技术知识。电路故障必须由专业电工排除。

⑦机械作业时必须扎紧袖口、理好衣角、扣好衣扣、不得戴手套。作业人员长发不得外露,女工应戴工作帽。

⑧机械的链条、齿轮和传带等传动部分,必须安装防护罩或防护板。

⑨机械作业前应空车运转,调到正常后方可作业。

2) 冷拉钢筋

①每班作业前,必须检查卷扬机钢丝绳、滑轮组、地锚、钢筋夹具、电气设备等,确认安全后方可作业。

②冷拉钢筋应按安全技术交底要求控制应力和伸长值。

③卷扬机前和冷拉钢筋两端必须装设防护挡板。

④卷扬机运转时,严禁人员靠近冷拉钢筋和牵引钢筋的钢丝绳。

⑤冷拉时,应设专人值守。钢筋两侧 3m 以内及冷拉线两端严禁有人。严禁跨越钢筋或钢丝绳。

⑥冷拉时必须将钢筋卡牢,待人员离开后方可启动机械。发现滑丝等情况时,必须停机并放松钢筋后,方可进行处理。

⑦导向滑轮不得使用开口滑轮,与卷扬机的距离不得小于 5m。

3) 手工加工与绑扎

①搬运钢筋人员应协调配合,互相呼应。

②切断长料时,应设专人扶稳钢筋,操作时动作应一致。钢筋短头应使用钢管套夹具夹住。钢筋短于 30cm 时,应使用夹具,严禁手扶。

③手工切断钢筋时,夹具必须牢固。掌握克子的人与打锤人必须站成斜角,严禁面对面操作。抡锤作业区域内不得有其他人员。打锤人不得戴手套。

④展开盘条钢筋时,应卡牢端头。切断前应压稳。

⑤人工弯曲钢筋时,应放平扳手,用力不得过猛。

⑥绑扎钢筋的绑丝头,应弯回至骨架内侧。

⑦绑扎基础钢筋时,应按规定安放钢筋支架、马凳、铺设走道板。作业人员应在走道板上行走,不得直接踩踏钢筋。

⑧在高处、深坑(槽)绑扎立柱、墙体钢筋必须搭脚手架和马道。作业时不得站在钢筋骨架上,不得攀登钢筋骨架上下。高于 4m 的钢筋骨架应撑稳或拉牢。

⑨吊装钢筋骨架时,下方不得有人。钢筋骨架距就位处 1m 以内时,作业人员方可靠近辅助就位,就位后必须支撑稳固后再摘钩。

⑩下沟槽（坑）作业前必须检查钩槽（坑）壁的稳定性，槽边不应有易坠物，确认安全后方可作业。

⑪吊装较长的钢筋骨架时，应设控制缆绳持绳者不得站在骨架下方。

⑫抬运、吊装钢筋骨架时，必须服从指挥。

⑬雪后露天加工钢筋，应先除雪防滑，清除泥泞后作业。

⑭暂停绑扎时，应检查所绑扎的钢筋或骨架，确认连接牢固后方可离开现场。

4）机械加工钢筋

①使用切断机作业应遵守下列规定：

a. 作业时应摆直、紧握钢筋，应在活动切刀向后退时送料入刀口，并在固定切刀一侧压住钢筋。严禁在切刀向前运动时送料。严禁两手同时在切刀两侧握住钢筋俯身送料。

b. 切长料时应设置送料工作台，并设专人扶稳钢筋，操作时动作应一致。手握端的钢筋长度不得短于 40cm，手与切口间距不得小于 15cm。切断小于 40cm 长的钢筋时，应用钢导管或钳子夹牢钢筋。严禁直接用手送料。

c. 作业中严禁用手清除铁屑、断头等杂物。作业中严禁进行检修、加油、更换部件。

②使用除锈机作业应遵守下列规定：

a. 操作时，应戴防尘口罩、护目镜和手套。

b. 除锈应在钢筋调直后进行，带钩钢筋不得上除锈机。操作时应放平握紧钢筋，操作者应站在钢丝刷或喷沙器侧面。

③使用调直机作业应遵守下列规定：

a. 机械上不得堆放物料。送钢筋时，手与轧辊应保持安全距离。机器运转中不得调整轧辊。严禁戴手套作业。

b. 作业中机械周围不得有无关人员，严禁跨越牵引钢丝绳和正在调直的钢筋。钢筋调直到末端时，作业人员必须与钢筋保持安全距离。料盘中钢筋将要用完时，应采取措施防止端头弹出。

c. 调直短于 2m 或直径大于 9mm 的钢筋时，必须低速运行。

④使用弯曲机作业应遵守下列规定：

a. 弯曲折angle较多或钢筋较长时，应设置工作架，设专人指挥，操作人员应与辅助人员协同配合，互相呼应。

b. 弯曲未经冷拉或有锈皮的钢筋时，必须戴护目镜及口罩。

c. 作业中不得用手清除金属屑。清理工作必须在机械停稳后进行。

⑤使用钢筋冷拉机作业应遵守下列规定：

a. 作业中应设专人值守。操作人员必须位于安全地带，严禁穿越冷拉现场。

b. 冷拉速度不宜过快，在基本拉直时应稍停，检查夹具是否牢固可靠，严格按安全技术交底要求控制伸长值、应力。

c. 运行中出现滑脱-绞断等情况时，应立即停机。

1-4-26 手工电弧焊、气焊与氩弧焊安全操作要点有哪些？

答：1）手工电弧焊的防爆、防毒安全措施。

① 手工电弧焊的防爆、防毒安全措施。

a. 一般情况下禁止焊接有液体压力、气体压力及带电的设备。

b. 对于存有残余油脂或可燃液体、可燃气体的容器，焊接前应先用蒸气和热碱水冲洗，并打开盖口，确定容器完全清洗干净后方可进行焊接。密封的容器不准焊接。

c. 在锅炉或容器内工作时，应有监护人员，必须注意通风并及时把有害烟尘排出。焊工在容器内工作时，严禁将漏乙炔气的焊炬、割炬及乙炔胶管携带到容器内，以防混合气体遇到明火而爆炸。

d. 焊接青铜、铅等有色金属时，必须有通风装置，以免中毒。

②手工电弧焊时防止触电的安全措施。

a. 启动焊机前应检查焊机和开关外壳接地是否良好。

b. 当焊接设备与网路接通时，人体不应接触带电部分。焊接设备的检修应在切断电流后进行。

c. 焊接导线必须有良好的绝缘，并防止导线绝缘因受电弧或焊件的高热而烧坏。

d. 焊钳手把应有良好的绝缘，焊接时应戴干燥手套。

e. 工作服和工作鞋应保持干燥，工作时必须穿胶鞋。

f. 更换焊条时，不要将身体接触通电的焊件。

g. 在夜间或较暗处工作时，应采用 36V 照明。

③手工电弧焊时，防火及防止烧伤的安全措施。

a. 焊工工作时，必须穿帆布或其他石棉等纤维制作的工作服，戴好工作帽、手套、穿好工作鞋，正确使用面罩。

b. 禁止在贮有易燃、易爆品的场地或仓库附近进行焊接。在可燃物品附近进行焊接时，其距离必须在 5m 以上，并应与有关部门共同研究可靠的防爆措施。

c. 风力在 5 级以上时，不宜在露天焊接。

d. 高空焊接时应有监护措施，防止火星落下而引起火灾或烧伤他人。

2）气焊与气割的要点：

①搬运电石桶之前，应打开桶盖螺丝放气操作者应站在桶的侧面。搬运电石桶时，应轻搬轻放，不许扔甩，以免互相撞击产生火花，引起爆炸。

②氧气瓶装上减压器后，在开启瓶阀时，操作者应站在出气口的侧面，以免气体冲出伤人。

③氧气瓶的减压器必须经过检验，高低压表要保持准确，否则严禁使用。

④氧气瓶要防止阳光直接曝晒及其他高温热汽的辐射加热，以免引起气体膨胀，发生爆炸事故。

⑤冬季如遇瓶阀或减压器冻结时，可用热水或水蒸气加热解冻，严禁用火焰加热。

⑥移动式乙炔发生器，在露天作业时要防止夏季曝晒和冬季冻结。如冻结时，应用热水或水蒸气解冻，严禁用火烤解冻。

⑦严禁在乙炔桶附近吸烟或点燃其他火源。

⑧取装乙炔发生器的浮桶时，要轻提轻放，操作者头部和上身应注意避开浮桶的上升方向，防止发生器意外爆炸时浮桶飞起伤人。浮桶装入后待里面混合气体完全排净后再接乙炔导管。工作结束时，浮桶拨出后横放在水桶上。

⑨乙炔发生器内的水，至少每天更换一次，电石不宜加的过多，小颗粒电石不宜使用。

⑩对于水入电石式的乙炔发生器，其冷却用水温度不得超过 50℃。浮桶式发生器温度不超过 60℃，超过上述温度时应停止作业，用冷水喷射降温。

⑪乙炔发生器必须设有回火防止器，每天要检查水位，冬季要使用干式回火防止器。

⑫在焊接、切割过程中遇到回火时，应迅速关闭氧气阀，然后再关闭乙炔阀，稍微等一下以后，再打开氧气阀，吹除焊炬内的烟灰，再重新点火使用。

⑬修理各种容器或管道时，在焊接或切割前，应了解容器内装的是什么液体或气体。凡属易燃、易爆和有毒气体的容器，必须经过清洗与置换，然后进行检查，确认可以焊接后方可进入，焊接时应有通气孔。

⑭在高空脚手架上焊接与切割时，要采取措施防止引燃脚手架木。

3）氩弧焊的安全操作要点：

①防止触电

a. 注意绝缘，脚下或椅子下要铺绝缘胶皮。穿绝缘胶鞋和干燥工作服、戴线手套（必要时加薄绝缘手套）工作地应干燥，禁止在有水的地面操作。

b. 设备外壳与电源要有可靠的接地，连接地线螺丝不得松动。

c. 高频振荡器工作时，振荡器控制箱门要闭合。

d. 焊接时不得移动通电的设备、移动时要切断电源。

e. 启动焊机时，焊枪与地线不得短路。

f. 焊枪、电缆绝缘应可靠，不应将电缆放在电弧附近或炽热的焊缝金属上，避免高温烧坏绝缘层，发现绝缘损坏处，应立即修理好。

② 防止紫外线弧光辐射的安全操作要点。氩弧焊时，电弧光很强，弧光中紫外线强度比手工电弧焊大 5～10 倍，故要防止紫外线和弧光对眼睛、皮肤的辐射伤害。

a. 焊接时，要穿戴好工作服，手套、面罩才能操作，防止皮肤裸露。选择合适的防护镜片。

b. 工作地点应用挡板隔开；同一地点多人操作，应背向背焊接。

c. 当紫外线辐射引起电光性眼炎时，可用湿毛巾敷眼或用牛奶、人奶滴入眼内，或用豆腐放在毛巾上腾眼睛，睡前用油脂眼药膏挤入眼内，重患者上 5％的潘妥卡因，每 2～3 分钟上一次，闭眼好好休息，一般 1～2 天即可痊愈。

③ 防止燃烧和爆炸的安全要点。

a. 焊接处附近，不应有易燃易爆物品。

b. 氩气瓶放在距热源远的地方，并用铁箍、链子和固定架固定好。

1-4-27　氩弧焊时，人身安全防护要点有哪些？

答：氩弧焊时，人身安全防护要点如下：

1）高频电。高频振荡器产生 250 千周（1 千周指每秒 1000Hz）3000V 高压。对人体能产生刺激，① 应尽量缩短对人体的作用时间；②以高压脉冲发生器取代高频振荡器；③采用高频屏蔽焊距；④在能满足引弧、稳弧条件下，降低高频振荡器的振荡频率。

2）放射线。钍钨极中含有 1％～2％的氧化钍，产生微量放射线，所以：要用铈钨极代替钍钨极；另外要用钍钨极时，打磨钨极地点通风要良好，戴口罩，避免将灰尘中放射粒子吸入呼吸道内。

3）有毒气体及金属烟尘。氩弧焊高温分解出臭氧、氮氧化物等有毒气体及金属烟尘，所以：①工作场所应通风良好；②个人戴通风口罩、送风面罩或过滤臭氧口罩等；③小型焊件可在密闭框内手工焊；④自动焊可在焊头外面安装吸尘罩。

1-4-28　简述供热与燃气管道安装时一般安全技术知识有哪些？

答：为确保人身和设备安全，防止事故的发生，应掌握以下一般的安全技术知识。

1）安全技术教育。工人在作业前，都要经过严格的安全技术教育，学习国家有关部门关于安全施工和安全生产的各项规定，学习安全技术规程，并经考试合格后，方可进入现场进行作业。没有接受过安全技术教育和训练的人员不能进行施工作业。

每天作业前，施工负责人应根据当天作业的特点，具体交代安全注意事项。集体操作的作业，操作前应分工明确，操作时统一指挥，互相配合，步调一致。特殊部位、特殊现场，应制定专门的安全措施，认真执行。作业前，禁止喝酒。工作时思想集中，严禁在工作中争吵或打闹。作业中，除应注意自己的安全外，还应经常注意周围人员的安全，对违章违纪行为应设法制止或报告领导。

2）安全防护。安全防护是保证安全的重要手段，一般要注意以下几个方面。

① 穿戴好劳动保护用品，进入现场时，一定要穿好防护衣、鞋，戴好防护手套；进入有高空作业的地方，要戴好安全帽；配合电气焊作业时，要戴好黑色护目镜，与火、热水、蒸气接触时，还应戴上防护脚盖或穿上石棉防火衣。

② 在有毒性、窒息性、刺激性或腐蚀性的气体、液体和粉尘管道的现场作业或抢修时，除了预先进行良好通风和除尘外，施工人员必须戴上口罩、护镜或防毒面具。必要时要进行取样化验分析，合格后方能进入，特别是进入空气停滞，通风不畅的死角，如管道容器、地沟隧道时更应注意。

③ 在进入阴暗、潮湿的场所如地沟、地下井及有水的金属容器内施工和检修时，除了采用电压为12V的安全照明灯外，还应穿好绝缘胶鞋，戴上绝缘手套。

④ 安全施工。在进入施工现场前，要检查施工现场周围环境是否符合安全要求，道路是否通畅，机具设备是否牢固可靠，安全设施是否完好。发现有危险因素时，应向安全技术主管部门或施工负责人报告，待采取补救措施，消除隐患后，再进行施工。

在作业现场，要随时注意运转的机器、尖锐的物体、木板上的钉子等。以免受到意外伤害。不得任意从危险地区通过，严禁在起吊的物件下面停留或行走。需要在高空作业现场下面通过时，要先与上面作业人员取得联系。未经允许不得乱动非本职工作范围内的一切设施、机具。严禁乱动施工现场内的电气开关和电气设备。

施工现场应整齐清洁、有条不紊，各种设备材料和废弃物要堆放整齐，保持道路畅通。施工中，室内外出现的孔、洞、井、坑要设防护栏杆或防护标志，特别是在有车辆或行人通过的道路上施工时，警戒标志要醒目，白天设红旗，夜间设红灯。

禁止在施工现场随意存放易燃易爆材料，这些材料应存放在指定地点。氧气瓶、乙炔瓶（或乙炔发生器）与火源的距离应不小于10m。现场动火一定要谨慎，在易燃易爆区域动火必须事先办理动火申请手续，在采取了有效安全措施并拿到批准的动火证后，方可动火。一般现场用火（如气焊、烘炉等）可在指定的安全地点设置，周围不得有易燃物，必要时，设专人看管，并设水桶、砂箱及泡沫灭火器等消防器材。

1-4-29 简述供热与燃气管道施工中常用机具操作安全要点有哪些？

答： 各种机械和工具使用前应检查，如发现故障、破损等情况应修复或更换后才能使用。

1）手动工具操作的安全技术。使用手锤和大锤时不准戴手套，锤柄、锤头无油污；使用大锤甩转方向不得有人。各类凿子头部应平整牢固。锉刀必须有柄方能使用，不能将它当撬棍使用。使用撬棍不得以身体扑在撬棍上或坐在撬棍上，以防意外。使用活络扳手时扳口尺寸应与螺母尺寸相符，扳手尺寸不得过大，也不应在扳手柄上加套管使用，扳手不得当手锤使用。台虎钳夹紧时不得用套管加力或用手锤打紧，不得夹紧超过钳口最大行程 2/3 的物件。使用管子钳时应均匀用力，高空作业。安装 DN50 以上管子应用链条钳，不得使用管钳子。铰管牙时，人应站在铰管侧面以免铰板机头松动时滑出或跌落伤人。使用倒链吊起阀门或组装件时，升降要平稳，如必须在起吊物下作业应将链条打结保险，并将部件垫稳。青铅捻口时应通风良好，化铝和浇铝应在十分干燥条件下进行，以防铅液"放炮"伤人。射钉枪口严禁对人，以防误伤他人。

2）电动工具操作的安全技术：电动工具的操作要遵守建设部 JGJ 46—1988（施工现场临时用电安全技术规范）电动工具或机械均匀有良好接地，漏电保护器发生故障时应及时修理，使用电动工具或设备时，应在空载情况下启动；使用前应先检查有无漏电；使用时操作人员应戴上绝缘手套；在金属部件上操作应穿绝缘鞋或铺设绝缘垫板。操作电动弯管机时，应注意手和衣服不要接近旋转的弯管模；在机械停止转动前不能从事调整停机挡块的工作。用高速切割机切断管子时，被切的管子除用切割机本身的夹具夹持外，还应有适当的支架支撑，以免管子坠落伤人。使用砂轮切割机时砂轮片上必须有触遮盖半周以上的保护罩；操作时应缓慢加力，不得使其突然受力或受突然冲击力。钻床操作时应注意不得戴手套，钻头应夹紧。

3）吊装的安全技术，各种起重吊装用的机具均标明最大荷重和起重速度，并设有可靠的安全装置，不得超荷重、超速使用吊装机具。必须专人操作，持证上岗。工作前应先检查索具与设备是否完好，是否合乎安全要求。在高压线及裸线附近工作应停电或采取其他措施后方能进行施工。采用桅杆起吊时，桅杆的根部、缆风绳、地锚必须固定良好；独立桅杆的缆风绳不得少于 4 根。严禁在已吊起的物件下停留与穿行，重物不得在空中停留过久。起吊时施工人员应听从指挥，熟悉吊装符号，施工警戒区应有禁区的标志，非施工人员严禁入内。现场堆放的设备或构件必须支垫牢固，管道吊上支架后必须装上管卡，不得浮放以防掉下伤人。遇到六级以上大风、大雨、大雪、大雾等恶劣气候，应停止作业；雷雨季节如无高于桅杆的建筑物时，桅杆应装避雷装置。

1-4-30　简述供热与燃气工程管件加工安全操作要点有哪些？

答：管件加工安全操作要点如下：

1）现场测量应遵守下列规定：

① 高处临边测量应站在有护栏的平台上。

② 在沟槽内测量，当管道直径大于 1.2m 时，上、下管道应走安全梯。

2）辅助电焊工的作业人员必须戴防护镜、防护手套等防护用品。

3）安装作业场地应平坦坚实，远离沟槽和临边，需在沟槽边或临近作业时，必须有防坠落的措施。

4）安装作业前必须检查吊装设备、装置的安全状况，确认安全后方可作业。

5）安全作业时必须设专人指挥，先把主管安稳定牢，再吊支管安装。管件（管节）焊接时，两端未焊牢前，严禁拆除管件（管节）的支撑。管子周围不得有非作业人员。

6）使用起重机安装作业时，应遵守本书第 4～18 条中有关规定。

7）使用三角架倒链安装时，应遵守起重作业中有关规定。

8）非电工人员，不得做电器安装等方面的操作。

9）在管件加工操作中，工人应穿戴必要的劳动用品。

1-4-31　灌砂弯管安全操作要点有哪些？

答：分述如下：

1）砌筑烘炉，必要时须经保卫、消防部门同意，并按规定地点设置。在某些场所须有专人看管。用火时，要备有水桶、砂土、泡沫灭火器等消防用具。

2）烘炉周围不得有易燃物，用完后要用水浇灭余火。

3）灌管用砂必须干燥。

4）管子应立靠在墙壁或搭设的打砂台上进行灌砂，敲打时不要用力过猛，注意管子受振移动情况，防止滑倒伤人。

5）砂粒灌满后将管子堵死，向地面放管时应注意周围情况，缓慢放下。

6）管子在烘炉上焙烧时，必须有专人看管，适当转动。一方面防止烧化管子，另一方面防止管口堵塞物喷出伤人。

7）管子烧好后弯管前，必须检查别杠、绳索是否牢固。弯制中要缓慢，均匀用力。

8）大直径管子使用绞磨弯弯时，要合理配备人力，绞磨必须设有制动装置。

9）绞磨的操作走道要平整，操作前认真检查绞轮、绞杠、钢丝绳、地锚等装置的连接，配合是否可靠。起步操作要步调一致。

10）弯好的管弯在冷却过程中要放妥，以防误摸烫伤。

11）起吊清砂敲击管壁，必须注意起重方面的安全。

1-4-32　管道高空作业安全操作的要点有哪些？

答：管道高空作业安全操作的要点如下：

凡在地面 2m 及以上有可能坠落的高处进行作业称为高处作业。高处作业容易发生作业人员从脚手架或高处坠落，或材料、工具掉下打伤地面作业人员的事故。为杜绝这类事故的发生，应努力做到：

1）高处作业人员，必须经体检合格，并熟悉高处作业安全知识。凡患有心脏病、高血压、低血压等病，或年老体衰、酗酒、精神不佳等人员，均不准参加高处作业。

2）高处作业人员（除在大面积稳定的脚手架上操作的人员外）必须戴好、挂牢安全带；行走时要把安全带缠在身上，不准拖着走。衣袖和裤脚要扎好，且不得穿硬底鞋和带钉子鞋。

3）高处作业人员操作前，必须对脚手架、跳板、斜道、靠梯等和防护设施进行检查，看其是否牢固可靠。跳板宽度、厚度必须能保证安全作业，探头板必须捆牢。所用一切跳板、踏板严禁装在活动的跳板头上，高处作业人员不许踏跳板头。

4）梯子和高凳必须放稳放牢，防止滑倒。梯子与对地面的夹角以 60°～70° 为宜。作业人员不得站在梯子的最上两级工作，也不得有二人以上同时在一个梯子上工作，梯阶的间距不得大于 400mm。使用人字梯时，梯子应放稳，两梯间的安全挂钩应挂牢。

5）高空作业使用的工具，应放在工具袋里，工具袋配带在身上。不便入袋的工具放在稳妥的地方，使用中要严加注意，防止掉落伤人。

6）高空堆放的物品、材料或设备，不准超过负荷；堆积材料和操作人员不可聚集在一起。

7）多层交叉作业时，如上下空间同时有人作业，其中间必须有专用的防护棚或其他隔离设施，否则不得在下面工作。从事高处作业人员和在高处作业区工作的人员必须戴好安全帽。

8）高处作业人员距普通电线至少保持 1m 以上；距普通高压电线须在 2.5m 以上；距特高压电线须在 5m 以上。运送管道等材料，严防触碰电线。在车间内高处作业时，要注意吊车滑线，防止触电。如必须在吊车附近工作时，应事先联系停电，并设专人看管电源开关或设警告牌。

9）高空使用火炉时，不准放在木质跳板上或木架上。高空焊接作业的下方或附近严禁有易燃易爆物品，必要对应采取隔离措施。

10）凡遇六级以上的强风或暴雨、雷电、大雾时，禁止在露天从事高处作业。冬季施工遇有大霜雪时，工作前应将斜道、平台、跳板上的积雪打扫干净，并采取防滑措施。

1-4-33　在地沟（砖沟）内安装管道时其安全操作要点有哪些？

答：在地沟（砖沟）内安装管道时其安全操作要点如下：在地沟（砖沟）中作业，易发生塌方压人、中毒窒息或因光线不足而发生跌伤碰伤等事故，为此应做到：

1）在开挖管道沟槽或路堑时，要根据土质，地下水情况和开挖深度，确定合理的边坡坡度，必要时采取加固措施。

2）在开挖较深沟槽（淤软土壤挖深在 0.75m、中等紧密土壤挖深在 1.25m、紧密土壤挖深在 2m 以上）作业时，沟槽壁应加适当支柱和支撑。

3）进入封闭式地沟或热力管沟作业时，应事先打开两个沟口，经对流通风换气，确认（有条件的取样化验分析）合格后，方可进入。

4）在已盖好沟盖的地沟中进行安装、检修时，必须有充分的照明设备。

5）铅是有毒物质，侵入人体过多就会引起铅中毒，因此铅管的施工现场要通风良好，必要时还要设通风装置。下料前，要用水润湿铅管表面，以防止含铅灰尘的飞扬。工作场地要经常打扫，工作时要配带必要的防护工具。不得把食物和饮料带到施工现场，不得在施工现场进餐。下班后要洗澡、换衣、漱口，然后再进餐。

6）聚氯乙烯塑料加热时，会产生有毒气体，因此在加热或焊接聚氯乙烯管的地点，要通风良好，加热时要注意防护避免烫伤，加热时应注意防火。进行热空气焊接时，要先打开压缩空气，后开电源；停用时，先关电源，后关压缩空气。

1-4-34　管道安装吊装作业安全操作要点有哪些？

答：管道安装吊装作业安全操作要点如下：

在管道工程的安装和检修中，易发生物件掉下或脱落，造成人身设备事故。其主要原因是绳索或吊链断裂、起动机构失灵、悬吊不准确，或指挥有误等等。为防止这类事故发生，必须做到：

1）思想上重视。吊装作业是群体作业，工作前要制定方案和规程，作业中要统一步调、统一行动，由一人指挥操作，不得各行其是。

2）参加吊装作业人员，必须熟悉各种指挥信号，并能准确地按信号行动。

3）吊装前，必须严格细致地检查起重所用机具是否符合使用要求，所用绳索和钢丝绳必须有足够的备用强度。采取麻绳时，一般情况下安全系数 $n \geqslant 6 \sim 8$ 为宜；用于重要起重工作时，$n = 10$；用于捆扎时，$n \geqslant 12$。采用钢丝绳时，一般情况下 $n = 5 \sim 6$ 为宜；用于重要起重和做吊索时，$n = 8 \sim 10$。

4）在系结管材及设备时，应避免用打结的方法，应借用特制的卡环。重物的重心必须处于重物系结处之间的中心，以保持平衡。绳索系结尽量避免放在重物棱角处。当无法避开时，在棱角处垫入木板或软垫物。当物件吊离地面后应用木棒敲打系结绳索，检查是否牢固，确认没有问题后，方可升运。重物悬吊后不应快速旋转或摆动，应设牵引绳控制方向。

5）起重吊装工作区域，严禁非工作人员入内，并应设置临时围障。吊起的重物下面绝对禁止有人停留或通过。

6）大风或雨天不得在露天进行吊装作业。

1-4-35　供热与燃气管道试压的安全操作要点有哪些？

答：供热与燃气管道试压的安全操作要点如下：

1）作业前必须根据安全技术交底的要求检查后背的安全性。后背土体应稳定；材料应合格；后背与管堵应平行；后背、管堵与支撑柱应垂直；支撑柱应有托木。

2）打泵试压时，应明确联络信号，统一指挥。

3）打泵升压，管堵正前方严禁有人。

4）试压中，不得带压补焊或进行焊接作业。

5）试验压力超过 0.4MPa 时不得再紧固法兰螺栓。

6）试压时，发现管堵、后背异常，必须卸压后再进行修整。

7）高压管道试压时，应专人警戒，严禁无关人员进入试压区。升压或降压应缓慢进行。

8）管道在试压过程中，不得受到震动，更不允许在管道上做任何操作。

9）管道试压完毕，其水（气）的排放"管"，应有专门设计，不得因排放水（气）而使环境遭到破坏或污染。

10）管道水（气）的排放过程中，现场应有专人值班。

11）夜间施工，与试压有关的场地应有足够的照明。

12）管道试压过程中，所有电器的安装，应由专门电工进行。非电工不得做电工工作。

1-4-36　管道冲洗安全操作要点有哪些？

答：管道冲洗安全操作要点如下：

（1）管道在冲洗前应有专人向工人进行安全交底。

（2）管道冲洗工作应有专人指挥，并设有可靠的通信手段。

（3）放水口应有专门设计，且保证不能因冲洗而影响安全或周边环境。

（4）冲洗时，管道排放的水流，应有可靠的出路。

（5）如果用蒸汽冲洗时，其出口处应设戒严区，并有专人值班。

（6）不论是用水或者用蒸汽冲洗，其出口的阀门都应设专人操作。

（7）冲洗时，所有参加人员应分工明确，工作中听从命令与指挥。

1-4-37　简述管道除锈安全操作要点有哪些？

答：（1）一般规定如下：

①凡是参加除锈工作的人员，均应经过培训。

②除锈工作之前，施工人员应向工人进行安全技术交底。

③所有参加除锈的工作人员，都应按规定穿戴必要的劳保用品。

④夜间工作，工作现场应有足够的照明。

⑤应有明显的标志把除锈工作范围"圈"起来，并设置明显标志，非工作人员不得入内。

（2）人工喷砂除锈规定如下：

①空压机应有专人操作。

②空压机上的安全阀应灵敏、有效

③操作人员，上班前要检查胶管上的各个接头是否牢固。

④喷砂过程中，其"下风口"处不得有人。

⑤大管喷砂，用吊车移动时，吊车应有专人指挥。

⑥喷砂工作停止，空压机停车，其各个阀门均应关闭。

（3）用酸洗方法除锈规定如下：

①用来洗管的酸溶应，应有专人控制浓度。

②管道在酸洗过程中，严禁用手接触钢管。

③酸洗过程中的钢管，在用吊车移动时，应设专人指挥吊车。

④已冲洗干净的钢管，要按要求码放整齐，且有利于刷防腐漆。

⑤酸溶液的池子四周应设拉杆。

⑥管道酸洗场地——四周应有明显的标志，并用铭牌标出其工作特性。

1-4-38　供热与燃气工程管道防腐安全操作要点有哪些？

答：管道防腐安全操作要点简述如下：

（1）操作工人的脸、手、脚等皮肤外露的地方，应戴规定的防护用品。

（2）沥青锅：

①设在与易燃物远离的场地。

②内放沥青不要过满，以不超过沥青锅的3/4为宜。

③沥青锅边缘应高出地面0.8～1.0m。

④锅台靠火口面要稍高一点，火焰不能出到灶外。

⑤加沥青入锅时不能抛掷，要慢放或慢倒（液体）。

⑥停熬时即刻把火用沙熄灭，并用铁盖将锅盖严。

⑦沥青锅应定期清底。

⑧锅边与烟筒距离不得小于80cm；锅与锅距离不小于2m。

（3）在设置沥青锅的地点，应设有泡沫灭火器、砂箱、铁锹、元宝桶和不燃性的金属盖，工作地点附近不准吸烟。

（4）熬沥青如发生着火的，必须尽快地把锅盖盖紧，并用灭火器把火扑灭，同时也将炉火熄灭。

（5）运送热油时应用特制提桶，不得使用锅焊构件。桶内热油不得超过桶容积的2/3。

（6）热油桶下入沟槽时，应在槽上搭跳板用绳缓缓系下，系下时槽内不得站人。高空垂直运输热沥青时，应采用机械或土法吊运。下方人员应戴安全帽，上方架子平台接料处必须设有护身栏，接料时应用铁钩，将桶钩至平台上，必须轻拉轻放，防止沥青溢出烫伤人。

（7）在熬油时应注意勿使水分进入沥青锅内。

（8）配制冷底油时，将熬制的热沥青倒到小油桶中，不得大于全容积的1/3，往小油桶中混合汽油时必须离开沥青油桶下风方向10m以外，在往桶中倒汽油时，随倒随搅拌，以免混合汽油过急着火伤人。

（9）倒热油的人必须站在斜面上风方向，浇油时壶嘴要低，壶嘴不准对人，倒时速度要慢，并戴好防油品，以免烫伤或中毒。

1-4-39 管道保温工程的安全技术与劳动保护有哪些要求？

答：（1）安全技术

①保温工程的施工，有一部分是高空作业，如支架敷设管道、各种塔、罐设备等。这些都需要坚固、可靠的脚手架和坚固的防护设备，以保证施工人员安全。

②要求操作人员熟练的掌握保温结构的施工方法，并且要求严格遵守安全技术规则。

③对于新参加保温操作人员，必须进行安全教育。

④在施工过程中，如果是上下两层同时进行工作，上下两层间必须设有专用的隔离设施，以免发生事故。如果设有隔离设施，不允许工人在同一垂直线的下方工作。

⑤遇有六级以上强风时，严禁露天高空作业。

⑥施工现场的脚手板、斜道板、跳板和交通运输道，都应该随时清扫，如果有雨水、冰、雪时，要采取防滑措施。

（2）劳动保护

①在工作开始之前，保温人员应穿好工作服，扣紧或扎紧袖口，戴好安全帽，女同志必须用头巾裹住头发。头巾必须扎紧，不能让头发外露。

②必须佩戴各种防护工具

a. 橡皮手套。在施工石棉水泥抹灰时，或施工沥青玛琋脂时必须戴橡皮手套。（因玛琋脂的成分对于人的皮肤是有害的。）

b. 口罩。在施工中产生粉尘，尤其最散状保温材料，更要戴好口罩。风大时也应戴上，以保护呼吸器官。

c. 防护眼镜。有风的天气，必须戴好防护眼镜，以免灰尘、沙子刮入眼内。

d. 安全带。在悬吊台上，屋顶和其他有危险的地方施工时，必须戴好安全带。

（3）在使用矿渣棉、玻璃棉时，更要加强劳动保护，避免这些材料落入工作服内。特别是落入领口和袖口内，万一不慎落到皮肤表面上，需要轻轻地拭去，以防止细丝（纤维）刺人皮肤。

（4）在大量使用玻璃纤维时，必须考虑到玻璃纤维对人体健康的影响问题。

目前使用较粗的玻璃纤维。存在与皮肤直接接触时产生刺痒问题。极细的纤维粉尘吸入呼吸道后容易产生喉干、咳嗽等现象。

因此在运输、施工中必须采取相应的劳动保护措施。

如果在工厂中能做成各种缝毡、预制板、管壳等，将会减少对人的影响。如果外面加廉价的表面覆盖材料。如纸、塑料薄膜、薄毡等使玻璃纤维不与人体直接接触，这是最好的办法。

1-4-40 供热与燃气工程施工中常用土方机械安全操作要点有哪些？

答：一般规定如下：

（1）施工前推土机、挖掘机、平地机、装载机操作机手必须取得主管单位颁发的资质证后持证上岗。

（2）作业前应依照安全技术交底检查施工现场，查明地上、地下管线和构筑物的状况、不得在距现状电力、通信电缆 2m 内使用机械作业。

（3）机械设备在沟槽附近行驶时应低速，作业中必须避开管线和构筑物，并与沟槽边保持不小于 1.5m 的安全距离。

（4）机械操作人员应与配合人员协调一致。

（5）作业中遇到下列情况应立即停工：

①填挖区土体不稳定，有坍塌可能。

②发生暴雨、雷雨、水位暴涨及山洪暴发。

③施工标记及防护设施破损坏。

④出现其他不能保证作业和运行安全的情况。

（6）机械在社会道路上行驶时必须遵守交通管理部分的有关规定。

（7）机械通过桥梁前，应了解桥梁的承载能力，确认安全后方可低速通过。严禁在桥面上急转向和紧急刹车。通过桥洞前必须注意限高，确认安全后方可通过。

（8）自行式机械作业前，必须进行检查，制动、转向、信号及安全装置应齐全有效。

（9）坡道停机时，不得横向停放。纵向停放时，必须挡掩，并将工作装置落地辅助制动，确认制动可靠后，操作人员方可离开。雨季应将机械停放在地势较高的坚实地面。

（10）机械设备在发电站、变电站、配电室等附近作业时，不得进入危险区域。在高压线附近工作时，机械设备机体及工作装置运动轨迹距高压线的距离应符合有关规定。

（11）机械作业时，人员不得上下机械。

1-4-41　推土机安全操作重点有哪些？

答：推土机安全操作重点如下：

（1）保养、检修时必须放下推铲、关闭发动机。在推铲下面进行保养或维修时，必须用方木将推铲垫稳。

（2）除驾驶外，推土机的任何部位严禁载人。

（3）推土机上坡坡度不得大于 25°。下坡坡度不得大于 35°。在坡上横向行驶时，机身横向倾斜不得大于 10°。在坡道上应匀速行驶，严禁高速下坡、急拐弯、空挡滑行。下陡坡时，应将推铲放下，接触地面侧车下行。推土机在坡道上熄火时，应立即将推土机制动，并采取挡掩措施。

（4）操作人员离开驾驶室时，应将推铲落地并关闭发动机。

（5）推土机向沟槽内推土时应设专人指挥。推铲不得越过沟槽边缘。

（6）推土机在水中行驶前，应查明水深及水底坚实情况，确认安全后方可行驶。

（7）双机、多机推土作业时，应设专人指挥。作业时，两机前后距离应大于 8m，左右距离应大于 1.5m。

（8）需用推土机牵引重物时，应设专人指挥危险区域内不得有人。

1-4-42　挖掘机安全操作要点有哪些？

答：挖掘机安全操作要点分述如下：

（1）作业前应进行检查，确认大臂和铲斗运动范围内无障碍物及其他人员，鸣笛示警后方可作业。

（2）挖槽时，应按安全技术交底要求放坡、堆土，严禁在机身下方掏挖、履带或轮胎应与沟槽边保持 1.5m 以上的安全距离。

（3）装车作业时，应待运输车辆停稳后进行铲土应尽量放低，并不得砸撞车轮，严禁车厢内有人。严禁铲斗从汽车驾驶室顶上越过。

（4）行走时臂杆后与履带平行，并制动回转机械，铲斗离地面宜为 1m。行走坡度不得超过机械允许最大坡度，下坡用慢速行驶，严禁空挡滑行。转弯不应过急，通过松软地时应进行铺垫加固。

(5) 操作人员离开驾驶室前，必须将铲斗落地并关闭发动机。

(6) 不得用铲斗吊运物料。

(7) 发现运转异常时应立即停机，排除故障后方可继续作业。

(8) 轮胎式挖掘机在斜坡上移动时，铲斗应转向高坡一边。

(9) 轮胎式挖掘机在斜坡上移动时，铲斗应转向高坡一边。

(10) 使用挖掘机拆除构筑物时，操作人员应分析构筑物倒塌方向，在挖。

(11) 挖掘机停放场地应平整密实，停机时必须将行走机构制动。

1-4-43 装载机安全操作要点有哪些？

答：装载机安全操作要点如下：

(1) 装卸作业应在平整地面进行。

(2) 向汽车内卸料时，严禁将铲斗从驾驶室顶上越过，铲斗不得碰撞车厢，严禁车厢内有人。不得用铲斗吊运物料。

(3) 在沟槽边卸料时，必须设专人指挥，装载机前轮应与沟槽边缘保持不小于 2m 的安全距离，并放置挡木。

(4) 作业时铲斗下方严禁有人，严禁用铲斗载人。

(5) 将大臂升起进行维护润滑时，必须将大臂支撑稳固。严禁利用铲斗作支撑提升底盘进行维护。

(6) 下坡交低挡行驶，不得空挡滑行。

(7) 涉水后应立即进行连续制动，排除制动片内的水分。

(8) 操作人员离开驾驶室前，必须将铲斗落地，停机制动。

1-4-44 供热与燃气工程中起重工程安全操作一般规定有哪些？

答：一般规定要点如下：

(1) 起重工应健康，两眼视力均不得低于 1.0，无色盲、听力障碍、高血压、心脏病、癫痫、眩晕、突然性昏厥及其他影响起重吊装作业的疾病与生理缺陷。

(2) 必须经过安全技术培训，持证上岗。严禁酒后作业。

(3) 作业前必须检查作业环境、吊索具、防护用品。吊装区域无闲散人员，障碍已排除。吊索具无缺陷，捆绑正确牢固，被吊物与其物件无连接。确认安全后方可作业。

(4) 轮式或履带式起重机作业时，必须确定吊装区域，并设警戒标志，必要时派人监护。

(5) 大雨、大雪、大雾及风力六级以上（含六级）等恶劣天气，必须停止露天起重吊装作业。严禁在带电的高压线下作业。

(6) 在高压线一侧作业时，必须保持最小的安全距离见表 1-4-44。

起重机与架空输电导线的最小安全距离　　　　　　　表 1-4-44

输电导线电压（kV）	<1	1～15	20～40	60～110	220
允许沿输电导线垂直方向最近距离（m）	1.5	3	4	5	6
允许沿输电导线水平方向最近距离（m）	1	1.5	2	4	6

(7) 在下列情况下严禁进行吊装作业：

①被吊物质量超过机械性能允许范围。

②信号不清。

③吊装物下方有人。

④吊装物上站人。

⑤立式构件，大模板未用卡环。

⑥斜拉斜牵物。

⑦散物捆扎不牢。

⑧零碎物无容器。

⑨吊装物质量不明。

⑩吊索具不符合规定。

⑪作业现场光线阴暗。

（8）作业时无安全技术交底，无统一指挥。

（9）使用起重机作业时，吊点位置有问题，穿挂索具不合理。未进行试吊。除指挥及挂钩人员外，现场还有其他人员未被禁止入作业区内。

（10）使用两台吊车抬吊大型构件时，吊车性能不一致。单机荷载应合理分配，且不得超过额定荷载的80％。作业时必须统一指挥，动作一致。

（11）需自制吊运物料容器（土斗、混凝土斗、砂浆斗等）时，必须遵守下列规定：

①荷载（包括自重）不得超过5000kg

②必须由专业技术人员设计，报项目经理部总工程师批准。

③焊制时，须选派技术水平高的焊工施焊，由质量管理人员跟踪检查，确保制作质量。

④制作完成后，须经项目经理部工程师组验收，并试吊，确认合格。

⑤验收时必须将设计图纸和计算书交项目经理部主管部门存档，并由主管部门纳入管理范畴，定期检查、维护，遇有损坏及时修理，保持完好。

⑥使用前必须由作业人员进行检查，确认焊缝不开裂，吊环不歪斜、开裂、容器完好。

1-4-45　起重工程基本操作安全要点有哪些？

答：基本操作要点分述如下：

（1）穿绳。确定吊物重心，选好挂绳位置。穿绳应用铁钩，不得将手臂伸到吊物下面。吊运棱角坚硬或易滑的吊物，必须加衬垫，用套索。

（2）挂绳。应按顺序挂绳，吊绳不得相互挤压、交叉、扭压、绞拧。一般吊物可用兜挂法，必须保持吊物平衡。对于易滚—易滑或超长货物，宜采用索绳方法，使用卡环锁紧吊绳。

（3）试吊。吊绳套挂牢固，起重机缓慢起升，将吊绳绷紧稍停，起升不得过高。试吊中，信号2、挂钩2、司机必须协调配合。如发现吊物重心偏移或与其他构件粘连等情况时，必须立即停止起吊，采取措施并确认安全后方可起吊。

（4）摘绳。落绳、停稳、支稳后方可放松吊绳。对易滚、易滑、易散的吊物，摘绳要用安全钩。挂钩2不得站在吊物上面。如遇不易人工摘绳时，应选用其他机具辅助，严禁攀登吊物及绳索。

（5）抽绳。吊钩应与吊物重心保持垂直，缓慢起绳，不得斜拉、强拉、不得旋转吊臂抽绳。如遇吊绳被压，应立即停止抽绳，可采取提头试吊方法抽绳。吊运易损、易滚、易倒的吊物不得使用起重机抽绳。

（6）吊挂作业应遵守下列规定：

①兜绳吊挂应保持吊点位置准确、兜绳不偏移，吊物要平衡。

②锁绳吊挂时应便于摘绳操作。

③卡具布挂时应避免卡具压吊装中被碰撞。

④扁担吊挂时，吊点应对称于吊物重心。

（7）捆绑作业应遵守下列规定：

①捆绑必须牢固。

②吊运集装箱等箱式吊物装车时，应使用捆绑工具将箱体与车连接牢固，并加垫防滑。

③管材、构件等必须用紧线器紧固。

（8）新起重工具、吊具应说明书检验，试吊后方可正式使用。

（9）长期不用的起重、吊挂机具、必须进行检测、试吊，确认安全后方可使用。

（10）钢丝绳、套索等的安全系数不得小于8～10。

1-4-46 三角架吊装安全操作要点有哪些？

答：安全操作要点分述如下：

（1）作业前，必须按安全技术交底要求，选用机具、吊具、绳索及配套材料。

（2）作业前应将作业场地整平、压实。三角架底部应支垫牢固。

（3）三角架顶端绑扎绳以上伸出长度不得小于60cm，捆绑点以下三杆长度应相等并用钢丝绳连接牢固，底部三脚距离相等，且为架高的1/3～2/3。相邻两杆用排木连接，排木间距不得大于1.5m。

（4）吊装作业时必须设专人指挥。试吊时应检查各部件，确认安全后方可正式操作。

（5）移动三角架时必须设专人指挥，由三人以上操作。

1-4-47 构件及设备吊装安全操作要点有哪些？

答：安全操作要点分述如下：

（1）作业前应检查被吊物、场地、作业空间等，确认安全后方可作业。

（2）作业时应缓起、缓转、缓移，并用控制绳保持吊物平衡。

（3）移动构件、设备时、构件、设备必须和排子连接牢固，保持稳定。道路应坚实平整，作业人员必须听从统一指挥，协调一致。使用卷扬机移动构件或设备时，必须用慢速卷扬机。

（4）码放构件的场地应坚实平整。码放后应支撑牢固、稳定。

（5）吊装大型构件使用千斤顶调整就位时，严禁两端千斤顶同时起落；一端使用两个千斤顶时，起落速度应一致。

（6）超长型构件运输中，悬出部分不得大于总长的1/4，并应采取防倾覆措施。

（7）暂停作业时，必须把构件、设备支撑稳定，连接牢固后方可离开现场。

1-4-48 吊具索具安全操作要点有哪些？

答：（1）作业时必须根据吊物的重量、体积、形状等选用合适的吊索具。

（2）严禁在吊钩上补焊、打孔、吊钩表面必须保持光滑，不得有裂纹。严禁使用危险断面磨损程度达到原尺寸的10％、钩口开口度尺寸比原尺寸增大15％、扭转变形超过10％、危险断面或颈部产生塑性变形的吊钩。板钩衬套磨损达原尺寸的50％时，应报废衬套。板钩心轴，磨损达原尺寸的5％时，应报废心轴。

（3）编插钢丝绳索具宜用6×37的钢丝绳。编插段的长度不得小于钢丝绳直径的20倍，且不得小于300mm。编插钢丝绳的强度应按原钢丝绳强度的70％计算。

（4）吊索的水平夹角应大于45°。

（5）使用卡环时，严禁卡环侧向受力，起吊前必须检查封闭销是否拧紧。不得使用有裂纹、变形的卡环。严禁用焊补方法修复卡环。

（6）凡有下列情况之一的钢丝绳不得继续使用。

①断股或使用时断丝速度增大。

②在一个节距内的断丝量超过总约数的10％。

③出现拧扭死结、死弯、压扁、股松明显、波浪形、钢丝外飞、绳芯挤出以及断股等现象。

④钢丝绳直径减少7％～10％。

⑤钢丝绳表面钢丝磨损或腐蚀程度，达到表面钢丝直径的40％以上，或钢丝绳被腐蚀后，表面麻痕清晰可见，整根钢丝绳明显变硬。

⑥使用新购置的吊索具应检查合格证，并试吊，确认安全。

1-4-49　供热与燃气工程施工中常用中小型机械安全操作要点有哪些？

答：（1）一般规定如下：

①操作人员必须经过安全技术培训，考核合格后方可上岗。

②机械运转时严禁接触运动部件、进行修理或保养作业。

③不得随意拆除设备的安全防护装置。

④按规定佩戴安全防护用品。

（2）水泵安全操作要点如下：

①作业前应进行检查，泵座应稳固。水泵应按规定装设电气保护装置。

②运转中出现故障时应立即切断电源，排除故障后方可再次合闸开机。检修必须由专职电工进行。

③夜间作业时，工作区有充分照明。

④水泵运转中严禁从泵上跨越。升降吸水管时，操作人员必须站在有护栏的平台上。

⑤提升或下降潜水泵时必须切断电源，用水泵吊环上端绳子提升或下降水泵。严禁提拉电缆。

⑥潜水泵必须做好保护接地并装设漏电保护装置。潜水泵工作水域 30m 内不得有人畜进入。

⑦作业后，应将电源并闭，将水泵安放妥善。

（3）灰浆搅拌机安全操作要点如下：

①作业前应检查安全防护装置，确认安全。

②作业中，严禁将手或木棒等物伸入灰浆搅拌机内。

③倒出灰浆时，必须使用手柄摇动搅拌筒，不得用手扳动搅拌筒。

（4）灰浆泵安全操作要点

①作业前应检查传动部分和料斗栅网，确认安全。

②作业中应注意观察压力表，超压时应立即停机。

③故障停机时，应打开泄浆阀卸压。压力未降到零时，严禁拆卸空气表、压力安全阀和管道。

（5）平板振动夯安全操作要点如下：

①作业前，应检查各连接部的紧固情况，确认牢固可靠后空车试运转 3～5min，运转正常后方可作业。

②操作人员应在平板振动夯前进方向的后面和侧面进行操作。

③保养发动机或添加油料作业，必须在内燃机熄火后进行。加油时严禁烟火。

④运转中出现异常声响和发生故障时，应立即停机检修。

（6）蛙式夯安全操作要点如下：

①作业前必须对机械各部进行检查，连接件必须牢固，导线、电动机的绝缘和接地必须良好，蛙式夯手柄必须采取绝缘措施，确认安全后方可作业。

②蛙式夯必须配有专用的开关箱，使用单向控制开关。导线长度不大于 50m。

③蛙式夯作业必须两人操作，一人扶夯，一人持电缆。操作人员和持线人员均应戴绝缘手套、穿绝缘鞋。持线人员应跟在夯后或两侧不得强拉绳。作业时严禁夯机砸压导线。导线破损时必须及时更换。

④蛙式夯前面不得有人，多台夯土机同时作业时，蛙式夯之间的横向距离不得小于 5m，纵向间距不得小于 10m。

⑤蛙式夯直线夯土时，应顺势轻扶掌握方向，转弯或打边坡时应握紧手柄。

⑥搬运蛙式夯时，必须切断电源，盘好导线。向槽内运送夯机时，应用绳索具缓缓放下，严禁推扔。

⑦作业后应切断电源，盘好导线，将夯机放在平整、安全的地方。

（7）电动砂轮锯与砂轮机安全操作要点如下：

①作业前，必须检查绝缘情况，保护接零应良好。

②必须根据切割的材质选择适用的砂轮片。

③作业时必须佩戴防护目镜等防护用品，站在砂轮片的侧面。

④作业时，不得在深度方向及前进方向同时给进，给进力不得过猛，冷却水流量应适宜。

⑤操作时，发现漏电、温度过高、转速突然下降、有异响等情况时，必须立即切断电源检修工作由电工进行。

⑥作业后关停机械，切断电源，锁好闸箱。

（8）混凝土切缝机安全操作要点如下：

①作业前应进行检查。刀片必须符合安全要求，刀片与刀架连接必须牢固可靠，安全防护罩应齐全有效。

②进行缝作业时，必须前进单向切缝。使用中发现异常状况时，应立即停机。

③发动机和刀片在停止转动前，严禁检查和搬动混凝土切缝机。

④操作人员，应站在刀片侧面操作。

⑤发动机运转时严禁添加燃料。

⑥严禁无冷却水时进行切缝作业。

⑦作业后或操作人员离开切缝机时，应将发动机关闭。

⑧电动混凝土切缝机操作人员必须戴绝缘手套，穿绝缘鞋。切割机及电缆必须绝缘良好。作业后必须切断电源，盘好导线。

1-4-50　供热与燃气工程在冬季或雨季施工时一般安全操作要点有哪些？

答：1）供热与燃气工程雨季施工一般安全操作要点如下：

①挖土时防止槽底土壤冻结，每日收工前将土挖松一层或用草帘覆盖。对由于挖土所暴露出来的通水管道，应采取防冻措施。

②管道系统试水时注意防冻，应在一天中气温较高的时间进行，测完后把水彻底放净，以免冻坏阀门与管道。

③大口径管道焊接时，管道两端要用麻布封堵，避免"穿堂风"。

④遇有四级以上大风，或大气温度低于－10℃时，焊接处应设置风挡或停止施工。

⑤施工现场的消防管道、消火栓要保湿，以防冻裂。

⑥雨季在露天操作时，如遇雪天，要先把雪打扫干净，防止滑倒，同时注意早晨结霜滑人。

2）供热与燃气工程雨季施工一般安全操作要点如下：

①防雷击。高层建筑物的露天金属设备应安装避雷装置。

②防坍塌。雨季开挖沟槽，应采取措施，严防雨水泡槽，发生塌方。工作前应先检查沟槽，支撑，脚手架，再进行工作。

③防触电。特别潮绳的场所，金属管道和容器内的照明灯，电压不应超过12V。

④防漂管。雨季期间，一旦雨水流入沟槽内，就有漂管的可能，为了避免漂管，一方面要千方百计避免雨水流入沟槽，另一方面，对直埋的各种钢管管身上回填一定数量的土方，用来"压"住钢管，防止滑管。

⑤防"灌肠"。凡是在雨季施工的管道，都应及时地根据具体情况，将管端临时封住，避免雨水流入管道内，造成"灌肠"。

1-4-51　供热与燃气工程施工中防火、防爆安全措施有哪些？

答：（1）防火防爆安全措施

防火防爆是生产中一项十分重要的工作，且很复杂，千头万绪。但必须掌握以下基本原则：一是极力避免和阻止易燃易爆（包括可燃物）物质处于足以达到发生燃烧或爆炸的危险状态（即使其不具备燃烧、爆炸的条件）；二是消除一切足以导致着火、爆炸的火源（能量）。在实际工作中，这两种措施一般都是同时采用的。各种粉尘爆炸特性见表1-4-51（1）。

各种粉尘爆炸特性表　　　　　　　　　　　　　　　表 1-4-51（1）

粉尘类别	云状粉尘的自燃点 （℃）	爆炸下限 （g/m³）	最大爆炸压力 （MPa）
烟　煤	610	35	0.312
玉米淀粉	470	45	0.490
铝	645	35	0.605
镁	520	20	0.441
聚苯乙烯	490	20	0.299

注　本表数据摘自外国资料，仅供参考。

一般防火防爆措施有以下几个方面。

①对有火灾爆炸危险的物质进行处理，一般采用如下几种方法：

a. 密封法。将易燃易爆物质密闭在一定的容器或设备中，阻止任意扩散，使附近的建筑或大气中达不到爆炸浓度下限。

b. 稀释法（也叫置换法）。为降低设备或建筑物中可燃物质浓度，可加强通风换气，或用惰性气体置换、吹扫。

c. 隔离法。为防止可燃物质扩散蔓延开去，可用不燃材料或惰性气体与其他物质隔离。

d. 代用法。以不燃或难燃溶剂代替易燃溶剂。在工艺条件许可范围内，尽量采用危险性小的溶剂，以保证生产安全。

②消除火源。火源可能来自明火、摩擦与撞击、电器设备等。消除火源，应采取如下措施：

a. 加热易燃液体时，应尽量避免采用明火，而采用蒸气、过热水、中间载热体或电热等，如必须采用明火时，应采取相应的安全措施。

b. 凡在禁火区或盛装过易燃易爆物质的设备、容器中动火时，必须先清洗或吹扫置换，进行空气分析，并准备好灭火器材，直到确认安全可靠后方能动火。

c. 在有爆炸危险的场所贮罐内修理管道设备时，使用的电器必须是防爆型。

d. 在油库、煤气站、乙炔站、氧气站等有爆炸危险的车间、厂房工作时，禁止吸烟、点火，并严格遵守防火管理制度。

e. 在爆炸危险区作业，禁止用铁器敲击或摩擦，防止产生火花引燃引爆。

f. 经常检查所用电器设备是否有过载、短路、局部接触不良等现象，防止产生电弧或电火花。

③防止静电起火。物质在流动、振动等相互摩擦过程中会产生电荷，这种电荷在电介质表面上出现并积聚，形成较高电位，易产生放电现象，引起燃烧爆炸，施工中应注意以下几点：

a. 限定流速。易燃易爆介质有一定的设计速度，流速过大，易产生静电。施工中不得随意缩小管径，增大流速。

b. 易燃易爆介质进出容器时，应设缓冲装置，防止猛烈冲击，产生静电。

c. 在安装煤气、乙炔、氧气、燃油等管路设备时，一定要安装好静电接地装置，将静电导入地下。

d. 吸取汽油的管道和盛装汽油的容器设备必须可靠接地。

e. 在安装输送粉尘，特别是煤粉、镁粉等管道时，应安装静电接地装置。

（2）灭火方法

消灭火灾的方法较多，有冷却法、窒息法、分散法及破坏法等。

①冷却法就是用水流的方法。这种方法用于扑灭一般火灾，不适用于扑灭油类、未切断电源的电器及遇水起化学反应的危险品的火灾。

②窒息法是用自窒息性灭火剂，隔绝燃烧物和空气的接触，使燃烧物得不到氧气而自窒自灭。这种方法用于扑灭油类及非爆炸性危险品的火灾。窒息用物品有专用灭火剂、棉被、沙子、泥土及蒸气等。

③分散法是将燃烧物移开，孤立火源，使其不得扩大。

④破坏法，也叫开火道，拆除部分建筑物和附着物，避免火势蔓延。这种方法在防止火灾扩大及救护人员时可采用。

（3）各类灭火剂

灭火剂能够有效地中止火焰燃烧。为了能充分有效地利用各种灭火剂，将灭火剂的分类及适用范围列于表1-4-51（2）。

各类灭火剂的分类及适用范围　　　　　　表1-4-51（2）

灭　火　剂			火　焰　种　类				
			木材等一般火灾	可燃液体火灾		带电设备火灾	金属火灾
				非水溶性	水溶性		
液体	水	直　流	○	×	×	×	×
		喷　雾	○	△	○	○	△
	水溶液	直流（加强化剂）	○	×	×	×	×
		喷雾（加强化剂）	○	○	○	×	×
		水加表面活性剂	○	△	△	×	×
		水加增黏剂	○	×	×	×	×
		水　胶	○	×	×	×	×
		酸矸灭火剂	○	×	×	×	×
	泡沫	化学泡沫	○	○	△	×	×
		蛋白泡沫	○	○	×	×	×
		氟蛋白泡沫	○	○	×	×	×
		水成膜泡沫（轻水）	○	○	×	×	×
		合成泡沫	○	○	×	×	×
		抗溶泡沫	○	△	○	×	×
		高，中倍数泡沫	○	○	×	×	×
固体	干粉	钠盐，钾盐	△	○	○	○	×
		磷酸盐干粉	○	○	○	○	×
		金属火灾用干粉	×	×	×	×	○
	烟雾灭火剂		×	○	×	×	×

注：○—适用；△—一般不用；×—不适用。

1-4-52　建设工程施工现场的各类职工生活设施有何要求？

答：各类职工生活设施应符合卫生、通风、照明要求，防止煤气中毒、食物中毒和各种疫情的发生。

1-4-53　基坑坍塌以前有哪些迹象？

答：①周围地面出现裂缝，并不断扩展；②支撑系统发出挤压响声；③环梁或排桩、挡墙的水平位移较大，并持续发展；④支护系统出现局部失稳。

1-4-54　施工现场发生意外事故时如何组织逃生自救？

（坍塌、高坠、物打、机械伤害、触电情况任答一种）

答：针对不同事故要采取相应的逃生自救方法。如发生坍塌事故，首先不要惊恐，应立即将人员迅速逃离危险地带，如有人被坍塌物压埋，立即组织在场人员进行推救，根据伤员的实际情况和需要，应送往最近的医院或专科医院治疗。同时采取最快时间上报有关领导，以获得领导的组织指挥从而减少人员伤害和财产损失，在抢救人时头脑要清醒、注意现场情况变化，要防止事故扩大，并组织人员保护事故现场。

1-4-55　施工现场操作人员可能出现哪些不安全行为？

答：（1）操作失误、忽视安全、忽视警告。（2）造成安全装置实效。（3）使用不安全设备。（4）手代替工具操作。（5）物体存放不当。（6）冒险进入危险场所。（7）攀坐不安全位置。（8）在起吊物下作业、停留。（9）在机器运转时进行检查、维修、保养等工作。（10）有分散注意力行业。（11）没有正确使用个人防护用品、用具。（12）不安全装束。（13）对易燃易爆等危险品处理错误。

1.5　城市地下管线施工监测与探测

1-5-1　城市地下管线施工监测的目的是什么？

答：监控量测是设计中的一部分，也是施工的一项重要工序，施工监测的目的就是因此为了获取整体隧道系统及场区周围建筑物的准确信息，以便了解其变化的态势，以及利用监控信息的反馈分析，更好地预测系统的变化趋势，及时指导施工，必要时修改设计，确保工期和施工安全。

在本暗挖隧道的开挖支护过程中，将不可避免地会对周围地层、地下管线、建（构）筑物等造成一定的影响。为了保证施工期间道路通畅，分析了解地层、支护及主体结构的安全稳定性，了解工程施工对周围环境的影响程度，确保地面建筑物及地下管线的正常使用，需建立专门的组织机构，在施工的全过程中进行全面、系统的监测工作，并将其作为一道重要工序纳入施工组织设计中去。

监测的主要目的包括：

1）通过监测了解暗挖隧道施工中围岩与结构的受力变形情况，并确定其稳定性；

2）通过监测了解工程施工对地面、地下管线、建筑物等周围环境条件的影响程度，并确保它处于安全的工作状态；

3）及时整理资料，对一系列关键问题进行分项分析，及时反馈信息，组织信息化施工。

1-5-2　监测方案的制定原则是什么？

答：1）监测方案以安全检测为目的，根据施工步序、地段和参数等确定监测项目、监测仪器及精度、测点布置等项目，监测频率及变形速率为主要的报警值，针对监测对象安全稳定的主要指标进行方案设计。

2）监测点的布置应能够全面地反映监测对象的工作状态。

3）采用先进的仪器、设备和监测技术，如计算机技术等。

4）各监测项目能相互校验，以利数值计算，故障分析和状态研究。

5）方案在满足监测性能和精度的前提下，可适当降低检测频率，减少检测元件，以节约监测费用。

6）监控量测工作设专人负责，按设计文件、招标文件技术要求和监测计划有步骤地进行，及时做好数据处理和信息反馈，并以此指导施工，从而提高监测工作质量。

1-5-3 测点布设原则是什么?

答：1）观测点类型和数量的确定结合工程性质、地质条件、设计要求、施工特点等因素综合考虑。

2）为验证设计数据而设的测点布置在设计中最不利位置和断面上，为结合施工而设的测点布置在相同工况下的最先施工部位，其目的是及时反馈信息、指导施工。

3）表面变形测点的位置既要考虑反映监测对象的变形特征，又要便于应用仪器进行观察，还要有利于测点的保护。

4）埋测点不能影响和妨碍结构的正常受力，不能削弱结构的变形刚度和强度。

5）在实施多项内容测试时，各类测点的布置在时间和空间上应有机结合，力求使一个监测部位能同时反映不同的物理变化量，找出内在的联系和变化规律。

6）根据监测方案在施工前布置好各监测点，以便监测工作开始时，监测元件进入稳定的工作状态。

7）测点在施工过程中遭到破坏时，应尽快在原来位置或尽量靠近原来位置补设测点，保证该点观测数据的连续性。

1-5-4 监测项目有哪些?

答：见表 1-5-4。

监测项目一览表 表 1-5-4

类别	序号	观测名称	方法及工具	断面距离	量测频率				备注
					1～7天	7～15天	15～30天	30天以后	
A 类量测（必测）	1	地层及支护情况观察	现场观察及地质描述	每次开挖后立即进行	2次/天				
	2	地表、地面建筑、地下构筑物与管线变化观测	精密水准仪	每次开挖后立即进行	2次/天	1次/天	1次/2天	1次/3天	
	3	拱顶下沉	精密水准仪	每次开挖后立即进行	2次/天	1次/天	1次/2天		
	4	净空收敛	收敛仪	每次开挖后立即进行	2次/天	1次/天	1次/2天		
	5	底部隆起	精密水准仪	每次开挖后立即进行	2次/天	1次/天	2次/2天		
B 类量测（选测）	1	土层位移	多点位移计	30～40m设一量测断面	2次/天	1次/天	1次/2天	1次/3天	
	2	围岩压力	压力传感器	每30～40m设一量测断面	1次/天	1次/天	1次/2天	1次/2～3天	

1-5-5 施工监测控制标准是怎样的?

答：在信息化施工中，监测后应及时对各种监测数据进行整理分析，判断其稳定性，并及时反馈到施工中去指导施工。根据以往经验拟建立Ⅲ级管理标准，见表 1-5-5（1）。

管 理 等 级	管 理 位 移	施 工 状 态
III	$U_0 < U_n/3$	可正常施工
II	$U_n/3 \leqslant U_0 \leqslant U_n 2/3$	应注意，并加强监测
I	$U_0 > U_n 2/3$	应采取加强支护等措施

表中：U_0—实测位移值，U_n—允许位移值。

U_n 的取值，也就是监测控制标准。根据有关规范，提出控制标准见表 1-5-5 (2)。

监 测 控 制 标 准 表 表 1-5-5 (2)

序 号	监 测 项 目		控 制 标 准	依 据
1	地表沉降	基坑侧壁	30mm	
		中洞	10mm	
2	建筑物沉降		30mm	
3	建筑物倾斜		3‰	相应的规范、理论计算
4	基坑水平收敛		20mm	
5	地下管线	允许沉降	30mm	
		限制转角	$1° \sim 1.5°$	
6	暗挖隧道水平收敛	中洞	20mm	

1-5-6 对监控量测数据的分析与预测有何要求？

答：1）量测成果整理

每次量测后，将原始数据及时整理成正式记录，对每一个量测断面内每一种量测项目，均应进行以下资料整理：

①原始记录表及实际测点布置图。

②位移（应力）值随时间及随开挖面距离的变化图。

③位移速度、位移（应力）加速度随时间以及随开挖面变化图。

2）数据处理

在取得量测数据后，要及时进行整理，绘制位移或应力的时态变化曲线图，即时态散点图。

在取得足够的数据后，根据散点图的数据分布状况，选择合适的函数，对监测结果进行回归分析，以预测该测点可能出现的最大位移值或应力值，预测结构和建筑物的安全状况。

1-5-7 对开挖隧道保证土体稳定有何要求？采取什么措施？

答：隧道初衬宜采取中隔壁法施工，充分利用围岩土体的自稳作用。遵循浅埋暗挖施工的十八字方针"管超前、严注浆、短开挖、强支护、快封闭、勤量测"，切实做到信息化施工，防患于未然。隧道开挖前，必须对拱顶范围及开挖边缘的松散地层进行小导管超前注浆加固，以保证开挖期间土体的稳定。开挖后及时施工支护结构，并尽快闭合。初期支护形成后，在其背后及时注浆填充空隙，并使附近土层得到加固，减小因隧道开挖引起的地面沉降。二衬形成后，采用高强无收缩水泥浆在拱部进行初衬、二衬之间的回填压浆。

根据以上的特点要求采取以下措施：

（1）喷射混凝土作业应分段、分片、分层由下而上依次进行。

（2）首榀格栅钢架加工完成后应放在水泥地面上试拼，试拼合格后方可在隧道中使用。

（3）对特殊部位如折点、起坡段，要先进行放大样，然后施工。

（4）隧道二衬宜在初衬贯通并经验收合格以后施作；但当地层变形较大，则应及早施作二次衬砌。

（5）隧道施工过程中，必须做好详细的地质描述。

1-5-8 地下管道工程施工监测目的包括哪些方面？

答： 地下管道工程施工是在地层内部进行，施工不可避免扰动地层，引起的地层变形会导致地表建筑和既有的管线设施破坏。因此，地下（隧道）施工要考虑对城市环境的影响，隧道施工引起的地层变形，特别是在地面建筑设施密集、交通繁忙、地下水丰富的城市中进行地下管道施工，对于开挖过程引起地层的力学响应在时间和空间上的规律，不同施工方法的不同力学响应可以通过施工监测实现，并及时预测地层变形的发展，反馈施工，控制地下工程施工对环境的影响程度。因此，施工监测在施工中有着极其重要的作用，其监测的目的包括：

1）保证施工安全。对于不同的地铁区间隧道施工方法而言，都不同程度地对周边环境产生一定的影响，因此，通过及时、准确的现场监测结果判断地铁隧道结构的安全及周边环境的安全，并及时反馈施工，调整设计、施工参数，减小结构及周边环境的变形，保证施工安全。

2）预测施工引起的地表变形。根据地表变形的发展趋势，决定是否采取保护措施，并为确定经济、合理的保护措施提供依据。

3）控制各项监测指标。根据已有的经验及规范要求，检查施工中的各项环境控制指标是否超过允许范围，并在发生环境事故时，提供仲裁依据。

4）验证支护结构设计，指导施工。地下结构设计中采用的设计原理与现场实测的结构受力、变形情况往往有一定的差异，因此，施工中及时的监测信息反馈，对于设计方案的完善和修正有很大的帮助。

5）总结工程经验，提高设计、施工技术水平。地下工程施工中结构及周边环境的受力、变形资料对于设计、施工总结经验有很大帮助。

1-5-9 地下工程施工监测原则有哪五条？

答： 施工监测是一项系统工程，监测工作的成败与监测方法的选取及测点的布置直接相关。根据我单位多年监测工作的经验，归纳以下 5 条原则。

1）可靠性原则：可靠性原则是监测系统设计中所考虑的最重要的原则。为了确保其可靠性，必须做到：

第一，系统要采用可靠的仪器。

第二，监测点、基准点设置应合理，在监测期间保护好测点。

2）多层次监测原则：多层次监测原则的具体含义有三点：

①在监测对象上，必测项目与选测项目相结合。

②在监测方法上，以外表动态监测与结构内部应力监测相结合，并辅以巡检的方法，使便相互验证。

③分别在地表及邻近建筑物与地下管线上方布点，以形成具有一定测点覆盖率的监测网。重点部位与一般部位相结合，监测点布设既有重点，又有均匀分布。

3）重点监测关键区的原则：监测测点布置应合理，注意时空关系，控制关键部位。在具有不同地质条件和水文地质条件下，周围建筑物及地下管线段稳定的标准是不同的。稳定性差的地段应重点进行监测，以保证建筑物及地下管线的安全。

4）方便实用原则：为减少监测与施工之间的干扰，监测系统的安装和监测，应尽量做到方便实用。

5）经济合理原则：系统设计时考虑实用的仪器、实用的方法、合理的精度要求，以降低监测费用。

1-5-10　地下施工监控量测的项目有哪些？

答：监测主要目的是要指导施工、预测后果，为施工参数的修正提供依据。因此，施工过程中需要对区间及车站施工的全程进行常规监测。监测的主要范围是：区间结构线两侧外延 30m 范围内的地下、地面建筑物、构筑物、管线、地面及道路。各项观测数据相互验证，确保监测结果的可靠性，为合理确定各项施工参数提供依据，达到反馈指导施工的目的，真正做到信息化施工。

监测项目见表 1-5-10。

监 测 项 目 简 表　　　　　　　　　　　　　　表 1-5-10

序号	监测项目	监测仪器	工程分项位置	监测目的
1	地层及支护情况	目测记录	每次开挖后立即进行	掌握施工过程中，对周围土体、地下管线及周围建筑物的影响程度及影响范围
2	地表沉降	DiN12 电子水准仪及其配套铟钢尺	国家大剧院通道	
3	地下管线变形	DiNi12 精密电子水准仪及其配套铟钢尺	电力万沟、热力万沟	
4	隧道拱顶下沉	DiNi12 精密电子水准仪及配套铟钢尺、钢挂尺	国家大剧院通道	监测暗挖施工时，隧道初期支护结构拱顶变形状况，分析数据、总结规律，以便施工顺利、安全进行
5	隧道净空收敛	JSS30A 数显收敛计	国家大剧院通道	监测暗挖施工时，隧道初期支护结构净空收敛变形状况，分析数据、总结规律，保证施工顺利、安全进行
6	隧道基底隆起	DiNi12 精密电子水准仪及其配套铟钢尺	国家大剧院通道	监测暗挖施工时，隧道初期支护结构拱顶变形状况，分析数据、总结规律，以便施工顺利、安全进行

1-5-11　地表沉降监测目的是什么？主要使用什么仪器？

答：1）地下工程开挖后，地层中的应力扰动区延伸至地表，围岩力学形态的变化在很大程度上反映于地表沉降，且地表沉降可以反映隧道开挖过程中围岩变形的全过程。尤其是对于城市地下工程，若在其附近地表有建筑物时就必须对地表沉降情况进行严格的监测和控制，保证施工安全。

2）主要监测仪器为 DiNi12 精密电子水准仪及其配套铟钢尺。

1-5-12　基准点的布设是怎样的？

答：1）基准点应埋设在沉降影响范围以外的稳定区域内；本测区埋设 3 个基准点和若干工作基点，以便基准点互相校核；

2）基准点的埋设要牢固可靠，采用标准地表桩，必须将其埋入原状土，并做好井圈和井盖、在坚硬的道面上埋设地表桩，应凿出道面和路基，将地表桩埋入原状土，或钻孔打入 1m 以上的螺纹钢筋做地表观测桩，并同时打入保护钢管套。

1-5-13　问：探查地下管线的物探方法有哪些？

答：有电磁法、电流电法、磁法、地震波法，见下表 1-5-12

方法名称		基本原理	特点	适用范围	示意图
被动源法	工频法	利用动力电缆电源或工业游散电流对金属管线感应所产生的二次电磁场	方法简便，成本低，工作效率高	在干扰背景小的地区，用来探查动力电缆和搜查金属管线，是一种简便、快速的方法	R → ⏚ ○ G
	甚低频法	利用甚低频无线电发射台的电磁场对金属管线感应所产生的二次电磁场	方法简便，成本低，工作效率高，但精度低、干扰大，其信号强度与无线电台和管线的相对方位有关	在一定条件下，可用来搜索电缆或金属管线	R → ⏚ ○ G
电磁法	主动源法 直接法	利用发射机一端接被查金属管线，另一端接地或接金属管线另一端，直接加到被查金属管线上的场源信号	信号强，定位、定深精度高，且不易受邻近管线的干扰。但被查金属管线必须有出露点	金属管线有出露点时，用于定位、定深或追踪各种金属管线	R → T ⏚ ○ G
	夹钳法	利用专用地下管线仪配备的夹钳、夹套在金属管线上，通过夹钳上的感应线圈把信号直接加到金属管线上	信号强，定位、定深精度高，且不易受邻近管线的干扰，方法简便，但被查管线必须有管线出露点，且被测管线的直径受夹钳大小限制	用于管线直径较小且有出露点的金属管线，可作定位、定深或追踪	R → T ⏚ ○ G
	电偶极感应法	利用发射机两端接地产生的电磁场对金属管线感应产生的信号	信号强，不需管线出露点，但必须有良好的接地条件	在具备接地条件的地区，可用来搜索和追踪金属管线	R → T ⏚ ○ G
	磁偶极感应法	利用发射线圈产生的电磁场对金属管线感应所产生的二次电磁场	发射、接收均不需接地，操作灵活、方便、效率高、效果好	可用于搜索金属管线，也可用于定位、定深或追踪	固定源感应法：环形 T R ⏚ ；非同步 T R → ⏚ ○ G ；同步 T R → ⏚ ○ C

方 法 名 称		基本原理	特点	适用范围	示意图
电磁法	主动源法	示踪电磁法	将能发射电磁信号的示踪探头或电缆送入非金属管道内，在地面上用仪器追踪信号	能用探测金属管道的仪器探查非金属管道，但必须有放置示踪器的出入口	用于探查有出入口的非金属管道	
		电磁波法（或地质雷达法）	利用脉冲雷达系统，连续向地下发射脉冲宽度为几毫微秒的视频脉冲，接收反射回来的电磁波脉冲信号	既可探查金属管线，又可探查非金属管线，但仪器价格昂贵	在常规方法无法探查的情况下，可用来探查各种金属管线和非金属管线	
直流电法		电阻率法	利用直流电法勘探的原理，采用高密度或中间梯度装置在金属或非金属管道上产生低阻异常或高阻异常	可利用常规直流电法仪器探测地下管线，探测深度大，但供电和测量均需接地	在接地条件好的场地探测直径较大的金属或非金属管线	高密度电阻率法 四极 偶极 差分 联剖 固定源同步法 四极 偶极 差分 联剖
		充电法	利用直流电源的一端接被查金属管线，另一端接地，对金属管线充电后在其周围产生的电场	追踪地下金属管线精度高，探测深度大，但供电时金属管线必须有出露点，测量时必须接地	用于追踪具备接地条件和出露点的金属管线	

方法名称		基本原理	特点	适用范围	示意图
磁法	磁场强度法	利用金属管线与周围介质之间的磁性差异，测量磁场的强度	可利用常规磁法勘探仪器探查铁磁性管道，探测深度大，但易受附近磁性体干扰	在磁性干扰小的地区探查埋深较大的铁磁性管道	
	磁梯度法	测量单位距离内地磁场强度的变化	对铁磁性管道或井盖的灵敏度高，但受磁性体干扰大	用于探查掩埋的铁磁性管道或窨井盖	
地震波法	浅层地震勘探法	利用地下管道与其周围介质之间的波阻抗差异，采用反射波法作浅层地震时间剖面	金属与非金属管道均能探查，探查深度大，时间剖面反映管道位置直观，但探查成本高	当其他方法探查无效时，用于探查直径较大的金属和非金属管道	
	面波法	利用地下管道与其周围介质之间的面波波速差异，测量不同频率激振所引起的面波波速	探查设备和方法比浅层地震勘探法简便，可探查金属与非金属管道，但目前应用尚不广泛，方法技术还不够成熟	用于探查直径较大的非金属管道	
	红外辐射法	利用管道或其填充物与周围土层之间的热特性的差异	探查方法简便，但必须具备相应的地球物理前提	用于探查暖气管道或水管漏水点	
备注		①T：发射机 ②R：接收机 ③▯垂直、水平线框 ④E_N：磁测仪 ⑤E_H：辐射仪 ⑥G：管线			

1-5-14 地质雷达探测基本原理是什么?

答：地质雷达是根据电磁波在介质中的传播特性进行工作的。若发出的电磁波脉冲没有遇到电性不同的介质，则这个系统只能探测到所发出的脉冲；如果发出的脉冲被不同电性的目标体反射回来，地质雷达就会记录到发出脉冲和反射脉冲。反射回来脉冲滞后一段时间，这个时间是电磁波脉冲通过周围介质的速度和目标体埋藏深度的函数，即

$$t = 2h/v$$

式中　t——目标体反射波的双程走时（ns）；

　　　h——目标体的埋藏深度（m）；

　　　v——电磁波在周围介质中的传播速度（m/ns）。

发射的单脉冲记录和所产生的作为时间和振幅的函数记录下来的反射称为一次扫描。当天线沿着地面移动时，记录地面不同位置上的多次扫描即构成了地质雷达记录。如已知地层的速度v，即可得到目标体的分布。

1-5-15　地下管线探测安全保护规定有哪些？

答：安全保护规定如下：

1）从事地下管线探测的作业人员，必须熟悉本工作岗位的安全保护规定，做到安全生产。

2）在市区或道路上进行地下管线探测的作业人员，必须穿戴安全标志服，遵守城市交通法规。

3）进入企业厂区进行地下管线探测的作业人员，必须熟悉该厂安全保护规定，遵守该企业工厂的厂规。

4）对规模较大的排污管道，在下井调查或施放探头、电极导线时，严禁明火，并应进行有害、有毒及可燃气体的浓度测定。超标的管道要采取安全保护措施后才能作业。

5）严禁在氧、煤气、乙炔等易燃、易爆管道上作充电点，进行直接法或充电法作业。

6）使用大功率仪器设备时，作业人员应具备安全用电和触电急救的基础知识。工作电压超过36V时，供电作业人员应使用绝缘防护用品。接地电极附近应设置明显警告标志，并委派专人看管。雷电天气严禁使用大功率仪器设备施工。井下作业的所有电气设备外壳必须接地。

7）打开窨井盖作实地调查时，井口必须有专人看管，或用设有明显标志的栅栏圈围起来。夜间作业时，应有安全照明标记。调查完毕必须立即盖好窨井盖，打开窨井盖后严禁作业人员离开现场。

8）发生人身事故时，除立即将受害者送到附近医院急救外，还必须保护现场，及时报告上级主管部门，组织有关人员进行调查，明确事故责任。

9）地下管线信息管理系统运行中应采取必要的措施，防止病毒和数据流失，确保数据安全。

1-5-16　地下管线探查记录表是怎样的？

答：见表1-5-15。

地下管线探查记录表　　　　　　　　　　　　　表1-5-15

工程名称：　　　　工程编号：　　　　管线类型：　　　　发射机型号、编号：

权属单位：　　　　测区：　　　　图幅编号：　　　　接收机型号、编号：

管线点号	连接点号	管线点类别		材质	管线规格(mm)	载体特征		隐蔽点探查方法			埋深(cm)			偏距(cm)	埋设		备注
		特征	附属物			压力(电压)	流向(根数)	激发	定位	定深	外顶(内底)	中心			方式	年代	
												探测	修正后				
1	2	3	4	5	6	7	8	9	10	11	12	13	14	15	16	17	18

探查单位：　　　　探查者：　　　　探查日期：　　　　校核者：　　　　　　第　页　共　页

注：激发方式：1 直接连接；2 夹钳；3 感应（直立线圈）；4 感应（压线）；5 其他。

　　定位方式：1 电磁法；2 电磁波法；3 钎探；4 开挖；5 据调绘资料。

　　定深方法：1 直读；2 百分比；3 特征点；4 钎深；5 开挖；6 实地量测；7 雷达；8 据调绘资料；

　　9 内插。

1-5-17　地下管线探查质量检查表是怎样的？

答：见表1-5-16。

地下管线探查质量检查表　　　　　　　　表 1-5-16

工程名称：　　　　　检查单位　　　　检查单位：

工程编号：　　　　　探查仪器：　　　　检查仪器：　　　　检查方式：

检查点序号	点所在图幅号	管线点号	管类	材质	平面定位偏距（cm）	埋深（cm）			评定	备注
						探查	检查	差值		
1	2	3	4	5	6	7	8	9	10	11

探查日期：　　探查者：　　检查日期：　　检查者：　　校核者：　　　　　第　页　共　页

1.6　施工管理

1-6-1　何谓施工管理？具体要求是什么？

答：1）施工管理是施工企业生产经营管理的一个重要组成部分。它是以完成具体的建筑产品为对象，从接受施工任务到工程竣工验收全过程中，围绕具体工程和施工现场而进行的生产事务的组织管理工作的总称。

市政工程施工是一项非常复杂的生产活动，它不仅需要有诸如计划、质量、成本和安全等项目目标管理和对劳动力、建设物资、工程机械、工艺技术及财务资金等项要素管理，而且要有为完成施工目标和合理组织诸施工要素的生产事务管理，否则就难以充分地利用施工条件，发挥各施工要素的作用，甚至无法进行正常的施工活动。正因如此，施工管理的基本任务就是要根据施工生产的特点和规律，以具体工程和施工现场为对象，正确处理施工过程中的劳动力、劳动对象和劳动手段在空间布置和时间排列上的矛盾，保证和协调施工正常进行。做到人尽其才，物尽其用，全面完成施工任务和企业各项主要技术经济指标，为国家和人民交付更多更好的市政建筑产品。

2）根据上述任务，对施工管理的具体要求是：确保工程质量、交工日期、安全生产、降低成本和文明施工。

1-6-2　施工管理的内容有哪些？

答：施工管理工作，贯穿于工程施工的全过程，根据施工阶段来划分，一般可分为施工准备工作、现场管理与施工调度工作、竣工结算工作。

1-6-3　施工准备工作有哪些？

答：施工准备是施工生产中的一个重要阶段，它的基本任务是掌握拟建工程的特点，进度要求、摸清施工的客观条件，明确与建设单位及其他外协单位之间的责任、利益关系，从技术、物资、人力和场地准备诸方面为工程施工创造有利条件。其工作内容大致如下：

1）技术、规划准备

（1）熟悉、审查图纸

设计图纸是组织工程施工的主要依据。施工的重要原则之一是"按图施工"，而图纸本身有错误，则一定会严重影响施工的正常进行。所以施工人员在接受一项工程后，首先应做的工作就是认真、细致地熟悉该工程的全部图纸，弄清设计意图，并在此基础上，对设计图纸进行全面审查，发现问题及时提出，参加图纸交底及会审，消灭图纸的差错。

（2）调查研究，核准情况，搜集资料

施工准备时，不仅要从已有的图纸、设计说明书等文件资料上了解工程的施工要求和现场情况，还必须深入实地、调查研究，核实情况，搜集必要资料。如实地勘察施工现场的地形地貌和施工范围内的障碍物、埋设物；实地调查施工现场的交通运输情况、原路基结构情况，路面排水情况等；搜集当地的水文地质及气象资料；搜集施工范围内可以利用的场地、设施和可能提供的材料、机具、劳力及水源、电源等方面的供给情况。即全面了解建设地区的自然、技术经济条件。

（3）编制施工组织设计

施工组织设计是指导一个拟建工程进行施工准备和组织施工的基本技术经济文件，是施工准备工作的中心内容，也是保证全面完成施工任务的有效措施。因此在施工前，必须根据工程的规模、特点、建设期限和建设地区与施工企业的具体条件等有关资料，编好施工组织设计。

（4）编制施工预算

施工预算是施工企业或基层施工单位在施工图预算的控制下，根据施工图纸，施工定额及有关的技术节约措施等资料编制的一种内控性计划文件。主要作为控制工料消耗和施工中成本支出的依据，即根据施工预算的分部分项工程量及定额工料用量，对班组下达任务单，实行限额领料及班组核算。所以施工预算也是施工准备的一项重要工作。

2）物资、机械、劳动力的准备

物力和人力的准备是施工准备工作中的一项具体而重要的内容，必须切实落实。它主要包括：根据施工组织设计，认真计算所需材料、半成品、预制构件的数量、质量、品种规格，按照物资供应计划落实货源，并有计划地组织进场；根据施工方案确定的施工机械、运输设备及机具的需要计划，进行场地安置和分批进行等准备工作；根据劳动力计划，集结、调配好施工力量，并对施工人员进行必要的计划、技术、安全交底及其他作业条件方面的施工准备。

3）现场施工准备

（1）建立测量控制网点，以利施工放样需要，并随时检查校核。

（2）做好"三通一平"工作。即在施工范围内，修通便道，接通施工用水，用电、清除现场施工障碍和平整场地。

（3）搭建生产生活临时设施，并注意因地制宜，尽量利用原有建筑。

（4）确定材料、机具的安置位置，有计划的分期分批地组织进场。

（5）做好季节性施工准备工作。市政施工基本都是露天作业，季节变化对施工的影响很大，特别是冬、雨季、因此，为保证工程质量和按期完成任务，必须做好相应的准备工作。

4）外部协作准备

市政工程施工涉及面大、影响因素多，需要各方面的积极配合。就施工前的准备工作讲，一般应完成以下几项准备工作。

（1）签订工程协议或合同，以明确施工单位与建设、设计单位及其他外协单位之间的责任与联系。如施工期向需要公用事业单位配合施工的工程，要提前签订施工配合协议，以使统一施工部署。

（2）召开施工配合会议，在施工前应召开施工范围内的地区政府、拆迁配合主管单位及其他有关工厂、学校、商店、居委会、交通队等单位参加的施工配合会议，提出施工目的、内容、方法、进度等有关要求，争取各方面的积极支持。

（3）切实落实有关拆迁工作。如房屋等的拆迁，树木、电杆等的迁移，以及有关民房的征用工作等。

（4）申请有关施工执照、交通封锁证明等。

1-6-4　现场管理与施工调度工作有哪些？

答： 现场管理与施工调度，都是贯穿于施工阶段全过程的管理工作，是施工管理的主要内容。它们的基本任务是根据企业为施工计划和施工组织设计，对拟建工程施工过程中的进度、质量、节约、安全、协作配合、现场布置及施工中出现的各种矛盾，进行组织与指挥，协调与控制、监督与检查，解决问题，落实计划，保证正常施工，全面完成生产任务。

1）按计划组织施工

（1）施工进度计划是规定工程的施工顺序和开竣工时间以及相互衔接关系的计划，它是施工组织设计的主要内容，也是现场施工管理的中心内容。现在的施工进度计划多以网络计划的形式来表达，在实施中要加强检查，切实贯彻，并根据现场的具体情况进行必要的调整。

（2）施工作业计划与任务单是施工进度计划和企业生产计划的具体体现，是施工班组生产活动的依据。施工队要根据单位工程的进展情况，合理安排作业计划，按时下达、落实到班组。

2）做好施工过程的全面控制

（1）建立健全单位工程责任制或项目负责人制，使其享有对所负责工程的直接领导和指挥的职权，并对该工程的质量、进度、安全、技术、成本、节约、文明施工等各项指标负责，具体领导与组织该项工程施工全过程的各项工作。

（2）严格执行技术管理制度（后面详述）

（3）做好施工生产中的监督与检查。这是保证工程质量、进度、安全及其他技术经济指标完成的重要措施。

（4）做好施工活动的业务分析，主要包括工程质量、进度情况、材料消耗情况、机械使用情况、安全施工情况和费用盈亏情况的分析。

（5）按照施工现场场容管理的要求，对施工总平面布置实施管理。

（6）做好原始记录，坚持"施工同志"和"四单一算"制度，做好经济核算和经济活动分析。

3）加强施工调度工作

（1）检查作业计划执行中存在的问题，找出原因，并积极采取措施予以解决。

（2）督促检查各有关部门对材料、劳动力、施工机具、运输车辆及构件等的供应。

（3）督促检查施工现场道路、水、电及动力的使用情况，建立正常施工秩序。

（4）迅速准确地传达上级领导对施工方面的各项决定，发布调度命令，并督促、检查执行情况。

（5）定期召开施工现场调度会议，并检查会议决议的执行情况。

（6）做好天气预报，以便施工现场及时做好防寒防冻、防暑降温、防雨防汛及防风等措施。

1-6-5　竣工结算工作有哪些？

答： 竣工收尾与交验、结算是工程施工和施工管理的最后阶段，其一般要求是：快收、快清、快竣、快验、快结，达到标准，不留后患。

1）快收。就是组织力量迅速收尾，消灭"胡子工程"，不留缺陷、不漏项。

2）快清。就是对整个工程和施工现场进行全面检查，彻底清理。使全部交验项目都达到设计标准；并做到工完料清，场地净。

3）快竣。就是要按照竣工要求，及时组织竣工测量，绘制竣工图表，整理核对各种记录、资料，写出竣工文字说明，经审阅后，按期上报。

4）快验。就是在完成上述工作后，即应邀请公司，工区等上级部门进行初步验收；对初验提出的问题必须限期解决，以达到完全具备竣工总验收的条件，然后申报有关单位进行总验收；办理竣工验收及交付使用手续。

5）快结。就是要及时将有关结算的洽商凭证和竣工验收记录等交至财务部门，核准数据与投资单位结算。

6）要认真核算工程成本，进行经济分析；做好工程总结。

1-6-6　施工员工作与施工管理的关系是怎样的？施工员工作职责有哪些？

答：施工员是具体完成施工任务的基层管理人员，是施工管理工作的具体实施者。他们一方面要在队长的领导下，接受上级计划、技术等管理部门的业务指导与监督，具体负责所承担施工项目的组织与管理；一方面还必须与队里的劳动定额员、材料员、机械员、质控员、安全员、统计员、核算员等密切配合，协同工作，对工程进度、质量、安全、成本、节约等各项主要指标的完成承担最直接的具体责任。因此，施工员的素质如何、工作质量如何，对施工企业管理水平有直接影响。

从一般意义上讲，可以说一个工地管理水平的高低，首先是直接反映了施工员和施工队负责同志的领导艺术和技术业务水平的高低。因此，我们说施工员的工作与施工管理的关系非常密切。而且，随着建筑业改革的深化，招标承包制的普遍实施与单位工程责任制的进一步完善，这种关系亦将进一步加深。为此，市政施工员除首先应具备本工程技术专业知识及其技能外，还须切实加强施工管理及终济管理诸方面的管理素质，以适应市政施工企业发展的要求。

施工员的工作职责概括起来说，就是以其所承担的施工项目为对象，着重抓好以下几方面的工作：

1）施工准备工作

（1）技术准备工作。主要包括熟悉图纸，参加设计交底。掌握设计意图、了解细部作法，熟悉技术操作规程和安全操作规程；熟悉施工组织设计（方案），并依照其技术措施结合现场实际情况向施工班组下达技术、安全交底单及机械施工交底。

（2）现场准备工作。着重抓好施工现场的"三通一平"和材料的堆放、机具的配备等班组操作前的准备工作。

（3）按市政劳动定额和材料消耗定额编制任务单和限额领料单，根据计划要求下达、落实到班组。

（4）各项交底工作。除上述的技术交底、安全交底、定额交底外，还必须进行质量交底、计划交底，并提出有关现场场容管理等文明施工方面和成本、节约方面的具体要求。

2）施工组织与检查

（1）积极组织队班组按形象进度计划施工，做好工序之间的搭接；协助班组长做好人员安排。

（2）对准备工作中提出的各项要求，进行经济性检查和具体指导，反映和解决生产过程中的问题。负责施工现场的合理布置和管理，搞好文明施工，做到安全生产。

（3）会同质控员认真执行自检、互检、交接检验制度，共同组织工序间的交接验收和隐蔽工程验收，压力试验、闭水试验、严密性试验等工作。

（4）负责掌握单项工程施工预算中人工、材料和机械台班的使用数量；对任务单、限额领料单及时结算，并有责任向有关人员提供工、料节超情况。

（5）参加工程配合会，与当地群众和外协单位搞好关系，争取支持；办理施工过程中的一般设计变更和经济洽商记录工作。

3）记录与分析

（1）认真填写施工日志，积累施工原始资料；负责根据竣工资料修改施工底图、写出施工说明书，参加工程验收。

（2）参加生产计划、质量、安全检查和质量、安全事故分析会。

总之，施工员的工作繁重而重要，因此要求施工员必须具有高度的工作责任感和熟练的技术业务能力，努力掌握科学管理知识并创造性地付诸实践。

1-6-7　何谓项目管理？

答：项目管理就是把各种资源应用于项目，以实现项目的期望目标。资源包括：工（人）、料（材料）、机（机械设备）、资金、信息、科学技术和市场等。期望目标：工期（时间）、费用、质量和信誉。项目通常分为若干阶段（生命期），生命期包括：启动、规划（计划）、实施（执行和控制）、结尾。各阶段都有其实施特点。

反馈和控制是项目管理的重要特征。在施工中，使工程施工在人为控制下进行，不是顺其自然，也不是施工组织者对工程的自然进程无能为力。这种人为控制的结果为：对工程的结果有预见性、有节奏、均衡地进行。定量化、最优化是现代企业管理的基本特征。项目管理技术有一套完整的体系、方法和手段。能使领导者纵观全局和预见未来，使施工时间、经济效益和质量处于可控状态下，提高完成任务的可靠度。不断地化解风险，使施工有序、均衡的进行。

1-6-8　施工总体控制科学管理主要包括哪五方面内容？

答：某工程施工中所采用的施工总体控制科学管理方法，是一项系统工程的方法，它的主要内容包括：（1）在工程总目标要求下，着眼于工程全过程、全方位、全体人员，通过有计划的行动来达到四个基本期望目标：时间、费用、质量和信誉。（2）应用滚动计划，充分响应系统环境的变化。（3）强调信息反馈作用和定量分析。（4）抓住主要矛盾，推动全局工作。（5）发挥信息交流与管理的预测作用。为了完成上述工作必须采用计算机技术。

1-6-9　计划管理的三个环节是什么？

答：为了保证工程如期或提前竣工，可按照施工组织设计要求的总工期，制定出各分部工程的作业计划，内容有作业天数、起止日期、工序流程、负责班组及有关技术、质量、安全与用料的要求。计划有总体计划、年度计划、阶段计划、月计划、旬计划、日计划之分。这些计划要抓"编、交、贯"三个环节。编计划要注意其先进性，还要留有余地，要上下结合，切合实际，要有预见、分析关键问题。"交"就是要逐级交底，层层落实，交计划的同时要说明完成步骤、方法，要提出保证质量、安全、节约等的措施。"贯"就是指在执行计划中，要切实全面地完成计划，要不断检查、统计、总结，必要时修订或补充计划。

1-6-10　施工作业计划（施工任务单）由谁负责编制？

答：施工作业计划应根据施工组织设计和现场具体情况，灵活安排，平衡调度，以确保施工进度与质量。施工作业计划是施工单位的施工任务、施工进度计划和现场具体情况的综合产物，是施工单位进行施工的直接依据，是改进现场管理和执行施工进度计划的关键措施。

施工作业计划可分为月作业计划和旬作业计划，一般包括本月内应完成的施工任务和资源需要等内容。

本月应完成的施工任务主要是，确定施工进度，列出计划期间内应完成的工程项目和实物工程量，开竣工日期，以及进度安排。它是编制其他部分的依据。

月旬的作业进度也可以按照网络计划形式进行编制，根据实际情况加以调整并进一步细分和具体化，这种形式对计划的落实将较为方便，有利管理。

施工作业计划由直接进行施工的基层单位（如工程队项目经理部）编制，以施工任务单的形式下达给所属的施工员执行。施工任务单是下达给班组直接组织工人施工的指令性文件，一般包括：工程名称及用实物工程量表示的任务数；开、竣工日期及质量要求；计划使用工日数和机械台班数；施工方法、技术组织措施；领料限额；劳动定额和出工日等。

1-6-11 施工调度要了解哪些情况？

答：施工调度工作，是组织施土中各个环节、各专业、各工种协调动作的中心。它的主要任务是保证施工有条不紊地进行，并为施工中的正确指挥创造有利条件，以促使施工任务按期保质完成。为此，必须随时掌握施工进度，了解施工计划完成情况；了解材料、燃料供应、进场情况和电力供应情况，分析其是否能满足当前和下一步施工的需要；如有必要对上述两项可随时进行调整和调动；对停水、停电、停工、断路等申请进行审查，慎重批复，认真考虑对整个工程的影响，把不利影响降低到最低限度；了解工人出勤、工时利用、劳动纪律和生产秩序情况；对施工中发生的各种事故，随时采取应急措施，进行紧急处置。

搞好调度工作的关键是熟悉设计文件和施工组织设计、现场和施工队伍的技术水平、设备的完好情况等。

1-6-12 质量管理的内涵是什么？

答：质量是什么？2000 版 ISO 9000 族标准草案（CD）汇编中提出：对"质量"是什么存在许多不同的解释，如优良程度、适用性、物有所值及与规范或要求的符合性，这样会引起理解上的混淆和误解。在 ISO 9000 族标准中，术语"质量"用于表示：达到持续的顾客满意，这种持续的顾客满意是在组织承诺持续改进其效率和有效性的情况下，通过满足顾客的需求和期望来实现。在这种意义上说，质量是事业成功的关键。顾客的需求和期望通常是以规定要求的形式来表达。这些要求通常包括有关的特性及指标。这些要求常常冠以限定词，如质量管理体系要求、产品要求。对组织来说顾客可以是内部的也可以是外部的。以过程的观点来看，组织是由一系列的过程所组成。组织内部的每一个过程都有一个供方和一个顾客，每个顾客对质量都有特定的要求，供方应以最经济有效的方式来满足顾客的要求。

由上可知：质量是城市管道施工行业成功的关键。

管道工程工程量大，路线长，生产周期长，季节性强，需用原材料及半成品加工多，整个施工过程必须进行严格的质量管理才能保证过程质量高、使用寿命长的目的。必须坚持"质量第一"，的原则，贯彻预防为主的方针，各个施工企业的质量保证体系从公司到基层都要建立质量管理机构，配备相应人员，并建立"自查、互检、交叉检查"的三检制度。要求施工人员以高度负责的精神把好质量检查关，并做到防患于未然。一项道路工程，从路床起要做土质检验、隐蔽工程验收；主体工程各分部按照规范规定各种允许偏差度进行检测，超过者应予返工处理；竣工后进行全面竣工验收，评定优良合格等次。竣工验收时还应交验：原材料与半成品测试报告、施工记录。

对于工程质量事故，要做到"三不放过"，即找不到质量事故的原因不放过；提不出改进措施不放过；当事者不接受教训不放过。日常施工中，人机料法环中人的因素是第一位的，要经常注意政治思想教育。

1-6-13 全面质量管理包含哪六个基本观点？

答：质量管理，现在已由质量检查阶段发展到全面质量管理阶段，也叫 TQC 阶段。所谓全面质量管理，就是以企业全体人员为主体，以数理统计方法为基本手段，充分发挥企业中的技术工作、管理工作、组织工作、后勤工作、政治工作等各方面的作用，在施工全过程中都要进行管理。

要真正做到全面质量管理工作，首先必须树立下列六个基本观点：

（1）全面地对待质量的观点。对工程不仅要看本身实物质量，还要看工期、成本、技术服务以及各工作环节的质量。

（2）为用户服务的观点。凡是接受和使用工程的单位和个人都是用户，用户至上。在企业内部，凡是接受上道工序再进行下道工序，下道工序则是上道工序的用户。上道工序为下道工序服务。

（3）工程质量是设计施工出来的，而不是检查出来的观点。在整个施工工程中，各分部分项工程的质量都要随时受到操作者、施工机具、原材料、施工工艺、检测手段和施工环境（4M1E）等因素的影响，只要其中某个因素发生变化，工程质量都会随之波动，因而必须应用科学手段对整个施工过程的每道工序、每个环节进行预防性的质量控制。若只靠质量检验，则只能起到事后把关的作用。

（4）实行"三全"管理的观点。"三全"是指全过程的管理、全企业的管理和全员的管理。

（5）用数据说话的观点。用数理统计的方法，把施工过程中的大量数据进行分析和整理，从而找到影响过程质量的主次原因，采取保证质量的有效措施，以达到保证和提高工程质量的目的。

（6）文明施工的观点。遵守施工程序，做好施工准备，学习图纸和会审图纸，编制施工组织设计，搞好现场"三通一平"，先地下后地上，选择最好施工方案，合理安排施工进度，统筹施工力量，组织安全施工及文明施工，防止环境污染。

1-6-14 全面质量管理"一、四、八、七"步骤和方法是什么？

答：全面质量管理工作的步骤和方法，概括起来是一个过程、四个阶段、八个步骤和七种工具，简称"一、四、八、七"。所谓一个过程就是指企业施工过程的质量管理。四个阶段是指四个工作阶段：第一阶段为计划阶段；第二阶段为实施阶段；第三阶段为检查阶段；第四阶段为处理阶段。这四个阶段是美国质量管理专家戴明（Deming）博士提出来的，他把这四个阶段简称为PDCA循环，PDCA每一次循环都将质量管理活动推向一个新高度，是一个呈螺旋形不断推进、不断提高工程质量的促进环。

全面质量管理的八个步骤为：

（1）分析现状，找出问题。就是对本企业施工的质量状况进行分析，从分析中找出质量方面存在的问题。

（2）分析各种影响因素。

（3）找出主要的影响因素。

（4）针对主要影响因素制定提高措施及标准。

（5）执行措施。

（6）检查结果。

（7）巩固措施，确保达标。

（8）将遗留问题转入下一个循环。

在全面质量管理中，一个过程、四个阶段、八个步骤是一个循序渐进、逐步充实完善、逐步深入细致的科学管理方法。在整个管理过程中，每一个步骤都要用数据来说话，都要通过数据的整理、分析、判断来表达工程质量的真实状态，从而使质量工作系统化、图表化。使用的数理统计方法，主要有七种：

（1）排列图。

（2）因果分析图。

（3）分层法。

（4）频数直方图。

（5）控制图。

（6）散步图。

（7）调查表。

1-6-15 管道工程施工的质量管理有哪几个阶段？

答：根据市政工程项目质量形成的过程，其质量环节有以下 8 个阶段：

（1）任务承接；

（2）施工准备；

（3）材料采购；

（4）施工生产；

（5）试验与检验；

（6）功能试验；

（7）竣工交验；

（8）回访与保修。

1）任务承接的质量管理

（1）要认真研究招标文件，必须进行认真分析，考虑自身实力，在有利润的前提下，可以参加投标，否则不宜参加。但为着眼今后发展，争取未来的优势，也可考虑低利润、不盈利或先亏后盈的策略。

（2）要认真调查投标环境。充分考虑有利和不利因素包括施工现场条件、自然条件、材料机具供应条件、劳动力供应条件以及生活条件等。

（3）要衡量本企业的技术水平和管理能力与经验，能否适应招标工程的要求。综合分析：企业对该工程的熟悉程度和管理经验；工人和技术人员的操作、技术水平；企业现有的机械、设备能力；成本估算，经济效益；工期要求及材料交货条件；对今后开拓市场及企业发展的影响程度等因素。必要时可对上述因素进行加权评分，以确定能否参加投标。在实施中也可和其他企业联合进行投标。只有投标项目选择得当，才有可能提高中标率。

2）施工准备过程的质量管理

（1）设计图纸和文件是保证工程质量的前提，在设计交底前施工单位应认真组织技术人员对设计文件进行学习。一则了解设计意图和关键部位的质量要求；二则发现问题、提出问题及建议，以备在设计交底会上与设计人员协商解决，使设计文件中的问题在施工前得到修正。否则将在施工中造成被动，甚至是难以弥补的损失。

（2）提高施工组织设计施工方案的质量。质量管理人员要参加施工组织设计或施工方案的会审工作，要求各项保证工程质量的技术措施做到切实可行，简明易懂，并应符合验收规范和质量标准的规定。

（3）按施工准备工作计划检查准备工作的质量。施工准备工作计划不仅要安排准备工作的内容和完成时间，还应规定准备工作须达到的质量标准。

3）材料供应过程的质量管理

材料供应过程的质量管理，贯穿于组织货源、采购、运输、进库（进场）、储存保管、发放及供施工使用全过程。

4）施工过程的质量管理

施工过程是质量管理的主要环节，必须做好预防性的质量控制工作。应着重注意以下几点：

（1）强化施工工艺管理

经验证明，质量问题不少是由于施工不按工艺和违反操作规程所造成的，所以，在施工过程中，每一道工序都要按照规范、规程进行施工和验收，发现问题立即补救，不留隐患。

（2）搞好工前和施工过程中的检查工作。

工前检查主要是要求施工准备工作具备一定的完善程度。施工过程中要做好各施工环节的质量检查，上道工序不合格不能转入下道工序并及时做好隐蔽工程的质量检查验收。检验的重点是：

①质量容易波动或对工程质量影响较大的关键部位，注意防止质量通病。

②检验技术和手段比较复杂，单靠操作工人自检、互检无法保证质量的工序或工程部位。

③隐蔽工程项目和以后难以检查的工序。

（3）掌握质量动态

要系统地、经常地分析企业和施工现场在一定时期内工程质量状况和发展动态。对工程质量状况的综合统计与分析，是掌握质量动态的有效方法，这种统计与分析工作一般包括：

①按规定的质量指标分析对照企业、工地已检查合格的分项、分部工程和单位工程的质量水平，观察其中合格率、优良率及其分布的情况。一般用直方图或排列图较好。

②运用因果分析图法逐项分析影响质量问题的各种因素，层层分解到末端因素，从而施工过程中的工作质量，有针对性地采取措施，进行预防。

③系统积累有关质量的原始记陆，定期进行汇总统计，做出质量动态分析，以利企业管理者和职工进一步搞好质量管理工作，不断提高工程质量。

1-6-16 管道施工质量因素的控制哪几方面？

答：影响施工质量的因素主要有五大方面：即 4M1E，指人（Man）、材料（Material）、机械（Machine）、方法（Method）和环境（Environment）。事前对这五方面的因素严加控制是保证市政工程施工质量的关键。

1）人的控制

人，是指直接参与施工的组织者、指挥者和操作者。人是管理的主体，又是管理的对象。人，作为控制的对象，是要避免产生失误；作为控制的动力，是要充分调动人的积极性，发挥人的主导作用。由此可见，人员素质对质量体系的有效运行起着极其重要的作用。加强全员培训，提高全体职工质量意识和劳动技能，调动广大职工的积极性，这是搞好质量工作的最根本保证。

除了加强政治思想教育、劳动纪律教育、职业道德教育、专业技术培训、健全岗位责任制、改善劳动条件、公平合理地激励劳动热情以外，还需根据工程特点，从确保质量出发，在人的技术水平、人的生理缺陷、人的心理行为、人的错误行为等方面来控制人的使用。如对技术复杂、难度大、精度高的工序或操作，应由技术熟练、经验丰富的工人来完成；反应迟钝，应变能力差的人，不能操作快速运行、动作复杂的机械设备；对某些要求万无一失的工序和操作，一定要分析人的心理行为，控制人的思想活动，稳定人的情绪；对具有危险源的现场作业，应控制人的错误行为等。

对人的管理，要求管理者研究人的心理，按心理学的理论、原则办事，掌握施工过程中的个体、群体或集体、组织或领导的相互关系及其心理活动规律，从而应用心理学的方法成倍地增加心理的力量，提高劳动生产率；在选人、用人、激励人、管理人等方面更加科学化、系统化；提高职工的主人翁精神和责任感，建立良好的人际关系，形成从上而下的有效沟通。

2）材料的控制

材料控制包括原材料、成品、半成品、构配件等的控制，主要是严格检查验收，正确合理地使用，建立管理台账，进行收、发、储、运等各环节的技术管理，避免混料和将不合格的原材料使用到工程上。

材料的选择和使用不当，均会严重影响工程质量或造成质量事故。为此，必须针对工程特点，根据材料的性能、质量标准、适用范围和对施工要求等方面进行综合考虑，慎重地选择和使用材料。

3）机械控制

机械控制包括施工机械设备、工具等控制。机械管理不是仅指买几台机械、管几台设备，而是个系统工程。机械管理水平的高低直接影响机械化水平的发挥。

要根据不同工艺特点和技术要求，选用合适的机械设备。本着因地制宜、因工程制宜，按照技术上先进、经济上合理、生产上适用、性能上可靠、使用上安全、操作方便和维修方便原则，贯彻执行机械化、半机械化与改良工具相结合的方针，突出施工与机械相结合的特色，使其具有工程的适用性，具有保证工程质量的可靠性，具有操作的方便性和安全性。

合理使用机械设备，正确地进行操作，是保证市政工程施工质量的重要环节。应贯彻"人机固定"原则，实行操作证制度、岗位责任制度、交接班制度、技术保养制度、安全使用制度、机械设备检查制度等，确保机械设备处于最佳使用状态。

4）方法控制

方法控制包含施工方案、施工工艺、施工组织设计、施工技术措施等的控制。施工方案正确与否，是直接影响施工项目质量的关键。为此，在制定施工方案时，必须结合工程实际，从技术、组织、管理、经济等方面进行全面分析、综合考虑，以确保施工方案在技术上可行，能解决施工难题；在经济上合理，有利于保证工程质量。

5）环境控制

影响市政工程质量的环境因素较多，有工程技术环境，工程管理环境，劳动环境等。环境因素对工程质量的影响，具有复杂而多变的特点。因此，根据工程特点和具体条件，应对影响质量的环境因素，采取有效的措施严加控制。尤其是施工现场，应建立文明施工和文明生产的环境，保持材料工件堆放有序，道路畅通，工作场所清洁整齐，施工程序井井有条，为确保质量创造良好的条件。

在工程施工中，前一工序往往就是后一工序的环境，前一分项、分部工程就是后一分项、分部工程的环境。所以，环境因素的控制是从前一工序质量到后一工序质量，逐步到分项工程、分部工程、单位工程质量的系统控制过程。

1-6-17　安全生产技术措施有哪些？

答：（1）开工前向全体职工进行安全交底及重点部位、安全措施教育。要有安全技术交底单。

（2）断道施工，在道路两端设警告标志并进行围挡。

（3）断道施工，有专人疏导交通。

（4）道路施工机械有专人指挥。

（5）远离高压线、房屋及燃气管线。

（6）在开挖沟槽的位置上标出地下物的位置、埋深及种类，并对工人进行安全交底。

（7）人工开挖土方时，严禁掏洞，要自上而下拓宽沟槽。前后距离不少于 3m，左右间距应大于 2m。

（8）使用机械开挖沟槽时，要设专人指挥。

（9）挖槽时施工员要随时检查边坡坡度及稳定情况，发现不稳定情况要及时处理。如支撑，放坡等。

（10）沟槽边 1m 以内不准堆土、堆料、停放机械。高压线下严禁堆土、堆物及吊装施工。

（11）沟槽两头设标志牌、标志灯，沟槽两侧用护栏围挡，夜间设红灯示警。

（12）槽下施工必须戴安全帽，上下沟槽必须走梯子，严禁攀登坡度板上下沟槽，严禁跳槽。

（13）人工下管前，必须检查大绳是否完好无损，腐朽和断股大绳不得使用。

（14）人工下管时，必须有专人统一指挥。

（15）翻斗车、铲车要慢速行驶，槽边卸料要设挡木，防止溜车。

（16）砌检查井时，沟边堆料及码砖不得超过三层，下料时用灰砖溜子，不得直接倾倒。

（17）各种机械车辆专人使用，蛙式夯、振动器操作人员持证上岗。安全劳动用品配戴齐全，加强机具设备检验保养，不准带病作业。

（18）生活区内应备有足够的消防器材。

（19）外租机械在进场前，必须签订安全协议书，注明安全施工责任，并由施工员进行安全交底。

（20）吊装施工时起重臂下严禁站人。

（21）新旧下水道沟头时，应做到：

①下井前必须用仪器进行监测，将相邻上下游的井盖打开进行自然通风或强制通风。达到要求后方可下井。

②下井前应配戴安全带、安全帽、胶鞋及防毒面具等防护用品。

③在井口周围应设置明显的防护标志，并设专人进行监护。

1-6-18　临时用电安全管理制度和措施有哪些？

答： 1）临时用电安全管理制度

（1）对施工人员进行用电安全教育。

（2）一切电器设备由带本电工负责，其他人员不得随意动用。篷内、管内、井内照明应用低压 36V 以下安全电压。

（3）各种电器闸箱安装使用要安全规范。

（4）各种电器设备雨天严禁使用。

2）临时用电安全管理措施

（1）临时用电线敷设：

①采用三相五线制，保护接地，用橡胶套线架设。

②有电源接线图和用电系统图。

③由专职电工对接地装置进行检查，确保安全。

（2）手持电动工具：

①由专职人员负责使用、保养，其他人员不准动用。

②使用时要配戴齐全、安全有效的防护用品。

（3）电器设备：

①需持证上岗的电器设备，无证人员严禁动用。

②使用时要配戴齐全、安全有效的防护用品。

③实行一机一闸控制，采用漏电开关控制。

（4）配电箱、开关箱：

①牢固、防雨、防尘、距地 60cm，有明显警示牌。

②统一编号，箱门上锁，停用断电。

③开关箱内的插座、熔断器及保护装置安装符合规定。

（5）电焊机：

无证人员严禁动用。

（6）照明电路：

①室内一律采用36V照明变压器，并加装熔断保险及漏电开关。

②木板房内可用220V线路，但要符合有关规定。

1-6-19　安全防护管理措施有哪些？

答：（1）为认真贯彻和落实施工现场"安全第一，预防为主"的安全防护工作方针，结合本工程实际情况，制定"临时用电"、"机械安全"等八项防护管理措施，依据岗位责任制落实到人。

（2）工地专人负责现场的安全防护监督检查工作，做到工地勤检查、勤监督，发现问题及时处理。将隐患消灭在萌芽中，杜绝任何工伤事故的发生，实现工地现场安全达标。

（3）加强对施工人员的安全生产、安全防护教育，提高施工人员的自保意识。

（4）工地建立以项目负责人为首的安全管理领导小组，认真执行安全管理综合检查制度，分施工项目和作业内容进行全面的检查，并留有检查记录。要依据安全管理奖惩办法奖安惩患。

（5）工地建立每周一安全活动，班前五分钟讲话及工序安全交底活动制度。

（6）工地及生活区要设立醒目的安全标志和标牌。

（7）施工人员配置符合标准、齐全的劳动防护用品，杜绝违章指挥、违章作业等。

1-6-20　机械安全防护管理措施有哪些？

答：（1）大型施工机械的操作要符合安全操作规程。中、小型机械的使用应符合规定。

（2）装载机、搅拌机、卷扬机等设备安装操作要严格执行操作规程。并做到机械设备保养经常化，及时消除隐患及各种不安全因素。

（3）所有机械驾驶操作人员必须持证上岗，并定期进行检查。

（4）外租机械使用前应签订安全协议。

1-6-21　安全操作规程一般规定有哪些？

答：为规范施工作业人员的安全操作，控制和预防工伤事故，确保作业人员的安全与健康，必须遵守以下规定：

1）作业人员必须经安全技术培训，掌握本工种安全生产知识和技能。

（1）新工人或转岗工人必须经入场或转岗培训，考核合格后方可上岗，实习期间必须在有经验的工人带领下进行作业。

（2）特种作业人员必须经过安全技术培训，取得主管单位颁发的资质证后持证上岗。

（3）汽车司机必须取得交通管理部门的驾驶证后方可上岗。

2）高处作业、尘毒作业人员应定期参加体检。患有禁忌症者不得从事此项作业。

3）作业前必须听取安全技术交底，掌握交底内容。作业中必须执行安全技术交底。没有安全技术交底严禁作业。

4）非机械操作工和电工严禁进行需专业人员操作的机械、电气作业。

5）电动机械应采取防雨、防潮措施。

6）严禁在高压线下堆土、堆料、支搭临时设施和进行机械吊装作业。

7）作业时应保持作业道路通畅、作业环境整洁。在雨、雪后和冬季，露天作业时必须先清除水、雪、霜、冰，并采取防滑措施。

8）必须检查工具、设备、现场环境等，确认安全后方可作业。

9）高处作业时，上下必须走马道（坡道）或安全梯。

10）下沟槽（坑）作业前必须检查槽（坑）壁的稳定和环境状况，确认安全。上下沟槽（坑）必须走马道或安全梯，通过沟槽必须走便桥。严禁在沟槽（坑）内休息。

11）雨期或春融季节深槽（坑）作业时，必须经常检查槽（坑）壁的稳定状况，确认安全。

12）作业时必须按规定使用防护用品。进入施工现场的人员必须戴安全帽，严禁赤脚，严禁穿拖鞋。

13）严禁擅自拆改、移动安全防护设施。需临时拆除或变动安全防护设施时，必须经施工技术管理人员同意，并采取相应的可靠措施。

14）作业时必须遵守劳动纪律，精神集中，不得打闹。严禁酒后作业。

15）脚手架未经验收合格前严禁上架子作业。

16）临边作业时必须在作业区采取防坠落的措施。施工现场的井、洞、坑、池必须有防护栏或防护算等防护设施和警示标志。

17）严禁从高处向下方抛扔或者从低处向高处投掷物料、工具。

18）夜间作业场所必须配备足够的照明设施。

19）大雨、大雪、大雾及风力6级以上（含6级）等恶劣天气时，应停止露天的起重、打桩、高处等作业。

20）沟槽边、作业点、道路口必须设明显安全标志，夜间作业必须设红色警示灯。

21）施工过程中必须保护现场管线、杆线、人防、消防设施和文物。

22）水中筑围堰时，作业人员必须视水深、流速情况穿皮靴、救生衣、并佩戴安全绳等防护用品。

23）作业中出现危险征兆时，作业人员应暂停作业，撤至安全区域，并立即向上级报告。未经施工技术管理人员批准，严禁恢复作业。紧急处理时，必须在施工技术管理人员的指挥下进行作业。

24）作业中发生事故，必须及时抢救人员，迅速报告上级，保护事故现场，并采取措施控制事故。如抢救工作可能造成事故扩大或人员伤害时，必须在施工技术管理人员的指导下进行抢救。

1-6-22　施工现场平面管理要点是什么？

答：首先要严格执行批准的施工组织设计中的平面布置图。生活设施、材料场地、仓库、构件预制、木材加工、动力和给水线路、施工道路、机械修理、混凝土加工等都要按照平面图布置，不得随意更改。在执行中随着工程进展情况变化，对平面布置需要进行补充或调整时，要做好统筹安排。

其次要加强经常性的管理，合理分配使用场地，协调各方面关系，保证现场交通和给水、排水系统畅通。

1-6-23　施工总平面布置图包括哪些内容？

答：内容包括用地范围，临时生产、生活用房，预制场地点与规模（人行道及平、侧缘石等现场预制时），材料及构件堆放场地，水、电供应及设备，临时道路，大、中型施工机械设备及其他临时设施的布置等。施工平面图布置得紧凑合理，有利于现场施工管理及有计划、有步骤地文明施工。

1-6-24　场地布置的基本原则有哪些？

答：1）节约用地，安排好交通

场地尽可能利用现场原有建筑物，减少临时搭建。不占或少占人行道，以免影响城市人民生活。在可能条件下，应尽量维持原有交通或半封锁交通，万不得已封锁交通时，必须安排好绕行线路，同时要与交通管理部门协作配合。

2）清理场地，防止水患

开工前应做好场地清理工作，清除原地上的残余树根杂物及障碍物，做到场地平整，有利于工程进展。施工场地要充分考虑防水、积水排除及汛期施工可能产生的水淹侵害，加强排水措施，防止水患。

3）缩短运距，减少和避免场内运输

整个施工路段应合理划分，针对现场条件，做到方便、节约运输和装卸时间及费用。力求分批来料，铺筑和成品堆放使用形成流水线作业，缩短运距，尽量避免场内重复运输。大型或笨重的施工机械、材料、构件，应尽可能放在使用地点，就近运转利用。

4）生活设施

注意卫生、福利条件，满足职工的生活、文化娱乐的要求和必要的医疗急救设施。

5）危险品的存放

施工现场布置时，对易燃、易爆等危险品的存放地点应符合安全和消防的有关规定和要求。

6）场内交通

根据现场施工、运输的要求，合理布置临时道路（便路），充分考虑路段内隔河运输问题，并区别不同情况采用便桥、索道或渡船来解决的必要性和合理性。

1-6-25　施工现场管理措施有哪些？

答：现场管理措施要求如下：

（1）施工现场办公点大门口处应树立"一图、一牌、四板"，必要时在施工边界线上应设置正规的标志护栏，并将施工现场围挡。

（2）施工现场应保证排水通畅，严格保护好施工现场范围内地上、地下各种已有设施，并设置明显标志，以防止破坏性事故发生。

（3）不得直接在路面、广场、停车场上拌合混凝土或砂浆。

（4）竣工前清运走施工现场的废弃物，做到工完料净场地清。

1-6-26　文明施工措施有哪些？

答：（1）严格执行操作规程，严禁野蛮施工。便民、利民、不扰民。

（2）路口设标志牌及安民告示，搞好与周围单位和居民的关系。

（3）材料码放整齐，无扬尘，无渗漏，并经常洒水清扫。运弃土方、材料的车辆要覆盖严密，防止遗洒。

（4）施工区和生活区整洁干净，全面落实各项防尘措施。

①设专人负责工地扬尘的管理工作，采用洒水、遮盖物或喷洒覆盖剂等有效措施压尘、降尘，保证施工现场不扬尘。

②施工现场周边设置围挡，道路地面要硬化，灰堆，料堆及临时存土采取相应的防尘措施；采取封闭式施工方式，围挡一段，施工一段，不宜敞开式作业。

③出场车辆禁止车轮带泥车辆上路行驶。车上采取遮挡等有效措施防止扬尘、遗洒，造成环境污染。

1-6-27　环境保护管理措施有哪些？

答：（1）施工现场采取积极宣传，组织学习等多种形式进行环保宣传活动，坚持定期环境保护检查工作。开挖基坑发现古墓文物，要保护现场并立即通知文物单位进行处置。

（2）防大气污染措施

①施工道路用水车洒水，使现场不起尘土；

②搅拌机棚设置喷雾器；

③水泥进库存放，使用搅拌机棚处对散落水泥及时清扫；

④烧水做饭采用燃油或燃气设备，以防止大气污染。

（3）防水污染措施

①工地设油库，库内地面用水泥砂浆抹隔油层，防止漏油渗入地下；

②搅拌机下设冲洗沉淀池，灰浆水经沉淀池后再排放。

（4）防噪声污染措施

①施工中尽量减少夜间使用强噪声机械（如空压机、电动夯、振动碾等）；

②施工中，尤其是夜间施工，应减少人为噪声。

（5）在施工程的环境保护工作由项目负责人负责落实。对环保部门的检查应予积极配合，发现问题及时改正。

1-6-28　环境卫生管理措施有哪些？

答：（1）工地建立卫生管理制度。施工现场和生活区卫生管理落实到人，常打扫整理。定期检查，并有卫生检查记录。

（2）施工现场整齐、清洁。车辆不带泥砂出现场。施工废弃料集中堆放。

（3）生活区院内平整，办公室、休息室、会议室等清洁、整齐。生活垃圾倒入封闭式垃圾车内，生活区周围不得随意泼污水、倒污物。

（4）生活区夏季要有捕杀蚊蝇设备。冬季取暖炉设施齐全，有风斗，防止煤气中毒。

（5）职工就餐饭厅，炊事员售饭必须穿戴工作服、帽。保持个人卫生和饭厅卫生。

（6）生活区厕所要干净整洁。

1-6-29　消防、保卫措施有哪些？

答：（1）施工现场建立消防、保卫值班制度，并建有值班记录。

（2）加强施工现场及生活区的管理，严禁赌博、酗酒和打架斗殴。严防盗窃，严禁留宿外单位人员过夜。

（3）施工现场设置明显的防火宣传标志，配备足够的消防器材，并做到布局合理，保证消防器材灵敏有效。电气焊工从事电气焊作业要有操作证和用火证。氧气瓶、乙炔瓶工作间距应不小于 5m，两瓶与明火作业距离应不小于 10m。

（4）坚持对职工进行消防保卫教育，并建立防火检查记录。

（5）施工现场应留不小于 3.5m 宽的消防环行通道。

1-6-30　施工现场的作业准备工作有哪些？

答：施工现场的作业准备工作贯穿于工程开工前和各道施工工序的整个施工过程中。包括以下三方面。

1）技术准备工作方面：

①熟悉施工图纸、有关技术规范和施工工艺标准，了解设计要求及细部、节点做法，异请有关技术资料对工程质量的要求，以便向工人进行技术交底，指导和检查各施工项目的施工。

②熟悉施工组织设计及有关技术经济文件，对施工顺序、施工方法、技术措施、施工进度及施工现场总平面布置的要求；弄清完成施工任务的薄弱环节和关键线路，研究节约材料、降低成本、提高劳动生产率的途径。

③熟悉有关合同、经济换算资料，弄清人、财、物在施工中的需求、消耗情况，了解并制定施工预算与现场工资分配制度。

2）现场准备方面：

①对现场"三通一平"（水电供应、交通道路及通信线路畅通，完成场地平整）进行验收。

②完成并检验现场抄平，测量放线工作。

③组织现场临时设施施工，并根据工程进展需要逐步交付使用。

④选定并组织施工机具进场、试运转和交付使用。

⑤按照施工进度安排、现场总平面布置及安全文明生产的要求，合理组织材料、构配件陆续进场，并按现场平面布置图堆放在预先规划好的位置上。

⑥全面规划，统一布置好现场施工的消防安全设施。

3）组织准备方面：

①根据施工组织设计和施工进度计划安排，分期分批组织劳动力进场，并按照不同施工对象和不同工种选定合理的劳动力组织形式及工种配备比例。

②确定工种工序间的搭接次序、交叉的时间和工程部位。

③合理组织分段、平行、流水、交叉作业。

④全面安排好施工现场一二线、前后台，施工生产和辅助作业之间的协调配合。

1-6-31 施工交底有哪些要求？

答：1）施工任务交底：除按计划任务书要求向工人班组普遍进行施工任务交底外，还应重点交待任务大小、工期要求、关键进度线、交叉配合要求等，强调完成任务中的时间观念、全局观念。

2）施工技术措施和施工方法交底：交清施工任务特点，有关技术规范、操作规程和工艺标准的要求，有关重要施工部位、细部节点的做法及施工组织设计选定的施工方法和技术措施。

3）施工定额和经济分配方式的交底：在交底中应明确使用何种定额，根据工程量计算出的劳动工日、机械台班、物资消耗数量、经济分配和奖罚制度等。

4）文明、安全施工交底：根据施工任务和施工条件、特点，在交底中提出施工安全和文明施工的要求及有关防护措施，明确施工操作中应重点注意的部位和有关事项，对常见多发事故的安全措施要反复强调责任到人。

另外，对新工艺、新材料、新结构，要针对工程的不同特点和不同施工人员的操作水平制定施工方案，进行专门交底。

1-6-32 在施工中实行有目标的组织协调控制有何重要作用？要抓好哪几个环节的工作？

答：这是基层施工技术员（工长）的一项关键性工作。在施工全过程中按照施工组织设计和有关经济技术文件的要求，围绕着质量、工期、成本既定施工目标，在每个阶段、每一工序、每张施工任务书中积极组织平衡，严格协调控制，使施工中人、财、物和各种关系能够保持最好的结合，确保工程顺利进行，为此要抓好以下几个环节：

1）检查班组作业前的准备工作。

2）检查外部供应条件及专业施工等操作配合单位，能否按计划进度履行合同。

3）检查工人班组能否按交底要求进入施工现场，掌握施工方法和操作要点；能否按规定时间和质量、安全文明要求完成施工任务。发现问题，应采取补救措施。

4）对关键部位组织人员加强检查，预防事故的发生

5）随时纠正现场施工中的违章违纪、违反操作规程及现场施工规定的行为

6）严格质量自检、互检、交接检制度，及时完成工程隐检、预检。

7）如遇设计修改或施工条件变化，应组织有关人员修改补充原有施工方案，并随时补充交底，同时办理工程增量或减量记录，并办理相关的手续。

1-6-33 工长（施工员）要做好哪些技术资料收集工作？

答：在施工中，工长要及时积累和记录以下资料：

1）施工日志。记录每日施工任务进展情况，工人调动使用情况，物资供应情况，操作中的经验教训，质量、进度、安全、文明施工情况等。

2）设计修改变更。

3）混凝土、砂浆试块试验结果。

4）隐蔽工程记录。

5）施工质量检查情况。

1-6-34 施工员的具体职责是怎样的?

答：施工员的职责是由其承担的任务决定的。在工程施工阶段，施工员代表施工单位与业主、分包单位联系、协商问题，协调施工现场的施工、设计、材料供应、工程预算等各方面的工作。施工员对项目经理负责，在项目经理领导下，对主管的工号的生产、技术、管理等负有全部责任。

1-6-35 施工现场调查的作用和内容是什么?

答：施工现场调查是施工准备中的重要环节，它关系到工程施工的全局。它包括现场勘察和管线调查。现场勘察是指对现场的水源、电源、周边环境、拆迁情况、居民区位置等进行调查。为制定施工方案做好准备。管线调查是指对现场 50m 范围内的所有井室进行查看，判断管线性质、测量深度、走向，找出影响施工的管线位置，所属单位，初步提出解决办法。

必要时还要逐一约访地下管线及构筑物主管单位，并一起到现场对地下管线进行确认。记录的主要内容：施工区域内被访单位管线及构筑物所在具体位置，结构、管径、数量、埋深、竣工时间，被访单位的电话、地址、负责人，巡线员的姓名、联系方式。表中要记录访问时的具体时间地点，必要时要有被访巡线员签字。

军队、公安及保密单位的地下管线的调查采取电话询问和走访的形式进行第一次沟通，根据实际情况由相关单位配合，进行调查，并做好记录。

1-6-36 城市管道工程施工程序是什么?

答：从承接施工任务开始到竣工验收为止，可分为下述五个步骤：

1）承接施工任务，签订施工合同。通过上级下达或投标中标或业主邀请承接施工任务后，根据合同法规定及时与业主签订施工合同。应规定承包范围、内容、要求、工期、质量、造价、技术资料、材料供应以及合同双方应承担的义务，及各方应履行的施工准备工作的职责（如土地征购、申请施工用地、施工执照、拆除现场障碍物、接通场外水源、电源、道路等）。

2）全面统筹安排，做好施工规划。承包方施工单位要全面了解工程性质、规模、特点、工期等，并进行各种技术、经济、社会调查，收集地上、地下有关资料及地质勘察资料（含地下水、洞穴古墓、废弃管道等），编制施工组织设计（或施工规划大纲）。

3）落实施工准备，提出开工报告。根据批准的施工组织设计，对第一期施工的各单项（单位）工程，抓紧落实各项施工准备工作，如会审图纸，编制单位工程施工组织设计或施工方案，落实劳动力、材料、构件、施工机具及现场"三通一平"等。具备开工条件（硬件、软件）后，提出开工报告申请，审查批准后，即可正式开工。

4）组织全面施工，加强各项管理。

5）竣工验收，办理签证书，交付使用。

1-6-37 如何使施工活动顺序开展?

答：从整个现场全局来说，一般应坚持"先全面后个别、先整体后局部、先场外后场内、先地下后地上"的施工步骤；

从一个单项（单位）工程来说，要按照拟定的施工组织设计精心组织施工。加强各单位、各部门的配合协作，协调解决各方面问题，使施工活动顺序开展。

在施工过程中，应加强技术、质量、进度、材料、安全及施工现场等各方面管理工作。落实内部承包经济责任制，严格执行各项技术、质量检验制度，抓紧工程收尾和竣工。

加强与监理、设计、业主各方联系，争取各方支持，各种分力形成一种合力使得施工活动顺利进行。

1-6-38 城市管道施工的"三多一少"特点是什么?

答：直观上看城市市政工程施工有以下特点：

1）城市车多人多；

2）施工障碍（天上、地下）多；

3）施工涉及面广（十多个不同部门单位）；

4）施工用地少（"寸土寸金"）。

市政管道施工是一项复杂的生产活动，涉及面广、影响因素多，需要多方面配合，缜密计划。

1-6-39 何谓合理工期？

答： 法定工期即合同（约定）工期或合理指令工期。正常合理工期要求一次直接投入最少、确保工程质量和施工安全。它是根据国家工期定额测算出来的。

1-6-40 正常工期施工的基本条件是什么？

答： 正常工期施工的基本条件是：

1）施工障碍的拆除不影响主导工序进行；

2）设计与地质条件无较大变更；

3）资金、设备、构件、材料能按施工计划供应；

4）工、料、机、水、电、路、场地、运输能保证施工正常进行；

5）内外部施工配合正常，不影响施工进展。

1-6-41 城市管道开工前要办哪些手续？

答： 施工单位开工前应办理以下几个手续：

1）申领"施工许可证"；

2）申领"掘路执照"；

3）办理临时占用道路许可证；

4）填报"管线监护卡"；

5）与有关单位协商施工发生的管线及其他设施等迁移或加固事宜；

6）申请接电、接水（施工临时用）等手续；

7）签订路面修复协议书。

1-6-42 开工前要提请建设单位办理什么手续？

答： 要提请建设单位办理：

1）向规划部门申领《道路工程执照》；

2）签订《安全协议书》；

3）向市政施工管理单位办理市政设施养护交接手续。

1-6-43 何谓接桩？测量复核要注意什么问题？

答： "接桩"是指在施工现场，接受建设单位委托勘测设计单位所交付的道路中心线位置、水准点桩等及其测量资料。在检查核对上述中心桩、水准点桩位置及栓桩距离尺寸时，若发现标志不足、不够稳妥、被移动或测量精度不符合规范要求，则应按施工测量要求进行补测、加固、移设或重新测量，并及时通知建设单位和有关单位，予以变更（文字）。

1-6-44 什么叫工程拆迁？

答： 在城市管道工程中，特别是改、扩建工程，需要对工程范围内的各种地上、地下管线设施进行拆迁或工程处理，通常被称为工程拆迁。工程拆迁不同于一般意义上的征地拆迁工作，因为它的技术性要强于政策性，但又属于拆迁范畴，虽然它不是管道工程本身，但它为管道工程的进展提供了先决条件。它在管道工程施工中占有举足轻重的地位。首先，工程拆迁的顺利与否直接影响工程总进度和质量；其次，工程拆迁工作的好坏直接影响管线使用者正常的生产、生活。工程拆迁具有数量多、种类杂、头绪乱、难度大的特点。所以必须予以高度重视，认真规划、精心施工。

1-6-45　工程拆迁的管理层次是怎样的?

答: 工程拆迁由指挥部拆迁办公室、管线的管理使用单位、道路工程施工单位、管线拆迁的施工单位按层次分级管理。

1) 指挥部拆迁办公室的工作范围包括:统筹安排工程拆迁的先后顺序;办理规划、安全手续;制定施工方案;组织召开各部门的配合会议;签订拆迁协议;确定施工队伍;审核拆迁工程预算;监督拆迁工程进度;拨付工程拆迁款项;协调各种关系等。

2) 管线管理使用单位的工作范围包括:提供管线的详细资料;审核施工方案;参与施工队伍的选择;监督施工质量;安排管线接点;施工配合与验收等。

该部分是施工单位积累的经验、总结、数据等,是今后合理使用和维修保养的依据。对这部分资料的要求:真实、齐全、准确、措施具体、符合实际、手续完备有编号。

1) 施工文件

(1) 施工组织设计(或施工方案)、质量目标设计。

(2) 开工证、施工安全许可证、开工报告、竣工验收单、竣工报告。

2) 施工试验记录

(1) 混凝土、砂浆配合比的试验单。

(2) 各主体结构、各工序强度试验记录或报告单。

(3) 原材料试验记录(物化试验)、土壤密度试验记录。

(4) 其他必要的试验记录。

3) 文字总结或说明、记录

(1) 新工艺、新材料、新结构的施工技术总结。

(2) 工程质量事故、安全事故的资料。

(3) 施工记录。

(4) 技术交底记录。

(5) 竣工说明书。

①工程概况(位置、规模、主要结构形式、排水走向等)。

②工程开、竣工日期。

③施工组织(施工队、工号各项负责人)。

④施工步骤。

⑤大事记。

⑥完成的主要工程数量。

⑦质量情况。

4) 隐蔽验收单和单位工程的质量评定。

5) 各项汇总表

(1) 竣工工程数量表。

(2) 工序汇总表。

(3) 强度汇总表。

(4) 质量评定汇总表。

第三部分:竣工图

单位工程竣工后,应以原设计图纸为主,依据设计变更洽商记录用黑墨水笔在原图上注明(切忌用圆珠笔)

要求:图实相符、清晰、完整,说明用竣工语言,并改为竣工图标,如变动较大应重新绘制竣工图。

工程技术档案必须如实反映情况，不得擅自修改和伪造，（预先作、事后补作），遇有不按规定办理的情况，应立即查清原因，情节严重者应给予处分。

工程技术档案的编制、整理要做到符合规格要求、整洁清楚，技术质管部门分别将即进入档案的资料进行审阅后，再报送有关部门。

绘制竣工图要点：

（1）绘制竣工图凡遇有施工中对原设计图改变较大的情况时，必须绘制竣工底图，重新晒制竣工图。在施工中只有细小部位改变又很少的，可利用新原图（不得利用旧图），改成竣工图。改图要用不褪色的黑墨水笔，严禁使用一般圆珠笔或铅笔。原字迹用双横线划掉，重新书写，不得重叠，图线用"×"消除。

变更设计洽商记录的内容必须反映到竣工图上，如在图上反映有困难要在图中相应部位加注文字说明并标注洽商记录编号。

竣工图标内必须有编制单位、名称、编制日期、制图人、审核人签字，案卷成果应由编制单位技术负责人签字。

（2）下水道（含其他各种管道）：

①平面图：起止点、桩号、检查井编号、坐标、管径、井距、管线位置。下游所接管线名称、管径、走向、流向，必须实测实量，按竣工实况绘制竣工图。

②纵断面图：干线、支线都应绘制纵断面图。预埋管的上下游高程，坡度可标入干、支纵断面图内。纵断面图上的桩号、井号、井型、井距、坡度、沟管、管基、接口种类、管线上下交叉的其他管线（构筑物）位置都应标齐，与本管相距很近的其他平行管线也应用细虚线标出位置。

③平面图和纵断图必须对应。

④结构图，以变更洽商的形式变更了的特殊井型也要绘制特殊井结构图。

（3）桥梁工程竣工图：桥梁结构中如有少量几何尺寸变更，钢筋规格变更，必须在原设计图上按规定的方法改画改标，所有的已经施工了的图纸，应不遗漏的纳入竣工图中。

1.7 管道施工质量检验项目及竣工验收规定

1-7-1 市政基础设施工程施工质量检验项目是如何划分的？各包括那些方面的内容？

答：质量项目划分为检验批、分项、分部（子分部）和单位工程。均应包含对主要材料、半成品、成品的合格检验。

1-7-2 市政基础设施工程施工质量检验由哪个单位组织？应按什么程序进行？

答：由施工单位自行组织。并按检验批、分项、分部（子分部）和单位工程顺序进行，当工程不适宜计划检验批、分部工程时，可按分项、单位工程顺序进行。

1-7-3 检验批的划分原则是什么？分项工程（检验批）质量合格的标准是什么？

答：（1）检验批应根据施工工艺、质量控制和专业工程特点进行划分。

（2）分项工程质量合格的标准：

①主控项目的质量抽检全部合格；

②一般项目中的实测（允许偏差）项目抽样检验合格率达到80％；

③分项（检验批）工程质量检验记录应完整。

1-7-4 允许偏差项目抽样检查的超差点的最大值应控制在什么范围内？

答：应在允许偏差值的1.5倍范围内。

1-7-5 合格率的计算公式是什么？

答：合格率＝同一项目中的合格点（组）数÷同一实测项目的应检点（组）数×100％。

1-7-6 雨污水管道工程检查项目和方法有哪些？

答：见表1-7-6。

雨污水管道工程检查项目和方法　　　　表1-7-6

工程项目	检查项目		允许偏差（mm）		检验频率		检验方法	外观鉴定
			合格	优质	范围	点数		
平基管座	混凝土抗压强度平均值		不小于1.05倍设计强度等级	—	100m	1组	试件	注：混凝土试件尺寸按《混凝土结构工程施工及验收规范》（GB 50204—2002）规定：150mm×150mm，如采用200mm×200mm的试件，则按规定换算
	垫层	中线每侧宽	不小于设计规定	—	10m	2	挂中线尺量	
		高程	0～15	—	10m	1	水准仪	
	平基	中线每侧高	+10.0	—	10m	1	挂中线尺量	
		高程	0～10	—	10m	1	水准仪	
	管座	肩宽	+10.0	—	10m	2	挂边线尺量	
		肩高	±10	—	10m	2	水准仪	
	蜂窝麻面面积		<1%	0.5%	两井间	每侧面	尺量	最大块面积<400cm²
安管	中线位移		10	—	两井间	2	挂中线尺量	带井闭水试验一次合格且漏水量小于或等于局标允许漏水量的30%
	管内底高程		±10	—	两井间	2	水准仪	
	相邻管内底错口		3	—	两井间	3	尺量	
抹带接口	宽度		+5.0	—	两井间	2	尺量	承插口或套环接口应平直、环形间隙应均匀。灰口应齐整、密实饱满、不得有裂缝空鼓等现象。抹带接口应表面平整、不得有间断和裂缝、空鼓等现象
	厚度		+5.0	—	两井间	2	尺量	
检查井	井身尺寸	长、宽	±20	±10	每座	2	尺量	井壁砂浆必须饱满，灰缝平整，抹面压光。不得有空鼓、裂缝等现象 井内流槽应平顺，踏步安装应牢固。位置正确、不得有建筑垃圾等杂物 井圈、井盖、必须完整无损。安装平稳 注：该项作为安管项目的优质鉴定项目
		直径	±20	±10	每座	2		
	井口高程		±10	0.～5	每座	1	水准仪	
	井底高程		±10	—	每座	2	水准仪	
	踏步	纵向间距		375±20	每座	2	尺量	
		内侧水平投影净距		150±10	每座	2	尺量	
带井闭水试验	渗水量		<局标	<30%局标一次合格	两井间	1	2m水头	

1-7-7 给水管道工程检查项目和方法有哪些？

答：见表1-7-7。

工程项目	检查项目		允许偏差（mm）		检验频率		检验方法	外观鉴定
			合　格	优质	范围	点数		
铸铁管	中心线		20	—	20m	1	挂中线、尺量	
	高　程			±10	20m	1	水准仪	
	对口间隙		$\phi75\sim\phi200<3$	—	每5个口	1	尺量	
			$\phi250\sim\phi500<4$	—				
			$\phi600\sim\phi1200<5$	—				
	接口	油麻灰口深	>口深 1/3			1		
		石棉水泥	打三下不凹入			1		
		胶　圈	位置正确			1		
		法　兰	两面平行对正与管轴线垂直			1		
钢管	中心线		10m<5，全段<30	20	20m	1	挂中线尺量	
	高程		±10		20m	1	水准仪	
	对口间隙	壁厚　间隙	—		每5个口	1	尺量	
		5～9　1.5～2						
		10 以上　2～3						
	对口错口	壁厚　错口	—		每5个口	1	尺量	
		6～10　1						
		12～14　1.5						
		16 以上　2						
	焊接		见煤气管道		注：管径>$\phi1600$ 焊接按设计要求做射线探伤检查			
	外防腐层	环氧沥青漆无碱玻璃布 厚度	三油二布层厚不小于 0.5mm		50m	1	钢针探测	除锈符合设计要求。涂层饱满。不露玻璃布孔眼表面呈现光亮漆膜 注：采用其他材料、技术、标准按设计变更说明要求
		四油三布层厚不小于 0.6mm					割一30°尖角斜边长 10cm	
		粘接力	不粘接面积不大于 1cm²		100m²			
		针孔检漏	检查电压：2000～5000V 扫描四条线				直流火花检漏仪	
		电性能	击穿电压>15kV/mm 电阻>10000m²					
	水泥砂浆内衬平整度		4	—	20m	1	2m 直尺量取最大值	除去浮锈
	填土后椭圆度			≤1%	50m	1	尺量	注：椭圆度
水压试验	渗水量		<局规定	一次合格	<1000m 为段见规程二册			
闸井	长、宽、直径		±20	±10	每井	2	尺量	
	高　度		±20	±10	每井	1	尺量	
	井口高程	路内		+5.0	每井	1	水准仪	
		路外		±20				

1-7-8　中压天然气管道工程检查项目和方法有哪些？

答：见表 1-7-8。

中压天然气管道工程检查项目和方法　　　　　　　　　　　　表 1-7-8

工程项目	检查项目	允许偏差（mm）		检验频率		检验方法	外观鉴定
		合　格	优质	范围	点数		
钢管安装	中心线	每10m＜5 每段＜30	20	20m	1	挂中线尺量	
	高程	±10	—	20m	1	水准仪	
钢管焊接	转动焊	1.5～2且 ＞3/10壁厚		50m	1		焊缝表面光滑、宽窄均匀、根部焊透、无裂
	固定焊	2～3且 ＞4/10壁厚		50m	1		
	接口焊缝探伤	三级	一次合格	过河、过铁路	100%	X光射线	
试压	强度试验	无漏气	一次合格	分段	每接口	打压涂肥皂水	强度试验压力：4.5MPa 严密性试验压力：1.2MPa
	严密性试验	24h压力降符合局规定		分段		打压、压力表	
绝缘防腐层沥青玻璃布	特加强	＞6～0.5	—		1	钢针探测	
	加　强	＞4～0.5	—	50m	1		
	普　通	＞2～0.3	—		1		除锈符合设计要求。防腐层无空鼓、无气泡、无皱
	粘接力	不粘接面积＞1cm²		100m²	1	割一30°尖角斜边长10cm	
闸井	见上水闸井						

1-7-9　电信管道工程检查项目和方法有哪些？

答：见表 1-7-9。

电信管道工程检查项目和方法　　　　　　　　　　　　表 1-7-9

工程项目	检查项目	允许偏差（mm）		检验频率		检验方法	外观鉴定
		合　格	优质	范围	点数		
混凝土基础	中心线	20	—	20m	1	挂中线尺量	
	顶面高程	±10	—	20m	1	水准仪	
	混凝土强度平均值	不低于1.05设计	—	100m	每侧面	试件	注：见雨污水工程平基管座之注
	蜂窝麻面面积		＜1%	两井间		尺量	最大块面积＜400cm²

工程项目	检查项目		允许偏差（mm）		检验频率		检验方法	外观鉴定
			合格	优质	范围	点数		
铺设管块	中心线		10	—	20m	1	挂中线尺量	
	纵向间隙		间隙<5	—	20m	1	尺量	
	拉棒试通			一次合格	全线	对角线	孔径-0.5cm 拉棒	注：6孔块拉2孔、12孔拉4孔
	混凝土强度平均值		不低于1.05设计	—	每井	1组	试件	注：见雨污水工程平基管座之注
人孔	基础	中心线	20	10	每井	各1	尺量	
		高程	±10	—	每井	1	水准仪	
	墙体	垂直度	10	5	每井	2	垂线	
		平整度	10	抹面5	每井	2	2m直尺量最大值	
		顶高	±20	±10	每井	2	水准仪	
	上尺寸		长宽±20 厚	+5.0	每井	各1	尺量	
	口圈	路内顶高	±20	±10	每井	1	水准仪	
		路外顶高			每井			

1-7-10 电力沟工程检查项目和方法有哪些？

答：见表1-7-10。

电力沟工程检查项目和方法 表1-7-10

工程项目	检查项目		允许偏差（mm）		检验频率		检验方法	外观鉴定
			合格	优质	范围	点数		
混凝土抗压强度平均值			不低于设计强度等级1.05倍		100m	1	试件	注：见雨水污水工程平基管座之注
混凝土基础	中心线			±20	20m	1	挂中线尺量	
	顶面高程			±10	20m	1	水准仪	
	杯口	中线		10	20m	1	挂中线尺量	
		深度		+50~5	20m	1	尺量	
		宽度		+10~5	20m	1	尺量	
安制混凝土墙板（一型块）	板厚			+100	20m	1	尺量	
	错台			3	20m	1	尺量	
	墙面垂直度			5	20m	1	垂直	
	墙面平整度			5	20m	1	2m直尺量最大值	
现浇混凝土板	中心线			10	20m	1	挂中线尺量	
	厚度			+10~0	20m	1	尺量	
	高程			±10		1	水准仪	
砌井	见电线人孔							

1-7-11 雨水管工程检验评定标准是什么？

答：见表1-7-11。

序号	工序	鉴定项目		允许偏差（mm）		鉴定频率		检测方法
				合格	优质	范围	点数	
1	沟槽	槽底高程		±10	—	两井之间	3	水准仪测量
2		槽底中线每侧宽度		不小于规定	—	两井之间	6	挂中线用尺量（每侧3点）
3	平基管座	混凝土抗压强度		＞设计115%	—	100m	1组	做试块试压
4		垫层	中线每侧宽	不小于规定	—	10m	2	挂中线用尺量（每测1点）
5			高程	0 −10	—	10m	1	水准仪测量
6	平基管座	平基	中线每侧宽	+10 0	—	10m	2	挂中线用尺量（每侧1点）
7			高程	0 −10	—	10m	1	水准仪测量
8		管座	肩宽	+10 −5	—	10m	2	挂边线用尺量（每侧1点）
9			肩高	±10	—	10m	2	水准仪测量
10		蜂窝麻面面积		＜1%	＜0.5%	两井之间	2	用尺量（每侧面）
11	安管	管内底高程		±10	—	两井之间	2	水准仪测量
12		中心位移		10	—	两井之间	2	挂中线用尺量
13		相邻管内错口		3	—	两井之间	3	用尺量
14	接口抹带	宽厚度		+5 0	—	两井之间	2	用尺量
15	检查井	井身尺寸	长宽	±20	±10	每座井	2	用尺量
16			直径	±20	±10	每座井	2	用尺量
17		踏步	纵向间距		±20	每座井	2	用尺量
18			内侧水平净距		±10	每座井	2	用尺量
19		井底高程		±10	—	每座井	1	水准仪测量
20		井口高程		±10	—	每座井	1	水准仪测量
21		两井间距			±200	两井之间	1	用尺量
22		井壁垂直度			0.5%H	每座井	2	用垂线检验
23		流槽上口宽度			+10	每座井	1	用尺量
24		井筒直径			±10	每座井	2	用尺量
25		井圈错口			10	每座井	2	用尺量
26	回填土密实度	胸腔部分		≥95	—	两井之间或每座井	每层1组测3点	环刀法
27		管顶以上500mm		≥85	—			环刀法
28		路床下600mm		≥98	—			环刀法或灌沙法
29		600～1500mm		≥95	—			环刀法或灌沙法
30		大于1500mm		≥95	—			环刀法或灌沙法

注：1. 优质标准栏中"—"表示同合格标准。

2. 外观鉴定。（1）抹带接口应表面平整，不得有间断和裂缝空鼓现象，（2）检查井，井壁砂浆必须饱满，灰缝平整，抹面压光不得有空鼓、裂缝等现象。井内流槽应平顺。踏步安装应牢固，位置正确不得有建筑垃圾等杂物。井圈、井盖必须完整无损，安装平稳要求不跳不响。

1-7-12　施工总结包括哪些内容?

答：工程结束后，施工单位应根据国家竣工文件编制的规定，提出施工总结报告及若干专项报告，连同竣工图表形成完整的施工资料档案，一并提交给工程主管部门及有关档案管理部门。

施工总结报告包括两部分内容：1）工程概况（含设计及变更情况）、工程基础资料、材料、施工组织、机械及人员配备、施工方法、施工进度、试验研究，工程质量评价、工程决算，工程使用服务计划等。

2）施工管理与质量检查报告包括施工管理体制、质量保证体系、施工质量目标，试验段铺筑报告、施工前及施工中材料质量检查结果（测试报告）、施工中工程质量检查结果（测试报告）、工程交工后质量自检结果（测试报告）、工程质量评价以及原始记录、相册、录像等各种附件。

另外在施工结束后，有一年为缺陷责任保证期，在这交工后一年的时间，应进行工程使用服务，服务内容包括：路面使用情况观测，局部损坏保养，并将服务情况报告有关部门。

保修回访制度是国家建设主管部门规定的一种重要办法，承建单位对竣工后的建筑产品保修一年，并且要预留总造价3%的工程款作为保修基金，同时竣工后半年、1年要回访1～2次。

1-7-13　市政工程验收参加单位及程序是怎样的?

答：见表1-7-13。

市政工程单位工程验收参加单位及验收程序　　　　　　　　表1-7-13

	参加单位 （负责人）	验　收　程　序
道路工程	建设单位、 设计单位、 监理单位、 承包单位、 质量监督站、 管理单位	1）监理单位组织预验收（建设、监理、承包参加）。2）建设单位组织竣工验收（实际委托承包单位约请建设、设计、监理、承包等四方参加），各单位负责人会签《工程竣工验收鉴定书》，之后加盖各单位红章。3）承包单位约请市政工程质量监督站进行竣工质量核查，监督站出书面核查记录表，建设、监理、承包单位会签并签字方各执一份。4）建设单位与管理单位进行道交工作（承包、监理配合修缮及监督检查工作）
雨污水工程	建设单位、 设计单位、 监理单位、 承包单位、 质量监督站、 管理单位	
给水工程	建设单位、 设计单位、 监理单位、 承包单位、 质量监督站、 管理单位	1）监理单位组织预验收（建设、监理、承包参加）。2）建设单位组织竣工验收，由承包单位约请六方（建设、设计、监理、承包、管理、监督站等单位）参加，除监督站外各单位负责人会签《工程竣工验收鉴定书》，（加盖各单位红章）。3）承包单位签回《建设工程竣工预验收意见》后，并约请公用工程质量监督站（给水室）进行竣工质量核查，出书面核查记录表，建设、监理、承包单位会签，并要求从工程竣工之日起15个工作日内完成网上备案工作。4）移交工作
燃气工程	建设单位、 设计单位、 监理单位、 承包单位、 质量监督站、 管理单位	1）建设单位组织竣工验收，承包单位提出申请，由管理单位通知管理、维护的各部门相关人员（销售分公司、安全科、咨询分公司、输配公司）现场验收，工程质量合格后，五方（建设、设计、监理、承包、管理）各单位负责人会签《工程竣工验收鉴定书》，之后加盖各单位红章。2）工程竣工交验完毕，约请公用工程质量监督站（燃气室）最后进行竣工质量核查，出书面核查记录表，3）由承包单位报全册的竣工资料给公用工程监督站燃气室，协助建设单位办理工程备案工作。4）移交工作

1-7-14 市政工程质量监督注册登记程序是什么？

答：《建设工程质量管理条例》第二章 建设单位的质量责任和义务中第十三条规定："建设单位在领取施工许可证或者开工报告前，应当按照国家有关规定办理工程质量监督手续。"工程质量监督注册登记程序如下：

（1）市政工程建设，建设单位在领取施工许可证或者开工报告前，到所在城市建设工程质量监督总站办理工程质量监督注册手续。

（2）申办人须提供如下申办资料：（申办人提供的申办材料应真实、合法、有效）

①《工程规划许可证》；

②施工许可申请表；

③勘察、设计单位资质等级证书原件和复印件；

④施工图设计文件审查意见；

⑤施工、监理中标通知书；

⑥工程施工、监理合同及其单位资质证书原件和复印件；

⑦建设单位工程项目负责人、监理单位项目负责人、施工单位项目经理的法人委托书；

⑧建设单位工程管理人员、监理单位监理人员、施工单位施工管理人员岗位证书；

注：①建设单位管理人员岗位证书为：建设基建管理岗位合格证。

②施工单位管理人员岗位证书包括：项目经理资质等级证书，质控、测量、试验室负责人岗位证书，主任工程师职称证书。

③监理单位管理人员岗位证书：监理单位项目总监资质证书，各专业监理工程师岗位证书。

建设单位所提供的文件复印件、资料应加盖合法的印章。

（3）建设单位在质量监督总站办理工程质量监督注册登记手续后，于两日内将注册登记表返回市政工程监督站。

（4）工程质量监督注册登记表一式五份，市政工程监督站监督管理室填写工程注册号后，留存两份，其他三份返还建设单位。

注：工程质量监督注册登记表填表说明：

①注册登记表一式五份，可用黑色墨水笔填写后复印，由建设单位加盖红章。

②建设单位、监理单位、施工单位人员资格登记表各一式一份，由相应单位加盖公章。监理单位须填报总监、各专业监理工程师资格情况；施工单位须填报项目经理、主任工程师、工长、测量负责人、试验负责人、质控负责人人员资格情况。

③工程概况中建筑面积一栏填写内容：道路、桥梁以"平方米"为单位，雨水、污水、电缆管线应以"米"为单位。

④备注一栏填写内容：应写明工程质量监督注册登记时本工程进展情况。

1-7-15 市政工程竣工验收备案须知的内容是什么？

答：市政工程竣工验收备案须知（新）内容如下：

1）封面

（1）"工程名称"栏内填写应与"工程质量监督注册登记"表中的名称相一致。

（2）"建设单位"栏内填写应与建设单位"公章"名称相一致。

2）第一页

（1）"工程名称"栏内填写应与"工程质量监督注册登记"表中的名称相一致。

（2）"单位名称"栏内填写应与各参建单位"公章"名称相一致。

（3）报送时间：为送达质监站备案预审部门日期。

3）第二页

（1）"竣工验收意见"栏内：应有"符合设计要求，工程竣工验收合格"等明确表述。

（2）法定代表人（签字）：如为法定代表人的授权人签字，应出具法定代表人签署的委托授权书。

4）第三页

（1）工程竣工验收报告

建设单位工程竣工验收报告：在工程竣工验收合格后，由建设单位提出工程竣工验收报告。其主要内容应包括：工程概况；建设单位执行基本建设程序情况；对工程勘察、设计、施工、监理等方面评价；工程竣工验收时间、程序、内容和组织形式；工程竣工验收意见等内容。工程竣工验收报告应经建设单位负责人审核签字，并加盖单位公章。

①施工图设计文件审查意见（仅限房屋建筑工程和市政工程配套房建工程）。

②验收组人员签署的工程竣工验收意见。按照建设部建建〔2000〕142号文的规定，在听取各参建单位的汇报、查阅各参建单位工程档案资料以及实地查验工程质量后，验收组人员应对工程勘察、设计、施工、设备安装质量和各管理环节等方面作出全面评价，并形成验收组人员签署的工程竣工验收意见。并加盖各参建单位公章。

验收人员签署的竣工验收原始文件：市政工程为"单位工程验收鉴定书"。

③市政基础设施工程应附有质量检测和功能性试验资料。

④建筑工程室内环境检测报告（特指民用建筑工程，不含市政工程）。

⑤备案机关认为需要提供的有关资料。

a. 工程竣工报告（施工单位）：施工单位在工程完工后对工程质量进行了检查，确认工程质量符合有关法律、法规和工程建设强制性标准，符合设计文件及合同要求，并提出工程竣工报告。工程竣工报告应经项目经理和施工单位有关负责人审核签字，并加盖单位公章。实行监理的工程，工程竣工报告须经总监理工程师签署意见。

b. 质量评估报告（监理单位）：对于委托监理的工程项目，监理单位对工程进行了质量评估，具有完整的监理资料，并提出工程质量评估报告。主要内容包括：工程概况；承包单位基本情况；主要采取的施工方法；工程地基基础和主体结构的质量状况；施工中发生过的质量事故和主要质量问题及其原因分析和处理结果；对工程质量的综合评估意见。工程质量评估报告应经总监理工程师和监理单位技术负责人审核签字，并加盖单位公章。

c. 质量检查报告（勘察、设计单位）：勘察、设计单位对勘察、设计文件及施工过程中由设计单位签署的设计变更通知书进行了检查，并提出质量检查报告。质量检查报告应经该项目勘察、设计负责人和勘察、设计单位有关负责人审核签字，并加盖单位公章。

（2）规划许可证和规划验收认可文件。

（3）工程质量监督注册文件：建设单位依法办理的《工程质量监督注册登记表》。

（4）工程施工许可证或开工报告。

（5）消防部门出具的建筑工程消防验收意见书（特指建筑工程，不含市政工程）。

（6）建设工程档案预验收意见：城市建设档案管理部门出具的认可文件（依据《城市建设档案管理规定》第九条，建设部令第90号）

（7）工程质量保修书或保修合同。

（8）法规、规章规定必须提供的其他文件。

5）工程合同价款拨付情况说明

写明建设单位是否已经按合同约定拨付工程价款，并注明合同总价、已付款数额、已付款占合同总价百分比、剩余款数额、剩余款何时结清。要求建设单位、施工单位有关负责人签字，并加盖双方单位公章。

1-7-16 工程竣工验收备案程序是什么？

答：（1）工作程序：

建设单位应在工程竣工验收合格之日起 15 日内，到市政工程监督站备案预审部门办理工程竣工验收备案预审。末按期办理工程竣工验收备案，建设单位应向北京市建委备案机关以书面形式说明理由，市建委备案机关同意后，方可进行备案。

（2）备案资料准备：

①工程竣工验收备案表（一式两份）

②工程竣工验收备案资料一套

（3）备案时限：备案资料齐全完整符合要求，自受理之日直至市建委备案机关终审合格，共计七个工作日。

（4）备案表留存：一份由市建委备案机关留存，另一份在建设单位完成工程决算后，交建设单位按规定年限保存。

1-7-17 施工单位交城建档案馆的管线工程施工资料有哪些？

答：资料移交目录如下：

1）竣工总结

2）竣工验收鉴定书

3）竣工工程数量表

4）设计变更、洽商记录

5）原材料及施工实验记录（厂、站工程以构筑物及专业管线分类）

（1）砖试验报告

（2）水泥试验报告

（3）砂、石试验报告

（4）钢筋原材料试验报告

（5）素土、灰土施工试验汇总表

（6）预制构件明细表

（7）暖、卫、通、电气、电梯主要设备明细表

（8）混凝土、砂浆试验报告

6）隐蔽工程检查记录

7）上水管道水压试验记录

8）工艺管水压、气压试验记录

9）污水管道闭水试验记录

10）水池满水试验记录

11）管线工程竣工测量（原件文档总结）

12）竣工图包含的内容：

（1）图纸目录（原设计图纸目录、设计文件扉页）

（2）图纸说明（设计说明）

（3）总平面图

（4）平面图

（5）纵断图

（6）横断图

（7）附原构筑图

（8）管线特殊处理图

（9）其他图纸材料

第2章

城市排水管道工程施工

2.1 概述

2-1-1 排水工程的定义是什么?

答：排水工程即从事水集、输送、处理和利用、排除污水、废水及雨水的一整套工程设施。排水工程的原始涵义仅指排除城市的降水和污水，现代的排水工程包含了污水处理和回收利用。排水工程国际上通用的术语为"废水工程"。

2-1-2 城市污水包括哪两大部分? 排水系统的主要组成部分有哪些?

答：城市污水包括生活污水和工业废水两大部分，将工业废水与生活污水采用同一排水系统就组成了城市污水排水系统。它由下列几部分组成：（1）室内污水管道系统和设备；（2）室外污水管道系统；（3）污水泵站及压力管道；（4）污水处理与利用构筑物；（5）排入水体的出水口。

2-1-3 雨水排水系统的主要组成部分有哪些?

答：雨水排水系统由以下几个主要部分组成：

1）房屋的雨水管道系统和设备。主要是收集工业、公共或大型建筑的屋面雨水，并将其排入室外的雨水管渠系统中。

2）社区或厂区雨水管渠系统。

3）街道雨水管渠系统。

4）排洪沟。

5）出水口。

2-1-4 工业废水排水系统的主要组成部分

答：根据企业性质及其行业不同产生废水的性质也不同，当废水所含物质的浓度不超过国家规定的排入城市排水管道的允许值时，可直接排入城市污水管，当浓度超标时必须经收集后在废水处理站进行预处理，达到标准后再排入城市污水管或排放水体，也可再利用。

工业废水排水系统主要由以下几部分组成：

1）车间内部管道系统和设备，主要用来收集废水。

2）厂区管道系统，根据情况可设置若干独立的管道系统。

3）污水泵站及压力管道，用来输送废水。

4）废水处理站，主要是处理和利用废水。

2-1-5 污水的出路有几种

答：污水经净化处理后，出路有三种：1）排放水体，作为水体的补给水；2）灌溉田地；3）重复使用。

排放水体是污水的自然归宿。由于水体具有一定的稀释与净化能力，使污水得到进一步净化，因此是最常采用的出路，同时也是可能造成水体污染的原因之一。

灌溉田地可以使污水得到充分的利用，但必须符合灌溉的有关规定，使土壤与农作物免遭污染。

重复使用是最合理的出路，可分为直接复用与间接复用两种。直接复用又可分为循序使用和循环使用。工矿企业在生产过程中，甲工序产生的污水经适当处理后用于乙工序叫循序使用，经适当处理后，再用于甲工序叫循环使用。

地表水体接纳污水对其进一步净化处理后，再作为沿岸城市与工矿企业的给水水源，属于污水的间接复用。

以城市的污水为给水水源，经处理后作为生活饮用水，也是重复使用。但处理成本极高，极端缺乏水源的地区，才会考虑采用。

2-1-6　城市污水处理方法概要是什么？

答：城市污水的处理普遍采用的是物理法和生物法的两级处理方法。较多采用的是活性污泥法及其在此基础上的一些发展方法。一般通过这种方法处理的污水能达到国家规定的排放标准。

2-1-7　排水工程系统的组成是怎样的？

答：排水工程系统一般由排水管系、废水处理厂和最终处理设施三个部分组成，如下图 2-1-7 所示，通常还包括必要的抽升设施。排水管系起收集、输送废水的作用，分为合流制和分流制两种系统。废水处理是为满足排放标准，有时则是为了再次利用，或者为了把再次利用与处置结合起来。废水最终处置，一般是排入水体或排在地面上。为了控制废水对水体或土地的污染，必须对废水进行一定程度的处理，以满足规定的水体或土地的排放要求。

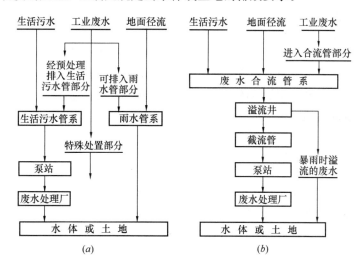

图 2-1-7　排水工程的组成

（a）分流制；（b）合流制

废水是生活废水、工业废水以及城市地面上流泄的雨水和冰雪融化（雨水）的统称。"废水"是国际上近年来用以代替"污水"的较好术语，但在某些惯用词中，两者仍在并行使用，如"生活污水"和"污水处理厂"等。

室外排水工程主要由管道安装，排水泵站安装、排水沟渠（污水管道严密性试验）组成。

室内排水工程主要由污（废）水收集器、排水管道、通气管和清通设备组成。

2-1-8　何谓排水体制，各种排水体制特征及其选择方法？

答：根据废水水质情况，采用一个管渠系统或两个与两个以上管渠系统排除废水的方式，称为排水系统体制（简称排水体制）一般有下列两种排水体制：

1）合流制排水体制，将所有种类废水，即生活污水、工业废水和雨水混合在同一管渠内排除。

2）分流制排水体制

①完全分流制：按污水性质，采用两个各自独立的排水管渠系统进行排除。

②不完全分流制：完全分流制具有污水排水系统和雨水排水系统，而不完全分流只具有污水排水系统，来建立完整雨水排水系统。

2-1-9　排水管系是怎样分类的？

答：排水管系是收集和排放废水的管渠及其附属设施组成的系统。排水管系和给水管网在平面图上有类似之处，但在输水方式上却有本质的不同。为改善供水条件，给水干管宜组织成环状的组合体，水流无定向，向水压低处（一般也是需水处）流动。排水道则不然，基本上按地形布置，管段都有坡度，水流顺坡定向流动，状似树枝，形成管系。

排水管有雨水管系、污水管系和合流管系之分。雨水管系收集和排泄以雨水径流为主的地面废水和容许不经处理就排放天然水体的工业废水。污水管系收集和排泄一切使用过的生活用水和允许排入城市污水管道的工业废水、两者合称城市污水。污水管系和雨水管系常分别设置（称分流制）。合流管系收集和排泄所有的废水（包括雨水、污水）一般具有截流管和溢流井及溢流口或其他污水截流设施，晴天，废水经截流管集合到废水处理厂；雨天，废水流量超过截流管的输水能力时，截留管排泄不了的废水在溢流井中通过溢流口就近排入天然水体。采用合流管系的称合流制。

2-1-10　何谓排水管渠？

答：排水道有明沟、明渠和管道之分，故也称排水管渠。明沟和明渠是指在地面上的水道，小者称沟（例如街道的路拱和缘石构成的边沟），大者称渠。管道是指埋在地面下的水道，断面不一定是圆形的。为不影响交通或场地的使用和观瞻，明沟、明渠可以加盖。例如，故宫博物院和许多城市的排水渠道，多采用加盖的形式。明沟、明渠和管道有坡度，水流借助于重力从高处流向低处。但是需要时管道可像给水管那样按压力流设计，即满流承压，水流从水压高处流向水压低处，且不一定埋在地面下。例如，虹吸管和过桥管是压力流管道。泵站后的管道，例如，排水管系终点泵站后的总管，也可以是压力流管道。压力流管道不能接用户支管，除非用户支管也采用压力流。

排水管渠断面，土沟一般为三角形或梯形。砖沟、混凝土沟一般用矩形。断面不大的管道和用顶管法或结构法施工的管道都用圆形。采用明挖法施工的大型管道，断面有多种形式，如圆形、矩形（单孔或多孔）、直壁拱顶形、马蹄形、半椭圆形等。明挖法施工的图形管道的直径一般不超过 2m。

排水管渠常用管道材料（混凝土管、钢筋混凝土管）铺设，或用砌块（砖、石、混凝土砌块）砌筑，有时用预制构件装配或钢筋混凝土现场浇筑。

附属设施有各种窨井、雨水口、出水口、倒虹吸管等。此外，排水泵站也是常见的设施。排水管道依赖坡度排放废水，常越埋越深，施工土方量太大，为了减少下游管段埋设深度，可设泵站提升废水；则达废水处理厂受水体水位较高时也需要用泵站提升废水。

2-1-11　如何优选管道设计方案

答：管系设计首先是按照整个排水系统的规划和地形在排水区界内布置管道路线，然后确定各管段的断面尺寸、坡度和埋深。管道的施工常常影响交通、工厂生产和居民生活，有时还要拆迁房屋或地下管线，因此，最近使的线路不一定最经济的。同样，管段的断面尺寸和坡度往往有多种设计方案，它们在技术上都符合要求，但是经济效益却不同，需要优选。

在做经济比较时，既要考虑造价又要分析运行费用。例如，在平坦地区管段的坡度较大些，断面可以小些；材料费用省了，埋深却大了，不仅将增加施工费用而且将影响泵站的个数、造价和电耗。不同方案的总费用相差悬殊。这些复杂的分析随着电子计算机的运用已能在短时间内求得最优方案。

2-1-12　污水处理的三级体制是怎样的？

答：城市污水处理的三级体制如图 2-1-12 所示。

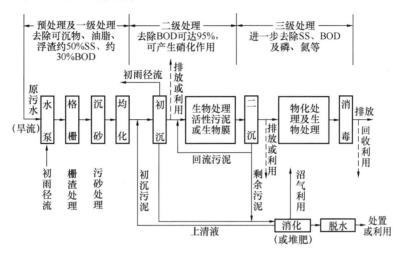

图 2-1-12　城市污水处理的三级体制

经过一、二级处理的污水，可做为排放水体或灌溉土地之用；而二、三级处理的污水，可作为灌溉土地或重复使用之水源。

2-1-13　城市排水系统与综合管线统筹安排要达到什么目的？

答：城市排水系统一般有两种形式，即地面明渠排水和地下管沟排水系统，以此构成整个地区排水系统工程。然而，从城市工业生产发展与人民生活需要出发，城市中还敷设诸多各种地下管道和地上线路工程，因此根据各种不同作用管线所承担的任务，必须将城市排水系统及各种管线系统进行综合布置，统筹安排，以求达到技术、经济和使用三者统一的目的。

2-1-14　管线工程的分类名目有哪些？

答：1）按照管线工程性质和用途的不同，大体有以下几类：

（1）铁路：包括铁路线、车站、桥涵、地下铁道等。

（2）道路：包括市区街道、公路、桥涵等。

（3）给水管道：包括工业给水、生活用水管道等。

（4）排水管道：包括工业废水、生活污水、雨水管道和排水明渠。

（5）电力线路：包括高压输电、生产生活用电、电车用电线路等。

（6）电信线路：包括市内电话、长途电话、广播和有线电视线路等。

（7）热力管道：包括热气、热水管道等。

（8）燃料管道、包括煤气、天然气、石油液化气管道等。

（9）地下人防线路：如防空洞等其他局部专用管道。

2）按照管线敷设形式可分为：

（1）地面敷设：如铁路、道路、明渠等

（2）地下埋设：如给水、排水、燃料、热力、电信、电力等管线，大部分都埋设在地下，同时根据覆土深度不同，地下管线又可分为深埋和浅埋两类，划分深埋和浅埋主要决定于：

①管线所能承受的允许最大荷载、使用和安全上的要求。

②有水管道和含有水分管道在寒冷情况下是否怕冻。

③土壤冰冻的最大深度。

因此一般深埋，是指管道覆土深度大于 1.5m，如给水、排水、燃料管道等。一般深埋小于 1.5m 属于浅埋。如电力、电信管线不受冰冻影响，可埋设较浅。

（3）地上架空敷设：目前仍有大部分电力和电信管线在地面上架空敷设，此法比较简便、经济、利于维修养护工作。

2-1-15　何谓污水截流（布置）？

答：合流制管道系统，在上中游用一条管道收集所有污水和雨水，在中下游末端修筑用于截流污水的管道，把日常污水输送至污水处理厂，在雨期时，将污水稀释到一定程度后的混合雨污水直接排入河道，如图 2-1-15 所示。

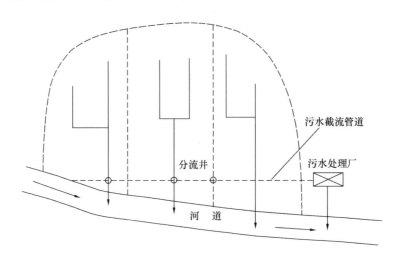

图 2-1-15　截流布置

2-1-16　排水管网布置有几种形式？

答：一般街道居民区排水管网布置：一般有三种形式。

1）环绕式：此种布置管线长、投资大、不经济，但使用方便。

2）贯穿式：此种形式使街道的发展受限制，一般用于已建成的街道居民区。

3）低边式：管道布置在街坊最低一边街道上，街坊内污水流向低边污水管，充分利用地形现状，因此较容易布置又较经济，尤其在合流管道上得到广泛采用。

排水管道一般不采用环网状布置，一旦出现水量过大，超过管道排水负荷量或管道发生堵塞就会造成污水漫流，淹没街道，有碍环境卫生，影响交通，从而造成损失。

2-1-17　雨水管道系统布置的形式有几种？

答：雨水管道系统：按地形来划分排水地区，使不经过处理的雨水以分散和直接较快的方式排入就近河道或水体住地，并应以与地形相适应，与街道倾斜坡度相一致为原则来布置雨水管道。一般有下列两种形式：

1）正交布置：依据地形倾斜状况、地面水的流向来布置管道，如图 2-1-17（1）所示。

2）分散布置：当地形向外面四周倾斜或排水地区较为分散时，采用此方式布置管道，如图 2-1-17（2）所示。

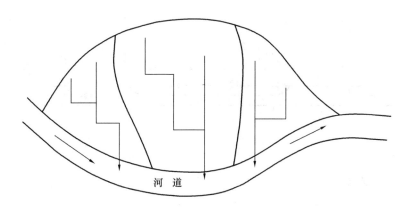

图 2-1-17（1） 正交布置

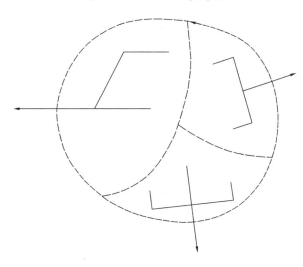

图 2-1-17（2） 分散布置

2-1-18 管线工程布置的原则是什么？

答：管线工程布置一般原则包括：

1）平面布置

各种管线应采用统一坐标系统来控制地点、方向、位置，便于确定相互关系。

各种管线根据使用、养护和安全等方面需要，尽量布置在道路一侧、次要干道和人行道上。

各种管线走向应与街道方向平行一致，避免或减少各种管线交叉现象，如图 2-1-18（1）所示。

各种管线相互最小水平净距一般规定如表 2-1-18（1）所示。

各种管线相互最小水平净距（m）　　　　　　　　　　表 2-1-18（1）

管线名称	建筑物	给　水	排　水	燃　料	热　力	电　信	电　力
建筑物		3	3	3	3	1	1
给　水	3		1.5	1	1.5	1	0.5
排　水	3	1.5	1	1	1.5	1	0.5
燃　料	3	1	1		1	2	1
热　力	3	1	1	1		1	2
电　信	1	1	1	2	1		0.5
电　力	1	0.5	0.5	1	2	0.5	

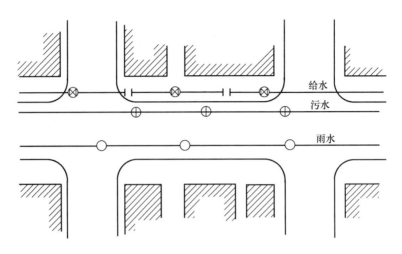

图 2-1-18（1）　平面布置

2）竖向布置

根据管线性质对于有危害性和埋设较深的管道，距建筑物应较远些，并采用统一标高来控制埋深状况，一般布置层次如表 2-1-18（2）所示。

布　置　层　次（m）　　　　　　　　　　　　　　　　表 2-1-18（2）

管道名称	电 力	电 信	热 力	燃 料	给 水	雨 水	污 水
埋深范围	0.8～1.2	1～1.5	1.2～1.8	1.5～2	1.5～2.5	1.84	2～6

布置形式如图 2-1-18（2）所示。

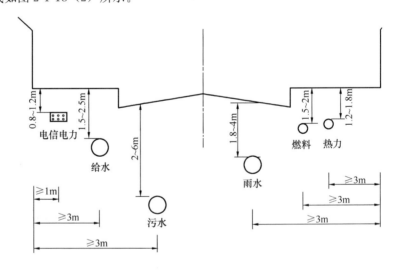

图 2-1-18（2）　地下管线竖向布置图

2-1-19　设计规范对埋地式圆形管道有什么技术要求？

答：1）对管体外回填土的质量要求。作用在地下管道上的荷载，主要有管道自重、管内介质压力、竖向和侧向土压力、地下水压力、地面活载（交通荷载）所产生的竖向和侧向压力以及地震作用等，其中，除管自重和管内介质压力外，都直接或间接地与管周土体发生关系。土体不仅对管道施加荷载，而且对管道的变形起约束作用，圆形管道受到竖向土压后，竖向直径减小，水平方向直径增大，但由于管道被土体包围，因此产生侧向土压力。刚性管道竖向和水平向变形都很小，作用在管道上的侧向土压力通常按主动土压力计算，不计圆管结构的变形影响。对柔性管道在竖向土压力作用下，变形较大，相应水平向变形引起土体弹性抗力的约束，从而使管道对竖向土压力的承载能力相应提高。设计规范规定对圆形刚性管道两侧回填土的压实系数不应低于90%；对圆形柔性管道两侧回填土压实系数不应低于90%～95%；对不设管座的管体底部，管底垫层的压实系数不宜过高，控制在85%～90%，以免减少管底的支承接触面，使管体内力增加，承载能力降低；对管顶以上的回填土，其压实系数应根据地面要求确定，当修筑道路时，应满足路基的要求。国外相应规范对回填土密实度要求都十分重视，甚至附以详图提出对管体周围回填土密实度要求，分区标出具体做法。

2）对圆形管道结构设计的技术要求。管道结构设计计算按两种极限状态。

（1）承载能力极限状态：对应于管道结构达到最大承载能力，管体或连接构件因材料强度被超过而破坏；管道结构因过量变形而不能继续承载或丧失稳定（如横截面压屈等）；管道结构作为刚体失去平衡（横向滑移、上浮等）。

（2）正常使用极限状态：对应于管道结构符合正常使用或耐久性能的某项规定限值；影响正常使用的变形量限值；影响耐久性能控制开裂或局部裂缝宽度限值等。

3）对管道结构的技术要求：

（1）圆形管道的接口宜采用柔性连接。当条件限制时，管道沿线应根据地基土质情况适当配置柔性连接接口，对敷设在地震区的管道，应根据相应的抗震设计规范要求执行。

（2）预应力混凝土圆管，应施加纵向预加应力，其值不应低于相应环向有效预压应力的20%。

（3）柔性管道的变形允许值，应符合下列要求：

①采用水泥砂浆等刚性材料作为防腐内衬的金属管道，在管体、管道基础、连接构造、设计对回填土密实度要求的组合作用下的最大竖向变形不超过 $0.02\sim0.03D_0$；

②采用延性良好的防腐涂料作为内金属管道，在组合作用下的最大竖向变形不超过 $0.03\sim0.04D_0$。

③采用化学建材管道，在组合作用下的最大竖向变形不超过 $0.05D_0$。

注：D_0 为管道计算直径（mm），可取管壁中线距离。

4）对管道结构应根据环境条件和输送介质的性能，设置内外防腐构造。用于给水工程输送饮用水的管道，其内防腐材料必须符合有关卫生标准的要求，确保对人体健康无害。

2-1-20 什么是埋地式圆形柔性管道和刚性管道？

埋设于地下的圆形管道在一般情况下，金属和化学管材的圆管属于柔性管范畴，钢筋混凝土管、预应力钢筋混凝土管和配有加劲肋构造的管材通常属于刚性管一类。但也有可能当特大口径的圆管，采用非金属的薄壁管材时，也会归入柔性管的范畴。如何判别埋设于地下的圆形管道属于柔性管道和刚性管道，按照《给水排水工程管道结构设计规范》GB 50332—2002规定，应根据管道结构刚度与管周土体刚度的比值 a_s 来判别刚性管道和柔性管道。以此确定管道结构的计算分析模型。

当 a_s 不小于1时，应按刚性管道计算；当 a_s 小于1时，应按柔性管道计算。

设计时，圆形管道结构与管周土体刚度的比值 a_s 按下式确定。

$$a_s = \frac{E_p}{E_d}\left(\frac{t}{r_0}\right)^3$$

式中　E_p——管材的弹性模量，MPa；

　　　E_d——管侧土的综合变形模量，MPa，应由试验确定，如无试验数据时，可按表2-1-20采用；

t——圆管的管壁厚，mm；

r_0——圆管结构的计算半径，mm，即自管中心至管壁中线的距离。

管侧土的综合变形模量即为管侧回填土的土质、压实密度和基槽两侧原状土的土质综合评价，见表 2-1-20。

管侧土的综合变形模量（MPa）　　　　　　　　　　　　表 2-1-20

回填土压实系数（%） 原状土标准贯入锤击数 $N_{63.5}$ 土的类别	85	90	95	100
	$4 < N \leqslant 14$	$14 < N \leqslant 24$	$24 < N \leqslant 50$	>50
砾石、碎石	5	7	10	20
砂砾、砂卵石、细粒土含量不大于 12%	3	5	7	14
砂砾、砂卵石、细粒土含量大于 12%	1	3	5	10
黏性土或粉工（$W_L < 50\%$）砂粒含量大于 25%	1	3	5	10
黏性土或粉工（$W_L < 50\%$）砂粒含量小于 25%		1	3	7

注：1. 表中数值适用于 10m 以内覆土，对覆土超过 10m 时，上表数值偏低；
2. 回填土的变形模量 E_e 可按要求的压实系数采用；表中的压实系数（%）系指设计要求回填土压实后的干密度与该土在相同压实能量下的最大干密度的比值；
3. 基槽两侧原状土的变形模量 E_n 可按标准贯入度试验的锤击数确定；
4. W_L 为黏性土的液限；
5. 细黏土系指粒径小于 0.075mm 的土；
6. 砂粒系指粒径为 0.075～2.0mm 的土。

2-1-21　水管道上必须有哪些构筑物及其有何作用？

答：水管道上有以下主要构造物：

1) 检查井是为了使用与保护沟道方面的需要，是连接与检查管道的一种必不可少的附属构筑物。

2) 跌水井上下游管道高差大于 1m 时，为了消能防止水流冲刷管道，应设置跌水井。

3) 溢流井用于含流管道，当上中游管道的水量达到一定流量时，由此井进行分流，将过多的水量溢流出去，以防止由于水量过分集中某一管段处而造成侧灌检查井冒水危险或污水处理厂和抽水泵站发生超负荷运转现象。

4) 截流井一般设在合流管下游地段 5 污水截流管相交处，主要作用是将平日合流管道中日常污水与定量的雨水截流进入 1 号水截流管道，送入 1 号水处理厂，其余的水放入水体。

5) 冲洗井在污水与合流管道较小管径的上、中游段，或管道起始端部管段内流速不能保证自净时，为防止管道淤塞可设置冲洗井，以便定期冲洗管道。

6) 闸槽井一般设于截流井内，侧虹管上游和沟道下游出水口部位，其作用是防止河水倒灌、雨期分洪、以及维修大管径断面沟道时断水，一般有叠梁板闸，单板闸，人工启闭机开启的整板式闸，也有电动启闭机闸。

7) 倒虹管、当管道遇到障碍物必须穿越时，为使管道浇过某障碍物，通常采用侧虹管方式。此处水流中的泥砂容易在此部位沉淀淤积堵塞管道。因此一般设计流速不得小于 1.2m/s。根据养护与使用要求应设双排管道。井在上游虹吸井中设有闸槽或闸门装置，以利于管道养护与疏通工作。

8）通气井污水管道污水中的有机物，在一定温度与缺氧条件下厌气发酵分解产生 CH_4、H_2S、CO_2、HCN 等有毒有害气体，它们与一定体积空气混合后极易燃易爆。当遇到明火可发生爆炸与火灾，为防止此类事故发生和保护下水道养护人员操作安全，对有此危害的管道在检查井上设置通风管或在适宜地点设置通气井予以通风，以确保管道通风换气。

9）进水口是利用多种方式收集各种雨污水进入排水管渠的一种构筑物，其方式有下列几种类型：（1）对于合流管道中污水的收集方式一般采用污水池和户线管来收集零星分散的日常生活污水和工业废水排入排水管道。（2）对于合流管道中雨水的收集方式有两种分别是。

10）出水口它是把集中起来的雨污水通过管道输送或处理后排放进入受纳水体的构筑物，一般由于排放水量较大而且集中，因此大多数都采用集中式污水口，按出水口排水方式有：（1）淹没式出水口：排放污水和经混合稀释的污水。（2）非淹没式出水口：放雨水或经过处理的污水。

11）抽水泵站　当管道的上游水头低、下游水头高时，为使上游低水头改变成下游高水头，需要在变水头的部位加设抽水泵站，采用人为的方法提高管道中的水位高度。

2-1-22　检查井有哪些类型？适用范围是什么？

答：1）圆形（$\phi=1000\sim1100mm$）：一般用于管径 $D\leqslant600mm$ 管道上。

2）矩形（$B=1000\sim1200mm$）：一般用于管径 $D\geqslant700mm$ 管道上。

3）扇形：（$R=1000\sim1500mm$）：一般用于管径 $D\geqslant700mm$ 管道转向处。

2-1-23　雨水井类型有哪些？适用范围是什么？

答：雨水口类型有单箅、双箅、多箅。按其形式区分有平箅式、联合式。

适应范围：（1）平箅式：一般街道宽阔平坦，地势较高，水量散且较小的地区。（2）偏沟式：一般街道狭窄，地势平坦，路拱较大，路缘水流较深的地段，多采用此种形式。（3）联合式：在街道低注，地势变化较大，水量集中且较大的地区。

2-1-24　城市排水系统有哪四大功能？

答：四大功能是合理收集、输送、处理、利用和排放城市废水。

2-1-25　柔性管道和刚性管道在受力上有何不同？

答：在结构设计上，柔性管道需考虑管道承受荷载发生变形时管周土体产生足够的抗力，抗力约束管道的变形，起到与管道共同承担荷载的作用；柔性管道失效通常由管道的环向变形过大造成；而刚性管道则不考虑和弹性抗力（周围土体）共同承担荷载。

2-1-26　管道水压试验界限是怎样划定的？

答：压力管道定义为管道内输送的介质是在压力状态下运行工作压力大于或等于 0.1MPa 的给水排水管道；并以此来界定压力管道和无压管道。给水工程中配水管网的工作压力多数为大于 0.1MPa 的压力管道，而长短离输水管道时常以无压力管道式出现。排水工程中污水管道大多数为无压力管道，个别情况下也有工作压力 0.1MPa 的压力管道。

根据钢筋混凝土管工厂检验压力的级别以及给水排水工程中管道工作压力的分布，划定 0.1MPa 为管道水压试验的界线，即工作压力大于或等于 0.1MPa 的管道按压力管道试验，工作压力小于 0.1MPa 的管道，除设计另有规定外，应按无压力管道试验。

2-1-27　现行规范淘汰了哪些老产品？

答：现行《给水排水管道工程施工及验收规范》GB 50268—2008 淘汰了 1997 年规范使用的强度低、抗地基变形能力差的混凝土平口管、陶土管、灰口铸铁管的内容；删除了落后的灌铅接口等管道施工工艺。

2-1-28　建筑排水、雨水及中水有哪些新技术？

答：建筑排水、雨水及中水方面新技术的主要技术性能、特点及适用范围见下表 2-1-28。

建筑排水、雨水及中水新技术简表　　　　　　　　表 2-1-28

序号	技术名称	主要技术性能及特点	适用范围
1	城镇排水塑料管道系统	重量轻、耐腐蚀。管材环刚度可根据需要设计，接口密封性能好，不渗漏，可有效防止对地下水的污染。品种包括：高密度聚乙烯双壁波纹管、高密度聚乙烯缠绕结构壁管、钢带增强聚乙烯螺旋波纹管、硬聚氯乙烯双壁波纹管、硬聚氯乙烯环形肋管、聚氯乙燃烯（实壁）管（PVC-U）、玻璃钢夹砂管（GRP）等。产品性能应符合相应国家或行业标准要求，设计施工应符合相应的工程技术规程要求；管材直径宜采用内径系列，塑料管道排水系统应优先采用塑料检查井；管周围回填土应选材合理，并达到密实度要求	城镇污水、废水、雨水管道
2	建筑排水塑料管道系统	节能，环保；安装方便，工效高；耐腐蚀，使用寿命长。品种包括：硬聚氯乙烯（PVC-U）建筑排水管（含实壁管、芯层发泡管、中空壁管、内螺旋管）、高密度聚乙烯（HDPE）排水管、硬聚氯乙烯（PVC-U）建筑雨水管。产品性能应符合相应的国家和行业标准要求，设计施工应符合相应的工程技术规程要求	建筑排水及建筑雨水管道
3	同导排水系统	是指卫生洁具的排水运管不穿越楼板，横支管同层敷设，并接入排水立管的排水系统。有管道墙式、降低楼板楼面或抬高楼面等多种敷设方式。具有安装方便和维修不干扰上下层住户的特点。可工厂化生产，现场装配	住宅建筑
4	节水型坐便器系统（≤6L）	在一次冲洗用水量不大于 6L 的前提下，分两档冲水，冲洗功能、水箱配件和接口等部件的主要性能指标以及管道系统应符合国家或行业标准的要求	住宅建筑
5	屋面虹吸雨水排水系统	由虹吸式雨水斗、管材、管件、固定件及配套系统组成。该系统根据"伯努利"方程原理，利用雨水从屋面流向地面的高差所具有的热能，形成悬吊管内雨水负压抽吸流动，雨水连续流过悬吊管，并转入立管，跌落时形成的虹吸作用使雨水以较高的流速排出。具有汽水分离性能好、流量大、斗前水位低等特点	建筑屋面雨水排放

2-1-29　给水排水管道交叉应掌握的原则是什么？

答：给水排水管道施工时若与其他管道交叉，应按设计规定进行处理；当设计无要求时，应按下面规定处理。

混凝土或钢筋混凝土预制圆形管道与其上方钢管道或铸铁管道交叉且同时施工，当钢管道或铸铁管道的内径不大于 400mm 时，宜在混凝土管道两侧砌筑砖墩支承。砖墩的砌筑应采用黏土砖和水泥砂砂浆，砖的强度等级不应低于砂浆不应低于 M7.5；砖墩基础的压力不应超过地基的允许承载力；砖墩高度在 2m 以内时，砖墩宽度宜为 240mm；砖墩高度每增加 1m，宽度宜增加 125mm；砖墩长度不应小于钢管道或铸铁管道的外径加 300mm；砖墩顶部应砌筑管座，其支承角不应小于 90°；当覆土高度不大于 2m 时，砖墩间距宜为 2～3m；铸铁管道每一节管不少于两个砖墩，当钢管道或铸铁管道为已建时，应在丌挖沟槽时采取保护措施，并及时通知有关单位处理后再砌筑砖墩支撑。

混凝土结构或钢筋混凝土矩形管渠与其上方钢管道或铸铁管道交叉，当顶板至其上方管道底部的净空在 70mm 及以上时，可在侧墙口砌筑砖墩支撑管道。当顶板到其上方管道底部的净空小于 70mm 时，可在顶板与管道之间采用低强度等级的水泥砂浆或细石混凝土填实，其荷载不应超过顶板的允许承载力，且其支承角不应小于 90 度。

圆形或矩形排水管道与其下方的钢管道或铸铁管道交叉同时施工时，对下方的管道宜加设套管或管廊，套管的内径或管廊的净宽，不应小于管道结构的外缘宽度加 300mm；套管或管廊的长度不宜小于上方排水管道基础宽度加管道交叉高差的 3 倍，且不宜小于基础宽度加 1m；套管可采用钢管、铸铁管或钢筋混凝土管；管廊可采用砖砌或其他材料砌筑的混合结构；套管或管廊两端与管道之间的孔隙应封堵严密。

当排水管道与其上方的电缆管块交叉时，宜在电缆管块基础以下的沟槽中回填低强度等级的混凝土、石灰土或砌砖。其沿管道方向的长度不应小于管块基础宽度加 300mm，排水管道与电缆管块同时施工时，可在回填材料上铺一层中砂或粗砂，其厚度不宜小于 100mm。

2-1-30　城市雨水有何作用？该如何利用？

答：1）随着城市化的发展，许多城市面临水资源短缺的问题。雨水是一种最根本、最直接、最经济的水资源，是自然界水循环系统中的重要环节，对调节、补充地区水资源，改善及保护生态环境起着极为关键的作用。

2）城市雨水渗透是一个方兴未艾的广阔领域，具有良好的发展前景。雨水渗透设施的利用使入渗土壤的雨水量有了显著增加；减少了区域雨水的外排，从而减小了市政管线的压力；减少需由政府投入的用于大型污水处理厂、雨水管线和扩建排洪设施的资金，从而节省巨额市政投资；特别是对调节、补充地区水资源，保护生态环境具有重要意义。

2-1-31　雨水渗透设施有哪些？

答：1）渗透雨水沟

渗透雨水沟是土壤入渗系统的地下入渗设施之一，雨水由地面汇集，通过渗透雨水沟，渗透到土壤中，特别适宜沿道路、广场或建筑物四周设置。

渗透雨水沟采用 HDPE 材料制作，沟体为多孔状，底部铺设透水性较好的碎石层及土工布。对侧壁和底部进行打孔，渗水孔梅花型布置，以防止渗水孔的设置使渗透雨水沟自身的强度降低的太多，渗水孔的间距根据周围土壤的渗透能力计算确定。渗透雨水沟清扫方便，与渗透雨水管相比，弥补了渗透雨水管不便管理的缺点，减少挖深和土方量。渗透雨水沟壁厚为 1.5cm。

地表雨水含有较多固体颗粒，容易将雨水利用系统的渗水层堵塞，大大降低渗透性，减少使用寿命。在渗透雨水沟内设过滤筐，筐内覆土工布。这样可以过滤地表雨水中的大部分固体颗粒，保证后续渗透设施的正常运行，并且清理也比较方便。雨水筐也由 HDPE 材质制成，壁厚为 1cm，并在底部和侧壁梅花型设置透水孔，透水孔横向、竖向间距为 10cm，透水孔直径为 2cm。雨水筐内的土工布采用涤纶切片制作，是一种较好的过滤材料，渗透系数 $> 1 \times 10^{-4}$ m/s，对细小颗粒杂质有较强的阻隔作用。

2）渗透雨水口

渗透雨水口是具有渗透、截污、集水功能的一体式成品雨水口。渗透雨水口是土壤入渗系统的地下入渗设施，雨水由地面汇集到渗透雨水口中，一部分渗入地下，超过入渗能力的部分通过渗透雨水管流入渗透雨水井中。

渗透雨水口采用 HDPE 材质，其外形类似于普通的雨水口（见图 2-1-31（1））。对侧壁和底部进行打

图 2-1-31（1）　渗透雨水口

孔，渗水孔梅花型布置，以防止渗水孔的设置使渗透雨水口自身的强度降低的太多，渗水孔的间距根据周围土壤的渗透能力计算确定。根据渗透雨水口的设置位置确定渗透雨水口的结构形式，例如：设置在绿地中的渗透雨水口为普通型渗透雨水口，壁厚为 1.5cm；设置在道路上的渗透雨水口为重型渗透雨水口，壁厚为 2cm，在雨水口和雨水篦子中设置型钢，以保证雨水口的抗压性能。

在渗透雨水口内设过滤筐，筐内覆土工布（见图 2-1-31（2））。这样可以过滤地表雨水中的大部分固体颗粒，保证后续渗透设施的正常运行，并且清理也比较方便。其要求与渗透雨水沟过滤框要求相同。

3）渗透雨水井

渗透雨水井是具有渗透、集水功能的一体式成品雨水井（见图 2-1-31（3））。因此，渗透雨水井既具备常规雨水井的检查功能，又具备渗透功能，不但可以排除地表径流，而且可以进行雨水的渗透。渗透雨水井是土壤入渗系统的地下入渗设施，雨水由地面汇集到渗透雨水井中，一部分渗入地下，超过入渗能力的部分流入到渗透雨水管中，通过渗透雨水管进行渗透。

图 2-1-31（2）　渗透雨水口过滤筐

图 2-1-31（3）　渗透雨水井

图 2-1-31（4）　渗透雨水井过滤筐

渗透雨水井采用 HDPE 材质，对侧壁和底部进行打孔，渗水孔梅花型布置，以防止渗水孔的设置使渗透雨水井自身的强度降低的太多，渗水孔的间距根据周围土壤的渗透能力计算确定。渗透雨水井设置在道路上时，为了保证渗透雨水井的抗压性能，在渗透雨水井和雨水井盖中设置型钢，渗透雨水井使用前进行检验，检验结果满足抗压性能方可使用。渗透雨水井距建筑物基础的距离≥3m。渗透雨水井的间距不大于渗透管管径的 150 倍。雨期定期清掏，时间间隔为 1 个月；非雨期可不必进行清掏。

渗透雨水井内设过滤筐，筐内覆土工布（见图 2-1-31（4））。过滤框的要求与渗透雨水沟过滤框的要求相同。

4）渗透雨水管

渗透雨水管的作用是将渗透雨水和渗透雨水井收集的雨水通过其渗透到土壤中。渗透雨水管大部分采用 PVC "粉丝" 管，管的孔隙率大于 20%。汇集的雨水通过渗透雨水管进入四周的碎石层，碎石层具有一定的储水调节作用，然后再进一步向四周土壤渗透。

2-1-32 雨水渗透设施施工流程是怎样的？

答：施工工艺流程如下：

测量放线→开挖沟槽→铺设中砂→铺设土工布→铺设底部碎石→安装渗透设施→铺设侧面碎石→包土工布→回填。

2-1-33 雨水渗透设施施工要点有哪些？

答：1）测量放线

使用全站仪施测出渗透设施中心线，根据渗透设施的尺寸和周围设施的结构计算出开槽尺寸，并用白灰洒出渗透设施的开槽边线，以便开挖。

2）开挖沟槽

沟槽采用人工开挖，沟槽壁垂直，不放坡，沟槽的平面尺寸不得小于渗透设施结构外尺寸，开挖完成后保护好沟槽壁。随挖随测沟底高程，防止超挖破坏原状土，槽底高程偏差≤20mm。

3）铺设中砂

采用的中砂必须合格，砂的含泥量≤3%，砂进场后应进行试验，其质量应符合国家有关规定，中砂采用人工铺设，工人使用铁锹进行初步整平，然后用平板振动夯整平夯实，渗透系数≥$1×10^{-4}$m/s。

4）铺设土工布

渗透设施外面的土工布呈袋子形状，土工布中心要与渗透设施中心重合，根据沟槽的尺寸和搭接长度确定土工布的尺寸，然后对土工布进行下料。渗透雨水沟土工布应铺设平整，将土工布上口敞开，待碎石铺设完成后，合闭土工布上口。土工布单位面积质量为$200～300g/m^2$，渗透性能大于所包覆渗透设施的最大渗水要求，满足保土性、透水性和防堵性的要求。

5）填埋底部碎石

底部铺设的碎石粒径为20～30mm，空隙率≥39%，要求碎石洁净，碎石表面平整。碎石使用前应过筛，以增加碎石的渗透性能。铺设完成后应复核底部高程是否符合设计高程。碎石铺设时预留一定的沉降量，沉降量的数据由试验段确定。

6）安放渗透设施

底部碎石验收合格后，开始安放渗透设施，渗透设施的安放位置必须准确，高程应满足设计高程的要求，如出现渗透设施标高与设计标高不符时，必须抬出渗透设施，待底部碎石标高调整后，重新放入，沟口高程偏差应≤1mm。渗透雨水沟安放施工见图2-1-33。

图2-1-33　安放渗透雨水沟施工

7）填埋碎石、包土工布

碎石回填应对称进行，碎石填至流水面以下处，采用平板振动夯夯实碎石，并整平碎石表面，然后收紧土工布。

8）回填土

隐蔽工程验收合格后，在土工布上覆土。回填前，按照技术规范对填料进行最佳含水量和最佳干密度试验，报监理工程师。填土的含水率应接近最佳含水率。填土不得含有有机杂质，不得采用淤泥或淤泥质土作为回填材料，回填前将土中含有的碎砖、石块及大于10cm的硬土块筛除。填土每层回填厚度不应超过200mm，填土用冲击振动夯分层夯实。填土夯实应夯夯相连，确保无漏夯。非同时进行的两个回填土段的搭接处，随铺土将夯实层留成阶梯状，阶梯的长度应大于高度的2倍。管顶以上填土夯实高度达500mm以上，方可使用压路机。

2.2 管道材料、配件、机具

2-2-1　排水工程管材应具备什么样性能？管口有几种形式？

答：作为下水道工程管材，应具有一定的强度、抗渗性、耐腐蚀性和良好的水力性能，从上述要求来看，城市排水管道材料常用的有混凝土管、钢筋混凝土管、陶土管及砖渠道，在特殊情况下采用金属管（钢、铸铁管）、预应力混凝土管、石棉水泥管等。一般这些管材的管口有三种基本形式，如平口式、立口式、承插口式见图2-2-1。

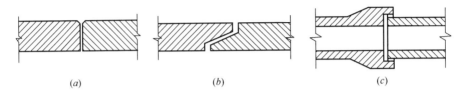

图 2-2-1　管口形式
(a) 平口式；(b) 立口式；(c) 承插口式

2-2-2　混凝土与钢筋混凝土管有何特点？

答：一般适用于排除雨水、生活污水、工业废水的无压力流管道，但耐酸碱腐蚀性差，不适宜排除有严重酸（pH<6）、碱（pH>10）侵蚀性的工业废水。按其材料与所承受的荷载不同可分为混凝土管、普通钢筋混凝土管、重型钢筋混凝土管三种类型，混凝土强度等级一般为C28。以北京为例，对于混凝土管中较小管径 $\phi200mm$、$\phi300mm$、$\phi400mm$ 三种规格一般为无筋混凝土管材，它不能承受较大荷载，多数用在下水道支线部位。但在 $\phi500mm$ 以上管径均采用钢筋混凝土管，其中 $\phi500\sim\phi1500mm$ 管径为单层钢，$\phi1500\sim\phi1800mm$ 管径为双层钢筋，通常排水管道所使用的都属于普通钢筋混凝土管。为了适应顶管工程或穿越铁路与建筑物需要的排水管道，采取增大管壁厚度和增加钢筋用量制成重型钢筋混凝土管，使管材能承受更大的荷载力与施工顶力。

2-2-3　陶土管有何特点？

答：陶土管分为无釉、单面釉、双面釉三种。一般管内壁光滑，水流阻力小，不透水性强，能抗酸碱腐蚀，适用于排除具有腐蚀性的工业废水。但陶土管往往管径和长度较小（管径≤600mm、长度≤1000mm），并需要有较多接口造价高、质地脆、抗弯折和抗拉强度小，不能用于有内压的管道和埋深大、地面活荷载大的土层地段。

2-2-4　金属管、预应力钢筋混凝土管有何特点？

答：这类管材造价较高，一般适用于内外压力较大，对抗渗要求特别高的压力管道。如雨污水泵站出现管或架空管道等。

（1）铸铁管。用于工作压力不超过1MPa的输水管道，分低压管（小于0.45MPa）、普压管（0.45～0.75MPa）和高压管（0.75～1MPa）三种。灰口铸铁管管径从75mm到1200mm。我国生产的球墨铸铁管管径为100～1200mm。北京曾使用过进口球墨铸铁管管径达2600mm，水压试验达2.0MPa。

（2）钢管。用于工作压力为1MPa以下的输水管道。公称直径（外径）可达300mm以上，当管径大于1600mm时可在管壁上焊刚性环以减小管壁厚度，采用焊接接口。

焊接钢管分为镀锌和不镀锌两种，适用于输送水、燃气及采暖系统的管道。

（3）预应力混凝土管。公称直径（内径）为400～1400mm的管子可用于工作压力为0.4～1.2MPa的管道中；当工作压力小于0.4MPa时，最大管径可达4000mm。采用承插式接口和胶圈密封止水。有管心绕线和立式振动挤压两种制管工艺。1987年9月我国口径最大的钢筋混凝土排水管外压试验结果达到设计要求。

设计安全荷载 25t 　　实测 37t

设计裂缝荷载 37t 　　实测 54t

设计破坏荷载 58t 　　实测 65.9t

结果表明，外压试验优于设计标准，其他检测项目也全部合格，我国第一根口径 3000mm 的钢筋混凝土排水管试制成功。现行这种管材的生产口径已达 4000mm。

（4）自应力混凝土管。用于工作压力 0.4～1MPa 的输水管道公称直径为（内径）100～600mm。采用承插式接口和胶圈密封止水。这是一种利用膨胀水泥张拉钢筋而产生预应力的钢筋混凝土管。

2-2-5　塑料管（PVC管）有何特点？

答：公称直径（外径）为 20～1000mm，公称压力为 0.6～1.6MPa，有柔性接口（橡胶圈密封）和刚性接口（采用粘结）。塑料管又称为硬聚氯乙烯管，管内壁光滑，粗糙系数 $n=0.009$（混凝土管的粗糙系数 $n=0.0013～0.015$）能耐酸碱腐蚀，重量轻、抗渗性能好，目前适用于无压或低压排水管道。

2-2-6　化学建材管术语的来由是什么？

答：化学建材管国际上统称为塑料管，国内普遍称为化工建材管；化学（又称化工）建材管的术语参考了《给水排水工程管道结构设计规范》（GB 50332—2002），将施工安装方式类似的硬聚氯乙烯管（UPVC）、聚乙烯管（HDPE）、玻璃纤维管或玻璃纤维增强热固性塑料管（FRP）、钢塑复合管等管材统称为"化学建材管"，但不涉及其他类别（如 PB、ABS 等管材）的"化学管材"；并将玻璃纤维管或玻璃纤维增强热固性塑料管简称为"玻璃钢管"，以便于工程施工应用。

2-2-7　何谓自应力管？

答：自应力管是用自应力混凝土并配置一定数量的钢筋制成，通过水的养护，由自应力混凝土的膨胀张拉钢筋而获得预应力，还有一种方式是利用自应力水泥砂浆和钢丝网骨架制成的自应力管。制管用的自应力水泥强度为 42.5 或 52.5 普通硅酸盐水泥、32.5 或 42.5 矾土水泥和二水石膏，按适当比例加工制成，所用钢筋为低碳冷拔钢丝或钢丝网。

国内生产的自应力管规格在 100 至 600mm 之间。由于工艺简单，制管成本较低。但由于容易出现二次膨胀及横向断裂需要改进。

2-2-8　何谓预应力管？

答：目前国内用于城市给水中的预应力管主要有一阶段预应力管、三阶段预应力管和钢筒预应力管（PCCP管）。见表 2-2-8（1）。

输　水　管　型　号 表 2-2-8（1）

预应力管名称	型号表示方法	DN（mm）	静水压力（MPa）
一阶段预应力混凝土输水管	YYG-600-Ⅱ YYG—表示一阶段 600-公称直径（mm） Ⅱ—压力级	400～2000	0.4～1.2
三阶段预应力混凝土输水管	SYG-600-Ⅱ SYG—表示一阶段 600-公称直径（mm） Ⅱ—压力级	400～2000	0.4～1.2

一阶段预应力管的制作是先把作为环向预应力钢丝的钢骨架放到装配好的管模中，布置上纵向钢筋，用电热法或机械法，使纵向钢筋获得预应力，然后浇筑混凝土，此后向特制的橡胶内模

中注水升压，使胶模膨胀。混凝土、外模和钢筋一道膨胀变形，把混凝土中的水分排除。环向钢筋获得预应力，并立即进行蒸汽养护，待混凝土凝固后，将内模中的水压松掉，脱模而成。此种工艺由瑞典"逊他布"公司于 1952 年试制成功，所以在国外称"逊他布管"。

一阶段预应力管的特点是强度及抗渗性较好，管壁较薄，但外模合缝处容易漏浆，修补率高，承口要磨削加工。

三阶段预应力管是指一根管材分三个阶段制成，先做成一个带纵向预应力钢丝的混凝土管芯（第一阶段），管芯外缠环向预应力钢丝（第二阶段），然后做水泥砂浆保护层（第三阶段）。管芯成形工艺又分离心法和悬辊法两种。

预应力钢套筒钢筋混凝土管（PCCP）工艺上应属于三阶段法，只不过是在管芯内加入一个薄钢套筒，然后在环向施加一层或两层预应力钢丝。它可分为两种：内衬式和埋置式。内衬式采用的是应力钢丝直接缠绕在钢筒上，并用离心工艺制作而成。而埋置式是缠绕在钢筒外的混凝土上，采用立式振动工艺制作而成。

预应力套筒混凝土管比钢筋混凝土管道抗不均匀沉降能力大有提高，耐腐蚀性强，但不易开口。

预应力管的基本尺寸及参考重量见表 2-2-8（2）。

基本尺寸及参考重
表 2-2-8（2）

型　　号	DN（mm）	有效长度（mm）	管体长（mm）	管体芯厚（筒体壁厚）（mm）	保护厚度（mm）	参考重（t/根）
SYG-400（Ⅰ、Ⅱ、Ⅲ）（YYG-400）（Ⅳ、Ⅴ）	400	5000	5160	38（50）	20（15）	1.182（0.997）
SYG-500（Ⅰ、Ⅱ、Ⅲ）（YYG-500）（Ⅳ、Ⅴ）	500	5000	5160	38（50）	20（15）	1.464（1.218）
SYG-600（Ⅰ、Ⅱ、Ⅲ）（YYG-600）（Ⅳ、Ⅴ）	600	5000	5160	43（50）	20（15）	1.890（1.587）
SYG-700（Ⅰ、Ⅱ、Ⅲ）（YYG-700）（Ⅳ、Ⅴ）	700	5000	5160	43（50）	20（15）	2.228（1.836）
SYG-800（Ⅰ、Ⅱ、Ⅲ）（YYG-800）（Ⅳ、Ⅴ）	800	5000	5160	48（50）	20（15）	2.720（2.286）
SYG-900（Ⅰ、Ⅱ、Ⅲ）（YYG-900）（Ⅳ、Ⅴ）	900	5000	5160	54（50）	20（15）	3.289（2.787）
SYG-1000（Ⅰ、Ⅱ、Ⅲ）（YYG-1000）（Ⅳ、Ⅴ）	1000	5000	5160	59（50）	20（15）	3.835（3.337）
SYG-1200（Ⅰ、Ⅱ、Ⅲ）（YYG-1200）（Ⅳ、Ⅴ）	1200	5000	5160	69（50）	20（15）	5.250（4.569）

注：1. 一阶段管子筒体壁厚管包括保护层厚度和管芯厚度。

2. 公称直径（DN）包括插口端向管内 200mm 处的尺寸。

2-2-9 塑料管分为哪两大类？

答：塑料管材分为两大类：即热塑性塑料管材和热固性塑料管材。热塑性塑料在温度升高时变软，温度降低时可恢复原状，并可反复进行，加工时可采用注塑或挤压成型。热固性塑料是在加热并添加固化剂后，在模压成型的过程中由于化学反应的结果，形成坚固难溶的固体，一旦固化成型后就不再具有塑性。

在城市供水管道中，常用的热塑性塑料管材主要有 PVC、PE、PB、ABS 等几种。

2-2-10 何谓硬聚氯乙烯管?

答：硬聚氯乙烯属热塑性塑料，利用 PVC 为原料，采用挤压成型工艺。挤出机又分单螺杆、双螺杆，就挤出工艺而言，双螺杆挤出机生产出来的管材要优于单螺杆挤出机。在目前使用过程中，其连接方式为承插式橡胶圈连接和溶剂粘接两种方式，前者主要应用于口径较大的管道，后者主要应用于口径较小的管道。

硬聚氯乙烯管是国内目前塑料管材的主导产品，我国于 1988 年制订了 UPVC 给水管材标准，于 1996 年进行了修订，颁布了新的国家标准"给水用硬聚氯乙烯（PVC-U）管材"（GB/T 10002.1—1996）和相应的管件标准。该标准中规定管材物理性能指标应符合：密度 1350～1460kg/m³，维卡软化温度≥80℃。

管材的长度一般为 4m、6m、8m、12m，长度的极限偏差为长度的 +0.4%、−0.2%。管材长度不包括承口深度。最为常见的管道长度为每根 6m。

管材内外表面应光滑、平整，无凹陷、分解变色线和其他影响性能的表面缺陷。管材不应含有可见杂质。管材端面应切割平整并与轴线垂直。

2-2-11 何谓聚乙烯管?

答：聚乙烯管（PE 管）。是在聚乙烯的原材料中添加炭黑等材料，经过充分混合后，通过挤出机的挤压成型，立即进行真空冷却槽的养护制作而成。

密度是聚乙烯的重要性能指标之一，有高密度聚乙烯（HDPE）、中密度聚乙烯（MDPE）、低密度聚乙烯（LDPE）之分。密度越高，相对硬度、软化温度、抗拉强度越高，但脆性增加、柔韧性下降、抗开裂性能力下降。给水管道中一般采用高密度聚乙烯，燃气管道一般采用高、中密度聚乙烯。

聚乙烯管在外形上有软硬之分，这是原料选用上的区别，软管是用高压聚乙烯原料制成的，而硬管是用低压聚乙烯制成的，应注意所谓高、低压是原料制作工艺过程的区别，不是耐水压的概念。

高密度聚乙烯密度为 950kg/m³ 以上，软化温度≥120℃。其柔韧性、抗冲击能力均优于 UPVC 管，在使用中基本上可保证连接处不泄漏（属本体连接）。此外，聚乙烯本身是一种无毒塑料，对水质基本上无影响。在欧美国家 HDPE 给水管的用量逐年增加，UPVC 管的用量逐年下降。

我国于 1992 年颁布了给水用高密度聚乙烯（HDPE）管材国家标准（GB/T 13663—92）。目前，国内生产的常用于城市给水中的聚乙烯管管材有 PE65、PE80、PE100 等规格，其压力等级分 0.6MPa、0.8MPa、1.0MPa、1.25MPa、1.6MPa 等。对聚乙烯管材（PE100、1.0MPa）其主要性能指标的要求参见表 2-2-11。

主 要 性 能 指 标 　　　　　　　　　　表 2-2-11

项　　　　　目		技 术 指 标
密度（kg/m³），20℃		≥0.95
维卡软化温度（℃）		≥126
纵向回缩率（110℃）		≤3%
弹性模量（MPa）		600～900
氧化诱导时间（200℃）		≥20
断裂伸长率		≤350%
液 压 试 验	80℃，165h，环向应力 5.5MPa	无渗漏、无破裂
	80℃，1000h，环向应力 5.0MPa	无渗漏、无破裂

聚乙烯管的连接方式为承插式、熔接式和电熔套筒式连接。管件采用注塑成型的方式。北京地区的排水管道工程大多采用带有密封胶圈的承插口或套管（哈夫件）连接，采用电熔、热熔连接形式较少；因意外事故造成已安装管道的个别部位损伤时通常采用热熔方式修补。

2-2-12　何谓聚丁烯（PB）塑料管？

答：聚丁烯也是一种热塑性塑料，由其生产出的聚丁烯管是目前世界上最先进的冷热水管材之一。聚丁烯无味、无毒、耐高温性能良好，材质柔韧，具有良好的抗拉、抗压强度，其密度为 $930kg/m^3$。

PB 管的口径（外径）国内现有 10、15、22、28mm 四种规格。连接方式有机械夹紧式（插入式）或热熔连接。

2-2-13　何谓 ABS 塑料管？

答：ABS 塑料是由丙烯腈-丁二烯-苯乙烯共聚而成的，ABS 塑料的性能取决于三种聚合物的比例。以丁二烯为基础的共聚物，具有较好的韧性、低温回弹性和抗冲击性。以丙烯腈为主的共聚物，具有良好的表面硬度、耐热性、耐化学腐蚀性和较高的抗拉强度。以苯乙烯为主的共聚物，具有良好的塑性、刚性和光泽性。

在日常的应用过程中，人们通常担心塑料管的毒性和耐用性，而塑料管的毒性又主要针对聚氯乙烯管。其实聚氯乙烯本身是无毒的，所谓聚氯乙烯有毒，是指聚氯乙烯管在加工过程中所添加的稳定剂如铅、钡等有毒性，这类化合物会从管中溶解于水，达到一定浓度后对人体有害。因此我们只要控制稳定剂的含量，就可以保证聚氯乙烯管对水质达到安全的程度。影响塑料管的耐用性因素主要有管材的老化、管壁厚度不均匀、管接口方法不当等。只要在生产过程中添加必要的助剂或改善工艺就可以避免。如针对塑料管易老化的问题，可以在管材加工过程中添加黑色的聚乙烯、聚氯乙烯制品，就会使管材具有良好的抗老化能力。

2-2-14　复合管有几种？

答：在城市给水中，常见的是金属塑料复合管有钢塑管、铜塑管、铝塑管、钢骨架塑料管等，是近几年才发展起来的。下面我们主要介绍钢塑管。

钢塑管根据其制作工艺可分为衬塑和内涂两种。衬塑复合管外层一般采用是镀锌钢管，也有用不锈钢管的。不锈钢管材质量好，但其成本较高。内层是聚氯乙烯管或聚乙烯管，中间用胶水或其他材料粘结，通过高温蒸汽室加温后制作而成。使用该管材应注意的问题是：粘结材料的质量，内外层管材的粘结力是否达到相关要求。内涂复合管外层同样采用镀锌钢管或不锈钢管，在管材的内壁涂一层 PVC 或 PE 树脂，也有涂食品级环氧树脂材料的，经过高温加热粘结而成。

衬塑钢管的表面要求：衬塑钢管内表面不允许有气泡、裂纹、脱皮，无明显痕纹、凹陷、色泽不均及分解变色线。

衬塑钢管性能指标的要求：

1）结合强度

冷水用衬塑钢管的钢与塑之间结合强度不应小于 0.2MPa（$20N/cm^2$），热水用衬塑钢管的钢与塑之间结合强度不应小于 1.0MPa（$100N/cm^2$）。

2）弯曲性能

管径小于等于 50mm 衬塑钢管经弯曲后不发生裂痕，钢与塑之间不发生离层现象。

3）压扁性能

管径大于 50mm 衬塑钢管经压扁后不发生裂痕，钢与塑之间不发生离层现象。

内涂复合管以内涂聚乙烯粉末为例。用于涂敷的聚乙烯粉末，其力学性能应符合表2-2-14的规定。

聚乙烯粉末的力学性能指标 表 2-2-14

项　　目	指　标	项　　目	指　标
密度（g/cm³）	＞0.91	断裂伸长率（％）	＞100
溶体流动速率（g/10min）	＜10	维卡软化点（℃）	＞85
拉伸强度（MPa）	＞9.80	不挥发物含量（％）	＞99.5

复合管的使用，应注意内涂材料的剥离问题。钢塑管的连接方式主要是丝扣连接，原则上不允许焊接。

2-2-15　建筑上有哪几种常用塑料？

答：1）热固性树脂

（1）酚醛树脂：电绝缘性好、耐水、耐光、耐热、耐霉腐，强度较高。主要用于电工器材、粘结剂、涂料等。

（2）有机硅树脂：耐高温、耐寒、耐腐蚀、电绝缘、耐水性好。主要用于耐热高级绝缘材料、电工器材、防水材料、涂料等。

（3）聚酯树脂（硬质）：耐腐蚀、电绝缘、绝热、透光。用于玻璃钢、各种零配件。

2）热缩性树脂

（1）聚氯乙烯（硬质）：耐腐蚀、电绝缘、常温强度良好，高温和低温强度不高。主要用于装饰板、建筑零配件、管道等。

（2）聚氯乙烯（软质）：耐腐蚀、电绝缘性好，质地柔软，强度低。主要用于薄板、薄膜、管道、壁纸、壁布、地毯等。

（3）聚乙烯：耐化学腐蚀、电绝缘，耐水，强度不高。

（4）聚苯乙烯：耐化学腐蚀、电绝缘，透光，耐水、不耐热，性脆，易燃。主要用于水箱、泡沫塑料、各种零配件等。

（5）聚丙烯：烃、刚性、延性、耐热性好，耐腐蚀，不耐磨，易燃。

2-2-16　符号 MI 是什么意思？

答：MI 是指树脂熔融特性的指数，指在一定温度，一定荷重（PE 一般在 190℃，2160g 条件下测定）状态下熔融体通过规定的 ORIFICE（内径 2.09mm，高 8mm），10 分钟挤出的树脂的重量。

2-2-17　高密度聚乙烯双壁波纹管是种什么管材？

答：高密度聚乙烯双壁波纹管（CPP），是由高密度聚乙烯（HDPE）经热熔挤出的真空成型的内壁平滑、外壁带有同心环状中空棱纹的新型管材。具有质量可靠、寿命长、费用低等优点，是传统排水管材极佳的替代产品。

1）产品用途：

可用于市政工程雨水、污水排放及自来水工程、水利工程低压输水等。

2）公称内径 mm

95 110 160 225 300 400 500 630 710 800

3）产品型号

以环刚度分为 S1 和 S2 型：S1≥4kN/m²，S2≥8kN/m²。

4）产品长度

有效长度为 6 米/支或 12 米/支，其他长度需定做。

5）连接方式

承插口＋橡胶密封圈　哈夫件＋连体橡胶密封圈

6）产品优点

（1）结构独特合理，强度高，抗压、抗弯曲，耐冲击耐熔性好。

（2）内壁平滑，过流量大，可替代大口径混凝土管

（3）耐腐蚀，无毒无污染，不结垢，环保性能突出

（4）连接方便，接口密封好，无渗漏，抗拉拔性能好

（5）重量轻，施工快，缩短工期2/3，降低费用

（6）可以承受一定的工作内压，可用于压力排水

（7）无需基础、吊车，施工费低，综合造价与混凝土管相当

（8）内壁不结垢，不滋生苔藓，无二次污染，卫生性能极好

（9）土质良好地段不需要另作基础，素土基础铺设即可

（10）较长距离的管道有一定的柔性，可适应土壤不均匀沉降

（11）适应的工作温度范围较宽，−45℃～＋60℃

（12）埋地使用寿命达五十年以上

2-2-18　高密度聚乙烯中空壁缠绕管是种什么管材？

答：高密度聚乙烯中空壁缠绕管（TWIN-WALLSPP），是由高密度聚乙烯（HDPE）经热熔挤出缠绕成型的内外壁平滑、壁内螺旋环状中空加强的新型管材。具有口径大、质量可靠、寿命长、费用低等优点，是传统排水管材极佳的替代产品。

1）产品用途

①市政工程雨水、污水排放；②工业废水排放；③小区生活污水排放；④通风系统；⑤公路桥涵；⑥自来水工程输水；⑦水利工程低压输水；⑧渔业输水；⑨建筑桥梁支柱套管；⑩高速公路预埋管；⑪粮仓；⑫贮存罐；⑬污水处理池；⑭一体化 HDPE 检查井。

2）公称内径

见表 2-2-18（1）。

管的公称内径　　　　　　　　　　　　　　　表 2-2-18（1）

公称内径	最小厚度（mm）		平均内径极限偏差	定长
（mm）	S1≥4kN/m²	S2≥8kN/m²	（mm）	（m）
400	19	25	±5.1	
450	22	29	±5.1	
500	25	31	±5.1	
600	31	39	±5.1	
700	39	44	±6.4	
800	44	50	±6.4	
900	50	55	±6.4	
1000	56	62	±6.4	
1200	62	75	±6.4	
1250	62	75	±6.4	
1350	70	85	±7.6	6
1500	75	95	±7.6	
1650	95	105	±8.3	
1800	105	116	±9.0	
2000	115	125	±10	
2200	125	135	±11	
2240	125	135	±11	
2400	135	145	±12	
2600	145	155	±13	
2800	155	165	±14	
3000	165	175	±15	

注：表中壁厚为参考值，具体数值与生产的成品有差异。

3）结构形式

缠绕成型，内外壁平滑，壁内螺旋状中空加强结构（图2-2-18）。

图 2-2-18　管的结构形式

4）产品型号

以环刚度分为 S1 和 S2 型：S1≥4kN/m²，S2≥8kN/m²。

5）产品长度

有效长度为 6 米/支，其他长度需定做。

6）连接方式

电熔连接＋热缩带；热熔对焊；法兰盘管件连接。

7）产品优点

(1) 结构独特合理，强度高，抗压、抗弯曲，耐冲击，耐熔性好。

(2) 内壁平滑，过流量大，可替代较大口径混凝土管。

(3) 耐座腐蚀，无毒无污染，不结垢，环保性能突出。

(4) 连接方便，接口密封好，无渗漏，抗拉拔性能好。

(5) 重量轻，施工快，缩短工期2/3，降低费用。

(6) 无需基础，施工费低，综合造价与混凝土管相当。

(7) 内壁不结垢，不滋生苔藓，无二次污染，卫生性能极好。

(8) 土质良好地段不需要另作基础，素土基础铺设即可。

(9) 较长距离的管道有一定的柔性，可适应土壤不均匀沉降。

(10) 适应的工作温度范围较宽，－45℃～＋60℃。

(11) 埋地使用寿命达五十年以上。

8）理化指标

见表2-2-18（2）。

理化指标　　　　　　　　　　　　　　　　　　表 2-2-18（2）

项　目	性能指标（单位）		数　值
物理性能	密度	kg/m³	950～970
	折光系数	nD	1.54
	吸水率（24h）	％	＜0.01
力学性能	抗拉强度	MPa	20～35
	断裂伸长率	％	＞500
	纵向回缩率	％	≤3％

项　　目	性能指标（单位）		数　　值
力学性能	抗压强度	MPa	18～25
	弯曲强度	MPa	25～40
	长期静液压强度（20℃，50年，95%）	MPa	8.0
	环刚度	kN/m²	≥4，≥8
	冲击实验（20±2℃）		管壁不破裂
	扁平实验		管壁不破裂
热性能	熔点	℃	125～137
	热膨胀系数	cm/cm·℃	11×10^{-5}
	玻璃化温度	℃	<-78
	连续使用温度	℃	≤80
	氧化诱导时间（200℃）	min	≥20

2-2-19　高密度聚乙烯缠绕增强管是种什么管材？

答： HDPE-SPP 高密度聚乙烯缠绕增强管是由高密度聚乙烯（HDPE），热挤塑加埋聚丙烯骨架管增强，经缠绕成型。产品内表面平滑，外部为异型增强结构。其外形见图 2-2-19（1）。

图 2-2-19（1）　管外形图

1）用途：

（1）水利工程、自来水工程输水；

（2）市政工程雨水、污水排放；

（3）工业废水排放、小区排水；

（4）盐业输卤、渔业输水；

（5）矿井、建筑物通风系统；

（6）制作工艺容器、化工管道。

2）特点：

（1）结构独特，截面形心高，惯性矩大，强度高，抗压耐冲击性极好。管结构形式见图 2-2-19(2)。

（2）内壁平滑，摩阻低（$n=0.009$），过流量大，用于排水充满度允许达到 0.75。

（3）耐腐蚀，分子无极性，大多数化学介质与其不产生化学反应，亦无电化腐蚀。

（4）完全无毒、无污染，管内不滋生微生物，可直接用于饮用水的输送。

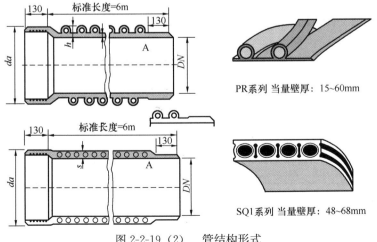

PR系列 当量壁厚：15～60mm

SQ1系列 当量壁厚：48～68mm

图 2-2-19（2）　管结构形式

（5）连接采用承插口电熔焊接，无渗漏，施工方便，适于软土地基和有流沙地段。

（6）重量轻，小口径管材施工无需大型机械，施工快捷，缩短工期，降低费用。

（7）埋地使用寿命 50 年以上，试验寿命为 112 年（由国家化学建材检测中心测试）。

3）结构形式

2-2-20　HDPE 管等 9 个术语的意思是什么？

答：1）高密度聚乙烯塑料管（统称为 HDPE 管）是指以高密度聚乙烯树脂为主要原料制成的热塑性塑料管材通称。

2）环向弯曲刚度是指外荷载作用下管道抵御环向变形的能力，简称环刚度。可采用测试方法或计算方法定值，单位 kN/m^2。

3）基础层是指在沟槽原状地基或经处理回填密实的地基上，用回填材料均设并压实的用以敷设管道的持力层。

4）土弧基础是指敷设圆形管道时以回填砂砾土所形成的弧形的管道支承结构形式。土弧基础由砂砾土回填的管底基础层和管下腋角两部分组成。

5）管底腋角是指土弧基础和管道底部圆弧区域下的两侧三角形状部位，是管道基础的支承区域的重要组成部分。

6）基础支承角是指与回填密实的砂砾料紧密接触的管下腋角圆弧相对应的管截面圆心角，用 2α 表示，在此范围内有土弧基础的支承反力。管道结构的支承强度与基础支承角大小成正比。

7）管道变形率（管道挠曲值）是指管道在垂直方向上直径的变化率。管道的变形率可分为两种：“安装变形”（通称为初始变形）和“施工变形”（通称为允许变形）。“安装变形”指管道回填施工后 24h（小时）内测得的管道径向变形率，反映了安装铺设工作的技术质量；“施工变形”指管道回填施工后不少于 30 天情况下测得的管道变形率，反映了管道的管-土共同作用体系对土壤和其他荷载的适应程度值。

8）严密性试验是指对已敷设的管道用液体或气体检查管道渗漏情况检验（通称闭水和闭气）的统称。

9）哈夫件是指相邻管端用螺栓紧固两半外套筒的机械连接管件。

2-2-21　高密度聚乙烯结构壁管材标记是怎样编制的？

答：1）编制的方法如下：

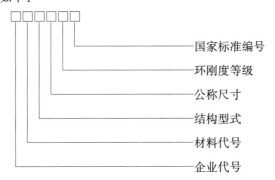

2）示例：公称尺寸为 800mm，环刚度等级为 SN4 的 A 型高密度聚乙烯结构壁管材的标记为：HXGY PE A DN/ID800 SN4 GB/T 194722

2-2-22　HDPE 双壁波纹管的性能特点是什么？有何优点？

答：1）HDPE 双壁波纹管在实际应用中还具有质轻坚韧、耐压、耐冲击、耐酸碱、不易破裂、汲水性优、搬运方便、施工容易、可缩短工期等其他管材所不具备的性能特点：

（1）管重仅为 $0.94\sim0.96g/cm^3$，是目前所有埋地管材中最轻的材质。

（2）管外壁为中空矩型结构，具有优良的抗压性。

（3）管内壁平滑（粗糙系数仅为0.009；混凝土管为0.013）可使水流更为流畅、并可避免废弃物的囤积停滞免除管道疏通之忧。

（4）管内壁平滑，在同样坡度铺设条件下，流量、流速二项数值均高于混凝土管，从而在管材规格选择上可小于混凝土管。

（5）具有优良的韧性及塑性，为硬混凝土管和柔性PVC管都无法与之相比。

（6）水密性佳，采用橡胶密封圈承插或哈夫外固方式接管，可确保管内污水不外漏，并可顺应地基不均匀沉降，不会产生混凝土管的脱节断裂现象。

（7）管材由惰性高密度聚乙烯制成，可有效抵御工业及生活污水的腐蚀。

2）优点与传统管材的比较：

HDPE双壁波纹管质轻而坚韧，与其他同类产品（铸铁管、混凝土管、陶管）相比，搬运轻便、作业省力、接管快捷，是一种高效率的管材产品。在都市中由于生活空间狭小、人群密集，传统的管材常因过于笨重及施工繁琐不便，导致工期进度缓慢与意外事件频繁。使用HDPE双壁波纹管可一改传统管材弊端，达到理想的施工效率和经济效果。

（1）施工工序比较

混凝土管施工流程（见图2-2-22（1）），HDPE双壁波纹管施工流程（见图2-2-22（2））

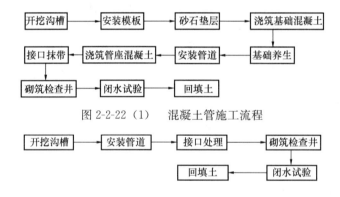

图2-2-22（1）　混凝土管施工流程

图2-2-22（2）　HDPE管施工流程

从上述工序流程比较可以看出，HDPE双壁波纹管减少了基础、管座混凝土的浇筑及养生环节，开挖沟槽、安装管道、回填土可一气呵成，而混凝土管工艺流程复杂。同样一段管道，HDPE双壁波纹管可大大缩短工期并可节省一定的工程费用。

（2）综合造价比较

HDPE双壁波纹管虽然单价上比混凝土管高，但从运输吊装、施工流程、施工效率等方面进行综合比较，其造价整体上相当于混凝土管（见表2-2-22）。

综合造价比较表（元/m）　　　　　　　　　　　　　表2-2-22

比较项		类　　别	
		DN300	DN315
		混凝土管	HDPE双壁波纹管
槽深1.0m	直接费	115.23	42.78
	管价	40	120
	人工费	2.6	0.48
	吊管费	2.6	0
	综合造价	160.43	163.26

再者，由于 HDPE 双壁波纹管内壁光滑，允许通过的流量比同口径的混凝土管要大，设计时有较大的选择余地，其中包含了可观的经济效益。

2-2-23　HDPE 施工应注意的问题有哪些？

答：HDPE 双壁波纹管道属于新材料、新技术、新工艺，在国内还处于逐步推广应用阶段，目前尚无国家标准及行业标准。1998 年 10 月天津市市政工程研究院制定了《高密度聚乙烯（HDPE）双壁波纹管排水管道工程施工及验收技术规范（试行本）》，HDPE 双壁波纹排水管的施工及验收除执行该规范外，还应符合现行的《市政排水管渠工程质量检验评定标准》（CJJ 3—90）中的有关规定。工程实践中，我们的主要经验是：

（1）严格管材的验收制度，管材的端面应平整，与管轴线垂直，管材长度方向不应有明显的弯曲现象。

（2）管材及橡胶圈在保存及运输中，不应受挤压，以免变形，且应防止日晒及受高温直接影响。

（3）开挖沟槽时，应严格控制基底高程，不得超挖或扰动基面，槽底不得受水浸泡，保证管道砂石垫层的平整密实直顺，防止管材的扭曲变形及沉降。

（4）DN1200 HDPE 管的接口采用的是内嵌发热丝，通过接通电流使其发热，令接口内壁熔化从而粘结为一体，因此必须保证接口处干燥，否则造成局部短路，发热不均匀，造成接口处理不好。

（5）严格遵守管道安装的各道工序要求。对于 HDPE 管特别是小管径，一定要先做闭水试验，没有问题后再回填土。如果有渗漏往往发生在接口处，采用混凝土包管也能达到预期效果。

（6）回填土是 HDPE 管道施工的关键工序，必须严格控制质量。应先从管底与基础结合部位开始，沿管身两侧同时对称分层回填并夯实，每层回填高度不超过 20cm，直至管顶以上 30cm。回填材料质量应符合设计要求。

2-2-24　HDPE 管材对运输、存放有何要求？

答：1）管材如采用机械装卸，装卸时应采用韧性好的织编吊带（或吊绳）进行吊运，不得采用钢丝绳和链条来吊运管材。

2）管材吊运应采用两个吊点，其吊点位置宜分别置于管体全长的四分之一和四分之三部位。

3）短距离搬运，不应在坚硬不平地面或石子地面上拖拉或滚动，以防造成管的损伤。

4）管材成批运输时，应分层交错排放，用缆绳捆扎成整体，并固定牢固。缆绳固定处及管端宜用软质材料妥加保护。

5）管材自生产之日起存放时间不得超过 12 个月。如长时间存放时，应置于棚库内，如露天堆放，必须遮盖防止曝晒，并远离火源（热源）。存放环境温度应不超过 45℃。

6）管材存放场地应平整，堆放应整齐，堆放码垛方法，参照图 2-2-24 所示。管径 DN300mm 以下堆放不超过 5 层，管径 DN300mm～DN400mm 堆放不超过 4 层，管径 DN500mm～DN630mm 堆放不超过 3 层，管径 DN710mm～DN800mm 堆放不超过 2 层。

图 2-2-24　管材堆放码垛方法示意

7）密封橡胶圈在运输及保存中，不应使其受挤压，以免变形，且防止日晒及高温直接影响。

2-2-25　焊接钢管的工艺流程是什么？对钢板的性能有什么要求？

答：1）直缝焊管的工艺流程是：剪板—刨坡口—钢板翻面—压两头圆弧—卷管—焊内外直

缝（自动焊）—管段对接（含点焊）—焊环形口（自动焊）。

螺旋焊管的制作过程分三个阶段：条形钢板制作、螺旋成形及内焊、螺旋管外焊及管段定长的切割。

2）对于制管的钢板应有以下的性能要求：

（1）良好的机械性能。机械性能主要包括：屈服强度、抗拉强度、冲击韧性、延伸率、弯曲角度和硬度等。

（2）可焊的性能。

（3）耐腐蚀的性能。

（4）不易发生脆性断裂的性能。

目前我国用于制作钢管的钢板主要有碳素钢和普通低合金结构钢。根据钢锭浇筑前脱氧程度不同，碳素钢又可分为镇静钢和沸腾钢两种。镇静钢是在浇筑钢锭前先进行脱氧，因此它的机械性能、韧性、焊接性及高、低温状态下的稳定性等都比沸腾钢好，制作输水管道所采用的钢材必须是 Q235 镇静钢。

Q235 镇静钢的化学成分、机械性能见表 2-2-25（1）和表 2-2-25（2）。

Q235 镇静钢的化学成分表　　　　　　　　　　　　　　表 2-2-25（1）

碳 C	硅 Si	锰 Mn	磷 P	硫 S
			不小于	
0.14～0.22	0.12～0.30	0.40～0.65	0.045	0.055

Q235 镇静钢的机械性能表　　　　　　　　　　　　　　表 2-2-25（2）

屈服强度 σ_s（kg/mm²）			抗拉强度 σ_b（kg/mm²）	延伸率（%）不小于		180°冷弯试验 d=弯心直径 α=试样厚度
钢板厚度（mm）				δ_5	δ_{10}	
4～20	20～40	40～60				
24	23	22	38～40	27	23	$d=0.5\alpha$
			41～43	26	22	
			44～47	25	21	

制作钢管的另一种钢材为普通低合金结构钢，它是在普通钢的基础上，掺入少量或微量的合金元素（一般不超过 3%～5%）。普通低合金结构钢中常见的合金元素有锰、硅、钛、钼、钒、铜、铌等。常用于制作钢管的普通低合金结构钢化学成分、机械性能见表2-2-25（3）、表 2-2-25（4）。

各种普低钢的化学成分表（YB13—69）　　　　　　　　　表 2-2-25（3）

序号	钢号		化学成分（%）								
	牌号	代号	碳 C	锰 Mn	硅 Si	钒 V	钛 Ti	铜 Cu	氮 N	硫 S	磷 P
1	16 锰	16Mn	0.12～0.20	1.20～1.60	0.20～0.60					≤0.05	≤0.05
2	16 锰铜	16MnCu	0.12～0.20	1.20～1.60	0.20～0.60			0.20～0.40		≤0.05	≤0.05
3	15 锰钒	15MnV	0.12～0.18	1.20～1.60	0.20～0.60	0.04～0.12				≤0.05	≤0.05
4	15 锰钛	15MnTi	0.12～0.18	1.20～1.60	0.20～0.60		0.12～0.20			≤0.05	≤0.05
5	15 锰钒氮	15MnVN	0.12～0.20	1.20～1.60	0.20～0.50	0.05～0.12			0.12～0.020	≤0.05	≤0.05
		15MnVNT	0.12～0.20	1.30～1.70	0.20～0.50	0.16～0.25			0.014～0.022		

序号	钢号 牌号	钢号 代号	钢板厚度（mm）	屈服强度 σ_s（kg/mm²）	抗拉强度 σ_b（kg/mm²）	延伸率 σ_s（%）	180°冷弯试验 d=弯心直径 α=试样厚度
				不	小	于	
1	16 锰	16Mn	≤16	35	52	21	$d=2\alpha$
			17～25	33	50	19	$d=3\alpha$
	16 锰铜	16MnCu	26～36	31	48	19	$d=3\alpha$
			38～50	29	48	19	$d=3\alpha$
2	15 锰钒	15MnV	<5	42	56	19	$d=2\alpha$
			5～16	40	54	18	$d=3\alpha$
			17～25	38	52	17	$d=3\alpha$
			26～36	36	50	17	$d=3\alpha$
			38～60	34	50	17	$d=3\alpha$
3	15 锰钛	15MnTi	≤25	40	54	19	$d=3\alpha$
			26～40	38	52	19	$d=3\alpha$
4	15 锰钒氮	15MnVNT	≤10	48	65	17	$d=2\alpha$
			11～25	45	60	18	$d=3\alpha$
			26～38	42	56	17	$d=3\alpha$
			40～50	40	54	17	$d=3\alpha$

制作钢管，普通钢比碳素钢具有较高的强度，制作的钢管管壁薄、重量轻、安装方便。

2-2-26　常见的直缝焊接钢管规格有多少？

答：见表 2-2-26。

直线焊接钢管参考规格　　　　　　　　　表 2-2-26

DN（mm）	外径（mm）	壁厚（mm） 4.5	6	7	8	9	10	12	14
		单位重量（kg/m）							
150	159	17.15	22.64						
200	219		31.51		41.63				
225	245			41.09					
250	273		39.51		52.28				
300	325		47.20		62.54				
350	377		54.89		72.80	81.6			
400	426		62.14		82.46	92.6			
450	478		69.84		92.72				
500	530		77.53			115.6			
600	630		82.33			137.8	152.9		
700	720		105.6		140.5	157.8	175.8		
800	820		120.4		160.2	180.0	199.8	239.1	
900	920		135.2		179.9	202.0	224.4	268.7	
1000	1020		150			224.4	249.1	298.3	
1100	1120				219.4		273.7		
1200	1220				239.1		298.4	357.5	
1300	1320				258.8			387.1	
1400	1420				278.6			416.7	
1500	1520				298.3			446.3	
1600							397.1		554.5
1800							446.4		632.5

2-2-27　镀锌管为何被禁止使用？

答：镀锌管亦称水煤气管，可分为热镀锌钢管和冷镀锌钢管。在 20 世纪 80 年代前人们普遍采用冷镀锌钢管作为给水管材，20 世纪 90 年代后开始采用热镀锌钢管。由于镀锌钢管在酸碱环境中容易腐蚀，现已在城市建筑室外给水中被禁止使用。

钢管的连接方式一般为焊接。镀锌管的连接方式为丝扣连接，一般情况下不允许焊接，否则焊接部分镀锌层被损坏，接头部位易腐蚀。

2-2-28　GB/T 11836 排水管产品分类是怎样的？

答：产品按有无钢筋分为混凝土管（CP）和钢筋混凝土管（RCP），以下简称管子，按外压荷载分级，其中混凝土管分为Ⅰ、Ⅱ两级，钢筋混凝土管分为Ⅰ、Ⅱ、Ⅲ三级。其规格、外压荷载级别和内水压力分别见表 2-2-28（1）和表 2-2-28（2）。

混凝土管规格、外压荷载级别和内水压力　　　　　　　　　　　表 2-2-28（1）

公称内径 D_0 (mm)	有效长度 $L \geqslant$ (mm)	Ⅰ级管			Ⅱ级管		
		壁厚 $t \geqslant$ (mm)	破坏荷载 (kN/m)	内水压力 (MPa)	壁厚 $t \geqslant$ (mm)	破坏荷载 (kN/m)	内水压力 (MPa)
100		19	12		25	19	
150		19	8		25	14	
200		22	8		27	12	
250		25	9		33	15	
300	1000	30	10	0.02	40	18	0.04
350		35	12		45	19	
400		40	14		47	19	
450		45	16		50	19	
500		50	17		55	21	
600		60	21		65	24	

钢筋混凝土管规格、外压荷载级别和内水压力　　　　　　　　　　表 2-2-28（2）

公称内径 D_0 (mm)	有效长度 $L \geqslant$ (mm)	Ⅰ级管				Ⅱ级管				Ⅲ级管			
		壁厚 $t \geqslant$ (mm)	裂缝荷载 (kN/m)	破坏荷载 (kN/m)	内水压力 (MPa)	壁厚 $t \geqslant$ (mm)	裂缝荷载 (kN/m)	破坏荷载 (kN/m)	内水压力 (MPa)	壁厚 $t \geqslant$ (mm)	裂缝荷载 (kN/m)	破坏荷载 (kN/m)	内水压力 (MPa)
200		30	12	18		30	15	23		30	19	29	
300		30	15	23		30	19	29		30	29	44	
400		35 (40)	17	26		40	27	41		40	39	59	
500		52 (50)	21	32		50	32	48		50	49	74	
600		50 (55)	25	38		60	40	60		60	60	90	
700		55 (60)	28	42		70	47	71		70	67	100	
800		65 (70)	33	50		80	54	81		80	77	115	
900		70 (75)	37	56		90	61	92		90	87	130	
1000		75 (85)	40	60		100	69	100		100	94	141	
1100		85 (95)	44	66		110	74	110		110	108	162	
1200	2000	90 (100)	48	72	0.06	120	81	120	0.10	120	119	179	0.10
1350		105 (115)	55	83		135	90	140		135	134	201	
1500		115 (125)	60	90		150	99	150		150	151	226	
1650		125 (140)	66	99		165	110	170		165	166	249	
1800		140 (150)	72	110		180	120	180		180	183	274	
2000		155 (170)	80	120		200	134	200		200	204	305	
2200		175 (185)	84	130	220	145	220		220	227	340	
2400		185 (200)	90	140		230	152	230		230	250	376	
2600		220	104	156		235	172	260		235	272	407	
2800		235	112	168		255	185	280		255	296	445	
3000		250	120	180		275	198	300		275	317	475	

注：括号内数值为推荐壁厚。

2-2-29 钢筋混凝土管子原材料有哪些？

答：1）原材料（骨料）

（1）水泥宜采用强度等级不低于 32.5 的硅酸盐水泥　普通硅酸盐水泥或矿渣硅酸盐水泥，也可采用强度等级不低于 32.5 的快硬硅酸盐水泥、抗硫酸盐硅酸盐水泥、快硬硫铝酸盐水泥。水泥性能应分别符合现行规定。

（2）细骨料宜采用硬质中砂，细度模数 M_x 为 2.3～3.0。粗骨料最大粒径对混凝土管不得大于壁厚的 1/2，对钢筋混凝土管不得大于壁厚的 1/3，并不得大于环向钢筋净距的 3/4。骨料性能应分别符合现行的规定。

（3）混凝土允许掺加外加剂及掺合料。当掺加外加剂时，应符合《混凝土外加剂》GB 8076 的规定；当掺加粉煤灰掺合料时，应符合《用于水泥和混凝土中的粉煤灰》GB 1596 的规定；当掺加其他掺合料时，应符合其他相应标准的规定。

（4）混凝土拌合用水应符合《混凝土用水标准》JGJ 63 的规定。

（5）钢材宜采用冷轧带肋钢筋、钢筋混凝土用热轧带肋钢筋，也可采用冷拔低碳钢丝、低碳钢热轧圆盘条。钢材性能应分别符合现行规范的规定。

2）钢筋骨架

（1）钢筋骨架宜采用滚焊成型。

（2）环向钢筋的搭接处理，应符合现行规范规定。

（3）钢筋骨架的环向钢筋间距不得大于 150mm，并不得大于管壁厚度的三倍。钢筋直径不得小于 3.0mm，骨架两端的环向钢筋应密缠 1～2 圈。

（4）钢筋骨架的纵向钢筋直径不得小于 3.0mm，根数不得少于六根，手上绑扎骨架的纵向钢筋环向间距不得大于 300mm，滚焊骨架的纵向钢筋环向间距不宜大于 400mm。

（5）公称内径小于等于 1000mm 的管子，宜采用单层配筋，配筋位置在距管内壁 2/5 处，公称内径大于 1000mm 的管子宜采用双层配筋。

2-2-30 钢筋混凝土管子技术要求有哪些？

答：1）混凝土强度

制管用混凝土强度等级不得低于 C30，用于制作顶管的混凝土强度等级不宜低于 C40。

2）外观质量

（1）管子内、外表面应平整，管子应无粘皮、麻面、蜂窝、塌落、露筋、空鼓。

（2）混凝土管不允许有裂缝。钢筋混凝土管外表面不允许有裂缝，内表面裂缝宽度不得超过 0.05mm。表面龟裂和砂浆层的干缩裂缝不在此限。

（3）合缝处不应漏浆。

（4）在下列情况下，管子允许进行修补：

①外表面凹深不超过 5mm，粘皮、麻面、蜂窝深度不超过壁厚的 1/5，其最大值不超过 10mm，且总面积不超过外表面积的 1/20，每块面积不超过 $100cm^2$；

②内表面有局部塌落，但没有露出环向钢筋，且塌落面积不超过管子内表面积的 1/20，每块面积不超过 $100cm^2$；

③合缝漏浆深度不超过壁厚的 1/4，长度不超过管长的 1/4；

④端面碰伤纵向长度不超过 100mm，环向长度限值不超过表 2-2-30（1）规定。

3）尺寸允许偏差（部分）

（1）柔性接口甲型、乙型和丙型承插口管尺寸允许偏差见表 2-2-30（2）。

（2）柔性接口企口管尺寸允许偏差见表 2-2-30（3）。

（3）刚性接口企口管尺寸允许偏差见表 2-2-30（4）。

端面碰伤环向长度限值（mm） 表 2-2-30（1）

公称内径 D_0	碰伤环向长度限值	公称内径 D_0	碰伤环向长度限值
100～200	45	1000～1500	105
300～500	60	1650～2400	120
600～900	80	2600～3000	135

（4）管子端面倾斜的允许偏差为：公称内径小于 1000mm 时，允许偏差为小于或等于 10mm；公称内径大于或等于 1000mm 时，允许偏差为小于或等于公称内径的 1%，并不得大于 15mm。

柔性接口甲型、乙型和丙型承插口管尺寸允许偏差（mm） 表 2-2-30（2）

公称内径 D_0	产品等级	管子尺寸			接口尺寸				
		D_0	t	L	D_3	L_1	D_2	D_1	L_2
300～800	优等品	+4 −6	+6 −2	+15 −10	±1	±3	±1	±1	±2
	一等品	+4 −8	+8 −2	+18 −10	±2	+4 −3	±2	±2	±3
	合格品	+6 −8	+8 −3	+18 −12	±2	+4 −3	±2	±2	±3
900～1500	优等品	+6 −8	+8 −3	+15 −10	±1	±3	±1	±1	±2
	一等品	+6 −10	+10 −3	+18 −12	±2	+4 −3	±2	±2	±3
	合格品	+8 −10	+10 −4	+20 −14	±2	+4 −3	±2	±2	±3

柔性接口企口管尺寸允许偏差（mm） 表 2-2-30（3）

公称内径 D_0	产品等级	管子尺寸			接口尺寸			
		D_0	t	L	D_2	L_1	D_1	L_2
1350～1500	优等品	+6 −8	+8 −3	+15 −10	±1	±3	±1	±2
	一等品	+6 −10	+10 −3	+18 −12	±2	+4 −3	±2	±3
	合格品	+8 −10	+10 −4	+20 −14	±2	+5 −3	±2	±4
16500～1800	优等品	+6 −10	+10 −3	+15 −10	±1	±3	±1	±2
	一等品	+8 −12	+12 −4	+18 −12	±2	+4 −3	±2	±3
	合格品	+10 −14	+14 −5	+20 −14	±2	+5 −3	±2	±4

刚性接口企口管尺寸允许偏差（mm） 表 2-2-30（4）

公称内径 D_0	产品等级	管子尺寸			接口尺寸			
		D_0	t	L	D_1	L_1	D_2	L_2
1100～1500	优等品	+6 −8	+8 −3	+15 −10	±2	±2	±2	±2
	一等品	+6 −10	+10 −3	+18 −12	±3	±3	±3	±3
	合格品	+8 −10	+10 −4	+20 −14	±4	±4	±4	±4
16500～1800	优等品	+6 −10	+10 −3	+15 −10	±2	±3	±2	±3
	一等品	+8 −12	+12 −4	+18 −12	±3	±4	±3	±4
	合格品	+10 −14	+14 −5	+20 −14	±4	±5	±4	±5
2000～2400	优等品	+8 −10	+10 −4	+15 −10	±2	±4	±2	±4
	一等品	+8 −12	+12 −4	+18 −12	±3	±5	±3	±5
	合格品	+10 −14	+14 −5	+20 −14	±4	±6	±4	±6
2600～3000	优等品	+8 −12	+12 −4	+15 −10	±2	±5	±2	±5
	一等品	+10 −14	+14 −5	+18 −12	±3	±6	±3	±6
	合格品	+12 −16	+16 −6	+20 −14	±4	±7	±4	±7

4）保护层厚度

环筋的内、外混凝土保护层厚度：当壁厚小于或等于 40mm 时，不应小于 8mm；当壁厚大于 40mm 且小于等于 100mm 时，不应小于 12mm；当壁厚大于 100mm 时，不应小于 20mm。

2-2-31 钢筋混凝土管子标志是怎样的？

答：（1）标志

每根管子出厂前，应在管子表面标明：企业名称、商标、产品标记、生产日期和严禁碰撞字样。

（2）出厂证明书

管子出厂时，应随带企业统一编号的出厂证明书，其内容应包括：

①企业名称、生产日期；

②产品标记、质量等级及数量；

③检验结果；

④检验部门及检验人员签章。

2-2-32 管子包装、运输、贮存有什么要求？

答：1）包装

根据用户要求，为防止在运输过程中管子损坏，管子两端可用软质物品包扎。

2）运输

起吊管子应轻起轻落，装卸时不允许管子自由滚动和随意抛掷，运输途中严禁碰撞。

3）贮存

管子应按品种、规格、外压荷载级别、质量等级及生产日期分别堆放，堆放场地要平整、堆放层数不宜超过表 2-2-32 的规定。

管子堆放层数   表 2-2-32

公称 D_0 mm	100～200	250～400	450～600	700～900	1000～1350	1500～1800	≥2000
层数	7	6	5	4	3	2	1

2-2-33 管子试验仪器设备有哪些？

答：外观质量检查、尺寸、外压荷载和内水压试验用的主要仪器、设备和量具见表 2-2-33。

试验用主要仪器设备和量具（mm）   表 2-2-33

序号	名称	测量范围	精确度	分度值	标准代号
1	内压试验机：由压力表、堵头和试验架等组成	按标准内水压检验压力配备	压力表 1.5 级	0.01MPa	GB 1226
2	外压试验机可采用以下任何一种形式： a) 由传感器、荷载数显仪、油泵和试验架等组成； b) 由压力表、千斤顶和试验架等组成	按标准破坏荷载配备	荷载数显仪 ±3‰ 传感器 ±1‰		GB/T 13335
			压力表 1.5 级		GB 1226
3	裂缝宽度测量可采用以下任何一种量具： a) JC-10 读数显微镜； b) 混凝土裂缝检验规	0～8	±0.01	0.01	GB 3719
4	内径尺寸的测量可采用以下任何一种量具： a) 内径千分尺； b) 内径专用检验量具	50～1500	±0.030	0.01	GB 9057
		100～2000	±0.035	0.01	
		150～5000	±0.070	0.01	
		100～1000	±0.2	0.1	计量检定合格
		1100～2000	±0.5	0.5	
		＞2000	±1.0	1.0	
5	外径尺寸的测量可采用以下任何一种量具： a) 游标卡尺； b) 外径专用检验量具	0～150	±0.02	0.02	GB 1214
		0～500	±0.02	0.02	
		0～2000	±0.05	0.05	
		100～1000	±0.2	0.1	计量检定合格
		1100～2000	±0.5	0.5	
		＞2000	±1.0	1.0	
6	钢卷尺	3m	Ⅱ级	1	GB 10633
		5m	Ⅱ级	1	
7	深度游标卡尺	0～200	±0.02	0.02	GB 1215
8	钢直尺	0～150	±0.10	0.5	GB 9056

检验仪表和显示仪表必须满足被测值在仪表全量程的 1/5～2/3 范围内，检验仪表、显示仪表和量具精确度的选择应符合 GB/T 13283 的规定，并满足 GB 11836 等标准中各项技术要求对测量精确度的要求。

尺寸的测量读至量具的最小分度值。

2-2-34 试件外观质量检查项目有哪些？

答：1）露筋

（1）目测管体表面有无露筋；

（2）用钢卷尺测量露筋的长度。

2）裂缝

（1）检查管体表面有无可见裂缝；

（2）用读数显微镜或混凝土裂缝检验规测量裂缝的最大宽度；

（3）用钢卷尺或钢直尺测量裂缝长度。

3）合缝漏浆

（1）目测管体在管模合缝处有无漏浆；

（2）用 20 号铁丝和钢直尺测量漏浆深度；

（3）用钢直尺或钢卷尺测量每处漏浆的长度；

（4）用钢直尺测量漏浆处的最大宽度。

4）蜂窝、麻面、粘皮、塌落和空鼓

（1）目测管体有无蜂窝、麻面、粘皮和塌落，用 250g 铁锤敲击管的表面，依据声音的差异确定管体有无空鼓，并用色笔标出空鼓的范围；

（2）用 20 号铁丝和钢直尺测量蜂窝的最大深度；

（3）用拉线和钢直尺测量最大粘皮深度；

（4）上述缺陷的面积都视为一个长方形，用钢卷尺测量上述缺陷的最大长度和最大宽度。

5）端部碰伤

（1）目测管两端部有无碰伤；

（2）用钢卷尺或钢直尺测量碰伤处的环向长度和纵向深度。

6）外表面凹坑

（1）目测管体外表面有无局部凹坑；

（2）对直径小于或等于 50mm 的凹坑，直接用深度游标卡尺测量凹坑的最大深度。

对直径大于 50mm 的凹坑，用钢直尺和深度游标卡尺测量，钢直尺沿着管的纵向竖放在管体表面，用深度游标卡尺测量凹坑底部至管体表面的最大距离。

2-2-35 尺寸测点位置如何确定？

答：1）各项尺寸测点的环向位置均与合缝线成 45°圆心角，见图 2-2-35；

2）公称内径测点的纵向位置如下：

套环式管和企口式管在任一端测量，承插式管在插口端测量；

公称内径等于或小于 300mm 时，测点位置距管子端部 100mm；

公称内径大于 300mm 时，测点位置距管子端部 200mm。

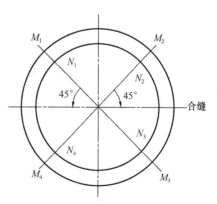

图 2-2-35　测点环向位置示意图

M_1、M_2、M_3、M_4—外径测点；

N_1、N_2、N_3、N_4—内径测点。

2-2-36 管长 L 如何测量?

答：1）每根管在相互对应的位置测量两个管的长度值；

2）对于套环式、企口式管，用钢卷尺在管的外表面测量，钢卷尺必须紧贴管外表面并与管体轴线平行，管两端测点 AB 的最小长度即为管的长度 L。见图 2-2-36a 和 b；

3）对承插式管，用钢卷尺和靠尺在管的内表面测量，靠尺必须紧贴管内表面并与管体轴线平行，钢卷尺沿靠尺侧面与管内表面接触，测量插口端部 A 点至承口立面 B 点的最小长度，AB 即为管的长度，见图 2-2-36c 和 d。

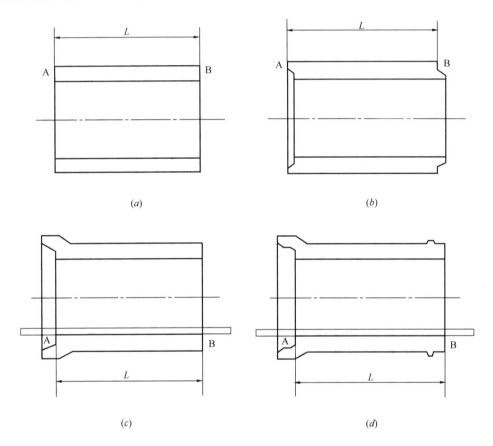

(a) (b)

(c) (d)

图 2-2-36　管长测量示意图

(a) 套环式管；(b) 企口式管；(c) 承插式甲型接口管；(d) 承插式乙型接口管

2-2-37 外压荷载试验是怎样的?

答：1）采用三点试验法，通过机械压力的传递，试验管子的抗裂荷载和破坏荷载。试验安装示意图见图 2-2-37。

2）试件

试件一个，为整根管或从管体上截取长度不小于 1m 的圆柱体；

自然养护的管龄期不少于 28 天；

蒸汽养护的管龄期不少于 14 天。

3）试验步骤

(1) 检查设备状况，设备无故障时方可试验。

(2) 将试件安置于外压试验机的下支承梁上，使管的轴线与两根硬质木梁平行。然后将上支

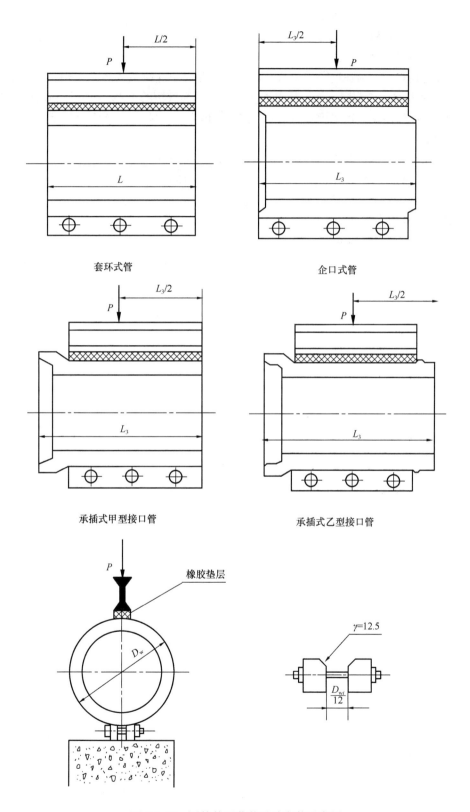

图 2-2-37　圆管外压荷载试验安装示意图

承梁安置于管上，使上、下支承梁与管的轴线平行。

（3）开动外压试验机油泵，使压板与上支承梁接触，按每分钟不大于 5kN/m 的加荷速度均匀加荷。

（4）按裂缝荷载的加荷速度分级加荷，每级加荷量为裂缝荷载的 20%，恒压 1min。逐级加荷至裂缝荷载的 80% 时，观察有无裂缝出现，无裂缝时再按裂缝荷载的 10% 加荷至裂缝荷载恒压 3min，观察裂缝并测量其宽度，若裂缝宽度较小或无裂裂，可继续加荷至裂缝宽度达到 0.2mm，读取裂缝荷载值。

（5）继续按破坏荷载分级加荷，每级加荷量为破坏荷载的 20%，恒压 1min。逐级加荷至破坏荷载的 80%，观察有无破坏，若未破坏可继续按破坏荷载的 10% 加荷至破坏荷载，恒压 3min，检查破坏情况，如仍未破坏可继续分级加荷至破坏。

4）管体已经破坏不能继续承受荷载时的荷载值为破坏荷载。

5）裂缝荷载和破坏荷载试验记录见表 2-2-37。

裂缝荷载和破坏荷载试验记录　　　　　　　　表 2-2-37

管子生产日期及编号		规格尺寸	裂缝荷载 kN/m		破坏荷载			kN/m
试验项目		单位	试 验 情 况					
裂缝荷载	荷载百分比	%	20	40	60	80	100	110
	加荷量	kN						
	测压仪表读数							
	裂缝宽度	mm						
破坏荷载	荷载百分比	%	80	90	100	110		
	加荷量	kN						
	测压仪表读数							

复核　　　　　　　　　　　　试验　　　　　　　　　　　年　月　日

6）结果计算

外压试验荷载值按下式计算。

$$P = \frac{F}{I}$$

式中　F——总荷载值，kN；

　　　L——管体圆柱体部分实际受压长度，m；

　　　P——试验荷载值，kN/m。

2-2-38　内水压试验步骤是怎样的？

答：试验步骤如下：

（1）检查试验机压力表的量程是否与试验的管子检验压力相符，检查设备状况，设备无故障时方可试验。

（2）擦掉管体表面附着水，清理管的两端。

（3）将管子安置在试验机两堵头板之间，管的两端与堵板连接处垫橡胶板（或麻垫圈），使管体轴线与堵板中心对正，将两个堵头锁紧，然后向管内充水。

（4）管内充满水排尽管内残余空气，后关闭排气阀门，开始采用加压泵加压。

（5）试压制度见表 2-2-38。

内水压试验试压制度 表 2-2-38

试验压力，MPa	试 压 制 度
0.02	升压至 0.02MPa，恒压 10min。
0.04	升压至 0.02MPa，恒压 5min；继续升压至 0.04MPa，恒压 10min。
0.06	升压至 0.04MPa，恒压 5min；继续升压至 0.06MPa，恒压 10min。
0.10	升压至 0.06MPa，恒压 5min；继续升压至 0.10MPa，恒压 10min。
>0.10	升压至检验压力的 60%，恒压 5min；继续升压至检验压力，恒压 10min。

（6）在规定的试验压力下，观察管体表面渗漏情况，并作好记录。

2-2-39 保护层厚度试验是怎样的？

答：1）试件

测定保护层厚度的试件可从下列管上抽取：

（1）外压荷载试验后的管；

（2）同批产品中因搬运损坏的管；

（3）在同批产品中随机抽样的管。

2）测点位置

（1）测点的纵向位置：

企口式管和套环式管测点 A 和 C 各距两端面 200mm，测点 B 在管的中部；承插式管测点 A 在拐点处，测点 B 在管的中部，甲型接口管测点 C 距插口端面 200mm，乙型接口管测点 C 距止胶台 50mm。

（2）测点在环向截面的分布，应使三点与圆心的夹角约为 120°。

3）试验步骤

（1）用凿子或冲击钻在测点处将管体表层混凝土凿去，不得损伤钢筋，使钢筋骨架的环向筋暴露，清除钢筋表面浮灰。

（2）用深度游标卡尺测量环筋表面到管体表面的距离，即为保护层厚度；测量时深度游标卡尺底座的长度方向应与管的轴线平行。

（3）对于公称内径等于或小于 ϕ600mm 的管，因凿去管体内壁表层混凝土困难，凿通测点，可用钢卷尺（或钢板尺）测量测点处管壁厚度，用游标卡尺测量环向钢筋直径，内保护层厚度可按下式计算。

$$t_{内} = h - (t_{外} + d)$$

式中 $t_{内}$——内保护层厚度，mm；

　　　h——管壁厚度，mm；

　　　$t_{外}$——外保护层厚度，mm；

　　　d——环向钢筋直径，mm。

（4）保护层厚度亦可在测点处钻取一个试样并进行测量。

2-2-40 吸水率试验是怎样的？

答：1）试件

从外压荷载试验后的管两端和中部各取一块试件，截取试件的面积不得小于 100cm²，钻取芯样直径不得小于 5cm，试件厚度与管壁厚度相同。

2）试验设备

（1）混凝土切割机或金刚石钻机。

（2）托盘天平，最大称量 10kg，感量 1g。

（3）电热鼓风恒温干燥箱。

（4）水槽。

3）试验步骤

（1）将试件放入电热鼓风恒温干燥箱内，彼此距离 2～5cm。

（2）将电热鼓风恒温干燥箱温度升至（110±5）℃，对试件进行鼓风干燥，干燥处理时间按表 2-2-40 规定。

试件干燥处理时间表　　　　　　　　　　　　表 2-2-40

试件类型	试件尺寸（mm）	干燥处理时间（h）
钻取（或截取）试件	厚度＜38	≥24
	厚度 38～7	≥48
	厚度＞76	≥72

（3）试件在干燥处理的过程中，在不小于 6h 间隔内连续在热状态下称量两次，试件质量减少≤0.1％，就认为试件已到恒重。

（4）从电热鼓风恒温干燥箱中取出试件放在干燥器中，冷却到室温，称其干燥状态下的质量 G_1。

（5）称重后的试件放入盛有净水的水槽内，水温为（20±3）℃，水面高出试件 5cm，浸泡 24h 后，取出用湿毛巾擦去表面附着水，并立即称其含水状态下的质量 G_2。

4）结果计算

（1）每个试件的吸水率按下式计算

$$W = \frac{G_2 - G_1}{G_1} \times 100\%$$

式中　W——吸水率，％；

　　　G_1——试件干燥状态下的质量，g；

　　　G_2——试件含水状态下的质量，g。

（2）取三个试件的算术平均值作为该组试件的吸水率，计算至小数点后面第三位。

2-2-41　外压荷载试验机的技术要求是什么？

答：1）外压荷载试验机必须有足够的强度和刚度，以便荷载的分布不受任何部位变形的影响。设备的组合除主机外，另有上、下两个支承梁组成。上、下支承梁均延伸到试件的整个检验长度上。检验时，通过刚性上支承梁将荷载传递到试件上。

2）上支承梁为一钢梁，钢梁的刚度为在最大荷载下它的弯曲不超过管检验长度的 1/720，钢梁上装一根与梁同长，与梁底面同宽，厚度不小于 25mm 的橡胶垫板，其硬度为邵氏硬度 45～60。

3）下支承梁由两块硬木条组合而成，其断面尺寸为宽度不小于 50mm，厚度不小于 25mm。硬木条与管子接触处应做成半径为 12.5mm 的圆弧，两木条之间的净距离为管子外径的 1/12，但不得小于 25mm。

4）外压荷载试验机见示意图 2-2-41，试验机应保证测量荷载误差为±2％，加荷速度可控制。

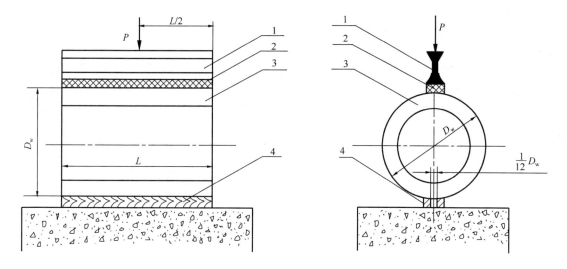

图 2-2-41　外压荷载试验机示意图

1—钢横梁；2—橡胶垫；3—管子；4—方木条

2-2-42　内水压试验机有几种？

答：内水压试验机有卧式及立式两种。

2-2-43　复试钢筋混凝土管材（内外压试验）是怎样的？

答：每种产品任意抽 2 件，其中一件检验外压强度。裂缝荷载值，另一件作为内压抗渗检验。检验时，如有一根管的物理力字性能不符合标准规定，应从同批产品中抽取加倍根数进行复验；复验后如仍有一根不符合规定时，对该批产品需逐根检验或判定该批产品不合格。

1）混凝土和钢筋混凝土排水管外压荷载试验方法

采用国际上广泛应用的三点试验法，通过机械压力的传递，求得管体最大线性荷载值。适用于混凝土和钢筋混凝土排水管产品进行出厂检验或型式检验。

（1）外压试验机如图 2-2-43（1）所示。

外压试验机必须有足够的强度和刚度，整机应该检验合格，才能使用。

设备的组合除主机外，另有上、下两个支承梁组成。上、下支承梁均延伸到试件的整个长度上。试压时，通过刚性上支承梁将荷载传递到试件整个长度上。

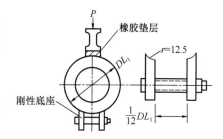

图 2-2-43（1）　圆管三点法试验示意图

DL_1—管材的外径；P—外力

上支承梁为一刚性梁。上装一根与梁同长，与底面同宽，厚度不小于 25mm 的橡胶条，其硬度为邵氏硬度 45～60 度。

下支承梁由两块硬木条组合而成，其断面尺寸，宽度不小于 50mm，厚度不小于 25mm，硬木条与管皮接触处应作半径为 12.5mm 的圆弧，两木条之间的净距为管子外径的 1/12，但不小于 25mm。

外压试验机的示值误差为±2%。

（2）试验仪器：用以测量裂缝宽度的 20 倍读数放大镜和用以测量管材变形的百分表以及配套使用的磁性表座。

（3）试验步骤：

①经过外观、尺寸偏差检查，判定合格的排水管，进行外压荷载试验。

②将试件安置于外压试验机的下支承梁上，使管子轴线与两根硬木梁平行，然后将上支承梁安放于管子上，使上、下支承梁与管轴线对中。开动油泵或千斤顶使压板与上支承梁接触，均匀加荷。

（4）外压强度检验评定和检查方法：混凝土和钢筋混凝土管在外压安全荷载、裂缝荷载作用下，不得出现裂缝。

①安全荷载的加荷速度，按每分钟不大于5kN/m均匀地分级加荷至标准规定值，静置不少于2min，观察管子内表面，以不出现裂缝为合格。

②裂缝荷载在安全荷载作用下，继续按每分钟不大于5kN/m均匀地分级加荷，每级加荷量为裂缝荷载的20%，4级加荷至裂缝荷载的80%，静置不少于5min，观察裂缝出现。无裂缝时再按裂缝荷载的10%加荷至裂缝荷载，恒压8min，用20倍读数放大镜观察裂缝宽度，管子、表面裂缝宽度小于0.25mm为合格。

③破坏荷载检查方法：混凝土管在裂缝荷载作用下，继续按每分钟不大于5kN/m荷载速度均匀逐级加荷至破坏荷载的80%，观察有无裂缝现象，若未破坏，可继续按破坏荷载的10%加荷至破坏荷载，恒压时间3min，检查破坏情况，如未破坏则合格。

④对外压机和仪表要求：外压试验机和仪表必须经计量部门校验，并在有效检测期内，外压机精度要求控制在±2%误差范围之内。

⑤外压强度试验中的安全荷载、裂缝荷载和破坏载荷三项都达到标准要求为合格，三项中若有一项未达到要求，还可复试两根管子，复试全部达到合格为合格。若仍有一根管子中有一项未达到要求，则判为不合格。

⑥外压试验荷载计算公式：

$$P = \frac{F}{L}$$

式中　　F——总荷载值，kN；
　　　　L——管体实际受压长度，m；
　　　　P——试验荷载值，kN/m。

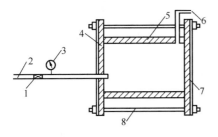

图 2-2-43（2）　内水压试验机示意图
1—阀门；2—进水管；3—压力表；
4—橡胶垫；5—混凝土管；6—排
气管；7—堵板；8—拉杆

2）混凝土和钢筋混凝土排水管内水压试验

内水压试验机见示意图 2-2-43（2）。

（1）试验步骤：将试件安置在内压试验机上两堵头板之间，管子两端与堵板连接处垫以橡胶板，将两块堵头锁紧，然后向管内充水。

先使管内残余空气排尽，管内充满水后关闭排气阀门，开始采用加压泵加压。

（2）试压制度：混凝土管内水压升至 0.02MPa，恒压 10min；轻型钢筋混凝土排水管升压至 0.04MPa 时，恒压 6min，继续升压至 0.06MPa 时，恒压 10min；重型钢筋混凝土排水管升压至 0.06MPa 时，恒压 5min；继续

升压至 0.10MPa，恒压 10min。

（3）检验方法：将排水管放入内压机，两端密封。灌水排除空气，按标准要求升压，在规定压力下，管子表面均不得有水珠和淌水现象，但允许有湿迹，面积不大于总表面面积的 5%。

检查结果在标准规定范围内为合格，如内水压试验不合格，可复试两根，复试后有一根不合格，则判为不合格。内水压试验未能达到标准要求，则该批产品为不合格品。

2-2-44 水泥管厂常见产品单根重量是多少?

答:规格重量见表 2-2-44。

产品规格

表 2-2-44

品　种	规　格	内径（mm）	外径（mm）	壁厚（mm）	长度（mm）	接　口	根重（kg）
$\phi250$	250-1	250	366	58	2055	平口	289
$\phi300$	300-2	300	400	50	2055	平口	281
$\phi300$	300-1	300	366	33	2055	平口	188
$\phi350$	350-2	350	476	63	2055	平口	400
$\phi400$	400-1	400	476	38	2055	平口	270
$\phi450$	450-2	450	588	69	2055	平口	578
$\phi500$	500-2	500	588	44	2055	平口	380
$\phi550$	550-2	550	700	75	2055	平口	740
$\phi600$	600-2	600	700	50	2055	平口	520
$\phi650$	650-2	650	816	83	2055	平口	985
$\phi700$	700-2	700	816	58	2055	平口	700
$\phi750$	750-2	750	932	91	2055	平口	1235
$\phi800$	800-2	800	932	66	2055	平口	900
$\phi850$	850-2	850	1050	100	2055	平口	1532
$\phi900$	900-2	900	1050	75	2055	平口	1170
$\phi950$	950-2	950	1164	107	2055	平口	1824
$\phi1000$	$1000\text{-}\frac{2}{3}$	1000	1164	82	2055	平口	1420
$\phi800$	800-特$_2$	800	960	80	3000	钢套筒	1660
$\phi880$	880-特$_1$	880	1050	85	2000	企口	1287
$\phi1050$	1050T$_1$-T$_6$	1050	1278	114	2000	企口	2100
$\phi1100$	$1100\text{-}\frac{2}{3}$	1100	1278	89	2000	平口	1690
$\phi1150$	1150T$_1$—T$_6$	1150	1400	125	2000	企口	2502
$\phi1200$	1200-2	1200	1400	100	2000	企口	2100
$\phi1250$	1250-2	1250	1446	98	2000	平口	2100
$\phi1300$	1300T$_1$-T$_4$	1300	1560	130	2000	企口	2890
$\phi1350$	1350T$_1$-T$_6$	1350	1634	142	2000	企口	3450
$\phi1400$	1400-3	1400	1634	117	2000	企口	2790
$\phi1500$	1500-3	1500	1750	125	2000	平口	3260
$\phi1550$	1550T$_1$-T$_6$	1550	1870	160	2000	企口	4300
$\phi1600$	1600T$_1$-T$_4$	1600	1910	155	2000	企口	4270
$\phi1750$	1750T$_1$-T$_6$	1750	2100	175	2085	企口	5528
$\phi1800$	1800T$_4$-T$_4$	1800	2100	150	2085	企口	4802

2-2-45 鸭嘴阀（橡胶柔性止回阀）有何特点？

答： 橡胶柔性止回阀，又叫"鸭嘴阀"，已被广泛应用于城市截污管网系统及城市排洪体系中。有以下特点：

1）"鸭嘴阀"100％采用橡胶材质，不含任何金属配件，不会腐蚀生锈，没有机械部件故障的忧虑，无需维护。

2）由于其独特的材质和结构，使"鸭嘴阀"即使被固体物质夹塞，也依然能够严密关闭。

3）"鸭嘴阀"工作时没有噪音，非常安静。

4）"鸭嘴阀"通过内外压差来实现关闭，不需要任何电力或人力，因而对排洪或雨水排放来说是绝佳之选。

（1）内部压力＞外部压力时，鸭嘴阀自动打开；

（2）外部压力＞内部压力时，鸭嘴阀自动关闭。

2-2-46 碳纤维布是种什么材料？

答： 碳纤维布材是一种单向碳纤维材料，用于结构构件的抗拉、抗剪和抗震加固，该材料与配套胶粘剂共同使用，可构成完整的性能卓越的碳纤维布材体系。

使用碳纤维布的目的在于改进结构构件，应确定基面的状况从而保证其能够将荷载传递至结构表面。

2-2-47 使用碳纤维布的优点有哪些？

答：（1）重量轻，易施工。

（2）高抗拉强度，高弹模。

（3）柔软，适用于各种形状构件。

（4）优良的抗疲劳性能。

（5）厚度小，便于交叉重叠。

2-2-48 碳纤维布使用要点有哪些？

答： 碳纤维布体系是一种高强独特的高技术材料，可提供两种厚度，适用于各种构件的加固工程。

1）基面处理

同板材系列基面处理，处理部分有尖锐棱角的结构构件都应打磨成圆角，最小内径为20mm。

由于使用碳纤维布材的目的，在于改进结构构件，应确定基面的状况从而保证其能够将荷载从布料传递至结构表面。

2）施工工法要点：

（1）根据产品数据表的施工方法混合及使用底胶，将它涂抹在处理过的基面上。

（2）根据产品数据表的施工方法混合及使用找平胶，将它均匀刷涂至已做过底胶的基面上，要求平整。

（3）按规定配比配制好面胶均匀地在已做过底胶及找平胶的基面上均匀涂抹一层，将布材按规定位置粘贴，并使用刮板反复刮压直至面胶充分浸润即可。

3）贮存

碳纤维板材应保存于凉爽、干燥环境中，避免日照。

2-2-49 常用管材适用条件是什么？

答： 现将一般常用管材性质与适用条件综合分析，如表2-2-49所示。

常用管材性质及适用条件　　　　　　　　表 2-2-49

管材种类	优　点	缺　点	适用条件
钢管及铸铁管	质地坚硬，抗压抗震性强。管节长，接口少	价格较高。耐酸碱性与防腐蚀性差	适用于内外高压或抗渗漏要求高的地段，如泵站进出水管，穿越铁路、河流、山谷等地段和架空管
陶土管	耐酸碱，抗腐蚀性强，便于制造	质脆、易碎、不能承受内压，管节短，接口多，管径小，一般≤600mm	适用于排除侵蚀性的污水或管外有侵蚀性地下水的自流管
砖砌体管沟	可砌筑各种形式断面，抗蚀性好，可就地取材	断面小于 800mm 时不易施工。施工工期长	适用大型断面下水道工程
混凝土及钢筋混凝土管	造价低，耗费钢材少。能预制和现场浇制，可根据不同内外压分别制造无压与低压、预应力管、以及重型管。可采用预制管，现场施工工期短	管节较短，接头多，大口径管重量大，不易搬运。易被酸碱性污水侵蚀破坏	混凝土管适用于管径小的无压管道。钢筋混凝土管适用于自流管、压力管，并能用于穿越铁路、河流及山谷地段
塑料管（PVC管）	管内壁光滑，粗糙度小，重量轻，耐酸碱，抗渗性好，施工方便	造价高于混凝土管，低于金属管	适用于有抗渗耐腐蚀要求的小型排水管道

2-2-50　按污水性质怎样选择管材？

答：按污水性质选用管材，如表 2-2-50 所示。

污水性质与管材选用　　　　　　　　　　表 2-2-50

污水性质		管材选用
中性	pH＝7	各种管材均可
弱碱性	pH＝8～10	各种管材均可
强碱性	pH≥10	铸铁管、钢管、砖沟、塑料管
弱酸性	pH＝5～6	陶土管、石棉水泥管、塑料管
强酸性	pH＜5	陶土管、砖沟、塑料管

2-2-51　常见管材的优缺点及应用范围有哪些？

答：我们在具体的使用过程中，要根据管材的优缺点及使用的范围，选择合适的管材，才能达到预期的目的。

目前，常见管材的优缺点及应用范围见表 2-2-51 所示。

表 2-2-51

管 材	主要优缺点	应 用 范 围
钢管	耐高压、韧性好、抗不均匀沉降、管壁薄、管件制作简单、安装方便，但耐锈蚀性差	主要应用在大口径管道、地质条件较差及复杂地质条件的地方
铸铁管	耐锈蚀性强、抗拉强度高、延伸性和弯曲性好、安装方便，但抗不均匀沉降较差	主要应用于口径在 150~800、地质条件较好的地方
水泥管	耐锈蚀性强、输水能力不易下降、安装方便、可以节约大量钢材，但脆性强、抗不均匀沉降较差	主要应用于口径在 400~1600mm、地质条件较好、酸碱性的土壤中
塑料管	管壁光滑、水力性能好、不易腐蚀、施工运输方便，但强度低、刚性差、在阳光下易老化	主要应用于口径在 20~300mm、地质条件较好的土壤中
复合管	管壁光滑、水力性能比较好、不易腐蚀、具有定的刚性、施工运输方便，但易剥离	主要应用于口径在 100mm 以下的管道，对地质条件要求较小

2-2-52　闸阀和闸门是种什么装置？

答：闸阀和闸门作为流体管路的控制装置，随管路的产生而产生，阀门的最基本的功能是接通或切断管路介质的流通。利用阀门可以改变管路中的介质流动方向，调节介质的压力和流量以保护管路系统的安全运行。污水处理厂无论在生活上还是生产上，使用的阀门很多，例如旋塞阀、截止阀、止回阀、闸阀、安全阀、疏水阀、闸门等都可使用，在污水管路上使用得最多的是各种型号的闸阀。

2-2-53　阀门的基本参数是什么？

答：阀门的最基本的参数是公称通径（即阀门规格的大小）、公称压力（即工作压力的范围）和适用介质。

公称通径，代号 DN，单位，mm，我国规定的管子和管路附件的公称通径（GB/T 1047—2005）系列为：3、6、10、15、20、25、32、40、50、65、80、100、125、150、（175）、200、（225）、250、300、350、400、450、500、600、700、800、900、1000、1200、1400、1600、1800、2000、2200、2400、2600、2800、3000。（带括号的为特殊阀门）

公称压力，代号为 PN，单位，MPa。我国"管子和管路附件的公称压力和试验压力"GB/T 1048—2005 如下：1、2.5、4、6、10、16、25、40、64、100、160、200、250、320、400、500、640、800、1000。

在污水处理厂一般遇到的阀门压力均在 1.0MPa 以下，不适当地选用过高压力的闸阀没有必要。

2-2-54　何谓闸阀？

答：闸阀是污水处理工作经常操作的机械，它主要由阀体、闸板、阀杆、阀座和密封填料等部分组成。

闸板是闸阀的启闭件，垂直地安装在阀体内，能作升降运动，并由此接通或切断水的流动。

闸阀根据闸板的结构形式来分，可分为楔式和平行式两类（见图 2-2-54）。根据阀杆能否作升降运动，分为明杆和暗杆两类。明杆闸阀的阀杆可在阀盖上自由转动，但不能上下移动，当阀杆作顺时针转动时，阀杆带动闸板一起上升，于是阀门开启，反之关闭。暗杆闸阀的阀杆固定在闸板上端，当螺母做顺时针转动时，带动阀杆使闸板上升，于是阀门开启，反之关闭，在闸板上下过程中，阀杆受阀盖限制只能转动而没有上下位移。

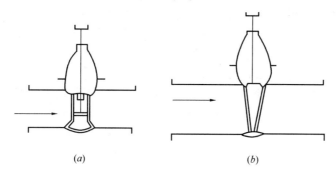

图 2-2-54　闸板示意图
（a）平行式双闸板；（b）楔式双闸板

闸阀从产生到现在，其结构变化大致经过三个阶段：第一阶段，以最直的整体楔式单阀板为代表。第二阶段楔式双闸板闸阀、弹性闸板或弹性阀座楔式闸阀得到迅速发展。第三阶段即近来广泛应用的平行式单闸板或双闸板弹性密封闸阀。

污水处理厂可能遇到的闸阀型号举例如下：

Z40H-16C　Z40H-16　Z40H-25　楔式闸阀

Z41T　Z41H-16Q　Z41H-16C　Z41H-25Q　楔式闸阀

Z44T-10　　平行式双闸板闸阀。

Z45T-10　　暗杆式楔式闸阀。

Z48T-10　　暗杆平行式双闸板闸阀。

Z445T-10　正齿轮传动暗杆楔式闸阀。

Z545T-l0　伞齿轮传动暗杆楔式闸阀。

Z548T-10　伞齿轮传动暗杆平行式双闸板闸阀。

Z945T-10　电动暗杆楔式闸阀。

闸阀型号最多由七个字母或数字构成，其意义为：

第一位字母——阀门类型。如闸阀为 Z，止回阀为 H，蝶阀为 D。

第二位数字——传动方式。正齿轮为 4，蜗轮为 3，伞齿轮为 5，电动为 9。

第三位数字——连接方式。法兰为 4，焊接为 6，内螺纹为 1，外螺纹为 2。

第四位数字——结构形式。明杆 1～4，暗杆楔式 5～6。

第五位字母——阀座密封面或衬里材料。铜合金为 T，衬胶为 J，衬铝为 Q 等。

第六位数字——公称压力数。

第七位数字——阀体材料代号，用汉语拼音字母表示。

阀门所用的填料通常应用石墨、石棉、合成塑料、合成橡胶等。近来更多用膨胀石墨、碳素纤维等材料。污水处理厂闸阀填料大多数用软性膨胀石墨填料，也有用黄油石棉绳填料的。更换填料的要求与水泵一样。

在闸阀的使用和保养方面，应注意启闭闸阀要用力平稳，不可冲击。闸阀全开或全闭后，应将手轮倒回一点点，以免下一次启闭困难，不经常启动的阀门，要定期转动手轮，对阀杆螺纹添加润滑剂，以防咬死，同时要经常保持阀门的清洁，若发现填料漏水应及时压紧或更换。

2-2-55　闸门有几种？使用注意什么？

答：闸门广泛地用于污水处理厂，泵站集水池前常设置总闸门、沉砂池进口也设有闸门，二沉池回流堰门一般都采用闸门，有些配水井出口设置闸门，设置闸门的目的是，切断水流或调节流量。

闸门的启闭装置有手动操作和电动操作两种，根据闸门大小、设置场所、水压高低及启闭频繁程度来选定，使用手动闸门时，操作手轮要求用 $10\sim15kg$ 的力就能启动闸门。电动闸门应有超负荷保护装置，并需设置限位开关和开度指示器。

闸门还分外螺旋式（明杆）和内螺旋式（暗杆）的两种，外螺旋式闸门闸杆不转动，由启闭机的内螺纹使闸板与闸杆作为一个整体进行上下运动，闸板与闸杆用销钉连接，比较牢固，其启闭机构用人力或电动机带动锥齿轮，锥齿轮内侧的内螺纹与闸杆的外螺纹啮合，使闸杆上下动作，启闭闸板，小型闸门可用手轮直接带动闸杆上下动作而启闭闸门。

外螺纹的闸门其优点是启闭闸板的必要螺旋部分在闸杆上部，便于保养和修理，其缺点是闸杆上下动作需一定的空间。

城市污水处理厂使用的闸门几乎都是外螺纹闸门。

内螺纹闸门的闸杆不作上下动作，通过闸杆转动，使闸门上下动作，闸杆上的螺纹在闸杆的下部，与闸板的内螺纹轴衬相啮合，内螺纹闸门的螺纹置于污水中，难以维修保养，引起故障的可能性大；因此，除非在没有闸杆升降空间的场合，一般不采用内螺纹闸门。

闸门座和闸板一般用铸铁的，阀杆用钢材制成。

闸门的使用，维护保养应注意以下几点：

1）外螺纹闸门的闸杆螺纹部分常暴露在空间，应用塑料或铁皮罩罩好，避免风吹雨淋。

2）罩闸杆的罩子必须有竖缝，以便观察闸杆的上下运动情况。

3）闸杆螺纹部分和锥齿轮必须经常添加润滑脂。

4）电动闸门必须有上下限位装置，限位的灵敏度应定期检查。

5）一般的电动闸门启闭器均有电动的和手动的切换装置，在手动位置时由于连锁装置开关切断电源而不能电动操作，试运转时，应检查此项连锁装置是否可靠。

6）电动闸门试运转时，可能要反复启闭闸门，此时应注意电机的运转时间不能过长，运转额定时间根据产品说明书而定，一般应小于 $15min$。

7）由于闸门常处于污水池旁，因此锈蚀比较严重，应及时油漆保养。

2-2-56　格栅是什么设备？

答：格栅是污水泵站最主要的辅助设备。它一般由一组平行的栅条组成，斜置于污水厂集水池的进口处。其倾斜角为 $60°\sim80°$，它的间隙根据水泵性能、上下游排水系统的情况以及处理厂内后续处理单元的要求确定。

格栅后设置有工作台，工作台一般高出格栅上游最高水位 $0.5m$。

对于人工清除的格栅，其工作平台沿水流方向的长度不小于 $1.2m$。机械清除的格栅，其长度不小于 $1.5m$，两侧过道宽度不小于 $0.7m$。工作平台上应有栏杆和冲洗实施。

为了收集从格栅上取下的杂物，过去都靠人工清除。有的泵站，格栅深达 $6\sim7m$，人工清除，不但劳动强度大，而且随着各种工业废水的增加，污水中蒸发的有毒气体往往对清污工人的健康有很大危害，甚至造成伤亡事故。因此，采用机械的方法清除格栅上的垃圾、杂物，已是现在的发展方向。

机械格栅能自动清除截留在格栅上的垃圾，将垃圾倾倒在翻斗车或其他集污设备内，大大减轻工人的劳动强度，同时可降低格栅的水头损失，节约电耗。

国外有的地方已经使用机械手来清洗格栅。随着我国排水事业机械化、自动化程度的提高，机械格栅也将不断完善、不断提高。有关部门正在探索其定型化标准化，使之既能在新建工程中推广使用，又能适用于老泵站的改造。

2-2-57　水泵在排水系统中功用有多大？

答：水泵是一种通用性的机械设备，它广泛应用于国民经济各个部门。在市政建设中，水泵也是一种必不可少的机械设备，由水泵组成的泵站是城市给排水工程中的枢纽。城市中排出的生活污水和工业废水，经排水管道汇集后，必须经由排水泵站将污水抽送至污水处理厂，经过处理后的污水再由另一个排水泵站（或用重力自流）排放入江河湖海，或排入农田作为灌溉之用或作为再生水循环利用。在排水系统中使用泵的场合相当多，除抽送污水和工业废水的泵站外，还有专门抽送雨水的泵站。在污水处理厂内，从沉淀池把新鲜污泥抽送到污泥消化池、从沉砂池中排除沉渣、从二次沉淀池中提送回流活性污泥等等都要用各种不同类型的泵和泵站来保证运行。

2-2-58　水泵的分为几类？

答：由于水泵应用很广，品种系列繁多，对它的分类方法也各不相同。按其作用原理可分为以下三类：

1）叶片式水泵：它对液体的压送是靠装有叶片的叶轮高速旋转而完成的。属于这一类的有离心泵、轴流泵、混流泵等。

2）容积式水泵：它对液体的压送是靠泵体工作室容积的改变来完成的。属于这一类的有活塞式往复泵、柱塞式往复泵、转子泵等。

3）其他类型水泵：这一类是指除叶片式水泵和容积式水泵外的特殊泵。属于这一类的有螺旋泵、射流泵等。

2-2-59　排水工程中水泵如何选用？

答：从排水工程来看，城市污水、雨水泵站的特点是大流量、低扬程。扬程一般在2～12m之间，流量可以超过10000m³/h，这样的工作范围，一般采用离心泵及轴流泵较合适。

其次，在一些地方，结合具体条件选用各种不同类型泵来输送水或药剂（混凝剂、消毒药剂等）时，常能起到良好效果。

2-2-60　离心泵的基本参数是什么？

答：1）流量 Q：指水泵的出水量，它表示泵在单位时间内排出液体量的大小，单位为 L/s、m³/s、m³/h 等。

2）扬程 H：俗称水头，即水泵从进水池面将水提升到高处的最高高度，加上管路的总水头损失，单位为 m。

3）转速 n：指泵轴每分钟的转数，单位为 r/min。

4）功率 N：表示水泵在单位时间内所作功的大小。单位为 kW。

5）效率 η：水泵输出的功率与输入功率的比值，它用 % 来表示。

$$\eta = \frac{rQH}{102n}$$

2-2-61　水泵代号及若干水泵的基本参数有哪些？

答：为了区别不同的水泵，给它们编制了型号，下面介绍常用污水泵、污泥泵和螺旋泵的代号及基本参数（表2-2-61）。

水泵代号的含义

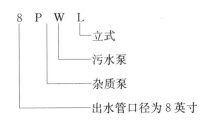

$$8 \quad P \quad W \quad L$$

立式

污水泵

杂质泵

出水管口径为8英寸

污水处理工可能操作的水泵的基本参数　　　　　　　表 2-2-61

参数 型号	Q (m³/h)	H (m)	n (r/min)	N(主轴功率) (kW)	电机功率 (kW)	效率 η(%)	叶轮直径 (mm)
4PW	108～180 72～120	27.5～24.5 12～10.5	1460 960	13.5～19.5 4～5.5	30 7.5	60～62 59～64	300
4PWA	108 180 72 101	26 23 11 10	1450 1450 970 970		30 30 7.5 7.5		
6PW	200～400	16～12	980	13.5～20	30	65～67	335
6PWL	200～400 250～450	16～12 30～23	980 1450	13.5～20 34～47	30 55	65～67 60～61	335 215
8PWL	400～700 350～650	27.5～21 15.5～9.5	980 730	50～69 23～33	75 40	58～63 64～51	465
12PWL-12	900	12	725		55	70	
250WD	650～1000	14.5～12	730	37～64	70	69.5～73	460
250WDL	750～1250	27.5～22.5	980	78～107	130	71.5～74	460
80WG	20～30 25～70 32～87 40～110	11.6～10.2 19.0～16.5 32～27 48～42.5	1440 2850 2940 2940	1.33～2.16 2.78～4.62 6.19～9.81 10.9～18.5	3 5.5 11 22	47～68 46.5～68 45～65 48～69	196 196 170 196
污泥泵 2PN 3PN 4PN	30～58 54～151 100～200	22～27 26～15 41～37	1450 1470 1470		10 22 55	33～39 32～42 46～61	265 200 340
螺旋泵 $D=300～1500$	40～1680	0.5～5	110～36		1.1～15		
MF 污水泵 (3MF—10MF) MN 污水泵 10MN—42MN	51～1400 383～11700	4.6～45.5 4～41	735～1470 290～970		3～160 11～1250	67～82 78～90	

注：MF 和 MN 污水泵系上海水泵厂引进美国 Dresser 泵公司的技术生产的新产品，品种规格很多，能输送含固体颗粒和纤维的污水，运行可靠，耗能少。

2-2-62　水泵构造有哪几部分？

答：水泵的结构大同小异，一般由以下几个部分组成：

1）进水管道：由铸铁浇制成。

2）出水短管：由铸铁浇制成，起稳定水流作用。

3）泵壳（水箱）：也叫压水室，成螺蜗状叶轮即装在它的内部，经叶片作用污水从水箱压到水管去。一般泵壳也装有一清扫孔，可用来清除垃圾及检查叶片磨损情况。

4）叶轮：离心泵叶轮构造不尽相同，有半封闭式、敞开式及封闭式三种。

5）泵轴：叶轮固定在泵轴上，泵轴经联轴器与电机连接。

6）泵壳：由泵盖和泵体组成。

2-2-63 离心污水泵的安全技术操作要点有哪些?

答: 1) 启动前的检查和准备

①检查水泵地脚螺栓, 水泵与电机各部分连接螺栓有无松动和脱落。

②用手转动靠背轮是否轻快灵活 (盘车), 如水泵内部有摩擦和撞击等异响时, 要查明原因及时修理。

③检查各轴承的润滑是否良好。

④第一次启动或重新安装的水泵, 应检查水泵的方向是否正确。

⑤检查填料箱内的填料是否发硬, 松紧程度是否合适。

⑥检查集水池水位及水泵进水管处有无杂物堵塞。

⑦检查机组附近有无妨碍运转的东西。

⑧关闭出水管道闸阀以降低启动电流。

⑨打开进水管道闸阀, 打开泵体放气阀, 向水泵进水, 同时用手转动靠背轮, 排除泵内残存空气, 直至放气旋塞有水冒出时将其关闭。

2) 启动

①按下启动按钮, 时间不得少于规定值。待水泵转速稳定后, 电流表指针摆动到指定位置时, 按下运转按钮, 使水泵进入工作状态。

②慢慢开启出水闸阀, 待压力表到规定压力为止, 水泵就投入正常运转。

③启动中要注意机组电流及声响是否正常。如不正常要停车检查, 第二次启动时间间隔: 中小型电机不低于 15min, 大型电机应更长一些, 严禁频繁启动。

3) 停车

①接到停车指令或水量不足时可以停车。

②停车前必须先关闭出水闸阀。

③停车时要先按停止按钮, 然后才可拉闸。如遇电器触点粘连等意外情况, 停止按钮失去作用时, 要立即与变电室联系停电。绝不允许将启动柜强行通电, 否则会造成严重事故。

④停车后要将设备擦拭干净, 保持无灰尘和油污, 注意设备运行过程中不得擦拭设备, 以防止意外。

⑤停车时要注意止回阀是否有效, 若不能逆止水流倒回, 要通知有关人员及时检修。

4) 运行中注意事项及维护:

①定时观察并记录电流、电压、压力等数据, 注意电动机运转时电流不能超过其额定值。应及时调整进出水闸阀, 严格控制电流越限。

②检查启动柜内电器工作状态和电机声响, 如发现不正常现象要立即停车检查。

③随时检查温升不得超过规定值, 且轴承温度最高不得超过 65℃, 否则应停车检查。

④经常倾听水泵内有无特殊异音, 如有应立即停车检查。

⑤定期检查填料箱工作情况, 外部是否发热, 压盖松紧是否合适, 压盖松紧程度一般以每分钟滴水 10～30 滴为合适。

⑥随时检查轴承的润滑情况。润滑脂不得过量或不足, 一般以充满轴承空间 1/3～1/2 为宜。当水泵连续运转 800～1000h 后, 应更换润滑油脂。

⑦集水池水位下降到规定水位以下应立即停车。要经常注意水泵进水口有无杂物堵塞, 出水口水量不可忽大忽小, 水泵不准无水空转。如出水口不出水, 要立即停车以免发生事故。

⑧操作人员应随时注意生产安全, 工作时不要接触转动部件。接触电器部件要穿绝缘鞋, 戴绝缘手套。

⑨冬季或水泵长期不用时, 应将泵内积水放出, 以免水泵冻裂或生锈。

⑩经常排除泵房内积水。

⑪检修时要切断启动柜内总电源，关闭水泵进出水闸门，并做好检修记录。

2-2-64 螺旋泵的工作原理是什么？

答：螺旋泵也称阿基米德螺旋泵。它的提水原理与我国古代的龙骨水车十分相似。如图 2-2-

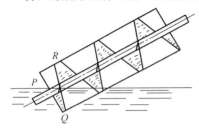

图 2-2-64（1） 提水原理

64（1）所示，螺旋泵倾斜放置在水中，由于螺旋泵对水面的倾角小于螺旋叶片的倾角，当电动机通过变速装置带动螺旋轴时，螺旋叶片下端与水接触，水就从螺旋叶片的 P 点进入叶片，水在重力作用下，随叶片下降到 Q 点，由于转动时的惯性力，叶片将 Q 点的水又提升到 R 点，而后在重力作用下，水又下降至高一级叶片的底部，如此不断循环，水沿螺旋轴被一级一级地往上提起，最后升到螺旋泵的最高点而流出。螺旋泵的转速一般在 20～90r/min。

螺旋泵装置由电动机 1、变速装置 2、泵轴 3、叶片 4、轴承座 5 和泵外壳 6 等部分组成。如图 2-2-64（2）所示。

泵体连接着上下水池，泵壳仅包住泵轴及叶片的下半部，上半部只需安装小半截挡板，以防止污水外溅。泵壳与叶片之间，既要保持一定的间隙，又要做到密贴，尽量减少液体侧流，以提高泵的效率。一般叶片与泵壳之间保持 1～4mm 左右的间隙。大中型泵壳可用预制混凝土砌块拼成，小型泵壳一般采用金属材料卷焊制成，也可用玻璃钢等其他材料制作。

图 2-2-64（2）的特性曲线表明：当进水水位升高到泵轴上边缘的 F 处，流量为最高值，假如水位继续上升，则泵的流量就不会增加。不仅如此，由于进水水位增高，叶片在水中做无用的搅拌，螺旋泵的轴功率加大，效率会下降。

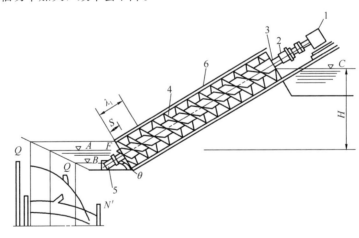

图 2-2-64（2） 螺旋泵装置

1—电动机；2—变速装置；3—泵轴；4—叶片；5—轴承座；6—泵壳

A—最佳进水位；B—最低进水位；C—正常出水位；H—扬程；

θ—倾角；S—螺距

2-2-65 螺旋泵的日常维护要注意什么？

答：1）联轴器之间的弹性圈和尼龙柱销损坏时，应立即停机，并向主管部门反映，修理后方可开机运行。

2）轴承处每周加一次钙基润滑脂。

3）下轴承座在螺旋泵停止运转，将污水排空后，可拆下其上螺钉，注入钙基润滑脂。

4）减速机的润滑油根据说明书，每半年或一年换油一次。

5）经常检查减速器油尺的油位，最低不得低于最低刻度线，最高不得高于最高刻度线，如不符合上面规定，应增减润滑油。

6）根据情况，电机每半年或者一年检修一次并加钙基润滑油脂。

7）有异常噪声和响声时，应立即停机，并向主管部门反映，待处理后方可开机运行。

8）应经常检查螺旋泵是否下移，如有下移应立即向主管部门反映，待解决后方可开机运行。

9）经常检查各部位的紧固情况，如有松动应立即紧固。

10）应保持整机的清洁。

11）长期不使用的螺旋泵，每月应运转一次。泵体不要经常停在一个位置上，以免变形。

2-2-66 排水机械离心式水泵的种类有哪些？

答：排水机械是水道施工中应用很广泛的一种机械。水泵是常用的一种排水机械，它可以排水、取水、解决滞水和堵塞问题。水泵的种类很多，根据它对转变能量的方法来分，主要有叶轮式（旋转式）和活塞式（往复式）两大类。

叶轮式水泵又分为离心式与轴流式两种基本类型。前者是利用叶轮旋转时产生的离心力来吸水与压水，后者则是利用叶轮旋转时的轴向推力来吸水、压水。而离心水泵在下水道施工中应用广泛，故着重介绍离心泵。

离心式水泵种类很多，有单级、双级、多级，级的多少是根据轴上安装的叶轮数来确定。单级的多为低压（扬程20m），双级的多为中级（扬程20～60m），多级则多为高压（扬程60m以上）。离心泵主要由水泵座、水泵壳、轴承盒、进水口、排水口、叶轮、泵轴和联结轴及配套电机组成。如图2-2-66（1）和图2-2-66（2）所示。

国内水泵编号：BA型为单级单吸，SH型为双级单吸，SD、JD为深井泵。所为单吸、双吸是指一面吸水、两面吸水、还是多面吸水的。

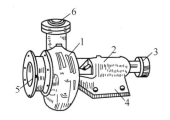

图 2-2-66（1） AB型离心水泵

1—泵壳；2—轴承盒；3—联轴节；
4—泵座；5—吸水口；6—出水口

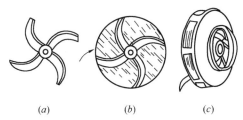

图 2-2-66（2） 离心泵叶轮结构形状

（a）开敞式；（b）半封闭式；（c）封闭式

水泵主要技术参数有：流量（单位是 m^3/h 或 L/s），扬程（单位是 m），允许吸上真空高度（单位是 mH_2O）。

为保证水泵正常工作，它的安装高度应小于允许吸上真空高度减去吸入管道的阻力损失，否则泵发生气蚀，抽不上水。

2-2-67 水泵为什么能吸水又能排水？实际扬程与名牌标示杨程是什么关系？

答：1）在市政工程施工中，水泵主要用来排除沟槽或构筑物中的积水，以及地下管道施工降低地下水位而设置的井点排水设施。施工中常用的是离心式水泵，其转速较高，输送液体的速度较快，而且是连续的，结构简单，体积小，便于操作维修。

离心式水泵是由泵体、泵盖、叶轮、泵轴等组成。通过电动机带动叶轮在泵体螺旋腔内以高速旋转，而使水在大气压力作用下，汲进进水管井入水泵内的叶轮中部空腔，并在离心力的作用下将水压出出水口，而源源不断地排出泵外。其工作原理是：汲水是依靠叶轮旋转而造成进水腔的负压，排水是依靠叶轮旋转的离心力对充满叶片间隙的水的抛掷而产生的正压。

2）水泵的扬程是指汲水扬程和压水扬程加管道阻力之和。而实际上水泵的效率一般在50%～80%之间，所以名牌上所标出的扬程，还须乘以0.5～0.8，这才是实际扬程。压水扬程＝实际扬程－汲水扬程。

2-2-68 普通离心式水泵表示方法是怎样的？

答：常用的普通离心式水泵是单汲单级式。可分为2BA—6、3AB—9、4BA—12、8BA—25等17种型号和39种规格。又可分为甲式BA型和乙式BA型两种。两种型式的构造基本相似，但乙式的泵轴轴承座与轴承托架制成一体，轴承托架中间的中空部分内放润滑油，叶轮两边各有一个口杯，因而叶轮旋转稳定性较好；此外，叶轮还有均衡孔，以平衡部分轴向力。

离心式水泵表示方法：

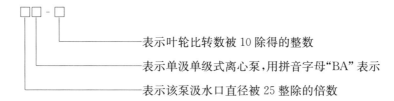

所谓比转数，是设计水泵时用于比较的一个参数。它是指水泵在最佳工作状态下，当扬程为一米，轴功率为一瓦特时的叶轮转数，当两个水泵比转数相同，则泵的几何形状和工作状态也都相类似。

2-2-69 何谓深井水泵？

答：深井水泵是一种工作部分可沉入水井中进行汲水和输水的离心式水泵。它能从20米以下的深井中收取井水。其特点是：叶轮较多（2～26个），并且串联在同一根轴上，浸没有水里。每一叶轮为一级，水由吸水锥管经第一级叶轮下面的中间进水口进入叶轮空腔内，被离心力抛向导水壳，并经壳内导水腔进入第二级叶轮，第二级叶轮又将进入自身腔内的水经第二导水壳抛向第三级叶轮，这样一级一级传递，提高了压水扬程。它的电机安装在井口盖板上，便于维护使用。

深井水泵主要型式有JD型和SD型两种。JD型适用于机井口径为4～16英寸，流量为10～520m^3/h、扬程为22～99m。SD型适用于机井口径为8～14英寸，流量为30～200m^3/h、扬程为24～120m。

2-2-70 何谓潜水泵？

答：潜水泵是将电机和水泵组合为一体放入水中工作的离心式水泵。其特点是体积小、重量轻、安装方便、移动灵活、工作适应性很强。不论任何形式的潜水泵，其泵体部分工作原理与深井水泵相似。叶轮也是多级串联而成，并一级级传递，以提高压水扬程。

潜水泵主要型式有：JQB型（半干式、压力充油式）、JQS型（充水湿式）、NQ型（充水湿式）。

2-2-71 谓空气压缩机？

答：市政工程施工中使用的风动机具的高压空气来源是由空气压缩机产生供给。是由柴油发动机或电动机作为动力驱动空气压缩机工作产生压缩空气。

空气压缩机按其压气方式有旋转式空气压缩机、离心式空气压缩机、往复式空气压缩机三类。往复式空气压缩机，具有较高的压力，所以应用较广。它有单级压缩和多级压缩之分；按气缸的排列又分为直列式、横置式、V型和W型；按冷却方式有水冷和风冷之别。

往复式空气压缩机是利用活塞在气缸中的往复运动，将进入气缸中的空气压缩的。为获得较高压力的压缩空气，空气压缩机往往采用二级或二级以上的压缩方式（即将空气进行二次或二次以上的压缩）。

往复式空气压缩机表示方法。

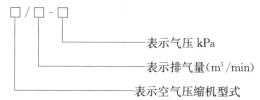

□/□-□

———— 表示气压 kPa

———— 表示排气量(m³/min)

———— 表示空气压缩机型式

2-2-72 机动绞车是怎样分类的？由哪几部分组成？

答：1）机动绞车根据动力不同可分为电动绞车（它是由电瓶车电瓶驱动直流电机式或交流电机外接电源式）、内燃机绞车（它是由柴油机或汽油机作为动力源）。机动绞车根据传动方式不同，可分为机械式（它是由机械传动）和液压式（它是由液力流传动）。机动绞车根据行走方式不同，可分为牵引式、车载式和自动行走式。如图 2-2-72 是牵引式机动绞车。

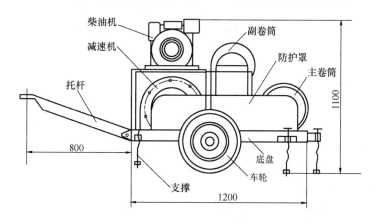

图 2-2-72 牵引式机动绞车

2）机动绞车无论何种型号和规格一般是由以下部分组成：

①动力部分（电动机、内燃机和汽车发动机）；

②取力及传动部分（有离合器、变速器、分动箱、传动轴等，液压传动的包括液压油箱、液压泵、液压马达、各种阀和液压油缸）；

③减速部分（有减速器、行星齿轮等）；

④工作部分（卷筒、钢丝绳、制动器和排序装置等）。

2-2-73 通风设备分为几种？

答：下水道通风设备按工作方式不同可分为：

①送风设备：利用具有一定风量、风压的风机风管向下水道及附建物内强制送风，同时打开临近的两个检查井，利用强制送进的风力将有毒气体驱出。有时送风用空压机进行。

②排风设备（或抽风设备）：即利用安放在检查井口的风机向外抽风，同时打开临近的两个井口，利用气体的流动将管道及附建物内的毒气抽出。

③送、排风设备：即利用双向风机，按工作需要送风，或排风。有时利用一台送风机、一台排风机在相邻的两个井口同时工作，以达到比较彻底的对某一沟段的通风效果。

④送氧设备：利用氧气源（氧气瓶）等，通过管路向下水道内工人送氧，或结合送风机向管道内压氧以改善气体条件。但是此时必须特别注意防火，防止爆炸事故。

根据通风设备的不同动力、安装结构可分为：电动式（即利用电机驱动的单独使用的通风机械）、内燃机独立式（利用汽油机或柴油机作为动力独立使用的通风设备）、车载式（安装在汽车车上，利用汽车动力驱动或具独立动力的中、大型送风设备）。此设备具有机动性强、风量大、风压大、可解决紧急情况及大型管道通风。

通风设备结构比较简单。如采用电机式必须采用相应功率和转速，保证同步工作以使电机可直接与风扇轴联接驱动。如采用内燃机式，就必须有减速、变速机构的离合，联接装置。使用通风设备时必须做到：

1) 做好设备的保养、检查，传动部位必须有防护措施，各部工作良好。

2) 做好通风前、通风后的气体检测，如有易燃易爆气体存在，必须注意电器及内燃机防火，要使动力源与井口保持一定距离，利用管路送、排风，严禁明火作业。

3) 送、排风时要做到有对流产生，利用相邻井口设施造成通风流畅的环境，以防留死角。

4) 路上排风，必须保护好人身安全及设备安全，设明显标志及围栏，夜间有安全灯标志，对电动式，必须保护好电线电缆以防漏电。

2-2-74 顶管设备由哪两部分组成？

答：顶管设备一般由动力源：即液压泵站与工作机构、顶镐组成。

1) 压泵站：一般为动力、油箱、泵及控制部分一体化。多采用双级柱塞泵。该泵系属阀式配油类型，由电动机带动泵主轴斜盘旋转，缸体固定。柱塞往复运动，使其产生可达 50MPa 的超高压油供顶镐使用。

泵站组成部分：泵体、变压阀、换向阀、节流阀、低压卸荷阀、高压安全阀和电器控制等。

泵站的特点：a) 结构紧凑，维修方便。b) 泵站装有高压安全阀、空气断路器等。超过极限压力或电机过载时，能自动溢流或自动断闸，起双重保险作用。c) 泵中泵体由高、低压两级柱塞组成。根据需要可调整低压卸荷或安全阀的弹簧钉便能在一定范围内改变压力。低压时流量大。使千斤顶活塞能迅速接近工件，从而减少作业时间。当顶镐活塞工作到最大负荷时，低压油自动卸荷，此时产生高压。

使用该泵，必须保证油液适用，清洁，保证安全。各部连接牢固防止高压伤人。安全阀不得随意改动。随时观察各仪表，发现异常值及异常声音立即停机。

2) 顶镐

顶镐实际上是一个单杆活塞式液压缸。它由缸筒、活塞、活塞杆、端盖、密封环、套、进油口、出油口、顶足、支架等组成。它的主要参数：

顶出力：即负荷时液压缸的最大作用在工件的力。以 kN 或吨计。一般在 3138kN 或 320t。

工作行程：即顶镐出镐的长度。也就是液压缸活塞杆的行程。此数据关系到顶进作业的工效。

额定压力：指液压系统的工作压力。一般在 40MPa 左右。

顶镐由于是单活塞式，只有一端有活塞杆，所以两腔有效作用面积不相等。如供油压力和流量相等，则活塞往复运动速度不同。在两个流量相等，则活塞往复运动速度不同。在两个方向产生的推力也不相等。当无杆腔进油（即出镐）时，活塞有效面积大、推力大、速度慢；当油杆腔进油时，活塞面积小、推力小、但速度快。

2-2-75 小型高压清洗疏通机的工作原理是什么？

答：小型高压清洗疏通机的工作原理如图 2-2-75 所示，它从动力源（发动机）输出的动力通过连轴器传送到高压水泵，使高压水泵工作。从水泵出水口，压出的高压水流通过胶管到喷头后形成多向高压水柱，以一定的角度喷到下水道管壁上起到清洗疏通下水道的作用。同时利用流体对下水道管壁的反作用力，推动喷头在下水管道中前进，达到目的后。喷头在卷管器的拉力作用下，被强制后移。这样往返几次可达到清洗疏通下水道的目的。在发动机工作同时也带动液压系统工作。液压泵输出液压油通过液压油管到多路转换工作阀后，形成工作液压流来驱动液压马达。液压马达带动卷管器工作。

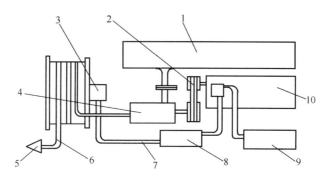

图 2-2-75　小型高压清洗疏通机的工作原理

1—水箱；2—皮带总成；3—卷管器；4—水泵；5—喷头；6—水管；

7—液压油管；8—液压阀；9—油箱；10—发动机

小型高压清洗疏通机无论何种动力和规格，一般是由这样几个部分组成：①动力部分（内燃机或电动机）；②取力和传动部分（联轴器、长动轴或胶带、减速器等）；③工作部分（卷筒、高压水管、水泵，喷头、操作手柄、水箱）；④液压部分（液压油箱、液压油泵、各种阀、液压马达，液压油管等）。

小型高压清洗疏通机，以其结构紧凑、体积小重量轻、加工制作容易、维修使用方便、经济成本较低、工作可靠性强等特点，在下工程管道中得到广泛使用。

2-2-76　离心式鼓风机的结构是怎样的？

答：离心式风机的主要结构部件是叶轮和机壳。机壳内的叶轮安装于由原动机拖动的转轴上。当原动机带动叶轮旋转时，机内流体便获得能量。

图 2-2-76 所示的是离心式风机结构分解图。叶轮是由叶片 3 和连接叶片的前盘 2 及后盘 4 所组成，叶轮后盘装在转轴上（图中未绘出）。机壳 5 一般是用钢制成的阿基米德螺线状箱体，支承于支架 8 上。

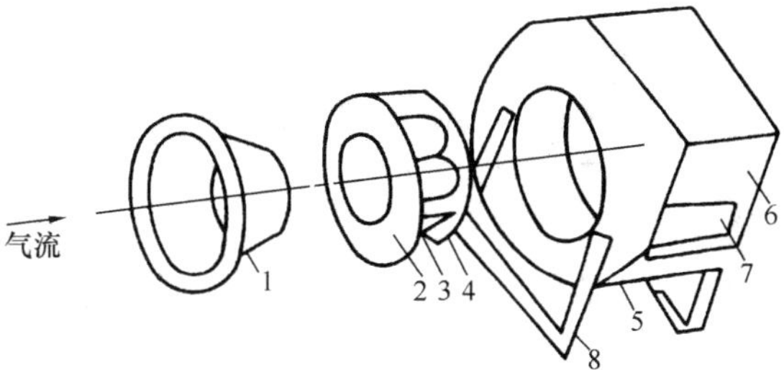

图 2-2-76　离心式风机主要结果分解图

1—吸入口；2—叶轮前盘；3—叶片；4—后盘；

5—机壳；6—出口；7—风舌；8—支架

2-2-77　鼓风机的运行管理要求什么？

答：1）为满足曝气池中一定量的溶解氧，可根据风机类别及性能调节风量和风压，或者通过调节出风闸门的开启程度等方式达到目的。

单级高速离心鼓风机通过调节进风口和出风口的导叶片的角度来实现调节风量；罗茨鼓风机可通过调节电机转速来调节风量。

2）鼓风机启动前的各项检查和准备工作应按系统进行，保证不重复且无遗漏，使机组具备开机的条件。

3）鼓风机启动过程中，工作人员应认真操作，细心观察并调整润滑系统、冷却系统、温度、压力等，使鼓风机的各项性能符合标准并投入正常运行。

4）鼓风机投入正常运转，要求操作人员及时调整进出气闸门并使风机和电机在额定的范围内工作；要求整机的振动，轴承的温升不超过规定值，要求风机的冷却润滑系统的油温、油压及冷却水循环系统的水量、水温、水压满足使用要求，并保证整机及附属设备清洁无垢。此外，操作人员除准确记录设备及工艺的运转参数外，还应对巡视检查出的问题进行分析，针对情况，予以解决。

5）鼓风机的正常与紧急停机都应按操作程序操作，在紧急停机的情况下，更应不慌不忙，保护好风机与电机。

2-2-78 鼓风机什么情况下应该停车？

答：机组运行过程中，遇有下列情况之一应立即停车处理

（1）机组突然发生强烈振动或机壳内部有摩擦声时。

（2）任意轴承或密封处发现冒烟时。

（3）进油管路油压下降很大，即使电动油泵投入工作，其油压还是低于一定值。

（4）轴承温度急剧升高至一定温度以上，采取各种措施仍不能降低时。

（5）油箱的油位下降至最低油位线，继续添新油，油位仍继续下降。

2-2-79 鼓风机应如何保养？

答：（1）油泵、轴承、密封圈处不得漏油，油箱中油位应保持在正常范围，油泵应供油正常，定期清洗油箱及油路管道，再加入过滤后的新油，保证润滑油洁净无杂质。

（2）除对循环水泵应定期进行维护、检修外，还应根据水质情况对换热器定期进行内部检查与清洗，通过水压试验，检查水管是否有泄漏现象，防止水油混合，清洗换热器，管道和闸门的污物，防止堵塞。此外还应定期放空、清洗冷却水的贮水池，保证水质合格。

（3）空气净化程度的好坏，影响或决定着鼓风机的寿命，所以要求空气过滤高效率地工作，应定期对其进行维护、检修，并清洗静电除尘器的过滤装置，对帘式和袋式过滤器则应定期更换滤网和滤斗。

（4）按规定对闸门需润滑部位加注和更换润滑油，保证其启闭灵活安全可靠，并定期进行维修、更换不合格的闸杆或闸板使其发挥各自的作用。

（5）由于转子及风机的自重较大，特别是大容量的风机，长期静止放置，将造成主轴弯曲，破坏设备本身的性能，以至影响风机的正常使用。所以凡常用的机组，平时不用时，应隔几天转动几分钟。

2-2-80 通用排水道土方机械有哪些？

答：土方机械在排水工程施工中用处非常广泛。它主要的工序是铲土、装土、运土和卸土，凡是能完成土方搬移工作的机械，统称为土方机械。目前应用较普遍的土方机械有单斗挖掘机、装载机、推土机和平地机等。

1）挖掘机：它是用挖土斗来挖掘土壤并把土壤卸到运输车上或直接卸到附近弃土场的一种施工机械。挖掘机有单斗和多斗之分。单斗挖掘机具有多种工作装置，可分别安装正铲、反铲、拉铲和抓铲、起重等，如图 2-2-80（1）所示。单斗挖掘机按铲斗容积的不同，可分为 0.4m³ 以下（轻型），0.5～1.5m³ 以下（中型），1.5m³ 以上（重型）。挖掘机型号国内按斗容积编制，国外按厂家生产系列号编制。单斗挖掘机每一个工作循环包括挖掘、回转、卸料、返回四个过程。

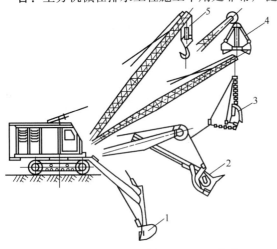

图 2-2-80（1） 单斗挖掘机的几种工作装置
1—反铲；2—正铲；3—拉铲；4—抓斗；5—起重

单斗挖掘机工作状况如图 2-2-80（2）所示。

单斗挖掘机的发展方向是向机电液一体化发展。铲斗容积从 0.01m³ 到最大 20m³ 种类越来越多。操纵越来越简单人性化。

2）装载机：主要用于来装载不太硬的土方和松散材料，还可以用于松散土壤的表层剥离，土地平整和场地清理。（单斗）装载机是一种在轮胎式或履带式的基础车上装有一个铲斗循环作业方式的工程机械。（单斗）装载机的工作过程是铲装、转运、卸料和返回如图 2-2-80（3）所示。

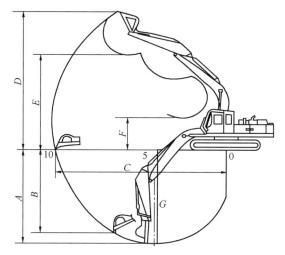

图 2-2-80（2）　单斗挖掘机工作状况
A—最大挖掘深度；B—最大垂直挖掘深度；C—在地平面最大范围；D—总倾
倒高度；E—最大挖掘高度；F—最小铲斗铲土高度；G—最深挖掘深度

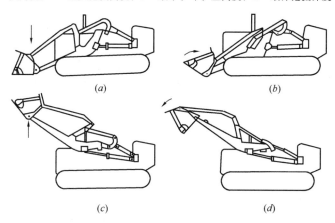

图 2-2-80（3）　单斗装载机的工作过程
（a）铲料过程；（b）装料过程；（c）转运过程；（d）卸料过程

装载机的规格型号国内是按它的铲斗举升重量编制。如 2L-10 表示能举升 1t，如 2L-40 表示能举升 4t。国外是按自己厂家生产的序列号编制。

装载机按行走方式不同可分为轮胎式和履带式，按机架结构不同可分为整体式和铰接式，按铲斗回转程度的不同可分为全回转式、半回转式和非回转式三种。按装载机发动机的功率分类：功率小于 74kW 为小型，功率在 74~147kW 之间为中型，功率 147~515 为大型，功率大于 515 为特型。

装载机发展方向为结构先进、性能优越、作业效率高、造价低、舒适性好、维修方便、自动

-智能化水平高、节能环保等。容量为 $16.5\sim32m^3$。

3）推土机：它是在履带式拖拉机或轮胎式牵引车的前面安装推土装置及操纵机构，而构成的一种土方机械。在土方施工中主要用作铲土、推集、压实和平整等工作。

推土机的种类较多，按行走方式主要有履带式和轮胎式。按其铲刀安装形式的不同可分为固定式和回转式。按其对工作装置操作形式不同，可分为钢索操作式和液压操作式，目前新型推土机几乎全采用了液压操纵式铲刀升降控制装置。

推土机的基本工作过程从铲土作业、运土作业、卸土作业到空驶回程四个作业过程为一个工作循环。

推土机的型号，国内一般是按发动机马力编制的，如宣化工程机械厂生产的 TY320，其发动机功率为 320 马力。国外生产的推土机型号多是根据厂方生产的系列号编制的，现在我国生产厂家与国外合资或引进技术的很多，所以型号的编制也按自己厂家系列号编制。

现代推土机发展的方向是向大型化和重型化发展，在操纵装置上采用了自动控制、激光控制等先进科学技术，发动机一般都采用大马力、低能耗的环保型机型，在设计时尽可能的扩大它的使用范围。

2-2-81 排水管道施工中常用的运输机械有几种？

答：运输机械这里指的是在管道施工中广泛应用的载重汽车和机动翻斗车。

1）载重汽车：它是在汽车底盘上安装马槽用以拉货，在下水道维护中多用大型载重汽车运送土方。

2）机动翻斗车：它在市政下水道养护施工上也广泛应用，它被用作工地材料倒运设备，如清运渣土、灰浆等。

2-2-82 压实机械有哪几种？

答：压实机械是对材料施以外界的机械力，从而使材料的密度得以提高的过程。压实后的材料颗粒间的孔隙率和渗透性下降，从而提高了密实度。压实机械要因地制宜，合理选型配备，才能有效发挥作用。

压实机械的分类：冲击式夯实机械（电动蛙式夯、内燃夯、高速冲击夯）；振动式夯实机械（振动夯、振动压路机）；碾压式压实机械包括自行式（光轮压路机、轮胎式压路机、捣实式压路机）和拖式（光轮式、轮胎式、捣实式）。

1）压路机：它是一种对路面、路基和沟槽等压实的机械。按压实的方法不同分为振动压路机和静力压路机，按滚轮和轮轴数目不同分为两轮两轴式、三轮两轴式、三轮三轴式如图 2-2-82（1）。按轮子材质不同分为（光）钢轮压路机和胶轮压路机。

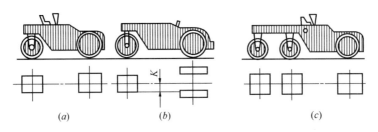

图 2-2-82（1）　压路机按照碾轮数和轴数分类简图
(a) 两轮两轴式；(b) 三轮两轴式；(c) 三轮三轴式

压路机的作业方式按作业面不同而不同一般是"先轻后重、先慢后快、先边后中"。

2）平板振动夯：它是一个操作方便、构造简单、体积小、重量轻、工作环境广的夯实机械。按燃油不同可分为柴油平板振动夯和汽油平板振动夯，按夯的行走方向不同，可分为单向振动夯和双向振动夯。

平板振动夯主要组成有发动机、离心式离合器、振动块、底板、扶手、洒水箱、油门操作系统等。

3）蛙式夯土机：它是一种体积小、重量轻、构造简单及操作方便的土方夯实机械。工作原理属于冲击式夯实机械。按动力不同可分为电动机和内燃机两种。由于发动机技术性能的要求和内燃蛙式夯土机造价高的影响，电动式夯土机比内燃式夯土机使用的更为广泛。

电动蛙式夯土机如图 2-2-82（2）所示是由夯头架、传动装置、前轴装置、拖盘、操纵手柄、电器设备和润滑系统等组成。

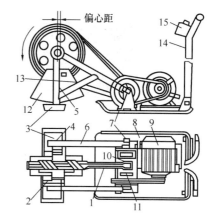

图 2-2-82（2）　蛙式打夯机构造示意图
1—三角皮带；2—前轴；3—夯板；4—偏心套；5—立柱；6—动臂；7—轴销；8—拖盘；9—电动机；10—传动轴；11—滚动轴承；12—偏心块；13—斜撑；14—操纵手柄；15—电源开关

2-2-83　破碎机械有几种？

答：破碎机械用于排水施工中路面、混凝土结构的破碎。按驱动方式的不同分为液压破碎机械（液压破碎锤）和气压破碎机械（风镐）。

1）液压破碎锤：它是利用液压油作为动力的液力机械。因此，它总是与液压泵站或液力工作主机联合使用。主要用于破碎沥青混凝土的路基和面层、坚硬地层和水泥混凝土构筑物等。现在液压破碎锤使用很普及，大多数是安装在液压挖掘机上或少数装载机上。它的型号是按生产厂家自己产品系列号编制的。液压破碎锤是由钎杆、扁销、前（壳）体、活塞、缸体、控制阀、氮气、后体和贯穿销等组成。液压破碎锤的特点是技术先进、结构简单、使用方便，工作质量高和噪声低。

2）风镐：它是利用压缩空气作为动力的风动机械。因此，它总是和空气压缩机联合使用。主要用于沥青混凝土的路基和面层，施工现场破碎坚硬地层和水泥混凝土结构物等。

在风镐使用过程中要做到每正常使用 2～3h 应对风镐加注润滑油。另外要禁止风镐空击，禁止风镐的镐钎全部插入被破碎物。

2-2-84　起重机械有多少种？

答：起重机械在市政管道施工中用于吊装、下管等项作业。起重机械的种类很多，按其工作特性一般分为：

1）固定式回转起重机——可用来提升重物，并能使其在圆形（或扇形）面积范围内作移动，如桅杆起重机。

2）运行式回转起重机——具有行走装置，能沿轨道、地面运行，如汽车式起重机。

3）缆索式起重机——除能提升重物外，并能使重物在水平方向作一定范围内的移动。

4）龙门式起重机——用来提升重物，并能使重物在巨型面积范围内作水平移动，如龙门行车等。

5）起重卷扬机——用来提升重物（一般是 5t 以下的重物）。用地锚固定在地上。

以上几种形式的起重机，目前在市政管道施工中使用最多的是运行式回转起重机，它由于装有行走装置，灵活性高，几乎可服务于整个施工现场，而且可以整机运输；这种类型的起重机还可以分为履带式、汽车式等几种，汽车式起重机最常见，如图 2-2-84 所示。

汽车式起重机的机构可以分为四个：起升机构、变幅机构、回转机构、运行机构。它的主要参数有：

①起重量：是起重机的重要参数，以吨为单位。通常是以额定的起重量表示，即起重机在各种情况下安全作业所允许的起吊重物的最大重量，它是随着起重幅度（回转半径）的加大而减小的。

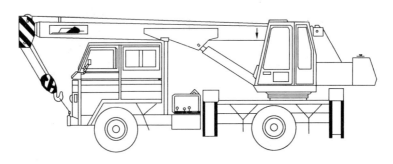

图 2-2-84　QY5 型汽车式起重机构造示意图

②起重幅度：起重机的回转中心轴线至吊钩中心的水平距离称为起重幅度或工作幅度，单位为米。起重机的工作幅度有可变和不可变两种，幅度可变的起重机是以幅度变动的范围的最大值来表示。起重机的起重量和起重幅度的关系成反比。

③起重高度：是指地面到吊钩底的距离，单位为米。当需要吊取地面以下的重物时，则地面以下的深度叫下放深度，总起升高度等于起升高度与下放深度之和。可变幅起重机，其起升高度和起重幅的关系成反比。

④工作速度：主要包括起升、变幅、回转和行走的速度。对于伸缩臂式起重机还包括臂伸缩速度和支腿收放速度。

以上几个技术参数，直接关系到起重机的正常工作与安全。因此施工指挥人员、司驾人员必须熟悉起重机的这一特性，不能盲目蛮干，造成事故。

现在的起重机均采用全液压操作。即起升、回转、变幅、伸缩、转向、制动等都由液压系统控制。既可靠，又安全，不至于过载，许多机型还配备了安全报警系统，切实保证生产安全。

2-2-85　单斗挖掘机有哪些类型？

给排水管道工程，广泛采用单斗挖掘机开挖沟槽和基坑。单斗挖掘机装置有：工作装置、传动装置、动力装置与行走装置。工作装置有反向铲、拉铲、抓铲等，见图 2-2-85，传动装置分为液压传动和机械传动。动力装置多为内燃机。行走装置有履带式和轮胎式两种。

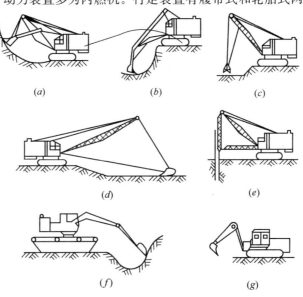

图 2-2-85　单斗挖掘机的各种类型

(a) 正铲；(b) 反铲；(c) 抓铲；(d) 拉铲；(e) 桩锤；(f) 两栖式；(g) 农用

2-2-86　反向铲挖掘机有什么用途?

答：反向铲挖掘机放置在地面上，机身在地面上操作，挖掘地面以下的土方。反向铲最适宜沟槽和基坑的开挖，是给排水工程常用的施工机械。现场经常使用的斗容量为 $0.4\sim1.0\mathrm{m}^3$ 液压履带式反向铲单斗挖掘机。

2-2-87　正向铲挖掘机有什么用途?

答：正向铲挖掘机机身和挖掘装置均在地面上操作，挖掘地面以上的土方。适用于作业面较大的沟槽与基坑，更适用于挖掘地面以上的堆土和土丘。

2-2-88　抓铲挖掘机有什么用途?

答：抓铲挖掘机用于开挖面积较小、深度较大的沟槽或基坑，由于提斗时土斗可以闭合，可以开挖含水量较大的土层。

2-2-89　土方机械型号编制是怎样的?

答：见下表 2-2-89。

土方机械型号编制　　　　　　　　　　　　　　　表 2-2-89

类	组		型		特性	产　品		主参数代号		
名称	名　称	代号	名　称	代号	代号	名　称	代号	名　称	单位	表示法
挖掘机械	单头挖掘机	W（挖）	履带式	—	D(电)	履带式电动挖掘机	WD	整机质量	t	主参数
					Y(液)	履带式液压挖掘机	WY			
			汽车式	Q(汽)	—	汽车式机械挖掘机	WQ			
					Y(液)	汽车式液压挖掘机	WQY			
			轮胎式	L(轮)	—	轮胎式机械挖掘机	WL			
					D(电)	轮胎式电动控制机	WLD			
					Y(液)	轮胎式液压挖掘机	WLY			
			步履式	B(步)	—	步履式机械挖掘机	WB			
					Y(液)	步履式液压控制机	WBY			
	多斗挖掘机		斗轮式	U(轮)	—	斗轮式机械挖掘机	WU	生产率	m²/h	
					D(电)	斗轮式电动挖掘机	WUD			
					Y(液)	斗轮式液压挖掘机	WUY			
			链斗式	T(条)	—	链斗式机械挖掘机	WT			
					D(电)	链斗式电动控制机	WTD			
					Y(液)	链斗式液压挖掘机	WTY			
	挖掘装载机	WZ	—	—	Y(液)	液压挖掘装载机	WZY	斗容	m³	
	多斗挖沟机	G(沟)	斗轮式	L(轮)	—	斗轮式机械挖沟机	GL	挖沟深度		
					D(电)	斗轮式电动挖沟机	GLD			
					Y(液)	斗轮式液压挖沟机	GLY			
			链斗式	D(斗)	—	链斗式机械挖沟机	GD			
					D(电)	链斗式电动挖沟机	GDD		m	
					Y(液)	链斗式液压挖沟机	GDY			
	掘进机	J(掘)	链齿式	C(齿)	—	链齿式液压挖沟机	GC			
			盾构式	D(盾)	—	质构掘进机	JD	盾构直径		
			顶管式	G(管)	—	顶管掘进机	JG	管子直径		
			隧道式	S(隧)	—	隧道掘进机	JS	刀盘直径		
			涵洞式	H(涵)	—	涵洞掘进机		掘进直径		

类名称	组名称	组代号	型名称	型代号	特性代号	产品名称	产品代号	主参数代号名称	主参数代号单位	表示法
铲土运输机械	推土机	T(推)	履带式		—	履带式机械推土机	T	发动机功率	kW	
					Y(液)	履带式液压推土机	TY			
					S(湿)	履带式湿地推土机	TS			
			轮胎式	L(轮)	—	轮胎式推土机	TL			
	铲运机	C(铲)	自行轮胎式		D(斗)	普通装斗式铲运机	CD	铲斗几何容积	m³	
					S(升)	升运式铲运机	CS			
					Z(装)	斗门装料式铲运机	CZ			
			拖式	T(拖)	—	机械拖式铲运机	CT			
					Y(液)	液压拖式铲运机	CTY			
	装载机	Z(装)	履带式	—	—	履带式装载机	Z	装载能力	t	
			轮胎式	L(轮)	—	轮胎式装载机	ZL			
	平地机	P(平)	自行式	—	Y(液)	液压式平地机	PY	发动机功率	kW	
			拖式	T(拖)	—	机械拖式平地机	PT			
					Y(液)	液压拖式平地机	PTY			
压实机械	静作用压路机	Y(压)	拖式	T(拖)	K(块)	拖式凸块压路机	YTK	工作质量	t	主参数
					Y(羊)	拖式羊足压路机	YTY			
			自行式	—	2(两)	两轮光轮压路机	2Y	最小工作质量/最大工作质量 Q_1	t/t	
					2J(两铰)	两轮铰接光轮压路机	2YJ			
					3(三)	三轮光轮压路机	3Y			
					3J(三铰)	三轮铰接光轮压路机	3YJ			
	振动压路机	Y(压)	光轮式		ZB(振并)	两轮并联振动压路机	YZB	工作质量	t	
					ZC(振串)	两轮串联振动压路机	YZC			
					4Z(四振)	四轮振动压路机	4YZ			
			组合式	Z(组)	Z(振)	光轮轮胎组合振动压路机	YZZ			
			轮胎驱动式	—	Z(振)	轮胎驱动光轮振动压路机	YZ			
					ZK(振块)	轮胎驱动凸振动压路机	YZK			
			振荡式	D(荡)	Z(振)	振荡式振动压路机	YZD			
			拖式	T(拖)	Z(振)	拖式振动压路机	YZT			
	轮胎压路机	YL(压轮)	自行式			自行式轮胎压路机	YL			
			拖式	T(拖)		拖式轮胎压路机	YLT			

2-2-90 土方机械的使用范为怎样的?

答: 见下表 2-2-90

机械名称、特性	作业特点及辅助机械	适 用 范 围
推土机 操作灵活，运转方便，需工作面小，可挖土、运土，易于转移，行驶速度快，应用广泛	1. 作业特点 (1) 推平；(2) 运距 100m 内的堆土（效率最高为 60m）；(3) 开挖浅基坑；(4) 推送松散的硬土、岩石；(5) 回填、压实(6) 配合铲运机助铲；(7) 牵引；(8) 下坡坡度最大 35°，横坡最大为 10°，几台同时作业，前后距离应大于 8m 2. 辅助机械 土方挖后运出，需配备装土、运土设备推挖三～四类土，应用松土机预先翻松	(1) 推一～四类土； (2) 找平表面，场地平整； (3) 短距离移挖回填，回填基坑（槽）、管沟并压实； (4) 开挖深不大于 1.5m 的基坑（槽）； (5) 堆筑高 1.5m 内的路基、堤坝； (6) 拖羊足碾； (7) 配合挖土机从事集中土方、清理场地、修路开道等
铲运机 操作简单灵活，不受地形限制，不需特设道路，准备工作简单，能独立工作，不需其他机械配合能完成铲土、运土、卸土、填筑、压实等工序，行驶速度快，易于转移；需用劳力少，动力少，生产效率高	1. 作业特点 (1) 大面积整平；(2) 开挖大型基坑、沟渠；(3) 运距 800～1500m 内的挖运土（效率最高为 200～350m）；(4) 填筑路基、堤坝；(5) 回填压实土方；(6) 坡度控制在 20° 以内 2. 辅助机械 开挖坚土时需用推土机助铲，开挖三、四类土宜先用松土机预先翻松 20～40cm；自行式铲运机用轮胎行驶，适合于长距离，但开挖亦须助铲	(1) 开挖含水率 27% 以下的一～四类土； (2) 大面积场地平整、压实； (3) 运距 800m 内的挖运土方； (4) 开挖大型基坑（槽）、管沟，填筑路基等。但不适于砾石层、冻土地带及沼泽地区使用
平地机 操作比较灵活，运转方便，需要的工作面大，能从事平土、路基整形、修整边沟和斜坡，修筑路堤等工程	1. 作业特点 (1) 高度 0.75m 以内路侧取土填筑路堤； (2) 高度在 0.6m 以内路侧弃土，开挖路堑。 2. 辅助机械 (1) 开挖排水沟、截水沟；(2) 路基石及场地平整，修整边坡	(1) 平一～三类土； (2) 找平表面，场地平整； (3) 长距离切削平整； (4) 截水沟
正铲挖掘机 装车轻便灵活，回转速度快，移位方便；能挖掘坚硬土层，易控制开挖尺寸，工作效率高	1. 作业特点 (1) 开挖停机面以上土方；(2) 工作面应在 1.5m 以上；(3) 开挖高度超过挖土机挖掘高度时，可采用取分层开挖；(4) 装车外运 2. 辅助机械 土方外运应配备自卸汽车，工作面应有推土机配合平土、集中土方进行联合作业	(1) 开挖含水量不大于 27% 的一～四类土和经爆破后的岩石与冻土碎块； (2) 大型场地整平土方； (3) 工作面狭小且较深的大型管沟和基槽路堑； (4) 独立基坑； (5) 边坡开挖

机械名称、特性	作业特点及辅助机械	适 用 范 围
反铲挖掘机 操作灵活，挖土、卸土均在地面作业，不用开运输道	1. 作业特点 (1) 开挖地面以下深度不大的土方；(2) 最大挖土深度 4~6m，经济合理深度为 1.5~3m；(3) 可装车和两边甩土、堆放；(4) 较大较深基坑可用多层接力挖土 2. 辅助机械 土方外运应配备自卸汽车，工作面应有推土机配合推到附近堆放	(1) 开挖含水量大的一~三类的砂土或黏土 (2) 管沟和基槽 (3) 独立基坑 (4) 边坡开挖
拉铲挖掘机 可挖深坑，挖掘半径及卸载半径大，操纵灵活性较差	1. 作业特点 (1) 开挖停机面以下土方；(2) 可装画和甩土；(3) 开挖截面误差较大；(4) 可将土甩在基坑（槽）两边较远处堆放 2. 辅助机械 土方外运需配备自卸汽车、推土机，创造施工条件	(1) 挖掘一~三类土，开挖较深度大的基坑（槽）、管沟 (2) 大量外借土方 (3) 填筑路基、堤坝 (4) 挖掘河床 (5) 不排水挖取水中泥土
抓铲挖掘机 钢绳牵拉灵活性较差，工效不高，不能挖掘坚硬土；可以装在简易机械上工作，使用方便	1. 作业特点 (1) 开挖直井或沉井上方；(2) 可装车或甩土；(3) 排水不良也能开挖；(4) 吊杆倾斜角度应在 45°以上，距边坡应不小于 2m 2. 辅助机械 土方外运时，按运距配备自卸汽车	(1) 土质比较松软，施工面较狭窄的深基坑、基槽 (2) 水中挖取土，清理河床 (3) 桥基、桩孔挖土 (4) 装卸散装材料
装载机 操作灵活，回转移位方便、快速；可装卸土方和散料，行驶速度快	1. 作业特点 (1) 开挖停机面以上土方；(2) 轮胎式只能装松散土方，履带式可装较实土方；(3) 松散材料装车；(4) 吊运重物，用于铺设管 2. 辅助机械 土方外运需配备自卸汽车，作业面需经常用推土机平整并推松土方	(1) 外运多余土方 (2) 履带式改换挖斗时，可用于开挖 (3) 装卸土方和散料 (4) 松散土的表面剥离 (5) 地面平整和场地清理等工作 (6) 回填土

2.3　降排水施工

2-3-1　为什么要进行施工降水？什么是降水工程？

答：① 开挖给排水管道均槽或基坑时，常遇到地下水，这时就要进行施工降水。否则，不仅影响正常的施工作业，还会扰动地基土壤，降低地基承载力或造成沟槽或基坑边坡坍塌事故，甚至危及周围建筑物的安全。

② 施工降水的目的是采用人工降水方法将土壤含水层中地下水抽升到地面上排走，使地下

水水位降低到沟槽或基坑底面以下，创造干槽的施工条件。

③ 根据规范及水文地质勘察报告，若某施工段地下水静止水位在管底设计标高以上，就必须采取降水措施。

④ 过去将人工降低地下水水位方法称为施工降水、施工排水等名称。根据 JGJ/T 111—1998《建筑与市政降水工程技术规范》的规定，统称为降水工程。

2-3-2 地下水是怎样分类的?

天然存在于地面以下岩层或土体空隙中的水称为地下水。地下水分类通常是指地下水按埋藏条件的分类，划分为上层滞水、潜水和承压水三类。另一是按其赋存的介质空隙类型分类，划分为孔隙水、裂隙水、岩溶水三类，见表 2-3-2。

地 下 水 分 类 表　　　　　　　　2-3-2

按埋藏条件分类	按 空 隙 分 类		
	孔隙水	裂隙水	岩溶水
上层滞水	土壤水、沼泽水、隔水透镜体上部的水、沙漠及滨海砂丘水	基岩风化壳的水、熔岩流及凝灰角砾岩上部的水	裸露岩溶岩层季节性存在的水、岩溶地块上部的浅流水
潜水	冲积、洪积、湖积、坡积、冰水沉积等松散沉积物中的水、沉积岩中的水	基岩（如喷出岩）上部裂隙中的层状水，未被水充满的层间裂隙水	裸露岩上部层状水，未被水充满的层间岩溶水，溶洞未被充满的地下暗河水
承压水	向斜岩层（自流盆地）中的水、单斜岩层（自流斜地）中的水、山前倾斜平原的深层水	向斜或单斜构造的层状裂隙岩层中的水，构造破裂带与接触带裂隙岩层中的水	向斜或单斜构造的可溶岩层中的水，构造破裂带与接触带的可溶层中的水

含水层内滞水、潜水及承压水的分布见图 2-3-2。

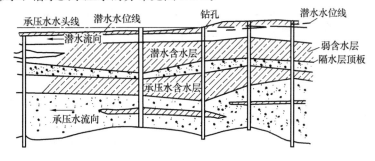

图 2-3-2　地下水分布示意图

滞水是指上层滞水、潜水位以上弱含水层中重力水及人为渗漏补给的层间水。

潜水是饱水带中第一个稳定隔水层以上具有自由水面的水，水体不承受压力。其水面受当地地质、气候及环境的影响而升降，雨季水位升高，冬季水位下降，附近河流等地表水的互相补给也会造成水位的升降。地表至潜水水面的距离称为潜水的埋藏深度。潜水水面以下至隔水层顶板的距离称为含水层厚度。

承压水是埋藏于两个隔水层之间的地下水。承压水有稳定隔水层顶板、水体承受压力、没有自由水面。承压水的水位、水量受当地气候及环境影响较小。

地下水按空隙分类有孔隙水、裂隙水、岩溶水三种并可把岩层划分为孔隙岩层（松散沉积物、砂岩等）、裂隙岩层（非可溶性的坚硬岩层）与可溶岩层（可溶性的坚硬岩层）。孔隙水是指埋藏至松散沉积物及胶结程度不好的基岩孔隙中的水，分布较均匀；裂隙水埋藏在裂缝发育的岩层中（未被充满的层间裂缝水属潜水类型），分布不均匀；岩溶水则是埋藏至可溶性岩石溶洞中的水，其分布一般很不均匀。

2-3-3 有哪些降低地下水水位的技术方法？

降水工程可根据降水深度、含水层岩性和渗透性参照表2-3-3选取。

降水技术方法适用范围　　　　　表 2-3-3

降水技术方法	适合地层	渗透系数（m/d）	降水深度（m）
明排井（坑）	黏性土、砂土	<0.5	<2
真空点井	黏性土、粉质	0.1～20.0	单极<6　多极<20
喷射点井	黏土、砂土	0.1～20.0	<20
电渗点井	黏性土	<0.1	按井类型确定
引渗井	黏性土、砂土	0.1～20.0	由下伏含水层的埋藏和水头条件确定
管井	砂土、碎石土	1.0～200.0	>5
大口井	砂土、碎石土	1.0～200.0	<20
辐射井	黏性土、砂土、砾砂	0.1～20.0	<20
潜埋井	黏性土、砂土、砾砂	0.1～20.0	<2

2-3-4 排水降水的方法如何选择？

答：在对水文地质资料进行了充分了解后，应进行排水与降低地下水位措施的拟定，在我们地下管道及构筑物施工当中，通常使用的方法有：集水井排水、井点降低水位和深井泵降低水位，一般采用哪种排水方法，可根据土质和沟槽内地下水高低参照下表2-3-4选择。

表 2-3-4

土　质	排降水方法		土　质	排降水方法	
	当地下水位不高时	当地下水位较高时		当地下水位不高时	当地下水位较高时
黏　土	集水井排水	集水井排水	中　砂	集水井排水	井点降低水位
亚黏土	集水井排水	集水井排水	粗　砂	集水井排水	深井降低水位
亚砂土	集水井排水	井点降低水位	粗粒砂	集水井排水	深井降低水位
粉　砂	集水井排水	井点降低水位	砂砾石	集水井排水	深井降低水位
细　砂	集水井排水	井点降低水位			

2-3-5 何谓井点降水法？新规范称谓什么？

答：井点降水法是在基坑开挖之前在基坑四周埋设一定数量的滤水管（井），利用抽水设备抽水，使地下水位降落至基坑底以下，并在基坑开挖过程中仍不断抽水使所挖的土始终保持干燥状态。此法适用于降水深度较大，或地层中有流砂，或在软土地区。新规范称井点降水法。井点直径接近100mm称为"点井"；200～500mm称为"管井"；不小于800mm称为"大口井"。

2-3-6 井点降水有哪些方法？

答：井点降水一般有一级轻型井点，二级或多极轻型井点，管井井点，电渗井点，喷射井点和深井泵等方法。

2-3-7 轻型井点降水施工要点有哪些？

答：1）轻型井点的主要设备：有井点管、总管和抽水设备等。井点管是用直径38～55mm的钢管，长5～7m，管下端配有滤管和管尖。

总管常用直径 100～127mm 的钢管分节连接，每节长 4m，一般每隔 0.8～1.6m 设一个连接井点管的接头。

抽水设备：通常由真空泵一台，离心泵（一般用流量为 30～50m³/h）一台（另设一台备用），汽水分离器一台，组成一套，并制成定型产品。

2）井点布置：根据基础平面的大小、土质和地下水的流向、降低水位的深度要求而定。当基坑宽度小于 6m，降水深度不超过 5m 时，采用单排线状井点，布置在地下水流的上游一侧；如宽度大于 6m 或土质不良渗透系数较大时，宜采用双排线状井点，当基坑面积较大时，应用环形井点。井点管距离基坑壁一般不宜小于 1～1.5m，以防局部发生漏气，滤管必须埋入透水层内，总管标高的布置尽可能接近原有地下水位线，并沿抽水的水流方向有 0.25%～0.5% 的上仰坡度，水泵轴心与总管齐平。真空泵由于考虑水头损失，一般按能抽吸地下水 6m 为宜。如果井点管的长度小于挖土深度时，可将标高全部降低，或用二级井点降水。在排水总管边，挖土范围的四周，应有排水沟、防雨水及地面水流入施工范围内。地下构筑物竣工完成后，必须按设计要求进行回填土，然后方可拆去井点排水设备，拔出井点管后所留的孔并及时用粗砂填实，对地基有防渗要求时，孔口上端 2m 处应用粘土填夯。

3）井点管的埋设与使用：井点管的埋设可直接利用井点管水冲下沉，或用冲水管冲孔或钻孔后再将井点管沉放，或以带套管的水冲法或振动水冲法下沉。

埋设井点管的孔，孔径一般为 300mm，冲孔深度应比滤管底深 0.5m 左右，并须保持垂直。埋管时，井点管与孔壁间及时用粗砂灌实，勿使用细砂闭塞滤管洞眼，灌砂时如管内水面同时上升则可认为合格。距离地面下 0.5～1m 的深度内，应用粘土填塞严密，防止漏气。井点管埋设后，即可接通总管和抽水系统进行试抽水，检查有无漏水、漏气现象，出水是否正常，井点管有无淤塞，如发现有异常应立即进行检修后方可进行使用。

轻型井点使用时，应保证连续不断地抽水，正常的出水规律是"先大后小，先混后清"，如水不来，或直较混，或清后又混等，应立即检查纠正。

真空度是判断井点系统良好与否的尺度，必须经常观测，造成真空度不够的原因很多，但通常是由于管路系统连接不好，有大量漏气，这时应立即检查并采取措施出。

井点管淤塞，可通过听管内水流声，手扶管壁感到振动；夏、冬季手摸管子冷热情况等简便方法检查。如井点管淤塞太多，严重影响降水效果时，应逐个用高压水反冲洗或拔出重埋。井点降水时，应对水位降低区域内的建筑物进行沉陷观测，如发现沉陷过大应及时采用防护措施。

2-3-8 管井井点施工要点有哪些？

答：管井井点宜用于渗透系数大，地下水丰富的土层轻型井点不易解决时，可用管井井点方法。

1）管井井点的布置：沿基坑外围每隔一定距离设置一个管井，每个管井埋设滤水井管，单独用一台水泵，不断抽水来降低地下水位。滤水井管的埋设可采用泥浆护壁套管钻孔法，钻孔直径比滤水井管外径大 150～250mm。井管下沉前应进行清孔，并保持滤网畅通，井管与土壁间用 3～15mm 砾石填充作为过滤层。

2）滤水井管的过滤部分，可用钢筋焊接管架外包孔眼为 1～2mm 的滤网，长 2～3m，井管部分宜用直径 150～250mm 的钢筋或其他竹、木、麻袋、混凝土等材料制成。吸水管宜用直径为 50～100mm 的胶皮管或钢管，其底端应沉入管井抽吸时最低水位以下。

3）管井的间距可为 10～50m，降水深度达 5m，当抽水机排水量大于单孔滤水井管涌水量数位时，则可另设集水总管。

4）操作时，应经常对电动机、传动机械、电流、电压等进行检查，并对管井内水位下降和流量进行观测和记录。

2-3-9　深井泵井点施工要点有哪些？

答：1）主要设备由深井泵或深井潜水泵和井管滤网等组成。

2）深井钻孔可用钻孔机或水冲法，孔径宜大于井管直径200mm，钻孔深度应根据抽水期内沉淀物可能沉积的高度适当加深。井管安放力求垂直。井管滤网放置在含水层适当范围内。井管内径一般大于水泵外径50mm，井管与土壁间填充料粒径应大于滤网的孔径。

3）深井泵的电动机座应安设平稳，转向严禁逆转（宜有阻逆装置），潜水泵的电缆应有可靠绝缘，安设水泵或调换新水泵前应先清洗滤井，冲除沉渣。

2-3-10　射流井点降水施工要点有哪些？

答：射流井点降水方法适用于地下水位高，而且流砂层较厚的地层中，主井点降深可达8～10m，基槽中部水位可降至地平下10m，能满足一般地下工程要求。

射流系统主要由供应压力水的离心泵、产生真空的射流器、循环水箱以及管路系统和阀门等组成。

1）施工设备及材料：

钻孔设备：钻孔机、钻头、清水泵、高压水泵、高压水箱。

材料：水煤气管、铅比、棕皮、尼龙窗纱、橡胶板、井点砂、红黏土、排水缸瓦管、井点联结干管。

2）施工准备工作：首先要了解地质勘探资料，掌握地下土质和水位变化情况，特别是地下流砂情况、流砂层的厚度，以便确定钻孔工艺和准备必要的材料。

根据施工总平面布置和所开挖的地下工程面积、确定井点管的数量、位置、射流水管的数量和泵房的数量、位置。

确定井点、泵房数量、位置后，对设置井点管场地进行适当平整。然后放线，标明井点位置。

3）钻井：以钻孔机配以高压水往下钻，钻到流砂层时，为防止塌陷，应加适量黏土，以保持井壁。

当孔钻到一定深度时（12m左右），往井底倒入半小车豆石。然后用三角架、滑轮下井点管。让管露出20cm左右，均匀地往管周围倒入小豆石各井点砂。

为了观察井点管的水位变化和降深情况，在槽坑中部和每组井点管内设置观测井。

4）井点联结干管铺设与井点管联结：井点联结干管宜在井点管外侧铺设，距井点管中距为50cm。干管中间以法兰盘联结，终端焊死后用吸水胶管把井点管与干管上的带稍管联结。抽出的地下水采用暗沟排入下水道内。

5）抽水：当井点管联结完成，水泵组装完成后，首先将循环水管放满水，打开循环水曲水阀门，合上电源。正式抽水后，中途不得停泵，以免地下水位上升，不利于施工。

2-3-11　集水井排水施工要点有哪些？

答：1）集水井的位置：

在沟槽施工当中，集水井一般设在沟槽的一侧，设置集水井的间距，根据渗透流量大致采用100～150m，热力沟电信管道因小室槽深低于沟槽，集水井应设在小室附近，井边距槽边的距离，L黏性土为1～2m，砂性土2～4m。

井底高程：一般在槽底以下1.5～2m（图2-3-11）。使保有必要的存水深度维持水泵运转。

2）集水井的结构形式：

当槽底土质为黏性土，且水量不大时，采用小型集

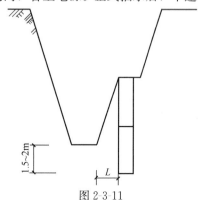

图2-3-11

水井，在槽底跨出一个小井，井管一般采用不小于ϕ600mm的混凝土管或长方形木框，井深约一米，当槽底为砂性土，且水量较大时，井管采用1250～1500mm混凝土管，用沉井方法修建，井底落在槽底以下1.5～2.0m处，当混凝土管井座落在砂性土上时，为避免流砂涌入井使之失效，一般采用木盘封底，使木盘略小于管内径，当木盘下至井底后，四周钉以麻袋片，使与井管塞严，并用木楔与井管楔紧，上面再压石块，以防在抽水过程中木盘上浮。

3) 排水沟的设置：

为了将沟槽内的水引向集水井，槽底两侧在构筑物基础之外挖排水沟，同时每隔相当距离应以横过槽底的管相连。当渗流量不大或槽底不宽，也可只在一侧挖排水沟。两个集水井之间排水沟的坡度与沟槽坡度相反段的长度，不宜大于两集水井间距的1/3。

当沟槽底为砂性土壤排水沟及易坍塌时，排水沟壁用木板支撑，当沟槽底为粉砂、亚砂土排水沟极易淤积时，宜埋排水管，排水管以150～200mm直径的承插口缸瓦管为宜，承插口接头应用砾石围护，以防淤砂流入管内，堵塞流水。

集水井与沟槽之间的进水口，底宽一般为1～1.2m，两壁应支撑牢固，防止塌槽，堵塞流水入井，当排水沟埋设排水管的同时，进水水口段亦应埋设排水管。

集水井与排水沟极易淤塞，应经常进行疏浚和掏挖。以保持排水正常。

4) 水泵的选择：

在每一集水井上口处设一抽水站（排水工作栅），安装水泵，水泵型号的选择应根据每一井的排水量而定，通常采用吸程为6m左右的3寸～6寸连身电动水泵为宜，并须有备用以保证不间断的排水以免泡槽。

集水井明沟排水方法简单，适于少量地下水或槽内雨水的排除。

2-3-12　井点降低水位施工要点有哪些？

答：地下构筑物采用井点降低水位，实际上是在基坑或沟槽开挖前，预先将该施工范围内的地下水抽除，使之形成降落漏斗，构筑物处于这个漏斗中就消除地下水对施工的影响。井点一般在管道的一侧排列。水量较大时也可以在两侧排列。这样的选择是根据资料进行核算，决定单排、双排、点距、井深等要求，有效的达到人工降低地下水位。

1) 井点系统的布置（图2-3-12(1)～(4)）

井点间距：一般为1～3m

井点位置：一般距沟槽上口0.6～1.0m处，安装井点管的槽台宽度不应小于1m。

井点下沉深度：保持滤水管顶部在槽底以下1.5～2.0m。大面积基坑降水时根据计算确定，井点滤管（也称花管）长度一般采用2m。

井管（也称实管）长度一般采用5～6m，最长不超过8m。

水泵轴线高程距降低后的地下水位（指井点管内水位）不应大于实管长度。

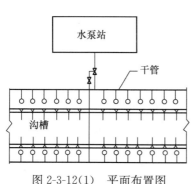

图2-3-12(1)　平面布置图

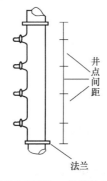

图2-3-12(2)　总管构造图

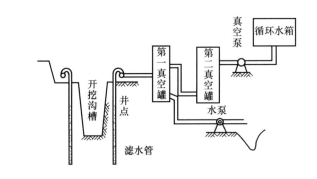

图 2-3-12(3) 模断面图

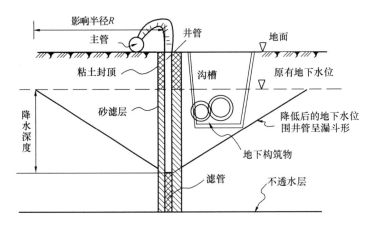

图 2-3-12(4) 井点降水示意图

2)井点管的施工：

(1)下沉井点管的设备

① 高压水泵：SSM-9 型高压水泵：扬程 87m，流量 7kg/s，水泵上装有压力表，以观测出水的压力。

② 喷水枪：总长 8m，由内径为 75mm 的钢管制成，其下端接 500 毫米用钢管做成的喷嘴，喷嘴之孔径为 20mm。见下图 2-3-12(5)。

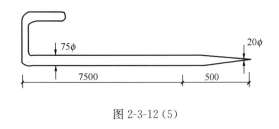

图 2-3-12(5)

喷水枪与高压水泵连接，采用 3 号高压胶管，连接处内径为 $\phi75$ 的弯头铁管。

③ 套管：长为 8m，内径为 $\phi250mm$ 的钢管，下端做成锯齿形。上端接以提环。

④ 起重机：臂长 10m，起重量 5t 的吊车。

(2)下沉井点管：

① 先在预定井点位置上纵向挖一排沟，深约 50cm，底宽 1m。

② 用起重机将套管吊起使其垂直，立于要冲射之井点位置上。

③ 开动高压水泵，使高压水经过水枪由喷嘴中射出，冲动套管内以下的土壤，使土与水混合而自磁管内溢流，这时套管借自重徐徐下沉，对坚实地层可提起套管冲击，迫使套管下沉。

④ 当套管达到预定深度时，即停止冲水，提出套管，地面以下即造成水射钻孔井筒。

⑤ 先向此井筒内投以 0.5~0.7mm 粒径的粗砂反滤层约 20cm，然后将准备好的井管湮层色

孔紧密，接口牢固严密，上顶到盖，放在井筒中央，并保持垂直。

⑥ 将砂滤料继续倾入井筒中，使之均匀的填在井管周围，达到距井管顶端以下 1.5～2.0m 处即用粘土封顶。

⑦ 每支井点管下好后，可接真空泵进行试抽，以出清水为合格。

3）抽水

（1）试运行：每一组井点及机泵安装完成后，应进行试运行，并对所有接头逐个进行检查，认真处理漏气现象，使符合真空度的要求。

（2）正式运行：正式运行时，应做好观测记录，记录水位升降情况、真空度、排水流量等等。

2-3-13　深井泵降水位适用范围是什么？

答：一般采用深井泵降低水位都是当含水土质为粗砂或砾石，地下水位较高，渗透系数在 10m/昼夜以上时采用。采用深井泵排水时，应根据施工范围的基坑形状、降水深度、各含水层土壤渗透系数、影响半径等计算应排除的水量。然后根据管井地质情况确定井型，计算管井的出水量，确定井管的布置和井间距离以及管井的结构（滤水管长度和直径）、高程等。

2-3-14　管井的结构有哪些？井管、滤料如何选择？

答：1）管井的结构

管井是排降水工程中，安装在地下的取水建筑物，主要有井壁管滤水管和沉淀管，管井的一般结构如图 2-3-14（1）。

井壁管与滤水管连接起来形成一个管柱（即井管）垂直安装在凿成的井孔中心。井壁管安装在非含水层处，滤水管安装在含水层处，起滤水作用。井管最下一段为沉淀管，以沉淀井水中所含的砂粒。沉淀管下为井底。在管柱与井壁环状间隙中，在下部含水层段填入筛选的砾石，以增大管井的出水量，并起过滤作用，在上部非含水层段填入粘土等封闭物，以防地面泥水灌入筛选的砾石内影响滤水效果。滤水管构造见图 2-3-14（2）。

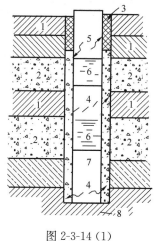

图 2-3-14（1）

1—非含水层；2—含水层；3—人工封闭物；
4—滤料层；5—井壁管；6—滤水管；
7—沉淀管；8—井底

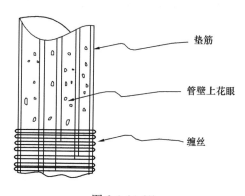

图 2-3-14（2）

2）井管的选用：施工中用的井管有钢管、铸铁管、石棉水泥管和混凝土管。

3）滤料的选用。

在砂质含水层中，按含水层标准粒径的 6～8 倍确定滤料规格。在砾石含水层中，按含水层标准粒径的 6～10 倍确定滤料规格。

当待不到准确的含水层标准粒径时，滤料粒径的选择可按下表 2-3-14。

含水层土质 滤料粒径（mm） 表 2-3-14

含水层土质	滤料粒径（mm）
砾 石	7.5～30
粗 砂	5～7.5
中 砂	2～4

2-3-15 管井井孔（凿业）施工使用什么钻机？

答： 凿井井孔的尺寸根据滤水管的外径和含水层土质而定。一般在中细砂中，井孔口径应比滤水管外径大 200mm，在砂砾层中应大 150mm，凿井使用的钻机是冲击式钻机，即乌卡斯—20 型、乌卡斯—22 型，这种钻机打井一般都使用泥浆固壁的方法。

2-3-16 管井井管的安装过程有哪些？

答： 1）清孔：

由于我们打井是使用乌卡斯钻机和泥浆固壁的办法，所以在安装井管前，应先清理孔底的稠泥浆，并加入清水，适当调整泥浆比重 。

2）井管安装：

井管安装时为了保证井管中心与井孔中心一致，常采用井管找中心，只有这样才能保证滤料厚度的均匀一致，另外也要保证井管的垂直不弯，因井管出现弯曲现象，深井泵就可能装不下去，所以在填滤料时要围绕管壁四周填料，避免只在一侧填料，填滤料的高度应高出计划填料高度 0.5～0.7m，以备滤料下沉后，达到计划高度。

3）洗井：

井管安装完毕后应及时洗井，洗井方法一般先用提筒掏清井内泥浆后，继用活塞洗井，经过多次抽拉后，用空气压缩机洗井，反复几次直到出清水，经化验合格。

2-3-17 问井管深井泵的规格、型号有多少？

答： 根据管井设计的出水量和已选定的管井口径，选择抽水设备的类型规格，各种不同口径管井的国产深井泵规格如下表 2-3-17。

表 2-3-17

管井口径（寸）	沈阳深井水泵			上海深井水泵		
	型 号	出水量（t/h）	扬 程（m）	型 号	出水量（t/h）	扬 程（m）
6				6JD56	56	32～80
8				8JD80	80	40～92
10	SD8	36	35～91	10JD240	140	25～70
12	SD10	72	24～120	12JD230	230	27～81
14	SD12	126	26～130	14JD370	370	34.5～57
16	SD14	180	45～106	16JD490	490	30～45

2-3-18 什么是明排井（坑）降水？

答：明排井（坑）降水技术方法是当沟槽或基坑不深、土质较好、地下水水量不大时，常采用明排井（坑）降水比较经济。从槽壁、槽底渗出的地下水，经排水沟汇集到集水井内，由水泵排出槽外，如图2-3-18所示。

沟槽开挖到接近地下水位时，修建集水井和安装水泵，开挖到地下水位后，在槽底两侧挖排水沟，使水流向集水井。排水沟的断面一般为 30cm×30cm。排水沟底一般低于槽面 30～50cm，并以 3%～5%的坡度坡向集水井。集水井设在沟槽的地下水来水方向，每座集水井距离为 50～100m。集水井井壁应支撑，井底一般低于槽底 1～1.5m，设置混凝土管或竹木笼等，为了避免井底产生管涌，还应进行封底。

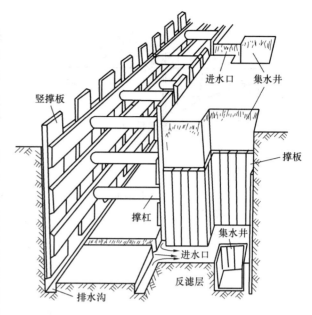

图 2-3-18　明排井（坑）降水示意图

2-3-19 真空点井的工作原理是什么？

真空点井是由真空泵造成的真空通过点井管抽取地下水。

水泵联合机组工作过程如图2-3-19所示，启动真空泵 6，使副气水分离室 4 内形成一定的真空度，进而使气水分离室 3 和点井管路产生真空，地下水和土中气体一并进入点井管，经过集水干管进入气水分离室 3，分离室 3 内的地下水由泵 7 吸出，气体经由副气水分离室 4，由真空泵 6 排出，在副气水分离室 4 中再经一次水、气分离，剩余水分泄入沉砂罐 5，防止水分进入真空泵 6，此外，机组还附有冷却循环水系统。由冷却水循环泵抽水冷却真空泵机组。

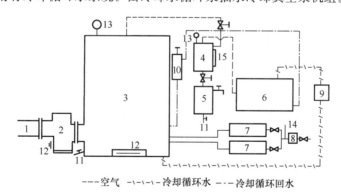

———空气　—ヽ—ヽ—冷却循环水　---冷却循环回水

图 2-3-19　真空泵系统

1—集水干管；2—单向阀；3—气水分离室；4—副气水分离室（又名真空罐、集水罐）；5—沉砂罐；6—真空泵；7—水泵；8—稳压罐；9—冷却水循环水泵；10—水箱；11—泄水管嘴；12—清扫口；13—真空表；14—压力表管；15—液面计

2-3-20 怎样布设点井？

根据沟槽的宽窄、涌水量、降水深度，点井的布置可分为单排和双排、单级和双级，见图2-3-20（1）、（2）、（3）。

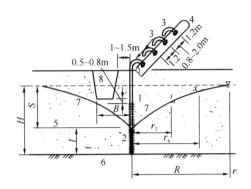

图 2-3-20（1） 单排点井断面示意图

1—点井管；2—滤管；3—连接管；
4—集水干管；5—透水层；6—不透
水层；7—降水曲线（i 为水力
坡降）；8—沟槽

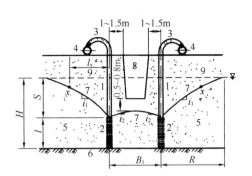

图 2-3-20（2） 双排点井断面示意图

1—点井管；2—滤管；3—连接管；4—集水
干管；5—透水层；6—不透水层；7—降水
曲线；8—沟槽；9—稳定地下水位线
i_1—降水曲线坡度；i_2—两排点
井间降水曲线坡度

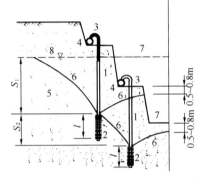

图 2-3-20（3）（两级点井）断面
示意图

1—点井管；2—滤管（花管）；3—连接
管（小辫子）；4—集水干管；5—透水层；
6—降水曲线；7—沟槽；
8—稳定地下水位

降水深度小于 6m 时采用单级，降水深度超过 6m 时采用多级。

单排或双排、单级或多级施工人员要经过降水工程设计反复计算来确定。

2-3-21　怎样冲沉点井管？

点井管钻孔大多是第四纪松散的卵石层以及砂、粘土、砂土等地层中进行。这类地层的特点是胶结差、易坍孔。因此不同的地层采用不同的钻孔方法。常用的方法有冲沉法、钻孔法、自沉法、振动水冲法等，下面介绍冲沉法冲沉点井管。

1）冲点准备

（1）平整场地。按施工总体部署平面图先把机房、集水干管、冲点位置、排水渠道等所需占地划出，清理、平整、修好临时道路。

（2）点井放线。测放点井集水干管、点井及机房线。

（3）组装点井管。按计算长度将点井实管、滤管、冲头、接头、封堵组装并检验。

（4）挖冲点沟。距沟槽 1~1.5m 挖比设计点井管顶标高低 20cm、宽 0.6~0.8m 的小槽，并挖点井坑。

2）冲沉法（冲或钻孔后下管）冲管

（1）定位。吊起冲水管，对准点位，垂直接入预先已经挖好的点井小坑。

（2）试水。开泵，0.5~1.0MPa 的高压水压入冲水管，喷嘴出水。

（3）冲孔。边冲边抽拔、旋转、摇晃并使冲管垂直，调整水压和沉管速度，保证冲孔直径为 30cm。冲水压力可先从 0.2MPa 开始，逐渐升压，寻找最佳效果，依据土质情况变动水压，连续冲孔。

（4）冲孔到位。冲孔到设计滤管底以下 50cm 以上时，冲管停沉，固定在该高度加冲片刻，把底部泥浆随水冲去（清孔），至此冲孔完成、到位。

（5）停冲拔管、下管。切断水源，迅速垂直拔出冲管，立即将点井管对准井孔中心垂直插入，特别应注意垂直对中；当点井管上顶到达设计标高后，立即用支架固定好，把点井管临时封堵。

（6）填滤料。将粗砂、砾石等按土层需要配制的滤料在点井管周围均匀填灌，分层填料，用铁钎插捣、晃匀，填料数量随时与计算的数量核对，当误差超过5%时，即查找原因采取补救措施，直至重新冲孔。

（7）填料封顶。滤料填至原地下水位以上0.5m以后，改填普通土，填至距地表以下1m时，改填粘土封顶，粘土封顶高度不得小于0.8m。

（8）检试。填滤料时，管中泥水上溢，显示滤网有效；单根点井管完成后，由井管注入清水要显示水位迅速下渗。

（9）临时封口。检试完毕，将透明弯管接到点井管上，甩向集水总管接管方向，并临时封口。

2-3-22　怎样组装真空点井系统设施？

真空点井系统由点井井管、连接管、集水干管、抽水设备4部分组成。

1）组装点井管

点井井管由直径为38～50mm的镀锌钢管制成，丝扣连接，下端有滤管。滤管上有梅花状布置的直径为5mm的孔眼，为了防止土颗粒进入，外壁包扎棕皮、玻璃布、窗纱等滤网。滤管长度一般为0.8～2.0m。选定滤管长度时应使 $l \geqslant 2/3H_L$（H_L 为井水位以下有效透水层厚度）。点井管的长度参照图2-3-22，按下式计算。

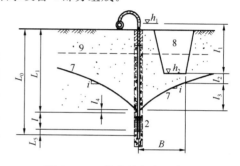

图2-3-22　井点管长度示意图

$$L_0 = L_1 + l + L_5$$

式中　L_1——井点管实管（白管）长度，m；

　　　l——滤管长度，m；

　　　L_5——冲点管头长度，m，一般取0.1～0.2m。

点井管的实管（白管）长度 L_1 按下式计算，但其长度不应大于6m。

$$L_1 = l_1 + l_2 + l_3 + l_4$$
$$l_1 = h_1 - h_2$$
$$l_3 = Bi$$
$$B = b + b_1 + b_2$$

式中　L_1——点井实管（白管）长度，m；

　　　l_1——槽底以上的点井管实管长度，m；

　　　h_1——点井管管顶标高；

　　　h_2——沟槽底标高；

　　　l_2——要求地下水水位降至槽底以下深度0.5～0.8m；

　　　l_3——水位降落曲线差值；

　　　B——槽底远点到井点管的距离，m；

　　　b——槽底宽，m；

　　　b_1——槽坡单面增加的槽上口宽度，m；

　　　b_2——槽上口至井管的距离，m；

　　　i——降水漏斗曲线的水力坡降，（垂直、水平）单排点井时，自点井滤管起分布范围内宜为1/10～1/15；

l_4——接头长度一般为 0.2m。

2）组装连接管

为了观察点井的出水状态，连接管可采用透明 PVC 管或胶管，参照图 3-4 组装。

3）组装集水干管

集水干管一般采用 $d=90\sim130mm$ 的钢管，法兰盘接口要严密。集水干管在一个方向焊有带截门的管头与点井管连接，管径和间距根据点井管的管径和间距确定，在集水干管中间焊有与真空泵连接的三通，敷设集水干管时，做成 1‰～2‰的纵坡，使真空泵进口处为最高点，参照图 1363-1 组装。

4）组装真空泵机组

水泵机组安装于一组点井的中部。点井降水必须保证连续抽水，一般采用柴油机或双路供电，机组安装包括电器设备、配电盘箱、水箱或灌水设备等。泵体基座应平整、坚固；真空表、压力表、闸阀、防护罩等附件配备齐全，安装牢固；配电设备接地符合安全要求；工作棚夏季能防雨、防暑，冬季能防冻、保温。

我国已有真空点井专用的真空泵，抽水效果较好，如 SZB 型悬臂式水环真空泵、SZZ 型直联式水环真空泵和 SZG 型水环式真空泵等，其他设备参照图 1362 所示。

2-3-23 怎样进行真空点井降水的运行和管理？

1）试抽

（1）试抽前系统检查。检查点井管、集水总管、泵组、出水系统各处连接是否严密、牢固、通畅。在海滩、盐碱地或其他有侵蚀性物质或气体的地方，点井设施系统须加防护处理（阴极防护、涂树脂等）或采用塑料制品。检查水泵机组运转是否正常，各种仪表是否齐全、准确。

（2）试抽与调试。经系统检查合格后，开机试运行，可单根点井、部分点井或全部点井试抽；当出水量稳定后，可依据水量情况适当改变机组所带的点数，使水压、出水量、降水深度达到最佳状态，试抽成功，即可正常运行。

2）运行与观测

（1）运行。运行开始，随即检查真空度，点井出水状况，进行全系统的调整，寻找最佳运行状态。机组运行中要注意检查运行情况，出现不正常时须及时采取纠正措施，切不可勉强运行。为出现个别点井有出水不畅、跑气、带砂、堵塞等现象时，应关阀检修、反冲或重做。注意及时调节泵房出水阀与点井使用数协调。

（2）观测。点井系统运行时，每日 4 次或 6 次对观测井进行观测，并做好运行记录。运行记录包括值班人员、巡井人员、抽水时间、地下水位、水质情况、出水量、真空度、机械设备情况、沟槽附近建筑物沉降观测情况、气象情况、沟槽情况等。根据记录情况随时绘制出真空度与水位变化曲线，抽水时间与出水量变化曲线，沟槽断面上的水位降落曲线与设计降水曲线的对比情况，建筑物沉降情况，挖槽土质与含水量变化情况等。并均应整理出全套资料，做出技术经济总结，以指导下一次点井设计。

3）运行周期

（1）超前降水。降水领先，开槽在后。在施工过程中要始终保持干槽作业，降水速度超过挖槽速度。比较稳妥的安排是从观测井所得到的降水曲线看出，地下水位已经降至槽底以下 0.5～0.8m 之后，才开始挖槽。当工期较紧而又对降水工程的设计与施工比较有把握时，可以进行动态配合，即按观测井观测的结果，挖槽进度与降水速度相配合，使掘进面保持在地下水位以上 0.5～0.8m。切忌点井抽水尚未见效就已开挖，造成挖槽在前，降水滞后，挖槽施工带水作业。

（2）终止降水。管道施工隐蔽验收后，应抓紧回填土，当回填土进行到稳定地下水水位以上时，方可停止抽水，拔除点井管，拆移集水总管及水泵机组设备和设施。

2-3-24 喷射点井的工作原理是什么？

答：喷射点井在水泵机组中安装高压泵，管路系统安装进水管与排水管与逐个点井相连，见图 2-3-24（1）；点井管上安装射流器，见图 2-3-24（2）。

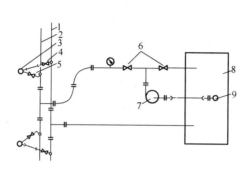

图 2-3-24（1） 喷水点井管路系统

1—排水总管；2—进水总管；3—喷水
点井；4—排水弯联管；5—进水弯联
管；6—闸；7—水泵；8—水池；
9—吸水阀

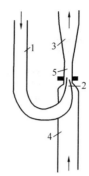

图 2-3-24（2） 喷水点
井工作原理

1—高压工作水管；2—喷嘴；
3—扩散室；4—点井管；
5—混合室

工作原理是高压泵抽取水池（或水箱）的工作水，通过管路系统中的进水管到点井喷射嘴。由喷射嘴射出的高压水，高速冲过喉管的同时，在喷嘴周围形成负压，负压将通过过滤传导到反滤砂层及降水目的层中，从而将含水层中的水抽至点井中，喉管上方是混合室，高速水流与由地层中抽进的汽与水，将形成汽水溶液，该汽水溶液的密度比水小，有自然上冒的势能，再借助高速水流具有向上的动能，即可向上排出地表。

2-3-25 宝钢喷射点井施工井点间距为多少？

答：喷射点井在我国一般采用 7.5MPa 压力的水泵，可带动 20m 长的点井，每台泵可带动 30 个点井，但必须有备用水泵，以保证连续数个月的降水需求。我国采用的过滤器直径为 73～83mm，一般长度采用 1.5m，外壁管直径多用 63mm 的钢管，内管多采用 $d=38$mm 的钢管。喷射点井的间距，由降水目的层的特性和降水深度、设备能力综合条件进行设计，在上海宝钢的施工降水中，通过试验，曾成功地采用 3m 间距，并取得了降水成功，我国一般经验均采用 2m 间距，也就是说，一套喷射点井设备（两台高压泵，1 个 10m³ 工作水箱，60m 总管，30 套点井管及过滤器），可完成 60m 长的降水工作段，如 3m 点井间距可达到同样目的的情况，可完成 90m 的降水工作段，就可节约总降水费用1/3。但加大点井间距设计，必须在科学分析的基础上或通过现场试验后方可采用。

2-3-26 何谓电渗排水？

答：在黏土、亚黏土或亚砂土等土层中，由于分子很大，采用真空吸水法难以降低地下水位时，可根据电泳、电渗理论，采用电渗排水法。

在含水的细粒土层中，插入电极，当直流电通过时，土颗粒向正极移动，而水则向负极流动，土的流动叫电泳，水的流动称电渗，这种现象称电动。

电渗排水的正极可采用钢筋打入地中，而将井点管作为负极，通过直流电源（可用电焊机当直流电源）后，地下水在电动作用下流入井点管而被排除。

由于电泳的存在电渗排水不必担心滤管的滤网被堵塞，正负电极间距一般可用 0.6～1.0m，如为单排井点，其间距可取 1.0～1.5m。由于电渗排水成本较高，所以应用较少，不得已才用之。

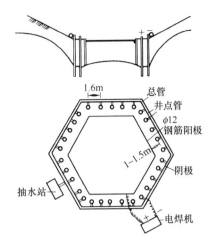

图 2-3-27　电渗点井系统

2-3-27　电渗点井的工作原理是什么?

答：电渗点井是饱和粘性土的毛细管中所含的自由水，不带电荷而呈电中性。紧靠毛细管壁的是一层带负电的强结合水在一般条件下不会移动。只有带正电的弱结合水可以在具有一定强度的直流电场中，沿着电动势方向移动。这种含水层中带正电水分子沿着电动势方向向阴极运动的过程叫电渗，见图 2-3-27。

2-3-28　怎样布设电渗点井?

答：电渗点井的负极可用点井管，正极采用直径不小于 25mm 的钢筋或其他金属材料。埋设深度较点井管深 500mm，地上露出地面 200～400mm。正负两极数量相等，必要时正极数量可多于负极。正、负两极分别用导线连接成电路，并接至直流电源的相应的极上。在渗透系数较大的土层中，不需要通电流的范围内的正极表面应涂绝缘材料。

电渗点井降水前，应通过试验来确定合理的电压梯度和电极布置，点井设于基坑四周时，正极应布置在点井圈内侧。正负两极的距离，采用真空点井与之配套时为 0.8～1.0m；采用喷射点井与之配套时为 1.2～1.5m。工作电压不大于 60V，土中通电时的电流密度为 0.5～1.0A/m²。

电渗点井系统运行时，应随时观察水位降落情况、电极周围升温情况、电压和电流的变化情况，如果经过几昼夜后，电流值降低超过了起始电流的 10% 时，应将电压降低，以免电极区范围土体过分疏干。随着土被疏干和地下水位降落，土与电极间的电阻增加，使电渗作用减弱，对此，应提高电压。

2-3-29　电渗点井降水有什么特殊作用?

答：在一般的黏性土中，采用真空降水技术，也只能排除自由水中的一部分，仅占黏性土含水量的 2%～5%，远不能满足降水的要求。用直流电渗法，可使黏性土中所含的水排除，达到疏干土层的目的。

直流电渗法降水对所疏干的土层还可以起到其他方面的作用：

1）提高土的渗透系数。由于黏性土中的弱结合水被排除，使土中孔隙截面积增大，从而增大了水流通道的断面，使水流通畅。

2）阴极周围的土层加密。在电渗产生的同时，带负电的土颗粒也将沿着电动势的方向，在土的孔隙中向着阳极方向移动，并堆积在阳极周围的孔隙中，这种现象叫电泳，对阳极周围的土层起了加密作用。

3）降水区土层压密。电渗排水的过程，也是土中所受静水压力减弱和消失的过程。同时由于土本身的自压，土体的骨架也将被压缩，尤其对于膨胀性土层，压缩密实更为明显。

4）形成新的化合物和胶结物。土层产生电渗的同时，电解现象也在进行。由于水分子被电解，使阴、阳极的酸碱度产生变化，因而产生了矿物分解和离子交换。新生的可溶盐类将随水排除。但铁、铝化合物将沉在土颗粒之间，形成土颗粒间的胶结质，因此电渗处理过的土层，会因胶结作用的产生增加地基强度。

2-3-30　什么是引渗井降水?

答：采用引渗井降水的手段是将基坑范围内的滞水，通过引渗井，引渗至基坑底部以下强导水层中消纳，达到降水的目的。采用引渗井降水的工程除布设引渗井的引渗能力应大于基坑实际出水量外，尚应计算引渗条件下的下层含水层水位上升值，其水位应低于降水水位。引渗井施工采用螺旋钻、工程钻孔钻，易塌地层可用套管法成孔，如钻进中自造泥浆，成孔后根据土质、出水量情况可采用裸井方式，即成孔直径为200～500mm，孔内直接填入洗净的砂砾或砂砾混合滤料，滤料含泥量应小于0.5%；或采用管井方式，即成孔后置入无砂混凝土滤水管、钢筋笼、铁滤水管，井周根据情况确定填滤料。

引渗井降水是在滞水分布较普遍地区应用，例如北京市的地下水位，自新中国成立后50多年来，已由埋深2～3m，下降到10m左右，对于一般浅基坑已不用降水，但随之而来的是大量生活用水的自然排放以及下水道工程的渗漏，导致本来已无天然渗流水补给的浅含水层，形成大面积滞水。这种滞水无规律性，甚至形成孔洞渗流的特点。采用引渗井降水时，应调查清楚周围是否有各种沟渠管线向基坑渗水的途径。引渗井降水无需抽水设备和能源，降水成本低，但应预防产生有害水质污染下部含水层。

2-3-31 什么是管井降水？

答：管井降水应用较广，其井型如图2-3-31所示，土质为中砂、粗砂、砾石，第四系含水层厚度大于0.5m，基岩裂隙和岩溶洞含水层厚度可小于5.0m，含水层渗透系数 K 值大于1.0m/d时可选用管井降水。回转钻或反循环钻钻孔，深度达到设计深度后，宜多钻0.3～0.5m，用大泵量冲洗泥浆，减少沉淀。成孔后立即下井管，注入清水，稀释泥浆比重接近1.05后，在井管与土壁之间填充粒径为3～15mm的砾石，作为过滤层，过滤层填至含水层顶板以上3～5m。成孔直径应比滤水管外径大200mm，投入滤料应不少于计算量的95%。滤料层上用黏土填充封孔，黏土封孔不少于2m。管井完成后应及时进行洗井，洗井后应进行单井试验性抽水。

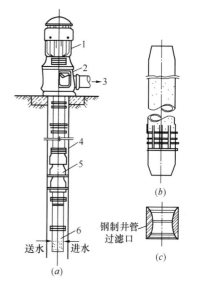

图 2-3-31　管井
(a) 深井泵抽水设备系统；
(b) 滤网骨架；(c) 滤管大样
1—电机；2—泵座；3—出水管；
4—井管；5—泵体；6—滤管

依据降水工程设计管井的布置，沿沟槽每隔10～50m设置一层。

抽水设备选用清水泵或潜水泵。

井管选用：

1) 钢管。钢质井管在降水工程中应用较少，是因钢材价格高，多用于能够回收的工程。

2) 铸铁管。我国应用得极其普遍，多年来一直有定型产品，规格齐全，质量优良。以 $d=30$mm 的井管为主，一般直径为200～400mm，壁厚为7～13mm，多采用管箍丝扣连接或焊接，圆直度极佳。

3) 塑料管。我国有少量应用，价格并不便宜，抗冲、抗压性能较差，未得到广泛应用。

4) 水泥管。水泥井管有两种。一种是留有孔眼，通过垫筋缠丝进行过滤的；另一种是无砂混凝土管，即用水泥和砾石浇筑成圆管，通过砾石间隙或再包棕皮进行过滤。在降水工程中，一般深度不大，工期较短，可一次性报废，价格便宜是一种节约资金的好方法。

还有玻璃钢井管、钢筋笼管、木质井管、砖制井管等，这些类型的井管，也有应用。

2-3-32 什么是大口井降水？

答：大口井井型见图2-3-32。

大口井井径一般为0.8～4.0m，成井多采用沉井法施工，井体用混凝土、钢筋混凝土、砖石砌体等，井底井壁同时进水。

大口井降水成本高、效果差，目前很少采用，可作为其他降水方法的辅助措施。

2-3-33 什么是辐射井降水？

答：辐射井降水采用在大口井井内按降水地带埋设辐射管，通过辐射管将地下水汇集在大口井内，由大口井中抽至地表，见图 2-3-33，这种降水方法对地表干扰小，可在某一断面纵横两方面拦截地下水，一眼辐射井的降水面积可达到 $900m^2$，甚至更多，在大宽度的基坑降水，便于发挥作用。

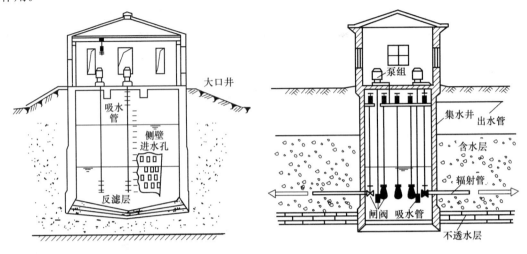

图 2-3-32　大口井　　　　　　　图 2-3-33　辐射井构造示意图

辐射井降水方法在我国应用的时间不长，但由于施工技术不断发展，例如主井采用大直径反循环钻机成井，可使主井施工深度达到 50m，甚至更深；又如采用 YS—IV 型专用水平钻机进行辐射管成孔，完善了辐射降水施工方法，具有发展前景。

辐射管规格应按表 2-3-33(1)、(2)选用。

D 为 50～75mm 的辐射管规格　　　　　　　　　　表 2-3-33 (1)

辐射管管径 （mm）	进入孔直径 d （mm）	每周小孔数 （个）	小孔间距 l （mm）	每管孔数 （个）	孔隙率 （%）	适用地层
50	6	16	12.0	1328	20	中砂、粗砂
	10	10	26.6	370	15	粗砂夹砾石
	12	8	38.7	232	14	粗砂夹砾石
	12	6	40.0	150	9	粗砂夹砾石
75	6	21	12.0	1750	20	中砂、粗砂
	10	14	28.0	490	10	粗砂夹砾石
	12	10	30.0	330	31	粗砂夹砾石
	13	10	21.1	410	21	粗砂夹砾石

D 为 100～160mm 的辐射管规格　　　　　　　　　　表 2-3-33 (2)

管外径 （mm）	壁厚 （mm）	每周小孔数 （个）	每延长米行数 （个）	每延长米孔数 （个）	孔隙率 （%）	适用地层
108	6	34	9	206	14.4	中砂
		22		198	14.1	中砂、粗砂
		19		171	16.1	中砂、粗砂
		13		117	16.5	粗砂夹砾石
		10		90	17.0	粗砂夹砾石

管外径 （mm）	壁厚 （mm）	每周小孔数 （个）	每延长米行数 （个）	每延长米孔数 （个）	孔隙率 （%）	适用地层
140	6	44		396	14.4	中砂
		29		361	14.2	中砂、粗砂
		24	9	216	15.7	中砂、粗砂
		17		153	16.7	粗砂夹砾石
		13		117	17.0	粗砂夹砾石
159	7	33		297	14.2	中砂、粗砂
		25	9	225	18.0	粗砂夹砾石
		26		144	16.1	粗砂夹砾石
		12		108	15.6	粗砂夹砾石

2-3-34 什么是潜埋井降水？

答：潜埋井降水采用在沟槽或基坑底部设置砖石、无砂滤水管或铸铁管集水坑，用离心泵、潜水泵抽降残存水。潜埋井深度在基底底面 1.0m 以下；基坑（槽）封底时应预留出水管口，停抽后迅速堵塞封闭出水管口，保证不溢水、渗水。

潜埋井降水是近年来发展的新技术，对基坑底部残存水的排降作用十分有效，在实施中需要与其他降水方法相结合。

2-3-35 降水工程为什么必须进行降水设计和降水勘察？

答：降水工程必须进行降水设计和论证，这是降水工程成功的保证。在过去的工程实践中，存在仅凭经验不重视降水设计，致使有些降水工程造成损失和延误工期，必须引以为戒。同一个降水工程，在相同的降水地质条件下，可以选用同一种或几种降水技术方法，采取不同的布井方案，满足降水技术要求，这就存在降水设计方案优劣问题。因此，降水设计需要论证，从中选取经济合理、技术可靠、易于施工、管理方便的降水设计。有些工程虽然做了降水设计，但依据不充分，大多没有进行正规的降水勘察，仅根据工程地质勘察的地层资料和水位值（没有含水层渗透性、地下水的补给条件及动态资料），采用有关的经验值（如渗透系数、影响半径、导压系数等），进行降水设计。这样的降水设计，容易产生工程量过大，过于安全，或者工程量太少，降水达不到要求，被迫补加工程量，延误工时，造成浪费。因此，降水设计必须具备降水勘察资料。确定降水勘察内容和布置勘察工作时，应考虑到建设单位对降水深度、范围、时间、复杂程序和降水地质条件及对周围环境产生不良影响的专门要求等，适当增加或减少工作内容和工作量。

降水勘察首先应进行现场踏勘搜集资料，然后编写勘察纲要。现场踏勘是了解施工现场水文气象、地层岩性、水文地质、工程地质、环境地质资料，尤其需要了解建筑物及地下管线等分布情况，为编写《勘察纲要》提供第一手材料，还应了解工程场地的交通运输、动力来源、施工用水和材料供应等条件，为勘察施工做好准备工作。

2-3-36 怎样进行降水勘察工作？

答：降水勘察工作首先要布设勘探孔、试验井和观测井孔。

1）勘察孔（井）布置

勘察孔的布置应考虑多种因素，应能反映场地降水地质条件，根据沟槽或基坑的施工条件、周围建筑物及地下管线等应保持足够的安全距离，勘察孔布置在沟槽或基坑外，但应控制降水含水层的空间分布。对于第四系地下水补给径流方向、基岩裂隙构造和岩溶发育方向，降水条件下可能发生补给的越流含水层，要有足够的勘察资料和勘察孔（井）。勘察孔（井）由勘探孔、试验井、观测孔组成，应按表2-3-36进行布置。

降水勘察孔（井）数量表 表 2-3-36

复杂程度	勘探孔	试验井	观测孔（个）
简　单	1	1	1
中　等	2～3	1～2	2～4
复　杂	>3	>2	>4

注 每个含水层不应少于一个勘探孔、一个抽水试验井、一个观测孔。

勘探孔布置应能控制降水范围内地层的平面分布和查明基坑底部以下的含水层。勘探孔的深度，均质含水层最低要求在基坑深度2倍以上；双层或多层含水层应了解基坑底以下可能产生水力联系的所有含水层。勘探孔的孔径不小于90mm。

2）试验井布置

试验井的布置应结合降水工程的需要，深度不小于降水深度的1.5倍。试验井结合生产井，管直径不小于300mm，孔直径不小于500mm。我国多数潜水泵外形尺寸为288mm，可以置入试验井中。置入深度位于降水深度下不少于2m。

3）观测孔布置

观测孔用于观测试验井抽水试验时的水位变化情况。观测孔与试验井的距离为含水层厚度的1～2倍。观测孔深度应达到需要观测某一含水层的层底。孔径为50～100mm。

在降水深度范围内，当遇有软土、盐渍土、红粘土、冻土、膨胀土、污染土、残积土等特殊土时，应增加勘察孔和室内特殊项目试验。

2-3-37　怎样做降水试验？

答：降水试验应在降水勘察中进行，也可在降水施工前进行，是降水设计的主要依据之一。降水勘察中的抽水试验与供水勘察中的抽水试验有区别，降水勘察的抽水试验需要解决井间地下分水岭等于或低于设计降水深度和确定降深条件的参数，此时参数具有模拟性、实用性、接近实际的特点，因此必须通过群井抽水试验使水位降深值接近设计要求时解决井深、井距、井数问题才是合理的；供水勘察的抽水试验不必满足这些要求、主要目的是求地层的渗透系数、补给量、合理的开采降深与开采量问题，水位降深越小越好。

降水试验的具体做法是：

1）以试验井为原点，布置1～2条观测线。

2）当只有一条观测线时，观测线垂直地下水流向；当有两条观测线时，另一条平行地下水流向。

3）每条观测线上的观测孔为3个。

4）距抽水孔近的第一个观测孔，应避开三维流的影响，其距离不小于含水层的厚度；最远的观测孔距第一个观测孔的距离不宜太远，并应保证各观测孔内有一定水位下降值。

5）各观测孔的过滤器，安置在同一含水层和同一深度上，各观测孔过滤器的长度应相等。

6）对富水性强的大厚度含水层，当需要划分几个试验段进行抽水时，试验段的长度可采用20～30m。

7）对多层含水层，应进行分层（段）抽水试验。

8）在松散的含水层中，可用放射性同位素稀释法或示踪法测定地下水的流向、实际流速和渗透速度等，了解地下水的运动状态。

9）采用数值法评价地下水资源时，宜进行一次大流量、大降深的抽水试验，并应以非稳定流抽水试验为主。

10）抽水试验井必须及时进行洗井，以保证获得正确的抽水试验资料；洗井应选用有效的方法洗至水清砂净，含砂量小于万分之一。

11）简单降水工程应至少做一个单井试验和两次降水深度，其中，一次最大降水深度应接近设计降水深度；对于复杂降水工程，为使所求水文地质参数对整个场区更具有代表性，应不少于2个以上单孔抽水和二次群井抽水试验。

12）抽水试验其稳定延续时间不小于6h，当抽水不稳定时，其延续时间应不小于24h。

13）观测出水量Q和水位降深S_w，其观测次数与时间间隔按表2-3-37记录。

水位水量观测时间间隔表　　　　　　　　　　表2-3-37

观测内容		观测次数与时间间隔					
出水量及水位降深值	观测次数	5	5	5	3	3	≥3
	时段（min）	1	3	5	10	30	≥60

出水量的观测误差应小于5％；水位降深值的观测误差应不超过±5mm。

2-3-38　抽水试验井的过滤器有哪几种类型？

答：抽水试验井过滤器的类型有多种，根据不同含水层的性质，按表2-3-38选用。

抽水试验孔过滤器的类型　　　　　　　　　　表2-3-38

含　水　层	抽水试验孔过滤器类型
具有裂隙、溶洞（其中有大量充填物）的基岩	骨架过滤器、缠丝过滤器或填粒过滤器
卵（碎）石、圆（角）砾	缠丝过滤器或填粒过滤器
粗砂、中砂	包网过滤器、缠丝过滤器或填粒过滤器
细砂、粉砂	填粒过滤器

注　基岩含水层，当裂隙、溶洞（其中很少充填物）稳定时，可不设置过滤器。

1）在松散层中，过滤器直径大于200mm；在基岩中，过滤器直径大于100mm，长度与含水层厚度一致。当含水层厚度超过30m时，过滤器长度采用20～30m，若含水层透水性差时，其长度可适当增加。过滤器下端设有封闭沉淀管，其长度为2～4m。

2）包网过滤器的网眼尺寸和缠丝过滤器的缠丝间隙尺寸。

（1）均匀的中砂和粗砂类含水层，包网的网眼尺寸，为50d的1.5～2倍，缠丝的间隙尺寸为50d的1～1.5倍。

（2）非均匀的砂类含水层，包网的网眼尺寸，中砂采用为40d～50d，粗砂为30d～40d。

其中，30d、40d、50d为含水层土试样筛分中，能通过网眼的颗粒，其累计重量占试样全重分别为30％、40％、50％时的最大颗粒（或网眼）直径。

2-3-39　怎样做降水工程的注水试验？

答：降水工程的注水试验，是为采用工程辅助措施或回灌地下水服务的，其方法是选择具有代表性注水地层，采用直径为1.0m、高度为1.0m的铁环压入地面0.2m后，清除环内土层并按环的直径范围继续清挖0.8m为止，再压环顶与地面平，环底土层应整平和保持原状并在1/2处划一水位线。在环中注水，使注水位与水位线始终保持一致。应记录注水量和稳定时间，分析评价注水条件、注水效果和计算渗透系数，并应确定注水井的数量。

2-3-40　什么是水文地质参数？

答：水文地质参数是表征地层含水特性的数量指标。最基本的水文地质参数是渗透系数，被用来衡量含水层传输地下水的能力；释（储）水系数则反映含水层释水和储水的能力。

1）渗透系数是指单位水力坡度作用下（水力坡度是指单位距离内的水位差），从单位面积含水层通过的流量，单位为 cm/s 或 m/d。渗透系数的大小主要取决于含水层中相连通的空隙的尺度。具有较大空隙的含水层必具较大的渗透系数。但又和在其中流动的液体的容重、粘滞度等有关。在同一含水层中若换以容重比水小、粘滞度比水大的他种液体，如石油，则此含水层的渗透系数即变小。因此它是一个兼及地层和流体特性的综合性参数。由于地下水的水温比较恒定，水的容重和粘滞度变化极微，故流体的因素可以忽略。但在研究盐水、卤水的渗流和地下水污染的问题时，则必须考虑流体的质的变化。

渗透系数有线性和非线性的区别。在水力坡度变化的情况下，一定地层的渗透系数始终保持为常数，称线性渗透系数。若渗透系数的值，随着水力坡度的增大而变小，则称非线性渗透系数。一般在空隙度小的地层中，渗透系数常保持为线性的，而在空隙度大的地层中，渗透系数则常为水力坡度的函数。

非饱和地层的渗透系数，与饱和地层不同，它的值随地层饱和度的变小而减少。

2）释（储）水系数分给水度和弹性释水系数。

① 给水度。给水度是指含水层被疏干时，所释出的水体积与该含水层体积之比。给水度的值取决于含水层的孔隙，但由于水分子的吸附作用，其值总是小于孔隙率。孔隙越小，水的吸附作用越大，两者的差也越大。

② 弹性释水系数。承压含水层中降低单位水头时，从一单位面积含水层柱体中所释出的水体积与该柱体的体积之比。由于承压含水层水头的降低，将原来由此水头承担的上覆地层的自重压力转嫁给含水层，从而使具有一定弹性的含水层受到挤压，孔隙或裂隙度相应减少而释出一部分水，与此同时，因水本身也属弹性体，水头的降低促成水的膨胀，增加一部分水体积，两者提供了弹性释水系数的物质基础。给水度和弹性释水系数都是体积比，故是无量纲数；又因含水层和水的弹性模量都是极小的数，故弹性释水系数只及给水度的 1/1000 或 1/10000。

其他参数还包括从渗透系数和释（储）水系数可派生出表征其他特征的参数，如导水系数（含水层的渗透系数与厚度的乘积）；导压系数［渗透系数和释（储）水系数之比］，它反映含水层中任一点的水位或压力有所变动（升或降）时，在一定距离外的其他地点受到影响所需时间的长短；影响半径，它表征由单井抽水造成水位下降的范围，其值的平方与渗透系数成正比，与释（储）水系数成反比，如抽水量超过补给量，则与时间成正比，由于该参数不仅和地层性质有关，又涉及抽水流量等非地层因素，故严格地说不属水文地质参数。但习惯上水文地质人员仍把它当作水文地质参数。

参数的测定可采取试样，在室内用渗透仪完成，但因试样的代表性差，且不易保持原状结构，据此测定的参数往往不准，故在实际工作中常通过从野外取得水位和流量数据，利用数学模型进行反推，也称参数反演。例如通过抽水试验或通过地下水位的长期观测，可以算得渗透系数和释（储）水系数，渗透系数 K' 见表 2-3-40。

土的分类与定名　　　　　　　　　　　　　　　　　　　　表 2-3-40

类别	定名	说　　　明
碎石土类	漂石	以圆形及亚圆形为主，粒径大于 200mm 的颗粒超过总重量 50%，K'>50m/d
	块石	以棱角形为主，粒径大于 200mm 的颗粒超过总重量 50%，K'>50m/d
	卵石	以圆形及亚圆形为主，粒径大于 20mm 且不大于 200mm 的颗粒超过总重量 50%，K'>50m/d
	碎石	以棱角形为主，粒径大于 20mm 的颗粒超过总重量 50%，K'>50m/d

类别	定名	说　明
碎石土类	圆砾	以圆形及亚圆形为主，粒径大于 2mm 且不大于 20mm 的颗粒超过总重量 50%，$K'>50$m/d
	角砾	以棱角为主，粒径大于 2mm 的颗粒超过总重量 50%，$K'>50$m/d
	砾砂	粒径大于 2mm 的颗粒占总重量 25%～50%，$K'\geqslant50$m/d
	粗砂	粒径大于 0.5mm 且不大于 2mm 的颗粒超过总重量 50%，$K'=25\sim50$m/d
	中砂	粒径大于 0.25mm 且不大于 0.5mm 的颗粒超过总重量 50%，$K'=10\sim25$m/d
	细砂	粒径大于 0.075mm 且不大于 0.25mm 的颗粒超过总重量 50%，$K'=5\sim10$m/d
	粉砂	粒径大于等于 0.075mm 的颗粒超过总重量 50%，$K'=1\sim5$m/d
粘性土类	砂质粉土	塑性指数 $3<I_P\leqslant7$，$K'=0.50\sim1.0$m/d
	粘质粉土	塑性指数 $7<I_P\leqslant10$，$K'=0.5\sim0.25$m/d
	粉质粘土	塑性指数 $10<I_P\leqslant14$，$K'=0.25\sim0.10$m/d
	重粉质粘土	塑性指数 $14<I_P\leqslant17$，$K'=0.10\sim0.05$m/d
	粘土	塑性指数 $I_P>17$，$K'=0.05$m/d
	黄土	手搓时无砂砾感，易分散具大孔隙肉眼可见有直立性，$K'=0.20\sim0.50$m/d

注：1　土的名称应根据粒径分组由大到小以最先符合者确定。

　　2　K' 为土的渗透系数，碎石土类粒径大于 20mm 以上，总重量超过 50%，K' 值可选用大于 50m/d。

　　3　野外临时确定土的名称时，可按 JGJ 87—1992《建筑工程地质钻探技术标准》中附录 B 的有关规定执行。

2-3-41　怎样进行实抽法降水水位预测？

答：基坑降水水位预测计算也可以用实抽法。可根据降水勘察或降水施工时的群井抽水试验，实测水位影响范围和不同距离的水位降深值，建立相应的统计方程，按叠加原理预测计算不同布井条件下基坑降水水位。这种预测方法比较直观可靠，也简单易行。

基岩裂隙地区设计井位应能控制风化层厚度和构造；出水量、水位预测应用裂隙水有关公式计算，还须经实际抽水资料验证。

岩溶地区设计井位应能控制岩溶构造裂隙和主要岩溶发育带；出水量、水位预测应以实际观测和试验资料为依据；防止钻探后"扩泉"、"放水"现象发生，并有辅助工程措施；降水水位预测的同时，也要对相邻地区泉水衰减、地面沉降、地面塌陷进行预测和观测。

2-3-42　怎样做好降水工程监测与维护？

1）降水监测

（1）降水期间应对降水井和观测孔进行水位、水量和水质的监测。

（2）对水位、水量监测要绘制出水量 Q 与时间 T 和水位降深值 S 与时间 T 过程曲线图，分析水位水量下降趋势，预测设计降水深度要求所需时间。

（3）根据水位、水量观测记录，查明降水过程中的不正常状况及其产生的原因，及时提出调整补充措施，确保达到降水深度。

（4）在基坑开挖过程中和回填土之前，均应随时观测基坑侧壁、基坑底有无渗水、滑坡现象。

2）降水维护

降水期间对抽水设备要正确地进行操作、运行、维护和检查。应着重注意以下几点：

（1）深井泵。降水井水量较大工期较长时使用深井泵，开泵前应向泵内灌入清水，以润滑泵内橡皮轴承，启动前应在轴承部分注入润滑油，并将转子提起 35mm；在运转中电机电壳和轴承部位温度最高不得超过 75℃，一般为 60℃ 以下；使用时应调好闸阀，使出水量符合规定，避免流量过大或产生空转；洗井后先用泥砂泵抽清，再下深井泵。

（2）潜水泵。运转时电机不应露出地面，切忌在泥沙中运转，用泥沙泵抽清后再下潜水泵；下泵前应检查各种螺栓封口是否漏油、漏水，在地面空转 35min 后下泵，下泵和运转应将绳索拴在水泵耳环上，不得使电缆受力，下入设计深度后将泵体吊住；潜水泵外径与井壁至少留有 1cm 空隙，否则，下泵、提泵困难。

（3）卧式离心泵。启动前应仔细检查管路、叶轮，灌水启动后，缓开闸门；运转中应注意声音、温度是否正常。发现异常，应及时停泵检查。

（4）空气压缩机。运转中应注意排气温度，控制在 40～80℃ 之间；注意各种仪表和气压的指标是否正常；停车时，要逐渐拧开贮气罐的放气阀并降低转速，扳开离合器，停止运转。

（5）真空泵。应注意真空泵的真空度是否降低，运转有无异常声音。

2-3-43　降水工程施工期间怎样对水土资源进行保护？

答：1）对于基坑出水量大的降水工程，应在降水工程施工前，对水土资源做好利用、保护计划；暂时难以利用的，可将抽出的地下水引调储存在不影响环境的地表或地下。

2）当采用引渗井降水时，要求上部含水层的水质应符合下部含水层水质标准，以保护地下水资源。

3）降水施工排出的土和泥浆，要妥善加以处理，不要任意排放，防止污染城市环境或影响土地功能。

4）滨海地区的降水工程，应注意防止海水入侵，防止淡水资源遭到污染。

2-3-44　排、降水工程一般规定有哪些

答：1）施工排、降水应能有效排际影响工程施工的地表水、雨水、地下水和现况管道、沟渠内的水，以满足工程施工要求。

2）排、降水施工应保障现场及其附近既有建（构）筑物等工程环境的安全，符合国家和地方水资源与环境保护的规定。

3）排、降水施工应具有准确、齐全的工程地质、水文地质、水文气象资料。当降水较深且工程地质与水文地质条件复杂时，应进行抽水试验，以便准确的确定降水参数。

4）排、降水施工应具有足够的电源，其负荷应满足排、降水施工机具、设备的需要。为防止排、降水期间停电危害，现场应具备双路供电条件或配置应急电源，以便一旦停电时及时更新电源，保持正常降水。

2-3-45　排降水施工组织设计有哪些规定？

答：1）当结构全部或部分位于地下水位以下时，工程施工前应进行排降水设计。

2）排降水设计应具有下列资料：

（1）结构基础平面图、剖面图及其与相邻既有建（构）筑物基础位置的关系；

（2）工程地质、水文地质资料；

（3）基坑、沟槽开挖、支护方法；

（4）排降水时间；

（5）现场环境条件。

3）排降水设计前，应搜集与现场地质、水文条件相同或相似的以往工程施工降水资料，借鉴实践经验。

4）排降水施工组织设计（施工方案）应包括以下内容：

（1）基坑、沟槽的平面、剖面图和降水深度的要求；

（2）选择降水方法的主要依据；

（3）降水水位与水量及井点数量的计算；排降水系统的平面（包括地面排水管线或沟渠）布置图；

（4）降水井的构造、断面、高程；

（5）排降水机具设备型号、数量；

（6）供电系统布置；

（7）降水环境监测要求；

（8）针对工程环境的专项设计（对周边有影响时要考虑回灌井的设计）。

5）降水可根据降水深度、含水层岩性和渗透性，按表2-3-45选择。当各种降水技术方法具有互补性时，可选一种或几种方法组合使用。

降水方法适用范周   表2-3-45

降水方法	适合地层	渗透系数（m/d）	降水深度（m）
明排井	黏质土、砂类土	<0.5	<2
真空井点	粉质土、砂类土	0.1～20.0	单级<6 多级<20
喷射井点		0.1～20.0	<20
电渗井点	黏质土	<0.1	按井类型确定
引渗井	黏质土、砂类土	0.1～20.0	由下伏含水层的埋藏和水头条件确定
管井	砂类土、卵石土	1.0～200.0	>5
大口井	砂类土、卵石土	1.0～200.0	<20
辐射井	黏质土、砂类土、砾类砂	0.1～20.0	<20
潜埋井	黏质土、砂类土、砾类砂	0.1～20.0	<2

6）明排井降水应符合下列规定：

（1）明排井适用于明槽施工时，边坡稳定、渗流量小的沟槽地段；也适用于采用其他降水方式后，仍有渗水的深基坑、暗挖隧道的辅助措施。

（2）采用明排井的地质条件一般为不易产生流砂、潜蚀、管涌、淘空、塌陷等现象的黏质土、砂类土的地层，含水层渗透系数<0.5m/d且地下水位高出基底2.0m以内。

（3）明排井水量不大时，可采用小型集水井。小型集水井可为原地挖掘的土井，也可采用挖坑埋直径400～600mm的混凝土管代集水井；井边宜距构筑物基础外缘或坡底0.5～1.0m，井深不宜小于1m。

（4）水量较大时，宜采用直径为1250mm的混凝土管作排水井，管底宜落于坑、槽、隧道底以下1.5～2.0m处；井边距构筑物基础外缘或坡底的距离：黏质土宜为1.0～2.0m，砂类土宜为2.0～4.0m。

（5）排水井应设置在不影响施工、运输的适宜处。无适宜条件时宜采用潜埋井与盲沟代替。

（6）排水井的间距应根据土质和水量确定，宜为30～40m。

（7）排水井间应设排水沟。两排水井间排水沟的坡度与基坑、沟槽、隧道坡度相反的长度不宜大于排水井间距的1/3。坑、槽、隧道两侧设排水沟时，每隔适当距离宜连通。

（8）排水井、排水管应与基坑、沟槽、隧道侧壁保持安全距离。

7）井点降水应符合下列规定：

（1）井点适用于渗透系数<20m/d的黏质土、粉质土、砂类土地层。除电渗井外（电渗井只适用于渗透系数<0.1m/d的黏质土）。

（2）地下水位埋深小于6.0m，宜用单级真空井点。地下水位埋深大于6.0m，场地条件有限时，宜用喷射井点、接力井点；场地条件允许时，宜用多级井点。对基坑场地有限或暗挖隧道工程，可根据需要采用水平、倾斜井点降水方法。

（3）井点应沿基坑、沟槽周围呈线状、封闭状布置。采用水平井点时，井点应布置在含水层的中下部；采用倾斜井点时，井点应穿过拟降含水层；采用多级井点时，井点的基坑、沟槽平台级差宜为 4～5m。

（4）电渗井点管（阴极）应布置在钢筋或管制成的电极棒（阳极）外侧 0.8～1.5m，露出地面 0.2～0.3m。

（5）真空井点间距宜为 0.8～2.0m；喷射井点间距宜为 1.5～3.0m。

（6）接力井点的降水深度大于单级井点降水深度时，其井点间距可略大于单级井点间距，并应由试验确定。

8）引渗井降水应符合下列规定：

（1）引渗井适用于疏干滞水层或弱透水层以上的滞水。基坑、沟槽土层中有 2 个以上含水层，当含水层的下层水位低于上层水位时，上含水层的重力水可通过钻孔引导渗入到下部含水层后，其混合水位满足降水要求时，可采用引渗自降或引渗抽降。

（2）引渗井可在基坑、沟槽、隧道内、外布置，井距宜为 2.0～10.0m，可根据引渗试验确定。

（3）引渗井应穿进被渗层，当被渗层厚度大时，穿进厚度不宜小于 3.0m。

（4）要防止上层水质污染下含水层水质。

9）管井降水应符合下列规定：

（1）管井适用于第四系含水层厚度大于 5.0m、岩层裂隙和岩溶含水层厚度小于 5.0m 和含水层渗透系数大于 1.0m/d 时的降水。

（2）管井宜布置在基坑、沟槽、隧道外边线 1m 以外。

（3）基坑范围较大时，允许在基坑内临设管井和观测孔，其井管、孔口高度宜随基坑开挖而降低。

10）大口井降水应符合下列规定：

（1）大口井降水适用于第四系含水层厚度大于 3m、地下水补给丰富的砂土、碎石土的降水。

（2）大口井外缘距基坑、沟槽边应大于 1.0m。特殊施工条件下，也可布置在基坑、沟槽中心，结合潜埋井降水。

（3）大口井可单独使用，亦可同引渗井、管井、辐射井组合使用。

11）辐射井降水应符合下列规定：

（1）辐射井适用于降水范围较大或地面施工困难时的黏质土、砂类土、砾类土地层的降水，其深度可达 4～20m。

（2）辐射井的布置，应以其辐射管能最大限度地控制基坑降水范围为原则。

（3）当含水层较薄时，辐射管宜设单层、均匀设置；含水层较厚或多层时，宜设多层或倾斜辐射管；辐射管的根数，宜每层采用 6～8 根。

（4）最下层辐射管距井底应大于 1m。

（5）辐射管直径宜为 50～150mm；辐射管的长度宜为 20～50m。

12）潜埋井降水应符合下列规定：

（1）潜埋井适用于基坑或隧道底部为黏质土、砂类土或砾类土地层，由于降水条件限制，基底以上残留有高度小于 2.0m 地下水的补充降水。

（2）潜埋井应布置在利于排除残存水的部位，且不影响土方挖掘和运输、结构施工，便于封底。

（3）水量较大时，宜在井间设滤管式排水沟，将水汇积至井内。

13）降水井平面布置应遵守下列规定：

（1）条状基坑、沟槽宜采用单排或双排降水井，应布置在基坑、沟槽外的一侧或两侧。在基坑、沟槽端部，降水井外延长度应为基坑、沟槽宽度的 1～2 倍。选择单排或双排应依计算确定。

（2）面状基坑降水井宜在基坑外呈封闭状布置，距边坡线上口 1～2m；当面状基坑很小时，可在单侧设降水井。

（3）对于长、宽度很大，降水深度不同的面状基坑，为确保基坑中心水位降深值满足施工要求或为加快降水速度，可在基坑内增设降水井。

（4）在基坑运土通道出口两侧应增设降水井，其外延长度不少于通道口宽度的 1 倍。

（5）采用辐射井降水时，辐射管的长度和分布应能有效地控制基坑范围。

（6）降水井可在地下水补给方向适当加密布置，在排泄方向适当减少。

14）降水计算应符合下列规定：

（1）降水井的深度应根据设计降水深度，含水层的分布、地下水类型、降水井的结构以及降水期间的地下水位动态等因素确定。设计降水深度在基坑范围内不宜小于基坑底面以下 0.5m。

（2）采用井点、管井等降水时，降水井的深度可按下式确定。

$$H_w = H_{w1} + H_{w2} + H_{w3} + H_{w4} + H_{w5} + H_{w6}$$

式中　H_w——降水井的深度（m）；

H_{w1}——基坑、沟槽深度（m）；

H_{w2}——降水水位距离基坑、沟槽底的深度（m）；

H_{w3}——$i \times r_0$；i 为水力坡度，在降水井分布范围内宜为 1/10～1/15；r_0 为降水井分布范围等效半径或降水井排间距的 1/2（m）；

H_{w4}——降水期间的地下水位变幅（m）

H_{w5}——降水井过滤器工作长度；

H_{w6}——沉砂管长度（m）。

（3）降水井的数量 n 可按下式计算：

$$n = \frac{1.1Q}{q}$$

式中　Q——基坑总涌水量；

q——设计单井出水量，可按下列规定确定：井点出水能力可按(1.5～2.5)m³/h 确定；管井的出水量 q（m³/h）可按以下经验公式确定：

$$q = 120\pi r_s l^3 \sqrt{K}$$

式中　r_s——过滤器半径；

l——过滤器井水部分长度；

K——含水层渗透系数。

过滤器长度宜按下列规定确定：真空井点和喷射井点的过滤长度不宜小于含水层厚度的 1/3；管井过滤器长度宜与含水层厚度一致。

15）采用明排井以外的降水方法时，应根据地下水类型、补给条件、降水井的完整性、施工需要的降水深度、布井方式等计算基坑、沟槽的出水量，并通过降水水位的反复计算，优化降水方案，确定最终的井位布置与相应的降水井结构、深度。基坑总涌水量计算方法可参照本规程附录 B 有关规定。

16）采用明排井以外的降水方法时，应布设降水观测孔，其布置应遵守下列规定：

（1）降水井宜作为降水观测孔。

（2）在基坑中距降水井最远端或在降水状态地下水位最高的地段布置观测孔。

（3）降水观测孔的深度应不小于拟观测降水目标深度。

（4）排、降水运行期间观测孔数量，简单工程不得少于 1 个，中等工程应为 2～3 个，复杂工程不得少于 3 个。

17）地面排水管（沟）应布置在基坑、沟槽以外，宜利用现况排水管（沟），以不影响结构施工，且不破坏现场及邻近既有建（构）筑物为准。排水管（沟）应延伸至降水范围以外，管（沟）断面、纵坡应依据基坑、沟槽的出水量，经水力计算确定。

2-3-46　明排井、降水井施工有哪些规定？

答：1）施工前应结合现场状况、工程要求、机具设备供应情况依据施工组织设计（施工方案）确定施工方法、采用的施工机具、技术措施、安全措施，精心组织实施。

2）施工过程中遇到降水设计与现场情况不符时，应进行现场调查分析，预测可能出现的问题，提出修改降水设计方案，并按管理程序上报，批准后实施。

3）明排井施工应遵守下列规定：

（1）基坑、沟槽、隧道开挖时，排水井应随工作面及时开挖，满足排水要求。

（2）明排井宜连续开挖建成，并及时下泵排水。

（3）用作井体的混凝土管落在粉质或砂类土层时应封底。封底宜用木盘，木盘与管的间隙应堵严、楔紧。

（4）在基坑、沟槽、隧道开挖中，排水沟沟底高程应始终保持低于坑（槽）底高程，高程差宜大于 300mm。

（5）排水沟施工应符合下列要求：

① 开挖排水沟应保证基坑、沟槽、隧道侧壁的稳定。

② 排水沟结构应根据土质和水量选定：

a. 黏质土，水量不大，且槽壁稳定时，宜为土沟，其壁不支撑；

b. 黏质土，水量较大或槽底为砂类土，槽壁易坍塌时，应采取可靠措施加以保护；

c. 粉质土或砂类土，排水沟易淤积时，宜埋直径为 150～200mm 的排水管，排水管接口与进水口应用滤料回填。

③ 排水沟坡度应符合要求，排水通畅。

（6）明排井、排水管(沟)不得穿越新建检查井等构筑物基础；不得影响基坑、沟槽和隧道施工。

（7）排水井与排水沟应设专人维护，经常疏浚排水沟及进水口，掏除排水井内淤泥，保持排水畅通。

4）井点施工应遵守下列规定：

（1）井点管材与设备应符合下列要求：

① 井点管可采用直径 38～110mm，常用直径 42～50mm，管长 6～l0m 的金属管，其中过滤管长 1.2～2.0m，孔隙率 15%，外包 1～2 层 60～80 目尼龙网或铜丝网。

② 每个真空泵、往复泵可带动 30～50 个真空井点。

（2）真空井点施工应符合下列要求：

① 垂直井点：井孔应圆顺、垂直，对易塌易缩的松软地层，应采用清水或泥浆钻孔或高压水套管冲击成孔；对于不易产生塌孔缩孔的地层，可采用长螺旋钻机成孔。用清水或泥浆钻进时，泵压不得低于 2MPa，流量不得小于 20m³/d；钻深达设计要求后，应加大泵量，冲洗井孔、稀释泥浆，含泥量不宜大于 5%。滤料宜为直径 0.4～0.6mm 的中粗砂，填滤料时，应将管口封堵，沿管壁外围均匀填入，滤料量应大于计算值 5%～15%，填料高度应高于含水层水位 0.5～0.7m，且应填至地面以下 1.0～2.0m。封孔可就近取非砂类土填实。滤料填入后，应及时洗井，并在成井 8h 内连续完成。

② 水平井点：用水平钻机成孔后，将滤水管水平顶入，通过射流喷砂器将滤砂送至滤管周围。对容易塌孔地层可采用套管钻进，将水平井点管由套管中送入，再拔出套管；水平钻孔直径为 89～146mm；水平井点全部或大部分采用过滤管，其直径为 50～110mm，芯管直径为 42

～60mm。

③ 倾斜井点：按水平井点施工，根据需要调整角度。

④ 接力井点：上方出水口处，安装大直径射流器。

⑤ 多级井点：对降水深度较大的基坑，可按不同深度的梯级平台设置真空井点，分别封闭，分并向坑外排水。

（3）喷射井点施工除应符合真空井点的施工要求外，尚应在井点管下部增加喷射器。喷射器应由喷嘴、联管、混合室、负压室组成，置于井点管的下部。

（4）电渗井点施工应符合真空井点的施工要求。以电渗井点井管做阴极，以钢筋或钢管制成电极棒（阳极）；阳极比阴极长 0.5～1.0m；通电后带正电荷的水分子应能向井点管中运动集水。

（5）井点安设在基坑、沟槽槽台上时，槽台的宽度不得小于 1.5m。单独开挖井点槽时，槽宽不得小于 1m，槽底高程，宜低于设计井点管顶高程 20em。

（6）井点抽水机组宜设在一个井点组的中部。干管坡度宜为 0.1%～0.2%，应使水泵进口处于水位系统最高点。

（7）井点管安装前应逐根检查，管内应无泥砂、杂物。滤管与上面立（索）管连接处不得漏气，滤管的滤网应安装牢固，管的下端应封堵。

（8）每根井点管安装完成应即抽水，确认水质合格后，应临时封堵井口。

（9）井点管与干管、干管与水泵的接头必须严密，不得漏气。每一组井点及水泵连接完成后，应试抽水，确认真空度符合要求。

（10）井点施工时应记录含水层的土质。

（11）井点安装质量应符合下列要求：

① 井点管长度误差不应大于±100mm；

② 井点管顶部高程偏差不应大于±100mm；

③ 井点管平面位置偏差不应大于200mm；

④ 滤料规格、质量、填充高度应符合要求。

5）引渗井施工应遵守下列规定：

（1）引渗井宜采用螺旋钻、冲击钻、回转钻、正反循环钻成孔，孔壁自稳性好时，可采用裸井，反之应设管井。对易缩易塌地层可用套管钻进成孔。

（2）裸井：成孔直径宜 200～500mm，成孔后，将孔内泥浆排净，再直接填入洗净的砂、砾或砂砾混合滤料，含泥量应小于 0.5%。

（3）管井：成孔后置入无砂混凝土滤水管或外包网片的钢筋笼、铁滤水管，井周根据情况确定填滤料。

6）管井施工应遵守下列规定：

（1）管井可用混凝土管、钢管或铸铁管。管井孔径宜为 300～600mm，管径宜 200～400mm。

（2）管井可根据地层条件选用冲击钻、螺旋钻、回转钻成孔。

（3）钻孔深度宜比设计规定深 0.3～0.5m。成孔后应用大泵量冲洗泥浆，减少沉淀，并应立即下管。当注入清水稀释泥浆，比重接近 1.05 时，方可投入滤料，其量不少于计算量的 95%；滤料应填至含水层顶部以上 3～5m。封孔用黏质土回填，其厚度不少于 2m。

（4）滤料填完后，应及时进行洗井，不得搁置时间过长。

（5）洗井后，应进行单井试验性抽水。

7）大口井施工应遵守下列规定：

（1）大口井施工应符合现行《供水水文地质勘察规范》GB 50027—2001 的规定。

（2）施工前应根据降水区水文地质条件，确定大口井采用井底进水方式或井底与井壁同时进水方式，一般宜采用井底进水方式。

（3）井体宜采用混凝土或钢筋混凝土结构，有条件时也可用石砌或砖砌结构。井径宜为0.8～4.0m，特殊情况不受限制。

（4）宜采用沉井法或反循环钻成孔，条件允许亦可人工成井。

（5）铺设反滤层应符合下列要求：

① 滤料应经筛选，检验合格，并应按不同规格、数量、层次分别堆放，保持干净。

② 滤料应冲洗干净，含泥量不得大于3%（质量比）。

③ 铺设前应清除杂物。

④ 滤料必须按施工设计规定分层铺设，层间应分明、装填密实，不得直接倾倒。

（6）采用井壁进水时，大口井底部应封底。采用不排水方法封底时，应灌注水下混凝土封底。采用排水方法封底时，应将水降至井底下500mm，且必须连续进行，待底板混凝土达到设计强度，并满足抗浮要求后，方可停止抽水。

（7）大口井经检验合格后，应抽水洗井，清除泥砂、杂物。

8）辐射井施工应遵守下列规定：

（1）辐射井直径应大于2.0m，应以满足井内辐射管施工为准。

（2）辐射井结构同大口井。但需在设置辐射管部位，增设钢筋混凝土圈梁。

（3）辐射井宜采用沉井法或反循环钻机成孔。

（4）辐射管规格应根据地层等情况，按附录A选择。

（5）辐射管位置应对应相应含水层。

（6）辐射井可随钻进随抽排水，井底宜封底防止进水。

（7）辐射管宜采用顶管机、水平钻机成孔，也可采用千斤顶顶进。

9）潜埋井施工应遵守下列规定：

（1）潜埋井宜由集水坑或砖石砌井和无砂滤水管或铸铁滤水管组成。

（2）井中宜用潜水泵抽水。

（3）潜埋井深度可在基底底面1.0m以下。

（4）基坑（槽）封底时应预留出水管口。封闭出水管口时，必须在停止抽水后迅速堵塞，保证不溢水、渗水。

10）地面排水系统施工应遵守下列规定：

（1）管、沟应直顺，断面、纵坡应符合设计要求，不得反坡。

（2）管道、集水井地基应坚实。采用混凝土管时，管道接口应采用与之相应的接口材料，砌体集水井内壁宜用水泥砂浆抹面。

（3）排水沟土质的渗透系数大于1m/d时，应在沟底与边坡铺设塑料布等防渗材料。

11）抽水设备应根据出水量、水深和设备性能选定。井点降水可采用真空泵、射流泵、往复泵。其他降水方法可采用潜水泵、离心泵、深井泵。遇泥浆时应使用泥浆泵。

（1）使用离心泵应符合下列要求：

① 水泵放置地点应坚实。泵体、管路等安装与连接应牢固、平稳、可靠，并设防雨设施。

② 数台水泵并列安装时，其扬程宜相同，台间距离应保持0.8～1.0m；串联安装时，应有相同的流量。

③ 使用前应进行试运转。运转前应按水泵操作规程进行检查，确认合格后，方可启动。停止运转时，应先关闭压力表，再关闭出水阀门，然后切断电源。

④ 冬期运转时，应做好管路、泵房的防冻、保温。停用后，应将各放水阀打开，放净水泵和水管中积水。

（2）使用潜水泵应符合下列要求：

① 潜水泵宜先装在篮筐里再放人水中，亦可在水中将泵四周设坚固的防护围网。泵应直立水中，水深不得小于 0.5m，且不得在含泥砂的水中使用。

② 通电前，必须先检查、试运转，确认合格，旋转方向正确。水外试运转时间不得超过 5min。

③ 放入水中或提出水面时，必须先切断电源，严禁拉拽电缆或出水管。电缆不得与井壁、池壁相擦。

④ 负温下停止运转后，从水中提出的水泵应及时擦干，并存放室内。

（3）使用深井泵应符合下列要求：

① 深井泵应在含砂量低于 0.01% 的水体中使用。泵房内应设预润水箱，容量应满足一次启动所需的预润水量。

② 新装（或经大修）时，应调整泵壳与叶轮的间隙，叶轮在运转中不得与壳体摩擦。

③ 运转前，应将清水通入轴与轴承的壳体内预润，并经检查确认合格后，方可启动运行。

④ 洗井后宜先用泥浆泵将井内抽清，再下深井泵。

⑤ 深井泵不得在无水情况下空转。其一、二级叶轮应浸入水位 1m 以下。

⑥ 停泵前，应先关闭出水阀，切断电源。

⑦ 冬期停用时，应放净泵中积水。

（4）使用泥浆泵应符合下列要求：

① 启动前，吸水管、底阀及泵体应注满引水，压力表缓冲器上端应注满油，并经检查确认合格后，方可启动运行。

② 启动时，先使活塞往复两次，无阻碍时方可空载启动。启动后，应待运转正常后，再逐步加载荷。

③ 运转中应经常检查含泥量。含泥量不得超过 10%。

④ 运转中不得变速，需变速时，应停泵换挡。正常情况下应空载时停泵。

（5）上述各泵安装使用，尚应符合现行《建筑机械使用安全技术规程》JGJ 33 的有关规定。

12）全部降水运行时，抽排水的含砂量：粗砂含量应小于 0.02‰，中砂含量应小于 0.05‰，细砂含量应小于 0.10‰。

13）在基坑中心、最远边侧、井间分水线处和基坑底任意部位，实际降水深度应等于或深于设计预测的降水深度，并应稳定 24h。当局部地段不能满足设计降水深度时应采取补救措施。

14）排降水施工不能完全把地下水位降低到设计降水深度时，可根据现场实际情况选择下列辅助措施：

（1）基坑、沟槽侧壁少量渗水时，可浅插小孔径滤水管排水。

（2）基坑、沟槽侧壁渗水较大时，可采用导管、插铁板、码草袋、砖沟等方法导水至基坑明排井排出。

（3）连续桩墙护壁，桩间土层渗漏水，可采用喷射混凝土、黏性土等封堵。

（4）基坑、沟槽底部或隧道顶、壁渗水时，可喷射速凝混凝土。

（5）地表水可采用底铺设黏性土、塑料膜等隔水材料。

15）当工程降水时间较长，为减少因周围地下水位下降对地面建筑和地下构筑物下沉的影响，应在影响区域内采取回灌措施。

2-3-47　排降水系统的监测与维护有哪些规定？

答：1）排降水系统运行后，排降水应连续进行，不得间断。在地下水位以下部分的工程量完成前；在结构不具备抗浮能力、肥槽未还土前，不得停止排降水。

2）降水井和观测孔的水位、水量的检测应遵守下列规定：

（1）排、降水系统运行前应测一次自然水位。

（2）抽水后在水位未达到设计降水深度以前，每天应观测 3 次；当水位已达到设计降水深度，且趋于稳定时，每天应至少观测 1 次；在受地表水体补给影响的地区或在雨期时，宜每天观测 2～3 次。

（3）对水位、水量监测记录应及时整理，绘制水量 Q 与时间 t 和水位降深值 S 与时间 t，关系曲线图，分析水位水量下降趋势，预测达到设计降水深度所需时间。

（4）降水过程中出现不正常状况时，应根据水位、水量观测记录查明原因，及时提出调整补充措施，确保达到降水深度。

3）基坑开挖过程中，发现基坑、沟槽的侧壁、底部有渗水现象，应查明原因，及时采取处理措施。

4）排降水期间应对抽水设备和运行状况进行维护检查，每天检查不得少于 3 次，并应观测记录水泵的工作压力、真空度、出水量和电机的温度、电流、电压等情况，发现问题应及时处理，使抽水设备始终正常运行。

5）降水期间抽水设备应进行定期保养，使其正常运转。

6）注意保护井口，防止杂物掉入井内。经常检查排水管、沟，防止渗漏。冬期降水，应采取防冻措施。

7）在更换潜水泵、深井泵等时，应测量井深，掌握水泵安装的合理深度，防止埋泵。

2-3-48　降水工程对环境的预测有哪些规定？

答：1）排降水影响区域有地下管线等既有建（构）筑物时，应预测降水对工程环境影响。预测应包括下列内容：

（1）地面沉降、塌陷、淘空、裂缝等；

（2）建筑物、地下管线等构筑物开裂、位移、沉降变形等；

（3）渗水、流砂、管涌、潜蚀等造成对基坑（槽）边坡的局部坍塌；

（4）水质变化；

（5）与其他水系水力联系。

2）预测工程环境影响的方法可根据调查或实测资料进行判断，根据建（构）筑物结构形式、荷载大小、地基条件进行预测。

3）排降水施工涉及现场及降水影响区域的既有重要建（构）筑物等工程环境的安全时，应认真听取管理单位的意见，进行专项设计，并经专家论证，管理单位签认。

4）为掌握工程降水对建筑物、地下管线等构筑物的影响情况，应按现行《建筑变形测量规范》JGJ 8 的有关规定，对需监测的建（构）筑物进行监测，并遵守下列规定：

（1）在房屋、地下管线等既有建（构）筑物受降水影响范围的不同部位设置固定变形观测点，观测点不宜少于 4 个；另在降水影响范围以外宜设置固定基准点。

（2）降水以前，应对设置的变形观测点进行二等水准测量。

（3）降水开始后，在水位未达到设计降水深度以前，观测点应每天观测 1 次，达到降水深度以后可每 2～5d 观测 1 次，直至降水结束为止；对重要建（构）筑物，在降水结束后 15d 内，应继续观测 3 次，查明回弹量。

（4）变形观测点的设置，应符合现行《工程测量规范》GB 50026—2007 的有关规定。

（5）变形测量记录应及时检查整理，结合降水观测孔资料，查明降水对地下管线等建（构）筑物变形影响的发展趋势和变形量，分析变形影响的危害程度。

5）降水过程中，应根据预测和监测资料，判断对工程环境影响程度，并采取相应的防治措施。在基坑开挖时，应随时观察基坑边坡的稳定性，防止边坡产生流砂、流土、塌方等现象。

6) 根据工程环境影响的性质和大小，可选择下列防治措施：

(1) 改进降水方法；

(2) 基坑、沟槽外设阻水帷幕、防渗墙、连续墙等；

(3) 基坑、沟槽边坡采取喷护、网护、覆盖等措施；

(4) 降水时间长、抽水量较大时，可人工回灌地下水。

7) 基坑出水量大时，应在施工前编制对水土资源利用、保护计划；暂时难以利用的，可将抽出的地下水引调储存在不影响工程环境的地表或地下。

8) 降水施工期间洗井和抽出的泥水，应在现场沉淀后排放，防止淤塞城镇管网或污染地表水体、污染环境、影响土地功能等。

2-3-49 排降水工程冬、雨期施工有哪些规定？

答：1) 冬期前，应对排水泵房采取保暖、防寒措施，并符合消防要求。

2) 冬期施工，对露出地面的井点管、水泵进出水管应采取防冻措施。水泵中断抽水时，应将进出水管内的水放空。

3) 汛期前，应制定汛期排水方案，采取有效措施确保施工范围内的道路、管线、民房、工厂、仓库等的安全和通行方便。临时道路应设排水坡度，纵坡宜为 3%～4%，使雨水顺利排除。

4) 当现场既有雨水管道，特别是旧砖沟与施工中的基坑、沟槽、隧道距离较近时，应与管理部单位联系，采取必要的加固防护等措施。

5) 汛期利用城镇既有排水管道、明渠排除雨水时，应与主管单位联系，制定具体使用方案，且应有临时应急措施。

6) 施工过程中对需重点保护的现场建（构）筑物、地区等，应事先采取围堤或截流措施，并预估可能遇到的暴雨影响程度，及时调配足够数量的排水设备，以备紧急排水使用。

7) 雨期施工采用明排井排水时，应适当缩短井距，必要时应在槽底基础以外增设临时明排井。

8) 雨期施工，基坑、沟槽及井点、排水泵房四周应筑防水墚。

2-3-50 明排井降水操作工艺及安保措施有哪些？

答：1) 工艺流程：

(1) 集水沟开挖→底部、侧壁素土夯实或砖砌；

(2) 排水井开挖→封底→下管→进水口制作→安放抽水设备→试抽。

2) 操作方法：

(1) 没排水沟纵向每隔 30～50m 设置一个小跨井，75～150m 设置大型排水井以便用水泵将水排出基槽外。小跨井采用人工挖井，井需跨在槽底边外，井深 0.5～1.0m。土质较好时采用自然削壁；土质如出现砂性或涌水量较大时，需采用混凝土花管或混凝土无砂管保护井壁。

(2) 普通排水井采用人工挖井，井深 2m 左右。土质较好时采用自然削壁；土质较差如出现砂性或涌水量较大时，可采用密板桩或企口板桩作为井身支撑，随挖井随打入或随打入随挖井。

(3) 排水井开挖后要立即封底，排水井封底必须迅速准确，防止涌塌。封底可采用木盘麻袋，上压块石或铺设卵石、碎石。

(4) 集水沟可根据地层选择自然沟、梯形或 V 形明沟；采用铁或混凝土排水管（管径为 200～500mm）时，应离开坡脚 0.3m 左右，坡度为 0.1%～0.5%。

(5) 进水口连接排水沟与排水井，施工采用梯形断面，根据排水沟的深度确定进水口深度，深度一般为 20～30cm，进水口长度大于 1.2m。

(6) 进水口侧壁采用短板支撑，或采取别的措施防止塌移。进水口也可采用无砂混凝土管，管口覆盖卵石。进水口与排水井之间做提拉板门控制进水量。

（7）排水井、进水口、排水沟组成排水井排水系统，施工完毕后安放水泵进行试抽，试抽满足要求后进行正式抽水。

3）冬雨期施工：

（1）冬期施工应对水泵机组和管路系统采取防冻措施，停泵后必须立即把内部积水放净。

（2）雨期施工需连续作业，材料供应必须及时，不得停工待料。

（3）雨期施工应做好地下水位监测工作，防止地下水位突变，影响降水施工。

4）安全与环保措施

（1）排水井上部支撑必须牢固，做好交通道，保证抽水设备安装、维护、排水井掏挖方便。

（2）随时注意观察排水井上部支撑的变化，防止塌移，并注意疏通上部排水沟，保证抽出去的水不致反流或反渗回沟槽。

（3）注意泵座、井身的稳定，观察水质的变化，防止井壁水土流失而毁井，应保持清水抽升不准井壁渗流泥沙或由于存水量不足而扰动井底，随时调整泵的抽水量。

（4）进水口应加固支撑，防止塌槽。

（5）排水井应安全、防雨、防漏电，保证运行安全、连续。

（6）施工单位应在每一排水口处修建容积不小于 $4m^3$ 的沉砂池，所有外排水都应经过沉砂池。

（7）施工降水终止抽水后，集水沟以及排水井所留孔洞应及时用砂石等填实；地下水静水位以上部分，可采用黏土填实。

5）成品保护措施

（1）降水期间应对抽水设备和运行状况进行维护检查，每天检查不应少于3次，并应观测记录水泵的工作压力、真空泵、电动机、水泵温度、电流、电压、出水等情况，发现问题及时处理，使抽水设备始终处在正常运行状态。

（2）经常掏挖排水井的淤泥，保持存水深度，正常抽水。

（3）排水沟必须保持水流断面，不得阻水，随时清挖保持坡度不小于1%，若沟坡不稳时可用木板支撑。

（4）随时疏通排水管，清洁石料，保持水流畅通。

（5）整个排水期间，施工单位应做好计量装置的保护和维护工作，使之保持正常工作状态。

2-3-51 管井井点降水操作工艺及安保措施有哪些？

答：1）工艺流程：

井位放线→钻孔→井孔清洗→封底下管→填砾→洗井→安放潜水泵→试抽→正式抽水

2）操作方法：

（1）成孔钻进方法的选择应综合考虑地层岩性、井身结构钻进工艺等因素。例如，砂土类及黏性土类松层软至硬的基岩宜采用回转钻进；碎石土类松散层宜采用冲击钻进；附漂石、卵石外的松散层以及基岩地质条件下宜采用反循环钻进。

（2）在松散破碎或水敏性地层中钻进一般采用泥浆护壁。泥浆的性能应根据地层的稳定情况、含水层的富水程度及水头高低、井的深浅以及施工周期等因素确定，制作泥浆应测定相对密度、含砂重、黏度、失水量四项泥浆指标。

（3）制作泥浆宜采用膨润土，当制作的泥浆性能不能满足钻进要求时应对泥浆进行处理。

（4）在松散层覆盖的基岩中钻进上部松散层及下部易坍塌岩层可采用管材护壁，护壁管需要起拔时，每套护壁管与地层的接触长度宜小于40m。

（5）钻孔达到设计深度后宜多钻 $0.3\sim0.5m$，经质量检验合格后应立即清孔，接着下管进行井管安装。

（6）井管安装前应作好下列准备工作：

① 检查井身的圆度和深度井身直径不得小于设计井径，井深偏差不得超过设计井深的正负千分之二。

② 泥浆护壁的井身除自流井外应先清理井底沉淀物并适当稀释泥浆。

（7）下管方法应根据下管深度管材强度及钻探设备等因素选择：

① 井管自重浮重不超过井管允许抗拉力或钻探设备安全负荷时宜用直接提吊下管法。

② 井管自重浮重超过井管允许抗拉力或钻机安全负荷时宜用托盘下管法或和浮板下管法。

③ 井身结构复杂或下管深度过大时宜用多级下管法。

（8）井管安装方法根据管道材质和下管方法的不同选用不同的连接方法，主要连接方法有：管箍丝和连接、对口拉板焊接和螺栓连接。

（9）下管注意事项：

① 提吊井管时要轻拉慢放，下管受阻时应查明原因，不得强行压入。

② 提吊井管前应检查管材的质量、采用管箍连接应检查接口螺纹，焊接连接钢管应检查坡口及管道垂直度。

③ 井口垫木应用水平尺找平，放置稳定，管卡子必须紧靠管箍或管台，下管时注意使井管居于井口正中，避免倾斜。

（10）下管后，应注入清水，稀释泥浆相对密度接近1.05后，投入滤料，不少于计算量的95％，滤料填至含水层顶板以上3～5m。

（11）填砾应一次填完，如有特殊情况需间断填砾，时间不应超过1h。

（12）填砾方法一般采用静水填砾法或循环水填砾法，必要时可采用管道将砾石送入井内。

（13）填砾时砾石应沿井管四周均匀连续地填入，填砾的速度应适当，随填随测填砾深度，发现砾石中途堵塞应及时排除。

（14）对要求井管外永久性封闭部位，一般采用黏土球封闭，其方法与填砾方法相同，但应注意防止因黏土球受压缩而错位，一般应比实际封闭需要的多填25％左右。

（15）安装水泵前应进行洗井，洗井介质应根据地质特点与施工条件合理选择。例如黏土稳定地层采用清水洗井，松散破碎或水敏性地层采用泥浆洗井，用大泵量冲洗泥浆，减少沉淀；渗漏地层缺水地区采用空气洗井；富水地层严重漏失地层采用泡沫洗井。

（16）完成管井施工洗井后，应进行单井试验性抽水，目的在于检验管井的出水性能；试抽满足设计要求后，正式进行抽水。

① 试验抽水的下降次数为1次，抽水量不小于管井设计出水量。

② 稳定抽水时间为6～8h。

③ 试验抽水稳定标准，在抽水稳定的连续时间内，井的出水量、动水位仅在一定范围内波动，没有持续上升或下降的趋势，那可认为抽水已稳定。

④ 试验抽水结束前，应进行井水含砂量测定，井水含砂量应小于1/20000（体积比）。

3）冬雨期施工：

（1）冬期施工，应做好主干管保温，防止受冻。

（2）雨期施工时，基坑周围上部应挖好截水沟，防止雨水流入基坑。

（3）雨期施工应做好地下水位监测工作，防止地下水位突变，影响降水施工。

4）安全措施：

（1）对降水影响范围内的地上、地下建筑物的监测。

① 加强水位观测，使靠近建筑物的深井水位与附近水位之差保持不大于1.0m。防止建筑物

出现不均匀沉降。

②在建筑物、构筑物、地下管线受降水影响范围的不同部位应设置固定变形观测点，观测点不宜少于 4 个，观测点的设置应符合《工程测量规范》GB 50026—2007 的有关规定；另在降水影响范围以外设置固定基准点。

③ 降水前应对设置的变形观测进行二等水准测量，测量不少于 2 次，测量误差允许为±1mm。

④ 降水开始后，在水位未达到设计深度以前，对观测点应每天观测一次，达到降水深度以后可每 2～5d 观测 1 次，直至变形影响稳定或降水结束为止；对重要建筑物和构筑物在降水结束后 15d 内应连续观测 3 次，查明回弹量。

（2）施工现场应采用两路供电线路或配备发电设备，正式抽水后干线不得停电、停泵。

（3）定期检查电缆密封的可靠性，以防磨损后水渗入电缆芯内，影响正常运转。

（4）符合《北京市建筑工程施工安全操作规程》DBJ 01-62—2002，严禁带电作业。

（5）降水期间，必须 24h 有专职电工值班，持证操作。

5）环保措施：

（1）含泥砂的污水，应在污水出口处设置沉淀池或用泥浆车及时运出场外。池内泥砂应及时清理，并做妥善处理，严禁随地排放。施工单位应在每一排水口处修建容积不小于 4m³ 的沉砂池，所有外排水都应经过沉砂池。

（2）施工期间应加强环境噪声的长期监测，指定专人负责实施噪声监测，监测设备应校准、检定合格，在有效期内。测量方法、条件、频度、目标、指标，测点的确定等需符合有关国家噪声管理规定。对噪声超标有关因素及时进行调整，发现不符合，采取纠正与预防措施，并做好记录。

（3）泥浆车及车轮携带物应及时进行清洗，洗车污水应经沉淀后排出。

（4）施工降水终止抽水后，降水井及拔出井点管所留孔洞，应及时用砂石等填实；地下水静水位以上部分，可采用黏土填实。

6）成品保护

（1）降水期间应对抽水设备和运行状况进行维护检查，每天检查不应少于 3 次，并应观测记录水泵的工作压力、真空泵、电动机、水泵温度，电流、电压、出水等情况，发现问题及时处理，使抽水设备始终处在正常运行状态。

（2）井点成孔后，应立即下井点管并填入豆石滤料，以防塌孔。不能及时下井点管时，孔口应盖盖板，防止物件掉入井孔内堵孔。

（3）井点管埋设后，井口加盖板，以防异物掉入管内堵塞。

（4）井点使用应保持连续抽水，并设备用电源，以避免水位上升影响基坑作业。

（5）整个排水期间，施工单位应做好计量装置的保护和维护工作，使之保持正常工作状态。

2-3-52　轻型井点降水适用范围及施工准备是怎样的

答：1）适用范围

（1）黏土、粉质黏土、粉土的地层；

（2）基坑（槽）边坡不稳，易产生流土、流砂、管涌等现象；

（3）基坑场地有限或在涵洞、水下降水的工程，根据需要可采用水平、倾斜井点降水。

2）施工准备

（1）施工材料：

① 滤管：φ38～55mm，壁厚 3.0mm 无缝钢管或镀锌管，长 2.0m 左右，一端用厚为 4.0mm 钢板焊死，在此端 1.4m 长范围内，在管壁上钻 φ15mm 的小圆孔，孔距为 25mm，外包两层滤

网，滤网采用编织布，外再包一层网眼较大的尼龙丝网，每隔 50～60mm 用 10 号钢丝绑扎一道，滤管另一端与井点管进行联结。

② 井点管：$\phi38\sim55$mm，壁厚为 3.0mm 无缝钢管或镀锌钢管，或者采用无砂混凝土管。

③ 连接管：透明管或胶皮管与井点管和总管连接，采用 8 号钢丝绑扎，应扎紧以防漏气。

④ 总管：钢管选用由抽水量确定，用法兰盘加橡胶垫圈连接，防止漏气、漏水。

⑤ 蛇形高压胶管：压力应达到 1.50MPa 以上。

⑥ 粗砂与豆石，不得采用中砂，严禁使用细砂，以防堵塞滤管网眼。

（2）施工机械（设备）：

① 抽水设备：根据设计配备离心泵、真空泵或射流泵，以及机组配件和水箱。

② 移动机具：自制移动式井架、牵引力为 6t 的绞车。

③ 凿孔冲击管：$\phi219\times8$mm 的钢管，其长度为 10m。

④ 水枪：$\phi50\times5$mm 无缝钢管，下端焊接一个 $\phi16$mm 的枪头喷嘴，上端弯成大约直角且伸出冲击管外，与高压胶管连接。

⑤ 高压水泵：100TSW—7 高压离心泵，配备一个压力表，作下井管之用。

⑥ 计量装置宜选用电磁流量计。

（3）作业条件：

施工现场应落实通水、通电、通路和整平场地，并应满足设备、设施就位和进出场地条件。

（4）技术准备：

① 详细查阅工程地质勘察报告，了解工程地质情况，分析降水过程中可能出现的技术问题和采取的对策。

② 凿孔设备与抽水设备检查。

2-3-53 轻型井点降水操作工艺及安保措施有哪些？

答：1）工艺流程：

井点放线定位→凿孔安装埋设井点管→布置安装总管→灌填滤料→井点管与总管连接→安装抽水设备→试抽→正式投入降水程序

2）操作方法：

（1）根据建设单位提供测量控制点，测量放线确定井点位置，然后在井位先挖一个小土坑，深大约 500mm，以便于冲击孔时集水，埋管时灌砂，并用水沟将小坑与集水坑连接，以便于排泄多余水。

（2）用绞车将简易井架移到井点位置，将套管水枪对准井点位置，启动高压水泵，水压控制在 0.4～0.8MPa，在水枪高压水射流冲击下套管开始下沉，并不断地升降套管与水枪。一般含砂的黏土，按经验，套管落距在 1000mm 之内。在射水与套管冲切作用下，大约在 10～15min 时间之内，井点管可下沉 10m 左右，若遇到较厚的纯黏土时，沉管时间要延长，此时可采取增加高压水泵的压力，以达到加速沉管的速度。冲击孔的成孔直径应达到 300～350mm，保证管壁与井点管之间有一定间隙，以便于填充砂石，冲孔深度应比滤管设计安置深度低 500mm 以上，以防止冲击套管提升拔出时部分土塌落，并使滤管底部存有足够的砂石。

（3）凿孔冲击管上下移动时应保持垂直，这样才能使井点降水井壁保持垂直，若在凿孔时遇到较大的石块和砖块，会出现倾斜现象，此时成孔的直径也应尽量保持上下一致。

（4）井孔冲击成型后，应拔出冲击管，通过单滑轮，用绳索拉起井点管插入，井点管的上端应用木塞塞住，以防砂石或其他杂物进入，并在井点管与孔壁之间填灌砂石滤层，该砂石滤层的填充质量直接影响轻型井点降水的效果，应注意以下几点：

① 砂石必须采用粗砂，以防止堵塞滤管的网眼。

② 滤管应放置在井孔的中间，砂石滤层的厚度应在 60～100mm 之间，以提高透水性，并防止土粒渗入滤管堵塞滤管的网眼，填砂厚度要均匀，速度要快，填砂中途不得中断，以防孔壁塌土。

③ 滤砂层的填充高度，至少要超过滤管顶以上 1000～1800m，一般应填至原地下水位线以上，以保证土层水流上下畅通。

④ 井点填砂后，井口以下 1.0～1.5m 用黏土封口压实，防止漏气而降低降水效果。

（5）冲洗井管：

将 $\phi 15～30mm$ 的胶管插入井点管底部进行注水清洗，直到流出清水为止，应逐根进行清洗，避免出现"死井"。

（6）管路安装：

首先沿井点管线外侧，铺设集水毛管，并用胶垫螺栓把干管连接起来，主干管连接水箱水泵，然后拔掉井点管上端的木塞，用胶管与主管连接好，再用 10 号钢丝绑好，防止管路不严、漏气，而降低整个管路的真空度。主管路的流水坡度按坡向泵房 5‰ 的坡度并用砖将主干管垫好。并作好冬季降水防冻、保温。

（7）检查管路：

检查集水干管与井点管连接的胶管的各个接头，在试抽水时是否有漏气现象，发现这种情况应重新连接或用油腻子堵塞，重新拧紧法兰盘螺栓和胶管的钢丝，直至不漏气为止。在正式运转抽水之前必须进行试抽，以检查抽水设备运转是否正常，管路是否存在漏气现象。在水泵进水管上安装一个真空表，在水泵的出水管上，安装一个压力表。为了观测降水深度，是否达到施工组织设计所要求的降水深度，在基坑中心设置一个观测井点，以便于通过观测井点测量水位，并描绘出降水曲线。在试抽时，应检查整个管网的真空度，应达到 550mmHg（73.33kPa），方可进行正式投入抽水。

（8）抽水试验：

① 选定若干个抽水井同时开泵启动，以同时抽水的一瞬间作为群井抽水的起始时间计算抽水的累计时间，同时测定各观测井的水位，并定时测定各抽水井的流量和井内的动水位。

② 逐个启动抽水井，启动第一个井抽水。这个时间作为群井抽水的起始时间 t_1，并据此计算累计时间；抽水进行一段时间，观测井水位趋于稳定后，继续第一个井抽水，启动第二个井抽水，t_2 作为第二个井的抽水起始时间，并据此计算累计时间；t_n。作为第 n 个井的抽水起始时间，并据此计算累计时间。

③ 通过以上任何一种方法得到各观测井的时间-下降曲线，制定降压降水的运行方案。

3）冬雨期施工：

（1）冬期施工，井点联结总管上要覆盖保温材料，或回填 30cm 厚以上干松土，以防冻坏管道。

（2）冬期施工，应做好主干管保温，防止受冻。

（3）雨期施工时，基坑周围上部应挖好截水沟，防止雨水流入基坑。

4）安全措施：

（1）对降水影响范围内的地上、地下建筑物的监测。

① 加强水位观测，使靠近建筑物的深井水位与附近水位之差保持不大于 1.0m，防止建筑物出现不均匀沉降。

② 在建筑物、构筑物、地下管线受降水影响范围的不同部位应设置固定变形观测点，观测点不宜少于 4 个，观测点的设置应符合《工程测量规范》GB 50026—2007 的有关规定；另在降水影响范围以外设置固定基准点。

③ 降水前应对设置的变形观测进行二等水准测量，测量不少于 2 次，测量误差允许为 ±1mm。

④ 降水开始后，在水位未达到设计深度以前，对观测点应每天观测 1 次，达到降水深度以后可每 2～5d 观测 1 次，直至变形影响稳定或降水结束为止；对重要建筑物和构筑物在降水结束后 15d 内应连续观测 3 次，查明回弹量。

（2）冲、钻孔机操作时应安放平稳，防止机具突然倾倒或钻具下落，造成人员伤亡或设备损坏。

（3）已成孔尚未下井点前，井孔应用盖板封严，以免掉土或发生人员安全事故。

（4）各机电设备应由专人看管，电气必须一机一闸。严格接地、接零和安漏电保护器，水泵和部件检修时必须切断电源，严禁带电作业。

5）环保措施：

（1）做好井点降水出水的处理与综合利用，保护环境节约用水。

（2）试抽过程中产生的泥水不能随意排放，应收集并沉淀后再排出或回收利用。施工单位应在每一排水口处修建容积不小于 $4m^3$ 的沉砂池，所有外排水都应经过沉砂池。

（3）施工降水终止抽水后，降水井及拔出井点管所留孔洞，应及时用砂石等填实；地下水静水位以上部分，可采用黏土填实。

（4）对于应进行地下水回灌的地区应在施工结束后进行回灌。

6）成品保护

（1）井点成孔后，应立即下井点管并填入豆石滤料，以防塌孔。不能及时下井点管时，孔口应盖盖板，防止物件掉入井孔内堵孔。

（2）井点管埋设后，管口要用木塞堵住，以防异物掉入管内堵塞。

（3）井点使用应保持连续抽水，并设备用电源，以避免泥渣沉淀淤管。

（4）降水期间应对抽水设备和运行状况进行维护检查，每天检查不应少于 3 次，并应观测记录水泵的工作压力、真空泵、电动机、水泵温度、电流、电压、出水等情况，发现问题及时处理，使抽水设备始终处在正常运行状态。

（5）整个排水期间，施工单位应做好计量装置的保护和维护工作，使之保持正常工作状态。

2-3-54 大口井降水操作工艺及安保措施有哪些？

答：1）工艺流程：

井位放线→钻孔→井孔清洗→下滤管→封底→填砾→安放潜水泵→洗井→试抽→式抽水。

2）操作方法：

（1）宜采用沉井法或正反循环钻成孔，条件允许亦可人工成井。井体宜采用混凝土或钢筋混凝土结构，有条件时也可用石砌或砖砌结构。

（2）清孔：钻孔完毕，应立即向井内放置潜水泵清孔，潜水泵应放置在井的底部，抽出井内泥浆，以防井内淤泥沉积井底，影响井深。清孔过程中，随着井内水位下降，不断向井内注入等量清水，确保井内满水，稀释泥浆浓度，置换泥浆。

（3）下滤管：清孔完毕，井深达到设计要求后，立即开始下滤管。每节滤管之间应绑扎牢固，不得错位。最后一节滤管管口高出自然地坪 50cm，以防施工过程中，泥土进入井内。

（4）采用井壁进水时，大口井底部应封底。采用不排水方法封底时，应灌注水下混凝土封底。采用排水方法封底时，应将水降至井底下 50cm，且必须连续进行，待底板混凝土达到设计强度，并满足抗浮要求后，方可停止抽水。

（5）回填滤料：滤料采用粗砂或砾石，经筛选检验合格，并应按不同规格、数量、层次分别堆放，保持干净，含泥量不得大于 3%（质量比）。回填滤料时，首先向井内滤管中回填 20cm 厚的滤料，作为反滤层。然后再回填滤管四周，滤料填至地坪标高处。在降水过程中，发现滤料下沉，应及时补充新的滤料。

（6）大口井施工完毕后应立刻冲洗和试抽，抽水试验的水位和水量的稳定延续，时间基岩地区为8～24h，松散层地区为4～8h。

（7）降水：试抽稳定后，开始降水，要求昼夜专人值班，见水就抽，始终保持井内处于低水位状态。降水过程中，要定时测量观察井水位降深，填写降水记录和绘制水位降深曲线。以便准确掌握降水范围内，地下水位降低情况。

3）冬雨期施工：

（1）冬期施工，应做好主干管保温，防止受冻。

（2）雨期施工时，基坑周围上部应挖好排水沟，防止雨水流入基坑。

（3）雨期施工应做好地下水位监测工作，防止地下水位突变，影响降水施工。

4）安全措施：

（1）对降水影响范围内的地上、地下建筑物的监测。

① 加强水位观测，使靠近建筑物的深井水位与附近水位之差保持不大于1.0m，防止建筑物出现不均匀沉降。

② 在建筑物、构筑物、地下管线受降水影响范围的不同部位应设置固定变形观测点，观测点不宜少于4个，观测点的设置应符合《工程测量规范》GB 50026—2007的有关规定；另在降水影响范围以外设置固定基准点。

③ 降水前应对设置的变形观测进行二等水准测量，测量不少于2次，测量误差允许为±1mm。

④ 降水开始后，在水位未达到设计深度以前，对观测点应每天观测1次，达到降水深度以后可每2～5d观测1次，直至变形影响稳定或降水结束为止；对重要建筑物和构筑物在降水结束后15d内应连续观测3次，查明回弹量。

（2）施工现场应采用两路供电线路或配备发电设备，正式抽水后干线不得停电、停泵。

（3）定期检查电缆密封的可靠性，以防磨损后水渗入电缆芯内，影响正常运转。

（4）符合《北京市建筑工程施工安全操作规程》DBJ 01-62—2002，严禁带电作业。

（5）降水期间，必须24h有专职电工值班，持证操作。

（6）井顶要加井盖，防止行人坠入。

5）环保措施：

（1）含泥砂的污水，应在污水出口处设置沉淀池或用泥浆车及时运出场外。池内泥砂应及时清理，并做妥善处理，严禁随地排放。施工单位应在每一排水口处修建容积不小于4m³的沉砂池，所有外排水都应经过沉砂池。

（2）施工期间应加强环境噪声的长期监测，指定专人负责实施噪声监测，监测设备应校准、检定合格，在有效期内。测量方法、条件、频度、目标、指标，测点的确定等需符合有关国家噪声管理规定。对噪声超标有关因素及时进行调整，发现不符合，采取纠正与预防措施，并做好记录。

（3）泥浆车及车轮携带物应及时进行清洗，洗车污水应经沉淀后排出。

（4）施工降水终止抽水后，降水井及拔出井点管所留孔洞应及时用砂石等填实；地下水静水位以上部分，可采用黏土填实。

6）成品保护

（1）大口井成孔后，专人值班。注意保护井口，防止杂物掉入井内，经常检查排水管、沟，防止渗漏，冬季降水，应采取防冻措施。土方施工过程中，专人监管，禁止泥土落入井内。大口井四周一定范围内，禁止车辆行走，以防碰破或软土挤破滤管，破坏井管。

（2）降水期间应对抽水设备和运行状况进行维护检查，每天检查不应少于3次，并应观测记录水泵的工作压力、真空泵、电动机、水泵温度，电流、电压、出水等情况，发现问题及时处理，使抽水设备始终处在正常运行状态。

（3）抽水设备应进行定期保养，降水期间不得随意停抽。

（4）整个排水期间，施工单位应做好计量装置的保护和维护工作，使之保持正常工作状态。

2-3-55 引渗井降水施工要点有哪些？

答：1）适用范围

（1）引渗井适用于疏干滞水层或弱透水层以上的滞水。基坑、沟槽土层中有 2 个以上含水层，当含水层的下层水位低于上层水位时，上含水层的重力水可通过钻孔引导渗入到下部含水层后，其混合水位满足降水要求时，可采用引渗自降。

（2）引渗井可在基坑、沟槽、隧道内、外布置，井距宜为 2.0～10.0m，可根据引渗试验确定。

（3）引渗井应穿进被渗层，当被渗层厚度大时，穿进厚度不宜小于 3.0m。

（4）上层水质不会污染下含水层水质。

2）施工准备

（1）施工材料：

砂、砾或砂砾混合滤料，无砂混凝土滤水管、钢筋笼、铁滤水管。

（2）施工机具（设备）：

根据施工地质条件成孔可采用螺旋钻、回转钻、冲击钻、正反循环钻机、流量计。

（3）作业条件：

施工现场应落实通水、通电、通路和整平场地，并应满足设备、设施就位和进出场地条件。

（4）技术准备：

① 明确降水任务：该工程降水的技术要求，包括降水范围、降水深度、降水时间、工程环境影响等。

② 收集降水资料：

a）降水勘察资料齐全，包括施工现场水文地质条件。

b）该工程基础平面图、剖面图，包括相邻建筑物、构筑物位置及基础资料。

c）基坑、基槽开挖支护设计和施工现况。

③ 降水设计：

确定降水井位置、数量。

3）操作工艺

（1）工艺流程：

井位放线→钻孔→下管（管井）→填砾→正式降水。

（2）操作方法：

① 成孔钻进方法根据地层岩性可采用螺旋钻、回转钻、冲击钻、正反循环钻机。孔壁自稳定性好时，可采用裸井，反之应设管井。对易缩易塌地层可用套管钻进成孔。钻进中自造泥浆。

② 裸井：成孔直径宜 200～500mm，成孔后，将孔内泥浆排净，再直接填入洗净的砂、砾或砂砾混合滤料，含泥量应小于 0.5%。

③ 管井：成孔后置入无砂混凝土滤水管或外包网片的钢筋笼、铁滤水管，井周根据情况确定填滤料。

（3）雨期施工：

雨期施工应做好地下水位监测工作，防止地下水位突变，影响降水施工。

4）安全措施：

（1）冲、钻孔机操作时应安放平稳，防止机具突然倾倒或钻具下落；造成人员伤亡或设备损坏。

（2）已成孔尚未下井点前，井孔应用盖板封严，以免掉土或发生人员安全事故。

（3）各机电设备应由专人看管，电气必须一机一闸。严格接地、接零和安漏电保护器，水泵和部件检修时必须切断电源，严禁带电作业。

（4）当钻孔采用套管成孔，吊拔套管时，应垂直向上，边吊边拔边填滤料，不得一次填满后吊拔，不得强拔。

（5）渗井滤料回填后，道路范围内的渗井上端，应恢复道路结构；道路以外的渗井上端应夯填厚度不小于50cm的非渗透性材料，并与地面同高。

5）环保措施：

（1）含泥砂的污水，应在污水出口处设置沉淀池或用泥浆车及时运出场外。池内泥砂应及时清理，并做妥善处理，严禁随地排放。

（2）施工期间应加强环境噪声的长期监测，指定专人负责实施噪声监测，监测设备应校准、检定合格，在有效期内。测量方法、条件、频度、目标、指标，测点的确定等需符合有关国家噪声管理规定。对噪声超标有关因素及时进行调整，发现不符合，采取纠正与预防措施，并做好记录。

（3）泥浆车及车轮携带物应及时进行清洗，洗车污水应经沉淀后排出。施工单位应在每一排水口处修建容积不小于 $4m^3$ 的沉砂池，所有外排水都应经过沉砂池。

（4）施工降水终止抽水后，降水井及拔出井点管所留孔洞，应及时用砂石等填实；地下水静水位以上部分，可采用黏土填实。

6）成品保护

（1）渗井完成后及时回填，以免被破坏，降低渗水效果。

（2）整个排水期间，施工单位应做好计量装置的保护和维护工作，使之保持正常工作状态。

2-3-56 帷幕止水施工方法有几种？适用范围是什么？作业准备是怎样的？

答：1）常用的止水帷幕施工方法有：高压喷射注浆法，水泥土搅拌法，地下连续墙止水帷幕等，其中水泥土搅拌法和高压喷射注浆法应用较为广泛。高压喷射注浆法根据注浆设备和注浆管的不同，可分为：单管法、双管法和三管法；根据喷射方式的不同，可分为：旋喷、定喷和摆喷；加固形状可分为：圆柱状、壁状、条状和块状。

2）适用范围

（1）高压喷射注浆法适用于处理淤泥、淤泥质土、流塑、软塑或可塑黏性土、粉土、砂土、黄土、素填土和碎石土等地基。

（2）水泥土搅拌法适用于处理正常固结的淤泥与淤泥质土、粉土、饱和黄土、素填土、黏性土以及无流动地下水的饱和松散砂土等地基。当地基土的天然含水量小于3％（黄土含水量小于25％）、大于70％或地下水的 pH 值小于4时不宜采用此法。

3）施工准备

（1）施工材料：

普通硅酸盐水泥、水、外掺剂。

（2）施工机具（设备）：

高压注浆泵、钻机、注浆管（底部带喷嘴）、输浆管。

（3）作业条件：

施工现场应落实通水、通电、通路和整平场地，必须清除地上和地下的障碍物。遇有明浜、池塘及洼地时应抽水和清淤，回填黏性土料并予以压实，不得回填杂填土或生活垃圾。并应满足设备、设施就位和进出场地条件。

（4）技术准备：

① 施工前应搜集拟处理区域内详尽的岩土工程资料。尤其是填土层的厚度和组成；软土层

的分布范围、分层情况；地下水位及 pH 值；土的含水量、塑性指数和有机质含量等。

② 施工前应当根据设计资料，结合工程实际情况进行现场试验或试验性施工，即试桩。通过试桩确定施工参数，包括注浆压力、浆液配合比、钻机提升速度、注浆量等。

2-3-57 帷幕止水施工要点有哪些？

答：1) 工艺流程：

配制水泥浆→桩机就位→对中、调平→喷浆搅拌下沉→喷浆搅拌提升→复搅→清洗管路→（下一循环）。

2) 操作方法（包括高压喷射注浆法和水泥土搅拌法）：

(1) 高压喷射注浆法：

① 钻机就位、成孔：钻机就位应准确，偏差不大于 50mm；调平基座，倾斜率不大于 5%，成孔时保持成孔的垂直度，不大于 1%；成孔深度必须满足设计要求。

② 浆液配制搅拌：注浆材料主要为水泥浆液，强度等级为 32.5 及以上的普通硅酸盐水泥；可以根据设计要求加入适量的外加剂（如早强剂 $CaCl_2$、速凝剂水玻璃等）。水泥浆液的水灰比应按工程要求确定，可取 0.8～1.5，常用 1.0。

③ 为了保证浆液的浓度，应当采用二次搅拌配制浆液，即在第一只搅拌桶中按确定的水灰比配制并搅拌水泥浆液。搅拌 3～5min 后放入第二只搅拌桶中待用。在实际施工时，还可以使用相对密度计随时测量浆液相对密度。

④ 下注浆管、喷射注浆：注浆管必须下到成孔深度（即设计深度），开启注浆泵，边喷浆边旋转，喷射注浆时注浆压力、提升速度、旋转速度、浆液水灰比必须按照经过试桩后确定的施工参数值，由下而上地进行。喷射管分段提升的搭接长度不得小于 100mm。

⑤ 喷浆搅拌提升：当钻进至设计深度时，停钻灌注水泥浆 30s，直至孔口返浆，反向旋转提升钻杆，继续注浆，保持孔口微微返浆。当搅拌头提至设计桩顶时，停止提升，搅拌、喷浆数秒，以保证桩头均匀密实。

⑥ 复搅：搅拌、喷浆数秒后搅拌头正向转动向下推进至设计深度，再反向转动提至桩顶。此时灌注水泥浆量适当控制（以不堵塞管路为准）。

⑦ 清洗管路：向集料斗中注入清水，开启灰浆泵清洗管路中残留的水泥浆，直到搅拌头出浆孔喷出清水，人工清除粘附在搅拌头上的软土。然后，移机进行下一个桩的施工。

(2) 水泥土搅拌法：

① 水泥浆配置，所使用的水泥都应过筛，制备好的浆液不得离析，泵送必须连续，拌制水泥浆液的罐数、水泥和外掺剂用量以及泵送浆液的时间等应有专人记录；喷浆量及搅拌深度必须采用经国家计量部门认证的检测仪器进行自动记录。

② 预搅下沉至设计加固深度：搅拌机喷浆提升的速度和次数必须符合施工工艺的要求，并应有专人记录。当水泥浆液到达出浆口后，应喷浆搅拌 30s，在水泥浆与桩端土充分搅拌后，再开始提升搅拌头，重复搅拌下沉至设计加固深度。搅拌机预搅下沉时不宜冲水，当遇到硬土层下沉太慢时，方可适量冲水，但应考虑冲水对桩身强度的影响。

③ 关闭搅拌机械：在预（复）搅下沉时，也可采用喷浆（粉）的施工工艺，但必须确保全桩长上下至少再重复搅拌一次。

3) 冬雨期施工：

(1) 止水帷幕施工尽量不安排在冬季进行。如果安排在雨期或冬期施工时，应采取防雨、防冻措施，防止土料和水泥受雨水淋湿或冻结。

(2) 冬期抽水时应做好主干管保温，防止受冻，若中途停止抽水应将水管内水排空。

(3) 雨期施工时，基坑周围上部应挖好排水沟，防止雨水流入基坑。

（4）雨期施工应做好地下水位监测工作，防止地下水位突变，影响降水施工。

4）质量标准

施喷桩的质量检验目前主要依据《建筑地基基础工程施工质量验收规范》GB 50202—2002 从以下两个方面检验，见表 2-3-57（1）、（2）。

（1）主控项目：水泥及外加剂质量、水泥用量、桩体强度或完整性、复合地基承载力。

（2）一般项目：钻孔位置、钻孔垂直度、孔深、注浆压力、桩体搭接、桩体直径、桩身中心允许偏差。

高压喷射注浆法检验标准   表 2-3-57（1）

序号	检查项目	允许偏差或允许值		检查方法
		单 位	数 值	
1	钻孔位置	mm	≤50	用钢尺量
2	钻孔垂直度	％	≤1.5	经纬仪测钻杆或实测
3	孔深	mm	±200	用钢尺量
4	注浆压力	按设定参数指标		查看压力表
5	桩体搭接	mm	＞200	用钢尺量
6	桩体直径	mm	≤50	开挖后用钢尺量
7	桩身中心允许偏差		≤0.2D	开挖后桩顶下 500mm 处用钢尺量，D 为桩径

水泥土搅拌法检验标准   表 2-3-57（2）

序号	检查项目	允许偏差或允许值		检查方法
		单 位	数 值	
1	机头提升速度	m/min	≤0.5	量机头上升距离及时间
2	桩底标高	mm	±200	测机头深度
3	桩顶标高	mm	＋100，－50	水准仪（最上部 500mm 不计入）
4	桩位偏差	mm	＜50	用钢尺量
5	桩径		＜0.04D	用钢尺量，D 为桩径
6	垂直度	％	≤1.5	经纬仪
7	搭接	mm	＞200	用钢尺量

5）安全与环保

（1）当处理既有建筑地基时，应采用速凝浆液或跳孔喷射和冒浆回灌等措施，以防喷射过程中地基产生附加变形和地基与基础间出现脱空现象。同时，应对建筑物进行变形监测。

（2）施工中应做好泥浆处理，及时将泥浆运出或在现场短期堆放后作土方运出。

6）成品保护

降水期间应注意观察降水范围内和周边土层的水位变化，注意采取措施防止止水帷幕外的地下水进入施工范围内。

2-3-58 施工排水设计应包括哪些主要内容？

答：1）排水量的计算；

2）排水方法的选定；

3）排水系统的平面和竖向布置，观测系统的平面布置以及抽水机械的选型和数量；

4）排水井的构造，井点系统的组合与构造，排放管渠的构造、断面和坡度；

5）电渗排水所采用的设施及电极。

2-3-59　某公司对施工排水作了哪些规定？

答：1）施工排水系统排出的水，应输送至抽水影响半径范围以外，不得影响交通，且不得破坏道路、农田、河岸及其他构筑物。

2）在施工排水过程中不得间断排水，并应对排水系统经常检查和维护。当管道未具备抗浮条件时，严禁停止排水。

3）施工排水终止抽水后，排水井及拔除井点管所留的孔漏，应立即用砂、石等材料填实；地下水静水位以上部分，可采用黏土填实。

4）冬期施工时，排水系统的管路应采取防冰措施；停止抽后应立即将泵体及进出水管内的存水放空。

5）采取明沟排水施工时，排水井宜布置在沟槽范围以外，其间距不宜大于150m。

6）在开挖地下水水位以下的土方前，应先修建排水井。

7）排水井的井壁宜加支护，当土层稳定、井深不大于1.2m时，可不加支护。

8）当排水井处于细砂、粉砂或轻亚黏上等土层时，应采取过滤或封闭措施。封底后的井底高程应低于沟槽槽底，且不宜小于1.2m。

9）配合沟槽的开挖，排水沟应及时开挖及降低深度。排水沟的深度不宜小于0.3m。

10）沟槽开挖至设计高程后宜采用盲沟排水。当盲沟排水不能满足排水量要求时，宜在排水沟内埋设管为150～200mm的排水管。排水管接口处应留缝。排水管两侧和上部宜采用卵石或碎石回填。

11）排水管、盲沟及排水井的结构布置及排水情况，应作施工记录。

12）井点降水应使地下水水位降至沟槽底面以下，并距沟槽底面不应小于0.5m。

13）井点孔的直径应为井点管外径加2倍管外滤层厚度。滤层厚度宜为10～15cm。井点孔应垂直，深度应大于井点管所需深度，超深部分应采用滤料回填。

14）井点管的安装应居中，并保持垂直。填滤料时，应对井点管口临时封堵。滤料应沿井点管四周均匀灌入；灌填高度应高出地下水静水位。

15）井点管安装后，可进行单井或分组试抽水。根据试抽水的结果，可对井点设计进行调整。

16）轻型井点的集水总管底面及水泵基座的高程宜尽量降低。滤管的顶管高程，宜为井管处设计动水位以下不小于0.5m。

17）井壁管长度的允许偏差应为±100mm；井点管安装高程的允许偏差应为±100mm。

2-3-60　某工程管井降水设计计算是怎样的？

答：某工程管井降水设计计算如下：

1）静止水位下土层构造及渗透系数：

第一层：中轻亚黏土　　　　厚度2.5m　　渗透系数 $K=0.1m/d$

第二层：亚砂土　　　　　　厚度0.8m　　渗透系数 $K=0.5m/d$

第三层：中轻亚黏土　　　　厚度0.7m　　渗透系数 $K=0.1m/d$

第四层：中轻亚黏土　　　　厚度3.5m　　渗透系数 $K=0.1m/d$

第五层：重亚砂轻亚黏土　　厚度2m　　　渗透系数 $K=0.7m/d$

第六层：亚砂土　　　　　　厚度1.5m　　渗透系数 $K=0.5m/d$

第七层：卵石　　　　　　　厚度6m　　　渗透系数 $K=50m/d$

$$平均渗透系数 \overline{K} = \frac{2.5\times0.1+0.8\times0.5+0.7\times0.1+3.5\times0.1+2\times0.7+1.5\times0.5+6\times50}{2.5+0.8+0.7+3.5+2+1.5+6}$$

$$= \frac{303.22}{17}$$

$$=17.84\text{m/d}$$

2）有效带深度：$H_0=15\text{m}$

3）降水深度：$s=6\text{m}$

4）群井半径：

$$r_0=\sqrt{\frac{F}{\pi}}=\sqrt{\frac{20\times20}{\pi}}=11.3\text{m}$$

5）单井影响半径：

$$R=2\cdot S\sqrt{H_0\cdot K}=2\times6\sqrt{15\times17.84}=196.3\text{m}$$

6）基坑涌水量（20m 长一为降水单元）

$$Q=1.366K\frac{(2H-S)S}{\lg R-\lg r_0}$$

$$=1.366\times17.84\frac{(2\times15-6)6}{\lg196.3-\lg11.3}$$

$$=3081.7\text{m}^3/\text{d}$$

7）基坑中心降水深度的验算：（要求降水深度 6m）

$$S^1=H_0-\sqrt{H_0^2-\frac{Q\times1.1}{1.366\times K}\left[\lg(R+r_0)-\lg r_0\right]}$$

$$=15-\sqrt{15^2-\frac{3081\times1.1}{1.366\times17.84}\left[\lg196.3+11.3\right]}$$

$$=7\text{m}>6\text{m}，可以$$

2-3-61　在有地下水的砂性土层中管道施工的首要条件是什么？

答：在砂性土层中、地下水位高于工作面时，土体处于饱和状态，隧道开挖过程中侧墙部位的土体极易坍塌，轻则加大拱顶下沉量及地面下沉量，重则造成严重安全质量事故。因此，在有地下水的砂性土层中采用浅埋暗挖法施工，首要条件就是要疏干工作面的地下水。

2-3-62　常用的排降水方法各适用于何种情况？

答：1）深井泵降水

深井泵降水适用于渗透系数 $K=10\text{m/d}$ 以上的土层中，一般在粗砂或砾石层中。

采用深井泵降水叫，应根据结构位置，降水深度，含水层渗透系数，影响半径等计算应排水量，布置管井。

2）集水井盲管排降水

集水井通常和盲管配合使用方能达到最好效果，一般适用于地下水位高于结构底 2～3m，且黏土层（不透水层）位于结构底板以下的地质条件。该法工艺简单，利用盲管汇水排入集水井内，在集水井中设泵抽水，达到降水目的。集水井中应保持 1.5～2m 水深，以维持水泵正常运转。

3）洞内斜射井点超前降水

适用于亚黏土，亚砂土，中砂等土层，随掘进随斜设"超前"降水井点。井点管长 12～16m，其中滤管长度 4～8m，斜射角度 14.5°～24°，布在隧道内两侧，每掘进 8～14m 布一组。设真空泵将掌子面前方的下水抽除，使之形成降水漏斗，疏干作业面地下水。

4）导管引水

当粘土层在结构底板之上，将地下水截流，使之不能直接渗入盲管，影响洞内盲管降水效果时的一种辅助手段。

5）侧壁注浆堵水

利用注浆，填充缝隙，达到堵水目的。

2-3-63　某工程确定排降水方案是怎样的?

答：开工之初，依据水文地质资料提供的土质、地下水位高程及该段隧道结构与地下水位的关系，参照成功的降水经验，初步确定本工程采用以排为主，排降结合的洞内排降水方案。

在施工 2 号施工竖井前，首先在竖井外侧的西南角和东南角各做一口 ϕ300 的管井，井深分别为 22.41m 和 23.10m，井内设 YQS20×27——3 潜水泵，日额定抽水量为 20m³/h×24×2=960m³/d。

2 号竖井处测得地下静止水位为地面下 14.92m，当竖井开挖两个月至地面下 15.64m 时见地下水，而竖井基底需挖至地面下 16.8m，说明只靠两口管井降水满足不了竖井施工要求。在竖井继续开挖过程中，在井内西南角设一 ϕ1500 混凝土管集水井，随挖随沉，使井深保持低于竖井底5.5m，井内设一台 6 寸清水离心泵，遂将竖井挖至设计基底标高。为了进行竖井封底混凝土施工，必须将竖井内水位降至底板以下，为此在竖井底挖埋了四条 ϕ300 盲管，见图 2-3-63。竖井封底后，底板上呈干燥状态，说明盲管和集水井排水方法在一定范围内可以起到降水作用。

1 号竖井在无水条件下，先掘进上层风道，竖井继续深挖见地下水后，与 2 号竖井采用同样方法排降水。

在 2 号竖井施工通道和 1 号竖井下风道掘进过程中，首先采用的乃是盲管跟进掌子面下台阶的方法，为仰拱封底创造无水作业条件。同时加快洞内斜射井点超前降水的试验研究，力争为盲管铺设也创造一个无水条件，这样既加快掘进进度，又可保证盲管铺设质量。但经过多次试验，由于结构处于砂卵石层中，成孔困难，井点施工进度满足不了掘进要求，同时砂卵石层透气，影响井点真空降水效果，由于设备和技术条件所限，斜射井点超前降水的方法，在砂卵石层中没有得到理想的效果。但是在工程实践中证实了盲管、接力井、集水井、明排钢管配合使用可以使水位得以控制，创造了工作面无水作业条件。同时使一衬结构内干燥无水，保证了防水施工及二衬混凝土施工的质量。因而在以后的一衬施工中，全部采用了盲管、集水井"以排为主，排降结合"的洞内降水方法。

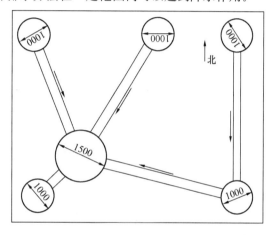

图 2-3-63　竖井内盲管集水井平面布置示意图

2-3-64　某工程洞内降水工艺实施情况怎样?

答：1) 主要材料设备

集水井：ϕ1500 的钢筋混凝土管，设于两施工竖井内，6m×2 个=12m；

检查井、接力井：ϕ1000 钢管，平均深度 2.5m，共 167 座；

盲管：ϕ300 长 80cm 的无砂管，管两端有承插口；

离心泵：6 寸单级单吸清水离心泵 IS150-125-400，转速 1450r/min，额定扬程 H=50m，额定流量 200m³/h，2 台；

潜水泵：(1) 6 寸泵：型号 YQS50×26-5.5，5 台；

(2) 4 寸泵：型号 YQS20×27-3，10 台；

(3) 4 寸泵：型号 WQX30-12-2.2 或 WQX22-15-2.2 共 40 台；

(4) 2 寸泵：型号 YR25-15-2.2，25 台；

型号 YR25-12-2，20 台。

2) 实施

从两座竖井掘进下层风道及施工通道开始，即沿隧道中心线在仰拱底部布设盲管一条。当排水方向与隧道坡度同向时，盲管坡度同于隧道坡度，每隔15～20m设检查井一座，且在变坡点、拐点适当调整井距，或增加检查井。当排水方向与隧道坡度反向时，盲管坡度要与隧道坡度呈反向（与排水方向同向），为此每隔10～15m设一接力井，在接力井内设潜水泵，将井内集水抽至 $\phi250$ 钢管，直接排入竖井集水井内，或排入顺坡的检查井内，再顺盲管排入竖井集水井内。

2号竖井西南线进尺较快，则涌水量较大，排水方向又与隧道坡度呈反向，故在南线 B231＋63.8～B234＋43.8 段，在仰拱底部中心线两侧布设双排盲管。

盲管铺设一般超前于仰拱封底前75～150cm，为防止盲管淤堵及井中潜水泵正常工作，在盲管接口处用胶布贴缝；沿管周铺滤料，在施作下一节盲管前，前一节盲管端口用土工丝网包裹。在接力井底先铺15cm卵石，再铺5cm豆石。

该区间隧道降水工程是随隧洞进尺而逐渐扩大，并持续进行的。最大降深4.5m，一般降深在2～3效果最佳。在施工过程中测得涌水量是个变值，但持续一段时间后趋于稳定。例如；1号竖井封底前测得涌水量 $Q=3200m^3/d$，当5个月后，风道下层掘进40～50m时，测得涌水量 $Q=2100m^3/d$；当四个主隧洞掘进5～6个月后，测得涌水量 $Q=1800m^3/d$，直到主隧洞全部贯通，涌水量基本稳定在 $1600～1800m^3/d$。这说明随抽水时间延长，相应的区域内水位下降，虽然汇水面积逐渐加大，但总的涌水量仍呈下降趋势，直到最终稳定。

2-3-65　集水井盲管排降水效益怎样？

答：集水井盲管排降水这种施工工艺虽简单易行，所产生的效益是显著的。

1）社会效益

这种降水工艺成功地把地下水位降至地面下20m，保证了结构的安全优质施工，其优点在于：在施工中不扰民，不影响交通，这种方法的所有过程都是在竖井内和隧道内进行的，对外界不产生任何干扰。

因此可以说，这种工艺开辟了应用"新奥法"进行地下施工中排降水的新思路。

2）经济效益

（1）造价及设备投入比较

① 深井降水

按井间距10m，双洞单排井需设井83口，岔线双排井需设16口，风道及施工通道12口，共计111口井，平均井深按33m计。

按地矿部打井定额，包括钻井、下管、下砾料、电缆、排水管等内容：

打井平均 300 元/m；

造井费为 $111×300×33＝110$ 万元；

水泵折旧费 111 台 $×3500$ 元 $×0.5＝195000$ 元 $＝19.5$ 万元；总计 129.5 万元。

② 盲管集水井排降水

（A）$\phi300$ 无砂管总长 $910×2＋70＋50＋300＝2240m$（风道70m，施工通道50m，双排盲管段300m），每延米盲管造价如下：

a. 挖运弃土方 $0.8×0.8×1×92.12$ 元/m³ $＝58.96$ 元

b. 运安无砂管 25.46 元/m

c. 回填滤料 $(0.8×0.8－\pi×0.2×0.2)×1×90$ 元/m² $＝46.8$ 元/m

合计为 131.22 元/m，则盲管总价 $131.22×2240＝29.4$ 万元

（B）检查井、接力井（$\phi1000$ 钢管）

总计167座、总深 $167×2.5＝417.5m$，每延米造价：

a. 挖运弃土方 0.5m³ $×92.12$ 元/m³ $＝46.06$ 元

b. 加工运输钢管 3.6 元/kg×244，6kg＝880.6 元合计为 927 元。

则接力井总价 927 元/m×417.5m＝38.70 万元。

（C）集水井 ϕ1500 混凝土管，6m×2＝12m 每延米造价：运安费 450 元，挖运弃土方 1.8×92.12＝166 元合计 616 元，则集水井总价 0.74 万元。

（D）潜水泵及钢排水管

建—永区间共有接力井 75 座，潜水泵的折旧费 75×3500×0.5＝13.0 万元，排水管 10 万元，共计 23.0 万元。

（E）建—永区间西段，由于仰拱落在粘土层下，掌子面前方的地下水靠水平导管导流到掌子面下方的集水坑并汇入盲管，而掌子面后面隧道一衬侧墙外侧的地下水则大量涌入，使掌子面大量积水，不能保证施工质量。故在隧道掌子面开挖前先向侧墙下半部超前注浆堵水，取得一定效果。每延米单洞注浆费 0.20 万元，西段北洞注浆段长 150m，合 30 万元。

以上五项构成盲管集水井造价 121.8 万元。

从以上分析，可以看出两种方法造价基本持平。

（2）抽水井日比较

采用深井降水，全线需 111 个泵，随一衬进尺逐渐全部抽水，而随二衬进尺逐渐撤泵停止抽水。采用盲管集水井，全线需 75 台泵，后者为前者设泵量的 2/3，宏观讲同条件下，后者可节省抽水井日 1/3。

需说明的是盲管经常疏通维护，这里没做费用统计。

2-3-66 集水井盲管洞内排降水方案适用于什么情况？

答： 根据区间隧道结构穿过地层的地质资料，地下水位高程，实测涌水量，和以往地下工程的经验初步确定采用"以排为主，排降引堵结合"的洞内降水方案；在实施过程中边摸索边总结，逐步完善，最后形成了洞内盲管跟进（掌子面），检查井疏通，接力井接力提升，集水井集中抽升的方案。

该法适用于人工掘进日进尺 2m 以内，地下水位高于结构仰拱 2～3m；而潜水层与承压水层之间的隔水层基本在仰拱以下 20～40cm，这样跟进掌子面的盲管，不仅排除掌子面的集水。同时在掌子面前方 2～3m 范围内形成小的降水漏斗，使掌子面基本处于疏干状态，保证施工过程中土体稳定，保证了安全优质施工，创造了社会效益和经济效益，开辟了地下工程浅埋暗挖施工，排降水的新思路。

但在施工中需注意以下问题：

a. 严密控制施工中每节盲管的高程，防止局部反坡淤堵；

b. 盲管周围必须按施工规范回填滤料，保证盲管的透水性；

c. 每一节新埋盲管，在未进行下一节盲管施工前，必须在端头罩上土工布，防止泥砂进入盲管，影响盲管排水效果；

d. 应经常掏挖疏通盲管、检查井和接力井、集水井；

e. 如果隧道掘进方向呈下坡，注意盲管的坡度要与隧道坡度呈反向，且接力井加密。

2-3-67 某工程水平井点降水工程概况是怎样的？

答： 某污水干管穿越铁路段为两根径为 3000mm 的钢筋混凝土企口管，设计管内底标高为 25.14～25.21m，将采用暗挖顶进方法施工。地质勘察结果表明，静水位标高为 27.78～29.31m（埋深 3.65～4.50，于 1991 年 4 月测定），为保证暗挖顶进过程中的施工安全，拟采用水平井点降水。水平井管布置在拟穿越水泥管边缘垂直投影的下侧，共 4 条，设计标高为 24.46m，井管为 89×4 钢质花管，花管网眼间距 80×80mm，ϕ3mm 网眼，每米网眼数为 40 个。每根花管水平铺长 65m，见图 2-3-67。

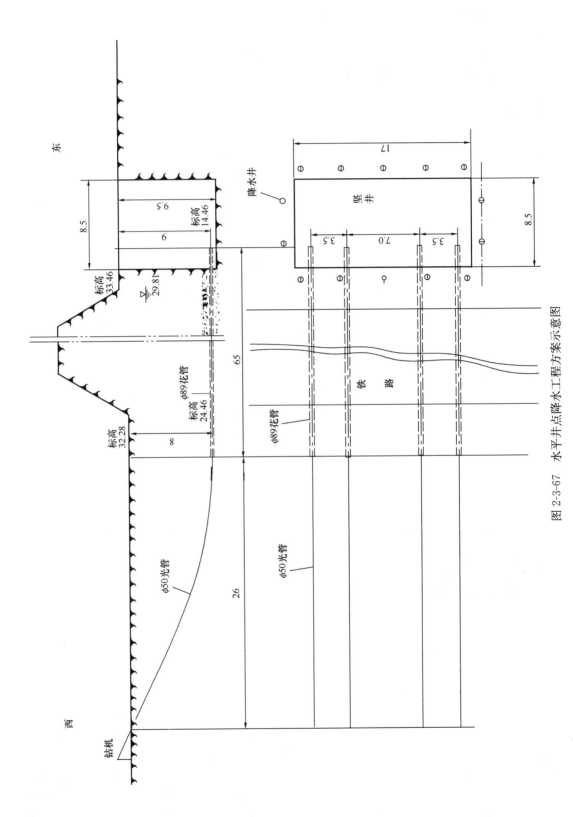

图 2-3-67 水平井点降水工程方案示意图

2-3-68　某工程水平降水井施工方案是怎样的?

答:1) 概述根据地层、地貌情况及工程要求,拟采用导向钻进反挖铺管的施工工艺,在铁路西侧 26～35m 处放置钻机,以一定入射角向东侧顶管工作坑方向钻进,达到铺管标高后,水平保直钻至工作坑,然后取下导孔钻头,将钻孔反向扩大,同时将 ϕ89 花管一段段拉入。施工中,导孔钻进采用先进的导航仪,随钻监控钻孔方向,确保铺管精度。

2) 施工所用的主要设备包括:

① 钻机,拉力 2.5～10T 扭矩 86～200kgm

② 导航仪,英国产 RD380;美国产 DCI DIGI TRAK

③ 辅助顶推装置(备用)

④ ϕ42～50 钻具;ϕ108mm 反扩钻头

⑤ 发电机组,泵组及辅助设备

⑥ 焊接设备。

3) 人员组织和安全措施

施工中设队长一名,技术员一名,安全质检一名,钻工 3～6 名,杂工 2～4 名,全队 8～12 人。

施工中在电器、转动体周围设有明显的安全标识,配备孔内事故处理机具。

4) 施工期限

进场后 30～40 天。

2.4　土方工程

2-4-1　什么是无黏性土和黏性土?

答:土是岩石风化后的产物。地壳表层的岩石在大气中,受到温度、湿度变化的影响,体积发生膨胀和收缩,不均匀的膨胀和收缩使岩石产生裂缝,由大块崩为形状和大小不同的碎块,这个过程叫做物理风化。物理风化只改变颗粒的大小和形状,不改变颗粒的成分。物理风化产生了像石和砂粘等颗粒较粗的土。这类土、颗粒之间没有粘结作用、呈松散状态,称为无黏性土。物理化后形成的碎块与水、氧气和二氧化碳等接触,发生化学变化,产生更细的与原来的岩石成分不同的颗粒,这个过程,叫做化学风化。化学风化产生很细的黏土颗粒,颗粒之间有粘结力而相互粘结,干时结成硬块,湿时具有黏性,称为黏性土。

2-4-2　土的结构分哪几种基本类型?

答:风化作用生成的土,堆积在原来的地方叫做残积土。残积土一般分布在山坡或山顶。土受到各种自然力(例如重力、水流、风力、冰川等)的作用,搬运到别的地方再沉积下来,叫做沉积土。沉积土是一种最常见的土,土在沉积过程中,由于颗粒大小不同,沉积的环境不同,沉积后所受的力不同,形成土的松密程度和软硬程度不同。一块土样放在偏光显微镜下观察,看到构成土架的固体颗粒有一定的排列和联结方式,叫做土的结构。土的结构与组成土的矿物成分、颗粒形状和沉积条件等因素有关。土的结构分为三种基本类型如下图 2-4-2 所示。单类结构常见于砾石、砂土、粉土中;蜂窝结构常见于粘性土中;绒粒结构常见于海积黏土中。在以上三种结构中,密实的单粒结构强度大,压缩性小;蜂窝结构其次,绒粒结构最差。

2-4-3　土的基本物理性质指标有哪些?

答:土的三相组成比例反映了土的基本物理性质。表 2-4-3 列举了土的基本物理性质的含义及表述式。

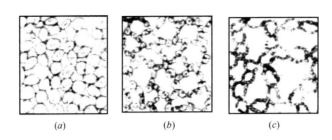

图 2-4-2 土的结构

（a）单类结构；（b）蜂窝结构；（c）绒粒结构

土的基本物理性质简表   表 2-4-3

土的基本物理性质指标	符号	单位	基本含义	表达式	参 考 数 值
含水量	w	％	土体中水的质量与土颗粒质量之比的百分率	$w=\frac{m_w}{m_s}\times100\%$	20％～60％
密 度	ρ	t/m³	土在天然状态下（保持原有的结构及含水量）单位体积的质量（湿密度）	$\rho=\frac{m}{V}$	1.6～2.2
干密度	ρ_d	t/m³	单位体积的土体内土颗粒的质量	$\rho_d=\frac{m_s}{V}$	1.3～1.8
孔隙率	n	％	土体中除颗粒以外的孔隙体积与总体积之比的百分率	$n=\frac{V_v}{V}\times100\%$	一般粘性土 30％～60％ 一般砂性土 25％～45％
孔隙比	e		土中孔隙体积与土颗粒体积之比	$e=\frac{V_v}{V_s}$	一般粘性土 0.40～1.20 一般砂性土 0.30～0.90
饱和度	S_r	％	土中水的体积与孔隙体积之比的百分率	$S_r=\frac{V_w}{V_v}\times100\%$	0～100％
饱和密度	ρ_{sat}	t/m³	土体孔隙充满水时单位体积的质量	$\rho_{sat}=\frac{m_s+V\rho_w}{V}$	1.8～2.3

注：m 为土的总质量；m_w 为土中水的质量；V_s 为土中颗粒的体积；V_v 为土中孔隙体积；m_s 为土中颗粒的质量；V 为土的总体积；V_w 为土中水的体积；ρ_w 为水的密度。

2-4-4 什么是土的物理状态指标有哪些？

答：土的孔隙比、含水量和饱和密度指标求得后，要说明土状态，就是多大的空隙比表明土是松的或密的；多少含水量表明土是硬的或软的，土的物理状态指标就是土的松或密、硬或软的标准。

1）无黏性土的紧密度的标准

对于砂、卵石等无黏性土，物理状态指标是紧密度。在工程中，对于砂、卵石层地基，要知道它的天然紧密度首先反映在孔隙比 e 上，e 愈小，表示土愈密实，见表 2-4-4。

砂土紧密度与孔隙比 e 表 2-4-4

砂土类别	砂土结构密度			
	密 实	中 密	稍 密	松 散
砾砂、粗砂、中砂	$e<0.60$	$0.60\leqslant e\leqslant0.75$	$0.75<e\leqslant0.85$	$e>0.85$
细砂、粉砂	$e<0.70$	$0.70\leqslant e\leqslant0.85$	$0.85<e\leqslant0.95$	$e>0.95$

根据空隙比判别密实度的方法很简便，但也有缺点，即没有考虑级配的因素。如均匀的密砂 e 较大，而不均匀的松砂 e 反而较小。因此，也可以将天然的 e 与最松状态的和最密状态的对比，这样可以更好地反映砂土的密实度。通常用相对密度来表示砂土的紧密度，即

$$D_r = \frac{e_{max} - e}{e_{max} - e_{min}}$$

式中　D_r——砂土的相对紧密度；

　　　　e——砂土的天然孔隙比；

　　　　e_{max}——砂土的最大孔隙比；

　　　　e_{min}——砂土的最小孔隙比。

一般规定，$D_r \leqslant 0.33$ 为松散状态；$0.33 < D_r < 0.67$ 为中密状态；$D_r \geqslant 0.67$ 为密实状态。

2) 黏性土稠度（软硬程度）的分类标准

天然状态下黏性土的软硬程度取决于含水量的多少。黏性土在干燥时呈密实固体状态；在一定含水量时具有塑性，称塑性状态；在外力作用下能沿力的作用方向变形，但不断裂也不改变体积称塑性变形；含水量继续增加，大多数土颗粒被自由水隔开，颗粒间内摩擦力减少，力学强度急剧下降，此时的土具有流动性，称流动状态。根据含水量的变化，黏性土可呈 4 种状态：流态、塑态、半固态和固态。流态、塑态、半固态和固态之间分界的含水量，分别称为流性限界（又称液限 W_1）、塑性限界（又称塑限 W_P）和收缩限界 W_Y。

2-4-5　什么是土的可松性？

答：天然原状土经过开挖、运输、堆放而松散增方，称作土的可松性；移挖作填或取土回填，填压之后会减方称作土的施工压缩。

一般经过开挖、运输、堆放而松散，松散土与原土的体积之比称作可松性系数 K_1；一般土经过开挖、运输、回填、压实后仍较原土体积增大，最后体积与原土体积之比称作可松性系数 K_2；可松性系数的参考值见表 2-4-5。

土的可松性系数 　　　　　　　　　　　表 2-4-5

土 的 名 称	体积增加百分比		可松性系数	
	最初	最后	K_1	K_2
砂土、轻亚黏土	8～17	1～2.5	1.08～1.17	1.01～1.03
种植土、淤泥、淤泥质土	20～30	3～4	1.20～1.30	1.03～1.04
亚黏土、潮湿黄土、砂土混碎（卵）石、轻亚黏土混碎（卵）石、素填土	14～28	1.5～5	1.14～1.28	1.02～1.05
黏土、重亚黏土、砾石土、干黄土、黄土混碎（卵）石、亚黏土混碎（卵）石、压实素填土	24～30	4～7	1.24～1.30	1.04～1.07
重黏土、黏土混碎（卵）石、卵石土、密实黄土、砂岩	26～32	6～9	1.26～1.32	1.06～1.09
泥灰岩	33～37	11～15	1.33～1.37	1.11～1.15
软质岩石、次硬质岩石	30～45	10～20	1.30～1.45	1.10～1.20
硬质岩石	45～50	20～30	1.45～1.50	1.20～1.30

注：1　K_1 是用于计算挖方工程量、装运车辆及挖土机械的主要参数。

　　2　K_2 是计算填方所需挖土工程量的主要参数。

　　3　最初体积增加百分比 $= \frac{V_2 - V_1}{V_1} \times 100\%$；

　　　　最后体积增加百分比 $= \frac{V_3 - V_1}{V_1} \times 100\%$；

　　　　V_1——开挖前土的自然体积；

　　　　V_2——开挖后土的松散体积；

　　　　V_3——运至填方处压实后之体积。

2-4-6 什么是土的压实度？

回填土经压实或夯实的密实程度叫压实度。

$$\lambda_c = \frac{\rho_d}{\rho_{max}}$$

式中　λ_c——回填土压实度，%；

ρ_d——回填土压实干密度，g/cm^3；

ρ_{max}——回填土地段，土的最大干密度，g/cm^3。

回填土压实干密度由下述环刀法试验求得。

回填土地段，土的最大干密度由下述击实试验求得。

土的密实度和土的含水量有关。土中水没有排出，孔隙比不会减少。但如果没有适当含水量，颗粒间缺乏必要润滑，压实时能量消耗大。输入最小能量而导致土最大干密度的含水量，称为土的最优含水量。土的最大干密度和最优含水量关系由下述击实试验求得。

2-4-7 路基用土按粒径分为几组几类？

答：天然状态的土分为六组十七类。见表 2-4-7。

路基土组分类表 表 2-4-7

组号	土组	类号	土类	重 量 (%)				塑性指数 (%) W_x	液限(%) W_y
				>2mm	砂粒 2~0.05mm	粉粒 0.05~0.002mm	粘粒 <0.002mm		
一	碎(砾)石土	1	×质碎(砾石)	>50					
		2	碎(砾)石×土	<50					
二	砂	3	粗砂	<10	>0.5mm 都多于 50	>80	0~20	0~3	<1	<16
		4	中砂	<10	>0.05mm 者多于 50	>80	0~20	0~3	<1	<16
		5	细砂	<10	>0.10mm 者多于 75	>80	0~20	0~3	<1	<16
		6	极细砂	<10	>0.10mm 者少于 50	>80	0~20	0~3	<1	<16
三	砂性土	7	粉质砂土	<10		50~80	20~50	0~3	>1	>16
		8	粗亚砂土	<10		>50		3~10	1~7	16~20
		9	细亚砂土	<10		>50		3~10	1~7	21~25
四	粉性土	10	粉质亚砂土	<10		20~50	多于砂粒含量	0~10	<7	21~25
		11	粉土	<10		<20	多于砂粒含量	0~10	<7	>20
		12	粉质轻亚黏土	<10		<40	多于砂粒含量	10~20	7~12	>26~32
		13	粉质重亚黏土	<10		<40	多于砂粒含量	20~30	12~17	>33~39
五	黏性土	14	轻亚黏土	<10	多于粉粒含量	>40		10~20	7~12	26~32
		15	重亚黏土	<10	多于粉粒含量	>40		20~30	12~17	33~39
		16	轻黏土	<10	多于粉粒含量			30~50	17~27	40~52
六	重黏土	17	重黏土	<10				>50	>27	>52

注：1. "碎（砾）石"在必要时可注明小于 2mm 的含量，如 70%碎（砾）石＋30%轻亚黏土。

　　2. "×质碎（砾）石"、"碎（砾）石质×土"中的×字样系以小于 2mm 者为 100%按土类划分的名称。

2-4-8 北京地区有多少种特殊类土？

答：北京地区有以下 7 种特殊类土（图 2-4-8）：

特殊类土
- 1 人工杂填土
  - 填土——凡以天然土为主要成分的，仅含少量砖、瓦块，其颜色与老土相近者，称为填土。
  - 房渣杂土——凡以砖、瓦块为主并存有灰土、灰块及其他成分者。
  - 炉灰
    - 纯炉灰——煤及煤土混合物，经燃烧而成的无机矿物质、无凝聚性，一般堆积年代较新。
    - 变质炉灰——纯炉灰在堆积过程中经过水和气体及植物等作用而将无机矿物质变成稍有黏性的粉末状炉灰，用手捻时微觉刺手。捻搓时水分逐渐增加，土质变软，颜色变暗。
- 2 耕土——凡以耕种为目的的被扰动的表层土，称为耕土。
- 3 壤土——凡在原地因受动植物的生长活动而破坏了原生结构以后又经过地面，淋漓风化成壤作用而成的土层称为壤土。
- 4 黄土——凡具以下特征者称为黄土
  - 1. 颜色为浅黄色
  - 2. 结构疏松多孔
  - 3. 具有垂直节理
  - 4. 通常含有大量盐类
  - 5. 成分非常均匀无层理
  - 6. 当被水浸湿后具有沉降的性质（即湿陷性）
- 5 混合土——凡在天然土中，黏性土，砂或灰块碎卵石相混合的两类土，其定名按以下标准确定，其中一类土含量超过 60%（重量比）时，则按此类土定名，例如砂黏——碎石混合土，当砂粘含量超过 60% 时，则定为砂黏混碎石，反之则定为碎石混砂黏。
- 6 有机土——凡有机质含量超过 10%，颜色程深灰、褐、黑或灰绿色的土称为有机土。据有机质含量多少分为有机土、泥灰、草灰三种。
- 7 淤泥——特征是含水量大于液限呈流动状。一般含有机质，呈灰黑、黑褐、黑色、有臭味。

图 2-4-8 北京地区特殊类土

2-4-9 路基用土野外如何鉴别？

答：野外鉴别可用手搓、手捏，参见表 2-4-9。

路基用土野外鉴别参考表 表 2-4-9

组号	土组	在潮湿情况下		在干燥情况下	
		手掌搓条	手掌心摇动	手捏	磨碎成粉后用手捻摸
二	砂土	不能搓成条	无塑性、流动	松散	有砂状物质的感觉
三	砂性土	能搓成直径大于 3mm 的短土条	每次剧烈摇动后是稀释流动状态	土块甚易捏碎	有粗糙感觉，砂粒较多，粉末可甩去不沾手
四	粉性土	能搓成条	熔解状况，有毛细水析出	土块较易捏碎	有类似于面粉的感觉
五	黏性土	可搓成直径为 1～3mm 的细土条	表面有水分析土发亮	用力可使土块捏碎	大部分是细粉末有个别砂粒粉末不沾手
六	重黏土	可搓成直径小于 1mm 的细土条易于捆成球，压扁时边界无裂缝	无显著反映	土块很难捏碎小土块坚实有棱角	极细粉末感觉粉末沾手不落

2-4-10 土的主要物理性质指标有哪些？

答：土的主要物理性质指标有 5 种，见表 2-4-10。

土的主要物理性质指标 　　　　　　　　　　　　　　　　表 2-4-10

	指标名称	符号	物理概念	表达式	单位
1	密度	ρ	土在天然状态下，单位体积的重量	$\rho = \dfrac{m}{V}$	t/m³
2	含水量	W	土中水的重量与土颗粒重量之比	$W = \dfrac{m_{\mathrm{w}}}{m_{\mathrm{S}}} \times 100\%$	%
3	干密度	ρ_{d}	单位体积中固体颗粒的重量	$\rho_{\mathrm{d}} = \dfrac{m_{\mathrm{a}}}{V}$	t/m³
4	孔隙比	ε	土中孔隙的体积与土颗粒体积之比	$\varepsilon = \dfrac{V_{\mathrm{u}}}{V_{\mathrm{s}}}$	—
5	饱和度	S_r	土中水的体积与孔隙体积之比	$S_{\mathrm{r}} = \dfrac{V_{\mathrm{w}}}{V_{\mathrm{u}}} \times 100\%$	%

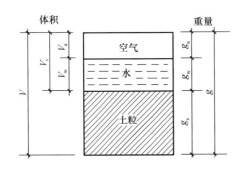

图 2-4-11　土的组成示意图

2-4-11　土的主要工程性质有哪些?

答：土具有可塑性、渗透性、压实性。由图 2-4-11 可知，土中的土颗粒、水分及空气的不同比例值，反映着的土的干燥和潮湿、疏松和密实的状态，这些比例值对于评定土的工程性质具有重要参考价值。

2-4-12　何谓土的可塑性?

答：土的可塑性：

粘性土中的含水量对土所处的状态及其性质影响很大。当含水量很低时，它与固体物质一样；当含水量增加到某一范围时，它以象皮泥类似，可以捏成各种形状，土的这种性质称之为塑性。当含水量继续增加超过某一界限时，它像很稠的液体，不能保持一定的形状，会产生流动。即粉性土随含水量增加，它从固体状态经过塑性状态而变为流动状态。

塑限（W_{p}）——土由固体状态变到塑性状态时的分界含水量，（一般用搓条法测定）液限（W_{L}）——土由塑性状态转变到流动状态时的分界含水量。（一般以液限仪测定）。塑性指数（I_{p}）——液限与塑限之差 $W_{\mathrm{L}} - W_{\mathrm{p}}$

一般的情况是：$I_{\mathrm{p}} > 17$ 时是黏土

$17 \geqslant I_{\mathrm{p}} > 10$ 时，是亚黏土

$10 \geqslant I_{\mathrm{p}} > 1$ 时是轻亚黏土

2-4-13　何谓土的渗透性?

答：土的渗透性：

土的渗透性指土内地下水在土颗粒间渗透的能力，用渗透系数 K 表示。

土的渗透系数大小决定于土的结构、土颗粒大小和土的密实度。土颗粒较小，结构紧密，则渗透系数较小，如黏性土。反之，则渗透系数较大，如砂性土。一般渗透系数见表 2-4-13。

常见土的渗透系数 　　　　　　　　　　　　　　　表 2-4-13

土的名称	渗透系数（m/s）	渗水程度
黏土性细砂和极细的砂	0.00002～0.00005	极微
稍带黏土粒的细砂	0.00005～0.0001	少量
稍带黏土粒的中砂及纯细砂	0.0001～0.001	适中
含小砾石的粗砂	0.001～0.005	大量
中砾和大砾石	0.005～0.01	极大

2-4-14 何谓土的压实性？

答：土的压实性：

土在压实过程中，土的干容重随着含水量而变化。当在一定的夯实方法下，能使土达到最大密实度所需的含水量称为最佳含水量，其相应的干容重称为最大干容重。一般说来，含水量越小，土越密实，但当含水量小到一定限度以后，土就松散不易击实了。土壤中要有一定数量的水起润滑作用和胶溶作用，才能保证土壤的压实。

土壤的密实度，是现场土样的干容重与实验室按标准方法测得同样土壤的最大干容重（表2-4-14）的比值，以百分率表示。

土的最大干容重参考值　　　　　表 2-4-14

土的种类	最佳含水量（重量%）	最大干容重（g/cm³）
砂土	8412	1.80～1.88
亚砂土	9～15	1.85～2.08
粉土	16～22	1.61～1.80
亚黏土	12～15	1.85～1.95
重亚黏土	16～20	1.67～1.79
粉质亚黏土	18～21	1.65～1.74
黏土	19～23	1.58～1.70

2-4-15 土的稠度界限有哪些？各是什么含义？

答：稠度界限是土从一种稠度状态变到另一种稠度状态的分界含水量。分为液限、塑限和缩限三种：

1）液限是土从可塑状态变为流动状态时的分界含水量。

2）塑限是土从半固体状态变为可塑状态时的分界含水量。

3）缩限是土从固体状态变为半固体状态时的分界含水量。

2-4-16 什么是判定土基干湿状态的指标？

答：土的平均稠度为判定土基干湿状态的指标。其值为土的液限含水量与平均含水量之差与土的塑性指数的比值；土的相对含水量也是判定土基干湿状态的指标。其值为土的平均含水量与液限含水量的比值。

2-4-17 何谓土的最佳含水量？有何实际意义？

答：土的含水量又称土的重量含水量，是指一定体积土内水重和干土重的比率。在标准击实试验条件下，能达到最大干密度时的含水量称为最佳含水量。

在天然土内部都含有一定量的水分，这种水分以结合水、自由水和水汽三种状态存在于土中。在回填土的过程中，土的含水量和回填土的密实度之间存在一定的关系。含水量适当的土，用最少的夯实工作量能达到最大的密实度，这对大面积土方施工回填土工序的意义很大。可先在实验内，将土样作锤击试验，测定最佳含水量值；再由工地质量控制部门随时检查土的含水量，并采取晾晒、洒水或换土的方式，使回填土达到最佳含水量（表2-4-17），这样在夯实后才能达到最佳密实度的效果。

土壤最佳含水量　　　　　表 2-4-17

土地种类	最佳含水量（%）（重量比）	土颗类最大密度（kg/m³）	土地种类	最佳含水量（%）（重量比）	土颗类最大密度（kg/m³）
砂土	8～12	1800～1880	重亚黏土	16～20	1670～1790
粉土	16～22	1610～1800	粉质亚黏土	18～21	1650～1740
亚砂土	9～15	1850～2080	黏土	19～23	1580～1700
亚黏土	12～25	1850～1950			

2-4-18　在土方施工中通常把土分为几类?

答：分为五大类：

1）岩石（整块的岩体）：按坚固性分硬质岩石（花岗岩、玄武岩、石灰岩）和软质岩（页岩、黏土岩、云母片岩）；按风化程度分微风化、中等风化和强风化。

2）碎石：指粒径大于 2mm 的颗粒含量超过全重 50％的土。按颗粒级配及形状分为漂石、块石、卵石、碎石、圆砾、角砾等；按密实度分为密实、中密和稍密。

3）砂土：指粒径大于 2mm 的颗粒含量不超过全重 50％的土。按不同颗粒所占比例不同又分为：

① 砾砂：粒径大于 2mm 的颗粒占全重的 25％～50％；

② 粗砂：粒径大于 0.5mm 的颗粒超过全重的 50％，而未达到砾砂标准；

③ 中砂：粒径大于 0.25mm 的颗粒超过全重的 50％而未达到粗砂标准；

④ 细砂：粒径大于 0.1mm 的颗粒超过全重的 75％而未达到中砂标准；

⑤ 粉砂：粒径大于 0.1mm 的颗粒不超过全重的 75％。

砂土密实度按天然孔隙比分为密实、中密、稍密和松散。

4）黏性土：具有黏性和可塑性，按工程地质特征分为老黏性土、一般黏性土、淤泥和淤泥质土、红黏土。按黏土粒占全重的比例不同分为：

① 黏土：黏土粒占全重的 30％以上；

② 亚黏土（砂质黏土）：黏土粒占全重的 10％～30％；

③ 轻亚黏土：黏土粒占全重的 3％～10％。

黏性土的状态按液性指数分为：坚硬（$I_L < 0$）、硬塑（$0 \leqslant I_L < 0.5$）、软塑（$0.5 \leqslant I_L < 1.0$）和流塑（$I_L \geqslant 1.0$）

5）特种土又分为人工杂填土、耕土、壤土、湿陷性黄土、膨胀土、混合土、有机土。

2-4-19　何谓人工杂填土?

答：人工填杂土是指人工搬运又重新回填过的土，按照其来源不同又分为：

1）素填土：以天然土为主要成分，由碎石、砂土、黏性土等组成的填土，其颜色和原土相近。

2）杂填土：以砖、瓦块为主，并掺有建筑垃圾、工业废粒等杂物的填土。

3）冲填土：由水力冲填泥砂形成的沉积土等。

4）炉灰：指煤和煤土混合物，经燃烧而成的无机矿物质。

2-4-20　何谓耕土?

答：耕土指已扰动的种植农作物的表层土。

2-4-21　何谓壤土?

答：壤土指原地受扰动、植物的生长活动遭受破坏的原生结构，以及经日晒雨淋、风化作用而生成的土层。

2-4-22　何谓湿陷性黄土?

答：这类土的颜色呈浅黄色，结构疏松多孔，通常含有大量盐类，土的成分均匀，当被水浸湿后在土自重压力下会发生湿陷。

2-4-23　何谓膨胀土?

答：这类土是具有特殊变形性质的黏性土，它的体积随含水量增加而膨胀，随含水量减少而收缩，且这种作用循环可逆。具有这种膨胀和收缩特性的土即称为膨胀土。

2-4-24　何谓混合土?

答：指天然土中的黏性土、砂或大块碎卵石相混合的多类土。

2-4-25　何谓有机土？

答：指有机物含量超过 10%，颜色呈深灰、褐黑或灰绿色。按照有机质含量不同又分为有机土、泥炭、草灰三种。

2-4-26　预算定额中土分为几类？

答：工程预算定额中，按土的坚硬程度、施工的难易程度、采用的开挖工具和方法，将土分为八类，见表 2-4-26。

土的工程分类　　　　　　　　　　　　　　　表 2-4-26

土的分类	土的级别	土（岩）的名称	压实系实 f	重力密度 (kN/m³)	开挖方法及工具
一类土（松软土）	Ⅰ	略有黏性的砂土；腐殖土；疏松的种植土及泥炭（淤泥）	0.5～0.6	6000～10000	用锹，少许用脚蹬或用板锄挖掘
二类土（普通土）	Ⅱ	潮湿的黏性土和黄土；软的盐土和碱土；含有建筑材料碎屑，碎石、卵石的堆积土和种植土	0.6～0.8	11000～16000	用锹、条锄挖掘、需用脚蹬，少许用镐
三类土（坚土）	Ⅲ	中等密实的黏性土或黄土；含有碎石、卵石或建筑材料碎屑的潮湿的黏性土或黄土	0.8～1.0	18000～19000	主要用镐、条锄，少许锹
四类土（砂砾坚土）	Ⅳ	坚硬密实的黏性土或黄土；含有碎石、砾石（体积在 10%～30%，重量在 25kg 以下石块）的中等密实黏性土或黄土；硬化的重盐土；软泥灰岩	1～1.5	19000	全部用镐、条锄挖掘，少许用撬棍挖掘
五类土（软石）	Ⅴ～Ⅵ	硬的石炭纪黏土；胶结不紧的砾岩；软的、节理多的石灰岩及贝壳石灰岩；坚实的白垩岩；中等坚实的页岩、泥灰岩	1.5～4.0	12000～27000	用镐或撬棍、大锤挖掘，部分使用爆破方法
六类土（次坚石）	Ⅶ～Ⅸ	坚硬的泥质页岩；坚实的泥灰岩；角砾状花岗岩；泥灰质石灰岩；黏土质砂岩；云母页岩及砂质页岩；风化的花岗岩、片麻岩及正长岩；骨石质的蛇纹岩；密实的石灰岩；硅质胶结的砾岩；砂岩；砂质石灰质页岩	4～10	22000～29000	用爆破方法开挖，部分用风镐
七类土（坚石）	Ⅹ～Ⅻ	白云石；大理石；坚实的石灰岩、石灰质及石英质的砂岩；坚硬的砂质页岩；蛇纹岩；粗粒正长岩；有风化痕迹的安山岩及玄武岩；片麻岩、粗面岩；中粗花岗岩；坚实的片麻岩，粗面岩，辉绿岩；玢岩；中粗正常岩	10～18	25000～29000	用爆破方法开挖

土的分类	土的级别	土（岩）的名称	压实系实 f	重力密度 (kN/m³)	开挖方法及工具
八类土 (特坚石)	XII～XV	坚实的细粒岗岩；花岗片麻岩；闪长岩；坚实的玢岩、角闪岩、辉长岩、石英岩；安山岩、玄武岩；最坚实的辉绿岩；特别坚实的辉长岩、石英岩及玢岩	18～25 以上	27000～33000	用爆破方法开挖

2-4-27 野外如何鉴别土？

答：在施工现场粗略鉴别土的方法，可分别参见表 2-4-27(1)、(2)。

土的野外鉴别 表 2-4-27 (1)

项 目		黏 土	粉质黏土	粉 土	砂 土
湿润时用刀切		切面光滑、有粘刀阻力	稍有光滑面，切面平整	无光滑面，切面稍粗糙	无光滑面，切面粗糙
湿土用手捻膜时的感觉		有滑腻感，感觉不到有砂粒，水分较大时很黏手	稍有滑腻感，有黏滞感，感觉到有少量砂粒	有轻微黏感或无黏滞感，感觉到砂粒较多、粗糙	无黏滞感，感觉到全是砂粒、粗糙
土的状态	干土	土块坚硬，用锤才能打碎	土块用力可压碎	土块用手捏或抛扔时易碎	松散
	湿土	易黏着物体，干燥后不易剥去	能黏着物体，干燥后较易剥去	不易黏着物体，干燥后一碰就掉	不能黏着物体
湿土搓条情况		塑性大，能搓成直径小于 0.5mm 的长条（长度不短于手撑），手持一端不易断裂	有塑性，能搓成直径为 0.5～0.3mm 的短条	无塑性，不能搓成土条	不能搓成土条

人工填土、淤泥、黄土、泥炭的野外鉴别方法 表 2-4-27 (2)

土的名称	观察颜色	形状(构造)	浸入水中现象	湿土横条情况
人工填土	无固定颜色	夹杂物显露于外，构造无规律	大部分变为稀软淤泥，其余部分为碎瓦、炉渣在水中单独出现	一般搓成直径 3mm 土条但易断，遇有杂质很多时不能搓条
淤泥	灰黑色有臭味	夹杂物轻，仔细观察可以发觉构造常呈层状，但有时不明显	外观无显著变化，在水面出现气泡	一般淤泥质土接近轻亚黏土，能搓成 3mm 土条（长至少 3cm），容易断裂
黄土	黄褐两色的混合色	夹杂物质常清晰显见，构造上有垂直大孔（肉眼可见）	即行崩散而分成分散的颗粒集团，在水面上出现很多白色液体	搓条情况与正常的亚黏土相似
泥炭	深灰色或黑色	夹杂物有时可见，构造无规律	极易崩碎，变为稀软液淤泥，其余部分为植物根、动物残体渣渣悬浮于水中	一般能搓成直径 1～3mm 土条，但残渣甚多时，仅能搓成 3mm 以上的土条

2-4-28 何谓土的可松性系数？

答：土的可松性系数

当原土挖掘后，组织被破坏，土方体积增加。如用 V_1 表示开挖前原土体积，V_2 表示开挖后土方松散体积，V_3 表示土方回填夯实后的体积，则

最初土方体积增加百分比为 $(V_2-V_1)/V_1 \times 100\%$

最后土方体积增加百分比为 $(V_3-V_1)/V_1 \times 100\%$

最初土的可松体性系数 $K_p=V_2/V_1$

最后土的可松体性系数 $K'_p=V_3/V_1$

在土方工程中，K_p 是计算装运车辆及挖土机械的重要参数，K'_p 是计算填方所需挖土工程量的重要参数。

土方可松性系数见表 2-4-28。

土方可松性系数 表 2-4-28

土 的 名 称	可松性系数	
	$K_初$	$K_终$
不含杂质的砂，无杂质的砂壤土	1.08～1.17	1.01～1.02
细的和中等的砾土，含杂质的种植土，正常湿度的黄土，含有碎石和卵石的砂，轻壤黏土和黄土类壤黏土，含有碎石的砂壤土	1.14～1.28	1.015～1.05
不含根的种植土	1.20～1.30	1.03～1.04
干黄土，重壤黏土	1.24～1.30	1.04～1.07
碎石，黏土，含有碎石的壤黏土	1.25～1.32	1.06～1.09
松散岩性土	1.40～1.50	1.10～1.20

2-4-29 土有哪些基本特征？各类土压缩率为多少？

答：土的基本特征

1）土的固体颗粒之间是分散的，其间连接将是无粘结或不粘的，因此它具有散粒性和孔隙性；

2）颗粒间孔隙是连续的，土具有透水性；

3）固体颗粒的联结强度比颗粒的本身强度小得多，土具有压缩性和土颗粒之间的相对可移动性。

一～二及三类土的压缩率见表 2-4-29。

土 的 压 缩 率 表 2-4-29

土的类别	土的名称	土的压缩率	每立方米松散土压实后的体积（m³）	土的类别	土的名称	土的压缩率	每立方米松散土压实后的体积（m³）
一～二类土	种植土	20%	0.80	三类土	天然湿度黄土	12%～17%	0.85
	一般土	10%	0.90		一般土	5%	0.95
	砂土	5%	0.95		干燥坚实黄土	5%～7%	0.94

2-4-30 土的承载力能否在表上查到？

答：在缺乏可靠资料时可参考下表 2-4-30。

各类土及岩石承载能力参考表

表 2-4-30

土　类	安全承载力 10^4Pa（1t/m^2）	
	最小位	最大位
冲积土	5.38	10.7
黏性土	10.7	43.1
砂（受限制的）	10.7	43.1
砾石	21.5	43.1
密度砂砾	53.8	107.6
岩石	53.8	300.0

2-4-31　何谓软土？有何特点？

答：软土主要是淤泥、淤泥质土和水下沉积饱和软黏土，具有含水量高、孔隙比大、透水性差、压缩性高、强度低等特点。软土路基可能因沉降过大引起路基开裂损坏。

2-4-32　湿陷性黄土有何病害？

答：湿陷性黄土土质较均匀、结构疏松、孔隙发育。在未受水浸湿时，一般强度较高、压缩性较小。当在一定压力下受水浸湿，土结构会迅速破坏，产生较大附加下沉，强度迅速降低。主要病害有路基路面发生变形、凹陷、开裂，道路边坡发生崩塌、剥落，道路内部易被水冲蚀成土洞和暗河。为保证路基稳定，在湿陷性黄土地区施工要采取加固措施，如灰土垫层法、强夯法、灰土挤密桩等方法。加筋土挡土墙是路基防冲、截排、防渗的有效防护措施。

2-4-33　黄土湿陷试验标准是什么？

答：黄土湿陷试验的变形稳定标准为每小时变形不大于 0.01mm；溶滤变形稳定标准为每 3d 变形不大于 0.01mm。

2-4-34　膨胀土有何危害？

答：膨胀土主要由具有吸水膨胀性或失水失缩性黏土矿物组成，具有较大的塑性指数。在坚硬状态下该土的工程性质较好。但其显著的胀缩特性可使路基发生变形、位移、开裂、隆起等严重破坏。可采取措施予以防治、改良和加固。

2-4-35　冻土有何特点？

答：冻土在冻结状态强度较高、压缩性较低。融化后承载力急剧下降，压缩性提高，地基容易产生融沉。在城市道路中土基冻胀量与冻土层厚度成正比。不同土质与压实度不均匀也容易发生不均匀沉降。因此要选用不发生冻胀的路面结构层材料、如多孔矿渣是较好隔性材料以及各种防止不均匀冻胀的措施。

2-4-36　何谓地下水？与管道工程有何关系？

答：地下水是埋藏在地面以下土颗粒之间的孔隙、岩石的孔隙和裂隙中的水。土中的水有固、液、气三种形态，其中液态水有吸着水、薄膜水、毛细水和重力水，其中毛细水可在毛细作用下逆重力方向上升一定高度，在 0℃ 以下毛细水仍能移动、积聚，发生冻胀。

从工程地质的角度，根据地下水埋藏条件，又可将地下水分为上层滞水、潜水、承压水。上层滞水接近地表，水位受气候、季节影响大，大幅度的水位变化会给工程施工带来困难。潜水分布广，与管道工程密切。在干旱和半干旱的平原地区，若潜水的矿化度较高，而水位埋藏较浅，应注意土的盐渍化。盐渍土可使路基出现盐胀和吸湿软化，因此在该地区筑路要做好排水工作，并可以采用隔离层措施。承压水存在于地下两个隔水层之间，具用高水头补给，一般需注意其向上的排泄，即对潜水和地表水的补给或以上升泉的形式出露。

管道基坑的各种病害或变形的产生，都与地表水和地下水的浸蚀和冲刷等破坏作用有关。要保证地基的稳定性，提高管道基坑抗变形能力，必须采取相应的排水措施或隔水措施，以消除或减轻水的危害。

2-4-37　何谓软弱土和软弱地基？

答：软弱土一般是指抗剪强度较低、压缩性较高、渗透性较小的淤泥、淤泥质土、冲填土和杂填土以及其他高压缩性土层。而主要受力层由软弱土组成的地基称为软弱土地基。

软弱土的物理力学特性主要有以下几点：

1）天然含水量高，孔隙比大：淤泥及淤泥质土的含水量大于40％，最高可达90％，孔隙比大于1，并且不随深度增加而有所减少。这类土在未破坏时，具固态特征。一经破坏或扰动，即转变为稀释流动状态。

2）高压缩性：软土的压缩性随液限的增加而增加，压缩系数大于$0.05cm^2/kg$。其中淤泥的压缩系数最高，其平均压缩系数可在$0.3cm^2/kg$以上。高压缩性是软土地基上建筑物沉降量大的主要原因。

3）抗剪强度低：软土的抗剪强度很低，因而软弱土地基的强度也很低。如淤泥质亚黏土的容许承载力，当孔隙比为1.05时，约为$10t/m^2$，孔隙比愈大，容许承载力愈低。

4）透水性低：软土的透水性很低，因此软土的固结需要相当长的时间，同时，在加荷初期，地基中常出现较高的孔隙水压力，影响地基强度。

5）流变性：软土具有流变性。流变性就是在荷载不变的条件下，即土在一定的剪应力作用下发生缓慢而长期变形的性质。

2-4-38　地基流砂是怎样形成的？如何防治？

答：当基坑开挖至深于地下水位0.5m以下时，在坑内抽水，有时坑底的土会成流动状态，随地下水涌起，而失去承载力，人难立足，边挖边冒，无法挖深，强挖只能掏空邻近地基，这种现象通常称为流砂。产生流砂现象主要是由于地下水的水力坡度大，即动水压大（流动中的地下水对土颗粒产生的压力称为动水压力），而且动水压力的方向（与水流方向一致）与土的重力方向相反，土不仅受水的浮力，而且受动水压力的作用，有向上举的趋势。当动水压力等于或大于土的浸水容重时，土颗粒处于悬浮状态，并随地下水一起流入基坑，即发生流砂现象。

处理流砂方法主要是"减小或平衡动水压力"，使坑底土颗粒稳定，不受水压干扰。其方法如下：

1）如条件许可应在枯水期施工，最高的地下水位不高于坑底0.5m，这时动水压力不大，就很少出现流砂。

2）水中挖土，即不抽水或少抽水，使基坑内水压与坑外的水压基本平衡，缩小水头差距。

3）对于较重要或较大的流砂严重的工程，可采用人工降低地下水位，主要是将基坑和附近的地下水位降低至坑底以下，使坑底水向下渗流，坑底土面在无水淹状态下施工，就没有流砂现象。

4）沿基坑四周打板桩，使桩底达到不透水层，以阻挡坑外水向坑内压入，减小坑内动水压力涌上，也可防止流砂出现。

2-4-39　何谓"流砂"？

答：砂质土经水饱和后，受动水压力或其他外界的影响，使其土壤变为液体状态的现象叫做流砂现象。流砂现象通常在以下情况时发生：

1）在地下水的渗透压力的作用下，形成的流砂现象。当地下水透渗过砂土层时，动水压力超过砂土颗粒在水中的自重以及相互之间的黏性骨架力时，砂的内摩擦力就将消失，处于浮悬状态，从而产生流砂现象。对于任何一种砂土，不论其成分或密度如何，在渗透压力影响下，均能变成流动状态。但施工实践中，粗砂和中砂很少发生流砂现象，而渗透性较小的粉砂、细砂和黏性差的砂质粉土等常常在动水压力下有流砂现象发生。

2）在外振动的影响下，形成的流砂现象。疏松状态的砂，在外动力振动（如地震、爆破振动及机械振动等）的作用下，能使原有的疏松结构破坏，则疏松状态变为密实状态，砂的空隙率相应减少，因而孔隙中的水不能立即排除，土壤颗粒就被尚未排除的水分分开而成为悬浮状态，且易流动。但这样形成的流砂现象，在一般施工过程中很少遇到。

流砂形成的程度大体上分为四种状态：

① 轻微的流砂现象——在沟底局部串砂。

② 中等程度的流砂现象——一堆堆细砂从沟底部缓慢冒起。

③ 严重的流砂现象——从沟底的串砂速度加快，往往形成陷脚现象。

④ 涌土现象——沟底涌砂现象加快、沟底部土层升高，沟壁下塌，严重引起地面开裂附近建筑倒塌、门窗变形。

2-4-40 针对流砂问题的施工措施有哪些？

答：选择适宜的施工季节，对于流砂地段的施工有着重要的意义。在可能的条件下，应当争取在全年地下水位最低的季节进行施工。这时由于动水压力的减低，在一些情况下可以避免流砂现象的发生，或者至少可以减轻流砂的严重情况。除此之外，在不同程度的流砂地段，可采取如下的相应措施：

1）普通流砂现象

① 在有流砂的地段，采取突击施工的措施，当沟槽挖成后立即下管，迅速填土。因为细砂、粉砂及砂质粉土在地下水的推动下，从原有稳定状态到发生流砂现象需要一定的时间，如果在这段时间内将主要工作干完，也就相应地防止了流砂现象的发生。

② 在沟底铺上草袋，用木板压住，使流砂中的水分经草袋渗出排除，将砂稳定住。

③ 设置集水井，排除沟内积水。

④ 在沟槽两壁，用密支撑或短板桩进行加固，使水的渗透途径增长，以增大地下水的流动阻力，从而避免或减轻流砂现象。

其板桩打入沟底的深度，和地下水位、土质等因素有关，一般为地下水位和沟底间距离的0.3～0.5倍，但最小不小于0.3m。打板桩需要打桩设备，技术上的困难较大，施工速度缓慢，不能适应一般性施工要求。所以，只有在特殊情况下才会采用这种措施。

2）较严重的流砂地带

除上述突出施工措施外，可采用下述方法：

① 在沟槽两侧打入长板桩来避免或减轻流砂现象。

② 人工降低地下水位，也就是在开挖沟槽前，降低沿线地下水位，是防止流砂现象发生的有效措施。在管道施工中，通常采用井点系统的排水措施来达到上述目的，当水中含砂较重时，在井点上采用水力提升器的方式抽排水比较恰当。

3）发生涌土现象的地带

在发生涌土现象的地带开挖沟槽，可采取以下的相应措施：

① 用井点排水系统来降低地下水位，使流砂无法形成。

② 对于焊接钢管敷设的管道工程，可采用带水挖土、浮管法安装的措施。

③ 冻结法施工。将沟槽两侧，借助冷却原理造成一道冻结土的护墙，阻止地下水渗入沟槽内。但此方法工程费用较大，还需要专门的设备和药剂，只有在特殊紧急的工程中，才考虑采用。

2-4-41 水对土的性质有哪些影响？

答：这里主要讲土中含有水的多少即它的含水量对土的物理性质的影响，例如对土的稳定性的影响。砂土太干，挖槽时就切不成较直的壁；若含水量太大则无法修边而坍塌，这是因为大多数土粒被自由水隔开，土颗粒间摩擦力减小所形成。

水对土的密实程度也有影响，含水量过小，土太干；含水量太大，土过湿都很难将土压实，使其达到一定的密实度，只有当含水量在一定范围内时土壤才能压实到较大的密实度。

在工程中，这种最大压实密度通常用最大干容重来表示，使土壤压实达到最大干容重的土壤含水量称为最优含水量（或最佳含水量）土的最大干容重和最佳含水量是用击实试验求得的，见表 2-4-41。

各种土的最优含水量和最大干容重参考数值   表 2-4-41

土的种类	最优含水量 $w\%$	最大干容重（g/cm³）
砂　土	8～12	1.8～1.88
亚砂土	9～15	1.85～2.08
粉　土	16～22	1.61～1.80
亚黏土	12～15	1.85～1.95
重亚黏土	16～20	1.67～1.79
粉质亚黏土	18～21	1.65～1.74
黏　土	19～23	1.58～1.70

2-4-42　土方沟槽断面有几种形式？

答：沟槽断面有直槽、梯形槽、复式槽、联合槽等不同形式，如图 2-4-42。

直槽　　　　梯形槽　　　　复式槽　　　　联合槽

图 2-4-42

2-4-43　直槽段土方量如何计算？

答：假设底口与上口的尺寸均相等（实际都是底口小些，上口大些）以长方形面积来计算。

$$长×宽×高＝体积$$

侧槽深为 1.5m，槽宽为 2m（上下口均为 2m 宽来考虑）沟槽长为 200m，其土方量为

$$1.5×2×200＝600m^3$$

2-4-44　梯形开槽断面土方量如何计算？

答：假设下口宽较上口宽为小，其相差较大者，可用梯形面积来计算，即上底加下底乘高之半。

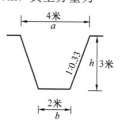

图 2-4-44

以图 2-4-44 为例：面积 $F=\dfrac{a+b}{2}+h$

$$面积=\dfrac{2+4}{2}×3=3×3=9m^2$$

假若长度为 150m 其方量为

$$9×150=1350m^3$$

2-4-45　复式槽、联合槽及图形管体积的土方量如何计算？

答：1）复式槽、联合槽：可分别计算直接和梯形两个面积相加，再乘以长度即为开挖土方量。

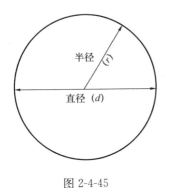

图 2-4-45

2）圆形管体积

$$F = \frac{\pi d^2}{4} = 0.7854 d^2$$

例钢筋混凝土管内径为 1m，其管皮厚度 82mm，外径即为 1164mm。见图 2-4-45。

其断面积为

$$0.7854 \times (1.164)^2 = 1.064 m^2$$

管子断面积乘长度即得体积（m³）

例如为 200m 长

$$200 \times 1.064 = 212.8 m^3$$

如果是还土，用开槽断面的挖方量减去管子和管座的体积就是应还土的数量。

2-4-46　土方工程施工的准备工作，有哪些？

答：1）学习熟悉设计图纸

（1）构筑物埋深：纵断面图上现状地面高程和结构物基础底面高程相减即得埋深，也就是沟槽挖深。

（2）结构物的断面，管径的大小，地沟的断面尺寸，基础种类。

（3）检查开（人孔）的位置。

（4）长度，并段号度。

（5）地形地物，现场环境（平面图）。

2）测量放线（管道）

（1）中心桩：根据设计图纸测放中心线，钉中心桩，应在起点、终点、折点、纵向折点及直线段等都应钉中心桩，桩顶应钉中心钉。

（2）宽度：即开槽的宽度，要根据设计图纸和施工方法确定的开槽断面上口宽度，洒白灰线并标明地下障碍物情况。

（3）坡度板一般用 50mm 厚的木板埋设在沟槽上，用以掌握管道中心线和流水面高程。（如下图 2-4-46）

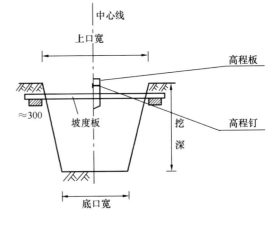

图 2-4-46

① 坡度板的间距

按照操作规程规定，排水工程、热力工程一般每 10m 一道，给水、煤气工程一般每 20m 一道。

另外在折点和建筑物（检查井、人孔）处需要增设。

② 坡度板距槽底深度不应大于 3m。人工挖槽如一层槽在开槽前埋设，多层槽在挖底层槽前埋设，而机械挖槽时应在机械挖槽后人工清槽前埋设。

③ 在坡度板上要注明桩号（井室号）并挂高程牌注明从高程钉至有关部位的尺寸下反数字。

④ 如无条件埋设坡度板时，可以在沟槽两帮对称位置钉高程桩，槽向挂线测量挖深数，高程桩亦应每 10m 设一对，在基槽见底时，于槽底钉设中心桩。

⑤ 每逢大风暴雨下雪后对坡度板应细致检查，若发现有移动现象时，要及时通知测量员校测。

3）土方开挖前对地上、地下障碍物的调查和处理：

在已放施工线的范围内，开挖前必须对地上地下的有关障碍物进行详细的调查，尤其是对地下的电缆（特别是对动力电缆）、上水、下水、暗井、人防、煤气、热力等结构物的具体位置，要与有关单位联系，坑深清楚。做出明显的标志，并对具体操作的同志详细进行交底。绝对不许盲目乱挖。另外对未能预先了解的故障物，在施工时，要随时注意，发现有异常情况、不明结构物或文物等，要及时向施工员汇报，摸清情况，采取相应措施，并请有关人员配合，再继续开挖，尤其对电缆、重要文物，绝对不许任意破坏。

另外，在开槽进行中如发现土质和原设计有较大变化，水位也与原设计资料不符，用原来施工方法可能发生问题时，也要及时向有关施工员汇报，不能擅自盲目施工。

4）土方开挖前必须规划场地布置，主要是堆土场、步道宽度、下管马道位置等等，如果用机械下管保持沟槽一侧有不小于10m宽的通道。人下马道的宽度亦应符合施工设计的规定。

2-4-47　基槽开挖断面由哪些因素来确定？槽底工作宽度为多少？

答：1）挖槽断面由管径、底宽、深度，各层边坡及层间留台宽度等因素来确定。既要保证便于安装施工，又要考虑少占地，少挖土。

2）槽底宽度：管道或者砖沟结构宽度加两侧的工作宽度即为槽底宽度，工作宽度一般如下表2-4-47。

槽底工作宽度　　　　　　　　　　　　　　　　　　表 2-4-47

管径或沟宽（mm）	每侧工作宽度（m）	
	金属管道及结构	非金属管道
200～500	0.3	0.4
600～1000	0.4	0.5
1100～1500	0.6	0.6
1600～2000	0.8	0.8

凡有外防水的砖沟，工作宽度宜取0.8m

管道结构宽度的计算：

无管座者按管身外皮计算，有管座者，按管座外皮计算

如下图2-4-47。

槽底宽度 $C=$ 结构度度 $a+$（$2\times$工作宽度 b）

2-4-48　开槽护坡有哪些规定？

答：管道大开槽施工要把槽帮修成一定的坡度，使其保持稳定，如下图2-4-48及表2-4-48所示：

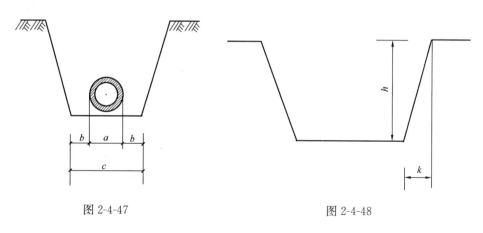

图 2-4-47　　　　　　　　　　　　图 2-4-48

如果挖沟深为 h，边沟坡倾斜的水平距离 k，则槽帮坡度为 h/k

例如槽深3m，倾斜水平距离1m，则此时边坡为3：1或1：0.33

槽帮坡度按照土质和挖槽深度确定，土质越硬，深度越小，则坡度越小。

人工开挖多层槽层间留台宽度。大开槽与直槽之间为 0.8m，直槽与直槽之间为 0.3～0.5m，安装井点时为 1.0m。

大开槽的槽帮坡度　　　　　　　　　　　　　　　　　　　表 2-4-48

土质类别	槽 帮 坡 度	
	槽深 3 米	槽深 3～5 米
砂　土	1：0.75	1：100
亚砂土	1：0.5	1：0.67
亚黏土	1：0.33	1：0.30
黏　土	1：0.25	1：0.33
干黄土	1：0.20	1：0.25

2-4-49　挖土及堆土有哪些规定？

答：1）采用机械挖土时，要详细给司机交底，说明挖深、上口、下口宽度，槽帮坡度和堆土高度及距槽口的距离等都应详细讲清。特别是地下障碍物的位置、深度要明显标示，提请注意，切勿撞碰。

为了确保槽底土壤不被扰动，要保留 20cm 厚原状土用人工配合随时清底。

2）靠近房屋墙壁堆土的高度不得超过墙的 1/3，并不得超过 1.5m，如果墙体结构较差则不许靠近墙堆土，雨季施工更不许靠堆土。在架空输电线下堆土一般应保持不小于 3m 的净距。

3）一般堆土应堆在距槽边 1m 以外，如果计划在槽边运送材料，槽边通道的宽度要根据运输工具确定。

4）堆土不得掩埋消火栓、雨水口、测量标志及使用中的各种管道的检查井和人孔。

2-4-50　怎样做边坡稳定性计算？

答：为了保持土壁的稳定，开挖沟槽或基坑时，必须有一定的边坡。边坡以 1：n 表示，如图 2-4-50（1）所示。

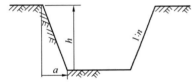

$$n = \frac{a}{h}$$

式中　n——边坡率；

　　　a——槽上口边到槽下口边的距离。

沟槽或基坑边坡过缓，挖方量过大，造成浪费。边坡过陡，造成边坡失稳产生滑动，不仅影响工程进展，甚至会危

图 2-4-50（1）　挖方边坡

及生命安全和工程失事。

1）边坡稳定分析圆弧法

边坡失去稳定时，沿着曲面滑动，如图 2-4-50（2）所示。通常滑动曲面接近圆弧，可采用圆弧计算，称为圆弧法。边坡沿 AB 圆弧滑动，可视为土体△ABC 绕圆心 O 转动。如图 2-4-50（3）所示取长度 1m 进行分析。

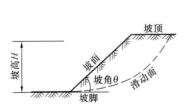

图 2-4-50（2）　边坡各部位名称

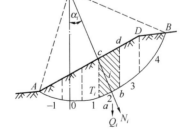

图 2-4-50（3）　边坡稳定分析圆弧法

滑动力矩 M_T，由滑动土体 ABD 产生。

抗滑力矩 M_R，由滑动面 $\overarc{AB}$ 上的摩擦力和内聚力产生。

$$\frac{抗滑力矩}{滑动力矩}=\frac{M_R}{M_T}=K$$

式中　K——边坡稳定安全系数。

根据工程复杂程度等级、土的性质选取 C、φ 值的可靠程度及地区经验等因素，综合考虑，K 取 $1.1\sim1.5$。

工程中通常采用试算法，取一系列圆心 O_1、O_2、O_3…计算出各自的安全系数 K_1、K_2、K_3…取其中最小 K 的圆弧为最危险的圆弧来进行设计。

2）简单边坡稳定计算

土质单一，边坡不变坡，没有地下水的边坡，称简单边坡，如图 2-4-50（4）所示，可简化计算。

无黏性土简单边坡计算：土体自重 W 垂直向下，W 的法向分力为 $N=W\cos\theta$，W 的切向分力为 $T=W\sin\theta$，则

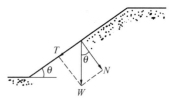

$$\frac{抗滑力}{滑动力}=\frac{W\cos\theta\cdot\mathrm{tg}\varphi}{W\sin\theta}=\frac{\mathrm{tg}\varphi}{\mathrm{tg}\theta}=K$$

图 2-4-50（4）　无黏性土简单边坡

3）黏性土简单边坡计算

黏性土边坡稳定坡角，可以根据计算制成图表。

坡角 θ 为横坐标，

$$N=\frac{c}{\gamma H}$$

以 N 为纵坐标绘制一组线，式中，γ 为土的密度。

如图 2-4-50（5）所示解决两类问题：

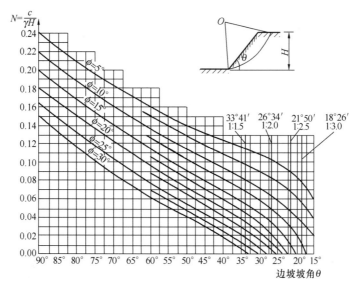

图 2-4-50（5）　黏性土简单土坡计算图

（1）已知 θ、c、γ 求最大边坡高度 H。这时，由 θ 查图 2-4-50（5）得 N，再由 N 计算得 H。

（2）已知 c、γ、H，求稳定边坡坡角 θ。可由 c、γ、H 计算 N，再由 N 查图 2-4-50（5）得 θ。

例：已知某工程基坑开挖深度 $H=5\mathrm{m}$，土的密度 $\gamma=19\mathrm{kN/m^3}$，内摩擦角 $\varphi=15°$，黏聚力 $c=12\mathrm{kN/m^2}$，求稳定坡角。

【解】 由已知条件计算

$$N = \frac{c}{\gamma H} = \frac{12}{19 \times 5} = 0.126$$

查图 2-4-50（5）上 $\phi = 15°$ 的曲线，相应于 $N = 0.126$ 时的坡角 $\theta = 64°$。

2-4-51　什么是土压力？

答：管道工程中当用挡土结构去支承土体时，土体对墙背所产生的侧压力就成为土压力。土压力的大小和分布规律与土的性质、挡土墙的位移、形式、刚度等有关。

按照挡土墙的位移和土体所处的应力状态分，土压力可分为以下 3 种。

1）主动土压力

墙在土体侧向压力的作用下，向前移动，土体达到主动极限平衡状态时，即墙后土体将要发生破裂的瞬间，作用于墙背的土压力称为主动土压力，见图 2-4-51（2）（b），相当于图 2-4-51（1）中 b 点坐标，以符号 E 表示，如重力式挡土墙。

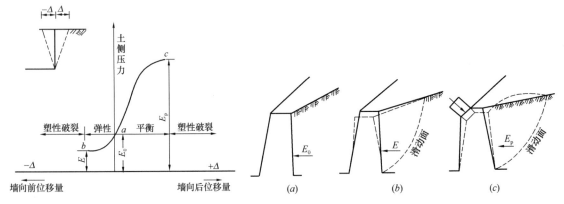

图 2-4-51（1）　挡土墙的位移与土压力关系图
E—主动土压力；E_0—静止土压力；
E_p—被动土压力

图 2-4-51（2）　挡土墙土压力分类图
（a）静止土压力；（b）主动土压力；
（c）被动土压力

2）被动土压力

在拱脚推力的作用下，墙向后移，推动土体，使土体达到被动极限平衡状态时，即墙后土体将要被挤出的瞬间，作用于墙上的压力，称为被动土压力，见图 2-4-51（2）（c），相当于图 2-4-51（1）中 c 点坐标，以符号 E_p 表示，如顶管工作坑后背。

3）静止土压力

当墙体稳而重，在墙体的侧向压力作用下，没有发生位移，土体处于弹性平衡状态时所产生的侧向压力，称为静止土压力，见图 2-4-51（2）（a），相当于图 2-4-51（1）中 a 点坐标，以符号 E_0 表示，如沟槽支撑板。

2-4-52　怎样计算板桩支撑的土压力？

答：当沟槽或基坑开挖时，由于施工场地条件限制，常采用板桩维持槽帮或坑壁的稳定性。这些支护结构物是施工时的临时措施。根据沟槽与基坑的深度与宽度，一般有悬臂式无支撑和有支撑板桩两种类型。

板桩支撑上的土压力计算与前述挡土墙不同，是近似的或经验性的。

1）悬臂式板桩的土压力计算

悬臂式板桩插入槽底，由于不设支撑，板桩的稳定性完全靠槽底以下两边的土压力维持，如图 2-4-52（1）所示。若板桩的入土深度为 t，土的黏聚力 $c = 0$，令 $M_B = 0$，则

$$\frac{1}{3}(h+t) \times \frac{1}{2}\gamma(h+t)^2 k_a - \frac{1}{3}t \times \frac{1}{2}\gamma t^2 \frac{k_p}{k_a} = 0$$

$$(h+t)^3 k_a - \frac{t^3 k_p}{k} = 0$$

图 2-4-52（1）　挡土墙位移
导致的主动土压力

式中　k_a——主动土压力系数，$k_a = \mathrm{tg}^2\left(45° - \frac{\varphi}{2}\right)$；

　　　k_p——被动土压力系数，$k_p = \mathrm{tg}^2\left(45° + \frac{\varphi}{2}\right)$；

　　　k——被动土压力安全系数，通常取 2；

　　　h——槽面至槽底的深度；

　　　t——槽底至板桩入土深度底面的距离；

　　　γ——土在自然状态下单位体积的质量。

由上式求得板桩入土深度 t，再增加 20%，作为实际入土深度，则板桩总长度为

$$L = h + 1.2t$$

若板桩的最大弯矩截面在基坑底深度 t_0 处，该截面的剪应力为 0，即

$$\frac{1}{2}\gamma(h+t_0)^2 k_a = \frac{1}{2}\gamma t_0^2 \frac{k_p}{k}$$

$$t_0 = \frac{1}{\sqrt{\dfrac{k_p}{k_a k}} - 1}$$

式中　t_0——最大弯矩截面离基坑底的深度；

　　　h——基坑深度；

　　k_a、k_p——主动和被动土压力系数；

　　　k——被动土压力安全系数。

2）单支撑板桩土压力计算

当基坑开挖深度较大时，如仍采用悬臂式板桩，则板桩顶将产生很大位移，并使地面产生沉降，此时可在板桩顶部设置支撑或拉锚稳定，如图 2-4-52（2）所示。根据板桩入土深度可分浅埋和深埋两种。这类板桩计算可将其作为两个支点的竖直梁。

（1）浅埋板桩。由于上下两个支撑点允许自由转动，故墙后下端 B 处不产生被动土压力，故该处前后墙土压力分布如图 2-4-52（3）(a) 所示。板桩的稳定安全度可用墙前的被动土压力除以 k 来保证。

（2）深埋板桩。由于该种板桩下端在土中嵌固，如图 2-4-52（3）(b) 所示，所以在嵌固点下还产生被动土压力 E_{p2}。假定 E_{p2} 作用在桩底 B 处，板桩入土深度与悬臂式相同，按计算值增加 10%～20%。

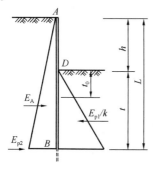

图 2-4-52（2）　悬臂式板桩简化计算

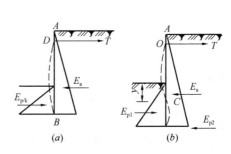

图 2-4-52（3）　单支撑板桩计算图

板桩下端嵌固点位置可得出反弯点 C 深度 y 的近似值，见表 2-4-52（1）。根据平衡条件从而求得板桩入土深度 t_0。

反弯点 y 值与内摩擦角 φ 关系表　　　　　　　　　　表 2-4-52（1）

φ	25°	30°	40°
y	0.25h	0.08h	−0.007h

注　y 与 φ 近似关系。

3）多支点立板撑土压力分布图表

当基坑较深时，需设置多层支撑。这时板桩上的土压力可按表 2-4-52（2）执行。

多支点立板支撑土压力分布　　　　　　　　　　表 2-4-52（2）

土压力分布图（计算简图）	(a)	(b) 0.2H 0.8H	(c) 0.2H 0.6H 0.2H	(d) 0.25H 0.75H	(e) 0.25H 0.5H 0.25H
土　类		松砂土	密砂土	黏　土	黏　土
最大土压力		$0.8\gamma H^2 K_a\cos\delta$	$0.8\gamma H^2 K_a\cos\delta$	$\gamma H^2 - 4mHC_u$	$(0.2\sim0.4)\gamma H^2$
坑底土的自重压力				$\gamma H < 6C_u$ 土的强度已达塑性破坏	$\gamma H < 4C_u$ 土的强度未达塑性破坏
符号说明	板桩支撑 H—基坑深度	γ—土的重度；K_a—库仑主动土压力系数；δ—墙土间摩擦角	r—土的重度；K_a—库仑主动土压力系数；δ—墙土间摩擦角	C_u—黏土不排水抗剪强度（可由试验与计算得出）；m—系数通常取作 1，当坑底有软土时，$m=0.4$	C_u—黏土不排水抗剪强度（可由试验与计算得出）注：当 rH 在 $(4\sim6)C_u$ 之间时，土压力分布可在两者间取

2-4-53　怎样计算沟槽槽壁土压力和木支撑材料规格尺寸？

答：1）土压力计算公式

土压力按库仑公式计算，一般不计土与衬板间的摩擦力。

主动土压力

$$e_a = \gamma h\,\mathrm{tg}^2\left(45° - \frac{\varphi}{2}\right)$$

被动土压力

$$e_r = \gamma h\,\mathrm{tg}^2\left(45° + \frac{\varphi}{2}\right)$$

式中　γ——坑壁土平均天然重度，kN/m^3；

　　　φ——坑壁土平均内摩擦角，（°）；

　　　h——基坑深度，m；

p_a 及 p_p——主动土压力及被动土压力的综合系数。

2）横板尺寸

一般基坑的立木间距 l 多为 1.5m 左右，横撑间距 l_1、l_2 随立木强度及基坑工作条件等决定，一般为 1m 左右。衬板厚度可核算受力最大的最下一块板来决定。

最下一块板上的水平压力图是梯形的，为简化计算，用 $e_a = p_a \cdot h$ 的矩形压力图来代替；板宽为 b。横衬板是受均布荷载 be_a 的连续梁 [见图 2-4-53(b)] 为简化计算与安全计算，按简支梁来求其最大弯矩，即

$$M_{max} = \frac{be_a l^2}{8}$$

所需衬板的截面矩为

$$W = \frac{M_{max}}{f_m}$$

式中　f_m——衬板木料抗弯强度设计值，$\mathrm{N/mm^2}$。

衬板厚度为

$$d = \sqrt{\frac{6W}{b}}$$

3）立木尺寸

立木为承受三角形荷载的连续梁，也按多跨简支梁计，并按控制跨度设计其尺寸，计算时可将各跨间梯形分布荷载简化为均布荷载 q（等于其平均值），然后取其控制跨度求最大弯矩 $\left(M_{max} = \frac{q_2 l_2^2}{8} \right)$，即可决定立木尺寸。

4）横撑计算（验算压杆稳定）

支点反力可按承受相邻两跨度上各半跨的荷载计算，如图 2-4-53（c）中间支点的反力为：

$$R = \frac{q_1 l_1 + q_2 l_2}{2}$$

图 2-4-53（a）中上下两支点的外侧已无支点，故计算的立木两端的悬臂部分的荷载应分别由上下两个支点承受。

横撑木为承受支点反力的中心受压杆件，可按下式计算需用截面积：

$$A_0 = \frac{R}{\varphi f_c}$$

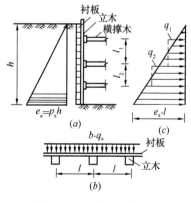

图 2-4-53　槽壁支撑示意

式中　A_0——横撑木的截面积，$\mathrm{mm^2}$；

　　　R——横撑木承受的支点最大反力，N；

　　　f_c——木材顺纹抗压及承压强度设计值，$\mathrm{N/mm^2}$；

　　　φ——横撑木的轴心受压稳定系数。

φ 值应根据不同树种的强度等级按上式计算

树种强度等级为 TC17、TC15 及 TB20：

当 $\lambda \leqslant 75$ 时

$$\varphi = \frac{1}{1 + \left(\frac{\lambda}{80} \right)^2}$$

当 $\lambda > 75$ 时

$$\varphi = \frac{3000}{\lambda^2}$$

树种强度等级为：针叶材 TC11、TC13、TC15，阔叶材 TB11、TB13、TB15、TB17、TB20。

当 $\lambda \leqslant 91$ 时

$$\varphi = \frac{1}{1 + \left(\frac{\lambda}{65}\right)^2}$$

当 $\lambda > 91$ 时

$$\varphi = \frac{2800}{\lambda^2}$$

式中　λ——轴心木的长细比，$\lambda = \frac{l_0}{i}$；

　　　l_0——横撑木的计算长度，mm；

　　　i——横撑截面的回转半径，$i = \sqrt{\frac{I}{A}}$，mm；

　　　I——横撑的毛截面惯性矩，mm^4；

　　　A——横撑的毛截面面积，mm^2。

2-4-54　给水排水工程管道结构设计规范 GB 50332—2002 中地下水的重度为多少？

答：地表水或地下水的重度标准值，可取 $10kN/m^3$ 计算。

压力管道在运行过程中可能出现的真空压力 F_v，其标准值可取 0.05MPa 计算。

2-4-55　管顶竖向土压力标准值如何确定？

答：1）埋地管道的管顶竖向土压力标准值，应根据管道的敷设条件和施工方法分别计算确定。

2）对埋设在地面下的刚性管道，管顶竖向土压力可按下列规定计算：

（1）当设计地面高于原状地面，管顶竖向土压力标准值应按下式计算：

$$F_{sv,k} = C_c \gamma_s H_s B_c$$

式中　$F_{sv,k}$——每延长米管道上管顶的竖向土压力标准值（kN/m）；

　　　C_c——填埋式土压力系数，与 $\frac{H_s}{B_c}$、管底地基土及回填土的力学性能有关，一般可取 $1.20 \sim 1.40$ 计算；

　　　γ_s——回填土的重力密度（kN/m^3）；

　　　H_s——管顶至设计地面的覆土高度（m）；

　　　B_c——管道的外缘宽度（m），当为圆管时，应以管外径 D_1 替代。

（2）对由设计地面开槽施工的管道，管顶竖向土压力标准值可按下式计算：

$$F_{sv,k} = C_d \gamma_s H_s B_c$$

式中　C_d——开槽施工土压力系数，与开槽宽有关，一般可取 1.2 计算。

3）对不开槽、顶进施工的管道，管顶竖向土压力标准值可按下式计算：

$$F_{sv,k} = C_j \gamma_s B_t D_1$$

$$B_t = D_1 \left[1 + \mathrm{tg}\left(45° - \frac{\varphi}{2}\right) \right]$$

$$C_j = \frac{1 - \exp\left(-2K_a \mu \dfrac{H_s}{B_t}\right)}{2K_a \mu}$$

式中　D_1——管外径；

C_j——不开槽施工土压力系数；

B_t——管顶上部土层压力传递至管顶处的影响宽度（m）；

$K_a\mu$——管顶以上原状土的主动土压力系数和内摩擦系数的乘积，对一般土质条件可取 $K_a\mu=0.19$ 计算；

φ——管侧土的内摩擦角，如无试验数据时可取 $\varphi=30°$ 计算。

4）对开槽敷设的埋地柔性管道，管顶的竖向土压力标准值应按下式计算：

$$W_{ck} = \gamma_s H_s D_1$$

2-4-56　作用在地下管道上的侧向土压力，其标准值应按什么公式计算？

答：作用在地下管道上的侧向土压力，其标准值应按下列公式确定：

1）侧向土压力应按主动土压力计算；

2）侧向土压力沿圆形管道管侧的分布可视作均匀分布（见图 2-4-56（a）），其计算值可按管道中心处确定；

3）对埋设在地下水位以上的管道，（见图 2-4-56（b）），其侧向土压力可按下式计算：

$$F_{ep,k}=K_a\gamma_s z$$

式中 $F_{ep,k}$——管侧土压力标准值（kN/m^2）；

K_a——主动土压力系数，应根据土的抗剪强度确定；当缺乏试验数据时，对砂类土或粉土可取 $\frac{1}{3}$；对黏性土可取 $\frac{1}{3}\sim\frac{1}{4}$；

γ_s——管侧土的重力密度（kN/m^3），一般可取 $18kN/m^3$；

Z——自地面至计算截面处的深度（m），对圆形管道可取自地面至管中心处的深度。

4）对于埋置在地下水位以下的管道，管体上的侧向压力应为主动土压力与地下水静水压力之和（见图 2-4-56（c））；此时，侧向土压力可按下式计算：

$$F_{ep,k} = K_a[\gamma_s z_w + \gamma'_s(z - z_w)]$$

式中　γ'_s——地下水位以下管侧土的有效重度（kN/m^3），可按 $10kN/m^3$ 采用；

z_w——自地面至地下水位的距离（m）。

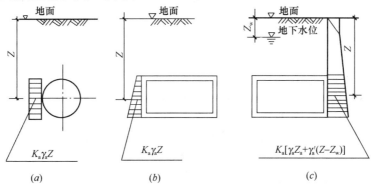

图 2-4-56　作用在管道上的侧向土压力
（a）圆形管道（无地下水）；（b）矩形管道（无地下水）；
（c）管道埋设在地下水位以下

2-4-57　抗浮稳定和管壁的环向稳定性在什么情况下应予以计算？

答：1）对埋设在地表水或地下水以下的管道，应根据设计条件计算管道结构的抗浮稳定。计算时各项作用均应取标准值，并应满足抗浮稳定性抗力系数不低于 1.10。

2）对埋设在地下的柔性管道，应根据各项作用的不利组合，计算管壁截面的环向稳定性。

计算时各项作用均应取标准值，并应满足环向稳定性抗力系数 K_s 不低于 2.0。

3）埋地柔性管道的管壁截面环向稳定性计算，应符合下式要求：

$$F_{cr,k} \geqslant K_s(q_{vk} + F_{vk})$$

$$F_{cr,k} = \frac{2E_p(n^2-1)}{1-\nu_p^2}\left(\frac{t}{D_0}\right)^3 + \frac{E_d}{2(n^2-1)(1+\nu_s^2)}$$

式中　$F_{cr,k}$——管壁截面失稳的临界压力标准值（N/mm²）；

q_{vk}——地面车辆轮压传递到管顶处的竖向压力标准值（N/mm²）；

F_{vk}——管内真空压力标准值（N/mm²）；

ν_p——管材的泊桑比；

ν_s——管侧回填土的泊桑比；

D_0——管道的计算直径（mm），可取管壁中线距离；

n——管壁失稳时的褶皱波数，其取值应使 $F_{cr,k}$ 为最小值，并为等于、大于 2.0 的整数。

4）对非整体连接的管道，在其敷设方向改变处，应作抗滑稳定验算。抗滑稳定应按下列规定验算：

（1）对各项作用均取标准值计算；

（2）对稳定有利的作用，只计入永久作用（包括由永久作用形成的摩阻力）；

（3）对沿滑动方向一侧的土压力可按被动土压力计算；

（4）抗滑验算的稳定性抗力系数不应小于 1.5。

被动土压力标准值可按下式计算：

$$F_{pk} = \gamma_s z \cdot tg^2\left(45° + \frac{\varphi}{2}\right)$$

式中　φ——土的内摩擦角，应根据试验确定，当无试验数据时，可取 30° 计算。

2-4-58　地基钎探作用是什么？

答：地基钎探作用是为了检查地基持力层是否均匀一致，有无局部过硬、过软及空穴之处，并可测算持力层的承载力及作为验槽参考依据。

2-4-59　雨、污水、电力管线的钎探技术要求是什么？

答：雨、污水管线工程一般在检查井位置，方沟及电力管线工程一般在检查井及设有伸缩缝部位，有针对性的对地基进行单点钎探；检查深度一般为 1.5m，如遇特殊情况（截面宽度超过 2m）应另增加钎探点数。

2-4-60　市政工程地基钎探管理暂行规定是怎样的？

答：为进一步加强对市政工程地基与基础的质量监督管理，确保市政工程使用安全，根据国务院《建设工程质量管理条例》以及北京市《关于加强建设工程地基与基础质量验收管理的若干规定》，结合北京市市政工程实际，制定本暂行规定。

1）**第一条**　凡各类市政工程地基开挖后，应由施工单位对未经处理的天然地基进行轻便触探试验。（以下简称钎探）

2）**第二条**　钎探按照《建筑地基基础设计规范》中规定的试验方法、设备和锤击数量进行。

3）**第三条**　钎探应真实、准确地反映地基承载情况以及基础底面以下有无空穴、古墓、古井、防空掩体、地下埋设物及其他变异情况。

4）**第四条**　钎探必须按规定认真做好原始记录及钎探位置示意图，并应由施工单位技术负责人和监理工程师进行签认。

5）**第五条**　道路挡墙的地基钎探应沿挡墙板中心线实施，每 2m 钎探一点，钎探深度一般为 1.5m。

桥梁扩大基础钎探布置应按"梅花状"，间距为 2m 钎探深度一般为 1.5m。

6）**第六条** 当钎探结果表明地基的质量不符合规范或设计要求，或对地基的质量有怀疑时，应进一步进行检测，由勘察、设计单位提出技术处理措施，进行处理。

7）**第七条** 各类市政工程地基经钎探后，应由勘察、设计、施工、监理、建设等单位共同进行验收，并应共同签署验收文件。

8）**第八条** 地基钎探记录及验收文件应列入施工技术资料存档，资料不齐全不得进行工程竣工验收。

9）附件：地基钎探记录表 2-4-60。

地基钎探记录表 表 2-4-60

工程名称：

施工单位：　　　　　　　　　　　工程数量

检验部位：　　　　　　　　　　检查日期：　　　　　　　年　　月　　日

桩号、井号	点号	锤击数					应检点	实检点
		0-30 (cm)	30-60 (cm)	60-90 (cm)	90-120 (cm)	120-150 (cm)		
地基高程								
示意图 （可另附图）								

驻地监理：　　　　　　　　　技术负责人：　　　　　　　　质量检查员：

2-4-61　标准贯入试验要点是什么？

答：标准贯入试验设备主要由标准贯入器、触探杆和穿心锤三部分组成。触探杆一般用直径42mm的钻杆，穿心锤重63.5kg。操作要点如下：

1）先用钻具钻至试验土层标高以上约15cm处，以避免下层土受到扰动。

2）贯入前，应检查触探杆的接头，不得松脱。贯入时，穿心锤落距为76cm，使其自由下落，将贯入器竖直打入土层中15cm。以后每打入土层30cm的锤击数，即为实测锤击数N'。

3）拔出贯入器，取出贯入器中的土样进行鉴别描述。

4）若需继续进行下一深度的贯入试验时，即重复上述操作步骤进行试验。

5）当钻杆长度大于3m时，锤击数应按下式进行钻杆长度修正。

$$N = aN'$$

式中　N——标准贯入试验锤击数；

a——触探杆长度校正系数，可按表2-4-61确定。

触探杆长度校正系数　　　　　　　　　　表2-4-61

触探杆长度（m）	≤3	6	9	12	15	18	21
a	1.00	0.92	0.86	0.81	0.77	0.73	0.70

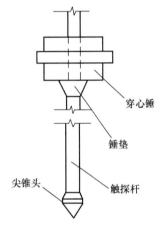

图2-4-62　轻便触探试验设备

2-4-62　在现场如何确定地基承载力？

答：地基承载力的确定：在现场一般采用轻便触探试验确定地基容许承载能力，如图2-4-62所示。

此设备主要由尖锥头、触探杆、穿心锤三部分组成。触探杆系ϕ25mm金属管，每根1~1.5m，穿心锤重10kg。试验时，穿心锤落距为50cm，使其自由下落，将触探杆竖直打入土层中，每打入土层30cm的锤击数为N，根据锤击数N，估计判断地基容许承载力$[R]$值，如表2-4-62所示。

一般黏土容许承载力$[R]$（kPa）　　　表2-4-62

轻便触探锤击数（N）	15	20	25	30
黏性土容许承载力$[R]$	100	140	180	220

2-4-63　什么是土壤化学加固法？

答：化学加固法是利用某些化学溶液注入土壤中，通过化学反应生成胶凝物质或使土颗粒表面活化，在接触处胶结固化，以增强土颗粒间的连接，提高土体的力学强度的方法。给排水管道采用开槽施工遇有软弱、松散土层采取沟槽支护和降水尚不能保证边坡稳定时，可用化学加固法来建立防水帷幕或土体加固，防止滑坡和阻水。当给排水管道采用不开槽施工如盾构、顶管等，在顶进作业时为防止上方土体塌陷也常采用化学注浆加固法，加固管体周围和上层土壤，见图2-4-63（1）、（2）。

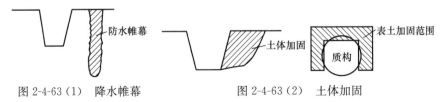

图2-4-63（1）　降水帷幕　　　　图2-4-63（2）　土体加固

目前常选用的化学浆液有以下几种：

1）水泥浆类浆液。用高标号的硅酸盐水泥和速凝剂组成的浆液，应用较广泛。

2）水玻璃类浆液。常用水玻璃和氯化钙溶液配制。

3）木质素类浆液。以纸浆为主的浆液如重铬酸木质素浆加固效果较好，但有毒性，易污染地下水。

4）树脂系浆液。如西烯酰胺类浆液。

浆液的选择取决于土的性质、土颗粒和地下水的矿物成分、土颗粒的粒径及级配、渗透系数等，见表 2-4-63（3）。

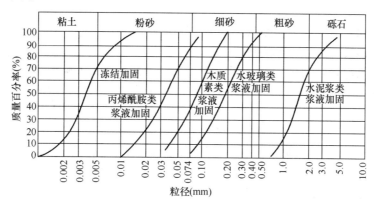

图 2-4-63（3）　各种浆液适用的土粒径范围

加固的施工方法有压力灌注法、旋喷法、旋转搅拌法和电渗硅化法等。

2-4-64　怎样配制化学浆液？

答：1）水泥浆类浆液

水泥浆类浆液有水泥浆、水泥砂浆、水泥沥青浆等。

水泥浆类浆液注入土体后，水泥凝胶存在于砂石颗粒之间，使松散或裂隙土体固结成整体。水泥类浆液可加固裂隙岩石、砾砂、粗砂及一部分中砂。加固的颗粒粒径范围为 10～0.4mm。水泥浆凝固时间较长，当地下水流速超过 100m/d 时，不宜采用纯水泥浆加固。通常用普通硅酸盐水泥。矿渣水泥和火山灰水泥的水化收缩较大，固结效果不好。

水泥浆的水灰比，根据需要加固强度、土颗粒粒径和级配、渗透系数、注入压力、灌注管直径和布置间距等确定，可取 0.5：1～4：1，由现场试验确定。

为了提高水泥浆的凝固速度，改善可注性，提高土体早期强度，可掺入速凝剂、早强剂、加气剂、悬浮剂和填料等附加剂。附加剂的种类和掺量根据土质情况和加固要求确定。

水泥浆类浆液为碱性，不宜用于强酸性土层。

2）水玻璃类浆液

（1）水玻璃溶液。水玻璃又名硅酸钠，无色，稍浊。水玻璃与盐类反应，生成硅酸凝胶，填塞土孔隙，如含硫酸钙的湿陷性黄土。

注浆用水玻璃溶液的浓度用波美度（B_0'）表示，采用的浓度值为 35～45B_0'。波美度按溶液的相对密度换算

$$B_0' = 145 - \frac{145}{G}$$

式中　G——相对密度。

溶液浓度太低，加固强度降低；溶液浓度太高，可注性恶化。

注浆用水玻璃的模数 m 为 2.4～2.8。模数 m 为

$$m = \frac{\text{SiO}_2 \text{ 克分子数}}{\text{Na}_2\text{O 克分子数}}$$

模数愈小，水玻璃中 SiO_2 含量愈少，会导致凝胶体强度愈低，甚至不凝固。模数愈高，硅酸凝胶的强度就愈高，但水玻璃在水溶液中的溶解度会降低。

（2）水玻璃复合液。在水玻璃中掺入胶凝剂，成为水玻璃复合液，可形成胶凝物质，加固土体。胶凝物质种类很多。

① 水玻璃＋氯化钙溶液。不含盐类的砾砂、砂土、粉质黏土等，用水玻璃＋氯化钙双液加固。

② 水玻璃＋铝酸钠溶液。生成硅酸和硅酸铝盐凝胶，用于加固砂土。

③ 水玻璃＋磷酸溶液。加固粉砂土。

④ 水玻璃－水泥浆液。为悬浊液。水玻璃是作为速凝剂掺入水泥浆液的。浆液凝固时间从十几秒至几十分。加固后结合体的抗压强度为 $5\sim20\text{MPa}$。水泥浆和水玻璃的体积比，当水灰比大于 1 时为 $1:0.4\sim1:0.6$，当水灰比小于 1 时为 $1:0.6\sim1:0.8$。水灰比愈小，凝固时间愈短；水玻璃浓度愈低，凝固时间也愈短。在上述体积比范围内，水玻璃用量愈小，凝固时间也愈短。此外，水泥标号愈高，水灰比愈低，水玻璃模数愈高，结合体强度就愈高。

水玻璃复合液的种类还有很多，如水玻璃—二氧化碳，水玻璃—碳酸氢钠—氟硅酸钠，水玻璃—草酸—硫酸钠，根据土质经过试验选用。

3）木质素类浆液

纸浆废液为浓黑的废水，废液中的木质素磺酸盐是阳离子表面活性物质。常用重铬酸钠强氧化剂和纸浆废液反应生成凝胶。浆液的黏度为 $3\times10^{-3}\sim4\times10^{-3}\text{Pa}\cdot\text{s}$，黏度小，可灌性好，加固土粒径范围为 $10\sim0.04\text{mm}$；胶凝时间在几十秒到几十分钟之间；结合体强度可达 1MPa；防渗性好，结合体渗透系数可达 $10^{-6}\sim10^{-7}\text{mm}$。新老胶凝体间胶结较好，原料来源广泛。

纸浆废液的固体物含量小于 35%，黏度小于 $4\times10^{-3}\text{Pa}\cdot\text{s}$ 时，可注性很好，但强度较低。固体物含量增加，强度和黏度都随之增加，纸浆废液固体物含量与波美度之间的关系为

$$G = 1.51B_0' - 0.90$$

式中　G——废液固体物含量，$\%$；

重铬酸钠的用量不同，胶凝时间和强度也不同。因此，可通过调整重铬酸钠的用量来控制胶凝时间和强度，还可掺加铁盐、氯盐、铝盐和铜盐等促凝剂，加速胶凝和提高凝聚胶体强度。其中，氯化铝对强度提高作用最显著，结合体强度可达 $1.5\sim2\text{MPa}$。一般采用价格较低的三氯化铁，加速胶凝，但强度较低。掺加硼砂也可提高结合体强度。

浆液可采用各种配方，根据加固要求而定。其中一种配方为

纸浆废液（固体含量 50%）　　　　　100mL

重铬酸钠　　　　　　　　　　　　　　20g

氯　化　铝　　　　　　　　　　　　　20g

水　　　　　　　　　　　　　　　　　100mL

这种配方浆液加固砂土强度可达 1.9MPa。另外的配方还有

纸浆废渣固体掺量　　　　　　25～35g/100mL

重铬酸钠　　　　　　　　　　8～10g/100mL

氯化铁　　　　　　　　　　　1～3g/100mL

硫酸亚铁　　　　　　　　　　2g/100mL

4）树脂系浆液

树脂系浆液有丙烯酰胺、丙烯酸盐、尿素甲醛、苯胺糖醛、间苯二酚甲醛、三聚氰酰胺甲醛、尿醛、丙凝、丙强、木胺、氰凝等。

（1）丙烯酰胺浆液。20℃时黏度为 $1.2×10^{-3}$Pa·s，可注性好，胶凝时间在几秒至数小时，可准确调整控制。结合体强度为 $0.4～0.6$MPa，但抗渗性很好。缺点是有毒，而且价格贵。

丙烯酰胺复合浆有丙凝、丙强等。丙凝为双液。甲液为丙烯酰胺，乙液为过硫酸铵，为氧化剂，起引发作用。在某些还原剂作用下，能生成游离基，使丙烯酰胺聚合，用量为 $0.1\%～1.0\%$。两种浆液加水使用。溶液浓度常用 10%，20℃温度时黏度为 $1.2×10^{-3}$Pa·s，可加固颗粒粒径大于 0.01mm 的土层。凝胶时间为几秒至几十分钟。丙凝凝胶不溶于水，不易受蚀；抗渗性很好，渗透系数达 $10^{-4}～10^{-5}$mm/s，但强度较低，浆液浓度为 10% 时，结合体的强度为细砂：$0.7～0.86$MPa；中砂：$0.5～0.6$MPa；粗砂：$0.2～0.3$MPa。丙凝可在水中凝结。

丙强由丙烯酰胺、尿素、甲醛等组成，加固颗粒粒径大于 0.06mm 的土层，结合体渗透系数达 $10^{-4}～10^{-5}$mm/s。

丙凝、丙强为中性浆液。

（2）尿素甲醛类浆液。有尿醛树脂浆液和尿素—甲醛浆液。尿醛树脂浆液是尿醛树脂和硫酸、磷酸或铵盐等固化剂组成，可加固颗粒粒径大于 0.06mm 的土层。尿素—甲醛浆液由尿素、甲醛和固化剂组成，加固结合体强度达 2MPa。

尿醛树脂为强酸性，不宜用于强碱性土层。

（3）木胺浆液。由亚硫酸盐纸浆废液、尿素、甲醛和硝酸铵组成。浆液结合体强度达 $2～12$MPa，渗透系数为 $10^{-2}～10^{-4}$mm/s，凝胶时间为十几秒至几十分钟，可控制调整。浆液可注性好，而且不会收缩干裂。

（4）氰凝。以氨基甲酸乙酯为主要成分的氰凝，可加固颗粒粒径大于 0.01mm 的土层，可注性很好，凝胶结合体强度高，但价格贵。

2-4-65　怎样编制注浆作业设计方案？

岩石或岩性土层加固，可在钻孔内压入浆液。在砂砾石层、砂层内，应埋设注浆管。

注浆管如图 2-4-65（1）所示，注浆管内径 D 为 38 或 50mm，管壁开设直径 d 为 15 或 20mm 的注浆孔，呈梅花形布置，管外壁焊钢丝骨架和包扎滤网。

图 2-4-65（1）　注浆管
D—注浆管内径；d—注浆孔直径

1）注浆设计参数

（1）注浆管加固半径。以注浆管为中心的土的有效加固半径大小取决于土种类、土孔隙率、浆液黏度、注浆压力、注浆流量、注浆管直径、胶凝时间等。实际的有效加固半径根据现场试验确定。表 2-4-65（1）所列为有效加固半径的经验数据。

土的有效加固半径表 表 2-4-65（1）

土名称	有效加固半径（m）	土名称	有效加固半径（m）
砾　砂	1.6～3.0	细　砂	0.5～0.7
粗　砂	1.1～1.6	粉砂、淤泥	0.5
中　砂	0.7～1.1		

（2）注浆管布置。注浆管布置的基本形式如图 2-4-65（2）所示。根据注浆管有效加固半径和土层加固面积，确定注浆管在加固土层中的布置形式，如图 2-4-65（3）（a）所示。

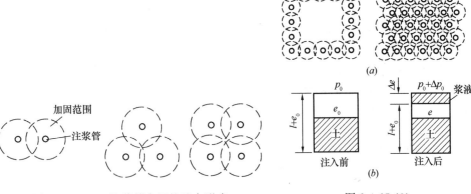

图 2-4-65（2）　注浆管布置的基本形式

图 2-4-65（3）

（a）注浆管在加固土层中的布置形式；

（b）黏性土注入率根据土压缩性确定

（3）注入率。单位面积土的浆液注入量称注入率。

① 黏土的注

黏土的注入率根据土的压缩性确定，如图 2-4-65（3）（b）所示。浆液注入前，土体积为 $1+e_0$，土中应力为 P_0。浆液注入后，由于浆液体积增加，土体积为 $1+e_0+\Delta e$，土中应力为 $P_0+\Delta P$，注入率 g_r 为

$$g_r = \frac{\Delta e}{1+e} \cdot f = \frac{e_0-e}{1+e} \cdot f\ (\text{m}^3\ \text{浆液/m}^3\ \text{土})$$

式中　f——补充系数，取 $1.1\sim1.6$。

根据土的压缩定律

$$\Delta e = e_0 - e = C_0\ (\lg p - \lg p_0)$$

式中　C_0——土的压缩系数。

则

$$g_r = \frac{C_c}{1+e}\lg\frac{p_0+\Delta p}{p_0} \cdot f$$

② 砂土注入率 g_r 可由上式决定

$$g_r = g_v \cdot f\ (\text{m}^3\ \text{浆液/m}^3\ \text{土})$$

式中　g_v——加固土的孔隙体积，m^3；

　　　f——补充系数，取 $0.8\sim1$。

（4）注浆流量。注浆流量与土渗透系数、浆液黏度、注入压力有关。表 2-4-65（2）所列为各种土的常用注浆流量。

土的注浆流量　　　　　　　　　　表 2-4-65（2）

土　名　称	注浆流量（L/min）	土　名　称	注浆流量（L/min）
砾　砂	$50\sim70$	细　砂	10
粗　砂	$30\sim50$	粉砂、淤泥	$5\sim10$
中　砂	$20\sim30$	黄　土	5

（5）注入压力。注入压力与加固半径、土内孔隙大小和孔隙壁粗糙度、浆液种类和浓度、地下水压力等有关。常用的注入压力为1MPa。深层加固，可达到1.4MPa。

注入压力高，则浆液充填饱满，凝胶强度高，抗渗性好。但是，注入压力过高，会使土的孔隙扩展，浆液流失；地表冒浆，地面隆起。

2) 注入方式

注入方式分单泵注入、双泵注入、交替注入、双管同时注入和分层注入等。根据土质和溶液性质而定。单泵注入示意如图2-4-65（4）（a）所示，两种浆液在浆桶混合后，由泵压入土中。这种方法适用于胶凝时间长，甚至是两种浆液在土外不产生胶凝作用的注浆施工。混合浆液的胶凝时间短时，用双泵注入如图2-4-65（4）（b）所示。两种浆液由泵注入混合器混合后进入土内。交替注入方式如图2-4-65（4）（c）所示。两种浆液用单管交替注入土内。这种方法适用于瞬时胶凝的浆液。双管同时注入如图2-4-65（4）（d）所示，也适用于瞬时胶凝的浆液。

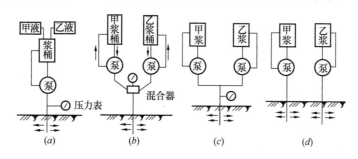

图2-4-65（4）　浆液注入方式

（a）单泵注入；（b）双泵混合注入；（c）交替注入；（d）双管同时注入

3) 注入层次。分层注入是在加固深度大或各层土质不同时，采取分数层注入。每层的注入方式，根据土质和浆液情况，可分别采用单泵注入、双泵注入、交替注入或同时注入。表2-4-65（3）所列为常用的分层厚度。分层注入有两种顺序：自上而下分层注入和自下而上分层注入。当各土层渗透系数大致相同时，自上而下注入的质量较好。当注入时发生地面冒浆现象，应改用自下而上注入。当各层土的渗透系数相差较大时，应先注渗透系数大的土层。

注浆分层厚度　　　　　　　　　　　　　　　　　　　　　　　　2-4-65（3）

土　名　称	分层厚度（m）	土　名　称	分层厚度（m）
砾　砂	1.5～2.0	细　砂	0.8～1.0
粗　砂	1.2～1.5	粉砂、淤泥	1.0
中　砂	0.8～1.2	黄　土	1.0～2.0

2-4-66　怎样配备注浆设备？

1) 浆液搅拌常采用灰浆搅拌器，有周期作用式和连续作用式两种类型。

（1）周期作用式。有外轴式和立轴式灰浆搅拌器，如图2-4-66（1）所示。由搅拌筒、搅拌轴、传动装置、底架等组成。搅拌筒里的混合料受到叶片强力搅拌，搅拌好的灰浆由搅拌筒底部的卸料卸出。

（2）连续作用式。主体部分为一长形圆筒，圆筒中央装有一根水平通轴，轴由电动机通过传动装置驱动圆筒分隔为供料仓、计量仓和搅拌仓。搅拌仓入口有喷管，由水表计量均匀加水。这种灰浆搅拌器可以边进料边出料。生产率高，适于大量供应浆液。

2) 浆液喷射系统。由空气压缩机、输气管、喷射机、输料管、喷嘴组成，并配有喷水系统的供水管路，如图2-4-66（2）所示。

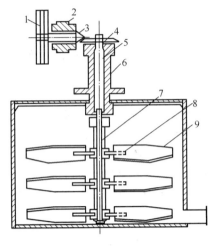

图 2-4-66（1） 浆液搅拌器

1—三角皮带轮；2—轴承；3—轴伞齿轮；

4—伞齿轮；5—主轴；6—轴承；7—主轴

套筒；8—主轴挡圈；9—搅拌叶轮

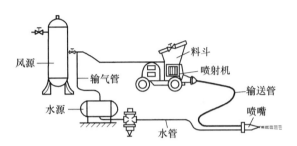

图 2-4-66（2） 喷射机工作示意图

3）钻孔机。钻孔机按成孔方法分为螺旋式、冲抓式、潜水式、振动式四种，前三种属于取土成孔，后一种属于挤土成孔。还有综合上述多种方法的综合钻孔机。

（1）螺旋式钻孔机。利用螺旋钻杆钻孔，螺杆通过上下导架支撑于桩架导杆上，上端有驱动螺杆钻进的动头，下端装带硬合金刀的钻头，作业时钻渣沿螺旋杆导槽自动排出，所钻钻孔规则。钻进速度快，适合黏性土中钻孔。

（2）冲抓式钻孔机。由机架、卷扬机和钻抓工具组成。利用钻具冲击岩石，使之破碎，然后抓出石渣，达到成目的。钻抓工具有螺旋钻、抓锥、冲钻三种，可根据土质拆换使用。

（3）潜水式钻孔机。由潜水电动机、行星齿轮减速器和笼式钻头等组成。电动机通过减速器驱动 5～7 个钻头切削土壤，用时将压力水沿水管从钻头尖部射出，使钻渣成泥浆排出。可在各种土质条件下作业，设备较简单、效率高。

（4）振动式钻孔机。用振动沉拔桩机将底部有单向活门的浆管沉入土中，达设计深度后，边借振动将浆管逐渐拔出，边通过活门注浆。

2-4-67　怎样注浆？

采用压力注浆，往往由于土结构的非均一性和土中渗透途径的非匀布，导致注入浆液在土中也会是非匀布的。浆液首先在渗透性大的孔径内注满，导致浆液在土中分布不均。浆液黏度愈大，这种情况愈显著。

如果在浆液注入的同时搅拌土层，使浆液和土在压力下强制混合，颗粒表面被浆液充分裹覆，浆液填塞加固土的全部孔隙，这样加固的强度、密实度、抗渗性等都会较静态条件下注浆加固要高。这种高压强制注浆称喷射注入加固，其中，比较有效的是旋转喷射桩加固。

旋喷桩施工过程如图 2-4-67 所示。首先用高压水或高压泥浆在地层内喷射成孔，钻孔深度达到设计深度后，关闭喷嘴的竖向喷射的高压水喷射口，开启横向喷射的加固浆液喷射口，高压浆液冲动土层，使浆液与土颗粒混合。随着下层土被加固，提升钻杆，加固上层土。

这种加固方法适用于贯入值为 10m 以下的砂土、贯入值为 5m 以下黏土以及回填土等。

2-4-68　路特固是一种什么土壤固化剂？

答： 某工程在道路路基施工中采用了美国路特固（Roadgood）LPC-600 型新材料进行路基承重结构层施工。使用时与水按 1∶200 比例稀释，经喷洒与土拌和碾压成型，在 24～48 小时内即

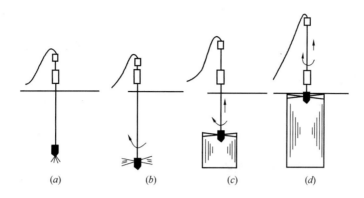

图 2-4-67　旋喷施工过程

(*a*) 水力冲孔；(*b*) 横向喷液；(*c*) 施工过程；(*d*) 旋喷桩成形

需喷洒透油进行封层。封层的目的是为路特固与土壤颗粒间的反应提供合理的保湿环境。一旦封层完毕就特固基层初期反应即已达到一定强度，即可进行加载。此时荷载的外力作用还会加速，路特固整体基层的可靠形成。

路特固是一种棕黑色液本，能够 100％溶于水，并在水中产生强大的离子作用，电化学反应提高了土壤微料之间的吸附力，同时生成一种不易溶解的结晶盐，能发生类似水泥的凝固作用，提高路基的强度和稳定性。在工程中充分利用天然土为主要原料，大大减少弃土、运输、回填等费用，从而降低了工程造价。

2-4-69　某工程水泥土深层搅拌法是怎样的？

答：1) 原理：

这种方法属化学加固处理法，是利用水泥材料作为固化剂，通过强制的搅拌机械在地层深处就地将软土与水泥土强制搅拌，使水泥与软土产生一系列物理、化学反应，使软土凝结成具有整体性，水稳性和一定强度的水泥加固土，从而提高地基的强度。这种方法特别适用于含水量近于饱和的软土地基处理。选择该方法对于 1 号、5 号挡墙的基础进行处理。

2) 施工前的准备工作：

施工前检查深层搅拌机各零部件的连接情况，使其正常运行。

施工时采用的机械是 3 台 GZB 型单头叶片喷将方式的深层搅拌机。

这种施工机械主要由动力部分、搅拌轴、输浆管及搅拌头组成。使水泥浆由中空轴经搅拌头叶片，沿着旋转方向输入土中。在搅拌头上分别设置了搅拌叶片和喷浆叶片。

此外配套的施工机械还有灰浆计量配料机械（由灰浆拌制机、集料斗、灰浆泵组成）及电磁流量计。

对于水泥土的深层搅拌法的固质量的检查目前尚缺少简单可行的办法，因此按着施工要点进行严格操作相当重要了，所以在施工前必须认真向施工人员进行技术交底工作，使其了解施工目的，施工原理，施工质量要求，尤其更应注意设计人员给定的设计参数。

根据设计要求，水泥浆水灰比为 0.5～0.6，并掺加减水剂——木钙。水泥土的掺合比为 15％即

$$\frac{水泥重量}{被加固的软土重量}=15\%$$

水泥采用强度等级为 32.5 的普通硅酸盐水泥。

一次成桩 $\phi500$ 一颗，桩与桩应重叠 10cm 即形如图 2-4-69 (1)，目的是使挡墙混凝土基础下地基形成封闭的整体性

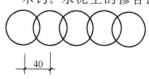

单位：cm

图 2-4-69 (1)　水泥土搅拌
桩布置图

结构。

施工前必须做好测量放线工作，放出处理范围外边线，并且给定桩位，在桩位处钉小木桩做为标识。

3）施工工艺流程：见图 2-4-69（2）

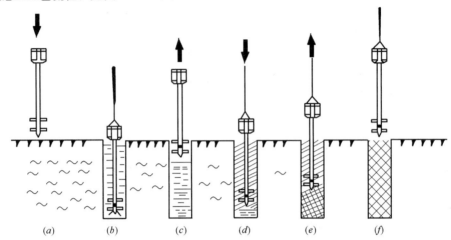

图 2-4-69（2）　水泥土深层搅拌法施工顺序图

（a）机械就位；（b）预搅下沉至设计标高；（c）边提升边搅拌（向孔内输入制备好的水泥浆）；

（d）重复搅拌下沉；（e）重复搅拌上升；（f）施工完毕

（1）首先施工机械就位。塔架悬吊深层搅拌机到达指定桩位，将搅拌头对准桩位中心，施工时注意保证设备呈水平状态。

（2）预搅下沉。启动搅拌机电机，使单头搅拌机沿导架搅拌切土下沉以穿过软土层进入下卧硬层 500mm 为桩端。

（3）制造水泥浆

待深层搅拌机下沉到一定深度后，即按设计确定的灰浆比配制水泥浆待用。

（4）提升喷浆搅拌，当深层搅拌机下沉到设计深度后，开启灰浆泵浆水泥浆压入地基中，边提升边喷浆，应注意严格按设计速度提升搅拌机，这是控制水泥用量的关键。施工至设计桩顶标高时，集料斗中的水泥浆一次用量应正好排空。

（5）为使水泥浆与土搅拌均匀，可第二次将搅拌机边缘转边沉入土中，至设计深度后再提升。

（6）施工完毕后，移位至下一根桩施工，见图 2-4-69（2）。

4）在施工时为确保质量采两下述措施

（1）材料方面，严格控制水泥浆在 0.5 与 0.6 之间，水泥浆不得离析，预先筛除水泥中的结块，在灰浆拌制中不断搅动。

（2）施工机械方面，保持机身水平垂直度应控制在 1% 以内，对测定好的桩位进行测量复核。

（3）预搅时，将软土完全切碎，以同水泥浆充分均匀搅拌。

2-4-70　强夯法的施工工艺和注意事项有哪些？

答：强夯法以其适应性广、效果好、造价低、工期短等特点，是我国地基处理的一项重要技术。它一般是通过 10～40t 的重锤，采用 10～20m 的落距夯击地基，对地基土施加强大的冲击能，形成冲击波和动应力，而达到提高强度、降低压缩性、改善砂土的抗液化条件、消除湿陷性黄土的湿陷性的目的。对于饱和黏性土地基，利用夯击能将碎石、矿渣等材料强力挤入地基，在地基中形成碎石墩，并与墩间土形成碎石复合地基，从而达到提高地基承载力和减小沉降的目的。

1) 施工工艺：开始强夯施工前，应根据初步确定的参数，在现场选择有代表性的地方试夯，检验强夯效果，确定工程采用的各项强夯参数。认真查明强夯范围内地下构筑物和各种地下管线的位置，尽量避开在其上施工，必要时应采取相应措施。

预估强夯后可能产生的平均地面变形，以此确定地面高程，然后用推土机平整场地。

用撒灰线或打小木桩的方法放线定位，并测量地面高程。

夯机就位，测量夯前锤顶高度，做好现场记录；按设计规定进行夯击，完成第一遍后，用推土机将场地推平，然后测量整平后的地面高程。按规定的间歇时间，完成全部夯击遍数，最后用低能量的满夯或用光轮压路机夯实或压实场地表层松土，测量夯后高程。

2) 注意事项

① 强夯施工应设专职质量检验员，夯前事先对夯锤的质量尺寸、吊机的机械性能和起吊高度等进行严格检查，认真记录。

② 夯锤必须设直径20～35cm的排气孔，避免产生气垫效应和真空效应。

③ 严格按照施工设计图的次序进行强夯，不得漏夯；吊机就位应按次序，并有利于多台吊机同时施工。开夯后检测起吊高度，做好记录。

④ 夯锤须平稳自由下落。若倾斜下落或地面倾斜，能量损耗大，且夯击中心改变，影响工程质量。

⑤ 做好现场记录，对每一遍夯击的沉降量进行详细记录。

⑥ 施工时应控制最后两遍的平均下沉量。第1、2遍不大于8cm，第3、4、5遍不大于5cm。如最后两遍的平均下沉数超过上述规定值，应再增加夯击遍数使其达到设计标准。

⑦ 满夯时能量不宜过大，夯迹必须彼此搭接，不留空当，否则局部地段得不到加固，出现死角。

⑧ 注意安全。为防止夯击施工中飞石伤人，吊车驾驶室应加设防护罩；起锤后其他人员应在10m以外并戴好安全帽，严禁在吊臂前站立。

2-4-71　强夯加固地基有何规定？

答： 1) 强夯适用于加固碎石、砂类土、低饱和度的粉质土与黏质土、湿陷性黄土、素填土和杂填土等地基，且应在远离市区和人口稠密区使用。

2) 施工前，应在施工现场有代表性的场地选取一个或多个试验区，进行强夯试夯或试验性施工，确定工程采用的各项参数。

3) 强夯施工前，必须详细了解周围地上、地下环境状况。对邻近管道等建（构）筑物或设备等产生有害影响时，应采取隔振或防振措施，设置监测点；施工范围内妨碍施工的建（构）筑物应及时移出。

4) 强夯法有效加固深度应根据现场试夯或当地试验确定。缺资料时可按表2-4-71预估。

强夯法有效加固深度　　　　　　　　　　　　　表 2-4-71

单击夯击能（kN·m）	碎石土、砂类土等粗颗粒土（m）	粉质土、黏质土、湿陷性黄土等细颗粒土（m）
1000	5.0～6.0	4.0～5.0
2000	6.0～7.0	5.0～6.0
3000	7.0～8.0	6.0～7.0
4000	8.0～9.0	7.0～8.0
5000	9.0～9.5	8.0～8.5
6000	9.5～10.0	8.5～9.0
8000	10.0～10.5	9.0～9.5

5）夯击点位置可根据基底平面形状，采用等边三角形、等腰三角形或正方形布置。第一遍夯击点间距可取夯锤直径的 2.5～3.5 倍，第二遍夯击点位于第一遍夯击点之间。以后各遍夯击点间距可适当减小。对处理深度较深或单击夯击能较大的工程，第一遍夯击点间距宜适当增大。

6）夯击遍数应根据地基土的性质确定，可采用点夯 2～3 遍，对于渗透性较差的细颗粒土，必要时夯击遍数可适当增加。最后再以低能量满夯 2 遍，满夯可采用轻锤或低落距多次夯击，锤印搭接。

7）强夯加固范围应大于结构基础尺寸，每边超出基础外缘宽度宜为设计加固深度的 1/2～2/3，且不宜小于 3m。

8）强夯夯锤质量可取 10～40t。其底面宜采用圆形或多边形，锤底面积宜按土质确定，锤底静接地压力值可取 25～40kPa，土质为细颗粒土时，宜取较小值。锤的底面宜对称设置若干个与其顶面贯通的排气孔，孔径可取 250～300mm。

9）施工机械宜采用带有自动脱钩装置的履带式起重机或其他专用设备。采用履带式起重机时，可在臂杆端部设置辅助门架或采取其他安全措施，防止落锤时机架倾覆。

10）夯击施工应遵守下列规定：

（1）施工前应清理、平整场地，测量场地高程，并分别标出每遍夯点位置。

（2）按设计和施工设计要求进行夯击。

（3）施工中，应测量夯前及夯后锤顶高程。

（4）换夯点应在完成前一遍全部夯点的夯击后进行。

（5）施工中出现因基底倾斜造成夯锤歪斜时，应及时将基底整平。

（6）在规定时间内完成全部夯击遍数后，应用低能量满夯，将地表层松土夯实。

（7）测量夯后场地高程，经验收确认合格。

11）施工中应设专人进行下列监测工作：

（1）开夯前，应检查夯锤质量和落距，确保夯击能量符合设计要求。

（2）每遍夯击前应对夯点放线进行复核，且夯完后应检查夯坑位置，发现偏差或漏夯应及时纠正。

（3）按设计要求检查每个夯点的夯击次数和每击的夯沉量。

12）施工过程中应对各项参数及情况进行详细记录。

13）施工过程中应随时检查各项测试数据和施工记录，发现不符合设计要求时，应及时补夯或采取其他有效措施。

14）强夯加固后的地基承载力检验，应间隔一定时间后方可进行。碎石土和砂类土地基的间隔时间可取 7～14d；粉质土和黏质土地基可取 14～28d。

15）强夯加固后的承载力检验应同时采用原位测试和室内土工试验两种方法；每个建筑地基的荷载试验检验点不应少于 3 个。

2-4-72　土方工程一般规定有哪些？

答：1）土方施工前应熟悉设计文件，掌握拟施工结构的地基挖填范围、高程。

2）土方工程施工时，应依据施工组织设计（施工方案），确定土方开挖或填筑方法，技术安全措施，土方平衡、施工机具、暂存土方场地和弃土场，土方施工调配。

3）当有以下情况时，应编制专项施工方案，并经专家论证后方能施工：

（1）沟槽基坑深度大于 5m 时；

（2）需要支护的各种竖井、沟槽；

（3）需要爆破的土方。

4）施工前应测量放线，设置土方施工范围的位置、高程控制桩。施工中应对其加以保护和监测，确认合格。

5）冬、雨期施工应制定雨水排除，防止雨水浸泡坑（槽）、防止基底受冻等季节性施工措施。

6）土方施工前必须查明地下建筑物及各种地下管线的埋设情况，必要时应先进行探坑。

2-4-73　土方开挖应遵守哪些规定？

答：1）挖土方式应根据工程地质、挖掘深度与宽度、坑槽坡度、挖方数量、工期、土方平衡、机械供应与现场环境情况等确定，并遵守下列规定：

（1）开挖场地、路堑等时，挖掘机械机座面以上厚层土方可选择正铲挖掘机。

（2）开挖基坑、沟槽、路堑等时，挖掘机械机座面以下土方可选择反铲挖掘机。

（3）开挖河、湖等坡度较陡的基坑可选择拉铲挖掘机。

（4）开挖竖井、沉井等狭窄而深的直壁基坑可选择抓铲挖掘机。

（5）推土深度在 2m 以内的路堑、场地、沟槽等可选择推土机。

（6）在施工区域内挖方能利用，且铲运距离又合理，可选择铲运机。

（7）厚度 500mm 以内少量土方和隧道、顶管、箱涵等作业空间较小的暗挖土方与机械挖掘困难的土方可选择人工开挖。

2）现场挖土应根据土方平衡方案，将挖出的土方直接运调至填方处，或将工程需用的填方暂存备用。

3）地表有水时，施工前应先行排水，疏干地面。地层中有水时，应采取排降水措施，将水疏干至基槽底 500mm（含）以下。

4）基坑、沟槽底部尺寸应根据结构的基础尺寸及预留的工作宽度，排水设施作业宽度在施工方案中确定。并应满足以下规定：

（1）挖方、不填不挖路基，每侧应宽出路床 200mm 以上；

（2）管道结构工作宽度包括管道结构宽度及两侧的工作宽度。每侧工作宽度可参照表 2-4-73（1）选用。

<table>
<tr><td colspan="3" style="text-align:left">管道结构每侧工作宽度</td><td style="text-align:right">表 2-4-73（1）</td></tr>
<tr><td rowspan="2">管道结构宽度（mm）</td><td colspan="2">每侧工作宽度（m）</td></tr>
<tr><td>金属管道及砖沟</td><td>非金属管道</td></tr>
<tr><td>200～500</td><td>0.3</td><td>0.4</td></tr>
<tr><td>600～1000</td><td>0.4</td><td>0.5</td></tr>
<tr><td>1100～1500</td><td>0.6</td><td>0.6</td></tr>
<tr><td>1600～2000</td><td>0.8</td><td>0.8</td></tr>
<tr><td>＞2000</td><td>1.0</td><td>1.0</td></tr>
</table>

注：1. 有外防水的砖沟，每侧工作宽度宜取 0.8m；

2. 管侧填土采用机械夯实时，每侧工作宽度应能满足机械操作的需要；

3. 现浇混凝土管渠每侧工作宽度在施工方案中确定；

4. 关于管道结构宽度的计算，无管座者按管身外径计算，有管座者按管座宽计算，砖沟按墙外侧间距计算。

（3）扩大基础的基坑，应根据排水设计和模板所需的尺寸而定。基底应比设计基础平面尺寸各边加宽 0.5～1.0m。

（4）厂站、构筑物基坑底部的开挖宽度，除基础底部宽度外，应根据施工需要增加工作面、排水设施和支撑结构的宽度。

5）土方开挖应从上至下分层开挖，严禁掏洞取土。机械挖掘的层厚应依挖掘机械的性能确定。开挖顺序和开挖方式应视工程性质确定。

（1）土方路堑开挖根据路堑整个横断面的宽度和深度有以下开挖方式：

① 单层横向全宽挖掘法；

② 双层二次横向全宽挖掘法；

③ 纵向通道挖掘法；

④ 混合挖掘法。

（2）重力流管沟开挖方向宜从下游向上游按检查井分段开挖。

（3）基坑、沟槽、竖井采取支护措施时，挖土与支护应协调配合。

6）基坑、沟槽等开挖应根据工程地质、水文地质、开挖深度与现场环境条件采取直槽或放坡、支护等形式。

7）在天然湿度土质的地区开挖土方时，可开直槽，并应符合下列规定：

（1）地下水位必须低于槽底。

（2）槽深不得超过下列规定：砂类土和砾类土   1.0m

粉质土   1.25m

黏质土   1.50m

（3）直槽应设 1：0.1 的坡度，禁止倒坡。

8）基坑、沟槽放坡开挖，应遵守下列规定：

（1）挖土断面应按基坑或沟槽的底宽、挖深、层高、各层边坡、层间平台宽度和相邻建（构）筑物的关系与结构施工方法等因素确定。

（2）对土质良好、均匀，地下水位低于坑、槽底的基坑、沟槽，开挖深度在 5m 内的边坡，最陡坡度应符合表 2-4-73（2）的规定；基坑深度超过 5m 时，坑壁坡度宜适当放缓或加设平台。

深度在 5m 以内的边坡最陡坡度　　　　　　　表 2-4-73（2）

土的类别	边坡坡度（高：宽）	
	高度<3m	高度 3～5m
砂类土	1：0.75	1：1.00
黏质土	1：0.25	1：0.33
干黄土	1：0.20	1：0.25

（3）人工开挖且将土倒至坑、槽外时，每层挖深不宜大于 2m。层间应设平台，未设支撑的槽与直槽间平台宽不得小于 0.8m；平台上安装井点时，不得小于 1.5m；其他情况平台宽度不得小于 0.5m。

9）机械挖土时，在距直埋电缆 2m 范围内和距各类管道（沟）1m 范围内应由人工开挖，不得采用机械开挖。

10）挖土时，不得扰动槽底土壤结构。机械开挖时，应在槽底设计高程上预留约 20cm 土层，由人工清挖，避免超挖。

11）在耕地中开槽时，应将表层的耕植土单独堆存，供回填表层用。

12）路堑开挖时，路堑边坡应符合设计要求，边坡修整应与土方开挖配合进行。

13）隧道暗挖土方开挖应符合围岩支护设计要求的程序、方法，并应遵守现行《城市快速轨道交通工程施工技术规程》Q/BMG 109 的有关规定。

14）遇岩层需爆破时，城镇、人员密集地区宜采用静态爆破；需采用动态爆破时，应遵守现行《爆破安全规程》GB 6722 的有关规定。

15）基坑、沟槽外堆土应遵守下列规定：

（1）堆土的方式、土方量、高度应根据结构的施工要求、土方平衡及附近建（构）筑物情况确定。

（2）堆土距坑、槽边不得小于 1.0m。距离大于 1m 时，堆土高度不得大于 1.5m，并保持边坡稳定。

（3）靠房屋、围墙等建（构）筑物近旁不宜堆土。

（4）严禁掩埋消火栓、管道检查井、测量标志等。

（5）堆土应与电气设施保持安全距离。

16）基坑、沟槽土方开挖完成后应检查开挖断面、边坡和底部高程，确认符合施工设计和基础结构施工要求。地基揭露后应及时验槽。

17）冬期施工应遵守下列规定：

（1）冬期开挖土方必须防止土基受冻，一般可据环境温度情况，在基底上预留 30cm 厚度的松土或覆盖阻燃性保温材料。

（2）开挖中，应对暴露的管道等建（构）筑物基础采取保温防冻措施。

（3）严冬开挖，可采用豁路机将表层豁开。

18）雨期施工应遵守下列规定：

（1）开挖面不宜过大，应逐段、逐片分期快速完成。

（2）放坡开挖时，施工中应注意保持边坡稳定。必要时，可采取放缓边坡坡度、设置坡面保护层或支护等措施，并保护坡面免受冲刷。

（3）基坑、沟槽外宜设防水埝。基坑、沟槽内宜设明排井、排水沟，并备水泵。

2-4-74　土方运输应符合哪些规定？

答：1）施工前，应根据工程需要、运输车辆、交通量和现场状况，选择运距短、弯道少、无急转弯、视线良好的运输路线。

2）土方运输道路沿线的桥涵、便桥、地下管道等建（构）筑物应有足够的承载力，能满足运输要求；穿越桥涵和架空线路的净空应满足安全要求。

3）土方的地面运输应根据运距、设备供应情况等，经技术经济比较选择适宜的运输车辆（机械）。

4）土方竖向运输可选择起重机、提升设备。

5）挖掘机挖土装车时，运土车辆的载量、数量应与挖掘机的斗容量相匹配。

6）现场外弃土量应经土方平衡确定。多余土方应一次外弃，避免多次运输造成浪费。

7）车辆运输土方时，宜采用厢式车辆。采用敞口式车辆时，应覆盖，不得遗撒。

8）车辆运输土方道路应尽量利用现场既有道路。需修筑临时道路时，应遵守下列规定：

（1）道路应平坦、坚实，能满足运输要求。

（2）道路宽度应据车辆类别和环境状况确定，机动翻斗车不得小于 2.5m，汽车不得小于 3.5m，道路的适当地点应设会车段，其宽度宜加倍。

（3）道路结构应据土质、工程量、车载量、工期、施工季节等确定。工期较长、工程量较大、车载重时，道路应硬化处理。

（4）道路穿越电力架空线路，其净空应满足安全要求。

9）推土机等的行驶道路，宽度应为机宽加 2m，坡度不宜陡于 15°。

10）弃土场应符合下列规定：

（1）弃土场应避开建（构）筑物、围墙和电力架空线路等。

（2）选择弃土场应征得场地管理单位的同意。

（3）弃土不得妨碍各类地下管线等建（构）筑物的正常使用和维护，不得掩埋、妨碍及损坏各类检查井（室）、消火栓等设施。

（4）弃土场应采取防扬尘措施。

（5）堆土应及时整平。

2-4-75　土方填筑应符合哪些规定？

答：1）基坑、沟槽土方回填前，应排除地基表面积水，疏干基槽；将填筑范围内的杂物清除干净，经监理工程师验收合格。路堤、构筑物地基填筑前，除遵守上述规定外，尚应将腐殖土、淤泥、树根、植被清除。

2）现浇混凝土和砌体墙、墩、台、检查井等结构，需在混凝土或水泥砂浆强度尚未达到设计强度前回填时，应与设计单位、监理工程师研究确定回填土时结构应具有的强度及其相应的允许填土高度和在不同填土高度下应具有的强度。

3）基坑、沟槽回填土前，应具备下列条件：

（1）现浇混凝土基础的强度与砌体基础的水泥砂浆强度，木、铁夯夯实时，不得小于1.2MPa；动力夯实机夯实时，不得小于2.0MPa；静力压路机压实时，不得小于2.5MPa。

（2）混凝土管座强度、抹带接口强度和装配式管道的接缝水泥砂浆强度，当木、铁夯夯实时，不得小于2.0MPa；动力夯实机夯实时，不得小于3MPa；静力压路机压实时，不得小于5MPa。

（3）砌体、装配式混凝土矩形管渠，应在盖板安装后，且板缝、抹角水泥砂浆强度达5MPa。

（4）现浇混凝土和砌体墙身、墩台身、检查井等结构，回填土时应达到设计要求的强度。

（5）需满水试验的水池，应经满水试验合格，且水池防水层、防腐层施做完成，验收合格。

（6）压力管道水压试验前，除接口外，管道两侧及管顶以上回填高度不应小于0.5m；水压试验合格后，应及时回填沟槽的其余部分；无压管道在闭水或闭气试验合格后应及时回填。

（7）回填部分的结构或阶段工程验收合格。

4）填筑材料应符合设计要求。填土时，管道槽底至管顶上方500mm范围内的土不得含有机物、冻土与大于50mm的砖、石等硬料，胸腔外的填土颗粒不得大于100mm。塑料管、防水与防腐层、直埋电缆周围应用细粒土回填。填土的含水量应接近最佳含水量。腐殖土、垃圾、房渣土等不得作填土。填筑其他材料时，应制定专项技术措施。

5）土方填筑前，应对采用的土壤进行土工试验，确定土壤的最佳含水量、最大干密度，作为填土中控制压实度的依据。路基、结构地基以外的一般填土缺乏实验数据时，可参考表2-4-75（1）的规定。

各种土的最佳含水量和最大干密度　　　　　　　表 2-4-75（1）

土的种类	最佳含水量（%）	最大干密度（kg/cm³）
砂类土	8～12	1.80～1.88
粉质土	16～22	1.61～1.80
黏质土	19～23	1.58～1.70

6）大面积回填土时，土方供应可由自卸汽车等运入场地；坑、槽回填土，可由推土机或装载机供土。

7）基面较宽时，摊铺土方可采用推土机、平地机摊铺；坑、槽回填土可视填土宽度情况采用人工或推土机摊铺。

8）填土应分层摊铺，每层摊铺厚度应根据土质、压实度要求、使用机具性能确定。填土每层虚铺厚度可按表2-4-75（2）选用。新型压实机具的虚铺厚度应经试验确定。

<table>
<tr><th colspan="4" style="text-align:center">填土每层虚铺厚度</th><th style="text-align:right">表 2-4-75（2）</th></tr>
<tr><th>压实工具</th><th>虚铺厚度（cm）</th><th>压实工具</th><th colspan="2">虚铺厚度（cm）</th></tr>
<tr><td>羊足碾（6～8t）</td><td>≤50</td><td rowspan="2">动力夯实机</td><td colspan="2" rowspan="2">15～20</td></tr>
<tr><td>振动压路机（10～12t）</td><td>≤40</td></tr>
<tr><td>压路机（8～12t）</td><td>20～30</td><td>木夯、铁夯</td><td colspan="2">≤15</td></tr>
</table>

9）基面较宽时，压实土方可采用压路机压实；压路机碾压困难的地方或基面较窄时可采用动力夯实机或铁、木夯夯实。

10）采用振动压路机压实土方时，应先调查、分析地下管道等构筑物的结构情况，确认结构安全后方可进行压实。

11）分段填筑时，两个回填段的搭接处，不得形成陡坎，应留成阶梯状，阶梯长度应大于高度的 2 倍。

12）土方压实时的含水量宜控制在最佳含水量±2％范围。

13）压实时，夯、轮迹应相互搭接，不得漏夯、漏压，并设专人检查。木夯、动力夯实机应夯夯相连；用压路机时，重叠宽度不得小于 200mm，其行驶速度不得超过 30m/min。

14）填土压实度应逐层检验，逐层验收。每层检验合格后方可进行上层填筑。

15）需要拆除支撑的沟槽、基坑回填应遵守以下规定：

（1）回填土的填筑高度应与支撑的拆除配合进行，回填与拆除在施工方案中通过计算确定。

（2）对于设置明排并排水沟的沟槽，应从两座相邻排水井的分水线向两端延伸回填、延伸拆除支撑。

（3）对于多层支撑沟槽，应待下层回填完成后再拆除其上层槽的支撑。

（4）对单层密排撑板支撑时，应先回填至下层横撑底面，再拆除下层横撑，待回填至半槽以上，再拆除上层横撑。当一次拆除有危险时，宜采取替换拆撑法回填配合作业。

（5）钢板桩应在回填达到土体稳定高度后，方可拔除；拔除后桩孔采用灌砂回填，有特殊要求时，宜采取注浆措施。

（6）柔性管道内的竖向支撑应在回填土达到设计要求后拆除。

16）当采用重型压实机械压实，或有较重车辆在回填土上行驶时，管道顶部以上必须有一定厚度的压实回填土，其最小厚度应按压实机械的规格和管道的设计承载力，通过计算确定。

17）在原有地下管道等构筑物下方或附近回填土时，应与有关管理单位联系，确定安全、可靠的夯实方法或采取安全的加固措施。

18）基坑、沟槽回填土应遵守下列规定：

（1）填土应保证地下建（构）筑物结构安全和其外部防水层、防腐绝缘层及保护层不受破坏。应回填细粒土，土中不得含有碎石、碎砖及大于 100mm 的硬块。

（2）地下建（构）筑物的现浇混凝土基础强度及预制件装配接缝的水泥砂浆强度达 5MPa 后，方可回填；砌体结构应在砌体砂浆强度达 5MPa 后，且预制盖板安装后进行回填；现浇钢筋混凝土的墙体结构，其胸腔回填土应按设计文件执行，设计无规定时宜在混凝土强度达到设计强度 90％后进行，顶板以上的回填土应在混凝土达到设计强度后进行。

（3）沟槽两侧应同时回填，两侧高差不得超过 300mm。

（4）井室等附属结构四周的回填土应同时进行，防止井室侧壁位移。

（5）沟槽中有两排以上管道的基础面在同一高程上时，管道间和管道与槽壁之间的回填应对称进行；有双排或多排管道，且基础底面的高程不等时，应先回填基础较低的沟槽，待回填并压实到上排管道基础底面后再与基础较高的沟槽同时回填。

（6）管顶以上 250mm 范围内，宜用小型夯具夯实。管顶以上 500mm 范围内不得使用压路机。

（7）直径大于或等于 1000mm 的钢管、球墨铸铁管，回填施工中应经计算确定在管内设竖向支撑。

（8）严禁掏洞取土回填。

（9）在道路用地范围外的沟槽回填土的部位划分和压实度要求应符合图 2-4-75 要求。

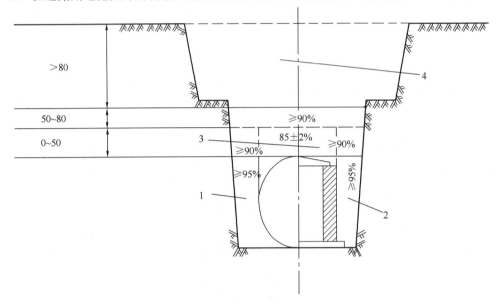

图 2-4-75　沟槽回填部位的划分和压实度

1—圆形管道两侧；2—矩形、拱形管渠两侧；3—管顶以上的部位；4—其余部位

注：1. 图中压实度为标准（轻型）击实。2. 尺寸单位为 cm。

19）土方工程回填土压实度应遵守下列规定：

（1）道路工程回填土压实度应符合设计要求和《道路工程施工技术规程》Q/BMG 105 的有关规定。

（2）管道工程回填土压实度应符合设计要求和《给水排水管道工程施工及验收规范》GB 50268—2008 的有关规定。

（3）其他工程回填土压实度应符合设计要求。

（4）管道处于道路范围内，其回填土除符合本条第 1、2 款有关规定外，尚应符合下列要求：

① 当管道结构顶面至路床的覆土厚度≤500mm 时，应对管道进行加固。

② 当管道结构顶面至路床的覆土厚度在 500～800mm 范围时，路基压实过程中应对管道结构采取保护或加固措施。

③ 管顶 800mm 以上范围填土的压实度应遵守路基填土压实度的有关规定。

20）在农田中回填基础、沟槽时，应把挖土时留存的耕植土填在表层。

21）在松软地基和软土等特殊地基上填土时，应按设计规定处理地基，并经设计、监理工程师验收合格后，方可进行填筑。

22）路基与结构地基填筑边坡应符合设计要求。路基填土压实度应遵守《道路工程施工技术规程》Q/BMG 105 的有关规定。结构地基填土压实度应符合设计要求。

23）土方填筑中发生翻浆时可按下列方法处理：

（1）将含水量大的土壤晾晒；

（2）换土；

（3）用石灰掺拌含水量大的土壤；

（4）换填砂石等透水性材料。

24）冬期施工应遵守下列规定：

（1）填方前应清除基底冰雪，基底冻结时，应将冻土挖除。

（2）管道等建（构）筑物周围及其顶部以上 500mm 范围内不得回填冻土。其他部位冻土的含量不得超过 15％，冻块尺寸不得大于 100mm，且不得集中铺填。

25）雨期施工应遵守下列规定：

（1）雨期工作面不宜过大，应逐段、逐片分期快速回填、压实。

（2）基坑、沟槽周围应设防水垴，防止地面水、雨水流人槽内。基坑、沟槽内应设排水沟、集水井，并备水泵，满足排水要求。

（3）回填前，应对土源采取覆盖等防雨措施，控制含水量，防止翻浆。

（4）雨后应测定土壤含水量，对过湿土壤应采取晾晒或掺石灰等措施后方可使用。

2-4-76 某管道土方工程施工方案是怎样抓两头的？

答：1）土方开挖前、协同甲方、召开由电力、电信、煤气、热力、上水、市政管道部门参加的配合会，由有关单位现场指定地下管线位置，采用物探及坑探相结合的方法，预先探明具体位置，做好明显标志，并与管理单位共同确定保护措施，施工期间，与有关管理单位密切配合，对施工人员做好详细交底后，方可机械开挖施工，现场寄存土方用于沟槽回填，（含超量有机物的腐渣土运弃）。基底上顶留 20cm 人工清底。随开挖进度，准备好砂石材料，必要时用于地基换填处理，沟槽边坡不得小于 1∶0.5。

2）土方回填：在沟槽内结构隐蔽验收后进行回填施工，还土前试验人员及时取土样试验，测出含水量及最大密实度，若含水量过大需晒干或掺加石灰回填（需洽商），严格控制还土质量，试验人员根据情况适当增加试点，以确保还土质量。胸控及管（方沟）顶 50cm 范围内采用细土回填，用木夯或蛙式打夯机分层夯实，井室沟槽两侧应用同时回填，两侧高差不得超过 30cm，管（方沟）顶 1.5m 以上，采用 12～15t 压路机压实，每层回填均应留出大于 50cm 宽踏步茬，回填土密实度按筑路标准控制，井室范围 1m 内采用 12％灰土，回填至土路基，以预防井周围下沉的质量通病。

2-4-77 为解决检查井周边沉降问题，采取什么施工措施？

答：1）在施工前，施工技术人员向施工操作人员进行书面详细的技术交底。

2）在回填过程中，要随时检查回填土的含水量，使其在最佳含水量范围内，并随时检查回填土的密实度。

3）在道路范围内的检查井周边 1m 内回填 12％灰土，每层虚铺厚度不超过 25cm。

4）采用多功能振动夯对管线和检查井周围回填材料进行夯实。

2-4-78 边坡塌方的原因是什么？怎样防治？

答：1）边坡塌方的原因

（1）边坡太陡，没按规定放坡或施工质量差，将坡脚挖亏，坡面平整度不好。

（2）土质分布不均匀，有弱土夹层，如淤泥粉砂等。

（3）雨水，地下水或施工用水及管道挖断漏水冲刷边坡或增大土体重量，降低土的抗剪强度。

（4）坡顶边缘附近大量堆土，停放机械或靠近已建建筑物。

2）处理和防治措施

塌方一旦发生就要立即找出原因，加以紧急处理，如不及时处理将连续塌落，其范围越来越大，并可能危及附近建筑物。

（1）如果是边坡太陡或坡脚挖亏或坡面平整度不够造成的塌方，要将塌落体上部的土削除，加大放坡率并将塌落的土方清除。如果坡顶场地不足，可用草袋装土、打木桩或砌挡土墙压住坡脚。采用压坡脚措施时要将临坡一侧松土夯实（图2-4-78（1））。

（2）遇弱土夹层时，要分析夹层的厚度、性质及部位，分别采取措施。如弱土层在下部可码草袋，如弱土层在上部可加大放坡坡度或将弱土层上部土方挖除（成台阶形），如弱土层在中部可打木桩支撑（图2-4-78（2））。

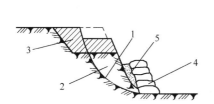
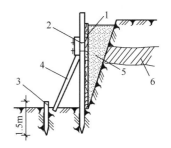

图2-4-78（1）　塌方的处理
1—塌方滑动线；2—塌落土体；
3—削除部分；4—装土草袋
5—松土夯实

图2-4-78（2）　木桩支撑
1—挡土板；2—柱桩；
3—撑桩；4—斜撑；
5—回填土；6—弱土层

（3）细粉砂构成的边坡，主要是易风化，含水量散失，形成干砂失去强度。除加大放坡率外，短期可在其表面喷水湿润加大其摩擦角和粘结力（水不可过大，否则易冲刷过坡）。工期较长可在表面挂孔径5cm×5cm铅丝网，抹2～3cm水泥砂浆进行坡面加固，以防坡面风化或冲刷。

（4）如系水冲刷或浸泡的原因要采取截水、排水措施，坡顶土壤要夯实。任何裂缝要填实。雨季施工期较长也可采取挂网抹水泥砂浆措施。

（5）如开工前已知土质较差或临近有已建建筑物时，可采用打钢板桩或钻孔灌注桩护坡。打桩护坡有悬臂和锚桩两种形式并要经过稳定验算。

2-4-79　流砂发生与防治是怎样的？

答：1）流砂现象当基槽挖至深于地下水位0.5m以下时，在槽内抽水，有时槽底的土会成为流动状态，随地下水涌起，而失去承载力，边挖边冒，无法挖深，强挖只能掏空邻近的边坡，发生塌方，这种现象称为流砂。

2）流砂的成因当基坑（槽）外水位高于坑内抽水后的水位，坑外水压向坑内移动，水压力大于土颗粒的浸水浮重时，使土粒悬浮失去稳定，随水冲入坑内，从坑底涌起或两侧涌入，变成流动状态。如施工时不采取措施，只强挖，抽水愈深，动水压力就愈大，流砂就愈严重。

3）产生流砂的条件是：

（1）坑内外水位高差较大，一般要大于0.5m以上。

（2）砂土愈细，孔隙比愈大，渗透系数小愈容易形成流砂。如孔隙比大于0.75%，土的颗粒组成粘粒含量小于10%粉粒含量大于75%，含水量大于30%时都可能形成流砂。

（3）基坑坑底位于不透水土层内，而不透水层下面为承压蓄水层，坑底不透层的水覆盖厚度的重量小于承压水的顶托力时，基抗底部也可能发生管涌冒砂现象。见图2-4-79。

4）流砂的防治

主要是减小或平衡动水压力，使坑底土颗粒稳定，不受水压干扰其措施如下：

（1）如条件许可应在栿水位期施工，最高地下水位不高于坑底 0.5m，这时水压力不大，不易产生流砂。

（2）抛大石块法，即往坑底抛大石块，增加土的压重以平衡动水压力，只能解决局部或轻微流砂现象。

（3）水下挖土法即不抽水或少抽水，在水中挖土使坑内水压与坑外水压基本平衡，缩小水头差距。

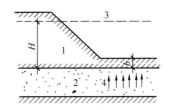

图 2-4-79　管涌冒砂
1—不透水层；2—透水层；3—压力
水位线；4—泵压水顶托力

（4）人工降低水位法，如采用轻型井点、管井井点、深井泵井点等。由于地下水渗流向下，动水压力也向下，增大土颗粒间的压力，有效地制止流砂，因此此法采用较广并较可靠。

（5）打钢板桩法，就是将板桩打入不透水层，增加地下水从坑外流入坑内的渗透路线从而减小动水压力，防止流砂发生。

（6）地下连续墙法，在地面开挖狭长的深槽，（槽宽一般为 0.6～1m，深可达 20～30m，可用钻孔机开挖），在槽内灌注素混凝土或钢筋混凝土，筑成连续墙壁，既可承重、截水，也可防止流砂。

2-4-80　软土地基的处理原则是什么？常用的软土地基处理方法有哪几种？每种处理方法的适用条件是什么？

答：1）软土地基处理的原则：应根据软土物理力学性质、埋层深度、路堤高度、材料条件、道路等级等因素采取合适处理措施。

2）常用的方法为：换土、抛石挤游，灰土垫层，砂垫层、土工织物、塑料排水板、碎石桩等。

3）适用条件：

换土法：适用于泥沼及软土厚度＜2m 时。

抛石挤淤法：适用于软土沼泽地区路基施工。

灰土垫层适用于软土地区路堤，含水量较高的路堑。

砂垫层适用于软土地区。

土工布适用于地下水位较高，松软土基路堤。

2-4-81　如何处理软土路基？基本要求是什么？

答：天然含水量高、孔隙比大、透水性差、强度低、压缩性高的软弱土层通常称为软土。一般将软土划分为软黏性土、淤泥质土、淤泥、泥炭质土及泥炭 5 种类型。

软土路基一般应根据其物理力学性质、填埋深度、路基高度、材料条件、公路等级等因素分别采取以下处理措施：

1）换填土：采用人工或机械挖除路堤下全部软土，换填强度较高的黏性土或砂和砂石垫层材料、灰土垫层材料、卵石碎石和矿渣垫层材料等渗水性材料。换填土深度一般不超过 2m。换填土法的施工要点是将垫层材料压实到设计要求的密实度。压实方法常用的有机械碾压法、重锤夯实法和振动压实法。要求分层铺设，逐层振密或压实。

2）抛石挤淤：强迫换土的一种形式，它不必抽水挖淤，施工简便。常用于湖塘、河流或积水洼地，常年积水不宜抽干，软土厚度薄，一般在 3～4m。采用抛填片石，片石不宜小于 30cm。抛填片石时，自中线向两侧展开，向两边挤出淤泥，待抛石露出水面后用重型压路机碾压，其上铺上反滤层，再进行填土。

3）超载预压：预先把土填得比设计高一些、宽一些，以加速地基固结下沉，以后再挖除超填部分。这种方法简便易行，但需要较长的固结时间。预压期一般要半年至一年。预压加荷的速率应保证路基只产生沉降而不丧失稳定。

4) 反压护道：在路堤两侧填筑一定宽度和高度的护道，反压护道施工宜与路堤同时填筑。它运用力学平衡原理保持路基的稳定。反压护道本身的高度不能超过极限高度，单级反压护道的高度宜采用路堤高度的 1/3～1/2。反压护道占地较多，在填料来源困难的地方难以应用，且只能有利于路堤稳定，但往往会加大沉降量。

5) 排水砂垫层：在路堤底部地面上铺设较薄的砂层。作用是在软土顶面上增加排水面。采用洁净中、粗砂，含泥量不大于 5%。在填土过程中，随着荷载逐渐增加，使软土地基排水固结，渗出的水从砂垫层被排走。一般采用的厚度为 0.6～1.0m。砂垫层适用于施工期限不紧，路堤高度为极限高度的 2 倍以内和砂源丰富、软土地表面无隔水的情况。

6) 土工织物铺垫：在软土地基表层铺设一层或多层土工织物，以减少路堤填筑后地基不均匀沉降，提高地基的承载能力，也不影响排水。在砂垫层上增铺土工织物，可防止填土漏进砂垫层。土工织物铺设简单，一般宽 3.6～4.5m，长比路堤底宽 4～6m，顺路堤坡脚回折 2～3m（图 2-4-81（1））。

7) 塑料排水板：是带有孔道的板状物体，插入土中形成竖向排水通道（图 2-4-81（2））。排水板材料分多孔单一结构型和复合结构型。购进的产品应符合质量标准，要有正式商标，并有出厂检验合格证。施工时要用插板机将塑料排水板插入土中。

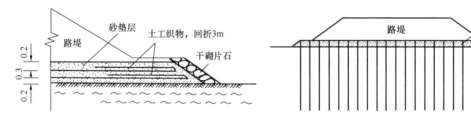

图 2-4-81（1） 土工织物加固软土地基示意图　　图 2-4-81（2） 塑料排水板加固软土地基

8) 砂井：砂井是利用各种打桩机具击入钢管，或用高压射水、爆破等方法在地基中获得按一定规律排列的孔眼并灌入中、粗砂形成砂柱。适用于路堤高度大于极限高度，软土层厚度大于 5m 时。砂井间距、深度根据具体情况计算确定。砂井直径一般为 20～30cm 视施工机械而定。

9) 袋装砂井：袋装砂井的打孔一般采用钢管打入式和射水式。打入式施工步骤是，将内径约 12cm 的套管打入土中预定深度，将备好的长度比砂井长 2m 左右的聚氯乙烯纤维编织袋，在底部装入大约一满锹重的砂，扎紧底口，然后放入孔内，袋的上端固定在装砂漏斗上，边振动边灌入干砂，装实装满后，徐徐拔出套管。

10) 粒料桩：是以冲击或振动方法强力将砂、碎石等材料挤入软土地基中，形成直径较大的密实柱体，提高软土地基的整体抗剪强度，减少沉降。粒料桩直径一般为 0.6～0.8m。粒料桩分为砂桩和碎石桩。

砂桩的施工方法根据砂井成孔的机械和方式一般分为振动沉管法和锤击成桩法两种。振动沉管法又分一次拔管法、逐次拔管法和重复压拔管法 3 种。施工时，拔管速度不宜过快，排砂要充分，一般拔管速度控制在 2m/min；垂直偏差不应大于 1.5%，成孔中心与设计桩位偏差不应大于 50mm，桩径偏差控制在 ±20mm，桩长偏差不大于 100mm。灌砂量不宜大于或少于设计量的 5%。施工结束后，应将基地标高下的松土层夯压密实。

碎石桩的施工方法按施工工艺分为振冲碎石桩、干振碎石桩和锤击碎石桩 3 种。

11) 旋喷桩：采用水泥、生石灰、粉煤灰等作为加固材料，利用工程钻机将旋喷注浆管置入预定的地基加固深度，通过钻杆旋转徐徐上升，将预先配制好的浆液，以一定的压力从喷嘴喷出，冲击土体，使土和浆液搅拌成混合体，形成具有一定强度的人工地基。施工程序为：钻机就位和检查→钻进至预定深度→旋喷并提升钻杆。

12）生石灰桩：用生石灰块置于人工形成的桩孔中。孔径一般为 20～40cm，桩长在 12m 以内。用打入法或钻进法成孔，填入 2～5cm 的生石灰块。可以掺入一定数量的粉煤灰或砂，有时还可掺入少量石膏，以利触发反应，提高强度。施工方法一般有振动成桩法、锤击打桩法、链动螺旋法 3 种。注意，生石灰在运输保管上要防潮防水，以免降低其吸水作用；加强安全防护工作，防止烧伤事故，同时防止污染环境。

2-4-82　湿陷性黄土地基施工特点有哪些？

答：1）湿陷性黄土的工程特性：湿陷性黄土一般呈黄色或黄褐色，粉土含量常占 60％以上，含有大量的碳酸盐、硫酸盐等可溶盐类，天然孔隙比在 1 左右，肉眼可见大孔隙。在自重压力或自重压力与附加压力共同作用下，受水浸湿后土的结构迅速破坏而发生显著附加下沉。

2）湿陷性黄土地基的处理方法：应采取拦截、排除地表水的措施，防止地表水下渗，减少地基地层湿陷下沉。其地下排水构造物与地面排水沟渠须采取防渗措施。

若地基土层有强湿陷性或较高的压缩性，且容许承载力低于路堤自重力时，应考虑地基在路堤自重和活载作用下所产生的压缩下沉。除采用防止地表水下渗的措施外，可根据湿陷性黄土工程特性和工程要求，因地制宜采取换填土、重锤夯实、强夯法、预浸法、挤密法或化学加固法等对地基进行处理。

3）地基陷穴处理方法：对现有的陷穴、暗穴可采用灌砂、灌浆、开挖回填等措施。开挖的方法可采用导洞、竖井或明挖等措施。

2-4-83　盐渍土地下管线施工特点是什么？

答：地表土层 1m 以内的土易溶盐含量大于 0.5％时，称为盐渍土。当易溶盐含量大于 0.5％时，土的性质开始受到盐分的影响而发生改变。根据其含盐量可分为氯盐渍土及亚氯盐渍土、硫酸盐渍土及亚硫酸盐渍土、碳酸盐渍土。盐渍土地区地下管线施工应根据盐渍土的工程性质及其对路基稳定性的危害，采取相应的施工技术和防治措施。

盐渍土地区的地下排水管与地非排水沟渠，须采取防渗措施。盐清土地区不宜采用渗沟。

2.5　开槽（明挖法）施工

2-5-1　沟槽断面有几种形式？

答：根据管径、挖深、地下水位、土质、地上地下建筑物状况，确定挖槽断面时，既要考虑到施工便利与安全，又要考虑到尽量少挖土方与少占地为原则，一般有下列三种常用的基本的沟槽断面形式。

1）直槽

一般用于土层坚实、土质良好、挖深较浅，管径较小的支户线管道，如图 2-5-1（1）所示。

$$B = D + 2T$$

式中　B——槽底宽度；

　　　D——管外径；

　　　T——工作宽度。

其中 $T = 0.4 \sim 0.8m$，按管径大小和管材种类具体状况而定。

2）大开槽

多用于施工环境条件好，一般支次干线管道的开挖断面，如图 2-5-1（2）所示。

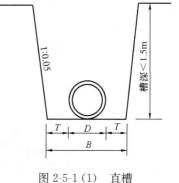

图 2-5-1（1）　直槽

3）多层槽

通常用于挖深较大，埋设主次干线管道的深槽断面，如图 2-5-1（3）所示。

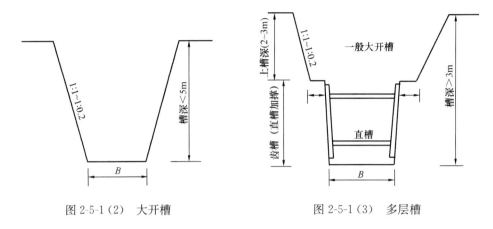

图 2-5-1（2） 大开槽　　　　　　　　图 2-5-1（3） 多层槽

关于开槽槽帮坡度，一般情况下，按土质状态规定出大开槽的槽帮坡度值如表 2-5-1 所示。此表适宜在土质良好，无地下水的条件下采用。

土质状况与开槽主坡关系表 　　　　　　　　表 2-5-1

土 质 状 况	槽帮坡度（高：宽）	
	槽深<3m	槽深 3~5m
砂　土	1：0.75	1：1
亚砂土	1：0.5	1：0.67
亚黏土	1：0.33	1：0.5
黏　土	1：0.25	1：0.33
干黄土	1：0.20	1：0.25

2-5-2　挖槽有什么准备工作？

答：准备工作有事先了解清楚地上、地下建筑物情况，做到位置准确，构造清楚，加固防范措施具体。同时做好现场施工组织工作，如堆土、堆料、行人车辆行驶，施工作业场地范围等。

2-5-3　沟槽开挖施工要点是什么？

答：一般自下游开始，向上游推进，其挖槽方法可分为机械挖槽（如挖掘机、反铲等机械）和人工挖槽。不论何种挖槽方式，都应严格掌握槽底高程，防止超挖；雨期做好排水工作，防止泡槽；冬期做好槽底保温工作，防止受冻；避免槽底原土层结构被扰动破坏，防止槽失稳。

2-5-4　沟槽支撑的目的与要求是什么？

答：支撑是以土方作业中保持槽坡稳定，或加固槽帮后有利于以后工序安全施工的一种方法。它为临时性挡土结构，由木材或钢材做成，一般是在以下条件下需要考虑采用支撑办法。即：

1）受场地限制挖槽不能放坡，或管道埋设较深，放坡开槽土方量很大；

2）遇到软弱土质土层或地下水位高，容易引起塌方地段；

3）采用明沟排水施工，土质为粉砂土遇水形成流砂没有撑板加固槽帮无法挖槽地段；

4）沟槽附近有地上地下建筑物和较重车辆行驶的情况，应予保护的部位；

5）支撑的沟槽应满足以下要求，即：牢固可靠，用料节省，便于支设与拆除，不影响以后工序的安全操作。

2-5-5 沟槽支撑的作用及适用条件是什么？对支撑器材有什么要求？

答：1）沟槽支撑是防止槽帮土壁坍塌的一种临时性挡土结构。

在沟槽土方开挖过程中，由于某些原因或某种条件，使得沟槽不能不支撑或不支撑会十分不经济的时候，必须采取适当的措施对沟槽土壁进行支撑，以保证原有构筑物或地上建筑物安全，以及便于工程进行操作，保证工程及人员的安全。

2）一般说，如遇有如下情况就要考虑支撑：施工现场狭窄；土质较差；深度较大；开挖直槽；地下水位较高（高于设计沟槽底以上），槽深大于 1.5m 并采用明排水时；沟槽土质松软有坍塌可能；或晾槽时间过长，除可考虑放缓边坡以外，亦可考虑支撑；槽边到地上建筑物的距离小于槽深时，除考虑对建筑物进行可能的加固措施外，尚应考虑支撑；构筑物的基坑或施工操作的工作坑（如顶管工作坑）等，为减小占地和减少土方量而采取的临时加固措施。

3）支撑器材由木材或钢材做成。支撑的荷载就是原土和地面荷载所产生的侧土压力。沟槽是否需要支撑应根据土质、地下水情况、槽深、槽宽、开挖方法、排水方法、地面荷载等因素确定。一般情况下，沟槽土质较差、深度较深而又需要挖成直槽时，均应支设支撑。支设支撑可以减少挖方量和施工占地面积。但支撑增加材料消耗，有时影响后续工序的操作。

支撑结构应牢固可靠，要进行强度和稳定性计算和校核；支撑材料要求质地和尺寸合格，保证施工安全；在保证安全的前提下，节约用料，宜采用工具式钢支撑；便于支设和拆除及后续工序的操作。

2-5-6 沟槽支撑结构形式有哪十种？

答：1）单板撑：通常由于土质状况良好，土体较稳定的单槽。这是为了预防土体受到意外较大的破坏力，如沟槽旁边堆土堆物过重，附近有重车行驶通行，局部土层松软等情况所采用的一种加固沟槽安全措施。如图 2-5-6（1）所示。

一块立板紧贴槽壁，撑杆支撑板。

2）井字撑：一般情况下土质较好，土体也稳定，但受外界影响土体不稳定因素较大，如施工处于雨期或融冻季节，施工期间晾槽时间较长，施工工作面要求较大沟槽，单槽开挖较深等，多用于大开槽情况下需要加固沟槽的一种形式。两块产板紧靠横板，撑杆支撑立板。

3）稀撑：在土质较复杂、土层均匀性差、土体稳定性不好、施工季节不利、施工期较长、施工现场条件复杂情况下、沟槽必须进行支撑时，一般采用此种形式。3～5 块横板紧贴槽壁，用方木或型钢靠在横板上，由撑杆支撑。如图 2-5-6（2）。

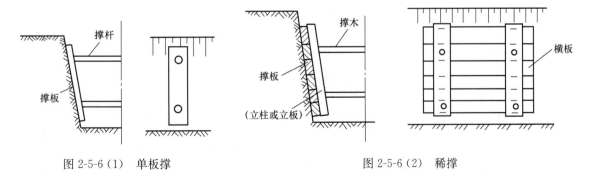

图 2-5-6（1）　单板撑　　　　　　　　　　　　图 2-5-6（2）　稀撑

4）槽板密撑：一般适用于土质不良、土层松软、土体不稳定、沟槽深、槽帮坡度陡、地下水位高或有流砂现象、施工季节不利、施工期长、施工现场复杂等情况，沟槽不支撑根本不能施工时，一般也采用此种支撑形式。有横板密撑和立板密撑两种类型。当采用此种形式支撑时，应事先对撑板与撑木的负荷量进行核算后，方可进行支撑工作。横板为密排，紧贴槽壁，用方木或型钢靠在横板上，撑杆支撑方木或型钢，见图 2-5-6（3）。

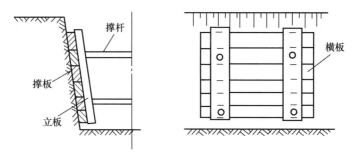

图 2-5-6（3） 横板密撑

5）立板密撑。立板连续排列，紧贴槽壁，沿沟线方向用两组方木或型钢靠在立板上，撑杆支撑方木或型钢，见图 2-5-6（4）。

6）板桩撑。用板桩顺沟线连续排列，常用的钢板桩有槽钢或工字钢，将板桩垂直地打入槽底或工作面以下一定深度，少则 0.5m 以上，多时可达 1.5m 以上。板桩可防止地下水从槽帮渗入沟槽内，也可阻挡一些流砂，因而，当地下水较大或有流砂的情况，且为明排水就可采用板桩支撑。见图 2-5-6（5）。

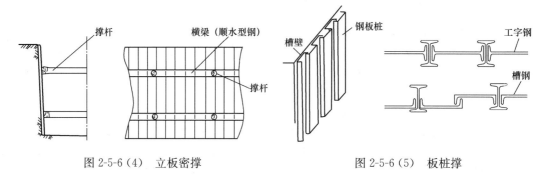

图 2-5-6（4） 立板密撑　　　　　　　图 2-5-6（5） 板桩撑

7）灌注桩支护。采用螺旋钻钻孔，钻入槽底约槽深的一半。

8）横板柱支撑

将撑板水平横钉在柱桩的内侧，柱桩打入土中，一般可在 0.5m 左右，必要时按悬臂梁计算基础固定深度。柱桩上侧可用小斜撑木支撑（如图 2-5-6（7）（a）），或用单位锚（如图 2-5-6（7）（b））。

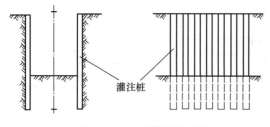

图 2-5-6（6） 灌注桩支护

横板柱桩多用在开挖较大，支撑不便于支设横撑的场合，也可用于处理沟槽坍方处。

9）坡脚挡土撑

当开挖较大基坑或沟槽，如遇有局部地段下部放坡不足，或是采用明沟排水而坡脚易被冲刷时，可采用坡脚局部处理（如图 2-5-6（8））。

10）护坡桩与地下连续墙

当基抗或沟槽较深；槽边有地上建筑物；在土体破二楞体附近地面荷载较大，为保证地上建筑物安全，就可考虑采用这种措施，它即可支撑、挡土、又可防地下水和起承重作用。见图 2-5-6（9）。

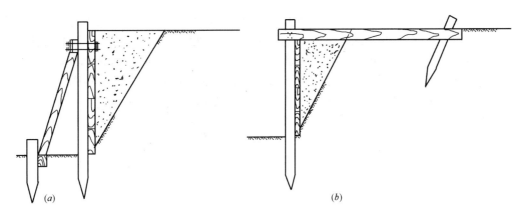

图 2-5-6（7） 横板柱支撑

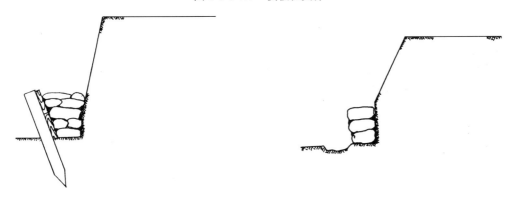

图 2-5-6（8） 坡脚挡土撑

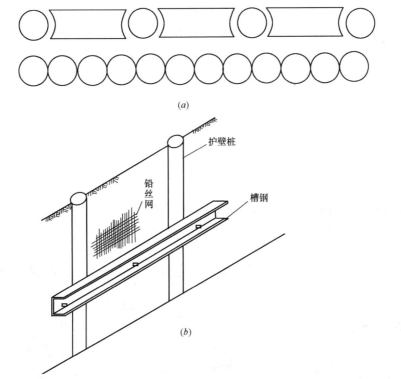

图 2-5-6（9）

在开口边界线每隔一定距离，在泥浆护壁的条件下，深挖钻孔，然后投放钢筋笼，浇筑混凝土，形成钢筋混凝土柱，称护坡桩。待终凝后，破土开挖沟槽或基坑。护坡桩平面上只能露出一半，而桩的底部需探入地下较深的地方（深度通过计算决定）。在桩间的土壁覆以保温用的铅丝钢，用锚钉锚牢，使得不致滑脱，再抹上水泥砂浆面层，厚度不得小于2cm。各柱的连系采用型钢当槽梁，在土壁上水平钻孔数米，以较粗钢筋带倒刺或弯钩的一端放在孔内，带丝头一端露在外面。再在孔内灌上水泥砂浆使嵌固钢筋，待固化后再用垫铁卡住型钢，拧紧螺母，形成一个完整的护坡桩体系。

如果将钻孔改成1.0m宽数十米深的狭槽，并投下钢筋笼，再浇筑混凝土，就形成了一条地下连续墙，供截水防渗或承重之用。

2-5-7　何谓倒撑？拆撑时注意什么？

答：倒撑是原有支撑因外力作用产生变形与松动或妨碍下道工序操作时，需要更换立木或横撑的位置，称为倒撑。在需要倒撑处，须支撑好新支撑后再拆除旧支撑，不允许先拆后支或同时一起进行。倒撑时应一处一处有顺序进行倒撑。

拆撑时应自下而上，以一端开始顺序逐层依次拆除，随拆随还土。逐层依次顺序拆除有危险时，必须采用倒撑或其他可靠安全措施后，才允许进行拆撑工作。

2-5-8　支撑的计算土压力是怎样分布的？

答：根据资料表明，在排除了地下水的情况下，作用在支撑上的土压力分布如下图2-5-8。

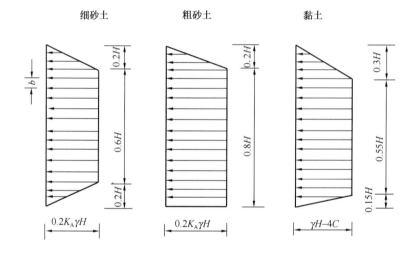

图 2-5-8

H—沟槽深度；K_A—主动土压力系数；r—土的容重；C—土的黏聚力

2-5-9　支撑计算包括哪几个构件的尺寸？

答：支撑计算包括计算确定撑板、立柱和撑木的尺寸。

1）撑板按简支梁计算如图2-5-9（1）。

计算跨度等于撑木间距L_2，每块撑板的宽度为b，厚度为d，所承受的均布荷载等于$p_b t/$m，其p_b是侧土压力，对砂土取$0.8 r F_g^2 \left(45° - \dfrac{\phi}{2}\right)$，对软黏土取$rH - 4C$。

撑板的最大弯矩：

$$M_{max} = \frac{pbL_t^2}{8}$$

撑板的抵抗矩：
$$W=\frac{bd^2}{b}$$

因此撑板的最大弯曲应力为 $\delta=\frac{M_{max}}{W}=\frac{3pL_i^2}{4d^2}\leqslant[\delta_s]$

$[\delta_s]$——材料允许弯曲应力。

2）立柱的计算如图 2-5-9（2）。

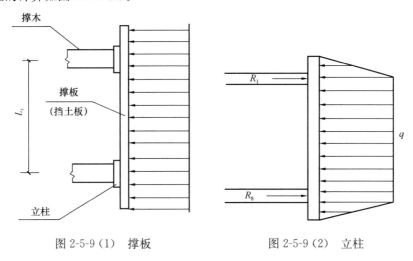

图 2-5-9（1）　撑板　　　　　　　　图 2-5-9（2）　立柱

立柱所受的荷载 q 等于撑板所传递的侧土压力，力 R 侧设是在支重（撑木）处为简支，则求出最大弯矩并校核最大弯曲应力。

3）撑木计算其所受的荷载等于简支立柱的反力，按压杆进行强度或稳定计算。

支撑构件的尺寸，一般都取决于现场已有材料的规格，计算只是进行安全校核。如支撑构件应力过大可适当加密立柱和撑木。

2-5-10　雨期施工沟槽支撑应注意什么问题？

答：1）沟槽的支撑应随开槽随支撑，雨期施工应缩短工作线，不得留空槽过放。

2）不论何种形式支撑，一般撑板材料为 5～6cm 厚的木板，立木或横木材料为 15cm×15cm 断面的方木，撑木一般采用圆撑木时，其小头直径为 10～15cm。撑板、立木与撑木相互联结牢固，其联结点应设置托木支承用扒钉钉牢，并达到横平竖直。如图 2-5-10 所示。

2-5-11　沟槽支撑施工应注意的事项有哪些？

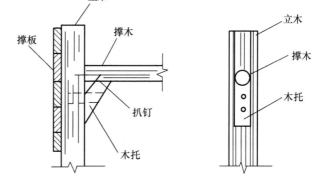

图 2-5-10　支撑连接图

答：应注意以下几项：

1）槽帮必须按规定坡度切平、切剂、找顺。

2）撑板必须全面均匀平稳的紧贴槽帮。

3）撑板、撑木、方木等要合乎规程规定的尺寸或经安全核算。

一般撑板厚度 5cm，企口板柱 6.5～7.5cm。

方木为 15×15cm，若方木支撑点的间距大于 2.5m 时，其方木截面应加大或换为钢梁。

圆木（撑木）的小头直径 10～15cm，可根据槽深、槽宽、土质等情况合理选用。长度应与所撑沟槽相适应，不得长材短用，浪费材料。为了节约木材有以钢代木，即采用工具式钢支撑。

4）撑木的间距：一般顺沟槽方向为 1.5m 左右，即 4m 长的木板或方木支三道，3m 长者支二道。

5）撑木两端头下方要钉木托、扒锯，即撑木与立柱支设牢固确保安全，并要求横平竖直。

6）每次雨后或大雪后对撑木、槽帮都应进行检查，如有松动变形者应及时加固整理。

7）支撑选用可参考下表 2-5-11（1）。

支 撑 选 用 表　　　　　　　　　　　　　　表 2-5-11（1）

项 目	黏土、亚黏土及紧密回填土		粉土、亚砂土		砂土、砾土、炉渣土	
	无 水	有 水	无 水	有 水	无 水	有 水
第一层支撑直槽	单板撑或井撑	井撑	稀撑	密撑	稀撑或密撑	密撑
第二层支撑直槽	稀撑	稀撑	稀撑或密撑	立板密撑或板桩	立板密撑	立板密撑或板桩

注：如多层槽的头槽大开，二槽三槽开直槽支撑，则头槽不算二槽。

8）支撑形式与适用范围可见 下表 2-5-11（2）。

各种支撑形式的适用范围　　　　　　　　　　表 2-5-11（2）

土 质	支撑形式　　　槽深 地下水情况	1.5m 以内	1.5～3m	3～5m	76m
砂砾土	正常湿度	一般不设支撑，遇特殊情况时，可设井字撑或疏撑	疏撑	疏撑	一般说竖式密撑或板桩
	少量地下水		密撑	密撑	
	大量地下水		密撑	板桩	
粘土 亚粘土	正常湿度		井字撑	疏撑	
	高湿度或少量地下水		疏撑	疏撑	
亚砂土	正常湿度		井字撑	疏撑	
	少量地下水		疏撑	密撑	
	大量地下水		密撑	板桩	
细 砂	正常湿度	可设井字撑	井字撑	疏撑	
	少量地下水	疏撑	密撑	板桩	
	大量地下水	密撑	板桩	板桩	
淤 泥		密撑	板桩	板桩	

2-5-12　沟槽开挖应符合哪些规定？

答：沟槽开挖应符合下列规定

1）管道沟槽底部的开挖宽度，宜按下式计算：

$$B = D_1 + 2(b_1 + b_2 + b_3)$$

式中　B——管道沟槽底部的开挖宽度（mm）；

　　　D_1——管道结构的外缘宽度（mm）；

　　　b_1——管道一侧的工作面宽度（mm），可按表 2-5-12（1）采用；

　　　b_2——管道一侧的支撑厚度，可取 150～200mm；

　　　b_3——现场浇筑混凝土或钢筋混凝土管渠一侧模板的厚度（mm）。

管道结构的外缘宽度 D_1	管道一侧的工作面宽度 b_1	
	非金属管道	金属管道
$D_1 \leqslant 5500$	400	300
$500 < D_1 \leqslant 1000$	500	400
$1000 < D_1 \leqslant 1500$	600	600
$1500 < D_1 \leqslant < 3000$	800	800

注：1. 槽底需设排水沟时，工作面宽度 b_1 应适当增加；

2. 管道有现场施工的外防水层时，每侧工作宽度宜取 800mm。

2）当地质条件良好、土质均匀，地下水位低于沟槽底面高程，且开挖深度在 5m 以内边坡不加支撑时，沟槽边坡最陡坡度应符合表 2-5-12（2）的规定。

深度在 5m 以内的沟槽边坡的最陡坡度　　　　　　表 2-5-12（2）

土 的 类 别	边坡坡度（高：宽）		
	坡顶无荷载	坡顶有静载	坡顶有动载
中密的砂土	1：1.00	1：1.25	1：1.50
中密的碎石类土（充填物为砂土）	1：0.75	1：1.00	1：1.25
硬塑的轻亚黏土	1：0.67	1：0.75	1：1.00
中密的碎石类土（充填物为黏性土）	1：0.50	1：0.67	1：0.75
硬塑的亚黏土、黏土	1：0.33	1：0.50	1：0.67
老黄土	1：0.10	1：0.25	1：0.33
软土（经井点降水后）	1：1.00		

注：1. 当有成熟施工经验时，可不受本表限制；

2. 在软土沟槽坡顶不宜设置静载或动载；需要设置时，应对土的承载力和边坡的稳定性进行验算。

3）当沟槽挖深较大时，应合理确定分层开挖的深度，并应符合下列规定：

（1）人工开挖沟槽的槽深超过 3m 时应分层开挖，每层的深度不宜超过 2m；

（2）人工开挖多层沟槽的层间留台宽度；放坡开槽时不应小于 0.8m，直槽时不应小于 0.5m，安装井点设备时不应小于 1.5m；

（3）采用机械挖槽时，沟槽分层的深度应按机械性能确定。

4）沟槽每侧临时堆土或施加其他荷载时，应符合下列规定：

（1）不得影响建筑物、各种管线和其他设施的安全；

（2）不得掩埋消火栓、管道闸阀、雨水口、测量标志以及各种地下管道的井盖，且不得妨碍其正常使用；

（3）人工挖槽时，堆土高度不宜超过 1.5m，且距槽口边缘不宜小于 0.8m。

5）采用坡度板控制槽底高程和坡度时，应符合下列规定：

（1）坡度板应选用有一定刚度且不易变形的材料制作，其设置应牢固；

（2）平面上呈直线的管道，坡度板设置的间距不宜大于 20m，呈曲线管道的坡度板间距应加密，井室位置、折点和变坡点处，应增设坡度板；

（3）坡度板距槽底的高度不宜大于 3m。

6）当开挖沟槽发现已建的地下各类设施或文物时，应采取保护措施，并及时通知有关单位处理。

7）沟槽的开挖质量应符合下列规定：

（1）不扰动天然地基或地基处理符合设计要求；

（2）槽壁平整，边坡坡度符合施工设计的规定；

（3）沟槽中心线每侧的净宽不应小于管道沟槽底部开挖宽度的一半；

（4）槽底高程的允许偏差：开挖土方时应为±20mm；开挖石方时应为＋20mm、－200mm。

2-5-13　土方路堑的开挖方式有哪些？

答：土方路堑开挖根据路堑深度和纵向长度，开挖方式可以分为横挖法、纵挖法及混合式开挖法三种。

1）横挖法，对路堑整个横断面的宽度和深度从一端或两端逐渐向前开挖的方式称为横挖法或一层横向全宽挖掘法，适用于开挖深度小且较短的路堑。

多层横向全宽挖掘法适用于开挖深而短的路堑，土方工程数量较大时，各层应纵向拉开，做到多层、多方向出土，可安排较多的劳动力和施工机械，以加快施工进度。每层挖掘深度根据工作方便和施工安全而安定，人力横挖法施工时，一般1.5～2.0m；机械横挖法施工时，每层台阶深度可加大到3m～4m。横挖法适用于机械化施工，以推土机堆土配合装载机和自卸车运土较为有利，边坡修整和施工排水沟由人力与平地机修刮完成。

2）纵挖法，分层纵挖法：沿路堑全宽以深度不大的纵向分层挖掘前进的作业方式称为分层纵挖法，本法适用于较长的路堑开挖。施工中当路堑的长度较短（不超过100m），开挖深度不大于3m，地面较陡时，宜采用推土机作业，其适当运距为20～70m，最远不宜大于100m，当地面横坡较平缓时，表面宜横向铲土，下层的土宜纵向推运；当路堑横向宽度较大时，宜采用两台或多台推土机横向联合作业；当路堑前傍陡峻山坡时，宜采用斜铲堆土。通道纵挖法：沿路堑纵向挖掘一通道，然后将通道向两侧拓宽，上层通道拓宽至路堑边坡后，再开挖下层通道，按此方向直至开挖到挖方路基顶面标高，这是一种快速施工的有效方法，通道可作为机械通行、运输土方车辆的道路，便于土方挖掘和外运的流水作业。分段纵挖法：沿路堑纵向选择一个或几个适宜处，将较薄一侧路堑横向挖穿，将路堑在纵方向上按桩号分成两段或数段，各段再纵向开挖。本办法适用于路堑过长，弃土运距过远的傍山路堑，或一侧的堑壁不厚的路堑开挖，同时还应满足其中间段有经批准的弃土场、土方调配计划有多余的挖方废弃的条件。

3）混合式开挖法，即将横挖法与通道纵挖法混合使用，适用于路堑纵向长度和挖深都很大时，先将路堑纵向挖通后，然后沿横向坡面挖掘，以增加开挖坡面。每一个坡面应设一个机械施工班组进行作业。

2-5-14　挖方路基机械化施工应注意的事项是什么？

答：1）作业面段落的划分：路基土石方机械施工都是流水作业，作业面设置是否合理直接影响工程进度、机械效率和质量要求。较为合理的做法是，每一个土方机械作业班应设置2～3个作业面，每个作业面长150～200m，日完成土方量1000～2000m³之间，汽车运输道路应保证装车，会车不受影响，做好排水工作。

2）每一配套组内必须配有一名机械保养工，以便随时进行检修，或配有专用维修车辆，工地通过对讲机联系，发现故障，及时维修。

3）严格执行机械操作、驾驶、保养、安全各项规章制度和交通部已颁布《公路筑养路机械操作规程》（人民交通出版社，1996）。

2-5-15　在基坑土质良好且无地下水时，对基坑垂直开挖深度的规定有哪些？

答：在基坑土质良好且无地下水时，基坑可垂直开挖，但基坑深度不应超过表2-5-15中的规定：

	基坑垂直开挖深度		表 2-5-15
土　质	允许深度	土　质	允许深度
亚砂土、亚黏土	小于 1.25m	密实坚硬土	小于 2.0m
黏　土	小于 1.5m		

2-5-16　路堑土方开挖的步骤是什么?

答:1) 施工前按图恢复中线,复测断面、测设出开挖边线,并鉴定即有边坡是否稳定,如不稳定,采取必要的加固防护措施。

2) 做好堑顶截排水,并随时注意检查。临时排水设施与永久性排水设施相结合。

3) 土方开挖以机械为主,分段进行。每段自上而下分层开挖,并及时用人工配合挖掘机整刷边坡,对不便机械施工的地段采用人力开挖。

4) 开挖过程中,派专人仔细调查开挖坡面稳定情况,发现问题及时加固处理,同时做好地下设备的调查和勘察工作。

5) 土方地段的路床顶面标高,考虑因压实而产生的下沉量,其值由实验确定。路床顶面以下 30cm 的压实度不小于 95%。

6) 加强测量控制,边坡随开挖随成型,保持边坡平顺。

7) 冬季施工时,开工未挖完的土质路堑、基坑时,将开挖面表层翻松 30~40cm,耙平作为保温层防冻;已开挖完的,表层预覆松土或草袋上覆松土,待继续施工时再清除。土方开挖完毕,立即施工上部结构,防止基底冻结;如有工艺间歇,按冬季防护办法处理。冻土的一次松碎量,应根据挖去能力和气候条件确定,连续挖掘清除,随挖随运,避免重新冻结。基坑回填作好土质保温,防止地基周边和基坑四周的土受冻。

8) 雨季开挖土路堑时,分层进行开挖,每层底面设大于 1% 的纵坡,挖方边坡沿边坡预留 30cm 厚,待雨后再整修到设计边坡线,开挖路堑在距基顶面 30cm 时停止开挖,待雨季后再挖到设计标高。

9) 土方开挖时,对地下管线、缆线、文物古迹和其他构造物做好妥善保护。

10) 在居民区附近开挖土方时,采取有效措施保证居民及施工人员的安全,并为附近居民的生活提供有效的临时便道或便桥。

2-5-17　怎样进行地基土方开挖?

答:1) 开挖采取自上而下分层开挖,不得乱挖或超挖。开挖时如发现土层性质有变化时,应修改施工方案及挖方边坡,并及时报监理工程师批准。

2) 根据开挖地段的路基中线,标高和横断面,精确定出开挖边线,并提前作出截、排水设施,土石方工程施工期间的临时排水设施尽量与永久性排水设施相结合。

3) 路基开挖逐层施工,土方开挖以挖掘机配自卸式汽车进行挖运。开挖弃方在指定的弃土场进行弃置,若弃土场不能满足弃方要求时,应尽早重新选择弃土位置并修改相应施工方案报监理工程师批准,但弃土场的位置不能选在沿江、沿山坡和其他图纸规定不能横向弃置废方的开挖路段。

4) 居民区附近的开挖应采取有效措施,以保护居民区住房及居民和施工人员的安全,并为附近居民的生活及交通提供临时便道或便桥。

5) 开挖中要注意边坡的整修,避免边坡不顺,而当发现土层性质变化时,将及时修改开挖边坡,并报监理工程师审批。

6) 挖方标高应按照设计标高开挖避免超挖,挖好的土石方路堑 30cm 范围内的压实度以 JTJ 051-93 重型击实试验标准进行检验,其压实度均不应小于 95%,若不符合则进行翻松碾压,使压实度达到要求。若挖方路床以下土质不良时，将按图纸所示或监理工程师指示的深度和范围，采取挖除、换填或其他措施进行处理并压实。

2-5-18 石方开挖中的主要爆破技术有哪些？

答：石方开挖中的主要爆破技术有光面爆破、预裂爆破、微差爆破、定向爆破、洞室爆破五种。现分述如下：

1）光面爆破：是在开挖限界的周边，适当排列一定间隔的炮孔，在有侧向临空面的情况下，用控制抵抗线和药量的方法进行爆破，使之形成一个光滑平整的边坡。

2）预裂爆破：是在开挖限界处按适当间隔排列炮孔，在没有侧向临空面和最小抵抗线的情况下，用控制药量的方法，预先炸出一条裂缝，使拟爆体与山体分开，作为隔振减振带，起保护和减弱开挖限界以外山体或建筑物的地震破坏作用。

3）微差爆破：两相邻药包或前后排药包以毫秒的时间间隔（一般为15～75ms）依次起爆，称为微差爆破，也称毫秒爆破。多发一次爆破最好采用毫秒雷管。当装药量相等时其优点是：可减震1/3～2/3；前发药包为后发药包开创了临空面，从而加强了岩石的破碎效果；降低多排孔一次爆破的堆积高度，有利于挖掘机作业；由于逐发或逐排依次爆破，减少了岩石夹制力，可以节省炸药20%，并可增大孔距，提高每米钻孔的炸落方量。炮孔排列和起爆顺序，根据断面形状和岩性而定。多排孔微差爆破是浅眼深孔爆破发展的方向。

4）定向爆破：利用爆能将大量土石方按照指定方向，搬移到一定的位置并堆积成路堤的爆破方法，叫做定向爆破。它减少了挖、装、运、卸、夯等工序，生产率极高。在公路工程中用于以借为填或以挖作填地段，特别是在深挖高填相间、工程量大的鸡爪形地区，采用定向爆破，一次可形成百米以至数百米路基。

5）洞室爆破：为使爆破设计断面内的岩体大量抛掷（抛坍）出路基，减少爆破后的清方工作量，保证路基的稳定性，可根据地形和路基断面形式，采用以下不同性质的洞室爆破方法：

① 抛掷爆破：平坦地形的抛掷爆破（也叫扬弃爆破）。自然地面坡脚 α 小于15°，路基设计断面为拉沟路堑，石质大多是软石时，为使石方大量扬弃到路基两侧，通常采用稳定的加强抛掷爆破。

斜坡地形路堑的抛掷爆破：自然地面坡角 α 在15°～50°，岩石也较松软时，可采用抛掷爆破。

斜坡地形半路堑的抛坍爆破：自然地面坡度大于30°，地形地质条件均较复杂，临空面大时，宜采用这种爆破方法。在陡坡地段，岩石只要充分破碎，就可以利用岩石本身的自重坍滑出路基，提高爆破效果。

② 定向爆破。

③ 松动爆破。

2-5-19 明挖地基的基底需检验哪些内容？

答：1）检查基底平面位置，尺寸大小，基底标高，见表2-5-19。

2）检查基底地质情况和承载力是否与设计资料相符。

3）检查基底处理和排水情况是否符合有关规范要求。

4）检查施工记录及有关试验资料等。

开挖基坑检查项目   表 2-5-19

项 次	检 查 项 目		规定值或允许偏差	检 查 方 法
1	平面周线位置（mm）		不小于图纸要求	用经纬仪测量纵、横各2点
2	基底标高 （mm）	土质	±50	用水准仪测量5～8点
		石质	+50，−200	
3	基坑尺寸		不小于图纸尺寸	用尺量

2-5-20 沟槽开挖工艺是怎样的?

答:1) 适用范围

本工艺标准适用于各类基坑(槽)和管沟的土方施工。

2) 施工准备

(1) 施工机具(设备):

挖土机、推土机、铲运机、自卸汽车、平头铁锹、手锤、手推车、梯子、铁镐、撬棍、钢尺、坡度尺、小线或 20 号铁丝等。

(2) 作业条件:

① 建筑物或构筑物的位置或场地的定位控制线(桩),标准水平桩及基槽的灰线尺寸,必须经过检验合格,并办完预检手续。

② 场地表面要清理平整,做好排水坡度,在施工区域内,要挖临时性排水沟。

③ 夜间施工时,应合理安排工序,防止错挖或超挖。施工场地应根据需要安装照明设施,在危险地段应设置明显标志。

④ 开挖低于地下水位的基坑(槽)、管沟时,应根据当地工程地质资料,采取措施降低地下水位,一般要降至低于开挖底面以下 50cm,然后再开挖。

⑤ 施工机械进入现场所经过的道路、桥梁和卸车设施等,应事先经过检查,必要时要进行加固或加宽等准备工作。

(3) 技术准备:

① 根据业主和勘查部门提供的信息,摸清地下管线等障碍物位置、埋深、大小及使用情况等,并应根据地下管线及构筑物的特性制定保护措施。

② 选择土方机械,应根据施工区域的地形与作业条件、土的类别与厚度、总工程量和工期结合考虑,以能发挥施工机械的效率来确定,编制施工方案。

③ 施工区域运行路线的布置,应根据作业区域工程的大小、机械性能、运距和地形起伏等情况加以确定。

④ 熟悉图纸,做好技术交底。

⑤ 沟槽挖深大于 5m 或复杂地质条件下的挖槽方案要经过专家论证。

3) 操作工艺

(1) 工艺流程:

确定开挖的顺序和坡度→沿灰线切出槽边轮廓线→分层开挖→修整槽边→人工清底。

(2) 操作方法:

① 开挖坡度的确定:表 2-5-20 (1)、(2)。

深度小于 2m 的基坑(沟槽)坡顶无荷载不加支撑的边坡最陡坡度 表 2-5-20 (1)

土壤类别	砂土	砂质粉土	粉质黏土	黏土	干黄土
边坡坡度(高:宽)	1:0.75	1:0.50	1:0.33	1:0.25	1:0.20

地质条件良好、土质均匀,深度小于 5m 的基坑(沟槽)不加支撑的边坡最陡坡度 表 2-5-20 (2)

土 的 类 别	边坡坡度(高:宽)		
	坡顶无荷载	坡顶有静载	坡顶有动载
中密的砂土	1:1.00	1:1.25	1:1.50
中密的碎石类土(填充物为砂土)	1:0.75	1:1.00	1:1.25

土 的 类 别	边坡坡度（高：宽）		
	坡顶无荷载	坡顶有静载	坡顶有动载
硬塑的黏质粉土	1：0.67	1：0.75	1：1.00
中密的碎石类土（填充物为黏性土）	1：0.50	1：0.67	1：0.75
硬塑的粉质黏土、黏土	1：0.33	1：0.50	1：0.67
老黄土	1：0.10	1：0.25	1：0.33
软土（经井点降水后）	1：1.00	—	—

挖方经过不同类别土（岩）层或深度超过 10m 时，其边坡可做成折线形或台阶形。城市挖方因邻近建筑物限制，而采用护坡桩时，可以不放坡，但要有护坡桩的施工方案。

② 开挖的顺序确定：

a. 开挖应从上到下分层分段进行，人工开挖基坑（沟槽）的深度超过 3m 时，分层开挖的每层深度不宜超过 2m。

b. 机械开挖时，分层深度应按机械性能确定。如采用机械开挖基坑（槽）或管沟时，应合理确定开挖顺序、路线及开挖深度。挖土机沿挖方边缘移动时，机械距离边坡上缘的宽度不得小于基坑（槽）或管沟深度的 1/2。

③ 在开挖过程中，应随时检查槽壁和边坡的状态。深度大于 1.5m 时，根据土质变化情况，应做好基坑（槽）或管沟的支撑准备，以防坍陷。在天然湿度的土中，开挖基坑（槽）和管沟时，当挖土深度不超过下列数值的规定，可不放坡，不加支撑；超过下列数值规定深度，在 5m 以内时，当土具有天然湿度，构造均匀，水文地质条件好且无地下水，不加支撑的基坑（槽）和管沟，必须放坡。

a. 密实、中密的砂土和碎石类土（充填物为砂土）—1.0m。

b. 硬塑、可塑的黏质粉土及粉质黏土—1.25m。

c. 硬塑、可塑的黏土和碎石类土（充填物为黏性土）—1.5m。

d. 坚硬的黏土—2.0m。

④ 如挖土深度超过 5m 时，应按专业性施工方案来确定。

⑤ 如采用人工挖土，一般黏性土可自上而下分层开挖，每层深度以 60cm 为宜，从开挖端逆向倒退按踏步型挖掘。碎石类土先用镐翻松，正向挖掘，每层深度视翻土厚度而定，每层应清底和出土，然后逐步挖掘。

⑥ 开挖基坑（槽）和管沟，不得挖至设计标高以下，如不能准确地挖至设计基底标高时，可在设计标高以上暂留一层土不挖，以便在抄平后，由人工挖出。

⑦ 暂留土层：一般铲运机、推土机挖土时，为 20cm 左右；挖土机用反铲、正铲和拉铲挖土时，为 30cm 左右为宜。

⑧ 基坑（槽）管沟的直立帮和坡度，在开挖过程和敞露期间应防止塌方，必要时应加以保护。

⑨ 在开挖槽边弃土时，应保证边坡和直立帮的稳定。当土质良好时，抛于槽边的土方（或材料）应距槽（沟）边缘 1m 以外，高度不宜超过 1.5m；在 1m 以内也不准堆放材料和机具。槽边堆土应考虑土质、降水影响等不利因素，制定相应措施。

（3）冬雨期施工：

①雨期开挖基坑（槽）或管沟时，应注意边坡稳定。必要时可适当放缓边坡或设置支撑、覆盖塑料薄膜。同时应在坑（槽）外侧围以土堤或开挖水沟，防止地面水流入。施工时，应加强对

边坡、支撑、土堤等的检查。

②土方开挖不宜在冬期施工。如必须在冬期施工时，其施工方法应按冬施方案进行。

③采用防止冻结法开挖土方时，可在冻结前用保温材料覆盖或将表层土翻耕耙松，其翻耕深度应根据当地气候条件确定，一般不小于 0.3m。

④开挖基坑（槽）或管沟时，必须防止基础下的基土遭受冻结。如基坑（槽）开挖完毕后，有较长的停歇时间，应在基底标高以上预留适当厚度的松土，或用其他保温材料覆盖，地基不得受冻。如遇开挖土方引起邻近建（构）筑物的地基和基础暴露时，应采用防冻措施，以防产生冻结破坏。

4）质量标准

（1）主控项目：

柱基、基坑、基槽、管沟和场地的基土土质必须符合设计要求，并严禁扰动。

（2）一般项目：

允许偏差项目，见表 2-5-20（3）。

土方工程的挖方和场地平整允许偏差值　　　　　表 2-5-20（3）

序 号	项 目	允许偏差（mm）	检 验 方 法
1	表面标高	+0	用水准仪检查
2	长度、宽度	−50	用经纬仪、拉线和尺量检查
3	边坡偏陡	不允许	观察或用坡度尺检查

5）质量记录

（1）工程地质勘察报告。

（2）工程定位测量记录。

6）安全与环保

（1）机械挖土应设专人指挥。

（2）严禁挖掘机在电力架空线下挖土。深槽作业必须戴安全帽，上、下沟槽走安全梯。严禁在挖掘机、吊车大臂下作业。

（3）作业现场附近有管线等构筑物时，应在开挖前掌握其位置，并在开挖中对其采取保护措施，使管线等构筑物处于安全状态。

（4）人工挖土作业人员之间的距离，横向不得小于 2m，纵向不得小于 3m。

（5）严禁掏洞和在路堑底部边缘休息。

（6）沟槽边需悬挂警示标志，夜间沟槽边需设反光装置或设置串灯加以警示。

（7）沟槽边必须设置围栏，围栏应用密目网封死。围栏高度不应低于 1.2m，且立杆间距不得大于 2m。密目网底端应用铁丝固定在立杆上。

（8）上下沟槽需设置马道，马道的立、横杆间距不得超过 1.5m。

（9）沟槽 1m 之内严禁堆料、走车，并应派专人看管。

（10）土方施工时，为防止遗洒，车辆不得超载、应拍实或加布苫盖，在驶出现场前的一段道路上，铺垫草袋或麻袋，出口设冲洗平台，专人冲洗轮胎，防止将泥土带入社会道路。

（11）为防止施工机械噪声扰民，尽可能选用低噪声施工机具，尽可能在白天施工，避免夜间施工噪声扰民。

7）成品保护

（1）对定位标准桩、轴线引桩、标准水准点、龙门板等，挖运土时不得碰撞，也不得坐在龙门板上休息。并应经常测量和校核其平面位置、水平标高和边坡坡度是否符合设计要求。定位标准桩和标准水准点，也应定期复测检查是否正确。

（2）土方开挖时，应防止邻近已有建筑物或构筑物、道路、管线等发生下沉或变形。必要时，与设计单位或建设单位协商采取防护措施，并在施工中进行沉降和位移观测。

（3）施工中如发现有文物或古墓等，应妥善保护，并应立即报请当地有关部门处理后，方可继续施工。如发现有测量用的永久性标桩或地质、地震部门设置的长期观测点等，应加以保护。在敷设地上或地下管道、电缆的地段进行土方施工时，应事先取得有关管理部门的书面同意，施工中应采取措施，以防损坏管线。

2-5-21　支护工程基本规定有哪些？

答：1）基坑、沟槽支撑与支护应根据工程地质、水文地质、槽深、施工季节、工期和现场环境等情况进行施工设计，选择安全、可靠的支撑与支护方法，确定支撑与支护结构的布置、截面尺寸、规定技术、安全措施与工程环境监测等。

2）支护用施工机械坐落的地基应坚实，必要时应进行碾压、夯实处理，满足施工机械作业要求。

3）先开挖后支护的基坑、沟槽，支护必须紧跟挖土，土壁裸露时间不宜大于 4h。先支护后开挖的基坑、沟槽，开挖土方的时间应在施工设计中规定。

4）基坑支护结构的内力（弯矩、轴力、剪力）应进行承载能力极限状态的计算，并对基坑整体稳定性、抗倾覆、抗隆起等进行验算。计算内容应包括：

（1）根据基坑支护形式及其受力特点进行土体稳定性计算；

（2）基坑支护结构的受压、受弯、受剪承载力计算；

（3）当有锚杆或支撑时，应对其进行承载力计算和稳定性验算；

（4）地下水的控制和验算；

（5）对于安全等级为一级及对支护结构变形有限定的二级基坑侧壁，尚应对基坑周边环境及支撑结构变形进行验算。

5）基坑侧壁安全等级的划分见表 2-5-21（1）。

基坑侧壁安全等级及重要性系数　　　　　　　　　　表 2-5-21（1）

安全等级	破坏后果	重要性系数
一级	支护结构破坏、土体失稳或过大变形对基坑周边环境及地下结构施工影响很严重	1.10
二级	支护结构破坏、土体失稳或过大变形对基坑周边环境及地下结构施工影响一般	1.00
三级	支护结构破坏、土体失稳或过大变形对基坑周边环境及地下结构施工影响不严重	0.90

6）当场地内有地下水时，应对地下水进行控制，当场地周围有地表水汇流、排泄或地下管渗漏时，应对基坑采取保护措施。

7）对需要支护的工程、工程地质勘察应达到详细勘察阶段的要求；并应有满足支护工程计算必要的参数：

（1）地层结构和岩土的物理力学性质；

（2）地下含水层和隔水层的层位、埋深和分布情况及补给条件；

（3）基坑周边的地上和地下设施。

8）支护结构施工及使用的材料、设备应遵照有标准进行检验。

9）基坑开挖应按基坑安全等级确定和建立监测项目，根据监测结果作好安全分析和评价，及时指导施工。基坑工程监测项目可按表 2-5-21（2）选择。

监测项目	基坑侧壁安全等级		
	一级	二级	三级
支护结构水平位移	必测	必测	必测
周围建筑物、地下管线变形	必测	必测	选测
地下水位	必测	必测	选测
桩、墙内力	必测	选测	选测
锚杆拉力	必测	选测	选测
支撑轴力	必测	选测	选测
立柱变形	必测	选测	选测
土体分层竖向位移	必测	宜测	选测
支护结构界面上侧向压力	选测	选测	选测

10）支护结构可根据基坑（沟槽）周边环境，开挖深度、工程地质与水文地质、施工作业设备和施工季节等条件按表 2-5-21（3）初选。

支护结构选型表   表 2-5-21（3）

结构形式	适 用 条 件
锚杆（临时）	基坑侧壁安全等级为一、二、三级；非软土场地；宜对地下水采取防水措施
排桩	基坑侧壁安全等级为一、二、三级；悬臂式结构不宜大于 5m；地层为黏质土、砂类土、粉质土、中细砂卵石各类地层；当地下水位高于基坑底面时，应采取防水措施
地下连续墙 SMW 桩	基坑侧壁安全等级为一、二、三级；黏质土、砂类土以及填土；悬臂式结构不宜大于 5m
土钉支护	基坑侧壁安全等级为二、三级；非软土场地；基坑深度不宜大于 12m；当地下水位高于基坑底面时，应采取降水措施
竖井喷射混凝土	基坑侧壁安全等级为二、三级；非软土场地；当地下水位高于基坑底面时，应采取降水措施
沟槽支撑	基坑侧壁安全等级为二、三级；非软土场地；无地下水、土质边坡

2-5-22 锚杆（临时性锚杆）一般规定有哪些？

答： 1）使用年限在 2 年以内的锚杆属于临时性锚杆，超过 2 年应按永久性锚杆设计。

2）锚杆适用于岩土边坡、基坑以及采用排桩、连续墙、土钉支护工程的加固。

3）锚杆施工应充分考虑土层条件和环境，在确保安全的前提下编制施工方案，并经专家论证。

4）锚杆的布置应遵守下列规定：

（1）锚杆上、下排间距不宜小于 2.0m，水平间距不宜小于 1.5m；

（2）上层锚杆覆土层厚度不宜小于 4.0m，锚固段长度不宜小于 4.0m；

（3）锚杆的倾角以 $15°\sim35°$ 为宜；

（4）锚杆设置应避免对相邻建（构）筑物的基础产生不利影响；

（5）预应力钢绞线的面积不超过钻孔面积的 15%，预应力筋的保护层不小于 10mm。

5）锚杆设计时锚杆锚固体抗拔安全系数应按表 2-5-22（1）确定。

锚杆锚固体抗拔安全系数表   表 2-5-22（1）

	锚杆破坏后危害程度	临时锚杆
1	危害大、会构成公共安全问题	1.8
2	危害较大、但不致出现公共安全问题	1.6
3	危害较轻、不会构成公共安全问题	1.4

6）锚杆杆体抗拉安全系数应按表 2-5-22（2）确定。

锚杆杆体抗拉安全系数   表 2-5-22（2）

杆 体 材 料	最小安全系数
钢绞线、精轧螺纹钢筋	1.6
HRB400、HRB335 钢筋	1.4

7）锚杆杆体截面、锚固段长度的设计可参照《岩土锚杆（索）技术规程》CECS 22：2005 的有关规定。

8）锚杆的自由段长度不应小于 5.0m，且能保证锚杆与锚固结构体系的整体稳定性。

9）传递锚杆拉力的腰梁、台座的尺寸与结构、构造应根据锚杆的设计荷载、地层承载力和锚杆工作条件确定，应具有足够强度和刚度，不得产生有害的变形。

10）锚杆原材料应符合下列要求：

（1）预应力杆体材料宜选用钢绞线、高强钢丝或高强螺纹钢筋。当锚杆轴力设计值较小时，可采用 HRB335 级和 HRB400 级钢筋。

（2）隔离架应由钢、塑料组成，不得使用木质隔离架。

（3）水泥宜使用普通硅酸盐水泥，不得使用高铝水泥，细骨料应选用粒径小于 2mm 的细砂，含泥量不得大于 3%，有害物质含量不宜大于 1%。

2-5-23　土层锚杆施工应符合哪些规定？

答：1）土层锚杆钻孔应遵守下列规定：

（1）钻孔前，根据设计要求和土层条件，定出孔位作出标记。

（2）锚杆水平方向孔距误差不应大于 50mm，垂直方向孔距误差不应大于 100mm。

（3）钻孔倾角偏斜尺寸不应大于锚杆长度的 3%，可用钻孔测斜仪控制钻孔方向。

（4）锚杆孔深不应小于设计长度，也不宜大于设计长度的 1%。

（5）安放锚杆前，湿式钻孔应用水冲洗，直至孔口流出清水为止。

2）钻孔机具的选择必须满足土层锚杆钻孔的要求。坚硬黏质土和不易塌孔的土层宜选用地质钻机、螺旋钻机或土锚专用钻机；饱和黏质土与易塌孔的土层宜选用带护壁套管的土锚专用钻机。

3）杆体（预应力筋）的组装与安放

（1）采用 HRB335 级和 HRB400 级钢筋作锚杆杆体材料时，杆体的组装应遵守下列规定：

① 组装前钢筋应平直、除油和除锈。

② 钢筋的接头应采用焊接的搭接接头，单面焊焊接长度为 10d。

③ 沿杆体轴线方向每隔 1.0～2.0m 应设置一个对中支架，排气管应与锚杆杆体绑扎牢固。

④ 杆体自由段应用塑料布或塑料管包裹，与锚固体连接处用铅丝绑牢。

⑤ 杆体应按防腐要求进行防腐处理。

（2）当采用钢绞线或高强钢丝作锚杆杆体时，杆体的组装应遵守下列规定：

① 钢绞线或高强钢丝应除油污、除锈，严格按设计尺寸下料，每股长度误差不大于 50mm。

② 钢绞线或高强钢丝应按一定规律平直排列，沿杆体轴线方向每隔 1.0~1.5m 设置一个隔离架，杆体的保护层不应小于 10mm，预应力筋（包括排气管）应捆扎牢固，捆扎材料不宜用镀锌材料。

③ 杆体自由段应用塑料管包裹，与锚固段相交处的塑料管管口应密封并用铅丝绑紧。

④ 应按防腐要求进行防腐处理。

（3）锚杆杆体的安放应遵守下列规定：

① 杆体放入钻孔之前，应检查杆体的质量，确保杆体组装满足设计要求。

② 安放杆体时，应防止杆体扭压、弯曲，注浆管宜随锚杆一同放入钻孔，注浆管头部距孔底宜为 50~100mm，杆体放入角度应与钻孔角度保持一致。

③ 杆体插入孔内深度不应小于锚杆长度的 95%，杆体安放后，不得随意敲击，不得悬挂重物。

4）注浆

（1）锚杆注浆应遵守下列规定：

① 注浆材料应根据设计要求确定，一般宜选用灰砂比 1∶1~1∶2，水灰比 0.38~0.45 的水泥砂浆或水灰比为 0.40~0.45 的纯水泥浆，二次高压注浆宜使用 0.45~0.55 的水泥浆，必要时可加入一定量的外加剂或掺合料。

② 注浆浆液应搅拌均匀，随搅随用，浆液应在初凝前用完，并严防石块、杂物混入浆液。

③ 注浆作业开始和中途停止较长时间再作业时，宜用水或稀水泥浆润滑注浆泵及注浆管路。

④ 注浆管宜随锚杆一同放入钻孔，注浆管头部距孔底宜为 50~100mm。

⑤ 当锚杆自由段使用套管或其他方式包裹时，宜在锚杆全长进行注浆，直至孔口溢出浆液或排气管停止排气时，可停止注浆。

⑥ 浆体硬化后不能充满锚固体时，应进行补浆。

⑦ 灌浆后，浆体强度未达到设计要求前，预应力筋不得扰动。

⑧ 二次高压注浆压力宜控制在 2.5~5.0MPa 之间，注浆时间可根据注浆工艺试验确定或一次注浆锚固体强度达到 5MPa 后进行。

（2）注浆体的设计强度不应低于 20MPa。

5）张拉与锁定

（1）腰梁的承压面应平整并与锚杆的轴线方向垂直。

（2）锚杆的张拉应遵守下列规定：

① 锚杆张拉前应对张拉设备进行标定。

② 锚固体强度大于 15MPa 并达到设计强度等级的 75% 后方可进行张拉。

③ 腰梁应有足够的强度和刚度，保持锚杆张拉时不破坏，不影响锚杆受力，方可进行锚杆张拉。

④ 锚杆张拉应按一定程序进行。锚杆张拉顺序应考虑邻近锚杆的相互影响。

⑤ 锚杆正式张拉之前应取 0.1~0.2 倍的设计轴向拉力值 N_t 对锚杆预张拉 1~2 次，使其各部位的接触紧密；杆体完全平直。

⑥ 锚杆张拉控制应力 σ_{con} 不应超过 $0.75 f_{ptk}$（f_{ptk}—钢锚杆体强度标准值）。

（3）锚杆张拉至（1.05 ~ 1.10）N_t，土质为砂类土时，保持 10min；为黏质土时，保持 15rain，然后卸荷至锁定荷载进行锁定作业。锚杆张拉荷载分级和位移观测时间应遵守表 2-5-23 的规定。

张拉荷载分级	位移观测时间（min）	
	砂类土	黏质土
$0.10\sim0.20N_t$	2	2
$0.50N_t$	5	5
$0.75N_t$	5	5
$1.00N_t$	5	10
$1.05\sim1.10N_t$	10	15

（4）锚杆锁定工作，应采用符合技术要求的锚具。

（5）锚杆锁定后，若发现有明显预应力损失时，应进行补偿张拉。

2-5-24　土层锚杆试验与监测有哪些规定？

答：1）一般规定

（1）锚固体强度大于 15MPa 时，可开始进行锚杆试验。

（2）锚杆试验用加荷装置的额定压力必须大于试验压力。

（3）锚杆试验用反力装置在最大试验荷载作用下，应保持足够的强度和刚度。

（4）锚杆试验用检测装置（测力计、位移计、计时表），应满足设计要求的精度。

2）基本试验

（1）任何一种新型锚杆或已有锚杆用于未曾应用过的土层时，必须进行基本试验。

（2）基本试验锚杆不应少于 3 根，用作基本试验的锚杆、参数、材料及施工工艺必须和工程锚杆相同。

（3）最大试验荷载（Q_{max}）不应超过钢丝、钢绞线、钢筋强度标准值的 0.8 倍。

（4）砂类土、黏质土中锚杆基本试验加荷等级与测读锚头位移，应遵守下列规定：

① 采用循环加荷，初始荷载宜取 $A\times f_{ptk}$ 的 0.1 倍，每级加荷增量宜取的 $1/10\sim1/15A$ 为锚杆横截面积（mm^2）。

② 砂类土、黏质土中锚杆加荷等级与观测时间见表 2-5-24（1）。

砂类土、黏质土中锚杆加荷等级与观测时间表　　　表 2-5-24（1）

加荷增量（$A\times f_{ptk}$）	初始荷载	—	—	—	10	—	—	—
	第一循环	10	—	—	30	—	—	10
	第二循环	10	20	—	40	—	20	10
	第三循环	10	30	40	50	40	30	10
	第四循环	10	30	50	60	50	30	10
	第五循环	10	30	60	70	60	30	10
	第六循环	10	30	60	80	60	30	10
观测时间（min）		5	5	5	10	5	5	5

③ 在每级加荷等级观测时间内，测读锚头位移不应少于 3 次。

④ 在每级加荷等级观测时间内，锚头位移量不大于 0.1mm 时，可施加下一级荷载，否则要延长观测时间，直至锚头位移增量 2.0h 小于 2.0mm 时再施加下一级荷载。

（5）锚杆破坏标准

① 后一级荷载产生的锚头位移增量达到或超过前一级荷载产生位移增量的 2 倍。

② 锚头位移不收敛。

③ 锚头总位移超过设计允许位移值。

（6）应完成试验报告，并绘制锚杆荷载-位移（Q-S）曲线、锚杆荷载-塑性位移（Q-S_c）曲线、锚杆荷载-弹性位移（Q-S_p）曲线。

（7）基本试验所得的总弹性位移应超过自由段长度理论弹性伸长的 80%，且小于自由段长度与 1/2 锚固段长度之和的理论弹性伸长。

（8）试验得出的锚杆安全系数值由下式确定：

$$K_0 = \frac{R_u}{N_t}$$

式中　R_u——锚杆极限承载力取破坏荷载的 95%。

3）验收试验

（1）验收试验锚杆的数量应取锚杆总数的 5%，且不得少于最初施作的 3 根。

（2）最大试验荷载不应超过预应力筋 $A \times f_{ptk}$ 的 0.8 倍，锚杆的最大试验荷载为锚杆设计轴向拉力值的 1.2 倍。

（3）验收试验对锚杆施加荷载与测读锚头位移应遵守下列规定：

① 初始荷载宜取锚杆设计轴向拉力值的 0.1 倍。

② 加荷等级与各等级荷载观测时间应满足表 2-5-24（2）的规定。

验收试验锚杆的加荷等级与观测时间表

表 2-5-24（2）

加荷等级	临时锚杆测定时间（min）	加荷等级	临时锚杆测定时间（min）
$Q_1 = 0.10N_t$	5	$Q_5 = 1.00N_t$	10
$Q_2 = 0.25N_t$	5	$Q_6 = 0.20N_t$	15
$Q_3 = 0.50N_t$	5		
$Q_4 = 0.75N_t$	10	$Q_7 = 1.50N_t$	—

③ 在每级加荷等级观测时间内，测读锚头位移不应少于 3 次。

④ 最大试验荷载观测 15min 后，卸荷至 $0.1N_t$ 量测位移，然后加荷至锁定荷载锁定。

（4）锚杆验收标准

① 符合本规程表 2-5-24（2）的要求。

② 在最大试验荷载作用下，锚头位移趋于稳定。

4）锚杆预应力的长期监测与控制

（1）用于重要工程的临时性锚杆，应对锚杆预应力变化进行长期监测。

（2）对长期监测预应力值的锚杆的数量不应少于锚杆总数的 5%～10%，监测时间不宜少于 12 个月。

（3）锚杆预应力监测应遵守下列规定：

① 宜采用钢弦式、应变式、液压式压力盒进行监测。

② 预应力变化值，在最初 10d 应每天记录一次，第 11d 至第 30d 每 10d 记录一次，第 31d 至第 12 个月每 30d 记录一次。

（4）预应力变化值不宜大于锚杆设计轴向拉力值的 10%，必要时可采取重复张拉或适当放松以控制预应力变化。

2-5-25　土层锚杆防腐有何要求？

答：1）锚杆锚固段杆体应采用水泥浆封闭防腐，杆体周围保护层厚度不得小于 10mm。

2）锚杆的自由段杆体可采用涂润滑油或防腐漆，再包裹塑料布等简易防腐措施。

3）锚杆的锚头宜采用沥青防腐。

2-5-26　土层锚杆验收时，应提供哪些资料？

答：1）原材料出厂（场）合格证，工地材料试验报告，代用材料试验报告。

2）锚杆施工记录。

3）锚杆验收试验报告。

4）锚杆工程范围内的地质报告。

5）隐蔽工程检查验收记录。

2-5-27　工程基坑支护验收表是怎样的？

答：示例见下验收表 2-5-27。

表 2-5-27

基坑支护验收表 表 A-C6-1		编　号	11#
工程名称	某污水工程	总包单位	某项目部
基坑支护工程	顶管竖井提土架	施工单位	某项目部
序号	检查项目	检 查 内 容	检 查 结 果
1	各类管线保护	基础施工前建设单位必须以书面形式向施工企业提供详细的地上（下）管线及毗邻区域内建（构）筑物资料，施工企业应采取保护措施	甲方已提供地下管线资料项目部已采取保护措施
2	基坑支护	开挖深度超过 1.5m，应根据土质和深度情况按规定放坡或加可靠支撑，边坡设置应符合要求；基坑深度超过 5m 或不到 5m 但情况复杂的，必须编制安全专项施工方案，并组织专家进行论证，经企业技术负责人和总监理工程师签字后，方可施工	基坑支护采用环撑支护脚手板插在钢支撑外侧护壁，环支撑外侧有立撑
3	临边防护及排水措施	开挖深度超过 2m 的，必须设立两道防护栏杆，用密目网封闭，夜间应设红色标志灯；雨季施工期间必须有良好的排水措施	防护栏杆符合要求，无地下水
4	其他	坑边堆物、堆料、停置机具等符合有关规定；马道或爬梯设置应符合要求；应定期对基坑支护变形情况、毗邻建筑物沉降情况等进行监测	符合检查要求
5	其他增加的验收项目	提土架架体及卷扬机、油泵符合要求	
6	验收结论：未发现安全隐患，可投入使用。 　　　　　　　　　　　　　　　　　　　年　　月　　日		
验收人员：××× 总包项目技术负责人：××× 分包单位项目负责人：××× 其他验收人员：××× 　　　　　　　　　　　　　　　　　　　年　　月　　日			
监理单位意见： 　　　　　　　　　　　监理工程师（签字） 　　　　　　　　　　　　　　　　　　　年　　月　　日			

注：本表由施工单位填报，监理单位、施工单位各存一份。

2-5-28　管道交叉处理有哪些规定？

答：1）排水管道施工时若与其他管道交叉，应按设计规定进行处理；当设计无规定时，应按本节规定处理并通知有关单位。

2）混凝土或钢筋混凝土预制圆形管道与其上方钢管道或铸铁管道交叉且同时施工，当钢管道或铸铁管道的内径不大于400mm时，宜在混凝土管道两侧砌筑砖墩支承。砖墩的砌筑应符合下列规定见图2-5-28（1）。

（1）应采用黏土砖和水泥砂浆，砖的强度等级不应低于MU7.5；砂浆不应低于M7.5；

（2）砖墩基础的压力不应超过地基的允许承载力；

（3）砖墩高度在2m以内时，砖墩宽度宜为240mm；砖墩高度每增加1m，宽度宜增加125mm；砖墩长度不应小于钢管道或铸铁管道的外径加300mm；砖墩顶部应砌筑管座，其支承角不应小于90°；

（4）当覆土高度不大于2m时，砖墩间距宜为2～3m；

（5）对铸铁管道，每一管节不应小于2个砖墩。

3）混合结构或钢筋混凝土矩形管渠与其上方钢管道或铸铁管道交叉，当顶板至其上方管道底部的净空在70mm及以上时，可在侧墙上砌筑砖墩支承管道（图2-5-28（2））。

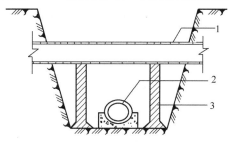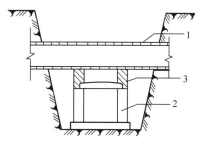

图 2-5-28（1）　圆形管道两侧砖墩支承
1—铸铁管道或钢管道；2—混凝土
圆形管道；3—砖砌支墩

图 2-5-28（2）　矩形管渠上砖墩支承
1—铸铁管道或钢管道；2—混合结构或
钢筋混凝土矩形管渠；3—砖砌支墩

当顶板至其上方管道底部的净空小于70mm时，可在顶板与管道之间采用低强度等级的水泥砂浆或细石混凝土填实，其荷载不应超过顶板的允许承载力，且其支承角不应小于90°（图2-5-28（3））。

4）圆形或矩形排水管道与其下方的钢管道或铸铁管道交叉且同时施工时，对下方的管道宜加设套管或管廊，并应符合下列规定（图2-5-28（4））：

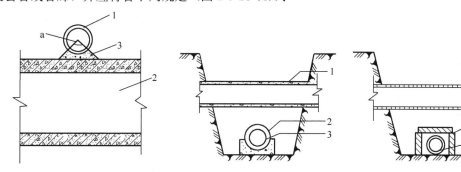

图 2-5-28（3）　矩形管渠上填料支承
1—铸铁管道或钢管道；2—混合结构
或钢筋混凝土矩形管渠；3—低强度等
级的水泥砂浆或细石混凝土；a—支承角

图 2-5-28（4）　套管和管廊
1—排水管道；2—套管；
3—铸铁管道或钢管道；
4—管廊

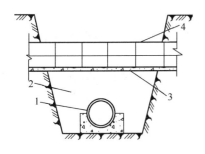

图 2-5-28（5） 电缆管块下方回填
1—排水管道；2—回填
材料；3—中砂或粗砂；
4—电缆管块

（1）套管的内径或管廊的净宽，不应小于管道结构的外缘宽度加 300mm；

（2）套管或管廊的长度不宜小于上方排水管道基础宽度加管道交叉高差的 3 倍，且不宜小于基础宽度加 1m；

（3）套管可采用钢管、铸铁管或钢筋混凝土管；管廊可采用砖砌或其他材料砌筑的混合结构；

（4）套管或管廊两端与管道之间的孔隙应封堵严密。

5）当排水管道与其上方的电缆管块交叉时，宜在电缆管块基础以下的沟槽中回填低强度等级的混凝土、石灰土或砌砖。其沿管道方向的长度不应小于管块基础宽度加 300mm，并应符合下列规定：

（1）排水管道与电缆管块同时施工时，可在回填材料上铺一层中砂或粗砂，其厚度不宜小于 100mm；

（2）当电缆管块已建时，应符合下列规定：

① 当采用混凝土回填时，混凝土应回填到电缆管块基础底部，其间不得有空隙。

② 当采用砌砖回填时，砖砌体的顶面宜在电缆管块基础底面以下不小于 200mm，再用低强度等级的混凝土填至电缆管块基础底部，其间不得有空隙。

2-5-29 管道交叉处理有哪些要求？

答：1）一般规定：

（1）管道开槽施工前应根据有关单位提供的地下管线（地下管线的标志见附录 A）资料进行确认，并应对管道交叉现场进行实地勘测，制定加固、保护或迁移措施；按设计要求进行管道交叉处理施工。

（2）施工中遇管道与其他管道等构筑物的距离未能满足设计要求（各种管道间安全距离见附录 B）时，应报有关方面采取技术处理措施。

（3）对需加固、保护的管道，应根据管道的种类、环境条件、暴露时间和长度等制定相应的处理方案以及防雨、防冻、防碰撞的措施。施工过程中对悬吊、支托设施应经常维护，保持完好。

（4）管道自身质量、断面较大时，宜采用支墩、支架或复合支撑加固。管道自身质量较小（如电缆、小口径给水管与燃气管等）时，宜采用单梁或复合吊架悬吊。如有必要应对可能渗漏的管节内部设置套管或采取密封措施。

管道加固、保护方案应征得相关管理单位确认，施工中应请管理单位派员现场监护。

（5）施工中应在悬吊或支托的管线暴露段的四周划定保护区域，设置围挡与警示标识，严禁非作业人员进入。

（6）管道交叉处理和对建（构）筑物采取加固措施后，应会同相关单位共同检验，确认合格后，方可进行后续施工。

2）悬吊

（1）当管径或质量较小、允许有一定变位的管道（线）跨越沟槽时，应对管道（线）采取悬吊措施。

（2）吊梁、悬吊杆件的断面、长度、间距等应根据被悬吊管道（线）的管径、质量、结构状况等经计算确定。

（3）被悬吊的管道底部应设支垫。管道设有防护层时，尚应在管道外底与支垫间设弹塑性材料衬垫。

（4）吊梁的两端应置于坚固的基础上，吊梁应水平，支点应稳固，悬吊杆件应垂直。

（5）施工过程中应经常检查，保持被悬吊管节稳定、接口不变位。

（6）拆除悬吊设施应符合下列规定：

① 被悬吊管道（线）下方应先采用砌体或低强度混凝土支墩作永久支撑，或用白灰土、土等填实，其支撑力应满足被悬吊管道（线）解除悬吊后安全使用的要求。

② 被悬吊管道（线）下方支墩或回填质量经检查确认符合要求后，在管理单位监护下方可拆除悬吊设施。

③ 用支墩作永久支撑的管道，悬吊设施拆除后应将管道下的空隙全部回填密实。

3）支托

（1）当管径或质量较大的管道跨越沟槽时，对管道宜采取混凝土、砌体墙或支墩等支托措施。

（2）支托结构应根据既有管道的管径、质量、承载和结构状况等，经计算确定。

（3）被支托管道下的土方开挖和支托结构施工的程序、方法应依据土质、管道结构、承载与跨越长度等确定。施工中必须确保被支托管道的结构安全，保持其正常运行。

（4）支托结构必须置于原状土上，与管道间应紧密吻合，不留空隙。

2-5-30　管道基础的种类有几种形式？

答： 管道基础的种类有多种形式，各种类型的选择必须依照对管道渗漏要求、管径大小、管道埋深、管道位置、地下水位和地基土质土层状况而定，一般常用的管道基础有下列五种类型：

1）弧型素土基础：用于无地下水侵害，土质均匀坚实稳定，埋深较浅的支线雨水管道。

2）灰土基础：用于无地下水侵害，而土质较松软的支线雨水、合流管道。

3）砂砾垫层基础：用于有地下水侵害，而土层较弱，但土质稳定的支线雨水、合流管道。

4）混凝土枕基础：用于无地下水侵害，土层均可稳定的支线或次干线雨水、合流管道。

5）混凝土基础：用于有地下水侵害，埋深较大，土质软弱程度不一致，需进行闭水试验的污水管道或主次干线雨水、合流管道，并有以下三种形式基座，如图 2-5-30 所示。

管道基础的类型按其力学特性即抵抗变形能力与刚度大小可分为如下三种：

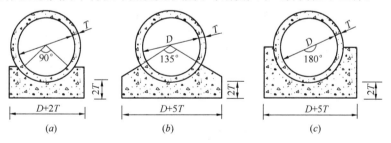

图 2-5-30　管道基础
（a）90°管基；（b）135°管基；（c）180°管基

① 柔性基础：抵抗变形能力小、刚度小的基础，如素土基础，砂砾层基础等。

② 刚性基础：抵抗变形能力大、刚度大的基础，如混凝土基础。

③ 半刚性基础：其性能是介于柔性与刚性基础之间的一种基础，如灰土基础，枕基础等。

管道基础类型选择的原则：通常决定于管道构筑物的力学性能和地基的坚实稳定程度，分述如下：

管道构筑物的力学性能，即柔刚性程度，取决于管道材料结构及其管道接口方法，一般有三种，即：

柔性管材＋柔性接口＝柔性管道

刚性管材＋柔性接口＝半刚性管道

刚性管材＋刚性接口＝刚性管道

通常排水管道所采用的混凝土和钢筋混凝土管属于刚性，一般管道接口采取水泥砂浆抹管带也为刚性接口，因此大多数排水管道属于刚性管道。这种管道力学性能是要求管道构筑物许可的沉降变形较小，所以一般多采用混凝土基础或枕基础，才能满足管道要求。

2-5-31　平基座与弧形基座使上部管道受力情况有什么不一样？各适用于什么情况？

答：1）基础类型的选择除决定于地基承载力外，基础的基座形式也直接影响着上部管道构筑物所承受的压力，即抵抗外荷载能力的大小。平基座使其上部管道构筑物集中受力，弧形基座使其上部管道构筑物分散受力，弧形愈大所受力的分散与均匀程度愈大。

根据试验得知，管道在90°弧形基座卜比平上座上可增加抗压强度两倍，在180°弧形基座上可增加到3倍而不遭到破坏。因此，基础类型除了取决于管道构筑物的力学性能与地基情况外，还有对管道使用条件、管道密闭性要求、地下水情况等，对管道排水、地下水污染和地基的强度与稳定均有较大影响，其影响程度决定于基础类型。

2）一般对于管径断面较小的支干线，地基坚固稳定、无地下水侵害、管道密闭性要求不高、不需进行闭水试验的管道，如雨水、合流管道一般采用素土、灰土、枕基础；对于管径断面较大的干管或主干管排水管道，有地下水侵害、地基较松软、管道有密闭性要求必须进行闭水试验，如污水、合流管道、雨水干管、主干管等一般采用混凝土基础。

2-5-32　管道沟槽 不同部位回填土产生不均匀沉降怎样影响？管道构筑物的地基有什么影响？

答：管道性能、基础性能与地基坚固有着直接相互联系，问题是管道构筑物荷载在位于管道上部回填土与管道两侧胞腔的回填土之间，因土壤内部摩擦力及黏聚力作用，沟槽不同部位回填土会产生不均匀沉降，这种不均匀性决定于管道与基础的柔刚性程度以及地基的坚实稳定情况。从而导致结构开裂。

2-5-33　为什么要对地基进行处理？

答：管道构筑物的地基承载力必须大于管道基础对地基所产生的压力。对管道基础要求是从管道使用条件、受力大小和结构强度状况出发，保证管道有一定的密闭性，不产生较大变形与不均匀沉降，管道结构所承受的外荷载能够有效均匀传递分布到地基中，这种外荷载大小决定于管道埋深与管径断面和管道位置。埋深与管径断面愈大。外荷载对管道基础产生的压力愈大，基础承载力愈大，而管道位置决定于地面上动、静荷载压力直接影响管道结构的外荷载大小，因此当地基强度的均匀性与稳定性的程度达不到基础传递给它的压力时，必须事先对地墓进行人工处理。

2-5-34　什么力引起土沉降？哪些情况要进行地基处理？

答：1）构筑物荷载作用于地基上，而使地基产生附加应力，这种附加应力引起土沉降，从而导致构筑物产生裂缝。但是附加应力是随深度加大而逐渐减小，土层的沉降量也是随着深度而减小的。土的沉降就是土体空隙被压缩，因而可知土的沉降是与土的孔隙度和附加应力的大小有关。

各种地基土的承载力还和土质、含水量等其他土质指标及物理、力学指标有关。

管道工程一般铺设在未被扰动的原状土层上。一般情况下，管道工程可铺设在不经处理的地基上，但如果在施工中原状土被扰动而降低了其承载能力，也会使管道产生不均匀沉降而致裂缝。因此需要采取地基加固处理以提高其承载力。

2）当排水管道通过旧河床，苇塘、洼地、地表土松软地区；管道位于地下水位以下，由于排水不良，致使管底持力层土壤被地下水上涌扰动产生流砂，丧失承载力；管道交叉处，上层管道落在下层管道的开槽回填土上（俗称肥槽），造成上层管道受力不均；或机械挖土，槽底超挖，管底持力层被扰动等情况，就要考虑进行地基处理。

根据工程实际遇到的情况酌情选用处理方法，常用的地基处理方法有：

换土法适用于较浅的地基处理地段，一般用于地基持力层扰动深度小于 0.8m 的情况下。如有地下水，可采取满槽挤入片石的方法，由沟一端开始，依次向另一端推进，边挖边挤入片石，片石缝隙用级配砂石填充。片石深度不小于扰动深度的 80%。如没有地下水，可根据插探深度确定换土深度，将需要换掉的土挖出后，更换上级配砂石、碎砖灌水泥浆、亦可用灰土夯实，对显著的局部坚硬的土质，如考虑基础或被压密实的老路面层等，可将硬土挖下 0.5m 左右，用灰土夯实。

砂桩处理适用于扰动深度为 2m 以内的情况．砂桩间距一般为 0.6m 左右，交错排列。桩杆径 15～20cm，其深度应在地基被扰动层以下 1.0m 多的地方。砂桩加密带宽度应大于基础每侧 0.4m。

采用短木桩挤密被扰动的地基持力层，适用条件基本上与砂桩处理适用条件同。桩直径亦为 15cm 或稍大些，桩距 0.6m 左右。锤击深度以不大于 3cm 为宜，一般桩长不超过 3m。桩间隙需以大块石挤严密。

如槽底地基土扰动深度大于 2m 时，可采用长桩处理。多在草塘、洼地、归河床处理采用。桩长可达 4m 以上，关于长桩设计可参阅有关专门规程。

地基处理段与不处理段的交界处，应做成渐变段，该处管道结构亦应考虑刚性或柔性处理措施。

2-5-35　基础处理常遇到的情况有哪两种？

答：1）如果槽底未按照设计高程开挖，而造成超挖或因槽底起出障碍物或局部松软者，应按下列方法处理：

① 干槽超挖在 15cm 以内者，可用原土回填夯实，其密实度不得低于原自然土的密实度。

② 干槽超挖在 15cm 以上者，可用白灰土处理，其密实度不应低于 95%。

③ 槽底有地下水或地基土壤含水量较大，不能夯实者，可用天然级配砂石回填。

2）由于排水不良，以致地基被扰动者，应征求设计人意见或按以下方法处理：

① 扰动深度在 10cm 以内者，可用天然级配砂石或砾石处理。

② 扰动深度达 10～20cm 时，可填大卵石或块石，并用砾石填充空隙和找平。填块石时应由一端顺序进行，大面向下，块与块之间相互挤紧。

2-5-36　对地基进行处理方法有哪些？

答：1）挖土法：槽底以下地基松软，承载力小，或局部地段地基坚硬，会产生管道不均匀沉降等情况时，可采用挖土法，一般处理深度小于 0.8m。如有地下水，可采取满槽填挤块石或砂石等材料。

2）砂桩处理法：遇有地基为粉砂、亚砂土和薄层砂质黏土，上层排水不利，有地下水侵害，下层有透水层时，使地基产生扰动不稳固，深度在 0.8～2m 范围，可采取砂桩挤密和排水，以提高地基承载力。砂桩一般用打入钢套管成孔，填入粗砂、边填砂、边捣实、边拔管。

3）短木桩处理法：对于地基松软不稳定的土层，可采用短木桩法挤压紧密土层，上面做钢筋混凝土承台来提高地基承载力，如图 2-5-36（1）所示。

4）木筏处理法：当地基处于流砂层，地下水侵害严重，地基不稳固，且承载力小，可采用此法得

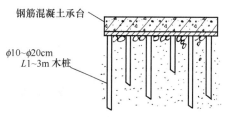

图 2-5-36（1）　短木桩地基

到较均匀的地基承载力，如图 2-5-36（2）所示。

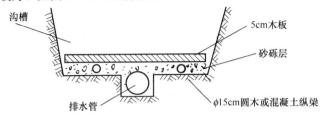

图 2-5-36（2） 木筏地基

平基座与弧形基座使上部管道受力情况有什么不一样各适用于什么情况？一般混凝土基础管道上部与两侧胸腔回填土相比较变形较小，管道基础上受到的单位荷重比回填土大，所受到的压力比管道上部土荷载大，而素土基础则相反。由于基础的性质不同，地基对基础的反力也不相同。

2-5-37　某工程在低洼泽塘地带管线基础处理方案是如何确定的？

答：污水管线及雨水管线的纵向位置，全部埋置于地下的淤泥层内，这层淤泥很厚（在 3.4～5m 之间），要把淤泥全部挖出，从槽深和槽宽角度看，是很难办到的。对于这层淤泥的处理，设计部门曾提出了几种意见，但如实施这些办法：填砂、碎石、换土等都因淤泥层厚而难于实现。当时设计明文写到"如遇淤泥、腐殖土等应将淤泥清除"，对于施工方法则未说明，故如何防止淤泥和流砂滑动坍方，淤泥又如何清除，管基如何处理等一些问题必须解决。

1）降水问题：

由于地下水位较高，很多人都认为井点降水势在必行，一般提出井点应打到 6～8m 深方可，因为 6m 以下才到砂层，而我们施工的管槽深度在 3.5～5m 之间，淤泥层渗透系数很小，下部透水层的地下水可以顺利排出，而井管位置以外的槽底仍处于饱和、水中，地下水位仍降不下去，经过反复推敲，尽管大连市政公司和北京市政一公司均将井点设备及井点管带到了海南，但哪家也没使用井点排水。

经过研究和分析，结合现场实际，还是选用了明排水，（此处一建筑工地仅用两台 100mm 潜水泵就排除了 10000m² 建筑的基坑内的水），可见明排水是一有力措施。其方式是由建筑小区统一制定了排水系统，各施工单位制定分部排水方案，管槽内在管基两侧（或一侧）设置排水子沟，沿管线纵向 50～100m 处没一集水井，用潜水泵及时把水排走，以保证干槽施工。

2）管槽支护：

（1）由于下部淤泥层厚度在 3.4m 以上，对管槽两侧应考虑支护，就此探讨，大多认为应予支撑，支撑高度应比淤泥层顶部略高 0.5m，但鉴于木材较缺，钢板桩无货，造价亦昂贵，加上支撑后，给管道施工带来不便。

（2）沟槽加固以加固边坡为主，用编织袋装砂（土）边挖槽边叫人沿两侧沟槽边坡码放，其高度应高出淤泥层少许（0.3m 左右），使用此法，可将边坡坡度放陡一级（此处从 1：0.75～1：1 改为 1：0.5～1：0.75），经测算，土方量减少的费用，足以弥补了购编织袋及码放用工的费用。由于此法的沟槽上口减窄，放管吊车的吊臂距亦相应缩短，机械费用也可有所节约（如图 2-5-37 所示）。

3）管基处理：

（1）抛石法：

遇到淤泥的基础，以抛石法最为简单，处理的方法是，首先应使管槽超挖 0.4～0.5m，在管基处抛片

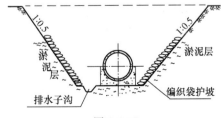

图 2-5-37

石一至二层，以砂填缝，上部不足部分填砂震实，此法在淤泥层不厚时，更为妥善。

（2）铺竹排（箔）法：

遇有较深淤泥的管槽，可以在槽底淤泥层上，加竹篾编的竹排（箔），每张约 $1\times2m$，造价为 2.5 元/张，这一方法在管基施工中收到了较好的效果。在某污水工程曾因淤泥较深且软，致使所抛片石依次下沉，施工人员两腿深陷而不能自拔，形不成坚实的槽底，我建议他们在淤泥上铺两层竹箔，再压一层片石，用海砂灌至基础底高，形成较强的基础，终于浇筑了混凝土管基并稳管成功。而另一段未铺竹排（箔）的 10m 混凝土底板在安放 $D=1000mm$ 混凝土管后，底板即折裂，造成返工。至于竹排久后腐烂变质问题，可以认为深埋地下的淤泥中本身含有大量腐殖物，添此一层，只略增加腐殖质含量，并未影响大局，故我认为应用此法处理较深的管基础，可谓简单、节省、易行。

（3）用低标号灌浆混凝土处理：在超挖的淤泥层上先铺碎石（当地无砾石）20～30cm，土铺水泥砂浆（水泥的强度等级为 32.5，用量 200kg/m³ 混凝土为宜），略振捣后，形成低标号混凝土，24 小时后再浇筑混凝土管基，由于投资略高使用不多。

2-5-38　灰土处理地基工艺是怎样的？

答： 1）适用范围

换填土法适用于浅层软弱地基及不均匀地基的处理。

2）施工准备

（1）材料：

① 灰土。体积配合比宜为 2∶8 或 3∶7。土料宜用粉质黏土，不宜使用块状黏土和砂质粉土，不得含有松软杂质，并应过筛，其颗粒不得大于 15mm。石灰宜用新鲜的消石灰。

② 灰土的土料，宜采用就地基槽中挖出的土，但不得含有有机杂质，使用前应过筛，其粒径不得大于 15mm。

③ 用作灰土的熟石灰应过筛，其粒径不得大于 5mm。熟石灰中不得夹有未熟化的生石灰块，也不得含有过多的水分。

（2）施工机具（设备）：

灰土宜采用平碾、振动碾或羊足碾，中小型工程也可采用蛙式夯、柴油夯。

（3）作业条件：

① 施工位置或场地的定位控制线（桩），标准水平桩及需换填部位的灰线尺寸，必须经过检验合格，并办完预检手续。

② 场地表面要清理平整，做好排水坡度，施工场地内不得有地下水，如果地下水位较高需先进行排降水施工。

（4）技术准备：

① 获取并熟悉施工现场水文地质情况，根据土质情况及地基承载力要求，确定换填材料及压实方法。

② 熟悉图纸并进行技术、安全交底。

3）操作工艺

（1）工艺流程：土方开挖→换填→平整夯实→验收。

（2）操作方法：

① 灰土的配合比（体积比）除设计有特殊要求外，一般为 2∶8 或 3∶7，灰土应拌合均匀，颜色一致。拌好后及时铺好夯实，不得隔日夯打。

② 回填前应将基底的草皮、树根、淤泥、耕植土铲除，并清除要求深度内的软弱土层。

③ 当换填层底部存在古井、古墓、洞穴、旧基础、暗塘等软硬不均的部位时，应根据建筑

对不均匀沉降的要求予以处理，并经检验合格后，方可铺换填层。

④ 基坑开挖时应避免坑底上层受扰动，可保留约200mm厚的土层暂不挖去，待铺填换填层前再挖至设计标高。严禁扰动垫层下的软弱土层，防止其被践踏，受冻或受水浸泡。

⑤ 垫层底面宜设在同一标高上，如深度不同，基坑底土面应挖成阶梯或斜坡搭接，并按先深后浅的顺序进行垫层施工，搭接处应夯压密实。

⑥ 灰土施工时，应适当控制含水量。工地检验方法，是用手将灰土紧握成团，两指轻捏即碎为宜，如土料水分过多或不足时，应晾干或洒水润湿。

⑦ 灰土的铺设厚度，可根据不同的施工方法按照表2-5-38（1）选用。各层厚度都应预先在基坑（槽）侧壁插定标志。每层灰土的夯打遍数，应根据设计要求的干表观密度在现场试验确定。

灰土铺设厚度 表 2-5-38 (1)

项次	夯实机具种类	重量（kg）	厚度（mm）	备 注
1	小木夯	5～10	150～200	人力送夯，落高 400～500mm
2	石夯、木夯	40～80	200～250	一夯压半夯
3	轻型夯实机械	—	200～250	蛙式打夯机、柴油打夯机
4	压路机	6000～10000（机重）	200～300	双轮

⑧ 灰土换填竣工验收合格后，应及时进行基础施工与基坑回填，或作临时遮盖，防止日晒雨淋。

⑨ 在地下水位以下的基坑（槽）内施工时，应采取排水措施。夯实后的灰土，在三天内不得受水浸泡。

（3）冬雨期施工：

① 雨期施工的换填工程，应连续进行尽快完成；工作面不宜过大，应分层分段逐片进行。换填完的灰土和粉煤灰应立刻覆盖以免日晒雨淋。

② 雨施时，应有防雨措施或方案，要防止地面水流入基坑内，以免边坡塌方或基土遭到破坏。

③ 换填工作应连续进行，对于基槽换填应防止槽帮或已填方土层受冻，并且要及时覆盖保温材料。

④ 冬期施工时灰土材料中不得夹有冻块。

4）质量标准见表2-5-38（2）。

质量控制项目表 表 2-5-38 (2)

项	序	检查项目	允许偏差或允许值		检查方法
			单位	数值	
主控项目	1	地基承载力	设计要求		按规定方法
	2	配合比	设计要求		检查拌合时的体积比
	3	压实系数	设计要求		现场实测
一般项目	1	石灰粒径	mm	≤5	筛分法
	2	土料有机含量	%	≤5	实验室焙烧法
	3	土颗粒粒径	mm	≤15	筛分法
	4	含水量（与要求的最优含水量比较）	%	±2	烘干法
	5	分层厚度偏差	mm	±50	水准仪测量

5）质量记录

（1）地基钎探记录。

（2）地基隐蔽验收记录。

（3）灰土的试验报告。

6）安全与环保

（1）施工现场卸料时应由专人指挥。卸料时，作业人员应位于安全地区。

（2）需要消解的生石灰应堆放于远离居民、庄稼和易燃物的空旷场地，周围应设护栏，不得堆放在道路上。

（3）现场拌合石灰土应选在较坚硬的场地上进行，摊铺、拌合石灰应轻拌、轻翻，严禁扬撒，五级以上风力不得施工；北京市五环路以内不许使用粉块状生石灰。

（4）人工摊铺作业人员应保持1m以上安全距离，人工摊铺时不得扬撒。

（5）机械摊铺与机械碾压时，应设专人指挥机械，协调各操作人员之间的相互配合，保证安全作业。

（6）机械运转时，严禁人员上下机械，严禁人员触摸机械的传动机构。

（7）作业后，施工机械应停在平坦坚实的场地，不得停置于临边、低洼、坡度较大处。停放后必须停火、制动。

（8）土方施工时，为防止遗洒，车辆不得超载、拍实或加布苫盖，在驶出现场前的一段道路上，铺垫草袋或麻袋，出口设冲洗平台，专人冲洗轮胎，防止将泥土带入社会道路。

（9）为防止施工机械噪声扰民，尽可能选用低噪声施工机具，尽可能在白天施工，避免夜间施工噪声扰民。

7）成品保护

（1）施工时，对定位标准桩、轴线控制极、标准水准点及龙门板等，填运土方时不得碰撞，也不得在龙门板上休息，并应定期复测检查这些标准桩点是否正确。

（2）夜间施工时，应合理安排施工顺序，要有足够的照明设施。防止铺填超厚，严禁用汽车直接将土倒入基坑（槽）内。

（3）灰土换填后如不立即进行基础施工，应对其进行覆盖避免日晒雨淋。

2-5-39 碎砾石处理地基工艺是怎样的?

答：1）适用范围

碎砾石处理地基工艺适用于浅层软弱地基及不均匀地基的处理，不适用于湿陷性黄土地基。

2）施工准备

（1）材料：

碎石：宜选用碎石、卵石、角砾、圆砾、砾砂、粗砂、中砂或石屑（粒径小于2mm的部分不应超过总重的45%），应级配良好，不含植物残体、垃圾等杂质。

（2）施工机具（设备）：

振动碾、蛙式夯、柴油夯等。

（3）作业条件：

① 施工位置或场地的定位控制线（桩），标准水平桩及需换填部位的灰线尺寸，必须经过检验合格，并办完预检手续。

② 场地表面要清理平整，做好排水坡度，施工场地内不得有地下水，如果地下水位较高需先进行排降水施工。

（4）技术准备：

① 获取并熟悉施工现场水文地质清情况，根据土质情况及地基承载力要求，确定换填材料

及压实方法。

② 熟悉图纸并进行技术、安全交底。

3）操作工艺

（1）工艺流程：

土方开挖→分层铺筑碎石→平整夯实→验收。

（2）操作方法：

① 摊铺用的碎石材料，不得含有草根垃圾等有机杂物。用作排水固结地基的材料除应符合上列要求外，含泥量不宜超过 3‰。碎石或卵石最大粒径不宜大于 50mm。

② 在地下水位高于基坑（槽）底面施工时，应采取排水或降低地下水位的措施，使基坑（槽）保持无积水状态。

③ 铺筑前，应先行验槽。浮土应清除，边坡必须稳定，防止塌土。基坑（槽）两侧附近如有低于地基的孔洞、沟、井、墓穴等，应在未做地基前，加以填实。地基范围内不应留有孔洞。完工后，如无技术措施，不得在影响其稳定的区域内进行挖掘工程。

④ 碎石地基底面宜铺设在同一标高上，如深度不同时，基土面应挖成踏步或斜坡搭接，搭接处应注意捣实。

⑤ 地基的捣实方法可视施工条件按表 2-5-39（1）选用，每层铺设厚度不宜超过此表规定数值。每铺好一层，经压实系数检验合格后，方可进行上一层施工。

砂石垫层每层铺设厚度及最优含水量表　　　　　　　　　　　　表 2-5-39（1）

捣实方法	每层铺筑厚度（mm）	施工时的最佳含水量（%）	施　工　说　明	备　　注
平振法	200～250	15～20	用平板式振捣器往复振捣	不宜使用于细砂或含泥量较大的砂铺筑砂地基
插振法	振捣器插入深度	饱和	1. 用插入式振捣器； 2. 插入间距可根据机械振幅大小决定； 3. 不应插至下卧黏性土层； 4. 插入振捣完毕后，所留的孔洞，应用砂填实	不宜使用细砂或含泥量较大的砂铺筑砂地基
水撼法	250	饱和	1. 注水高度应超过每次铺筑面层； 2. 用钢叉摇撼捣实插入点间距为 100mm； 3. 钢叉分四齿，齿的间距 80mm，长 300mm，木柄长 90mm	湿陷性黄土膨胀土地区不得使用
夯实法	150～200	8～12	1. 用木夯式机械夯； 2. 木夯重 40kg，落距 400～500mm； 3. 一夯压半夯全面夯实	适用于砂石垫层
辗压法	250～350	8～12	6～10t 压路机往复辗压	1. 适用于大面积砂地基 2. 不宜用于地下水位以下的砂地基

注：如用水撼法或插入振动法施工时，应有控制地注水和排水。

⑥ 在碎石或卵石垫层底部宜设置 150～300mm 厚的砂垫层或铺一层土工织物，以防止软弱土层表面的局部破坏，同时必须防止基坑边坡坍塌土混入垫层。

（3）冬雨期施工：

① 雨期施工的换填工程，应连续进行尽快完成；工作面不宜过大，应分层分段逐片进行。

② 雨施时，应有防雨措施或方案，要防止地面水流入基坑内，以免边坡塌方或基土遭到破坏。

③ 换填工作应连续进行，对于基槽换填应防止槽帮或已填方土层受冻，并且要及时覆盖保温材料。

④ 冬期施工时换填材料中不得夹有冻块。

4）质量标准见表2-5-39（2）。

质量控制项目表　　　　　　　　　　表 2-5-39 (2)

项　目	序	检 查 项 目	允许偏差或允许值		检 查 方 法
			单位	数值	
主控项目	1	地基承载力	设计要求		按规定方法
	2	配合比	设计要求		检查拌合时的体积比
	3	压实系数	设计要求		现场实测
一般项目	1	砂石料有机杂质含量	%	≤5	焙烧法
	2	砂石料含泥量	%	≤5	水洗法
	3	石料粒径	mm	≤100	筛分法
	4	含水量（与要求的最优含水量比较）	%	±2	烘干法
	5	分层厚度偏差（与设计要求比较）	mm	±50	水准仪测量

根据排水管（渠）施工质量检验标准中的相关规定，碎砾石基础允许偏差见表2-5-39（3）。

土、砂及砂砾基础允许偏差表　　　　　　　表 2-5-39 (3)

序号	项　　目	允许偏差（mm）	检验频率		检验方法
			范围	点数	
1	厚　度	不小于设计规定	15m	1	用尺量
2	高　程	+20, 0	15m	1	用水准仪测量
3	宽　度	不小于设计规定	15m	1	用尺量

5）质量记录

（1）地基钎探记录

（2）地基隐蔽验收记录。

（3）砂石的试验报告。

6）安全与环保

（1）施工现场卸料时应由专人指挥。卸料时，作业人员应位于安全地区。

（2）人工摊铺作业人员应保持1m以上安全距离，人工摊铺时不得扬撒。

（3）机械摊铺与机械碾压时，应设专人指挥机械，协调各操作人员之间的相互配合，保证安全作业。

（4）机械运转时，严禁人员上下机械，严禁人员触摸机械的传动机构。作业后，施工机械应停在平坦坚实的场地，不得停置于临边、低洼、坡度较大处。停放后必须停火、制动。

（5）土方施工时，为防止遗洒，车辆不得超载，拍实或加布苫盖，在驶出现场前的一段道路上，铺垫草袋或麻袋，出口设冲洗平台，专人冲洗轮胎，防止将泥土带入社会道路。

（6）为防止施工机械噪声扰民，尽可能选用低噪声施工机具，尽可能在白天施工，避免夜间施工噪声扰民。

7）成品保护

（1）施工时，对定位标准桩、轴线控制极、标准水准点及龙门板等，填运土方时不得碰撞，也不得在龙门板上休息。并应定期复测检查这些标准桩点是否正确。

（2）夜间施工时，应合理安排施工顺序，要有足够的照明设施。防止铺填超厚，严禁用汽车直接将土倒入基坑（槽）内。

2-5-40　砂石处理地基工艺是怎样的？

答：1）适用范围

砂石处理地基工艺适用于浅层软弱地基及不均匀地基的处理。

2）施工准备

（1）材料：

砂和砂石地基所用的材料，宜采用中砂、粗砂、砾砂、碎（卵）石、石屑或其他工业废粒料。在缺少中、粗砂和砾砂的地区，可采用细砂，但宜同时掺入一定数量的碎石或卵石，其掺入量应符合设计要求。

（2）施工机具（设备）：

振动碾、羊足碾、蛙式夯、柴油夯等。

（3）作业条件：

① 施工位置或场地的定位控制线（桩），标准水平桩及需换填部位的灰线尺寸，必须经过检验合格，并办完预检手续。

② 场地表面要清理平整，做好排水坡度，施工场地内不得有地下水，如果地下水位较高需先进行排降水施工。

（4）技术准备：

① 获取并熟悉施工现场水文地质情况，根据土质情况及地基承载力要求，确定换填材料及压实方法。

② 熟悉图纸并进行技术、安全交底。

3）操作工艺

（1）工艺流程：

土方开挖→分层铺筑砂石→平整夯实→验收。

（2）操作方法：

① 摊铺用的砂和砂石材料，不得含有草根垃圾等有机杂物。用作排水固结地基的材料除应符合上述要求外，含泥量不宜超过 3%，碎石或卵石最大粒径不宜大于 50mm。

② 在地下水位高于基坑（槽）底面施工时，应采取排水或降低地下水位的措施，使基坑（槽）保持无积水状态。

③ 铺筑前，应先行验槽。浮土应清除，边坡必须稳定，防止塌土。基坑（槽）两侧附近如有低于地基的孔洞、沟、井、墓穴等，应在未做地基前，加以填实。地基范围内不应留有孔洞。完工后，如无技术措施，不得在影响其稳定的区域内进行挖掘工程。

④ 砂和砂石地基底面宜铺设在同一标高上，如深度不同时，基土面应挖成踏步或斜坡搭接，搭接处应注意捣实。

⑤ 地基的捣实方法可视施工条件按表 2-5-40（1)选用，每层铺设厚度不宜超过此表规定数值。每铺好一层，经压实系数检验合格后，方可进行上一层施工。

砂石垫层每层铺设厚度及最优含水量表　　　　　　　　　　表 2-5-40（1）

捣实方法	每层铺筑厚度（mm）	施工时的最佳含水量（%）	施　工　说　明	备　　　　注
平振法	200～250	15～20	用平板式振捣器往复振捣	不宜使用于细砂或含泥量较大的砂铺筑砂地基
插振法	振捣器插入深度	饱和	1. 用插入式振捣器； 2. 插入间距可根据机械振幅大小决定； 3. 不应插至下卧黏性土层； 4. 插入振捣完毕后，所留的孔洞，应用砂填实	不宜使用细砂或含泥量较大的砂铺筑砂地基
水撼法	250	饱和	1. 注水高度应超过每次铺筑面层； 2. 用钢叉摇撼捣实插入点间距为 100mm； 3. 钢叉分四齿，齿的间距 80mm，长 300mm，木柄长 90mm	湿陷性黄土膨胀土地区不得使用
夯实法	150～200	8～12	1. 用木夯式机械夯； 2. 木夯重 40ks，落距 400～500mm； 3. 一夯压半夯全面夯实	适用于砂石垫层
辗压法	250～350	8～12	6～10t 压路机往复辗压	1. 适用于大面积砂地基 2. 不宜用于地下水位以下的砂地基

注：如用水撼法或插振法施工时，应有控制地注水和排水。

⑥ 在碎石或卵石垫层底部宜设置 150～300mm 厚的砂垫层或铺一层土工织物，以防止软弱土层表面的局部破坏，同时必须防止基坑边坡坍塌土混入垫层。

（3）冬雨期施工：

① 雨期施工的换填工程，应连续进行尽快完成；工作面不宜过大，应分层分段逐片进行。

② 雨施时，应有防雨措施或方案，要防止地面水流入基坑内，以免边坡坍塌方或基土遭到破坏。

③ 换填工作应连续进行，对于基槽换填应防止槽帮或已填方土层受冻，并且要及时覆盖保温材料。

④ 冬期施工时换填材料中不得夹有冻块。

4）质量标准见表 2-5-40（2）。

质量控制项目表　　　　　　　　　　表 2-5-40（2）

项　目	序	检　查　项　目	允许偏差或允许值		检　查　方　法
			单位	数值	
主控项目	1	地基承载力	设计要求		按规定方法
	2	配合比	设计要求		检查拌合时的体积比
	3	压实系数	设计要求		现场实测
一般项目	1	砂石料有机杂质含量	%	≤5	焙烧法
	2	砂石料含泥量	%	≤5	水洗法
	3	石料粒径	mm	≤100	筛分法
	4	含水量（与要求的最优含水量比较）	%	±2	烘干法
	5	分层厚度偏差（与设计要求比较）	mm	±50	水准仪测量

根据排水管（渠）施工质量检验标准中的相关规定砂石基础允许偏差见表 2-5-40（3）。

土、砂及砂砾基础允许偏差表

表 2-5-40 (3)

序号	项 目	允许偏差（mm）	检验频率		检验方法
			范围	点数	
1	厚 度	不小于设计规定	15m	1	用尺量
2	高 程	+20, 0	15m	1	用水准仪测量
3	宽 度	不小于设计规定	15m	1	用尺量

5）质量记录

（1）地基钎探记录。

（2）地基隐蔽验收记录。

（3）砂石的试验报告。

6）安全与环保

（1）施工现场卸料时应由专人指挥。卸料时，作业人员应位于安全地区。

（2）人工摊铺作业人员应保持 1m 以上安全距离，人工摊铺时不得扬撒。

（3）机械摊铺与机械碾压时，应设专人指挥机械，协调各操作人员之间的相互配合，保证安全作业。

（4）机械运转时，严禁人员上下机械，严禁人员触摸机械的传动机构。作业后，施工机械应停在乎坦坚实的场地，不得停置于临边、低洼、坡度较大处。停放后必须停火、制动。

（5）土方施工时，为防止遗洒，车辆不得超载、应拍实或加布苫盖，在驶出现场前的一段道路上，铺垫草袋或麻袋，出口设冲洗平台，专人冲洗轮胎，防止将泥土带入社会道路。

（6）为防止施工机械噪声扰民，尽可能选用低噪声施工机具，尽可能在白天施工，避免夜间施工噪声扰民。

7）成品保护

（1）施工时，对定位标准桩、轴线控制极、标准水准点及龙门板等，填运土方时不得碰撞，也不得在龙门板上休息，并应定期复测检查这些标准桩点是否正确。

（2）夜间施工时，应合理安排施工顺序，要有足够的照明设施。防止铺填超厚，严禁用汽车直接将土倒入基坑（槽）内。

2-5-41 板撑支护工艺是怎样的？

答：1）适用范围

（1）横撑适用于：土质好、地下水量较小的沟槽。当砂质土壤或当槽深为 1.5～5.0m 并地下水量少时，均可采用连续式水平支撑；土质较硬时采用断续式水平支撑。

（2）竖撑：当土质较差时，地下水较多或在散砂中开挖时采用。

（3）板桩撑：常用于地下水严重、有流砂的弱饱和土层。

2）施工准备

（1）材料：

① 木板撑采用木板、方木、圆木等，撑板支护采用木材时，撑板厚度不宜小于 50mm，长度不宜大于 4m；横梁或纵梁宜为方木，其断面不宜小于 150mm×150mm；横撑宜为圆木，其梢径不宜小 100mm，木板撑支护示意见图 2-5-41（1）。

② 钢板桩支撑可采用槽钢、工字钢或定型钢板桩，槽钢长度为 10～20m，定型板一般长度为 10～20m。

（2）施工机具（设备）：

打桩机械：柴油打桩机、落锤打桩机、静力压桩机等。

（3）作业条件：

施工现场应落实通水、通电、通路，场地表面要清理平整，做好排水坡度，施工场地内不得有地下水，如果地下水位较高需先进行排降水施工。

（4）技术准备：

① 掌握沟槽的土质、地下水位、开槽断面、荷载条件等因素并对支撑方法进行设计。合理选择支撑的材料，可选用钢材、木材或钢材木材混合使用。

② 熟悉图纸，编写适用性强的技术、安全交底，组织对操作人员进行交底。

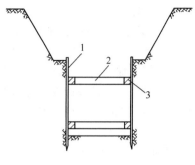

图 2-5-41（1）　木板撑支护示意图
1—挡土板；2—撑木；3—横方木

3）操作工艺

（1）工艺流程：

① 木板桩打设：槽帮修整→放入方木→打设木板→制作定型框架→继续挖槽或打板桩。

② 钢板桩打设：钢板桩矫正→安装围檩支架→钢板桩打设。

（2）操作方法：

A　木板撑操作方法：

① 撑板支撑应随挖土的加深及时安装。根据土质情况，确定开始支撑的沟槽深度，一般槽挖至 50～100cm 时，进行槽帮修整，不得有明显的凹凸。

② 将方木放置槽底，使方木与槽帮的间隙恰好为板桩的厚度。方木用撑木顶住，扒据连接牢固。

③ 将板桩插入发方木与槽帮的间隙内，并依次打入土中 40～50cm，使板桩直立稳定。

④ 在方木上立立柱，上放横木，钉牢后，上下两撑之间钉剪刀撑，形成框架；此结构除用作板桩导轨外还可用作打板桩的脚手架。

⑤ 若无流砂，同时板桩桩尖入土较深、支撑稳固，则可以省去上述框架的制作。继续进行挖槽或打设板桩。

⑥ 在软土或其他不稳定土层中采用撑板支撑时，开始支撑的开挖沟槽深度不得超过 1.0m；以后开挖与支撑交替进行，每次交替的深度宜为 0.4～0.8m。

⑦ 木板撑排列示意见图 2-5-41（2）。

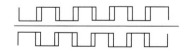

图 2-5-41（2）　木板撑排列示意图

B　钢板撑操作方法：

① 钢板桩矫正：对所要打设的钢板桩的外形是否平直进行检查，对于外形有弯曲变形的钢板桩应采用油压千斤顶顶压或火烘等方法进行矫正。

② 围檩支架安装：围檩支架的作用是保证钢板桩垂直打入和打入后钢板桩墙面平直。

③ 围檩支架多为钢制和木质，尺寸准确，连接牢固。

④ 钢板桩打设：先用吊车将钢板桩吊至插桩点处进行插桩，插桩时锁口对准，每插入一块套上桩冒轻轻加以捶击。打桩过程中，为保证钢板桩垂直度，用经纬仪进行控制。为防止锁口中心线位移，可在打桩进行方向的钢板桩锁口处设卡板，阻止钢板位移，同时在围檩上预先标出每块板状位置，以便随时检查校正。

C 钢板撑拆除方法：

① 拆除支撑前，应对沟槽两侧的建筑物、构筑物和槽壁进行检查，并应制定拆除支撑作业要求和安全措施。

② 拆除撑板应与回填土的填筑高度配合进行，且在拆除后应及时回填。

③ 对于设置排水沟的沟槽，应从两座相邻排水井的分水线向两端延伸拆除。

④ 对于多层支撑沟槽，应待下层回填后再拆除其上层槽的支撑。

⑤ 拆除单层密排撑板支撑时，应先回填至下层横撑底面，再拆除下层横撑，待回填至半槽以上，再拆除上层横撑，一次拆除有危险时，应采取替换拆撑法拆除支撑。

⑥ 拆除钢板桩应符合下列规定：

a. 在回填达到规定要求高度后，方可拔除钢板桩。

b. 钢板桩拔出后应及时回填桩孔。

c. 回填桩孔时应采取措施填实，采用灌砂回填时，非失陷性黄土地区可冲水助沉，有地面沉降控制要求时，宜采取边拔桩边注浆。

（3）冬雨期施工：

① 雨期施工时，应在坑（槽）外侧围以土堤或开挖水沟，防止地面水流人。施工时，应加强对边坡、支撑、土堤等的检查。

② 冬期施工时，应注意安排流水作业，尽量做到快开挖快支护，防止沟槽坍塌。

4）质量标准

（1）主控项目：

① 支撑后，沟槽中心线每侧的净宽不应小于施工设计的规定。

② 横撑不得妨碍下管和稳管。

③ 安装应牢固，安全可靠。

（2）一般项目：

① 支撑的施工质量应符合：钢板桩的轴线位移不得大于50mm；垂直度不得大于1.5%；撑板的安装应与沟槽槽壁紧贴，当有空隙时，应填实。横排撑板应水平，立排撑板应顺直，密排队撑板的对接应严密。

② 横梁、纵梁和横撑的安装，应符合：横梁应水平，纵梁应垂直，且必须与撑板密贴，连接牢固；横撑应水平并与横梁或纵梁垂直，且应支紧，连接牢固。

5）安全与环保

上下沟槽应设安全梯，不得攀登支撑。

6）成品保护

支撑应经常检查。当发现支撑构件有弯曲、松动、移位或劈裂等迹象时，应及时处理。雨期及春季解冻时期应加强检查。

2-5-42 挂网喷锚支护工艺是怎样的？

答：1）适用范围

基槽较深、边坡较陡或直槽时所采用的临时性支护。

2）施工准备

（1）材料：

锚杆、钢筋网片、锚杆用钢筋、喷射混凝土、外加剂。

（2）施工机具（设备）：

喷射混凝土机、空压机、成孔机具可选用冲击钻机、螺旋钻机、回转钻机、洛阳铲等。

（3）作业条件：

① 拆除作业面障碍物，清除开挖面的浮石和槽帮的岩渣堆积物。

② 作业前应对机械设备、风水管路、输料管路和电缆线路等进行全面检查及试运转。

③ 当地下水的流量较大，在支护作业面上难以成孔，形成喷混凝土面层时应在施工前降低地下水位并在地下水位以上进行支护施工。

（4）技术准备：

① 收集工程调查与岩土工程勘察报告。确定支护的具体施工方法，包括锚杆的形式及施工方法，喷射混凝土厚度等。

② 在地下水位丰富的地区，需进行工程降水时的降水方案设计。

③ 编制施工方案和施工组织设计并进行技术、安全交底。

④ 调查相邻地下管线及构（建）筑物情况，制定保护措施和监控量测方案。

3）操作工艺

（1）工艺流程：

机械设备就位

清理坡面危石、浮尘并冲洗坡面→布孔→钻孔→（锚杆制作加工）安放锚杆→注浆

制作钢筋网　　准备混凝土

→张拉（预应力锚杆）→安装钢筋网→喷射混凝土→养护

（2）操作方法：

① 清理坡面、布孔：清除坡面的浮石、危石、岩渣堆积物，并根据设计要求和围岩情况定出孔位，做出标记。

② 钻孔：钻孔机具应根据施工地质条件、支护要求和锚杆形式进行选择。多为压水钻进法，可把钻进、出渣、清孔等工序一次完成，可防止塌孔，不留残土，能适用于各种软硬土层，但施工现场积水较多；当土层无地下水时，亦可采用螺旋钻孔干作业法成孔。钻孔到设计深度后，应检查孔位、孔径、孔深是否符合要求，然后用空气压缩机风管冲洗孔穴，将孔内孔壁残留废土清除干净。

③ 安放锚杆：锚杆的安装根据锚杆形式的不同而采取相应的方法。用于基槽边坡支护的锚杆通常采用全长粘接性锚杆。杆体可采用Ⅱ、Ⅲ级或 Q235 钢筋。插入锚杆前，应先检查锚杆是否平直，并进行除锈、除油。杆体插入孔内长度不应小于设计规定的 95%，锚杆安装后不得随意敲击。

④ 注浆：注浆前应先进行浆液配置，一般水泥浆液的水灰比宜为 0.38～0.45。砂浆应拌合均匀随拌随用，一次拌合的砂浆应在初凝前用完并严防石块杂物混入；此外注浆前应将钻孔口封闭，接上压浆管，即可进行注浆。注浆时注浆管应插至距孔底 50～100mm，随砂浆的注入缓慢匀速拔出。杆体插入后若孔口无砂浆溢出应及时补注。

⑤ 张拉：如果采用预应力锚杆，注浆后应对预应力筋进行张拉。张拉前应对张拉设备进行

检查；正式张拉前应取 20％的设计张拉荷载，对其预张拉 1～2 次，使其各部位接触紧密，钢丝或钢绞线完全平直。预应力筋正式张拉时，应张拉至设计荷载的 105％～110％，再按规定值进行锁定。预应力筋锁定后 48h 内，若发现预应力损失大于锚杆拉力设计值的 10％时，应进行补偿张拉。

⑥ 安装钢筋网：钢筋网的制作可以采用焊接或者绑扎。钢筋网片制作好以后与锚杆连接牢固，钢筋与壁面的距离宜为 30mm。采用双层钢筋网时，第二层钢筋网应在第一层钢筋网被喷射混凝土覆盖后再铺设。喷射作业应分段分片依次进行，喷射顺序应自下而上。素喷混凝土一次喷射厚度宜为 70～100mm。

⑦ 喷射混凝土：喷射混凝土应分片依次进行，喷射顺序应自下而上。分层喷射时，后一层喷射应在前一层混凝土终凝后 1h 内进行，若终凝后再进行喷射时应先用风水清洗喷层表面。喷头与受喷面应垂直宜保持 0.6～1.0m 的距离，干法喷射时喷射手应控制好水灰比，保持混凝土表面平整，呈湿润光泽、无干斑或滑移流淌现象。喷射作业紧跟开挖工作面，混凝土终凝到下一循环开挖时间不应小于 3h。

（3）冬雨期施工：

① 喷射作业区的气温不应低于 +5℃。

② 混合料进入喷射机的温度不应低于 +5℃。

③ 喷射混凝土强度在普通硅酸盐水泥配制的喷射混凝土低于设计强度等级 30％时不得受冻，应注意保温养护。

4）质量标准

（1）主控项目：见《锚杆喷射混凝土支护技术规范》GB 50086。

（2）一般项目：

① 锚杆孔质量要求：

ⓐ 锚杆孔距的允许偏差为 150mm，预应力锚杆孔距的允许偏差为 200mm。

ⓑ 预应力锚杆的钻孔轴线与设计轴线的偏差不应大于 3％，其他锚杆的钻孔轴线应符合设计要求。

ⓒ 水泥砂浆锚杆孔深允许偏差宜为 50mm。

ⓓ 锚杆孔径应符合要求，水泥砂浆锚杆孔径应大于杆体直径 15mm。

② 锚杆质量：

全长粘接型锚杆应检查砂浆密实度，注浆密实度大于 75％方为合格。

③ 喷射混凝土厚度：

每个断面上全部检查孔处的喷层厚度 60％以上不应小于设计厚度，最小值不应小于设计厚度的 50％，同时检查孔处厚度的平均值不应小于设计厚度。

5）质量记录

（1）各种原材料的出厂合格证及材料试验报告。

（2）工程开挖记录。

（3）喷射混凝土强度、厚度、外观尺寸及锚杆抗拔力等检查和试验报告。

（4）支护位移沉降及周围地表地物等各项监测内容的量测记录与观察报告。

6）安全与环保

（1）喷射机、水箱、风包、注浆罐等应进行密封性能和耐压试验，合格后方可使用。

（2）喷射混凝土施工作业中要经常检查出料弯头、输料管和管路接头等有无磨薄击穿或松脱现象，发现问题应及时处理。

（3）处理机械故障时必须使设备断电停风，向施工设备送电送风前应通知有关人员。

（4）喷射作业中处理堵管时应将输料管顺直，必须紧按喷头，疏通管路的工作风压不得超过0.4MPa；喷射混凝土施工用的工作台架应牢固可靠，并应设置安全栏杆。

（5）向锚杆孔注浆时注浆罐内应保持一定数量的砂浆，以防罐体放空，砂浆喷出伤人。处理管路堵塞前应消除罐内压力。

（6）非操作人员不得进入正进行施工的作业区。施工中，喷头和注浆管前方严禁站人。

（7）采用干法喷射混凝土施工时宜采取防尘措施，喷射混凝土作业人员应使用个体防尘用具。

7）成品保护

锚杆安装后不得随意敲击。

2-5-43 土钉墙支护施工工艺是怎样的？

答：1）适用范围

（1）可塑硬塑或坚硬的黏性土，胶结或弱胶结包括毛细水粘接的粉土砂土和角砾填土风化岩层等；基坑直立开挖或陡坡深度不大于 12m 时临时性支护。

（2）土钉墙适用于可塑硬塑或坚硬的黏性土，胶结或弱胶结包括毛细水粘接的粉土砂土和角砾填土风化岩层等。

2）施工准备

（1）材料：

① 土钉可采用钢筋；

② 注浆材料宜采用水泥浆或水泥砂浆，其强度等级不宜低于 12MPa，3d 不低于 6MPa；喷射混凝土强度等级不宜低于 C20；钢筋网片的钢筋直径宜为 6～10mm，间距宜为 15～30mm；外加剂。

（2）施工机具（设备）：

① 成孔机具可选用冲击钻机、螺旋钻机、回转钻机、洛阳铲等。

② 其他机械：注浆泵、混凝土喷射机、空压机。

（3）作业条件：

① 拆除作业面障碍物，清除开挖面的浮石和槽帮的岩渣堆积物。

② 作业前应对机械设备、风水管路、输料管路和电缆线路等进行全面检查及试运转。

③ 当地下水的流量较大在支护作业面上难以成孔和形成喷混凝土面层时应在施工前降低地下水位并在地下水位以上进行支护施工。

（4）技术准备：

① 收集工程调查与岩土工程勘察报告。

② 确定支护的具体施工方法，包括土钉与喷混凝土面层的连接构造方法规定钢材砂浆混凝土以及材料的规格与强度等级。绘制支护施工图包括支护平面剖面图及总体尺寸，标明全部土钉包括测试用土钉的位置，并逐一编号给出土钉的尺寸、直径、孔径、长度倾角和间距、喷混凝土面层的厚度与钢筋网尺寸。

③ 在地下水位丰富的地区，需进行工程降水时的降水方案设计。

④ 编制施工方案和施工组织设计规定，基坑分层分段开挖的深度和长度，边坡开挖面的裸露时间限制等。

⑤ 编制支护整体稳定性分析与土钉及喷混凝土面层的设计计算书。

⑥ 调查相邻地下管线及构筑物情况，制定保护措施和监控量测方案。

3）操作工艺

（1）工艺流程，图 2-5-43：

开挖工作面→修整边坡→土钉成孔→置入钢筋→注浆补浆→铺设固定钢筋网→喷射混凝土面层。

（2）操作方法：

① 土方开挖采用施工机械根据分层开挖深度和施工的作业顺序，应保证修整后的裸露边坡能在规定的时间内保持自立，并在限定的时间内完成支护并及时设置土钉或喷射混凝土。一般每层开挖深度控制在100～150cm。基槽分段进行开挖时，10～20m 为一段。

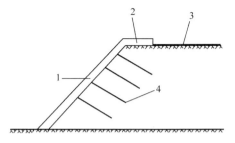

图 2-5-43　土钉支护示意图
1—喷射混凝土面层；2—喷射混凝土护顶；
3—防水地面；4—土钉

② 对易塌的土体可采用以下措施：

a）对修整后的边壁立即喷上一层薄的砂浆或混凝土，待凝结后再进行钻孔。

b）在作业面上先构筑钢筋网喷混凝土面层而后进行钻孔并设置土钉。

c）在水平方向上分小段间隔开挖。

d）先将作业深度上的边壁做成斜坡待钻孔并设置土钉后再清坡。

e）在开挖前沿开挖面垂直击入钢筋或钢管或注浆加固土体。

f）在支护面层背部应插入长度为 400～600mm、直径不小于 40mm 的水平排水管，其外端伸出支护面层间距可为 1.5～2.0m，以便将喷混凝土面层后的积水排出。

③ 成孔机械可选用冲击钻机、螺旋钻机、回转钻机、洛阳铲等。土钉成孔前应按设计要求定出孔位并作出标记和编号，并按土钉支护设计要求进行钻孔。

④ 钻孔后应进行清孔检查，对孔中出现的局部渗水塌孔或掉落松土应立即处理。

⑤ 土钉钢筋置入孔中前应先设置定位支架，保证钢筋处于钻孔的中心部位。支架沿钉长的间距为 2～3m，支架的构造应不妨碍注浆时浆液的自由流动，支架可为金属或塑料件。

⑥ 土钉钢筋置入孔中后可采用重力、低压（0.4～0.6MPa）或高压（1～2MPa）方法注浆填孔。

⑦ 水平孔应采用低压或高压方法注浆，压力注浆时应在钻孔口部设置止浆塞（如为分段注浆止浆塞置于钻孔内规定的中间位置）注满后保持压力重力 3～5min，注浆以满孔为止但在初凝前需补浆次 1～2 次。

⑧ 对于下倾的斜孔采用重力或低压注浆时宜采用底部注浆方式。注浆导管底端应先插入孔底，在注浆同时将导管以匀速缓慢撤出，导管的出浆口应始终处在孔中浆体的表面以下，保证孔中气体能全部逸出。

⑨ 对于水平钻孔应用口部压力注浆或分段压力注浆，此时需配排气管并与土钉钢筋绑牢，在注浆前与土钉钢筋同时送入孔中。

⑩ 注浆用的水泥浆的水灰比一般控制在 0.4～0.5，可视情况加入速凝剂或减水剂。

⑪ 向孔内注入浆体的充盈系数必须大于 1。每次向孔内注浆时，宜预先计算所需的浆体体积，并根据注浆泵的冲程数求出实际向孔内注入的浆体体积，以确认实际注浆量超过孔的体积。

⑫ 在喷射混凝土前，面层内的钢筋网片应牢固固定在边壁上，并符合规定的保护层厚度要求。钢筋网片可用插入土中的钢筋固定，在混凝土喷射下应不出现振动。

⑬ 钢筋网片可用焊接或绑扎而成。网格允许偏差为±10mm，钢筋网铺设时每边的搭接长度应不小于一个网格边长或 200mm，如为搭焊则焊长不小于网筋直径的 10 倍。

⑭ 喷射混凝土配合比应通过试验确定。粗集料最大粒径不宜大于 12mm，水灰比不宜大于0.45，并应通过外加剂来调节所需工作温度和早强时间。

⑮ 喷射混凝土的喷射顺序应自下而上，喷头与受喷面距离宜控制在 0.8～1.5m 范围内，射流方向垂直指向喷射面，但在钢筋部位应先喷填钢筋后方然后再喷填钢筋前方，防止在钢筋背面出现空隙。

⑯ 为保证施工时的喷射混凝土厚度达到规定值，可在边壁面上垂直打入短的钢筋段作为标志。当面层厚度超过 100mm 时，应分 2 次喷射。每次喷射厚度宜为 50～70mm。在继续进行下步喷射混凝土作业时，应仔细清除预留施工缝接合面上的浮浆层和松散碎屑，并喷水使之潮湿。喷射混凝土终凝后 2h，应根据当地条件采取连续喷水养护 5～7d 或喷涂养护剂。

（3）冬雨期施工：

① 雨期施工时，应在基槽周围修建排水沟和挡水墙以免降水影响施工。降水土质含水量大时，应在槽壁上插入引水管，将水排出后再进行作业。

② 冬期施工时应合理安排施工周期，缩短支护成形时间，为下一步工序创造条件。

③ 冬期施工期间，进行喷射混凝土时，作业温度不得低于 +5℃，混合料进入喷射机的温度和水温不得低于 +5℃；在结冰的面层上不得喷射混凝土。混凝土强度未达到 6MPa 时不得受冻。

④ 冬期施工时喷射混凝土原材料如砂子、石子的含水量必须严格控制，以在最低温度下施工不结块为准，现场砂石用岩棉被、帆布覆盖保温。

4）质量标准

（1）主控项目：

① 注浆用浆液 28d 抗压强度。

② 喷射混凝土 28d 抗压强度。

（2）一般项目：

① 钻孔质量：

a）孔位的允许偏差不大于 150mm

b）钻孔的倾角误差不大于 3°。

c）孔径允许偏差为 +20mm，−5mm。

d）孔深允许偏差为 +200mm，−50mm。

② 喷射混凝土质量：GB 50086—2001：

每个断面上全部检查孔处的喷层厚度 60% 以上不应小于设计厚度，最小值不应小于设计厚度的 50%，同时检查孔处厚度的平均值不应小于设计厚度。

5）质量记录

（1）各种原材料的出厂合格证及材料试验报告。

（2）工程开挖记录。

（3）钻孔记录钻孔尺寸误差。

（4）孔壁质量以及钻取土样特征。

（5）注浆记录以及浆体的试件强度试验报告。

（6）喷混凝土记录面层厚度检测数据，混凝土试件强度试验报告等。

（7）土钉抗拔测试报告。

（8）支护位移沉降及周围地表地物等各项监测内容的量测记录与观察报告。

6）安全与环保

（1）喷射机、水箱、风包、注浆罐等应进行密封性能和耐压试验合格后方可使用。

（2）喷射混凝土施工作业中要经常检查出料弯头、输料管和管路接头等有无磨薄击穿或松脱现象，发现问题应及时处理。

（3）处理机械故障时必须使设备断电停风，向施工设备送电送风前应通知有关人员。

（4）喷射作业中处理堵管时应将输料管顺直必须紧按喷头疏通管路的工作风压不得超过 0.4Mh。

（5）喷射混凝土施工用的工作台架应牢固可靠，并应设置安全栏杆。

（6）向土钉孔注浆时注浆罐内应保持一定数量的砂浆，以防罐体放空，砂浆喷出伤人。处理管路堵塞前应消除罐内压力。

（7）非操作人员不得进入正进行施工的作业区。施工中，喷头和注浆管前方严禁站人。

（8）采用干法喷射混凝土施工时宜采取防尘措施，喷射混凝土作业人员应采用个体防尘用具。

7）成品保护

土钉插入后不能随意敲击、拔出。

2-5-44 混凝土灌注桩支护工艺是怎样的？

答：1）适用范围

受施工场地条件限制不能自然放坡或边坡较陡且沟槽较深的边坡支护。

2）施工准备

（1）材料：

① 水泥：宜用 32.5 级矿渣硅酸盐水泥。

② 砂：中砂或粗砂，含泥量不大于 5%。

③ 钢筋：钢筋的级别、直径必须符合设计要求，有出厂证明书及复试报告，表面应无老锈和油污。

④ 垫块：用 1∶3 水泥砂浆埋 20 号火烧丝提前预制成或用塑料卡。

⑤ 火烧丝：规格 18～20 号钢丝烧成。

⑥ 外加剂、掺合料：根据施工需要通过试验确定。

（2）施工机具（设备）：

钢筋连接设备、电焊机、弯曲机、调直机、切断机、钢筋钩、撬棍、扳子、绑扎架、螺旋钻机、回转钻机、铁镐、空压机、卷扬机、电动葫芦、吊车等。

（3）作业条件：

开挖前场地应完成三通一平。地上、地下的电缆、管线、旧建筑物、设备基础等障碍物均已排除处理完毕。各项临时设施，如照明、动力、通风、安全设施准备就绪。

（4）技术准备：

① 人工开挖桩孔，井壁支护应根据该地区的土质特点、地下水分布情况，编制切实可行的施工方案，进行井壁支护的计算和设计。机械开挖采用泥浆护壁时应先调制好护壁泥浆。

② 熟悉施工图纸及场地的地下土质、水文地质资料。编制施工方案，其中包括灌注桩平面布置、桩位、桩径以及钻孔护壁方法等。提前进行安全、技术交底。

③ 按设计要求分段制作好钢筋笼。

④ 在地下水位比较高的区域，先降低地下水位至桩底以下 0.5m 左右。

3）操作工艺

（1）工艺流程：施工准备→人工挖孔桩、机械成桩→土方开挖→桩间土护壁→监测。

① 人工挖孔桩：

施工准备→测量定桩位→人工挖孔→人工混凝土护壁→检查质量→吊放钢筋笼→灌注混凝土至桩顶标高。

② 机械钻孔桩：

测量定位→钻孔机就位→埋设护筒→钻孔→检查质量→清孔→移钻孔机→吊放钢筋笼→灌注

混凝土。

（2）操作方法：

A 人工挖桩：

① 开挖第一节桩孔土方：开挖桩孔应从上到下逐层进行，先挖中间部分的土方，然后扩及周边，有效地控制开挖孔的截面尺寸。每节的高度应根据土质好坏、操作条件而定，一般以 0.5～1.0m 为宜。

② 为防止塌孔，每次开挖 0.5～1.0m，视土质和地下水情况而定。进行混凝土护壁，护壁厚度一般取 100～150mm。每节护壁均与上节护壁相接 100mm；第一节护壁以高出地坪 150～200mm 为宜，便于挡土、挡水。

③ 浇筑第一节护壁混凝土：桩孔挖完一节以后应立即浇筑混凝土。人工浇筑，人工捣实，混凝土强度一般为 C20，坍落度控制在 100mm，确保孔壁的稳定性。

④ 架设垂直运输架：第一节桩孔混凝土强度满足要求以后，即着手在桩孔上口架设垂直运输支架。支架有：木搭、钢管吊架、木吊架或工字钢导轨支架几种形式；要求搭设稳定、牢固。

⑤ 安装电动葫芦或卷扬机：在垂直运输架上安装滑轮组和电动葫芦或穿卷扬机的钢丝绳，选择适当位置安装卷扬机。

⑥ 接着进行第二节桩孔土方开挖，开挖及护壁方法同上一节桩孔开挖，出土利用已架设好的垂直运输设备，但应注意孔内通风。此后，逐层往下循环作业，将桩孔挖至设计深度，清除虚土，检查土质情况，桩底应支撑在设计所规定的持力层上。

B 机械成孔：

① 钻孔机就位：钻孔机就位时，必须保持平稳，不发生倾斜、位移，为准确控制钻孔深度，应在机架上或机管上作出控制的标尺，以便在施工中进行观测、记录。

② 埋设护筒：护筒平面位置与垂直度要准确，在满足施工要求外，宜高出地面 0.3～0.5m，以防杂物、地面水进入井孔内。

③ 钻孔：

螺旋钻机：启动主机试运转后即可正式钻进，钻头入土后钻渣即沿螺旋叶片上升从护筒顶部的溜槽溜入运输车内。正常钻进时边钻进边出渣。钻到设计标高后，边旋转边清渣，将钻杆全部提出。

回转钻机：先启动泥浆泵和转盘，使之空转一段时间，待泥浆输进钻孔中一定数量后，方可开始钻进。钻进时进尺应适当控制，在护筒刃角处，应低档慢速钻进，使刃角处有坚固的泥皮护壁。钻至刃角下 1m 后，可正常速度钻进。如护筒土质松软发现漏浆时，可提起钻锥，向孔中倒入黏土，再放入钻锥倒转，使胶泥挤入孔壁堵住漏浆孔隙，稳住泥浆继续钻进。

检查质量：成孔以后必须对桩身直径、扩头尺寸、孔底标高、桩位中线、井壁垂直、虚土厚度进行全面测定。做好施工记录，办理隐蔽验收手续。

④ 清孔、移钻孔机：

螺旋钻机在钻进时边钻进边出渣。钻到设计标高后，边旋转边清渣，将钻杆全部提出。

回转钻机利用循环系统的泥浆泵持续吸渣 5～15min 左右，使孔底钻渣清除干净。清孔完成后迅速移开钻机进行下道工序。

C 吊放钢筋笼：钢筋笼放前应绑好砂浆垫块；吊放时要对准孔位，吊直扶稳，缓慢下沉，钢筋笼放到设计位置时，应立即固定，防止上浮。

D 浇筑桩身混凝土：桩身混凝土一般采用商品混凝土。

① 浇筑前应先检查混凝土的配合比、坍落度等各项性能指标是否符合设计要求。

② 首批混凝土可用剪球法或开启活门的办法泄放。

③ 泄放后，孔口溢出相当数量的泥浆，导管下口被埋于混凝土中，若导管不漏水，说明情况正常继续灌注混凝土，直至导管下端埋入混凝土中的深度达 4m 时，提升导管，然后继续浇筑混凝土。

④ 导管提升时，应保持轴线竖直和位置居中，稳步提升。如发生卡挂钢筋骨架现象，可转动导管，使其脱开钢筋骨架后再继续提升。每次拆除导管后应保持下端被埋位置深度不得小于 1m；每次拆除导管前下端被埋位置深度不得大于 6m。

⑤ 混凝土浇筑到桩顶时，应适当超过桩顶设计标高，以保证在剔除浮浆后，桩顶标高符合设计要求。

（3）冬雨期施工：

① 当气温低于 0℃ 以下浇筑混凝土时，应采取保温措施。浇筑时，混凝土的温度不得低于 5℃。在桩顶混凝土未达到设计强度 50％ 以前不得受冻。当气温高于 30℃ 时，应根据具体情况对混凝土采取缓凝措施。

② 冬施期间混凝土浇筑时，要适当调整混凝土配合比，并根据具体情况添加混凝土外加剂。

③ 雨天不能进行人工挖桩孔的工作。现场必须有排水的措施，严防地面雨水流入桩孔内，致使桩孔塌方。

④ 雨天施工现场必须有排水措施，严防地面雨水流入桩孔内。要防止桩机移动，以免造成桩孔歪斜等情况。

4）质量标准

（1）主控项目：

① 灌注桩的原材料和混凝土强度必须符合设计要求和施工规范的规定。

② 实际浇筑混凝土量，严禁小于计算体积。

③ 浇筑混凝土后的桩顶标高及浮浆的处理，必须符合设计要求和施工规范的规定。

（2）一般项目：

① 桩身直径应严格控制。一般不应超过桩长的 3‰，且最大不超过 50mm。

② 孔底虚土厚度不应超过规定。

③ 扩底形状、尺寸符合设计要求，桩底应落在持力土层上，持力层土体不应被破坏。

④ 允许偏差项目，见表 2-5-44。

人工成孔灌注桩允许偏差　　　　　　　　　　　　　表 2-5-44

项　次	项　目	允许偏差（mm）	检　验　方　法
1	钢筋笼主筋间距	±10	尺量检查
2	钢筋笼箍筋间距	±20	尺量检查
3	钢筋笼直径	±10	尺量检查
4	钢筋笼长度	±50	尺量检查
5	桩位中心轴线	±10	拉线和尺量检查
6	桩孔垂直度	3‰，且≤50	吊线和尺量检查
7	桩身直径	±10	尺量检查
8	桩底标高	±10	尺量检查
9	护壁混凝土厚度	±20	尺量检查

5）质量记录

（1）水泥的出厂合格证及复验证明。

（2）钢筋的出厂证明或合格证以及钢筋试验单抄件。

（3）灌注桩的施工记录。

（4）混凝土试配申请单和试验室签发的配合比通知单。

（5）混凝土试块 28d 标养抗压强度试验报告。

（6）钢筋及桩孔隐蔽验收记录单。

6）安全与环保

（1）施工现场有立体交叉作业施工时应注意安全，施工人员不得站在钻机工作旋转牛径内。

（2）人工挖孔时，应保证洞内通风，施工前，施工人员采用点燃的蜡烛下到孔底以校验孔内空气中氧气含量，如孔内蜡烛熄灭，施工人员应及时上到地面，采用空压机进行孔内换气。

（3）地面上作业人员随时与孔内人员保持联系。

（4）每日开工前检查吊具的安全稳定性，保证吊绳牢固可靠。

（5）施工作业时，不允许重型机械在附近行走或作业，不允许在孔口附近（距孔口 3.0m 内）堆土。

（6）严禁往孔内扔物品。

（7）开口后的桩孔在施工人员下班后及时盖上孔口，防止人、物落入。

（8）施工现场剩余泥浆不能随便排放，应挖筑泥浆池，沉淀后再清运出场。

7）成品保护

（1）已挖好的桩孔必须用木板或脚手板、钢筋网片盖好，防止土块、杂物、人员坠落。严禁用草袋、塑料布虚掩。

（2）已挖好的桩孔及时放好钢筋笼，及时浇筑混凝土，间隔时间不得超过 4h，以防坍方。有地下水的桩孔应随挖、随检、随放钢筋笼、随时将混凝土灌好，避免地下水浸泡。

（3）桩孔上口外圈应做好挡土台，防止灌水及掉土。

（4）保护好已成形的钢筋笼，不得扭曲、松动变形。吊入桩孔时，不要碰坏孔壁。串桶应垂直放置，防止因混凝土斜向冲击孔壁，破坏护壁土层，造成夹土。

（5）钢筋笼不要被泥浆污染；浇筑混凝土时，在钢筋笼顶部固定牢固，限制钢筋笼上浮。

（6）桩孔混凝土浇筑完毕，应复核桩位和桩顶标高。将桩顶的主筋或插铁扶正，用塑料布或草帘围好，防止混凝土发生收缩、干裂。

（7）施工过程妥善保护好场地的轴线桩、水准点。不得碾压桩头，弯折钢筋。

2-5-45　混凝土垫层施工工艺是怎样的？

答： 现浇钢筋混凝土管沟是市政工程通用管沟的一种重要结构形式，其施工过程主要包括混凝土垫层、钢筋绑扎、钢筋连接、模板支护、混凝土浇筑、冬雨期施工等内容。现浇钢筋混凝土管沟、检查井一般采用整体现浇结构，分两次浇筑完成，第一次浇筑底板混凝土，第二次浇筑侧墙顶板混凝土（盖板沟先浇筑侧墙混凝土再安装预制盖板），在侧墙底部设水平施工缝。一般工艺流程有如下两种：

第一种：混凝土垫层→底板钢筋绑扎→底板模板支护→底板混凝土浇筑→侧墙、顶板内模支护→侧墙、顶板钢筋绑扎→侧墙、顶板外模安装→侧墙、顶板混凝土浇筑。

第二种：混凝土垫层→底板钢筋绑扎→底板模板支护→底板混凝土浇筑→侧墙内模支护—侧墙钢筋绑扎→侧墙外模安装→侧墙混凝土浇筑→盖板安装。

本工艺重点对第一种施工流程描述，第二种参照第一种进行，盖板安装参照砖沟砌筑施工工艺。

1）适用范围：现浇钢筋混凝土管沟、检查井等水泥混凝土垫层施工。

2）施工准备：

（1）材料要求：

① 水泥：强度等级不低于 32.5 级，硅酸盐水泥、普通硅酸盐水泥和矿渣硅酸盐水泥。

② 砂：中粗砂，含泥量不大于 3%。

③ 石子：卵石或碎石，其最大粒径不应大于垫层厚度的 2/3，含泥量不大于 2%。

④ 砂、石使用前应按规定取样进行必试项目试验，石子试验必须做压碎指标值测定。

⑤ 采用预拌混凝土，必须出具相应的材料试验报告，混凝土配合比、厂家资质，并与厂家签订经济技术合同，明确混凝土的技术质量要求。

（2）施工机具（设备）：

混凝土输送泵、泵管、混凝土搅拌机、磅秤、手推车或翻斗车、尖铁锹、平铁锹、平板振动器、串筒、溜管、刮杠、木抹子、胶皮水管、铁錾子、钢丝刷、钢卷尺、扫帚、铁模板、方木等。

（3）作业条件：

① 沟槽开挖完成，沟槽宽度、边坡符合设计要求及方案规定。

② 基槽验收手续，准备好混凝土试模。

③ 冬期施工，必须按冬施方案采取保温防冻措施。

（4）技术准备：

垫层模板四周已做好测桩，并复核完成；核对混凝土配合比，进行技术交底。

3）操作工艺：

（1）工艺流程：测量放线→清理基底→模板支护→混凝土浇筑→振捣→找平→养护。

（2）操作方法：

① 基底表面清理：把基底表面整平，超挖部分用灰土或砂石填平，无积水。

② 模板：采用市政系列钢模板，或与垫层厚度相同的方木支护，安装时保证模板顶面标高符合设计要求、直顺，垫层宽度、厚度符合要求。

③ 混凝土垫层应分区段进行浇筑，分区段应结合变形缝位置、不同类型的结构连接处进行划分。

④ 混凝土垫层设置横向工作缝。施工前，应洒水湿润，将表面浮土清理干净。

⑤ 检验水泥混凝土强度试块的组数，按每一层（或检验批）不应小于 1 组。当每一层（或检验批）面积大于 1000m² 时，每增加 1000m² 应增做 1 组试块；小于 1000m² 按 1000m² 计算。当改变配合比时，亦相应地制作试块。

⑥ 浇筑混凝土：浇筑混凝土一般从一端开始，并应连续浇筑。混凝土浇筑后，采用平板振动器及时振捣，做到不漏振，确保混凝土密实度；混凝土振捣：一般采用平板式振动器，但垫层厚度超过 20cm 时，应采用插入式振动器；其移动间距不大于 500mm。

⑦ 找平：混凝土振捣密实后，用大杠刮平，表面再用木抹子搓平。如垫层较薄时，应严格控制铺摊厚度。按设计要求找出坡度。

⑧ 混凝土的养护：已浇筑完的混凝土，应在 12h 左右覆盖、浇水养护。

⑨ 应注意的质量问题——混凝土不密实：基底干燥会造成不密实，为此水泥混凝土垫层施工前必须对基底浇水湿润，尤其是砂土层时，更应事先洒水湿润，对砂层进行沉实。表面不平标高不准：水平线或水平木桩不准；操作时要认真找平或用大杠刮平。混凝土强度低：施工选用合格的原材料，准确地配合比，计量准确，搅拌均匀。

（3）冬雨期施工：凡遇冬、雨期施工时，露天浇筑的混凝土垫层均应另行编制季节性施工方案，制定有效的技术措施，以确保混凝土的质量。

4）质量标准：

（1）主控项目：

① 水泥混凝土垫层所采用的粗集料，其最大粒径不应大于垫层厚度的 2/3；含泥量不应大于 5%；砂为中粗砂，其含泥量不应大于 5%。

② 水泥混凝土垫层强度等级应符合设计要求。评定混凝土强度等级的试块，必须按《混凝土强度检验评定标准》GB/T 50107—2010 的规定取样、制作、养护和试验，其强度必须符合设计要求和验收规范的要求。

（2）一般项目：

混凝土垫层表面的允许偏差应符合表 2-5-45 的规定。

混凝土垫层表面的允许偏差和检验方法　　　　　　　　　表 2-5-45

项次	项　　目	允许偏差（m）	检　验　方　法
1	表面平整度	±5	用 2m 靠尺和楔形塞尺检查
2	高　程	±10	用水准仪检查
3	厚　度	在个别地方不大于设计厚度的 1/10	用钢尺检查

5）质量记录：

（1）混凝土配合比申请单、通知单（DBJ 01-71—2003）。

（2）混凝土浇筑申请书（DBJ 01-71—2003）。

（3）混凝土开盘鉴定（DBJ 01-71—2003）。

（4）混凝土浇筑记录（DBJ 01-71—2003）。

（5）混凝土抗压强度试验报告（DBJ 01-71—2003）。

（6）混凝土试块强度统计、评定记录（DBJ 01-71—2003）。

6）安全与环保：

作业前必须检查机械、设备、作业环境、电气、照明设施等，并确认安全后再作业，作业人员必须经安全培训考核合格，方可上岗作业。

7）成品保护：

在已浇筑的混凝土强度等级达到 1.2MPa，方可允许人员在其上走动和进行其他工序。

2-5-46　钢筋混凝土方沟底板钢筋安装施工工艺是怎样的？

答：1）适用范围：现浇钢筋混凝土管沟、砖砌方沟、现浇钢筋混凝土底板钢筋安装。

2）施工准备：

（1）材料要求：

① 钢筋：其品种、级别、规格和质量应符合设计要求。钢筋进场应有产品合格证和出厂检验报告，进场后，应按现行国家标准《钢筋混凝土用钢　第 2 部分：热轧带肋钢筋》GB 1499.2—2007 等的规定抽取试件作力学性能检验。当采用进口钢筋或加工过程中发生脆断等特殊情况，还需做化学成分检验。钢筋应平直、无损伤，表面不得有裂纹、油污、颗粒状或片状老锈。

② 加工成型钢筋：必须符合配料单的规格、尺寸、形状、数量、外加工钢筋还应有半成品钢筋出厂合格证。

③ 绑扎丝：采用 20～22 号钢丝（火烧丝）或镀锌钢丝。绑扎丝切断长度应满足使用要求。

④ 保护层控制材料：混凝土垫块（用细石混凝土制作）、塑料卡等。

（2）施工机具（设备）：

① 加工机械：钢筋连接设备、电焊机、弯曲机、调直机、切断机。

② 工具：钢筋钩、撬棍、扳子、绑扎架、钢丝刷、粉笔、墨斗、钢尺等。

（3）作业条件：

① 成型钢筋加工工作，钢筋规格、数量、几何尺寸经检查合格。

② 垫层或防水保护层施工完成，并验收合格。

③ 将底板防水保护层或垫层清理干净，并弹出墙体、伸缩缝等位置线；按钢筋设计间距弹好主筋、纵筋位置线，并经预检合格。

④ 钢筋焊接：焊接试件经检验、试验合格。

（4）技术准备：

① 完成了垫层结构边线、高程控制线的测放与复测工作，并办理相关测量记录。

② 编制钢筋工程单项施工方案，明确施工做法，对有关人员进行技术交底。

3）操作工艺：

（1）工艺流程：

弹出钢筋位置线→绑扎底板下层钢筋→绑扎底板上层钢筋→绑扎墙体插筋→隐检验收；

（2）操作方法：

① 弹出钢筋位置线：根据设计图纸要求的钢筋间距弹出底板钢筋位置，显示墙、伸缩缝中心位置线。

② 基础底板下层钢筋绑扎：

按底板钢筋受力情况，确定主受力筋方向（设计无指定时，一般为短跨方向）。下层钢筋先铺主受力筋，再铺纵向钢筋；上层钢筋在梯子筋上先铺设纵向钢筋，再铺设主筋，绑扎牢固。底板钢筋型号按管沟复土深度（指沟顶板至设计或规划路面、地面的高度）选择确定相应设计图纸和结构形式施工；底板钢筋绑扎可采用顺扣或八字扣，绑点数量适宜，绑扎牢固；底板钢筋的连接：受力钢筋直径大于或等于18mm时，宜采用机械连接，小于18mm时，可采用绑扎连接或手工焊接，搭接长度及接头位置应符合设计及规范要求；钢筋绑扎后应随即垫好垫块，间距不宜大于1000mm，梅花状布置。

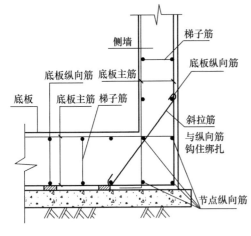

图 2-5-46 电力沟底板与侧墙节点钢筋绑扎示意图

③ 底板上层钢筋绑扎：

钢筋马凳，采用纵向梯形架立筋，间距为2倍纵向钢筋间距，并与底板下层主钢筋绑牢。马凳架设在板下层的主筋上，替代部分纵向钢筋。架立筋立棍与纵筋周圈焊接，焊接时必须控制电流，严禁发生咬肉现象。纵向连接采用绑扎或焊接方法，搭接长度应符合设计或规范规定，相互错开；在马凳上绑扎上层定位钢筋，并在其上标出钢筋间距，然后绑扎纵、横方向钢筋，见图2-5-46。

④ 墙体插筋绑扎：

根据弹好的墙体位置线，将墙伸入基础底板的插筋绑扎牢固。插筋锚入基础深度应符合设计要求，其上部绑扎2道以上水平筋和水平梯形架立筋；其下部伸入基础底板部分在钢筋交叉处内部绑扎2道以上水平筋，以确保墙体插筋垂直，不位移。底板与侧墙节点绑扎如图2-5-46所示；斜拉筋必须与底板、侧墙外侧纵向钢筋钩住绑扎，节点内纵向钢筋位于底板、侧墙主筋交叉点内侧绑扎；变形缝钢筋严格按设计图纸绑扎，箍筋、固定好止水带；集水井洞口加固：底板钢筋绑扎完成后，在设计位置切割底板钢筋，并按设计要求上层、下层分别绑扎，加强筋间距50mm，与底板钢筋在交叉点处全部绑扎牢固。底板钢筋和墙、柱插筋绑扎完毕后，经检查验收并办理隐检手续，方可进行下道工序施工。

⑤ 应注意的问题：

墙体插筋与底板筋应绑扎牢固，确保位置准确。混凝土浇筑过程中应有专人检查修整，防止墙体插筋钢筋位移；保护层垫块应提前加工、确保使用时有足够的强度；机械连接在现场抽取试件检验时，切断的钢筋宜采用帮条焊连接，以确保焊接接头质量；由于架立筋取代部分纵筋，因此，架立筋的加工尺寸、质量极为重要。因此架立筋应尽可能长，上下铁尺寸必须准确，以确保底板厚度，上下层钢筋间距符合设计要求。钢筋焊接外观质量必须符合要求，无焊瘤、咬肉、气孔等现象。

（3）冬雨期施工：

① 雨期施工：钢筋原材及已加工的半成品用方木垫起，上面用棚布覆盖，防止生锈，已绑扎成型的钢筋应做好覆盖防雨措施，如遇雨生锈，应在浇筑前用钢丝刷将锈迹彻底清除干净。

② 冬期施工：钢筋焊接时，环境温度不宜低于－20℃，且应有防雪防雨措施，已焊接完毕的部位应及时覆盖阻燃草帘被保温；焊后未冷却的接头严禁碰到冰雪。

4）质量标准：

（1）主控项目：

① 受力钢筋的品种、级别、规格和数量符合设计要求。检查数量：全数检查。检验方法：观察和尺量检查。

② 受力钢筋的连接方式应符合设计要求。检查数量：全数检查。检验方法：观察检查。

③ 钢筋机械连接或焊接接头的力学性能，按国家现行标准《钢筋机械连接通用基础规程》JGJ 107—2010 或《钢筋焊接及验收规程》JGJ 18—2012 的规定抽取钢筋机械连接接头或焊接接头试件做力学性能检验，试验结果合格。检查数量：按有关规定确定。检验方法：检查产品合格证、接头力学性能试验报告。

（2）一般项目：

① 钢筋加工质量要求应符合表 2-5-46（1）。

钢筋加工允许偏差表　　　　　　　　　　　　　　　　　　表 2-5-46（1）

序号	项　目	允许偏差（mm）	检验方法
1	受力钢筋成型长度	＋5，－10	用尺量
2	弯起钢筋的弯起点位置	±20	用尺量
3	箍筋尺寸	0，－10	用尺量，宽、高各计 1 点

② 采用机械连接接头或焊接接头的外观检查，其质量应符合有关标准、规程的规定。

检查数量：全数检查。检验方法：观察检查。

③ 钢筋安装位置的允许偏差应符合表 2-5-46（2）的规定。检查数量：在同一检验批应抽查构件数量的 10%，且不少于 3 件。

钢筋安装位置的允许偏差和检验方法　　　　　　　　　　　表 2-5-46（2）

项　目		允许偏差（mm）	检　验　方　法
受力钢筋间距	间　距	±10	尺　量
	排　距	±5	尺　量
	保护层厚度	0～＋3	尺　量
绑扎箍筋间距		±10	尺　量

项　　目		允许偏差（mm）	检验方法
钢筋弯起点位移		±10	尺　量
预埋件	中心线位置	3	尺　量
	水平高差	0～+3	尺　量

④《排水管（渠）工程施工质量检验标准》DJB 01-13—2004，见表 2-5-46（3）。

钢筋骨架安装质量允许偏差表　　　　　　　表 2-5-46（3）

序号	项　目	允许偏差（m）	检验频率		检验方法
			范围	点数	
1	环筋同心度	±10	每片（每一类型抽查	1	挂线用尺量
2	环筋内底高程	±5	10%，且不少于 5 片）	1	用水准仪测量
3	倾斜度	1%H（D）	每片骨架	2	用垂线及尺量

5）质量记录：

（1）半成品钢筋出厂合格证（DBJ 01-71—2003）。

（2）材料试验报告（DBJ 01-71—2003）。

（3）检查井底板钢筋绑扎检验记录（参考 DBJ 01-13—2004）。

（4）钢筋连接试验报告（DBJ 01-71—2003）。

6）安全与环保：

（1）安全注意事项：

① 高空作业时（作业高度超过 2m）应系安全带，一端系于腰间，另一端系于稳固构件或杆件上。

② 钢筋吊运时，应采用两道绳索捆绑牢固，起吊设专人指挥。遇到下列情况时应停止作业：风力超过五级；噪声过大、不能听清指挥信号时；大雾或夜间照明不足时。

③ 现场用电应符合国家现行标准《施工现场临时用电安全技术规范》JGJ 46—2005 的规定。

（2）环保措施：

① 钢筋下脚料、废钢筋及废焊条等应集中堆放，并及时回收外运处理。

② 现场机具应有防油污措施。

7）成品保护：

（1）加工成型的钢筋应按指定地点用垫木垫放并码放整齐，防止钢筋变形、锈蚀、油污。

（2）钢筋吊运及绑扎时，应注意保护防水层，防止被钢筋碰破。

（3）底板钢筋绑扎，支撑马凳要绑扎牢固，垫块强度应满足要求，以保证底板钢筋整体质量。

2-5-47　侧墙及顶板钢筋安装施工工艺是怎样的？

答：1）适用范围：现浇钢筋混凝土管沟墙体、顶板钢筋施工。

2）施工准备：

（1）材料要求：等同参照 2-5-46 题。

（2）施工机具（设备）：等同参照 2-5-46 题。

（3）作业条件：

① 完成钢筋加工作业，钢筋规格、数量、几何尺寸经检查合格。

② 顶板、侧墙一次浇筑成型、钢筋绑扎前，内模（侧墙、顶板）已支护完成、支撑牢固。

③ 混凝土接槎处已剔除软弱层并清理干净。

④ 钢筋机械连接或焊接形式检验及现场工艺检验合格。

（4）技术准备：

① 完成了底板结构边线、高程控制线的测放与复测工作，并办理相关测量记录。

② 编制钢筋工程单项施工方案，明确施工做法，对有关人员进行技术交底。

3）操作工艺：

（1）侧墙钢筋绑扎工艺流程：

绑竖向钢筋→绑水平钢筋→绑斜拉筋及定位筋→安装预埋螺栓等预埋件→检查验收。

（2）侧墙钢筋绑扎操作方法：

① 修整预留筋：将墙预留钢筋调整顺直，用钢丝刷将钢筋表面砂浆清理干净。

② 钢筋绑扎：先绑侧墙钢筋，再绑顶板钢筋。先里后外，顶板在纵向筋上或模板上画好分格线；侧墙双排钢筋之间可设"F"形定位筋或梯子筋，"F"形定位筋间距不宜大于1.5m，梯子筋用于侧墙和顶板，间距按设计要求绑扎；绑扎墙筋时一般用顺扣或八字扣，钢筋交叉点应全部绑扎；侧墙主筋保护层厚度应符合设计及规范要求，垫块或塑料卡应绑在墙外排筋上，呈梅花形布置，间距不宜大于1000mm，以使钢筋的保护层厚度准确；侧墙合模之后，对伸出的墙体钢筋进行修整，并绑一道水平梯子筋固定预留筋的间距。

③ 侧墙钢筋的连接：

侧墙纵向钢筋：侧墙纵向钢筋一般采用搭接，接头位置应错开。接头的位置、搭接长度及接头错开的比例应符合规范要求；侧墙竖向钢筋：一般采用完整钢筋，不设接头；必须设置接头时，采用焊接双面焊接长度5d。

④ 侧墙与顶板节点钢筋绑扎：节点处拉接筋必须与顶板、侧墙纵向钢筋钩住绑扎。

⑤ 穿墙螺栓：

穿墙螺栓若永久留在墙体中，则必须按规定要求，在墙体中心位置与穿墙螺栓上焊接宽30～50mm的止水环，止水环与螺栓满焊，焊后清渣，见图2-5-47。

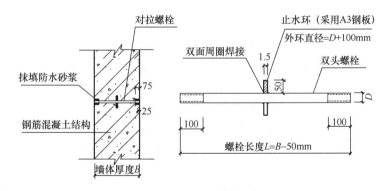

图2-5-47　侧墙对拉螺栓加工、安装示意图

（3）顶板钢筋绑扎工艺流程：

放位置线→顶板主筋→绑分布筋→检查验收。

（4）顶板钢筋绑扎操作方法：

① 在顶模上用墨线分别弹出主筋和分布筋的位置线。

② 绑扎钢筋（先下层筋后上层筋）：顶板筋绑扎时，应根据设计图纸主筋、分布筋的方向，先绑扎主筋后绑扎分布筋，一般采用八字扣，然后放梯子筋，绑上铁钢筋及分布筋。梯子筋间

距 600mm。

③ 洞口加强：洞口按设计要求绑扎加强钢筋。

（5）应注意问题：

① 墙预留筋在浇筑混凝土前要有定位措施，浇筑过程中应有专人检查修整。防止钢筋位移。

② 定位筋（顶模棍）长度一般比墙体小 2mm，钢筋端头刷防锈漆。钢筋绑扎丝扣尾部应朝向结构内侧，以防止混凝土表面出现锈斑。

③ 砂浆垫块应提前加工，确保使用时垫块有足够的强度。

④ 对钢筋保护层所采取的措施（梯子筋、垫块），必须认真落实，合模前做好检查，确保墙体钢筋保护层的准确。

⑤ 在浇筑混凝土时，应铺好脚手板并安排人看钢筋，防止负弯矩筋被踩踏。

（6）冬雨期施工：等同参照上题 [2-5-46] 3)（3）。

4）质量标准：

（1）主控项目：等同参照上题 2-5-46.4)

（2）一般项目：等同参照上题。

5）质量记录：等同参照上题。2-5-46.5)

6）安全与环保：

（1）安全注意事项：

① 绑扎侧墙、顶板时，不得站在钢筋骨架上或攀登骨架。

② 钢筋吊运时，应采用两道绳索捆绑牢固，起吊设专人指挥。上、下搬运时，要互相打招呼。遇到下列情况时应停止作业：风力超过五级；噪声过大、不能听清指挥信号时；大雾或夜间照明不足时。

③ 现场用电应符合国家现行标准《施工现场临时用电安全技术规范》JGJ 46—2005 的规定。

（2）环保措施：

① 钢筋下脚料及废钢筋应集中堆放，并及时回收外运处理。

② 现场机具应有防油污措施。

7）成品保护：等同参照上题 2-5-46.7)

2-5-48 滚压直螺纹钢筋连接施工工艺是怎样的?

答：1）适用范围：钢筋混凝土结构直径为 18～40mmHRB335、HRB400 钢筋的连接施工。

2）施工准备：

（1）材料要求：

① 钢筋：钢筋的品种、级别、规格应符合设计要求及国家标准的规定，并有出厂质量证明，按规定做物理力学性能复试。钢筋应平直、无损伤，表面不得有裂纹、油污、颗粒状或片状老锈。

② 套筒：直螺纹连接套筒，一般采用优质碳素结构钢制成。表面应有规格标记，并有出厂合格证。

③ 与钢筋套筒相匹配的塑料保护帽。

④ 水溶性冷却液。

（2）施工机具（设备）：

① 机械：滚压直螺纹套丝机、砂轮切割机、角向磨光机、台式砂轮等。

② 工具：专用扳手、力矩扳手、卡尺、通环规、止环规等。

（3）作业条件：

① 参加接头施工的操作人员已经过技术培训、考核合格，方可上岗。

② 直螺纹套丝机等机械设备经维修试用,力矩扳手经校验,满足施工要求。

③ 螺纹套筒及钢筋按规格尺寸加工,存放备用。

④ 检查设备及材料的厂家提供的接头形式检验报告是否符合要求。在正式施工前,完成接头连接工艺检验评定。

(4) 技术准备:

编制滚压直螺纹钢筋连接施工作业指导书并经审批,向操作人员进行技术交底。

3) 操作工艺:

(1) 工艺流程:

钢筋下料、端头切平→钢筋套丝→钢筋连接→检查验收。

(2) 操作方法:

① 钢筋下料:钢筋预加工在加工棚进行。钢筋应先调直再加工,必须用砂轮切割机下料,不得用气割下料。钢筋端头切平,并将钢筋的毛刺、飞边磨光。切口端面应与钢筋轴线垂直,端头弯曲、马蹄严重的应切除。

② 钢筋套丝:

将钢筋端头送入套丝机卡盘开口直接滚压螺纹。套丝机必须用水溶性切削冷却润滑液,严禁用机油润滑或不加润滑液套丝;丝头加工长度为标准型套筒长度的1/2。钢筋螺纹加工后,随即用量规对丝头进行检查,合格后套上塑料保护帽;当采用预接接头时,预留钢筋接头带套筒。连接套筒的外露端应有保护帽,套筒与钢筋接头应用专用扳手拧紧。

③ 钢筋连接:

连接套筒规格与钢筋规格必须一致。钢筋螺纹的形式、螺距、螺纹应与连接套筒匹配;连接之前应检查螺纹及连接套是否完好无损。螺纹丝头上如发现杂物或锈蚀,可用钢丝刷清除;将带有连接套的钢筋拧到待接钢筋上,然后按表 2-5-48(1)规定的力矩值,用力矩扳手拧紧接头。连接水平钢筋时,必须先将钢筋托平对正用手拧紧。经拧紧后的滚压直螺纹接头应用白油漆做出标记。单边外露丝扣不得超过 1 个完整丝扣;接头的应用:结构构件中纵向受力钢筋的接头宜互相错开,钢筋机械连接的连接区段长度为 35d (d 为纵向受力钢筋的较大直径),且不小于 500mm,接头端部距钢筋弯起点不得小于 10d。在同一连接区段接头宜设置在结构构件受拉钢筋应力较小的部位,当需要在高应力部位设置接头时,在同一连接区段内 III 级接头的接头百分率不应大于 25%;II 级接头的接头百分率不应大于 50%,I 级接头的接头百分率可不受限制;接头宜避开有防震设防要求的梁端、柱端箍筋加密区;当无法避开时,应采用 I 级接头或 II 级接头,且接头百分率不应大于 50%。受拉钢筋应力较小部位或纵向受压钢筋,接头百分率可不受限制。对直接承受动力荷载的结构构件,接头百分率不应大于 50%。在同一构件的跨间或层高范围内的同一根钢筋上,不得超过 2 个以上接头。

接头拧紧力矩 表 2-5-48(1)

钢筋直径(mm)	16~18	20~22	25	28	32	36~40
拧紧力矩(N·m)	100	200	250	280	320	350

④ 检查验收:

在钢筋连接时,操作工人应逐个检查接头的外观质量,外露丝扣不得超过 1 个完整丝扣。质量检查人员要抽查接头的外观质量,每批抽检 3%,且不少于 3 个,并用力矩扳手抽检接头的拧紧力矩,填写外观质量检查记录。发现不合格时应及时处理。钢筋连接应做到表面顺直、端面平整,其截面与钢筋轴线垂直,不得歪斜、滑丝。

⑤ 应注意的质量问题:

必须分开施工用和检验用的力矩扳手，不能混用，并定期检验力矩扳手，以保证力矩检验值准确。钢筋在套丝前，必须对钢筋规格及外观质量进行检查。如发现钢筋端头弯曲，必须先进行调直处理，防止丝扣出现不合格。对个别经检验不合格的接头，可采用电弧贴角围焊补强，其焊缝高度和厚度应满足要求，焊工必须持证操作。

(3) 冬雨期施工：等同参照 2-5-46。

4) 质量标准：

(1) 主控项目：

① 钢筋的品种和质量必须符合设计和有关标准的要求。直螺纹连接套应有产品合格证和检验报告，材质、几个尺寸及直螺纹加工应符合规范要求。检查数量：全数检查。检验方法：观察和检查产品合格证。

② 接头连接强度合格。检查数量：同一施工条件下采用同一批材料的同等级、同形式、同规格接头，每 500 个为一批，不足 500 个也作为一批，在工程结构中随机截取 3 个接头试件做抗拉强度试验，对接头等级进行评定。如有 1 个试件强度不符合要求，应双倍取样进行复试。当现场检验 10 个验收批抽样试件抗拉强度试验一次合格率为 100% 时，验收批接头数量可扩大 1 倍，按不大于 1000 个为一批。其接头抗拉强度应符合规范要求。检验方法：检查接头力学性能报告。

(2) 一般项目：

① 连接套必须逐个检查，要求管内螺纹圈数、螺距、齿高等必须与螺纹环规相咬合；丝扣无破损、歪斜、不全、滑丝、混丝现象，螺纹处无锈蚀。

② 钢筋接头安装连接后，随机抽取同规格接头数的 10% 进行外观检查。应满足钢筋与连接套的规格一致，外露丝扣不得超过 1 个完整丝扣。

③ 用于质检的力矩扳手，按规定的接头拧紧值抽检接头的连接质量。

检查数量：梁、柱构件按接头数的 15%，且每个构件的抽检数不得少于 1 个接头；基础、墙板构件按各自接头数，每 100 个接头作一验收批，不足 100 个也作一个验收批，每批抽检 3 个接头，抽检的接头应全部合格，如有 1 个接头不合格，则该批接头应逐个检查并拧紧。

④ 钢筋丝头质量检验方法及要求见表 2-5-48 (2)。

钢筋丝头质量检验方法及要求   表 2-5-48 (2)

检测项目	量具名称	检 验 要 求
螺纹牙型	目测、卡尺	牙型完整，不完整丝扣螺纹累计长度不得超过 2 个螺纹周长
丝头长度	卡尺及专用量规	为标准型套筒长度的 1/2，其公差为 $+2P$（P 为螺距）
螺纹直径	通端螺纹环规	能顺利旋入螺纹
	止端螺纹环规	旋入量不超过 $2P$（P 为螺距）

5) 质量记录：

(1) 半成品钢筋出厂合格证 (DBJ 01-71—2003)。

(2) 材料试验报告 (DBJ01-71—2003)。

(3) 钢筋连接试验报告 (DBJ01-71—2003)。

6) 安全与环保：

(1) 安全注意事项：

机械及现场用电应符合相应的安全用电规定。

(2) 环保措施：

① 切断的钢筋头和套丝铁屑应及时清理回收。

② 套丝用的废润滑液应装入容器，不得遗洒、随意倾倒。

7) 成品保护：

(1) 连接套丝扣质量检验合格后，两端用塑料密封盖保护。

(2) 钢筋套丝后立即戴上塑料保护帽，确保丝扣不损坏。

(3) 钢筋连接半成品应按规格分类堆放整齐，妥善保管。

2-5-49 现浇钢筋混凝土沟模板支护施工工艺是怎样的？

答： 1) 适用范围：

适用于现浇钢筋混凝土结构模板施工，包括钢筋混凝土沟底板、侧墙和顶板，也包括砖砌沟底板、顶板模板支护。一般采用钢模，侧墙模板与顶板模板同时支护，先支内模，待绑完侧墙顶板钢筋后，再支外模。

2) 施工准备：

(1) 材料要求

① 组合钢模板：规格、型号应符合现行国家标准《组合钢模板技术规范》GB 50214 的规定。

② 平模：一般采用长度为 450～1800mm，宽度为 100～600mm。

③ 角模：阴角模、阳角模、连接角模。

④ 配件：对拉螺栓（含止水对拉螺栓）、套管、垫片、U 型卡（A、B 型）、3 形扣件、碟形扣件、紧固螺栓、钩头螺栓。

⑤ 支撑加固材料：钢管、花梁（10cm×10cm）、方木、扣件、顶托、花篮螺栓等。

⑥ 其他材料：脱模剂、海棉条、补缺用木模板、铁钉、模板专用吊笼等。

(2) 施工机具（设备）：

① 机械：电钻、气泵、电刨、电锯。

② 工具：吊笼、锤子、锯、扳手、线坠、托线板、方尺、水平尺、钢尺、撬棍、棉丝、滚子等。

(3) 作业条件：

① 底板：已弹好电力沟轴线、模板控制线及测设底板标高并做好控制钢筋。

② 集水井混凝土管已制作完成，安装到位，入孔模板已加工完成。

③ 侧墙预留钢筋已调整完成。

④ 施工缝软弱层剔凿、清理干净，办理交接检验手续。

(4) 技术准备（模板设计）：

① 根据工程结构型式、结构施工图，考虑工期、质量等要求，合理划分施工流水段，进行模板设计；确定模板组装形式（就位组装或预组装），模板平面布置，支撑系统材料规格、布置方式、数量、间距。

② 验算模板和支撑系统的强度、刚度及稳定性，编制相应的技术和安全措施，见表 2-5-49（1）。

钢模板施工组装质量标准 表 2-5-49（1）

项　目	允　许　偏　差（mm）
两块模板之间拼接缝隙	≤2.0
相邻模板面的高低差	≤2.0
组装模板板面平面度	≤2.0（用 2m 长平尺检查）
组装模板板面的长宽尺寸	≤长度和宽度的 1/1000，最大±4.0
组装模板两对角线长度差值	≤对角线长度的 1/1000，最大≤7.0

3）操作工艺：

（1）底板模板工艺流程：

模板清理→安装底板外侧模板→焊堤坎模板定位筋→安装堤坎模板→安拉杆、支撑→模板质量检查验收。

（2）底板模板操作方法：

① 模板清理：安装前必须对模板进行检查，变形严重或经修正仍不能满足要求的模板禁止使用。模板表面用刮刀清理干净，并用钢丝刷除锈，清理完成后刷隔离剂。

② 外模安装：外模高度大于底板厚度＋堤坎高度。模板间用小卡子连接牢固，并用通长钢管固定，连成一体，后背用50mm×50mm小方木做支撑。外模安装完成后，按设计要求拉通线找平，并检查模板垂直度，外模宽度校正使其符合要求。

③ 堤坎模板安装：

一般采用宽100～200mm条形模板。采用吊模支护方法：支护必须牢固，保证模板不位移、位置正确。为保证位置正确、方便施工控制，可在底板上放出中线，焊接控制钢筋；根据中线确定控制钢筋位置，测设底板高程。内模拉线调直、找正，保证内模立面垂直，模板错台不大于2mm。内模安装完成后，不能出现弯折现象。变形缝处、接头处适当加密支撑。

④ 变形缝橡胶止水带加固：止水带在结构内的部分通过加设钢筋支架夹紧，结构外的部分可采用方木排架固定，保证止水带就位正确。

（3）侧墙、顶板内模安装工艺流程：

基底清理→模板清理→内模、支撑系统安装→检查、校正、加固→钢筋绑扎→外模安装→外模支撑安装→工作缝清理→验收

（4）侧墙、顶板内模安装操作方法：

内模板一般采用钢模，支架一般宜采用碗扣式脚手架或钢管扣件脚手架，内模安装时水平和垂直支撑采用可调支撑，控制侧模位置和顶板标高。

① 基底清理：底模拆除完成后，对堤坎内外墙面进行清理，检查底板预留尺寸，出现变形、位移、不垂直等情况时应进行修理，确保侧墙模板能与堤坎密贴。

② 模板清理：其方法与底板模板清理相同，清理完成后刷隔离剂。

③ 内模安装：

安装第一层模板时，在堤坎内、外部贴海绵条，减少漏浆，避免接槎烂根。用U形卡将模板卡紧，U形卡间距不超过30cm，以控制模板间隙及错台；模板接缝处用海绵胶条填实，防止漏浆。后背纵向φ48mm钢管一般通常设置，并用U形卡与模板连成一体。钢管接头处错开1～2m。在后背钢管上钢花梁，左右对称，间距一般不超过90cm。管沟水平支撑一般不少于3道，底部设扫地撑1道，中部及上部各设1道。支撑端部用可调U形顶托与钢花梁顶紧。侧墙对拉螺栓位置应正确、紧固适宜。端头、变形缝处模板支撑必须加密，以保证稳定。当管沟坡度较大时，内支撑应设纵向剪力撑，以保证立杆稳定。坡度弯点处，采用木模拼接，混凝土外路面必须刨光，安装时与钢模卡紧、卡平防止错台。模板铺装：尽量采用大块模板，减少拼缝。顶板于角模、角模与侧墙模板必须连接牢固。

④ 检查、校正、加固：钢筋铺装前，必须对内模尺寸、支撑进行检查，对尺寸不符合要求的进行调整，确保侧墙垂直度符合要求。

⑤ 钢筋绑扎：等同参照题2-5-46。

侧墙、顶板钢筋绑扎完成后，应安装水泥垫块或塑料垫块，间距1.0m，梅花形布置预埋件安装：预埋螺栓从模板孔穿过，采用2个螺栓同模板固定，端部与钢筋绑扎牢固。

⑥外模安装：安装前对钢筋进行验收，合格后方可进行。其安装方法基本同内模侧墙。在低

点或按一定间距留出吹扫口。

⑦ 外模支撑安装：严格按施工组织设计要求施工。斜撑不能直接支在槽壁上，应通过大板与木方将侧压力均匀传到土体上。斜撑必须与模板顶紧，钢管斜撑长度不能过长，否则应加横拉杆以保证斜撑稳定。

⑧ 工作缝清理：采用高压风进行吹扫，清除尘土及垃圾，浇水冲洗湿润。

⑨ 变形缝橡胶止水带加固：方法与本节底板模板安装中"变形缝橡胶止水带加固"。

⑩ 内外模板支护验收：安装完成后，校正中线、高程、垂直度、断面尺寸，清理模内杂物，经检查合格后办理预检手续。

⑪ 应注意的问题：

严格按照模板设计要求安装背楞、对拉螺栓，背楞宜采用整根杆件，接头应错开设置，搭接长度不应小于200mm。防止侧墙模板出现胀模、厚度不匀。拼缝木模板应与模板厚度一致，应过刨，在现场裁切，拼缝应严密、紧固，背后应设置附加龙骨和支撑。防止非标模板处漏浆、尺寸偏差过大。

（5）模板拆除操作方法：

模板拆除应遵循下列原则：按照先支后拆，后支先拆；先拆不承重的模板，后拆承重部分的模板；自上而下；先拆侧向支撑，后拆竖向支撑。

① 侧墙模板拆除（含堤坎）：

侧墙模板拆除时，混凝土强度应能保证其表面及棱角不因拆除模板受损坏。侧墙模板拆除：墙模板拆除应逐块拆除。先拆除斜拉杆或斜支撑，再拆除对拉螺栓或钢管卡，将U形卡等附件拆下，然后用锤向外侧轻击模板上口，用撬棍轻轻撬动模板，使模板脱离墙体，将模板逐块传下码放。对拉螺栓在混凝土强度达到1.2MPa，方可松动。

② 顶板模板拆除：

模板拆除时，应根据混凝土的强度填写拆模申请，经批准后，方可拆模。顶板模板拆除时，其混凝土同条件试块强度应满足表2-5-49（2）的要求。下调支柱的可调托，然后拆下U形卡和纵向方木，再轻撬模板，或用锤子轻敲，拆下第一块，然后逐块、逐跨拆除模板。拆除的模板传递放于地面上，或搭设临时支架，托住下落的模板，严禁使模板自由落下。拆除模板由一端向另一端顺序进行。

顶板模板拆除时的混凝土强度要求　　　　表2-5-49（2）

构件种类	构件跨度（m）	拆模强度（按设计强度等级的百分率计）
顶 板	≤2	≥50
	2~8	≥75
	>8	≥100

（6）冬雨期施工：

① 冬施期间应根据结构设计进行热工计算，必要时应在模板外采取相应的覆盖、保温措施。

② 冬施时顶板、侧墙模板拆除时混凝土强度应达到受冻临界强度，并在拆模后要用保温材料进行覆盖。

4）质量标准：

（1）主控项目：

① 在涂刷模板隔离剂时，不得沾污钢筋和混凝土的接槎处。检查数量：全数检查。检验方法：观察。

② 顶模支架的拆除应按施工技术方案及规范要求执行。检查数量：全数检查。检验方法：观察。

（2）一般项目：

①模板接缝不漏浆，模板与混凝土的接触面应清理干净。

②浇筑混凝土前，模板内应清理干净。

③固定在模板上的预埋件、预留孔洞不得遗漏，且应安装牢固。检查数量：在同一检验批内，对侧墙、顶板应按有代表性的抽查10％。现浇钢筋混凝土模板安装允许偏差参见《给水排水管道工程施工及验收规范》GB 50268—2008，见表2-5-49（3）。

现浇钢筋混凝土模板安装允许偏差表　　　　　　　　表 2-5-49（3）

项　目		允许偏差（mm）	检验方法
轴线位置	基　础	10	尺量
	墙、板、拱	5	
相邻两板表面高低差	刨光模板、钢模	2	尺量
	不刨光模板	4	
表面平整度	刨光模板、钢模	3	靠尺、塞尺
	不刨光模板	5	
垂直度	墙、板	$0.1\%H$，$\leqslant 6$	线锤
截面尺寸	基础	＋10，－20	尺量
	墙、板	＋3，－8	
中心位置	预埋管、件及止水带	3	尺量
	预埋孔	5	
高　差	预埋件	0，＋3	拉线，用尺量

注：H 为墙的高度。

④ 参见《排水管（渠）工程施工质量检验标准》DBJ 01-13—2004。

安装现浇结构的模板与支架时，其基础应具有足够的承载能力。应保证模板的结构尺寸和相互位置的准确性。模板应具有足够的稳定性、刚性和强度。模板支设应板缝严密，不得漏浆，表2-5-49（4）。

模板安装质量允许偏差表　　　　　　　　表 2-5-49（4）

序号	项　目		允许偏差（mm）	检验频率 范围	检验频率 点数	检验方法
1	轴线位置	基础	$\leqslant 10$	每段构筑物	4	用经纬仪测量纵横各计2点
		墙板、管、拱	$\leqslant 5$			
2	相邻两板表面高低差	刨光模板、钢模	$\leqslant 2$		4	用尺量取较大值
		不刨光模板	$\leqslant 4$			
3	表面平整度	刨光模板、钢模	$\leqslant 3$		4	用2m直尺
		不刨光模板	$\leqslant 5$			
4	垂直度	墙、板	$0.1\%H$且不大于6		2	用垂线或经纬仪检验
5	截面尺寸	基础	＋10　－20		3	用尺量长、宽、高各计1点
		墙、板	＋3　－5		3	用尺量长、宽、高各计1点
		管、拱	不小于设计断面		2	用尺量高、宽（直径）厚各计1点
6	中心位置	预埋管、件及止水带	$\leqslant 3$	每件（孔、洞）	1	用尺量取纵横向偏差较大值

注：1. H 为墙的高度（mm）；

2. 本表只作分项工程检验，不参加分部及单位工程检验。

5）质量记录：

（1）隐蔽工程检查记录（DBJ01-71—2003）。

（2）中间检查交接记录（DBJ01-71—2003）。

6）安全与环保：

（1）安全注意事项：

① 施工人员进入现场必须戴安全帽，高于2m作业应系好安全带。

② 组合钢模板装拆时，上下应有人接应，钢模板应随装拆随搬运，不得堆放在脚手板上，严禁抛掷传接。

③ 模板及其支撑系统在安装、拆除过程中，若中途停歇，必须把活动部件固定牢固，必要时应设置临时固定设施，严防倾覆。支模应严格按工序要求进行，模板加固尚未完成，不得进行下道工序施工。

④ 模板的预留孔洞等处，应加防护盖。

⑤ 拆模时应有专人看护，设围栏，明显标识，非操作人员不得入内，操作人员应站在安全处。

⑥ 模板堆放时，高度不得超过1.5m。

（2）环保措施：

① 模板刷脱模剂、防锈漆时，应铺设垫板或塑料布，防止污染场地。

② 清理模板的垃圾应装入容器运出，不得从施工洞口向下抛撒。

③ 废弃的脱模剂、海绵条、胶粘剂等应按规定消纳。

7）成品保护：

（1）吊装模板时，应轻吊轻放，不准碰撞结构、外脚手架、已安装模板等，防止模板变形和损伤混凝土。

（2）不得集中堆放重物在顶板模板上，防止荷载集中。

（3）拆模时，不得用大锤硬砸或撬棍硬撬，防止损伤混凝土表面和棱角，严禁将模板直接从高处扔下，以防模板变形、损坏。

（4）拆下的模板和支撑、加固件、连接材料，应清理粘结物，涂刷脱模剂，并分类堆放。如发现模板不平或肋边损坏变形应及时修理，并补刷防锈剂。

（5）不得随意在模板面用电、气焊开孔，严禁切割钢筋。

2-5-50 混凝土浇筑施工工艺是怎样的？

答：1）适用范围：

适用于现浇钢筋混凝土（管）沟结构施工。

2）施工准备：

（1）材料要求：

① 预拌混凝土：与预拌混凝土供应厂家签订供应合同，混凝土质量必须符合国家现行规范、设计文件及合同的要求。

② 混凝土养护：塑料布、麻袋布、保温岩棉等。

（2）施工机具（设备）：

① 机械：泵送设备、插入式振动器等。

② 工具：混凝土留槽、尖锹、木抹子、铁抹子、串筒、标尺杆、照明灯具、杠尺。

③ 测试工具：试模、温度计、坍落度筒等。

（3）作业条件：

① 浇筑前应将模板内木屑、泥土等杂物及钢筋上的水泥浆清除干净；检查钢筋保护层及其

定位措施的可靠性；施工缝处混凝土已将表面的软弱层剔凿、清理干净。

② 混凝土浇筑前模板、钢筋、预埋件、止水带、接地极、预留洞等全部安装完毕，经检查符合设计和施工规范要求，并办理完隐、预检手续。

③ 经检查洞口、模板下口及角模处模板拼接严密，端头止水带处加固牢固。

④ 浇筑混凝土用的架子及操作平台已搭设完毕并经检查合格；控制混凝土分层浇筑厚度的标尺杆就位，夜间施工还需配备照明灯具，混凝土振捣器、振捣棒现场调试就位，检验合格。

⑤对预拌混凝土供应厂家提出详细的技术要求，一般应明确混凝土的浇筑部位、浇筑方式、浇筑时间、强度等级、供应数量、坍落度、水泥品种、集料粒径、外加剂及初凝时间等要求，并根据浇筑数量提出保证连续浇筑供应要求。

（4）技术准备：

编制好混凝土浇筑施工方案并获上级批准，对作业班组进行技术交底。

3）操作工艺：

（1）工艺流程：

作业准备→混凝土搅拌→混凝土运输→混凝土浇筑与振捣→拆模、养护→质量检查验收。

（2）操作方法：

① 混凝土搅拌：一般采用预拌混凝土。

② 混凝土运输：混凝土水平运输宜采用混凝土罐车，垂直运输采用泵车或溜槽。在风雨或炎热天气运输混凝土时，容器上应加遮盖，以防雨水浸入或蒸发。夏季高温时，混凝土砂、石、水应有降温措施。混凝土拌合物出机温度应不大于30℃，浇筑温度不宜超过35℃。冬期运输要采取保温措施，确保入模温度。混凝土自搅拌机中卸出后，应及时运至浇筑地点，并逐车检测其坍落度，所测坍落度值应符合设计和施工要求，其允许偏差值应符合有关标准的规定。如混凝土拌合物出现离析或分层现象，不得使用。

③ 混凝土浇筑与振捣：

混凝土沟一般以结构设计变形缝为界跳仓施工，每仓分两次浇筑完成，第一次浇筑底板；第二次浇筑侧墙和顶板。混凝土管沟有抗渗要求的混凝土结构一般只允许留设水平施工缝，施工缝宜高出底板面以上不小于200mm。底板浇筑：坍落度应适当减小，以利于侧墙堤坎形成。堤坎必须振捣密实。底板一端向另一端连续推进，一次浇筑至设计标高，同时随浇筑随振捣随找平，振捣采用插入式振捣器，找平采用3m长度大木尺，最后采用铁抹子拍实压光。底板浇筑完成后，将侧墙甩出钢筋进行整理，用木抹子按标高线将墙上混凝土找平，待终凝后将混凝土表面浮浆清除。墙体浇筑混凝土前，先在底部均匀浇筑约50mm厚与墙体混凝土成分相同的水泥砂浆或同配比减石子混凝土，并用铁锹入模，不应用料斗直接灌入模内。控制浇筑速度分层逐步推进。当先浇筑混凝土初凝前必须浇筑上层混凝土，依次循环至墙顶标高。浇筑墙体混凝土应采取分层连续对称进行，两侧墙必须均匀下灰，高差不大于300mm，防止支撑变形、失稳。每层最厚不超过振捣器作用部分有效长度的1.25倍，最大不超过500mm。顶板浇筑：侧墙浇筑完成后0.5～1.0h后开始顶板浇筑。浇筑方法与底板浇筑方法相同，但下灰速度、浇筑速度必须严格控制。下灰后，混凝土要立即摊平，及时振捣。保证顶板外观质量。混凝土自料斗口下落的自由倾落高度一般不应超过2m，如超过2m时必须采取措施，采用增设软管或串筒等方法。浇筑混凝土应连续进行。如必须间歇，其间歇时间应在分层混凝土初凝之前，将上层混凝土浇筑完毕。使用插入式振捣器应快插慢拔，插点要均匀排列，逐点移动，顺序进行，振捣密实。移动间距不应大于振捣棒作用半径的1.5倍（一般不大于500mm），每一振点的延续时间以表面呈现浮浆为准，振捣上一层时应插入下层50mm左右，以消除两层间的接缝，分层厚度用标尺杆控制。浇筑混凝土时应设专人观察模板、钢筋、预埋孔洞、预埋件和插筋等有无移动、变形或堵塞情况，发现问题应立即处理并应在已浇筑的混凝土初凝前修整完成。墙体施工缝位置应按施工方案或设计要求留置。浇筑前，施工缝混凝土表面剔除浮动石子、浮浆等，用水冲洗干净并充分湿润。保证新旧混凝土结合密实。变形缝部位混凝土施工：变形缝止水带应在混凝土浇灌前固定牢固；变形缝两侧混凝土应间隔施工，不得同时浇筑；在一侧混凝土浇筑完毕，止水带经检查无损伤和位移现象后方可紧密包裹止水带，并避免止水带周边集料集中。

④ 拆模、养护：常温下侧墙、底板混凝土强度大于 1.2MPa 时方可拆模，并及时对墙面边角采取保护措施。混凝土浇筑完毕后，常温下，应在 12h 以内加以覆盖和浇水，浇水次数应能保持混凝土处于湿润状态，养护期一般不少于 7 昼夜。宜可采用塑料薄膜覆盖养护，但应保持薄膜内有凝结水。当选用混凝土养护剂养护时，模板拆除后应及时喷刷。

⑤ 混凝土试块留置：试块应在混凝土浇筑地点随机抽取制作，取样与留置数量应符合现行国家标准《混凝土结构工程施工质量验收规范》GB 50204—2002 的规定，并根据需要留置满足标养、拆模、实体检测等用的试块。

⑥ 应注意的问题：为防止混凝土出现蜂窝、麻面等质量问题，模板支设前应先将表面清理干净，均匀涂刷脱模剂，模板缝隙要密封不漏浆，控制好混凝土振捣时间，即不能过振，也不得欠振，并按规定拆模。应选择合适的外加剂（引气剂），混凝土浇筑要分层振捣，振捣时，采用高频振捣棒，每层振捣至气泡排除为止，防止墙面出现气孔集中现象。钢筋垫块应放置正确、牢固、间距合理，振捣混凝土时避免直接冲击钢筋，并设专人调整钢筋位置，防止浇筑混凝土出现露筋等质量问题。为防止墙体混凝土出现烂根，应将模板下口找平并对缝隙进行封堵，做到不漏浆。混凝土接槎处要冲洗干净，对水平接槎应先均匀浇筑约 50mm 左右同配比减石子混凝土。洞口模板应直接与墙体模板固定，模板穿墙螺栓应紧固可靠，浇筑混凝土时不得冲击洞口模板；侧墙应对称下灰，均匀进行振捣，防止洞口移位变形。

（3）冬雨期施工：

① 雨期施工：

进入雨期，混凝土施工应编制预案。大面积混凝土浇筑前，要了解 2~3d 的天气预报，尽量避开雨天。混凝土浇筑现场要预备防雨材料，以备浇筑时突然遇雨进行覆盖。如浇筑混凝土时突然遇雨，对已浇筑部位加以覆盖。雨期施工时，应加强对混凝土粗、细集料含水率的测定，及时调整用水量，严格控制混凝土坍落度。

② 冬期施工：

进入冬季，混凝土的搅拌、运输、浇筑和养护等应严格执行冬施方案。混凝土在浇筑前，应清除模板和钢筋上的冰雪、污垢。运输和浇筑混凝土用的容器应有保温措施。混凝土养护应按冬施方案进行测温并做好记录。在混凝土强度未达到临界抗冻强度前，不得受冻。拆除模板和保温层应在混凝土冷却至 5℃后，当混凝土与外界温差大于 20℃时，拆模后的混凝土应及时覆盖，缓慢冷却。

4）质量标准：

（1）主控项目：

①《给水排水管道工程施工及验收规范》GB 50268—2008：

混凝土的抗压强度应按现行国家标准《混凝土强度检验评定标准》GB/T 50107—2010 进行评定，抗渗、抗冻试块应按国家现行有关标准评定，并不得低于设计规定。

②《排水管（渠）工程施工质量检验标准》DBJ 01-13—2004：

混凝土、钢筋混凝土所用原材料应符合国家现行有关标准规定，并符合设计要求。混凝土的抗压、抗渗、抗冻性能应符合国家现行规范《混凝土结构工程质量验收规范》GB 50204—2002 和设计要求。

（2）一般项目：

①《给水排水管道工程施工及验收规范》GB 50268—2008：

现浇混凝土结构底板、墙面、顶板表面应光洁，不得有蜂窝、漏筋、漏振等现象。侧墙和顶板的变形缝应与底板的变形缝对正、垂直贯通。止水带安装位置正确、牢固、闭合，且浇筑混凝土过程中保持止水带不变位、不垂、不浮，止水带附近的混凝土应插捣密实。现浇混凝土沟允许偏差见表 2-5-50（1）。

②《排水管（渠）工程施工质量检验标准》DBJ01-13—2004：

安装现浇结构的模板与支架时，其基础应具有足够的承载能力。应保证模板的结构尺寸和相互位置的准确性。模板应具有足够的稳定性、刚性和强度。模板支设应板缝严密，不得漏浆。沟底、墙面、板面光洁，不得有蜂窝、露筋等现象。墙和拱圈的变形缝应与底板的变形缝对正，垂直贯通。止水带、填料及其位置应符合设计要求，安装应牢固、闭合，与变形缝垂直，与墙体中心对正。现浇混凝土沟允许偏差见表 2-5-50（2）。

现浇混凝土结构允许偏差表　　　　　　　　　　表 2-5-50（1）

序号	项　目	允许偏差（mm）	检验频率		检验方法
			范围	点数	
1	轴线位置	15	20m	1	用经纬仪测量
2	沟底高程	±10	20m	1	用水准仪测量
3	断面尺寸	不小于设计规定	20m	2	用尺量，宽、厚各计1点
4	盖板断面尺寸	不小于设计规定	20m	2	用尺量，宽、厚各计1点
5	墙高	±10	20m	2	用尺量，每侧计1点
6	沟底中线每侧宽度	±10	20m	2	用尺量，每侧计1点
7	墙面垂直度	≤15	20m	2	用垂线检验，每侧计1点
8	墙厚	0，+10	20m	2	用尺量，每侧计1点

现浇混凝土及钢筋混凝土管（渠）允许偏差表　　　　　表 2-5-50（2）

序号	项　目	允许偏差（mm）	检验频率		检验方法
			范围	点数	
1	渠底高程	±10	20m	1	用水准仪测量
2	拱圈断面尺寸	符合设计规定	20m	2	用尺量宽、厚各计一点
3	盖板断面尺寸	符合设计规定	20m	2	用尺量宽、厚各计一点
4	盖板压墙尺寸	±10	20m	2	用尺量，每侧计一点
5	墙高	±10	20m	2	用尺量，每侧计一点
6	渠底中线每侧宽	±10	20m	2	用尺量，每侧计一点
7	墙面垂直度	≤15	20m	2	用垂线检验，每侧计一点
8	墙面平整度	≤10	20m	2	用2m直尺或小线量取较大值，每侧计一点
9	墙厚	+10　0	20m	2	用尺量，每侧计一点

注：1. 混凝土碱含量限值标准参照中国工程建设标准化协会标准 CDCS53：93；

　　2. 混凝土的抗冻抗渗试件取样数量应符合《市政基础设施工程资料管理规程》（DBJ 01-71 附录 A 的规定）。

5）质量记录：

（1）水泥试验报告（DBJ01-71—2003）。

（2）砂试验报告（DBJ01-71—2003）。

（3）碎（卵）石试验报告（DBJ01-71—2003）。

（4）混凝土配合比申请单、通知单（DBJ01-71—2003）。

（5）混凝土浇筑申请书（DBJ01-71—2003）。

（6）混凝土开盘鉴定（DBJ01-71—2003）。

（7）混凝土浇筑记录（DBJ01-71—2003）。

（8）混凝土抗压强度试验报告（DBJ01-71—2003）。

（9）混凝土试块强度统计、评定记录（DBJ01-71—2003）。

（10）混凝土养护测温记录（DBJ01-71—2003）。

（11）掺合料试验报告（DBJ01-71—2003）。

（12）外加剂试验报告（DBJ01-71—2003）。

（13）混凝土抗压强度试验报告（DBJ01-71—2003）。

（14）混凝土抗折强度试验报告（DBJ01-71—2003）。

（15）混凝土抗渗试验报告（DBJ01-71—2003）。

（16）混凝土抗冻试验报告（DBJ01-71—2003）。

6）安全与环保：

（1）安全措施：

① 振捣手必须戴绝缘手套，穿绝缘鞋，并设专人配合。

② 浇筑侧墙混凝土时，设专人看护，防止边坡塌方和高空坠物伤人。

③ 注应搭设操作平台及护栏，跳板满铺，严禁直接站在模板或支撑上操作，也不得踩钢筋上浇筑。

④ 采用泵送混凝土进行浇筑时，输送管道的接头应紧密可靠不漏浆，安全阀必须完好，管道的架子要牢固。

⑤ 雨期施工应对电气设备采取防雨、防潮、防漏电措施。

⑥ 夜间施工时电闸箱不得放在墙模平台或顶板钢筋上。夜间施工要有足够照明，照明灯要有防护罩。

⑦ 混凝土振动器要有可靠的保护接零或保护接地，并必须安设漏电保护开关。

⑧ 振动器使用时先要试运转，确认无问题后，才能正式使用。使用插入式振动器，应由两人操作，一人掌握振动器、一人掌握电动机和开关。振动器与电动机的连接必须牢固，严禁用电源线、橡胶软管拖着电动机移动。软管弯曲半径不小于500mm，且不能多于2个弯。

⑨ 用泵车浇筑混凝土时，操作人员不得站在泵管出口处，当采用空气清洗泵管时必须离开管端5m远的地方，以免残渣和气流喷出伤人。

（2）环保措施：

① 运输水泥和其他易飞扬的细颗粒散体材料及砂浆、混凝土时，应采取封闭、覆盖措施，防止扬尘、遗撒。

② 现场所有强噪声机具应尽可能避开夜间施工，如必须夜间施工时，应采取措施，最大限度降低噪声。

③ 近临居民的施工现场设置的混凝土输送泵，应搭设隔音棚。

④ 现场设立排水沟和沉淀池。污水需经二次沉淀后排入市政管网，并经常清淘池内沉淀物。

⑤ 现场施工垃圾应封闭清运，防止烟尘和遗撒。

⑥ 施工现场道路采用硬化处理，配备洒水设备，指定专人负责现场洒水降尘工作。

7）成品保护：

（1）要保证钢筋和垫块的位置正确，不得碰动预埋件和插筋。混凝土浇筑时要设专人看护模板和钢筋，混凝土浇筑后要及时整理上部钢筋。

（2）不得用重物撞击模板。不得拆改与模板有关的连接插件及螺栓，以保证模板质量。

（3）应保护好洞口、预埋件及止水带等。

2-5-51　混凝土泵送施工工艺是怎样的？

答：1）适用范围：

适用于现浇钢筋混凝土管沟结构泵送施工。

2）施工准备

（1）材料要求（向预拌混凝土厂家提供的技术要求），混凝土配合比的确定除了满足强度要求外，还必须满足可泵性、低泌水性、低坍落度损失及和易性良好，因此对原材料提出如下要求：

① 水泥：泵送混凝土所用的水泥应符合现行国家标准《通用硅酸盐水泥》GB 175—2007 的要求。水泥进场应有产品合格证和出厂检验报告，进厂后应对强度、安定性及其他必要的性能指标进行取样复验。

② 石子：石子品种、规格及质量应符合国家现行标准《普通混凝土用砂、石质量及检验方法标准》JGJ 52—2006 的要求。石子最大粒径与输送管的管径之比为，对碎石不大于 1∶3，对卵石不大于 1∶2.5，集料颗粒应级配良好。石子进场后应取样复验合格。

③ 砂：砂品种及质量应符合国家现行标准《普通混凝土用砂、石质量及检验方法标准》JGJ 52—2006 的要求。砂宜采用中砂，砂的细度模数为 2.3～3.2，粒径在 0.315mm 以下的细料所占的比例不应少于 15%，混凝土的含砂率宜为 38%～45%。砂进场后应取样复验合格。

④ 水：宜采用饮用水。当采用其他水源时，其水质应符合国家现行标准《混凝土用水标准》JGJ 63—2006 的要求。

⑤ 掺合料：宜选用粉煤灰或者磨细矿渣，掺合料质量应符合《混凝土矿物掺合料应用技术规程》DBJ/T 01-64 的要求，其掺量应经过试验确定，一般不宜超过水泥用量的 30%。掺合料应有出厂合格证或质量证明书及法定检测单位的质量检测报告。进场后应取样复验合格。

⑥ 外加剂：应选用质量性能稳定、适宜泵送的外加剂。外加剂的压力泌水、减水率、凝结时间、坍落度保留值等指标应满足混凝土泵送施工要求，应符合现行国家标准《混凝土外加剂应用技术规范》GB 50119—2013 的规定。外加剂应有产品说明书、出厂检验报告及合格证、性能检测报告，进场应取样复验合格。

⑦ 每立方米混凝土中胶凝材料用量不宜少于 300kg。

⑧ 执行北京市强制性标准《预防混凝土结构工程碱集料反应规定》DBJ 01-95—2005，凡用于 Ⅰ、Ⅱ 类工程的混凝土，其水泥、外加剂、掺合料及砂、石等材料必须由法定检测单位出具的碱含量或集料活性检验报告，并符合要求。同时，混凝土中的氯化物和碱的总含量应符合现行国家标准《混凝土结构设计规范》GB 50010—2010 的规定。

（2）施工机具（设备）：

① 泵送设备：泵送设备包括混凝土泵车、混凝土输送泵、混凝土搅拌车等。

② 泵送管道：输送管道包括直管、弯管、锥形管、软管、管接头等。

③ 其他机具：可移动配电箱及电缆、碘钨灯、对讲机等。

（3）作业条件：

① 场地要求：施工现场应有合理布置泵车的安放位置，应尽量靠近浇筑地点，场地应平整、坚实，且有足够的场地保证混凝土搅拌车的供料、调车的方便；混凝土泵尽量固定位置、减少移动混凝土泵。

② 拟浇混凝土部位的钢筋、模板、预埋件及管线已安装并通过验收，办完隐、预检手续。

模内杂物清理干净，浇灌申请书已经批准。

③ 预拌混凝土厂家已联系好，泵车或输送泵及管道已安装加固就位，各种机具试运转正常。

④ 与预拌混凝土供应商签订合同，并提出详细的技术要求，明确混凝土的浇筑部位、浇筑时间、强度等级、抗渗等级、供应数量、坍落度、水泥品种、骨料粒径、外加剂及初凝时间等，并对保证连续浇筑提出供应要求。

（4）技术准备：

① 编制混凝土泵送施工方案并经过审批。

② 标养室各项机具设备、记录台账配备齐全，已编制试验计划并经过审批，对试验设备进行调试、验收。

3）操作工艺：

（1）工艺流程：

混凝土泵、布料设备选择→混凝土泵、布料设备就位固定→泵管铺设→设备调试→管道润滑→混凝土泵送→混凝土浇筑→泵及管道清洗、拆除

↓

混凝土入场检验

（2）操作方法：

① 混凝土泵、布料设备选择：混凝土泵的选型，应根据混凝土工程特点、要求的最大输送距离、最大输出量及浇筑计划确定。布料设备应根据工程结构特点、施工工艺、布料要求的配管情况等选择。

② 混凝土泵（车）、设备就位固定：混凝土泵车、混凝土泵应符合方案要求，设置在平坦的场地上，场地土质应坚硬密实，道路畅通，距离浇筑点近，接近排水设施和供水、供电方便。在混凝土泵作业范围内，不得有高压线等障碍物。采用混凝土泵时，泵管、布料管等铺设，按要求管道进行必要的固定。

③ 设备调试：混凝土泵与输送管连通后，按使用说明书规定全面检查，符合要求后方能开机空转。泵启动后，应先泵送适量水，以润湿泵的料斗、活塞和管道的内壁等直接与混凝土接触的部位，确认管道中无异物。

④ 管道润滑：混凝土浇筑前用与混凝土同配比水泥砂浆润滑管道，砂浆应先用容器集中回收，然后按需要分散使用。

⑤ 混凝土泵送：

混凝土进场检验：混凝土运送至浇筑地点，应逐车检测其坍落度，所测坍落度值应符合设计和施工要求，其允许偏差值应符合有关标准规定。若混凝土坍落度不适宜、拌合物出现离析现象，应禁止使用；混凝土进场后严禁随意加水。开始泵送时，混凝土泵应处于慢速、运输并随时可反泵状态。泵送速度应先慢后快，逐步加速。同时，应观察混凝土泵的压力和各系统的工作情况，待各系统运转顺利后，方可以正常速度进行泵送。泵送应连续作业，如必须中断时，间断时间不得超过混凝土从搅拌到浇筑完毕所允许的延续时间（初凝时间），且应采取以下措施：混凝土泵车卸料清洗后重新泵送；或利用臂架将混凝土泵入料斗，进行慢速间歇循环泵送；有配管输送混凝土时，可进行慢速间歇泵送。固定泵利用混凝土搅拌车内的料进行慢速间歇泵送或利用料斗内的料进行间歇反泵和正泵。

⑥ 混凝土浇筑：

浇筑结构混凝土时，软管出口离模板内侧面不应小于 50mm，且不向模板内侧面直冲下料，也不得直冲钢筋。浇筑水平结构混凝土，不得在同一位置连续布料，应在 2～3m 范围内水平移动布料，且宜垂直模板下料。对于有预留洞、预埋件和钢筋太密的部位，应先制定技术措施，确

保顺利浇筑。

⑦ 泵及管道清洗、拆除：

混凝土泵送完毕，应及时对泵、输送管进行清洗。当采用压缩吹气球清洗时，应注意压缩空气压力，管道清洗后要按规格分类堆放整齐。

⑧应注意的问题：

为防止堵泵应采取的主要措施：加强混凝土搅拌、运输过程的质量控制，确保混凝土坍落度、和易性、可泵性等技术指标满足要求。合理布置泵送管道并进行充分润滑。泵管堵塞后首先反复进行反泵和正泵，逐步吸出混凝土至料斗中，重新搅拌再泵送或者用木槌敲击的方法查明堵塞部位，反复进行反泵和正泵，排除堵塞。当上述方式无效时，在混凝土卸压后，拆除堵塞的管道并排除混凝土，接通输送管，拧紧接头，重新泵送。应确保模板和支撑有足够的强度、刚度和稳定性，模板设计时应有受力计算。施工过程中应控制浇筑速度，设专人监护模板，保护钢筋。一旦模板或钢筋骨架发生变形或位移，应及时纠正、加固。当混凝土可泵性差，出现泌水、离析、难以泵送和浇灌时，应立即对配合比、混凝土泵、配管、泵送工艺等重新进行研究，并采取相应措施。根据浇筑方案预先设计混凝土初凝时间，组织好混凝土供应，保证连续浇筑，合理组织布料。分层浇筑时，在底层混凝土初凝前及时浇筑上层混凝土，振捣棒插入下层混凝土不少于50mm，防止混凝土出现施工冷缝。

（3）冬雨期施工：

① 炎热季节施工时宜用湿罩布、湿草袋等遮盖输送管，避免阳光照射。

② 冬期施工应对泵及泵管进行保温，防止混凝土受冻。

4）质量标准：

（1）主控项目：

① 泵送混凝土强度等级必须符合设计要求。泵送混凝土原材料应按相应标准规定进行试验，检验合格后方可使用。

② 泵送混凝土原材料的计量允许偏差应符合现行国家标准《预拌混凝土》GB/T 14902—2012 的有关规定。

③ 泵送混凝土的生产质量应按现行国家标准《混凝土强度检验评定标准》GB/T 50107—2010 规定的生产质量水平进行控制。

④ 泵送混凝土的可泵性，可用压力泌水试验结合施工经验进行控制。一般 10s 时的相对压力泌水率 s10 不宜超过 40％，满足泵送要求。

⑤ 混凝土入泵时的坍落度及其允许误差应符合表 2-5-51 的规定。

混凝土坍落度允许误差（mm）　　　　　　表 2-5-51

所需坍落度	坍落度允许误差	所需坍落度	坍落度允许误差
≤100	±20	>100	±30

⑥ 泵送混凝土质量检查，应按现行国家标准《混凝土结构工程施工质量验收规范》GB 50204 的有关规定进行。

（2）一般项目：

其他质量标准参照相关工艺标准执行。

5）质量记录：等同参照上题5）。

6）安全与环保：

（1）安全注意事项：

① 混凝土泵的操作应严格执行说明书和其他有关规定，同时根据使用说明书制定专门的操

作要点，操作人员必须经过专门的培训持证上岗操作。严禁非专业人员操作混凝土泵。

② 泵机运转时，料斗上的方格网在作业中不得随意移去，严禁把手伸入料斗或用手抓握分配阀，如要在料斗或分配阀上工作时，应先关闭电机和消除蓄能器压力（按点动按钮即可）。

③ 管道接头必须严密，安全阀必须完好，管道支撑架必须牢固，输送前要试运行，检修时要卸压。

④ 泵送完毕后，按规定将泵和输送管清洗干净。在排除堵物，重新泵送或清洗泵时，布料设备的出口应朝安全方向，防止堵物或废浆高速飞出伤人。

⑤ 混凝土罐车进入现场后，有专人负责指挥，倒车时注意慢行，防止倒车撞人。

⑥ 泵车设置处应避开高压线位置。就位后，泵车应显示停车灯，避免碰撞。

⑦ 混凝土浇筑时要有专人进行指挥泵管的出料口下料，固定牢固。

⑧ 夜间浇筑混凝土时要保证有足够的照明。

（2）环保措施：

① 场区罐车行走道路定时洒水，防止扬尘。混凝土输送泵处搭设棚架并进行密闭围挡，降低噪声扰民。混凝土罐车出场前在现场洗车处进行彻底清洗，避免对场外环境造成污染。

② 现场所有强噪声机具应避免夜间施工，如必须夜间施工时，应采取隔音措施，最大限度降低噪声，近邻居民区的施工现场设置的混凝土输送泵，应搭设隔音棚。

③ 施工现场道路采用硬化路面，配备洒水设备，指定专人负责现场洒水降尘工作。

④ 被废弃或多余的混凝土应确定处理方法和消纳场所，及时进行妥善处理，避免污染周围环境。

7）成品保护：

（1）泵送混凝土时，不得直冲钢筋、模板及预埋件进行布料，以保证位置准确，不发生位移。

（2）泵送混凝土时，对墙面、柱面、楼面上污染的混凝土应在未凝结前及时清走并用托布处理干净。

（3）当浇筑顶板混凝土时，输送管应铺设在马凳上，马凳支设在模板表面，且支腿下垫木板。

（4）应对下料软管采取有效控制措施，禁止下料时软管摆动冲撞钢筋、模板。

2-5-52　装配式混凝土管沟施工工艺是怎样的？

答：1）适用范围

适用于城市给水、排水及有沟敷设专业管道工程。

2）施工准备

（1）材料：

① 预制构件的外观、几何尺寸及抗压强度等指标应按现行国家有关标准检验合格后，方可用于工程，同时在加工厂加工时应按顺序编号，便于组装。

② 钢筋的材质、混凝土的等级应符合设计规定和有关标准要求。

（2）施工机具（设备）：

吊车、运输车辆、混凝土运输车、泵车、临时支撑设备、振捣棒。

（3）作业条件：

① 沟槽开挖完毕且经验收合格。

② 预制构件强度达到吊装、运输要求，且质量已经检验合格。

③ 运输方案、行走线路经有关部门批准。

（4）技术准备：

① 构件吊装、安装方案已经业主、监理批准。

② 运输方案经交管部门批准。

3）操作工艺

（1）工艺流程：

施工准备、测量放线、构件预制→沟槽开挖→垫层、基础浇筑→构件安装、临时支撑及接缝施工→杯口钢筋绑扎、模板、混凝土浇筑→土方回填。

（2）操作方法：

A　预制构件运输过程规定：

① 应根据构件的结构特点、运输路况，确定运输方法；

② 运输过程的支撑位置、紧固方式，应经计算确定，不得损伤混凝土构件，运输时墙板、顶板宜直立或稍微倾斜放置，梁应直立放置，其他构件应根据运输时受力情况，水平或垂直放置。

③ 运输时，构件混凝土的强度不应低于设计要求的吊装强度，且不低于设计强度标准值的 70%。

B　构件存放过程规定：

① 堆放构件的场地、应平整坚实，排水顺畅。

② 应按构件的刚度及受力情况平放或立放，并保持稳定，芯棒及块体的堆放，应以刚度较大的方向作为竖直方向。

③ 构件堆垛平放时，应两边设垫木，吊环朝上，不得两边和中间 3 点设垫木，以防受力不均，导致裂缝，堆垛高度按构件强度、地面承载力及稳定性确定，各层垫木的位置，应在一条垂线上。

C　现浇基础施工规定：

① 基础与杯口应一次连续浇筑，分期浇筑时，基础底面应凿毛并清洗干净后方可浇筑。

② 后浇杯口混凝土的浇筑宜在墙体构件间接缝填充完毕，杯口钢筋绑扎后进行。

③ 钢筋制作、模板支搭、混凝土浇筑应按有关规定进行。

D　构件安装规定：

① 配合安装的临时支撑结构应进行验算，临时支撑结构的尺寸、平面位置及标高，应符合安装工艺要求。

② 安装前，应校核支撑结构和预埋件的标高及平面位置，并画好中心和做好记录。

③ 安装前应将与构件连接部位凿毛清洗干净，杯底满铺水泥砂浆。

④ 构件安装时，混凝土的强度不低于设计吊装强度且不低于设计强度标准值的 75%，对于预应力混凝土构件，孔道灌浆的强度应符合设计规定，且不低于 $15N/mm^2$。

⑤ 安装时应使构件稳固、位置准确、接缝间隙符合设计要求，并使上、下企口接缝错开。

⑥ 构件安装时，水平接缝应铺满砂浆，使接缝咬合密实，且及时勾抹压实内外面。当内接缝采用石棉水泥填缝时，应先打入 3/5 深度的麻辫，方可再填打石棉水泥至接缝平。（考虑新工艺）

⑦ 顶板安装应轻放，不得振裂接缝，安装时顶板缝和墙缝不得在一条线上，应错开。

⑧ 通行管沟应待回填土完毕后再勾内缝，避免回填土振动造成接缝损坏。

⑨ 临时支撑结构应待板缝及杯口混凝土强度达到规定要求，盖板安装完毕后方可拆除。

⑩ 如果设计需要进行闭水试验检测严密性时，应按有关规定进行试验。

（3）冬雨期施工：

① 雨期施工时，沟槽应有排水措施，边坡应采取防冲刷措施。

② 及时了解天气，避免雨天浇筑混凝土，已入模振捣成型的混凝土，应及时覆盖，防止冲刷表面。

③ 要准备充足的防汛设施、器具，以备应急使用。

④ 冬期施工的混凝土应符合有关规定要求。

⑤ 大雪及风力达五级以上等恶劣天气时，应停止施工。

4）质量标准

（1）主控项目：

①混凝土的抗压强度。

②混凝土的抗渗。

③接缝的质量。

④构件质量。

⑤管沟坡度。

⑥试验检测。

（2）一般项目：

① 预制构件的外观质量不应有一般缺陷。对已经出现的一般缺陷，应按技术处理方案进行处理，并重新检查验收。

② 在构件和相应的支撑结构上应标有中心线、标高等控制尺寸，并应按标准图或设计文件校核预埋件及连接钢筋等，并作出标志。

③ 构件安装位置准确，外观平顺，嵌缝严密。

④ 墙板安装允许偏差见表 2-5-52（1）。

墙板安装允许偏差表　　　　　　　　　　　　　　表 2-5-52（1）

序号	项　　目	允许偏差（mm）	检验频率		检验方法
			范围	点数	
1	中心线偏移	≤10	每块	2	拉线用尺量
2	墙板、拱顶内顶面高程	±5		2	用水准仪测量
3	墙板垂直度	0.15%H 有 ≤5		4	用垂线
4	板间高差	≤5		4	用尺量
5	杯口底、顶宽度	+10　−5		2	用尺量

注：表中 H 为墙板全高（mm）。

⑤ 顶板安装允许偏差见表 2-5-52（2）。

⑥ 梁、柱安装允许偏差见表 2-5-52（3）。

顶板安装允许偏差表　　　　　　　　　　　　　　表 2-5-52（2）

序号	项　　目	允许偏差（mm）	检验频率		检验方法
			范围	点数	
1	相邻板内顶面错台	≤10	每座通道	20%板缝	用尺量
2	板端压墙长度	±10		6	用尺量每侧 3 点取较大值

梁、柱构件安装允许偏差　　　　　　　　　　　　　　表 2-5-52（3）

序号	项　　目	允许偏差（mm）	检验频率		检验方法
			范围	点数	
1	柱、梁中心线	≤10	每根	1	挂线用尺量
2	柱、梁标高	−5		1	用水准仪测量
3	柱垂直度	0.15%H 且 ≤10		1	垂线测量
4	相邻两构件顶面高差	≤5		1	用水准仪测量
5	梁压墙、柱长度	±10		1	用尺量

注：表中 H 为柱高（mm）。

5）质量记录

（1）沟槽开挖质量检验记录。

（2）混凝土浇筑记录。

（3）钢筋、模板预检记录。

（4）墙板、顶板安装质量记录。

（5）闭水试验、严密性试验检测记录。

（6）沟槽土方回填质量记录。

（7）压实度（环刀法）试验记录。

6）安全与环保

（1）安全防护措施：

① 在安装过程中应重点进行安全交底，严禁违章操作、野蛮施工。

② 进入施工现场人员必须配戴安全帽、操作工人穿戴好劳动防护用品。

③ 吊装作业时，吊臂下严禁站人，信号工不得违规指挥。

④ 钢筋加工设备、混凝土浇筑工具应有漏电保护装置，接引电源应由专业电工操作，非专业人员不得私自处理。

（2）环境保护措施：

① 小机具应专人管理、使用前进行维护，避免油渍污染构件及环境。

② 现场要定期洒水，防止扬尘。

③ 混凝土罐车清洗时应在指定地点清洗。

④ 邻近居民区施工时，应采用低噪声设备，噪声较大设备应搭设减噪棚，防止噪声污染。

7）成品保护

（1）基础混凝土、杯口混凝土浇筑过程中，应有防雨措施，终凝前表面避免遭雨水冲刷。

（2）构件在运输、安装过程中应小心轻放，采取必要措施防止棱角磕碰。

（3）安装完的构件应注意保护，回填土时不得采用大振动力的设备，以防接线损坏。

2-5-53 预制成品运输、存放与安装有哪些要求？

答：1）管节运输

（1）运管前应根据管节、管件的管径、质量、长度选择运输车辆。严禁超载、超高运输。运输中对大口径柔性管应采取在管内加支撑的方法防止管节变形、滚动和损伤管外保护层的措施。

（2）吊装管节、管件应采用较宽的柔韧吊带或专用吊具，不得用钢丝绳或铁链直接接触管节。设有防腐层钢管、化学管管节应使用天然或合成纤维专用吊带。

（3）装卸车时应轻吊、轻放，严禁拖拉、抛摔、拖滑和碰撞坚硬物；管节必须垫稳、绑牢。管节间或管节与车厢间不得发生碰撞。

（4）运输承插口管节时，应区分承口端、插口端，交替码放。

（5）有防腐层钢管、化学管材运输宜采用支架固定，长途运输时，宜采用套装方式装运，套装的管材间应有衬垫材料，保持相对稳定。闸门、管件等散件应根据其形状、结构、质量、大小等装箱整体运输或选用适宜的方法固定。

（6）管件运输过程应将闸门关闭，严禁用钢丝绳捆绑操作轮、螺孔或用吊钩直接勾吊管件的接口部位。

（7）运输中对法兰盘面、预应力混凝土管承插口、钢管丝扣及金属管、化学管管外壁及管口，应采取保护措施，不得损伤。

（8）现场人工运送管节应选用专用运管车或手推车。运速应均匀，并有防倾覆措施。

2）管节存放

（1）管节、管件应按施工顺序分类堆放。堆放时必须支垫稳固、堆放高度应符合产品技术标准或生产企业的规定。堆放场地应平整、坚实、取用方便。堆放高度不得大于2m。

（2）卸车时必须检查管节、管件状况，确认无坍塌、无滚动危险，方可卸管，并应专人指挥，轻吊轻放。

（3）化学管节堆放时，温度不宜超过40℃，并远离热源及带有腐蚀性试剂或溶剂的地方。室外堆放必须有遮盖物严禁阳光下暴晒，堆放高度不得超过1.5m，堆放附近应有灭火器或消火栓。

（4）管节在槽边临时存放时，距槽边不得小于2m，码放高度不得高于2m，且不得与沟槽平行。

3）排管

（1）现场排管应根据施工环境、管材种类、管径、管长、沟槽等情况选择排管方式。

（2）在沟槽边排管时，场地应平坦、无积水，应根据土质、槽深确定管节与沟槽边的距离，但不得小于1m且管节应摆放稳固。

（3）在沟槽上方架空排管时，应符合下列规定：

① 沟槽顶部宽度不宜大于2m。

② 在沟槽上口处应置放两根以上横梁，横梁顶面高程应相同。横梁与槽边土基搭放长度应根据土质和沟槽宽度、边坡及承载量确定，但不得小于800mm。

③ 排管时用的跨沟槽横梁，其断面尺寸、长度、间距应经计算确定。严禁使用槽朽、劈裂、有疖疤的木材做横梁。

④ 横梁上排列的管节两侧应用木楔楔紧。

（4）在沟墙上方架空排管时，横梁两端在沟墙上的搭置长度不得超过墙外缘，并应符合本规程第6.4.5条有关规定。

（5）在沟槽内排管前，应先将三通、阀门等管件定位，再逐个定出接口工作坑的位置，依据施工需要挖接口工作坑。

（6）采用起重机移动下管，宜在沟槽边排管或随运管车移动将管节吊运至沟槽底，在沟槽内人工推运排管；用倒链下管时，应在沟槽上方或沟墙上方架空排管。

（7）承插式管材宜在沟槽内用专用机具排管，承口应朝向安装前进的方向。

4）沟槽下管

（1）下管前应逐件核对管节、管件，确认符合设计要求。对有内外防腐层、保护层或保温层的钢管等遭受损伤的部位，下管前应修复完好。

（2）下管前应确认沟槽的土基高程、沟槽宽度符合要求且槽壁稳定方可下管。并应根据下管需要清理管侧堆土。

（3）在混凝土基础上下管时，除基础顶面高程与宽度应符合质量要求外，混凝土强度不得小于5MPa。

（4）如沟槽底遇有岩石或坚硬地基时，应按设计要求进行基础处理，设计无要求时，应在地基上铺设砂砾垫层，其厚度应符合表2-5-53（1）的规定。

砂砾层厚度　　　　　　　　　　　　　　　表2-5-53（1）

管道种类	管径（mm）		
	≤500	>500且≤1000	>1000
金属管（mm）	≥100	≥150	≥200
非金属管（mm）	150～200		

（5）下管时沟槽底应采取垫木板或方木等保护管节的措施。

（6）下管时不得抛、摔管节，管节不得与槽壁支撑或槽下的管节等相互碰撞。需在沟槽内运管时，不得扰动天然地基或砂砾垫层。

（7）钢管、化学建材管管节组成管段下管时，管段的长度、吊距，应根据管径、壁厚、外防腐层材料的种类及下管方法确定。

（8）起重机下管应符合下列规定：

① 施工前根据沟槽深度、土质、环境条件等，确定吊车距槽边的距离、管材排放位置及其他配合事宜。吊车进出道路应提前进行平整，并保持畅通。

② 起重机下管应有专人指挥。指挥人员应熟悉所吊运管节、管件、闸门等对吊装的工艺要求。

③ 吊索应准置于吊点，吊具应安装牢固，吊点应同时受力，起吊应平缓、速度均匀、回转平稳，下落应慢速轻放，不得突然制动。

④ 吊运管时应选定适用的吊具，吊点应距管端 0.12L（L 系管长），当吊索间夹角大于 60°时，应采用辅助吊具。

⑤ 吊运管节时下方严禁有人。管节距沟槽底或管基面 500mm 时，作业人员方可靠近。必须在管节就位经固定或卡牢后，方可松绳、摘钩。

（9）倒链下管应符合下列规定：

① 悬挂捯链的三角架应据承载力经计算确定。

② 三角架应置于坚实的地基上，且用木板支垫稳固，底脚宜呈等边三角形，支腿应用横杆连成整体。

③ 置于横梁上的管材两侧应用木楔楔紧。

④ 用倒链将管节吊起，确认三角架处于稳定状态后，方可撤出横梁。

⑤ 钢管段较长采用多个倒链下管时，应由一个信号工统一指挥，同步作业，保持管段平稳下落到槽底。

⑥ 符合上条第 5 款的规定。

（10）人工下管应符合下列规定：

① 当沟槽较浅、作业环境较狭窄、机械不宜进出时或管径小且质量较轻时，可根据现场环境情况采用人工下管；

② 管径小于或等于 500mm 可用溜绳法、人工抬运或绳索拴系下管。

③ 管径大于或等于 600mm 钢筋混凝土管可用压绳法下管。

④ 管径大于 900mm 的钢筋混凝土管，应开坡道（马道），埋设锚固管柱固定大绳。

⑤ 用锚固混凝土管柱下管时，最小管径应符合表 2-5-53（2）的规定。管柱埋深为管长的 1/2，管柱外周应填土夯实。需使用坡道时，坡度不陡于 1：1，宽度为管长增加约 1000mm。

锚固混凝土管柱最小管径　　　　　　　　　　表 2-5-53（2）

下管管径（mm）	管柱管径（mm）
≤1100	600
1250～1350	700
1500～1800	800

⑥ 下管用的大绳应质地坚固、无断裂。其截面直径应参照表 2-5-53（3）的规定。

表 2-5-53 (3)

管径（mm）			大绳截面直径
钢管、球墨铸铁管	预应力钢筋混凝土管	混凝土管及钢筋混凝土管	（mm）
≤300	≤200	≤400	20
300～500	300	500～700	25
600～800	400～500	800～1000	30
900～1000	600	1100～1250	38
1100～1200	800	1350～1500	44
—	—	1600～1800	50

⑦ 绳带兜管的位置与管端距离不得小于 300mm。

⑧ 施工时必须统一指挥，两根大绳用力一致，使管体平衡、均匀、稳定落入沟槽。

（11）浇筑混凝土平基的沟槽内，槽底的宽度大于管节长度时，槽内运管宜横向滚运；槽底宽度小于管节长度时，可用滚杠或用特制的运管机具纵向运管。在未浇筑混凝土平基础的沟槽内用滚杠或运管机具运管时，槽底应铺垫木板或型钢。

5）安管

（1）安装前宜将管节、管件，按照施工方案的规定摆放，摆放的位置应便于起吊及运送。橡胶圈等接口材料应放置在干净、安全且便于取用的地方。

（2）管道安装应先确定检查井、闸门、管件的位置，并据以进行安管。

（3）设于管道上的闸阀，安装前应进行启闭检验，必要时进行解体检验，合格后方可安装。

（4）切割管节宜使用专用机具切割，切口端面应平整，并与管轴线垂直。

（5）管道安装时，宜自下游开始。每当管道暂停铺设时，应将管口封堵。每日作业前、后应对封堵进行检查。

（6）管道安装时应将管节的中心、高程逐一调整正确，安装后的管节应再进行复测，确认合格，方可进入下一道工序。

（7）铺设于套管内的管道段，应在管段功能性试验合格后方可铺设，且铺设于套管内的管段不宜有环向焊接接口。套管施工质量应符合要求，套管内壁应光洁，支架等符合设计要求。

2-5-54　排水管道施工一般规定有哪些？

答：一般规定如下：

（1）排水管道的接口和管道与附属构筑物的连接部位应稳固、严密。

（2）与既有排水管道连接的新建管道施工前，应复测既有管道的平面位置与高程，作为施工依据。

（3）排水管道施工中，遇有已施工完毕的相接管段，应核对其连接井的位置与高程。如与设计不符，应会同有关方面协调解决，并形成文件。

（4）长期淹没在河水位以下的雨水干管接口应作管内勾缝处理，勾缝密实。

（5）工作压力小于 0.1MPa 的排水管道应进行闭水试验，压力 ≥0.1MPa 的管道应进行水压试验。

2-5-55　预制混凝土管排水管道施工有哪些规定？

答：1）排水干线宜优先采用承插式柔性接口方式的混凝土管、预应力混凝土管铺设。

2）管道应在沟槽地基或平基质量验收合格后进行安装，稳管前应将管内、外和承、插口部位清扫干净。

3）稳管时，宜采用边线法或中线法对管道中心线进行控制。采用边线法时，边线的高度应与管节中心高度一致，其位置宜距管外皮 10mm。管道高程以管内底高程控制。

4）柔性接口形式应符合设计要求，橡胶圈应符合下列规定：

（1）材质应符合相关规范的规定。

（2）应由管材厂配套供应。

（3）外观应光滑平整，不得有裂缝、破损、气孔、重皮等缺陷。

（4）每个橡胶圈的接头不得超过 2 个。

5）柔性接口的钢筋混凝土管、预（自）应力混凝土管安装前，承口内工作面、插口外工作面应清洗干净；套在插口上的橡胶圈应平直、无扭曲，应正确就位；橡胶圈表面和承口工作面应涂刷无腐蚀性的润滑剂；安装后放松外力，管节回弹不得大于 10mm，且橡胶圈应在承、插口工作面上。

6）平口混凝土管安装应符合下列规定：

（1）管径小于或等于 600mm 的混凝土管时，宜采用平基、稳管、管座、抹带连续作业的"四合一"法施工，并应符合下列要求：

① 基础模板，除满足浇筑混凝土的要求外，尚应符合施工中管节的滚动和放置的要求。

② 模板支设时其内侧宜用支杆临时支撑，外侧宜采用钉铁钎固定、支牢，防止安装管子时移动。90°基础模板可一次支设，135°及 180°基础模板宜分两次支设，上部模板待管子安装合格后支设。

③ "四合一"法稳管、对口应紧随平基混凝土的捣固进行，管座混凝土应在稳管后随即浇筑，抹带应紧随管座浇筑进行，但应与稳管保持两根管的间隔。

④ 管道安装完成后，应及时养护，不得碰撞。施工质量应符合设计要求。

（2）管径 700～900mm 时，宜采用垫块（枕基）稳管，稳管后应调整高程、位置，确认合格后，随即浇筑混凝土基础及抹带。

（3）管径大于 1000mm 时，宜在平基上稳管。基础宜分两期施工，先按设计管道高程浇筑混凝土平基，待平基强度大于或等于 5.0MPa 后进行稳管，稳管高程位置合格后浇筑混凝土管座。

（4）水泥砂浆接口应符合下列要求：

① 砂浆宜采用 32.5 级硅酸盐水泥，粒径小于 2mm 的中砂（含泥量不得大于 2%）。

② 水泥砂浆配合比应符合设计要求，设计无规定时，接口嵌缝、抹带可采用水泥与砂子的质量比为 1：2.5，水灰比不得大于 0.5 的砂浆。

③ 抹带宜在浇筑管座后随即进行，使抹带与管座结合成一体。管座与抹带分期施工时，抹带前管座应凿毛、洗净。

④ 管径大于或等于 700mm 的管道，稳管的对口间隙宜为 10mm。间隙超过 10mm 时，抹带前应在管道内顶部管缝处支垫托，不得在管缝内填塞碎石、碎砖、木片或纸屑等。

⑤ 管径小于或等于 700mm 时，可不留对口间隙。

⑥ 水泥砂浆抹带应先将管口洗刷干净，并刷水泥浆一道。当管径小于或等于 400mm，抹带宜一次抹压完成；当管径大于 400mm，应分层抹压，第一层厚度约为带厚的 1/3，压实后表面应划槽线，第一层初凝后，抹第二层，并用弧形抹子揣压成形，初凝后再用抹子擀光压实。

（5）钢丝网水泥砂浆接口应符合下列要求：

① 钢丝网的规格、尺寸、长度（含搭接长度）应符合设计要求，且不得有油垢、锈蚀。

② 管径大于或等于 600mm 的管子，抹带部分的管口应凿毛。管径小于 600mm 的管子抹带部分的管口应刷去浆皮。

③ 抹带中设置的钢丝网片应按设计要求位置和深度放置于管座混凝土内，捣固密实。

④ 抹带中的钢丝网层数应符合设计要求，各层搭接茬应相互错开。施工中应安装抹带用弧

形边模。

（6）接口间隙应均匀，砂浆密实、饱满，不得有裂缝。抹带应位置准确，间隔均匀，砂浆密实，表面光洁，厚度均匀，不得有间断、裂缝和空鼓。

（7）管内砂浆勾缝应平整、光滑。小管径的管道应在浇筑混凝土管座时，用拖具在管内来回拖动，将流入管内的砂浆除去。

2-5-56 化学管材管道安装有哪些规定？

答：1）超过规定的存放期限的管材应进行鉴定，确认合格方可使用。

2）管道基础应按设计要求铺设，设计无要求时，应符合下列规定：

（1）一般土质地基，基底表面宜铺一层厚度为100mm的粗砂。

（2）软土地基且槽底在地下水位以下时，应进行降水，并铺设厚度大于150mm的砂砾。

（3）管道接口部位的工作坑见图2-5-56，宜在铺设管道时随铺随挖。工作坑长度 L 按管径大小确定，宜为40～600mm，工作坑深度 h 宜为50～100m，工作坑宽度 B 宜为管外径的1.1倍。在接口完成后，工作坑应随即用砂砾回填密实。

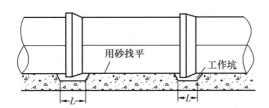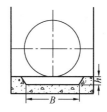

图 2-5-56 管道接口处的工作坑

3）聚乙烯（HDPE）管道安装应符合下列规定：

（1）采用电热熔连接承插式或套管式接口时，不同型号的管道设定电流及通电时间应符合厂家规定，表2-5-56仅供参考。

不同型号的管道设定电流及通电时间　　　　　　　　　　表 2-5-56

管径 DN（mm）	通电时间（s）	通电电压（V）
300～500	700～900	15～20
600～800	900～1000	23～38

（2）采用热熔连接时，应保持连接电热装置的电缆线不受力。通电完成后，应使接口处自然冷却。冷却期间，固定接口的卡具、夹紧带和支撑环应保持工作状态，且不得移动管道。

（3）采用承插式或套管与胶圈连接形式时，宜采用专用连接机具，连接处应根据需要设置满足安装要求的工作坑。

（4）管节就位与接口连接后，宜用钢套箍—钢钎等方法对管道进行定位固定，回填过程应防止管道中心、高程发生位移变化。管道标高及中心线应经复测，确认合格后方可回填作业。

（5）安装后管道外壁发生局部破损时，应及时修补，宜采用由厂家提供专用焊枪进行。当管内壁有破损时，应切除破损管段，予以更换。更换后，必须经检查，确认合格。

4）聚氯乙烯（PVC-U）管道安装应符合下列规定：

（1）采用刚性连接时，应按设计要求设置柔口。

（2）切割管材时，切口处应加工出坡口倒角，坡口长度不宜小于3mm，钝边厚度宜为壁厚的1/2～2/3。切口不得有损坏。

（3）接口粘接应符合下列要求：

① 接口不宜在 5℃ 以下粘接。

② 粘接前应将承口内侧和插口外侧擦拭干净，表面不得有油污。

③ 粘接前应进行接口试插，确认插口插入承口长度符合要求，承插口配合状况良好，并标出插入标线。

④ 粘接剂宜由管材供应厂家配套供应。涂刷粘接剂宜先涂承口内壁，后涂插口外壁；沿轴向涂刷应均匀，不得漏涂或过量。

⑤ 涂粘接剂后，应立即将插口插入承口，推挤至标线位置。随即将插入管沿轴线旋转 90°，并保持相连管道轴线正确，静停 60s 保持受力状况不变。

⑥ 插接完毕应及时擦净挤出的粘接剂。粘接剂固化期接合部位不得扰动。

(4) 硬聚氯乙烯管与其他品种管材连接应使用连接件、法兰或注塑螺纹等方式，不得采用套丝扳套丝。

(5) 硬聚氯乙烯管安装后，接口应严密不漏水；管道轴线高程符合要求。设计未作规定时，管道轴线偏位应小于 30mm，高程偏差应小于 20mm。

2-5-57 现浇钢筋混凝土管（渠）施工有哪些规定要求？

答：1) 混凝土的原材料和配合比设计，应符合《混凝土结构施工技术规程》Q/BMG 103 有关规定。宜采用膨胀量为 $0.02\% \sim 0.06\%$ 的低活性骨料，并应控制混凝土中总碱含量 $<3kg/m^3$。

2) 模板施工应符合《混凝土结构施工技术规程》Q/BMG 103 有关规定外，尚应符合下列规定：

(1) 模板支架不得直接支设在槽底或槽壁上。应根据支点处支点的承载力核算所需加设垫板的刚度、支承面积与厚度。

(2) 管渠结构内模应有防止漂浮的措施。

(3) 严禁利用侧模板、支架作施工便桥支撑点。

(4) 变形缝处的模板应有定位措施。

(5) 管道基础及管座模板支设应符合有关单位要求，设计未要求时，其偏差不得超出表 2-5-57（1）的规定；管渠模板支设偏差不得超出表 2-5-57（2）的规定。

管道基础及管座模板支设偏差 表 2-5-57（1）

项　目	允许偏差（mm）	项　目	允许偏差（mm）
基础中心线（每侧宽度）	+5 0	基础高程	5
		管座肩宽及肩高	±5

管渠模板支设偏差 表 2-5-57（2）

项　目		允许偏差（mm）
轴线位置	基础	10
	墙板、管、拱	5
相邻两板表面高低差	刨光模板、钢模	2
	不刨光模板	4
表面平整度	刨光模板、钢模	3
	不刨光模板	5
垂直度	墙、板	$0.1\%H$，且 $\not> 6$
截面尺寸	基础	10 −20
	墙、板	3 8
	管、拱	$\not<$ 设计断面

项　目		允许偏差（mm）
中心位置	预埋管、件及止水带	3
	预留洞	5

注：H 为墙的高度（mm）。

（6）矩形管渠模板支设尚应符合下列要求：

① 矩形管渠的模板可一次或分次支设，当侧墙与顶板一次支模时，侧墙模板与顶板模板支设应各成独立体系。拆除侧墙模板不得影响顶板混凝土。

② 墙体模板宜采用两侧带橡胶锥，有套管的定型穿墙螺栓作侧模板的拉杆和撑杆。采用无套管的螺栓时，两侧模板间应加临时支撑杆，随混凝土浇筑，适时将撑杆拆除。

（7）拱形管渠的拱面模板应圆滑顺畅；拱面中心宜设"八字缝板"一块。侧墙模板与拱模板的支设应各成体系，不得因侧墙拆模影响拱部混凝土。

（8）现浇圆形钢筋混凝土管渠模板的支设尚应符合下列要求：

① 浇筑基础混凝土时，应按规定埋设固定钢筋骨架的架立筋和内、外模箍筋地锚。

② 基础混凝土抗压强度达到 2.5MPa 后，方可固定钢筋骨架，将管内模穿入并与地锚锚固。

③ 应在管内模对称位置各设一块"八字"缝板。

④ 管外模直面部分宜和堵头板一次支起，弧面部分宜在浇筑过程中随浇随装。

⑤ 外模采用框架固定时，应采取措施防止整体结构的纵向扭曲变形。

⑥ 管道基础模板的高度应大于基础厚度，当管道基础包角大于 135°，且与平基一次连续浇筑时，模板应分层安装，上层模板应配合混凝土浇筑及时安装。模板内部应划线控制浇筑混凝土的高度。

（9）现浇钢筋混凝土管渠变形缝的止水带安装应牢固、位置准确，与变形缝垂直、与墙体中心对正。并符合下列要求：

① 止水带应与端部支模同步完成。

② 架立止水带的钢筋应预先制作成型。

③ 橡胶止水带接头宜用热接，并由经过培训的熟练技工完成。

④ 止水带宜用专用卡具固定，严禁用铁钉、铁丝穿透止水带进行固定。

3）钢筋加工与绑扎安装除应符合《混凝土结构施工技术规程》Q/DMC 103 有关规定外，其安装质量应符合设计要求，设计未要求时其偏差不得超过表 2-5-57（3）的规定。

管渠钢筋骨架安装偏差　　　　　　　　　　　　　表 2-5-57（3）

项　目	偏　差
环筋同心度	±10mm
环筋内底高程	±5mm
倾斜度	1‰H

注：H 为钢筋骨架高度（mm）

4）管渠混凝土浇筑除应符合《混凝土结构施工技术规程》Q/BMG 103 有关规定外，尚应符合下列规定：

（1）管渠两侧墙混凝土的浇筑速度应对称均匀，高差不宜大于 300mm。

（2）在浇筑变形缝处的混凝土时，应确保止水带的位置正确和与止水带相接的混凝土密实。

（3）浇筑与柱、墙连成整体的梁和板时，应在柱和墙浇筑完毕后停歇 1～2h，使其初步沉实，再继续浇筑；当间歇时间超过 2h，宜待混凝土的抗压强度达到 1.2MPa 后，方可继续浇筑；混凝土强度达到 1.2MPa 的时间，应根据试验确定。当无试验条件，且混凝土等级大于或等于 C15

时，继续浇筑的期限可参见表 2-5-57（4）。

混凝土强度达到 1.2MPa 的参考时间表（h）　　　　　　　表 2-5-57（4）

水泥种类及强度等级	外界温度（℃）			
	1～5	5～10	10～15	15 以上
32.5 级和高于 32.5 级的普通水泥	60	48	36	24
矿渣水泥、火山灰质水泥和低于 32.5 级的普通水泥	90	72	48	36

注：表中的温度系指混凝土硬化期间，气温无突变的平均温度。

2-5-58　预制装配式渠道施工有哪些要求规定？

答：1）运抵现场的混凝土构件应有检验合格的出厂标识、生产日期，并附有混凝土抗压、抗折强度、抗渗等级试验资料。构件的尺寸、规格必须符合设计要求。

2）预制构件的混凝土应密实，表面平整、光洁，色泽均匀，不得有蜂窝、露筋、裂缝等结构缺陷和缺边、掉角等损伤。槽形、梯形、拱形等拼装构件的尺寸应符合装配规定。

3）预制构件运输应符合下列规定：

（1）构件运输过程中应根据构件的结构特点，经计算确定支撑设置位置和紧固方式。

（2）运输不得损伤混凝土构件。墙板和顶板宜直立或稍微倾斜放置；梁及其他构件应按其使用中受力状态放置。

（3）构件运输时，其混凝土强度不得低于设计要求的吊运强度，设计无要求时不得低于设计强度标准值的 75%。预应力混凝土构件，孔道灌浆的强度应符合设计要求，且不得低于 15.0MPa。

（4）吊点应符合设计要求，设计未要求时，应经计算确定。起吊大型构件或刚度较小的构件，应设置临时加固杆件；构件起吊时，绳索与构件水平面所成的角度不得小于 60°。

4）预制构件的存放应符合下列规定：

（1）堆放构件的场地，应平整坚实，排水顺畅。

（2）构件堆垛时应放置在垫木上，吊环应向上，标志应向外。

（3）构件应按其刚度及使用时受力状态放置，并设支撑保持其稳定。块体的堆放，应以其刚度较大的方向作为竖直方向。

（4）水平分层堆放构件时，其堆码高度应按构件强度、地面承载力、垫木强度以及堆垛的稳定性确定；层与层之间应以垫木隔开，各层垫木应分别在一条垂直线上。

5）构件安装应符合下列规定：

（1）基础、基础杯口混凝土的强度应达到设计标准值的 75%，且经验收合格后方可进行构件安装。

（2）配合安装的临时支撑应进行结构计算，支撑结构的尺寸、平面位置及支撑点高度，应符合安装工艺的要求。

（3）待安装的梁、板、柱等构件应经施测，并在其端面标定了安装轴线，满足安装定位需要。

（4）安装构件前，应用仪器校核支承结构和预埋件的高程及平面位置，并在支承结构上划标中心线。

（5）安装前应将与构件连接部位凿毛洗净，杯底应按高程控制铺设水泥砂浆。

（6）管渠顶板板缝与墙板板缝应错开。

（7）杯口混凝土宜在墙体接缝填筑完毕后进行浇筑。杯口混凝土达到设计抗压强度标准值的 75% 以后方可还上。构件装配施工时，企口水平面应满铺水泥砂浆，且安装后应及时勾抹压实接缝内外面。

（8）构件的嵌缝或勾缝应先做外缝，后做内缝。并适时洒水养护。无闭水要求的管渠内部嵌缝或勾缝，应在管渠外部还土后进行。

（9）管渠侧墙两板间的竖向接缝采用石棉水泥嵌缝时，宜先填入 3/5 深度的麻辫后，方可填打石棉水泥至缝平。

（10）盖板安装前，墙顶应清扫干净，洒水湿润后，再铺砂浆。盖板端部压墙长度应符合设计要求，偏差不得超过 10mm。板缝及板端的三角部位应采用水泥砂浆填抹密实。盖板就位后，吊环应卧平。

6）装配式管渠墙板安装应直顺，杯口混凝土应密实，强度符合设计要求。墙板安装质量应符合有关单位规定，未规定时偏差不得超出表 2-5-58（1）的规定。

墙板安装偏差 表 2-5-58（1）

序 号	项 目	允许偏差（mm）
1	中心线偏移	≤10
2	墙板、拱顶内顶面高程	±5
3	墙板垂直度	0.15%H 且≤5
4	板间高差	≤5
5	杯口底、顶宽度	−10，−5

注：表中 H 为墙板全高（mm）。

装配式管渠顶板安装应平顺、灌缝密实。顶板安装质量应符合有关单位规定，未规定时偏差不得超出表 2-5-58（2）的规定。

顶板安装要求 表 2-5-58（2）

序 号	项 目	允许偏差（mm）
1	相邻板内顶面错台	≤10
2	板端压墙高程	±10

梁、柱构件吊装后不得出现扭曲、损坏等，梁压墙、柱长度应符合设计要求。梁、柱安装质量应符合有关单位规定，未规定时应符合表 2-5-58（3）的要求。

钢筋混凝土梁、柱构件安装要求 表 2-5-58（3）

序 号	项 目	允许偏差（mm）
1	柱、梁中心线	10
2	柱、梁标高	−5
3	柱垂直度	0.15%H 且≤10
4	相邻两构件顶面高差	5
5	梁压墙、柱长度	±10

注：表中 H 为柱高（mm）。

2-5-59 砌筑渠道施工有哪些规定？

答：1）砌筑管渠施工应符合《砌体结构施工技术规程》Q/BMG 104 的有关规定。

2）砖砌管渠应使用优质烧结砖。

3）变形缝施工应符合下列规定：

（1）变形缝设置应符合设计要求，变形缝应上、下垂直贯通。

（2）变形缝填料前应将缝内杂物清除干净，在缝壁上应涂刷一道冷底子油。

（3）填缝料应填塞密实，表面平整。

（4）浇筑沥青等填料应掌握温度，待浇筑底板缝的沥青冷却后，再浇筑墙缝，并应一次连续灌满灌实。

4）砖拱砌筑应符合下列规定：

（1）按设计图样制作拱胎，拱胎上应按要求留出变形缝。

（2）拱胎应稳固，高程准确，拆卸简易。

（3）砌砖时，应自两侧同时向拱顶中心推进，保证拱心砖位置正确，灰缝应用砂浆填满严密。

（4）砌拱应用退茬法。每块砖退半块留茬。

（5）不得使用碎砖及半头砖砌拱环，拱环应当日封顶，拱环上不得堆置器材。

（6）预留户线管应随砌随安，不得预留孔洞。

（7）砖拱砌筑后，应及时洒水养护，砂浆达到设计抗压强度标准值的 25% 时，方准在无振动条件下拆除拱胎。

（8）砌筑砖反拱应按设计要求的弧度制作样板，宜每隔 10m 放一块。反拱表面应光滑平顺，灰缝不得凸出砖面。砂浆强度达到设计强度标准值的 25% 时，且不低于 1.2MPa，方准踩压。

5）砖墙面防水抹面宜采用五层作法，砂浆水灰比宜为 0.37～0.40。

2-5-60　倒虹管道施工有哪些要求规定？

答：1）倒虹管道施工前应将地下水降至槽底以下 500mm，且降水必须保持连续，直至倒虹管道施工完毕，功能试验合格，经隐蔽验收后，且具备抗浮能力，方可停止降水。

2）倒虹管道宜选用预制钢筋混凝土管、预应力混凝土管等管材作结构主体。当采用钢管、球墨铸铁管时，应做防腐内衬或混凝土外保护结构。采用聚氯乙烯管（PVC-U）或聚乙烯管（HDPE）时，应做外包封保护层。采用全现浇钢筋混凝土倒虹管道施工应符合《混凝土结构施工技术规程》Q/BMG 103 和本规程的有关规定。

3）采用预制管材施工倒虹管时，其接头处宜用钢质弯头连接或现浇钢筋混凝土构造连接。倒虹管的接口应严密，不渗漏。

4）倒虹管道的检查井应与倒虹管同步施工，并符合下列规定：

（1）检查井宜采用现浇混凝土。

（2）管道与检查井壁连接处，管节插入井内壁外露长度约 20～30mm。

（3）检查井内闸门槽形式、位置、数量等均应符合设计要求。闸门安装前应经检查，确认合格，安装后应严密不漏水。

5）闭水试验应在倒虹管道充水 24h 后进行，测定 30min 渗水量。渗水量不得大于计算值。渗水量按以下公式计算：

$$g = \frac{W}{T \cdot L} \times 1440$$

式中　g——实测渗水量，m³/（24h·km）；

　　　W——补水量，L；

　　　T——实测渗水量观测时间，min；

　　　L——倒虹管长度，m。

2-5-61　检查井施工有哪些要求规定？

答：1）排水管道的检查井宜采用现浇钢筋混凝土结构或预制装配式混凝土结构。当采用砌体结构时，应使用烧结页岩砖，且井内壁应水泥砂浆抹面。

2）检查井施工中，应对井口作好安全围挡，井室完成施工后，应及时安装井盖。

3）井室设置在农田或绿地内时，井盖宜高出地面300mm左右；在道路上的井盖面应与路面平齐。还土前，应将所有未接通的预留管洞口封闭严密；井口圈安装应与四周路面平顺，井口圈下设的垫层混凝土不得低于C30级。

4）排水管道检查井基础应与管道基础同时浇筑。井内的流槽，宜与井壁同时进行施工，且与上下游的管道接顺。砌筑有预留支管的检查井时，应按设计位置将预留管安装牢固。

5）有闭水要求的检查井经闭水合格、隐蔽验收后，方可进行回填土。

6）现浇混凝土检查井施工应符合《混凝土结构施工技术规程》Q/BMG 103有关规定。预留孔、预埋件尺寸、位置符合设计要求。混凝土应振捣密实，表面平整、光滑，不得有裂缝、蜂窝、麻面现象。

7）预制混凝土检查井安装应符合下列规定：

（1）井室地基不得扰动，地基承载力达不到设计要求时，应进行处理。垫层砂砾应留预沉量；地基长、宽应比预制混凝土底板的长、宽每侧各大100mm。

（2）井室应在底板安装位置经检验合格后进行安装，宜用起重机和专用吊具进行底板吊装。

（3）井室安装完毕并经检验合格后方可安装井筒。吊装井壁时，应使管道承口位于检查井的进水方向；插口位于检查井的出水方向。

（4）井室或井壁与盖板安装就位后，应将预埋连接件连接牢固，并作好防腐处理；缝均应在润湿后，用1∶2水泥砂浆填充密实，并做45°抹角。

（5）检查井预制构件全部就位后，用1∶2水泥砂浆对所有接缝做里外勾平缝处理。

（6）检查井和管道采用刚性连接时，管节端面宜与井内壁平齐，不得凸出，回缩量不得大于50mm；井壁预留孔与管节外壁间间隙，应按设计要求填塞；设计未要求时，宜用石棉水泥捻缝，再用水泥砂浆将管节与井内壁接顺，井外壁作45°抹角。

（7）管道与检查井做柔性连接时，其胶圈应采用耐腐蚀的排水管专用密封橡胶，其性能及外形尺寸应符合设计要求。橡胶圈就位后应位于承、插口工作面上。

8）砌筑检查井应符合下列规定：

（1）砌筑时，对接入的支管应随砌随安，管口宜伸入井内20～30mm，不得将截断管端放在井内。预留管口应封堵严密，封口抹平，且封堵应便于拆除。

（2）砌筑圆井应随时掌握直径尺寸。进行收口时，四面收口的每层砖不得超过30mm；三面收口的每层砖不得超过40～50mm。圆井筒的楔形缝用适宜的砖块填塞。

（3）砌筑检查井的内壁应用原浆勾缝，灰浆饱满，灰缝子整，不得有通缝、瞎缝。有抹面要求时，内壁抹面应分层压实，抹光，不得有空鼓、裂缝等现象。

（4）砌筑尚应符合《砌体结构施工技术规程》Q/BMG 104有关规定。检查井内的踏步，安装前应作防腐处理；井内踏步的水平位置与垂直间距应准确。砌筑时用砂浆埋固，砂浆未凝固前不得踩踏。

9）管道与检查井的连接应符合下列规定：

（1）混凝土管道与检查井应用水泥砂浆连接严密，水泥砂浆应符合本规程第8.2.6条的有关规定。

（2）硬聚氯乙烯（PVC-U）管、聚乙烯（PK）管与检查井的连接应符合下列要求：

① 管道与井壁连接处砂浆应饱满密实外，井壁外侧管道周围必须浇筑或砌筑长、宽度不少于1.5倍管道内径的C10混凝土或砖砌保护体，检查井井底基础也应相应延伸，如图2-5-61（1）所示。

② 管道与检查井为柔性连接时，宜安装橡胶密封圈，如图 2-5-61（2）所示。橡胶密封圈直径必须根据井壁与插口端外径间缝隙大小按有关规定确定。

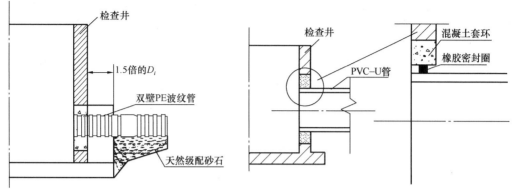

图 2-5-61（1）　管道与检查井一般连接　　　图 2-5-61（2）　管道与检查井的柔性连接

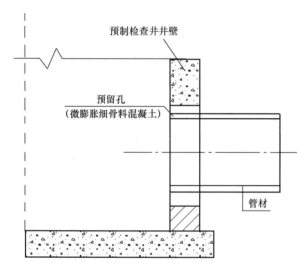

图 2-5-61（3）　管道与预制混凝土检查井的刚性连接

③管道与预制混凝土检查井为刚性连接时，预制井的预留孔应比管径大 200mm，如图 2-5-61（3）所示，在安装前预留洞孔表面应凿毛处理，连接处宜采用微膨胀细骨料混凝土封堵。

④ 管节承口部位不得砌筑在井壁中。管材在检查井内壁外露长度宜为 30mm，且置于混凝土底板上。

2-5-62　进出水口构筑物施工有哪些要求规定？

答：1）进出水口等构筑物宜在枯水期施工，并设防水围堰。

2）构筑物的基础应建立在原状土上，当地基松软或被扰动时，按设计要求进行处理，确认合格后，方可进行下道工序。

3）进出水口的断面与坡度应符合设计要求。

4）现浇钢筋混凝土进出水口施工，应符合本有关规定。

5）现浇钢筋混凝土翼墙、砖或石砌筑翼墙施工，应符合有关规定。翼墙变形缝应位置准确、顺直、上下贯通，缝宽与位置符合设计要求。

6）翼墙背后填土应符合下列规定：

（1）混凝土或砌筑砂浆达到设计抗压强度标准值后，方可进行回填土；当未达到设计抗压强度前进行回填时，其允许填土高度应与设计协商确定。

（2）填土时墙后不得有积水。

（3）回填土应分层压实，其压实度不得小于 95%。

7）浇筑管道出水口防潮闸门井的混凝土浇筑前，应将防潮闸门框架或预埋铁件准确固定，并不得因混凝土的浇筑振捣而产生位移。

8）护坡、护坦砌筑应符合下列规定：

(1) 护坡、护坦坡度应符合设计要求；厚度为不得小于设计要求；砌体坡面、坡底应平整。

(2) 现浇混凝土或砂浆砌筑护坡、护坦，应符合本规程第8.4、8.6节的有关规定。

(3) 浆砌护坡、护坦灰缝砂浆应饱满、密实、缝宽均匀。

(4) 干砌块石护坡、护坦块石应大面朝下，互相间错咬搭，石缝不得贯通，底部应垫稳，不得松动。大缝应用小石块嵌严，不得用碎石填塞，小缝应用碎石全部灌满，捣实牢固，所有边口宜用较大的石块砌成整齐坚固的封边。

2-5-63　下管方法有几种?

答：一般有两种方法，即吊车下管和人工下管。采用吊车下管时，事先应勘察现场，根据沟槽深度、土质、环境情况，确定吊车停放位置、地面上管材存放地点与沟槽内管材运输方式等；在人工下管方法中，有大绳和吊链下管两种。大绳下管方式中还有许多下管办法，一般小于600mm管径的浅槽通常采用压绳法下管，大管径（$D<900mm>1000kg$）的深槽下管应修筑马道，并埋设一根管柱（管径同下管的直径，埋深1m），管柱外围要填土夯实，马道坡度不得小于1:1，马道宽为管长加50cm。

下管方法的选用应根据施工现场条件、管径大小、槽深浅程度和施工设备情况来决定。

2-5-64　人工下管的方式是怎样的?

答：人工下管多用于重量不大的中小型管材，见下表2-5-64。

人工几种下管方式的选用　　　　　　　　　　　　　表2-5-64

下　管　方　式	适　用　条　件
 立管溜管法 1—草袋；2—杉木溜子； 3—大绳；4—绳勾；5—管	适用于管径≤600mm混凝土管，缸瓦管，下管时用此法（管径≤200mm时用木溜子）
 压绳下管法	适用于中小型管子
 马道下管法	适用于中型、大型管子下管，下管后，管子能在沟槽内移动就位者
 吊链下管法	适用于沟槽不深，有支撑，需在横撑之间下管，对口时，多采用龙门架吊链（手拉葫芦）

下 管 方 式	适 用 条 件
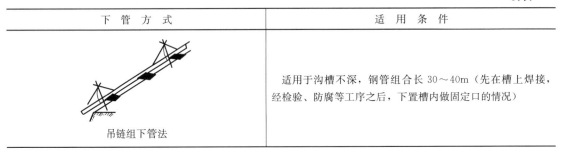 吊链组下管法	适用于沟槽不深，钢管组合长 30～40m（先在槽上焊接，经检验、防腐等工序之后，下置槽内做固定口的情况）

2-5-65　下管铺设方向如何确定？

答：1）下管时，一般以逆流方向铺设。

2）承口应朝向介质流来的方向。

3）在坡度较大的斜坡区域，承口应朝上，以利施工。

2-5-66　怎样控制铸铁管的安装间隙与转角？

答：1）承插口铸铁管接口纵向间隙

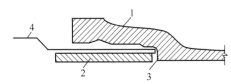

图 2-5-66　探尺查对口间隙示意图

1—承口；2—插口；3—对口间隙；4—铁丝探尺

（1）沿直线安装管道时，接口的环向间隙应均匀，承插口间的纵向间隙不小于 3mm。

（2）承插口接口纵向间隙的检查方法：接口间隙影响到接口操作，也影响管道承压能力，目前常用铁丝探尺的简单检查方法，如图 2-5-66 所示。

2）沿曲线安装管道时，接口的允许转角，不大于表 2-5-66 的要求。

沿曲线安装接口的允许转角　　　　　　　　表 2-5-66

接口种类	管径（mm）	允许转角（°）
刚性接口	75～450	2
	500～1200	1
滑入式 T 形、梯唇形橡胶圈接口及柔性机械式接口	75～600	3
	700～800	2
	≥900	1

2-5-67　怎样控制管道的中线及高程？

答：1）中线控制方法

（1）中心线法。在连接两块坡度板的中心钉之间的中线上挂一垂球，当垂球线通过水平尺的中心线时，表示管子已对中，如图 2-5-67（1）（a）所示。

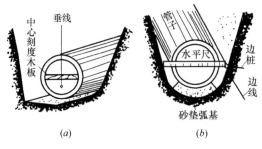

图 2-5-67（1）　中心控制

（a）中心线法；（b）边线法

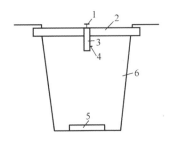

图 2-5-67（2）　坡度板

1—中心钉；2—坡度板；3—立板；
4—高程钉；5—管道基础；6—沟槽

（2）边线法。即把坡度板上的中心钉移至一侧的相等距离，以控制管子水平直径处外皮与边线间的距离为一常数，则管道即处于中心位置，如图 2-5-67（1）（b）所示。用边线法比中线法速度快，但准确度稍差。

2）高程控制方法

管道的高程控制是利用坡度上的高程钉，如图 2-5-67（2）所示，两高程钉之间的连线即为管底坡度的平行线。该高程线任何一点到下部的垂直距离称下反数。利用高程尺上的不同下反数，控制其各步高程。

2-5-68　怎样挖接口操作工作坑？

答：管道承插口间隙、中线及高程符合要求后，挖接口操作工作坑，工作坑挖掘尺寸见表 2-5-68。

接口工作坑尺寸　　　　　　　　表 2-5-68

接　口　型　式	管径（mm）	工作坑尺寸（m）			
		宽度	长　度		深度
			承口前	承口后	
刚性接口 铸铁管	75～300	管径+800	800	200	300
	400～700	管径+1200	1000	400	400
	800～1200	管径+1200	1000	450	500
预应力、自应力混凝土管、滑入式柔性接口铸铁和球墨铸铁管	≤500	承口外径加 800	0.5	承口长度加 200	200
	600～1000	承口外径加 1000			400
	1100～1500	承口外径加 1600			450
	>1600	承口外径加 1800			500

2-5-69　承插式铸铁管刚性接口有几种形式？

答：承插式铸铁管刚性接口有四种形式，如图 2-5-69 所示。

其主要工序操作要点如下：

1）麻及其填塞，如图 2-5-69（a）、（b）所示。油麻是挡水材料。因产源不同可分为两种，一种是原麻，亦称油麻，本身具有防腐性能；另一种是将线麻浸泡于沥青溶液中，经风干后使用。

用麻前，应将其蒸过消毒，然后放在洁净的盛器内随用随拿，不得受到污染。使用时，需将麻拧成麻辫，其粗度约为接口间隙的 1.5 倍，然后用特制的麻錾子打入。

麻的缺点是日久会腐蚀，影响水质。

2）青铅接口及其操作，如图 2-5-69（a）所示。铅接口应用很早，由于抗弯

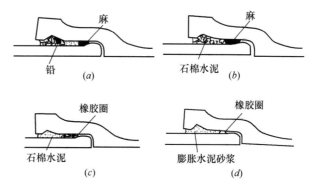

图 2-5-69　铸铁管承插式刚性接口示意图

（a）麻—铅接口；（b）麻—石棉水泥接口；（c）橡胶圈—石棉水泥接口；（d）橡胶圈—膨胀水泥砂浆接口

性能好，操作完毕可立即通水，目前常指定在地基不均匀及不便于检修的地段使用。铅的纯度应大于 90%，熔铅的温度在 320℃ 左右，灌铅前管口必须干燥，并严禁在雨天操作。灌入的器具有石棉绳或帆布制成的卡箍，每个接口应一次浇完，待铅凝固后，尚需用铅錾子锤打坚实。当铅口的挡水材料选用橡胶圈时，为避免熔铅烧损橡胶圈，应在橡胶圈外再加一圈油麻。

3）橡胶圈及其填塞，如图 2-5-69（c）、（d）所示。橡胶圈具有弹性，并能提供足够的水密性，因此，常用橡胶圈代替麻，但成本稍贵。

管道接口用的橡胶圈应进行严格的检查，不得有气孔、裂缝和重皮现象。使用和贮存橡胶圈时，应防止日照并远离热源，不得用溶解橡胶的溶剂（油类、苯等）以及酸、碱、盐、二氧化碳等物质接触，以尽量延长老化时间。橡胶圈用錾子填塞至插口深处，不得产生纵深不等及扭曲现象，橡胶圈外部可直接填塞石棉水泥或膨胀水泥砂浆。

4）石棉水泥及其填塞，如图 2-5-69（c）、（b）所示。石棉水泥是用普通水泥及 IV 级以上石棉和水拌制成的混合物，用灰錾子填塞至接口内。石棉水泥接口的抗压强度很高，并且成本较低，来源广泛。缺点是抗弯曲及抗冲击应力较差，故为刚性接口。此外，在做完石棉水泥接口后，应进行养护。在填打石棉水泥操作中技术要求严格，并且劳动强度较大。

根据实践，石棉水泥的配合比为水泥 70%～80%，石棉 20%～30%；水 10%～12%（重量比）。

5）膨胀水泥砂浆接口，如图 2-5-69（d）所示。为了避免石棉水泥在硬化过程中的收缩及操作时劳动强度大的缺点，可采用膨胀水泥砂浆接口。

接口所用的膨胀水泥由硅酸盐水泥、矾土水泥及石膏组成。硅酸盐水泥为强度组分，矾土水泥起早强作用，石膏为膨胀剂，其配合比为硅酸盐水泥：矾土水泥：二水石膏＝36：7：7。此外，还有其他的膨胀水泥组成配比。用于接口的膨胀水泥水化膨胀率不宜超过 150%，接口填料的线膨胀系数控制在 1%～2%，以免胀裂管口。

膨胀水泥砂浆，应用洁净的中砂，最大粒径不大于 1.2mm，含泥量不大于 2%。

膨胀水泥砂浆的重量配合比为膨胀水泥：砂：水＝1：1：0.3，当气温较高或风力较大时，用水量可酌量增加，但最大水灰比不宜超过 0.35。

膨胀水泥砂浆拌和应均匀，一次拌和量应在初凝期内用完。操作时，膨胀水泥砂浆应分层填塞，每层均应捣实，最外一层找平，比承口边缘凹进 1～2mm。

膨胀水泥在水化过程中，硫铝酸钙的结晶需要大量的水，因此，接口必须采取湿养护。

2-5-70　承插式铸铁管柔性接口有几种形式？

承插式铸铁管刚性接口抗应变性能差，受外力作用时，接口填料容易碎裂而渗水，尤其在弱地基、沉降不均匀地区和地震区，接口的破坏率较高。为此，在上述不利条件下，应采取柔性接口。

目前采用的柔性接口形式有滑入式橡胶圈接口、T 形橡胶圈接口、柔性机械式接口 A 型及柔性机械式接口 K 型。

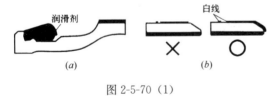

图 2-5-70（1）

（a）承口刷润滑剂部位；（b）插口涂刷部位

1）滑入式橡胶圈接口

橡胶圈与管材由供应厂方配套供应。安装橡胶圈前应将承口内工作面与插口外工作面清扫干净后，将橡胶圈嵌入承口凹槽内，并在橡胶圈外露表面及插口工作面，涂以对橡胶圈质量无影响的滑润剂（见图 2-5-70（1））。待插口端部倒角与橡胶圈均匀接触后，再用专用工具将插口推入承口内，推入深度应到预先设定的标志，并复查已安好的前一节、前二节接口推入深度，如图 2-5-70（2）所示。

2）T 球墨铸铁管滑入式 T 形接口

我国生产的 GB/T 13295—2008《水及燃气管道用球墨铸铁管、管件和附件》，规定了退火离心铸造、输水用球墨铸铁管直管、管件、胶圈的技术性能，其接口形式均采用滑入式 T 形接口，如图 2-5-70（3）所示。

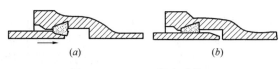

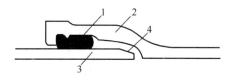

图 2-5-70（2）　滑入式接口

（a）滑入前示意；（b）滑入后示意

图 2-5-70（3）　滑入式 T 形接口

1—胶圈；2—承口；3—插口；4—坡口（锥度）

3）机械式（压兰式）球墨铸铁管接口

日本久保田球墨铸铁管机械式接口，近年来已被我国引进采用，如在北京从密云水库至怀柔水库的输水管道施工中，大量使用了 DN2600mmK 型机械式接口的球墨铸铁管。

球墨铸铁管机械接口形式分为 A 形和 K 形。其管材管件由球墨铸铁直管、压兰、螺栓及橡胶圈组成，见图 2-5-70（4）、图 2-5-70（5）。

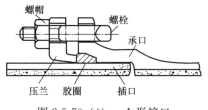

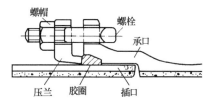

图 2-5-70（4）　A 形接口

图 2-5-70（5）　K 形接口

机械式接口适用的管径范围见表 2-5-70。

机械式接口 A 型、K 型适用的管径　　　　　　　　　　　表 2-5-70

接口形式	适用管径（mm）
A 型	75～350
K 型	75～2600

2-5-71　混凝土条形基础的铺设方法有几种？如何选用哪种方法？

答：1）一般有三种：

（1）"四合一"施工法：即平基、管座、稳管、抹带四个工序连续施工。

（2）垫块安管法：即在垫块上稳管，然后浇筑混凝土基础抹带。

（3）平基安管法：即先浇筑混凝土平基，待平基达到 50kg/cm^2 强度时，再稳管打管座抹带。

2）施工时，选用哪种方法为好，应根据管径大小，工人操作熟练程度和地基情况等条件，合理地选择铺设方法。一般小管径应采用"四合一"施工法。大管径污水管应在垫块上稳管，雨水管也应尽量在垫块上稳管，避免平基和管座分开浇筑。若遇地基不良时可先打平基，但平基高程应低于要求标高 2～3cm 以便做到在平基上稳管，用石渣将管底垫离平基，在浇筑混凝土管座时由一侧入灰振捣，另一侧见浆后，再下灰振捣，消灭管下"通道"。

2-5-72　管道敷设方法是怎样的？

答：敷设管道方法一般有三种

1）"四合一"施工法

把平基、安管、管座、抹带等几道工序合在一起连续不间断的施工，称为"四合一"施工法，这种方法速度快、周期短、质量好、是小管径通常采用的施工法。如图 2-5-72（1）所示。

施工程序如下：

验槽→支模→下管→排管→"四合一施工"→养护。

"四合一"施工步骤：

当浇筑平基混凝土后，在平基上部进行稳管，以达到设计中线与高程的位置，并对齐管口，

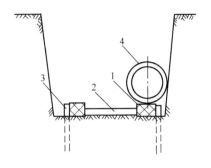

图 2-5-72（1）"四合一"施工
支模排管图

1—15cm×15cm 方木底模，应高于平基；
2—方木底模之间临时支撑杆；3—铁杆固定
方木位置；4—排管，将管子顺序排在一侧
方木模板上

3）平基施工法

先浇筑平基混凝土，达到一定强度后再下管、稳管、浇筑管座及抹管带接口的方法，称为平基法。此法适合于地基不良的沟槽，雨水管道用此法较多。

施工程序如下：

支平基模板→浇筑平基混凝土→下管→安管→支管座模板→浇筑管座混凝土→抹管带接口→养护。

平基安管施工工序情况，见下图 2-5-72（3）所示。

2-5-73 稳管有哪些准备工作？挂线、垫块稳管注意什么？

答：1）准备工作：稳管前除清扫管腔、冲洗平基外应先挂好下管段坡度板的高程线，校对高程有无问题，再行稳管。

2）挂线方法：使用中线法或边线法稳管都可以，但应注意：

当管径小于 700mm 时不留空隙；管径大于 700mm 时，应留 10mm 管口空隙，以利于勾内缝。管子稳好以后，支搭管座模板，浇筑两侧管座混凝土，完成后立即抹管带，抹带与稳管要相隔 2～3 节管，防止相互扰动，随后勾捻内缝，管径在 600mm 以下的内勾缝，可采用拉灰法操作，即用麻袋球在管内来回拖动，将管口处砂浆抹平。

一般雨水、合流管支线为加速施工进度，均都采用"四合一"施工法。

2）垫块施工法

在槽底，按设计中线与高程位置设置垫块，在垫块上安管，然后再浇管混凝土基础和接口，称为垫块法。此种方法避免了平基与管座分开浇筑的弊端，它适用于大管径及各种接口的管道，尤其是污水管道。

施工程序如下：

预制混凝土垫块→安垫块→下管→在垫块上安管→支模板→浇筑混凝土基础→管子接口→养护。

垫块安管施工布置，如图 2-5-72（2）所示。

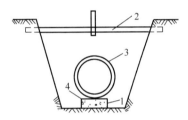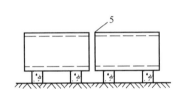

图 2-5-72（2） 垫块安管施工布置

1—垫块。由混凝土预制，长度为 0.7 倍管径，宽度与高度等于平基厚度；2—坡度板；
3—管子；4—卡管子石块；5—管口间隙管径大于 700mm 者为 10mm

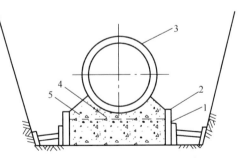

图 2-5-72（3） 平基安管施工工序图

1—平基混凝土。在浇筑管座混凝土前应凿毛、刷净；
2—管座模板；3—管子。管子稳好后，用碎石卡牢；
4—底三角部分，选用同标号混凝土的软灰填塞；5—管座混凝土。两侧同时浇筑

① 中线法：若用中线法时，应以水平尺将中心板放平，然后测量中心。

② 边线法：一般机械挖槽多采用边线法，边线高度应与管子中心高一致距外管皮10毫米为宜。

3）垫块稳管注意事项：垫块稳管要将垫块放置平稳，稳管操作时，管子两侧应立保险杠，以防管子从垫块上滚下挤伤人员。

2-5-74　稳管方法有几种？

答：稳管的目的是把各节管道都稳定在设计中心线位置上，而对管道中心线的控制可采用边线法或中线法两种方式，分述如下：

1）边线法

在管道边缘外侧挂线，边线高度与管中心高度一致，其位置距管壁外皮10mm为宜。

2）中线法

在管端部利用水平尺将中心板放平，然后用中垂线测量中心位置。如图2-5-74所示。

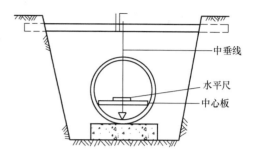

图2-5-74　中垂线测量中心位置

上述稳管的管口间隙，管径大于700mm时，管口缝按10mm操作，以便勾内缝；管径在600mm以下时，不留间隙，不勾内缝。管内底高程与中心线允许标准偏差为±10mm。

2-5-75　管道接口方式、方法有几种？

答：管道接口应当严密不漏水，不论是渗入或是渗出。如果渗入则降低了原管道排水能力，如果渗出将污染邻近水源，破坏土层结构，降低土壤承载力，造成管道或附近建筑物的沉陷。管道渗漏情况，决定于接口方式、方法、操作质量、牢固严密程度等。

1）接口方式

（1）平口式：多用于雨水管道。

（2）企口式：有承插接口，套环接口。多用于污水管道或合流管道。

2）接口方法

（1）刚性接口（水泥砂浆接口）：适用于地基土质较好，强度一致的地段。

（2）柔性接口（沥青玛瑞脂接口）：适用于地基较软弱、沉陷不均匀的地段，常用的有石棉沥青卷材接口（又称"保罗林"）和沥青砂接口两种。

（3）半刚性接口（有套环和环氧树脂接口等）：适用于软弱地基地段，可预防管道产生的纵向弯曲和错口。

① 套环接口的套环与混凝土管间隙用水泥石棉灰填塞，如图2-5-75所示。

② 环氧树脂接口的方法是水泥用环氧树脂胶拌合成胶泥状来直接粘结混凝土管接口，所粘结的接口处应凿毛，有一个清洁干燥的表面。环氧树脂胶配制方法是环氧树脂：苯二甲酸二丁酸：乙二胺＝1：0.15：0.08，施工气温大于10℃。

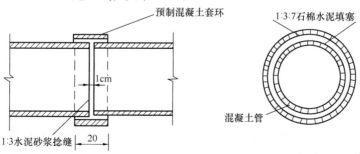

图2-5-75　半刚性接口

2-5-76 刚性接口操作要点有哪些？

答：现将常用的几种管道刚性接口做法分述如下：

1）水泥砂浆抹带接口

抹带操作要点：抹带前将管口及管带处的管外皮洗刷干净，刷水泥浆一道。抹头遍砂浆，在表面刻划线槽，初凝后再抹两遍砂浆，用弧形抹子压光。带基相接处凿毛洗净，刷水泥浆，三角灰要座实。如图2-5-76（1）所示。

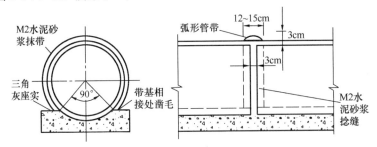

图2-5-76（1） 90°混凝土基础水泥砂浆抹管带

2）钢丝网水泥砂浆抹带接口

其做法跟水泥砂浆抹管带大致相同，主要操作程序如下：

管口凿毛洗净→浇筑管座混凝土→将加工好的钢丝网片插入管座内10～15cm予以抹带砂浆填充肩角→勾捻管内下部管缝→勾上部内缝支托架→抹带→勾捻管内上部管缝→养护。

抹带操作要点：事先凿毛管口，洗刷干净并刷水泥浆一道，在带两侧安装弧形边模。抹头遍水泥砂浆厚度为15mm，然后铺设两层钢丝网包拢，待头遍砂浆初凝后再抹两遍砂浆并与边模板齐平压光。

3）现浇套环接口

工作程序如下：

先浇筑180°管基→相接管基面凿毛刷净→支搭接口模板→浇筑套环上面的混凝土→捻管内缝→养护。如图2-5-76（2）所示。

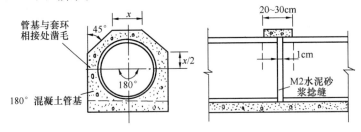

图2-5-76（2） 现浇套环接口

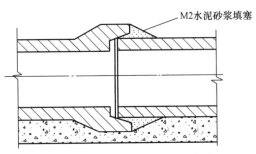

图2-5-76（3） 承插管水泥砂浆接口

4）承插管水泥砂浆接口

一般适合管径≤600mm的接口，工作程序如下：

清洗管口→安头节管并在承口下部座满浆→安二节管、接口缝隙填满砂浆→清管内缝→接口养护。如图2-5-76（3）所示。

2-5-77 五种管道接口适用范围及优缺点比较怎样？

答：管道接口按接口材料不同分五种，其种类适用范围优缺点比较如下表 2-5-77。

表 2-5-77

	接口种类	适用范围	优缺点比较
Ⅰ	水泥砂浆抹带	各种管径的雨水管道	操作简单易行，但易渗漏
Ⅱ	水泥砂浆钢丝网抹带	用于各种管径的污水管道	施工容易，操作简单，可以满足污水管道的渗水要求
Ⅲ	混凝土套环接口	污水管道	不易渗水。但制作造价高，现已淘汰
Ⅳ	石棉沥青软接口	用于污水管道	防水抗震效果好，但操作比较复杂，现已少用
Ⅴ	沥青玛瑞酯填口	用于承插耐酸陶土管道	抗腐蚀及抗震效果好造价比较高

2-5-78　水泥砂浆抹带及钢丝网抹带操作方法是怎样的？

答：在现行的雨、污水管道中，最常用的，是水泥砂浆抹带及钢丝网抹带两种，操作方法如下：

1）抹带操作：水泥砂浆抹带与管口尤其与混凝土管座要结合严密（三角部位最易漏水），最好在浇完混凝土管座时，即行抹带，如隔日抹带则应凿毛刷净并刷水泥浆一道以利结合，其操作程序如下：

（1）洗刷管口：先将管口洗刷干净，并刷水泥浆一遍。

（2）抹第一层时，注意找正，层厚为带厚的 1/3，并压实使与管壁粘结牢固，表面划成线，小于 $\phi400$mm 管径者，抹带可一次抹成。

（3）赶压：待第一层砂浆初凝后，抹第二层，并用弧形抹子挤压成形。初凝后再用抹子赶压密实。

2）钢丝网水泥砂浆抹带操作：

（1）管口处理：为加强砂浆与管口的粘结强度，小于 $\phi500$mm 的管子，口抹带部位应剔去浆皮，$\phi600$ 及大于 $\phi600$ 的管子则应将抹带部分管口凿毛。抹带时将管口洗刷干净，刷水泥浆一道。

（2）埋设钢丝网：在浇筑混凝土管座时，将按设计要求裁好的钢丝网单层或双层插入管座混凝土内，同时增加适量抹带砂浆重新捣固严密，然后抹第一层砂浆压实，便与管壁粘结牢固，带厚约 15mm，再将两片钢丝网包拢用 22 号镀锌铁丝扎牢。

（3）待第一层水泥砂浆初凝后，再抹第二层水泥砂浆厚 10mm，同上包第二层钢丝网，注意搭茬要与第一层错开，（如只一层钢丝网时，这一层砂浆即应抹足带厚，初凝后赶光压实）。

（4）赶光压实：待第二层水泥砂浆初凝后，抹第三层水泥砂浆，抹够带厚，初凝后赶光压实。

如果使用弧形带模时，在抹带完成 4～6 小时，即可拆除模板但要注意轻敲轻卸，切勿碰坏带的边角。

3）水泥砂浆抹带的材料：

水泥：要求不低于 400 号

砂子：要经 2mm 的筛孔筛过，含泥量不大于 2%。

一般在无设计规定时，水泥砂浆的配合比为 1：2.5（重量比）或是 1：2（体积比）。

4）养生：抹带后，必须加强养护（视天气而定，养护时均应使用草帘子或草袋，养护时间不少于五天，然后进行下一工序。

5）管内缝处理：

$\phi700$ 和大于 $\phi700$mm 的管子要勾抹里管缝可配合在浇管座混凝土上时勾抹。$\phi600$ 和小于 $\phi600$mm 的管子不勾里缝应在浇混凝土管座时用麻袋球或其他工具将流入管内的砂浆拉平。

2-5-79 小管径四合一偏槽施工的特点是什么？

答：小管径的"四合一"施工最好采用偏槽以使在安管前将管下到槽下的一侧模板上。放管

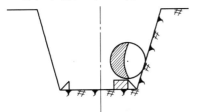

图 2-5-79

一侧的模板常用 15×15 方木代替（高程不合适，可用大板平铺找齐），如图2-5-79。

若是 90°管基，模板一次支齐，在支 135°及 180°基础模板时，可分两次安装，上部模板待管子铺设合格后再支搭。

2-5-80 管道基础有哪五种？其适用条件是什么？

答：一般排水管道的基础分以下五种，其适用条件分述如下：

1）素土弧形基础：用于较匀整的黏质原状土壤，管径小于 φ1000mm 的雨水管道，而且埋深小于 1.5m。在开挖弧形槽时，应使用弧形高程尺逐点丈量，并要求在下管前在弧形槽内铺砂垫层为使管底与槽底全面接触，胸腔填土前应将管底侧三角部分锤填夯实。

2）灰土弧形基础：用于无地下水，槽底土壤已被扰动，以及灰土夯实处理的情况下，其他条件同素土弧形基础。

3）垫砂基础：一般在无地下水、岩石地基、埋深小于 1.5m、管径小于 φ1000mm 时，要求铺砂厚度不小于 20cm，将砂加水振实修成弧形槽再按素土弧形基础操作。（不常采用）。

4）枕基：使用条件

（1）槽底为原状土质

（2）承插管管径≤φ600mm，抹带接口管径≤φ900

（3）埋深小于 1.5m

（4）要求在枕基部分与管口接触面保持 90°

5）混凝土管座（通基）：通常分为 90°，135°，180°三种断面（根据管道种类、管径大小、覆土深浅确定，）有无地下水的情况下运用于各种接口的管道。

2-5-81 平基法施工适用于何范围？

答：平基法施工适用于雨期施工或地基不良者，管径大于 600mm 的有管基要求的排水管道，常用于雨水管道。

2-5-82 平基法施工有哪些施工准备要求？

答：1）材料要求：

（1）模板制作应便于分层浇筑时的支搭，接缝处应严密防止漏浆。

（2）现场拌制混凝土时，水泥、砂、石、外加剂、掺合料及水等经检验合格，其数量应满足施工需要，质量应达到混凝土拌制的各项要求。

（3）抹带用钢丝网规格、型号应符合要求（20 号 10mm×10mm），表面无锈、无油垢。

2）施工机具与设备：

混凝土搅拌及振动设备、管材吊运及运输设备，其数量和能力应根据工程量、工期等要求确定。

3）作业条件：

（1）管材经验收合格后运至现场存放，其数量规格应符合要求。

（2）现场道路畅通，清理平整满足施工作业条件。

（3）沟槽经检验、验收合格。

4）技术准备：

施工操作人员已获得技术、环保和安全交底。

2-5-83　平基法施工工艺流程是怎样的？

答：支平基模板→浇筑混凝土平基→养护→下管、稳管→支管座模板→浇筑管座混凝土→接口、抹带→养护。

2-5-84　平基法施工操作方法是怎样的？

答：1) 沟槽验收合格后支搭平基模板，支模时面板对准给定的基础边线垂直竖立，内外打撑并钉牢，内侧打钢钎固定，配合浇筑进行拼装，注意处理好拼缝以防漏浆，并在面板内侧弹线控制混凝土的浇筑高度，见图2-5-84（1）。

2) 用流动性大的混凝土浇筑180°管座时，第一次支模高度不超过管座的1/2，于下层混凝土浇筑后，在支上层模板。

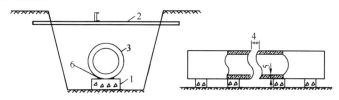

图2-5-84（1）　平基法浇筑管座混凝土示意图
1—垫块；2—坡度板；3—管子；4—对口间隙；5—错口；
6—干净石子或碎石卡住

3) 模板验收合格后，应及时浇筑平基混凝土，浇筑时应严格控制平基顶面高程其允许偏差应符合表2-5-86（1）规定。采用分层浇筑时，应满足下层混凝土失去流动性后再浇筑上层混凝土，以避免不分层产生漂管现象，平基混凝土终凝前不得泡水，并应进行养护。

4) 当平基混凝土强度达到5MPa以上时，方可直接下管。下管前应在平基面上弹线，以控制管中心线。安管的对口间隙：$D\geq700mm$时按10mm控制；$D<700mm$时可不留间隙。当管径较大时应进入管内检查对口，其允许偏差应符合表1596-1规定。安管完成后应用干净石子或碎石卡牢，并及时浇筑混凝土管座。

5) 浇筑管座混凝土前平基应凿毛、冲净，与管子相接触的三角部分应用同强度等级混凝土中的软灰填捣密实，浇筑混凝土时应两侧同时进行，防止将管子挤偏，并应留置混凝土抗压强度试块，留置的数量、强度评定的方法符合质量验收、规范标准。

6) 当管径较大时，浇筑管座混凝土的同时进入配合勾捻内缝，对$D<700mm$管子可用麻袋球或其他工具在管内来回拖拉，将渗入管内的灰浆拉平。

7) 抹带前应将管口及管带覆盖到的管外皮洗刷干净，并刷水泥浆液一道，同时安装好弧形边模，抹带尺寸为：带宽200mm；带厚250mm；钢丝网宽度180mm；当管径不大于500mm时，应刷去浆皮，见图2-5-84（2）。

8) 抹第一层砂浆厚约15mm，抹完后稍晾，有浆皮出现时，将管座内的钢丝网兜起紧贴底层砂浆，上部搭接处用绑丝扎牢，钢丝网头应塞入网内使网表面平整。当第一层水泥砂浆初凝后再抹第二层水泥砂浆后赶光压实。

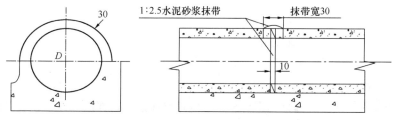

图2-5-84（2）　水泥砂浆抹带接口

9）抹带完成后，应立即用平软材料覆盖3～4h后洒水养护。

2-5-85　平基法施工冬雨期施工有何要求？

答：1）冬期施工措施：

（1）冬期施工的混凝土，为缩短养护时间应优先选用硅酸盐水泥或普通硅酸盐水泥，水泥强度等级不应低于C35，每立方米混凝土中水泥用量不宜少于300kg，水灰比不应大于0.6；

（2）管道平基法通常采取：泵送混凝土的坍落度控制在12～20cm，普通混凝土的坍落度控制在2～4cm的范围内；

（3）加入引气型减水剂，含气量控制在3%～5%的范围内；

（4）加入防冻剂，根据一些地区的经验，气温在-5℃以上，温度处于正负交变时可选择早强减水剂；

（5）温度处于-5℃以下时则应选用防冻剂，工地使用防冻剂可参考表2-5-85进行配制；

（6）蓄热养护：将混凝组的成材料进行加热，然后搅拌、浇筑、振捣，养护时在混凝土周围用保温材料严密覆盖，延长混凝土的冷却时间；

（7）对材料进行加热时，水泥不得直接加热，使用前应先运入暖棚内存放，且水泥不得与80℃以上的水接触。拌合水和集料的加热最高温度，当水泥的强度等级小于C42.5的普通硅酸盐水泥、矿渣硅酸盐水泥时分别为80℃和60℃；当水泥的强度等级不小于C42.5级的硅酸盐水泥、普通硅酸盐水泥时分别为60℃和40℃；当集料不加热时，水可加热到100℃，拌合时可先使用高温水与砂石混合搅拌后，再掺入水泥；

（8）冬期混凝土的搅拌时间应比常温的搅拌时间延长50%～100%。冬期水泥砂浆接口用热拌砂浆，采用热水拌合时水温不应超过80℃，必要时也可将石子加热，砂温不应超过40℃，对有防冻要求的水泥砂浆，拌合时应参入氯盐，掺量可参照表2-5-85拌制水泥砂浆的砂料中，应去除含有冰块及大于10mm的冻块，不得使用加热水的方法融化已冻的砂浆；

（9）冬期水泥砂浆抹带接口完成后，应用预制木架架于管带上或先盖松散稻草10cm厚，然后再盖草帘1～3层左右（随气温选定），要保持密封防风，当强度达到50%以上改为填土覆盖避免受冻。

防冻外加剂参考配方　　　　　　　　　　　　　　　表2-5-85

规定温度 （℃）	配方（占水泥重%）	规定温度 （℃）	配方（占水泥重%）
0	工业盐＋硫酸钠2＋木钙0.25 尿素3＋硫酸钠2＋木钙0.25 硝酸钠3＋硫酸钠2＋木钙0.25 亚硝酸钠2＋硫酸钠2＋木钙0.25 碳酸钾3＋硫酸钠2＋木钙0.25	-5	亚硝酸钠2＋硝酸钠3＋硫酸钠2＋木钙9.25 碳酸钾6＋硫酸钠2＋木钙0.25 尿素2＋硝酸钠4＋硫酸钠2＋木钙0.25
-5	食盐5＋硫酸钠2＋木钙0.25 硝酸钠6＋硫酸钠2＋木钙0.25 亚硝酸钠4＋硫酸钠2＋木钙9.25	-10	亚硝酸钠7＋硫酸钠2＋木钙0.25 乙酸钠2＋硝酸钠6＋硫酸钠2＋木钙0.25 亚硝酸钠3＋硝酸钠5＋硫酸钠2＋木钙0.25 尿素3＋硝酸钠5＋硫酸钠2＋木钙0.25

注：1. 规定温度即混凝土硬化养护的温度；

　　2. 掺食盐配方仅用于无筋混凝土。

2）雨期施工措施：

（1）安装管道时，地面应作好防滑处理，运输道路应加宽，并应铺设草袋或钉防滑条。

（2）在运管和往沟槽内下管过程中，应采取必要的措施封闭管口防止泥砂进入管内。

（3）配合管道铺设应及时砌筑检查井和连接井；对铺设暂时中断或未能及时砌筑检查井的管口及暂时不接支线的预留管口应临时堵严。

（4）在接口施工时，均应防止雨水滴溅在接口处；接口做好后应用泥抹住缝隙，再适当堆些泥土，防止雨水冲刷接口。

（5）对已做好的雨水口应暂时封闭，防止进水。

2-5-86 平基法施工质量标准是怎样的？

答：《排水管渠工程施工质量检验标准》DBJ 01-13—2004 规定：

1）主控项目：

（1）混凝土配合比及抗压强度必须符合设计及相关规范规定。

（2）管材应符合现行有关国家标准；管材不得有裂缝、管口不得有残缺。

（3）管道坡度必须符合设计要求，严禁无坡或倒坡。

2）一般项目：

（1）混凝土表面应平整、直顺。

（2）混凝土应密实，与管结合牢固，不得有空洞。

（3）管体应垫稳，管口间隙应均匀，管道内不得有泥土、砖石、砂浆、木块等杂物。

（4）混凝土基础允许偏差见表 2-5-86（1）。

（5）管道铺设允许偏差见表 2-5-86（2）。

混凝土基础允许偏差表　　　　　　　表 2-5-86（1）

序号	项　目		允许偏差（mm）	检验频率		检验方法
				范围	点数	
1	垫层	中线每侧宽度	不小于设计规定	10m	2	挂中心线用尺量每侧一点
		高程	0，−15	10m	1	用水准仪测量
2	平基	中心线每侧宽度	不小于设计规定	10m	2	挂中心线用尺量每侧计一点
		高程　管基	0，−10	10m	1	用水准仪测量
		高程　渠基	±10			
		厚度	±10	10m	1	用尺量
3	管座	肩宽	+10，−5	10m	2	挂线用尺量每侧计一点
		肩高	±10	10m	2	用水准仪测量每侧计一点
4	蜂窝麻面		≤1%	20m	1	用尺量蜂窝麻面总面积与该侧面积总面积的比较

注：1. 对混凝土的强度，应制取试件检验其在标准养护条件下 28d 龄期的抗压极限强度。试件不同强度及不同配比的混凝土应分别制取试块，试件应在浇筑地点或混凝土拌制地点随机制取；

2. 当一次连续浇筑超过 1000m³ 时，每 200m³ 或每一工作班应制取两组；

3. 每一施工段，同一配合比的混凝土，应制取两组；

4. 每次取样应至少留置一组标准养护试件，并应根据实际需要确定同条件养护的试件留置组数。

管道铺设允许偏差表　　　　　　　表 2-5-86（2）

序号	项　目	允许偏差（mm）		检验频率		检验方法
		刚性柔口	柔性接口	范围	点数	
1	中心位移	≤10	≤10	两井之间	2	挂中心线用尺量
2	管内底高程	±10	$D \leqslant 1000$　±10 $D > 1000$　±15	两井之间	2	用水准仪测量

序号	项　目	允许偏差（mm）		检验频率		检验方法
		刚性柔口	柔性接口	范围	点数	
3	相邻管内底错口	≤3	$D≤1000≤3$ $D>1000≤5$	两井之间	3	用尺量

注：1. $D≤700$mm 时，其相邻管内底错口在施工中控制，不计点数；

2. 表中 D 为管道内径（mm）。

2-5-87　平基法施工质量记录有哪些项？

答：1）预制混凝土构件、管材进场抽检记录。

2）钢筋、水泥、砂石、外加剂、掺合料等材料的产品合格证及试验报告。

3）隐蔽工程检查记录。

4）砂浆、混凝土配合比申请单及试验报告或商品混凝土合格证。

5）砂浆、混凝土试块抗压强度试验报告。

6）砌筑砂浆试块、混凝土试块强度统计、评定记录。

7）分项（检验批）工程质量检验记录。

2-5-88　平基法施工安全、环保与成品保护有哪些措施？

答：1）安全环保措施

（1）在沟槽中浇筑混凝土前应检查槽帮，确认安全后方可作业施工，当沟槽大于 3m 时应设置混凝土流槽，留放时作业人员应协调配合。

（2）振动设备必须经电工检查，确认无漏电后方可使用。

（3）采用泵送混凝土时，应设 2 名以上人员牵引布料杆，泵送管口必须安装牢固。

（4）采用覆盖物养护材料使用完毕后，应及时清理并存放到指定地点。

（5）施工中排管、下管应使用起重机具进行，并应符合相关运输规定，严禁将管子直接推入沟槽内。当管子吊下至距槽底 50cm 时，作业人员方可在管道两侧辅助作业，管子落稳后方可松绳、摘钩。

（6）人工下管应符合：下管必须由作业组长统一指挥、统一信号，分工明确、协调作业；下管前放严禁站人；管径小于或等于 500mm 的管子应采用溜绳法下管，管径大于或等于 600mm 的管子应采用压绳法下管，大绳兜管的位置与管段距离不得小于 30cm；地桩埋设、坡道位置、下管操作应符合《北京市给水排水管道工程施工技术规程》DBJ 01-47—2000 的有关规定。

（7）用三角架捯链吊装下管应符合：跨越沟槽架设管子的排木或钢梁应据管子的质量、沟槽的宽度经计算确定，梁在槽边与土基的搭接长度应视土质和沟槽边坡确定且不得小于 80cm，排木或钢梁安设后应检查确认合格。跨越沟槽的作业平台临边设防护栏杆，操作人员不得站在管上操作，管下严禁有人。将管子放在梁上时，两边应用木楔楔紧。

（8）稳管作业时应采取防止管子滚动的措施，手脚不得伸入管子端部和底部，管子稳定后，必须挡掩牢固。当管子两侧作业人员不通视时，应设专人指挥。

（9）管道接口中需断管或管端边缘凿毛时，锤柄必需安牢，錾子无飞刺，握錾子的手必须戴手套，打锤应稳，用力不得过猛。

2）成品保护措施

（1）浇筑混凝土平基强度不小于 5MPa 后，方可进行下管稳管工序施工。

（2）稳管、下管应采用合理的吊运工具和设备，以避免碰伤管口混凝土。

（3）抹带接口施工完成后立即养护，一般 4～6h 可以拆模，应轻敲轻卸，避免碰坏带的圆角，拆模后继续养护至回填土为止。

2-5-89　垫块法施工适用于何范围？

答：垫块法施工适用于地基承载力较好，平基管座不易分开浇筑，常用于污水管道施工。

2-5-90　垫块法施工准备有哪些要求？

答：1）材料要求：

（1）模板制作应便于分层浇筑时的支搭，接缝处理应严密，防止漏浆；

（2）现场拌制混凝土时，水泥、砂、石、外加剂、掺合料及水等经检验合格，其数量应满足施工需要，质量应达到混凝土拌制的各项要求；

（3）垫块尺寸：长等于管径的 0.7 倍，高等于平基厚度，允许偏差：±110mm，宽不小于高；垫块混凝土的强度等级同于混凝土基础，垫块数量每根管垫块数量不少于 2 个。

2）施工机具与准备：

混凝土搅拌设备于振动设备、管材吊运及运输设备其数量和能力应根据工程量、工期等要求确定。

3）作业条件：

（1）管材经验收合格后运至现场存放，其数量、规格、应符合设计要求。

（2）现场道路畅通，清理平整，满足施工作业条件。

（3）保险杠规格、数量、尺寸应满足安装要求。

（4）基槽经验收合格。

4）技术准备：

施工图纸已会审和技术交底，操作人员已获得技术、环保、安全交底。

2-5-91　垫块法施工工艺流程是怎样的

答：工艺流程：预制垫块→安装垫块→下管→在垫块上安管→支模→浇筑混凝土→接口→养护。

2-5-92　垫块法施工操作方法是怎样的？

答：1）垫块应放置平稳，高程符合质量要求。

2）下管、安管时，罐子两侧应立保险杠，防止管子从垫块上滚下伤人。

3）安管的对口间隙：管径 700mm 以上者按 10mm 左右掌握，稳较大的管子时，宜进入管内检查对口；减少错口现象。

4）管子位置固定后一定要用石子将管子卡住并及时做接口和支模浇筑混凝土基础，管底部混凝土要注意振捣密实，防止形成管子漏水的通道。

5）如果是钢丝网水泥砂浆抹带接口，应在插入部分另加适当抹带、砂浆、认真捣固，并保留钢丝网放置正确。

6）接口抹带养护，等同参照"平基法工艺"相关内容。

2-5-93　"四合一"施工适用于何范围？

答：适用于小口径的抹带接口管道施工。

2-5-94　"四合一"施工准备有哪些要求？

答：1）材料要求：

（1）模板材料应采用 15cm×15cm 的方木，制作时便于分层浇筑支搭，接缝处理应严密，防止漏浆。

（2）现场拌制混凝土时，水泥、砂石、外加剂、掺合剂及水等经检验合格，其数量应满足施工需要，质量应达到混凝土拌制的各项要求。

2）施工机具（设备）：

混凝土搅拌设备及振捣设备，管材吊运及运输设备其数量和能力应根据工程量、工期要求确定。

3）作业条件：

（1）管材经验收合格后运至现场存放，其数量应符合要求。

（2）现场道路畅通，清理平整，满足施工作业条件。

（3）基槽经验收合格。

4）技术准备：

施工图纸已完成会审和技术交底，操作人员已获得技术、环保、安全交底。

2-5-95　"四合一"施工工艺流程是怎样的？

答：工艺流程：验槽→支模→下管→排管→浇筑平基混凝土→稳管→做管座→抹带→养护。

2-5-96　"四合一"施工操作方法是怎样的？

答：操作方法，见图2-5-96。

1）"四合一"施工法：要在模板上滚动和放置管子，故模板安装应特别牢固。模板材料一般采用15cm×15cm的方木。模板内部可用支杆临时支撑，外侧用铁钎支撑。当管道为90°管座时，可一次支设模板支设高度应略高于90°基础高度；如果是135°及180°管座基础，模板宜分两次支设，上部模板应待管子铺设合格后再安装。

2）浇筑平基混凝土应振捣密实，混凝土面应作成弧形并高出平基面2～4cm（视管径大小而定）。混凝土坍落度应控制在2～4cm，并应按管径大小和地基吸水程度适当调整。稳管前，在管口部位应铺适量的抹带砂浆以增加接口的严密性。

3）将管子从模板上移至混凝土面，轻轻揉动至设计高程（一般可掌握高出设计高程1～2mm，已被安装好的管子自沉）。如果管子下沉过多，可将管子撬起，在下部填补混凝土或砂浆，重新揉至设计标高。在管身用大绳往上提。

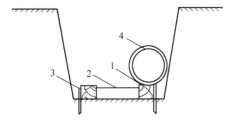

图2-5-96　四合一稳管示意图
1—15cm×15cm方木底模；2—临时撑杆；
3—铁钎；4—管子

4）当平基混凝土和管座混凝土为一次支模浇筑，管子稳好后，直接将管座的两肩抹平。对于分两次支设模板的，管子稳好后，支搭管座模板，浇筑两侧管座混凝土，补填接口砂浆，认真捣固密实，抹平管座两肩，同时用麻袋球或其他工具在管内来回拖动，拉平砂浆。

5）管座混凝土浇筑完成立即进行抹带；使带和管座连成一体。抹带与稳管至少相隔2～3节管子，以免稳管时碰撞管子影响接口质量，抹带完成后随即勾捻内缝。

2-5-97　混凝土排水管安装工艺适用于何范围？

答：适用于压力小于0.1MPa的排水管道的铺设。

2-5-98　混凝土排水管安装工艺施工准备有哪些要求？

答：1）材料：

（1）基础模板支撑，应具有足够的强度和刚度，安装应缝隙严密，便于拆卸。

（2）商品混凝土到场后质量、数量、应满足规程、规范要求且便于浇筑。

（3）钢丝网规模、型号应满足要求，表面无锈、无油垢。

2）施工机具：

管材吊运及运输设备，现场混凝土振捣设备，数量和能力应满足施工需要。

3）作业条件：

（1）施工现场照明及排水设施应满足施工需要。

（2）管材经验收合格后运至现场存放，其数量、规格符合要求。

（3）现场道路畅通，清理平整，满足施工作业条件。

（4）基槽经验收达到合格。

（5）施工范围内的障碍物已拆改完毕或采取有效的保护措施。

4）技术准备：

（1）图纸已完成会审并进行设计交底。

（2）施工方案已获得相关单位审批并获得审批手续。

（3）施工人员获得技术、环保、安全交底。

2-5-99　混凝土排水管安装工艺工艺流程是怎样的？

答：工艺流程：（见图 2-5-99）

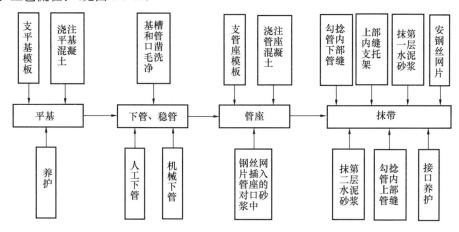

图 2-5-99　工艺流程

2-5-100　混凝土排水管安装工艺操作方法是怎样的？

答：1）基础施工前必须复核坡度板的标高，在沟槽底部每隔 4cm 左右打一样桩，用样桩控制挖土面、垫层面和基础面。

2）管道基础的砂垫层应按规定的沟槽宽度满堂铺筑、摊平、拍实。

3）在砂垫层上安装混凝土基础的侧向模板时，应根据管道中心位置在坡度板上拉出中心线，用垂球和搭马（宽度与混凝土基础一致）控制测向模板的位置，搭马每隔 2.5m 安置 1 个以固定模板之间的间距。搭马在浇筑混凝土后方可拆除，随即清理保管。

4）混凝土基础侧向模板应具有一定的强度和刚度，一般可选用钢撑板、木板和钢模。模板安装应缝隙严密，支撑牢固，并符合结构尺寸的要求。

5）混凝土基础浇筑完毕后应用木抹小模板或平板振动器拍平。12h 内不得浸水，并应进行养护。混凝土强度达到 2.5MPa 后方可拆除模。

6）当平基混凝土强度大于 $5.0N/mm^2$ 方可进行安管，施工中采用起重机具下管、稳管时严格按照相关规程规范要求执行。采用人工下管、稳管时应统一指挥，统一信号，分工明确，协调操作，稳管时应采取阻止管子滚动的措施。手脚不得伸入管子的端部和底部。管子稳好后必须挡掩牢固。

7）混凝土管座的模板可一次或两次支设，每次支搭高度应略高于混凝土的浇筑高度。分层浇筑管座时，应先将平基凿毛冲净，并将平基与管子相接触的部位，用同强度等级的砂浆填满，捣实后再浇筑混凝土。当采用一次浇筑管座时，应先从一侧灌注混凝土，当对侧的混凝土与灌注一侧混凝土高度相同时，两侧再同时浇筑，并保持两侧混凝土高度一致。浇筑混凝土管座时，应按规范要求留量，混凝土抗压强度试块，留量数量符合规范规定。

8）抹带尺寸为：带宽：200mm；带厚25mm；钢丝网宽度180mm；当管径≤500mm时应刷击浆皮。抹带前先刷一道水泥浆，然后安装好弧形边模，抹第一层砂浆厚约15mm，抹完后稍凉有浆皮儿出现时，将管座内的钢丝网兜起，紧贴底层砂浆；上部搭接处用绑丝扎牢，钢丝网头应塞入网内使网表面平整，当第一层砂浆初凝后再抹第二层水泥砂浆，初凝后赶紧压实。抹带完成后立即用平软材料覆盖，3～4h后洒水养护。

2-5-101 混凝土排水管安装工艺冬雨期施工有哪些要求？

答：1）防止雨水地面径流和泥土进入沟槽和管道内，要配合管道铺设及时砌筑检查井和连接井。

2）管道铺设暂时的中断或未能及时砌井的管口应临时堵严，对暂时不接支线的预留管口应及时砌堵抹严，对已做好的雨水口应暂时封闭，以防进水。

3）管道安装完成后应在管身中部回填部分填土，稳定管子防止管道漂浮。

4）雨天进行接口施工，应采取防雨措施。

5）拌制水泥砂浆的砂料中不得含有冰块及大于10mm的冻块，当采用热拌水泥砂浆时，所用水温不得超过80℃；砂温不得超过40℃。对有防冻要求的水泥砂浆，拌合时应掺加防冻剂，其掺加量应符合相关规定。严禁使用加热水的方法融化已冻结的砂浆。

6）水泥砂浆接口应及时保温养护，保温材料覆盖厚度应根据气温选定。

2-5-102 混凝土排水管安装工艺质量记录有哪几项？

答：参见《市政基础设施工程资料管理规程》DBJ-71—2003。

1）隐蔽工程检查记录。

2）水泥、砂、石、外加剂、掺合料、预拌混凝土构件，管材进场合格证和试验报告、机械记录。

3）混凝土、砂浆配合比申请单及试验报告或商品混凝土合格证。

4）砂浆、混凝土试件抗压强度试验报告。

5）砌筑砂浆试块强度、混凝土试块强度统计，评定记录。

6）分项质量评定表。

2-5-103 预（自）应力钢筋混凝土管安装适用于何范围？

答：适用于具有地基不均匀沉降或地震多发地区。

2-5-104 预（自）应力钢筋混凝土管安装施工准备有哪些？

答：1）材料：

（1）管节的规格、性能、外观质量及尺寸公差应符合国家有关标准规定。

（2）柔性接口形式采用橡胶圈材质应符合相关规范的规定，外观应光滑平整，不得有裂缝、破损、气孔、重皮等缺陷；每个橡胶圈的接头不得超过2个。

（3）刚性接口钢丝网水泥砂浆抹带接口材料应符合相关规范规定，宜选用粒径0.5～1.5mm含泥量不大于3%的洁净砂；网格10mm×10mm、丝径为20号的钢丝网。

2）施工机具：

管材的吊运及运输设备，千斤顶、捯链、牵引机等，数量和能力应满足施工要求。

3）作业条件：

（1）采用混凝土基础时，管道中心、高程应复验合格。

（2）水泥砂浆配比满足设计要求。

（3）金属管件连接件已进行防腐处理。

（4）施工现场照明及排水设施满足施工需要，基槽经验收达到合格。

（5）管材经验收合格后运至现场存放，数量规格符合要求。

（6）施工范围内的障碍物已拆改完毕或采取有效的保护措施。

4）技术准备：

（1）图纸已完成会审并进行设计交底。

（2）施工方案已获得相关单位审批并获得审批手续。

（3）施工人员获得技术、环保、安全交底。

2-5-105　预（自）应力钢筋混凝土管安装施工艺流程是怎样的？

答：工艺流程如下：

排管→管子的现场检验与修补→下管→挖接口工作坑→清理管腔、管口→清理胶圈→插口上套胶圈→顶装接口→检查中线、高程→用探尺检查胶圈位置→锁管。

2-5-106　预（自）应力钢筋混凝土管安装施工操作方法是怎样的？

答：1）首先沿沟槽方向进行排管并对管节的外观及修补情况进行检查，鉴定合格后方可下管。管节安装前应将管内外清扫干净，安装时应使管道中心及管内底高程符合设计要求，稳管时必须采取措施防止管道发生滚动。柔性接口的钢筋混凝土管、预（自）应力混凝土管安装前，承口内工作面、插口外工作面应清洗干净；套在插口上的橡胶圈应平直、无扭曲，应正确就位；橡胶圈表面和承口工作面应涂刷无腐蚀性的润滑剂。

2）钢筋混凝土管沿直线安装时，管口间的纵向间隙应符合设计及产品标准要求，无明确要求时应符合表 2-5-106（1）的规定；预（自）应力混凝土管沿曲线安装时，管口间的纵向间隙最小处不得小于 5mm，接口转角应符合表 2-5-106（2）的规定。

钢筋混凝土管管口间的纵向间隙　　　　　表 2-5-106（1）

管材种类	接口类型	管内径 $D1$（mm）	纵向间隙（mm）
钢筋混凝土管	平口、企口	500～600	1.0～5.0
		≥700	7.0～15
	承插式乙型口	600～3000	5.0～1.5

预（自）应力混凝土管沿曲线安装接口的允许转角　　　　表 2-5-106（2）

管材种类	管内径 $D1$（mm）	允许转角（°）
预应力混凝土管	500～700	1.5
	800～1400	1.0
	1600～3000	0.5
自应力混凝管	500～800	1.5

3）预（自）应力钢筋混凝土管安装一般采用顶推与拉入的方法，应根据施工条件、管径和顶推力的大小及机具设备情况确定。常用的安装方法有撬杠顶入法：将撬杠插入已对口待连接管承口端工作坑的土层中，在撬杠与承口端面间垫以木块，扳动撬杠使插口进入已连接管的承口。千斤顶拉杆法：先在管沟两侧各挖一竖槽，每槽内埋一根方木作为后背，用钢丝绳、滑轮和符合管节模数的钢拉杆与千斤顶连接。启动千斤顶，将插口顶入承口，每顶进 1 根管子，加 1 根钢拉杆，一般安装 10 根管子移动一次方木。捯链（手动葫芦）拉入法：在已安装稳固的管子上拴住钢丝绳，在待拉入管子承口处放好后背横梁，用钢丝绳和铰链连好绷紧对正，拉动倒链，即将插口拉入承口中，每接入根管子将钢拉杆加长 1 节，安装数根管子后，移动一次拴关位置。牵引机拉入法：在待连接的承口处，横放 1 根后背方木，将方木、滑轮和钢丝绳连接好，机动牵引机械（卷扬机、绞磨）将对好胶圈的插口拉入承口中。DKJ 多功能快速接管机安装：由北京市市政工

程设计研究总院研制的 DKJ 多功能快速接管机可快速进行管道接口作业，并具有自动对口、纠偏功能，操作简便。

4）管口安装完成后，柔性接口应先放松外力，管节回弹不得大于 10mm 且橡胶圈应在承、插口工作面上。刚性接口抹带前应将管口外壁凿毛、洗净；钢丝网端头应在浇筑混凝土管座时插入混凝土内，在混凝土初凝前，分层抹压钢丝网水泥砂浆抹带；完成后立即用吸水性强的材料覆盖 3～4h 后洒水养护；砂浆填缝及抹带接口作业时落入管道内的接口材料应清除；管径大于或等于 700mm 时采用水泥砂浆将管道内接口部位抹平、压光；管径小于 700mm 时填缝后要立即拖平。

5）预（自）应力混凝土管安装时不得截断使用。

2-5-107 预（自）应力钢筋混凝土管安装施工冬雨期施工有何要求？

答：1）冬期施工：

（1）挖槽见底及砂垫层施工，下班前应根据气温情况及时覆盖保温材料，覆盖要严密，边角要压实。

（2）为了保证管口具有良好的润滑条件，最好在正温度时施工，以减少在低温下涂润滑剂的难度。在管道安装后，管口工作坑及管道两侧及时覆盖保温，避免基础受冻。

（3）冬期施工不得使用冻硬的橡胶圈。

（4）施工人员在管上进行安装作业时，应采取有效的防滑措施。

2）雨期施工：

（1）雨期施工应严防雨水泡槽，造成漂管事故。对已铺设的管道的两侧除接口部位外，应及时进行还土。

（2）雨天不宜进行接口施工。如需要施工时，应采取防雨措施，确保管口及接口材料不被雨淋。

（3）沟槽两侧的堆土缺口，如运料口、下管马道、便桥桥头均应堆叠土埂，使其闭合，防止雨水流入沟槽。

（4）采用井点降水的槽段，特别是过河段在雨季施工时，要准备好发电机，防止因停电造成水位上升出现漂管现象。

（5）应在基槽底两侧挖排水沟，每 40m 设 1 个集水坑，及时排除槽内积水。

2-5-108 预（自）应力钢筋混凝土管安装施工质量标准是怎样的？

答：1）主控项目：

（1）管材应符合现行国家有关标准；管材不得有裂缝、管口不得有残缺。

（2）管道坡度必须符合设计要求，严禁无坡或倒坡。

（3）接口材料质量应符合现行国家标准规定和设计要求。

2）一般项目：

（1）土弧包角应符合设计规定，并应与管体均匀接触；承口工作坑内回填砂砾应密实，并与承口外壁均匀接触。

（2）管体应垫稳，管口间隙应均匀，管道内不得有泥土、砖石、砂浆、木块等杂物。

（3）管道铺设允许偏差应符合表 2-5-108 的规定。

管道铺设允许偏差表　　　　表 2-5-108

序号	项　目	允许偏差（mm）		检验频率		检验方法
		刚性接口	柔性接口	范围	点数	
1	中心位移	≤10	≤10	两井之间	2	挂中心线用尺量
2	管内底高程	±10	$D \leqslant 100 \pm 10$ $D > 1000 \pm 15$	两井之间	2	用水准仪测量

序号	项 目	允许偏差（mm）		检验频率		检验方法
		刚性接口	柔性接口	范围	点数	
3	相邻管内底错口	≤3	$D \leqslant 1000 \leqslant 3$ $D > 1000 \leqslant 5$	两井之间	3	用尺量

注：1. $D \leqslant 700$mm 时，其相邻管内底错口在施工中控制，不计点数。

2. 表中 D 为管道内径（mm）。

3. 插口插入承口的长度允许偏差±5mm，胶圈贴靠插口小台，就位于承、插口工作面上。

2-5-109 预（自）应力钢筋混凝土管安装施工质量记录有哪几项？

答：1）技术交底记录。

2）工程物资选样送审表。

3）管材、原材料、构配件质量证明文件及复试报告。

4）材料现场检验及复试记录。

5）管材进场抽检记录。

6）测量复核记录。

7）隐蔽工程检查记录。

8）中间检查交接记录。

9）工程部位质量评定表。

10）工序质量评定表。

11）工程质量事故及事故调查处理记录。

2-5-110 预（自）应力钢筋混凝土管安装施工安全、环保与成品保护措施有哪些？

答：1）安全、环保措施

（1）在旧路破除期间，配备专用洒水车，及时洒水降尘。

（2）施工过程中随时对场区和周边道路进行洒水降尘，降低粉尘污染。

（3）在居民区施工时，采取隔音降噪措施，并应尽可能避开夜间施工。

（4）操作人员应根据工作性质，配备必要的防护用品。

（5）电工必须持证上岗。配电系统及电动机具按规定采用接零或接地保护。

（6）机械操作人员必须持证上岗。机械设备的维修、保养要及时，使设备处于良好的状态。

（7）沟槽外围搭设不低于1、2m的护栏，道路上要设警示牌和警示灯。

（8）在高压线、变压器附近堆土及吊装设备等应符合有关安全规定。

（9）现场管线拆除、改移、必须有专人进行指挥，严禁非施工人员进入现场。

（10）吊装下管时，必须有专人指挥，严禁任何人在已吊起的构件下停留或穿行，对已吊起的管道不准长时间停在空中，禁止酒后操作吊车。

（11）在高压线或裸线附近吊装作业时，应根据具体情况停电或采取其他可靠防护措施后，方准进行吊装作业。

2）成品保护措施：

（1）管道接口安装检测合格后，应立即将管道腋下部位填实。不妨碍继续安装的管段，应及时将管身两侧回填土。

（2）管道回填土时，应防止管道中心线位移或损坏管道，管道两侧人工同步回填。

（3）每天收工时，管线留口端要用彩条布包好或设置木制堵板，防止泥土、杂物进入管内。必要时也可砌砖进行封堵。

（4）覆土较浅的地方设置标志，管道在未回填到管顶以上 500mm 之前，应避免大型机械碾压造成管道损坏。

2-5-111 混凝土排水管道施工流程是怎样的？

答：见下图 2-5-111

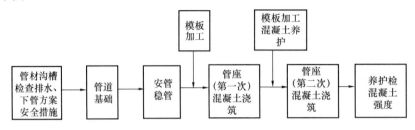

图 2-5-111 管道施工流程

2-5-112 混凝土排水管道沟槽要求有哪些？

答：1）沟槽扰动槽底原土，如发生超挖，应用砂填并夯实，严禁用土回填。槽底不得受水浸泡或冰冻。

2）沟槽允许偏差应符合表 2-5-112 规定。

沟槽允许偏差 表 2-5-112

序号	项 目	允许偏差（mm）	检验频率 范围	检验频率 点数	检验方法
1	槽底高程	0 −30	两井之间	3	用水准仪测量
2	槽底中线每侧宽度	不小于规定	两井之间	6	挂中心线用 尺量每侧计 3 点
3	沟槽边坡	不陡于规定	两井之间	6	用坡度尺检验 每侧计 3 点

2-5-113 混凝土排水管道的基础有几种？质量控制要点有哪些？

答：1）砂土基础

砂土基础包括原土夯实的弧形基础及砂垫层基础（图 2-5-113（1））。弧形土基础适用于无地下水的土质较好的地基上，一般用于管径较小，埋深不大的管道工程。砂垫层基础是在弧形槽上填以粗砂，使管壁与基础紧密结合，砂层厚度约 100mm。

2）混土枕基

混凝土枕基是支撑在管道接口下方的局部基础，适用于干燥土层（图 2-5-113（2））。

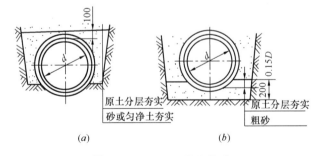

图 2-5-113（1） 砂土基础

（a）适用于干燥土壤，承插混凝土管 $d \leqslant 600$mm；（b）适用于岩石或多石土壤，承插混凝土管 $d \leqslant 450$mm

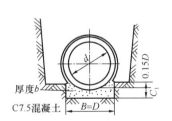

图 2-5-113（2） 混凝土基础

适用于干燥土壤及 $d \leqslant 900$mm，当 $d \leqslant 600$mm 时，$C_1 = 100$mm，$b = 200$mm；当 $600 < d \leqslant 900$mm 时，$C_1 = 120$mm，$b = 250$mm

3) 混凝土条形基础

混凝土条形基础是沿管道全长设置条形基础，按照地质，管道、荷载等情况可以设置90°、135°及180°三种基础形式（图2-5-113（3））。这种基础多用于地基软弱，土层湿润的场所，一般90°条形基础用得较多。

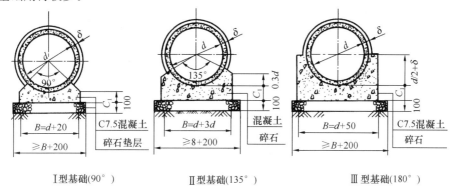

Ⅰ型基础(90°)   Ⅱ型基础(135°)   Ⅲ型基础(180°)

图2-5-113（3）　混凝土条形基础

Ⅰ型基础：$d=150\sim600mm$ 时，$C_1=100mm$，$d=700\sim1500mm$ 时，$C_1=120\sim200mm$，

Ⅱ、Ⅲ型基础：$d=150\sim600mm$ 时，$C_1=100mm$，$d=700\sim1500mm$ 时，$C_1=120\sim250mm$

4) 管道基础质量要求及控制要点：

（1）主控项目

① 观察，检查地基处理强度或承载力检验报告、复合地基承载力检验报告，控制原状地基的承载力符合设计要求；

② 混凝土基础的强度符合设计要求；

检验数量：混凝土验收批与试块留置按照现行国家标准《给水排水构筑物工程施工及验收规范》GB 50141—2008 第6.2.8条第2款执行；

检查方法：混凝土基础的混凝土强度验收应符合现行国家标准《混凝土强度检验评定标准》GB/T 50107—2010 的有关规定。

③ 砂石基础的压实度符合设计要求或规范的规定；检查方法：检查砂石材料的质量保证资料、压实度试验报告。

（2）一般项目

① 原状地基、砂石基础与管道外壁间接触均匀，无空隙；

② 混凝土基础外光内实，无严重缺陷；混凝土基础的钢筋数量、位置正确；

③ 管道基础的允许偏差应符合表2-5-113的规定。

管道基础的允许偏差   表2-5-113

序号	检查项目			允许偏差（mm）	检查数量		检查方法
					范围	点数	
1	垫层	中线每侧宽度		不小于设计要求	每个验收批	每10m测1点，且不少于3点	挂中心线钢尺检查，每侧一点
		高程	压力管道	±30			水准仪测量
			无压管道	0，−50			
		厚度		不小于设计要求			钢尺量测

序号	检查项目			允许偏差（mm）	检查数量		检 查 方 法
					范围	点数	
2	混凝土基础、管座	平基	中线每侧宽度	+10.0	每个验收批	每10m测1点，且不少于3点	挂中心线钢尺量测每侧一点
			高程	0，－15			水准仪测量
			厚度	不小于设计要求			钢尺量测
		管座	肩宽	+10，－5			钢尺量测，挂高程线钢尺量测，每侧一点
			肩高	20			
3	土（砂及砂砾）基础	高程	压力管道	±30			水准仪测量
			无压管道	0，－15			
		平基厚度		不小于设计要求			钢尺量测
		土弧基础腋角高度		不小于设计要求			钢尺量测

2-5-114 混凝土排水管道敷设要点有哪些?

答：1）准备工作

（1）在管道敷设前，必须对管道基础作仔细复核，复核轴线位置、线形以及标高是否与设计标高吻合。如发现有差错，应给予纠正或返工。切忌跟随错误的管道基础进行敷设。

（2）在管道敷设前，必须对样板架再次测量复核，符合设计高程后开始排管。每排一节管材应先用样尺与样板架观察校验，然而再用水准尺检验落水方向。管道敷设操作应从下游排向上游，承口向上游，切忌倒排。

（3）采取边线控制排管时所没边线应紧绷，防止中间下垂；采取中心线控制排管时应在中间铁撑柱上划线，将引线扎牢，防止移动，并随时观察，防止外界扰动。

（4）铺管座按设计坡度，管道必须垫稳、管底坡度不得使倒流水，管道接口缝宽应均匀，管道内不得有泥土砖石、砂浆、木块等杂物。管道敷设操作应从下游排向上游，承口向上游方向。

（5）采取边线控制排管时所设边线应紧绷，采取中心线控制排管时应在中间铁撑柱上划线，将引线扎牢，防止移动及外界扰动。

2）混凝土排水管道敷设控制

（1）对管道中心线的控制，可采用边线法或中线法。采用边线法时，边线的高度应与管子中心高度一致，其位置以距管外皮10mm为宜。用中线或边线法控制安管中心位置，安坡度板控制管道高程；

（2）稳管时应根据高程线认真掌握高程，以量管内底为宜，当管子椭圆度及管皮厚度误差较小时，可量管顶外皮。在平基或垫层上稳管或调整管子高程时，应用混凝土预制块或干净石子从两侧卡牢，防止移动；

（3）在垫块上稳管时，应注意以下两点：

① 检查垫块是否放置平稳，高程是否符合质量标准；

② 严格控制管节的标高及走向、相邻管节垫实稳定等。严禁倒坡，管口间隙及错口亦需在规范允许范围内。

（4）稳管用混凝土块应事前按设计预制成形，安放位置准确。使用三角形扩建块，应将斜面作底部，并涂抹一层砂浆，以加强管道的稳定性。预制的管枕强度和几何尺寸应符合设计标准，不得使用不标准的管枕。

（5）在土基上稳管时，一般挖弧形槽铺垫砂子，使管子与土基良好接触。

（6）稳管后，检测管道中心线及管底内壁高程，符合设计规定时，浇捣混凝土管座垫肩。

（7）检查稳管的对口间隙，管径 700mm 及大于 700mm 的管子按 10mm 掌握，以便于管内勾缝；管径 600mm 以内者，可不留间隙。

（8）稳较大的管子时，宜进入管内检查对口，减少错口现象。

（9）对中作业（表 2-5-114）。

对中作业表 表 2-5-114

对中方法	操 作 程 序	图 示
中心线法	1. 沿沟槽两边各打一龙门桩，桩上钉一块大致水平的木板； 2. 按沟槽开挖前测定管道中心线所预留的隐蔽桩定出沟槽中心线，并在每个龙门板上钉一个中心钉，使各中心钉连线是一条与槽沟中心线在同一个垂直平面的直线； 3. 对中时，在下到沟内的管中用水平尺置于管中，使水平尺的水准泡居中。此时，若由中心钉连续垂下的垂直吊线上的重球通过水平尺的二等分点，即表明管子中心线与沟槽中心线在同一个垂直平面内	
边线法	1. 将边线两端栓在槽壁的边桩上； 2. 对中时控制管子水平直径处外皮与边线间的距离为一常数，则表明管道处于中心位置	

（10）对高作业。根据设计图纸，管道直径、坡度、地面高程、管底高程、检查井间距等资料进行各龙门板中心钉上沿高程并进行对高作业。

（11）管道敷设偏差控制，防止管道不顺直、坡向错误、管道位移、沉降等。每排一节管材应先用样尺与样板架观察校验，然而再用水准尺检验落水方向。

（12）有混凝土平基的排水管道的敷设

① 检查纵断高程和平面位置准确，对高程应严格控制；

② 检查混凝土平基的铺基的施工工序：在垫块上稳管，然后灌注混凝土基础及抹带；先打平基，等平基达到一定强度，再稳管、打管座及抹带；

③ 检查混凝土基础与管壁结合是否严密、坚固稳定。

3）稳管质量标准

（1）管内底高程允许偏差±10mm；

（2）中心线允许偏差 10mm；

（3）相邻管内底错口不得大于 3mm。

2-5-115　混凝土排水管道接口的一般规定有哪些？

答：1）混凝土排水管道接口的一般要求

（1）所采用的管材，必须经过严格检验，符合产品标准。凡不符合标准者不得使用，特别是卸管后，要再检查有无损伤、裂缝，承插口和企口有无缺口。

（2）承插口式企口各种接口应平直，环形间隙应均匀，灰口应整齐、密实、饱满，不得有裂缝、空鼓等现象。抹带接口应表面平整密实，不得有间断、裂缝、空鼓等现象。

2）混凝土排水管道接口施工流程（图2-5-115）

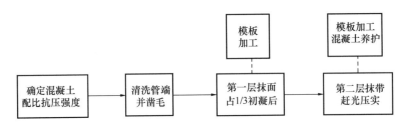

图 2-5-115　排水管道接口施工流程

3）混凝土排水管道接口形式及技术要求（表2-5-115）

混凝土排水管道接口形式及技术要求　　　　　　　　　表 2-5-115

接口形式	技 术 要 求	适 用 范 围
水泥砂浆抹带接口	采用1:25或1:3的水泥砂浆在接口处抹成半椭圆形砂浆带，带宽为120～150mm，中间厚为30mm	适用于地基土质较好的雨水管，平口、企口和承插口均可使用
钢丝网水泥砂浆抹带接口	将宽200mm的抹带范围管外壁凿毛，抹1:(2.5～3)，厚15mm的水泥砂浆一层，在抹带层内埋置10mm×10mm方格钢丝网，钢丝网两端插入基础混凝土中固定，上面再压10mm厚的水泥砂浆一层	适用地于地基土质较好的雨水管与污水管
石棉沥青卷材接口	将接口壁面刷净烤干，涂一层冷底子油，再刷3mm的沥青砂玛瑞脂	一般适用于地基沿轴向沉陷不均匀地区
内套环石棉水泥接口	在内套环外壁与管道内壁间隙中用（重量比）石棉:水泥:水=3:7:1的石棉水泥打口，也可采用膨胀水泥砂浆塞入	适用于较大口径的管道
沥青砂浆接口	管口处涂冷底子油，然后用模具定型、烧灌沥青砂浆。沥青:石棉粉:砂=3:2:5，沥青砂浆在200℃具有良好的流动性	适用于地基不均匀沉降地区

2-5-116　水泥砂浆抹带接口的施工一般规定有哪些？

答：1）水泥砂浆抹带接口的材料的要求

（1）水泥砂浆抹带接口适用于地下水位较低，施工质量有保证的地方。水泥砂浆抹带接口因有渗漏，一般只用在平口式钢筋混凝土雨水管上。

（2）水泥砂浆接口可用于平口管或承插口管，用于平口管者，有水泥砂浆抹带和钢丝网水泥砂浆抹带。

（3）水泥砂浆接口的材料，应用强度等级32.5的水泥，砂子应过2mm孔径的筛子且含泥量不得大于2%。

（4）接口用水泥砂浆配比应按设计规定，设计无规定时，抹带可采取水泥:砂子－1:2.5

（重量比），水灰比一般不大于0.5。使用的砂浆或细石混凝土随拌随用，放置不得超过初凝时间，严禁加水复拌再使用。

2）水泥砂浆抹带接口材料用量参考

（1）90°混凝土基础水泥砂浆抹带接口材料参考量（表2-5-116（1））。

90°混凝土基础水泥砂浆抹带接口材料　　表 2-5-116（1）

管径 DN（mm）	带宽 K（mm）	带厚 t（mm）	抹带水泥砂浆（m³/接口）	捻缝水泥砂浆（m³/接口）
200	120	30	0.002	0.002
300	120	30	0.002	0.004
400	1209	30	0.003	0.005
500	120	30	0.004	0.008
600	120	30	0.004	0.010
700	120	30	0.005	0.014
800	120	30	0.006	0.016
900	120	30	0.006	0.023
1000	120	30	0.007	0.028
1100	150	30	0.014	0.033
1250	150	30	0.017	0.042
1350	150	30	0.017	0.048
1500	150	30	0.019	0.064
1640	150	30	0.021	0.076

（2）135°和180°混凝土基础水泥砂浆抹带接口材料参考量（表2-5-116（2））。

135°和180°混凝土基础水泥砂浆抹带接口材料参考量　　表 2-5-116（2）

管径 DN（mm）	带宽 K（mm）	带厚 t（mm）	基础形式（°）	抹带水泥砂浆（m³/接口）	捻缝水泥砂浆（m³/接口）
200	120	30	135	0.001	0.002
300	120	30	135	0.002	0.004
400	120	30	135	0.002	0.005
500	120	30	135	0.003	0.008
600	120	30	135	0.004	0.010
700	120	30	180	0.004	0.014
800	120	30	180	0.004	0.016
900	120	30	180	0.004	0.023
1000	120	30	180	0.005	0.028
1100	150	30	180	0.009	0.033
1250	150	30	180	0.011	0.042
1350	150	30	180	0.011	0.048
1500	150	30	180	0.013	0.064
1640	150	30	180	0.014	0.076

2-5-117　水泥砂浆抹带接口的施工要点有哪些人？

答：1）水泥砂浆抹带操作作业

（1）抹带接口做法一般是用水泥砂浆在接口处抹成弧形环带（图2-5-117（1）、（2））。

（2）抹带前，先将管口洗刷干净，并刷水泥素浆一道，保持湿润。

（3）平口管的管口应对齐，然后在管口上抹上设计规定宽度和厚度的水泥砂浆，检查抹带是否间断和裂缝，是否均匀一致。

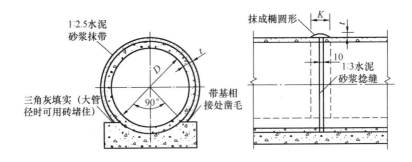

图 2-5-117（1）　抹带接口做法（一）

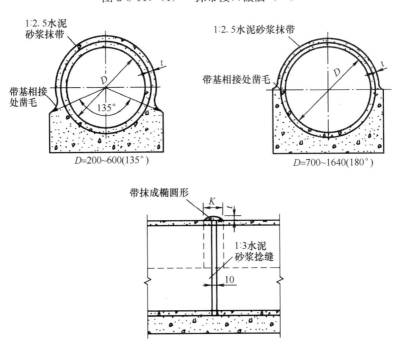

图 2-5-117（2）　抹带接口做法（二）

（4）砂浆抹带接口应表面平整，不得有间断、裂缝、空鼓和脱落现象；接口缝隙中严禁用砖头、石子嵌缝。

（5）抹带应与灌注混凝土管座紧密配合，灌注管座后，随即进行抹带，使带与管座结合成一体；如不能随即抹带时，抹带前管座和管口应凿毛、洗净，以利与管带结合。

（6）第一层表面可划成线槽，使表面粗糙，砂浆配比要求准确。抹第一层砂浆时，应注意找正，使管缝居中，厚度约为带厚的1/3，并分层压实使之与管壁粘结牢固，管径400mm以内者，抹带可一层成活。

（7）水泥砂浆配比为：水泥∶细砂＝1∶2（体积比），水泥要求用32.5级硅酸盐水泥，细砂要淘洗干净。

（8）待第一层砂浆初凝后抹第二层，并用弧形抹子捋压成形，初凝后，再用抹子赶光压实。

（9）抹好后立即覆盖养护。对于管径不小于700mm的管子，可进入管内勾管内缝。管径不小于600mm的管子，可用麻袋球或其他工具在管内来回拖动，以便将漏进管内的灰浆挤入管缝。

2）水泥砂浆抹带施工其他注意事项

（1）直径700mm及大于700mm的管子的内缝，应用水泥砂浆填实抹平，灰浆不得高出管内壁。管座部分的内缝，应配合灌注混凝土时勾抹。管座以上的内缝应在管带终凝后勾抹，也可在抹带以前，将管缝支上内托，从外部将砂浆填实，然后拆去内托，勾抹平整。管缝超过 10mm 时，抹带应在管内管缝上部支一垫托（一般用竹片做成）。不得在管缝填塞碎石、碎砖、木片或纸屑等。

（2）直径 600mm 以内的管子，应配合灌注混凝土管座用麻袋球或其他工具，在管内来回拖动，将流入管内的灰浆拉平。

（3）承插管敷设前应将承口内部及插口外部洗刷干净。敷设时应使承口朝着敷设前进方向。第一节管子稳好后，应在承口下部满铺灰浆，随即将第二节管的插口挤入，注意保持接口缝隙均匀，然后将砂浆填满接口，填捣密实，口部抹成斜面。挤入管内的砂浆应及时抹光或清除。稳管的高程及中心线的质量标准同 11.2 的要求。

（4）水泥砂浆各种接口均宜用草袋或草帘覆盖，并洒水养护。

3）钢丝网水泥砂浆抹带接口

（1）钢丝网水泥砂浆抹带接口适用于地下水位较高的地方。

钢丝网规格应符合设计要求，并应无锈、无油垢。每圈钢丝网应按设计要求并留出搭接长度，事先截好。

（2）钢丝网水泥砂浆抹带操作程序如下：

① 抹带接口的做法：将接口处刷洗干净后，用 1：3 水泥砂浆捻缝。先抹 1：2.5 水泥砂浆厚 15mm，再铺放 20 目 10×10 钢丝网宽 180mm，搭接长度为 100mm，插入基础深为 150mm，最后再抹 1：2.5 水泥砂浆厚 10mm；

② 施工时应注意：管径不小于 600mm 的管子，抹带部分的管口应凿毛；管径不大于 500mm 的管子应刷去浆皮；

③ 将已凿毛的管口洗刷干净，并刷水泥浆一道；

④ 在灌注混凝土管座时，将钢丝网按设计规定位置和浓度插入混凝土管座内，并另加适当抹带砂浆，认真捣固；

⑤ 在带的两侧安装好弧形边模；

⑥ 抹第一层水泥砂浆并压实，使之与管壁粘结牢固，厚度为 15mm，然后将 2 片钢丝网包拢，用 20 号镀锌钢丝将 2 片钢丝网扎牢；

⑦ 待第一层水泥砂浆初凝后，抹第二层水泥砂浆厚 10mm，同上法包上第二层钢丝网，搭槎应与第一层错开；（如只用一层钢丝网时，这一层砂浆即与模板抹平，初凝后赶光压实）；

⑧ 待第二层水泥砂浆初凝后，抹第三层水泥砂浆，与模板抹平，初凝后赶光压实；

⑨ 抹带完成后，一般 4～6h 可以拆除模板，拆时应轻敲轻卸，以免碰坏带的边角。

（3）钢丝网水泥砂浆抹带接口材料消耗参考量（表 2-5-117（1））。

钢丝网水泥砂浆抹带接口材料消耗参考量　　　　表 2-5-117（1）

管径 DN （mm）	基础形式 （°）	带宽 K （mm）	带厚 t （mm）	抹带水泥砂浆 （m³/接口）	钢丝网宽 W（mm）	钢丝网 （m³/接口）	捻缝水泥砂浆 （m³/接口）
200	135	200	25	0.003	180	0.155	0.002
300	135	200	25	0.004	180	0.193	0.004
400	135	200	25	0.005	180	0.231	0.005
500	135	200	25	0.006	180	0.270	0.008
600	135	200	25	0.007	180	0.291	0.01
700	180	200	25	0.007	180	0.31	0.014
800	180	200	25	0.008	180	0.352	0.016

管径 DN (mm)	基础形式 (°)	带宽 K (mm)	带厚 t (mm)	抹带水泥砂浆 (m³/接口)	钢丝网宽 W (mm)	钢丝网 (m³/接口)	捻缝水泥砂浆 (m³/接口)
900	180	200	25	0.009	180	0.376	0.023
1000	180	200	25	0.01	180	0.408	0.028
1100	180	200	25	0.01	180	0.433	0.033
1250	180	200	25	0.012	180	0.487	0.042
1350	180	200	25	0.013	180	0.52	0.048
1500	180	200	25	0.014	180	0.575	0.064
1640	180	200	25	0.015	180	0.62	0.076

（4）钢丝网水泥砂浆抹带接口（适用于内压低于 0.05MPa 的管道）材料消耗参考量（表 2-5-117（2））。

钢丝网水泥砂浆抹带接口（内压低于 0.05MPa 的管道）材料消耗参考量

表 2-5-117（2）

管径 DN (mm)	带宽 K (mm)	带厚 t (mm)	抹带水泥砂浆 (m³/接口)	钢丝网宽 W (mm)	钢丝网 (m³/接口)	石棉水泥 (m³/接口)	捻缝水泥砂浆 (m³/接口)
800	250	35	0.013	230	0.88	0.001	0.001
900	250	35	0.015	230	0.92	0.001	0.001
1000	250	35	0.017	230	1.05	0.002	0.001
1100	250	35	0.018	230	1.14	0.002	0.001
1250	250	35	0.020	230	1.23	0.002	0.002
1350	250	35	0.022	230	1.34	0.002	0.002
1500	250	35	0.025	230	1.47	0.003	0.004
1640	250	35	0.027	230	1.60	0.003	0.005

4）水泥砂浆接口质量标准：

（1）抹带外观不裂缝、不空鼓、外光里实，管内缝平整严实、缝隙均匀，承插接口填捣密实、表面平整。

（2）抹带接口允许偏差（表 2-5-117（3））。

抹带接口允许偏差　　　　　表 2-5-117（3）

项　目	允许偏差 (mm)	检验频率 范围	检验频率 点　数	检验方法
宽度	+5 0	两井之间	2	用尺量
厚度	+5 0	两井之间	2	用尺量

2-5-118　沥青麻布接口要点有哪些？

答：沥青麻布接口适用于无地下水的地基，不均匀沉陷不严重的无压管道。该接口具有防腐蚀能力。

1）沥青麻布接口构造（图 2-5-118）。

2）沥青麻布接口做法：沥青麻布三层四油，沥青用 4 号，沥青麻布也可以用玻璃布代替。管道管径不大于 900mm 的接口，采用沥青麻布的宽度宜为 150mm、200mm、250mm；管道管径不小于 1000mm 的接口，采用沥青麻布的宽度宜 200mm、250mm、3000mm。搭接长均为

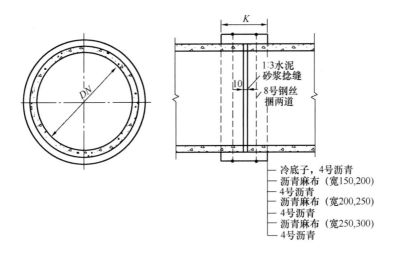

图 2-5-118　沥青麻布接口

150mm。冷底子油配比（重量比）为 4 号沥青 30%，汽油 700%。

3）施工注意事项：施工时先做接口再做基础，接口处基础应断开。

4）沥青麻布接口材料消耗参考量（表 2-5-118）。

表 2-5-118

沥青麻布接口材料消耗参考量

管径 DN（mm）	带宽 K（mm）	麻布（m²/接口）	8 号钢丝（m/接口）	捻缝水泥砂浆（m³/接口）
200		0.58	2.9	0.002
300		0.79	5.2	0.004
400		0.99	6.6	0.005
500	280	1.20	8.0	0.008
600		1.41	9.4	0.01
700		1.72	11.5	0.014
800		1.85	12.4	0.016
900		2.07	13.8	0.023
1000		2.85	15.3	0.028
1100		3.15	16.7	0.033
1250	330	3.53	18.8	0.042
1350		3.79	20.2	0.048
1500		4.24	22.6	0.064
1640		4.62	24.6	0.076

2-5-119　沥青砂带接口要点有哪些？

答：沥青砂带接口适用于无地下水的地基，不均匀沉陷不严重的无压管道；

1）沥青砂带接口的做法：先用 1∶3 水泥砂浆捻缝，后涂冷底子油，最后上沥青砂（沥青玛琋脂）。

2）沥青砂配制的材料为沥青∶石棉∶细砂＝1∶0.67∶0.67（重量比）。

3）灌口时用预制模具。施工时先做接口后打基础，接口处基础用木丝板断开。

4）沥青砂带接口构造（图 2-5-119）。

5）沥青砂带接口材料消耗参考量（表 2-5-119）。

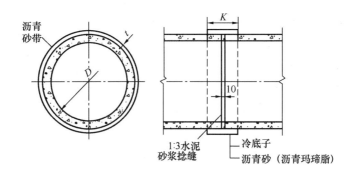

图 2-5-119　沥青砂带接口

沥青砂带接口材料消耗参考量　　　　　　　　　　表 2-5-119

管径 DN（mm）	带宽 K（mm）	带厚 t（mm）	沥青砂（m³/接口）	捻缝水泥砂浆（m³/接口）
200			0.003	0.002
300			0.004	0.004
400			0.005	0.005
500	150	20	0.006	0.008
600			0.007	0.01
700			0.008	0.014
800			0.009	0.016
900			0.01	0.023
1000			0.018	0.028
1100			0.02	0.033
1250	200	25	0.023	0.042
1350			0.025	0.048
1500			0.028	0.064
1640			0.030	0.076

2-5-120　石棉沥青卷材接口要点有哪些？

答： 石棉沥青卷材接口适用于无地下水的地基、不均匀沉陷不严重的无压管道。

1）石棉沥青卷材接口的做法：

（1）将接口处刷洗干净，先涂冷底子油，然后按顺序刷涂的厚 3～5mm 沥青砂、石棉沥青卷材、厚 3mm 的沥青砂。

（2）石棉沥青卷材接口构造（图 2-5-120）。

（3）石棉沥青卷材接口注意事项：施工时先做接口后打基础，接口处混凝土基础用板断开。

2）石棉沥青卷材接口材料消耗参考量（表 2-5-120）。

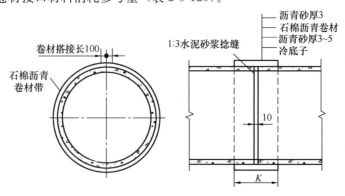

图 2-5-120　石棉沥青卷材接口

表 2-5-120

管径 DN（mm）	带宽 K（mm）	石棉沥青卷材（m²/接口）	沥青砂（m³/接口）
200		0.138	0.001
300		0.188	0.001
400		0.24	0.002
500	150	0.293	0.002
600		0.345	0.003
700		0.423	0.003
800		0.455	0.004
900		0.603	0.004
1000		0.752	0.006
1100		0.824	0.006
1250	200	0.93	0.007
1350		1.00	0.008
1500		1.12	0.009
1640		1.22	0.010

2-5-121　预制混凝土套环石棉水泥接口要点有哪些？

答：预制混凝土套环石棉水泥接口适用于地基不均匀地段或地基虽经人工处理，但仍可能产生不均匀沉陷且位于地下水位以下的管道上。

1）预制混凝土套环石棉水泥接口构造（图 2-5-121）。

2）预制混凝土套环石棉水泥接口材料消耗参考量（表 2-5-121）。

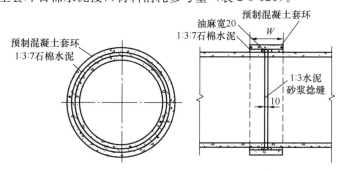

图 2-5-121　预制混凝土套环石棉水泥接口

预制混凝土套环石棉水泥接口材料消耗参考量　表 2-5-121

管径 DN（mm）	管壁厚 T（mm）	套环内径 D_1（mm）	套环长 W（mm）	间隙 e（mm）	石棉水泥（m³/接口）	捻缝水泥砂浆（m³/接口）
300	33	405	160	19.5	0.004	0.004
400	38	500	160	12.0	0.004	0.005
500	44	620	200	16.0	0.006	0.008
600	50	730	200	15.0	0.008	0.010
700	58	846	200	15.0	0.01	0.014
800	66	972	200	20.0	0.012	0.016
900	75	1100	200	25.0	0.018	0.023
1000	82	1200	265	18.0	0.022	0.028
1100	89	1318	265	20.0	0.023	0.033
1250	98	1480	265	17.0	0.024	0.042
1350	105	1600	265	20.0	0.027	0.048
1500	125	1800	265	25.0	0.050	0.064

2-5-122　预制混凝土套环沥青砂浆接口要点有哪些?

答:预制混凝土套环沥青砂浆接口适用于地基不均匀地段或地基经过人工处理后,但仍可能产生不均匀沉陷且位于地下水以下的管道。

1)预制混凝土套环沥青砂接口的构造(图2-5-122)。

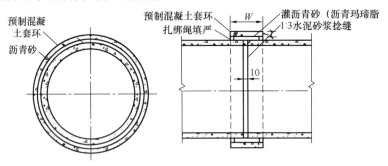

图2-5-122　预制混凝土套环沥青砂接口的构造

2)预制混凝土套环沥青砂接口材料消耗参考量(表2-5-122)。

预制混凝土套环沥青砂接口材料消耗参考量　　　　表2-5-122

管径 D (mm)	管壁厚 T (mm)	套环内径 D_1 (mm)	套环厚 t (mm)	套环长 W (mm)	间隙 e (mm)	沥青砂 (m³/接口)	捻缝水泥砂浆 (m³/接口)
300	33	405	33	160	19.5	0.003	0.004
400	38	500	38	160	12.0	0.003	0.005
500	44	620	45	200	16.0	0.006	0.008
600	50	730	60	200	15.0	0.008	0.010
700	58	846	70	200	15.0	0.01	0.014
800	66	972	70	200	20.0	0.012	0.016
900	75	1100	89	200	25.0	0.018	0.023
1000	82	1200	93	265	18.0	0.024	0.028

2-5-123　预制混凝土套环建筑油膏接口要点有哪些?

答:预制混凝土套环建筑油膏接口适用于地基不均匀地段或地基经过处理,但仍可能产生不均匀沉陷且位于地下水位以下的管道。

1)预制混凝土套环建筑油膏接口构造(图2-5-123)。

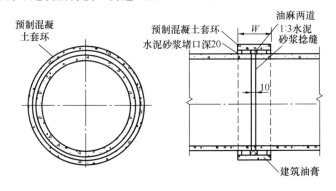

图2-5-123　预制混凝土套环建筑油膏接口构造

2)预制混凝土套环沥青砂接口材料消耗参考量(表2-5-123)。

管径 D（mm）	管壁厚 T（mm）	套环内径 D_1（mm）	套环厚 t（mm）	套环长 W（mm）	间隙 e（mm）	马牌建筑油膏（m³/接口）	捻缝水泥砂浆（m³/接口）	堵口水泥砂浆（m³/接口）
300	33	405	33	160	19.5	0.003	0.004	0.001
400	38	500	38	160	12.0	0.003	0.005	0.001
500	44	620	45	200	16.0	0.005	0.008	0.001
600	50	730	60	200	15.0	0.007	0.010	0.002
700	58	846	70	200	15.0	0.008	0.014	0.002
800	66	972	70	200	20.0	0.010	0.016	0.003
900	75	1100	89	200	25.0	0.014	0.023	0.004
1000	82	1200	93	265	18.0	0.019	0.028	0.004

2-5-124　耐酸砂浆接口要点有哪些？

答：耐酸砂浆接口一般适用于耐酸陶瓷管接口，其基本做法是：

1）管道接口处先塞油麻，填麻深度为 1/2 承口；

2）将耐酸水泥与细砂混合，后加氟硅酸钠，再将稀释后的硅酸钠（比重约 1.34）加入上述混合物中，仔细均匀搅拌制成耐酸砂浆；

3）注意搅拌应顺同一方向，以免使砂浆中产生气泡，影响接口强度；

4）耐酸砂浆料拌好后，紧密塞在油麻外面，应尽快在 15 分钟内填完，以免凝固。氟硅酸钠有毒性，操作时应注意空气流通，并戴胶皮手套、口罩等，防止对人体造成伤害；

5）材料配比：耐酸水泥：氟硅酸钠：硅酸钠：细砂：水 = 1：0.06：0.3：1：0.1（重量比）；

6）当水的酸性很小时，耐酸水泥可用火山灰水泥或矿渣硅酸盐水泥代替，拌成 1：1 或 1：2 的水泥砂浆；水温不高时，也可用沥青玛琋脂接口。

2-5-125　排水管道承插接口施工的一般规定有哪些？

答：1）采用承插口管材的排水管道工程必须符合设计要求，所用管材必须符合质量标准，并具有出厂合格证。

2）管材在安装前，应对管口、直径、椭圆度等进行检查，必要时应逐个检测。

3）管材在装卸和运输时，应保证其完整，插口端用草绳或草袋包扎好，包扎长度不小于 25cm，并将管身平放在弧形垫木上，或用草袋垫好、捆牢，防止由于振动造成管材破坏，装在车上管身在车外，最大悬臂长度不得大于自身长度的 1/5。

4）管材在现场应按类型、规格、生产厂地，分别堆放，管径 1000mm 以上的不应码放，管径小于 900mm 的，堆放层数应符合表 2-5-125（1）规定。

堆放层数表　　表 2-5-125（1）

管内径 DN（mm）	300～400	500～900
堆放层数	4	3

每层管身间在 1/4 处用支垫隔开，上下支垫对齐，承插端的朝向，应按层次调换朝向。

5）管材在装卸和运输时，应保证其完整。对已造成管身、管口有缺陷又不影响使用、闭水试验合格的管材，允许用环氧树脂砂浆，或用其他合格材料进行修补。

6）胶圈形式，截面尺寸，压缩率及材料性能，必须符合设计规定，并与管材相配套如表 2-5-125（2）、（3）所示。

橡胶止水带（密封圈）物理性能表　　　　表 2-5-125（2）

邵氏硬度 （%）	延伸率 （%）	拉伸强度 （MPa）	伸长率 （%）	拉伸永久变形 （%）	拉伸强度降低率 （%）	吸水率 （%）	拉伸永久变形 （%）	耐酸、耐碱 系数
45	23	≥16	≥42	≤15	≤15	<8	≤20	≥0.8

橡胶止水带（密封圈）展开长度及允许偏差表　　　　表 2-5-125（3）

管节内径	φ600	φ800	φ1000	φ1200	φ1350	φ1500	φ1650	φ1800	φ2000	φ2200	φ2400
圈展开长度	1825	2385	2955	3504	4120	4580	5040	5480	6085	6590	7155
允许偏差	±8		±12		±6				±10		
圈选用高度	φ17				20 号				24 号		

注：±600～±1200 为"O"形止水带，±1350～2400 为"q"形止水带。

2-5-126　排水管道承插接口的施工要点有哪些？

答：1）砂石垫层基础施工中，槽底不得有积水、软泥，其厚度必须符合设计要求，垫层与腋角填充。

2）敷设管道安放止水橡胶圈应谨慎小心，就位正确，橡胶圈表面均匀涂刷中性润滑剂，合拢时两侧应同步拉动，不致扭曲脱槽，尤其遇水膨胀橡胶止水带要严格按设计要求操作。

3）采用柔性接口（止水橡胶圈）应每安放一节管后立即检验是否符合标准，发现有扭曲、不均匀、脱槽等现象，即予纠正。

4）接口间隙环缝要均匀，填料要密实、饱满、平整，填料凹入承口边缘不得大于 5mm。

5）管道承插接口的填料可采用水泥砂浆或沥青胶泥。承口下部 2/3 以上应抹足座灰（砂浆）接口缝隙内砂浆应嵌实，并按设计标准分两次抹浆，最后收水抹光并及时进行湿润养护。

6）混凝土管和钢筋混凝土管敷设允许偏差表（表 2-5-126）。

混凝土管和钢筋混凝土管敷设允许偏差表　　　　表 2-5-126

项　　目	允许偏差	项　　目	允许偏差
中心线	20	承口插口间外表隙量	<9
管底标高	+20，−10	护管高度	±20

2-5-127　刚性基础、接口管道安装施工方法是如何分类的？

答：施工方法分类：

1. 普通法：即平基、安管、接口、管座四道工序分四步进行。

2. 四合一法：即平基、安管、接口、管座四道工序连续操作，以缩短施工周期，管道结构整体性好，管径在 500mm 以下普通混凝土管，管座为 90°、120°，可采用四合一法安装，管径在 500mm 以上的管道特殊情况下亦町采用四合一法安装。

3. 前三合一法：即将平基、安管、接口三道工序连续操作。待闭水（闭气）试验合格后，再浇筑混凝土管座；管径 500～900mm 的普通混凝土管可采用前三合一法进行安装。

4. 后三合一法：即先浇筑平基，待平基混凝土达到一定强度后，再将安管、接口、浇筑管座混凝土三道工序连续进行，管径在 500mm 以下的普通混凝土管，管座为 180°或包管时，可采用后三合一法安管。

施工时应根据工人操作熟练程度，地基情况及管道基础等条件，合理地选择敷设方法。一般小管径应采用四合一施工法。大管径者，污水管应在垫块，上稳管，雨水管亦应尽量在垫块上稳管，避免平基和管座分开灌注。雨期施工或地基不良者，可先打平基。

2-5-128　浇筑混凝土平基和管座的施工要点有哪些？

答：1）浇筑混凝土平基

（1）检查排水沟、土基等项目是否符合要求，并应利用平桩外露长度检查平基厚度是否符合规定，如超过允许误差应再次清底，有超挖的用垫砂处理至合格。

（2）应熟知使用的管径、平基设计厚度、管座度数、井型，这样才能确定模板的高度与模板间净宽。

（3）混凝土入模后，根据平桩找平，拍打密实，厚度大于20cm时，应用平面振动器振捣密实。

（4）平基混凝土强度达到设计强度的50%，且复测高程符合要求后方可下管。

2）浇筑混凝土管座

（1）管座混凝土除四合一、后三合一铺管外，一般在接口完成经闭水或闭气检验合格后浇筑。

（2）在浇筑90°、120°管座混凝土时，管两侧应同时进行，必须振捣密实，并与管身结合严密。

（3）混凝土平基砖砌管座，可用于冬季或特殊地段使用。砂浆应与管身结合严密。

3）倒撑工作必须遵守以下规定

（1）倒撑之前应对支撑与槽帮情况进行检查，如有问题妥善处理后方可倒撑。

（2）倒撑高度应距管顶20cm以上。

（3）倒撑的立木应立于排水沟底，上端用撑杠顶牢，下端用支杠支牢。

2-5-129　四合一施工要点有哪些？

答：1）四合一施工的一般安装方法

四合一施工一般在基础模板上滚运和放置管子，模板安装应特别牢固。

（1）模板材料一般使用15cm×15cm方木，方木高程不合适时，用木板平铺找补，木板与方木用铁钉钉牢。

（2）模板上部可用支杆临时支撑，外面应支牢，防止安管时走动，一般可采用靠模板外侧钉钎的方法。

（3）90°基础模板一次支齐，135°及180°基础，为了管道敷设方便，模板宜分两次安装，上部模板待管子敷设合格后安装，上部模板使用材料及安装方法同一般模板。

（4）管子下入沟槽后，一般放置在一侧模板上。敷设前应将管子洗刷干净并保持湿润。

（5）四合一施工管道敷设成活后，应注意不得碰撞。

（6）四合一施工的混凝土操作要求、质量标准及其雨、冬期施工，均按有关规定执行。

（7）四合一施工的质量标准，管道高程及中心线满足本章稳管的要求，抹带满足本章水泥砂浆接口的要求。

2）四合一施工程序

（1）平基

灌注平基混凝土时，一般应使混凝土面高出平基面2～4cm（视管径大小而定），并进行捣固。管径400mm以内者，可将管座混凝土与平基一次灌齐，并将混凝土做成弧形。混凝土的坍落度一般采用2～4cm，应按管径大小和地基吸水程度适当调整。靠管门部位应铺适量与混凝土同配比的水泥砂浆，使基础与管口部位粘结良好。污水管管口部位应铺抹带砂浆，以防接口漏水。

（2）稳管

将管子从模板上移至混凝土面，轻轻揉动至设计高程（一般高1～2mm，以备稳下一节时又稍有下沉），同时注意保持对口和中心线位置的准确。如管于下沉过多，超过质量要求时，应将管子撬起，补填混凝土或砂浆，重新揉至设计高程。管径较大者，可使用环链捯链或吊车稳管。

（3）管座

管子稳好后，补灌两侧管座混凝土，认真捣固，抹平管座两面。如系钢丝网抹带接口，捣固时应注意保持钢丝网位置的准确。

（4）抹带

管座灌实后进行抹带，按有关规定执行。抹带与稳管至少相隔2根管的距离。

2-5-130　排水管道的刚性或柔性接口适用于什么情况？

答：市政因排水管道采用混凝土管和钢筋混凝土管，其接口也有刚性和柔性两种。管道应设置基础和管座，以减小对地基的压力。基础的选择是根据水文、地质、荷载及管顶复土情况而定。施工时必须保持基础与管子有良好的结合条件，以保证在受力的条件下共同工作。

选用接口型式时，必须根据管道性质、受力条件、施工方法、水文、地质情况而定。

开槽埋管，当管道基础落在原状土上且在施工中未被扰动时，一般可用刚性接口。雨水管道采用水泥砂浆抹带接口，污水管道采用钢丝网水泥砂浆抹带接口。若遇有施工中地基被扰动经过处理、管道结构落在新老回填土上经过处理以及沿管道纵向地基土质不均匀时，则需考虑柔性接口。柔性接口每隔6～10m放置一个，在土质变化地段可连续放置几个。最大间距不超过20m。

接口用水泥砂浆配比应按设计规定，设计无规定时，可采用水泥：砂子＝1：2.5（体积比）。水灰比应小于0.5。抹带时，先将管口刷净，涂一层水泥浆，再用砂浆抹上第一层并刻线以利于第二层粘结，待初凝后，抹第二层，并用弧形抹子将压成形，初凝后压光。适用雨水管。

钢丝网水泥砂浆抹带，在灌筑混凝土管座时，应将钢丝网按设计规定位置和深度插入管座内，同时用抹带砂浆捣实。第一层抹15mm厚，然后将两片钢丝网包拢，用20号或22号铅丝将两片钢丝网结牢。第二层砂浆厚10mm与上法同，包上第二层钢丝网，再抹第三层砂浆。

大口径管子应对接口内勾缝，小口径管子则可用麻袋球拖拉。

钢丝网水泥砂浆抹带适用污水管。

如地基不均匀沉降不甚严重时，可用沥青麻布做成柔性接口。

2-5-131　"四合一"施工法有何特点？

答：将浇筑混凝土平基、稳管、浇筑混凝土管座及抹带四道工序不间断的组成一个连续施工法，就称为"四合一"施工法。一般在管径小于800mm时，就可采用"四合一"施工法。

"四合一"施工法操作要点在于沟槽见底后，按设计高程整平、支模、将管子下入槽内，在模板上运到指定地点，在浇筑平基混凝土的同时进行稳管。

先将混凝土拌合物一次装入模内，其浇筑长度比管节长出300mm左右，表面比设计高程高出20～30mm并略带弧形。再将管子慢慢放在混凝土弧面上，对中找正，将管子揉至设计高程，再补齐管座混凝土。随后进行抹带，及时养护。

当管径较大，人工操作不便时，可配合吊装设备，采用整块"四合一"法施工。

2-5-132　排水管渠的断面形式有哪些？

答：见下表2-5-132。

排水管渠的断面形式　　　　　　　　　　表2-5-132

管渠的断面形式	图　　示	特　　点
圆形		圆形断面有较好的水力性能，在一定的坡度下，指定的断面面积具有最大的水力半径，因此流速大，流量也大。此外圆形管便于预制，使用材料经济，对外压力的抵抗能力较强，若挖土的形式与管道相称时，能获得较高的稳定性，在运输和施工养护方面也较为方便，是一种最常用的断面形式

管渠的断面形式	图 示	特 点
半椭圆形		半椭圆形断面，在土压力和活荷载较大时，可以更好地分配管壁压力，因而可减小管壁厚度。在污水流量无大变化及管渠直径大于2m时，采用此种形式的断面较为合适
马蹄形		马蹄形断面，其高度小于宽度。在地质条件较差或地形平坦，受纳水体水位限制时，需要尽量减小管道埋深以降低造价，可采用此种形式的断面。又由于马蹄形断面的下部较大，对于排除流量无大变化的大流量污水较为适宜。但马蹄形管的稳定性，需依靠还土的坚实度，要求还土坚实稳定度大，若还土松软，两侧底部的管壁易产生裂缝
蛋形		蛋形断面，由于底部较小，从理论上看，在小流量时可以维持较大的流速，因而可减少淤积，适用于污水流量变化较大的情况；但实际养护经验证明，这种断面的冲洗和清通工作比较困难，加之制作和施工较复杂，现在较少用
矩形		矩形断面可以就地浇制或砌筑，并按需要将深度增加，以增大排水量。某些工业企业污水管道、路面狭窄地区的排水管道以及排洪沟常采用这种断面形式。不少地区在矩形断面的基础上，将渠道底部用细石混凝土或水泥砂浆做成弧形流槽，以改善水利条件。也可在矩形渠道内做低流槽。这种组合的矩形断面是为合流制管道设计的，晴天时污水在小矩形槽内流动，以保持一定的充满度和流速，使之能够免除或减轻淤积
梯形		梯形断面适用于明渠，它的边坡决定于土壤性质和砌筑材料

2-5-133 现浇钢筋混凝土管渠施工流程是怎样的?

答：见下图 2-5-133。

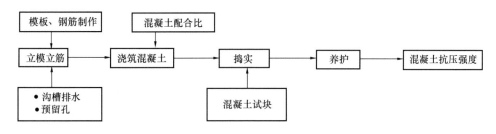

图 2-5-133 现浇钢筋混凝土管渠施工流程

2-5-134 现浇钢筋混凝土管渠模板支设要点有哪些?

答：1) 模板及其支架应满足浇筑混凝土时的承载能力，刚度和稳定性要求，且应安装牢固。

2) 各部分的模板安装位置正确、拼缝紧密不漏浆；对拉螺栓、垫块等安装稳固；模板上的预埋件、预留孔洞不得遗漏且应安装牢固。

3）模板清洁、隔离剂涂刷均匀，钢筋和混凝土接插处无污渍。

4）浇筑混凝土前，模板内的杂物应清理干净；钢模板板面不应有明显的锈渍。

5）管渠变形缝内止水带的设置应准确且牢固，与变形缝垂直，与墙体中心对正；止水带的钢筋应预先制作成形。

6）变形缝处的模板安装应符合下列规定：

（1）变形缝止水带安装应固定牢固、线性平顺、位置准确。

（2）止水带面中心线应与变形缝中心线对正，嵌入混凝土结构端面的位置应符合设计要求。

（3）止水带和模板安装时不得损伤带面，不得在止水带上穿孔或用铁钉固定就位。

（4）端面模板安装位置应正确，支撑牢固，无变形、松动、漏缝等现象。

7）模板支架的立杆和斜杆的支点应垫木板和方木。

8）矩形管渠（图2-5-134（1））、马蹄形管渠（图2-5-134（2））模板的支设：

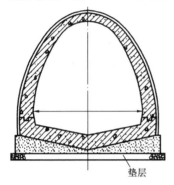

图 2-5-134（1）　马蹄形管渠

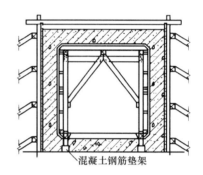

图 2-5-134（2）　矩形管渠模板的支设

（1）矩形管渠的直墙侧模，当不采取螺栓固定时，其两侧模板间应加临时支撑杆；浇筑时，在混凝土面接近撑杆时，应将撑杆拆除。

（2）管渠顶板的底模，当跨度等于或大于4m时，其底模应预留拱度，预留拱度宜为跨长的2‰～3‰。

9）现浇拱形管渠模板支设时，其拱架结构应简单、坚固，便于制作与拆装；倒拱形渠底流水面部分，应使内模略低于设计高程，且拱面模板应圆整光滑。采用木模时，拱面中心宜设八字缝板一块。

10）现浇圆形钢筋混凝土管渠模板的支设应符合下列规定：

（1）浇筑混凝土基础时，应埋设固定钢筋骨架的架立筋、内模箍筋地锚和外模地锚。

（2）基础混凝土抗压强度达到1.2MPa后，应固定钢筋骨架及管内模。

（3）管内模尺寸不应小于设计规定，并应便于拆装；采用木模时，应在圆内对称位置各设八字缝板一块；浇筑前模板应洒水湿透。

（4）管外模直面部分和堵头板应一次支设，直面部分应设八字缝板，弧面部分宜在浇筑过程中支设；外模采用框架固定时，应防止整体结构的纵向扭曲变形。

11）现浇钢筋混凝土管渠模板安装允许偏差（表2-5-134）

现浇钢筋混凝土管渠模板安装允许偏差（mm）　　　　表 2-5-134

项　　目		允许偏差
轴线位置	基础	10
	墙板、管、拱	5

项　目		允许偏差
相邻两板表面高低差	刨光模板、钢模	2
	不刨光模板	4
表面平整度	刨光模板、钢模	3
	不刨光模板	5
垂直度	墙、板	$0.1\%H$，且不大于 6
截面尺寸	基础	+10、−20
	墙、板	+3、−8
	管、拱	不小于设计断面
中心位置	预埋管、件及止水带	3
	预留孔洞	5

注：H 为墙的高度（mm）。

2-5-135　管渠钢筋施工要点有哪些？

答：1）钢筋的绑扎

（1）钢筋加工，接头应符合有关技术标准和规范。加工成形后的钢筋应挂盘注明所用部位、类别、分别堆放，以防差错。

（2）管渠钢筋笼的安设与定位，应在混凝土抗压强度达到规定要求后，将钢筋笼放在垫层预埋架立筋的预定位置，使其平直后与架立筋焊牢。

（3）需要冷拉的钢筋，其闪光对焊或电弧焊的接头，均应在冷拉前进行。

（4）现场绑扎钢筋时，应注意以下几点：

① 绑扎和安装前，应严格按照施工图先做钢筋排列间距的各种样尺，作为钢筋排列的依据。绑扎钢筋时，应在主筋上划好位置。

② 钢筋在相交点处应用火烧丝扎结，钢筋的交叉点可以每隔 1 根相互成梅花状扎牢，但在周边的交叉点，每处都应绑扎。

③ 箍筋的转角与钢筋的相交点均应扎牢，箍筋的末端应向内弯曲。

④ 绑扎丝头应向内弯，不得伸向保护层内。

⑤ 已绑好的钢筋不得践踏或放置重物。

2）钢筋骨架的安设

（1）管渠钢筋骨架的安设与定位应在基础混凝土抗压强度达到规定要求后，将钢筋骨架放在预埋架立筋的预定位置，使其平直后与架立筋焊牢。钢筋骨架的段与段之间的纵向钢筋的焊接与绑扎应相间进行。

（2）现浇钢筋混凝土管渠中钢筋骨架安装的允许偏差（表 2-5-135）。

管渠钢筋骨架安装的允许偏差　　　　　　　　表 2-5-135

项　目	允许偏差	项　目	允许偏差
环筋同心度	±10mm	倾斜度	$1\%D$
环筋内底高程	±5mm		

注：D 为钢筋骨架的直径（mm）。

2-5-136　现浇钢筋混凝土管渠浇筑要点有哪些？

答：1）配制管渠混凝土所用骨料除应符合国家现行有关标准的规定外，尚应符合下列要求：

（1）粗骨料最大粒径不得大于结构截面最小尺寸的 1/4，不得大于钢筋最小净距的 3/4，且不得大于 40mm。其含泥量不得大于 1%，吸水率不应大于 1.5%；当采用多级配时，其规格及级配应通过试验确定。

（2）细骨料宜选用质地坚硬、级配良好的中粗砂，其含泥量不应大于 3%。

（3）当骨料中含无定形二氧化硅，且可能引起碱-骨料反应时，应通过试验决定可否取用。

2）配制混凝土时，应根据施工设计要求掺入适宜品种的外加剂，选用外加剂的应用条件、掺量范围等应符合现行国家标准《混凝土外加剂应用技术规范》的有关规定。钢筋混凝土中不得掺入氯盐，给水管渠混凝土中不得掺入亚硝酸钠及 6 价铬盐等有毒掺剂。

3）混凝土配合比的选择，应根据抗压强度、抗渗、抗冻等要求指标和施工和易性，并通过计算和试验确定。

4）配制现浇混凝土的水泥应符合下列要求：

（1）水泥宜采用普通硅酸盐水泥、火山灰质硅酸盐水泥，当选用矿渣硅酸盐水泥时，应掺用适宜品种的外加剂。

（2）冬期施工宜采用普通硅酸盐水泥，有抗冻要求的混凝土不宜采用火山灰质硅酸盐水泥。

（3）管渠主体结构的同一浇筑段内应使用同一品种同一强度等级的水泥。

（4）管渠周围环境水对混凝土管渠有侵蚀时，应按设计要求选用水泥。

5）浇筑管渠混凝土时，应经常观察模板、支撑、钢筋骨架预埋件和预留孔洞，当有变形或位移时，应立即修整。

6）混凝土管渠浇筑要点：

（1）管渠基础下的砂垫层铺平拍实后，混凝土浇筑前不得踩踏。浇筑管渠基础垫层时，基础面高程宜低于设计基础面，其允许偏差应为 0～−10mm。

（2）管渠混凝土的浇筑应连续进行；分层浇筑的压槎间隙时间，当环境温度低于 25℃ 时，不应超过 3h；环境温度在 25℃ 及以上时，不应超过 2.5h。

（3）现浇钢筋混凝土矩形管渠的施工缝应留在墙底腋角以上不小于 20mm 处。墙与顶板宜连续浇筑，当浇筑至墙顶时，宜停留 1～1.5h 的沉降时间，再继续浇筑顶板。

（4）混凝土浇筑不得发生离析现象，管渠两侧应对称浇筑，高差不宜大于 30mm。

（5）圆形管渠两侧混凝土的浇筑，当浇筑到管径之半的高度时，宜间歇 1～1.5h 后再继续浇筑。

（6）现浇钢筋混凝土结构管渠，除应遵守常规的混凝土浇筑与养护要求外，并应符合下列规定：

① 管顶及拱顶混凝土的坍落度宜降低 10～20mm；

② 宜选用碎石作混凝土的粗骨料；

③ 增加二次振捣，顶部厚度不得小于设计值；

④ 初凝后抹平压光。

（7）采用钢筋混凝土板桩支护并与现浇钢筋混凝土内衬组成排水管渠主体结构时，其板桩施工应符合下列规定：

① 在平面上纵向直线允许偏差为 +50mm；

② 垂直度允许偏差为 1%。

7）现浇钢筋混凝土管渠质量应符合下列要求：

（1）混凝土的抗压强度应按现行国家标准《混凝土强度检验评定标准》GB/T 50107—2010 进行评定，抗渗、抗冻试块按现行国家有关标准评定，并不得低于设计规定。

（2）现浇钢筋混凝土管渠允许偏差应符合表 2 5-136 的规定。

现浇钢筋混凝土管渠允许偏差（mm）　　　　　　表 2-5-136

项　　目	允许偏差	项　　目	允许偏差
轴线位置	15	渠底中线每侧宽度	±10
渠底高程	±10	墙面垂直度	15
管、拱圈断面尺寸	不小于设计规定	墙面平整度	10
盖板断面尺寸	不小于设计规定	墙厚	±10 0
墙高	±10		

2-5-137　现浇钢筋混凝土管渠养护要点有哪些？

答：1）现浇混凝土管渠每段宜采用同一方法养护，使覆盖厚度、养护温度及洒水等条件保持一致。

2）冬期施工混凝土管渠采用蒸汽养护时，可在管渠内通低压饱和蒸汽养护，其蒸汽温度不宜大于 30℃，升温速度不宜大于 10℃/h，降温速度不宜大于 5℃/h，混凝土的内外温差不应大于 20℃。

2-5-138　现浇钢筋混凝土管渠模板的拆除要点有哪些？

答：1）整体现浇混凝土的模板支架拆除应符合下列规定：

（1）侧模板，应在混凝土能够保证其表面及棱角不因拆除模板而受损坏时，方可拆除。

（2）底模板，应在与结构同条件养护的混凝土试块达到表 2-5-138 规定的强度，方可拆除。

整体现浇混凝土底模板拆模时所需的混凝土强度　　　　　　表 2-5-138

构件类型	构件跨度	达到设计的混凝土立方体抗压强度的百分率（%）
板	≤2	大于等于 50
	2<L≤8	大于等于 75
	>8	大于等于 100
梁、拱、壳	≤8	大于等于 75
	>8	大于等于 100
悬臂构件	—	大于等于 100

2）模板拆除时，不应对顶板形成冲击荷载；拆下的模板和支架不得撞击底板顶面；

3）冬期施工时，管壁模板应在混凝土表面温度与周围气温温差较小时拆除，温差不宜超过 15℃，拆模后应立即覆盖保温。

2-5-139　装配式钢筋混凝土管渠的一般要求有哪些？

答：装配式管渠一般可用于重力流管线上，它的优点是施工速度快、造价低、工程质量有保证，施工时受季节影响小。缺点是要求机械化程度高，接缝处理比较复杂。装配式管沟的形式较多。图 2-5-139（1）预制盖装配式钢筋混凝土管渠，图 2-5-139（2）为预制混凝土砌块装配式钢筋混凝土管渠。

1）装配式钢筋混凝土管渠的预制构件的外观、几何尺寸及抗压强度等，应按现行国家有关标准检验合格后方可进入施工现场，构件应按装配顺序编号组合。

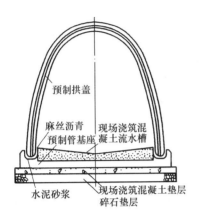

图 2-5-139（1） 预制盖装配式钢筋混凝土拱形管渠

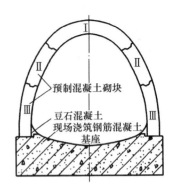

图 2-5-139（2） 预制混凝土砌块装配式混凝土拱形管渠

2）矩形或拱形管渠构件的运输、堆放及吊装，不得使构件受损。

3）当装配式管渠的基础与墙体等上部构件采用杯口连接时，杯口宜与基础一次连续浇筑。当采用分期浇筑时，其基础面应凿毛并清洗干净后方可浇筑。

2-5-140 矩形或拱形构件的安装注意事项有哪些？

答： 1）基础杯口混凝土达到设计强度标准值的 75% 以后，方可进行安装。

2）安装前应将与构件连接部位凿毛清洗，杯底应敷设水泥砂浆。

3）安装时应使构件稳固、接缝间隙符合设计的要求，并将上、下构件的竖向企口接缝错开。

4）当管渠采用现浇底板后装配墙板法施工时，安装墙板应位置准确，相邻墙板板顶平齐。当采用钢管支撑器临时固定时，支撑器应待板缝及杯口混凝土达到规定强度，并盖好盖板后方可拆除。

5）管渠侧墙两板间的竖向接缝应采用设计规定的材料填实；当设计无规定时，宜采用细石混凝土或水泥砂浆填实。

6）后浇杯口混凝土的浇筑（图 2-5-140），宜在墙体构件间接缝填筑完毕，杯口钢筋绑扎后进行。后浇杯口混凝土达到设计抗压强度标准值的 75% 以后方可回填土。

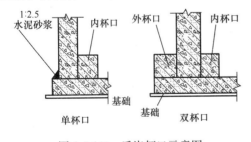

图 2-5-140 后浇杯口示意图

7）矩形或拱形构件进行装配施工时，其水平接缝应铺满水泥砂浆，使接缝咬合，且安装后应及时勾抹压实接缝内外面。

8）矩形或拱形构件的填缝或勾缝应先做外缝，后做内缝，并适时洒水养护。内部填缝或勾缝，应在管渠外部回填土后进行。

9）管渠顶板的安装应轻放，不得振裂接缝，并应使顶板缝与墙板缝错开。

10）矩形或拱形管渠顶部的内接缝，当采用石棉水泥填缝时，宜先填入 3/5 深度的麻辫后，方可填打石棉水泥至缝平。

11）矩形或拱形管渠构件的运输、堆放及吊装，应采取防止构件失稳，受力不均等使构件受损的措施。

12）管渠采用现浇底板后装配墙板法施工时，安装墙板位置应准确，与相邻板顶平齐；采用钢管支撑器临时固定，支撑器应待板缝及杯口混凝土达到规定强度，盖好盖板后方可拆除。

13）矩形或拱形构件进行装配施工时，其水平企口应铺满水泥砂浆，使接缝咬合，且安装后应及时对接缝内外面勾抹压实。

14）装配式管渠构件安装质量标准（表 2-5-140）。

装配式钢筋混凝土管渠构件安装允许偏差（mm）   表 2-5-140

项　目	允许偏差	项　目	允许偏差
轴线位置	10	墙板、拱构件间隙	±10
高程（墙板、拱）	±5	杯口底、顶宽度	+10 −5
垂直度（墙板）	5		

2-5-141　聚乙烯（PE）排水管道管道基础处理和要求有哪些？

答：1）管道基础地基承载力必须达到设计规定。对软土地基或存在不均匀沉降的地段，应按设计要求进行加固处理。

2）管道基础应按设计要求敷设，对一般土质，基底可敷设一层不小于 150mm 厚度的中粗砂基础，压实度不小于 90％（轻型击实标准）。

3）管道基础的支撑角应根据地基土质、管道埋深、地下水位等因素来确定，但不得小于设计的管道基础支撑角（2a）＋30°。

4）管道基础允许偏差（表 2-5-141）。

土、砂及砂砾基础允许偏差   表 2-5-141

项　目	允许偏差（mm）	检验频率		检验方法
		范围	点数	
厚度	不小于设计规定	15m	1	用钢尺量
高程	+20.0	15m	1	用水准仪测量
宽度	符合设计规定	15m	1	用钢尺量

2-5-142　硬聚氯乙烯双壁波纹管安装要点有哪些？

答：1）管道可采用人工安装及连接。槽深大于 3m 或管径大于 DN400mm 的管道时，可用非金属绳索溜管。勾住两端管口或将管道抛入槽中。

2）承插口管安装应将插口顺水流方向，承口逆水流方向，由低点向高点依次安装。承口不得留在井壁内。

3）管道可用手锯切割，但断面应垂直平整。

4）双壁波纹管连接一般采用承插口和橡胶圈连接，连接时应遵守以下规定：

① 接口前，应先检验胶圈是否配套完好，确认胶圈安放位置。

② 接口作业时，应先将承口和插口的内、外工业面清理干净，不得有泥土等杂物，并涂上润滑剂，然后立即将插口端对准承口就位。插入前应根据插入深度作出标识，以便判断是否插入到位。

③ 插口插入承口时，可用撬棍逐节依次安装。也可用手动葫芦工具拉紧安装、连接。严禁用施工机械强行推顶管道插入承口。

2-5-143　聚乙烯双壁波纹管安装要点有哪些？

答：1）聚乙烯双壁波纹管排水管连接方式（图 2-5-143）。

2）管道采用带有密封橡胶圈的套管或承插口连接时，可采用便携式的专用连接机具，将密

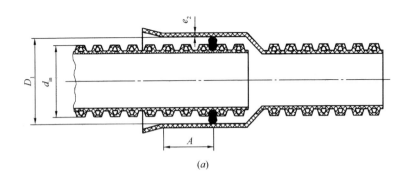

(a)

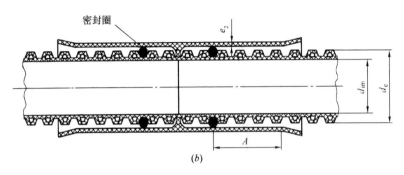

(b)

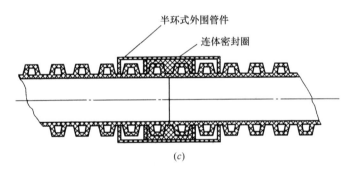

(c)

图 2-5-143 管材连接示意图

(a) 承插式连接示意图；(b) 管件连接示意图；(c) 哈夫外固连接示意图

封橡胶圈安装到位，不得扭曲、翻边，然后将连接的管端套上连接机具，操作机具使管段准确就位，严禁使用施工机械强行推顶就位。

3）采用哈夫固件连接时，先将连体胶圈套上其中一根管端，翻起外侧边缘，再将另一根管对正靠紧，放下胶圈，套进肋槽，确认安装平整后，将哈夫件安好，均匀拧紧螺栓。

2-5-144 聚乙烯缠绕结构壁排水管连接方式有哪些？

答：聚乙烯缠绕结构壁排水管连接方式见表 2-5-144。

聚乙烯缠绕结构壁排水管连接方式 表 2-5-144

连接方式	示　意　图	说　明
弹性密封件连接	典型弹性密封件连接示意图	宜在环境温度较高时进行

连接方式	示　意　图	说　明
承插口电熔焊接连接	典型承插口电熔焊接连接示意图	在生产管材时，将电热元件埋入承口端。连接时利用电源加热使管道连接
双向承插弹性密封件连接	双向承插弹性密封件连接示意图	
位于插口的密封件连接	位于插口的密封件连接示意图	
承插口焊接连接	承插口焊接连接示意图	用专用的挤出式焊枪，使用与管材同材质的焊条，在管道对接处进行均匀焊接，焊接的质量应符合管道生产厂的相关技术要求

连接方式	示 意 图	说 明
热熔对焊连接	热熔对焊连接示意图	用专用的挤出式焊枪,使用与管材同材质的焊条,在管道对接处进行均匀焊接,焊接的质量应符合管道生产厂的相关技术要求
V 形焊接连接	V 形焊接连接示意图	
热收缩套连接	热收缩套 热收缩套连接示意图	用液化石油气喷枪从热收缩套中间沿圆周方向均匀加热,使其完全收缩一再重新加热表面凹凸不平的其他部分,使其完全平整。最后对收缩套两端各 50mm 处再加热一遍,以使两端热熔胶充分熔化
电热熔带连接	− ＋ 电热熔带连接示意图	套筒式(带或套)电热熔带连接在 2 根管子口对接的外侧,施工方法同承插式电熔连接
法兰连接	法兰连接示意图	

2-5-145　聚乙烯缠绕管安装要点有哪些？

答：1）管道应直线敷设，对采用承插式接头的管道，插口插入的方向应与水流方向一致其敷设和吊装见图 2-5-145（1）。当遇到特殊情况应按照生产厂规定的允许偏转角度和弯曲弧度值进行敷设。

图 2-5-145（1）　聚乙烯缠绕结构壁排水管吊装

2）承插式密封圈连接时插口端不得插到承口底部，应留出不小于 10mm 的伸缩空隙。在插入前，应在插口端外壁作出插入深度标记，插入完毕后，插入部分和承插口圆周空缝应均匀，并保持连接管道轴线平直。

3）对接式热熔连接先将 2 根管子夹持固定在装备液压系统的焊接设备上，用特制的切削刀将管端削平，然后将电热板放置于两管端之间，以特定的压力将两管端在电加热板上保持一定时间，在管端材料熔化后抽出电热板，将两管端对压在一起，形成对接式热熔连接，并保持一定的冷却时间。在自然冷却期间不得移动管道，连接的压力和时间须符合管道生产厂的相关技术要求（表 2-5-145（1））。

对接式热熔连接主要技术参数　　　　　　　表 2-5-145（1）

技　术　参　数			低压聚乙烯		高压聚乙烯	
			对焊连接	承插连接	对焊连接	承插连接
焊接温度			190±10℃	275±15℃	220±10℃	235±15℃
加热时施加压力（MPa）			0.05		0.06～0.08	
管端熔融深度（mm）			1～2		1～2	
加热时间（s）	管壁厚度（mm）	2	—	3～4		4～5
		4	35	5～10	50	10～45
		6	50	6～12	70	12～20
		8	70	8～15	90	15～30
加压持续时间（mm）	管壁厚度（mm）	4～6	3～4		3～5	
		7～12	5～8		6～9	
加压值（MPa）			0.1		0.2	

（4）承插式电熔连接通电前先用锁紧扣带在承口外扣紧，然后根据不同型号的管道设定电流

及通电时间（表2-5-145（2））。接通电源期间，不得移动管道或在连接件上施加任何外力，通电时要特别注意连接电缆线不通受力，以防短路。通电完成后，适当收紧扣带，并保持一定的冷却时间，在自然冷却期间，不得移动管道。

不同型号管道设定电流及通电时间 表 2-5-145（2）

管径 DN（mm）	通电时间（s）	通电电压（V）
300～500	700～900	15～20
600～800	900～1000	23～38

（5）套筒式（带或套）热熔连接加热时，套管允许受热温度不得超过250℃，施工环境温度应为0～60℃，若环境温度低于0℃，应对套管采取保温措施；热熔连接施工见图2-5-145（2）和图2-5-145（3）。

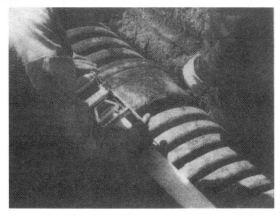

图 2-5-145（2）　拉紧两端管铺上带

（6）承插式密封圈连接、套筒（带或套）连接、法兰连接等采用的密封件、套筒件，法兰连接用的法兰、紧固件等配套用件，必须由管材生产厂配套供应。热熔连接、电熔连接、焊接连接采用的专用电器设备和挤出焊接设备和工具，当施工单位不具备符合要求的设施及技术时，应由管材生产厂提供并进行连接技术指导。当连接需要采用润滑剂等辅助材料时亦应由管材生产厂提供。机械连接用的钢制套筒、法兰、螺栓等金属制品，应根据现场土质并参照相应的标准采取防腐措施。

（7）管道敷设后，因意外造成的管壁局部损坏，当局部损坏的孔径不大于60mm或环向、纵向裂缝不超过管周长的1/12时，可采用焊枪进行修补。当局部损坏超过以上范围时，应切除破损管段，采取换管或砌筑检查井、连接井等措施。

（8）当聚乙烯管与其他管道交叉作倒虹管使用时，其工作压力除应符合管材产品标准外，还应小于0.05MPa；聚乙烯排水管不宜用于穿越河道的倒虹管。

（9）聚乙烯排水管道不能在建筑物和各类构筑物的基础下穿越。当穿越铁路和公路时，应设置钢筋混凝土、钢、铸铁等材料制作的保护套管，套管内径应大于聚乙烯管外径300mm。

图 2-5-145（3）　热熔

2-5-146　聚乙烯（PE）排水管道与检查井的连接有哪些要求？

答：1）聚乙烯管与检查井连接时，管道与井壁连接处砂浆饱满密实，沿管道中心的井壁外一侧须浇筑不少于1.5倍管道内径的C10混凝土或砖砌保护体，检查井井底基础也应相应延伸（图2-5-146（1））。

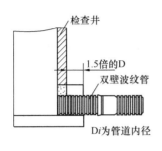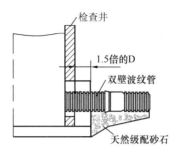

图2-5-146（1）　管道与检查井的连接

2）预制混凝土检查井与聚乙烯管道采用刚性连接时，预制井的预留孔应比管径大200mm（图2-5-146（2）），在安装前预留孔周表面应凿毛处理，连接处宜采用微膨胀细骨料混凝土封堵。

3）管材承口部位不可直接砌筑在井壁内，宜在检查井两端各设置2m长的短管。管材插入检查井内壁应大于30mm，置于混凝土底板上。

2-5-147　聚乙烯（PE）排水管道的回填有哪些要求？

答：1）聚乙烯管道应在闭气检验合格后及时回填，至少应回填到管顶上1倍管径高度，确保管道结构稳定。管道回填压实前应进行现场试验，以确定所选择的回填

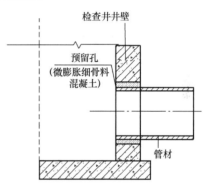

图2-5-146（2）　管道与预制混凝土检查井的连接

土和压实机具以及每层回填的压实次数，试验段长度应为一个井段或50m。

2）管道回填前可用钢套箍和钢钎固定管道，以防止管道在回填压实过程中发生移动。钢钎应打入未经扰动的原状土，管径小于500mm时，打入深度不小于100mm，管径大于500mm时，打入深度不小于200mm。

3）沟槽回填必须在管道两侧同步进行，严禁单侧回填；两侧回填的填筑高差不应超过一层厚度，回填材料应由沟槽两侧对称均匀运入沟槽内，不得直接扔有管道上。

4）管基有效支承角（2α）+30°范围内必须用中粗砂填充密实，与管壁紧密接触，不得用土或其他材料。

5）聚乙烯管道埋设的最小管顶覆土厚度应满足当地冻土层厚度要求，同时满足下列要求：

（1）埋设在车行道下时，路基以下不宜小于1.0m。

（2）埋设在非车行道下时，不宜小于0.8m。

（3）管顶覆土厚度无法满足要求时，应采用混凝土包封或选择具有结构强度的其他材料回填。

6）检查井、雨水口周围的回填应与聚乙烯管沟槽回填同时进行压实，当不便同时进行时，应留台阶接槎。压实时应沿井室中心对称进行，回填材料压实后应与井壁紧贴。

2-5-148　聚乙烯缠绕结构双壁波纹管(HDPECPP)管道敷设有哪些规定？沟槽、基础有何要求？

答：1）一般规定

（1）管道应敷设在原状土地基或经开槽后处理回填密实的地层上，管道在车行道下管顶覆土厚度不小于 0.7m。

（2）管道应直线敷设，需要利用柔性接口折线敷设时，管道每个承接口处相对转角一般情况下不得大于 2°。

（3）排水管道工程可同槽施工，但应符合一般排水管同槽敷设设计、施工的有关规定。

（4）管道穿越铁路、高等级道路路堤及有障碍的构筑物时，应设置钢筋混凝土、钢、铸铁等材料制作的保护套管，套管内径应大于波纹管外径 200mm 以上，管道与套管之间的端部处空间用填料填塞。

（5）管道基础的埋深低于建（构）筑物基础底面时，管道不得敷设在建（构）筑物基础下地基扩散角受压区以内。

（6）地下水位高于开挖沟槽槽底高程的地区，施工时应采取降低地下水位的措施，防止沟槽失稳。地下水位应降至槽底最低点以 0.3m～0.5m 方可进行管道安装。回填的全部过程中，不得停止降低地下水。

2）沟槽

（1）沟槽槽底净宽度，宜按管外径加 0.6m 确定，以便于人工在槽底作业为宜。

（2）开挖沟槽，应严格控制基底高程，不得扰动基面。基底设计标高以上 0.2m～0.3m 的原状土应予保留，禁止扰动。铺管前用人工清理至设计标高，不得挖至设计标高以下。如果局部超挖或发生扰动，不得回填泥土，可换填 10mm～15mm 天然级配的砂石料或中、粗砂并整平夯实。

（3）雨季施工，应尽可能缩短开槽长度，做到成槽快，回填快，并做好防泡槽的措施。一旦发生泡槽，应将水排除，把受泡的软化土层清除，换填砂石料或中粗砂，做好基础处理。

（4）人工开槽时，宜将槽上部混杂土，槽下部良质土分开堆放，以便回填用。堆土不得影响管沟的稳定性。

（5）槽底埋有不易清除的块石、碎石、砖块等物质时，应铲除至设计标高以上 0.2m，然后铺垫天然级配砂石料，面层铺上沙土整平夯实。

（6）槽底不得受浸泡或受冻。

3）基础

（1）管道基础设计，采用垫层基础。对一般的土地质地段，基底只需铺一层砂垫层，其厚度 H_0 为 0.1m；对软土地基，槽底又处在地下水位以下时，宜铺垫一层砂砾或碎石，其厚度不小于 0.15m，碎石粒为 5mm～40mm，上面再砂垫层（中、粗砂）厚度不小于 50mm，垫层总厚度 H_0 不小于 20mm，H_0 如表 2-5-148 所示。

（2）管道基础型式及管基有效支承角 2α 应依基础地质条件、地下水位、管径及埋深等条件确定，可参照表 2-5-148。

砂石基础有效支承角 2α　　　　　　　　　　表 2-5-148

基础形式	有效支承角 2α	基础设置要求	说　　明
A	60°		基础设置角度 $2\alpha'$ ，$=90°$，有效支承角 $2\alpha'$ 为 60°，H_0 另见定型图

基础形式	有效支承角 2α	基础设置要求	说　明
B	90°		基础设置角度 $2\alpha=180°$，有效支承角 $2\alpha'$ 为 90°，H_0 另见定型图
C	120°		基础设置角度 $2\alpha'=360°$，有效支承角 $2\alpha'$ 为 120°，H_0 另见定型图

（3）管道基础垫层应按设计要求铺设，厚度不得小于设计规定。

（4）基础垫层，应夯实紧密表面平整。管道基础在接口部位，应挖预留凹槽，以便接口操作，参见图 2-5-148，长 L 约为 $400\sim600\text{mm}$，深 h 约为 $50\sim100\text{mm}$，宽 D 约为管外径的 1.1 倍。凹槽在接口完成后，随即用砂填实。

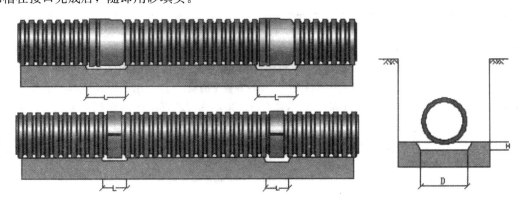

图 2-5-148

（5）开槽后，对槽宽、基础垫层厚度、基础表面标高、排水沟畅通情况、沟内是否有污泥、杂物、基层有无扰动等作业项目，分别进行验收，合格后才能进行安排。

2-5-149　HPPECCP 管道安装有哪些要求、规定？

答：1）管道安装一般均可采用人工安装。安装时，由人工抬管道两端传给槽底施工人员。明开槽，槽深大于 3m 或管径大于 400mm 的管道，可用非金属绳索溜管，使管道平稳的放在沟槽管位上。严禁用金属绳索勾住两端管口或将管道自槽边翻滚抛入槽中。混合槽或支撑槽，因支撑的影响宜采用从槽的一端集中下管，在槽底将管道运至安装位置进行安装。

2）承插口管安装应将插口顺水流方向，承口逆水流方向，由下游向上游依次安排。

3）管道长短的调整，可用手锯切割，但断面应垂直平整，不应有损坏。

4）橡胶圈接口应遵守以下规定：

① 接口前，应先检验胶圈是否配套完好，确认胶圈安放位置及插口应插入承口的深度。接口作业所用的工具，见表 2-5-149。

胶圈接口作业项目的施工工具表　　　　　　　　　　　　表 2-5-149

作业项目	工具种类	作业项目	工具种类
断管	手锯、万能笔、量尺	接　口	挡板、撬棍、缆绳、导链
清理工作面	棉纱	安装检查	塞尺
涂润滑剂	毛刷、润滑剂		

② 接口作业时，应先将承口的内工作面用棉纱清理干净，不得有泥土等杂物，并涂上润滑剂，然后立即将插口端的中心对准承口的中心轴线就位。

③ 插口就位后插入承口。可在管端部设置木档板，用撬棍使被安装的管道沿着对准的轴线徐徐插入承口内，逐节依次安装。$DN>400mm$ 的管道可用缆绳系住管道用手搬葫芦等提力工具，严禁用施工机械强行推顶管道插入承口。

④ 用哈夫件时，先将连体胶圈套上一根管端，翻起靠外的边缘，将另一根管对正靠紧，放下胶圈，套进肋槽，再将哈夫件安好，紧好螺栓。

⑤ 雨季，应采取防止管材漂浮措施。可先回填土到管顶一倍管径以上的高度。管道安装完毕尚未还土时，一旦遭到水泡，应进行管中心线和管底高程复测和外观检查，如发生位移、漂浮，拔口现象，应返工处理。

2-5-150　HDPE CPP 管道修补方法有几种？

答： 管道敷设后，受意外因素发生局部损坏，当损坏部位的长或宽不超过管周长的 1/12 时，可采取修补措施。修补方法：

1）管道的外壁发生局部或较小部位裂缝或孔洞在 20mm 以内时，可先将管内水排除，用棉纱将损坏部位清理干净，然后用环己酮刷基面后，涂刷耐水性能好的塑料粘合剂。从未使用的管道相应部位取下相似形状大小的板材，进行粘接，用土工布包缠固定，固化 24 小时后即可还土。

2）管道的外壁损坏部位呈现管壁破碎或长 100mm 以内孔洞时，用刮刀将破碎的管壁或孔洞完全剔除，剔除部位周围 50mm 以内用环己酮清理干净，刷耐水性能好的塑料粘合剂；再从相同管材相应部位取下相当损坏面积 2 倍的弧形板，内壁涂粘接剂扣贴在损坏部位，用铅丝包扎固定，如图所示。如果管外壁有肋，将损坏部位周围 50mm 以内的波纹去除、刮平，采取上述相同方法补板。

图 2-5-150　管道损坏修补示意图

3）管道铺设完后，发生超出上述限定的损坏范围时，应将损坏的管段或整根管道更换，重新铺设。

2-5-151　HDPE CPP 管道与检查井连接要点有哪些？

答： 1）管道与检查井的连接，宜采用柔性接口，也可采用承插管件连接。

2）要求不高时可直接砌进检查井壁中。

3）管道与检查井的衔接，为保证管材或管件与检查井壁结合良好不漏水，可采用中介层作法。在管道与检查井相接部位的外表面预先做好用聚乙烯粘接剂、粗砂做成的中介层，然后用水泥砂浆砌入检查井的井壁内，如图 2-5-151（1）所示。中介层的作法：先用毛刷或棉纱将管壁的外表面清理干净，然后均匀地涂一层塑料粘接剂，紧接着再上面甩撒一层干燥的粗砂，固化 10～20min，即形成表面粗糙的中介层。中介层的长度视管道砌入检查井内的长度而定。通常可用 240mm。

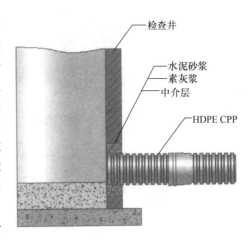

图 2-5-151（1）

4）管道与检查井的衔接亦可采用预制混凝土外套环，加橡胶圈的结构形成。如图 2-5-151（2）所示。混凝土外套环应在管道安装前预制好，外套环的内径应根据管材的外径尺寸确定。外套环的混凝土强度不低于 C_{15} 级，壁厚不小于 50mm，长度不小于 240mm。先将管道插口部位戴上胶圈，并将此端插进管材端部，混凝土外套环与井壁间用水泥砂浆砌筑。或者直接将管道砌进检查井井壁，密封采用 RG 二次灌浆料填充。

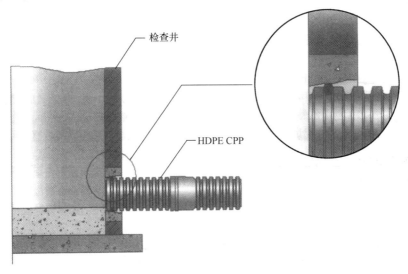

图 2-5-151（2）

5）检查井底板基础，应与管道基础层平缓顺接。

6）管道位于软土地基或低洼、沼泽、地下水位高的地段时，为适应基础不均匀沉降，检查井与管道的连接，宜先采用长 500mm 的短管按上述方法与检查井连接，后接 2.0m 长短管，以下再与整根管道连接如图 2-5-151（3）所示。

2-5-152　HDPECPP 管道工程回填土有哪些规定和要求？

答：1）一般规定

（1）管道安装验收合格后应立即回填，至少应先回填到管顶上一倍管径高度。

（2）沟槽回填从管底基础部位开始到管顶以上 0.7m 范围内，必须用人工回填。严禁用机械推土回填。

（3）管顶 0.7m 以上部位的回填，可采用机械从管道轴线两侧同时回填、夯实或碾压。

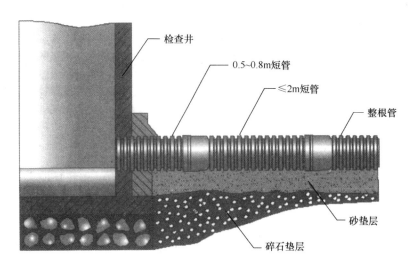

图 2-5-151（3）

（4）回填土过程中沟槽内应无积水，不允许带水回填，不得回填积泥、有机物，回填土中不应含有石块、砖头、冻土块及其他杂硬物件。

（5）沟槽回填，应从管线、检查井等构筑物两侧同时对称回填，确保管线及构筑物不产生位移，必要时可采取限位措施。

2）回填材料及回填要求

（1）从管底到管顶以上0.4m范围内的沟槽回填材料应严格控制，可采用碎石屑、砂砾、中砂、粗砂或开挖出的良质土。

（2）槽底在设计的管基有效支承角2α范围内必须用中砂或粗砂填充密实，与管壁紧密接触，不得用土或其他材料填充。

（3）管道位于车行道下，铺设后即修筑路面或管道位于软土地层以及低洼、沼泽、地下水位高地段时，沟槽回填应先用中、粗砂将管底腋角部位填充密实后，用中、粗砂或石屑分层回填到管顶以上0.4m，在往上可回填良质土。

（4）沟槽回填，应分层对称回填、夯实，每层回填高度应不大于0.2m，对中管顶0.4m范围内不得用夯实机具夯实。

（5）回填土的密实度管底到管顶范围应不小于95%，对中管顶以上0.4m范围内应不小于80%，其他部位不小于90%，管顶0.4m以上按地面或道路要求执行。详见表2-5-152及图2-5-152。

沟槽回填土密实度要求   表 2-5-152

槽内部位		密实度%	土 质
超挖部位		≥95	粗砂或砂卵（砾）石
土弧基础	管顶以下	≥90	粗 砂
	管下肋角≥0.2DN	≥95	
管两侧		≥95	砂、碎石屑或符合要求的原状土
管顶以上0.4m	管两侧	≥90	砂或符合要求的原状土
	管上部	＞80	原土回填
管顶0.4m以上		按地面或道路要求但不＜80	

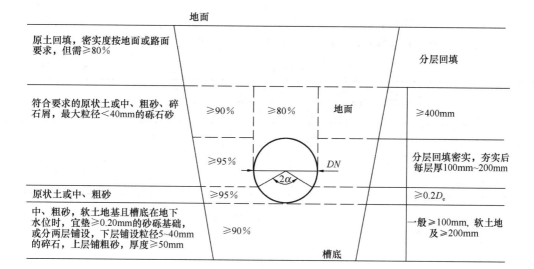

图 2-5-152　沟槽回填土要求示意图

2-5-153　HDPE CPP 管道工程的竣工验收有哪些规定和标准？

答：1）一般规定

（1）聚乙烯排水管道工程验收的技术规定，适用于一般地质条件，新建、扩建、改建的排水工程。工业厂区内的排水工程，除特殊要求部分外，可参照本规程执行。

（2）聚乙烯排水管道部位工程，应按路段或长度划分。工序划分为沟槽、降低地下水、砂石基础、下管安装、接口、检查井、闭气或闭水检验、回填。

（3）聚乙烯排水管道工程质量检验及评定，应按工序、部位及单位工程验收，其评定标准的主要依据为合格率。工序、部位及单位工程评定为合格、优良的标准要求，应遵守《市政排水管渠工程质量检验评定标准》中的有关规定。

（4）工序、部位的工程质量，均应符合设计要求和本技术规程。单位工程的竣工，应在工序、部位工程验收基础上进行。单位工程验收，应由建设单位组织，在设计、施工、质量监理和其他有关单位参加的条件下验收。

（5）单位工程竣工验收时，应具备下列条件：

① 施工图、竣工图及设计变更文件；

② 管材出厂合格证及使用说明书；

③ 工程施工记录和隐蔽工程验收记录；

④ 闭气或闭水检验记录；

⑤ 工程质量事故处理记录；

⑥ 工序、部位（分部）单位工程质量检验评定记录或工程质量评定表。

（6）工序的质量如不符合本技术规程，应及时进行处理，返工重做的工程，应重新评定其质量等级。施工中人为造成管线损伤，经补救后不影响使用效果的情况，一律不得评为优良。

2）沟槽质量检验标准

（1）严禁扰动槽底土壤，如发生超挖，应用中、粗砂后碎石回填并夯实，严禁用土回填。

（2）槽底不得受水浸泡或受冻。

（3）地下水位高于槽底时，应设置排水沟，必须保证排水畅通，达到施工降水要求。

（4）严格控制槽底高程，管沟开挖及管道基础。沟槽允许偏差应符合表 2-5-153（1）的规定。

3）砂石基础检验标准

（1）沟槽自清底铺砂石垫层起，直至回填全过中，不得泡水。

（2）平基、管座的允许偏差，应符合表 2-5-153（2）的规定。

沟槽允许偏差　　　　　　　　　　　　　　　　　表 2-5-153（1）

序号	项 目	允许偏差（mm）	检验频率		检验方法
			范围	点数	
1	槽底高程	0 −30	两井之间	3	用水准仪测量
2	中线每侧宽度	不小于规定	两井之间	6	挂中心线用尺量每侧计 3 点
3	沟槽边坡	不陡与规定	两井之间	6	用坡度尺检验每侧计 3 点

平基、管座的允许偏差　　　　　　　　　　　　表 2-5-153（2）

序号	项 目		允许偏差	检验频率		检验方法
				范围	点数	
1	混凝土抗压强度		必须符合规定	100m	1组	必须符合规定
2	垫层	中线每侧宽度	不小于设计规定	10m	2	挂中心线量每侧计 1 点
		高程	0 −15mm	10m	1	用水准仪测量
3	平基	中线每侧宽度	+10mm 0	10m	2	挂中心线量每侧计 1 点
		高程	−15mm	10m	1	用水准仪测量
		厚度	不小于设计规定	10m	1	用尺量
4	管座	肩宽	+10mm −5mm	10m	2	挂边线用尺量每侧计 1 点
		肩高	±20mm	10m	2	用水准仪测量每侧计 1 点
5	蜂窝面积		1%	两井之间 （每侧面）	1	用尺量蜂窝总面积

（3）砂垫层应做到密实平整，砂石垫层底层的砾石或碎石及上面的砂层厚度，应符合设计要求，石子不得露出砂层与管皮直接接触。

（4）砂基础及管底两侧腋角，必须与管底部位紧密接触。

4）安装质量检验标准

（1）安装前，应检查项目：

① 类型、规格，应符合设计要求，应有产品合格证和性能说明书；

② 管材不得有破损、裂缝及明显缺陷；

③ 接口用的胶圈，必须与管材规格配套。

（2）管道铺设应插口顺水流方向，承口逆水流方向；

（3）胶圈接口检查，依据承口扩大部位长度，用塞尺顺承插口间隙插入，沿管周检查，橡胶圈应在规定的安装位置，挤压均匀。

（4）下管安装作业，槽内不得有积水，严禁槽内积水下管安装。

（5）管道安装完毕后，用水准仪测量管顶高程，每 10m 应测一点，然后换算成管内底高程，应符合设计要求，两井间高程允许偏差 ±10mm。

（6）管道安装完毕尚未还土，又遭水泡的井段，应进行高程测量和外观检查，如有浮管、拔口现象，应返工处理。

5）密封性能检验

（1）管道的密封性检验应在管底与基础腋脚部位用砂回填密实后进行。采用闭水检验方法。

（2）闭水检验规定为管道内充水保持管顶以上 2m 水头的压力，观测管道 24 小时渗漏量，应不超过表 2-5-153（3）的规定。

（HDPE CPP）双壁波纹排水管道允许渗水量（m^3/km/24h）　　表 2-5-153（3）

公称内径 Di（mm）	允许渗水量	公称内径 Di（mm）	允许渗水量
225	1.08	630	3.50
300	1.37	710	4.50
400	1.88		
500	2.27	800	5.50

6）回填质量检验标准

（1）回填土时，槽内应无积水、积泥，不得回填淤泥、腐殖土、冻土及有机物质。

（2）管倒腋角部位回填，应符合基础设计的有效支承角要求。腋角必须填充密实，与管壁紧密接触。

（3）管腔两侧及管顶以上 0.5m 范围内，应回填砂土或接近最佳含水量的素土，不得回填石块、砖块等硬杂物。

（4）回填土相对密实度标准，应符合设计要求及表 2-5-152 的规定。

2-5-154　硬聚氯乙烯排水管（PVC-U）施工适用于何范围

答：适用于管径小，造价低排水管道。

2-5-155　硬聚氯乙烯（PVC-U）施工准备有哪些要求？

答：1）材料要求：

（1）施工中所使用的硬聚氯乙烯（PVC-U）排水管材、管件应分别符合现行国家标准《给水用硬聚氯乙烯（PVC-U）管材》GB 10002.1 及《给水用硬聚氯乙烯（PVC-U）管件》GB 10002 的要求，如发现有损坏、变形、变质迹象或存放超过规定期限时，使用前应进行抽样鉴定。

（2）管材与插口的工作面，必须表面平整，尺寸准确，即要保证安装时插入容易，又要保证接口的密闭性能。

（3）硬聚氯乙烯管在安装前应进行承口与插口的管径量测，并编号记录进行公差配合，以便安装时插口容易并保证接口的严密性。

2）施工机具：

管材吊运及运输设备的数量及能力应满足施工需要，软带吊具应符合规范要求。

3）作业条件：

（1）硬聚氯乙烯管材、管件的现场检验及运输、堆放符合有关规程规范要求。

（2）现场道路畅通，清理平整，满足施工条件。

（3）基槽经检验验收合格。

4）技术准备：

（1）施工操作人员已获得技术、安全、文明施工环保交底，管线回填及试压方案已审批完成。

（2）施工图纸已会审完成。

2-5-156 硬聚氯乙烯（PVC-U）工艺流程是怎样的？

答：工艺流程如下：

沟槽、管线检验合格→下管→对口连接→部分回填。

2-5-157 硬聚氯乙烯（PVC-U）操作要点有哪些？

答：1）管道铺设应在槽底质量验收合格后进行，所使用管材、管件、橡胶圈符合有关规程规范要求。

2）管材在吊运放入沟内时，应采用可靠的软带吊具，平稳下沟，不得与沟壁或沟底剧烈碰撞。

3）对口连接：

（1）橡胶圈连接（R—R连接）：

准备→清理工作面及胶圈→上胶圈→刷润滑剂→对口、插入→检查。

检查管材、管件及胶圈的质量，并根据作业项目参考表 2-5-157（1），准备工具，当连接的管子需要切断时，需在插口另端另行倒角，并应划出插入长度标线，然后再进行连接，其最小插入长度应符合表 2-5-157（2）的规定。切断管材时，应保证端口平正且垂直管轴线。

各作业项目的施工工具表　　　　　　　　　　　表 2-5-157（1）

作业项目	工 具 种 类
距管及坡口	细齿锯或割管机、倒角器或中号板锉、万能笔、量尺
清理工作面	棉纱或干布
涂润滑剂	毛刷、润滑剂
连接	捯链（手动葫芦）或插入机、绳
安装检查	塞尺

管子接头最小插入长度　　　　　　　　　　　表 2-5-157（2）

公称外径（mm）	63	75	90	110	125	140	160	180	200	225	280	315
插入长度（mm）	64	67	70	75	78	81	88	90	94	100	112	113

将承口内的橡胶圈沟槽、插口端工作面及橡胶圈清理干净，不得有土或其他杂物。将橡胶圈正确安装在橡胶圈沟槽中，不得装反或扭曲。安装时可用水浸湿胶圈，但不得在橡胶圈上涂润滑剂安装。

用毛刷将润滑剂均匀地涂在装嵌在承口处的橡胶圈和管子插口端外表面上，但不得将润滑剂涂到承口的橡胶圈沟槽内，润滑剂可采用 V 形脂肪酸盐，严禁用黄油或其他油类作润滑剂。

将连接管道的插口对准承口，保持插入管端的平直，用手动葫芦或其他拉力机械将管一次插入至标线。若插入阻力过大，切勿强行插入，以防橡胶圈扭曲。用塞尺顺承插口间隙插入，沿管圆周检查橡胶圈的安装是否正确。

（2）胶粘剂连接（T-S）：

准备→清理工作面→试插→刷胶粘剂→粘接→养护。

检查管材、管件数量，根据作业项目按表 2-5-157（1）准备施工工具。连接的管子需要切断时，必须将插口处做成坡口后再进行连接，切断管子时，应保证断口平整且垂直管轴线。加工成的坡口应满足：坡口长度应不小于 3mm，坡口厚度约为管壁厚度的 1/3～1/2。坡口加工完成后应将残屑清除干净。

管材或管件在粘合前，应用棉纱或干布将承口内侧和插口外侧擦拭干净，使被粘接面保持清洁，无尘砂与水迹。当表面粘有油污时，须用棉纱蘸丙酮等清洁剂擦拭干净。粘接前应将两管试插一次，使插入深度及配合情况符合要求，并在插入端表面划出插入承口深度的标线。管端插入承口深度应不小于表 2-5-157（3），用毛刷将胶粘剂迅速涂刷在插口外侧及承口内侧结合面上时，宜先涂承口，后涂插口，应轴向涂刷均匀适量，每个接口胶粘剂用量参见表 2-5-157（4），承插口涂刷胶粘剂后，应立即找正方向将管端插入承口，用力挤压，使管端插入的深度至所划标线，并保证承差接口的直度和接口位置正确。管端插入承口粘接后，用手动葫芦或其他拉力器拉紧，并保持一段时间（$DN<63$ 时，保持时间大于 30s，$DN=63\sim160$ 时，保持时间大于 60s，然后才能松开拉力器，以防止接口滑脱。承插接口连接完毕后，应及时将挤出的胶粘剂擦拭干净。应避免受力或强行加载，其静止固化时间不应少于表 2-5-157（5）规定。

粘接连接管材插入深度 　　　　　　　　　　表 2-5-157（3）

管道公称外径（mm）	20	25	32	40	50	63	75	90	110	125	140	160
插入深度（mm）	16	18.5	22	26	31	37.5	43.5	51	61	68.5	76	86

胶粘剂标准用量 　　　　　　　　　　　　表 2-5-157（4）

公称外径（mm）	20	25	32	40	50	63	75	90	110	125	140	160
用量（g／个）	0.4	0.58	0.88	1.31	1.94	2.97	4.1	5.73	8.43	10.75	13.37	17.28

粘接后的静止固化时间（min） 　　　　　　表 2-5-157（5）

管道公称外径（mm）	管材表面温度	
	18～40℃	5～18℃
≥50	20	30
63～90	45	60

2-5-158　硬聚氯乙烯（PVC-U）冬雨期施工措施有哪些？

答：1）雨期施工应防止雨水进入沟槽，对已铺设的管道两侧除接口部位外应及时进行回填。当管道安装时发生塌方现象，应及时清除，必免过大的突发荷载造成管子变形。

2）雨天不宜进行接口施工，如果要施工时，应采取防雨措施，确保管口及接口材料不被雨淋。

3）冬季温差变化较大时，施工刚性接口管道应采取防止温差产生的应力而破坏管道及接口的措施。粘接接口不宜在 5℃以下施工，橡胶圈接口不宜在－10℃以下施工。

4）冬期施工不得使用冻硬的橡胶圈。

2-5-159　硬聚氯乙烯（PVC-U）质量标准是怎样的？

答：参见《排水管（渠）工程施工质量检验标准》DBJ 91-13—2004。

1）主控项目：

（1）管材、管件及接口材料质量必须符合国家现行标准。

（2）无压管道坡度应符合设计要求。

（3）管道的施工变形不得超过 6％或满足设计要求。

2）一般项目：

（1）管材、管件外观不得有损伤、变形、变质。

（2）管材端部应切割严整并与轴线垂直。

（3）接口应平整、严密、垂直、不漏水，接口位置应符合设计规定。

（4）硬聚氯乙烯（PVC-U）管道铺设允许偏差以表 2-5-159。

序号	项目	允许偏差（mm）	检验频率		检验方法
			范围	点数	
1	轴线	≤30	20m	1	挂中心线用尺量
2	高程	±20	20m	1	用水准仪测量
3	接口	符合30.4一般项目第2条规定	每口	1	观测

2-5-160 硬聚氯乙烯（PVC-U）质量记录有哪几项？

答： 参见《市政基础设施资料管理规程》DBJ-71—2003。

1）预制混凝土构件、管材进场抽检记录。

2）隐蔽工程检查记录。

3）聚乙烯管道连接记录。

4）聚乙烯管道焊接工程汇总表。

5）工序（分项）质量评定表。

2-5-161 硬聚氯乙烯（PVC-U）安全、环保与成品保护措施有哪些？

答： 1）安全环保：

（1）切管作业应按使用说明操作，切管时进刀应平稳、匀速，不得过快，工作台应安置稳固。检查加工质量时必须停机、断电。

（2）采用粘接接口时，胶粘剂、丙酮等易燃物必须存放在危险品仓库中，运输、使用时必须远离火源，严禁明火。

（3）粘接接口作业工作人员应佩戴防护用品，严禁明火及用电炉加热胶粘剂。

（4）现场应设专人管理胶粘剂、丙酮等易燃物，施工完毕或暂停后应及时清理回收，并妥善保管。

2）成品保护

（1）管材、管件运输、装卸不得抛扔或激烈碰撞，以避免被划伤；避免暴晒。堆放应放平垫实，高度不得大于1.5m；相邻两管节的承口应相互倒置，不得使承口部位受集中荷载。

（2）管材如采用机械装卸，装卸时应用韧性好的织编吊带（或吊绳）进行吊运，不得采用钢丝绳和链条来吊运管材。

（3）若管道安装发生塌方现象，应及时清除，避免过大的突发荷载易造成管子变形。

2-5-162 硬聚氯乙烯（PVC-U）HDPE排水管道工程沟槽开挖施工规定有哪些？

答： 1）沟槽开挖前应清理和平整场地，设置工程测量的控制网点；并使场地排水畅通。

2）沟槽开挖断面应满足设计和施工的要求，挖出的土料宜在沟槽两侧堆成土堤，防止地表水浸入沟槽，土堤坡脚至沟槽边缘的距离不宜小于1m。受地表水径流威胁的管线段，应做好临时防洪和排水设施，以便防止地表水泄入沟槽。

3）在无地下水和土壤具有天然湿度，构造均匀的条件下开挖沟槽时，沟槽最大允许坡度应符合表 2-5-162（1）规定：

深度在 5m 以内的沟槽边坡的坡度值（不加支撑） 表 2-5-162（1）

土 壤 类 别	边坡坡度（高/宽）		
	坡顶无荷载	坡顶有静载	坡顶有动载
中密的砂土	1：1.00	1：1.25	1：1.50
中密的碎石类土（充填物为土）	1：0.75	1：1.00	1：1.25

土 壤 类 别	边坡坡度（高/宽）		
	坡顶无荷载	坡顶有静载	坡顶有动载
硬塑的粉土	1：0.67	1：0.75	1：1.00
中密的碎石类土（充填物为土）	1：0.50	1：0.67	1：0.75
硬塑的粉质黏土、	1：0.33	1：0.50	1：0.67
黏土	1：0.10	1：0.25	1：0.33
软土（经井点降水后）	1：1.00		

注：1. 静载，系指堆土或材料等产生的荷载；2. 动载，系指机械挖土或汽车运输等作业产生的荷载。静载或动载距挖方边缘的距离应保证边坡和沟槽壁的稳定，堆土或材料应距挖方边缘 1.0m 以外，高度不超过 1.5m。

4）深度在 5m 以内的垂直沟槽可按表 2-5-162（2）规定，采用可靠的支撑形式加固。

垂直沟槽的支撑形式　　　　　　　　　　表 2-5-162（2）

土壤的情况	沟槽深度 m	支撑形式
天然湿度的黏土类土，地下水很少	≤3	不连续的支撑
松散的和湿度很高的土	3～5	连续的支撑
松散的和湿度很高的土，地下水丰富	不论深度如何	先降水，保持沟槽底干燥；连续的支撑

5）在土质不稳定地段或雨季施工时，可酌情加大边坡或采用支撑等相应措施，保证沟槽不出现坍塌。在地下水水位较高的地段施工时，应根据水文地质条件及沟槽深度等条件确定降排水施工方案。

6）沟槽底部的宽度，宜按下式计算：

$$B = D_1 + 2(b_1 + b_2)$$

式中　B——管道沟槽底部的开挖宽度（mm）；

　　　D_1——管道结构的外缘宽度（mm）；

　　　b_1——管道一侧的工作面宽度（mm），可按表 2-5-162（3）采用；

　　　b_2——管道一侧的支撑厚度，可取 150～200mm。

管道结构的外缘宽度 D_1 与工作面宽度 b_1　　　　　　表 2-5-162（3）

管道结构的外缘宽度 D_1（mm）	管道一侧的工作面宽度 b_1（mm）
$D_1 \leqslant 500$	300
$500 < D_1 \leqslant 800$	400

注：1. 沟槽底设排水沟时，工作面宽度 b_1 应适当增加。

　　2. 同一沟槽并行敷设的管道间距，以管道结构的外缘计，不应小于相邻管道的平均半径且不应小于 300mm；

7）机械开挖沟槽时，槽底设计标高以上 100～200mm 的原状土应予以保留，禁止扰动；在铺设管道前采用人工清理至设计标高。

8）沟槽底遇有不易清除的块石等坚硬物体或地基为岩石、半岩石、砾石时，应予以清除并挖至设计高程 100～200mm 以下。

9）局部发生超挖或扰动时，可用灰土分层夯实；槽底有地下水或地基土壤含水率较大时，可用粒径 10～15mm 天然级配砂石（或石灰粉、煤灰、砂砾）回填并夯实；其压实度应达到基础层压实度要求。

10）雨季施工，应尽可能缩短开槽长度和亮槽时间，采取措施防止沟槽和漂管；一旦发生泡槽时，应将水排除，将受泡的软化土层清除后，按上述规定的要求处理。

11）冬季施工，应采取措施防止槽底受冻；一旦槽底受冻，应将受冻土层清除后，按上述要求处理。

12）施工质量检验

（1）主控项目

地基承载力必须达到设计规定，并经有关方面签认。

（2）一般项目

① 地基土壤不得超挖、扰动、受冻、水浸。

② 沟槽边坡应平整，不陡于施工方案的设计要求。

③ 沟槽允许偏差见表2-5-162（4）。

沟槽允许偏差 表 2-5-162（4）

序号	项 目	允许偏差（mm）	检验频率		检验方法
			范围	点数	
1	槽底高程	±10	两井之间	3	用水准仪测
2	槽底中心线每侧宽	不小于施工规定	两井之间	6	挂中心线用尺量，每侧3点

2-5-163　HDPE管道施工地基与基础处理规定有哪些？

答：1）管道基础地基承载力必须达到设计规定。对软土地基或承载能力达不到设计规定时，须按设计要求进行加固补强。

2）对管道基础地基存在不均匀沉降的地段，应按设计要求进行加固处理。

3）管道基础应按设计要求铺设，对一般土质，基底可铺设一层厚度不小于150mm的中粗砂基础，且压实度应达到设计的压实度要求或不小于90%（轻型击实标准）。

4）管道基础的支撑角应根据地基土质、管道埋深、地下水位等因素来确定，但任何情况下不得小于设计的管道基础支撑角（2α）+30°。

5）管道安装应在承插口部位基础设置凹槽，宜在管道敷设时开挖（图2-5-163），凹槽的长度、宽度和深度可根据管道接头尺寸确定；在接口完成后，立即用中粗砂回填夯实。

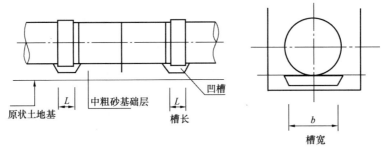

图 2-5-163　管道接口处凹槽

6）施工质量检验

（1）主控项目

地基承载力、基础的压实度必须符合设计要求。

（2）一般项目

土、砂及砂砾基础允许偏差见表2-5-163。

土、砂及砂砾基础允许偏差表 表 2-5-163

序号	项目	允许偏差（mm）	检验频率		检验方法
			范围	点数	
1	厚度	不小于设计规定	15m	1	用钢尺量
2	高程	+200	15m	1	用水准仪测量
3	宽度	符合设计规定	15m	1	用钢尺量

注：1. 土基础包括土弧、素土平基。
　　2. 砂基础应为中粗砂基础。

2-5-164　高密度聚乙烯塑料管（HDPE 管）下管安装施工规定有哪些？

答：1）管道的下管和安装工作应在管道基础验收合格后进行。

2）下管前应进行管的外观检查，不合格者严禁使用；下管时，严禁将管子从沟槽上面向下自由滚放；并应防止块石等重物撞击管道。

3）敷设管道时应将承口对准水流方向，从下游向上游依次布放。

4）管道长度调整，可用手锯切割，端口断面应与管轴线垂直，并且修平整，不应有损坏。

5）管道连接前应对管材、管件、胶圈按设计要求进行核对，并应用洁净棉纱擦净管道连接面上的污物。

6）管道采用电熔（承插或套管式）连接时，应首先检查焊线是否完好，对接时先用卡具在承口外压紧，然后根据不同型号的管道按表 2-5-164（1）设定电流及通电时间。

不同型号的管道设定电流及通电时间　　　　　　　　　表 2-5-164（1）

管径 DN（mm）	通电时间（s）	通电电压（v）
300—500	700—900	15—20
600—800	900—1000	23—38

电熔连接时，电熔连接机具与电熔接头或管件应正确连通。电熔连接接通电源期间，不得移动管件或在连接件上施加任何外力。

7）管道采用热熔连接（承插连接、对接连接、坡口连接）时，通电时连接电缆线不能受力。通电完成后，取走电熔设备，让管子连接处自然冷却。自然冷却期间，保留夹紧带和支撑环，不得移动管道。

8）管道采用带有密封胶圈的套管或承插口连接形式时，宜采用便携式的专用连接机具；连接处应视需要设置满足安装要求的工作坑。胶圈安装位置应正确，不得扭曲、翻边；经确认无误后，将连接的管端套上连接机具，操作机具使管段正确就位；严禁使用施工机械强行推顶就位。

9）采用哈夫件连接时，现将连体胶圈套上一根管端，翻起外侧的边缘，将另一根管对正靠紧，放下胶圈，套进肋槽，经确认安装平整后，再将哈夫件安好，均匀紧固螺栓。

10）管道连接完成就位后，应采用有效方法（推荐方法见附录 C）对管道进行定位，防止管道中心、高程发生位移变化。

11）管道连接就位后应按设计标高及设计中心线复测，管道位置偏差应控制在允许的误差范围内（见表 2-5-164（2））。方可进行回填作业。

12）管道敷设后，因意外原因发生局部破损时，必须进行修补或更换，当管外壁局部破损时，可由厂家提供专用焊枪进行补焊；当管内壁破损时，应切除破损管段，更换合格管材后，采用哈夫件等形式连接。

13）雨季施工时，应采取有效措施防止连接好的管段漂浮。可在闭水检验前，除接口部位以外先回填土至管顶一倍管径以上的高度；闭水检验合格后，应及时回填其余部分。管道安装完毕未回填时，如遭到水泡，应进行管中心线和管底高程复测和外观检查，如发生位移、漂浮，拔口现象，应返工处理。

14）管道安装质量检验

（1）主控项目　管道坡度应符合设计要求。

（2）一般项目

管道安装允许偏差应符合表 2-5-164（2）。

序号	项目	允许偏差 (mm)	检验频率		检验方法
			范围	点数	
1	轴线	≤30	20m	1	挂中心线用尺量
2	高程	±20	20m	1	用水准仪测量

HDPE 管安装（铺设）允许偏差表　　　表 2-5-164（2）

2-5-165　HDPE 管道与检查井的连接规定有哪些？

答：1）HDPE 管道与检查井连接，应根据检查井结构形式按设计要求施工。

2）HDPE 管道与检查井连接时，为保证管道与检查井的井壁结合良好，不发生泄露，除要求管道与井壁连接处砂浆饱满密实外，沿管道中心的井壁外一侧必须浇筑不少于 1.5 倍管道内径的 C10 混凝土或砖砌保护体，检查井井底基础也应相应延伸，如图 2-5-165（1）所示。在连接的 HPDE 管 $1.5D_i$ 的范围外尚须在做一段天然级配砂石的管基，其长度宜大于 3 倍 D_i。

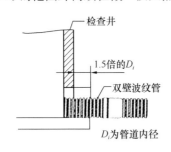

图 2-5-165（1）　管道与检查井连接示意图

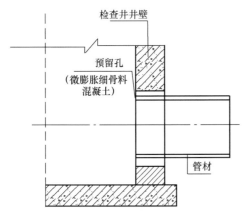

图 2-5-165（2）　管道与预制混凝土检查井的连接示意图

3）预制混凝土检查井与 HDPE 管道采用刚性连接时，预制井的预留孔应比管径大 200mm（见图 2-5-165（2）所示），在安装前预留孔周表面应凿毛处理，连接处宜采用微膨胀细骨料混凝土封堵。

4）管材承口部位不可直接砌筑在井壁中，宜在检查井两端各设置长 2m 的短管。管材插入检查井内壁应大于 30mm，置于混凝土底板上。

5）采用管件连接管道与检查井时，应使用与管道同一生产企业提供的配套管件。

2-5-166　HDPE 管道固定方法是怎样的？

答：在管道回填时，应对管道采取固定措施以防止管道在回填压实过程中发生位移；比较常用的办法是将管道用钢套箍和钢钎固定，钢钎应打入未经扰动的原状土，建议的打入深度：当管径小于 500mm 时，不宜小于 100mm；当管径大于 500mm 时，不宜小于 200mm，见图 2-5-166。

2-5-167　CPP 管道施工要点有哪些？

答：1）施工工序为开槽—下管—连接—闭水*—回填。

闭水*是否需要视管道功能而定，一般雨水管可不做。

2）基础

（1）管道沿线土壤承载力较好，且回填土密实度可达 90%～85% 以上则不需另作基础或者沙垫层而在素土槽底上直接敷设。

（2）如槽底超挖或扰动，则必须用砂或者好素土回填夯实后再行敷设，见图 2-5-167（1）。

（3）如淤泥质土、流砂层或其他土壤承载力很低或者地下水位高级管底，且回填土密实度难达到 90%～95% 以上，有可能发生管道沿线基础不均匀沉降则应作厚 150mm～200mm 以上砂垫层并夯实。

3）管道施工

CPP 管道为柔性管道，管材须与周围回填土共同承受来自上方土壤的静荷载和车辆等的动荷载。形成我们称之为"管与土共同受力的系统"，因而在施工时，应注意回填土密实度的要求。这种柔性管道在短距离内具有较好的刚性，而在较长的距离内则能够表现出一定的柔韧性，可以有一定的挠曲度而不产生破坏，因此能够较好地抵抗土壤的不均匀沉降。但是，在易沉降地段施工时，除了应充分注意垫层的处理外，还应当对于管材与检查井连接时进行适当的处理，即应当适当采用短管过渡连接。但对于口径较小的管道则并非必要。

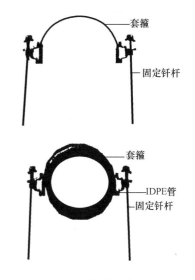

图 2-5-166　管道固定示意图

4）管道安装

管道安装一般均可采用人工安装。安装时，由人工抬管道两端传给槽底施工人员。明开槽，槽深大于 3m 或管径大于 40mm 的管道，可用非金属绳索溜管，使管道平稳的放在沟槽管位上。禁用金属绳索勾住两端口或将管道自槽边翻滚抛入槽中。混合槽或支撑槽，因支撑的影响宜采用从槽的一端集中下管，在槽底将管道运至安装位置进行安装。

5）管材切割：可用电动工具切断，也可用木工手锯锯断，再将端口毛边加以修整。

6）装卸堆放：严禁野蛮装卸，禁止抛落拖滚及相互撞击。需要用柔软绳索均匀吊装，不得穿管吊放。堆放时要将承口端让出堆边，以免变形过大，见图 2-5-167（2）。长时间露天存放要遮盖。

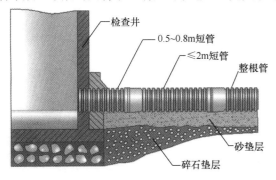

图 2-5-167（1）

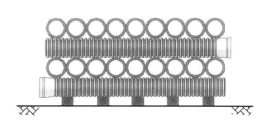

图 2-5-167（2）

2-5-168　承插管施工工艺流程是怎样的？

答：承插管施工工艺流程为槽底验收→砂石基础（C1）→下管→排管→稳端头管→上胶管→撞口→检验管体位置→锁管→砂石基础（C2）

2-5-169　雨水工程施工顺序有几道？质量控制要点是什么？

答：1）雨水工程工序 7 道：沟槽→平基→管座→安管→接口→检查井→回填土。

2）质量控制要点：

（1）管基要座在原状土上，机械挖土不得超挖，若土基被扰动或遇异常情况要采取处理措施，扰动深不超过 15cm，可用原状土回填夯实，密度≥0.95，超过 15cm 要用 3：7 灰土或碎卵石回填，密度达到 0.95。

（2）雨水用管材按设计图纸采用≥D300 要用加筋钢筋混凝土管。

（3）管道接口用 20 号钢丝网水泥砂浆抹带。

（4）一般管基采用 90°通基，覆土超过 2.6m 采用 135°通基。

（5）基础混凝土采用 C15。

（6）采用重型铸铁井盖及雨水箅子。

（7）雨水口圈位置及标高要保证整齐和进水通畅。

（8）雨水检查井内壁抹 20mm 厚 1：2.5 水泥砂浆，内加 5％防水粉。

（9）雨水口出水管随接入井的方向设置，不得弯折。

（10）雨水管还土做路后按汽－15 级荷载标准考虑。

2-5-170　污水工程施工顺序有几道？施工质量控制要点是什么？

答：1）污水工程工序 8 道：

沟槽→平基→管座→安管→接口→检查井→闭水→回填土。

2）质量控制要点：

（1）有地下水处要铺 10cm 厚卵石或小碎石，若遇淤泥、杂土等软弱地基，应与设计人商定处理。

（2）污水井内壁面用 1：2.5 水泥砂浆抹面，内加 5％防水粉，厚 20mm。

（3）现浇混凝土和预制钢筋混凝土构件必须表面平整、光滑，无蜂窝、麻面，尺寸误差符合验收标准。

（4）管接口用 20 号钢丝网抹带，$D≥700$ 要勾捻内缝，$D<700$ 用麻袋球拖抹接口。

（5）砌砖采用 Mu10，M10 水泥砂浆，砌体砂浆饱满，灰缝均匀。

（6）预埋件要先行防腐，位置安放准确、牢固。包括爬梯、铸铁管、套管等。

（7）管道闭水试验应在回填土前进行，满水试验也应在填土前进行。堵塞进出水管，缓慢灌至规定水深，24 小时水位下降高度小于规范要求，且无渗漏为合格。

（8）污水井、化粪池采用重型井盖、井座，井座用 C15 混凝土稳固。

2-5-171　排水砌砖工程施工顺序有几道？施工质量控制要点是什么？

答：1）砌砖工程工序 5 道：

沟槽→平基→砌砖→抹面→封顶。

2）质量控制要点：

（1）砂浆应符合设计标号，砂浆流动性和保水性良好。

（2）砂浆采用重量比，并经试验确定。

（3）砌筑应用中砂，含泥量小于 5％。

（4）水泥有合格证，不过期，不受潮。

（5）常温施工黏土砖使用前应浇水，混凝土基础强度达到 1.2MPa 以上方准在其上砌筑。

（6）砌前应放墙基底线，摆底摆缝，确定砌法，砌体应上、下错缝，内外搭接，最下和最上一层均应用丁砖砌筑，不许有通缝，墙高 1.0m 以上应立皮数杆。

（7）井室内踏步应在安装前刷防锈漆，砌砖时用砂浆埋固，不得事后凿洞补装。

（8）砌墙抹面应粘接牢固、坚实平整、无裂缝、空鼓、平整度符合质量标准。

（9）砌墙勾缝应塞入缝中，深浅一致，表面干净。

2-5-172　化粪池工程施工顺序有几道施工？质量控制要点是什么？

答：1）化粪池工程工序为：开槽→垫层→底板→砌砖→圈梁→进出水管→盖板→闭水→回

填土

2）质量控制要点

（1）严禁扰动基底土壤，如发生超挖应按规定进行处理。

（2）基底不得受水浸，淤泥必须清除干净。

（3）钢筋绑扎成型时，铁丝必须扎紧，其两头应向内。不得有滑动、折断、移位。规格、根数、间距、搭接倍数要符合规范要求。

（4）砌砖体采用 Mu10 砖、M10 水泥砂浆砌筑。

（5）内壁面：用 1：2.5 水泥砂浆加 5% 防水粉抹面厚 20mm。

外壁面：无地下时，矩形砖砌化粪地 1：2.5 水泥砂浆勾缝。

（6）荷载：汽-15 级重车。

（7）预制混凝土构件必须表面平整、光滑、无蜂窝、无麻面、制作尺寸误差≤5.0mm。

（8）堵塞进出水管，缓慢灌水至顶板底，24 小时水位降 10mm，且无渗漏现象。

（9）井座用 C15 混凝土稳固。

（10）化粪池工程施工注意事项：

① 认真做好施工测量放线和水准点闭合工作，尤其对池底、进出水口高程的控制；

② 化粪池基坑认真验收几何尺寸和高程，填写隐蔽工程验收记录，经有关单位签字后报监理验收；

③ 使用材料（构配件）进场有合格证。水泥、砂、石子、砖等材料进场后送检，钢筋进场后还要见证取样送检；

④ 混凝土、砂浆配合比要根据现场的材料由等级试验室试配；回填土在填土前由等级试验室做出密度和最佳含水量试验；

⑤ 钢筋加工尺寸准确，搭接方式合理，绑扎牢固，保护层满足要求；

⑥ 化粪池砌砖放线准确（留出抹灰量）隔断墙预留孔位置，预先计划好砖层数。进出水口管埋件预先埋置好；

⑦ 做好壁面处理，抹灰前砖墙阴湿，砂浆配比准确，分层合理，确保满水试验的要求；

⑧ 圈梁钢筋混凝土与砖墙高程匹配好，预先算砖层数。

2-5-173　检查井有几种？施工要点是什么？

答：检查井应设置在管线的管径、坡度、高程及方向有变化的地方，或直线管线上一定距离处和管线交汇处，以利清通管道。相邻两检查井之间应为一条直线。根据管径、复土、转弯、角度之不同选择适当的检查中。雨水和污水检查井在构造上不相同。

1）根据检查井功能的不同，又可分为检查井、连接井、跌落井、闸槽井等多种，可根据各种具体工程情况选用适当的型式。

2）雨水检查井的施工要点是：井室内墙面由下游管底至管顶以上 300mm，均需采用 1：3 水泥砂浆抹面厚 20mm，其余部分用 1：2 水泥砂浆勾缝。如位于地下水位以下，则外坪用 1：3 水泥砂浆抹面厚 20mm，至地下水位以上 500mm，槽底铺设卵石厚 100mm。接入支管管底超挖部分，用级配砂石或碎砖填塞严密，也可打混凝土。管顶发碳高 125mm，而污水管道检查井的室内墙面全部用 1：3 水泥砂浆抹面厚 20mm，其余按雨水检查井作法处理。

检查井内设踏步，便于上下，其垂直间距为 375mm，外缘水平间距 150mm。

检查井的形状，根据管径及转弯角度的不同而有圆形、扇形、多边形、矩形等多种。

由于污水管道推行带井闭水试验，故污水检查井的井室砌筑质量一定要保证不漏水。砌筑矿浆不小于 50 井。

检查井井室钢筋混凝土盖板，一般是采用预制法。施工时除严格按设计尺寸以外，一定要认真掌握水灰比、坍落度、保护层厚度和养护等几项关键性技术工作。

2-5-174 雨水口施工技术要求是什么？

答：雨水口是收集地面雨水迳的设备

雨水口的施工技术要求：砌筑位置应符合设计要求，不能歪扭。雨水口支管应顺直无错口，管口与井内坪相平齐，管口周围不能有空隙。砌筑砂浆应铺满挤实，内外墙勾缝。混凝土雨水口篦槽应平直，以免铸铁篦子安放不平被压坏。雨水口篦子应低于混凝土圈1cm，雨水口周围应较附近路面低3cm，并与附近路面顺接便于聚水和泄水。

2-5-175 出水口外形平面有哪两种形式？

答：出水口是排水管道系统的尾间工程构筑物。有接方沟的出水口，也有接圆管的出水口，其外形平面有一字式和八字式两种。

每组形式的出水口，都有其技术要求。

2-5-176 砖沟砌筑施工工艺是怎样的？

答：砖砌沟一般采用明挖方法施工，施工过程主要包括工程测量、施工降水、排水、沟槽开挖、混凝土垫层、底板钢筋混凝土结构、砖墙砌筑、变形缝施工、水泥砂浆抹面、预制盖板安装、防水施工、土方回填及步道附属构筑物等内容。一般工艺流程如下：

工程测量→施工降水→沟槽开挖→混凝土垫层→防水施工→底板钢筋绑扎→底板模板支护→底板混凝土浇筑→侧砖墙砌筑→变形缝施工→水泥砂浆抹面→预制盖板安装→防水施工→土方回填→附属构筑物。

2-5-177 侧墙砌筑施工工艺是怎样的？

答：1) 适用范围：适用于砖砌管沟、相关检查井等砖墙砌筑施工。

2) 施工准备：

(1) 材料要求

① 砖：品种和强度等级必须符合现行技术标准和设计要求，在设计无规定时，应采用不小于MU10普通砖，并应有出厂合格证和试验报告。

② 优质烧结砖使用前，应施工时所用的烧结砖的产品龄期不应少于28d，不宜大于35d。地基基础施工宜用优质烧结砖，优质烧结砖不得用于酸性介质的地基土中。

③ 水泥：品种与强度等级应根据设计要求选择，并应有出厂合格证和复试报告。一般宜采用32.5级的普通硅酸盐水泥或矿渣硅酸盐水泥。

④ 砂：中砂、洁净、坚硬、含泥量符合规范要求，不得超过5%，使用前应用5mm孔径的筛子过筛。

⑤ 水泥砂浆：一般采用不小于M7.5水泥砂浆。

⑥ 止水带。

⑦ 预埋件：金属件必须镀锌防腐处理。

⑧ 木丝板。

(2) 施工机具（设备）：

① 搅拌机械：搅拌机。

② 计量器具：磅秤、皮数杆、水平尺、2m靠尺、卷尺、楔形塞尺、线坠。

③ 工具：大铲、刨镐、瓦刀、扁子、托线板、小白线、筛子、小水桶、灰槽、砖夹子、扫帚等。

(3) 作业条件：

① 混凝土底板均已完成，并办完隐检手续。底板混凝土强度不低于1.2MPa。

② 已放好基础轴线及边线：立好皮数杆（一般间距15～20m，转角处均应设立），并办完预检手续。

③ 根据皮数杆最下面一层砖的底标高，拉线检查基础垫层表面标高，如一层砖的水平灰缝大于20mm时，应先用细石混凝土找平，严禁在砌筑砂浆中掺细石代替或用砂浆垫平，严禁碎砖找平。

④ 砂浆由试验室做好配比，准备好砂浆试模。

（4）技术准备：

① 完成了底板结构边线、高程控制线的测放与复测工作，并办理相关测量记录。

② 核对混凝土配合比，编制砌筑方案并进行技术交底。

3）操作工艺：

（1）工艺流程

拌制砂浆
↓

确定组砌方法→砖浇水→排砖摺底→砖墙砌筑→变形缝施工→抹面→验收。

（2）操作方法：

① 确定组砌方法：砖墙一般采用一顺一丁（满丁，满条）、梅花丁或三顺一丁砌法。每仓砌体应同时砌筑，如同时砌筑有困难，停歇时必须留斜槎，上下层错缝。

② 砖浇水：砖应在砌筑前一天浇水湿润，一般以水进入砖面15mm为宜，含水率为10%～15%，常温施工不得用干砖上墙，不宜使用含水率达饱和状态的砖砌墙。

③ 砂浆搅拌：砂浆配合比应采用质量比，计量精度水泥为±2%，砂控制在±5%以内；水泥砂浆应采用机械搅拌，先倒砂子、水泥、掺合料，最后倒水。搅拌时间不少于2min，掺用外加剂的砂浆搅拌时间不得少于3min，掺用有机塑化剂的砂浆，应为3～5min；砂浆应随拌随用，水泥砂浆必须在拌成后3～4h内使用完毕。当施工期间最高温度超过30℃时，应分别在拌成后2～3h内使用完毕。超过上述时间的砂浆，不得使用，并不应再次拌合后使用；砂浆强度等级或配比变更时，还应制作试块。每台搅拌机至少应抽检一次；北京地区四环路以内的工程，按要求须使用预拌砂浆

④ 砖墙排砖摺底：根据弹好的位置线，认真核对砖沟尺寸。摺底尺寸及收退方法必须符合设计要求。

⑤ 砖墙砌筑：选砖：砌清水墙应选择棱角整齐，无弯曲、裂纹，颜色均匀，规格基本一致的砖，敲击时声音响亮。焙烧过火变色、变形的砖可用在不影响外观的内墙上。挂线：砌筑砖墙厚度超过一砖厚时，应双面挂线；超过10m的长墙，中间应设支线点，小线要拉紧，每皮砖要穿线看平，使水平缝均匀一致，平直顺通；砌一砖厚混水墙时宜采用外手挂线，可照顾砖墙两面平整，为下一道工序控制抹灰厚度奠定基础。砌砖：砌砖应采用一铲灰、一块砖、一挤揉的"三一"砌砖法，即满铺、满挤操作法。砌砖时砖要放平，要跟线，"上跟线，下跟棱，左右相邻要对平"。水平灰缝和竖向灰缝宽度一般为10mm，但不应小于8mm，也不应大于12mm。为保证清水墙面逐缝垂直、不游丁走缝，当砌完一步架高时，宜每隔2m水平间距，在丁砖立楞位置弹两道垂直立线，以分段控制游丁走缝。在操作过程中，要认真进行自检，如出现有偏差，应随时纠正，严禁事后砸墙。砌筑砂浆应随搅拌随使用。清水墙应随砌、随划缝，划缝深度为8～10mm，深浅一致，墙面应清扫干净。混水墙应随砌随将舌头灰刮尽。240mm厚承重墙的每层墙的最上一皮砖，应整砖丁砌。留槎：砖砌体的转角处和交接处应同时砌筑，对不能同时砌筑而又必须留置的临时间断处应砌成斜槎，斜槎水平投影长度不应小于高度的2/3。各种预留洞、预埋件必须按设计要求留置，避免事后剔凿，影响砌体质量。对预埋件均应事先做好镀锌等防腐处理。变形缝在砌筑过程中，按设计要求安装止水带，止水带位置正确，与地沟垂直。

⑥ 变形缝在砌筑过程中，按设计要求安装止水带，止水带位置正确，与地沟垂直。

⑦ 水泥砂浆抹面：详见下题2-5-178。

⑧ 应注意的质量问题：严格控制砂浆配合比：水泥和砂都要过磅，计量要准确，搅拌时间要到达规定的要求。外掺剂要计量准确。确保砖墙平面位置准确：墙体砌筑时，要拉线找正墙的轴线和边线，砌筑时必须保证墙身垂直。墙面不平：一砖半墙必须双面挂线，一砖墙反手挂线，舌头灰要随砌随刮平。皮杆数不平：抄平放线时，要细致认真；顶皮杆数的木杆要牢固，防止碰撞松动。皮数杆立完后，要复验，确保皮数杆标高一致。清水墙游丁走缝：排砖时必须把立缝排匀，砌完一步架高度，每隔2m间距在丁砖立棱处用托线板吊直弹线，二步架往上继续吊直弹线。灰缝大小不匀：立皮数杆要保证标高一致，盘角时灰缝要掌握均匀，砌砖时，小线要拉紧，防止一层线松一层线紧。

（3）冬雨期施工：

① 承重墙不宜在冬季施工，必须在冬季施工时，应采取防冻措施。

② 在连续5d平均气温低于5℃或当日最低气温低于0℃时即进入冬期施工，应采取冬期施工措施。

③ 冬期施工使用的砖，要求在砌筑前清除冰霜。

④ 冬期施工砂浆宜采用普通硅酸盐水泥拌制，砂中不得含有大于10mm的冻块。

⑤ 冬期施工材料加热时，水加热不超过80℃，砂加热不超过40℃。应采用两步投料法，即先拌合水泥和砂，再加水拌合。

⑥ 冬期施工砂浆使用温度不应低于+5℃。砌筑完成后，应及时覆盖保温。

⑦ 雨季施工时，应防止雨水冲刷砂浆，砂浆的稠度应适当减小。每日砌筑高度不宜大于1.2m。收工时应覆盖砌体表面。

4）质量标准：

（1）主控项目：

① 砖的品种：强度等级必须符合设计要求。

② 砂浆品种及强度等级应符合设计要求。砌筑砂浆的验收批，同一类型、强度等级的砂浆试块应不少于3组；同一验收批砂浆试块抗压强度平均值必须大于或等于设计强度等级所对应的立方体抗压强度；同一验收批砂浆试块抗压强度的最小一组平均值必须大于或等于设计强度等级所对应的立方体抗压强度的0.75倍。当同一验收批少于3组试块时，每组试块抗压强度平均值必须大于或等于设计强度等级所对应的立方体抗压强度。

③ 砌体砂浆必须密实饱满，砌体水平灰缝的砂浆饱满度不得小于98％。

④ 预埋件的数量、长度（外露长度、埋置深度）等均符合设计要求和施工规范的规定，留置间距偏差不超过设计规定。

⑤ 砖墙的位置及垂直度允许偏差见表2-5-177（1）。

砖墙的位置及垂直度允许偏差　　　　　　　　　　　表 2-5-177（1）

序 号	项 目	允许偏差（mm）	检 验 方 法
1	轴线位置偏移	10	用经纬仪、拉线和尺量检查
2	垂直度	5	用2m托线板检查

（2）一般项目：

① 砌体砌筑方法正确，灰缝整齐均匀，缝宽符合要求上下错缝；不允许出现竖向通缝。

② 砖砌体砂浆饱满，缝、砖平直。

③ 清水墙组砌正确，竖缝通顺，勾缝深度适宜、一致。棱角整齐、墙面洁净美观。

④ 允许偏差项目见表2-5-177（2）。

砖砌沟允许偏差表　　　　　　　　　　表 2-5-177（2）

项　次	项　　目		允许偏差（mm）	检　验　方　法
1	砂浆抗压强度		必须符合规范要求	按规范规定
2	沟底标高		±10	用水准仪测量
3	砌体顶面标高		±15	用水准仪和尺量检查
4	表面平整度	清水墙	5	用 2m 靠尺和楔形塞尺检查
		混水墙	8	
5	中线每侧宽度		0～+5	用尺量
	墙　厚		不小于设计规定	用尺量
6	水平灰缝平直度	清水墙	7	拉 10m 线的尺量检查
		混水墙	10	
7	清水墙游丁走缝		20	吊线和尺量检查，以每层第一皮砖为准

⑤《排水管（渠）工程施工质量检验标准》DBJ 01-13—2004：

墙体和拱圈的伸缩缝与底板伸缩缝对正，缝宽应符合设计要求，墙体不得有通缝。止水带安装位置正确、牢固、闭合，且浇筑混凝土过程中保证止水带不变位、不垂、不浮，止水带附近的混凝土振捣密实。墙体施工缝斜槎水平投影不得小于墙高度的 2/3。砌筑方法正确，砂浆饱满，灰缝整齐均匀，缝宽符合设计要求。抹面应压光，不得有空鼓、裂缝等现象。沟底要清理干净、平整、坚实。砖及混凝土砌块砌筑渠道允许偏差见表 2-5-177（3）。

砖及混凝土砌块砌筑渠道允许偏差表　　　　　　表 2-5-177（3）

序号	项　　目	允许偏差（mm）	检验频率		检　验　方　法
			范围	点数	
1	渠内底高程	±10	20m	1	用水准仪测量
2	墙厚、拱圈及盖板断面尺寸	不小于设计规定	20m	2	用尺量，宽、厚各计一点
3	墙高	±10	20m	2	用尺量每侧各一点
4	渠底中心线每侧宽	±10	20m	2	用尺量每侧各一点
5	墙面垂直度	≤15	20m	2	用垂线检测，每侧计一点
6	墙面平整度	≤5	20m	2	用 2m 靠尺和楔型塞尺检查取较大值，每侧计 1 点
7	盖板压墙尺寸	±10	20m	2	用尺量，每侧计 1 点
8	相邻板底错台	≤10	20m	2	用尺量，每侧计 1 点

注：1. 砂浆强度检验：同一验收批砂浆试块的抗压强度平均值必须不小于设计强度等级所对应的立方体抗压强度；同一验收批砂浆试块抗压强度的最小一组平均值必须不小于设计强度等级所对应的立方体抗压强度的 0.75 倍；砌筑砂浆的验收批，同一类型、强度等级的砂浆试块应不少于 3 组。当同一验收批仅有一组试块时，该组试块抗压强度的平均值必须不小于设计强度等级所对应的立方体抗压强度；砂浆强度应以标准养护，龄期为 28d 的试块抗压试验结果为准；抽检数量：每 50m³ 砌体应制作试块一组，不足 50m³ 按每一砌筑段计；砂浆有抗渗抗冻要求时应在配合比中予以保证。

2. 抹面与勾缝要求参照现行国家标准《建筑装饰装修工程质量验收规范》GB 50210—2001 执行。

3. 砂浆材料及拌制要求可参照《桥梁工程施工质量检验标准》DBJ 01-12 附录 C。

5）质量记录：

（1）砌筑块（砖）试验报告。

（2）砌筑砂浆抗压强度试验报告。

（3）砌筑砂浆试块强度统计、评定记录。

6) 安全与环保：

(1) 砌块码放高度不得超过 1.5m，基坑、沟槽边 1m 内不得堆放或运输砌筑材料。

(2) 砌筑过程中，不得在砌体上使用大锤锤击石料。

(3) 采用分段砌筑时，相邻高差不得大于 1.2m，分段位置应设在变形缝处。

7) 成品保护：

(1) 墙体砌完后，未经有关人员复查之前，对轴线桩、高程桩应注意保护，不得碰撞。

(2) 对外露或预埋在墙体内的套管、预埋件，应注意保护不得损坏，外露螺纹部分缠绕黑胶布予以保护。

(3) 砌墙时应防止砂浆溅脏墙面。

(4) 在止水带、变形缝处，应用塑料薄膜或木板等遮盖，保持止水带、木丝板等防水材料不受损坏。

(5) 盖板尚未安装前，不得进行沟槽回填。

(6) 回填土方两侧应同时进行，回填土应分层夯实，不允许向槽内灌水取代夯实。回填土运输时，注意盖板保护，不得损坏板缝抹带及防水。

2-5-178　侧墙抹面施工工艺是怎样的？

答：1) 适用范围：适用于砖沟砌体结构、检查井内外水泥砂浆抹面施工。

2) 施工准备：

(1) 材料要求：

① 水泥：一般采用强度等级为 32.5 级的或 42.5 级的普通硅酸盐水泥和矿渣硅酸盐水泥。水泥应有出厂合格证书及性能检测报告。水泥进场需核查其品种、规格、强度等级、出厂日期等，并进行外观检查，做好进场验收记录。水泥进场后应对其凝结时间、安定性和抗压强度进行复验。当水泥出厂超过 3 个月时应按试验结果使用。用于同一部位的水泥应采用同一品种、同一批号的产品，保证颜色一致。

② 砂：中砂，平均粒径为 0.35～0.5mm，砂的颗粒要求坚硬洁净，不得含有黏土、草根、树叶、碱质及其他杂质。砂在使用前应根据使用要求不同孔径的筛子过筛。

③ 其他掺合料：防水剂、防裂剂、防冻剂、聚合物等外加剂，必须符合设计要求及国家产品标准的规定，其掺量应按照产品说明书配制并通过试验确定。掺合料的性能应与抹灰墙面涂料的性能相匹配，作溶剂型涂料饰面的抹灰砂浆中不得掺有含油和氯化钙的外加剂。

④ 冬期抹灰砂浆应采用热水拌合，并采取保温措施，抹灰石砂浆温度不应低于 5℃。为防止抹灰层早期受冻，水泥砂浆内不得掺入石灰膏。为保证灰浆的和易性，可掺入粉煤灰或其他塑化剂代替。

(2) 施工机具（设备）：主要机具包括：砂浆搅拌机、5mm 的筛子、大平锹、小平锹，除抹灰供一般常用工具外，还应备有软毛刷、钢丝刷、粉线包、喷壶、小水壶、水桶、米厘条、分格条、扫帚、锤子等。

(3) 作业条件：

① 抹灰工程必须在砌体结构施工完成，并经有关部门验收合格后施工。

② 抹灰工程施工的环境温度不应低于 5℃，当必须在低于 5℃的气温下施工时，应有保证工程质量的有效措施。

③ 抹灰工程在高温或烈日下施工时，应有保证工程质量的有效养护措施。

④ 外墙抹水泥砂浆施工前，应先在相同基体上做样板墙并做出分格缝，经有关各方确认合格后再组织大面积抹灰施工。

⑤ 抹灰前，应检查抹灰面上的预埋件安装的位置是否正确，与墙体连接是否牢固。对连接

处的缝隙应用1：3水泥砂浆分层嵌塞密实。若缝隙较大时，应在砂浆中掺少量细砂子嵌塞，使其塞缝严实。

⑥ 墙基体表面的灰尘、污垢和油渍等应清理干净，并洒水湿润。

⑦ 灰面上预埋预设铁件、管道等应提前安装好，结构施工时的预留孔洞等提前堵塞严实。

⑧ 抹灰前应先检查基体表面的平整，以决定其抹灰厚度。

⑨ 脚手架横竖杆要离开墙面及墙角200～250mm，以利施工操作。不宜采用单排外架子，不宜在墙面上预留临时孔洞。

（4）技术准备：明确施工做法，对有关人员进行技术交底。

3）操作工艺：

（1）工艺流程：

基层清理湿润→抹底层砂浆→抹面层砂浆→墙角加细修整→养护。

（2）操作方法：抹面的水泥砂浆强度等级应符合设计规定，稠度满足施工需要，底层砂浆稠度宜为12cm，其他以为7～8cm。抹面厚度必符合设计规定。

① 基层清理湿润：抹灰打底前应对基层进行清理。砖墙墙面粘接的残余砂浆应清除干净，已勾缝的砌体应将勾缝的砂浆剔除；将砖墙面洒水湿润。

② 水泥砂浆抹面应分层分遍抹平，一般分2道抹成。抹底层砂浆：采用1：3水泥砂浆，厚度5～7mm，抹成后用杠尺刮平找直，木抹子搓毛，将表面划出纹道，完成后间隔48h进行第二道抹面。抹面层砂浆：一般采用1：2.5水泥砂浆，分2遍压实擀光完成。先薄薄地刮一层，使其与底灰粘牢，紧跟抹第二道灰，并用杠横竖刮平，木抹子搓平，铁抹子溜光压实。

③ 抹面的施工接槎应留阶梯形槎，上下层接槎应错开，留槎的位置应离开交角处150mm以上。接槎时，应先将留槎均匀地涂刷水泥浆一道，然后按照层次操作顺序层层搭接，接槎应严密。

④ 墙角加细修整：墙底交接处，抹八字灰，防止该处漏水。

⑤ 养护：抹面砂浆终凝后，应保持表面湿润，宜每隔4h洒水一次潮湿、通风不良的地下管沟墙体，当抹面表面出现大量冷凝水时，应减少洒水养护。管沟受阳光照射的部位及易风干的入口部位，应覆盖后浇水养护。养护时间一般为14d。

⑥ 应注意的问题——空鼓、开裂：由于抹灰前对基层清理不干净或不彻底造成的。抹灰前不浇水，每层灰抹得过厚，跟得太紧；对于混凝土光滑表面不认真进行"毛化处理"；甚至混凝土表面的酥皮不处理就抹灰。为解决好空鼓、开裂等质量问题，应从三方面解决：第一，施工前的浇水、清理；第二，施工操作分层分遍压实，需认真监控；第三，施工后及时浇水养护，并注意成品保护。面层接槎不平，颜色不一致：接槎甩得不规矩、不平，故接槎时难找平。注意外抹水泥砂浆中的水泥应采用同品种、同批号的水泥，以防止颜色不均。面层抹灰要用原浆抹压，不得撒干水泥面收光。抹灰表面不平、阴阳角不垂直、不方正：主要是抹灰前挂线、做灰饼不认真，出现高低不平，阴阳角不直顺、不方正。抹灰前应用托线板、靠尺对抹灰墙面尺寸预测摸底，安排好阴阳角不同两个面的灰层厚度和方正，认真做好灰饼。阴阳角处应用方尺找方，做到墙面垂直、平顺、阴阳角方正。

（3）冬雨期施工：

① 遇雨天时要及时停止施工，刚砌筑完毕的要及时苫盖，防止雨水冲刷，经雨水浸泡的段落待晴天后要经检查，合格后方可继续砌筑。

② 冬季进行砌体施工时，拌合的砂浆要采取一定的措施，受冻的砂浆不得加热水融化再行使用，砌筑完成的部分，要及时覆盖保温，防止受冻。

③ 冬季施工有霜、雪时，必须先清理作业面上的霜、雪后方可再作业。

4）质量标准：

（1）主控项目：

① 抹灰所用材料的品种和性能应符合设计及国家规范、标准的要求。抹面与勾缝要求参照现行国家标准《建筑装饰装修工程质量验收规范》GB 50210—2001 执行。

② 抹灰工程应分层进行，不同材料的分层抹灰厚度应符合国家规范的要求。

③ 抹灰层与基层之间及各抹灰层之间必须粘接牢固，抹灰层应无脱层、空鼓，面层应无裂缝。

（2）一般项目：

① 水泥砂浆抹灰工程的表面质量应光滑、洁净、接槎平整，颜色均匀、无抹纹。

② 水泥砂浆抹灰工程质量的允许偏差和检验方法符合表 2-5-178。

水泥砂浆抹灰工程质量的允许偏差和检验方法　　　　表 2-5-178

序　号	项　目	允许偏差（mm）	检　验　方　法
1	立面垂直度	4	用 2m 靠尺及塞形尺检查
2	表面平整度	4	用直角检测尺检查

5）质量记录：

（1）砌筑砂浆抗压强度试验报告。

（2）砌筑砂浆试块强度统计、评定记录。

6）安全与环保：

（1）作业人员不得在墙顶上作业、行走。

（2）吊运砂浆时，装料量应低于料斗上沿 10cm，料斗在架子上方下落时，作业人员应躲开。

7）成品保护：

（1）预埋件上残留的砂浆应及时清理干净。框装前要粘贴保护膜，嵌缝用中性砂浆应及时清洁并用洁净的棉丝将框擦净。

（2）翻拆架子时要防止脚手架杆碰坏已抹好的水泥墙面，不可随意蹬踩线角，损坏棱角并污染墙面。墙边角处应采取相应的保护措施，可以顶木板作防护，避免因工序穿插造成墙边角的污染和损坏。

（3）保护好墙面预埋件。

（4）抹灰层在凝结硬化期应防止暴晒、水冲、撞击、振动和受冻，以保证抹灰层有足够的强度。

2-5-179　混凝土预制盖板安装施工工艺是怎样的？

答：1）适用范围：适用于砌筑管沟工程（也适用于钢筋混凝土管沟结构、锚喷支护竖井、检查井等）混凝土预制构件制作、安装。

预制构件制作、检验执行北京市标准《预制混凝土构件操作质量标准》DBJ 01-2—99、《预制混凝土构件质量检验评定标准》DBJ 01-1—92 级现行的国家、地方标准。

2）施工准备：

（1）材料要求：

① 根据施工图纸和构件加工单生产的混凝土构件，其型号、数量、规格、混凝土强度等符合设计图纸及规范要求。混凝土出厂强度达到设计强度的 75%。

② 砌筑管沟多为盖板预制构件，其外观不得有露筋、蜂窝、麻面、裂缝、破损等现象。

③ 预制混凝土原材料、配合比符合规范要求，钢筋经检验试验合格。

（2）施工机具（设备）：

① 机械：吊车、运输车。

② 工具：钢丝绳、吊钩、吊环、撬棍、铁锹、灰槽、木抹子、钢尺。

（3）作业条件：

① 混凝土预制构件已委托由具有相应生产资质的厂家生产，产品质量符合要求。

② 管沟、检查井墙体强度符合吊装强度要求，将表面水泥浆等清理干净，在构件和墙体上弹好中线。

③ 构件已运至现场，吊车等机械进场。

（4）技术准备：已根据现场条件，结构特点及施工工艺要求制定了相应的吊装方案。并对施工人员进行安全、质量、技术交底。

3）操作工艺：

（1）工艺流程：支座铺筑砂浆→构件吊装就位→勾缝→防水。

（2）操作方法：

① 水泥砂浆铺底：采用1：2.5水泥砂浆铺底，事先搅拌均匀，随吊装随铺底，铺底厚度20～25mm，并用木抹子整平，墙顶清理干净，并事先洒水湿润。

② 构件吊装：采用两点或四点法起吊。绑扎好钢丝绳。吊装有专人指挥，就位时，应有专人调整构件位置，使其缝宽均匀，位置正确。按顺序安装。相邻盖板的错台不应大于10mm，盖板端部压墙长度允许偏差±10mm。

③ 勾缝：板缝和板端的三角灰采用1：2.5水泥砂浆；填抹密实，当缝宽较大时设置吊模，缝宽大于50mm时，进行加筋处理。盖板就位后吊环应卧平，抹水泥砂浆予以保护。

④ 砖墙抹水泥砂浆防水层

基层处理：砖墙抹防水层时，必须在砌砖时划缝，深度为10～12mm。

贴灰饼：吊垂直、套方找规矩，弹厚度控制线，按厚度线用防水砂浆做标准厚度灰饼、冲筋。灰饼为梅花点布置，两点间距离为2000mm。

基层浇水湿润：抹灰前一天用水把砖墙浇透，第二天抹灰时再把砖墙浇水湿润。

抹底层砂浆：配合比为水泥：砂=1：2.5，加水泥重量3%的防水粉。先用铁抹子薄薄刮一层，然后用木抹子上灰、搓平，压实表面并顺平。抹灰厚度为6～10mm。

刷水泥素浆：底层抹完后1d，将表面浇水湿润，再抹水泥防水素浆，掺水泥重量3%的防水粉。先将水泥与防水粉拌合，然后加入适量水搅拌均匀，用毛刷刷一遍，厚度在1mm左右。

抹面层砂浆：抹完水泥素浆之后，紧接着抹面层砂浆，配合比与地层相同，先用木抹子搓平，后用铁抹子压实、压光。抹灰厚度在6～8mm之间。

刷防水素浆：面层抹灰1d后，先将水泥和水拌匀后，加入防水粉再搅拌均匀，用软毛刷子将面层均匀涂刷一遍，厚度为1mm，再用铁抹子抹压密实。

（3）冬雨期施工：

冬雨期安装盖板除需满足砂浆冬雨期施工要求外，要注意安装过程中要有防滑措施。

4）质量标准：

（1）主控项目：

① 预制混凝土构件混凝土的原材料、配合比、强度应符合规范要求。

② 预制构件不得有露筋、蜂窝、麻面、裂缝、破损等现象，外露面光洁、色泽一致。

③ 预制构件应有生产日期，检验合格出厂标识及相应的钢筋、混凝土原材料检测、试验资料。

④ 顶板安装应位置准确、平稳、塞缝严实，铺垫砂浆及抹三角灰应密实、饱满。

⑤ 预制构件（主要指盖板）质量及允许偏差见表2-5-179（1）、（2）。

预制钢筋混凝土盖板质量及允许偏差表   **表 2-5-179（1）**

项次	项　目	质量及允许偏差（mm）	检　验　方　法
1	△ 混凝土抗压强度	应符合设计要求	按试验标准规定
2	△ 混凝土抗渗强度		
3	厚　度	±5	用钢尺量
4	宽　度	0～10	用钢尺量
5	长　度	±10	用钢尺量
6	对角线长度差	≤10	用钢尺量
7	外露面平整度	≤5	用 2m 直尺量最大值
8	麻　面	≤1%	用尺量麻面总面积

盖板安装允许偏差表   **表 2-5-179（2）**

项　次	项　目	质量及允许偏差（mm）	检　验　方　法
1	相邻板内顶面错台	±10	用尺量
2	板端压墙长度	±10	用尺量，每侧 3 点取最大值

（2）一般项目：

《排水管（渠）工程施工质量检验标准》DBJ 01-13—2004：

① 钢筋混凝土盖板外观及内在质量应符合设计及现行有关标准规定。

② 预制盖板安装位置准确平稳、塞缝严实，铺垫砂浆及抹三角灰均匀、密实、饱满。

5）质量记录：

（1）主要设备、原材料、构配件质量证明文件（合格证）及复试验报告。

（2）构件吊装施工记录。

6）安全与环保：

（1）安全注意事项：

① 防止起重机事故：起重机的行驶道路必须平坦、坚实，地下松软土层要进行处理。应避免起重机超载。当所要起吊的重物不在起重机顶的正下方时，禁止起吊。禁止在六级风的情况下进行吊装作业。起重吊装指挥人员须持证上岗，驾驶员在作业时应严格按规定操作。严禁起吊重物长时间在空中悬挂。起重机的吊钩和吊环严禁补焊。

② 防止触电事故：现场电气线路、设备应有专人负责；严禁非电工人员随意拆改。起重机不得靠近架空输电线路作业。现场各种电线接头、开关应装入开关箱内，用后加锁。各种用电机械必须有良好的接地或接零。在雨天或潮湿地点作业的人员，应穿戴绝缘手套和绝缘鞋。

（2）环保措施：

① 小机具应专人管理、使用前进行维护，避免油渍污染构件及环境。

② 现场要定期洒水，防止扬尘。

③ 邻近居民区施工时，应采用低噪声设备，噪声较大的设备应搭设减噪棚，防止噪声污染。

7）成品保护：

（1）预制构件要明显标记，不得任意涂抹更改和污染。

（2）构件在运输和推放时，垫木的支垫位置应符合规定，一般应靠近吊环，垫块厚度应高于吊环，且上下垫木成一条直线。防止因支垫不合理，造成构件损坏。

（3）堆放场地应平整、坚实，不得积水。底层应用 100mm×100mm 方木支垫平稳。每垛码放应按施工组织设计规定的高度码放整齐。

2-5-180　明挖法隧道钢筋绑扎施工有何要求？

答：1）钢筋绑扎前应清点数量、类别、型号、直径，锈蚀严重的钢筋应除锈，弯曲变形钢筋应校正；清理结构内杂物，调直施工缝处钢筋；检查结构位置、高程和模板支立情况，测放钢筋位置后方可进行绑扎。

2）结构不在同一高程或坡度较大时，必须自下而上进行绑扎，必要时应增设适当固定点或加设支撑。

3）钢筋绑扎应用同标号砂浆垫块或塑料卡支垫，支垫间距为1m左右，并按行列式或交错式摆放，垫块或塑料卡与钢筋应固定牢固。

4）钢筋绑扎搭接长度应满足设计要求，绑扎点应符合下列规定：

（1）钢筋搭接时，中间和两端共绑扎三处，并必须单独绑扎后，再和交叉钢筋绑扎；

（2）主筋和分布筋，除变形缝处2～3列骨架全部绑扎外，其他可交叉绑扎；

（3）主筋之间或双向受力钢筋交叉点应全部绑扎；

（4）单肢箍筋和双肢箍筋拐角处与主筋交叉点应全部绑扎，双肢箍筋平直部分与主筋交叉点可交叉绑扎；

（5）墙、柱立筋与底板水平主筋交叉点必须绑扎牢固，如悬臂较长时，交叉点必须焊牢，必要时应加支撑；

（6）钢筋网片除外围两行钢筋交叉点全部绑扎外，中间部分交叉点可相隔交错绑扎牢固。

5）箍筋位置应正确并垂直主筋。双肢箍筋弯钩叠合处，应沿受力方向错开设置，单肢箍筋可按行列式或交错式排列。

6）钢筋绑扎必须牢固稳定，不得变形松脱和开焊。变形缝处主筋和分布筋均不得触及止水带和填缝板，混凝土保护层、钢筋级别、直径、数量、间距、位置等应符合设计要求。预埋件固定应牢固、位置正确。钢筋绑扎位置允许偏差应符合表2-5-180规定。

钢筋绑扎位置允许偏差值（mm） 表 2-5-180

项　目		允许偏差
箍筋间距		±10
主筋间距	列间距	±10
	层间距	±5
钢筋弯起点位移		±10
受力钢筋保护层		±5
预埋件	中心线位移	±10
	水平及高程	±5

2-5-181　模板支立施工有何要求？

答：1）模板设计应符合下列规定：

（1）模板和支架应可靠的承受钢筋混凝土结构及施工的各项荷载；

（2）保证结构形状、位置和尺寸正确；

（3）构造简单，施工方便，装拆灵活，利于搬运，能满足钢筋安装、绑扎和混凝土灌注等工艺要求；

（4）墙、柱（钢管柱除外）模板预留吹扫孔和振捣窗。

2）模板支立前应清理干净并涂刷隔离剂，铺设应牢固、平整、接缝严密不漏浆，相邻两块模板接缝高低差不应大于2mm。支架系统连接应牢固稳定。

3）模板应采用拉杆螺栓固定，两端应加垫块（如图2-5-181），拆模后其垫块孔应用膨胀水泥砂浆堵塞严密。

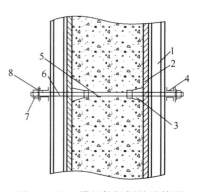

图 2-5-181　模板拉杆螺栓连接图
1—立带；2—模板；3—椎型垫块；4—横带
5—拉杆；6—螺栓；7—螺帽；8—垫板

4）垫层混凝土模板支立应平顺，位置正确。其允许偏差为：高程±20mm；宽度以中线为准，左右各±20mm；变形缝不直顺度在全长范围内不得大于1‰；里程±20mm。

5）底板结构先贴防水层的保护墙应支撑牢固，结构梗斜和底梁模板支立位置应正确、牢固、平整。

6）顶板结构应先支立支架后铺设模板，并预留$10\sim30$mm沉落量，顶板结构模板允许偏差为：设计高程加预留沉落量$^{+10}_{\ 0}$mm；中线±10mm；宽度$^{+15}_{-10}$mm。

7）墙体结构应根据放线位置分层支立模板，内模板与顶模板连接好并调整净空合格后固定；外侧模板应在钢筋绑扎完后支立。

模板支立允许偏差为：垂直度2‰；平面位置±10mm。

8）钢筋混凝土柱的模板应自下而上分层支立，支撑应牢固，允许偏差为：垂直度1‰；平面位置，顺线路方向±20mm，垂直线路方向±10mm。

钢管柱垂直度、平面位置除符合以上规定外，柱顶高程允许偏差为$^{+10}_{\ 0}$mm。

9）结构变形缝处的端头模板应钉填缝板，填缝板与嵌入式止水带中心线应和变形缝中心线重合，并用模板固定牢固。止水带不得穿孔或用铁钉固定。

端头模板支立允许偏差为：平面位置±10mm，垂直度2‰。

10）结构留置垂直施工缝时，端头必须安放模板，如设置止水带，除端头模板不设填缝板外，其他应按本相关规定执行。

11）结构拆模时间：不承重侧墙模板，在混凝土强度达到2.5MPa时即可拆除；承重结构顶板和梁，跨度在2m及其以下的强度达到50％、跨度在2～8m的强度达到70％、跨度在8m以上的强度达到100％时方可拆除。

结构拆模时，尚应符合相关规定，否则应采取临时覆盖措施。

12）拆除的模板应清除灰渣，及时维修，妥善保管。

2-5-182　混凝土灌注施工有何要求？

答：1）隧道结构均应采用防水混凝土，其施工除满足本节要求外，尚应符合相关规定。

2）混凝土灌注地点应采取防止暴晒和雨淋措施。

混凝土灌注前应对模板、钢筋、预埋件、端头止水带等进行检查，清除模内杂物，隐检合格后，方可灌注混凝土。

3）垫层混凝土应沿线路方向灌注，布灰应均匀，其允许偏差为：高程$^{+5}_{-10}$mm，表面平整度3mm。

4）底板混凝土应沿线路方向分层留台阶灌注。混凝土灌注至高程初凝前，应用表面振捣器振一遍后抹面，其允许偏差为：高程±10mm，表面平整度10mm。

5）墙体和顶板混凝土灌注应符合下列规定：

（1）墙体混凝土左右对称、水平、分层连续灌注，至顶板交界处间歇1～1.5h，然后再灌注顶板混凝土。

（2）顶板混凝土连续水平、分台阶由边墙、中墙分别向结构中间方向进行灌注。混凝土灌至高程初凝前，应用表面振捣器振捣一遍后抹面，其允许偏差为：高程±10mm，表面平整度5mm。

6）混凝土柱可单独施工，并应水平、分层灌注。如和墙、顶板结构同时施工而混凝土标号不同时，必须采取措施，不得混用。

7）结构变形缝设置嵌入式止水带时，混凝土灌注应符合下列规定：

（1）灌注前应校正止水带位置，表面清理干净，止水带损坏处应修补；

（2）顶、底板结构止水带的下侧混凝土应振实，将止水带压紧后方可继续灌注混凝土；

（3）边墙处止水带必须固定牢固，内外侧混凝土应均匀、水平灌注，保持止水带位置正确、平直、无卷曲现象。

8）混凝土灌注过程中应随时观测模板、支架、钢筋、预埋件和预留孔洞等情况，发现问题，及时处理。

9）混凝土终凝后应及时养护，垫层混凝土养护期不得少于7d，结构混凝土养护期不得少于14d。

10）混凝土抗压、抗渗试件应在灌注地点制作，同一配合比的留置组数应符合下列规定：

（1）抗压强度试件：

① 垫层混凝土每灌注一次留置一组；

② 每段结构（不应大于30m长）的底板、中边墙及顶板，车站主体各留置4组，区间及附属建筑物结构各留置2组；

③ 混凝土柱结构，每灌注10根留置一组，一次灌注不足10根者，也应留置一组；

④ 如需要与结构同条件养护的试件，其留置组数可根据需要确定。

（2）抗渗压力试件：每段结构（不应大于30m），车站留置2组，区间及附属建筑物各留置一组。

2-5-183 结构外防水施工有何规定？

答：1）结构底板先贴卷材防水层施工，应符合下列规定：

（1）保护墙砌在混凝土垫层上，永久保护墙用1∶3水泥砂浆砌筑，临时保护墙用1∶3白灰砂浆砌筑，并各用与砌筑相同的砂浆抹一层找平层；

（2）卷材先铺平面，后铺立面，交接处应交叉搭接；

（3）卷材从平面折向立面铺贴时，与永久保护墙粘贴应严密，与临时保护墙应临时贴附于该墙上（如图2-5-183（1））。

2）结构边顶后贴卷材防水层施工应符合下列规定：

（1）铺贴前应先将接茬部位各层卷材揭开，并将其表面清理干净，如有局部损伤应修补；

（2）卷材应采用错茬相接，上层卷材盖过下层卷材不应小于图2-5-183（2）规定；

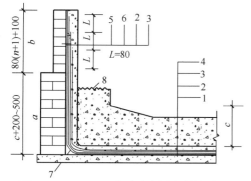

图2-5-183（1） 先贴防水层卷材铺贴图

1—混凝土垫层；2—卷材防水层；3—卷材保护层；

4—结构底板；5—保护墙；6—砂浆找平层；

7—卷材加强层；8—结构施工缝

a—永久保护墙；b—临时保护墙；c—底板+梗斜；

n—卷材防水层层数

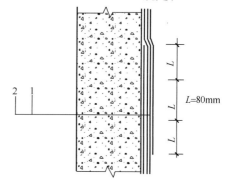

图2-5-183（2） 卷材错茬相接构造图

1—卷材防水层；2—垫层或主体结构

（3）卷材铺贴宜先边墙后顶板，先转角，后大面。

3）在施工条件受到限制，边墙与底板防水层同时铺贴时，边墙顶部应留置临时保护墙，或采取防止损坏卷材留茬的措施。

2-5-184　隧道明挖法施工工程验收规定有哪些？

答：1）基坑开挖应对下列项目进行中间检验，并符合本章有关规定：

（1）基坑平面位置、宽度及基坑高程、平整度、地质描述；

（2）基坑降水；

（3）基坑放坡开挖的坡度和支护桩及连续墙支护的稳定情况；

（4）地下管线悬吊和基坑便桥稳固情况。

2）基坑回填应对下列项目进行中间检验，并符合本章有关规定：

（1）基坑回填前基底清理；

（2）回填料种类、取样、最大干容重和最佳含水量的测试；

（3）每层回填土密实度测试。

3）结构施工应对下列项目进行中间检验，并符合本章有关规定：

（1）原材料、配合比和混凝土搅拌及灌注；

（2）防水层基面、每层防水层铺贴和保护层施工以及结构混凝土灌注前的模板、钢筋施工质量和隐蔽前的检验；

（3）各种材料和试件试验的质量。

4）隧道结构竣工后，混凝土抗压强度和抗渗压力必须符合设计要求，无露筋、露石，裂缝应修补好，结构允许偏差值应符合表 2-5-184 规定。

隧道结构各部位允许偏差值（mm）　　　　表 2-5-184

项目	允许偏差												检查方法
	垫层	先贴防水保护层	后贴防水保护层	底板	顶板		墙		柱子	变形缝	预留洞	预埋件	
					下表面	上表面	内墙	外墙					
平面位置	±30	—	—	—	—	—	±10	±15	纵向±20 横向±10	±10	±20	±20	以线路中线为准用尺检查
垂直度（‰）	—	—	—	—	—	—	2	3	1.5	3	—	—	线锤加尺检查
直顺度	—	—	—	—	—	—	—	—	—	5	—	—	拉线检查
平整度	5	5	10	15	5	10	5	10	5	—	—	—	用2m靠尺检查
高程	+5 −10	+0 −10	+20 −10	±20	+30 0	+30 0	—	—	—	—	—	—	用水准仪测量
厚度	±10	—	—	±15	±10		±15		—	—	—	—	用尺检查

5）工程竣工验收应提供下列资料：

（1）原材料、成品、半成品质量合格证；

（2）各种试验报告和质量评定记录；

（3）图纸会审记录、变更设计或洽商记录；

（4）工程定位测量记录；

（5）隐蔽工程验收记录；

（6）基础、结构工程验收记录；

（7）开竣工报告；

（8）竣工图。

2-5-185　排水管线施工现场检查项目有哪些？沟槽回填的要求有哪些？

答：1）检查开槽方案是否符合施工规范要求，放坡要满足安全、施工、环境条件。要严格控制基底和底板高程，保证干槽施工。加强对抹带包封的养护。污水管道要待"带井闭水"合格后再回填。

2）管线回填要对称回填，防止单向受力过大，产生位移，对称回填两侧高差不大于 30cm。注意胸腔填土质量，既要达到密实度要求，又要保证管线安全。雨季加强防汛，避免负浮管现象出现。

3）沟槽回填的要求：

（1）管道安装验收合格后应立即回填，应先回填到管顶以上一倍管径高度。

（2）沟槽内不得有积水，不应带水回填；不得回填含有机物的积泥，回填土中夹杂的石块、砖、木料、钢筋及其他杂硬物体应剔除。

（3）沟槽回填从管底基础部位开始到管顶以上 0.7m 范围内，必须用人工回填。严禁用机械推土机回填。

（4）每层填土虚铺厚度，人工夯实不大于 20cm，机械夯实不大于 30，每层夯打密实后，测定密实度，当密实度达到要求时，才可继续回填。

（5）重力流管道应在闭水试验合格后回填；压力流管道在水压试验前，除接口外管道两侧及管顶以上回填高度不应小于 0.5m，水压试验合格后宜在管内充水情况下回填其余部位。

（6）塑料管若处于步道或绿地的下方，按《给水排水管道工程施工及验收规范》GB 50268—2008 的压实度要求实施是可行的。若塑料管道处于路基下方，由于路基压实度标准比较严格，特别是管顶以上 GB 50268—2008 规定，仅 25cm 厚的范围内压实度为 87%，在管顶 25cm 以上范围内，无论管顶还是管道两侧，都要求达 90% 以上。这在覆土较浅的情况下，对塑料管道是不利的。为此《埋地硬聚氯乙烯排水管道工程技术规程》CECS122：2001 规定管顶以上 400mm 内回填砂或砂砾材料；且规定覆土厚度在管顶 70cm 以上，方可采用机械碾压。

4）沟槽回填土的压实度，见表 2-5-185。

沟槽回填上作为路基的最小压实度 　　　　　　　　　表 2-5-185

由路槽底算起的深度范围（cm）	道路类别	最低压实度（%）	
		重型击实标准	轻型击实标准
≤80	快速路及主干路	95	98
	次干路	93	95
	支路	90	92
>80～150	快速路及主干路	93	95
	次干路	90	92
	支路	87	90
>150	快速路及主干路	87	90
	次干路	87	90
	支路	87	90

注：1. 表中重型击实标准的压实度和轻型击实标准的压实度，分别以相应的标准击实试验法求得的最大干密度为 100%。

2. 回填土的要求压实度，除注明者外，均为轻型击实标准的压实度。

2-5-186 HDPE 管道严密性检验主控项目是什么？

答：1）闭水检验（主控项目）

闭水检验合格作为工程最终检验依据。管道的闭水检验应在回填材料至管径一倍高度以上并且夯实后进行。

2）闭气检验（主控项目）

闭气检验也可作为工程最终检验依据。管道接口采用闭气试验装置对接口进行测试，应随管道安装同时进行，检验合格后方可回填。

2-5-187 HDPE 管道变形检测的频率、方法是什么？

答：1）HDPE 管道变形检验包括安装（铺设）变形检测和施工变形检测。管道安装变形检测应在管道回填达到设计高程后 12～24h 进行。管道施工变形检测应在管道覆土或上面结构完成 30d 后进行。

2）HDPE 管道变形检测频率：

（1）试验段（或最初 50m）不小于 3 处，取起点、中间点、终点附近处，每处平行测两个断面，在测量点垂直断面测垂直直径。

（2）相同条件下，每 100m 测 3 处，位置及要求同本条第一款。

（3）在地质条件、填土材料、压实工艺或管径等因素变化时，应按本条第一款处理。

3）HDPE 管道变形检测方法

（1）方便时，可直接用钢直尺。

（2）人不能进入管内量测时可采取光学、电测等方法或心轴法进行检测。

4）HDPE 管道变形检测中，管道变形率 S_v 应按下计算：

$$S_v = \left(1 - \frac{D_v}{D_m}\right) \times 100\%$$

式中　S_v——管道径向直径变化率（简称管道变形率）；

　　D_v——管道埋设后在规定时间内测量的内径，mm；

　　D_m——管道处于自由状态的内径 mm。

5）HDPE 管道的施工变形率不宜超过 5%，管道的安装变形率不宜超过允许施工变形率的 2/3。

6）HDPE 管道的安装变形率超过 8% 时，必须按以下要求处理。

（1）当管道安装变形率大于 3% 但小于 8% 时，可采用如下方式：

① 把回填材料挖出直到露出管径的 85%，当挖到管顶顶面和管道两侧时，应采用手工工具挖掘。

② 检查管道是否有破损，破损管道应及时进行修补或更换。

③ 按设计要求和本规程要求重新回填。

（2）当管道安装变形率超过 8% 时，应更换新管道，按设计要求和本规程要求要求重新安装回填。

2-5-188 HDPE 管道闭水检验的规则是什么？

答：1）向所检验的管道内充水浸润 24h 后，保持管顶以上 2m 水头的压力，观测管道 24h 渗漏量；允许渗水量应按照下式计算或参照表 2-5-188 确定：

$$Q_t \leqslant 0.0046 D_i$$

Q_t——每 1km 长度管道 24h 的允许渗水量 [m³/（km·24h）]；

D_i——管道内径（mm）。

公称内径 Di (mm)	允许渗水量[m³/(km·24h)]	公称内径 Di (mm)	允许渗水量[m³/(km·24h)]
225	1.04	630	2.90
300	1.38	710	3.27
400	1.84		
500	2.30	800	3.68

HDPE 管道允许渗水量   表 2-5-188

2) 当试验水头大于或小于试验段上游管顶内壁加 2m 的标准试验水头时，管道的允许渗水量应按下式折算：

$$Q = \sqrt{\frac{H}{2}} \times Q_t$$

式中 Q——允许渗水量（m³/km·24h）；

     H——试验段上游实际试验水头（m）。

3) 抽检井段由建设、设计、管理、施工单位共同确认；现场缺少试验用水时，可按工程井段数量抽验 1/3 进行闭水试验。

2-5-189 HDPE 管道闭气检验是怎样的?

答：1) 检验方法与基本要求

(1) 闭气检验适用于管道在回填土前，地下水位低于管外底 150mm，环境温度为 -15～50℃。下雨时，不得进行闭气检验。

(2) 将进行闭气检验的排水管道两端用管堵密封，然后向管道内充空气至一定的压力，在规定闭气时间测定管道内气体的压降值。检验装置如图 2-5-189（1）所示。

2) 检验步骤

(1) 对闭气检验的排水管道两端管口与管堵接触部分的内壁应进行处理，使其洁净磨光。

(2) 调整管堵支撑脚分别将管堵安装在管道内部两端，每端接上压力表和充气嘴，如图 2-5-189（1）所示。

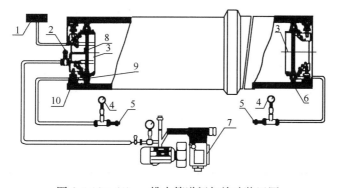

图 2-5-189（1）   排水管道闭气检验装置图

1—膜盒压力表；2—气阀；3—管堵塑料封板；4—压力表；5—充气嘴；
6—混凝土排水管道；7—空气压缩机；8—温度传感器；9—密封胶圈；
10—管堵支撑脚

(3) 用打气筒向管堵密封胶圈内充气加压，观察压力表显示至 0.15MPa～0.20MPa，且不宜超过 0.20MPa，将管道密封，锁紧管堵支撑脚，将其固定。

(4) 用空气压缩机向管道内充气，膜盒表显示管道内气体压力至 3000Pa，关闭气阀，使气压趋于稳定，膜盒表读数从 3000Pa 降至 2000Pa 历时不应少于 5min。气压下降较快，可适当补气。下降太慢，可适当放气。

（5）当膜盒表显示管道内气体压力达到 2000Pa 时开始计时，在满足该管径在表 2-5-189（1）中规定的标准闭气时间，计时结束，记录此时管内实测气体压力 P，如 $P \geqslant 1500$Pa 则管道闭气检验合格，反之为不合格。管道闭气检验记录表如表 2-5-189（1）所示。

管道闭气检验记录表　　　　　　　　　　　　　　　　表 2-5-189（1）

工程名称				
施工单位				
起止井号	_____号井段至_____号井段　共_____m			
管　　径	Φ_____mm_____管		接口做法	
试验日期		试验次数	第___次 共___次	环境温度　　　　℃
标准闭气时间	_____s			
检验结果				

（6）闭气检验不合格时，应进行漏气检查、修补、复验。

（7）管道闭气检验完毕，必须首先排除管道内气体，再排除管堵密封圈内气体，最后卸下管堵。

（8）闭气检验工艺流程应符合图 2-5-189（2）的规定。

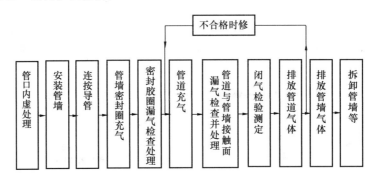

图 2-5-189（2）　　管道闭气检验工艺流程图

3）漏气检查

（1）管堵密封胶圈漏气检查

管堵密封胶圈严禁漏气。

检查方法：管堵密封胶圈充气达到规定压力值 2min 后，应无压降。在试验过程中应注意检查和进行必要的补气。

（2）管道漏气检查

管道内气体趋于稳定过程中，用喷雾器喷洒发泡液。配合比见表 2-5-189（5）。

检查方法：检查管堵对管口的密封，不得出现气泡；检查管口及管壁漏气，发现漏气应及时用密封修补材料封堵或做相应处理。漏气部位较多时，管内压力下降较快，要及时进行补气，以便作详细检查。

4）检验标准

管道闭气检验标准即规定的闭气时间，应符合表2-5-189（2）的规定。

闭气检验标准

表 2-5-189（2）

管径 DN（mm）	管内气体压力（Pa）		规定标准闭气时间 S（mins）
	起始压力	终止压力	
300	2000	≥1500	1′45
400			2′30′
500			3′15′
600			4′45′
700			6′15′
800			7′15′

5）管道闭气检验设备

管道密封管堵示意图如图2-5-189（3），管道闭气检验设备见表2-5-189（3），其管脚结构见表2-5-189（4）所示。

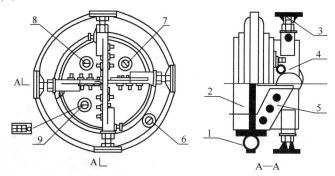

图 2-5-189（3）　管道密封管堵示意图

1—密封胶圈；2—管堵塑料封板；3—支撑脚；4—加强筋；5—支撑脚脚座；6—密封胶圈气嘴；7—膜盒表接口；8—进气组件；9—温度传感器

管道闭气检验设备表

表 2-5-189（3）

序　号	名　　称	规　　格	数　量
1	管道密封管堵	DN300mm～DN2200mm	各2个
2	空气压缩机		1台
3	打气筒		1个
4	膜盒压力表	0～4000Pa	1个
5	普通压力表	0～0.4MPa	2个
6	喷雾器		1个
7	秒表		1块
8	温度传感器*	0～100℃	1套

注：*温度传感器作为温度修正，在DN1600mm及以上管径使用

密封管堵结构表   表 2-5-189（4）

管径规格	管脚结构	修正用温度传感器	安全保护吊钩
DN300mm～DN1300mm	4 脚	无	无

6）发泡液配合比

发泡液配合比参考表   表 2-5-189（5）

温度（℃）	水（kg）	TIF—表面活性剂（kg）	M3—防冻剂（kg）
0 以上	100	0.4	
0～5	100	4.9	17.5
−5～−10	100	5.9	42.4
−10～−15	100	7.1	71.4

2-5-190　何谓 HDPE 管道径向变形率检测方法——心轴检测法？

答：心轴是美国聚乙烯波纹管协会 CPPA 技术手册推荐用于小型 HDPE 管道变形检测的工具。

检测时，将心轴从一座检查井拖拉到另一座检查井，只要管道变形不超过允许变形控制值（即心轴尺寸）就可使其通过管道；从而判定管道变形是否满足设计或规程规定的要求。

心轴的形式如下图 2-5-190（1）。心轴实物照片见图 2-5-190（2）。

图 2-5-190（1）　心轴的形式　　　　　　图 2-5-190（2）　心轴的实物照片

2-5-191　排水管道的闭水试验是怎样布置的？

答：生活污水管或工业废水管，都需要进行闭水试验。其试验布置如图 2-5-191 所示。

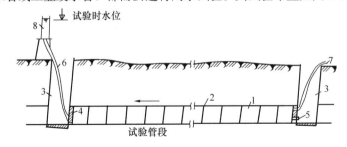

图 2-5-191　闭水试验示意

1—试验管段；2—接口；3—检查井；4—堵头；5—闸门；6—进水
胶管；7—排气胶管；8—水筒

首先将试验段两端管口用水泥砂浆砌砖封堵。在封堵底部设进水管，上部设排气管，管道下游端封堵底部设泄水闸。

闭水试验应在管道填土前进行，并应在管道充满水之后浸泡48h再进行，闭水试验水位应为试验段上游管内顶以上2m。闭水试验时应对接口和管身进行外观检查，以无严重渗水为合格。对渗水量测定延续时间，不得少于半小时，其渗水量不得超过规范规定。

根据水箱中水位的下降量和测定时间，可按下式计算每公里每日的渗水量：

$$Q = 24\frac{g}{T} \cdot \frac{1000}{L}$$

式中　Q——渗水量，$m^3/km \cdot d$；

　　　g——在测定时间T小时内的渗水量，m^3；

　　　T——测定时间，一般取0.5h；

　　　L——试验段长度，m。

每公里每日的允许渗水量与管径有关，当管径小于600mm时，允许渗水量为$20m^3/（d \cdot km）$，管径为700～1000mm时，允许渗水量为$30m^3/（d \cdot km）$，管径在1100～1600毫米时，允许渗水量为$40m^3/（d \cdot km）$。

2-5-192　管道闭水试验适用条件及实施要点是什么？

答：当施工完毕后，为了检查管道的密闭性，掌握管道渗漏情况，凡污水管道都必须做闭水试验，雨水及合流管道除大孔性土壤，水源地区或地下水位高的地段以外，可以不做闭水试验。

闭水试验根据具体情况可分为带井闭水（即管道与检查井同时做闭水试验）和管道闭水（即仅管道本身做闭水试验）。闭水试验在管道接口强度已达到设计要求并在覆土以前进行，闭水试验前将闭水管段管道上下游两头管口堵塞砌死。（在下游口处接入进水管，上游管头处接出排气管。）灌注水时应注意上游的排气，灌水后应对管道外观进行检查，以无漏水为合格，经过1～2昼夜的浸泡，使管道本身吸饱水后，再测定渗水情况。测定时以上游管内顶以上2m高的水头做为试验水头，如有渗漏，水位就会下降，在规定的30min时间内，根据水位下降量，计算出试验段渗水量。如图2-5-192所示。

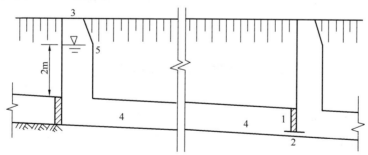

图2-5-192　闭水试验
1—闭水堵头；2—进水管；3—检查井；4—闭水管段；5—闭水水头

用下式计算出每公里管道每昼夜的渗水量：

$$Q = 48q \times \frac{1000}{L}$$

式中　Q——每公里管段每昼夜的渗水量（$m^3/km \cdot d$）；

　　　q——闭水管段30min渗水量（m^3）；

L——闭水管段长度（m）。

当 Q 小于允许渗水量时，即认为闭水合格，各种管径允许渗水量标准如下表 2-5-192 所示。

各种管径允许渗水量标准表   表 2-5-192

管径（mm）	允许渗水量（m³/km·d）	
	双面釉缸瓦管	混凝土管
150	7	6
200	12	12
300	18	18
400	21	20
500	23	22
600	24	24
700~1000	—	26~32
1100~1600	—	34~44

2-5-193　用铁桶做水头观测怎样表示闭水试验是否合格？

答：举例如下

【举例】　某工地施工的 $\phi400\text{min}$ 污水管道工程，现已完成 100m，在正式由养护管理部门验收前，施工班组去做管道闭水试验，检查其是否合格，若用铁桶（直径 55cm）做水头观测 30min，铁桶内水位下降多少厘米为合格？

其步骤如下：

1）查表得出 $\phi400\text{mm}$ 的混凝土管允许漏水量为 $20\text{m}^3/\text{km}\cdot\text{d}$。

2）将 $20\text{m}^3/\text{km}\cdot\text{d}$ 渗水量折合成每 1m 每分钟的允许渗水量为多少毫升，即 $\dfrac{20\times10^6}{1000\times24\times60}$ $=14\text{cm}^3/\text{m}/\text{min}$。

3）因为闭水长度为 100m，测 30min 的允许渗漏量为 $14\times30\times300=42000\text{cm}^3$。

4）计算铁桶的截面积，以铁桶截面积除以允许渗漏水量 42000cm^3，则得出铁桶内观测出允许下降水位，即：

铁桶截面为 $\dfrac{\pi D^2}{4}=0.785\times55^2=2375\text{cm}^2$；

下降水位为 $42000\div2375=17.68\text{cm}\approx17.7\text{cm}$。

如果班组自己观测下降水位小于 17.7cm，表明管道闭水试验合格；如果观测数大于 17.7cm，那么就得找出渗漏处，修理管带，直到合格为止。

2-5-194　哪些管道工程必须进行闭水试验？

答：1）污水管（渠），雨、污水合流管（渠），倒虹吸管和设计有闭水要求的其他排水管（渠）道，必须进行闭水试验。

2）闭水试验的管（渠）段应按井距分离，带井试验。管（渠）道外观不得有漏水现象。实测渗水量必须小于或等于标准试验水头的允许渗水量。

排水管（渠）闭水检验频率见表 2-5-194。

排水管（渠）闭水检验频率表

表 2-5-194

序号	项目		允许偏差	检验频率		检验方法
				范围	点数	
1	倒虹吸管		渗水量不大于表 9.1-2 规定	每道	1	灌水计算渗水量
2	管径（mm）	$D<700$		每个井段	1	
3		$D=700-2400$		每三个井段抽检一段	1	
4		$D=2500-3000$		每五个井段抽检一段	1	

注：1. 管径 700～2400mm，如工程不足 3 个井段时，亦抽检 1 个井段，不合格者全线进行闭水检验；

2. 管径 2500～3000mm，检验频率按规定，不合格者，加倍抽取井段再做检验。如仍不合格者，则全线进行闭水检验；

3. 如现场缺少试验用水时，当管内径小于 700mm，可按井段数量的 1/3 抽检进行闭水试验，但须经建设、设计、监理单位确认。当现场水源确有困难，可采用单口试压方法，但是须确认管材符合设计要求后，才能进行单口试压。单口试压标准参见相关标准；

4. 管径小于 1200mm 的混凝土沟埋排水管道可采用闭气检验方法。

2-5-195 允许渗水量有什么表可直接查到？

答：可按 DBJ 01-13—2004 中表 9.1-2 可查到，现见下表 2-5-195。

（原表 9.1-2）排水管（渠）道标准试验水头的闭水试验允许渗水量

表 2-5-195

管径（mm）	排水管（渠）允许渗水量 $m^3/24h \cdot km$
150 以下	6
200	12
300	18
400	20
500	22
600	24
700	26
800	28
900	30
1000	32
1100	34
1200	36
1300	38
1400	40
1500	42
1600	44
1700	46
1800	48
1900	50
2000	52
2100	54
2200	56
2300	58
2400	60
2600	64

管径（mm）	排水管（渠）允许渗水量 m³/24h·km
2800	68
3000	72

注：1. 当管道工作压力小于 0.1MPa，应按设计要求，进行闭水试验。当管道工作压力大于或等于 0.1MPa 时，应按压力管道试验方法进行水压试验；

2. 试验段上游设计水头不超过管顶内壁时，试验水头以试验段上游管顶内壁加 2m 作为标准试验水头；

3. 试验段上游设计水头超过管顶内壁时，试验水头以试验段上游设计水头加 2m 计；

4. 当计算出的试验水头小于 10m，但已超过上游检查井井口时，试验水头以上游检查井井口高度为准，但不得小于 0.5m；

5. 观测管道渗水量，应从达到试验水头开始计时，直至观测结束。渗水量检测时间不得小于 30min；

6. 当管道内径大于表 1727 规定的管径时，实测渗水量应小于或等于按原公式计算的允许渗水量；

$$Q=1.25\sqrt{D}$$

式中　Q——允许渗水量（m³/24h·km）

　　　　D——管道内径（mm）

7. 硬聚氯乙烯塑料管道标准试验水头的允许渗水量，应按原公式计算确定：

$$Q=0.0046D$$

式中　Q——允许渗水量（m³/24h·km）

　　　　D——管道内径（mm）

8. 异型截面的管（渠）的允许渗水量，应按周长折算为圆形管道计；

9. 当试验水头大于或小于试验段上游管顶内壁加 2m 的标准水头时，管道允许渗水量应按下式折算：

$$Q=\sqrt{\frac{H}{2}}\times 表 1557$$

式中　Q——允许渗水量（m³/24h·km）

　　　　H——试验段上游实际试验水头（m）

10. 管道试验前的浸泡时间：硬聚氯乙烯（PVC-U）管道>12h，其他管材的管道或渠道>24h。

2-5-196　闭水试验为什么列为强制性标准？检验程序如何？

答：1）排水管道闭水试验，是检验管道施工质量的主要手段之一。它不仅关系着结构的安全，而且还决定着管道内的渗漏程度，直接影响管道的使用功能。因此在质量检验评定中列为"△"项目。即强制性标准。

2）检验程序：

管道铺设及检查井砌筑完毕后，并达到足够强度，即可在试验段两端的检查井内砌置闭水墙堵。

闭水试验必须在还土前和拆除井点前进行。管道灌灌水经 24h 后，进行试验。

闭水试验水位（水头），应为试验段上端管内顶以上 2m。如果串井闭水，但上游管内顶至检查井的高度小于 2m 时，其水位可至井口为止。

对渗水量的测定时间应不少于 30min。一般以 1~2h 为宜（时间越长越准确）。

2-5-197　闭水试验步骤有哪些？

答：具体试验步骤如下：

1）外观检查：

在检验段灌满水 24h 以后，闭水试验以前，先对管体、接口、检查井墙等作外观检查，以不漏水和不严重洇水为合格。外观合格后方能进行闭水试验。

2）划定水位标记：

当闭水试验和开始时，先检查试验段检查井水位高度（水头）是否符合规定。确认符合规定后，将该水面位置固定。固定方法，一般是测试人员用色笔将水面与墙面在一定的距离画一横线（线不能过宽以减少误差）作基准线，用钢尺由基准线向下量取之水面的距离，准确到mm。将此数值与时间的起点同时记录下来。

3）按水位降测定渗水量：

当达到闭水试验规定的测定时间时，如30min或1h～2h，应立即量取其水位降，既由测定开始时的水面（已标定）与测定终了时的水面高差（H）。此差数（H）即为水位降高度。数值准确到mm。

4）检查井试验水位面积的计算：

排水管道的检查井井筒或井室以圆形和矩形居多。在排水管道中，常见的还有 $D \geqslant 700$ 以上的转弯井（有不同角度）和三通井，其平面图形为扇形或多边形。此类检查井井筒或井室的面积，可按不同几何图形面积公式进行计算。

5）多座检查井串联闭水试验，有时在计算渗水量上会出现差错，常见的是忽视了以几个检查井面积相累计。正确的做法是：将被串联的检查井面积一一相加，得出总面积，乘以降水深度（降水深度仅为一个），得出多井串联试验段的渗水量。

以上，对渗水量的测定时间，水位降高度及水位面积已确定，这时便可按下列公式进行结果计算。

6）渗水量可按以下公式计算：

$$Q = \frac{FH}{Lh} \times 24 \times 1000$$

式中　Q——渗水量（$m^3/d \cdot km$）

　　　F——检查井（水位）面积（m^2）

　　　H——水位降高度（m）

　　　L——试验段长度（m）

　　　h——测定时间小时（h）（1d=24h）

2-5-198　某段工程如图示，求 1）半小时允许水面下降高度为多少？2）实际半小时下降的水量折合成多少标准单位的渗水量？3）评价如何？

例：$D=400mm$ 直径混凝土管污水管道工程

接口方式：承插式接口

管基结构：砂基础

检查井：PT03-Y03

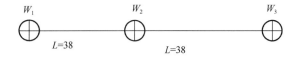

答：计算列式如下，闭水试验：取 $W_1 \sim W_3$，$L=28+38=66m$，串井 W_1、W_2、W_3，管道直径 $D=400mm$，PT03-Y03 井室直径900mm（半径0.45m）

$D=400mm$ 时，允许渗水量查前表1727得 $20m^3/24h \cdot km$。

1）观察时间为半小时时允许水面下降高度的折算：

今 $Q=20$　$L=66$　$h=0.5$，$F=3.14 \times 0.45^2 \times 3$ 代入公式

$$H = \frac{Q \times L \times h}{F \times 24 \times 1000}$$

$$= \frac{20 \times 66 \times 0.5}{(3.14 \times 0.45^2 \times 3) \times 24 \times 1000} = 0.014m \text{ 即}(14mm)。$$

即半小时允许水面降：14mm。

2）半小时实际观测水面降为 10mm。（根据试验记录）

折合成渗水量的计算：

公式 $Q = \dfrac{FH}{Lh} \times 24 \times 1000$

$$= \frac{3.14 \times 0.45^2 \times 3 \times 0.01}{66 \times 0.5}$$

$$= 13.7 \, \text{m}^3/24\text{h} \cdot \text{km}$$

其中 $H = 10\text{mm} = 0.01\text{m}$，$h = 0.5\text{m}$，$L = 66\text{m}$

3 个井的 $F = \pi r^2 \times 3 = 3.14 \times 0.45^2 \times 3$ 代入公式

3）实际半小时因渗出而下降的水量为 $13.7 <$ 允许渗水量 $20\text{m}^3/24\text{h} \cdot \text{km}$。

∴该管段工程施工质量合格

2-5-199　闭水试验记录是怎样的？

答：将上题 2-5-199 计算结果记入下表 2-5-199。

表 2-5-199

污水管道闭水试验记录 （表式 C6-4-13）			编　号		略
					001
工程名称	略				
施工单位	略				
起止井号	___略___号井段至____号井段，带 $W_1 W_2 W_3$ 号井				
管道内径	400mm	接口型式	承插式	管材种类	混凝土
试验日期	2004 年 7 月 15 日		试验次数		第 1 次共试 1 次
试验水头	高于上游管顶 2m				
允许漏水量	$20\text{m}^3/24\text{h} \cdot \text{km}$				
试验结果	1. 全长 66m，经 0.5h 共渗水 10mm				
	2. 折合 $13.7\text{m}^2/24\text{h} \cdot \text{km}$				
目测渗漏情况	目测 0.5h 水位下降 10mm				
鉴定意见	$13.7 <$ [20] 渗水量在允许范围内 合格				
监理（建设）单位	施工单位				
	技术负责人		质检员		
略	略		略		

本表由施工单位填写，城建档案馆、建设单位、施工单位保存。

2-5-200　工程闭水试验交底内容有哪些?

答:示例见以下交底记录。

技术交底记录　　　　　　　　　　　　　　　　　表 2-5-200

年　月　日

工程名称	某排水工程	分部工程	0+000～0+243 雨污合流
分项工程名称		闭水试验	

交底内容:

一、施工方法:

1. 试验前,用1:3水泥砂浆在试验管段两端砌24cm厚的砖墙并抹面密封(下游砖墙有带截门的放水管),待养护3～4天达到一定强度后,向上游井内放水,使管段串水,同时检查砖堵管道、中身、无漏水和严重渗水,再泡管1～2昼夜,使管壁吸足水。

2. 试验时,将水灌至接近上游和规定高度,稳定质量出水面至井口的距离,在规定的30分钟里,根据井内水面的下降,求出试验取30分钟的渗水量。

3. 当回填土至管顶以上50cm时,再进行试验。一般是将两个检查井间注满水,经24小时后,观察水位下降情况,如无显著下降认为全格。

二、技术要求

1. 闭水试验应在回填土之前进行。

2. 闭水试验的水位应为试验的上游管内顶以上2m。

3. 闭水试验时应对接口和管身进行外观检查,以无漏水和无严重渗水为合格。

4. 对污水量的时间砂于30min。

5. 闭水试验在回填土前进行,并在管道灌满水后浸泡1～2昼夜再进行。

三、质量要求:

1. 污水管道必须做试验(闭水)

2. 管道闭水必须在沟槽填土前、地下水位在槽底以下进行。

3. 排水管道允许偏差。

1) 渗水量不大于44m³/d·km(管径1600mm查表)

2) 范围:每三个井段抽验一段

3) 点数:1点

4. 渗水量若大于44m³/d·km则为不合,找出渗漏处,修理宜到合格。

技术队长		工　长	略	班组长	略

2-5-201　管道沟槽回填土时,有哪些注意事项?

答:1) 回填前主要注意事项

(1) 当混凝土管基础强度、抹带接口强度、装配式管道接缝砂浆强度不小于5N/mm² 时,现浇混凝管渠的混凝土强度砖石砌筑管渠的水泥砂浆强度达到设计规定后,方可回填土。

(2) 装配式矩形管渠、砖石砌筑管渠已安装盖板;钢管、球墨铸铁管直径不小于1000mm,

管内已设置竖向支撑；柔性接口管道管身已固定；方可回填土。

(3) 沟槽地下水水位已降至槽底以下 0.5m，槽内无积水。

2) 回填土时主要注意事项

(1) 管道两侧要同步回填，两侧高差不得超过 30cm。非同时进行两个回填段，搭接处应将夯实层留成阶梯状，阶梯长度应大于高度的 2 倍。

(2) 管顶以上 50cm 范围内，不得使用压路机压实。管顶 50cm 以上当采用重型压实机械压实，或有较重型车辆在回填土上行驶时，管顶以上最小厚度应按压路机的规格和管道的设计承载力，通过计算确定。

(3) 铺土厚度应根据夯实或压实机具的性能及压实度要求而定，虚铺厚度按下列规定：

振动压路机	≤40cm
压路机	20～30cm
动力夯实机	20～25cm
木夯、铁夯	≤20cm

填土压实遍数，应按要求的压实度、压实工具、虚铺厚度和填土的含水量，经现场试验确定。沟槽回填土的压实度要层层检查，检验频率为排水管道每两座检查井之间每层回填土检测 1 组 3 个点，给水管道每 50m 每层回填土检测 1 组 3 个点，均用环刀法检验。

(4) 管道沟槽回填土，当原土含水量高且不具备降低含水量条件不能达到要求压实度时，管道两侧及沟槽位于路基范围内的管道顶部以上，应回填石灰土、砂、砂砾或其他可以达到要求压实度的材料。

2-5-202 市政工程回填土质量控制有什么特点？

答：1) 由于室外工程管线多、施工时间比较集中，致使施工交叉现象较多，这样应本着"先地下后地上、先深后浅、先无压后有压"的原则，科学地安排施工顺序和进度。同时加强控制回填土的质量，按线路、按层次进行有序施工，避免遗漏碾压遍数而达不到密实度标准。

2) 由于管线多交叉多，又属当年管线施工当年回填及道路铺筑，因而对回填土的密实度要求较高，必须在现场用环刀法进行分层逐点检测，全部合格后才可进入下道工序。

3) 在特殊情况下，也可从技术上采取措施，如部分利用灰土、无机料、素混凝土等代替素土进行处理，使密实度达到质量要求。

总之回填土质量关把住了就给精品工程提供了保证。

2-5-203 怎样控制回填土的含水量？

答：回填土的含水量应该接近最优含水量，还土前应对所回填土壤进行试验，求出最优含水量和最大干密度。回填土的含水量大于最优含水量时应当在压实或夯实前进行晾晒或采取其他措施降低含水量。回填土的含水量小于最优含水量 2% 时，回填前要注水渗浸。

当不具备做最优含水量与最大干密度试验时，各种土的最优含水量及最大干密度，可参考表 2-5-203 数值。

各种土的最优含水量和最大干密度表   表 2-5-203

土 的 种 类	最优含水量（质量%）	最大干密度（g/cm³）
砂　　土	8～12	1.80～1.88
亚 砂 土	9～15	1.85～2.08
粉　　土	16～22	1.61～1.80
亚 黏 土	12～15	1.85～1.95
重亚黏土	16～20	1.67～1.79
粉质亚黏土	18～21	1.65～1.74
黏　　土	19～23	1.58～1.70

2-5-204 沟槽回填土压实度的要求是什么？

答：沟槽回填土对不同的部位应有不同的压实度要求，以达到满足上部承受动、静荷载，既要保证施工过程中管道安全，也要保证上部修路放行后的安全。根据 GB 50268—2008《给水排水管道工程施工及验收规范》沟槽回填土压实度要求如下：

1）没有修路计划的沟槽回填土，见图 2-5-204。

（1）圆形管道两侧混凝土、钢筋混凝土和铸铁管道，其压实度不小于 90%；钢管道压实度不小于 95%。

（2）矩形或拱形管渠两侧压实度按设计文件规定执行；设计文件无规定时，压实度不小于 90%。

（3）在管顶以上高为 50cm，宽为管道结构外缘范围内应松填，其压实度不大于 85%。

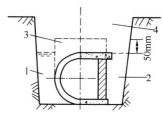

图 2-5-204 没有修路计划的
沟槽回填土部位划分
1—圆形管道两侧；2—矩形或拱形管
渠两侧；3—管道顶部以上松填部位；
4—其余部位

（4）其余部位当设计文件没有规定时，不小于 90%；处于绿地或农田范围内，表层 50cm 范围内不压实，将表面整平，并预留沉降量。

2）管道沟槽位于路基范围内。

（1）圆形管道两侧，混凝土、钢筋混凝土和铸铁管道，其压实度不小于 90%；钢管道其压实度不小于 95%。

（2）矩形或拱形管渠两侧压实度按设计文件规定执行；设计文件无规定时，压实度不小于 90%。

（3）管顶以上 25cm 范围内回填土表层压实度不小于 87%。

（4）其余部位按表 2-5-204 执行。

沟槽回填土作为路基的最小压实度　　　　　　　　　　　表 2-5-204

由路槽底算起的深度范围（cm）	道路类别	最低压实度（%）	
		重型击实标准	轻型击实标准
≤80	快速路及主干路	95	98
	次干路	93	95
	支路	90	92
>80~150	快速路及主干路	93	95
	次干路	90	92
	支路	87	90
>150	快速路及主干路	87	90
	次干路	87	90
	支路	87	90

注：1. 表中重型击实标准的压实度和轻型击实标准的压实度，分别以相应的标准击实验验法求得的最大干密度为 100%；

　　2. 回填土的要求压实度，除注明者外，均为轻型击实标准的压实度（以下同）。

2-5-205 沟槽还土密实度要求三部位各不相同为多少？

答：还土工作必须保证管道及构筑物不被损坏，达到规定的密实程度。

1）回填土质良好，含水量适宜，不得有碎砖块、硬土块、冻土块和烂泥腐殖土等。

2）胸腔部分，构筑物四周应同时回填，管顶以上 50cm 以内应采用轻型夯，如木夯、板夯等进行夯实。

3）回填土密实度要求，如图 2-5-205 所示。

胸腔部位Ⅰ：回填土重量一部分是由管道来承受，如果管道两侧胸腔部位回填土密实，使管道四周受力均匀，可以减少管顶部的垂直土压力而加大管道承受土压力的能力，因此对胸腔部位回填土的相对密实度要求不应小于 90%。

结构顶部Ⅱ：若在管顶 50cm 以内部位的土层要求达到较大的密实度，就必然使用较重的夯压机具，而这类机具所产生的振动力、冲击力和压力对于一般管道构筑物是难以承受的，极易产生变形和位移而遭受损坏。为了避免这种不良情况的发生，对此部位土壤密实度的要求将减小，但是为了不使上部土基层产生较大的沉降变形，具有较相对的稳定性，所以一般相对密实度要求应大于 85%。

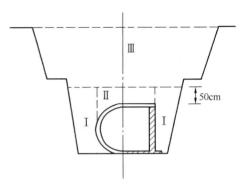

图 2-5-205　回填沟槽
胸腔Ⅰ部分填土为 90%；
管顶Ⅱ部分 50cm 以内为 85%；
管顶半米以上至地面Ⅲ部分为 95%。

土基部分Ⅲ：一般土基相对密实度应在 90%～95% 范围，其值按土基层距地面深度而定。若土基层直接做为路床来修筑路面，其土基层相对密实度应大于 95%；如果修筑高等级路面，对其土基层相对密实度要求在 98% 以上。

回填土施工操作要求回填土土质均匀良好，不得有硬土块和烂泥腐殖土，并具有最佳含水量，以利于夯压，较快达到要求的密实度标准。现场鉴别土壤具有最佳含水量的办法是，用手握土有潮湿感并成团状，用手压土团即破碎散开，此时的含水量为土壤的最佳含水量。

2-5-206　沟槽回填工艺是怎样的？

答：1）适用范围

本工艺标准适用于一般给水排水管道沟槽或其他专业管道沟槽的回填土施工。

2）施工准备

（1）材料：

① 土：宜优先利用基槽中挖出的土，但不得含有有机杂质。使用前应过筛，其粒径不大于 50mm，含水率应符合规定。

② 石灰、砂或砂石。

（2）施工机具（设备）：

① 运输机械：铲土机、自卸汽车、推土机、铲运机及翻斗车。

② 主要机具有：蛙式或柴油打夯机、手推车、筛子（孔径 40～60mm）、木耙、铁锹（尖头与平头）、2m 靠尺、胶皮管、小线和木折尺等。

（3）作业条件：

① 填土前应对填方基底和已完工程进行检查和中间验收，合格后要作好隐蔽检查和验收手续。

② 施工前，应做好水平高程标志布置。如大型基坑或沟边上每隔 1m 钉上水平桩橛或在邻近的固定建筑物上抄上标准高程点。大面积场地上或地坪每隔一定距离钉上水平桩。

③ 土方机械、车辆的行走路线应事先经过检查，必要时要进行加固加宽等准备工作，同时要编好施工方案。

（4）技术准备：

① 施工前应根据工程特点、填方土料种类、密实度要求、施工条件等，合理地确定填方土

料含水量控制范围、虚铺厚度和压实遍数等参数；重要回填土方工程，其参数应通过压实试验来确定。

② 沟槽回填应在给水排水管道施工完毕并经检验合格后进行，同时满足下列条件：

a) 预制管铺设管道的现场浇筑混凝土基础强度，接口抹带或预制构件现场装配的接缝水泥砂浆强度不应小于 5N/mm²；

b) 现场浇筑混凝土管渠的强度应达到设计要求；

c) 混合结构的矩形管渠或拱形管渠，其砖石砌体水泥砂浆强度应达到设计规定；当管渠顶板为预制盖板时，应装好盖板；

d) 现场浇筑或预制构件现场装配的钢筋混凝拱形管渠或其他拱形管渠应采取措施，防止回填时发生位移或损伤；

e) 压力管道沟槽回填前应符合：水压试验前，除接口外，管道两侧及管顶以上回填高度不应小于 0.5m；水压试验合格后，应及时回填其余部分；无压管道的沟槽应在闭水试验合格后及时回填。

3）操作工艺

（1）工艺流程：

基坑（槽）底清理→检验土质→分层铺土、耙平→碾压、夯打密实→检验密实度→修整找平验收。

（2）操作方法：

① 填土前，应将基土上的洞穴或基底表面上的树根、垃圾等杂物都处理完毕，清除干净。

② 检验土质。检验回填土料的种类、粒径，有无杂物，是否符合规定以及土料的含水量是否在控制范围内；如含水量偏高，可采用翻松、晾晒或均匀掺入干土等措施；如遇填料含水量偏低，可采用预先洒水润湿等措施。

③ 填土应分层铺摊。每层铺土的厚度应根据土质、密实度要求和机具性能确定，或按表2-5-206（1）选用：

回填土每层虚铺厚度（《给水排水管道工程施工及验收规范》GB 50268—2008）

表 2-5-206（1）

压实工具	虚铺厚度（cm）	压实工具	虚铺厚度（cm）
木夯、铁夯	≤20	压路机	20～30
蛙式夯、火力夯	20～25	振动压路机	≤400

④ 碾压时，轮（夯）迹应相互搭接，防止漏压或漏夯。长宽比较大时，填土应分段进行。每层接缝处应作成斜坡形，碾迹重叠。重叠 0.5～1.0m 左右，上下层错缝距离不应小于1m。管道回填应分层对称进行，其高差不得大于 30cm。

⑤ 填方超出基底表面时，应保证边缘部位的压实质量。填土后，如设计不要求边坡修整，宜将填方边缘宽填 0.5m；如设计要求边坡修平拍实，宽填可为 0.2m。

⑥ 在机械施工碾压不到的填土部位，采用领先填土法，应配合人工推土填充，用蛙式或柴油打夯机分层夯打密实。

⑦ 回填土方每层压实后，应按规范规定进行压实度检测，测出干土的质量密度，达到要求后，再进行上面一层的铺土。

⑧ 填方全部完成后，表面应进行拉线找平，凡超过标准高程的地方，及时依线铲平；凡低于标准高程的地方，应补土找平夯实。

⑨ 柔性管道回填时要保证管道内支撑有效，管基有效支撑角范围内应采用中粗砂填充密实，

与管壁紧密接触，不得用土或其他材料填充。

（3）冬雨期施工：

① 雨期施工的填方工程，应连续进行，尽快完成；工作面不宜过大，应分层分段逐片进行。重要或特殊的土方回填，应尽量在雨期前完成。

② 雨施时，应有防雨措施或方案，要防止地表水流入基槽内，以免边坡塌方或基土遭到破坏。

③ 填方工程不宜在冬期施工，如必须在冬期施工时，其施工方法需经过技术经济比较后确定。

④ 冬期填方前，应清除基底上的冰雪和保温材料；距离边坡表层 1m 以内不得用冻土填筑；填方上层应用未冻、不冻胀或透水性好的土料填筑，其厚度应符合设计要求。

⑤ 冬期施工室外平均气温在 −5℃ 以上时，填方高度不受限制；平均温度在 −5℃ 以下时，填方高度不宜过高。但用石块和不含冰块的砂土（不包括粉砂）、碎石类土填筑时，可不受表内填方高度的限制。

⑥ 冬期回填土方，每层铺筑厚度应比常温施工时减少 20％～25％，其中冻土块体积不得超过填方总体积的 15％；其粒径不得大于 150mm。铺冻土块要均匀分布，逐层压（夯）实。回填土方的工作应连续进行，防止槽帮或已填方土层受冻。并且要及时覆盖保温材料。

4）质量标准

（1）主控项目：

所用回填材料及压实度必须符合设计或规范要求。管道沟槽位于路基范围内时，管顶以上 25cm 范围内回填土表层的压实度不应小于 87％，其他部位回填土的压实度应符合相关的规定。

（2）一般项目：

① 槽底至管顶以上 500mm 之内，不得回填含有机物、冻土及大于 50mm 的砖、石等硬块。塑料管及抹带刚性接口周围应采用细粒土或者粗砂回填，图 2-5-206。

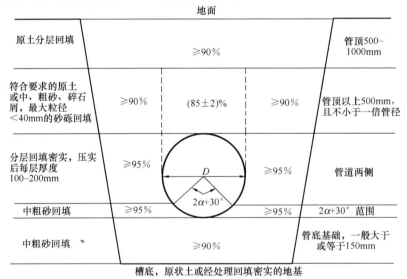

图 2-5-206　柔性管道回填示意图

② 回填时沟槽内不应有积水。

③ 管道承口部位下的安管工作坑应填充砂砾并夯打密实。

④ 回填土压实度标准见表 2-5-206（2）和表 2-5-206（3）。

5）质量记录

（1）地基钎探记录。

（2）地基隐蔽验收记录。

（3）回填土的试验报告。

6）安全与环保

（1）蛙式夯必须是两人操作，一人打夯，一人领线，且应戴绝缘手套，穿绝缘鞋，以防绞线触电伤人。

（2）施工现场卸料时应由专人指挥。卸料时，作业人员应位于安全地区。

刚性管道沟槽回填土压实度　　　　　　　　　　　　　　表 2-5-206（2）

项　目			最低压实度（%）		检查数量		检查方法
			重型击实标准	轻型击实标准	范围	点数	
石灰土垫层			93	95	100m	每层每侧 1 组（每组 3 点）	用环刀法检查或采用《土工试验方法标准》GB/T 50123 中的其他方法
沟槽在路基范围外	胸腔部分	管　侧	87	90	两井之间或 1000m²		
		管顶以上 500mm	87±2（轻型）				
		其余部分	≥90（轻型）				
	农田或绿地范围表层 500mm 范围内		不宜压实，预留沉降量，表面整平				
沟槽在路基范围内	胸腔部分	管　侧	87	90	两井之间或 1000m²		
		管顶以上 250mm	87±2				
	由路槽底算起的深度范围	≤800	快速路及主干路	95	98		
			次干路	93	95		
			支路	90	92		
		>800~1500	快速路及主干路	93	95		
			次干路	90	92		
			支路	87	90		
		>1500	快速路及主干路	87	90		
			次干路	87	90		
			支路	87	90		

注：表中重型击实标准的压实度和轻型击实标准的压实度，分别以相应的标准击实试验法求得的最大干密度为100%。

柔性管道沟槽回填土压实度　　　　　　　　　　　　　　表 2-5-206（3）

槽内部位		压实度（%）	回填材料	检查数量		检查方法
				范围	点数	
管道基础	管底基础	≥90	中、粗砂	—	—	用环刀法检查或采用《土工试验方法标准》GB/T 50123 中的其他方法
	管道有效支撑角范围					
管道两侧		≥95	中粗砂、碎石屑，最大粒径小于 40mm 的砂砾或复合要求的原土	每 100m 两井之间或 1000m²	每层每侧 1 组（每组 3 点）	
管顶以上 500mm	管道两侧	≥90				
	管道上部	85±2				
管顶 500~1000mm		≥90	原土回填			

注：回填土的压实度，除设计文件规定采用重型击实标准外，其他皆以轻型击实标准试验获得最大干密度为100%。

（3）人工回填时不得扬撒。

（4）机械回填与机械碾压时，应设专人指挥机械，协调各操作人员之间的相互配合，保证安全作业。

（5）机械运转时，严禁人员上下机械，严禁人员触摸机械的传动机构。

（6）作业后，施工机械应停在平坦坚实的场地，不得停置于临边、低洼、坡度较大处。停放后必须停火、制动。

（7）土方施工时，为防止遗洒，车辆不得超载、拍实或加布苫盖，在驶出现场前的一段道路上，铺垫草袋或麻袋，出口设冲洗平台，专人冲洗轮胎，防止将泥土带入社会道路。四级风以上天气停止土方施工。

（8）为防止施工机械噪声扰民，尽可能选用低噪声施工机具，尽可能在白天施工，避免夜间施工噪声扰民。

7）成品保护

（1）施工时，对定位标准桩、轴线控制极、标准水准点及龙门板等，填运土方时不得碰撞，也不得在龙门板上休息。并应定期复测检查这些标准桩点是否正确。

（2）夜间施工时，应合理安排施工顺序，要有足够的照明设施。防止铺填超厚，严禁用汽车直接将土倒入基坑（槽）内。

（3）基础或管沟的现浇混凝土应达到一定强度，不致因回填土而受破坏时，方可回填土方。

2-5-207　换填土处理地基工艺是怎样的？

答：1）适用范围

换填土法适用于浅层软弱地基及不均匀地基的处理。

2）施工准备

（1）材料：素土要求不得使用淤泥、耕土、冻土、垃圾、膨胀土以及有机物含量大于5%的土，当含有碎石时，其粒径不得大于50mm。

（2）施工机具（设备）：

羊足碾、蛙式夯、柴油夯、振动碾、平碾、平板振动器。

（3）作业条件：

① 施工位置或场地的定位控制线（桩），标准水平桩及需换填部位的灰线尺寸，必须经过检验合格，并办完预检手续。

② 场地表面要清理平整，做好排水坡度，施工场地内不得有地下水，如果地下水位较高需先进行排降水施工。

（4）技术准备：

① 获取并熟悉施工现场水文地质情况，根据土质情况及地基承载力要求，确定换填材料及压实方法。

② 熟悉图纸并进行技术、安全交底。

3）操作工艺

（1）工艺流程：

土方开挖→换填→平整夯实→验收。

（2）操作方法：

① 换填施工前应注意基坑排水，除采用水撼法施工砂垫层外，不得在浸水条件下施工，必要时应采用降低地下水位的措施。

② 回填前应将基底的草皮、树根、淤泥、耕植土铲除，并清除要求深度内的软弱土层。

③ 当换填层底部存在古井、古墓、洞穴、旧基础、暗塘等软硬不均的部位时，应根据建筑对不均匀沉降的要求予以处理，并经检验合格后，方可铺换填层。

④ 基坑开挖时应避免坑底上层受扰动，可保留约200mm厚的土层暂不挖去，待铺填换填层前再挖至设计标高。严禁扰动垫层下的软弱土层，防止其被践踏、受冻或受水浸泡。

⑤ 垫层底面宜设在同一标高上，如深度不同，基坑底土面应挖成阶梯或斜坡搭接，并按先深后浅的顺序进行垫层施工，搭接处应夯压密实。

⑥ 在碎石或卵石垫层底部宜设置150~300mm厚的砂垫层或铺一层土工织物，以防止软弱土层表面的局部破坏，同时必须防止基坑边坡坍塌土混入垫层。

⑦ 换填土夯压密实后3d内不得受水浸泡。铺填后宜当天压实，每层验收后应及时铺填上层或封层，防止干燥后松散起尘污染，同时应禁止车辆碾压通行。换填土施工验收合格后，应及时进行基础施工与基坑回填。

⑧ 铺设土工合成材料时，下铺地基土层顶面应平整，防止土工合成材料被刺穿、顶破。铺设时应把土工合成材料张拉平直、绷紧，严禁有折皱；端头应固定或回折锚固；切忌暴晒或裸露；连结宜用搭接法、缝接法和胶结法，并均应保证主要受力方向的联结强度不低于所采用材料的抗拉强度。

（3）冬雨期施工

① 雨期施工的换填工程，应连续进行，尽快完成；工作面不宜过大，应分层分段逐片进行。换填完的灰土和粉煤灰应立刻覆盖以免日晒雨淋。

② 雨期施工时，应有防雨措施或方案，要防止地表水流入基坑内，以免边坡塌方或基土遭到破坏。

③ 换填工作应连续进行，对于基槽换填应防止槽帮或已填方土层受冻，并且要及时覆盖保温材料。

④ 冬期施工时换填材料中不得夹有冻块。

4）质量标准

（1）质量标准见表2-5-207（1）。

质量控制项目表　　　　　　　　　　　　　　　　　表2-5-207（1）

项	序	检查项目	允许偏差或允许值		检查方法
			单位	数值	
主控项目	1	地基承载力	设计要求		按规定方法
	2	配合比	设计要求		检查拌合时的体积比
	3	压实系数	设计要求		现场实测
一般项目	1	土料有机杂质含量	%	≤5	实验室焙烧法
	2	土颗粒粒径	mm	≤15	筛分法
	3	含水量（与要求的最优含水量比较）	%	±2	烘干法
	4	分层厚度偏差	mm	±50	水准仪测量

（2）根据排水管（渠）施工质量检验标准中的相关规定，换填土基础允许偏差见表2-5-207（2）：

土、砂及砂砾基础允许偏差表

表 2-5-207（2）

序号	项　目	允许偏差（mm）	检验频率		检验方法
			范围	点数	
1	厚度	不小于设计规定	15m	1	用尺量
2	高程	+20，0	15m	1	用水准仪测量
3	宽度	不小于设计规定	15m	1	用尺量

注：土基础包括土弧、素土平基。

5）质量记录

（1）地基钎探记录。

（2）地基隐蔽验收记录。

6）安全与环保

（1）施工现场卸料时应由专人指挥。卸料时，作业人员应位于安全地区。

（2）人工摊铺作业人员应保持 1m 以上安全距离，人工摊铺时不得扬撒。

（3）机械摊铺与机械碾压时，应设专人指挥机械，协调各操作人员之间的相互配合，保证安全作业。

（4）机械运转时，严禁人员上下机械，严禁人员触摸机械的传动机构。

（5）作业后，施工机械应停在平坦坚实的场地，不得停置于临边、低洼、坡度较大处。停放后必须停火、制动。

（6）土方施工时，为防止遗洒，车辆不得超载、拍实或加布苫盖，在驶出现场前的一段道路上，铺垫草袋或麻袋，出口设冲洗平台，专人冲洗轮胎，防止将泥土带入社会道路。

（7）为防止施工机械噪声扰民，尽可能选用低噪声施工机具，尽可能在白天施工，避免夜间施工噪声扰民。

7）成品保护

（1）施工时，对定位标准桩、轴线控制极、标准水准点及龙门板等，填运土方时不得碰撞，也不得在龙门板上休息，并应定期复测检查这些标准桩点是否正确。

（2）夜间施工时，应合理安排施工顺序，要有足够的照明设施。防止铺填超厚，严禁用汽车直接将土倒入基坑（槽）内。

2-5-208　HDPE 管道沟槽回填要求是什么？

答：1）HDPE 管道沟槽应在管段闭气检验合格后及时回填，至少应回填到管顶上一倍管径的高度，以确保管道结构稳定。

2）回填过程中管道沟槽内不得有积水，沟槽内的砖、石、冻土块等杂硬物应清除干净。

3）沟槽回填压实作业前应进行现场试验，试验段长度应为一个井段或 50m；以确定所选用的回填土或其他材料是否适宜，选用的压实机具是否合适以及每层回填的压实遍数。

4）回填材料，除设计文件另有规定外，应符合下列规定：

（1）从管底至管顶以上 50cm 沟槽范围内，可采用粗砂、碎石屑、砂砾或开挖出的非腐殖性原状土，且不得含有机物、冻土及块径大于 50mm 的砖、石等硬物。

（2）设计的管基有效支承角（2α）＋$30°$范围内必须用中粗砂填充密实，与管壁紧密接触，不得用土或其他材料填充。

（3）采用石灰土、砂、砂砾等材料回填时，其质量要求应按设计规定执行。采用黏质土时，回填土的含水率，应不超过（或低于）该类土质的最佳含水率 $1\%\sim2\%$。

（4）需要拌合的回填材料，应在运入沟槽前拌和均匀，不得在沟槽内拌合。

（5）HDPE管道位于车行道下，铺设后即修筑路面或管道位于软土地层以及低洼、沼泽、地下水位高地段时，沟槽回填应先用中、粗砂将管底腋角部位填充密实后，再用中、粗砂或石屑分层回填到管顶以上0.5m。

5）回填作业时不得损伤管道及接口，并应符合下列规定：

（1）根据每层虚铺厚度所计算的用量将回填材料运至沟槽内，且不得在影响压实的范围内堆积。

（2）每层的虚铺厚度如设计未作规定时，应按采用的压实工具和要求的压实度经现场试验确定。对一般的压实机具，虚铺厚度可按表2-5-206（1）中的数值选用。

（3）沟槽回填必须在管道两侧同步进行，严禁单侧回填，两侧回填的填筑高差，不应超过一层厚度；回填材料，应由沟槽两侧对称均匀地运入沟槽内，不得直接扔在管道上。

（4）回填压实应逐层进行，不得损伤管道；管底到管顶以上500mm且不小于一倍管径范围内，必须用人工回填，严禁用机械推料回填。

（5）同一沟槽中有双排或多排管道的基础底面位于同一高程时，管道之间的回填压实应与管道一沟槽之间的回填压实对称进行。

（6）同一沟槽中有双排管道或多排管道但基础底面的高程不同时，应先回填基础较低的沟槽；当回填至较高基础的高程后，再按上款规定回填。

（7）分段回填压实时，相邻段的接茬应切成阶梯形，且不得漏压。

（8）采用轻型压实设备时，应夯夯相连；采用压路机时，碾压的重叠宽度不得小于200mm；采用压路机、振动压路机等压实机械压实时，其行驶速度不得超过2km/h。

6）HDPE管道埋设的最小管顶覆土厚度除满足当地冻土层厚度要求外，尚应符合下列规定：

（1）埋设在车行道下时，路基以下不宜小于1.0m；

（2）埋设在非车行道下时，不宜小于0.8m。

（3）当管顶的覆土厚度无法满足上述要求时，应按设计要求采用混凝土包封或具有结构强度的其他材料回填。

7）检查井、雨水口及其他井室周围的回填，应符合下列规定：

（1）井室周围的回填，应与HDPE管道沟槽的回填同时进行压实；当不便同时进行时，应留台阶接茬。

（2）井室周围回填压实时应沿井室中心对称进行，不得漏压；回填材料压实后应与井壁紧贴。

（3）新建HDPE管道与现有管道交叉部位回填的压实度应符合要求，并应填充密实。

8）回填施工的质量

（1）主控项目

1）所用回填材料必须符合设计的要求；

2）压实度必须符合本规程表2-5-208（2）及上部结构的要求。

（2）检验频率

① 回填材料的检验规定：

条件相同的回填材料，每铺筑1000m²，应取样一次，每次取样至少应做两组测试；土层条件变化或更换料场时，应取样检测。

② 回填质量应分层检验，两井之间每层取样一组（3点）；应在每层回填表面以下2/3厚度处取样。

③ 沟槽回填压实度要求：详见表2-5-208（2）及图2-5-208。

槽内部位		压实度％	回填材料
基础	管底以下	≥90	中、粗砂
	管底腋角 2α+30°范围	≥95	
管两侧		≥95	中、粗砂、碎石屑，最大粒径小于 40mm 的砂砾或符合要求的原土
管顶以上 0.5m	管两侧	≥90	
	管上部	≥85	
管顶 0.5m 以上		按地面或道路要求但不≮90	原土回填

注：1. 回填土的压实度，除设计规定采用重型击实标准外，其他皆以轻型击实标准试验获得最大干密度为 100％；

　　2. 土的最佳密实度测定方法见《土工试验方法标准》GB/T 50123—1999；

　　3. 根据道路要求须采用重型击实标准时，其标准见《城市道路工程施工质量检验标准》DBJ 01-11。

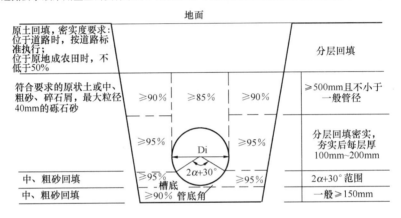

图 2-5-208　沟槽回填压实度要求示意图

2-5-209　埋地塑料管以上进行机械碾压对回填材料有什么规定？为什么？

答：《埋地硬聚氯乙烯排水管道工程技术规程》CECS 122：2001 规定塑料管顶以上 400mm 内回填砂或砂砾材料，且规定覆土厚度在管顶 700mm 以上，方可采用机械碾压。这就是在塑料管顶上填 40cm 砂砾料再填 30cm 以上其他土料才可上机械碾压。

这是因为若塑料管处于路基下方，由于路基压实度标准比较严格，特别是管顶以上，按《给水排水管道工程施工及验规范》GB 50258—2008 规定，仅 25cm 厚范围内压实度为 87％，在管顶 25cm 以上范围内，无论是管顶还是管道两侧，都要求达到 90％以上。这在覆土较浅的情况下对塑料管道是不利的。

塑料管若处于步道或绿地的下方，按《给水排水管道工程施工及验收规范》GB 50268—2008 的压实度要求实施是可行的。若塑料管道处于路基下方，由于路基压实度标准比较严格，特别是管顶以上 GB 50268—2008 规定，仅 25cm 厚的范围内压实度为 87％，在管顶 25cm 以上范围内，无论管顶还是管道两侧，都要求达 90％以上。这在覆土较浅的情况下，对塑料管道是不利的。为此《埋地硬聚氯乙烯排水管道工程技术规程》CECS 122：2001 规定管顶以上 400mm 内回填砂或砂砾材料，且规定覆土厚度在管顶 70cm 以上，方可采用机械碾压。

2-5-210　某小区综合市政工程对回填土的要求是什么？

答：重申规程有关回填土的若干规定如下：

1）电力方沟、化粪池等地下构筑物回填土或满水前需先报验，经监理批准后方能进行。

2）回填土应认真执行"市政规程"第二章第五节各项规定。如第 75 条"必须确保构筑物的安全"：

① 方沟两侧或池壁四周及盖板上，不能使用大于 0.5m³ 的斗车装载机装土直接倒入，以防冲击推挤构筑物。

② 盖板顶上覆土不足 60cm 厚以前，上车的荷载不准大于 1.5t。

③ 一侧进土时，另一侧用土需搭码道，见图 2-5-210 使用手推车运土。

参考草图示意如下：

手推车手运土下坡时，要有安全措施。

3）沟槽回填的要求

① 管道安装验收合格后应立即回填，应先回填到管顶以上一倍管径高度

② 沟槽内不得有积水，不应带水回填；不得回填含有机物的积泥，回填土中夹杂的石块、砖、木料、钢筋及其他杂硬物体应剔除，以防破坏防水层

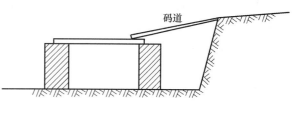

图 2-5-210

③ 沟槽回填从管底基础部位开始到管顶以上 0.7m 范围内，必须用人工回填。严禁用机械推土回填。

④ 沟槽回填应从管线、检查井等构筑物两侧同时对称回填，确保管线及构筑物不产生位移。对称回填两侧高差不大于 30cm。

⑤ 每层填土虚铺厚度，人工夯实不大于 20cm，机械夯实不大于 30cm；每层夯打密实后，测定密实度，当密实度达到要求时，才可继续回填。

⑥ 重力流管道应在闭水试验合格后回填；压力流管道在水压试验前，除接口外管道两侧及管顶以上回填高度不应小于 0.5m，水压试验合格后宜在管内充水情况下回填其余部位。

4）严格土方工程的原始记录管理制度，以便于质量的保证和日后的核查。比如，应将土方工程各分层压实度的检验记录、土基竣工后高程和土基平整度的检查记录及以及在施工中各沟塘等特殊地基的处理纪录等均作为隐蔽工程质量检验的附件。

5）为了确保土方工程的压实标准，在重点地段加大取样密度，对设计要求压实标准的取样宜增加密度。

每层所取样品必须接近该层底部，每层取样点应有代表性，土方取样点数量在施工前的《质量目标设计》中应明确数量，此数量在重点地段宜高于规程的 1.5 倍左右，具体取样点应由监理工程师会同质检人员随机选点取样。

2-5-211 管道施工质量通病和预控措施有哪些？

答： 目前管线施工主要质量通病是井周下沉、检查井与路面衔接不顺、沟槽回填不密实，其主要预控措施为：

1）检查井井周下沉与路面衔接不顺

（1）采取分层回填，并严格控制回填厚度。

（2）现况管线底部采用砖砌基础或满浇筑混凝土。

（3）在井周道路结构无机料部位全部浇筑低标号混凝土，防止井周下沉。

（4）检查井根据路面结构层分步长高。

（5）采用双向双线控制井盖的标高。

2）沟槽回填不密实

（1）回填必须符合施工技术规范要求，按规定频率进行回填土的轻、重型击实试验，求得该填料的最佳含水量最大干密度，沟槽内不能有积水、淤泥，所用填料禁止有砖头、混凝土块、树根、垃圾和腐殖土。

（2）回填必须分层夯实或碾压，沟槽窄小的扩槽回填，以保证足够的工作宽度。

在工作面具备且不损及管道的前提下，尽量使用压路机进行回填碾压，在所回填段落，立标牌，标明施工负责人、质控验人员和现场监理员的姓名，每层回填完毕，自检合格后，层层报监理抽检验收，合格后，方可进行下层回填，凡是监理抽检不合格的，要返工或补压，直至达到合格标准。

（3）分段回填时，相邻段的接茬形成台阶，每层台阶宽度不小于厚度两倍，当合槽施工中，有双排或多排管道，其基底位于同一高程时，管道之间的回填与管道与槽壁之间回填同时进行，若不在同一高程，先回填基础低的沟槽，待回填到高基础底面后，再按照要求进行回填。

2-5-212　问：土壤最佳含水量数值是怎样得来的？

答：是由土工试验得出的。见下试验报告表 2-5-212。

试验报告单

表 2-5-212

单位编号：023008

土壤最大干密度与最佳含水量试验报告 （表式 C6-2-1）		编号	略
			略
		试验编号	TS04-00263
		委托编号	2004-13508
工程名称	某污水工程		
施工单位	北京某市政建设工程有限责任公司		
取样地点		来样日期	2004.08.23
土壤种类	轻型素土	试验日期	2004.08.24

最大干密度（g/cm³）　1.78　最佳含水量（%）　14.3

试验依据：

依据 JTJ051-93 土工试验方法标准进行检测。

批准人	审核人	试验人
×××	×××	×××
报告日期	2004 年 08 月 25 日	

备注：部分复制检验报告需经本中心书面批准（完整复制除外）。
　　　若有异议，收到报告十五日内向检验单位提出。

2-5-213 某排水工程备忘录记述什么问题？

答：见下备忘录：

工 程 备 忘 录

致：某市政建筑工程有限公司

截止到 12 月底本段市政工程已告一段落。

1）目前已完成情况如下：

① 雨、污水管道安装已全部完成。

② 回填土回填至雨水顶 50cm 位置。

③ 污水闭水已完成。

④ 以上三项工序报验资料已完成。

2）下阶段施工应注意问题：

① 检查井未做到位及部分实验结果未返回，本次未验收，待做到图纸位置，进行报验。

② 雨、污水过路段回填土施工较仓促，明年在路床施工前应重新按规范要求回填。

③ 雨水扇形井变更应找设计尽快落实。

④ 已完成的回填土应进行覆盖保温处理，避免明年开冻出现翻浆现象。

⑤ 雨水扇形井钢筋混凝土盖板质量隐患问题为施工时钢筋没有见证取样复试，没有混凝土配比单。应采取措施取得试验数据，否则返工重做。

×× 监理公司

2004 年 12 月 30 日

2-5-214 某工程关于污水沟槽换填砂石的报告内容是什么？

答：报告内容如下：

1）概况

本工程污水 8 号—4 号井段合计 181m 长，在沟槽东侧依次有 5 条电信、一条 φ100 自来水管线、6 孔电信管线及地上市话杆，沟槽西侧有新建热力小室及热力管道，上述管线均平行于新建污水沟槽，距离最近的电信及自来水管道中心距污水沟槽不足 2m，受上述条件制约，污水沟槽放坡最大不足 1：0.2，不能满足安全施工的要求（此段污水沟槽已进行支撑加固处理）。又因 2004 年 7 月 20 日一场突降大雨，造成我项目部污水沟槽内积水深达 1.6m，抽水后沟底形成 1m 厚淤泥层，沟槽边坡多处塌方，形成多处安全隐患。现场土质非常潮湿，掺加大量白灰也无法进行回填。

2）为确保本工程总体工期的按时完成，并保证工程的施工质量，消灭安全隐患。我项目部拟采取以下技术措施对沟槽内淤泥进行处理：

（1）将沟底淤泥用反铲进行挖除：181m×2m×1m＝362m²。

（2）换填 2 米厚砂石分层夯实，数量为 181m（长）×2m（宽）×2m（高）＝724m³。

（3）在将砂石夯实的情况下，用反铲将原有沟内支撑板及方木逐根拆除。

（4）砂石回填后可基本保证沟槽边坡稳定，遇有特殊地段，支撑可暂不拆除。

（5）还土掺加 9% 石灰继续回填至路床高，保证其他管线按计划如期施工。

××××项目部

2004 年 7 月 23 日

2-5-215 某工程雨季施工技术措施有哪些？

答：本工程的工期为 4 月至 7 月，在此期间经历雨季。根据市政工程施工受降雨影响大的特点，在施工进度计划中必须充分考虑雨季对工程进度可能造成的不利影响，合理安排施工顺序和工序衔接，尽可能提前完成各项施工任务，为后续工程创造良好的施工条件。

1）雨施准备

成立以项目经理为首防汛领导小组，制定防汛计划和紧急预防措施。雨季施工前认真组织有关人员分析雨季施工生产计划，根据雨季施项目编制雨季期施工方案；并组织相关人员对施工现场排水设施和各项雨施机具进行一次全面检查。

夜间设专职的值班人员，保证昼夜有人值班并做好值班记录，同时负责收听和发布天气情况，遇有恶劣天气提前做好预防措施。

2）现场临设

（1）现场临设根据地形设置场地排水系统，保证水流畅通、不积水，并防止周边地区地面水倒流进入场地。防雨器材要备足。

（2）雨期前对各类仓库、机具料棚、房屋（含电气线路）等进行全面检查，加固补漏，对于危险建筑必须及时处理。

（3）临时水泥库室内地面标高要比室外地形高出 20～30cm，防止雨水流入库内。

3）管线铺设

（1）在沟槽周围设置挡水堰，防止雨水进入沟槽。

（2）尽量缩短开槽长度，挖槽到设计标高后，及时进行下道工序，避免沟槽暴露时间过长，当采用合槽开挖时，对于不能立即施工的管道，其基底须预留 20cm 暂不开挖。

（3）当管线施工周期较长时，在管道沟槽两侧挖设集水沟及集水井，及时排除沟槽内积水。

（4）要严防滑坡和边坡塌方，必要时对坡面采取覆盖塑料布保护或水泥砂浆简易支护。

（5）管线铺设完成并经试验合格后及时填土覆盖，避免出现漂管。

（6）预留支线或管道铺设后不能及时回填时对甩口处按设计要求及时进行封堵或将管口临时包裹，避免泥水杂物进入管道。

（7）回填土禁止在雨天进行，并做到随填随夯实，避免松土遭水浸泡。

4）管道施工

（1）及时收听天气预报，合理安排路面结构层施工作业。

（2）修建临时排水设施，保证雨季作业的场地能及时排除地面积水。

（3）适当缩短每一工作段长度。每天上的料要及时完成碾压，并验收。

（4）各结构层必须按设计找好纵坡度并整平。防止表面积水。

（5）坚持每天收听、收看天气预报，降水概率大于 60% 时，不再进行野外施工。

（6）材料运输加盖苫布，防止雨淋。

（7）沥青混凝土面层施工前，注意天气变化，降水概率在 60% 以上时不安排摊铺作业。

5）机械设备

（1）现场机械操作棚（如搅拌机、卷扬机、电焊机、木工机械、钢筋机械等），必须搭设牢固，防止漏雨和积水。

（2）现场机械设备，要采取防雨、防潮、防淹没等措施。用电的机械设备要按相应规定作好接地或接零保护装置，并要经常检查和测试可靠性。

（3）电动机械设备和手持式电动机具，都须安装漏电保安器，漏电保护器的容量要与用电机械的容量相符，并要单机专用。

① 所有机械的操作运转，都必须严格遵守相应的安全技术操作规程，雨期施工期间加强教育和检查监督。

② 所有机具电气设备均设置防雨罩，雨后全面检查电源线路，保证绝缘良好。

6）电气设备

（1）在雨期施工前，对现场所有动力及照明线路，供配电电气设施进行一次全面检查，对线路老化、安装不良、瓷瓶裂纹、绝缘能力降低以及漏电、跑电现象，必须及时修理和更换，严禁迁就使用。

（2）配电箱、电闸箱等要采取防雨、防潮、防雷等措施，外壳要做接地保护。

2-5-216　工程成品保护措施是怎样的？

答：1）成品保护职责

（1）材料员：对进场的原材料、构配件、制成品进行保护。

（2）班组负责人：对上道工序产品进行保护，本道工序产品交付前进行保护。

（3）项目经理：组织对完工的工程成品进行保护。

（4）项目生产负责人：制定成品保护措施或方案，对保护不当的方法制定纠正措施，督促有关人员落实保护措施。

2）建筑"四保"措施

建筑工程对成品保护一般采取"防护"、"包裹"、"覆盖"、"封闭"等保护措施，以及采取合理安排施工顺序等来达到保护成品的目的。

（1）防护：就是针对被保护对象的特点，采取各种防护措施。如：已做好装饰的踏步 在未交付使用前采取钉木板保护棱角；对进出口台阶设脚手板供人通行来保护。

（2）包裹：就是用表面覆盖起来以防损伤或污染。例如，干挂花岗石边角处可用多层木胶板包裹捆扎保护。

（3）覆盖：就是用表面覆盖的办法防止堵塞或损伤。如：石材路面达到强度后需进行其他施工时其上部可用锯末等覆盖以防止污染。

（4）封闭：就是采取局部封闭的办法进行保护。例如，广场石材路面完成后，可将该区域临时封闭，防止人们随意进入而损坏成品。

（5）合理安排工序：主要是通过合理安排不同工作间的施工顺序先后以防止后道工序损坏或污染前道工序。

3）管线施工成品保护

（1）管线施工完毕，未做完功能试验时采取措施防止沟槽上方大块物体砸坏管身或管口，能回填土的尽快回填。

（2）管线施工一段落后，过一段时间才能连续施工时，管口要临时封闭，防止泥水进入管内。待重新开始施工时拆除临时堵头。

（3）管材进场后要分类码放，尽量避免二次倒运，如确实需要二次倒运时，对运输工具采取一定的措施，减少人为损失。

4）道路施工成品保护

（1）道路结构层施工完毕后，将施工完成的区域进行封闭，不得有机动车辆上路行驶，待达到养生期限后方可通行。

（2）在沥青混凝土面层施工过程中，对路缘石等采取塑料布等材料覆盖保护，避免对其造成污染。

（3）履带类施工机械进出现场采用拖车运输，避免对现况及以完道路造成破坏。场内调配需经过现有道路时垫木板对现况道路进行保护。

5）交工前成品保护措施

（1）确保工程质量美观，达到用户满意，项目施工管理班子根据工作面大小，专门组织专职人员负责成品质量保护，值班巡察，进行成品保护工作。

（2）成品保护值班人员，按项目领导指定的保护区进行值班保护工作。

（3）成品保护专职人员，按施工组织设计或项目质量保证计划中规定的成品保护职、责、制度办法，做好保护范围内的所有成品检查保护工作。

（4）专职成品保护值班人员工作到竣工验收，办理移交手续后终止。

2-5-217　工程技术节约措施有哪些？

答：1）优化施工方案

（1）对分项工程施工方案进行分析对比，择优选用，减少投资。

（2）做好土方填挖平衡，以减少土方的运输费用。

2）加强施工管理

（1）加强现场管理，合理安排场地，以减少材料二次搬运费。

（2）加强质量管理，确保一次成活，消灭返工造成的消费。

（3）合理安排机械的使用，避免机械闲置。

（4）加强材料管理，建立材料出入台账。实行限额领料，减少材料降低成本消耗。

2-5-218　工程冬季施工要求有哪些？

答：1）认真学习规范规定要求，落实到工作实处。

2）各种机械设备、车辆都要做好防寒准备，防止发生冻、毁设备的事故。加强对驾驶人员、操作人员冬期安全运行的宣传教育和考核。

3）混凝土工程从进入冬季施工阶段开始掺三乙醇安早强剂，并用草袋覆盖。我处不使用硝酸钠防冻剂。

4）土方工程要防止冻胀。挖土时不得掏洞，严禁还冻土块。

5）工地水源、水管自来水笼头等要有足够防冻保暖措施。

6）必须做好防火工作，健全消防组织，消防制度，消防措施。在入冬前要进行一次全面的防火检查，并做好消防器材的检查。凡用煤火的地方，都要有防火、防煤气中毒的可靠保证。生火炉子的地方要有开火合格证。生产使用电炉子要有专人管理。

7）必须做好冬季施工安全工作，严格执行保证冬季安全的有关规定，并要加强检查。对下雪天要有特殊安全措施。

8）确保冬季施工程质量，保证工程创优，严格按规程办事。冬季工地都要有专人收听并公布天气预报，若有天气突然变化要有应急措施。

2-5-219　冬季施工阶段是怎样划分的？

答：据北京市市政工程技术规程有关规定：凡具有下列情况之一时即进入冬季施工；

1）工地室外昼夜平均气温低于$+5℃$时；

2）室外最低气温低于$-3℃$时；

3）混凝土灌注之后，在开始养护前的温度低于$+5℃$时；

北京市冬季施工期间按正常气温一般规定自11月15日至第二年3月15日共计四个月。因此在10月底各级领导都要抓紧抓好冬季施工准备工作。

2-5-220　工程冬季施工主要技术措施有哪些？

答：1）土方工程

（1）新开基础工程应尽量争取在冻前挖完土方。

（2）挖土基础开槽后应随即进行基础施工，避免基槽暴露过久，更不得积水以免结冻引起冻胀危害。不能立即施工基础时应予留一层土壤、（约20cm）。

（3）各在施基础要求及时还槽，分层填土，及时夯实。回填土不得含有冻土块。

（4）禁止在冻土上做垫层。

2）砌筑工程

（1）"湿砖"上墙。为了保证砌体的强度，冬施在气温高于零度和气候干燥时，砌筑用砖最好要浇水。在上午九时至下午三时太阳照射比较暖和（正温度）时，可用喷壶随浇随砌，浇水不宜太多，以砖吸进1cm多为宜。但注意在0℃以下滴水成冰时停止浇水。"冻砖"严禁上墙，砖表面不得有冰霜。

（2）砌筑砂浆一般采用热砂浆，搅拌机加料时，宜先加水和骨料，稍加搅拌后再加水泥避免热水直接与水泥接触，产生假凝现象。拌和温度不得低于20℃。当施工气温在0℃左右，水要加热，水温不得超过80℃，搅拌时间增加1倍。砂中不得含有水块、冰碴。

若施工热砂浆有困难，可采取抗冻砂浆。食盐掺量应为拌和水重的3％。（用于砖砌体，适用于−5℃以上，最低温度−10℃范围）食盐由于来源容易，价格低廉，故优先采用。

（3）下班前砌体表面不应铺灰，应用草袋将砌体覆盖，以防受冻，每天砌体高度不得大于1.2m。毛石砌基础，下班前应回填其两侧土方。

3）混凝土工程（管道垫层等）

一般混凝土冻结温度为−3℃，当气候降低到−1至1.5℃时混凝土中的游离水开始结成冰，水泥的水化作用停止，混凝土的硬化作用也就停止发展。此时，水泥、砂、石和水形成了一堆互不起作用的混合物，没有强度。同时，水结冰后体积膨胀（约8％）混凝土有被冻裂的危险。技术规范规定，混凝土在冻结前至少达到设计强度40％R_{28}且不低于5MPa时再遭受冻结则对混凝土的强度没有太大的影响。因此，冬季施工中常采用外加剂以降低混凝土的冰点。提高抗冻性，加速混凝土的硬化，提高早期强度。

为了保证质量应严格按配合比施工，从我处当前的施工条件来看一般采用三乙醇胺早强剂，在无筋混凝土中可采用加氯化钠防冻。

工业氯化钠NaCl，易溶于水，纯度95％，有早强、防冻的作用。掺加量不大于水泥重量的5％（按无水状况计算），操作时应先将盐放入水中充分搅拌，调成溶液，使用时，按比例将溶液慢慢倒入拌料，拌和应均匀。延长搅拌时间50％～100％。冷混凝土浇筑后，用草垫覆盖。安全养护期24h（不宜蒸气养护）。避免最初十昼夜内遭受强寒风的影响。为保证安全，我处不使用亚硝酸钠。

4）钢筋混凝土工程：

（1）根据货源情况，选用外加剂：

① 861复合抗冻剂：

② EST混凝土防冻早强剂，为冶金建研总院等单位研制的新产品，价格较低，使用方便。掺量为水泥重量的5％±0.5％，1天的抗压强度比不掺的抗压强度可提高130％。

③ 三乙醇胺复合早强剂：三乙醇胺为淡黄色液体，碱性、无毒，易溶于水。掺入量按水泥重量的万分之三加入。掺入后，搅拌均匀，再浇筑。

（2）蓄热法养护：

混凝土入模温度不应低于20℃，必要时，将水加热至70℃。混凝土运输要有保温措施，灌注时要快灌快捣，工作面尽量缩小，以减少热量损失。混凝土筑后，随即用草垫护盖严密以达到保温蓄热的效果。

（3）利用电热毯养护（见图 2-5-220）

使用方法及注意事项：

① 应根据构件的具体尺寸选购不同规格的电热毯，防止浪费。

② 电热毯使用时，只许单层平铺在平坦的表面上或支架上，接茬处不准搭接使用，也不允许将多余部分卷成卷或折叠堆放。

③ 电热毯允许单层挂在墙的立面上使用，但应注意电热丝是上下垂直放置，不要弯曲。

④ 电热毯与混凝土表面应尽量减少接触，如必须接触时应用塑料布加毡布隔开，防止电热毯潮湿。

⑤ 电热毯表面应及时覆盖保温层，防止雨、雪水、渗入毯内，以利安全通电工作。

⑥ 电热毯覆盖前，应检查是否完好，搬运和铺放时，均应用力均匀，免使电阻丝受损，电热毯折叠堆放和搬运时，禁止在上踩踏或重压，防止电热丝折断。

⑦ 电热毯要有专人管理使用，铺放完毕应及时派电工检查电路是否安全，并安装漏电保护装置，防止人身触电。

⑧ 电热毯通电后，应有专职电工经常检查线路和温度，发现问题及时断电。

⑨ 电热毯使用时，先开低挡位，如 20℃一小时然后再开到高挡位，温度应控制在 40℃左右，如温度过高，可开到低挡位，如温度还高，则必须及时断电处理以免着火，断电后，对混凝土仍须保持 1 小时保温，才准打开。

⑩ 用毕的电热毯要完好送回材料组保管。

⑪ 若为大体积混凝土，电热毯与混凝土表面宜保持 10cm 左右距离较好，可以避免因电热干蒸混凝土表面水分的散失，减少混凝土表面干缩和龟裂。

⑫ 使用电热毯前要在混凝土表面上喷少许水，使其保持温润，在养生期间每天检查一次混凝土温度，若干燥可喷少量水。

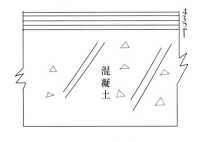

图 2-5-220　电热毯养护混凝土
横断面示意图

1—塑料布一层；2—电热毯；3—岩棉板一层（或其他保温材料）；4—苫布一层（或其他防水材料）

5）抹灰工程

（1）室内抹灰应采取热作法施工，保持正温度。必要时，门窗应有挡蔽措施。避免抹面开裂。

（2）室外抹灰，可在水泥砂浆中掺 Nacl（食盐）掺入量为不大于水重的 2%（当气温为 0℃～-3℃）；4%（-4℃～-6℃）6%（-7℃～-8℃）8%（最低气温在-8℃以下时）。

6）防水工程

（1）施工应在上午 10 时至下午 4 时前的正温度下进行，油毡基层要清扫干净，不得有霜雪或冰屑。

（2）尽可能采用冷操作的化学粘结剂。

7）水电工程

（1）铸铁管捻口应在正温度下操作。当气温低于-5℃时，应用高标号水泥及 60℃温水随拌随用。捻好的口应及时覆盖保温。

（2）冬季不交工或不使用的工程，不得作试水、试汽、试验。

8）钢筋焊接

冬季焊接，室内温度应保持 0℃以上，避免接头冷淬。当温度较低时，焊接电流适当增大，接头部位采用石棉粉保温。避免温度骤然变化。

9）冬施管理

（1）认真做好测温工作：混凝土或砂浆的出罐、入模、铺砌各阶段的温度。

（2）加强试块管理工作：冬施期间要多做一组备用混凝土试块。未送试验室前要在工地养护好。

10）冬施安全工作

（1）严格贯彻安全生产责任制，制定五防措施（防风、防冻、防滑、防毒、防爆炸）。

（2）各种机械应有专人管理操作，定期检修，保持完好。设备内的水箱及胶皮管内的水，在下班前必须将水放尽，严禁积水冻裂。外露水管应用草绳保温。

（3）加强道路维护，保持通畅无阻。斜道及脚踏板应有防滑措施。消防器具要备齐，消火栓、水源等处要保持干净。

（4）冬季取暖应符合防火要求，并指定专人负责管理，严防一氧化碳中毒及失火。

2-5-221　综合管网工程量如何统计?

答：工程量统计示例见下表 2-5-221。

表 2-5-221

名　　称	单位	工程量
钢筋混凝土排水管 DN300	m	9913
钢筋混凝土排水管 DN400	m	1208
钢筋混凝土排水管 DN500	m	4579.3
钢筋混凝土排水管 DN600	m	4202
钢筋混凝土排水管 DN800	m	4358.5
钢筋混凝土排水管 DN1000	m	4982
钢筋混凝土排水管 DN1200	m	3640
钢筋混凝土排水管 DN1400	m	2014
钢筋混凝土排水管 DN1600	m	1430
钢筋混凝土排水管 DN1800	m	440
钢筋混凝土排水管 DN2000	m	1375.3
球墨铸铁管 DN500～600	m	4000
DN800	m	4333
雨水口	个	578
给管顶边	m	150
无缝钢管顶进	m	50
焊接钢管顶进	m	200
铸铁管顶进	m	100
硬塑料管顶进	m	50
钢筋混凝土方涵（C25）	m²	2400

2-5-222　北京地区市政管道工程动工条件有哪几条?

答：见下报审表 2-5-222。

表 2-5-222

工程动工报审表（A5）		编 号	001
工程名称	某外部市政工程	日 期	2004 年 10 月 21 日

致 __略某工程咨询监理有限公司__ （监理单位）：

　　根据合同约定，建设单位已取得主管单位审批的施工许可证，我方也完成了开工前的各项准备工作，计划于 2004 年 10 月 28 日开工，请审批。

　　已完成报审的条件有：

　　1. ☑北京市建设工程开工证（复印件）

　　2. ☑施工组织设计（含主要管理人员和特殊工种资格证明）

　　3. ☑施工测量放线

　　4. ☑主要人员、材料、设备进场

　　5. ☑施工现场道路、水、电、通讯等已达到开工条件

　　6. ☑××××工程现场自然地坪挖掘施工审批表

　　　　施工单位名称：某市政建设集团公司工程处　　　　　　　　　　　　项目经理（签字）：略

审查意见：

以上 6 项报审条件已经完成

同意动工。

　　　　　　　　　　　　　　　　监理工程师（签字）：×××　　　　　　日期：　年　月　日

审批结论：

　　　　　　　　　　略　　☑同意　　　　□不同意

监理单位名称：某工程咨询监理有限公司　总监理工程师（签字）：略　　　　　日期：　年　月　日

注：本表由承包单位填报，建设单位、监理单位、承包单位各存一份。

2-5-223　工程检验、测量和试验设备的控制与计量方案是怎样的，请给出示例？

　　答：为保证工程质量，对现场所使用的各种检验、测量、试验等计量器具进行严格的控制特制订如下措施：

　　1) 根据现场施工任务应配置如下检验、测量、试验仪器，TDJ2 型经纬仪 2 至 3 台，DZS3 型水准仪 2～3 台，塔尺 2～3 根，钢卷尺 30～50m 两把，2～5m 的钢卷尺根据进入现场的施工管理人员技术工人情况进行配套，200g 架盘天平一台，1000g 架盘天平一台，案称 10kg 的一台，台称 50kg 的一台，1000kg 的台秤 2 台，砂浆稠度仪一台，振动仪一台，坍落度筒一套，混凝土试模 150×150×150 的十组，砂浆试模 5～10 组，砂浆、混凝土试块标养箱一台。

　　2) 所有的检验，测量和试验设备要进行检定和校准达到设备技术资料中的规定的标准和精密度后，方可投入使用，不合格器具不得进入现场。

　　3) 对现场所有器具进行标识，凡经过检验、检定后符合要求的检验、测量、试验设备，应

粘贴合格证或准用证以证明设备处于有效期内。

4）对于精密、大型、贵重的检验，测量试验设备，应由专人使用维修和保养，严禁无关人员私自动用，并保持设备清洁整齐。

5）在使用操作过程中，发现检验、测量和试验设备的精度偏离校准状态的检验、测量和试验设备重新进行校准，后格后方可继续使用，同时应分析失准原因，制定防止失准的纠正措施、并填写失准报告单。

6）对使用精度失准的检验、测量和试验设备出具的检测结果进行复测，评定已测试结果的有效性。

7）材料计量检验方案

（1）水泥：对袋装水泥，按 5％～10％ 进行抽样验收。标准重量为 50±1kg，达不到者，按其平均重量进行验收，同时案规范要求取样复试，不合格的水泥应及时退出现场。

（2）砂、石：进料时必须是公司认可的砂石厂家提供，试验符合规范要求方可验收，方法用尺量高，然后换算成量，必要时到外协单位过磅（地平衡必须经过计量单位鉴定，有合格证）

（3）钢材：比较规则的钢材，可用尺量其长度，按其数量进行换算，不规则的钢材应到外协单位过磅计量。

8）砂、浆、混凝土上料计量方法

（1）水泥、袋装水泥抽检 10％，按其平均重量作为每袋水泥重量上料。

（2）砂、石用悬吊式台称进行称量

（3）混凝土砂浆拌合用水，采用时间继电器磁阀控制用水量。

2-5-224 工程试验工作方案是怎样的？

答：1）试验计划

（1）混凝土部分按市政特点工序的先后进行流水作业，所以试块的制作，按工序、台班、每 100m^3 或管道 100m 为取样单位以 28 天标样混凝土试块，每组留置 1 组备用。

（2）砂浆试验，砂浆试块按每 250m^3 制作一组进行试验。

（3）水泥，以同生产厂家，同一品种标号同一进场时间，每 200t 取一组进行试验。

（4）砂石：砂石以同一场地每 600t 取一组试样进行试验。

（5）红机砖：同一厂家，同一规格，每 15 万块取一组进行试验。

（6）回填土：雨污水肥槽，按两井之间每层虚铺 250mm，压实为 200mm，取 3 点进行试验。

（7）各种管道沟的肥槽，虚铺 250mm，压实后 200mm 为一步，长度 50m 取一点进行试验。

（8）路床素土每 1000m^2，200mm 为一层，取 3 点进行试验。

（9）馒车道及人工道基层，1000mm^2，200mm 为一层长度 100m 取 2 点试验。

2）试验程序

（1）商品混凝土，开盘通知单下达→混凝土取样→落度试验及试块制作→编号→试块拆模标养→试验→填写报告单→回收报告单存档。

（2）混凝土现场搅拌：原材料试验→申请配合比→换算施工现场配合比→过磅计量→混凝土搅拌→坍落度试验及试块制作→编号拆模标养试块→试验→填写报告→回收报告单归档。

（3）砂浆：原材料试验→申请配合比→换算施工配合比→过磅计量→砂浆搅拌→取样→稠度试验及试块制作→编号拆模标养试块→试验→填写报告→回收报告单存档。

（4）回填土：用环刀法取样→密度试验→填写报告单→回收报告单存档。

（5）路、备土→调整含水量→铺筑→调平整型→稳压→检查含水量→密度试验→碾压平整→养生。

（6）混合料：采用灌砂法做试验。沥青混凝土：采用蜡封法做试验。

3）试验措施

（1）根据工程的特点及路床路面进度，做好试验计划准备工作。

（2）按施工规范规定，对原材料及时取样、及时送样，根据使用部位，按批量取样，并督促有关人员索取合格证。

（3）混凝土开始浇铸时，试验员要检验商品混凝土的运输单，看是否与混凝土的设计强度一致，避免混凝土发生错误。

（4）按规定对回填土分层，分步取样做压实度试验。

（5）对工作要认真，试验、取样和制作要真实，具有代表性，资料的填写要清楚齐全、日期、部位的填写要交圈。

（6）及时回收试验资料交给技术组资料员，并做好交接记录。

（7）每天做好试验日记，将每天的试验取样进行分析，试验取样项目填写清楚，编好号。

（8）分段做好混凝土强度的统计，对混凝土强度进行分析，试验上出现问题时，要及时向技术主管汇报，然后进行原因分析，对整个工程的试验及材料、结构、质量情况，有数据进行评定说明。

2-5-225　工程质量控制措施有哪些，请用示例指出？

答：1）强化质量管理制度

××××市政综合工程是本公司的重点工程之一，为了确保本工程的工程质量，必须实行全面质量管理制度及办法，在施工的全过程中，对每一道工序每一环节进行质量控制，确保优质工程，必须有健全的组织和严格的管理制度。

（1）健全质量检验保证体系

公司派出专职人员监督本工程质量检查工作，分公司由主任工程师全面负责技术质量工作，另设工地专职质检员两名，每个施工队必须设一名质检员。

（2）质量检查制度

对每个施工部位和每道工序，均由技术主管提出书面的技术交底，技术交底必须包含工程质量验收标准。测量人员和施工人员只有拿到技术交底后才能放线施工。每道工序完毕后必须由班组长进行自检合格后，填写自检表申请专职检查人员和工长来复核合格后报请有关上级及监理们验收合格后方可进行下道工序，施工工长必须及时填写工序质量评定表，由专职检查员评定质量等级签字认可。每月底将工程质量等级月报表，送到质检部。

（3）执行奖优罚劣制度

工程质量必须和经济挂钩，分公司实行优良产品和合格产品的工时有明显的差别，不允许不合格产品存在，不合格工程必须推倒重做，并执行1000元以上的罚款。分公司每月工序优良率65％，执行质量部的考核制度，按"系数K"进行奖罚，工地的后台计量施工工艺，有违反规定的操作人员可以随时给以1000元以下的罚款。

责任：贯彻国家和北京市关于质量管理方面的规定和施工及验收规范，组织全过程的质量管理工作，认真贯彻"质量第一"的方针，经常组织开展"创优质工程"和"质量月"活动组织实施质量规划，确定工程质量总目标，组织对质量薄弱环节和重大技术问题的攻关，组织展开质量自检、交接检、专职检的工作，定期召开质量分析会。

2）加强现场材料、成品、半成品验收制度

主要原材料、半成品及成品必须得到监理人员的认可才能进场使用，不合格产品不得进场，每一批材料进场必须按有关规定抽样检查，严格使用劣质或无合格证的产品。

3）重点工序和通病控制

重点工序施工必须请监理人员到现场认可方能进行下道工序。

（1）道路工序：重点抓回填工序

① 各种管线的沟槽：胸腔部分回填土应分层夯实，密实度不小于95％（轻型夯实）

② 若沟槽在路床以下800mm内的回填土，不能重型夯实的部分应采用特殊处理（改用12％灰土）

③ 为了控制井室周围道路下沉的通病，回填土应一律改用12％灰土分层夯实。

④ 凡是快、慢车道上的支管、雨水口周围的回填土一律采用素混凝土代替，这是解决下沉的有效办法。

⑤ 路床的施工宽度：快车道宽度：设计宽＋500mm，慢车道宽度：设计宽＋300mm。可以解决道牙不稳定不变形的问题

⑥ 预制块人行道的回填土最容易忽视的工序：必须分层压实，密实度≥90％，必须做路床，平整度≤10mm。

（2）排水工程：重点工序抓井室的砌筑：必须用一级机砖，清水面必须要挑选好砖，不得使用缺棱掉角的砖，井室底标高要准确，允许±5mm的偏差。闭水试验合格才能进行下道工序。

（3）其他管线工程；重点工序抓井室砌筑及管线安装，井室不得有积水现象，回填土要严格按标准分层夯实。

4）实行"样板制"制度指导施工

重点工序必须先做"样板段"工程，经质检部批准后，才能全面展开施工

2-5-226 市政工程特点是什么？

答：1）市政工程受现场施工条件制约较大，多专业交叉作业，因而不宜采用常规的大规模机械施工或大量劳动力安排施工。为实现质量好、进度快、投资省的总体目标，必须因地制宜的合理部署施工工作面和施工工序，组织各工种协同作战。这一点，要求施工单位具备较为丰富的施工经验和管理协调能力，尤其是应优选适合的施工单位做大市政工程协调的总包。

2）设计标高以及控制点均根据现有道路实际值确定，对施工测量的要求非常高。依据现场地势，以及建筑物散水标高来确定，以利排水。

3）施工项目内容多，带来的问题是施工单位多，新旧管网密集，管线纵横交叉多，而且都在正常使用中，在新的管线铺设完成前，旧的管网不能损坏，不能影响居民区的正常用水、用电、用气。对部分已形成的管线如：燃气管道、上水管道等，要做好保护，切实保证安全运行。

4）施工时赶上雨季，对质量控制、进度控制和施工安全，提出了更高要求。

5）有的管线（沟槽）开挖较深，要视地下水位情况确定是否采取降水措施，施工起来有一定的难度，施工安全问题要得到足够重视，需要有妥善的施工方案。

2-5-227 管道工程施工准备及施工部署是怎样的，请用示例指出？

答：1）分公司接到施工任务后，组织有关技术人员和施工管理人员认真学习有关的施工规范，熟悉施工图纸，了解设计意图，到现场了解情况及各项工程名称，同时做好以下工作：

（1）施工拆迁，设专职人员进行拆迁，与甲方配合为工程施工扫清障碍。

（2）施工临设布置，按施工总平面图修建临时设施，安装临时施工用水，用电线路，修建临时排水管。

（3）施工用电，在东翠路东侧在建楼工地引出电源，采用三相五线制敷设电缆引入施工现场。

（4）施工用水，根据甲方提供的水源敷设一条 $\phi50$ 管引入施工用水，并备洒水车一台为施工现场服务。

（5）地下障碍物处理，对地下障碍物请专职物探人员到现场探测，设明显标志，开工前进行

坑探工作。

　　(6) 现场排水,在红线外做明沟排水。

　　(7) 雨污水沟槽一侧用级配石修筑一条宽 6m,厚 30cm 施工临时用路,以供运输。

　　(8) ××口路与××厂南路相接段开工前与交通管理等部门联系,做好交通导流及架设交通临时桥。

　　2) 施工部署。

　　根据施工现场的实际情况,为能确保本工程的总进度计划及工程质量,对施工作如下安排:雨污水开挖准备两个方向首先从东翠路与杏石口路相交处向东翠路上游合槽开挖,另外杏石口路向下游至京密引水渠方向施工,其他地下管根据配合施工的情况插入,同步施工,这样即扩大了施工作业面,又加快了施工进度,对道路施工起连续作用,地下施工完成紧接着进行土方回填、施工机动车道及非机动车道,再进行方砖步道的施工。

　　2-5-228　工程安管施工安排是怎样的?

　　答:下管前检查各段高程及坡度,下管采用吊车下管(小于 500mm 管子人工下管)、放线可采用边线或中线控制,将平基凿毛清理及管内外壁清扫干净,并准备干净的石子,稳管时应按高程和坡度,中边线严格控制,对口间隙:管径 700mm 及大于 700mm 的管子按 10mm 掌握,以便于管内勾缝,600mm 以内者,可不留间隙,稳定大的管子时,宜进入管内检查对口,减少错口现象。

　　2-5-229　工程方沟(井室)砌筑施工安排是怎样的?

　　答:方沟底板放线,验线合格后进行砌砖,砌砖前必须对砌筑所用材料进行检验和试验,按现行质量标准进行检验和验收,对合格产品进行标识,有标识合格材料方可使用。常温施工砖在使用前应浇水,以保持充分湿润,砌砖前必须检查基础尺寸、高程及混凝土强度是否符合要求,方沟砌筑必须双面挂线,立皮数杆,砌体按一顺一丁砌法、上下错缝,内外搭接,砂浆饱满,墙体应尽量同时砌筑,临时间断处应砌成踏步茬,先砌 20m 样板段,经分公司技术,质量鉴定合格后方可继续砌筑,砌圆井时应随时掌握直径尺寸,井室(筒)内的踏步在安装前刷防锈漆,砌筑时用砂浆埋固,井筒清水墙勾缝应深浅一致,凹入为 3~4mm,墙面清扫干净(先砌样板井一座,经分公司技术、质量鉴定合格后,方可继续砌井)

　　2-5-230　污水管线施工安排是怎样的请用示例指出?

　　答:东段同雨水合槽施工,×××路段为单沟开挖,土方采用机械开挖,人工配合清槽底部分地段距坑边 1.5m 以外可存土,留出施工运输、吊管、吊板位置,余土采用自卸汽车外运,管基采用商品混凝土,构件委托外加工,模板以钢模为主,木模为辅,调配使用,采用吊车下管及安装构件,吊车吨位 12~25t。

　　闭水试验应在管道填土前进行,并应在管道灌满水后浸泡 1~2 昼夜后再进行,闭水试验的水位应为试验段上游内顶以上 2m,由监理、甲方等有关人员共同测定合格后方可回填土。

　　污水管道与雨水管道交叉处的支线管,污水管道满包混凝土施工,肥槽部位用 12% 石灰土回填夯实。

　　2-5-231　工程模板施工安排是怎样的?

　　答:模板以组合钢模为主,木模为辅,水平带立带采用架子管,支撑、斜撑采用方木,进行模板支护,浇筑混凝土前应对模板进行预检,保证结构各部分形状尺寸,强度稳定与方案相附和相互间位置的正确性。

　　2-5-232　工程钢筋施工安排是怎样的?

　　答:现场设钢筋加工棚,所需钢筋在现场加工,调直等,钢筋进场应有出厂质量检验证明,试验报告单及各种验收手续,及时按规定取样复验合格后,严格按批分规格存放、标识,钢筋下料前，熟悉钢筋的料表，防止差错，按表列钢筋的长度及数量配料，使钢筋的断头废料尽量减少。下料后必须挂牌，标识所用部位、型号、级别、并分类堆放，钢筋混凝土保护符合设计要求，应事先做好水泥砂浆垫块，钢筋绑扎应牢固，不得松动变形。

2-5-233　工程混凝土施工安排是怎样的？

答：根据施工现场的条件，平基及方沟垫层混凝土用现场搅拌站拌合必要时用商品混凝土浇筑，现场所用水泥，应有材质证明及复验合格后方可使用，砂石按规定试验合格才能使用，搅拌用水须用自来水，水泥用袋灰，按规定检验其重量，重量少于规定重量，由材料组与供应商交涉，使用时，适当加量。水泥、砂石按规定严格计量，设备要经权威部门标定方可使用，现场搅拌混凝土用小型翻斗车运输，串桶溜槽浇筑入槽，用平板振动器振实，木抹压实找坡，浇筑管座或方沟底板前必须凿毛冲洗干净，管座及方沟底板采用商品混凝土，搅拌车运输，串桶溜槽浇筑入槽，采用插入式振捣器，梅花点状插入振捣，不许碰撞管子、钢管及模板，混凝土施工完毕达到一定强度后用草帘覆盖专人负责浇水养护。（混凝土冬施见冬施方案）。

2-5-234　工程深槽施工是如何安全防治的？

答：1）沟槽开挖前必须使用围挡及警示标志，夜间要设有临时照明。

2）为了利于社会人员和施工人员的通行方便，在主要的路口搭设便桥及加强防护措施。

3）施工过程中，要全力保证原有管线的正常使用，不得挖坏电缆、通讯、燃气、上水等管线，防止出现重大安全隐患。在开工前要对地上和地下各种管线基本情况搞清楚，不可盲目施工，要求施工单位在不能使用施工机械的地方坚决禁止使用施工机械。

4）重视施工现场的消防安全保卫工作，消除火灾隐患，保证现场临时消防设备的正常使用。

2-5-235　问：某化粪池施工场地限制开槽施工怎么进行？

答：某污水管道工程，共设置两座化粪池，尺寸为13.4m（长）×3.7m（宽）×6m（深），为钢筋混凝土结构，原定采用明开槽施工，由于场地条件限制，现改为先施做竖井作为支护，再在竖井内部进行化粪池结构的施工。

由于竖井净空长度尺寸达到13.4m，所以需要在竖井内设置环向钢围檩，围檩内设置两道横向钢支撑，钢围檩和钢支撑采用30号工字钢。

临时竖井采用逆作倒挂方法施工：即人工开挖锁口圈梁土方→施工井口钢筋混凝土圈梁→挖土→架设钢格栅挂网片→喷射混凝土→安设钢格栅→网片→连接筋→喷射混凝土。

竖井施工示意图见下图2-5-235（1）、（2）、（4）、（5）。

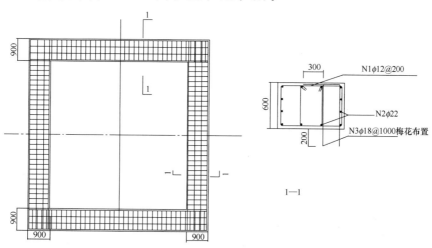

图 2-5-235（1）　竖井圈梁配筋示意图

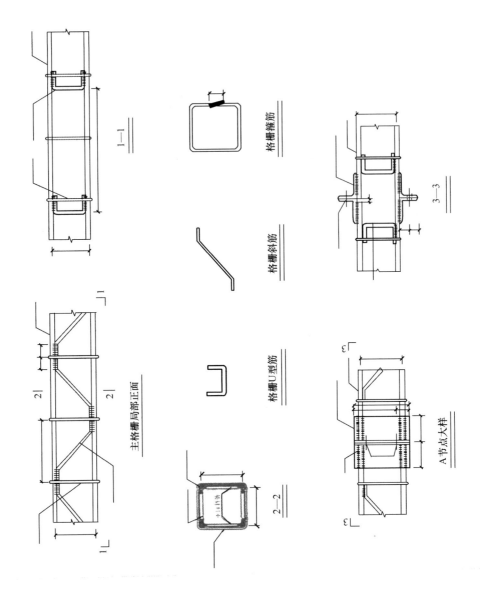

格栅箍筋

格栅斜筋

格栅U型筋

1—1

2—2

3—3

A节点大样

主格栅局部正面

图 2-5-235(2) 竖井格栅示意图

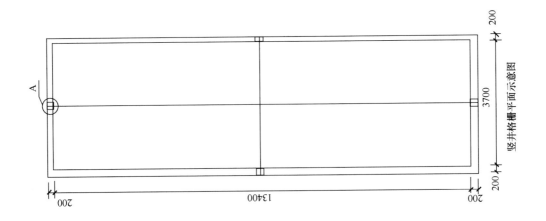

竖井格栅平面示意图

200

3700

13400

200

200

A

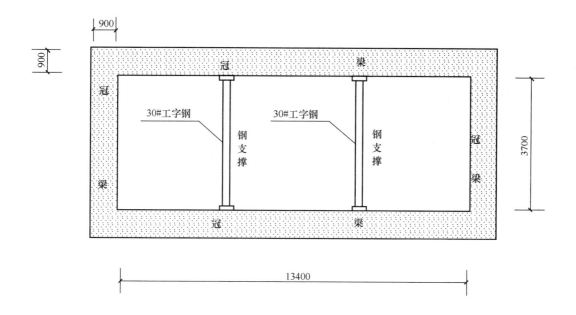

竖井平面图

图 2-5-235（3）　竖井平面图

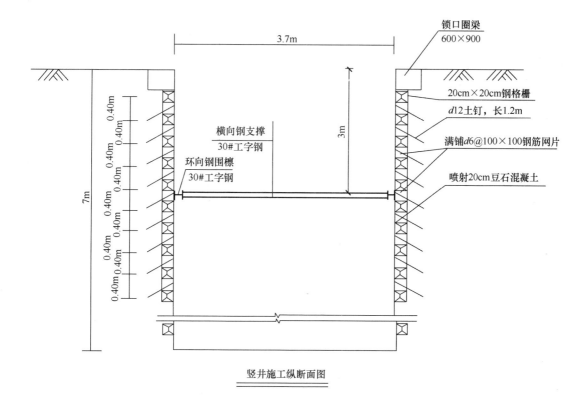

竖井施工纵断面图

图 2-5-235（4）　竖井施工纵断面图

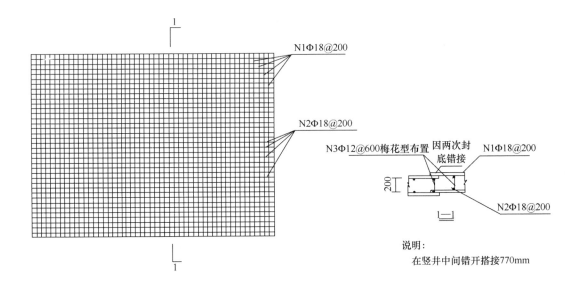

图 2-5-235（5）　竖井封底做法示意图

2-5-236　竖井施工程序是怎样的？

答：竖井施工程序：首先进行测量放线，挖锁口圈梁土方；圈梁土方挖除后，绑扎圈梁钢筋、支模、浇筑圈梁混凝土；然后进行竖井起重架施工；立完井架后按设计榀距人工挖土，出土；出土后，逐榀安设水平钢格栅、挂钢筋网片、焊连接筋、喷射混凝土；最后进行竖井封底。

2-5-237　竖井施工方法是怎样的？

答：本工程竖井采用水平钢格栅加网喷混凝土加槽钢临时支撑支护。为保证井筒结构稳定，在井口现浇断面尺寸为 600mm×900mm 钢筋混凝土锁口圈梁，其下采用水平钢格栅＋钢筋网＋连接筋＋喷射混凝土水平钢格栅，自井口向下纵向每 0.4m 一榀，竖向设 $\phi18$ 连接钢筋，水平间距 1m 内外双层梅花布置，且在竖井四角和两侧各设一根，并与竖井锁口圈梁钢筋焊成一体（钢筋拉杆锚入锁口圈梁内 35d），两层钢格栅内外双层满铺 Φ6@10cm×10cm 钢筋网片（网片搭接长度不小于一个网孔）。喷射 200mm 厚 C20 早强混凝土。

竖井开挖期间，相继完成提升架、人行扶梯的安装等各项工作。竖井施工中应严格控制井壁厚度及垂直度，水平钢格栅安装完毕后，必须经质检人员检验合格后方可进行锚喷混凝土施工。

2-5-238　土方开挖要遵循的施工原则是什么？

答：竖井土方开挖遵循"短开挖、早支护"的施工原则，在工程开挖过程当中，竖井周边将会产生超挖现象。根据土质情况，密切注意掌子面地层的稳定，必要时喷射 50mm 厚混凝土封闭。

严禁欠挖，尽量减少超挖。下台阶深度够安装一榀钢格栅拱架，即向下挖 0.5m 后，即进行钢格栅安装，从上而下分块立即施作锚喷支护。每一榀钢拱架与上方钢格栅均要使用纵向连接筋焊接牢固，纵向钢筋满足要求。

竖井挖至底板高程后，及时喷射混凝土封闭井底。

2-5-239　格栅钢架和钢筋网的安装要点是什么？

答：土体开挖够深度后及时架设格栅钢架。安装前清除底脚下的虚碴及其他杂物，超挖部分用喷射混凝土填充。同时要保证钢格栅水平，间距符合 400mm 排放，与上一构件之间的纵向联接为 Φ18 的钢拉杆，钢拉杆间距 1m，内外双层交错布置；钢筋网片亦为双层布置，施工中应与钢拱架和钢拉杆用绑丝或焊接牢固。施工中严格控制榀距、钢拉杆、网片之间（搭接不小于一个网格）的搭接长度。

2-5-240　喷射混凝土的施工要点是什么？

答：（1）原材料的控制：喷射混凝土的原材料进场均应进行质量检验，进行速凝效果的试验，确定速凝效果的试验，确定速凝剂的品种和最佳掺量，要求初凝不超过 5min，终凝不超过 10min，进行配合比选择试验，确定水泥用量和水灰比。喷射混凝土一般选用硅酸盐水泥或普通硅酸盐水泥。水泥与砂石之重量比宜为 1：4～1：4.5，水灰比宜为 0.4～0.45，砂率为 55％左右。掺有速凝剂的混合料应立即使用，存放时间一般不大于 30min，计量误差小于 2％，搅拌均匀，无结团，搅拌采用强制式混凝土搅拌机，禁止人工搅拌。

（2）施喷前的准备：喷射作业前要检查开挖断面尺寸、清除松动的浮土块和杂物，清除基脚下的堆积物，用高压风吹净；埋设控制喷射混凝土厚度的标志；作业区有足够的通风、照明装置；调整好喷射机的风压、水压，做好准备。

（3）喷射作业：喷射作业分段、分层进行，喷射顺序由下而上；喷射混凝土时，喷头与受喷面应保持垂直，喷头距受喷面距离不宜大于 1m；喷射压力控制在 0.12～0.15MPa，一次喷射厚度，侧壁约 60～100mm，当分层喷射时，在前一层喷射混凝土终凝后进行，若在终凝 1 小时后再进行喷射时，喷层表面应用风水清洗。喷嘴应避开格栅钢筋密集点，以免产生密积，对悬挂在网筋上的混凝土结团应及时清除，保证喷射混凝土的密实。

喷射混凝土须将钢筋全部覆盖，喷射手要控制水灰比，在 0.40～0.45，此时喷层无干斑和滑移流淌现象，尽量减少喷射混凝土材料的回弹损失，严禁使用回弹料。喷射混凝土应加强喷水养护，以防风干裂口。

2-5-241　回填一般采用什么技术措施？

答：工程施工完毕后需恢复通道上方路面，为保证道路路面质量，施工竖井要及时回填，回填材料采用砂石级配。

回填必须符合施工技术规范要求，按规定频率进行回填土的轻、重型击实试验，求得该填料的最佳含水量和最大干密实度。回填范围内不得有积水、淤泥，所用填料严禁有垃圾、腐殖物等各种杂物。

回填必须分层夯实了虚铺厚度≤30cm，浇水自沉后，采用平板振捣器进行振捣；施工单位须积极创造条件，在所回填段落，立标牌，标明施工负责人，质控试验人员和现场监理人员的姓名。每层回填完毕，自检合格后，层层报监理抽检验收，合格后，方可进行下层回填。保证路面通车后不致发生沉陷现象。

2-5-242　竖井施工安全保障措施有哪些？

答：在施工中必须贯彻"安全第一，预防为主"的方针，必须严格执行各项安全措施和技术措施，切实做到管生产的同时必须管安全，保障操作人员的安全和施工机械设备不受损害，全面地、有效地实现安全生产。

1）加强安全教育

（1）施工中必须遵守执行管理制度，施工管理人员必须对所有作业人员进行安全教育、纪律教育，不断提高各级施工人员的安全作业责任和自我安全防范意识。

（2）施工员必须及时下达每项工序的施工安全交底单，并向每个施工人员将安全交底内容交代清楚。

（3）严格执行班前会制度。班前讲话必须讲安全，做到"无违章、无隐患、无事故"的文明工程。

2）安全生产措施

（1）一般安全措施

①严禁班前饮酒，进入施工现场不准嬉戏打闹，禁止从事与本职工作无关的事情。

②贯彻执行"安全第一、预防为主"的方针，项目部所有人员均需明确安全生产目标，做好各项防护工作，安全生产做到经常化、制度化、规范化，坚持既抓生产，又抓安全，当生产进度与安全矛盾时，进度必须让位于安全。

③严格执行市规定的建筑施工现场安全防护标准，现场有明显的安全标志牌。

④进入施工现场必须戴安全帽，高空作业必须系安全带，施工中认真穿戴好各种劳动防护用品。

⑤按规定搭设各种安全防护设施，如临边、四口的安全护栏。脚手架的搭设必须符合有关安全规定。距地面2m以上作业时要有防护杆、挡脚板，防护装置设专人检查监护，发现不符合要求时，立即停工整改。

⑥高空作业时，任何人禁止投掷物件。坑下作业时，严禁从坑上向下扔东西，高空作业的工作人员应携带工具袋，使用的工具、小型材料等均应随时装入袋内，高空作业时不准站在不稳定的物体上操作，不准从高空向下跑跳，不准沿架设或模板支撑向上攀登。

⑦各专业工种使用、操作施工机具时，严格执行本工种、本机械的安全操作规程。机械设备设专人负责检修，不得带病运转，不准超负荷作业，不准违章操作。

⑧各工种人员必须经安全培训考试合格后方可上岗，不得无证上岗。严禁管理人员违章指挥，操作人员违章作业。

⑨多工种作业时，必须设专人负责，统一指挥，相互配合。所有进入施工现场人员，必须按规定佩戴安全帽等个人劳动保护用品，凡不符合安全规定者，严禁上岗。

⑩夜间施工时作业场地必须有足够的照明，沟槽部位设防护栏杆及红色警示灯。

⑪易燃、易爆、剧毒等物品必须按国家有关规定储存和处理。

（2）机械设备安全措施

①机械设备要定期保养，交接班时要检查设备，填写运转记录。

②提升钢丝绳和各种吊具，安装后要进行试运转，合格后方可使用，使用中要定期检查，保养维修或更换。

③各种机械设备操作人员电工、电气焊工应持证上岗，无证不得上岗。各工种人员严格按照本工种操作规程进行作业。

④施焊要设置二次线漏电保护装置，各种电焊线应绝缘良好。

⑤对起重设备、电葫芦等按规定必须设置限位器等保护装置。

⑥各种电器设备、机械设备维修时一定要停机、断电。电闸箱断电后要上锁挂牌或专人看护。

⑦在吊装大型构件时，要保证吊点下方无人，提前通知隧道内人员不得进入施工竖井，吊运完成后要向隧道内人员通知已完成吊运工作。

⑧使用汽车起重机具等进行吊装作业时，要保证支脚稳固，4级以上大风天停止一切吊装作业。在吊装过程中发现问题时，要将重物下放至地表再处理，不得将重物停在空中。

⑨在进行吊装作业时，要注意与邻近架空电线的安全距离，当距离不满足安全距离时，不得进行吊装作业，必须采取其他可靠措施处理。

（3）电气设备安全措施

①供电线路严格执行三相五线制，电闸箱要符合安全规范要求，并设置漏电保护装置；

②电器线路和设备必须由专职电工负责架设检修，其他任何人不准私自拆接及挪用；

③供电线路严格执行部颁标准，采用 TN-S 系统，两级漏电动作电流不大于 30mA，漏电动作时间不大于 0.1s；

④施工现场的配电箱要装设在干燥、通风地方，做到防雨防潮，配电箱内电器应安全可靠，漏电开关要经常试验，每周不少于一次，并做好记录。所有电器设备金属外壳或构架均应按规定设置可靠的接零及接地保护；

⑤接装用电设备前，必须检查设备外观有无缺陷，遥测绝缘程度并做好记录；

⑥每台用电设备必须设有专用开关，实行"一机一闸"制，严禁用一个开关直接控制二台及二台以上的用电设备；

⑦施工现场所运行的配电箱，开关箱均有专人负责，整个施工现场有专人负责，整个施工现场的持证电工要不定期进行检查，严禁非电工操作电器设备，以防发生触电及设备伤害事故；

⑧根据天气情况、地理条件对用电设备、线路进行经常的巡视检查，对重点部位制定出具体办法和措施；

⑨现场不经专职电工批准，任何人不得随意安装照明设备，更不能将塑软线作为照明线路使用；

⑩按标准检查现场电器设备，检查结果记录存档，发现问题及时处理，并向上级领导汇报；

⑪施工现场各种线路严禁车轧、土埋、人踩、水泡；

⑫经常对施工人员和用电人员进行安全用电知识的教育，开展专业班组之间的用电安全竞赛活动，提高用电安全意识，强化安全管理。

2-5-243　市政工程一般配置哪些机具，请举例说明？

答：主要施工机具设备使用计划见下表 2-5-243。

表 2-5-243

序　号	机具名称	单位	数量	备注
1	PC200 挖掘机	台	2	
2	PY160 推土机（带松土器）	台	2	
3	ZL50 装载机	台	2	
4	SD150 压路机	台	2	
5	YZ16 压路机	台	1	
6	自卸运输车（10T 以上）	台	15	
7	洒水车	台	1	
8	混凝土振捣器	套	10	
9	机动翻斗车	台	2	
10	16T 汽车吊	台	1	
11	电焊机	台	2	
12	15T 半挂车	台	2	
13	J350 移动式搅拌机	台	2	
14	平板振动夯	台	6	
15	ABG423 摊铺机	台	1	
16	VÖGELE1800 摊铺机	台	1	
17	DD130 压路机	台	1	
18	DD110 压路机	台	2	
19	CC21 钢轮压路机	台	1	
20	YL16 胶轮压路机	台	1	
21	DX-70 压路机	台	1	
22	PY180 平地机	台	1	

2-5-244 市政工程一般如何配备劳力，请举例说明？

答：见下表 2-5-244。

劳动力使用计划表 表 2-5-244

序号	施工队	平均用工	高峰用工	主要工种
1	土方施工队	20	30	机械操作手
2	管线施工队	40	60	混凝土工、木工、钢筋工、瓦工、焊工
3	路面施工队	40	60	机械操作手
4	小型构件施工队	30	45	瓦工

2-5-245 管线工程施工技术准备是怎样的？

答：1）控制桩点的复核及加密

（1）在进场接桩后，立即组织测量人员对控制桩点进行复核，并请监理工程师复核，复核合格后方可使用。

（2）在控制桩经监理工程师批准使用后，根据工程现场情况，在道路沿线进行控制点的加密。

2）熟悉审查设计图纸

（1）审查各专业施工图纸在平面位置、标高以及总图与各细部尺寸等方面是否一致，对于有矛盾的地方及时找设计人澄清或进行变更。

（2）在图纸会审之后，立即进行各个项目的实施性技术方案和分项工程的作业指导书的编制工作，并组织对各工种施工人员进行技术交底。

3）建立工地试验室

（1）根据合同内的工程项目配备工程所需的试验仪器，建立工地试验室，负责土工试验、混凝土试块收集、原材收集等常规试验。

（2）钢筋、沥青、无机料、混凝土强度、砌体强度、砂浆强度等试验则由公司试验室负责。见证取样由具有一级试验室资质的试验室负责。

（3）根据工程量及施工作业安排，编制自检试验计划及有见证试验计划。

4）编制实施性技术方案并组织交底

（1）编制各分部分项工程施工方案及作业指导书。

（2）组织各层面的施工技术交底，明确各分项工程的工艺标准及质量要求。

（3）做好施工图纸放样和各施工专业工序交圈工作。

5）单位、分部、分项工程划分

（1）在开工前，依据相关的规范、规程对工程进行相应的单位、分部、分项工程划分。

① 单位工程划分为：雨水工程、污水工程、道路工程及其他专业管线工程。

② 分部工程划分为：

A. 雨水管道：基槽开挖、管道安装、井室砌筑、回填土。

B. 污水管道：基槽开挖、管道安装、井室砌筑、闭水试验、回填土。

C. 道路工程：土路床、石灰粉煤灰砂砾基层、附属工程、面层。

（2）根据单位、分部、分项（工序）工程划分编制质量计划，制定出各分项工程的质量控制要点。

（3）根据划分的单位、分部、分项工程，按照相关规定要求，编制出技术资料目标设计。

2-5-246 市政工程设备及物资准备是怎样的？

答：1）建筑材料及预制构件准备

（1）根据各种物资需要量计划，组织货源，确定加工、供应单位和供应方式，签订物资供应合同。

（2）根据各种物资的需要量计划和合同，拟定运输计划和方案。具体物资采购工作程序详见下页采购工作流程图。

（3）按照施工总平面图的要求，组织物资按计划时间进场，在指定地点，按规定方式进行储存和保管。

2）施工机具及设备准备

（1）根据各种机械设备的需要量计划，确定调配、购买或租用方式并办理好相关手续。

（2）根据总体进度计划要求，提前对各种机械设备进行检查调试，确保各种机械进场后即可投入使用。

2-5-247 市政工程施工组织准备是怎样的？

答：1）劳动力组织

（1）根据总体施工进度计划以及施工作业安排，提前组织各专业施工人员进场，进行质量、安全及文明施工等方面教育。

（2）向施工班组、操作工人进行技术交底，明确各项施工工艺、质量标准及安全注意事项。

2）建立健全各项管理制度

（1）制定图纸会审、图纸交底制度。在正式施工之前，项目经理部技术部、工程部等有关人员认真核对图纸，参加由业主组织的图纸会审、图纸交底会，会中确定的内容形成施工文件，从而尽量减少图纸上的疑问，确保工程顺利进行。

（2）建立周例会制度。每周定期召开工程例会，会中商讨一周的工程施工和配合情况，需解决的问题。

（3）制定考察制度。对劳务队及主要材料供应商，要经过考察确定，形成考察制度，经过综合评比，最终选定合格、满意的分供方。

2-5-248 市政工程施工现场准备是怎样的？

答：1）某工程施工驻地建设

由于本工程现场较为狭窄，因此，项目经理部驻地拟在附近单位租用，计划租用面积150m²，主要作为现场办公及值班用房。民工驻地采用外租场地，职工上下班用用餐均由班车接送。

2）生产设施布置

（1）现场设置移动式搅拌机，提供所有砌体结构所需的砂浆，为避免噪音及扬尘，搅拌机棚采用吸音材料搭设。

（2）由于本工程钢筋及模板用量不大，因此，现场不设专门的钢木加工厂，所需钢筋或模板均由我公司加工厂集中加工，根据施工进度计划组织进场。

3）临时用水

临时用水主要为结构养护、管线功能试验及环保用水，水源由业主指定位置引入，设表井计量，现场铺设临时上水管线以满足施工需要。

2-5-249 市政工程施工物资采购工作流程是怎样的？

答：见下图 2-5-249。

2-5-250 市政工程施工测量工艺是怎样的？

答：1）测量准备

（1）测量人员准备

测量主管：1人（工程师）

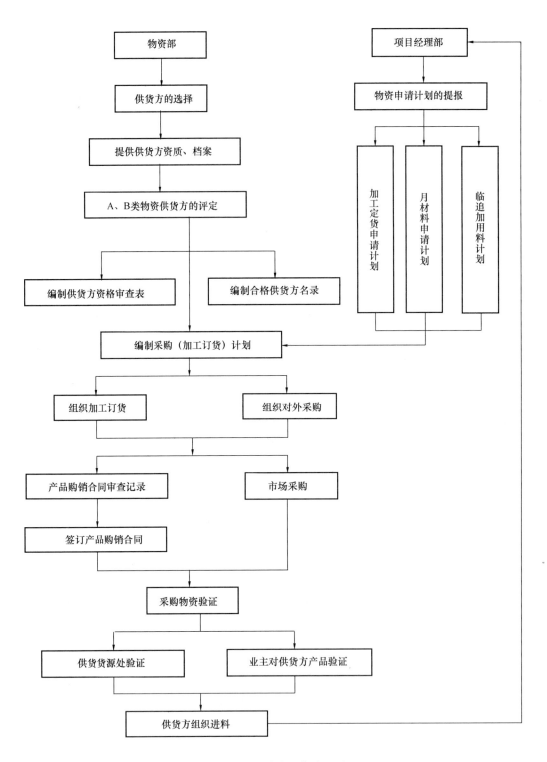

图 2-5-249　采购工作流程图

测量工：4 人

配合人员若干

（2）测量仪器配备见下表 2-5-250。

表 2-5-250

仪器名称	规格型号	鉴定情况	数 量
拓普康全站仪	GTS-602	合格	1 台
经纬仪	J$_2$	合格	2 台
水准仪	DZS3-1	合格	1 台
水准仪	DS3	合格	2 台
钢卷尺	50m	合格	4 把
水准塔尺	5m	合格	6 把

2）控制点的复核及增设

（1）进场接桩后立即组织测量人员对控制桩点进行复测，如符合要求即向监理工程师申请批准使用，否则重新交桩。

（2）控制桩点经监理工程师批准使用后，根据现场情况在道路沿线进行控制点的加密。加密的控制点要进行保护，防止碰撞或破坏。

3）管道工程定位与测设

（1）平面定位

① 认真学习图纸，依据设计图提供的定线条件，结合工程施工的需要做到测量所需各项数据的内业搜集、计算、复核工作。

② 根据内业计算数据，用平面控制点，测设管道中线的起点、终点、平面折点、竖向折点及直线段控制点，钉中心桩，桩顶钉中心钉。并在沟槽适当位置设置栓桩。

③ 测定中心桩桩号时，用测距仪或钢尺测量中心钉的水平位置，用钢尺丈量时要拉紧伸平。

④ 沟槽形成后，用经纬仪把中线及时投测到槽下，钉上中心桩。

（2）高程测设

① 用两个高程控制点为一环进行临时水准点测设及校测，其闭合差不大于 $12L^{1/2}$ mm（L 为两点间水平距离以千米计）。临时水准点放在稳固的不易被碰到的地方，其间距不大于 100m，经常复测。

② 以两个临时水准点为一环进行施工高程点测设，施工高程点每次使用前进行复测。

③ 控制槽底及管道铺设时，沟槽两帮每隔 10m 用施工高程点测设一对高程控制桩，标明桩号，钉高程钉画上红油漆标志作为控制铺管高程。

④ 井室处需设一对高程桩，并标明井室号，其高程下返数标明写清。

4）道路工程

（1）首先对业主单位所交控制桩及资料进行复测校核，确认无误后根据施工需要加密控制桩及水准点。然后测设现状横断面图，一般平坦地段 50m 测一断面，起伏较大地段进行加密断面，经实测与设计提供值不符时及时交监理确认。

（2）路面各结构层施工前，根据中线桩测放施工控制线，根据道路平、纵、横，计算每一桩号对应的路基宽及高程以控制道路线型及高程。

5）测量资料的收集与整理

凡属观测成果，均要有书面计算记录及草图，每日做好测量日志。为保证工程竣工后资料能及时归档，要求施工时要及时填写放线报验单和复核记录，并及时上报监理，签批后立即归档，确保资料完整无缺。

2-5-251　市政管线工程施工程序是什么？

答：市政工程新建地下管线有雨污水、上水、中水、燃气及电信、电力等管线，虽然各类管线结构不同，但其总体施工工序基本相同，即：

测量放线→沟槽开挖→测量定位→管道安装→井室施工→（功能试验）→沟槽回填

2-5-252 市政管线工程沟槽开挖施工要求是怎样的？

答：1）开挖前做好现况地下管线的调查核实工作，对现况管线应做明显标记，在确保现况地下管线安全的前提下，采用人工配合机械开挖，开挖出的现况管线应根据其种类及型式采取悬吊或支顶保护。

2）当地下水位较高时须先采取降排水措施，将地下水位降至低于基底标高 0.5m 以下。

3）开挖前做好测量放线工作，按要求放出上口开挖线。在机械挖槽至设计标高以上 200mm 时，改用人工清底，要求沟底平直，沟内无塌方、积水。

4）所挖土方可用于回填的尽量在现场存放，存放时须用密目网进行覆盖防止扬尘。

2-5-253 市政管线工程开挖断面及边坡防护是怎样的？

答：1）开挖断面根据新建管道间距离及高程情况确定合槽或单槽开挖。通过现有设计资料显示，污水管线和电信、上水、燃气等管线宜采用合槽开挖，雨水管线采用单槽开挖。槽底设排水槽和积水井，以利于雨水排除。

2）由于本工程在雨季施工，因此，各类管线施工均需采用放坡开挖，对于开挖深度在 3m 以下的管线放坡按 1∶0.33 控制，对于开挖深度在 3m 以上的管线放坡按 1∶0.33～1∶0.5 控制，对于个别管线埋置较深或距周围建筑较近时加设板撑支护。

3）沟槽开挖完成后在边坡坡面上采用简易砂浆抹面防护，防止雨水冲刷造成边坡坍塌。

4）沟槽允许偏差见下表 2-5-253。

沟槽允许偏差表　　　　　　　　　　　　　　　　　表 2-5-253

项　目	允许偏差（mm）	检查频率	
		范围	点数
槽底高程	0，—20	两检查井之间	3
槽底中线每侧宽度	不小于规定		6

2-5-254 市政雨污水管道安装施工工艺流程是怎样的？

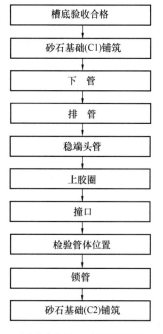

图 2-5-254　工艺流程图

答：以钢筋混凝土承插口管为例，其施工工艺流程如下图 2-5-254。

2-5-255 市政雨污水工程施工要点是怎样的？

答：1）管基施工

（1）验槽合格后，及时进行管基施工。

（2）本工程槽底管基采用天然级配砂石换填，管道两侧三角区回填粗砂。

（3）平基采用振动夯进行夯实，密实度达到设计及规范要求。且保证其厚度和高程符合图纸要求。

（4）管道承插口部位，保持平基砂石垫层的厚度。

（5）平基施工后及时进行管道安装。

（6）管道安装后进行两侧管基的回填。回填时管道两侧同时进行，每次厚度不大于 200mm，以保证管道不发生位移和管基的密实。

2）下管

（1）下管前进行外观检查，发现管节存在裂缝、破损等缺陷，及时修补并经有关部门认定合格后方可下入槽内。

（2）下管采用吊车，并用钢丝绳吊装。吊装时对管口进行保护，以免破坏管口。

3）稳管、接口

（1）管道下槽后，为防止滚管，在管两侧适当加两组 4 个楔形混凝土垫块。管道安装时将管道的中心、高程逐节调整，安装后的管道进行复测，确保管道纵断面高程及平面位置准确。每节管就位后，进行固定，以防止管子发生位移。

（2）在管道安装前，在接口处挖设工作坑，承口前≥60cm，承口后超过斜面长，左右大于管径，深度≥20cm。

（3）承、插口工作面清扫干净，承口内及胶圈应均匀涂抹非油质润滑剂，套在插口上的密封胶圈平顺、无扭曲。两节承插口管对装后管体回弹不得大于 10mm。

（4）对口采用龙门架，对口时在已安装稳固的管子上拴住钢丝绳，在待拉入管子承口处架上后背横梁，用钢丝绳和吊链连好绷紧对正，两侧同步拉吊链，将已套好胶圈的插口经撞口后拉入承口中。注意随时校正胶圈位置和状况。

（5）稳管时，先进入管内检查对口，减少错口现象。管内底高程偏差在±10mm 内，中心偏差不超过 10mm，相邻管内底错口不大于 3mm。

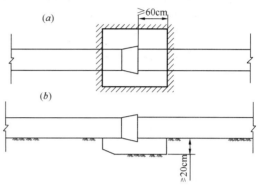

图 2-5-255（1）　接口工作坑示意图
(a) 平面；(b) 立面

（6）锁管：铺管后为防止前几节管子的管口移动，可用钢丝绳和吊链锁在后面的管子上。

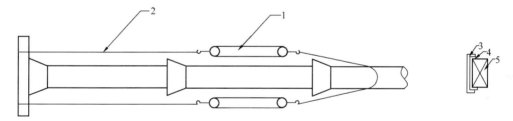

图 2-5-255（2）　吊链拉入法安管示意图
1—吊链；2—钢丝绳；3—槽钢；4—缓冲橡胶带；5—枋木

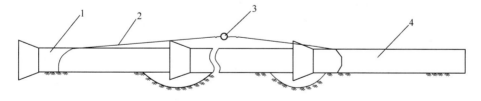

图 2-5-255（3）　锁管示意图
1—第一节管；2—钢丝绳；3—吊链；4—后面的管

4）井室施工

（1）流槽：在井壁砌到管顶以下即行砌筑，表面用砂浆分层压实抹光。

（2）踏步和脚窝：踏步和脚窝随砌随安，在砌筑砂浆未达到规定强度前不得踩踏。

（3）拱旋：检查井接入较大直径管道时，管顶砌砖旋加固。

（4）井室、井筒：井室、井筒内壁用原浆勾缝。井室抹灰分层压实。

5）闭水试验

井室砌筑完成后，进行闭水试验的管段两头用砖砌管堵，在养护 3d～4d 达到一定强度后，方可进行闭水试验。闭水试验的水位，为试验段上游管内顶以上 2m。闭水过程中同时检查管堵、管道、井身，无漏水和渗水，再浸泡 1～2d 后进行闭水试验。每 km 管道每昼夜的允许渗水量必须符合规范要求。

2-5-256　市政工程管道安装及检查井允许偏差是多少？

答：见下表 2-5-256（1）、（2）。

管道安装允许偏差　　　　　　　　　　　　　　　表 2-5-256（1）

序号	项　目		允许偏差（mm）
1	中线位置		≤10
2	管内底高程	$D \geq 1000mm$	±10
3		$D > 1000mm$	±15
4	相邻管内底错口	$D \leq 1000mm$	≤3
5		$D > 1000mm$	≤5

检查井允许偏差表　　　　　　　　　　　　　　　表 2-5-256（2）

序号	项　目			允许偏差（mm）
1	井室尺寸	长、宽直径		±20
2	井筒直径			±20
3	井口高程	非路面		±20
4		路面		与道路一致
5	井底高程	安管	$D \leq 1000$	±10
			$D > 1000$	±15
6	踏步安装	水平及垂直间距、外露长		±10
7	脚窝	高、宽、深		±10
8	流槽宽度			+10

2-5-257　市政工程对土方回填的要求是什么？采取什么措施？

答：1）由于市政工程一般工期短，且管线均在道路范围内，因此必须加强管线回填质量控制，确保道路不沉、不陷、不裂。

2）一般控制措施

（1）各管线回填工作开始前，提前向驻地监理工程师申报管道回填土专项部位工程开工申请，阐明施工方案，技术措施及回填质保体系，获批准后方可进行施工。

（2）回填必须符合施工技术规范要求，按规定频率进行回填土的轻、重型击实试验，求得该填料的最佳含水量最大干密度，沟槽内不能有积水、淤泥，所用填料禁止有砖头、混凝土块、树根、垃圾和腐殖质。

（3）回填必须分层夯实或碾压，沟槽窄小的扩槽回填，以保证足够的工作宽度。当采用蛙式夯时，虚土厚度≤20cm；当采用压路机时，虚铺厚度不超过 30cm，碾压的重叠宽度不小于 20cm。在工作面具备且不损及管道的前提下，尽量使用压路机进行回填碾压，在所回填段落，立标牌，标明施工负责人，质控验人员和现场监理员的姓名，每层回填完毕，自检合格后，层层报监理抽检验收，合格后，方可进行下层回填，凡是监理抽检不合格的，要返工或补压，直至达到合格标准。

（4）管道回填必须保证管道本身的安全，管道两侧管顶上 50cm 范围内要用蛙式夯或平板振动夯夯实，回填管道两侧对称进行，高差不超过 30cm。不得使管道位移或损伤。

（5）分段回填时，相邻段的接茬形成台阶，每层台阶宽度不小于厚度两倍，当合槽施工中，有双排或多排管道，其基底位于同一高程时，管道之间的回填与管道与槽壁之间回填同时进行，若不在同一高程，先回填基础低的沟槽，待回填到高基础底面后，再按照要求进行回填。

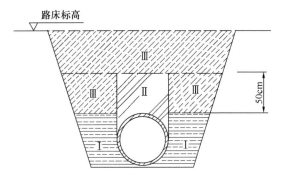

图 2-5-257　回填密实度标准

（6）回填密实度标准见图 2-5-257：

① 胸腔（Ⅰ）区≥95%（轻型击实）。

② 管顶以上 50cm 范围内（Ⅱ区）>87%（轻型击实）。

③ 管顶上 50cm 至路床（Ⅲ区），按路床以下深度划分回填密度。执行《市政工程质量检验与评定标准汇编》（DBJ01—11—95）重型击实标准。

2-5-258　市政工程管线回填的具体措施有哪些？

答：1）对于管顶至路床顶标高≤60cm 且管径≤60cm 的雨水口支线管等，采用 C10 混凝土全断面回填至路床顶标高。

2）管顶至路床底标高>60cm 且≤150cm 的个别支线管道，管顶 60cm 以下全部采用 9% 的石灰土全断面回填，在管顶以上 60~80cm 做一层 9% 的石灰土作为封层，并在管槽两侧开 50cm 的台阶，80cm 以上分层开台阶采用压路机碾压素土，回填至路床顶标高。

3）对于管顶至路床标高大于>150cm 的雨水、污水管道，管顶以上 60cm 以下全部采用 9% 的石灰土全断面回填，60cm 以上至路床顶标高回填采用素土，每层挖台阶，压路机碾压密实。

4）新建管线与现状管线交叉且垂直距离较小的，采用 C10 混凝土在垂直方向做包封至现况管道中线，水平方向两侧各包封 50cm。

5）对于两条管线位于同一标高，间距较小不能使用机械夯实的，采用 C10 混凝土回填。

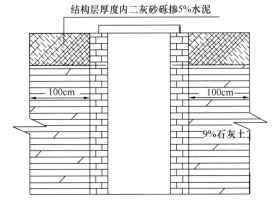

图 2-5-259

6）当新建管线基础落在其他管线肥槽内时，采用 2∶8 灰土或经配砂石进行肥槽处理。

2-5-259　市政工程井室四周回填处理措施是怎样的？

答：根据以往的施工经验，在井室周围容易出，现夯实不够的情况，会导致检查井周围下沉，从而引起道路在该部位下沉，因此在检查井周围 100cm 范围内，路面结构层以内采用二灰砂砾掺 5% 水泥回填。路面结构层以下至槽底采用 9% 石灰土（图 2-5-259），与回填层同步施工。

2-5-260 市政雨水工程预算是怎样的，请举例说明？

答：见下表 2-5-260。

单位工程概预算表　　　　　　　　　　　　　　　　　　　　表 2-5-260

项目文件：某外部市政工程排水工程-雨水

序号	定额编号	子目名称	工程量		价值（元）		其中（元）	
			单位	数量	单价	合价	人工费	材料费
1	一、	土方工程						
2	1-12	机械土方　挖土深度（4m）以外	m³	6720.00	8.75	58800.00	2284.80	336.00
3	1-2	人工土方	m³	126.00	14.21	1790.46	1789.20	
4	1-21	土方倒存　外存　运距（5km）以内	m³	10326.00	16.95	175025.70	3510.84	516.30
5	1-10	土方倒存　取土	m³	10326.00	6.49	67015.74	3510.84	516.30
6	1-21	土方倒存　回运　运距（5km）以内	m³	10326.00	16.95	175025.70	3510.84	516.30
7	1-4	人工土方　回填及夯实　土	m³	3316.00	9.94	32961.04	30540.36	
8	1-14	机械土方　回填土及压实运距（20m）以内	m³	7010.00	9.37	65683.70	9533.60	350.50
9	1-7	人工土方　回填及夯实　级配砂石	m³	256.00	119.38	30561.28	2219.52	27947.52
10	1-5	井边回填及夯实2：8灰土	m³	2570.00	40.63	104419.10	47108.10	54869.50
11	1-21	机械运土方　运距（5km）以内	m³	3596.00	16.95	60952.20	1222.64	179.80
12	二、	砖砌体工程						
13	3-16	砌筑　砖砌井筒 M10	m	113.00	246.19	27819.47	4607.01	23196.64
14	3-20	砖墙1：2.5砂浆　勾缝	m²	248.00	6.41	1589.68	1453.28	133.92
15	3-32	踏步（个）	个	314.00	26.66	8371.24	194.68	8173.42
16	三、	排水管道附属工程						
17	8-7 换	雨水直线井　圆形井　PT02-J01 D＝1050	座	9.00	3360.90	30248.10	3776.40	26341.74
18	8-8 换	雨水直线井　圆形井　PT02-J01 D＝1950	座	8.00	4038.04	32304.32	4037.12	28125.76
19	8-12 换	雨水转弯井 90°转弯井　PT02-S01 D＝1050	座	1.00	5388.64	5388.64	775.45	4590.10
20	8-43 换	雨水三通井　矩形（90°）PT02-J02 D＝1350	座	1.00	4972.74	4972.74	664.37	4290.82
21	8-46 换	雨水三通井　矩形（90°）PT02-J02 D＝1750	座	1.00	7088.09	7088.09	932.00	6121.03

序号	定额编号	子 目 名 称	工程量		价值(元)		其中(元)	
			单位	数量	单价	合价	人工费	材料费
22	8-49换	雨水三通井　矩形（90°）PT02-J02　D＝1950	座	2.00	14660.87	29321.74	4160.06	25020.04
23	8-66换	雨水四通井　PT02-J03　D＝1950	座	1.00	13588.77	13588.77	1809.33	11709.99
24	8-146换	跌水井　半圆内形跌式 PT06-04　D＝1000～1200　跌差≤2.0m	座	2.00	8860.28	17720.56	2548.66	15081.10
25	8-149换	跌水井　半圆内形跌式 PT06-04　D＝1600～1800　跌差≤4.0m	座	7.00	14243.33	99703.31	16293.90	83023.22
26	四、	顶管工程						
27	12-3	顶管工作坑　混凝土管　管径 Φ1050－Φ1550 6＊5＊6	座	3.00	19574.85	58724.55	19502.58	13359.99
28	12-12	顶管工作坑　混凝土管　管径 Φ1750-Φ2150 7＊6＊	座	11.00	23308.62	256394.82	88692.56	56023.00
29	12-55	企口混凝土管顶进　管径（Φ1050mm）	m	315.00	869.47	273883.05	48654.90	177593.85
30	12-57	企口混凝土管顶进　管径（Φ1350mm）	m	54.00	1118.26	60386.04	8985.06	41975.28
31	12-59	企口混凝土管顶进　管径（Φ1750mm）	m	62.00	1945.99	120651.38	12222.68	93804.76
32	12-60	企口混凝土管顶进　管径（Φ1950mm）	m	521.00	2255.43	1175079.03	115135.79	927791.59
33	12-83	企口混凝土管顶管接口　沥青麻丝石棉水泥　管径（Φ1050mm）	10个	10.50	467.22	4905.81	3304.46	1596.84
34	12-85	企口混凝土管顶管接口　沥青麻丝石棉水泥　管径（Φ1350mm）	10个	1.80	600.12	1080.22	672.71	406.51
35	12-87	企口混凝土管顶管接口　沥青麻丝石棉水泥　管径（Φ1750mm）	10个	2.10	920.52	1933.09	1089.67	841.64
36	12-88	企口混凝土管顶管接口　沥青麻丝石棉水泥　管径（Φ1950mm）	10个	17.40	1122.35	19528.89	10892.05	8618.74
37	12-127	企口混凝土管顶管接口　橡胶圈接口增价　管径（Φ1050mm）	10个	10.50	921.34	9674.07	88.20	9577.05
38	12-129	企口混凝土管顶管接口　橡胶圈接口增价　管径（Φ1350mm）	10个	1.80	1124.04	2023.27	18.72	2002.68
39	12-131	企口混凝土管顶管接口　橡胶圈接口增价　管径（Φ1750mm）	10个	2.10	1488.63	3126.12	28.98	3094.25
40	12-132	企口混凝土管顶管接口　橡胶圈接口增价　管径（Φ1950mm）	10个	17.40	1660.66	28895.48	266.22	28602.64

序号	定额编号	子 目 名 称	工程量		价值（元）		其中（元）	
			单位	数量	单价	合价	人工费	材料费
41	12-139	触变泥浆 Φ1100	m	315.00	69.30	21829.50	4684.05	8775.90
42	12-142	触变泥浆 Φ1400	m	54.00	82.19	4438.26	911.52	1897.02
43	12-145	触变泥浆 Φ1800	m	62.00	98.56	6110.72	1171.18	2779.46
44	12-146	触变泥浆 Φ2000	m	521.00	106.22	55340.62	10388.74	25862.44
45	五、	其他工程						
46	B：2	带介质管线勾头	处	1.00	50000.00	50000.00		
		合计	元			3204356.52	473193.07	1725643.64
		一、 定额直接费				3204356.52	3204356.52	
		其中：人工费				473193.07	473193.07	
		二、 现场经费				288392.09	288392.09	
		1. 临时设施费	％	4.00		3204356.50	128174.26	
		2. 现场经费	％	5.00		3204356.60	160217.83	
		三、 直接费				3492748.61	3492748.61	
		四、 企业管理费	％	5.75		3492748.70	200833.05	
		五、 利润	％	7.00		3693581.71	258550.72	
		六、 税金	％					
		七、 工程造价				3952132.38	3952132.38	

编制人：[报价员]　　　　　　　　审核人：　　　　　　　　　　2004 年 9 月 8 日

2-5-261　市政污水工程预算是怎样的，请举例说明？

答：见下表 2-5-261。

单位工程概预算表　　　　　　　　　　表 2-5-261

项目文件：某外部市政工程排水工程-污水

序号	定额编号	子 目 名 称	工程量		价值（元）		其中（元）	
			单位	数量	单价	合价	人工费	材料费
1	一、	土方工程						
2	1-12	机械土方 挖土深度（4m）以外	m³	5145.00	8.75	45018.75	1749.30	257.25
3	1-2	人工土方	m³	90.00	14.21	1278.90	1278.00	
4	1-21	土方倒存 外存 运距（5km）以内	m³	7340.00	16.95	124413.00	2495.60	367.00

序号	定额编号	子 目 名 称	工程量		价值(元)		其中(元)	
			单位	数量	单价	合价	人工费	材料费
5	1-10	土方倒存 取土	m³	7340.00	6.49	47636.60	2495.60	367.00
6	1-21	土方倒存 回运 运距(5km)以内	m³	7340.00	16.95	124413.00	2495.60	367.00
7	1-4	人工土方 回填及夯实 土	m³	1568.00	9.94	15585.92	14441.28	
8	1-14	机械土方 回填土及压实运距(20m)以内	m³	5772.00	9.87	56969.64	7849.92	288.60
9	1-7	人工土方 回填及夯实 级配砂石	m³	91.00	119.38	10863.58	788.97	9934.47
10	1-5	井边回填及夯实2:8灰土	m³	2085.00	40.63	84713.55	38218.05	44514.75
11	1-21	机械运土方 运距(5km)以内	m³	1639.00	16.95	27781.05	557.26	81.95
12	二、	砖砌体工程						
13	3-16	砖砌井筒 M10	m	87.00	246.19	21418.53	3546.99	17859.36
14	3-20	砖墙1:2.5砂浆 勾缝	m²	191.00	6.41	1224.31	1119.26	103.14
15	3-32	踏步(个)	个	242.00	26.66	6451.72	150.04	6299.26
16	三、	排水管线附属工程						
17	8-75换	污水直线井 矩形井 PT03-J01 D=1100~1200	座	9.00	4999.13	44992.17	6580.35	38273.67
18	8-83换	污水转弯井 90°转弯井 PT03-S01 D=1100~1200	座	1.00	7244.08	7244.08	1216.44	6003.66
19	8-91换	污水转弯井 120°转弯井 PT03-S02 D=1100~1200	座	1.00	5755.09	5755.09	962.87	4776.26
20	8-115换	污水三通井 矩形(90°)PT02-J02 D=900~1200 D2=500~1200 D1=1100~1200	座	9.00	7476.05	67284.45	10354.05	56749.77
21	8-130换	污水四通井 PT03-J03 D=1050	座	1.00	8030.89	8030.89	1279.29	6733.64
22	8-142换	跌水井 半圆内形跌式 PT06-03 跌差≤2.0m	座	6.00	5674.86	34049.16	5933.28	28026.66
23	四、	顶管工程						
24	12-4	顶管工作坑 混凝土管 管径 Φ1050~Φ1550 6*5*7	座	12.00	22035.70	264428.40	92440.08	61198.56
25	12-55	企口混凝土管顶进 管径(Φ1050mm)	m	946.00	869.47	822518.62	146119.16	533345.34
26	12-83	企口混凝土管顶管接口 沥青麻丝石棉水泥 管径(Φ1050mm)	10个	31.50	467.22	14717.43	9913.37	4790.52

序号	定额编号	子目名称	工程量 单位	工程量 数量	价值(元) 单价	价值(元) 合价	其中(元) 人工费	其中(元) 材料费
27	12-127	企口混凝土管顶管接口 橡胶圈 接口增价 管径(Φ1050mm)	10 个	31.50	921.34	29022.21	264.60	28731.15
28	12-139	触变泥浆 Φ100	m	946.00	69.30	65557.80	14067.02	26355.56
29	五、	其他工程						
30	B:2	带介质管线勾头	处	1.00	50000.00	50000.00		
		合计	元			1981368.86	366316.38	875424.57
	一、	定额直接费				1981368.86	1981368.86	
		其中:人工费				366316.38	36616.38	
	二、	现场经费				178323.19	178323.19	
		1. 临时设施费	%	4.00		1981368.75	79254.75	
		2. 现场费费	%	5.00		1981368.80	99068.44	
	三、	直接费				2159692.05	2159692.05	
	四、	企业管理费	%	5.75		2159692.00	124182.29	
	五、	利润	%	7.00		2283874.29	159871.20	
	六、	税金	%	7.00				
	七、	工程造价				2443745.54	2443745.54	

编制人:[报价员]　　　　　　　审核人:　　　　　　　2004 年 9 月 8 日

2-5-262 排水工程质量目标设计是怎样的,请举例说明?

答: 质量目标设计见表 2-5-262:

表 2-5-262

工序	项目	质量标准 (mm)	质量目标 控制值	工程检验 范围	应检 点数	合格 点数	合格率 (%)	合格率 (%)	执行人
沟槽	槽底高程	0,−20	同左	两井之间3点	45	41	90.1	90.1	
	中线每侧宽度	不小于规定	同左	两井之间6	90	82	90.1		
	边坡坡度								
平基	混凝土强度	不小于设计	同左	100米1组	7	7	100	92	
	中线每侧宽度	10,0	同左	10米2点	124	112	90		
	高程	0,−10	同左	10米1点	124	112	90		
	厚度	−10,+10			124	112	90		
	蜂窝面积	<1%	同左	两井之间每网10点	30	27	90		

工序	项目	质量标准（mm）	质量目标控制值	工程检验范围	应检点数	合格点数	合格率（%）	合格率（%）	执行人
管座	混凝土强度	不小于设计	同左	100米1组					
	肩宽	+10，−5	同左	10米2点					
	肩高	−10，+10	同左						
	蜂窝面积	<1%	同左	两井之间每侧1点					
安管	中线位移	<10	同左	两井之间2点					
	管内底高程	−10，+10	同左	两井之间2点					
	邻管内底错口	3	同左	两井之间2点					
砖渠	砂浆抗压强度	按规定	同左	100m每配合比	7	7	100	94.4	
	渠底高程	+10，−10	同左	20米1点	21	29	93.5		
	墙高	+10，−10	同左	20米2点	62	58	93.5		
	底中线每侧宽	+10，−10	同左	20米2点	62	58	93.5		
	墙面垂直度	<15	同左	20米2点	62	58	93.5		
	墙面平整度	<5	同左	20米2点	62	58	93.5		
	盖板压墙尺寸	+20，−20	同左	20米2点	62	58	93.5		
接口	宽	+5，0	同左	20米2点	62	58	93.5	93.5	
	厚	+5，0	同左	20米2点	62	58	93.5		
检查井	井室尺寸	−20，+20	同左	每座2点	30	28	93.3	93.3	
	井筒尺寸	−20，+20	同左	每座2点	30	28	93.3		
	井口高程	−10，+10	同左	每座1点	15	14	93.3		
	井底高程	−10，+10	同左	每座1点	15	14	93.3		
	踏步	−10，+10	同左	每座1点	15	14	93.3		
	脚窝	−10，+10	同左						
	流槽	+10，0	同左	每座1点	15	14	93.3		
回填土	胸腔	>95%	同左	两井之间阀层2点	30	28	93.3	93.3	
	管顶上50cm内	>85%	同左	两井之间阀层2点	30	28	93.3		
	管顶50cm以上	>95%	同左	两井之间阀层2点	30	28	93.3		

单位工程　合格率：92.8　　　　　　　　工程　等级：优良

2-5-263　市政工程装配式检查井的优缺点有哪些，请举例说明？

答：某截污工程中，D1050 直线检查井使用了装配式检查井（PT03-J01），通过前段时间的使用，对其简单总结如下：

1）优点：

（1）装配式检查井可批量生产，产品质量容易保证。普通检查井在砌筑过程中，受材料和操作工人技术熟练程度的影响，产品质量易出现波动，影响工程总体质量。

（2）装配式检查井具有安装简便，节省时间的优点。只要提供准确的路面到流水面的高度，厂家就可以通过合理的组合保证现场安装的一次到位。通常安装一座装配式检查井需要时间不超过 2h，而普通检查井的砌筑根据深度不同，一般需要 1～3d，可以大大节约工力，提高工作效率。

（3）试验结果表明：装配式检查井的密闭性达到了很高的标准，为污水管线的闭水试验达到要求提供了保障，避免了砌筑检查井因人工砌筑造成的闭水效果不佳而造成对土壤及地下水的污染，以及可能造成的对道路强度的影响。

（4）使用装配式检查井代替粘土砖，可以大量的节约土地资源，也是大势所趋。

（5）装配式检查井经过厂家的养生运到现场时已经具有足够的强度，可以立即完成回填，恢复路面，减少影响交通的时间。

（6）在顶管施工中，利用现成的吊装设备可使得装配式检查井的安装变得更加简便。

2）缺点：

使用中我们发现还存在以下不足：

（1）因总体检查井高度不一，部分井筒内最上端踏步因未考虑混凝土垫圈厚度造成离井口尺寸过大（大于 36cm）造成人员上下不便。

（2）与砌筑式检查井相比较费用较高。

（3）部分井体内表面平整度需改善。

2-5-264　预制混凝土装配式检查井在工程中的应用有何优点？

答：旧式排水管道检查井采用粘土砖砌成，强度低，施工慢、易渗漏、不耐久，不利于交通，不利于地下水资源的保护。

采用预制混凝土检查井可实现管道装配化快速施工。预制混凝土检查井较砖砌检查井耐压强度高，可以经受重型机械的碾压，有利于解决道路井圈的塌陷问题，有利于限用和取消粘土砖。

预制检查井的最大特点是生产技术、质量管理 2 个功能相结合。

在性能方面，检查井的设计简单，不担心沉降，没有冻胀造成的检查井的上浮问题。并且施工方式简单，无需熟练工，能够迅速、准确地施工。

预制装配式混凝土检查井有以下优点：

1）采用钢模预制，井筒、井室各部位尺寸准确，易于装配，现场砂浆填缝后，闭水性能良好；

2）装配式检查井外观平滑，内部光洁，工艺性好；

3）不必现浇混凝土底板，仅用砂砾垫平槽底，便可吊装预制底板，简化了操作，加快了施工进度；

4）高程可控制，井筒一次性预制到位。

预制混凝土装配式检查井是排水管道装配化快速施工技术中重要一环，它的重要性主要在于配合排水管的快速安装，实现排水管道装配化快速施工，预制混凝土检查井的应用可力争达到傍晚开槽、快速安管、连夜还土、天明通车的快速施工目标。应用混凝土装配式检查井，是执行建设部关于取消粘土砖决策要求的重要一环。采用混凝土装配式检查井取代砖砌检查井，可以全面提高排水管线整体质量，适应城市发展和环境保护的需要。

2-5-265　双面涂塑钢管选样送审表、出厂合格证及出厂证明书是怎样的，请举例说明？

答：见下表 2-5-265（1）、（2）、（3）。

表 2-5-265 （1）

工程物资选样送审表		编号	J2-4
			SZ3-005
工程名称	×××	日期	2006 年 5 月 19 日

现报上关于（　　　　　室外市政工程　　　　　）工程的物资选样文件，为满足工程进度要求，请在 2006 年 5 月 26 日之前予以审批。

物资名称	主要规格	生产厂家	拟使用部位
双面涂塑钢管及管件		某化工设备有限公司	室外工程

附件：□ 生产厂家资质文件　__略__ 页　　□ 工程应用实例目录　_____ 页
　　　□ 产品性能说明书　_____ 页　　□ 报价单　_____ 页
　　　□ 质量检验报告　__2__ 页　　□ _____ 页
　　　□ 质量保证书　_____ 页　　□ _____ 页

施工单位名称：总承包联合体　　　技术负责人：×××　　　　　申报人：×××

总承包单位审核意见：

同意送审（仅做雨污水管道使用）
□ 有/☑ 无　附页

总承包单位名称：×××××总承包联合体　　　审核人：×××　审核日期：　年　月　日

监理审核意见：	设计审核意见：
同意使用于雨污水管道	同意使用
监理工程师×××　审核日期：　年　月　日	设计负责人：略　　　审核日期：　年　月　日

建设单位审定意见：

审定结论：　☑ 同意使用　　□ 规格修改后再报　　□ 重新选样

技术负责人：略　　　　　　　　　　　审定日期：　年　月　日

本表由施工单位填报，经建设单位、设计单位审批后，建设单位、监理单位、施工单位各保存一份

××公司

表 2-5-265 （2）

高密度聚乙烯（HDPE）双壁波纹管材出厂合格证书

客户名称：某市政管理处

编号：7.5.1-11

标　志		执行标准	GB/T 19472.1—2004
规格（mm）	DN/ID 225	烘箱试验	合　格
环刚度等级（kN/m²）	4	接点渗漏试验	合　格
输入介质温度（℃）	≤40	管材连接方式	承插口弹性橡胶圈密封式
管材埋深（m）	冻层以下：0.75～4.5	管材承受外压载荷（kN/m）	≤4
外观颜色	内兰外黑	胶圈类型	"B"
外观质量	合　格	数量（m）	156
几何尺寸检验结果	合　格	检验员	×××
管材长度（m）	6.0	出厂日期	2006.6.30

质量检验签章：略

鉴证人：

××××公司

表 2-5-265 （3）

出　厂　证　明　书

顾客：某市政管理处

编号：7.5.1-12

产品名称：埋地排水用双壁波纹管材橡胶密封圈

规　格	φ225	色泽	黑	数量	26条	批号	

序号	测试项目	标准值	实测值	结论
1	邵氏硬度	40±5	40	合格
2	拉伸强度（MPa）	≥9.0	9.1	合格
3	扯断伸长率（%）	≥400	510	合格
4	压缩永久变形（70℃×24h）（%）	≤20	16	合格
5	老化系数（70℃，144h）	＞0.8	1.2	合格
6	硬度变化，最大/最小 IRHD	+8/-5	+3	合格
7	拉伸强度变化，最大（%）	≥-20	-17	合格
8	扯断伸长率变化，最大/最小 （%）	+10/-30	-27	合格

检验员：×××　　　　　　审核人：×××　　　　　　出厂日期：2006.6.30

2-5-266　HDPE 双壁波纹管检验报告是怎样的，请举例说明？

答：见下检验报告表 2-5-266。

表 2-5-266（1）

NTSQP

（2005）国认监认字（103）号　　（2005）量认（国）字（Z0458）号　　No. L0251

国家塑料制品质量监督检验中心

China National Centre for Quality supervision &

Test of Plastics Products

检验报告

Test Report

委托单位 Sample Clients	某新型管道有限责任公司
受检单位 Sample Producer	某新型管道有限责任公司
样品名称 Sample Name	HDPE 双壁波纹管材
规格型号 Sample Type	DN/ID 600 SN4
商　　标 Trade Mark	××
报告编号 Report Number	国塑检［2006］C0251
报告日期 Date of Report	2006 年 5 月 1 日

中心地址：北京市海淀区阜成路 11 号　　邮编：100037

中心电话：010—68983956　68983571　　Fax：010—68985371

E-mail：ntsqp@ntsqp. org. cn　　Web：www. plastic. org. cn

国家塑料制品质量监督检验中心

检验报告首页　　　　　　　　　　　　　　**NTSQP**

报告编号：国塑检〔2006〕C025　　　　　　　　　　　第 1 页　共 2 页

委托单位	某新型管道有限责任公司		委托编号	2006E0218
详细地址	略		联系电话	略
受检单位	某新型管道有限责任公司		商　标	××
样品名称	HDPE 双壁波纹管材	产品批号	…	样品数量	0.8m×8 根
规格型号	DN/ID 600 SN4	生产日期	2006.3.1	收样日期	2006.3.23
抽样地点	仓库	抽样批量	50t	封样日期	2006.3.22
抽样单位	国家塑料制品质量监督检验中心（北京）			
样品及抽样的其他说明	样品外壁为黑色内壁为蓝色。			
检验依据	GB/T 19472.1—2004《埋地用聚乙烯（PE）结构壁管道系统　第 1 部分：聚乙烯双壁波纹管材》			
检验概况	该批产品共委托检验 7 项，合格 7 项。			
检验结论	该批产品委托检验项目符合标准要求（详见本报告附页）。（本栏以下无正文）			
说明	1. 对检验报告若有异议，应于收到报告之日起 15 日内向本中心书面提出，逾期不予受理。 2. 未经本中心书面许可，不得部分复制检验报告。 3. 检验报告页数不全无效。			

批准：＿＿×××＿＿　　　　　　　　　　　　审核：＿＿×××＿＿

国家塑料制品质量监督检验中心

检验报告附页

NTSQP

报告编号：国塑检〔2006〕C0251

序号	检测项目	单位	技术指标				检测结果		单项结论
			外观、规格						
			n	Re	指　标		数据范围	不合格数	
01	外观	—	8	2	（见标准）		符合要求	0	合格
02	规格								
	最小平均内径	mm	8	2	≥588		605.84～607.60	0	合格
	最小层压壁厚	mm	8	2	≥3.5		4.74～4.78	0	合格
	最小内层壁厚	mm	8	2	≥3.5		3.70～3.78	0	合格
			管材性能						
03	环刚度	kN/m²	≥4				5.4		合格
04	冲击性能（TIR）	％	≤10				≤10		合格
05	环柔性	—	试样圆滑，无反向弯曲，无破裂，两壁无脱开				圆滑，无反向弯曲，无破裂，两壁无脱开		合格
06	烘箱试验	—	无气泡，无分层，无开裂				无气泡，无分层，无开裂		合格
07	蠕变比率	％	≤4				3.9		合格
	（本栏以下无正文）								
备注	技术指标按 GB/T 19472.1—2004 技术要求。								

编制：＿＿×××＿＿　　　　　　　　　　日期：＿2006年5月11日＿

2-5-267　聚乙烯土工膜检测报告及合格证是怎样的？

答：见下表 2-5-267（1）、（2）。

聚乙烯土工膜质量检测报告　　　　　　　　　表 2-5-267（1）

产品名称GL-1 土二膜　　　　　　　　　产品规格3200×0.80（mm）
生产日期2005.3　　　　　　　　　　　检测日期2005.12.27

序号	检测项目	单　位	检测结果	
			标准值	实测值
1	拉伸强度	MPa	≥14	21.6
2	断裂伸长率	%	≥400	618.7
3	直角撕裂强度	N/mm	≥50	85.5

结论：依据 GB/T 17643—1998 标准，对产品进行抽样检验，符合标准出厂项目要求，判定此批产品准予出厂。

批准：×××　　　　　　　　　　　　　　　　　　　　　　复审：×××

2006 年 1 月 9 日

聚乙烯土工膜　　　　　　　　　　表 2-5-267（2）

原"青松""华灯"牌	合格证	标准编号	GB/T 17643—1998				
		产品类型	GL-1（LDPE）	规格	3200×0.800mm		
		净重 kg	118	毛重 kg	122	长度 m	50
		操作者		检验		面积 m²	
		四车间　3 班组　3 机台				序号	1
		生产日期	2005 年 3 月 8 日	批号	05-03-WD-305		

注：使用前请仔细阅读背面使用说明。

2-5-268　碳纤维布质量保证书和测试报告是怎样的？

答：见下表 2-5-268（1）、（2）。

质量保证书　　　　　　　　　　表 2-5-268（1）

产品名称：CFC2-1、CFC2-2 系列
　　　　　碳纤维布
产　　　　地：中国·上海

××牌 CFC2-1、CFC2-2 系列单向碳纤维布采用日本东丽 T-700-12K 进口原丝生产。

如施工单位能够严格按照国家有关技术规范施工，可保证该产品全部达到产品说明书上提供的技术数据，并保证其各项合理化指标 50 年。

某碳纤维材料有限公司
二零零六年

表 2-5-268 （2）

报告编号：20060302-2

测试报告

产品名称：	碳纤维片材
型号规格：	CFC2-2 （300g/m²）
委托单位：	某公司
测试类别：	送样委托

中国上海测试中心

玻璃钢/复合材料行业测试点

中国上海测试中心

玻璃钢/复合材料行业测试点

报告编号：20060302-2

测 试 报 告

共 2 页　第 1 页

产品名称	碳纤维片材		测试类别	送样委托
型号规格	CFC2-2(300g/m²)		商　标	同固
委托单位	某公司			
制造单位	某公司			
到样日期	2006 年 3 月 2 日		到样地点	本行业测试点
样品数量	1m	批号(编号)/生产日期		—
样品状态描述	织　物			
测试依据和综合判定规则	CECS 146：2003			
测试日期	2006 年 3 月 2 日～2006 年 3 月 11 日			
测试结论	本报告测试项目符合 CECS 146：2003 相关技术要求。 （测试报告专用章） 签发日期：2006 年 3 月 11 日			
委托单位通讯资料	地　址			
	邮政编码		电话	
备　注	—			

批准×××　　　　　　　　　　审核×××　　　　　　　　　　编制或主检×××

中国上海测试中心

玻璃钢/复合材料行业测试点

报告编号：20060302-2

测 试 报 告

共 2 页　第 2 页

测试结果汇总					
序号	测试项目名称	单位	技术要求	测试结果	单项判定
1	拉伸强度(平均值)	MPa	—	4091	—
2	拉伸强度(标准值)	MPa	≥3000	3382	符合
3	拉伸模量	GPa	≥210	218	符合
4	延伸率	%	≥1.5	1.87	符合

2-5-269 问：某工程螺纹钢筋接头（型式检验）是怎样的？

答：见下面检验报告见表 2-5-269。

表 2-5-269

检 验 报 告

TEST REPORT

BETC-CL1-2006-82

工程/产品名称　　　　滚轴直螺纹钢筋接头（型式检验）
Name of Engineering/Product _____

委托单位　　　　　　　　　某公司
Client _____

检验类别　　　　　　　　委托检验
Test Category _____

国家建筑工程质量监督检验中心
NATIONAL CENTER FOR QUALITY SUPERVISION
AND TEST OF BUILDING ENGINEERIN

国家建筑工程质量监督检验中心检验报告

委托单位		某		
地址			电话	
样品	名称	热轧带肋钢筋（母材） 滚轧直螺纹钢筋接头	状态	正常
	规格型号	18	商标	通达
生产单位				
送样/抽样日期		2006/03/05	地点	—
工程名称		—		
检验	项目	1. σ_s、σ_b 2. 单向拉伸性能 3. 高应力反复拉压性能 4. 大变形反复拉压性能	数量	1. 3 根 2. 3 根 3. 3 根 4. 3 根
	地点	试验室	日期	2006/03/06
	依据	GB 1499—1998、JGJ 107—2003		
	设备	1MN 试验机及 JBK 测试系统、INSTRON 500kN 试验机		
检验结论				
1. 母材试验所检验的项目符合 GB 1499—1998 中规定的 HRB 400 的强度要求； 2. 单向拉伸试验、高应力反复拉压试验、大变形反复拉压试验所检验的项目均符合 JGJ 107—2003 中规定的"I"级性能要求。				
备 注		钢筋螺纹采用剥肋滚压工艺。 各项检验数据见本报告的第 2 页，附表见本报告的第 3 钢筋牌号 HRB 400。（I 级型检）		

批准　×××　　　　　审核　×××　　　　　主检　×××

日期：2006/03/07

国家建筑工程质量监督检验中心检验报告

母材检验数据				
母材试件编号	CL1-2006-82-1	CL1-2006-82-2	CL1-2006-82-3	平均值	标准值
钢筋直径(mm)	18	18	18	—	—
屈服强度 σ_s(N/mm^2)	415	425	420	—	$\geqslant$400
抗拉强度 σ_b(N/mm^2)	570	580	580	—	$\geqslant$570
破坏情况	—	—	—	—	—

单向拉伸性能检验数据				
单向拉伸试件编号	CL1-2006-82-4	CL1-2006-82-5	CL1-2006-82-6	平均值	标准值
抗拉强度 f_{mst}^0 (N/mm^2)	570	570	575	—	$f_{mst}^0 \geqslant f_{st}^0$ 或 $\geqslant 1.10 f_{uk}$
非弹性变形 u (mm)	−0.008	−0.003	−0.003	−0.005	$U \leqslant 0.10$
总伸长率 δ_{sgt} (%)	6.0	7.0	7.5	7.0	$\delta_{sgt} \geqslant 4.0$
破坏情况	断母材	断母材	断母材	—	—

高应力反复拉压性能检验数据				
高应力反复拉压试件编号	CL1-2006-82-7	CL1-2006-82-8	CL1-2006-82-9	平均值	标准值
抗拉强度 f_{mst}^0 (N/mm^2)	570	570	570	—	$f_{mst}^0 \geqslant f_{st}^0$ 或 $\geqslant 1.10 f_{uk}$
残余变形 u_{20} (mm)	0.06	0.05	0.07	0.06	$U_{20} \leqslant 0.3$
破坏情况	断母材	断母材	断母材	—	—

大变形反复拉压性能检验数据				
高应力反复拉压试件编号	CL1-2006-82-10	CL1-2006-82-11	CL1-2006-82-12	平均值	标准值
抗拉强度 f_{mst}^0 (N/mm^2)	580	575	595	—	$f_{mst}^0 \geqslant f_{st}^0$ 或 $\geqslant 1.10 f_{uk}$
残余变形 u_4 (mm)	0.01	0.02	0.04	0.02	$U_4 \leqslant 0.3$
残余变形 u_8 (mm)	0.03	0.02	0.04	0.03	$U_8 \leqslant 0.6$
破坏情况	断母材	断母材	断母材	—	—

附录：

委托单位				
样品名称	滚轧直螺纹钢筋接头		公称直径(mm)	18
设计接头等级	1 级		送检日期	2006.03.05
连接件基本参数				
连接件各部位尺寸	长度(mm)	48.0	连接件原材料	45 号钢
	外径(mm)	28.0	螺　距	2.5
	内径(mm)	15.87	牙型角状态	60°
钢筋母材基本参数				
实际面积平均值(mm²)		251.6	实际钢筋直径(mm)	17.9

连接件示意图：

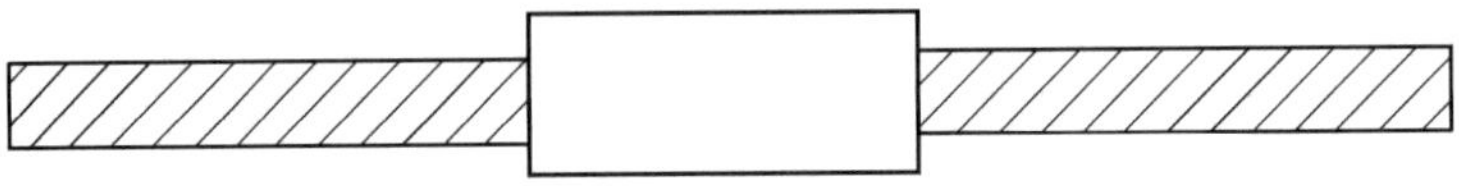

国家建筑工程质量监督检验中心

二〇〇六年三月七日

2-5-270 市政工程混凝土速凝剂抽检结果如何，请举例说明？

答： 见下试验报告表 2-5-270。

表 2-5-270

				编　号	
	混凝土外加剂试验报告 表 C4-13			试验编号	2006-133
				委托编号	2006-03156
工程名称	略			试样编号	—
委托单位	略			试验委托人	
产品名称	782 速凝剂	生产厂家	略	生产日期	—
代表数量	20t	来样日期	2006.03.17	试验日期	2006.03.20
试验项目	净浆凝结时间、1d 抗压强度、28 天抗压强度比、钢锈、氯离子含量			掺　量	5％×C

试验项目		一等品	合格品	试验结果	单项评定
净浆凝结时间， min：s	初凝时间	≤3：00	≤5：00	1：26	一等品
	终凝时间	≤8：00	≤12：00	2：12	一等品
1d 抗压强度，MPa		≥7.0	≥6.0	13.2	一等品
28d 抗压强度比，％		≥75	≥70	76	一等品
氯离子含量，％		—		0.16	—
钢锈		无锈蚀		无锈蚀	合格

结论：送检试样所测项目中氯离子含量依据 GB/T 8077—2000 标准检测为实测值，其他检测项目符合 JC 477—2005《喷射混凝土用速凝剂》中"一等品"性能指标

章略

备注：本报告无各级人员签字无效，复制报告无本所红章无效，报告涂改无效。

批准	×××	审核	×××	试验	××
试验单位					
报告日期	2006 年 04 月 18 日				

检测单位：

2-5-271　市政工程混凝土防冻剂抽检结果如何，请举例说明？

答：见下检验报告表 2-5-271。

北京市建筑材料质量监督检验站检验报告（TEST REPORT）

表 2-5-271

报告编号 No. 企抽 WJJ2006-0417

第 1 页　共 2 页

委托单位	略	检验类别	委托检验
样品名称	SL-Ⅲ防冻剂	样品数量	2kg
型号、规格	SL-Ⅲ型，粉剂，10℃	样品等级	合格品
生产单位	略	商标	
抽样地点	略	抽样基数	5T
抽样日期	2006 年 08 月 14 日	抽样人	×××　×××
检验依据	JC 475—2004《混凝土防冻剂》 GB 18588—2001《混凝土外加剂中释放氨的限量》 DBJ 01-61—2002《混凝土外加剂应用技术规程》		
检验项目	含气量，抗压强度比（R_7，R_{28}，R_{7+28}） 对钢筋锈蚀作用，碱含量，氨含量，氧离子含量；		
检验结论	该样品经检验，其氨含量符合 GB 18588—2001《混凝土外加剂中释放氨的限量》标准要求，其他检验结果均符合 JC 475—2004《混凝土防冻剂》及 DBJ 01-61—2002《混凝土外加剂应用技术规程》标准中合格品要求。 签发日期 2006 年 10 月 9 日 复印报告未盖本站红章无效		

附注：1. 该样品检验采用掺量为 4.0%，由受检方提供。

　　　2. 每 m^3 混凝土外加剂引如总碱量和 Cr 总量，按照每 m^3 混凝土中水泥 40kg 计算。

（以下空白）

批准：×××　　　　　　　　　　审核：×××　　　　　　　　　　主检：×××

北京市建筑材料质量监督检验站检验报告 （TEST REPORT）　　表 2-5-271 （2）

报告编号 No. <u>企抽 WJJ2006-0417</u>　　　　　　　　　　　　　　　　

序号	检验项目		标准要求（合格品）	检验结果	本项结论
1.	减水率，%		≥8	10	符合
2.	含气量，%		≤2.0	2.5	符合
3.	抗压强度比，%	R_{-7}	≥12	14	符合
		R_{28}	≥90	135	符合
		R_{-7+28}	≥85	102	符合
4.	对钢筋锈蚀作用		对钢筋无锈蚀作用	对钢筋无锈蚀作用	符合
5.	Na_2O，%		—	2.84	—
	K_2O，%		—	0.04	—
	碱总量($0.658K_2O$ $+N_{A2}O$)，%		—	2.87	—
6.	Cl，%		—	无	—
7.	外加剂中释放氨的量，%		≤0.1	0.01	符合
8.	每 m^3 混凝土中外加剂引入碱总量，kg		≤1.0	0.459	符合
9.	每 m^3 混凝土中外加剂引入 Cl，总量，kg		—	—	—
	掺量，C×%		—	4.0	—

附注：1. 该样品检验采用掺量为 4.0%，由受检方提供；

　　　2. 每 m^3 混凝土中外加剂引入总碱量和 Cl 总量，按照每 m^3 混凝土中水泥 400kg 计算。

（以下空白）

批准：×××　　　　　　　　　　　审核：×××　　　　　　　　　　　主检：×××

2.6 顶管法施工

2-6-1 不开槽施工法有几种？

答：不开槽施工法是一种无沟槽敷设管道施工，一般常用顶压、盾构与浅埋暗挖三类施工方法。

2-6-2 顶压施工法适用范围有哪些？

答：适用范围如下：

1）管道需要穿越铁路、道路、河流或重要建筑物等，不能开槽施工地段。

2）道路狭窄、两侧建筑物多、沟槽深、开槽施工会造成大量拆迁或交通量大、不能中断交通的地段。

3）管道埋深大、沟槽土方量大、劳力不足、缺少沟槽支撑材料、开槽施工困难的地段。

4）施工现场复杂、地面上建筑工程在平面作业点上互相干扰、没有开槽施工作业面的地段。

2-6-3 顶压施工方法有哪几种？

答：一般是按照不同沟道断面与管径大小采用不同的施工方法，现分述如下：

1）中小管径断面（$D \leqslant 1000$mm）

可采用挤压法、拉管法、水平钻孔法等，这些方法均适宜敷设距离较短（一般小于30m）管道，具体方法可因不同条件而定，其中：

（1）挤压法：

对于一般小于400mm管径，适宜于土质较松软的亚黏土、粉砂土、亚砂土的土层，利用金属管（如铸铁管、钢管等）将其直接挤压入土层中，管中的积土可利用水射法将其冲出管道，图2-6-3（1）所示。

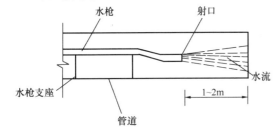

图 2-6-3（1）　水射法清除管道泥土

水枪一般采用50～75mm钢管制成，射水管口直径为10～15mm，水枪的射水方向应与管轴线一致，枪身下面可焊制几个等高支架，水枪射口高度宜在管中心偏下位置，为了不妨碍出土，枪身的位置宜稍高，故水枪前端可做成"之"字形弯，水枪射口距管子前端距离根据水压、水质和管径而定，一般为1～2m，使管端外部土壤不被水射破坏为宜。采取水射出土时，工作坑内应挖排水井，将流出的泥水集中到排水井，再用泥浆泵排除。

（2）拉管法：

沿管线中心位置首先顶压入一根 $\phi50$mm 的钢筋作为导管，在导管中心穿入连通两相邻工作坑间的钢丝绳，使之做为引绳，在管前方工作坑内用液压千斤顶或卷扬机张拉牵引钢丝绳，其后部使用具有一定承压能力的管道材料，如钢筋混凝土或金属管道拉压入口层中，管道里的泥土在管道后部用水射法将泥土冲出管道。如图2-6-3（2）所示。

（3）水平钻孔法：

对于土质较硬的上层，在工作坑内沿管道高程与中心线位置点支架水平钻孔机，当启动钻孔机后，钻头逐渐向土层内部延伸，钻杆也相应的加长，利用螺旋钻杆不断地将土从管道里排除到外部，而所要求的钻孔孔要与管道直径相一致，并将管道不断地顶入钻孔内，因此水平钻孔法的钻孔孔径与钻杆长度也就是管道孔径与管道的长度。如图2-6-3（3）所示。

2）大中管径断面（1000mm<$D \leqslant 2000$mm）一般采用顶管法。

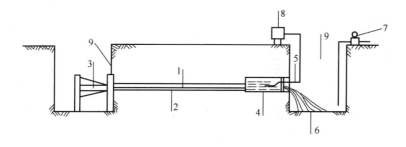

图 2-6-3（2）　拉管法

1—钢丝牵引绳；2—导管；3—液压千斤顶；4—拉管；5—水枪；

6—管道中流出的泥土；7—污泥泵；8—高压射流车；9—工作坑

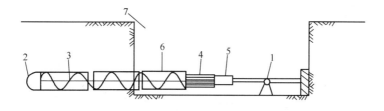

图 2-6-3（3）　水平钻孔法

1—水平钻孔机；2—钻头；3—螺旋钻杆；4—钻机支架；

5—液压千斤顶；6—管子；7—工作坑

2-6-4　顶管施工的分类是怎样的？

答：1）小口径顶管（ϕ880mm 以下者）

有压入法、锤击法、扩孔法、钻孔法、水射法五种。

2）大中口径顶管（ϕ880mm 以上者，最大可到 ϕ2500mm）大略也可分四种：

（1）人工掏土法：管道掏土随挖土而顶进。

（2）机械切削法：用旋转刀头切土，边切土、边顶进。

（3）挤压法：将土挤入工具管内，切断土柱，边顶进挤土、边切削。

（4）水射法：用高压水冲挖土方，边冲边顶进。

2-6-5　顶管法施工程序是怎样的？

答：一般顶管法，施工程序如下：

1）工作坑

（1）工作坑布置与顶进方向

工作坑的布置原则是在一条施工管道中尽量减少坑数，选在管线下游以利排水和施工便利的原则，尽量利用直线上的检查井位置处做为工作坑，避免在转弯井，跌水井处设置工作坑。顶进方向上有三种情况，最好采用调头顶进的方式。如图 2-6-5（1）所示。

（2）工作坑尺寸

主要根据槽深、土质、支撑、设备、管长、操作情况来定出工作坑平面尺寸、工作面高度、工作台各部尺寸。

工作坑的坑底平面尺寸如图 2-6-5（2）所示。

坑底宽度：$B = D + 2.4 \sim 3.2\text{m}$

坑底长度：$L = L_1 + L_2 + L_3 + L_4 + L_5$

式中　D——管外径（m）；

　　L_1——管末端压在导轨上最小长度，一般为 $0.3 \sim 0.5\text{m}$；

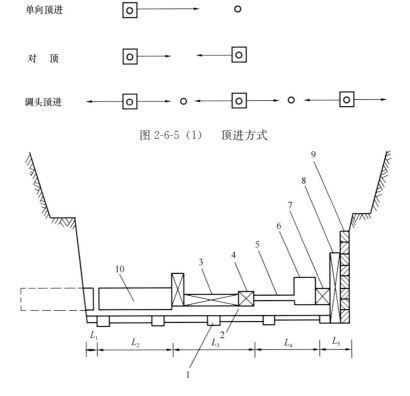

图 2-6-5（1）　　顶进方式

图 2-6-5（2）　　工作坑的坑底平面尺寸图

1—枕木：间距 0.6～1.2m；2—导轨：轨道钢；3—直铁；4—横铁；5—顶镐；
6—油泵；7—横铁；8—立铁；9—方木：20cm×20cm；10—混凝土管

L_2——混凝土管长度（$L_2 = 2$m）；

L_3——出土工作面长度，一般为 1～1.8m；

L_4——顶镐长度（200t 镐为 1m）；

L_5——后背站工作坑长度（包括横铁、立铁、方木等，一般为 0.8～1m）。

（3）工作坑的设备安装

①坑槽支撑：按实际情况，在确保安全条件下来决定支撑形式，一般采取锚喷混凝土、稀撑或密撑。

②后背处理：顶管后背有人工后背和原土后背两种，不论何种后背，必须有足够稳定性，压缩变形小，无显著位移，必要时进行复核验算，后背必须垂直于顶进方向，一般利用原土后背加固方法，可用下式计算：

$$L = \sqrt{\frac{P}{B}} + \lambda$$

式中　　L——后背长度（m）；

B——后背受力宽度（m）；

P——顶管需要总顶力（t）；

λ——附加安全长度（m）；

砂性土：$\lambda = 1～2$m；

黏性土：$\lambda = 0～1$m。

③导轨安装：导轨坡度、高程、中心线与管道相互一致，其间距大小如图 2-6-5（3）所示。

$$A = 2\sqrt{[D-(h-e)](h-e)}$$

式中　A——导轨内距（cm）；

　　　D——混凝土管外径（cm）；

　　　h——导轨高度（cm）；

　　　e——混凝土管外壁距枕木间距，一般为 $2\sim3$cm。

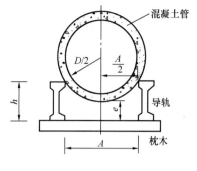

图 2-6-5（3）　导轨安装

④顶镐安装：顶镐方向应与管道中心线一致，顶镐高度是顶力中心在管道外径 $\frac{1}{4}\sim\frac{1}{3}$ 之间，顶镐选择根据管径大小和顶进距离来确定。可用下列经验公式。即：

$$P = m \cdot D^2 \cdot L$$

式中　P——最大顶力（t）；

　　　D——管子的外径（m）；

　　　L——顶进总长度（m）；

　　　m——土质系数，黏性土 $m=0.8\sim1$；

　　　　　砂性土 $m=1.5\sim2$。

⑤出土设备：人工挖土方式有管道运土小车，水平和垂直运输卷扬机。

⑥照明设备：管道里应使用 36V 低压照明装置。

⑦送风设备：人工挖土者根据需要安装。

⑧测量标志：管道中线和高程标志的设置。

⑨工作平台：一般由钢梁、方木组成，中间设下管及出土口，口上设活动平台，工作平台上安装卷扬机或电葫芦等垂直运输设备。

⑩支搭工作棚：为了防风、防雨、保护工作坑，工作棚的支搭高度决定于工作台上混凝土管吊装架。

2）顶进工作

（1）管道连接方法及接口处理

为防止顶进过程中混凝土管道错口，在管子对口处安装整体式内胀圈，内胀圈由厚度 $6\sim8$mm，宽度 $20\sim30$cm 钢板制成，其直径应小于顶管管径 5cm，并将内胀圈与混凝土管壁上部及两侧间隙用木楔背牢。两道口接头应加衬垫，一般可垫 1 缕用沥青浸透的麻辫或 $3\sim4$ 层油毡，衬垫放置偏于管缝外侧部位，顶紧后管子接口处有 $1\sim2$cm 深缝隙，然后用水泥石棉灰填塞严密或用 1：2 水泥砂浆抹严。

（2）挖土工作

在正常情况下，管前允许超挖 $30\sim50$cm，视土质状况和所穿越的上部地面要求而定，管顶上面允许超挖 1.5cm，但管下半部 135°范围内不允许超挖。

（3）测量工作

开始每项进 $20\sim30$cm，应付管道中心线高程进行一次测量校核工作，顶进过程中正常情况下可以每顶进 $50\sim60$cm 对管道中线和高程进行一次测量校核工作，当出现超过允许偏差时，应马上校正管端的高低和方向，随时测量密切监视，直到顶进工作恢复正常。

（4）顶管偏差的校正

当测量管中心线偏差达 1cm 时，一般应考虑校正，但对高程偏差校正应根据管道的设计坡度和第一节管子的走向来确定校正的方法。纠正偏差应缓慢进行，使管子逐渐复位，不得生纠硬调，避免产生相反的结果，一般校正方法有下列几种：

①挖土校正法：偏差小于 2cm 时，一般采用此法，即在管子偏向设计中心的一侧不超挖或

留坎，而相对的一侧适当超挖，使管子在继续顶进中逐渐回到设计位置。

②顶木或顶镐校正法：偏差大于 2cm，采用挖土校正无效时，用 10cm 圆木，一端顶在管子偏向设计中心放有垫板的管前土壁上，另一端支在管内壁上，支撑牢固后，开动顶镐，利用顶进时的顶木斜撑管子所产生的分力，使管子得到校正，如图 2-6-5（4）所示。

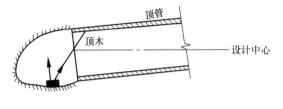

图 2-6-5（4）　顶木纠偏

此法易造成纠偏过急，应随时测量，检查效果。

（5）原始记录工作

每班顶进工作均应填写顶管记录，记录内容为：顶进长度、管道偏差、校正情况、机械运转状况、土质水位变化及出现的问题。

应注意事项：在交接班时要向下一班将原始亡洋交待清楚，以利于下一班进行工作，并为管道竣工验收、管理与维护工作提供原始资料。

2-6-6　顶进长度与其顶进方法是怎样分的？有什么措施可增加顶管段长度？

答：1）一般来讲，顶管法按其顶进长度来分可以应用以下方法：

顶进长度 50～60m：可采取单镐单向顶进法；

顶进长度 50～150m：可采取触变泥浆法；

顶进长度 150～300m：可使用中继间法。

2）一个顶进管段长度的确定，主要根据穿越物地段长度来确定，在长距离顶管施工中，顶管长度应尽量延长，以减少开挖工作坑数量，其长度主要根据顶管需要的顶力及其后背与管口可能承受的顶力，并结合地面开挖工作坑条件和管道井室间距等因素合理确定，如果需要加长顶管段长度时，一般可采取下列措施：

（1）加固后背，加强管口边圈，以增大其承受顶力的能力，此法简便易行，但所加长顶管段的单向顶进长度有限，最多增加 10～20m 的长度。

（2）两端对顶法：利用两边工作坑向中间对顶，此法可行，但只能增大原顶管段的长度一倍，而且在对顶中两个方向管口相接处极易产生较大误差和发生错口等不良现象。

（3）管外壁涂蜡法：在管壁满涂一层厚 1～1.5mm 的石蜡，大约每平方米用 1kg 石蜡，用喷灯烤融均匀密实，达到光滑平整，以减小摩阻力，增加顶进距离长度。

（4）触变泥浆减阻法

触变泥浆是一种滑润减阻剂，可以减小管壁与四周土壤的摩擦力，在顶管中应用可以减少顶力和防止土质松软坍塌而增加管道顶进时的摩阻力。一般触变泥浆由膨润土加水制做，其重量配比为膨润土：水＝1：5～6，并在膨润土中加入 2％～3％ 的碱（重量比），由泥浆泵或压浆罐注入所顶管子的四周，形成一个 2～4cm 的泥浆环。为了增加触变泥浆凝固后的强度，可掺入定量凝固剂，如石灰膏等，石灰膏为石灰：水＝1：2.5（重量比），一般石灰用量为土重的 20％，但这种凝固剂必须在顶管完成后才允许起到凝固硬化作用。灌浆主要从顶管前端进行，顶进数米之后，应从后端及中间进行补浆。应用触变泥浆顶管一般应有以下设备：

泥浆封闭设备：包括前封闭管及后封闭圈，主要作用是防止泥浆从管端流出。

灌浆设备：包括空气压缩机、压浆罐、输浆管、分浆罐及喷浆管等。

调浆设备：包括拌合机及储浆罐等。

如图 2-6-6（1）所示。

因此应用触变泥浆进行顶管，施工技术难度较大，工艺设备复杂，除非出现特殊情况，如土质不好，土层松软坍塌等情况，一般不予采用。

（5）中继间顶进法

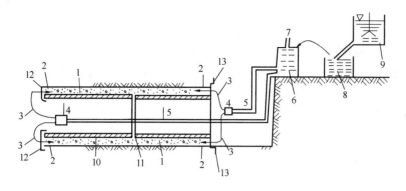

图 2-6-6（1） 触变泥浆灌浆工艺图

1—触变泥浆；2—喷浆嘴；3—喷浆管；4—分浆罐；5—输浆管；6—压浆罐；

7—按空压机；8—储浆罐；9—搅拌池；10—顶进管道；11—管道接口；12—前
封闭管；13—后封闭圈

在长距离顶进时，一般多采用中继间分段顶进，通常每 50m 左右长度管道设一个中继间。所谓中继间，即用钢板制一管壳（护管），沿环向均匀分布数台顶镐，这些顶镐由装在中继间侧面的高压油泵带动，如图 2-6-6（2）所示。

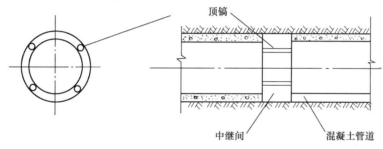

图 2-6-6（2） 中继接力环

这种分段顶进，可将工具管和管道分段分开，减少了总顶力，增大了顶进长度。中继间启动前应先启动后背顶镐，使有了一定顶力后，再开动中继间，其顶进顺序是从管前端由里向外依次进行顶进直到后背为止。

2-6-7 顶管方法分类有哪些？

答：顶管方法分类可归纳为：

1）按工作面土体稳定性分

（1）开放式。

（2）密闭式：

①气压式；

②泥水加压式；

③土压平衡式；

2）按管前挖土方式分

（1）普通顶管（人工挖土）

（2）机械顶管

①螺旋钻进式

②全面切削式

（3）半机械顶管

（4）水射顶管

（5）挤压顶管

3）按千斤顶设置部位分

（1）后方顶进式

（2）前方牵引式

（3）盾头顶进式

（4）中继间式

4）按管径大小分

（1）大口径（口＞800mm）

（2）小口径（口＜800mm）

①挤压法

②牵引挤压法

③爆破成型法

④气动冲击法

⑤扩孔法

⑥真空振动法

⑦水力冲孔法

⑧水平钻孔法

2-6-8　主要顶管方法的适用条件是什么？

答：1）普通顶管法：适用于管径口＞800mm，管材为钢管或钢筋混凝土管，土壤种类不限，没有承压地下水的条件。

2）机械顶管：管径不限，管材为钢管或钢筋混凝土管，土质为黏性土或砂性土，没有承压地下水，长距离顶管。

3）水射顶管：管径不限，管材为钢、铸铁等金属管，不受地下水限制，但水源和排水要方便。

4）挤压顶管：管径＞800mm，管材为钢。钢筋混凝土，土质为软性土、淤泥，不受地下水限制，但不宜用于穿越建筑物。

5）前方牵引：管径不限，管材为钢、钢筋混凝土，土质为软性土、淤泥，不得有承压地下水，牵引距离较短。

6）盾头式：管径口＞1500mm，钢、钢筋混凝土管，土质不限，不得有承压地下水，长距离顶进。

7）中继间：管径口＞1000mm，钢、钢筋混凝土管，土质不限，不得有承压地下水，长距离顶进。

8）不出土挤压法：管径口＜300mm 钢、钢筋混凝土管，土质除砂砾石外，不受地下水限制，不能穿越主要建筑物。

9）爆破成型法：管径口＜1000mm，钢、钢筋混凝土管，土质除砂砾石外，不受地下水限制，但复土要大于 5 倍管外径。

10）逐步扩孔法：管径口＜500mm，钢、钢筋混凝土管，土质除砂砾石外，不受地下水限制，顶距较短。

11）真空震动法：管径口＜300mm，钢、钢筋混凝土管，土质除砂砾石外，不得有承压地下水，顶距较短。

12）螺旋钻孔法：管径口＜1400mm，管材为钢、钢筋混凝土管，土质除砂砾石外，不得有承压地下水。这种方法耗能大，功率高。

13）水平钻孔法：管径口＜500mm，管材为钢、钢筋混凝土，土质为除砂砾石外，不得有承压地下水。

14）泥水加压法：管径口＞1000mm，管材为钢、钢筋混凝土，土质为黏性土和砂性土，不受地下水限制。

15）气压顶管：管径口＞1000mm的钢管，土质为黏性及砂性土，不受地下水限制，工作人员要在高气压条件下工作。

顶管施工的影响因素很多，诸如土质、覆土、管材、管径、管壁厚、管节长度、顶进长度、施工环境等，其中最主要的是土质情况，其次是管节长，其他各因素都非重要因素。

2-6-9 普通顶管法是什么意思？

答：普通顶管法是指管前采用人工出土，故又称人工顶管，是应用较普通的施工方法。

人工顶管适用于管径在800mm以上的钢管或特制用于顶管的加重钢筋混凝土管。如管径在600～700mm者虽也可用于顶管，但极不便于操作，故只能用于短距离顶进工程中。在不采用任何辅助措施下，一次顶进长度可达60m。这样的顶距对于穿越一般障碍物是足够了，就是较长距离的管道，也可采用分段顶进的方法实现。

人工顶管的主要特点是对于土质和地下水有较强的适应性，故能够较广泛地应用。

人工挖土能及时发现和处理顶进沿程工作面土质变化情况和及时纠偏，便于控制顶进质量，如中线和高程。熟练工人操作能保证管道中心位置误差在1.0cm以内，北京市施工技术规程规定允许误差为高程误差＋1，－2cm，中心左右误差为3cm。

人工挖土顶管设备简单，安装较快，日进尺一般为6m以上，条件顺利时可达8m以上。但要注意不要间断。

人工挖土顶管辅以触变泥浆或中继间等技术措施，效率更为显著。当管径口≥1800mm时，要随时注意顶进工作面土壁稳定性。

2-6-10 顶进前的准备工作有哪些？

答：顶进前的准备工作，包括挖工作坑和搭设工作棚及工作平台。

1）工作坑：其中包括工作坑、后背、导轨和基础等项工作。

（1）工作坑的位置：要尽量设工作坑以减少土方量，节省辅助材料，降低工程造价。设置工作坑时应考虑以下几方面因素：

①穿越障碍物时，设主、副两个工作坑；

②直线管线顶管，在附属构筑物处设工作坑；

③在管道转弯检查井处设工作坑；

④多排顶进时或多向顶进时，尽可能利用一个工作坑；

⑤一般说，工作坑应设在管道下游，尤其是在地下水位以下顶管时。

（2）工作坑的设计

根据现场的具体条件，工作坑的结构形式，应按在保证使用的前提下以最经济为佳。

工作坑的平面尺寸要考虑到管径大小、管节长短、覆土深度、顶进形式、设备布置便于操作以及施工方法等因素，同时也要注意到土质及地下水位等条件。

工作坑的密度，可按下式计算（见图2-6-10（1））：

$$B = D_1 + 2b + 2c$$

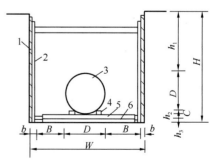

图 2-6-10（1） 工作坑的底宽
1—撑板；2—支撑立木；3—管子；
4—导轨；5—基础；6—垫层

式中　B——工作坑底宽（m）；

　　D_1——顶进管子的外径（m）；

　　　b——道两侧的工作宽（m）。

当 $D\leqslant1000$mm 时

$b=1.2$m

$D>1000$mm 时

$b=1.6$m

　　　c——撑板的厚度，取 $c=0.05\sim0.07$m

据此，可以估算出工作坑的底宽：

$$B\approx D_1+(2.5\sim3.0)(\text{m})$$

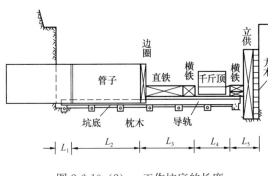

图 2-6-10（2）　工作坑底的长度

工作坑的长度，可按下式计算（见图 2-6-10（2））：

$$L=L_1+L_2+L_3+L_4+L_5$$

式中　L——工作坑的长度；

　　　L_1——管子顶进后，顶进管节留在导轨上的最小长度，与顶进管材有关。

钢筋混凝土管　$L_1=0.3\sim0.5$m

钢　　　管　$L_1=0.6\sim0.8$m

管前采用工具管时 $L_1=$ 工具管长（m）

L_2——管节长度（m）

L_3——出土工作区长度，与出土工具有关。

土斗车　$L_3=0.6\sim1.0$m

手推车　$L_3=1.2\sim1.8$m

L_4——顶镐长度（m）

L_5——后背厚度（m）

如果调头顶进时，还要考虑一个不小于 0.5m 长的附加长度。

（3）后背

后背的功能在于抵抗千斤顶顶管时，反作用力。

后背要有足够的强度，足够的刚度，压缩回弹量要小，表面要平直，应垂直于顶进方向，材质要均匀一致，以免受力后倾斜等各方面的要求。

后背的形式有原土后背和人工后背两大类。在覆土较浅或穿越填方路基时，修建人工后背，一般情况下均使用原土后背，北京市常用的原土后背（图 2-6-10（3））结构简单，装拆方便，但其回弹量较大。

采用原土后背时，其着力点约在横置的方术后背三分之一高度或稍高些。一般土质承载力可按 0.15MPa 计算。

（4）导轨

导轨起到控制管道的设计方向和高程的作用，对顶管质量的影响极大，因此安装时必须严格检查方向、坡度和

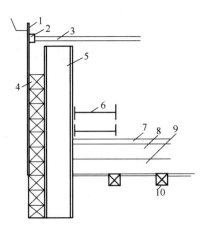

图 2-6-10（3）　后背（方木）
1—撑板；2—方木；3—撑杠；4—后背方木；5—立铁；6—横铁；7—木板；8—护木；9—导轨；10—轨枕

高程。

导轨可分木导轨和铁导轨；常用铁导轨点采用轻型铁轨铺设的。如顶进钢筋混凝土管管径 $D>1500\text{mm}$ 时，宜用重型铁轨。见图 2-6-10（4）。

导轨净间距的计算，可根据轻、重铁轨分别按下式计算：

轨距计算通式

$$A = 2\sqrt{D_1(h-c') - (h-c')^2}$$

式中　A——两轨净间距，m

$$D_1 = D + 2t \quad \text{管外径，m}$$

h——钢导轨高度，m

c'——管外壁与基础之间的缝隙，m

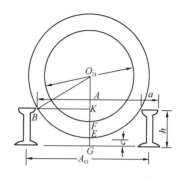

图 2-6-10（4）　导轨
间距计算图

轻型铁轨：

$$A = 8\sqrt{5D_1 - 400}$$

轻轨（18kg/m），$a'=40\text{mm}$　$b=80\text{mm}$　$h=90\text{mm}$

如 $c'=10\text{mm}$ 时得上式。

重型铁轨：

$$A = 2\sqrt{118(D_1 - 118)}$$

重轨（32kg/m）　$a'=60\text{mm}$　$b=110\text{mm}$　$h=128\text{mm}$

$C'=10\text{mm}$ 时得上式。

由于导轨要支撑管节重量，并起导向作用，故应满足如下要求：

①有足够的稳定性、强度和刚度；

②方向、高程、坡度要满足设计要求，两条轨道保证平行。

③导轨表面光滑、顺直、安装牢固，不得产生侧向位移。

（5）基础

基础形式与地基土质、地下水位以及管节重量有密切关系。当地基承载力大时，可采用天然地基，而当地基承载力小时，则要修建人工基础，常用的基础有以下几种类型：

①土槽木筏基础

当工作坑底无水，地基土质好，承载力大，可挖土槽埋设枕木或枕铁，长度一般为2～3，其间距可根据重量、顶力和土质取用 0.4～0.6m，如图 2-6-10（5）所示。

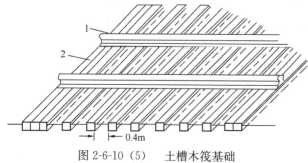

图 2-6-10（5）　土槽木筏基础

1—导轨；2—方木

当地基土质差，承载力小，管径大重量大时，可采用通铺方木做铁轨基础。

②砂石底层基础

当地下水不大，但地基土质不好，安装时可能由于扰动而使地基承载力丧失，就可采用砂石底层，即铺级配砂石为底层。

③横枕木混凝土基础

当坑底有水，土质松软时，可将枕木浇筑在混凝土基础中，如图 2-6-10（6）所示。

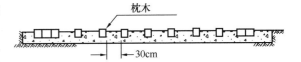

图 2-6-10（6） 横枕木混凝土基础

混凝土基础宽度一般可取 $B = D_{外径} + 400mm$，厚度可取 $200 \sim 300mm$，枕木面要高出混凝土面 $10 \sim 20mm$，混凝土标号不能小于 10 级。如果原设计时要求顶管工作坑内有管道基础时，可结合起来考虑。枕木卧于混凝土中，枕木与混凝土的接触面应包上牛皮纸或油毡，以便于拆枕木。

2）工作棚及工作平台

工作平台位于顶管工作坑的上顶，用于下管、运土和工具的垂直运输。在平台上安装配电设备和起重设备（卷扬机），工作平台一定要搭支牢固，常用 30 号工字钢当梁，架于槽台上，工字钢上满铺 15cm×15cm 方木，中间留有方轨，其尺寸由出土小车或管节长度等因素所决定。在方木工作面上铺设铁轨，用平板小车在轨上滑动。在方孔上边支搭起吊架，配以滑轮组、吊钩，并有起重卷扬机。

工作台布置如图 2-6-10（7）所示，工作平台各部尺寸和荷载均应经过计算决定。

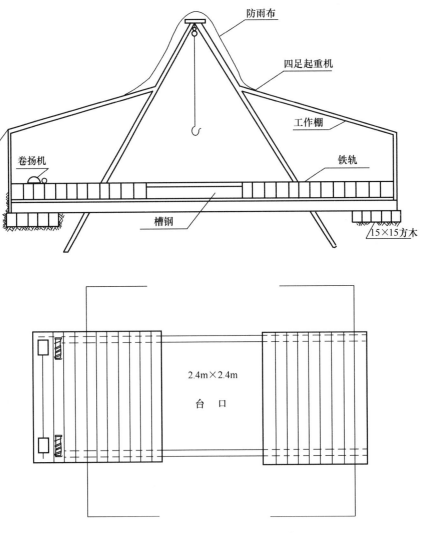

图 2-6-10（7） 工作棚及工作平台

在工作平台的上边应架设棚布，以防雨雪、防晒防风砂。

2-6-11 顶进施工工艺是怎样的？

答：顶进主要包括下管、接口、顶进、管前挖土、出土、顶进测量和纠偏等工艺。

1）下管与稳管

常用的下管方法是采用卷扬机或吊车。人工下管已属少用。

下管前应对管材作全面的质量检查，对下管设备作安全检查。工作平台方孔下面不准站人，将管子徐徐降落在铁轨上，要注意企口管子端的方向，使管子安全贴卧在钢轨上，垫好管口再施顶，为防止错口，两节管子的接口以内涨圈固定，最后拆除。

第一节管节在顶到挖土工作面时，应进行一次测量，检查其高程、坡度和方向，确信无疑时，再开始挖土。第一节管顶进质量关系到整个顶管工程质量，必须给以十分的注意。

2）顶进

顶进程序是：安装顶铁，开动油泵，顶镐活塞伸出一个引程后，关油泵，顶镐停止运行，活塞收缩，在空隙处加上顶铁，再开油泵，如此周而复始。

顶进程序如图 2-6-11（1）所示。

千斤顶在工作坑内的布置方式分单列、并列和环列等（图 2-6-11（2））。当要求的顶力较大时，可采用数个千斤顶并列顶进；但是，如果由于某种原因致使各千斤顶出程速度不等，使管子偏斜，或实际总顶力减少。

千斤顶的顶力合力位置应该和顶进抗力的位置在同一轴线上，避免产生顶进力偶，使管子发生高程误差。顶进抗力即为土壁与管壁摩擦阻力和管前端的切土阻力。当上半部管壁与坑壁间有孔隙时，根据施工经验，千斤顶在管端面的着力点应在管子垂直径的 1/4～1/5 处，这点因为管子水平直径以下部分管壁与土壁摩擦，摩擦阻力的合力大致位于管子垂直直径的 1/4～1/5 处。当管子全周与土接触摩擦时，千斤顶可按管子环周列布置（图 2-6-11（2））。

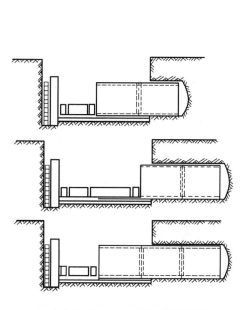

图 2-6-11（1）　顶进程序示意图

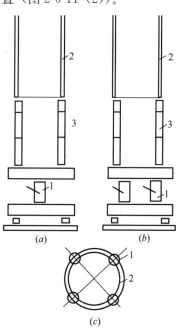

图 2-6-11（2）　千斤顶布置方式

(a) 单列式；(b) 双列式；(c) 环周列式

1—千斤顶；2—管子；3—顺铁

在安装顶铁时，必须顺直，绝不允许有偏扭现象。顶铁的长度越长越好，始终保持顶铁数为最少，不要以多块小顶铁边接。

顶进时应注意：

（1）要坚持先挖土随挖随顶的原则；

（2）确保第一节管子的顶进质量；

（3）连续作业，昼夜不停，除可充分发挥设备使用外，要主要是防止中途停顿，导致增大摩阻造成顶进困难；

（4）注意安全，顶铁上绝不可有人，注意观察顶铁有无异常，如发现异常，如扭曲、偏离等，应立即停镐，急速处理；

（5）遇有下列情况之一时，则应停镐处理后再施顶；

①挖土工作面坍方或遇到障碍物；

②后背变形成倾斜；

③管位偏差超限未能校正过来；

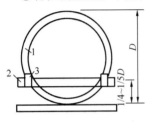

图 2-6-11（3） 千斤顶在管口的作用点位置

1—管子；2—横铁；3—顺铁

④顶力突然增大；

⑤穿越铁路顶管，管端已顶到轨下方时，或土质松软时，都严禁在行车通过顶管上方时施顶。

3）挖土和出土

管前挖土是保证顶管质量和管道上方建筑物安全的关键。人工挖土时要慎重掌握管的顶进方向。顶管施工管位误差主要是由于管前挖土巷道方向与形状不正确造成的。挖土时工人应在管内操作，避免塌方伤人。

要特别注意不要扰动管道地基土层。挖土一次进尺深相当于顶镐活塞的一个行程，挖完以后，立即顶进，以免坍塌。

管道周围超挖一般限定点：管道上方可达 15mm，以减小顶进阻力；管道下方中心角 135°范围内不得超挖，但可少挖 10mm 余留土层；在管节顶进时，由管端管壁切去，以确保管道与土基的良好接触。土层松软时，可将余留土层稍厚些，以防管子下沉，但如过厚，会增大管端阻力，见图 2-6-11（4）。

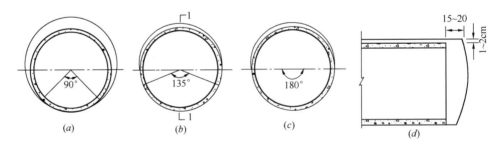

图 2-6-11（4） 管子顶进时管壁与坑道壁接触的各种中心包角

（a）中心包角为 90°；（b）中心包角为 135°；（c）中心包角为 180°；（d）侧视图

在不允许有土壤下沉的地段，如铁路下，重要交通干路下、较大建筑物下等。为确保地上构筑物安全，管周围不得超挖。

如遇有易坍塌土质，如回填土、细砂、粉砂等情况，应事先在第一节管节以前装上钢制管檐，在檐下挖土，亦可安装特制的工作管节，如图 2-6-11（5）、（6）所示。

管前挖出的土，应及时清运到管外。在管径较大时，可用手推车运土，而在管径较小时，则应用特制的管内运土小车运土。运土小车到达工作坑内的出土区后，由卷扬机等垂直运输机械吊到工作平台上，运到工作棚外的堆土区。

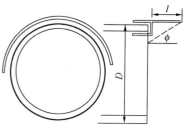

图 2-6-11 (5)　管檐

4）顶管测量及校正措施

测量和校正是顶管施工中必不可少的工作。

控制顶进方向是保证顶管质量的关键措施。顶进方向的控制是指中线和高程控制，发现偏差及时校正，以免误差过大难以校正。

（1）测量

测量是对首节管的高程及中心位置的控制。在正常情况下，每顶三镐要进行一次测量，以检查中线和高程，如发现有偏差需纠正时，应每顶一镐测量一次。测量结果应及时记录并绘制曲线图。一个顶管段顶完以后，要进行一次全面的测量工作，每节管端（每个管节接口处）测一数据，如有错口时，则需要测雨点数据。

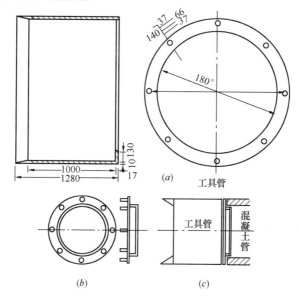

图 2-6-11 (6)　工具管（单位：毫米）

(a) 工具管；(b) 工具管与钢筋混凝土管的连接设备；(c) 连接方式

（2）校正

顶管质量标准，高程允许偏差为 $+10 \sim -20$mm 中心线允许偏差为 30mm，管子错口不得大于 10mm，对顶接头的管子错口不超过 30mm。

测量时如发现管位偏差达到 10mm 时，就应考虑校正。

纠偏校正应缓缓进行，使管子缓缓复位。

人工顶管常用的校正方法有如下几种：

①挖土校正法：即在管子偏向一侧少挖土，而在另一侧多超挖些，强制管子在前进时向另一侧偏移。

②木杠支撑法：

如管端下陷，可采用图 2-6-11 (7) 方法校正。

管子发生错口时，可采用图 2-6-11 (8) 所示方法校正。

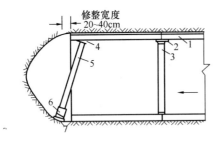
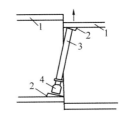

图 2-6-11（7）　下陷校正
1—管子；2—木楔；3—内涨圈；4—楔子；
5—支柱；6—校正千斤顶；7—垫板

图 2-6-11（8）　错口校正
1—管子；2—木楔；
3—立柱；4—校正千斤顶

　　此外，如有工具管时，可予先在工具管后面安装校正环，在环的上下左右各安设一个小千斤顶，当发现管端有误差时，可开动相应的小千斤顶进行校正。

2-6-12　顶力计算公式有几种？

答：1）理论公式

$$P = K[f(2P_u + 2P_H + P_0) + RA]$$

式中　P——最大顶力（t）；

　　　f——管壁与土壤的摩擦系数，一般可取表 2-6-12（1）数值；

　　　P_u——管子上面的垂直总压力（t）。

按土柱计算时：

$$P_u = rhD_1L$$

　　　r——土壤容重（t/m³）；

　　　h——管顶以上的土柱高度（m）；

　　　D_1——管子的外径（m）；

　　　L——顶进管子的总长（m）；

　　　P_H——管子侧面的水平总压力（t）。

垂直压力按土柱计算时：

$$P_H = r\left(h + \frac{D}{2}\right)DL\,\mathrm{tg}^2\left(45 - \frac{\varphi}{2}\right)$$

　　　φ——土壤的内摩擦角（°）。

其他符号同上。

　　　P_0——顶进管子的全部自重（t）；

　　　R——管前刃脚的阻力（t/m²），一般可取 50t/m²；

　　　A——刃脚正面积（m²）；

　　　K——安全系数，一般取 1.2。

管壁与土壤的摩擦系数　　　　　　　　　表 2-6-12（1）

土壤类别	湿　土	干　土
黏土、亚黏土	0.2～0.3	0.4～0.5
砂土、亚砂土	0.3～0.4	0.5～0.6

按理论公式计算时，可参考下列条件：

（1）考虑管顶以上土层的工作条件，是否存在"卸荷拱"的作用。卸荷拱作用的存在条件与土层的力学性质及地质条件有关。

建议管顶卸荷拱的作用按下列条件确定：

①管顶复土 $H_1 \geqslant 2h_1$，及 $f_{kp} \geqslant 0.6$m 时，可考虑卸荷拱的作用；

②管顶复土 $H_1 \geqslant 2h_1$，但 $f_{kp} < 0.6$ 或 $H_1 < 2h_1$，而 $f_{kp} \geqslant 0.6$ 时，可以根据实践经验确定是否考虑卸荷拱作用；

③f_{kp} 为管顶以上土层的坚固系数，代表管顶以上土层的综合性力学指标，如无实测资料时，可参考表 2-6-12（2）采用；

各种土层的坚固系数 f_{kp} 值   表 2-6-12（2）

土层等级	土 壤 种 类	f_{kp}
不稳定	砂砾石、松干砂、流砂、沼泽等有机土，新填土及其他液态土	<0.6
稳定	松的湿砂、湿的砾石、塑态轻亚砂土（$I_p < 4$）	0.6
稳定	中密的湿砂、湿砂砾石，塑态轻亚砂土（$I_p > 4$）	0.6
中等强度	塑态的亚粘土、黏土、黄土	0.8
坚硬	坚硬的亚黏土及黏土	1.0

④管顶复土 H_1，此处表示管顶至地面或管顶至上层不稳定土层底距离（见图 2-6-12）；

⑤h_1 为圆形管顶形成卸荷拱的最大土体矢高（见图 2-6-12）。图中 φ 的管侧原状土的内摩擦角可近似取：

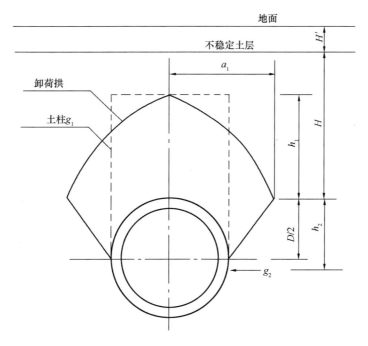

图 2-6-12 圆管顶部卸荷拱的形式

当 $f_{kp} \geqslant 0.6$ 时

$$\varphi = \text{tg}^{-1} f_{kp}$$

（2）管顶卸荷拱高度 h_1 可按下式计算：

$$h_1 = \frac{a_1}{f_{kp}}$$

$$a_1 = \frac{D_1}{2}\left[1 + \mathrm{tg}\left(45° - \frac{\varphi}{2}\right)\right]$$

（3）当管顶形成卸荷拱时，作用在管道上的荷载可按管顶 h_1 高度的土柱考虑，不考虑地面活载影响，即管顶垂直土压力：

$$q = rh_1 = r\frac{a_1}{f_{kp}}$$

式中：r——管顶原状土的容重。

管侧水平土压力可按卸荷拱以下的土层影响考虑，即管顶以下任意深度 h_i 处的管侧土压力为：

$$q_i = r(h_1 + h_i)\mathrm{tg}^2\left(45° - \frac{\varphi}{2}\right)$$

（4）当管顶卸荷拱条件不存在时，作用在管道上的各向荷载计算均与开槽施工情况相同。

2）经验公式

$$P = nP_0$$

式中　P——最大顶力（t）

　　　P_0——顶进管子的全部自重（t）

　　　n——土质系数

当土质为黏土、亚黏土及天然含水量较小的亚砂土，管前挖土能形成土拱者，n 可取 1.5～2.0；

当土质为密实的砂土及含水量较小的亚砂土，管前挖土不易形成土拱，但塌方并不严重者，n 可取 3～4；

上述经验公式是根据北京市水泥管厂出产的普通混凝土管总结而得。

2-6-13　顶管天然土壁后背的安全核算是怎样的？

答：顶管利用天然土壁作后背时，后背所垫方木长度，一般根据顶力大小和材料规格，选取 2～4m，方木叠放的高度，根据顶力和管径，一般取 1.2～3.0m。后背高宽选定后，在安全上一般应进行下列三项核算。

1）后背受力面积

根据顶管需要的总顶力，核算后背受力面积，应使土壁单位面积上受力不大于下列土壤的允许承载力（MPa）。

一般土壤　　　　　　　　　0.15

湿度较大的粉砂　　　　　　0.10

比较干的黏土、亚黏土

及密实的砂土　　　　　　　0.20

2）后背受力宽度

根据顶管需要的总顶力，核算后背受力宽度，应使土壁单位宽度上受力不大于土壤的总被动土压力。后背每米宽度上土壤的被动土压力（t/m）可按下式计算：

$$P = \frac{1}{2}rh^2\mathrm{tg}^2\left(45° + \frac{\varphi}{2}\right) + 2ch\,\mathrm{tg}\left(45° + \frac{\varphi}{2}\right)$$

式中　r——土壤的容重（t/m³）

　　　h——天然土壁后背的高度（m）

　　　φ——土壤的内摩擦角（°）

C——土壤的黏聚力（MPa）

3）后背长度（沿后背受力方向）

当顶力与被动土压力恰相平衡时，$h\mathrm{tg}\left(45°-\dfrac{\varphi}{2}\right)$ 可视为后背之最小长度。前述被动土压力下式，当 $r=2$ 时，可写成：

$$P = h^2 \mathrm{tg}^2\left(45°+\frac{\varphi}{2}\right) + 2Ch\,\mathrm{tg}\left(45°+\frac{\varphi}{2}\right)$$

解此方程得

$$h\mathrm{tg}\left(45°+\frac{\varphi}{2}\right) = \sqrt{p+c^2} - c$$

当顶力与被动土压力平衡时，$p = \dfrac{P}{B}$

如上式中 C 值不计，则对黏性土较为安全，砂性土则宜另附加一定安全长度。

因此，核算后背长度可采取如下公式：

$$L = \sqrt{\frac{P}{B} + l}$$

式中　L——后背长度（m）

　　　P——顶管需要的总顶力（t）

　　　B——后背受力宽度（m）

　　　l——附加安全长度（m），砂土可取2，亚砂土可取1，粘土，亚粘取0。

2-6-14　有哪几种办法可以提高一次顶进距离？

答：普通顶管法一次顶进长度最多可到100m，经常也只限于50～60m。当需要加长顶进距离时，可采用中继间或泥浆套等措施，可以提高一次顶进距离。

2-6-15　何谓中继间法？

答：中继间法就是需顶进的管线全长分成若干段，在相邻两段之间设置一个与所顶进管相同管径的工作管，其中布置顶进设备，此工作管节称中继间。中继间以前的管段用中继间的顶进设备顶进。中继间顶镐活塞收缩后，中继间与其前的管段之间出现一个顶镐行程的空隙。再由工作坑顶进设备顶进中继间以后的管段，使中继间与前面的管段相接。如此接力顶进，可在较小顶力条件下顶进距离增加一倍。如果需顶进的管线全长很长，则多加几个中继间，即可奏效，唯进度降低一些。

中继间内顶镐在管内环向等距离布置。

施工结束后，由前向后依次拆除中继间内的顶进设备。

2-6-16　何谓泥浆套法？

答：泥浆套法就是在顶进过程中，以高压泵向管外壁与土层之间注入触变泥浆，以减小阻力的措施。触变泥浆可减小阻力50～80％。

触变泥浆的主要成分是膨润土，在使用前应测定胶质价，常用的膨润土物理指标与化学成分见表2-6-16（1）。

膨润土性能表　　　　　　　　　　　　　　　表 2-6-16（1）

产地	SiO₂	Al₂O₃	Fi₂O₃	CaO	MgO	烧火量	色泽	膨润系数	胶质价
北京	63.1	15.8	2.8	2.6	3.1	10.1	微红	8	76
张家口	60.4	19.4	3.3	2.2	3.4	8.9	灰白	7	82

触变泥浆的配合比应由试验决定，可参考表 2-6-16（2）加入工业碱是为了提高泥浆的稠度。稠度应根据土的渗透系数和孔隙率确定，还应具有良好的可泵性。

触变泥浆配比（重量比）　　　　　　　　　　表 2-6-16（2）

膨润土的胶质价	膨润土	水	碱（碳柭　钠）60～70
100	524	2～3	70～80
100	524	1.5～2	80～90
100	614	2～3	90～100
100	614	1.5～2	

为了增加触变泥浆凝固后的强度，可掺入一些凝固剂，缓凝剂和塑化剂，其掺入量可参考表 2-6-16（3）。

触变泥浆掺入剂配比（重量比，以膨润土为 100）　　　表 2-6-16（3）

石灰膏 （凝固剂）	工业六糖 （缓凝剂）	松香酸钠(干重) （塑化剂）	水
42	1	0.1	28

注：石灰膏中含水量为 110％，实际石灰占膨润土的比重为 20％。

触变泥浆的性能见表 2-6-16（4）。

触变泥浆性能表　　　　　　　表 2-6-16（4）

序号	配合比			比重 （g/cm³）	黏度 （s）	静切力 （MPa）	pH 值
	膨润土	水	硷				
1	20	80	3％	1.13	27	0.44	8.5
2	20	80	5％	1.13	30	0.81	9.5
3	25	75	2％	1.16	34	0.90	7.0
4	25	75	2.5	1.17	45	0.88	8.5
5	25	75	3％	1.17	82	2.16	8.5
6	25	75	4％	1.17	88	2.32	9.0
7	25	75	5％	1.17	150	2.47	9.5
8	23	77	2.5％	1.15	35	0.70	8.5

顶管采用触变泥浆套法，一般在下管之前，预先在管壁上凿好注浆孔，储备足够的泥浆。如果用砂浆泵注浆，其压力控制在 0.08～0.10MPa。管前可加一超挖环，以形成 10～20mm 的超挖量为触变泥浆层，见图 2-6-16（1）、（2）。

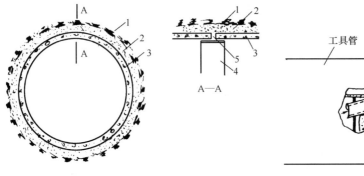

图 2-6-16（1）　顶管的泥浆套

1—土壁；2—泥浆套；3—混凝土管；4—内涨圈；5—填料

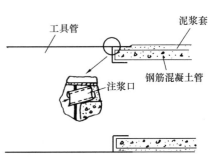

图 2-6-16（2）　注浆工具管

顶进施工完了以后，可根据需要将水泥浆与粉煤灰、白灰的混合浆液压入管外壁与土层之间，将触变泥浆置换出来，以起到减少地面沉降的作用。

2-6-17 何谓触变泥浆减阻法？

答：触变泥浆是一种润滑减阻剂。通过泥浆泵（或压浆罐）将配制好的泥浆，注入管外壁与土壤的间隙中，能达到减少混凝土管壁与土壤摩擦力的作用。同时能防止松散土层的塌方。更理想的效用是使环绕管壁四周的泥浆成为一个有压的液体环，利用其浮力，使管子前进如同在泥浆中"悬浮"。这样更能减小了顶力。

触变泥浆是由膨润土、水及碱配制而成：膨润土的配比大致为膨润土：水＝1：5.24～6.14（依膨润土胶质价而定，胶质价高在80%以上，加水量可用高值）。碱的用量为膨润土的2%～3%，有时根据需要还可加入凝固剂（石灰膏）及缓凝剂（工业六糖）及塑化剂（松香酸钠）。膨润土泥浆在搅拌罐中搅拌（或用强制式搅拌机）先加定量的水。再徐徐加入膨润土。因它不易混合，浮于水面，需勤搅拌。渐渐加入膨润土，最后再加入定量的碱，由搅拌机放入贮浆池，放置12h后，即可使用。

触变泥浆的注浆方式如下图 2-6-17 所示。

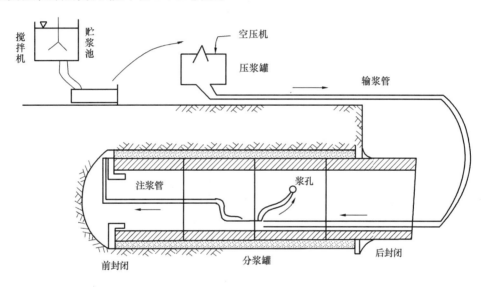

图 2-6-17　触变泥浆注浆方式

2-6-18 触变泥浆的性能是怎样的？

答：触变泥浆是用膨润土、工业用碱（Na_2CO_3）及水按一定的配比混合搅拌而成，制成泥浆其质地极为滑润，一般为糊状，但一经触动拌合，即变成稀粥状，故称为触变。

触变泥浆的另一个特点，即是渗透性，其自封能力很强，即使在矿石房中，也不易外渗，研究所曾做过试验，在玻璃筒中放入中砂一层，在其上浇灌触变泥浆一层，厚30cm，并向玻璃筒中输入1.5大气压的空气，强迫真渗透，结果只渗入矿层2cm，即停止，泥浆有这种自封闭的张力。泥浆除起到良好滑润作用外。尚有相当大的承载能力，并不像一般软泥一样，管体易于下沉，在顶进中和运土的过程震动下省体可以依然稳定。这是管子外部包镶一层泥浆有粘滞力及浮力所致。

2-6-19 泥浆的制做方法是怎样的？

答：1）材料的选择：

①膨润土是触变泥浆的主要材料，它具有很高的活性、很大的膨胀性、吸水性、塑性指数和

基因交换能力。

膨润土的化学成分：

试样编号	烧失量	SiO_2	Al_2O_3	Fe_2O_3	CaO	MgO
1	9.26	60.86	18.93	3.35	2.15	3.24
2	7.50	61.20	20.64	3.68	2.29	3.81
3	8.28	61.74	19.25	3.35	1.86	3.24
4	12.94	57.44	19.54	3.24	2.58	3.40

从以上试样来看，SiO_2 和 Al_2O_3 及膨润土的主要成分，各试样的成分百分比。出入并不太大，但在调成水浆，在掺入同量的工业用碱后（Na_2CO_3），胶体稠度却有很大的差别。这可能是由于 SiO_3 及 Al_2O_3 化学活性有相当大的出入。

膨润土成胶率的指标用胶质价表示，而胶质价一般规定以 60% 为合格，最高可达 100%。膨润土的胶质价对泥浆性能影响很大，因此需要特别注意，我们在工地现场调浆。时调时稀，难以掌握，其根本原因就在膨润土的胶质价不同的影响。而膨润土胶质价极不稳定，常常在一吨（40 袋）中，出现有 60% 者也有 90% 以上者，也有 70% 者……。因此有必要事先将运到现场的膨润土先鉴定其胶质价，分堆码放，然后根据不同的胶质价来确定其配比。照此办法稠度就自然易于掌握。

关于胶质价的测定方法：将蒸馏水注入 $\phi 25mm$，容量为 100cc 的量筒中，至 60 或 70cc 刻度处，然后称 15g 膨润土试样（准确度 0.1g）也倒入量筒中，加水到 95cc，盖上塞子，摇晃 5 分钟再加入氧化镁 1g 再加水至 100cc，然后静置 24 小时，使之沉淀，沉淀物界面处的刻度即为膨润土的胶质价值。

②工业用碱 Na_2CO_3

碱中 Na 离子与活性 SiO_2 相化合，形成 $Na_2SiO_3 \cdot H_2O$，即水玻璃，亦即胶体成因。用碱量越大泥浆的稠度亦越大。

③白灰膏 $Ca(OH)_2$

即一般建筑工地抹墙用的白灰膏，掺入膨润土泥浆以后能使泥浆自行凝固，但其凝固速度较快，如不加缓凝剂对顶管施工反而不利。

④工业六糖 $C_6H_{12}O_6$

为了使掺入白灰的膨润土泥浆缓凝，可掺入为膨润土量的 1%，可使泥浆在 20℃ 之下，约一个月到一个半月时间内不凝固。过此期后泥浆即逐渐硬化。

如欲顶进完成后，早日促进凝固，可将管两端封闭，通入蒸汽，在 50℃ 的情况下，即可 1～2day 内凝固。

⑤松香酸钠

膨润土泥浆在掺入白灰膏后，稠度立刻提高，为了压灌方便，泥浆内掺入松香酸钠，可增高泥浆的流动性，掺量为膨润土重的 1‰，（指松香酸钠干粉重量）

2）膨润土净浆配合比表（见表 2-6-19（1））

表 2-6-19（1）

胶质价	90～100			80～90			70～80			60～70		
	配比 %	重量 kg	说明	配比 %	重量 kg	说明	配比 %	重量 kg	说明	配比 %	重量 kg	说明
膨润土	14	50	2袋	14	50	2袋	16	50	2袋	16	50	2袋
水	86	307		86	307		84	262		84	262	
碱（占土重）	1.5	0.75		2.0	1.0		1.5	0.75		2.0	1.0	

注：如胶质价为 70～80，配 $1m^3$ 净浆，需用膨润土 179 公斤，其余用量可按配比计算：

膨润土：水：碱＝1：5：24：0.015

3）混合浆的配合比表（见表 2-6-19（2））。

混合浆的配合比表 表 2-6-19（2）

胶质价	净浆配比	净浆体积（m³）	净浆单位重 kg/l	净浆重 kg	灰膏重 kg	水 kg	缓凝剂 1% kg	松香酸钠 1‰ kg	膨润土重 kg
90～100	土 14%，水 86% 碱 2%，（占土重）	0.417	1.11	464	27.3	18.2	0.65	0.065	65
80～90	土 14%，水 86% 碱 3%，（占土重）	0.417	1.09	455	26.9	17.9	0.64	0.064	63.9
70～80	土 16%，水 84% 碱 2%，（占土重）	0.417	1.12	467	31.5	21.0	0.75	0.075	74.8
60～70	土 16%，水 84% 碱 3%，（占土重）	0.417	1.11	464	31.1	20.7	0.74	0.074	74.1

注：配混合浆时：

1　白灰为土重的 20%（指干重量）

2　灰膏含水重 11.0%，故白灰：水＝1：2.5

3　缓凝剂为土重的 1%

4　松香酸钠为土重的 1‰（指干粉重）

4）泥浆的拌制方法：

①净浆拌制法：

将水按配比重量放入搅拌机构，并匀出一部分水来溶化碱，然后将膨润土徐徐加入水中，进行搅拌均匀，最后再将溶化好的碱溶液倒入搅拌机构，再行搅拌均匀。停放 12h 后即可使用，注意：切勿先放碱，后放膨润土，一定要先将水倒入搅拌机内，再徐徐倒进膨润土，最后再放碱。

②混浆拌制法：

用水将缓凝剂溶化均匀后，放入白灰膏中再混合均匀，然后再将松香酸钠也放入白灰浆内一起拌合均匀后，再放入正在搅拌的净浆拌合机内，拌合均匀，约 5min，就制成所用的混合泥浆。

2-6-20　触变泥浆顶管的优越性有哪些？

答：1）减少摩阻力：顶管施工最大的问题是顶力的问题，采用触变泥浆就是解决顶管施工中的摩阻力问题，因为泥浆满布在铝管子外边，等于管子在泥浆中"漂浮"前进，可以完全起到润滑减阻的作用，这样就大大的减小了顶力。同时如果因某种原因，顶管进行过程中被迫停止，用一般顶力如果再继续顶进的确要很困难了，往往是增大顶力，即使将管壁顶坏而也不能顶动管子，结果造成前功尽弃。而采用触变泥浆顶管这个问题可以解决，如在西线京广双线顶进时，曾发生两次较长时间的停工，第一次由 10 月 30 日～11 月 7 日，第二次 12 月 13 日～12 月 22 日，虽两次停工，但再继续施进施工时其顶力为 10 月 30 日 204t，而 11 月 7 日为 234t，增长并不大。

另外顶力减小的显著成效是触变泥浆顶管的最大特点，如京广复线顶管 ϕ1800mm 加固混凝土管长 32m，终点顶力为 427t，计算为 1214t，丰西联线顶进长度 34t，终点顶力为 332t，计算顶力为 900t，通过这两条线的实际顶进记录与计算理论顶力相比都大大减小很多，这两个数值相比均为 1/3 左右，即减小顶力 60% 以上。

2）完工后泥浆可以固化，减少沉陷。

采用混合泥浆顶管：完工后自行可以固化，泥浆变硬，可以减少沉陷。

3）可以增长每段顶管施工的长度：随着市政建设的发展，需要施工的管径越来越大，单位长度的重量增大，即其所需顶力也相应增大，每段顶进的长度是减少工程造价、方便施工环境、解决穿越障碍物问题、提前工期等，而采取触变泥浆顶管即有这方面的优越性。如某施工队在某污水干线顶管，砂石层中塌方严重。采用触变泥浆顶管后曾顶进107m。又如某施工单位第一次采用触变泥浆顶管φ1050mm的管子，复土厚度为6m左右，土质大部分为砂质粘土，不易坍塌，顶进长度60m时面顶力才21.6t，如果继续顶进完全可以超过100m而顶力也不会太大，但要采用一般方法顶管。在顶进到70m左右时，往往混凝土管壁即出现被顶碎破裂现象，因为触变泥浆顶管顶力小，顶进时使用的顶铁可改用顶木，而弧形铁也可用垫木来代替，这样就可减除搬运顶铁的笨重体力劳动，同时又比较完全。

2-6-21 触变泥浆顶管需用的机具设备有哪些？

答：1）泥浆拌合设备：拌合机及储浆罐等。

2）灌浆设备：空气压缩机、压浆罐、输浆管分浆器及喷浆管和喷浆咀等。

3）泥浆的封闭设备：为了防止泥浆从管端溢出，应设前封闭管及后封闭圈或墙。前封闭管的外径应较所顶管平均外径大40～80mm，即管外能形成一个20～40mm厚的泥浆环，前封闭管一般前端应有刃角，顶进时最好先切进土内，使管外土壤能紧贴前封闭管的外壁，以防漏浆。

4）接口工具涨圈：顶混凝土管时，为了防止接口漏浆应衬垫麻辫或油毡、塑料片等。内涨圈宜采用两块组成可以拧紧的工具式的，便以安装及拆卸。

2-6-22 顶管工作坑开挖位置和断面如何确定？

答：1）工作坑具体位置的选择，应考虑以下条件：

（1）应结合管道井室位置，工作坑一般应选在井室所在位置。

（2）在地形和土质上，有可利用的原土后背。

（3）适应，设备材料，下管，出土，排水方便的条件。

（4）在条件相近时，宜选在管线下游一方，以利排水。

（5）距其他构筑物距离应根据其他构筑物基础及坑壁安全确定，并需征得有关管理单位同意。

2）工作坑的开挖断面。应根据现场环境、管径、管长、机具设备、以及挖土、土质、水位、支撑方法而合理确定。一般上槽土质较好时，可以采用混合型断面，即上部开放坡槽，下部开直槽并支撑。遇有地下水时，要先做降水措施。上槽可用机械开挖。下槽可以工人挖土或搭平台，立起重架以电葫芦出土、底槽支撑一般均采用密撑，使用木板桩或型钢支撑。

3）工作坑底槽断面，按下述标准确定：

（1）宽度＝管外径＋（2.4m～3.2m）

（2）长度＝管尾长＋管长＋出车（斗）工作间＋顶镐长＋后背长。若管长为2m时，长度为5.65m～6.15m。变动幅度为入土管尾长不得下导轨，及出土车，所需工作时间长度不同而异，一般将支撑考虑在内可取分米值的整数。

2-6-23 顶管工作坑的设备安装是怎样的？

答：1）导轨的安装：顶管均应安装导轨以便控制管子的顶进方向，导轨一般使用木导轨及钢导轨两种并按以下要求安装：

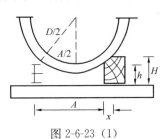

图 2-6-23（1）

（1）导轨必须平整直顺，安装方向与管道纵坡一致。

（2）导轨要用道钉固定于枕木上。枕木长为2～3m，枕木间距，可根据管重和土质选取40～80cm。枕木高程宜低于管外底1～2cm。

（3）工作坑底，土质坚实可挖土槽埋枕木。若坑底有水或土质松软，可打混凝土基础枕木包油毡或袋纸，放于混凝土基础内，以便顶管后拆除。打混凝土基础应结合管道基础考虑。用混凝土基础同时用木导轨时，可不用枕木，直接将锚固木导轨的螺栓埋于混凝土基之内。

（4）导轨间距：两根导轨内距可按下式计算：如图 2-6-23（1）所示。

$$A = 2\sqrt{[D-(h-e)](h-e)}$$

式中　A——两导轨内距

　　　D——管外径

　　　h——导轨高，木导轨由抹角内边计

　　　e——枕木面至管外底的间隙量

（5）木导轨抹角宽度：可按下式计算：图同上

$$X = \sqrt{[D-(H-e)](H-e)} - \sqrt{[D-(h-e)](h-e)}$$

式中　X——抹角宽度；

　　　H——木导轨总高；

　　　h——抹角内边高；

　　　e——管外底距木导轨的间隙量。

（6）钢筋混凝土管顶管导轨内净距及木轨抹角计算成果（如表 2-6-23（1））。

钢筋混凝土管顶管导轨内净距及木轨抹角计算成果表　　　　表 2-6-23（1）

管内径		导轨净距（A）				木轨抹角宽度
普通管	加固管	18 公轨	24 公轨	33 公轨	木轨	X
800	—	522	569	601	551	58
900	880	557	608	643	588	63
1000	964	589	643	681	622	68
1100	1050	619	677	717	654	72
1250	—	661	723	767	699	78
1350	1300	688	753	799	727	82
1500	1450	731	801	849	773	88
1640	1600	765	839	890	809	93
1800	—	804	882	936	851	99

单位：mm

2）顶管后背的安装

（1）顶管后背有两种：一种是以工作坑土壁为后背，由土的承压力来平衡顶管顶力。一种是人工制作后背；车后背土外浇筑一定厚度的混凝土壁。或用已顶完的混凝土管管段。用混凝土管的自重及土壤摩擦阻力来抵抗顶管顶力。

（2）后背安装要求：天然土壁后背使用横方木时，一般宜用 15cm×15cm 方木，方木面积，以顶管顶力核算，（一般土质按承压不超过 15t/m² 计算）。方木要卧到工作坑以下，使顶镐的着力中心为方木后背高度的 1/3。方木前要有型钢立铁，后背平面要求垂直于顶进轴线。同时，后背要求垂直平顺。安装示意如图 2-6-23（2）。

（3）天然土壁后背的安全核算：

（a）后背受力面积：按总顶力核算后背受力面积，应便土壁单位面积上受力不大于下列土壤

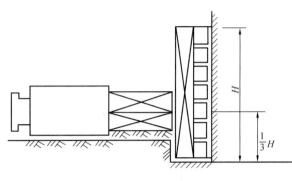

图 2-6-23（2）

的允许承载力（t/m²）

一般土壤	5t/m²
湿度较大的粉细砂	10t/m²
干黏土、亚黏土及密实的砂	20t/m²

（b）受力宽度：核算后背受力宽度，应使土壁单位宽度上受力不大于土壤的总被动土压力，每米宽度上土壤的总被动土压力（t/m）可按表 2-6-23（2）计算成果使用 t/m²：

每米宽度上总被动土压力计算成果　　　　　　　表 2-6-23（2）

土壤类别	γ t/m²	ϕ °	c t/m²	各种高度每米被动土压力（t/m）				
				$h=2$	$h=3$	$h=4$	$h=5$	$h=6$
亚黏土（软）	1.9	20	1	13.5	26.1	42.3	63.1	87.3
亚黏土（硬）	2.0	25	2	22.4	41.0	64.5	92.9	126.0
亚细土（软）	1.6	25	0.5	11.0	22.4	37.8	57.1	80.2
亚砂土（硬）	1.8	30	1	17.7	34.7	57.0	84.8	118.0
中细砂	1.75	30		10.5	23.6	42.0	65.7	94.5
粗砂砾石	2.0	35		14.8	33.2	59.0	92.3	133.0

（c）后背长度计算（沿后背受力方向）可按下式计算。

$$L = \sqrt{\frac{P}{B}} + L$$

式中　L——后背长度；

　　　P——顶管需要总顶力；

　　　B——后背受力宽度；

　　　l——负加安全长度。

砂土时 l 取 2，亚砂土 l 取 1，丰台亚黏土取 0。

3）下管设备：

一般下管使用电葫芦，当管重超出电葫芦额定起重量时，则需使用卷扬机或拔杆。电葫芦安装于起重架上，起重架应按受力进行核算强度挠度及稳定。

4）顶进设备安装：顶进设备包括高压油泵、顶镐、顶铁、拉镐及分配器、油管等。

高压油泵：一般使用轴向柱塞泵，额定压力由 300～700（kg/cm²），使用时应在额定压力的 2/3 中值，不要用到最高压力。顶镐使用多台时，应与中线对称位置布置，各台油路并连在一起。分配器应使用试压合格之产品，顺槽边放置，封闭端不得向坑中。顶铁应无歪斜、扭曲、变形，安装顺直。双行顶铁应将长度调整到两行相等，勿使前后横铁倾斜。一般应使用边圈护铁，两行顶铁，使着力中心位于管总高的 1/4 处为宜。油路系统（油泵、分配器、油管、顶镐、拉镐）安装后，应试车检漏，方可升压。

5）出土设备：人工掏土顶管出土设备较简单，管内运输、使活底土斗及车架，以坑内固定于后背上的双筒卷扬机往返拖运。管径大距离近时以人工拖拉双轮车运土，垂直运输，使用电葫芦吊运。

6）照明及通风要求：坑内照明用灯，不得使用碘钨灯，管内照明使用经过变压器的低压照明，（小于 36V），通风视顶进距离、管内通气情况而定，小管径超过 60m 时，可安装送风设备。

2-6-24　顶管的接口分类有几种？

答：有平口接口、企口接口及平口内涨圈三类：

1）平口接口：适用于重力流的雨污水管道，顶管完成要用水泥砂浆勾内缝。

2）企口接口：适用于重力流污水管道，顶管完成要用石棉水泥或膨胀水泥填塞内企口的缝隙。

3）平口内涨圈：适用工艺管道的套管或电力沟，内圈要作防腐处理，外部两侧要填打石棉水泥或抹膨胀水泥。

如图：

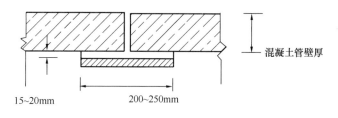

混凝土管壁厚

15~20mm   200~250mm

图 2-6-24

2-6-25 顶管前接口接触面如何处理？

答：一般可垫一缕麻辫三～四层油毡片。企口管应垫于外榫处，在沿圆周一环要均匀放置。个别管端突出石子、洼坑等要剔平并用环氧砂浆抹平使接触面受力均匀。

2-6-26 使用工具式内涨圈有何作用？

答：为防止顶进过程中错口，应使用工具式涨圈（特别是平口管必须使用涨圈），安装涨圈应注意，在对口处分中。使用整体式涨圈时，涨圈与管内壁间隙用木楔背紧。使用活动组合式涨圈时，可通过调整反正扣螺栓使涨圈与混凝土管壁贴紧。使用企口管顶管时，至少前端七个接口、尾端三个接口，使用工具式内涨圈。

2-6-27 顶管如何测量？有何要求？

答：1）测量方法：高程测量，使用水平仪及特制的高程尺进行。坑内设置水准标点2个。（标点必须设置的稳固）由测量员测设并校核。一般水准点绝对标高即坑内的设计标高。顶进过程可由施工小队测量，按照设计坡度，测量。顶进前端管内底，用比高（相对高程）法，确定顶进中心的高程误差。但施工中间过程测量要经常校核，验收时以测量员实测为准，并应再次校核水准点的绝对标高。

中心测量由测量员用经纬仪在坑内测设中线上两个固定点。顶进过程中，由施工小队。以延长中线法，检查中心偏差。坑内基底要埋设固定中心点。由测量员在施工过程，由经纬仪测量，校核偏差。

2）测量要求：随时能了解管道顶进的偏差。以便采取对策是保证顶管质量的重要环节，因此测量次数有如下要求：

（1）在开始第一节管及校正偏差过程中，应每顶进20～30cm，对中心线及高程测量一次。

（2）在正常顶进进程中，应该每顶进50～100cm。测量一次，在任何情况下，不应超过上述长度，而不测量，盲目顶进。

2-6-28 掏土的方法及顶进注意事项有哪些？

答：1）掏土顶进一般应三班连续作业，充分发挥机具效能，同时可防止由于中途停置。摩阻力增大造成继续顶进困难。

2）管前挖土是保证顶管质量的关键：一般管前掏土有两种方式。一种为开放式，管端不切入土内，允许管前有一定的挖土长度。一种为封闭式工作面，即管前有一段工具管。先切入土内，再掏土，即切土顶进。

3）管前挖土长度的要求

（1）在铁路轨下挖土不得超越管端以外 10cm，并随挖随顶，在道轨以外最大不得超过管端 30cm，同时遵守管理单位的规定，作好随时封闭工作面的材料设备准备。

（2）在一般顶管地段，土质良好，可超越管端 30～50cm，在任何情况下，不准再大于此掏挖数值。

4）管子周围的超挖

（1）在不允许土壤下沉的顶管地段（如过铁路及有重要构筑物）管周一律不准超挖。

（2）在一般顶管地段，管子上半周范围允许超挖 1.5cm，下部 135°范围内不得超挖。

5）对顶施工时，两管相距约 100cm 时，可从两端中心对挖，挖通一个小洞，以便两管通视、校核中心、高程偏差，估计对口的可能，开采取弥合偏差的措施。

6）顶管发生下列情况，应停止顶进，采取措施：

（1）顶管前方发生塌方或遇到障碍；

（2）后背发生倾斜或严重变形；

（3）顶铁或横铁，发生扭曲迹象；

（4）管道中心或高程发展到较大偏差而纠正无效；

（5）管端破损超过混凝土管可承受顶力；

（6）压力表达到高压油泵设计压力时。

7）人工掏土一般应在管内操作，土质容易塌方时，应加管帽以保护工作面。小管径操作不便时，可在管前安装工具管。操作顶镐及出土设备人员，均应听从挖土人员指挥。

8）穿越铁路顶管，应向铁路局工务科（段）办理申请穿越手续。在道轨加固以后，方可顶进。并听从铁道值班人员意见，在列车通过时，不能进行挖土和顶进。

2-6-29 顶管纠偏方法及注意事项有哪些？

答：1）当管道中心或高程偏离设计位置，即产生了误差。误差的发现依靠测量，因此必须按规定及时测量，及早发现误差。

2）误差发展到一定限度，即应采取措施纠偏，为了能及早纠偏在偏差达到 1cm，即应考虑校正。管道的偏离和复正，以管端为动点按距离而变化的弧形曲线，因在管节长度内不可能产生挠曲，都是以管接口部位为铰而产生的空间位移，所以校正偏差，不应在短距离内立即恢复到正确位置，这样会造成接口过大折角，可能产生错口或者偏差又发展到相反方向去，不得猛纠硬调，要求纠偏缓缓进行逐渐复位。具体办法是注意测量端部几个管节的坡度及中心偏差；计算其高程或中心误差的斜率，就能看出其发展的趋势。纠偏校正的措施能限制和减弱误差发展的趋向时，措施即为有效。有时采取了纠偏措施，但在一两镐后误差绝对值仍在加大，这就要计算一下，误差发展的斜率加大了还是减小了，来确定措施是否有效。若是减缓趋势，可以在较长距离内恢复到正确位置。若过急的纠偏，在短距离内恢复到正确位置，可能带来更坏后果。即向相反方向继续出现更大偏差，这样可能使管道在中心高程出现大幅度的摆动。因此"对误差要及时测量，早发现，勤查细校缓慢纠。"使管道变动轨迹始终在允许误差范围内变动。这样就能作出优质的顶管工程。

3）人工挖土顶进纠偏的方法有以下几种：

（1）挖土校正法：当偏差在 1～2cm 时，可采用此法：即在偏差方向的反侧适当超挖，而偏差一侧不超挖，使管子一侧坑土顶进逐渐复位。高程差的纠正也可以采用坑土顶进办法校正。

（2）顶木校正法：偏差大于 2cm 时，可用 10cm 以上圆木或方木，支顶偏差方向的反侧，根部垫钢板木板支于管前土壁上，支架后开动顶镐。利用管运动过程，顶木斜支管壁的分力，使管子得到校正，这种办法易造成纠偏过急，应注意随时测量，一镐一测，检查其效果。

（3）顶镐校正法：这方法与顶木校正法相同，不同之处是，顶力来源不是依靠推管的后背镐。

而是用小千斤顶，摇镐支顶。或者使小顶镐接短顶木。同时坑内开镐进管以加大支顶力。这种办法在地基松软，管端扎头时抬管多用此法，再结合管底垫城砖块石等以渡过松软上层较为有效。

2-6-30　长距离顶管除了中继间法和触变泥浆法外还有哪两种？

答：1）管外面涂蜡法——在管的外壁满涂工业石腊一层，厚1～1.5mm，一般每平方米石腊用量约1kg，用喷灯烤溶均匀密实涂抹，达到平整光滑，以减低摩擦阻力长距离顶进。

2）两端对顶法——在一个顶段100～150m，从两个工作坑相对顶进，严格掌握测量精度，当两个管端快接近时先掏通管前土柱，测量两个管位对准度，采用偏差校正法逐渐吻合，正确相接，以达到减少工作坑减少设备转移的时间，加快施工进度。

2-6-31　顶管施工交接班要求有哪些？

答：因为一般的顶管施工是三班连续作业，所以必须进行上下两班的相互交接，交接班体现各班之间密切协作，共同保证质量完成任务，接方一般除对原始记录检查以外，还要实测管道偏差，交方一班要交清目前纠偏方法，效果及管道偏差发展的趋向，这一点极为重要。交接班具体要求为：

1）要交接管道顶进长度，互相创造条件，不要既无出土间隙又无顶进余量。

2）要交接上班最大顶力值。

3）要交清管道偏差及校正方法和意图：必要时接方实测偏差。

4）要交接顶进设备运转情况：特别交待异常情况。

5）要交接土质及地下水变化情况。

6）要交清临时出现的问题及提请下班注意事项。

2-6-32　某顶管工程顶进原始记录有哪些内容？

答：见下表2-6-32。

顶管工程顶进原始记录表　　　　　表2-6-32

工程名称_____　井号____井____井　管径φ____管材种类____测量人____

日期月日	班次时间	土质情况	顶进长度（米）		坡度	坡度增减（＋－）	测量记录			高程偏差		中心偏差		管土前长掏度	表压kg/cm²	使用镐数T－台	备注
			本次	累计			后视读数	前视应读数	前视管端实读数	高（＋）	低（－）	左	右				
1	2	3	4	5	6	7	8	9＝7＋8	10	11	12	13	14	15	16	17	18

接班_____　交班_____

注：1. 表中7～15栏单位以毫米记。

2. 表中5×6＝7向下游坡度计（＋），向上游坡度计（－），在工作坑内要有一个固定的坡度起点。

3. 后视坑内水准标点的高程一般应为坡度起点的管内底设计标高。

4. 9～10若得正值记入11，9～10若得负值记入12。

5. 每测一次，记录一行，各栏均需认翼填写。

6. 备注栏内可填写纠偏情况、机械情况、土质情况、排水情况等。

2-6-33　顶管工作坑施工安全注意事项有哪些？

答：1）一般顶管工作坑，各槽层均应支撑。支撑方法，应在施工方案或技术措施作详细规定。

2）无论工作坑开挖过程或顶管进行时，上下工作坑均应走爬梯，爬梯入口要设围栏。爬梯安装必须稳定牢固，槽深超过5m,设两步梯或两步转变方向时，均应设中间平台。并有牢固的扶手。

3）凡下工作坑人员（包括操作人员、检查人员以及参观人员）均应戴安全帽。凡经提醒而执意不戴安全帽者，以违反安全操作规程论处。

4）支撑时要为下管方便考虑，底撑下皮到轨道顶面要大于管外径10cm以上。撑木间距，纵横两方向，至少有一个方向大于管长20cm以上，以避免撞碰撑木。

5）所有撑木都要有底托。横带方式，要用扒锯与立板钉牢，交叉撑木的十字点用铅丝绑牢（有间隙者可垫方木垫），钢支撑时，所有节点要用电焊点焊。使撑木撑板组合为整体。

6）冬季施工时，坑下应注意炉火，防止火灾，防止煤气中毒。

2-6-34 顶管平台及起重架施工安全注意事项有哪些？

答：1）平台分不承重平台及承重平台两种（以管子上平台后起吊或在平台外起吊区分）。凡承重平台应以荷重核算强度及稳定来选择平台钢梁型号及长度。

2）平台钢梁在槽边的搁置长度不小于2m,并应有梁垫，钢梁以槽钢组合时，应用铅丝绑紧或钢筋拉铁点焊连成一体。

3）平台上留的出土口（下管口），必须有牢固的钢护栏，除下管时，一侧可以摘除外，平时应四周封住。

4）起重架立架时，要有专人指挥。吊车立架时，在各部件未组装牢固以前不得松钩。架上组装人员，必须配带安全带。

5）起重架腿子必须蹬在槽边实土上或平台下部有钢梁的部位，任何一端不得跨空，架腿着力的槽边，下部必须有支撑。起重架必须进行设计计算。

6）使用木制门架时，所用木料不得有劈裂腐朽现象。门式架配合卷扬机滑轮组使用，必须按最大负荷验算其强度及稳定。

7）起重架安装以后，须经过试吊，合格后，方准正式使用。

2-6-35 下管及出土施工安全注意事项有哪些？

答：1）使用卷扬机下管时，卷扬机应安装于稳固基座上，并按规程埋设牢固的地锚，操作机位，应能直接看到起重架的操作范围。整管下管过程由一人负责指挥，开始信号。

2）使用电葫芦下管时，起重量不准超过电葫芦额定的起重能力。目前我公司最大起重量为10t电葫芦。起过10t的管子应用两步搭卷扬机或拔杆卷扬机。对10t电葫芦，为保护其耐用期限，一般不作出土使用。

3）吊运管子，土斗，或小车要平稳垂直，不得在摇摆中行车。任意情况，不准斜吊。

4）操作电葫芦及卷扬机人员应技术熟练，电葫芦的电磁开关，应标明标记，磁力抱闸应试灵敏度，下管时防止抱闸失灵产生重力坠落造成砸撑、摔管等事故，同时应注意起钩时，大钩与葫芦底壳保持一定距离，避免顶钩。因为此电葫芦吊升方向必须设限位开关器，不装限位开关者一律不准使用。

5）无论下管或吊土时，起吊物下方。一定范围内不准站人，下管时坑下完全无人（坑下人员可退避管内），在管端拴纤绳控制管子转向。

6）出土水平运输，可以采用卷扬机拉运土斗，卷扬机要安装牢固，离合器摘合灵活无误，运土起动时与管内密切联系。

7）垂直运输和水平运输的容器内禁止坐人。

2-6-36 顶镐及油路系统施工安全注意事项有哪些？

答：1）一般顶镐为200t（广州产）及320（四千产）t两种。此外，我公司已试制成功长冲程镐（一级冲程 1.01m，二级冲程 1.09m）。先出一级，后出二级，不得弄错，一级顶力 263t，二级顶力为 110t，达到此顶力值时，压力表读数为 300kg/cm²，超出上述压力值时，即应停镐检查，不应继续顶进，以防发生设备事故。

2）压力表一定经过校验合格方准使用，当卸荷后压力表指针不能复位到 0 时，应更换压力表。

3）全部油路系统连续使用达六个月，即应对所有设备部件（分配器、油泵、顶镐、拉镐）进行一次解体，清洗检修，更换新液压油。

4）对于老式的高压分配器（包括带外套及不带外套两种）在材料强度及制作上都存在一定问题，因此，放置位置要求位置在顶坑一角使操作箱和工作坑角壁组成三角形，运行时两端不许站人，操作人只准用手臂在操作箱上方操作，不准探身操作箱上方。

5）对于新分配器（第二代）暂定工作压力为 400kg/cm² 不准超压使用。阀门开度只允许开 1.5 扣（每 360° 为一扣），此时已达最大流量无须多开。开度过大，有螺栓打出的危险。

6）对高压油泵、分配器等操作要由专人负责，并熟悉油路系统，不得误操作，操作程序见《顶管工程施工安全操作补充试行规程》有关章节。

2-6-37　掘土及纠偏施工安全注意事项有哪些？

答：1）管内掘土人员，必须按照《技术规程》要求操作，不得超挖，一般应在管内操作，不得全身出管端。管子顶进过程，应退入管端内。在铁道下顶管，轨上过列车时，应退入管端以内。

2）支顶纠偏时，防止撑木顶崩伤人。安装内涨圈时要背紧，注意胀圈挤手。

3）顶铁与管子必须保持平直，重心一致，发现有隆起现象应立即停镐，防止崩铁伤人。安装顶铁应注意不要挂住导轨或挂住槽底的铺板，以防顶力传到坑内设备上造成事故。

4）使用水平仪或经纬仪测量时，一般不得在顶进中进行。每次用完均应将仪器装入盒内，妥善保管，不得碰损。

2-6-38　关于电气安全施工注意事项有哪些？

答：1）顶管坑的电源引入线应穿胶皮管或铁管保护，以免损伤导线。

2）配电箱应安装牢固，不易碰撞而又便于操作的位置，下班及休息时应拉闸上锁。

3）所有电气设备的金属外壳均应作保护接零（或接地），接零线或接地线的连接，应采用关联的接线方式，设备的绝缘电阻值用 500V 摇表摇测应合格。

4）新装电葫芦，应根据其技术数据作额定荷载试验，调整抱闸，作到动作灵敏可靠。

5）坑内应采用低电压安全照明。行灯变压器安装于适当位置，皮线绝缘良好，手把灯加防护罩，顶管坑禁止使用碘钨灯照明。

6）电气设备发生故障，应由电工人员进行维修，非电气工作人员禁止拆装电气设备及接线等操作。

2-6-39　市政工程过路段顶管施工的保证措施是怎样的？

答：为防止因顶管造成路面下沉影响交通的正常通行、凡过路段在路下顶管范围内均采用注浆法加固措施。

为更好地保证加固质量，现将施工步骤和措施分述如下：

1）从顶管过路段现状路宽各展宽 2m 为注浆加固段，在管顶中心位置每节管打注浆孔一个至管外顶，用压浆机注入适当标号的水泥砂浆，注满为止。

2）凡路中或路边设置的检查井，井坑填土均应严格按市政规范的有关规定进行施工，保证分层夯实到规范要求的密实度。

3）凡在顶管过路段范围内，因加固不善所引起的路面塌陷而影响交通均由负责解决。

2-6-40　顶管工程采用水平钻机穿越楼房施工效果怎样，请举例说明？

答：某工程中首次使用水平钻机穿越楼房，管径 ϕ800 顶进长度为 33m，顶管质量达到局优质标准，顶管后观测楼房地基没有沉降，施工中保证了安全，技术上有所突破，并取得了一定经济效益。为北京市在建筑群中修建管线创开新路。

1）工程概况

（1）本段管线上游 ϕ800mm 雨水管，ϕ400mm 污水管均已建成，并应与北三环路主干线相连接，其联接段必须穿越楼房。

（2）本施工段正处于整个管线下游，其长度为 37m，管径采用 ϕ800mm 特制混凝土管，管节长度 3m，自重 1.7t，管线有 25m 长处于建筑物下面（见图 2-6-40（1）），顶管段坡度 $i=2‰$，顶管上覆土深度楼房内地面距管顶 2.74m。

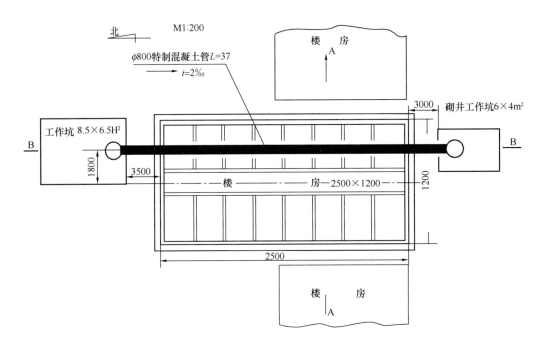

图 2-6-40（1）　××××雨水管线穿越楼房平面图

（3）水文地质情况：根据地质勘探报告地下水位在管中心线上、下浮动，土质为亚砂土和亚粘土，管线处于楼房中线东侧 1.8m，顶管全线无法采用降水法施工，地下水的存在可能对顶管质量将有影响。

（4）管线在楼房下面穿越位置见图 2-6-40（2）、（3）。

这次穿越楼房，其管线在楼房下位置如图 2-6-40（3）所示。医务所办公楼为砖混结构的二层综合楼，基础上部为砖结构，强度等级为 75 的水泥砂浆砌筑高 600mm、下部为"三七"灰土，厚 30mm，宽 1200mm，楼房正负零下 1800mm 为基础底面，本管线管顶距基础底面 940mm，如果采用人工顶管，环向和纵向有超挖，即不能保证楼房基础的安全。采用水平钻机顶管不超挖，对楼房基础的安全起到了保证作用，可以避免楼房地基沉陷。

（5）本工程施工场地狭小，地下管线及构筑物复杂，有雨污水支线管及直埋电缆等多种管线，地面上有高压电缆等障碍物，施工条件比较差。

由于地质情况复杂和在建筑物下面顶进，因此，始终使用低速挡顶进。

（6）顶管完成后，对管体进行全面验收，验收结果见表 2-6-40（1）：

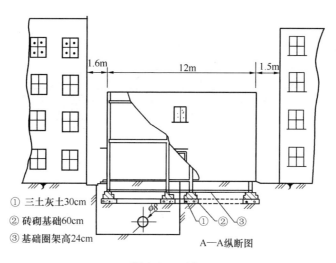

① 三土灰土30cm
② 砖砌基础60cm
③ 基础圈架高24cm

A—A纵断图

图 2-6-40（2）

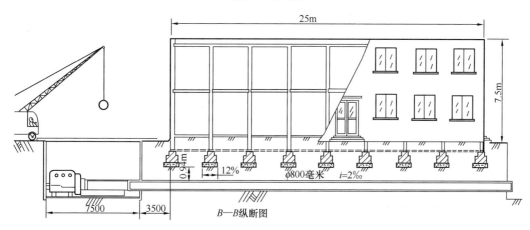

B—B纵断图

图 2-6-40（3）

顶管工程质量验收记录表　　　　　　　　　　　　偏差单位 mm

表 2-6-40（1）

测点位置		3m	6m	9m	12m	15m	18m	21m	24m	27m	30m	33m	允许偏差	总点数	合格点数	合格率
偏差	高程	3	3	0	8	10	9	8	9	9	−8	−9	+10 −20	11	11	100%
	中心	左6	右4	0	0	0	右3	右8	右4	左3	0	左4	左30 右	11	11	100%

顶进及验收曲线见表 2-6-40（2）。

表 2-6-40（2）

管编号	导向管	1	2	3	4	5	6	7	8	9	10	11	12
顶进距离 M	2.8	5.3	8.3	11.3	14.3	17.3	20.3	23.3	26.3	29.3	32.3		
顶力 T	20	37	55	73	73	85	85	95	105	112	100		
电流值 A	60	60	55	45	35	40	45	42	45	50	40		
垂直目靶读数	−4 +4 +5 −1	+4 +4 −3 −3	−2 −3 −4 0	0 0 +2 −4	0 +2 +4 +1	−2 +6 +2 +10	+10 +11 +2 +5	+10 +5 +9 +4	+1 +1 +5 0	−3 +6 +6 +7	+2 −5 −2 −2		

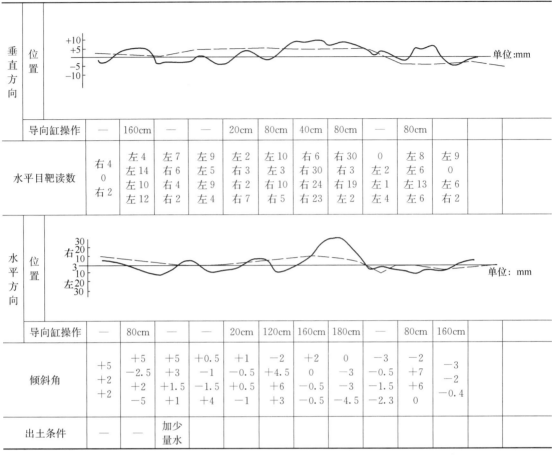

垂直方向 位置												
导向缸操作	—	160cm	—	—	20cm	80cm	40cm	80cm	—	80cm		
水平目靶读数	右4 0 右2	左4 左14 左10 左12	左7 右6 右4 右2	左9 左5 左9 左4	左2 右3 右2 右7	左10 左3 左10 右5	右6 右30 右24 右23	右30 右3 右19 左2	0 左2 左1 左4	左8 右6 左13 左6	左9 0 左6 右2		
水平方向 位置												
导向缸操作	—	80cm	—	—	20cm	120cm	160cm	180cm	—	80cm	160cm	
倾斜角	+5 +2 +2	+5 -2.5 +2 -5	+5 +3 +1.5 +1	+0.5 -1 -1.5 +4	+1 -0.5 +0.5 -1	-2 +4.5 +6 +3	+2 0 -0.5 -0.5	0 -3 -3 -4.5	-3 -0.5 -1.5 -2.3	-2 +7 +6 0	-3 -2 -0.4	
出土条件	—	—	加少量水									

注："—"为顶进曲线；"---"为验收曲线。

几种施工方法的经济比较表　　　　　　表 2-6-40（3）

项　目	施 工 方 法		
	顶管过楼	改线施工	拆楼施工
预算工程费（万元）	71	75	23
施工工期（天）	30	60	180
施工影响	很少	影响交通	拆楼后始能施工

验收结果表明，整体管道符合设计要求及市政工程验收标准。

2）经济效益

本段雨水工程上游 ϕ800mm 和 ϕ400mm 管已在早年完成，下游 ϕ1000mm 管也已建成，中间有座楼房，造成上下游管线联通困难。若拆楼施工，不仅耗资更大，而且使业务不能照常作业。若改线施工亦将增加工程费用。经过经济分析对比，采用专用设备顶管过楼施工法是比较经济可行的。

工程实际费用 71 万元，工期约 20 天（顶进时间仅三天半），效果良好。

2-6-41　顶管工程穿过铁路路基采用的施工措施有哪些，请举例说明？

答：在某工程穿过铁路的双排直径 3m 的混凝土管顶进中，为保证工程进展顺利，充分地采用了以下的施工技术措施：

1）首节管的前端加特制的工具帽，用以防止顶进过程中管顶土方塌陷，且可以切土顶进。

2）为减小摩阻力，混凝土管外表面涂以石腊。用以减小土的摩擦力，从而减少顶力。

3）管口与管口之间，为防止顶力偏大时产生应力集中，致使管口受损而加设了橡胶垫。

4）后背处顶镐的布置接 5 点受力，均匀布镐。从而保证顶进过程中管口受力较均匀。

5）顶管时加 360°的圆形护铁，以保护管口且使之在顶进过程中受力均匀。

6）因为管自重较大为保证顶进中位置的精度要求，故在导轨前沿顶进方向向前掘挖 1m 打一段弧形混凝土槽，用以防止扎头。

7）采用中继间接力顶进。中继间按顶力计算放置 2 个，中继面设分配器及专用油箱，每个中继间安装 36T 的小顶镐 40 个，用以提供顶力且可以调整受力状态，从而严格控制顶进轨迹。

8）设置钢制的内涨圈，要求其紧贴管内壁，从而加强多节管子在顶进中的整体性。

9）为防止土经扰动产生沉陷，故顶进完成后及时注浆（白灰、粉煤灰浆）以填满管外皮与土层之间的空隙，起到加固的作用。

另在施工中注意了少挖土，严禁超挖。做到勤出土，以减少管内土的重量。在有火车行车时严禁掘土，以保证安全。

2-6-42　市政工程大管径传统顶管穿越高覆土路基易出现什么问题，请举例说明？

答：本工程有三处过铁路顶进双排直径 3m 的预制钢筋混凝土管，有两处要穿过高填土铁路路堤，其中尤以京包线为最，填土高度为自然地面以上 9m。直径 3m 的预制管内径为 3m，壁厚 0.27m，外径尺寸为 3.54m，每根预制管长度 2.5m，单根管重量为 17.50t。

尽管采用了多项措施且顶进中还加强了岗位责任制的管理，但从实际效果上来看仍不理想，由于管体穿过的部位、土质均为亚砂土、轻亚砂土和粉砂且滞水水位在管底附近，土壤含水量较大，故顶力偏大，这样在施工过后，沿顶管的轴线方向向外向上，呈 45°在路堤顶部出现了裂缝。最大宽度达 3cm 以上，土体发生沉降影响了铁路路基的稳定。

2-6-43　传统顶管施工为什么不能满足铁路对路基沉降的要求？

答：按铁路部门管理的规定，岔区内两铁轨的相对高差不得大于 2mm，这就对土体的稳定性要求提出了更高的标准；地表沉陷值不能大于 2cm，而常规的顶管工艺是绝对不可能满足该要求的，因为一般顶管后，由于顶进引起土体内应力的重新再分配，再加上施工因素的影响，土体的沉降均比较大，沉降值在 10cm 左右的现象已不少见。

2-6-44　市政工程顶管施工前对现有民房的保护一般会采取哪些措施，请举例说明？

答：某工程在顶管施工在对未施工段周围的设施进行调查时，发现有的围墙、院外路面及现有民房有沉降及开裂现象，有些墙面有多处裂缝，沉降现象也较为严重。工程采取以下几个保护措施：

措施一：更换漏水的原有水管：在顶管施工中，发现顶管内有水及泥沙流出，这是外墙周围自来水管漏水所致，水流较大。附近居民的生活用水也停止了，工程处马上组织施工人员对漏水的水管进行了处理，并及时的通知了自来水公司。避免了事故的发生，保证了附近居民的人身安全。

自来水公司人员来至现场，解决了居民的生活用水问题，但顶管内仍有流水现象，据附近居民反映，围墙外的自来水管线已埋设了四十多年而没有更换，存在常年的漏水现象，且漏水点较多，不易修理，造成附近居民用水困难，生活用水流量小等现象。

由于自来水管漏水导致顶管施工无法继续进行，其地下流动的特性，也对附近民房的安全与稳固造成了威胁，为保证附近，民房的安全与顶管施工的顺利进行，工程处制定了"先治水，后施工"的方案，积极与自来水公司联系，协调解决自来水管漏水问题。

措施二：注浆加固原有基础：由于附近民房早已存在沉降及开裂现象，为防止顶管施工使其进一步扩大，保证民房的安全与稳固。工程处制定了在施工前对民房的基础进行灌浆加固的措施，加强民房基础的稳固性，避免或减少顶管施工对其造成影响。采用水泥浆对民房基础土壤进行灌浆加固，使民房原有基础得到巩固和加强，防止沉降及开裂的加大，使问题得到解决。

措施三：顶管施工段距附近一户民房水平最近距离不足 1m，考虑到顶管施工对周围设施的影响，防止民房出现塌陷现象，制定了"双边顶进"的解决方案，从现有工作面（21 号雨水坑）自西向东顶至距该民房 5m 的距离停止顶进。另外从反方向再开一个工作面（24 号雨水坑）自东向西顶至距该民房 5m 的距离停止顶进，保证该户民房的稳固，待该户拆迁以后，进行明槽开挖铺管。

措施四：采取必要的技术措施，以保证民房的安全与稳固。在顶管施工过程中，前挖的距离控制在 10cm 之内，随挖随顶，对管外土壤进行注浆加固。尽量减少顶管施工对周围土壤的扰动，对顶管施工周围的地面及时监控观测，掌握地面的动态变化，发现问题及时解决。

为防止诸多问题影响顶管施工进展，顶管施工必须建立在保证周围设施安全与稳固的前提下，因此工程处制定出以上几项保障措施，对现有民房起到了保护作用。

2-6-45　顶管工程主要机械计划一般是怎样安排的，请举例说明？

答：1）大口井施工冲击钻一台×8 天　　　 8 台潜水泵降水 160 天

2）1m³ 反铲挖工作坑土方　　　　　2 天

3）吊车 8T　　　　　　　　　　　2 台　　　　160 天

4）自卸汽车（5～7）T　　　　　　4 辆　　　　100 天

5）吊车（40T）倒运管　　　　　　1 台　　　　40 天

6）顶管设备　　　　　　　　　　　1 组　　　　80 天

7）水泵 0.6L/max 空压机，200L 搅拌机等小型机具 160 天。

2-6-46　市政工程长距离顶管施工的难点有哪些，请举例说明？

答：1）某段顶管处于某污水干线的下游，顶管除穿越铁路机铁路务段和编组站外，还要顶穿 20 股铁路。由于此处是一个很重要的交通枢纽，铁路局要求，在 200m 范围内不得开挖，不允许发生路基下沉而影响铁路正常运行等问题。因此确保铁路交通的安全是本段顶管施工的关键，难度大。

2）该段工程的主要任务是将双排 ϕ1950 毫米的钢筋混凝土管由 22 号工作坑向北顶进至 24 号检查井（连续顶进 198m，每节管长 3.08m，自重 9.9t）。

双排管线平行敷设中心距 4.5m，纵坡为 i=0.0006。管顶埋土深 7～8m。

3）根据铁路局要求，本工程必须在入雨季以前完成顶管施工，工期只有 5 个月，相当紧。

4）水文地质情况：

本段管道全部处在砂质粘土层内。一般地段的水位，均在流水面上下。局部有浅层滞水，其水位稍高于管上顶。为解决施工中不带水作业，在管线两侧钻有降水井。采取这一措施后，水位明显下降，但局部未能彻底解决。条件较复杂。

2-6-47　市政工程顶管施工过程是怎样的，请举例说明？

答：本题工程背景同题 2-6-46。此段顶管由于处在 20 对并列铁轨下，顶距长、条件复杂、质量要求高、工期紧，因而是污水干线工程中困难最大的一段。它不仅关系到铁路交通的安全，也关系到整个工程的通水时间问题。要求措施可靠、万无一失，确保一次安全顶通 198m。为了使一些技术措施能在顶铁路段确保成功，采取了多次试验，取得实际经验后再应用的作法。顶管的主导思想是，坚持高标准严要求，对待每项工作，不抱侥幸心理，做到精心制定方案、精心施工。用严要求、认真操作求高质量，以高质量求长距离，做出好的工程。按照这一安排，开始进行了两段长距离顶进试验：先在 8 号工作坑，采用了人工一次顶进了 202m；在完成了第一段试验后；又在 21 号工作坑，利用"机手"进行了 222.4m 的试验都取得了较多的经验，从而使本段过铁路施工顺利的完成了任务。

1 月 7 日开始将顶管设备运进现场，进行安装及调试，于 2 月 1 日正式开顶。

为使长距离顶进的管体能形成一个良好轨迹的初始阶段，有意识地控制顶进速度做到勤测微调，坚持每顶进 25cm 进行一次测量。待到 30m 轨迹形成后，即可加快顶进速度，其中八小时最高进尺为 3.25m/班，有效工作班平均进尺为 1.28m/班。第一条管线顶进到 155m 时，曾由中继间内外套间发生漏水情况。当顶进到 156m 时，（由于管线长、土质软含水多，又由于维修管口停滞时间过长）顶力上升到 1160t，故决定启动中继间。

第一条管线在顶进约 100m 时，把运土方法（人工推双轮手推车）改为推轨道运土车方法。因而加快了运输速度，减轻了劳动强度，使第一条管线较快地于 3 月 29 日顶通。

第二条管线在 4 月 19 日正式开顶。有效平均进尺为 1.39m/班，最高进尺为 2.6m/班。共使用了 147 班，其中有效为 142 班，修理占用 4 班，下雨、开会占用 1 班。

为减少管线顶力，两条管线均从 30m 以后开始注入触变泥浆，每条管线注入量约合膨润土 9000kg。

在施工过程中各班灵活掌握，发现情况及时研究的施工方法，使第二条管线较为顺利地顶通，质量达到国家规定的标准。

2-6-48 顶管工程有哪些技术关键问题？采取什么对策，请举例说明？

答：本题工程背景同题 2-6-46。

1）一次顶通 20 对并列铁轨，我们认为这一任务的技术关键问题是：

（1）顶管工作坑距离铁路近，坑深，危及铁路路基的安全；

（2）顶管超挖将会造成道轨下沉；

（3）由于土壤含水量高和铁路下限定超挖，人工纠偏调向和控制超挖量均很困难。

（4）管径大、顶距长、顶力大；

（5）距离长、水平运土困难、速度慢。

2）我们针对这些技术关键问题，通过分析研究，根据对总顶力的估计，提出了一系列顶进技术措施，以解决上述问题。这些措施是：

（1）采用排桩式连续墙做工作坑，保护路基安全；

（2）旋转掘进机"挤压掏心"挖土，顶镐纠偏调向，解决超挖和调向问题；

（3）用托拉后背和中继间接力顶进、增大顶力；触变泥浆减阻；

（4）轨道车运土、长行程顶镐顶进，提高运土和顶进速度；

（5）用整圆边圈和弧形边圈做顶铁，增大管端受力的接触面积、降低接触压力；

（6）为防止误操作，保证人身和电器设备的安全，采取电气设备的程序控制。

由于采取了一系列的技术措施（见图 2-6-48）使工程能够较顺利地完成。

2-6-49 顶管工程主要技术措施有哪些，请举例说明？

答：主要技术措施分述如下：

1）工作坑（图 2-6-49（1）、（2））

工作坑设在内燃机务段铁路快车线南侧，工作坑边缘距铁路道轨为 7.5m。由地质钻探资料表明，上部 2.7m 深为房渣土，下部为砂质粘土，坑内无地下水。为保证铁路安全工作竖井采用了"桩排式连续墙"。其内径为 12m，壁厚 0.4m，井深 9.5m。工作坑竖井的"排桩式连续墙"的施工方法是开挖前先在地面上沿井壁位置用螺旋钻孔机成孔（桩径 $\phi 400mm$，柱间距为 0.7m），然后浇筑钢筋混凝土桩，形成竖井的排桩。为防止钻孔坍方，在施工顺序上采取了跳挡的钻孔方法即先跳挡完成一部分灌筑桩，然后再完成另一部分灌筑桩。待混凝土强度达到 70% 之后，即开始挖井内

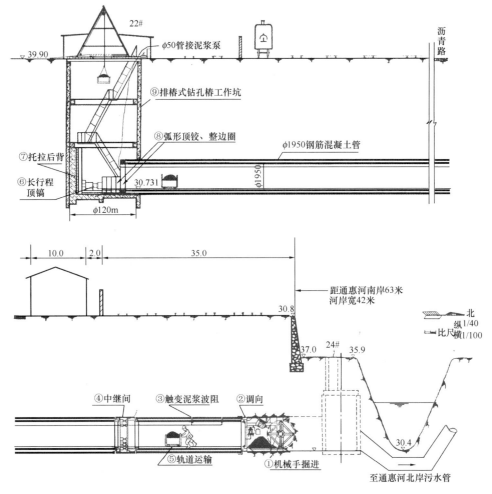

图 2-6-48　顶进系统图（示意）

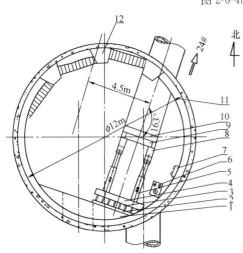

图 2-6-49 （1）　工作坑平面布置图

1—钢筋混凝土后背；2—后背横铁；3—立铁；4—横铁；5—320T 长千斤顶；6—高压油泵；7—动力控制配电柜；8—加重顶铁；9—弧型顶铁；10—启口边圈；11—触变泥浆管；12—楼梯

土方。整个井深分三次挖到底，每次挖深 3m 左右（圈梁底）。待钢筋混凝土圈梁及在两桩之间补填的混凝土墙完成后，再继续完成下一次的各项工序。为了方便施工，在井内设置了钢制扶梯和休息平台见图 2-6-49 （2）、（3）、（4）、（5）、（6）。

2）降水

此段顶管穿越内燃机务段部分地段存在排水问题。土层中含水并非地下水，而是由于附近地段内的上、下水管道年久失修破裂，以及用渗水井方式排水致使浅层含水，给顶管带来不利影响。为了排除浅层滞水，决定采用透井降水技术措施。即根据地质钻探资料，把降水井管钻穿不透水的黏土层，这样地面浅层滞水可以渗入井点管内流入砂砾层而达到降水目的。在地面上沿双排混凝土管中心东西两侧各 7.5m 处共设置透水井点 30 个，并相应钻有降水观察孔，以定期检查水位下降情况。完工后全部用黏土封填。

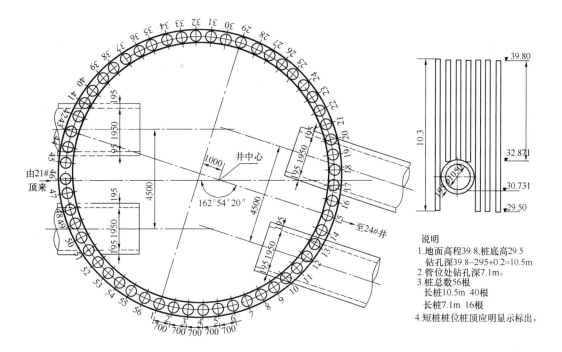

说明
1. 地面高程39.8，桩底高29.5
   钻孔深39.8−295+0.2=10.5m
2. 管位处钻孔深7.1m。
3. 桩总数56根
   长桩10.5m 40根
   长桩7.1m 16根
4. 短桩桩位桩顶应明显标出。

图 2-6-49（2）　排桩式连续墙

图 2-6-49（3）　由中继间处向前看的管内全景

图 2-6-49（4）　顶管工作坑后背

图 2-6-49（5）　人工推运轨道车运土情景

图 2-6-49（6）　排桩式连续壁工作坑

3）后背

工作坑内后背的宽度考虑到顶双排管的需要定为 7.83m，高度为 4m，后背混凝土最大厚度为 1.43m。其中预留一条通向 21 号工作坑的孔道，孔道内用 20mm 厚钢板卷焊成 2.4m 的钢管，钢管内用 M15 砂浆水泥砖墙封固。工作坑底板为 C20 混凝土，厚 60cm 与后背用型钢联接起来，做成一个带齿槽的拖拉后背，其设计承载能力为 1040t。在顶进到 156m 时，由于修理停止时间过长，后背顶力增达到 1160t，拖拉后背没有出现变形，实践证明其承载能力满足此段长距离顶管要求。

2-6-50　顶管工程总顶力是怎样确定的，请举例说明？

答：关于总顶力值的估计：

接近实际的总顶力值是提供顶进技术方案的主要依据和确保整体方案不失误的前提。为了一次安全顶通这段管道，选择了与此条件类似的两段顶管进行试验，通过试验取得一些数据表明，其顶力值大大低于按有关规范规定（穿越铁路时，其顶力值，应按铁路桥梁规范规定进行计算——即垂直土压力按土柱计算）的计算值。

按理论公式计算的总顶力的计算式为：

$$P = k[f(2P_V + 2P_H + P_0) + RA]$$

其中　f——管壁与土壤的摩擦系数取 0.2。

按土柱计算的管上垂直总压力为：

$$P_V = rhDL = 1.8 \times 7.5 \times 2.33 \times 200 = 6291t$$

管子侧面的水平总压力为：

$$P_H = r\left(h + \frac{D}{2}\right)DL \, tg^2\left(45° - \frac{\varphi}{2}\right)$$
$$= 1.8\left(7.5 + \frac{2.33}{2}\right)2.33 \times 200 \times 0.3333$$
$$= 2422.5t$$

顶进管子的全部自重为：

$$P_0 = 200 \times 3.283 = 656.6t$$

刃脚的迎面阻力为：

$$RA = 50 \times 1.33 = 66.5t$$

k——安全系数取 1.2。

则　其总顶力值为：

$$P = 1.2[0.2(2 \times 6291 + 2 \times 2422.5 + 656.6) + 66.5] \doteq 4419t$$

按照经验公式计算的总顶力值为：

$$P = nP_0$$

其中　n——土质系数（黏土、粉质黏土大部分天然含水量，局部有水）取 3，

则　$P = 3 \times 656.6 = 1969t$

根据两段试验结果和这段实际情况的分析，我们认为：对覆土深、土质较好和采用"机手"挤压顶管方法的此段管道的顶力值，按经验公式的计算方法，还是比较接近实际顶力的。如果采用触变泥浆减阻的方法，顶力值还会有所下降。因此我们确定：后背的顶力按 1000t 考虑。在顶进过程中，由于中心及高程控制得好，以及采取了一系列措施，总顶力值曾达到 1164t，只相当于按理论公式计算的 26.3%，也只相当于按经验公式计算的 59.1%。

2-6-51　手推轨道车是怎样的？

答：为了解决双轮车运土效率低的问题，可以采用轨道车运土的方法。它减轻了人推双轮车运输的劳动强度，同时提高了运输效率。道轨是由与每节钢筋混凝土管等长的单元节用钢夹板联接的组合体。每个道轨单节是由两根中心距为 54cm 的 11kg/m 钢轨与 5 根间距为 72cm 的 10 号槽钢作轨枕焊接而成。为使中继间工作时水平运输不间断，所以把处于中继间的两单节，作成内

外并列可伸缩的主付钢轨形式。

车是由车架、车斗、车轮三部分组成。车架是角钢焊成带凹槽的承重构件，槽内放置由角钢框架内铺焊钢板的车斗，车斗框架上部焊有 4 个圆钢吊环，以便垂直运输时吊装。车斗容积为 $0.25m^3$ 最大载土量为 $0.4m^3$。见图 2-6-51。

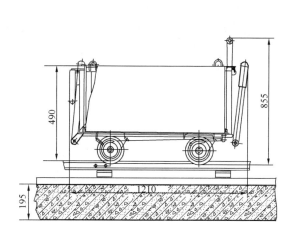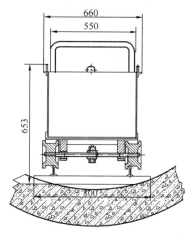

图 2-6-51 手推轨道车图

车架两端焊有可折放扶手，用以手推运行。车轮呈凹槽，以保证车轮行驶不脱轨。

原双轮手推车运土时，重心不稳，又无行驶导向，因此行驶速度低，如遇到管底有泥水时，行驶速度就更慢了。由于轨道车重心稳定，摩擦阻力小，虽由一人推车，车速仍能达到 30m/min 左右。由于道轨钢轨枕可铺设木板供推车人脚踏行走。即使管底部有少量泥水也不致降低车的行驶速度。轨道车确实在这一段的顶管工程的实践中起了重要的作用。同时为进一步制作电动轨道车，打下了基础，电动轨道车的设计试制工作已经完成，不久即可进行生产性试验。

2-6-52 中继间接力顶进是怎样的？

答：按总顶力的要求，设置了两套中继间，分别设在机手后 42m 和 90m 处。它们分别担负各自一段的顶进，最后一段由后背顶镐来承担。

中继间结构由内外套筒，液压推进系统，密封止水系统等组成。本次使用的中继间，其内外

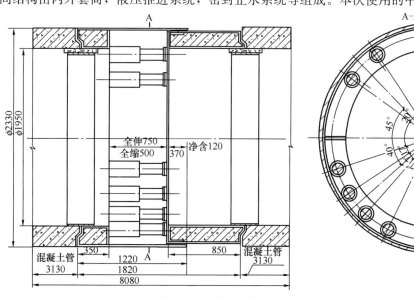

图 2-6-52 中继间构造图

套均由钢板卷焊成套筒式。两端内灌筑 C50 混凝土，并以承插口形式与管段联接。图 2-6-52 在中继间外套筒体内沿圆周安装 50t 级液压千斤顶 12 台（圆周布置为上稀下密）。液压推进系统其动力采用四平拉伸机厂制造的 ZB4/500 型电动油泵，其工作压力为 500kg/cm² 流量为 4L/min。油泵的开启关闭均由联动自动或手动控制，因而实现中继间顶进与后背顶进的交替动作。

中继间的工作，根据顶力设计的需要最大可承受 600t 轴向顶力，最大伸缩量为 25cm。工作时内外套间因往返摩擦运动频繁，为保证内外套即能伸缩又能防止地下水或泥浆通过伸缩缝的间隙流入管内，故对密封结构要求较为严格。这次采取两项措施加强密封性，首先是在加工时严格保证伸缩部位的配合间隙在图纸给定的公差带之内（间隙量在 2.5～11.5mm 之间），尽量减少焊接变形。其次在内套与千斤顶伸缩相接触的一端的内套外沿，设置压盖填料密封结构，密实填充油麻辫及石棉盘根。

在穿越铁路顶管顶至 156m 时，后背顶力为 1160t 开始用第一个中继间接力顶进，中继间工作正常。使用中传力系统及管壳没有发生故障，只是在 150m 后穿越地下滞水层时，在中继间顶出回程时，地下水从内外套间隙处流入管内，使中继部位的操作不方便。因此中继间止水密封结构及加工工艺还有待于进一步改进完善。由于施工准备充分，泥浆减阻效果明显，后背顶力能满足顶进需要。第二个中继间在整个顶进阶段没有启动使用。

2-6-53 触变泥浆在某顶管工程中降低多少顶力？

答：使用触变泥浆是减少管体沿程摩擦阻力，增加一次顶进长度的有效措施之一。触变泥浆系统包括由砂浆搅拌机，砂浆泵，输浆管，输浆管总节门，注浆孔分节门组成。第一注浆孔设在距首节管头 15m 处，其余每 9m 设置一个注浆孔。当顶进长度为 31.68m 时，开始注入触变泥浆。触变泥浆配比为：膨润土：水＝23：77；加碱量为膨润土的 3％。用砂浆搅拌机拌制，砂浆泵压送，（泵压一般为 1kg/cm²）。压浆与管体顶进同时进行，在输送泥浆的过程中，注意调节各注浆孔分节门，从管前端往后逐个打开注浆。第一条管线顶进到 174.35m 时总顶力为 905t，该班操作人员坚持逐孔注浆 15 袋折 450kg 膨润土，使顶力下降至 775t，降低 14.3％的顶力。注浆使总顶力与混凝土管自重成比例缓慢增长，根据经验公式 $P＝nP_0$ 本顶管段平均 n 值为 1.61 达到了减少摩擦阻力的作用。

2-6-54 某顶管工程施工中管体转动的原因有哪些采取什么对策？

答：1）管体自转在顶管中是普遍存在的问题。不论人工顶进或是机械顶进，均会造成较大的自转。根据多年来施工的体会，其转动因素较为复杂，归纳起来一般有如下几点：

（1）尾部顶镐使用 2 台以上对称布置形式，而两台顶镐的伸出，又与管轴线不平行，形成一旋转性力偶。

（2）中线顶进过程左右出现偏差，在调整中心时，容易发生滚动现象。

（3）机手使用调向顶镐时，同时调整 2 个方向的误差时，容易形成转动。

（4）管外两侧土质不同，管内设备布置不均匀，都能造成管体自转。

2）这次过铁路顶管，事先考虑到这些因素。首先在安装时，将尾部千斤顶摆放位置用水平仪测量后垫平，务必使千斤顶与管轴线平行。同时在顶进过程中，如果出现中心偏差，尽量使校正过程处于小角度纠偏，延长返回中心线的距离。在调向时，避免两个方向，同时校正，由于采取了这些措施，两条管段施工，均未出现较大的自转。

2-6-55 工作竖井及后背施工工艺是怎样的？

答：1）适用范围：适用于钢筋混凝土顶管施工工作竖井的选择和施工。

2）施工准备：

（1）材料要求：方木、型钢、钢板、棚架。

（2）施工机具（设备）：卷扬机、滑轮、工作平台、电焊机、电葫芦门式架；横铁、立铁、顶铁、导轨、测量仪器等。

（3）作业条件：

①施工占地范围内拆迁到位，地下管线已查明，并采取改移或加固措施，地上、地下障碍物清理完毕。

②临时道路畅通，场地平整，水、电已安装完毕。

③施工管线低于地下水位时，施工降水应低于开挖面 0.5m 以下。

（4）技术准备：

①施工方案编制完成，施工准备完成（地下管线及构筑物情况调查及方案准备），进行方案技术及安全交底。

②完成工作竖井测量放线。

3）操作工艺：

（1）工艺流程：

确定顶管工作竖井的位置→测量放线→工作竖井开挖及支护→后背安装。

（2）操作方法：

①顶管工作竖井的位置宜选在管道的井室位置，地形和土质可用作原土后背，便于设备、材料运输及下管、出土、排水等；当顶管段两端条件相近时，顶管工作竖井的位置宜选在管线下游；工作竖井距铁路路基与公路路基的距离，应根据路基及井壁的安全坡度确定，并征得管理单位的同意。工作竖井应选在地下管线较少部位，应远离居民区和高压线。在有曲线又有直线的顶管中，工作竖井宜设在直线段的一端。

②测量放线应根据设计图纸进行测量放线，做好测量所需各项数据内业的收集、计算、复核工作。对原交桩进行复核测量，原交桩有遗失或变位时，应补桩矫正。测定管道中心线时，应在起点、终点、平面折点、竖向折点及其他控制点测设中心桩，并应在工作坑外适当位置设置栓桩。测定中心桩时，应用测距仪或钢尺测量桩的水平距离。

③顶管工作竖井的开挖断面，应根据工作竖井类型、现场环境、土质、挖深、地下水位及支撑材料规格、管径、管长、顶管机具规格、下管及出土方法等条件确定。工作竖井的支撑应根据开挖断面、挖深、土质条件、地下水状况及总顶力等进行施工设计，确定支撑形式。有地下水时，根据管道埋深、土质类型、地下水深，采用轻型井点或管井降水方法。工作竖井支撑宜采用钢木组合支撑，形成封闭式框架，矩形工作竖井四角应设斜撑；工作竖井开挖深度达 2m 时，即应进行支撑；工作竖井可采用锚喷混凝土护壁，见图 2-6-55。

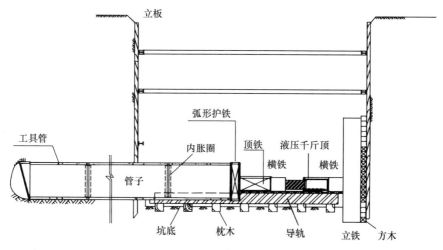

图 2-6-55　顶管工作坑纵断面图

④工作竖井应有足够的工作面，竖井底尺寸应按以下公式计算：

工作竖井最小长度：

$$L \geqslant l_1 + l_2 + l_3 + k$$

式中　L——工作竖井最小内净长度（m）；

　　　l_1——下井管节长度（m），可取 2.5～3.0m；

　　　l_2——管子顶进后，尾部压在导轨上的最小长度，可取 0.3～0.5m；

　　　l_3——千斤顶长度（m），可取 2.5m；

　　　k——后座和顶铁的厚度及安装富余量，可取 1.6m。

工作竖井最小宽度：

浅工作竖井 $B = D_1 + (2.0 \sim 2.4)$

深工作竖井 $B = 3D_1 + (2.0 \sim 2.4)$

式中　B——工作竖井内净宽度（m）；

　　　D_1——管道的外径（m）。

工作竖井深度：

$$H = H_s + D_1 + h$$

式中　H——工作竖井底板面最小深度（m）；

　　　H_s——顶管覆土层厚度（m）；

　　　D_1——管道的外径（m）；

　　　h——管底操作空间（m），可取 0.4～0.5m。

⑤采用原土作后背墙时：后背土壁应铲修平整，并使壁面与管道顶进方向垂直；后背墙宜采用方木、型钢、钢板等组装，组装后的后背墙应有足够的强度和刚度，承压面积，一般土质宜按承压不超过 150kN/m² 计算，其埋深应低于工作坑底，不小于 0.5m；后背土体壁面应与后背墙紧贴，孔隙应用砂石料填塞密实；根据施工设计安装后背，紧贴土体的后背材料，如型钢、预制后背、方木等应横放，在其前面放置立铁，立铁前放置横铁。当无原土作后背时：应设计结构简单、稳定可靠、就地取材、拆除方便的人工后背墙。利用已完成顶进的管段作后背时，顶力中心宜与已完工管道中心重合，顶力应小于已顶管道的顶力；后背钢板与管口间应垫以缓冲材料，保护管口不受损伤。

⑥顶力计算：

顶管的顶力按下式计算：

$$F_0 = \pi D_1 L f_k + N_F$$

式中　F_0——总顶力标准值（kN）；

　　　D_1——管道的外径（m）；

　　　L——管道设计顶进长度（m）；

　　　f_k——管道外壁与土的平均摩阻力（kN/m²），其值可按表 2-6-55（1）中所列数据选用；

　　　N_F——顶管机的迎面阻力（kN），其值宜按不同顶进方法由表 2-6-55（2）选用。

触变泥浆减阻管壁与土的平均摩阻力（kN/m²）　　　　表 2-6-55（1）

土的种类	软黏土	粉性土	粉细土	中粗砂
混凝土管	3.0～5.0	5.0～8.0	8.0～11.0	11.0～16.0

顶管机迎面阻力（N_F）的计算公式　　　　表 2-6-55（2）

顶管机端面	常用机型	迎面阻力 N_F（kN）
刃口	机械式、人工挖掘式	$N_F = \pi(D_g - t)tR$
喇叭口	挤压式	$N_F = \dfrac{\pi}{4}D_g^2(1-e)R$

顶管机端面	常用机型	迎面阻力 N_F （kN）
网格	挤压式	$N_F = \dfrac{\pi}{4} D_g^2 \alpha R$
网格加气压	气压平衡式	$N_F = \dfrac{\pi}{4} D_g^2 (\alpha R + P_n)$
大刀盘切削	土压平衡式、泥水平衡式	$N_F = \dfrac{\pi}{4} D_g^2 \gamma_s P_s$

注：D_g——顶管机外径（m）；

$\quad R$——挤压阻力（kN/m²），可取 300～500kN/m²；

$\quad t$——刃口厚度（m）；

$\quad e$——开口率；

$\quad \alpha$——网格截面参数，可取 0.6～1.0；

$\quad P_n$——气压（kN/m²）；

$\quad \gamma_s$——土的重度（kN/m³）；

$\quad H_s$——覆盖层厚度（m）。

⑦需要加长顶管单元长度时，可采用提高后背顶力、采用减阻剂（如触变泥浆等减小管壁与土壤的摩擦力）、采用中继间接力顶进或采用对顶方法等措施。中继间的数量可按下式估算：

$$n = \frac{\pi D_1 f_k}{0.7 \times f_0} (L + 50) - 1$$

式中　　n——中继间数量（取整数）；

$\quad D_1$——管道的外径（m）；

$\quad L$——管道设计顶进长度（m）；

$\quad f_k$——管道外壁与土的平均摩阻力（kN/m²）；

$\quad f_0$——中继间设计允许顶力（kN）。

⑧顶管宜采用工作坑壁的原土作后背，应根据顶力，按下列规定对后背的安全进行核算，并采取加固措施。后背原土不能满足顶力要求时，应设计结构稳定可靠、拆除方便的人工后背。

根据需要的总顶力及后背土体单位面积允许承载力（kN/m²）估算后背受力面积；土体的允许承载力（kN/m²）可取下列数值：

一般土壤　　　　　　　　　　　　　　　150

湿度较大的粉砂　　　　　　　　　　　　100

比较干的黏土、粉质黏土及密实的砂土　　200

核算后背受力宽度，应根据需要的总顶力，使土壁单位宽度上受力不大于土壤的总被动土压力。后背每米宽度上土壤的总被动土压力（kN/m）可按下式计算：

$$P = \frac{1}{2} \gamma h^2 \text{tg}^2 \left(45° + \frac{\varphi}{2}\right) + 2Ch \cdot \text{tg}\left(45° + \frac{\varphi}{2}\right)$$

式中　　γ——土壤的重度（kN/m³）；

$\quad h$——天然土壁后背的高度（m）；

$\quad \varphi$——土壤的内摩擦角（°）；

$\quad C$——土壤的黏聚力（kN/m²）。

根据上式计算之各种高度的每米宽度上总被动土压力值，见表 2-6-55（3）：

土壤类别	γ	φ	C	各种高度的每米宽度上总被动土压力（kN/m）		
	(kN/m³)	(°)	(kN/m²)	$h=2$	$h=4$	$h=6$
粉质黏土（较软）	19	20	10	135	423	873
粉质黏土（较硬）	20	25	20	224	645	1260
砂质粉土（较软）	16	25	5	110	378	802
砂质粉土（较硬）	18	30		177	570	1180
中细砂	17.5	30		105	420	945
粗砂砾石	20	35		148	590	1330

后背长度可采用下式核算：

$$L = (P/B)1/2 + L_a$$

式中　　L——后背长度（m）；

　　　　P——顶管需要的总顶力（N）；

　　　　B——后背受力宽度（m）；

　　　　L_a——附加安全长度（m），砂土可取 2；砂质粉土可取 1；黏土、粉质黏土取 0。

（3）冬雨期施工：

①雨期施工：雨期施工工作坑内设积水坑，工作坑搭设防雨棚；在工作坑四周设临时围堰，采取有效措施，防止雨水流入工作坑。

②冬期施工工作平台需要有防滑措施。

4）质量标准：

（1）主控项目：根据《排水管（渠）工程施工质量检验标准》DBJ 01-13，工作坑应有足够的工作面；工作坑支护牢固，宜形成封闭式框架。

（2）一般项目：

①根据现行《给水排水管道工程施工及验收规范》GB 50268—2008 顶管工作坑及装配式后背墙的墙面应与管道轴线垂直，顶管工作坑及后背墙的施工允许偏差见表 2-6-55（4）。

工作坑及装配式后背墙的施工允许偏差　　　　表 2-6-55（4）

项　　目		允许偏差（mm）
工作坑每侧	宽　度	≥施工设计规定
	长　度	
后背墙	垂直度	0.1%H
	水平扭转度	0.1%L

注：H 为后背墙的高度（mm）；L 为后背墙的长度（mm）。

②《排水管（渠）工程施工质量检验标准》DBJ 01-03，见表 2-6-55（5）。

顶管工作坑、后背墙、导轨允许偏差表　　　　表 2-6-55（5）

序号	项　　目		规定值或允许偏差（mm）	检验频率		检验方法
				范围	点数	
1	工作坑每侧宽度、长度		不小于施工、设计规定	每座	2	用尺量
2	装配式后背墙	垂直度	0.1%H	每座	1	用垂线与角尺量
		水平扭转度	0.1%L		1	

序号	项　目	规定值或允许偏差(mm)	检验频率		检验方法
			范围	点数	
3	导轨	内距	±2	每座	1	用尺量
		中心线	≤3		1	用经纬仪
		顶面高程	0 +3		1	用水准仪

注：1. H 为后背墙高度(mm)，L 为后背墙长度(mm)；

　　2. 本表项目只作分项工程检验，不参与分部及单位工程检验。

5）质量记录：

顶管工作竖井开挖与支护检查记录。

6）安全与环保：

（1）工作坑应设防雨罩，工作坑内应设有集水坑，四周设安全护栏和上下工作坑安全爬梯及安全指示灯。

（2）工作坑四周要设安全护栏和上下工作坑安全爬梯。

（3）工作坑的总电源必须安装漏电保护装置，工作坑内一律使用 36V 以下的照明设备。

7）成品保护：

对地上与地下构筑物应采取安全保护措施。

2-6-56　触变泥浆施工工艺是怎样的？

答：1）适用范围：

本节适用于顶管过程中的注浆，主要用于减小顶进阻力。

2）施工准备：

（1）材料准备：膨润土、碱、水。

（2）主要机具：泥浆封闭设备；注浆泵、输浆干管、分浆罐及注浆孔等灌浆设备；拌合机及储浆机等调浆设备。

（3）作业条件：各种设备到位并调试正常。

3）操作工艺：

（1）工艺流程：安装注浆管路和注浆设备→触变泥浆配制→触变泥浆拌合→管道顶进→注浆结束、冲洗拆除注浆管路。

（2）操作方法：

①灌浆用注浆泵进行。输浆管宜用钢管或高压胶管，布设至注浆孔，加装注浆分闸门。注浆孔宜按管道直径的大小确定，每个断面可设置 3～5 个，并具有排气功能。

②触变泥浆配制：宜采用膨润土配制。膨润土在使用前测定其胶质价。将蒸馏水注入直径 25mm、容量 100mL 的量筒中，至 60～70mL 刻度处；称膨润土试料 15g，放入量筒中，再加水至 95mL 刻度，加盖封闭，摇动 5min，使膨润土与水混合均匀；加入氧化镁 1g，再加入水至 100mL 刻度，加盖封闭，摇动 1min；静置 24h，使之沉淀，沉淀物的界面刻度即为膨润土的胶质价。

③触变泥浆拌合：应按试验确定的触变泥浆配合比，称量水、膨润土及碱的质量；取称量水的一部分与碱配制碱溶液；将剩余水与膨润土拌合均匀；将配制好的碱溶液，注入膨润土浆内，继续搅拌至均匀，形成触变泥浆。

④采用触变泥浆减阻时，宜用工具管作前封闭，前封闭外径宜比管节外径大 40～60mm，顶进时应切土前进；注浆后，使土体与管节间形成 20～30mm 厚的泥浆环。

⑤当工作坑进口处土质坍塌时，宜灌注混凝土挡墙，作为后封闭。在混凝土墙中应预埋注浆孔及为安装橡胶板封闭圈的螺栓。混凝土墙预留洞的直径宜比前封闭管的外径大 10～20mm。

⑥顶混凝土管时，应在接口处衬垫麻辫或橡胶板等材料，防止接口漏浆。

⑦灌浆应从顶管的前端进行，待顶进数米后，再进行补浆。注浆压力一般为 0.2～0.3MPa。

⑧灌浆时，按灌浆孔断面位置的前后顺序依次进行，并应与管道和中继间的顶进同步。

4）质量标准：浆液配比准确。

5）质量记录：注浆记录。

6）安全与环保：

(1) 灌浆前，应通过注水检查灌浆设备，确认设备正常后方可灌注。

(2) 灌浆遇有机械故障、管路堵塞、接头渗漏等情况时，经处理后方可继续顶进。

7）成品保护：拌制好的触变泥浆应静置 12h 后方可使用。

2-6-57　回填注浆施工工艺是怎样的？

答：1）适用范围：

适用于顶管结束后回填注浆施工，一般采用水泥浆，充填管外空隙，置换触变泥浆。

2）施工准备：

(1) 材料要求：

①注浆管：利用顶进管材的触变泥浆孔。

②水泥：宜选用硅酸盐水泥和普通硅酸盐水泥，水泥强度等级不低于 32.5 级，水泥进场应有产品合格证和出厂检验报告，进扬后应取样复验合格，其质量必须符合现行国家标准《硅酸盐水泥、普通硅酸盐水泥》GB 175 的规定。

③粉煤灰：应符合规范要求。

(2) 主要机具：

①注浆机：采用小型单液注浆机，注浆压力不小于 2MPa，移动方便。

②拌浆设备：搅拌容量应不小于 0.5m³，宜采用机械搅拌。

③辅助施工设备：手推车、计量器具、高压注浆管等。

(3) 作业条件：

①注浆前应清理预理的注浆管，将管内杂物和丝扣位置的混凝土清理干净。

②对机械设备、计量器具、水管路、电缆线路等进行全面检查及试运转。

③作业区有良好的通风和足够的照明装置。

3）操作工艺：

(1) 工艺流程：

（调整浆液凝结时间）　　　　　　（检查注浆设备）

↓　　　　　　　　　　　↓

浆液配合比的确定→配料和拌合→灌注浆液→终止注浆

(2) 操作方法：

①浆液配合比的确定：浆液为水泥粉煤灰浆，浆液配合比通过现场试验确定。粉煤灰掺量一般为水泥用量的 30%，水灰比宜为 1:1～1:1.15。

②灌注浆液：为了保证混凝土管与地层密贴，要及时进行背后回填注浆。背后注浆可采用注浆压力和注浆量进行综合控制。注浆压力的选定应考虑浆液的性能，一般为 0.1～0.4MPa。注浆时，要观察压力和流量变化，压力逐渐上升，流量逐渐减少，当注浆压力达到设计终压，再稳定 3min，即可结束本孔注浆。终止注浆：每根注浆管注浆结束后封堵注浆口以免浆液回流，每次注浆结束后必须对制浆设备、注浆泵和注浆管进行彻底清洗。整个注浆结束后，应对注浆孔和

检查孔封填密实。

4）质量标准：

（1）注浆用水泥、粉煤灰等原材料必须符合设计要求及有关规范、标准的要求。

（2）检查方法：检查出厂合格证、试验报告。

（3）注浆量及注浆压力应满足设计要求。注浆压力 0.1～0.2MPa。

（4）检查方法：查看压力表，检查注浆记录。

（5）注浆后管材背后的土体应密实，不得有空隙，并经地质雷达检测合格。

（6）检查方法：地质雷达检测报告。

5）质量记录：注浆检查记录。

6）安全与环保：

（1）安全操作要求：

①施工中，应定期检查电源线路和注浆设备的电器部件，确保用电安全。

②经常检查和清洗注浆管，防止堵塞，发现问题，应及时处理。

③制浆作业时，作业人员应使用防尘用具和胶皮手套。

④当泵压出现异常增高，先松离合器，排除故障后方可继续施工。

（2）环保措施：

①浆液配置时应加强作业区的通风。

②应采取有效措施防止浆液的遗洒和漏浆。

③浆液应随配随用，剩余的浆液不得随意弃置。

7）成品保护：

控制好注浆压力和注浆量，以保证管材不被破坏。

2-6-58 设备安装施工工艺是怎样的？

答：1）适用范围：适用于顶管施工的顶进设备安装。

2）施工准备：

（1）材料要求：

方木、型钢、钢板、棚架、导轨（重轨）。

（2）主要机具：

①顶进设备：液压泵、液压油缸、液压管路及液压控制系统等。

②后背、中继间、导轨、顶铁、小推车、机头（掘进机、工具管等）。

③顶管工作坑平台、照明设备、排水设备、通风设备、测量仪器。

（3）作业条件：

顶管工作坑开挖与支护已完成。

3）操作工艺：

（1）工艺流程：

导轨安装→工作平台安装→垂直起重运输设备安装→顶进设备安装→检查验收

（2）操作方法：

①导轨安装：

导轨应根据管材规格选配相应钢轨作顶进导轨。应在检验合格的基础上安装枕木，在检验合格的枕木上安装导轨。

当工作坑底土质松软，或管子质量大时，应浇筑水泥混凝土基础，将枕木埋于混凝土中。宜结合管道基础设计，确定混凝土面的高程及宽度，水泥混凝土基础的宽度宜比管外径大 40cm，厚度可采用 20～30cm，混凝土基础顶面应低于枕木上顶面 1～2cm。当工作坑底土质坚实，可挖土槽埋设枕木。枕木长度一般 2~3m，其埋设间距可根据管重、顶力和土质选取，一般 50cm。

2 根导轨应顺直，2 根导轨的内距按下式计算：

$$A = 2\{(D_1/2)^2 - [D_1/2 - (h-e)]^2\}^{\frac{1}{2}}$$
$$= 2\{[D_1 - (h-e)](h-e)\}^{\frac{1}{2}}$$

式中　A —— 2 导轨内距（mm）；

　　　D_1 —— 管外径（mm）；

　　　h —— 导轨高（mm）；

　　　e —— 管外底距枕木面的距离（mm）。

②工作平台安装：

工作平台应按施工方案设计图要求支搭。工作平台承重主梁应根据管重及其他附加荷载计算选用，主梁两端支搭在工作坑壁外不小于 1.2m。必须根据起吊设备能力及起吊物质量核算起重架；支搭于工作平台上的起重架，安装牢固，并设防雨棚。工作坑上的平台孔口必须安装护栏，设专用人行爬梯。

③垂直起重运输设备安装：安装前必须对卷扬机、电动葫芦等起重设备进行全面检查，设备完好，方可安装。电动葫芦起重能力应与行走梁匹配。起重设备安装后在正式作业前必须试吊，吊离地面 10cm 左右时，检查重物、设备有无问题，确认安全后方可起吊。起重设备设专人检验、安装，并必须符合安全操作规程。

④顶进设备安装施工：安装前应对液压油缸、高压油泵、液压管路控制系统等进行检查，设备完好，方可安装。应根据顶管坑的施工设计，安装高压油泵、管路及控制系统。油泵宜设置在液压油缸附近；油管应直顺、转角少；油泵应与液压油缸相匹配，并应有备用油泵。液压油缸的油路应并联，每台液压油缸应有进油、退油的控制系统。液压油缸的着力中心宜位于管总高的 1/4 左右处，且不小于组装后背高度的 1/3。使用多台液压油缸时，各液压油缸中心应与管道中心线对称。各液压油缸的油管应并联。工具管，应在导轨、工作平台、垂直起重设备安装完成后进行安装；安装前应对设备进行检查，使其处于完好状态。顶铁应放置在工作坑内顶进方向的两侧，摆放整齐，方便安装。顶铁应有足够的刚度，宜采用铸铁成型或型钢焊接成型。顶铁长短搭配满足顶进需要，外形尺寸规整，顶面与轴线垂直。安装后的顶铁轴线应与管道轴线平行、对称，顶铁与导轨和顶铁之间的接触面不得有泥土、油污。更换顶铁时，应先使用长度大的顶铁；顶铁的允许连接长度，应根据顶铁的截面尺寸确定。当采用截面为 20cm×30cm 顶铁时，双行使用的长度不得大于 2.5m，且应在中间加横向顶铁相联。顶铁与管口间应采用缓冲材料垫衬。顶力过大时，可采取 U 形或环形顶铁等措施，减少管节承压面压力。

4）质量标准：

（1）《给水排水管道工程施工及验收规范》GB 50268—2008 导轨及设备的安装质量应符合下列要求：

①枕木的安装高程宜低于管外底高程 1~2cm，间距均匀，其铺装纵坡应与管道纵坡一致。2 根导轨应直顺、平行、等高，导轨安装牢固，其纵坡与管道设计坡度一致。

②导轨、高程及内距允许偏差为±2mm；中心线允许偏差为 3mm，顶面高程允许偏差为 0~＋3mm。

③顶进设备液压系统应符合施工设计要求，管路连接不得漏油，压力表应经过校验合格。

④起吊设备各连接部件应牢固可靠，电动葫芦应检验合格，限位装置齐全有效，起吊索具（吊钩、钢丝绳）经检验合格、安全可靠。

（2）根据《排水管（渠）工程施工质量检验标准》DBJ 01-13—2004，见表 2-6-58。

项　目		规定值或允许偏差（mm）	检验频率		检验方法
			范围	点数	
导轨	水平扭转度	0.1%L	每座	1	
	内距	±2		1	用尺量
	中心线	≤3		1	用经纬仪
	顶面高程	0　+3		1	用水准仪

注：1. H 为后背墙高度（mm），L 为后背墙长度（mm）；

　　2. 本表项目只作分项工程检验，不参与分部及单位工程检验。

5）质量记录：施工通用记录。

6）安全与环保：

（1）工作坑的总电源闸箱及用电设备，应执行三相五线制，且必须安装漏电保护装置，工作坑及管内必须使用 36V 以下的照明设备。

（2）起重设备安装后在正式作业前应试吊，吊离地面 10cm 左右，检查重物、设备有无问题，确认安全后方可起吊。

（3）起重设备专人检验、安装，持证上岗，并必须符合有关安全操作规定。

（4）在油压系统下应设隔油层，以免造成污染。

2-6-59　管道顶进施工工艺是怎样的？

答：1）适用范围：适用于采用普通人工掘进顶管施工的顶进施工。

2）施工准备：

（1）材料要求：

①钢筋混凝土管材：分为钢筋混凝土双插口及企口管，其品种、规格、外观质量、强度等级必须符合设计要求，混凝土强度等级不宜低于 C50，抗渗等级不应低于 P8，并具有出场合格证。

②橡胶圈、橡胶垫、钢套环应符合设计要求，具有出厂合格证。

③方木、型钢、钢板、棚架。

④其他材料：密封胶、油麻、石棉、膨胀剂、水泥（少量）等，其质量应符合有关规定要求，水泥、膨胀剂应有产品合格证和出厂检验报告，进场后应取样试验合格。

（2）施工机具（设备）：

①顶进设备：液压泵、液压油缸、液压管路及液压控制系统等；

②后背、导轨、中继间、顶铁、小推车、工具管等。

③顶管工作坑平台、照明设备、排水设备、通风设备。

（3）作业条件：

①全部设备已经过检查，并经试运行确认正常。

②首节管在导轨上的中心线、坡度、高程应符合导轨设备安装规定。

3）操作工艺

（1）工艺流程：

压注触变泥浆

↓

测量放线→首节管空顶就位→初始顶进→管道顶进→回填注浆→检查验收

↑

顶进测量

（2）操作方法：

①首节管空顶就位后，采用钢木支架、立板密撑时，应采取措施保持洞口上方支撑稳固。采用锚喷护壁时，应先拆除洞口护壁结构，拆除时注意洞门尺寸，保持混凝土完整。在不稳定土层中顶管时，封门拆除前，对封门背后土体进行注浆加固，封门拆除后将工具管立即顶入土层内。

②初始顶进施工：封门拆除后，初始顶进5～10m范围内，应增加测量密度，首节管允许偏差为：轴线位置3mm；高程0～+3mm。当接近允许偏差时，应采取措施纠偏。

③人工挖土顶管时，管前挖土长度，土质良好，在正常顶管地段，可超越管端30～50em；在土质不良地段，开挖超越管端距离，不得大于30em。在正常顶管地段，管顶部位最大超挖量宜控制在1.5cm左右；管底部位135°范围内不得超挖。在不允许土层下沉的顶管地段，管子周围不得超挖。管前挖土人员应在管内操作。土质不良，管前应加工具管。严禁挖土人员在工具管外进行作业。人工挖土前，应先将工具管刃口部分切入周边土体中，挖土应根据地层条件，辅以必要的降水或注浆加固等措施。铁路道轨下不得超越管端以外10cm，并随挖随顶，在道轨以外不得超过30cm，同时应符合管理单位对挖掘、顶进的有关规定。

④顶进测量顶管施工测量应建立平面与地下测量控制系统，控制点应设在不易扰动、视线清楚、方便校核且易于保护处。应严格执行测量放样复核制度，每次测量前，要先检查测量标志点是否移动。在顶首节管及校正偏差过程中，应按顶进及纠偏方案及时对中心线及高程进行测量；在正常顶进中，每顶进50～100cm测量一次。顶距在60m范围内，中心线测量宜根据工作坑内设置的中心桩挂设中心线，利用特制的中心尺，测量首节管前端的中心偏差；顶距超过60m时，宜使用经纬仪测量中心线或采用激光经纬仪和光栅靶测量。高程测量，应使用水准仪和特制的高程尺进行，除测量首节管前端管底高程，还应测量首节管后端管底高程，以掌握首节管的坡度；工作坑内应设置稳固的水准点2点，供测量高程时互相闭合。一个顶管段完成后，应测量一次管道中心线和高程；每个接口应测1点，有错口时测2点，并形成文件。应在顶进中依据测量结果进行纠偏；纠偏应遵循小角度渐近方式，使顶进管段逐渐复位；工具管产生转角时的复位应遵循渐近原则。人工挖土顶管，当测量结果发现管道顶进中出现偏差趋势，即应开始进行纠偏；纠偏过程中应增加测量密度；每10～20cm测量一次；不得硬行纠正调整；根据土质及偏差数值，可采用挖土法、支顶法等纠偏方式。顶铁与管口之间应采用缓冲材料衬垫。顶力作用下，管节承压面的应力接近其设计抗压强度时，应采用U形或环形顶铁等措施，减少管节承压面的应力。在顶进过程中，发生塌方或遇到障碍、后背倾斜或严重变形、顶铁发现扭曲迹象、管位偏差过大，且校正无效、顶力较预计增大，接近管节端面许可承受的顶力，应立即停止顶进，及时采取措施，处理完善后，再继续顶进。液压油缸及出土运输机械的操作人员，应听从挖土指挥人员的指挥。

顶钢筋混凝土管时，两管接口处应加衬垫，采用T形钢套环形橡胶圈防水接口时，水泥混凝土管节表面应光洁、平整、无砂眼和气泡；接口尺寸符合规定；钢套环尺寸符合设计规定，接口无疵点，焊接接缝平整，肋部与钢板平面垂直，且应按设计规定进行防腐处理；橡胶圈应符合有关规程规定；安装前应保持清洁，无油污，且不得在阳光下直晒。

在软土层中顶进混凝土管时，为增加导向性，可将前3～5节管与工具管联成一体。

顶进作业时，禁止进行工作坑内的垂直运输；进行垂直运输时，禁止顶进作业。

对顶施工，在两管端相距约2m时，宜从两端中心掏挖小洞，使两管能通视，校核两管中心线及高程，进行纠偏、对口。

⑤顶管终止顶进后，应对管外壁与土层间形成的空隙或触变泥浆层进行充填、置换，保障被穿越的地面构筑物安全。应由管内均匀分布的注浆孔向外侧空隙压注浆液。

⑥顶进过程顶铁应无歪斜扭曲现象，安装应顺直；每次退回液压油缸活塞换放顶铁时，应换

用可能安放的最长顶铁；在顶进过程中，顶铁上方及侧面不得站人，并随时观察，顶铁有错位、扭曲迹象时，必须采取措施，防止崩铁；顶进应昼夜三班连续施工，除不可抗拒情况外，不得中途停止作业。

4）质量标准：

根据《给水排水管道工程施工及验收规范》GB 50268—2008：管内清洁，管节无破损，顶管允许偏差见表2-6-59（1）。

顶进管道允许偏差（mm）　　　　　　　　　　　　　　　　　　表2-6-59（1）

项　目		允许偏差
轴线位置		50
轴线内底高程	$D<1500$	+30，−40
	$D\geqslant1500$	+40，−50
相邻管间错口	钢管道	$\leqslant2$
	钢筋混凝土管道	15%壁厚且不大于20
对顶时两端错口		50

根据《排水管（渠）工程施工质量检验标准》DBJ 01-13—2004：

（1）主控项目：管道外壁与土体的空隙必须进行注浆。

（2）一般项目：

①接口必须严密、平顺。

②管内不得有泥土、石子、砂浆、砖块、木块等杂物。

③顶进管道允许偏差见表2-6-59（2）。

顶进管道允许偏差表　　　　　　　　　　　　　　　　　　表2-6-59（2）

序号	项　目		允许偏差（mm）	检验频率		检验方法
				范围	点数	
1	中线位移	$D<1500$	$\leqslant30$	每节管	1	测量并查阅测量记录，有错口时，测2点
2		$D\geqslant1500$	$\leqslant50$			
3	管内底高程	$D<1500$	+10，−20	每节管	1	用水准仪测量有错口时测2点
4		$D\geqslant1500$	+20，−40			
5	相邻管间错口	$D<1500$	$\leqslant10$	每个接口	1	用尺量
6		$D\geqslant1500$	$\leqslant20$			
7		钢　管	$\leqslant2$			
8	对顶时管节错口		$\leqslant30$	对顶接口	1	用尺量

注：1. 表内D为管径（mm）；

　　2. 管内底高程：如管径小于1500mm的最大超差超过100mm；管径不小于1500mm的最大超差超过150mm时，均应返工重做。

5）质量记录：

顶管施工记录。

6）安全与环保：

（1）顶进时，顶铁上方及侧面不得站人，并应随时观察有无异常迹象。

（2）进入现场戴安全帽和使用相应的防护用品。

（3）在出土和吊运材料时，设备下严禁站人。

（4）采取措施使机械噪声量控制在规定范围之内，防止噪声扰民。

（5）渣土分类堆放，及时消纳。

（6）在现场出入口设立清洗设备，对运土车辆进行冲洗和覆盖，避免运土车辆污染社会道路及扬尘。

7）成品保护：

（1）为防止管端破损，应在顶进过程中认真控制好方向，纠偏不要大起大落。

（2）为防止管接口渗漏，在吊装过程中应采用专用吊具，严禁用钢丝绳直接套入管口吊运，以防损坏管口及钢套环。

（3）为防止地面沉降，应严格控制超挖量，顶进完成后要及时进行注浆。

2-6-60 排水管道闭水试验工艺是怎样的？

答：1）适用范围：污水、雨污水合流及湿陷土、膨胀土地区的雨水管道，倒虹吸管或设计要求闭水的其他排水管道。

2）施工准备：

（1）材料要求：现场水源满足闭水需求，不得影响其他用水。

（2）施工机具设备：（略）。

（3）作业条件：

①管道及检查井外观质量已检查合格。

②管道未回填土且沟槽内无积水。

③全部预留孔洞应封堵不得漏水。

④管道两端堵板承载力经核算并能安全承受试验水压的合力；除预留进出水管外，应封存坚固不得漏水。

⑤现场水源应满足闭水满足，不得影响其他用水，并选好排放水的质量，不得影响附近环境。

（4）技术准备：施工操作人员已获得技术、安全及环境交底。

3）操作工艺：

（1）工艺流程：

施工准备→试验分段（从上游往下游进行）→试验水头→试验步骤→渗水量计算。

（2）操作方法：

①全部预留孔洞已封堵完毕，管道两端堵板承载力经核算能够安全承受试验的压力受力。现场水源满足闭水需要，排水出路已确定，见图 2-6-60。

②试验管段应按距井距分离，长度不应大于 3～4 个井段，带井试验。

③试验段上游设计水头不超过管顶内壁时，试验水头从试验段上游管顶内壁加 2m 计；试验段上游设计水头超过管顶内壁时，试验水头从试验段上游设计水头加 2m 计；当计算出的试验水头超过上游检查井井口时，试验水头以上游检查井井口高度为准。

④将试验段管道两端的管口封堵，管堵如采用砌体，必须养护 3～4d 达到一定强度后，再向闭水井段的检查井内注水；试验管段灌满水后浸泡时间不少于 24h，使管道充分浸透；当试验水头达规定水头开始计时，观察得管道渗水量，直至观测结束时，应不断向试验管段内补水。保持实验水头恒定。渗水量观测时间不得小于 30min。

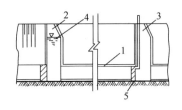

图 2-6-60 排水管道闭水试验示意图
1—试验管段；2—下游检查井；3—上游检查井；4—规定闭水水位；5—砖堵

⑤实测渗水量按以下公式计算：$q = W/T \times L$

式中　q——实测渗水量$[L/(min \cdot m)]$；

　　　W——补水量(L)；

　　　T——实测渗水量观测时间(min)；

　　　L——试验管段长度(m)。

（3）冬雨期施工措施：

①冬季闭水时应对所闭水井段采取相应的保温措施，闭水完成后及时将管道内的水排空，同时进行土方回填。

②雨期闭水完成后应及时进行土方回填，以防漂管。

4）质量标准：

《排水管渠工程施工质量检验标准》DBJ 01-13—2004规定：

（1）主控项目：

①污水管（渠）雨污水各流管（渠），倒虹吸管和设计有闭水要求的其他排水管（渠）道，必须进行闭水试验。

②闭水试验的管（渠）段应按井距分隔带井试验。管（渠）道外观不得有漏税现象。实测渗水量必须小于或等于标准试验水头的允许渗水量。

（2）一般项目：

①闭水试验必须在管（渠）还土前且沟槽内无积水时进行。

②排水管（渠）闭水试验频率见表2-6-60（1）。

③排水管（渠）标准试验水头/闭水试验允许渗水量见表2-6-60（2）。

排水管（渠）闭水试验频率表　　　　　　　　　　表2-6-60（1）

序号	项　目		允许偏差	检验频率		检验方法
				范　围	点数	
1	倒虹吸管		渗水量不大于表37.1.4-1的规定	每道	1	灌水计算渗水量
2	管径（mm）	$D<700$		每个井段	1	
3		$D=700\sim2400$		每三个井段抽查一段	1	
4		$D=2500\sim3000$		每三个井段抽查一段	1	

注：1. 管径700～2400mm，检验频率按表2-6-60（1）规定，如工程不足三井段时，可抽查1个井段，不合格者全线进行闭水检验；

　　2. 管径2500～3000mm，检验频率按表2-6-60（1）规定，不合格者，加倍抽取井段再做检验，如仍不合格者，则全线进行闭水检验；

　　3. 如现场缺少试验用水时，当管径小于700mm，可按井段数量的1/3抽检进行闭水试验，但必须经建设、设计、监理单位确认。当现场水源确有困难，可采用单口试压方法，但是须确认管材符合设计要求后，才能进行单口试压。（单口试压标准参见相关标准）。

排水管（渠）标准试验水头闭水试验允许渗水量　　　　　表2-6-60（2）

管径(mm)	排水管（渠）允许渗$[m^3/(24h \cdot km)]$	管径(mm)	排水管（渠）允许渗$[m^3/(24h \cdot km)]$
200	17.60	700	33.00
300	21.62	800	35.35
400	25.00	900	37.50
500	27.95	1000	39.52
600	30.60	1100	41.45

管径(mm)	排水管(渠)允许渗[m³/(24h·km)]	管径(mm)	排水管(渠)允许渗[m³/(24h·km)]
1200	43.30	1700	51.50
1300	45.00	1800	53.00
1400	46.70	1900	54.48
1500	48.40	2000	55.90
1600	50.00		

注：1. 当管道工作压力小于0.1MPa，应按设计要求进行闭水试验。当管道工作压力不小于0.1MPa，应按压力管道试验方法进行水压试验。

2. 试验段上游设计水头不超过管顶内壁时，试验水头以试验段上游管顶内壁加2m作为标准试验水头。

3. 试验段上游设计水头超过顶管内壁时，试验水头以试验段上游设计水头加2m。

4. 当计算出的试验水头小于10m，但超过上游检查井井口时，试验水头以上游检查井井口高度为准，但不得小于0.5m。

5）质量记录：

见《市政基础设施工程资料管理规程》DBJ-71—2003；

污水管道闭水试验记录。

6）安全与环保措施：

(1) 管道结构达到设计强度，外观验收合格后，沟槽未还土的条件下及时进行闭水试验。

(2) 管端封堵前和向管段内放水前，必须检查管道内状况，确认管道内无人后方可封堵或放水。

(3) 试验管段两端的堵板应经验算，能承受闭水试验的内水压力堵板上应设进出水闸阀。

(4) 试验管段的检查井和危险部位，夜间应设警示灯。

(5) 试验人员由沟槽至检查井观测渗水量时，应站在架设的临时便桥上操作，不得站在井壁上双侧。闭水试验期间，无关人员不得进入临时便桥接近双侧井。

(6) 闭水试验合格后，应将试验管段的及时排到规定排水口，不得污染周边环境及水源，并拆除堵板。

(7) 闭水试验合格并排出管、井内的水后，必须盖牢检查井盖，并进行管道回填土。

2-6-61 排水管道的闭水（气）试验要点有哪些？

答：生活污水、工业废水、雨污水合流管道，倒虹吸管或设计要求作闭水试验的其他排水管道，必须作闭水试验。直径为300～800mm的混凝土排水管道，如施工现场水源确有困难，水源缺乏时，亦可采用闭气方法检验排水管道的严密性。

1）试验前的检查

在排水管道作闭水试验前，应对管线及沟槽等进行检查，检查结果应符合以下条件：

(1) 排水管道及检查井的外观质量及"量测"检验均已合格。

(2) 排水管道未回填土且沟槽内无积水。

(3) 全部预留孔洞应封堵不得漏水。

(4) 管道两端的管堵应封堵严密、牢固，下游管堵设置放水管和闸门，管堵可用充气堵板和砖砌堵头。

(5) 现场的水源应满足闭水需要。

排水管道作闭水试验，应尽量从上游往下游分段进行，上游段试验完毕，可往下游段充水，逐段试验以节约用水。闭水试验的方法可分为带井闭水试验和不带井闭水试验两种，一般采用带井闭水试验，见图2-6-61。

管道及沟槽等具备了闭水条件，即可进行管道带井闭水试验，非金属排水管道试验分段长度不宜大于500m。带井闭水试验如图2-6-61所示。

试验前，管道两侧管堵如用砖砌，必须养护3～4d达到一定强度后，再向闭水管段的检查井内注水。闭水试验的水位，应为试验段上游管内顶以上2m，如井高不足2m，将水灌至近上游井口高度。注水过程中，应检查管堵、管道、井身，若无渗漏，再浸泡管道达检查井1～2d，然后进行闭水试验。

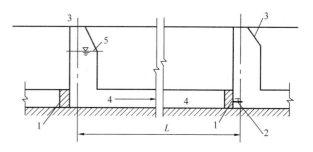

图2-6-61　带井闭水试验
1—闭水堵头；2—放水管和阀门；3—检查井；
4—闭水管段；5—规定闭水水位

2）闭水试验

将水灌至规定的水位，开始记录，同时向管内注水，始终保持2m的作用水头；对渗水量的测定时间为30min，记录注水水量（记为q），则渗水量计算公式为：

$$Q = 48000q/L$$

式中　Q——每公里管道每天渗水量，$m^3/(km \cdot d)$；

　　　q——闭水管段30min的渗水量，m^3；

　　　L——闭水管段长度，m。

当Q小于等于规定允许渗水量时，即为合格。允许渗水量见表2-6-61。

排水管道闭水试验允许渗水量　　　　　　　　　　　表2-6-61

管径 （mm）	允许渗水量			
	陶土管		混凝土管、钢筋混凝土管	
	$m^3/(km \cdot d)$	$L/(m \cdot h)$	$m^3/(km \cdot d)$	$L/(m \cdot h)$
150 以下	7	0.3	7	0.3
200	12	0.5	20	0.8
250	15	0.6	24	1.0
300	18	0.7	28	1.1
350	20	0.8	30	1.2
400	21	0.9	32	1.3
450	22	0.9	34	1.4
500	23	1.0	36	1.5
600	24	1.0	40	1.7
700			44	1.8
800			48	2.0

2-6-62　排水管道闭气试验工艺是怎样的？

答：1）适用范围：本试验方法适用于排水管道在回填土之前，地下水位低于管外底150mm，直径300～1200mm的混凝土排水管道（承插口、企口、平口）；环境温度为－15～50℃；在下雨时，不得进行闭气试验。

2）施工准备：

材料与试验设备见表 2-6-62（1）。

管道闭气试验材料工具设备表　　　　　　　表 2-6-62（1）

序号	名　　称	规　　格	数　　量
1	管道密封管堵	$\phi300\sim\phi1200$mm	各 2 个
2	空气压缩机	ZV-0.1～0.3/7 型	1 台
3	打气筒	—	1 个
4	膜盒压力表	0～4000Pa	1 个
5	普通压力表	0～0.4MPa	2 个
6	喷雾器	工农 16 型	1 个
7	秒表	—	1 块
8	砂轮、扳手、刷子等	—	适当配备
9	发泡液	—	按需配备

（1）作业条件：

①管道闭气试验材料及工具设备已到场，经检验合格，数量及能力满足试验需要。

②试验管段外观、质量已检验合格。

③管道密封管堵板已到场，经检验符合技术要求，其承载力核算能安全承受试验气压力合力。

（2）技术准备：

施工操作人员已获得技术、安全交底，掌握闭气试验的步骤及方法、顺序。

3）操作工艺：

（1）工艺流程：

闭气试验的工艺流程，见图 2-6-62。

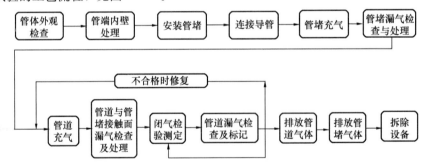

图 2-6-62　闭气试验工艺流程

（2）操作方法：

①管堵安装：对闭气试验的排水管道两端与管堵接触部分的内壁应进行处理，使其清洁光滑。分别将管堵安装在管道两端，每端接上压力表和充气嘴。用打气筒给管堵充气，加压至 0.15～0.20MPa，将管道密封，并用喷雾器喷洒发泡液检查管堵对管口的密封情况并处理。

②管道充气：用空气压缩机向管道内充气 3000Pa，关闭气阀，使气压趋于稳定；用喷雾器喷洒发泡液检查管堵对管口的密封情况，管堵对管口完全密封后，观察管体内的气压；管体内气压从 3000Pa 降至 2000Pa，历时不少于 5min；即可认为稳定。气压下降较快时，可适当补气。下降太慢时，可适当放气。

③检验（试验）根据不同管径的规定闭气时间，测定并记录管道内气压从 2000Pa 下降后的

压力表读数，其下降到1500Pa的时间不得少于表1890-3的规定。闭气试验不合格时，应进行漏气检查、修补、复检。

④卸堵：管道闭气试验完毕，首先排除管道内的气体，再排除管堵内的气体最后卸下管堵。

（3）冬雨期施工：

①冬期施工应对所闭气试验管端，使用设备及材料采取相应保温措施。

②雨期施工需采取相应的防雨措施，下雨时不得进行闭气试验。

4）质量标准：

（1）主控项目：

①污水管（渠）、雨污水合流管（渠）、倒吸虹管和设计有闭气要求的其他排水管（渠）道，必须进行闭气试验。

②闭气管充气必须达到规定压力值（0.15～0.20MPa），2min后应无压降，并保持压力稳定。

③管道内充气至规定之预升压力（3000Pa），稳定压力为由预升压力下降到试验压力（2000Pa）的压降时间应不少于5min，方可进行试验。

（2）一般项目：

①管道内气压趋于稳定过程中，用喷雾器喷洒发泡液，检查管堵对管口的密封不得出现气泡。发泡液配合比参考表见表2-6-62（2）。

②当管接口及管壁漏气部位较多时，管内压力下降过快时应及时进行补气，以便作详细检查。

③排水管道闭气试验允许偏差见表2-6-62（3）。

④排水管道闭气试验标准见表2-6-62（4）。

发泡液配合比参考表　　　　　　表 2-6-62 （2）

温度（℃）	水（kg）	TIF-表面活性剂（kg）	M3-防冻剂（kg）
0 以上	100	0.4	—
−5～0	100	4.9	17.5
−5～−10	100	5.9	42.4
−10～−15	100	7.1	71.4

排水管道闭水试验允许偏差　　　　　　表 2-6-62 （3）

项　目	允许偏差(s)	检验频率		检验方法
		范围	点数	
管径 300～1200mm	符合表1890-4规定	井段	1	参见闭水试验

注：$DN1200mm$以下的排水管道如采用闭气试验时，其检查井应进行闭水试验，允许渗水量可参照式 $Q_P = 6.366p + 12 [m^3/(d \cdot km)]$ 计算；式中 p—断面周长(m)。

排水管道闭气试验标准　　　　　　表 2-6-62 （4）

序号	管道 DN （mm）	管内气体压力（Pa）		规定标准闭气时间 S （′″）
		起点压力	终点压力	
1	300	—	—	1′45″
2	400			2′30″

序号	管道 DN (mm)	管内气体压力(Pa)		规定标准闭气时间 S (′″)
		起点压力	终点压力	
3	500			3′15″
4	600			4′45″
5	700			6′15″
6	800			7′15″
7	900			8′30″
8	1000			10′30″
9	1100			12′15″
10	1200	2000	≥1500	15′
11	1300			16′45″
12	1400			19′
13	1500			20′45″
14	1600			22′30″
15	1700			24′
16	1800			25′45″
17	1900			28′
18	2000			30′
19	2100			32′30″
20	2200			35′

注：时间单位为(s)。

5) 质量记录，管道闭气试验记录见表 2-6-62（5）。

管道闭气试验记录表　　　　　　　　表 2-6-62（5）

工程名称	
施工单位	
起止井号	号井段至__号井段__共__m
管径	ϕ _ mm _管　　　接口种类

	试验次数	第__次 共__次	环境温度	℃

标准闭气时间 (s)				

≥1600mm 管道 的内压修正	起始温度 T_1 (s)	终止温度 T_2 (s)	标准闭气时间时 的管内压力值 P (Pa)	修正后管内气 体压降值△P (Pa)

检查结果	

施工单位：　　　　　　　试验负责人：
监理单位：　　　　　　　设计单位：
建设单位：　　　　　　　记录员：

6）安全与环保：

（1）闭气试验前，管道试验段必须划定作业区，并设围挡或护栏和安全标志，非施工人员不得入内。

（2）闭气试验装置及试验方法应符合《给水排水管道工程施工及验收规范》GB 50268—2008的规定。

（3）安装堵板时，止推器必须撑紧，确保堵板能承受试验气压和气体膨胀产生的组合压力。

（4）向管道内充气与试验过程中，作业人员严禁位于堵板的正前方。

7）成品保护措施：

（1）安装堵板时，应对管口进行有效保护，不得换位剔凿。

（2）闭气试验合格后，应将试验管段的气体及时排出，并拆除堵板。

2-6-63　闭水法试验有哪些规定？

答：1）闭水法试验应按下列程序进行：

（1）试验管段灌满水后浸泡时间不应少于 24h；

（2）试验水头应按规范的规定确定；

（3）当试验水头达规定水头时开始计时，观测管道的渗水量，直至观测结束前，应不断地向试验管段内补水，保持试验水头恒定。渗水量的观测时间不得小于 30min；

（4）实测渗水量应按下式计算：

$$q = \frac{W}{T \cdot L}$$

式中　　q——实测渗水量，L/(min·m)；

　　　　W——补水量，L；

　　　　T——实测渗水观测时间，min；

　　　　L——试验管段的长度，m。

2）闭水试验应作记录，记录表格应符合表 2-6-63 的规定。

管道闭水试验记录表　　　　　　　　　　　　　　　表 2-6-63

工程名称			试验日期		年　月　日	
桩号及地段						
管道内径 （mm）	管材种类		接口种类		试验段长度(m)	
试验段上游设 计水头(m)	试验水头 （m）		允许渗水量[m³/(24h·km)]			
渗水量测定记录	次数	观测起始时间 T_1	观测结束时间 T_2	恒压时间 T(min)	恒压时间内补入 的水量 W(L)	实测渗水量 q[L/(min·m)]
	1					
	2					
	3					
	折合平均实测渗水量[m³/(24h·km)]					
外观记录						
评语						

施工单位：　　　　　　试验负责人：

监理单位：　　　　　　设计单位：

建设单位：　　　　　　记录员：

2-6-64　注水法试验有哪些规定？

答：1）压力升至试验压力后开始计时，每当压力下降，应及时向管道内补水，但最大压降不得大于 0.03MPa，保持管道试验压力恒定，恒压延续时间不得少于 2h，并计量恒压时间内补入试验管段内的水平；

2）实测渗水量应按下列公式计算：

$$q = \frac{W}{T \cdot L} \times 1000$$

式中　q——实测渗水量，L/(min·km)；

　　　W——恒压时间内补入管道的水量，L；

　　　T——从开始计时至保持恒压结束的时间，min；

　　　L——试验管段的长度，m。

3）注水法试验应进行记录，记录表格可见表 2-6-64 的规定。

注水法试验记录表 表 2-6-64

工程名称			试验日期		年　月　日	
桩号及地段						
管道内径 （mm）	管材种类	接口种类		试验段长度(m)		
工作压力 （m）	试验压力 （MPa）	15min 降压值 （MPa）		允许渗水量[L/(min·km)]		
渗水量测定记录	次数	达到试验压力的时间 t_1	恒压结束时间 t_2	恒压时间 T(min)	恒压时间内补入的水量 W(L)	实测渗水量 q[L/(min·m)]
	1					
	2					
	3					
	折合平均实测渗水量[L/(min·km)]					
外　观						
评　语						

施工单位：　　　　　　　试验负责人：

监理单位：　　　　　　　设计单位：

建设单位：　　　　　　　记录员：

2.7　盾构法施工

2-7-1　盾构法是什么？

答：盾构又称盾甲，是指在不破坏地面情况下，进行地下掘进和衬砌的一种施工设备。一般适宜大管径（大于 2m 以上）异型沟道断面。可用于地下铁道、水底隧道、城市地下综合管廊及地下给排水管沟的修建工程。

盾构施工时所需要顶进的是盾构本身，故在同一土层顶进时，顶力不变，因此盾构法施工不受顶进长度限制。操作安全，可在盾构结构的支撑下挖土和衬砌。可严格控制正面开挖，加强衬砌背面空隙的填充，可控制地面的沉降。

盾构构造有几部分？

盾构结构一般为一钢筒，共分三部分：前部为切削环、中部为支撑环、尾部为衬砌环，如图2-7-1（1）所示。

1）切削环

切削环位于盾构的最前端，为了便于切土及减少对地层的扰动，在它的前端做成刃口型，称为刃脚，在其内部可安装挖掘设备。

盾构开挖分开放式和密封式。当土质稳定，无地下水，可用开放式；而对松散的粉细砂，液化土等不稳定土层时，应采用封闭式盾构；当需要支撑工作面，可使用气压盾构或泥水加压盾构。这时切削环与支撑环之间设密封隔板分开。

2）支撑环

支撑环位于切削环之后，处于盾构中间部位，是盾构结构的主体，承受着作用在盾构壳上的大部分土压力，具有较大的刚度，在它的内部，沿壳壁均匀地布置千斤顶，如图2-7-1（2）所示。每个千斤顶连接进油和回油管路。进油管与分油箱相连，高压油泵向分油箱提供高压油。为了便于顶进和纠偏，可将全部千斤顶分成若干组，装设闸门转换器，用来分组操作。另外在每根进油管上装设阀门，可分别操纵每个千斤顶。

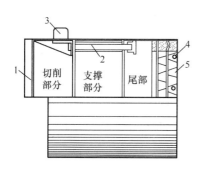

图 2-7-1（1）　盾构构造

1—刀刃；2—千斤顶；3—导向板；4—灌浆口；5—砌块

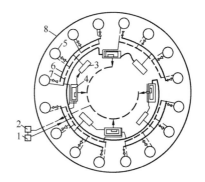

图 2-7-1（2）　千斤顶及液压系统图

1—高压油泵；2—总油箱；3—分油管；4—阀门转换器；5—千斤顶；6—进油管；7—回流管；8—盾构外壳

此外，大型盾构还将液压、动力设备、操作系统、衬砌机等均集中布置在支撑环中。在中小型盾构中，也可把部分设备放在盾构后面的车架上。

3）衬砌环

衬砌环位于盾构结构的，最后，它的主要作用是掩护衬砌块的拼装，并防止水、土及注浆材料从盾尾间隙进入盾构。衬砌环应具有较强的密封性，其密封材料应耐磨、耐拉并富有弹性。常用的密封形式有单纯橡胶型、橡胶加弹簧钢板型、充气型和毛刷型，但效果均不理想，故在实际工程中可采用多道密封或可更换的密封装置。

2-7-2　盾构施工要点有哪些？

答：1）施工准备工作

盾构施工前应根据设计图纸和有关资料，对施工现场进行全面勘查，根据地形、地质、周围环境及设备情况编制盾构施工方案，并按施工方案进行准备。

施工方案所包括的内容有：盾构的选型、制作与安装；工作坑的结构形式、位置的选择及封门设计；管片的制作、运输、拼装、防水及注浆等；施工现场临时给排水、供电、通风的设计；施工机械设备的选型、规格及数量；垂直运输及水平运输布置；盾构进出土层情况及挖土、出土方法；测量监控；施工现场平面布置；安全保护措施等。

2）盾构工作坑

盾构施工也应设置工作坑。用于盾构开始顶进的工作坑叫起点井。施工完毕后，需将盾构从地下取出，这种用于取出盾构设备的工作坑叫做终点井。如果顶距过长，为了减少土方及材料的地下运输距离或中间需要设置检查井、井站等构筑物时，需设中间井。

工作坑的形式及尺寸的确定方法与顶管工作坑相同，既要满足顶进设备的要求，更要保证安全，防止塌方。一般工作坑较浅时，用板桩支撑；工作坑较深时，可采用沉井或地下连续墙结构。

3）盾构顶进

盾构设置在工作坑的导轨上顶进。盾构自起点井开始至其完全进入土中的这一段距离是借另外的液压千斤顶顶进的，如图 2-7-2（1）（a）所示。

盾构正常顶进时，千斤顶是以砌好的砌块为后背推进的。只有当砌块达到一定长度后，才足以支撑千斤顶。在此之前，应临时支撑进行顶进。为此，在起点井后背前与盾构衬砌环内，各设置一个直径与衬砌环相等的圆形木环，两个木环之间用圆木支撑，如图 2-7-2（1）（b）所示。第一圈衬砌材料紧贴木环砌筑。当衬砌环的长度达到 30～50m 时，才能起到后背作用，方可拆除圆木。

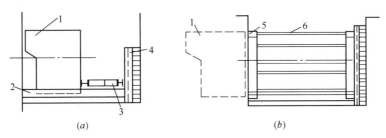

图 2-7-2（1）　始顶工作坑
（a）盾构在工作坑始顶；（b）始顶段支撑结构
1—盾构；2—导轨；3—千斤顶；4—后背；5—木环；6—撑木

盾构机械进入土层后，即可起用盾构本身千斤顶，将切削环的刃口切入土中，在切削环掩护下挖土。当土质较密实，不易坍塌时，也可以先挖 $0.6～1m$ 的坑道，而后再顶进。挖出的土可由小车运到起始井，最终运至地面。在运土的同时，将盾构块运至盾构内，待千斤顶回镐后，孔隙部分用砌块拼装。再以衬砌环为后背，启动千斤顶，重复上述操作，盾构便不断前进。

4）衬砌和灌浆

盾构砌块一般由钢筋混凝土或预应力钢筋混凝土制成，其形状有矩形、梯形和中缺形等，砌块的边缘有平口和企口两种，连接方式有用胶粘剂粘结及螺栓连结。常用的胶粘剂有沥青玛蹄脂、环氧胶泥等。

衬砌时，先由操作人员砌筑下部两侧砌块，然后用圆弧形衬砌托架砌筑上部砌块，最后用砌块封圆。各砌块间的粘结材料应厚度均匀，以免各千斤顶的顶程不一，造成盾构位置误差。同一砌环的各砌块间的粘结层厚度应严格控制，否则将使封圆砌块难以顶入。

衬砌完毕后应进行注浆。注浆的目的在于使土层压力均匀分布在砌块环上，提高砌块的整体性和防水性，减少变形，防止管道上方土层沉降，以保证建筑物和路面的稳定。

为了在衬砌后便于注浆，有一部分砌块带有注浆孔，如图2-7-2（2）。通常每隔3～5个衬砌环有一环设有注浆孔，即为注浆孔环，该环上设有4～10个注浆孔，注浆孔直径不小于36mm。注浆应多点同时进行。注浆量为环形空隙体积的150%，压力控制在0.2～0.5MPa之间，使孔隙全部填实。注浆完毕后，还需进行二次衬砌，二次衬砌随使用要求而定，一般浇筑细石混凝土或喷射混凝土，在一次衬砌质量完全合格后进行。

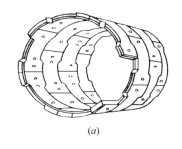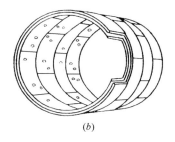

（a）　　　　　　　　　　　　　　（b）

图2-7-2（2）　盾构块形式注浆孔

（a）中缺形砌块；（b）矩形砌块

2-7-3　盾构施工有哪两大特点？

答：盾构是一个筒形的金属结构，在它的前部可以进行挖土工作，在其后部则可进行隧道的衬砌工作。盾构的移动是依靠本身的千斤顶和衬砌后的砌块作为临时后背而向前推进。

盾构施工有两大特点，一是盾构本身向前移动所需的顶力不变，因此，不受长度限制；另一是其衬砌不仅是管道本身的结构，而且也是工作巷道的支撑，因此，既可省略支撑用料，又可保证施工安全，进度也快。

盾构可用来衬砌成直径1.5m以上的隧道。

2-7-4　盾构构造的三部分各有什么作用？盾构形式的确定要考虑哪些因素？

答：1）盾构由三部分组成，如图2-7-4所示。

（1）切削环：其前端为环形刀刃，可借助千斤顶的顶力切入土中，并在它的掩护之下进行挖土；

（2）支撑环：位于盾构中部，为盾构的基本部分，其周围固定千斤顶。支撑环应具有足够的刚性，以承受作用于盾构上的绝大部分土压力。

（3）衬砌环：为盾构的尾部。

盾构断面形状多种多样，为修建管道所用的盾构多采用圆形断面。某优点是结构简单，衬砌部分式样一致，衬砌断面厚度较小，比较经济。

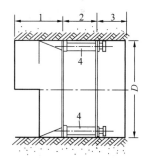

图2-7-4　盾构构造示意图

1—切削环；2—支承环；3—衬砌环；4—千斤顶；

D—盾构直径

2）盾构的形式多种多样，根据挖掘方式，可分为人工挖掘和机械挖掘；根据切削环与工作面的关系，可分为开放式和密闭式；尚有气压式和泥水压式盾构。确定盾构形式，要考虑土质、施工段长度，地面情况以及盾构的用途等因素。常用的多为人工挖掘的圆形盾构。

整体焊制的盾构，制造比较简单，重量也不大，直径2.5m的整体盾构总重不超过5t，直径3.6m的整体盾构，重量也不过8t左右。

2-7-5　手控式盾构有几个环状隔板？机动系数K的意义是什么？

答：人工挖掘式盾构，如图2-7-5所示。工人在切削环内开挖工作面的土方。切削环与支撑环（又可称支承环）之间及支撑环与尾环之间，均设有环状隔板，固定千斤顶。

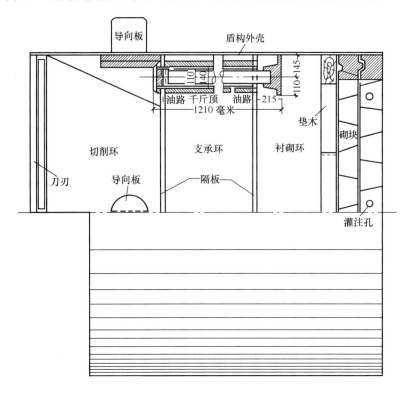

图 2-7-5　手控式盾构

盾构的长度 L 与直径 D 的比，称为机动系数 K，K 值越小，盾构的机动性越大，也就越容易产生偏差。根据经验，直径 3～3.5m 的盾构，其 K 值可在 0.75 左右，直径 1.5～2m 的盾构，其 K 值可取 1.0。

2-7-6　盾构尺寸的确定是怎样的？

答：1）盾构尾部衬砌环有效长，应为（2～2.5）a，（a 为砌环宽度，与盾构直径有关）；

2）盾构切削环长度，不计檐板长度。当盾构直径在 1.5～1.8m 时，以（2.5～3.0）a 为宜。

2.0～2.5m　　　　　　　（2.0～2.5）a

3.0～3.5m　　　　　　　（1.2～1.5）a

檐板长度可采用 0.3～0.5m，但不小于 a。

3）盾构支撑部分的全长应等于千斤顶的全长（不计及在尾部的突出部分）。

2-7-7　盾构千斤顶及其顶力计算是怎样的？

答：盾构千斤顶采用液压传动。千斤顶应分散布置在支撑环中，以分散压力，避免砌块被压坏。千斤顶的最小进程，当采用梯形砌块衬砌时，其进程应为 1.75a＋（5～10cm）

盾构千斤顶的总顶力应能克服盾构的外表面与土壤的摩擦力、切土阻力及尾部内表面与衬砌的摩擦力。

盾构外表面与土石的摩擦力，按入口挖土顶管的顶力计算，以盾构长度代顶管段长度，以盾构外径代被顶管外径，以盾构重量代被顶管的重量，以盾构刃口平均直径代被顶管子管口平均直径，以盾构刃口厚度代刃脚厚度（图 2-7-7）。

盾构尾部内表面与衬砌的摩擦力，可按下式计算：

$$T_s = f_2 Q L_1$$

式中　f_2——钢与衬砌的摩擦系数；

　　　Q——每米长衬砌的重量（t/m）；

　　　L_1——位于尾部内的衬砌段长度（m）。

2-7-8　盾构施工程序有哪些？竖井施工有什么要求？

答：1）盾构施工顶进是从起点竖井开始至终点竖井取出盾构。其施工程序包括修建竖井、盾构操作、衬砌、灌浆、测量与纠偏、取出盾构等几项。当盾构结构直径为 1.5～2.6m 时，竖井间距可采用不大于 140m，当直径为 3.0m 时，间距不大于 260m 竖井井位尽量选在检查井的井位上。当盾构顶进长度较大时，可修建中间竖井，用以出土和进料。

2）起点与终点竖井的尺寸，应考虑到盾构的外缘尺寸，导向板伸长长度等因素。

为防止竖井井壁坍塌，在竖井周围应作支撑。与盾构掘进方向相反的井壁，作有足够坚固的后座，对井壁挖口进行局部土层加固，可用泥浆管注浆加固，见图 2-7-8。

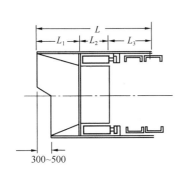

图 2-7-7　盾构长度

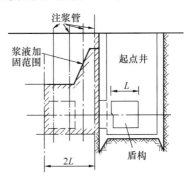

图 2-7-8　起点井土壁的局部加固

竖井井底应作混凝土平基，平基上设导轨，盾构安放在导轨上顶进。

2-7-9　盾构顶进施工是怎样进行的？

答：1）开顶时，可按图 2-7-9（1）所示布置，如同顶管一样，在工作坑的导轨上，在后座墙反力作用下，使盾构切削部的刃口切入土内。工人便可在盾构的掩护下挖土。一面将挖出的土运到地面，一面就可将衬砌用的砌块运入盾构内。然后在千斤顶返回的空隙内安装砌块，形成衬环。再以此衬环当后座，继续施顶，以使盾构不断前进。应当注意的是，当将衬环作为支撑结构使用时，其长度应在 40m 以上。在未达此长度以前，应作临时支撑，如图 2-7-9（2）所示。

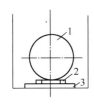
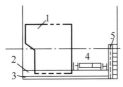

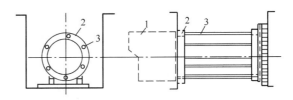

图 2-7-9（1）　始顶工作坑布置

1—盾构；2—导轨；3—基础；4—千斤顶；5—后背

图 2-7-9（2）　始顶段盾构千斤顶支撑结构

1—盾构；2—木环；3—方木

2）盾构顶进后，应及时衬砌。衬环既是千斤顶的后座，也是掘进施工中的支撑，竣工后即为永久性承载结构。

2-7-10　问：砌块安装要点有哪些？

答：砌块形状有许多种，如六角形，矩形，梯形、中缺形等见图 2-7-10（1）、（2）其中梯形砌块较为常用，这是因为它既具有较好的水密性便于安装，又可较容易调整误差。为加强整体性，可采用中缺形，但其施工技术要求较高。

砌块用粘结剂连接。其胶合料应该具有足够粘着力，能够很容易地均匀地涂在砌块表面上；有足够的水密性；还应有足够的稳定性。常用的粘结剂胶合料是沥青砂胶合料。在砌块的胶结面上涂一些冷底子油，可以增加些粘结强度，但仍不具有刚性。为提高整体性和强度，可以采用螺栓连结。

砌块安装由下部开始，在安装顶部时，需要托架。

衬砌了一段隧道后，就应该灌浆以使土石，与衬砌之间充满灰浆，增加衬环的稳定性，防止由于土压力不均匀而致的变形；同时增加了防渗能力。

二次衬砌，按盾构使用要求而定，在一次衬砌完成后，可采用浇灌豆石混凝土或喷射混凝土的办法。见图 2-7-10（1）、（2）。

如果把盾构隧道作为给排水管道廊来使用时，则根据给排水管道的设计高程，或作垫层，或作支架，这要考虑到管道的直径及重量等因素。

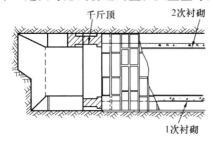

图 2-7-10（1）　盾构二次衬砌　　　　图 2-7-10（2）　盾构隧道内安装管子

2-7-11　在松软土壤或饱和土壤中盾构掘进采用什么办法？

答：在松软土质条件下，可采用加长檐板或加设分层檐板的办法。在饱和土壤中顶进时，一定要配合人工降低地下水位的措施。亦可采用密封式盾构或使用压缩空气的办法。

在有充足水源的工作环境中，还可考虑采用水力盾构。

2-7-12　北京地铁区间盾构法施工设计依据和使用要求是什么？

答：地铁区间隧道的结构形式、掘进距离、覆土深度、穿越地层条件等都是盾构机设计的重要依据，由于北京地区特定的地质条件，地铁区间隧道部分区段穿越含水砂卵石地层，施工难度较大。盾构机设计应重点考虑设备对恶劣地层的适应性，其次是盾构机设备的各部件设计以及与其功能对应的工艺措施应能满足以下使用要求：①保持开挖面土压平衡，有效地控制地面沉降。②刀盘切下的泥砂、卵砾经过改良后能顺利排出。③较好的施工效率。④良好的操作环境（附盾构隧道结构示意图 2-7-12）。

2-7-13　北京为什么选用土压平衡盾构机？

答：在砂砾石地层的盾构施工国内尚无先例，据国外资料介绍，盾构机有两大主流技术，即泥水压平衡和土压平衡两大主流技术方式都可用于砂卵石土层。泥水压平衡在砂砾层施工，泥水压力不易控制，且需庞大的地面泥水处理设备，因而不宜在城区使用。而北京地区设计一般选用土压平衡盾构机方式，这种方式对开挖面土压较容易掌握，控制好地表沉降，减小对周围环境影响，更适合北京的具体情况。

2-7-14　土压平衡盾构机的组成有哪些？

答：土压平衡盾构机是由盾构壳体、切削系统、推进系统、出土系统、拼装机构、后续台车、加泥系统、注浆系统、控制系统、供电系统等组成。①盾构壳体按其功能和位置分为切口环、支承环和盾尾三部分。②切削系统是由大刀盘、搅拌装置、密封舱及防护措施、传动机构、

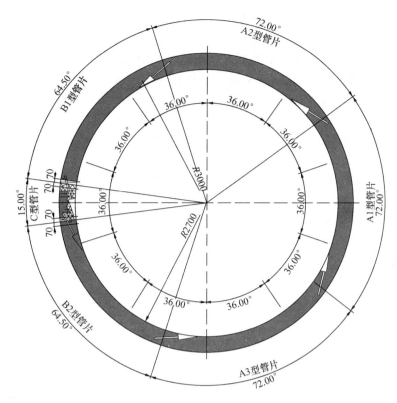

图 2-7-12　盾构隧道结构

（隧道结构：内径 5400mm，外径 6000mm）

驱动装置等组成，是盾构机的核心部件。③推进系统及纠偏系统是由液压动力装置和 26 只（含 6 只长行程）液压千斤顶组成，可满足错缝拼装管片的工艺要求。盾构的纠偏通过分组控制千斤的伸出量实现。④由土系统通过刀盘切下的泥土由螺旋输土机输送到后面的皮带运输机，再由轨道平车（运土小车）运至工作竖井。⑤管片拼装机构用于管片拼装作业，可实现回转、提升、平移和夹持调整四个动作。⑥后续台车用于放置有关设备包括：控制台、液压泵站、加泥设备、注浆设备、高低压电气柜、变压器、电缆等。台车采用门架式结构设计。⑦加泥系统置于台车上，由搅拌机、加泥泵、计量器等组成。⑧注浆系统由注浆泵、清洗泵、贮浆槽、管路、阀件等组成，安装在后续台车上，可随盾构推进进行同步注浆。⑨控制系统主要由采用 PLC 技术的主机系统、土压平衡系统、加泥系统等组成，可实现数据采集、各执行元件的开停或连锁控制、参数设定及显示、打印等功能。⑩后续吊装运输设备包括运出弃土、运进管片、加泥泥浆、回填浆液等设备。

2-7-15　北京地铁区间盾构标准断面的主要技术参数有哪些？盾构机汇集了什么先进技术？

答：1）地铁区间盾构标准断面的主要技术参数：①适用地层条件：黏性、砂性、砂卵石土（卵石含量 30% 以下，粒径 200mm 以下）。②盾壳尺寸：$\phi6180\times9000$mm；管片结构尺寸：内径 $\phi5400$mm，外径 $\phi6000$mm，壁厚 300mm，长度 1200mm，共 6 片。③灵敏度：1.5；最小转弯半径 250 米；总功率：约 950kW。④大刀盘：转速 0～1rpm；扭矩 4000kNm（额定）、5400kNm（最大）；驱动功率 660kW。⑤推动系统：推力 40170kN（单位面积推力 1340kN/m²）；推进速度 60mm/min；驱动功率 55kW。⑥螺旋输土机：公称直径 $\phi710$mm；输土能力 190m³/h；转速 0～15rpm；功率 75kW。⑦皮带运输机：带宽 800mm；带速 1.25m/s；输送能力 275m³/h；功率 15kW。⑧管片拼装机：转速 0～1.5rpm；回转角度 ±200°；回转扭矩 70kNm；提升能力 35kN；

提升行程 850mm；平移行程 950mm；驱动功率 4kW。⑨加泥设备：加泥能力 37m³/h；驱动功率 55kW。

2）目前北京地铁盾构机主要采用全套进口设备，盾构机汇集了机械、电子、材料、施工等多领域、多学科的先进技术，在北京近期施工的地铁工程项目中 5 号线、4 号线、10 号线、机场线就有部分地铁区间采用盾构施工。从长远来看，盾构隧道技术在城市地下铁道建设中的应用前景十分广阔。

2-7-16 北京地铁区间"标准断面"暗挖与盾构技术经济比较是怎样的？

答：1）施工技术方面特点：暗挖法主要适用于不同断面区间变化、联通道、区间折返段、风道、车站出入口等复杂构筑物，适应范围大。施工速度慢、作业环境恶劣、施工环节多，工艺简单，无需大型机械，施工灵活，施工安全性差、防水质量不易保证，施工工序较多；而盾构法主要适用于区间标准断面施工，适应范围小。施工速度快、作业环境优越、机械化程度高，需要有盾构机及配套设备、工艺复杂，施工安全性好、防水可靠，施工工序较少。

2）地铁区间单隧道"标准断面"经济分析比较：在一般情况和条件下地铁区间暗挖法"标准断面"的单方工程造价在 3.2 万元/米～3.8 万元/米，而盾构法"标准断面"的单方工程造价在 3.0 万元/米～3.6 万元/米，两者单方延米工程造价基本相当。下面是地铁某号线暗挖区间与盾构区间各类费用对比表，见表 2-7-16（1）。

地铁某号线暗挖区间与盾构区间各类费用对比表　　　表 2-7-16（1）

单位：元

序　号	项　目	暗挖区间	盾构区间	差　价	比　例
1	单方延米造价	33930	33016	914	2.70%
2	单方直接费	26867	26141	726	2.70%
3	人工费	6127	2944	3183	52.00%
4	材料费	18105	17113	992	5.50%
5	机械费	2635	6084	−4573	−173%
6	间接费	6280	5746	534	8.50%

根据上表的各项费用对比；暗挖法施工主要是以人工作业为主，所以暗挖区间的'人工费'高于盾构区间的 52%；由于暗挖区间'材料费'高于盾构区间的 5.5%，相差不大；而暗挖区间'机械费'低于盾构区间的 173%，这说明盾构法施工主要是以机械化作业为主。

3）地铁区间选择暗挖法与盾构法主要考虑"暗挖法与盾构法"施工技术方面特点，"标准断面"和特殊断面之间的变化，地铁工程沿线区间工程地质、水文地质、地理位置、地面交通、道路和桥梁状况、施工环境和施工条件、规划红线、地上拆迁和地下管线障碍物的改移、地上构筑物的保护等诸多因素综合论证而拟定较为合理的施工方法。

4）地铁区间暗挖法与盾构法比较对照表（一般情况），见表 2-7-16（2）。

地铁区间暗挖与盾构比较对照表（一般情况）　　　表 2-7-16（2）

暗　挖　法	盾　构　法
1. 施工速度慢，1m/天；作业人员多，每天 35 人/班	1. 施工速度快，8m/天；作业人员少，每天 20 人/班
2. 作业环境恶劣、施工环节多	2. 作业环境优越、机械化程度高
3. 无需大型机械，施工灵活，施工设备投资小，工艺简单	3. 需要有盾构机及配套设备、设备一次性投资大，工艺复杂

暗 挖 法	盾 构 法
4. 适用区间断面变化，一般区间直径为5～20m	4. 适用区间固定断面(如车站折返段风道不适用)一般区间标准断面直径为6m
5. 施工安全性差、防水质量不易保证	5. 施工安全性好、防水可靠
6. 初衬、二衬、钢筋、支模、防水等工序	6. 单层结构、不支模、预制管片一次成活
7. 标准区间断面造价相当(一般情况)	7. 标准区间断面造价相当(一般情况)
8. 需施工竖井	8. 需施工竖井和设盾构机进出口

2-7-17 加泥式土压平衡盾构机主要功能如何？

答：北京地区第一次应用盾构法施工采用从日本IHI公司引进的加泥式土压平衡盾构掘进机进行盾构掘进施工。该机主要技术性能见表2-7-18。

加泥式土压平衡盾构机主要性能　　　　　　　　表2-7-18

名称	项　目	参数指标	名　称	项　目	参数指标
盾构本体	灵敏度	1.8	螺旋机系统	驱动方式	液压驱动
				转　速	0～22.4r/min
	盾尾空隙	25mm		出土能力	39.2m³/h
				螺　距	300mm
推进系统	推力×支数	800kN×12	质尾密封	密封结构	3道
	最大推进速率	53mm/min		密封材料	钢丝刷+保护板+油脂
掘削系统	最大扭矩	820kN·m	备　注	盾构机总重68t，总功率232.25kW	

2-7-18 盾构工程施工工艺流程是怎样的？

答：施工工艺流程见下图2-7-18。

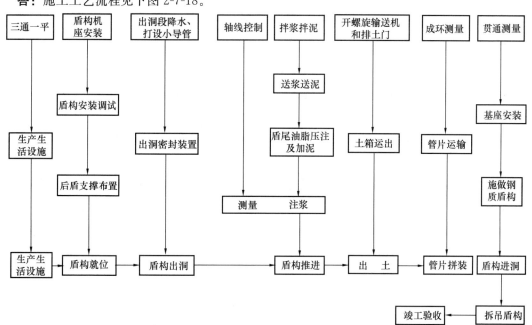

图 2-7-18　盾构法施工工艺流程图

2-7-19 盾构施工工程主要施工技术有哪些?

答: 盾构施工相对于其他工法来说属于技术密集型施工工法,主要施工技术表现在以下几方面:

1)盾构进出洞技术。盾构进出洞是指盾构机进出隧道主体的过程,此过程对整个盾构施工的质量至关重要。

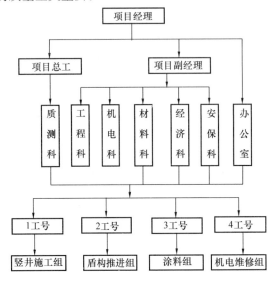

图 2-7-20 盾构项目部组织机构

2)加泥技术。盾构加泥旨在改善土仓内盾构掘削下来土体的塑性流动性,使土仓能建立土压平衡状态,有效控制掘进过程中的地面沉降和土体稳定,并便于螺旋输送机顺畅排土。盾构加泥时,确定合理的加泥材料、加泥量和加泥部位非常重要。

3)盾构推进技术。严格按照操作规程进行盾构推进,根据测量报表合理千斤顶编组,盾构纠偏勤纠缓纠。每环推进时要根据上环的施工参数和地面量测信息确定调整本环的施工参数。

4)注浆技术。按注浆方式可分为同步注浆和二次补浆。

5)管片拼装技术。管片拼装成环是盾构隧道的最终成果,因此,管片拼装技术对最后的施工质量非常关键。

6)地面沉降控制技术。地面沉降控制能力强是盾构工法区别于其他传统工法的重要特征之一。

7)其他技术。如,严格按图纸和标准做好管片的防水,包括角部防水和嵌缝防水;合理组织运输作业,减少不必要环节,提高运输效率;严格测量管理,精心测量,控制盾构姿态等。

2-7-20 盾构工程施工组织包括哪几方面?

答: 盾构施工组织主要包括三方面:

1)项目经理部

根据项目法的基本原则和盾构施工的特点,主要组织机构如图 2-7-20 所示。

2)设备

除盾构机之外,还要配备大量辅助设备,主要有天车、电瓶车、装载机、卷扬机等,参见表 2-7-21。

主要机械设备及使用计划　　　　　　　　　　　　　　　表 2-7-21

序号	设备名称及规格	数量	使用日期
1	龙门行车 5t	2 台	全工期
2	5t 电瓶车	3 辆	全工期
3	充电机	2 套	全工期
4	电 瓶	6 箱	全工期
5	平板车	9 节	全工期
6	2m³ 土箱	6 只	全工期
7	电子经纬仪 72000	1 台	全工期
8	激光测距仪 Redmfn2L	1 台	全工期

序号	设备名称及规格	数量	使用日期
9	水准仪 N2	2 台	全工期
10	经纬仪 WILD T2	2 台	全工期
11	Φ300 风机	1 台	全工期
12	Φ600 风机	1 台	全工期
13	地面同步注浆系统	1 套	全工期
14	地面加泥搅拌系统	1 套	全工期
15	卡 车	1 辆	全工期

3）井下运输

井下运输是影响盾构施工进度的主要因素，需要从经济上加以分析比较，选用较为合理的运输安排。亮马河盾构施工中，根据实际情况，在始发井铺设了道岔，隧道内采用 3 节土车、一节管片车的运输方式，实践证明较为合理。

2-7-21　市政工程盾构施工技术管理要点有哪些，请举例说明？

答： 盾构施工属于技术密集型工法，因此管理的重点应该是技术管理。以技术管理为核心，辅之以其他的市政施工管理方法，就能制定出一套有针对性的盾构施工管理办法。

技术管理是指针对盾构施工特点为达到质量和进度要求而采取的技术措施。用一句话概括技术管理的目的，就是保证盾构机正常掘进和控制地面沉降。

根据亮马河盾构施工的特点以及第四工程处的实际情况，确定技术管理要点如下：

（1）技术培训。根据加泥式土压平衡盾构机的施工特点，接受培训的人员包括以下岗位：①盾构司机；②盾构维修工；③天车司机；④电瓶车司机；⑤充电工；⑥管片拼装手；⑦注浆工。

需要在原岗位上再学习的有以下岗位：测量员、质控员、安全员和施工员。

另外，其他岗位也要做一些知识准备。首先，为保证盾构顺利启动，派了 4 名员工去日本参加培训，学习盾构机的操作与简单维修。在盾构初始掘进阶段，日方派人常驻工地指导操作。其次，派了几批相关人员去上海参观学习，主要是学习他们的施工管理。第三，组织人员到专业培训机构进行培训，例如天车司机、电瓶车司机等。

虽然盾构司机和维修工在日本专家的指导下学到一些基本知识，但要真正掌握盾构施工技术还必须边干边学。项目部组织三个作业队在推进过程中互相学习、互相交流，使他们在较短时间内掌握了操作技术，为盾构在亮马河工程中的成功应用奠定了基础。

（2）盾构推进参数的获得与调整。盾构机的推进需要设定若干参数，而且参数要根据覆土的厚度、地质条件和沉降的数据在推进过程中不断调整。因此，参数控制十分重要。在各项参数中，土压与注浆压力最为重要，和地面沉降的关系也最为密切。

（3）测量控制。测量被称做地下施工的"眼睛"，在盾构施工中，"眼睛"的作用最为重要。根据盾构施工的一般特点，测量要点有如下几个：①地面控制；②联系测量；③井下控制导线测量；④掘进方向的轴线控制；⑤贯通前的控制测量；⑥贯通误差测量。

从 1999 年 10 月开始掘进至 2000 年 3 月 1 日 63 号井向西侧推进 920m 贯通，实测的贯通误差为：中心向北偏差 4.7mm、高程 -8mm。2000 年 3 月 18 日至 5 月 18 日，63 号井向东侧推进 740m 贯通，实测的贯通误差为：中心向北偏差 3.2cm、高程 +12mm。

（4）资料管理。为实现信息化管理的要求，提高施工管理水平，资料管理在盾构施工中显得尤为重要。亮马河施工中主要使用的表格见表 2-7-21。这些表格对规范盾构施工、加强过程控制起着至关重要的作用。

序号	表 格 名 称	填写人	接收入	交表时间
1	盾构操作司机推进记录表	盾构司机	办公室	交班后
2	管片拼装记录表	盾构施工员	办公室	交班后
3	注浆记录表	盾构施工员	办公室	交班后
4	盾构姿态及管片报表	测量员	办公室	每环
5	测量沉降记录	测量员	办公室	每天
6	管片拼装成型记录	质控员	办公室	交班后

2-7-22　盾构工程设备管理要点有哪些？

答：掘进设备包括盾构掘进机头、皮带运输机、后续台车，以及与其配套的运输用电瓶车、门式起重机等，其自动化程度高、液压管路及电气线路繁多复杂。为了保证掘进正常进行并发挥设备应有的生产能力，必须定期维护保养。

在正常掘进过程中，每个掘进队组配备两名维修工跟班作业，随时检查设备运转情况，对设备运转声音进行判断，定时对润滑系统加注润滑油。发现异常，立即停止作业进行维修，不允许设备带病运转。

注浆系统是盾构施工中易发生故障的系统，主要是管路的堵塞。项目部要求每班都要对注浆输送管路进行冲洗、清理。

为了延长液压千斤顶的使用寿命，减少污水对最下端千斤顶的浸泡以及保持管片拼装工作面的清洁，在盾构机头内部增设了一台移动的排污泵，将冲洗设备产生的污水和外部渗入的污水排至废水箱，以保持盾构设备内的洁净。

设备出现故障时，必须由专业维修人员检修，严禁其他人员私自维修操作。在掘进队组交接班、盾构机停机的时间内，进行必须在停机时进行的维护保养工作，并填写相关表格对设备运转情况进行交接。

2-7-23　盾构工程质量管理要点有哪些？

答：盾构法是一种自动化程度较高的施工方法，质量控制是一个复杂的过程。通过本工程实践，总结以下几点经验：

（1）管片质量的控制。管片质量必须符合设计要求，特别是抗压、抗渗强度实验的检测必须符合国家各项标准，不符合标准的坚决不准进入现场。

操作人员拼装管片质量的好坏直接影响工程质量，所以控制工程质量首先要从操作人员入手。

（2）管片拼装成型后的衬背注浆和二次注浆。质量检查人员要对注浆浆液配比严格控制。要进行 24 小时监控。严格掌握两种浆液的混合时间。注浆的压力符合要求。

可用盾构施工质量目标分解表作为质量控制的手段，见表 2-7-23。

盾构施工质量目标分解表　　　　　　　　　　　　　　表 2-7-23

项目	检查项目		允许偏差(mm)	检验方法	检查范围	点数
竖井	混凝土灌注桩	内皮距中心线距离	−10～30	挂中心线用尺量	每座井	10
		内净空长度	−10～20	用尺量	每座井	5
	垫 层	高 程	−15～0	用水准仪量	10m	1
竖井	钢筋安装	受力筋间距　墙	±10	在任意一个断面量取两根钢筋间距最大偏差值计 1 点	每个构筑物	2
		受力筋间距　基础	±20	在任意一个断面量取两根钢筋间距最大偏差值计 1 点	每个构筑物	4
		钢筋排距	±5	用尺量	每个构筑物	2
		箍筋间距	±20	用尺量	每个构筑物	5
		保护层厚度　墙	±3	用尺量	每个构筑物	5
		保护层厚度　基础	±10	用尺量	每个构筑物	5

项目	检查项目		允许偏差 mm	检验方法	检查范围	点数
竖井	现浇混凝土	抗压强度	符合质量标准附录 A	质量标准附录 A	每个班及配合比变更	1
		抗渗	符合 GBJ 82 规定	按 GBJ 82 规定	每个班及配合比变更	1
		轴线位移	≤20	用经纬仪测纵横向各计 1 点	每个构筑物	2
		构筑物尺寸长度	±25	用尺量	每个构筑物	2
		墙面垂直度	≤20	用垂线或经纬仪	每个构筑物	4
		麻面	每侧不超过该面积 1%	用尺量麻面总面积	每侧面	1
		预埋件留孔位移	≤10	用尺量取纵横向最大值	每件（孔）	1
	基座安装	基座高程	0~10	用水准仪测量	每次	2
		中心位移	±10	用经纬仪测	每次	2
盾构掘进		中线位移	±150	用经纬仪测	每环	1
		管片高程	−90~60	用水准仪测量	每环	1
		管片椭圆度	≤±8‰	用尺量	每环	1
		相临环管片允许高差	<10mm	用尺量	每环	1
		纵缝及环向缝错缝	<5mm	用尺量	每环	1
检查井		井室尺寸	±20	用尺量长宽各 1 点	每座	1
		井筒直径	±20	用尺量	每座	2
	井口高程	非路面	±20	用水准仪测量	每座	1
		路面	同道路规定	用水准仪测量	每座	5
		井底高程	−40~20	用水准仪测量	每座	1
	踏步安装	水平及垂直	±10	用尺量计偏差值最大者	每座	1
		外露长度	±10	用尺量计偏差值最大者	每座	1
		脚窝高、宽、深	±10	用尺量计偏差值最大者	每座	1
		流漕宽度	0~±10	用尺量	每座	1
	闭 水		渗水量不大于 DBJ 01-B-95 质量检验标准的规定		每 5 个井段抽检 1 段	

2-7-24 盾构工程进度管理要点有哪些?

答：质量、安全、进度是施工管理的主要工作，就盾构施工而言，进度管理显得更有意义。盾构设备一次性投入大，机械化程度高，实现了隧道施工的工厂化作业，客观上更需要生产的连续性。每道工序、每个工位的管理水平都会影响盾构整机的连续掘进，因此必须坚持一切工序以盾构推进为中心。

盾构设备的利用率可用于综合评价设备的可靠性和施工管理水平。

利用率＝成品作业时间/工作日总时间

由上式可知，进度越快，盾构设备的利用率越高；利用率的提高则反映了施工管理水平的提高。但是由于洞内运输空间狭小，宜以实现均衡掘进为目标，确定初始掘进段的合理进度。另一方面，盾构施工进度也反映了盾构对土体的作用周期和影响程度。盾构施工引起的地面沉降具有阶段性，大致可分为盾构到达前、盾构到达时、盾构通过时、盾尾脱出及后续沉降 5 个阶段，因此，只有实现均衡掘进才可以有效控制地面沉降。

2-7-25 盾构工程安全管理要点有哪些?

答：盾构施工安全管理的要点有三：

（1）用电安全。由于盾构机用电量非常大，到处都是用电的地方，而且整个隧道内有高压电缆，道轨也全是铁制，所以掘进管理中用电安全是第一位的。

（2）始发井的吊装安全。始发井配备了两台天车，主要作用是吊土及运管片，以每天 12 环计算，每天起吊次数在240次以上，因此吊装安全非常重要。

（3）隧道内行车安全。盾构推进的运输完全靠电瓶车，因此行车安全也是重要方面。

2-7-26 盾构施工工艺是怎样的？

答：1）适用范围：

盾构施工是采用盾构掘进的不开槽施工地下隧道方法之一，一般用于管径2000mm以上有特殊要求的长距离隧道施工。

2）施工准备：

（1）材料要求：

①竖井用材料等可参照"喷射混凝土施工（一衬）施工工艺"相关内容。

②盾构管片：管片一般采用钢筋混凝土管片，特殊部位采用钢管片，钢筋混凝土管片预制厂预制，钢管片应委托钢结构公司制造，管片应按设计要求制作。

制作管片用的钢筋、水泥、砂、石、外加剂等原材料及混凝土的配制，应符合有关规定。

预制钢筋混凝土管片混凝土强度及抗渗性，应符合设计规定；外形尺寸准确，且不得有影响工程质量的缺陷。

管片混凝土强度达到设计强度标准值85%，方可脱模。管片脱模后每100环，应进行整环拼装检验。

管片吊运、堆放时，应内弧面朝上，堆放高度不得超过四层，层间应放托架或垫木，托架、垫木应稳固。吊运应使用专用工具。

管片混凝土强度达到设计强度标准值时，方可在工程中拼装使用。

③管片的质量规定：

管片外观完整、尺寸准确、表面光洁、色泽均匀，不得有露筋、麻面、缺边、掉角等现象。

混凝土强度与抗渗性，应符合设计要求，并满足施工设计需要。

管片预埋件应焊接牢固，位置准确；预留螺孔应位置准确、孔径尺寸符合设计要求。

管片型号、生产日期、检验结果模型编号等标志清晰、醒目、准确。

管片的质量要求与允许偏差，见表2-7-26（1）。

混凝土管片质量要求与允许偏差表 表 2-7-26（1）

序号	项目		质量要求或允许偏差（mm）	检验频率		试验方法
				范围	点数	
1①	混凝土	强度	符合设计要求	每台班或30m³	1	
		抗渗		每500m³		
2	管片渗漏		②	1块/30环	1	抗渗台试验
3	外形尺寸（mm）	宽	±1	1块	1	钢尺
		厚	+3-1			钢尺
		弧弦	±1			钢尺或样尺
4	预留孔		孔径贯通，孔径符合设计规定	每块（全部）	1	用通螺栓法检查，螺栓直径为螺栓孔径 d③−2mm

①混凝土配合比有变化时，抗渗试件应加做一组。

②按设计抗渗压力恒压2h，渗水线应小于管片厚度的1/3。

③螺栓孔孔径 d 为锥形螺栓孔的小孔径。

（2）施工机具（设备）：

盾构有土压平衡式、泥水加压式、手掘式、半机械式、机械式等几种形式，盾构机的选型应根据工程水文地质、施工范围内地上地下构筑物、管线埋深等要求，经技术经济比较后确定，盾构机的选型应满足以下要求：

①盾构机必须满足施工范围内各种土层的掘进。

②盾构机必须满足施工过程需要的安全保障要求。

③盾构机强度与刚度应符合设计要求。

④盾构机的推进力、液压油缸推进速度、输土能力、刀盘切削的切削扭矩等应匹配，密封系统应严密，符合设计要求。

根据北京地区的地质特点，一般情况下多采用土压平衡盾构机。

（3）作业条件：

①要求降水施工的地段，需进行有效的降水，在工程完成前，不得停止降水。

②应建立地面与地下控制测量系统。地面测量系统应对沿线地面、主要建筑物的设施设置观测点进行观测，测定导轨和盾构管道的轴线和高程。

③自盾构机入土至100m的施工阶段，应及时观测和掌握地表沉降、隆起状况，地上、地下建筑物、构筑物情况，工程地质、水文地质情况等的反馈信息，经综合分析确定推进速度，并应保持土体稳定。

（4）技术准备：

①盾构法施工组织设计编制应具备的资料：盾构机的构造、特性及适用范围；施工沿线地表环境调查报告；施工沿线地下障碍物的调查报告；工程地质与水文地质勘查报告；设计文件对工程的技术要求与规定。

②盾构法施工方案、施工组织设计的内容：施工现场平面布置图；盾构机的现场组装、安装及吊装方案；工作竖井的施工方案与检查井的施工方案；盾构法施工的临时给水、排水、照明、供电、消防、通风、通信等设计；管片运输、贮存、防水、拼装与一次注浆、二次注浆方案；配套辅助施工机构设备的选型、规格、数量与现场及工作竖井垂直运输及水平运输等机构设备布置；盾构机的入土、穿越土层、出土的条件以及掘进与运土方案；防漏电、防缺氧、防爆、防毒等安全监测和保护措施。

③盾构法施工方案编制完成，施工准备完成（地下管线及构筑物情况调查及方案准备），进行方案技术及安全交底。

3）操作工艺：

（1）测量：盾构的测量一般包括地面控制测量、联系测量、盾构隧道掘进测量、盾构姿态测量，测量依据《工程测量规范》GB 50026—2007进行。

①地面控制测量：

精密导线测量选点；

相邻边长不宜相差过大，最小边长不短于100m；

点位避开地下管线等地下建筑物；

相邻点之间的视线距障碍物的距离以不受旁折光影响为原则。

精密导线测量的主要技术指标达到表2-7-26（2）要求：

精密导线测量的主要技术指标　　　　　　　　　　　　　　表 2-7-26 （2）

边长（m）	导线总长（km）	每边测距中误差（mm）	测距相对中误差	测角中误差（"）	测回数	方位角闭合差（"）	全长相对闭合差	相邻点的相对中误差（mm）
350	3～5	±6	1/60000	±2.5	6	$5\sqrt{n}$	1/35000	±8

注：n 为导线的角度个数，全站仪等级介于 GB 50026 中的 Ⅰ、Ⅱ 级之间。

附合精密导线的角度闭合差，不大于下式计算的值：

$$W_\beta = \pm 2m_\beta \sqrt{n}$$

式中 m_β——表 2-7-26（2）中的测角中误差（$''$）；

          n——附合导线的角度个数。

精密导线的边长测量，每边测距中误差须在±6mm 以内，每条导线边往返观测各两个测回。每测回间应重新照准目标，每测回进行 3 次读数。测距时，一测回三次读数的较差小于 3mm，测回间平均值的较差小于 3mm，往返平均值的较差小于 5mm。当精密导线上只有两个方向时，按左、右角观测，左、右角平均值之和与 360°的较差必须小于 4″。水平观测遇到长、短边需要调焦时，采用盘左长边调焦、盘右长边不调焦，盘右短边调焦，盘左短边不调焦的观测顺序进行观测。精密导线采用严密方法平差，并按规范进行精度评定。

地面高程控制测量采用三等水准测量，三等水准测量路线基本与精密导线路线相同，布设成附合水准路线，水准点两端依附于精密水准点上。如果条件允许，部分水准点可以与精密导线点重合。水准点间距平均 300m。水准标石和标志按工程测量规范中二、三等水准点标石的要求埋设。

②联系测量：

采用导线法将地面坐标导入盾构始发井中称为联系测量。联系测量作业时，根据现场实际情况，选择强度最好的测量图形，构成联系测量控制网，以提高地下导线起算点的坐标精度。导入时，为减少对中时造成的误差，始发井附近及井底设置的坐标点采用强制对中的设置进行，采用此方法可以有效降低仪器对中时所产生的误差。

③隧道内平面和高程测量：

施工控制导线测量：

当盾构掘进大于 200m，曲线隧道掘进到直缓点时，选择稳固、标志完好的施工导线点，组成施工控制导线。根据盾构内径，施工控制导线在隧道内布设两条，在隧道两侧各一条，便于互相检测并提高施工导线精度。地下平面及高程控制点均固定在隧道内，布点牢固可靠。考虑到隧道内部不便于架设仪器，所有测点均采用强制对中的方法，免去架设仪器及对点初平。在直线隧道段，施工控制导线的平均边长选择在 150m 左右，特殊情况下，导线边不小于 100m。曲线隧道施工控制导线埋设在曲线元素点上，边长大于 60m。施工控制导线测量用Ⅱ级全站仪施测，左、右角各测二测回，左右角平均值之和与 360°较差须小于 6″，边长往返观测各二测回，往返观测平均值较差小于 7mm。施工控制导线最远点点位横向中误差在±25mm 之内。每次延伸施工控制导线测量前，对已有的施工控制导线点前三个点进行检测。如有变动，须选择另外稳定的施工控制导线点进行施工控制导线延伸测量。施工控制导线在隧道贯通前测量三次，测量时间与竖井定向同步。重合点重复测量的坐标值与原测量的坐标值较差小于 10mm 时，采用逐次的加权平均值作为施工控制导线延伸测量的起算值。

施工导线测量：

施工导线是隧道掘进的依据，施工导线的精度高低直接影响着盾构推进时的姿态和隧道的贯通。隧道掘进首先布设施工导线。

施工导线取平均边长 30m，角度观测中误差在±6″之内，边长测距中误差在±10mm 之内，相当于工程测量规范中的一级导线。当盾构掘进进入曲线隧道时，施工导线的长度根据曲线半径的大小适当调节。对施工导线进行定期检测时，如施工导线延伸，须重新从施工导线点的后两站开始测量。

盾构法施工的隧道，由于采用坐标跟踪法测量盾构的实际姿态，采取施工用导线点与施工用水准点重合的办法，以便于快速测量出盾构姿态的三维数据。

地下高程测量：

地下高程测量包括地下施工水准测量和地下控制水准测量。地下高程测量采用水准测量方法，并起算于地下近井水准点。

地下施工用水准点根据施工导线点的长度而布设，地下施工控制水准点每200m至少布设一点。地下施工水准测量可采用S3水准仪和3m木制板尺进行往返观测，其闭合差在$\pm20\sqrt{L}$mm（L以km计）之内，达到工程测量规范中四等水准测量的要求。

④盾构姿态测量：

盾构姿态测量包括其与线路中线的平面偏离、高程偏离、纵向坡度、横向旋转和切口里程的测量。

测定盾构机实时姿态时，测量盾构机内的一个特征点和一个特征轴。盾构机姿态测量的误差技术要求见表2-7-26（3）。

盾构姿态测量误差技术要求表　　　　　　表2-7-26（3）

测量项目	测量误差	测量项目	测量误差
水平偏离值（mm）	±5	横向旋转角（′）	±3
高程偏离值（mm）	±5	切口里程（mm）	±10
纵向坡度（%）	1		

（2）监测：

盾构施工的监控量测的项目主要包括：地表变形监测、土体内部变形监测、沿线地上和地下构筑物安全监测、隧道变形监测、支护结构受力监测等。地表变形监测、土体内部变形监测、沿线地上和地下构筑物安全监测与暗挖隧道施工的相同，盾构隧道的变形监测内容主要为盾构隧道椭圆度测量。

（3）工作竖井：

①竖井：工作竖井位置应根据设计文件或施工方案确定，宜设在隧道井室的位置。竖井的结构形式，必须考虑盾构机的大小、运入、组装、出发方法、出发时反力的确保、出发部分的辅助施工法、同正式结构物的关系及周围环境等来进行设计。工作竖井的施工降水应符合排降水施工工艺有关规定。工作竖井的土方开挖应符合土方施工工艺有关规定。工作竖井的支撑，应按施工技术设计实施。现浇钢筋混凝土工作竖井施工，应符合电力土建施工工艺中现浇钢筋混凝土工作竖井中有关规定。

始发工作竖井与终端工作竖井平面尺寸，应符合盾构机组装或安装、拆除、局部检修、施工工艺设备布置、封门拆除、后背墙设置、测量、运输等要求。井宽不宜小于盾构机外径加400cm；井长不宜小于盾构机总长加600cm。始发工作竖井必须设置安全护栏、安全梯道及通信设备，井底应设集水井、排水泵。宜结合工作竖井施工，建立垂直起吊设备的基础。始发工作竖井后背墙应坚实平整，能有效承受顶力，封门应按设计文件施工。

②工作井及接收井洞口加固：

高压旋喷桩加固洞口：把钻杆插入或钻进至预定土层中，再自下而上进行旋转喷射注浆作业。施工前检查高压设备和管路系统，注浆管及喷嘴内不得有任何杂物，注浆管接头的密封圈必须良好。施工时钻孔的倾斜度不得大于1.5‰。在查管和喷射的过程中，注意防止喷嘴被堵，在拆卸或安装注浆管时动作要快。气、浆的压力必须符合设计值，否则要拔管清洗干净后再进行插管和旋喷。若其中的一个喷嘴出现堵塞的情况，采用复喷的办法继续施工。喷射时，要做好压力、流量和冒浆的测量工作，并按要求逐项记录，钻杆的旋转和提升必须连续不得中断。深层喷射时，先喷浆后旋转和提升，以防注浆管被扭断。搅拌水泥浆液时，水灰比必须按设计要求进行控制，不得随意改动。在喷浆的过程中应防止水泥浆沉淀，使其浓度降低。施工完毕后立即拔出注浆管，对注浆管和注浆泵进行彻底清洗，管内和泵内不得留有残存的水泥浆液。

水泥搅拌桩法加固洞口：水泥搅拌桩一般参数：桩径450～550mm，搅拌桩水泥渗入量为

15%左右，水泥用量40~65kg/m，水泥采用不低于32.5级的普通硅酸盐水泥，水泥浆水灰比值为0.45~0.55，采用四搅两（或四）喷的施工工艺；水泥土30d无侧压抗压强度应大于1MPa，桩位允许偏差50mm，垂直度偏差1.5%，桩径允许偏差±2%。搅拌桩成桩3d内采用N10轻便触探检验桩身水泥土强度和均匀性，必要时取芯检验，检查数量为总数的1%，且不少于3根。成桩7d后，采用浅部开挖桩头，目测检查搅拌桩的均匀性，测量成桩直径。检查量为总桩数的5%。

注浆法加固洞口：根据地质采用不同的浆液加固。根据土质情况确定孔深、孔距、注浆压力、注浆顺序等参数。北京地区一般注浆孔孔距50cm，注浆压力0.15~0.2MPa，二次补浆压力0.2MPa。注浆管如采用钢管时，注意注浆结束必须要把注浆管撤出。

③盾构机基座安装：

基座及其上的导轨强度与刚度，应符合盾构机安装、拆除及施工过程要求。

基座应与工作竖井连接牢固。

导轨顶面高程与间距应经计算确定。

导轨的轴线应与管道轴线平行对称，安装中心线位置允许偏差水平方向为3mm，高程为0、+3mm，且与盾构机轴线形成的夹角为60°~90°。

出发工作竖井导轨顶面高程，宜比封门对应部位高程高30mm；到达工作竖井导轨顶面高程，宜比封门对应部位高程低20mm。

出发或到达工作竖井设有封门的井壁与基座、导轨间，应留有进行防漏、密封的操作间隙，间隙不宜小于50cm。

④反力支架：以临时组装的管片和型钢为主材，保证其针对必须的推力具有足够的强度，且不发生有害变形的刚度。临时组装的管片，需要确保临时安装的形状，以免给其后组装的正式管片的精度带来不好的影响。

钢后背：钢后背一般采用工字钢制作，其中心误差控制在15mm以内。后背面必须与盾构设计轴线垂直。

负环拼装：盾构出发须做临时后背，使盾构机有支撑力，能够向前推进。一般情况下用同规格的隧道管片，即拼装负环。开始几环负环必须开口拼装，留有工作空间。当盾构机盾尾进入洞口后，拼装隧道整环管片，并做好上部后背的钢管支撑，使盾构后背力均匀作用于圆周上。根据工作井的长度及设计洞口永久防水混凝土环梁的宽度来确定钢后背厚度需要拼装的负环管片数量。盾构机经调试验收确认正常，钢后背安装完毕及其他准备工作（洞门凿除、管路连接）全部完成后即可进行初始掘进负环拼装。负环拼装第一环必须注意断面的同心度和与隧道轴线的垂直度，为整环拼装做准备。

后背上部钢管支撑安装：初始掘进至最后一环负环管片脱出盾构壳体时，停止向前推进，安装后背上部钢管支撑，后背上部钢管支撑是在第一环整环管片和井壁中间，通过两根钢管支撑管将轴向力传递至工作井井壁。安装后背上部钢管支撑时，使用两台100t千斤顶预管片，对管片施加预压力，同时抵消钢后背的空隙，防止正环管片的上方管片向后错出，保证管片的成型质量，同时也保证盾构出洞推进时千斤顶及分区油压有较大的选择范围，便于盾构出洞施工时轴线的控制。

（4）盾构机及配套设备的安装及调试：

①盾构机安装与调试：

盾构机的安装：整体式盾构机运抵施工现场，应在地面进行检查、空转试验，合格后方可吊入始发竖井安装就位。采用解体方式运输抵达现场的盾构机，应在地面进行试组装，达到设计要求与工厂安装的精度，并经地面空运转合格后，方可吊入始发竖井安装就位。盾构机采用整体或解体方式运输、吊装和安装过程中，均应采取保护措施，不得使盾构机及其部件受损、变形。在始发工作竖井内安装盾构机前，应对基座、导轨的位置、高程进行复核后，方可进行盾构机安装。盾构机在竖井内组装就位后，应进行运转试验。盾构机的运输及吊装应委托专业起重运输公司，下井吊装应按专项方案实施。

车架转换及后续台车的安装：将隧道内与台车相连接的钢管包括浆液管、回水管、加泥管管路以及浆液储存罐和压送泵、泥浆储存罐和压送泵用清水冲洗干净，并将所有油管内的液压油全部收集至液压油箱内，并将油管吹净。停止掘进后将隧道内铺设的道轨拆除并吊运到地面，拆运盾尾密封油脂泵、回油箱。将地面和隧道内与台车相连接的高压电缆断开，井下除照明线路外，其余线路都要拆除，台车上的电源全部要拉闸断电。拆除台车之间连接的信号线。将台车之间的浆液管、加泥管、回水管与台车断开，只将管路的一端拆开即可。将隧道内盾构机与临时台车之间的牵引杆拆卸并由电瓶车运到地面上，同时将临时台车解体，并把皮带机放下，将皮带机的皮带松开，并放于平板车上将其用电瓶车脱出并吊到地面，再将临时台车运出。将洞口10环范围内的管片用钢制拉紧联系连接以进行加固，拉紧联系宜采用槽钢，槽钢上按照管片间注浆孔的间距设置螺栓孔。洞口拉紧联系安装完毕后即可将初始掘进时的后背上部钢管支撑拆除掉，然后将盾构工作井内能负环依次拆除。将盾构基座与工作井底板相连接的焊点切割开，把基座吊出工作井。用切割成弧形的钢板将第一环管片与洞口钢环焊接以封堵洞口；同时将工作井内的集水井用砖砌至略高于洞内轨道面，竖井内铺设轨道。将台车吊至工作井，按照顺序排列并将各台车之间的管路连接好，每次以两节台车为单位用电瓶车运至隧道内的指定位置，皮带运输机应预先放置于1、2节台车上，一次性运输到位。以后的台车运到位后，将其间的管路连接好。连接工作井至台车尾部的各种管路。

②地面起重设备安装与调试：

门式起重机安装：门式起重机安装在盾构工作井，主要作用是吊装土箱及管片。门式起重机的性能参数应满足：起吊最大重量的土箱或管片；起吊高度满足工作需要；留有一定的安全系数。门式起重机是专业性很强的设备，一般由起重机的生产厂商或专业机械安装公司负责安装，安装完成后经有关部门验收合格后方可投入使用。门式起重机行走轨道及轨道基础应采用厂家说明书设计的形式，行走轨道基础一般在竖井结构完成后进行施工。

叉车：叉车主要用于施工现场管片的搬移，根据管片单块最大质量选用合适的叉车。

③水平运输设备：

电瓶车：电瓶车的主要作用是牵引土箱和管片车，根据最大车组的质量，并在强调制动性能的前提下选用。土箱及平板车一般选用定型的矿车，必要时可进行改装。

轨道铺设：隧道内道轨铺设，电瓶车道轨宜采用不小于24kg/m的钢轨，轨距0.6m或0.9m。轨枕宜采用18号工字钢，枕距0.8~1.2m，枕距根据载重量计算选取。台车处的道轨铺设，台车道轨采用24kg/m钢轨。

④注浆设备的安装调试：

地面泥浆配制设备包括浆液搅拌机及储存容器、泥浆压送泵、地面管路、降尘设施等。泥浆池的设置必须满足盾构推进需要量，且达到泡制24h的要求。

⑤加泥设备的安装：

为改善工作面土体的塑流化要求，达到改良土体的目的，需要在土仓中加入泥浆或其他改良剂。

⑥供电与通风设备的安装：

盾构隧道通风一般采用压入式通风，通风机设置在始发井井口，为防止循环风，风机的进风口距井口的平面距离大于30m，通风筒吊挂在隧道壁上，风筒悬吊应直顺，接口严密。隧道内设置 10kV 高压电器设备时，应使用密封型供电设备，施工简单，维护检查容易且安全。隧道内设置高压电器设备（变压器、开关、高压电动机）时，必须考虑防止与操作人员、沿线运输车等接触而发生事故，而且还必须在适当的地方设置安全保护装置。

（5）盾构机掘进：

①盾构法施工总体工艺流程，见图 2-7-26：

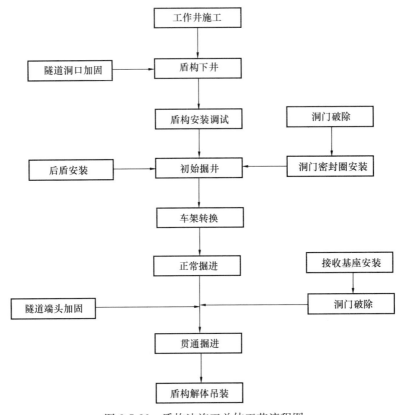

图 2-7-26　盾构法施工总体工艺流程图

②出发与到达：

出发：

盾构机在始发竖井内正式掘进前，应进行盾构机轴线位置校核，符合要求后，应进行掘进系统及垂直与水平运输、通风系统安装。

始发竖井井壁封门拆除及封闭：盾构机经过空运转，已推进至靠近竖井井壁封门不小于50cm 处，停止推进，拆除封门。封门拆除后，应及时将盾构机推入土体，并将封门与盾构机间的间隙密封。当盾构机全部进入土体时，应及时将封门与管片环间的间隙密封。初始掘进的 30～50m，应加密对盾构机轴线的测量与监控，及时调整盾构机位置，使隧道的中线、高程符合设计要求。盾构机掘进速度，应根据地层性质、埋深、地面沉降变化确定。

在松散软弱土层中掘进，应根据盾构机类型、掘进方式，采取不同的正面支护方法。

开挖土方应符合：密封式机械开挖长度应与每环管片的宽度相适应，挖土速度应与盾构机推进速度、出土能力匹配。盾构机推进中，遇有故障停止推进时，应做好排土门封闭、盾尾密封，并及时处理。盾构机掘进过程中，宜使管片环受力均匀。

接收井封门拆除及封闭，应符合：盾构机临近接收井封门 1～2m 时，应调整、控制盾构机掘进速度，加密对盾构机的轴线测控。封门拆除后，盾构机应及时通过封门，并及时将封门与盾构机间的缝隙密封。当盾构机全部进入接收井后，应及时将封门与管片间的缝隙密封。盾构机掘进中，宜用激光准直系统对盾构机运行轨迹连续观测。盾构机每推进一环，应进行一次管片环的中线、高程测量。同时应测量盾构机轴线位置及绕轴线的偏离转角，进行纠偏。高程、中线纠偏在推进中逐步进行，纠偏过程宜加大测量密度，宜采用调向千斤顶纠偏。应在推进中对盾构旋转进行纠正。

到达：

降低盾构掘进速度（一般控制在≤1.0cm/min），以利于盾构姿态的控制。

当盾构掘进至洞口加固土体段时，降低盾构掘进的控制土压值，既要最大程度地防止因土压低而造成管片外围岩的下沉，又要最大程度防止因土压高而造成洞口土体的提前破坏。

当盾构掘进至离洞口4～6m时，降低加泥压力，根据洞口泥浆的渗漏情况，随时停止泥浆加入。

预先在洞口中央凿出一观察孔，确定盾构是否到达洞门。当盾构机刀头到达洞门，停止掘进，进行洞门凿除。

当盾构机进洞后，及时进行洞口密封，并从地面和洞口端面同时进行补注浆，控制洞口后期沉降，也有利于洞口段隧道的防水。

盾构进洞拼装完最后一环管片后，千斤顶不要立即回收，及时安装拉紧联系，将洞口段10环管片联系成一体，同时拧紧所有管片连接螺栓，防止盾构机与隧道管片脱离时洞口端管环应力释放，导致管环间的松动，造成管环间渗水。

盾构出洞后，应及时封堵洞口，封洞口的钢板必须满焊，以防止洞口漏浆、渗水。

盾构机从隧道落到接收基座上时，为防止洞口处管片的错台、松动等，应即时调整管片，反复拧紧螺栓。

③掘进：

掘进出土：

盾构机各系统试运转正常后即可进行正常掘进，首先向盾构土仓中加入一定数量的泥浆，转动刀盘，按照已确定的土压及加泥量进行控制，确定土压为设定值，螺旋输送机的控制方式定为自动，这样螺旋输送机即可根据盾构刀盘土仓内的土压自行调节转速，始终保持土仓内的土压稳定，掘进排出的土装入土箱由电瓶车运输至工作井，再由工作井处的门式起重机将土箱吊至地面。

加泥：

盾构机掘进时，随时观察刀盘螺旋输送机的扭矩及螺旋输送机排出的土的状态（即塑流性），对泥浆的加入量进行调节控制，始终使刀盘及螺旋输送机油压保持正常的数值。盾构施工中加泥的数量与土质有极大的关系，一般土质较差时，添加泥浆或其他材料改善土体的塑流性，使盾构前方土压保持稳定，较好地控制地面的隆陷。

同步注浆：盾尾进入土体后时开始进行同步注浆，根据推进速度确定注浆的流量。

管片拼装：推进一环完成后，拼装管片。

二次补注浆：

为控制沉降，需要进行二次补注浆，二次补浆安排在拼装管片时进行，补注浆的压力应该比同步注浆的压力高，以更好地对外部间隙进行填充。

④管片拼装：

拼装前应清理盾尾底部，管片安装设备应处于正常状况。

拼装每环中的第一块时，应准确定位，拼装顺序应自下而上，左右交叉对称安装，最后封顶成环。

安装时千斤顶交替收回，即安装哪片管片收回哪片相对应的千斤顶，其余千斤顶仍顶紧，保证土压仓土压不降低。

控制管片环面的平整度及椭圆度。

边拼装管片边扭紧纵、环向连接螺栓。

在整环管片脱出盾尾后，再次按规定扭紧全部连接螺栓。

管片下井前，应由专人核对编组、编号，对管片表面进行清理、粘贴止水材料、检查合格后，将管片与连接件配套送至工作面。

拼装时，应采取措施保护管片、衬垫及防水胶条不受损伤。

拼装时，应逐块初拧环向和纵向螺栓，螺栓与螺栓孔间应加防水垫圈。

拼装成环但未退出盾尾，复紧环向螺栓；继续顶进时，复紧纵向螺栓。

在纵向螺栓拧紧前，进行衬砌环椭圆度测量。当椭圆度大于 20mm 时，应作调整。

曲线段管片安装，根据设计曲线半径进行标准环与楔形环排列。

⑤同步注浆：

盾构法施工的管道结构与土层间的间隙，应进行注浆充填。

注浆材料一般采用水泥浆、水泥砂浆、水泥粉煤灰浆及水玻璃等浆液。

注浆应与地面监测相配合，应采用多点注浆，将管道与土层间的间隙充分填满。

注浆压力应通过试验确定，砂卵石层宜控制在 0.1～0.2MPa。

注浆结束后，应及时将注浆孔封闭。

注浆前应对浆液搅拌、浆液灌注设备进行检查，保持设备在注浆过程处于良好工作状态。

盾构掘进同步注浆后，应进行二次补浆。

⑥防水：

衬砌混凝土自防水：按设计要求进行管片生产，管片的抗渗等级符合设计要求。

盾构隧道接缝防水：在管片接缝处设置框形橡胶弹性密封垫。

盾构隧道与其他部位接口处的防水。

盾构出洞时，采用特殊帘布橡胶圈及可靠的固定装置减少漏泥、漏水。

⑦小半径曲线施工：

无"铰接"装置的盾构机，可通过盾构机的超挖刀，配合盾构机左右两侧的千斤顶来实现。有"铰接"装置的盾构机，通过启动盾构机中间的铰接装置和左右两侧的主推千斤顶来实现。

根据曲线半径计算出盾构曲线掘进时盾构机"铰接"的开启角度和超挖量。

盾构掘进由直线段进入曲线段时，一般提前一机身长度进行全断面适量超挖，提前半个机身长度开始开启盾构机"铰接"装置，随着盾构掘进，逐步地增大到角度需要值。

盾构机在曲线段上掘进时，首先固定盾构机"铰接"装置角度，同时在曲线内侧进行必要的超挖，再辅助以合理的分区油压控制，有效地控制盾构掘进轴线。

当盾构掘进由曲线段进入直线段时，应提前半个机身逐步收回盾构机"铰接"装置，同时停止超挖，盾构机进入到直线段。

⑧地下障碍物排除：

由于地下环境的复杂性，在盾构掘进过程中可能遇到地下障碍物。遇到障碍物时，要根据障碍物的调查结果采取相应的对策，保障施工顺利进行。

对于地下障碍物，施工前将其以地表施工撤除（地面撤除）为原则。不得已从隧道内撤除时，必须事先把能够进行障碍物撤除的作业装置装备到盾构机上。进行这些作业时，必须注意：从地面撤除——一般采用注浆加固、喷射注浆加固等辅助工法加固围岩，事前从地上撤除障碍物后要妥当进行回填，防止遗留残留物或钻孔回填不充分而妨碍盾构通过。从隧道内撤除——从隧道内撤除地下障碍物时，作为辅助工法一般采用化学注浆加固法，化学注浆与气压施工法并用。开仓从盾构隔板进入前方，在开挖面狭窄空间内，安全、切实地进行障碍物的切断、破碎、拆除、运出作业。为了使这些操作顺利进行，应尽量控制围岩的开挖量以保障开挖面的稳定，有压气施工不能用火时，可用轻量、小型机械等。

进入土仓进行处理时，首先对开挖面情况进行分析判断，清楚了解开挖面土质情况、地下水位情况、地表建筑物情况、不明障碍物情况等。制定切实可行的实施方案，对操作人员进行详细交底。如有条件，首选从地面对开挖面土体进行注浆加固；如无条件，通过刀盘面板预留口接导管，用导管对开挖面土体进行注浆加固。在盾构机停止推进的条件下，利用螺旋输送机将土仓内的土体尽量出空，同时向土仓内压入压缩空气，但必须在不影响地面沉降的前提下实施。完成后关闭螺旋机出土口舱门，并使之密闭，继续利用空压机向土仓加压，直至气压能够维持开挖面土体稳定。从人孔进入人孔气室，利用空气压缩机对人孔气室进行缓慢加压，调整气压与土仓压力相等。加压过程中特别注意压力升高的速度不可过快，确保人员安全。在人孔气室内设有电话接口，人孔气室内、外人员随时保持联系。进入人孔气室的工作人员打开人孔气室与土仓间的人孔，进入土仓内检查并对障碍物进行处理。处理完成后，工作人员退回到人孔气室，关闭人孔逐步对人孔气室进行缓慢减压，直至常压，人员安全退出人孔气室。

完全处理障碍物后，盾构机尽快恢复正常施工。

（6）冬雨期施工：

①雨期应加强储存管片地基的检查，防止出现不均匀沉降。

②盾构注浆时需及时根据砂子的含水量调整浆液的配比并防止浆液中灌入雨水。

③冬期施工管片制作时，应采用蒸汽养护。脱模后应喷涂养护剂在室内养护 3d 以上；室外储存的管片应进行覆盖，不得喷淋或洒水。

④盾构注浆时需对管路、水箱和储浆罐外包保温材料保温，确保浆液不受冻。

4）质量标准

（1）主控项目：

①盾构法施工隧道允许偏差可参考表 2-7-26（4）。

②土压平衡盾构掘进质量检验评定标准见表 2-7-26（5）。

盾构法隧道管片拼装允许偏差参考表   表 2-7-26（4）

序号	项　　目	允许偏差（mm）	检验频率		检验方法
			范围	点数	
1	中心线水平位移	≤150			经纬仪、激光准直
2	管底高程	±150			水准仪
3	圆环垂直变形	8‰D	每3环	1点	伸缩尺量
4	环向错台	≤20			用塞尺
5	管片间错台	≤20			用塞尺

注：1. 表中 D 为管片环设计内径。

　　2. 当设计有内衬要求时，本表为内衬前隐蔽验收标准。

土压平衡盾构法掘进质量检验标准   表 2-7-26（5）

项　目	检查项目	允许偏差	检验方法
主控项目	土　压	不小于开挖面土压目标控制值	土压计
一般项目	盾构机轴线偏差（mm）	±50（正常段）	导向系统
		±20（接收段）	
	盾构机俯仰姿态偏差（mm）	0.25	导向系统
	盾尾间隙	根据盾构机情况设定	直　尺
	盾构机侧倾（°）	0.025	导向系统

（2）一般项目：

盾构竖井施工质量评定，可参照"竖井土方开挖施工工艺"。

5）质量记录

（1）相同内容部分，可参照"竖井土方开挖施工工艺"。

（2）盾构管片出厂合格证。

（3）盾构法施工记录。

（4）盾构管片拼装记录。

6）安全与环保

（1）安全卫生管理：

①盾构施工必须严格遵守国家、市有关安全、劳动卫生的法律法规，进行全面的安全管理，防止发生事故。

②施工前对可能存在的危险因素进行仔细研究，并制定出相应的安全卫生措施。

③对从事盾构作业人员进行安全卫生教育，指出危险部位、危险场所和可能出现的危害安全及健康的情况。作业人员变换工作岗位时，应重新进行安全卫生教育。

④建立安全检查制度，为了防止事故的发生；必须随工程进度进行适当的安全检查，以保证施工安全。

（2）防止灾害措施：施工时，必须采取必要的保护措施，尤其对盾构工程特有的作业环境、作业条件、作业方式等起因的灾害要特别注意。盾构施工中工作面失稳引起地面沉陷、触电、机械伤害、轨道事故与一般的建筑工程相同，但要特别注意防止火灾、缺氧、有害气体中毒。

①防止火灾：盾构隧道内的火灾与隧道外的火灾截然不同，应充分认识到消防演习、避难等方面的困难，故需针对火灾危险源，认真采取措施。

②液压机械的液压油为危险品，隧道内不得存放过量的液压油，液压油泄漏后要立即清理。

③尽量减少隧道内的可燃物，并尽可能不动明火，同时应建立防火体制，明确责任制，对火源、可燃物进行严格管理，排除火灾隐患，同时还需采取初期灭火措施。

④应向有关人员明确火源的管理制度，对不同火源所使用的灭火设备的配置，明火作业场所的监督人的配置等，以便开展消防活动。

⑤初期消防失败时，隧道内短时间内会处于危险状态，所有人员应立即退到安全区，以防灾害扩大。

⑥防止缺氧、瓦斯中毒事故：外边的空气不能流人或通风不良之处，由于空气中氧的消耗，会导致含氧量少的空气（缺氧气体）漏出。空气以外的气体（甲烷、二氧化碳、硫化氢等）漏出会造成缺氧及瓦斯中毒事故。在盾构机局部通风不畅的地方安装局部风扇强制通风。在盾构穿越含有淤泥、腐殖物、有机物等可能含有有害气体的地层时，必须慎重处理，确定含有有害气体时，必须使隧道内的氧浓度不低于允许极限，而有害气体浓度不超过允许浓度。

（3）防止起吊、运输、轨道灾害：

考虑相关设备的设置方法和安全性，根据需要设置脱索防止装置，必要时应设置接触防止、飞逸防止的设备。

（4）紧急时措施、救护措施：

为防备紧急事故发生，应对隧道内外所需机械、设备及通信联络设备采用备用措施，同时建立与隧道内外的各作业场所、相关部门等立即取得联络的体制。

①通信联络设备。隧道内外应设置有线或无线的通信设备。

②避难用设备器具。根据工程需要，在合适的地方配备空气呼吸器、携带式照明灯具等功能避难用设备器具。

③急救措施。作业人员负伤或生病时，必须采取有效的急救措施。

（5）环保措施（作业环境）：

考虑盾构作业的特殊性，周密地维护作业环境，以便能安全、舒适地进行施工。隧道内需确保通风、照明、通道等的安全，采取消除影响作业人员健康的措施。

①通风：确保安全、卫生的作业环境，隧道内通风必不可少。必须根据地质条件、盾构规模、施工方法、进度等选用合适的通风方式及通风设备。通常仅隧道内作业人员的呼吸对空气污染、每人需 $3m^3/min$ 的通风量。由于盾构机械设备产生的热量提高了隧道的温度时，必须采取措施使隧道内的温度降至 37℃ 以下。

②照明：在作业场所及通道必须有照明设备，以尽量防止灾害的发生。对开挖面、组装机、各种机械设备的操作部位、注浆处、皮带输送机等直接进行作业的照明，确保可安全作业的充足照度，最低照度宜在 70lx 以上。使用照明设备时，应尽量减小明暗对比，以防晃眼。作为通道使用的区段，为了确保作业人员行走和轨道车辆的行驶安全，也必须进行照明。一般采用 40W 的荧光灯，配置间距 5～8m，固定式照明灯具需经常维修检查，通道最暗的地方照明也要保证 20lx 左右。在有开口的特别危险的地方，需设置警戒标志灯。

③排水：为了保持工作环境，必须进行隧道内排水。盾构机的盾尾渗水、出土（出泥）口的渗水也是隧道内出水的通道，应在盾构隧道内建立排水设施。

④通道：为了防止隧道内轨道车辆等发生事故和作业人员通行安全，必须确保通道的安全。通道必须具有足够的空间，以防止作业人员接触运行中的轨道车辆。通道与轨道和运输通道间要用栏栅明确地区分开，栏栅高度不低于 1.2m。

（6）劳动保护用品：除安全帽外，根据作业内容配备高压绝缘靴、安全带、呼吸器、防振手套、防水服等劳保用品。

（7）防止噪声：噪声不仅给作业人员造成不适感，而且还会妨碍对话和声音进行联络的信号，导致影响安全作业。

①噪声影响工人操作或交流，并可能导致人身伤害事故发生时，应对噪声源内机械设备采取声源改善、隔声、吸声等措施。

②若有产生噪声性耳聋的可能时，除定期测量噪声等级外，还应监视防止噪声措施的效果，并考虑噪声的程度、噪声的传播时间等，必要时，必须采取令工人戴耳塞等措施。

7）成品保护：

（1）竖井成品保护：

①竖井底板混凝土强度未达到 1.2MPa 前，采取保护措施后方可上人作业。

②喷射混凝土后应根据所埋设的混凝土喷射厚度标志，用铁铲或抹子将超过厚度标志的部分刮除，严禁拍打。

③锚杆的浆体强度未达到预定的强度要求时，不得进行张拉。

④竖井内的型钢支撑上，未经验算不得随意搭设重物，以免出现大的挠度。

（2）管片成品保护：

①管片制作拆模过程中严禁用铁锤敲击，防止损伤管片。

②管片吊装前应检查起重设备、吊具是否满足要求，吊装、翻转管片时应设专人指挥缓慢操作，防止摔坏或碰损管片。

③管片堆放高度不应超过 8 层；垫木放置位置必须正确，各层垫木应在同一竖直线上且前后对齐。

④管片运输要有专门车辆、专用垫衬，运输中要平稳行驶，堆放高度不应超过 3 层。

⑤粘贴完成的密封垫应防止高温暴晒。

（3）盾构注浆成品保护：

浆液在运输及注浆过程中不得混入杂物，以保证浆液性能。

（4）盾构掘进成品保护：

①施工中严格控制土压，以维持开挖面的稳定。

②在掘进施工中，应严格控制千斤顶推力和行程差，以防管片被挤裂。

③在施工中应及时进行壁后注浆，并严格控制注浆施工工艺，以防成型隧道出现位移或变形。

2-7-27 盾构隧道管片质量缺陷有哪些？

答：目前国内地铁盾构隧道主要由钢筋混凝土预制管片构成，其原理是拼装成环的管片直接成为隧道的最终衬砌，在隧道施工和使用过程中保持结构稳定，并承担盾构机的顶推力、注浆压力、围岩压力和地下水压力。盾构隧道管片是隧道的主要结构形式，也是隧道的防水、防火和耐久性等综合性能的保证，管片拼装后的外观质量和防水质量是影响隧道质量的直接因素。

虽然盾构法在地铁隧道工程中的应用非常普遍，但管片拼装仍存在一些比较常见却又尚未得到很好解决的问题，如管片的开裂、破损、错台和渗漏水等。

2-7-28 管片渗漏水是什么原因？如何预防？

答：1）原因分析

管片渗漏水是盾构隧道施工中最常见的质量通病，其产生原因可以归结为以下几个方面：

（1）管片拼装不到位。当缝隙不均匀或接缝中有夹杂物，管片纵缝有内外张角、前后喇叭时，管片外弧面接缝处产生应力集中，混凝土出现楔块状碎裂，致使止水条与管片间不能密贴。

（2）成品保护不足或止水条的粘贴不牢固。管片拼装时的错动，特别是最后封顶块（K块）的插入易使止水条移位或被挤到管片外侧。

（3）注浆效果差。注浆孔是盾构隧道防水中的薄弱环节，进行同步注浆时的漏浆、注浆量不足、注浆后封堵不到位，都会引起管片漏水。

（4）盾构机姿态控制不当。盾构与管片的姿态不好，会引起成型隧道管片错位，相邻管片止水带不能正常吻合压紧，引起管片漏水；掘进过程中推力不均匀或者推力过大，也会造成管片受力不均匀而产生裂纹。

（5）地下水影响。因施工场地地下水丰富，加之注浆量不足，部分管环上浮量较大，导致环缝止水条被扯破或移位，纵缝出现内外张角。

2）控制与预防措施

控制隧道渗漏水可以从管片自防水、衬砌接缝防水、盾尾填充注浆等几方面考虑。

（1）提高管片质量和混凝土防水等级，如：采用高抗渗等级（S10、S12）的混凝土，根据设计合理选择管片形式，保证盾尾间隙合理；加强管片运输过程中的成品保护下作，严格检查验收进场管片。

（2）进行管片拼装作业时，严格控制千斤顶的伸缩，避免盾构机后退破坏尾刷。拼装封顶块时保证宽度足够，封顶块插入前在止水条上涂抹一定量的润滑剂防止拉脱。管片接缝是防水堵漏的关键部位，要使密封垫作用于接触面的压应力能长时间保持，就必须减小止水条的制作安装误差，保证其粘贴密合程度。

（3）通过保护尾刷和控制盾尾间隙，减少漏浆量。使砂浆充分填充管环和围岩空隙，增加隧道的防水厚度；合理控制盾构姿态，避免掘进中盾壳挤压管片；掘进时及时对后续几环进行连接螺栓的复紧；停止掘进时，对油压较低的管路补注盾尾密封油脂，以保持尾刷密封的良好性。

（4）做好壁后注浆与注浆孔封堵工作。填充围岩与管片之间的空隙，确保同步注浆量，及时根据管环上浮量的变化增减卸水孔，必要时可以在管片外弧面注双液浆，形成止水环以稳定管环。

管片壁后注浆通过注浆孔进行，一般不通过管片吊装孔注浆，以避免注浆孔漏水。管片渗漏处理方法如下：①混凝土结构裂缝渗漏和蜂窝麻面渗漏可采用压力注浆法，先灌注改性环氧树脂补强浆液，再用环氧树脂胶泥对混凝土进行外封闭处理；②管片拼缝渗漏采用压力注浆法，先灌注超细水泥浆及环氧树脂，然后用环氧树脂胶泥对混凝土进行外封闭处理。堵漏材料主要有速硬微膨胀胶泥、改性环氧补强灌浆液、聚氨酯速效堵漏浆液、水泥基渗透结晶型防水材料、胶泥几种。

2-7-29　管片破损和开裂是什么原因？如何预防？

答：1）原因分析

管片破损的原因主要有以下几个方面：

（1）设计原因。在进行管片的配筋（特别是管片接缝面的构造配筋）设计，以及确定管片设计参数、管片接头形式、接头螺栓的形式时，未充分考虑曲线半径与管片长度之间的适应性。

（2）制作原因。混凝土制作、振捣、养护等环节操作不规范，会影响管片混凝土的强度；不精细和不准确的模具经常导致管片外观和尺寸与设计不符。

（3）拼装原因。拼装不到位是管片破损的主要原因之一，管片在拼装过程中，拼装方法和拼装顺序十分关键。管片的拼装顺序与精度控制不当，就会发生错缝、开缝或环缝夹砂，角部就可能呈点接触或线接触，从而导致受力不均匀而产生裂纹。管片错台也容易导致相邻块管片间产生应力集中现象，使管片边缘发生开裂、崩角。另外，管片安装质量与安装速度和操作工人的熟练程度有很大关系。

（4）盾构推力和姿态原因。盾构机的推进千斤顶作用在管片上，依靠管片提供反力使盾构机向前掘进，盾构掘进过程中总推力过大或推力不均匀，均会导致管片开裂。当盾构的方向与管片的方向产生差异时，会发生盾构与管片争高低（挤压）的现象，从而导致管片的损伤或变形，管片宽度越大这种现象发生的概率就越高。另外，盾构姿态调整时纠偏过猛，也是致使管片开裂的直接原因。

（5）注浆压力原因。施工过程中注浆压力过大、注浆量不足，浆液填充不均匀等因素，均会使管片局部受力不均而产生开裂和破损。注浆压力过大，还可能使面板破损、K管片产生大的变形，这种现象在隧道施工过程中多次发生。

2）控制与预防措施

工程实践证明，任何可见裂缝都是微裂缝发展的结果。混凝土出现裂缝很难避免，问题是如何使混凝土的裂缝范围降到最低。管片局部的裂缝不影响管片结构的使用，但是会对隧道的防水造成影响。为了提高管片安装质量，施工前应做好详细的计划，并在施工过程中严格执行计划；操作人员要经过培训后上岗，严格遵守盾构掘进方向及姿态的控制规程；此外，还应加强进场管片的外观质量检查及管片拼装过程质量控制。

根据施工经验总结，控制管片破损与开裂的主要措施有以下几个方面：

（1）合理选择管片类型，选型时以适应盾尾间隙为主，兼顾设计线形，确保盾尾间隙均匀。

（2）通过试验有针对性地选择混凝土配合比，使其与气候条件、钢模和施工工艺参数有机结合，优化施工工艺及配筋构造设计。

（3）结合盾构机机型和地层特点，合理设置掘进参数，控制盾构的扭转，选择合理的推力，做到事前控制。

（4）加强盾构操作，避免姿态纠偏过猛。正确控制好转弯地段的盾构姿态，控制原则以适应设计线形为主，适时纠偏，切忌过急过猛；总推力过大时，在土舱内注入泡沫，防止出现"泥饼"现象，减小掘进扭矩和总推力。另外，盾构机过站时尽可能把损坏的密封刷全部更换。

（5）采用合理的拼装方法和拼装顺序，提高管片的安装精度。根据人工测量管环的数据变化情况，适当增加卸水孔及管片外弧面注双液浆次数，多级测量复核以消除导向系统的误差。当管片环面不平整或千斤顶撑靴重心偏位时，要及时更换新的千斤顶撑靴，并予以调整。

（6）控制注浆压力和注浆量，确保填充质量。二次注浆时复紧注浆管片周边 3 环的管片螺栓。对于大断面隧道，在日进度 9～20m 的情况下，采用真圆保持器可以减小管片变形和破损。

2-7-30　管片错台的原因是什么？如何预防？

答：1）原因分析

管片错台是指管片与管片之间的内弧面不平整，一般是由于受力不均匀造成的。盾构隧道施工中管片错台不仅影响隧道外观质量，而且会导致隧道漏水。盾构隧道管片发生错台的因素很多，其主要原因可以从下 4 方面分析：

（1）拼装作业不规范。管片安装时，管环面不平整，出现上翘或下翻；管片精度不足或相邻 2 环管片间有夹杂物；管片拼装的巾心与盾尾中心不同心；管片径向内移，造成过大的环高差；另外，掘进时未能及时复紧管片螺栓，管片受力不均匀，也会引起错台。

（2）注浆控制不当。围岩裂隙发育、地下水丰富等因素会增加同步注浆难度，致使管片外弧面的束缚力较小。管片二次补注浆时，如果注浆压力控制不当，会产生注浆偏压，从而引起管片错台。

（3）盾构机姿态控制不好。掘进工程中，盾构机姿态控制不好时，千斤顶对拼装好的管片产生不均匀推力，挤压弹性密封垫，引起管片间纵向位移，导致错台发生。

（4）线路弧度和坡度影响。盾构机姿态控制与曲线段不匹配时容易导致管片错台；在上软下硬地层、变坡段等线路中，掘进压力容易产生偏差，刀具严重磨损后未能及时更换，导致推力过大等情况，均会产生错台。

经过调查统计发现，管片拼装错台现象主要发生在环向连接缝处，纵缝处的错台出现较少且数值较小，破损也少。深圳地铁二期 2 号线某区间管片环缝错台及纵缝错台统计见表 2-7-30。

管片环缝错台与纵缝错台比例统计%　　　　　　　　　　表 2-7-30

类别	0～5mm	6～10mm	11～20mm	21～30mm	＞30mm
环缝	80.1	15.4	2.7	1.5	0.3
纵缝	90.2	7.3	1.5	0.8	0.2

根据《盾构法隧道施工与验收规范》GB 50446—2008，地铁盾构隧道相邻管片径向错台允许偏差为 10mm，相邻管片环向错台允许偏差为 15mm。错台不仅影响成型隧道的美观也影响管片的止水效果，由于管片止水条的宽度为 19mm（有效宽度为 13mm），因此，当相邻管片错台量达到 7mm 以上时，管片间的防水方式与设计情况已经不一致。

2）控制与预防措施

盾构机在掘进过程中，运动轨迹很难与设计轴线完全重合，而是围绕隧道设计轴线作蛇形运动，盾构掘进总是处于不断纠偏的过程中。减少管片错台的措施主要从以下几个方面考虑：

（1）优化线路设计，尽量避免小直径的曲线段。根据设计线路选择管片，对于曲线半径较小的路线，可以采用宽度较小的管片。

（2）合理配置各种类型的管片，转弯管片的比例必需达到实际施工的需求，严格控制管片螺栓的质量。管片在盾构内居中拼装，避免管片与盾壳碰撞，保证管片轴心与盾构机轴心一致，施工时严格控制千斤顶行程差和盾尾间隙等。

（3）盾构机姿态控制。掘进时不应对盾构机姿态作过急的调整，运动轨迹应尽量平顺。纠偏时宜慢不宜急，防止盾构机蛇形量过大，一般每环纠偏量不允许超过 10mm，油缸行程差制在 60mm 左右为宜。

（4）安装管片时，必须加强监督管片拼装过程，规范管片安装程序。掘进时及时复紧撑靴后

4 环的管片螺栓，防止管片上浮。

（5）严格注浆管理，加强同步注浆控制。根据地层状况调整注浆方式，控制注浆压力，在围岩裂隙发育和地下水丰富的地层可每隔 10 环使用双液浆做止水环。

2-7-31　提高盾构隧道质量的措施有哪些？

答：盾构施工对管片拼装质量的要求很高，因此在掘进控制和管片选型时一定要谨慎。盾构隧道施工中大多数质量问题可以在施工过程中得到控制，提高盾构隧道质量最直接有效的措施就是加强施工过程的质量控制。外观质量的控制应以预防为主，工程项目管理中的质量控制主要表现为施工组织和现场控制。

合理选择与安装管片是关键，管片依据盾构的机盾尾间隙来选择。只有生产、运输、安装和维护等各个环节严格按照技术规范操作，才能将隧道和管片衬砌产生破坏缺陷的可能性降到最小。盾构机的选择也十分重要，主要考虑盾构机的功能配备、设备使用性能、各项系统的技术规格、关键系统或项目的参数指标等。该阶段的控制要点关键在盾构机的工程适应性和设备的使用性能。

盾构施工时工程人员需要深入现场，仔细观察分析实际施工中存在的问题，并采取有效的措施，通过不断地研究分析隧道质量缺陷产生的原因，将制定的纠正、预防措施落实整改到位，不仅有效地解决施工中存在的实际问题，而且隧道质量状况也有了明显的改善。

2-7-32　地下管道的安全包括哪两大方面？

答：地下管道的安全包括管道的结构性安全和功能性安全两大方面。以埋地刚性给水、排水管道为例，其结构安全主要是指：管道完好、接口完好，没有出现危及安全的裂缝；其功能安全主要是指：管道通畅、无泄漏，接口密闭性完好，可以满足输送介质的正常使用要求。

2-7-33　埋设环境对地下管道安全的影响有哪些？

答：除了部分地下管道埋在特设的沟槽里，大多数地下管道都是直接埋设在地层中的（根据不同的地质情况有的管道完全直接埋设、有的管道设有砂基或其他基础等）。目前，地下管道的结构设计主要是围绕管体在平面应变状态下的环向结构受力进行的，所以可以说，地下管道的环向受力安全主要是由结构设计保证的，而地下管道的纵向结构安全则主要是由吊运措施和施工措施予以保证的。这自然导致了工程界对地下管道自身环向结构安全的重视超过对地下管道轴向结构安全的重视、对地下管道自身结构安全的重视超过对地下管道接口安全的重视的两种倾向。

但是地下管道屡遭损坏的案例证明，绝大多数地下刚性管道的损坏并不是由于外荷载的增加导致承载能力的丧失而直接引发管道环向结构的损坏（见图 2-7-33（1）），而是由于管道埋设环境的改变恶化了地下管道的受力状态、特别是纵向受力状态，从而导致了地下管道的损坏（见图 2-7-33（2））。

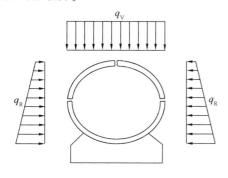

图 2-7-33（1）　埋地钢筋混凝土管在
荷载作用下的环向破坏形状

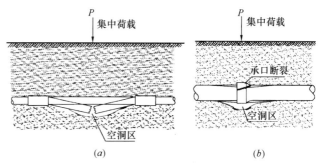

图 2-7-33（2）　埋地钢筋混凝土圆管纵向断裂和
接口损坏示意图
（a）纵向断裂损坏示意图；（b）接口损坏示意图

对于地下管道受力状态影响最大的是管体周边土体中出现的非密实区（孔洞或疏松区）和局部积水区（也称为水囊）。它们的出现，不但使管道的环向受力模式发生了变化，而且破坏了地下管道纵向基础的均匀性，迫使地下管道产生过大的局部位移，管道发生弯曲变形，导致管道折断或接口遭受破坏，造成地下管道的结构性和功能性损坏。

2-7-34 地下管道周边土体中的非密实区和水囊的出现有哪些原因？

答：1）与管道施工有关

（1）施工工艺原因。以北京地区传统的排水管明挖平基施工方法为例，该方法采用平口钢筋混凝土排水圆管，接口形式为钢丝网水泥砂浆抹带接口。这样敷设的管道存在"先天不足"——接口外包砂浆收缩干裂导致流水的渗漏；土体沉降会使条基折断、接口错动、造成流水的大量泄漏；地下管道的渗漏冲刷会淘空管体周边土体中的细小颗粒，在管道周边特别是管道下方形成空洞和水囊。虽然这种落后的施工方法已被废止，但是北京城市地下数百公里施工质量低劣的地下管线所造成的隐患却难以立即排除。

（2）施工质量原因。近期推行的砂砾垫层柔性接口管道铺设工艺，具有环保、方便快捷的优点，特别适合于大城市地下管道的快速装配化施工。但是施工阶段砂砾基础和腋角的压实度很难检查和控制。后期沉降有可能会使地下管道发生过大的位移，也会使管道和检查井的相对沉降过大，造成承插口损坏或漏泄。

2）与管道周边土体的扰动有关

深基坑施工、地下顶管施工、地下铁道施工、地下结构施工都会扰动一定范围内的土体，对相邻地下管道和地面建筑造成一定的影响。除了造成周边土体沉降之外，施工还会在新建地下结构的周围形成空洞或土体疏松区，使周边土体内的既有地下管线产生强迫位移，造成漏泄，形成局部积水现象。

除此之外，地下管道的合槽施工、在既有管道附近铺设新管道、穿越现况管线施工，都是常见的施工形式。而上述每一种施工都不可避免对原有管线产生扰动，施工不当都会造成管道损害或泄漏。城市道路的频繁塌陷说明，在同一断面存在多种管线的情况下，其中一条管道的泄漏往往成为其他管道发生连锁损坏的诱因。

3）与地面荷载有关

城市里的地下管道大多埋设在道路下方，道路翻建、加铺施工往往会造成原有地下管道承受的外荷载增加：

（1）道路施工通常要先挖后铺，地下管道上所承受的活荷载是随覆土深度的增加呈双曲线形式递减。施工过程中管顶覆土层的减薄使得运输机械、道蹄碾压机械等活荷载的作用明显增加，往往超出地下管道的正常使用荷载。

（2）道路加铺会增加管道上方的自重荷载，改造后的通行车辆等级提高会增加管道承受的活荷载。

由此可见，道路翻建、加铺施工如处理不当，外荷载的增加必然造成地下管道开裂或接口损坏，引起管道周边疏松区和水囊的出现。

考虑地下管线周边土体对荷载的传递作用、土体和管道的相互作用、相邻地下管线之间的相互作用，地下管线的损坏可以分为原生损害和次生损害两种形式。但是，无论属于哪一种损坏，地下管道埋设环境的恶化，特别是非密实区和水囊的出现，对于地下管道的安全运营都会构成最直接的威胁（见图 2-7-34）。

2-7-35 地下管道埋设环境的检测方法有哪些？

答：地下管道属于隐蔽工程，地下管道自身完好状态和地下管道埋设环境中的缺陷都是难于直接观察的，这也正是目前国内外地下管道养护、维修技术落后于道路、桥梁养护、维修技术的主要原因。通常只有借助于仪器，采用地质勘察或城市工程地球物理探测方法才能初步判别地下管道埋设环境中的缺陷。其中主要包括：地下管道基础的损坏程度、管壁和土体间的脱空区、周边土体中的空洞和水囊等等。

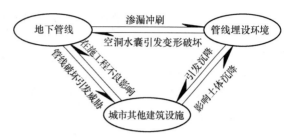

图 2-7-34　地下管道、管道埋设环境和城市建筑相互作用示意图

目前，对地下管道埋设环境进行探查的方法主要有动力触探试验、地质雷达扫描、浅层地震法、电导率法、弹性波层隙成像法、地震波—电磁波复合探测法等等，但是各种方法都有特定的应用范围和一定的局限性。

由于城市道路不适合进行大面积钻孔探查，限制了动力触探方法的应用；城市地下障碍物较多，弹性波反射紊乱，影响了浅层地震法的使用；城市地铁、电力电讯杂散电流影响严重，干扰了电导率法的实施；……。相对而言，地质雷达法目前已成为城市道路基层安全隐患和城市地下管线安全隐患探查的最普遍应用的方法。

地质雷达具有显示地下浅层内的异物、空洞和非密实区域的功能，但是限于技术水平，目前地质雷达荧光屏上显示的只是伪电平图谱，没有经过专业培训的技术人员难以准确判读。目前国内可供参考的技术规范仅有《岩土工程勘察规范》GB 50021—2001 和《铁路隧道衬砌质量无损检测规程》TB 10223—2004 2 种。按上述规程只能得到关于被探查区域的粗略的、相对的评定，而难于得出更精细的量化的缺陷描述。地质雷达的应用受到天线形式、土质、土体密实程度、土体含水率等因素的影响，有效探查深度往往只能达到 4～5m。当前，城市重力流地下管道的埋深常常超过 6～8m，而大型地下工程顶部覆土深度常常超过 20m，所以地质雷达的应用也存在一定的局限性。对于大口径非金属管道和大型深埋地下工程，常常把雷达内扫描作为判断周边土体有无空穴或非密实区的实用方法。

根据《城市工程地球物理探测规范》的规定，采用城市工程地球物理探测方法进行检测时，为得到明晰可信的检测结果，应采取相应的探查手段对探测结果验证或核实。在对地下给排水管道埋设环境进行探测时，最常见的核实手段是钻孔取土（样芯）、钻孔配合内窥镜拍照、挖探坑或探槽进行核查。

2-7-36　如何通过技术调查和现场勘察获得资料？

答：对地下管道的技术调查分为资料调查和现场勘察两个方面。

有关地下给排水管道设计和施工情况的资料大多是从资料调查过程获得的，其中主要包括：管道直径、管材类型、接口形式、管道基础、管道埋深、施工质量、抢险大修情况等。一般需要通过查阅设计资料、竣工资料、养护资料或走访相关单位获得。

有关地下给排水管道埋没区域的环境要素，如：地下水位变动、地上建筑情况、地下在施工程情况、地面交通情况，管道确切位置和走向、相邻管道分布情况、地面排水设施情况等，必须经过现场勘察才能获得。

2-7-37　采用分层加权评估法进行定量评估有何优点？

答：除了地下管线埋设环境之外，地下管道的管体材料强度退化情况、相邻管线分布情况、地面活荷载变动情况、非密实区域和管线的距离等因素对地下管道的安全也有一定的影响。以地下给排水管道为例，上述因素可以归纳为 5 个主要的影响方面和若干影响因素（见表 2-7-37）。

上述 5 个影响方面给地下管线带来的风险影响并不相同，每个影响方面中各个因素给地下管线带来的风险大小也不相同，可以采用北京市市政工程研究院提出的多因素分层加权综合评估方法，对地下管道的风险进行量化评估（见图 2-7-37）。

序号	主要影响方面	主要影响因素
1	埋设环境缺陷	空洞、疏松区、水囊、缺陷与管道相对位置、相邻管道分布
2	管道自身技术状态	管道及接口完好情况、服役年限、铺设方式、施工质量、养护大修情况
3	管道承受的内荷载	输送介质、管道内压、水锤效应
4	管道承受的外荷载	管道敷设位置、工程地质情况、地下水、道路结构、车辆荷载、交通量、道路排水设施
5	受周边在施工程的影响	在施工程情况、在施工程与管道相对位置、在施工程风险源识别及控制情况

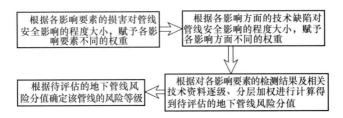

图 2-7-37　对地下管道风险进行量化评估的流程图

与以往的只给出管线埋设环境（不密实区域）情况的粗略评估方法相比，上述量化评估方法有两个最明显的优点：

1）综合考虑了管线自身技术条件、历史情况和外界其他因素的影响，可以比较全面地对地下管线风险因素进行量化评估，明显地降低了主观因素的影响，提高了评估的科学性。

2）在同一地下断面有多种地下管线存在的情况下，可以做到对其中的某一条单独进行风险评估，更接近工程实际情况，可以更好地为城市地下管线风险管理提供依据。

目前，北京市市政市容管理委员会和北京市路政局已把重点路段道路基础和地下管道安全隐患检测作为常规的消除隐患工作逐年安排进行。在该项检测工作中，地质雷达扫描技术和多因素分层加权综合评估方法逐渐推广应用，在北京的奥运安全保障和国庆 60 周年庆典活动中取得了良好效果，得到北京市政府的好评。

2-7-38　消除地下管道埋设环境安全风险的措施有哪些？

答：1）使用落后的承插式刚性接口铸铁管和平口钢筋混凝土圆管；推广应用包括柔性接口排水管快速施工技术、预制装配式混凝土检查井技术、市政混凝土模块技术等项地下管线施工的成熟技术。从总体上提高地下管道的施工水平，增强地下管道对不利因素影响的抵抗能力。

2）深入开展对城市既有地下管道自身技术状态（结构应力累加值、材料强度退化程度、现况接口漏泄量、现况变形容许值等）检测技术的研究，把科学的量化评估方法引入城市地下管道养护技术规范。

3）配合管道施工工艺的改进，研制新的地下管道施工机械和检测设备（接口机、试压机、垫层及腋角振实机、砂砾垫层压实度现场快速检测仪器等），切实加强地下管道施工的质量控制。

4）加强城市多种地下管道的建设单位、规划单位、设计单位、施工单位的协调配合，以全面规划、综合设计、科学施工为目标，减少后期管道施工对城市既有地下管道的不利影响。

5）城市道路翻建、加铺前应规定对原有地下管线状况进行详细调查，并对其承载能力进行检算，由设计单位提出管道加固专项方案。

6）地下工程、深基坑工程施工前，应按北京市住建委有关要求把邻近的地下管道作为可能的风险因素进行环境安全前评估，并制定切实可行的保护措施及应急处置方案，施工完成后进行安全后评估。

7）在与城市地下管道邻近的区域内有道路、管道、地下工程、深基坑等工程进行施工时，应按照有关单位提出的控制值、预警值和对既有地下管道的变形、位移、开裂、渗漏等情况进行有效监测，保证施工阶段地下管道的安全和环境安全。

8）总之地下管道是城市的生命线，地下管道的安全运营关系到社会的安全和稳定。地下管道意外事故的案例证明，埋设环境的缺陷对地下管道的安全存在极其重要的影响。首先应采用先进工艺，提高地下管道总体质量水平，其次要提高检测技术，加强对地下管道周边土体中非密实区和水囊等风险因素的探测和评估，第三要采取必要措施，及时消除地下管道安全运营的风险因素，保证城市地下管道的安全。

2.8 浅埋暗挖法施工

2-8-1 浅埋暗挖法的由来是什么？展望如何？

答：1）过去埋地管道施工由于担心塌落一般采用开挖法，即把上面的土全挖开拉走，上面的路不复存在了，交通也就瘫痪了。20 世纪 70 年代有关工程技术人员，针对松软、含水并有流变特性的黄土质砂黏土层进行分析发现，隧道顶部的土、岩层并不单是一种荷载，它还有支持自身的作用，如果能在施工时做到少扰动，并通过仪器监测，及时支撑、及时喷浆固定，就能保证不塌落，而且这样做只需以很薄的拱层就能取得过去厚拱层的效果。经过多年的工程实践，就逐渐形成了地下管道浅埋暗挖法施工新技术。该技术是铁道部隧道工程局首先在国内成功使用的。浅埋暗挖法不影响地面交通，不扰民，投资省，可以说惠及四方。

2）展望：浅埋暗挖法以其特有的优势在城市地下空间建设尤其是在地铁建设中占有重要的地位。该法在保证地面交通不中断、管线正常使用的前提下，同时也避免了以往工法对环境污染大的现象发生，在城市地下工程中得到了极为广阔的应用；同时，也已不仅仅局限于地铁工程的修建，在城市地下过街道、地下停车场、市政管线等工程中，都得到了应用。

尽管浅埋暗挖法在修建地铁中发挥了不可替代的作用，也取得了显著的成绩，但也存在缺点，如施工速度慢，喷射混凝土粉尘较多，劳动强度大，机械化程度不高，施工工艺受施工队伍的技术水平限制以及高水位地层结构防水比较困难等。因此，在今后的浅埋暗挖法修建过程中，应该积极探索研究新的辅助工法和施工工艺，同时也应拓宽应用范围，提高施工的机械化程度，研究在富水地层中的结构防水问题等，以使浅埋暗挖法得到不断的发展和应用。

2-8-2 浅埋地下工程施工方法沿革是怎样的？

答：1）明挖法施工技术。浅埋地下工程以往多采用传统的明挖法施工，明挖法也称基坑法，主要包括敞口明挖法和基坑支护开挖法两类。其施工方法是首先从地面向下开挖出基坑，在基坑内进行结构施工，然后回填恢复地面。明挖法简单易行，施工作业面宽敞，施工速度较快，在覆盖层薄、建筑物稀少、地面交通车辆不多、地下各种管线少、周围环境要求不高的地区，采用这种方法是最经济的。我国最初的北京市地铁北京站到苹果园站一期工程，就是在当时沿线两边没有建筑或少量建筑的情况下，本着先修地铁，后带动两边建筑发展的原则，地下铁道采用明挖法修建的。然而，随着城市的发展，地面交通、周围建筑、地下管线也在增加，采用明挖法施工的最大缺点是破坏地面、中断交通、拆迁工作量大。同时，施工产生的噪音、震动等也会严重干扰附近居民的生活和工作。为了尽可能减少地下工程施工对地面交通和附近居民的干扰，盖挖法应运而生。

2）盖挖法是一种先做钻孔灌注桩（挖孔桩）或连续墙作为围护结构和支撑结构（如钢横撑、长锚索等组成支撑结构），在该结构保护下再做桩顶纵梁、盖顶板，恢复路面，然后，在桩及钢筋混凝土顶板的支撑下再从上往下进行主体结构施工的方法。根据开挖和结构施工顺序的不同，盖挖法又可分为盖挖顺筑和盖挖逆筑两类。盖挖法是一种比较快速、经济、安全的施工方法。但是，在主要交通干道上修建地下工程时，盖挖法施工还是不能彻底解决问题。而浅埋暗挖法就是一种可以克服明挖法上述困难的创新技术和方法。

3）暗挖法施工技术。随着地面交通运输量越来越大，以及人们环境保护意识的提高，地下工程暗挖法已逐渐取代明挖法而广泛应用于城市地下工程施工。

2-8-3 新奥法理论的内涵是什么？与浅埋暗挖法差别何在？

答：1）新奥法（NATM）的内涵是保护围岩，调动和发挥围岩的自承能力。从这一原则出发，对于围岩变形的控制，根据不同情况，有时需要强调释放，有时应强调限制（但是在城市地下工程施工中一般都限制地表沉降），其目的都是为了充分调动围岩的自承能力。

从新奥法的基本原理中可以看出，围岩加固设计理念上的重大进步，不再把围岩简单地看作作用在支护结构上的荷载，而是认识到围岩是隧道结构的主要承载部分。在隧道施工过程中应该尽量保持围岩的原有强度，防止围岩的松动和大范围的变形，并通过支护达到控制围岩变形的目的。最终通过围岩和衬砌结构共同承载，形成稳定的支护结构。

2）浅埋暗挖法与新奥法差别在于浅埋暗挖法虽然是在新奥法的基础上发展起来的，但是其一些理论又不同于新奥法。其特点是运用量测信息，反馈设计和施工，同时采取超前支护、改良地层、注浆加固等配套技术，来完成隧道及地下工程的设计与施工。由于浅埋暗挖法地下隧道在城区施工较多，所以对地表的沉降控制要求比较严格。与一般的深埋隧道新奥法施工控制不同之处是浅埋暗挖法支护衬砌的结构刚度比较大，初期支护允许变形量比较小。这就使得对保护周围地层的自承作用和减少对地层的扰动是必须的。

2-8-4 地下工程暗挖施工方法主要有哪 2 种？

答：地下工程暗挖施工方法主要有盾构法、浅埋暗挖法等。

1）盾构法施工

盾构是在有水地层、软弱不稳定围岩中修建地铁区间隧道和其他地下工程时，进行开挖支护和衬砌的一种专用机械设备，盾构的种类很多，目前广泛采用的最先进的盾构有泥水加压复合式盾构和土压平衡复合式盾构。由于盾构法施工具有施工速度快，不拆迁地面建筑物和地下管网，施工期间噪音小、震动小、不影响地面交通等优点，近年来在国内外地铁区间工程中被广泛采用。但是，盾构法施工存在着随地层的变化而产生不适应、断面又不容许改变、制造盾构的成本较高、造价昂贵等缺点，因此，其优越性不如浅埋暗挖法。

2）浅埋暗挖法施工

浅埋暗挖法是近十多年发展起来的一种新方法，该方法已在城市地铁、市政地下管网及地下空间的其他浅埋地下结构物的工程设计与施工中广泛应用。该方法多应用于第四纪软弱地层，开挖方法有正台阶法、单侧壁导洞法、中隔墙法（也称 CD 法和 CRD 法）、双侧壁导洞法（眼镜工法）等。该方法具有灵活多变，对地面建筑、道路和地下管网影响不大，拆迁占地少，不扰民，不污染城市环境等优点，是目前较先进的施工方法，该方法在铁路、公路及破碎软弱地层中也开始应用。

2-8-5 地下工程明挖法、盾构法及暗挖法的优缺点比较如何？

答：上述几种施工方法各有优缺点，详细比较见表 2-8-5。

浅埋地下工程常见施工方法优缺点比较　　　　　　　　　　表 2-8-5

对比指标 \ 方法	明（盖）挖法	盾构法	暗挖法
地质	各种地层均可	各种地层均可	有水地层需做特殊处理
占用场所	占用街道路面较大	占用街道路面较小	不占用街道路面

方法 \ 对比指标	明（盖）挖法	盾构法	暗挖法
断面变化	适用于不同断面	不适用于不同断面	适用于不同断面
深度	浅	需要一定深度	需要的深度比盾构法小
防水	较易	较难	有一定难度
地面下沉	小	较小	较小
交通影响	影响很大	竖井影响大	不影响
地下管路	需拆迁和防护	不需拆迁和防护	不需拆迁和防护
震动噪音	大	小	小
地面拆迁	大	较大	小
水处理	降水、疏干	堵、降结合	堵、降或堵、排结合
进度	拆迁干扰大，总工期较短	前期工程复杂，总工期正常	开工快，总工期正常
造价（日本）	43～85亿日元/km	46亿日元/km	25亿日元/km，低于其他方法2～4倍

注：造价仅是区间对比，是日本1988年的工程总结。

2-8-6 浅埋暗挖法适用范围如何？

答：浅埋暗挖法是在软弱围岩浅埋地层中修建山岭隧道洞口段、城区地下铁道及其他适于浅埋结构物的施工方法。它主要适用于不宜明挖施工的土质或软弱无胶结的砂、卵石等第四纪地层，修建覆跨比大于0.2的浅埋地下洞室。对于高水位的类似地层，采取堵水或降水、排水等措施后也适用。尤其对于结构埋置浅、地面建筑物密集、交通运输繁忙、地下管线密布，且对地面沉降要求严格的都市城区，如修建地下铁道、地下停车场、热力与电力管线，这项技术方法更为适用。

浅埋暗挖法与其他方法相比具有显著的优点，以城市地铁为例，前面说过，浅埋暗挖法与明挖法（盖挖法）相比，具有拆迁占地少、不扰民、不干扰交通、节省大量拆迁投资等优点；与盾构法相比，具有简单易行，无需多种专用设备，灵活方便，适用于不同地层、不同跨度、多种断面，可以提供大量就业机会等优点，是适合我国国情的好方法。尤其对于区间隧道，浅埋暗挖法施工速度完全能满足总工期要求。

2-8-7 浅埋暗挖的5种开挖方式各有什么特点？

答：见下表2-8-7。

施工方法的适用条件及特点　　　　　　　　　　　表2-8-7

施工方法	台阶法	中隔墙法（CD）	交叉中隔墙法（CRD）	大管棚法	双侧壁导洞法（眼镜工法）
示意图					
适用条件	适用于较好地层的中小型断面	适用于软弱地层的中小型断面	适用于软弱地层且地面沉降控制严格的中型断面	适用于软弱地层的中小型断面，尤其是短隧道，如穿越铁路、公路	适用于软弱地层的大中型断面，尤其是地面沉降控制严格的大型断面
特点	施工方便，速度较快，可增设临时仰拱和锁脚锚杆，对控制下沉有利	施工方便，速度较快，对控制地面沉降有利	施工复杂，速度慢，有利于控制地面沉降，但成本较高	适用性强，结构形式简单，有利于控制沉降，但技术要求高	施工复杂，速度慢，有利于控制地面沉降，但成本较高

2-8-8　浅埋暗挖法的开挖方式有几种？如何选择？

答： 1）浅埋暗挖法多用于第四纪软弱地层。开挖方式有正台阶法、单侧壁导洞法、中隔墙法（也称 CD 法和 CRD 法）、双侧壁导洞法（眼镜工法）等，见图 2-8-8 及表 2-8-8。

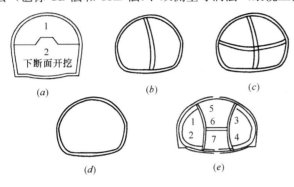

图 2-8-8　各种开挖方式示意图
(a) 台阶法；(b) 中隔壁法；(c) 交叉中隔壁法
(d) 大管棚法；(e) 双侧壁导洞法

2）对比表 2-8-8 中各种施工方式的特点可以发现，如果我们单从工程造价和施工速度来考虑，施工方式的选择顺序为：正台阶－台阶设临时仰拱－CD 工法－CRD 工法－眼镜工法；但是仅从施工安全角度来考虑，上述的顺序刚好相反。可见，在实际的工程中，工程造价、施工速度与施工安全之间有着一定的矛盾与制约。

施工方式的选择应根据工程性质、规模、地层条件、周边环境条件、施工设备、工期要求等要素，经技术、经济比较后确定。应选用安全、适用，技术上可行，经济上合理的施工方式。

浅埋暗挖法施工方式的适用条件及特点　　　　　　　　表 2-8-8

施工方法	适用条件	特　点
台阶法	适用于较好地层的中小型断面	施工方便，速度较快，可增设临时仰拱和锁脚锚杆
中隔墙法（CD）	适用于软弱地层的中小型断面	施工方便，速度较快，对控制地面沉降有利
交叉中隔壁法（CRD）	适用于软弱地层且地面沉降控制严格的中型断面	施工复杂，速度慢，有利于控制地面沉降，但成本较高
大管棚法	适用于软弱地层的中小型断面，尤其是短隧道，如穿越铁路、公路	适用性强，结构形式简单，有利于控制沉降，但技术要求高
双侧壁导洞法（眼镜工法）	适用于软弱地层的大中型断面，尤其是地面沉降控制严格的大中型断面	施工复杂，速度慢，有利于控制地面沉降，但成本较高

2-8-9　浅埋暗挖辅助施工加固地层的方法有几种？

答： 浅埋暗挖法中的辅助施工方法是针对不良地层而提出的。根据实际的工程条件选择的辅助工法的正确与否对工程的成败和造价的高低有着重要的影响。辅助工法的选法、工程地质条件等情况要综合考虑，优先考虑较简单的方法或同时采用几种综合辅助施工方法来加固地层，以确保施工安全和工程的质量。常用的辅助方法主要有降水和地层加固两种形式。其中地层加固的方法主要有：

1）环形开挖留核心土；

2）喷射混凝土封闭开挖工作面；

3）超前锚杆或超前小导管支护；

4）超前小导管周边注浆加固地层；

5）设置临时仰拱；

6) 深孔围岩加固劈裂预注浆或堵水固结预注浆加固地层；

7) 长管棚超前支护加固地层；

8) 冻结法固结地层；

9) 水平旋喷法超前支护；

10) 地面加固地层；

11) 洞内、洞外降水法；

12) 洞内施工水平降排水法。

2-8-10 某工程浅埋暗挖安全评估如何？

答：见下表 2-8-10。

某工程复杂条件下采用浅埋暗挖法辅助工法的处理措施安全评估　　　　表 2-8-10

地质条件	技术处理措施	安全评估	监测分析
洞拱顶过直径 800mm 污水管	①污水管内套＜600mm 软管；②在污水管侵入的车站结合部增设 8m 长＜114mm×5mm 超前管棚，并降低开挖高度；③将中洞口 5m 范围内的洞室分 4 块进行开挖；④加强超前水文地质探测；⑤局部地方加密超前小导管；⑥渗水处采用引流处理；⑦加强超前注浆和拱背回填注浆	施工期间只出现微小渗水	拱顶沉降及地表沉降均在控制标准范围内
下穿既有环线地铁	采用＜600mm 大管棚超前管幕，2 根钢管用工字钢和槽钢相互咬合(咬合管棚)	目前未遇异常情况	目前无异常情况
过砂层及富水砂层	①设超前导管，注入改性水玻璃浆液；②全断面过改性水玻璃浆加固砂层；③及时跟进回填注浆；④开挖时预留核心土；⑤超前导洞引排水，洞内打引渗井	安全通过	拱顶沉降及地表沉降均在控制标准范围内
区间过护城河	①围堰导流；②洞内全断面帷幕注浆；③桥桩进行桩基托换	安全通过	桥墩最大沉降 1.1mm，平均沉降 0.6mm
区间过立交桥	①洞外旋喷桩隔断；②洞内进行径向导管注浆	安全通过	桥墩最大沉降 7.73mm，平均沉降 4.1mm
区间过建筑物	①地面树根桩加固；②洞内长大管棚超前注浆加固	安全通过	最大沉降 53.5mm，平均沉降 25.6mm
区间过人行天桥	洞外桩基托换	安全通过	最大沉降 16.51mm，平均沉降 7.5mm
区间过铁路	①线路加固；②洞内全断面帷幕注浆加固	安全通过	拱顶沉降及地表沉降均在控制标准范围内

2-8-11 浅埋暗挖法适用条件是什么？

答：在一些地区修建地下铁路、地下人行通道、热力管沟及给水排水管渠等经常使用浅埋暗挖法施工。该方法适于在土质稳定、无地下水的条件下施工，如遇有地下水时，必须有完善可靠的降水措施。否则将会给施工增加很大困难，且无法保证施工质量。

2-8-12 浅埋暗挖施工程序及其要点是什么？

答：浅埋暗挖施工方法的主要施工程序为：竖井的开挖与支护、洞体开挖、初期支护、二次衬砌及装饰等过程。

1) 竖井的开挖与支护

竖井的作用与顶管施工的工作坑基本相同。施工时，它可作为隧洞的进口和出口，施工完毕后，可在其中修筑管线检查井、热力管线小室、地下通道进出口等。

竖井的结构形式应根据土层的性质、地下水位的高低、竖井深浅以及周围施工环境等因素来选择。但不论选择哪种结构形式，都应尽量少用横向加固支撑，以利于施工时的垂直运输。但是，这将使结构的截面增大。为了满足井壁所必须具有的强度和刚度，常使用地下连续墙或喷射钢筋混凝土分步逆作法进行施工。下面介绍喷射钢筋混凝土分步逆作支护法的施工要点。

施工前，先在竖井的开挖周界按一定间距将工字钢打入土层中作为井壁的支撑骨架。随着挖土，将露出的工字钢用横拉筋焊联，并放置钢筋网片，然后向工字钢间喷射一定厚度的混凝土。如此不断挖土，不断焊联钢筋，不断喷射混凝土，最后施工到井底。形成一个完整的钢筋混凝土支护井壁。在井底设置一定间距工字钢底撑，然后现浇 300～400mm 厚的混凝土，作为施工期间临时底板。

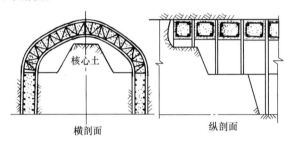

横剖面　　纵剖面

图 2-8-12　洞体开挖示意图

2）洞体开挖

竖井施工完毕后，可进行洞体开挖，洞体开挖方法和步骤视洞体断面尺寸大小、土质情况而定。一般每一循环掘进长度控制在 0.5～1m 范围内。为了防止工作面土壁失稳滑坡，每一循环掘进均保留核心土不挖，其平均高度为 1.5m，长度 1.5～2.0m，如图 2-8-12 所示。如果洞体断面大、净空高、掘进时可采用微台阶法开挖，台阶长度为洞高的 0.8 倍左右，一般掌握在 0.3～0.4m 以内。

为了保证洞体开挖中绝对安全，应及时封闭整环钢框架，减少地表沉降。若开挖断面大，可在横向分上、下两个台阶开挖，每次挖土长度为 0.5～0.6m，下台阶每开挖 0.6m，与支护钢架整圈封闭一次。

3）初期支护

洞体边开挖边支护，初期支护是二次衬砌作业前保证土体稳定，抑制土层变形和地表沉降的最重要环节。一般初期支护采用钢筋格网拱架和钢筋网作骨架，然后喷射混凝土，也可根据现场特点，采用有针对性的技术措施。

洞体支护一般分土层加固、喷射混凝土和回填注浆三个步骤进行。

①土层加固

a. 无注浆钢筋超前锚杆加固法

加固锚杆可采用 φ22mm 螺纹钢筋，长度一般为 2.0～2.5m，环向排列，其间距视土壤的情况确定，一般为 0.2～0.4m，排列至拱脚处为止。操作时，在每一循环掘进完毕后，用风动凿岩机将锚杆打入土层，锚杆末端要焊在拱架上。此法适用于拱顶土壤较好的情况下，是防止坍塌的一种有效措施。

b. 小导管注浆加固法

当拱顶土层较差，需要注浆加固时，利用导管代替锚杆。导管可用直径 32mm 钢管，长度为 3～7m，环向排列间距为 0.3m，仰角 7°～12°。导管管壁设有出浆孔，呈梅花状分布。导管可用风动冲击钻机或 PZ75 型水平钻机成孔，然后推入孔内再注浆。

②喷射混凝土

喷射混凝土是借助喷射机械，利用压缩空气或其他动力，将按一定配合比的拌合料，通过管道输送并以高速喷射到受喷面上凝结硬化而成的一种混凝土。根据喷射混凝土拌合料的搅拌、运输和喷射方式一般分为干式和湿式两种。常采用干式。

干式喷射是依靠喷射机压送干拌合料，在喷嘴处加水。在国内外应用较为普遍。它的主要优点是设备简单，输送距离长，速凝剂可在进入喷射机前加入。

湿式喷射是用喷射机压送湿拌合料（加入拌合水），在喷嘴处加入速凝剂。它的主要优点是拌合均匀，水灰比能准确控制，混凝土质量容易保证，而且粉尘少、回弹较少。但设备较干喷机复杂，速凝剂加入也较困难。

③回填注浆

在暗挖法施工中，在初期支护的拱顶上部，由于喷射混凝土与土层未密贴，再加上拱顶下沉很容易形成空隙，为防止地面下沉，应在喷射混凝土后，用水泥浆液回填注浆。这样不仅挤密了拱顶部分的土体，而且也加强了土体与初期支护的整体性，有效地防止地面沉降。

4）二次衬砌

完成初期支护施工之后，当设计需要进行二次衬砌时，可进行洞体二次衬砌。二次衬砌采用现浇钢筋混凝土结构。混凝土强度宜选用C20以上，坍落度为18～20cm的高流动混凝土。采用墙体和拱顶分步浇筑的方法，即先浇侧墙，后浇拱顶。拱顶部分采用压力式浇筑混凝土。

2-8-13　浅埋暗挖法施工工艺流程是怎样的？

答：见下图2-8-13。

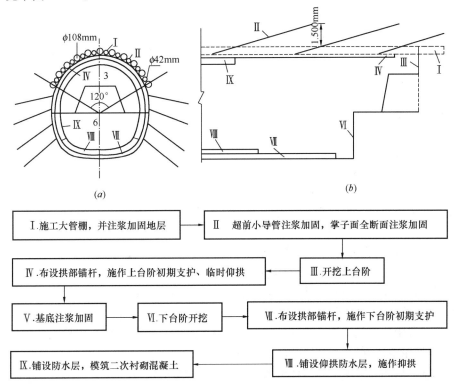

图 2-8-13　施工工艺流程

(a) 横向施工示意图；(b) 纵向施工示意图

2-8-14　注浆孔布置示意图是怎样的？

答：见下图2-8-14。

2-8-15　注浆加固有哪些规定？

答：1）导管和管棚注浆应符合下列规定：

(1) 注浆浆液宜采用水泥或水泥砂浆，其水泥浆的水灰比为0.5～1，水泥砂浆配合比为

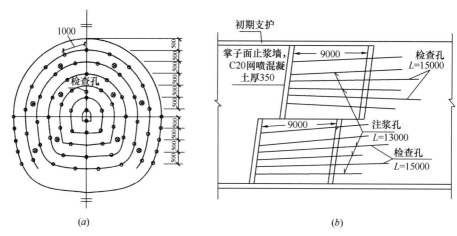

图 2-8-14　注浆孔布置示意图（单位：mm）

(a) 掌子面注浆孔布置图；(b) 注浆加固范围纵剖面图

1：0.5～3；

（2）注浆浆液必须充满钢管及周围的空隙并密实，其注浆量和压力应根据试验确定。

2）注浆施工，在砂卵石地层中宜采用渗入注浆法；在砂层中宜采用劈裂注浆法；在粘土层中宜采用劈裂或电动硅化注浆法；在淤泥质软土层中，宜采用高压喷射注浆法。

3）隧道注浆，如条件允许宜在地面进行，否则，可在洞内沿周边超前预注浆，或导洞后对隧道周边进行径向注浆。

4）注浆材料应符合下列规定：

（1）具有良好的可注性；

（2）固结后收缩小，具有良好的粘结力和一定强度、抗渗、耐久和稳定性，当地下水有侵蚀作用时，应采用耐侵蚀性的材料；

（3）无毒并对环境污染小；

（4）注浆工艺简单，操作方便、安全。

5）注浆浆液应符合下列规定：

（1）预注浆和高压喷射注浆宜采用水泥浆、黏土水泥浆或化学浆液；

（2）壁后回填注浆宜采用水泥浆液、水泥砂浆或掺有石灰、黏土、粉煤灰等水泥浆液；

（3）注浆浆液配合比应经现场试验确定。

6）注浆孔距应经计算确定；壁后回填注浆孔应在初期支护结构施工时预留（埋），其间距宜为 2～5m；高压喷射注浆的喷射孔距宜为 0.4～2m。

7）注浆过程中应根据地质、注浆目的等控制注浆压力。注浆结束后应检查其效果，不合格者应补浆。注浆浆液达到设计强度后方可进行开挖。

8）注浆施工期间应对地下水取样检查，如有污染应采取措施。

9）注浆过程中浆液不得溢出地面及超出有效注浆范围。地面注浆结束后，注浆孔应封填密实。

2-8-16　喷射混凝土养护及试件制作有何施工规定？

答：1）喷射混凝土 2h 后应养护，养护时间不应少于 14d，当气温低于 +5℃时，不得喷水养护。

喷射混凝土施工区气温和混合料进入喷射机温度均不得低于 +5℃。

喷射混凝土低于设计强度的 40% 时不得受冻。

2）喷射混凝土结构试件制作及工程质量应符合下列规定：

（1）抗压强度和抗渗压力试件制作组数：同一配合比，区间或小于其断面的结构，每20m拱和墙各取一组抗压强度试件，车站各取二组；抗渗压力试件区间结构每40m取一组；车站每20m取一组。

（2）喷层与围岩以及喷层之间粘结应用锤击法检查。对喷层厚度，区间或小于区间断面的结构每20m检查一个断面，车站每10m检查一个断面。每个断面从拱顶中线起，每2m凿孔检查一个点。断面检查点60%以上喷射厚度不小于设计厚度，最小值不小于设计厚度1/3，厚度总平均值不小于设计厚度时，方为合格。

（3）喷射混凝土应密实、平整、无裂缝、脱落、漏喷、漏筋、空鼓、渗漏水等现象。平整度允许偏差为30mm，且矢弦比不应大于1/6。

2-8-17 岩体锚杆施工有何规定？

答：1）锚杆应在初期支护结构喷射混凝土后及时安装。

2）锚杆钻孔孔位、孔深和孔径等应符合设计要求，允许偏差为：孔位±150mm；孔深，水泥砂浆锚杆±50mm，楔缝式锚杆$^{+30}_{0}$mm，胀壳式锚杆$^{+50}_{0}$mm；孔径，水泥砂浆锚杆应大于杆体直径15mm，楔缝式锚杆应符合设计要求，胀壳式锚杆应小于杆体直径1～3mm。

3）锚杆安装应符合下列规定：

（1）安装前应将孔内清理干净；

（2）水泥砂浆锚杆杆体应除锈、除油，安装时孔内砂浆应灌注饱满，锚杆外露长度不应大于100mm；

（3）楔缝式和胀壳式锚杆应将杆体与部件事先组装好，安装时应先楔紧锚杆后再安托板并拧紧螺栓；

（4）检查合格后应填写记录。

4）锚杆应进行抗拔试验。同一批锚杆每100根应取一组试件，每组3根（不足100根也取3根），设计或材料变更时应另取试件。

同一批试件抗拔力的平均值不得小于设计锚固力，且同一批试件抗拔力最低值不应小于设计锚固力的90%。

2-8-18 竖井土方开挖及支护施工要点是什么？

答：1）竖井土方开挖，每次开挖步长不得超过0.5m，边开挖边支护。

2）竖井环向设置φ18钢筋格栅，竖井在3m深度以上，钢格栅的纵向间距为0.75m，竖井在3m深度以下，钢格栅的纵向间距为0.5m。

3）首榀钢格栅加工完成后，应进行试拼装，当各部位尺寸符合设计要求时，方可进行批量生产，周边拼装允许偏差±3cm，平面翘曲小于2cm。每一循环步要做到快开挖，早喷射混凝土，并及时架设支撑。

4）随着每步土方开挖，井壁四周打设φ12土钉，锚杆呈梅花形设置，纵横向间距为0.5m。

5）每道钢格栅采用竖向连接筋进行连接，连接筋的横向间距为1m，并与竖井锁口圈梁钢筋焊接成为一体。

6）在锁口圈梁下采用喷射混凝土＋钢格栅＋钢筋网支护。井筒满铺φ6@100×100钢筋网片，钢筋网钢筋应与钢格栅焊接成一体，钢筋网片与钢筋网片之间的搭接应按照要求采用双面焊接，搭接长度按照施工规范要求进行。

7）喷射10cm厚C20豆石混凝土。

2-8-19 某工程竖井施工程序是怎样的？

答：竖井施工程序：首先进行测量放线，挖锁口圈梁土方；圈梁土方挖除后，绑扎圈梁钢筋、支模，浇筑圈梁混凝土；然后进行竖井起重架施工；立完井架后按设计榀距人工挖土，出土；出土后，逐榀安设水平钢格栅、挂钢筋网片、焊连接筋、喷射混凝土；最后进行竖井封底。

2-8-20 竖井施工方法是怎样的？

答：本工程竖井采用水平钢格栅加网喷混凝土加槽钢临时支撑支护。为保证井筒结构稳定，在井口现浇断面尺寸为 600×900 mm 钢筋混凝土锁口圈梁，其下采用水平钢格栅＋钢筋网＋连接筋＋喷射混凝土水平钢格栅，自井口向下纵向每 0.4m 一榀，竖向设 $\phi18$ 连接钢筋，水平间距 1 米内外双层梅花布置，且在竖井四角和两侧要各设一根，并与竖井锁口圈梁钢筋焊成一体（钢筋拉杆锚入锁口圈梁内 35d），两层钢格栅内外双层满铺 $\phi6@10$cm$\times 10$cm 钢筋网片（网片搭接长度不小于一个网孔）。喷射 350mm 厚 C20 早强混凝土。

竖井开挖期间，相继完成提升架、人行扶梯的安装等各项工作。竖井内挖一座 1.5m$\times 1.5$m、深 1m 的坑，坑壁使用喷射混凝土护壁，厚 100mm，作为出土吊斗坑。竖井二衬施工前，先用级配砂石回填吊土坑，恢复竖井一衬底板结构后，再进行竖井二衬施工。

竖井施工中应严格控制井壁厚度与垂直度，水平钢格栅安装完毕后，必须经质检人员检验合格后方可进行锚喷混凝土施工。

2-8-21 竖井龙门架安装施工要点有哪些？

答：根据现场实际情况，竖井起重架设置 1 台或两台 5t 电葫芦。安装后先进行空载和重载的安全检测，满足连续作业的要求。竖井架子除固定在锁口圈梁上外，其余均应采用钢筋混凝土独立支墩，以支撑竖井架子的自重及吊运重物时所发生的一切荷载，每一个支墩的断面形式为 1.5m$\times 1.5$m$\times 2.0$m（长$\times$宽$\times$高），现浇 C30 混凝土，在基础中预理 20mm 厚锚固钢板，以便于工字钢立柱与基础的连接，钢板平面尺寸 400mm$\times$400mm，为了保证架子承担的荷载能够均匀地传入基础中，宜将钢板作有效的固定，在钢板上焊 4 根 $\phi25$ 钢筋，长 1.5m，埋入基础混凝土，钢筋与钢板焊接牢固，其下设 $\phi16$ 钢筋套子，间距 200mm，纵向均匀布置。

为保证竖井起重架导轨水平，起重架立柱下料前必须先由测量员精确测出圈梁各埋铁的高程，并根据竖井高度确定每根立柱的不同下料长度并编号区分。起重架水平型钢及导轨焊接前，再次测量高程，如有偏差及时调整，确保电葫芦导轨的平滑直顺。

2-8-22 竖井土方开挖有哪些要求？

答：竖井土方开挖遵循"短开挖、早支护"的施工原则，在工程开挖过程当中，竖井周边将会产生超挖现象。根据土质情况，密切注意掌子面地层的稳定，必要时喷射 50mm 厚混凝土封闭。

开挖时用电葫芦提升至卸土场。严禁欠挖，尽量减少超挖。下台阶深度够安装一榀钢格栅拱架，即向下挖 0.5m 后，即进行钢格栅安装，从上而下分块立即施作锚喷支护。每一榀钢拱架与上方钢格栅均要使用纵向连接筋焊接牢固，纵向钢筋满足要求。

竖井挖至底板高程后，及时喷射混凝土封闭井底。

2-8-23 回填注浆施工要点有哪些？

答：初期支护的全断面形成后，为保证喷射混凝土支护与土层密贴，要及时进行隧道背后注浆，注浆孔布置在拱顶。在初衬施工时预留，每 2m 设一组，每组在拱顶以及两侧拱各布一根。考虑到本工程所处地层的土质情况，背后回填注浆每 2m 设一组，形成一段注浆段。

充填注浆用水泥砂浆，参考配合比及注浆压力如下：

灰、砂比　　1：1.5～1：3（重量比）

水灰比　　　1：1～1：1.1

注浆压力　　0.4MPa～0.6MPa

2-8-24　回填土方技术措施有哪些?

答：本工程施工完毕后需要进行竖井的土方回填，为保证道路路面质量，施工竖井要及时回填，回填材料采用砂石级配。

（1）回填密实度标准：由路床算起 80cm 以内压实度要求达到 95％。

（2）施喷前的准备：喷射作业应认真清除受喷面上的浮土回弹物等松散积料，用高压风吹净。调整好喷射机的风压、水压，做好准备。

（3）喷射作业：施喷应由下而上，从低向高地依次进行，按螺旋轨迹均匀分层喷射，喷头直对受喷面，距离为 0.6～1m。喷射压力控制在 0.12～0.15MPa，一次喷射厚度，边墙约 70～100mm，拱顶部好约 50～60mm，每喷完一遍均需有一定的间歇，一般为前一层混凝土终凝后进行。在格栅拦风架处，喷嘴应避开钢筋密集点，以免产生密积，对悬挂在网筋上的混凝土结团应及时清除，保证喷射混凝土的密实。

喷射混凝土应将钢筋全部覆盖，喷射手应控制水灰比，在 0.40～0.45，此时喷层无干斑和滑移流淌现象。喷射混凝土应加强喷水养护，以防风干裂口。

2-8-25　市政工程竖井架工字钢的参数为多少，请举例说明?

答：本工程为临时竖井的提升架，负责竖井施工过程中的材料运输和土方提升。井架为两跨连续梁，跨间竖向距为 6m，横向间距为 5.5m。提升架立柱为 I25b 工字钢，滑道为 I32b 工字钢，次梁为 I25b 工字钢。提升设备为 5t 电葫芦，次梁与立柱之间采用连接板连接。

1）I32b 型行梁的参数

高度 h—320；

腿宽 b—140；

腰宽 d—14.5；

自重 q：713N/m；

截面面积：0.00909m^2；

惯性矩 I_x—1.73×10^{-4}m^4；

弹性模量 E：2.1×10^{11}；

2）I25b 型立柱、次梁的参数

高度 h—250；

腿宽 b—118；

腰宽 d—10；

自重 q：420N/m；

截面面积：0.00535m^2；

惯性矩 I_x—1.73×10^{-4}m^4；

弹性模量 E：2.1×10^{11}；

3）电葫芦的参数

产品型号：CD

额定荷载：5t

功率：7.5kW

运行速度：20m/min

起升高度：22.4m

起升速度：7m/min

4）允许最大变形量：行梁 1/700，次梁 1/500。

5）容许应力：170MPa

6）安全系数 k 取值：1.2

2-8-26　竖井提升荷载计算过程是怎样的，请举例说明？

答：本题示例参数同题 2-8-25

1）行梁允许提升载荷计算：

行梁的最大挠度：

$$f = \frac{pl^3}{48EI} \leqslant \frac{l}{700}$$

即

$$p \leqslant \frac{48EI}{700l^2} = \frac{48 \times 2.1 \times 10^{11} \times 1.73 \times 10^{-4}}{700 \times 6^2} = 69.2\text{kN}$$

电葫芦自重为 1t，行梁自重 1t 所以提升架最大提升载荷为

$$(p_1) = \frac{6.92 - 1 - 1}{1.2} = 4.1\text{t}$$

2）次梁允许提升载荷计算

次梁每次起重土斗，其最大挠度（计算其最远端荷载）：

$$f = \frac{pa}{6lEI} \left[(2a+c)l^2 - 4a^2l + 2a^3 - a^2c - c^3 \right] \leqslant \frac{l}{500}$$

即

$$p \leqslant \frac{6l^2EI}{a500\left[(2a+c)l^2 - 4a^2l + 2a^3 + a^2c - c^3 \right]} = 140.8\text{kN}$$

电葫芦自重为 1t，次梁自重 0.6t，所以提升架最大提升载荷为

$$[p_2] = \frac{14.08 - 1 - 0.6}{1.2} = 10.4\text{t}$$

3）立柱稳定性验算

立柱采用 I25b 工字钢。

计算其最大荷载

$$p_{\text{kp}} = \frac{\pi^2 EI}{4l^2} = \frac{3.14^2 \times 2 \times 10^{11} \times 17300 \times 10^{-8}}{4 \times 6^2} = 1557\text{kN}$$

电葫芦自重为 1t，立柱自重 1t，所以提升架最大提升载荷为

$$[p_3] = \frac{155.7 - 1 - 1}{1.2} = 128\text{t}$$

综合考虑，提升架最大提升载荷设定为 4.1t。

料斗尺寸：$\pi \times 0.6^2 \times 1.5 = 1.7\text{m}^3$，

表面积：$1.2 \times \pi \times 1.5 + 0.6^2 \times \pi = 6.78\text{m}^2$

重量：$6.78 \times 0.01 \times 7.8 = 0.529\text{t}$

竖井及断面内的土大部分为砂卵层，砂砾的平均重量考虑为 1.9t/m^3，

因而每斗重量为：料斗重量＋砂砾重量＝$0.529 + 1.9 \times 1.7 = 3.76\text{t}$

竖井架的最大提升量为 4.1t，料斗每次提升重量为 3.76t 所以满足要求。

2-8-27　市政工程竖井施工要点是什么？

答：本题示例参数同题 2-8-25

1）前期准备

提升架次梁采用 I25b 工字钢，行梁采用 I32b 工字钢，立柱采用 I25b 工字钢，井架设有维修台。

首先在竖井锁口圈梁混凝土强度达到 85％以上进行提升架的焊接拼装，焊接采用电弧焊，

焊接质量符合《建筑钢结构焊接规程》。竖井采用 1 组 2 跨的提升架，需用 3 组立柱下料长度分为 6m、次梁长为 5.5m，行梁长度根据竖井长度及地面存土场的宽度定为 12m，并根据竖井宽度及出土量要求，提升架组装两根行梁。在地面将立柱与次梁焊接在一起，待将立柱、次梁焊接完成后，开始进行吊装。

2）提升架的组装

吊装采用 25T 吊车，首先吊装焊接完成后的立柱、次梁，立柱底端与锁口圈梁预埋铁焊接牢固（500mm×500mm×10mm），并架设三角钢肋板加固。立柱、次梁吊装连接时，架设临时横撑连接加固。当 3 组立柱及次梁连接完成后，进行 1 根行梁的吊装连接。行梁位置设在次梁中心处，两端在两根次梁之上，中间在一根次梁之下，行梁与 3 根次梁焊接牢固后，加三角钢肋板加固。然后吊装一台 5T 电动葫芦安放在行梁之上。其中在南端的立柱上安装修理平台，平台距次梁顶端 1.6m，便于电葫芦的拆装和维修。最后进行竖井提升架剪刀撑、挡土钢板、围护栏杆的安装工作，注意焊接时要加接头板和连接板，并且保证焊缝饱满。

3）施工设备见下表 2-8-27。

施工设备一览表　　　　　　　　　　　表 2-8-27

设备名称	单　位	数　量	备　注
25t 吊车	辆	1	
托运车	辆	2	
电焊机	台	3	

2-8-28　市政工程竖井提升架结构是怎样的，主要材料为多少，请举例说明？

答： 本题示例参数同题 2-8-25

1）本竖井提升架，负责竖井施工过程中的材料运输和土方提升。最大提升荷载 4.1t。井架为四跨连续梁，跨间竖向距为 6m，横向间距为 4.68m。提升架立柱为 I36c 工字钢，滑道（行梁）为 I40c 工字钢，次梁为 I36c 工字钢，竖井采用 1 组 4 跨的提升架需用 5 组立柱，每组 2 根下料长度分别为 6.2m 和 7.0m。次梁长为 6m5 根。行梁长度根据竖井长度及地面存土场的宽度定为 24m，并根据竖井宽度及出土量要求，提升架组装两根行梁。

提升设备为 5 吨电葫芦，次梁与立柱之间采用连接板连接。

2）主要材料见下表 2-8-28。

提升架主要材料表　　　　　　　　　　　表 2-8-28

名　称	规　格	尺寸（单位 m）	数　量	合计（m）
行梁	I40c （I32b）	24	2 根	48
次梁	I36c （I25b）	6	5 根	30
立柱	I36c （I25b）	7.0 6.2	5 根 5 根	35 31
基础预埋铁	10mm 钢板		略	
人字棚杆件	1∶2		略	
蓝色棚板	略			
栏杆	略			
木料（架板）	略			

2-8-29 提升架施工部署是怎样的?

答:1) 首先在竖井锁口圈梁混凝土强度达到85%以上进行提升架的焊接拼装,焊接采用电弧焊,焊接质量按《建筑钢结构焊接规程》要求予以保证。在地面将立柱与次梁焊接在一起,待将立柱、次梁焊接完成后,开始进行吊装。

2) 提升架的组装:吊装采用25t吊车(表2-8-29),首先吊装焊接完成后的立柱、次梁,立柱底端与锁口圈梁预埋铁焊接牢固(500mm×200mm×10mm),并架设三角钢肋板加固。立柱、次梁吊装连接时,架设临时横撑连接加固。当5组立柱及次梁连接完成后,进行2根行梁的吊装连接。行梁位置设在次梁中心两侧各2.25m处,两端在两根次梁之上,中间在二根次梁之下,行梁与5根次梁焊接牢固后,加三角钢肋板加固。然后吊装两台5t电动葫芦分别安放在两根行梁之上。其中在南端的立柱上安装修理平台,平台距次梁顶端1.6m,便于电葫芦的拆装和维修。最后进行竖井提升架剪刀撑、挡土钢板、围护栏杆和顶棚的安装工作,注意焊接时要加接头板和连接板,并且保证焊缝饱满。

施工设备一览表 表 2-8-29

设备名称	单 位	数 量	备 注
25t 吊车	辆	1	
托运车	辆	2	
电焊机	台	3	
气割设备	套	2	

2-8-30 提升架施工要点有哪些?

答:1) 立柱基础

提升架作为工程中的重点环节,必须保证其基础牢固,该挺升架共有10根立柱,有两根基础在竖井的锁口圈梁内,其余都是独立的混凝土基础,内预埋钢筋。施工时必须保证基础底部土体的密实度和混凝土强度。

2) 提升架安装要点:

提升架施工的重点在于保证立柱与预埋铁、立柱与次梁、次梁与行梁以及各加固斜撑等焊接作业的质量,提升架焊接作业必须严格按照《建筑钢结构焊接规程》相关规定施焊:

(1) 钢结构制作和安装的切割、焊接设备,其使用性能应满足选定工艺的要求。

(2) 焊条应储存在干燥、通风良好的地方,并设专人保管。

(3) 施焊前,焊工应检查焊件部位的组装和表面清理的质量,如不符合要求,应修整合格后方可施焊。

(4) 定位点焊,必须由持焊工合格证的工人施焊。点焊用的焊接材料,应与正式施焊用的材料相同。点焊高度不宜超过设计焊缝厚度的2/3,点焊长度宜大于40mm,间距为500~600mm,并应填满弧坑。如发现点焊上有气孔或裂纹,必须清除干净后重焊。

(5) T型接头角焊缝和对接接头的平焊缝,其两端必须配置引弧板和引出板,其材质和坡口型式应与被焊工件相同。手工焊引出板和引弧板长度,应大于或等于60mm,宽度应大于或等于50mm;焊缝引出长度应大于或等于25mm。焊接完毕后,必须用火焰切除被焊工件上的引弧、引出板和其他卡具,并沿受力方向修磨平整,严禁用锤击落。

(6) 工电弧焊要求焊透的对接双面焊缝和T型接头角焊缝的背面,可用清除焊根的方法施焊。

(7) 焊缝的焊波应均匀,不得有裂纹、未熔合、夹渣、焊瘤、咬边、烧穿、弧坑和针状气孔等缺陷,焊接区无飞溅残留物。

（8）不到焊接质量要求的部位，必须按《建筑钢结构焊接规程》相关规定进行补焊或加固。

（9）梁接口处顶部、底部和腰部采用连接板进行加固，焊缝应打磨平整，使电动葫芦能够安全顺利通过。

3）电动葫芦安装要点：

（1）安装前的检查与准备

①电动葫芦运到安装地点后，仔细检查在运输过程中有无损坏丢失零部件情况；

②认真阅读使用说明书及其他随机文件，了解电动葫芦的结构。

③清除电动小车踏面上的油污或防锈油漆；

④按本说明书规定给起升和运行减速器加油，并将加油孔密封严防渗漏。

⑤了解安装现场，准备安装设施。

（2）安装

①供电动葫芦移动使用的轨道构架由用户按 GB/T 706—2008 标准选择和自行设计。安装时用调速垫圈进行调整，保证轮缘与轨道翼缘间有 3～5mm 间隙。

②固定式葫芦的安装应保证安装方位正确，支撑架安全可靠。

针对葫芦的情况，参照有关电路图，安装电器。

（3）安装注意事项

①为保证电动葫芦行至两端不脱轨或防止碰坏机体，应在轨道两端设置弹性缓冲器；

②轨道或其连接的构架上应设置接地线，接地线可用 $\phi 4 \sim \phi 5mm$ 的裸铜线或截面不小于 $25mm^2$ 的金属导线。

③电器装置所有电力回路、控制回路的对地电阻不得小于每伏工作电压 1000Ω。

4）检查与调试

（1）检查各联接部位是否联接牢固，装配是否符合要求，电源是否符合规定电路是否正确，制动器、限位装置足否灵敏可靠，导绳器排绳是否顺利，运行小车是否跑偏，车轮踏面与导轨是否接触良好等。一旦发现问题要及时纠正。

（2）调试

①调整小车轮缘与轨道翼缘间隙，保证在 3～5mm 之间。

②电机主轴窜动量的调整

锥形转子电动机主轴轴向窜动量一般在 1.5mm 时，制动效果最佳，如果电动葫芦在额定载荷时下滑量过大，须进行调整，调整方法如下：

取下尾罩，旋掉固定调整螺母的四支螺钉，用扳手按顺时针方向将调整螺母旋至极限位置，再逆时针旋一圈，然后装上紧固螺钉即可。

③断火限位器的调整

断火限位器的调整足通过调整限位杆上的两个撞块实现的。调整的方法是：松开撞块上的螺钉，撞块分置于导绳器卡板两侧，卡板能自如的推动撞块移动。启动电机开始起升，卡板推动上限撞块移动，升至吊钩滑轮外壳上沿距卷筒外壳下沿 150mm～50mm 时，停止上升，点动下降按钮，导绳器向回移动 10mm 左右时，停机，移动上限撞块靠近卡板，旋紧螺钉即可。

下限位置的调整同上，只是方向相反，但必须保证吊钩处于最低位置时，卷筒上留有 3 圈以上钢丝绳。

调整完后，可空载试吊数次，验证上、下限位是否符合要求。

5）试车与验收

（1）空载试验

①用手按下相应按钮，检查各机构动作是否与按钮装置上标定的符号相一致，确定正确后应

再连续各作两个循环。

②将吊钩升降到极限位置，察看限位器是否可靠。

③点动按钮，目测电机轴轴向窜动量，应在1～2mm范围内。

经空载试验后，无异常，即可进行负载试验。负载试验分静载试验和动载试验。

（2）静载试验

额定电压下，以1.5倍的额定载荷，起升离地面100mm，静止10min后卸载，检查有无异常现象。

（3）动载试验

额定电压下，以1.25倍的额定载荷进行动载悬空试验，试验周期为40s；升6s，停14s，降6s，停14s，如此进行15个周期，试验后目测各部位有无异常现象，无异常则合格。

（4）制动电机应调整至能使重物悬空制动，在额定载荷下降制动时，下滑量 $s \leqslant V_升 / 100mm$，$V_升$ 为额定载荷起升速度（m/min）。

2-8-31 提升架施工安全要点有哪些？

答：1）提升架安装要指定专人负责，作业人员听从指挥。

2）作业时遵守劳动纪律，严禁吸烟，严禁酒后作业。

3）作业人员必须戴安全帽，架设次梁、梁、防雨棚等高处作业时必须系安全带。

4）夜间作业必须保证足够的照明设施；作业前必须检查机械设备、工作环境、照明设施等，符合安全要求后方可作业。

5）提升设备由技术工人安装，动力系统接线由电工接线，实行三级配电、两级保护，提升设备安装完毕要进行试运行检验。

6）电工操作严禁在雨天进行室外高压作业。

7）电动机械运行中停电时，应立即切断电源，收工前按顺序停机，离开现场前必须切断电源，锁好闸箱。

8）提升架吊装

（1）起重工应健康，两眼视力均不得小于1.0，无色盲、听力障碍、心脏疾病等影响起重吊装作业的疾病与生理缺陷。

（2）必须经过安全技术培训，持证上岗。严禁吸烟，严禁酒后作业。

（3）作业前必须检查作业环境、吊索具、防护用品。吊装区域无闲散人员，障碍已排除。吊索具无缺陷，捆绑正确牢固。被吊物与其他物件无连接。确认安全后方可作业。

（4）起重机作业时必须确定吊装区域，并设警戒标志，派专人监护。

（5）北京春季多风，风力六级以上（含六级）等恶劣天气，必须停止起重吊装作业。

（6）严禁在带电的高压线下作业。在东边高压线一侧作业时，必须保持如下最小安全距离：

允许沿输电线垂直方向最近距离：3m

允许沿输电线水平方向最近距离：1.5m

（7）在下列情况下严禁进行吊装作业：

①信号不清；

②吊装物下有人；

③吊装物上站人；

④吊索具不符合规定；

⑤现场光线阴暗。

（8）作业时必须执行安全技术交底，听从统一指挥。

（9）使用起重机作业时必须正确选择吊点位置，合理穿挂索具。除指挥及挂钩人员外，严禁其他人员进入吊装作业区。

(10) 严禁疲劳驾驶，严禁带病作业。

(11) 吊装时注意行人安全，避免碰撞周围建筑物。

9）焊接作业

(1) 焊工作业时，必须佩戴工作服、绝缘鞋、电焊手套、防护面罩、护目镜等劳保用品。

(2) 焊接作业现场周围 10m 内范围不得堆放易燃易爆物品。

(3) 焊工作业前检查焊机、线路、保护接零等，确认安全后方可作业。

(4) 清除焊渣时，必须佩戴防护眼镜或防护罩，焊条头集中堆放。

(5) 使用气焊时，氧气瓶与热源距离不小于 10m，与乙炔瓶不小于 5m。

(6) 发现气路或气阀漏气时，立即停止作业，进行检修。

(7) 氧气瓶必须有减压器、防振圈和安全帽。

(8) 焊接作业开具明火证后方可开工，现场必须配备足额消防器材，专人负责。

2-8-32 电葫芦安全操作要点有哪些？

答：1）操作者应具备的条件

①应具备机械和电器操作知识，身体健康；

②应熟悉电动葫芦结构，使用性能，安全规程及电动葫芦使用说明书；

③操作者应经岗位培训，持证上岗。

2）有下列情况之一者不应进行操作

(1) 超载或物体重量不清，及斜拉斜吊等；

(2) 电动葫芦有影响安全工作的缺陷或损伤，如制动器、限位器失灵，吊钩螺母防松装置损坏，钢丝损伤达到报废标准等；

(3) 捆绑吊持不牢或不平衡而可能滑动，重物棱角处与钢丝绳之间未加衬垫等；

(4) 作业地点昏暗，无法看清场地和被吊物。

3）操作守则

(1) 每班作业前应作日常检查；

(2) 不得利用限位器停车，不得在吊起重物时调整制动器、进行检查维修；

(3) 重物接近或达到额定载荷时，应先作小高度短行程试吊，再以最小高度吊运。吊重运行时不得从有人的上方通过。

(4) 不得拆改电葫芦的安全装置；

(5) 使用中如有异响声，应遵循先停车，后检查，排除故障后再开车的程序。

4）电动葫芦使用前应根据有关安装试车规定进行试车检查。

5）为确保电动葫芦的可靠性与寿命，必须对电动葫芦进行定期润滑和维修保养。

6）钢丝绳必须始终处于良好的润滑状态，并定期检查其末端的固定情况。当钢丝绳达到《起重机 钢丝绳 保养、维护、安装、检验和报废》GB/T 5972—2009 规定的情况，或有下列情况之一时，钢丝绳应予以报废并及时更换新绳：

a. 断股或使用时断丝速度增大；

b. 在一个节距内的断丝数量超过总丝数的 10%；

c. 出现拧扭死结、死弯、压扁、股松明显、波浪形、钢丝外飞、绳芯挤出以及断股等现象；

d. 钢丝绳直径减少 7%～10%；

e. 钢丝绳表面钢丝磨损或腐蚀程度达到表面钢丝直径的 40% 以上，或钢丝绳被腐蚀后，表面麻痕清晰可见，整根钢丝绳明显变硬；

使用新购置的吊索具前应检查其合格证，并试吊，确认安全。

7）严禁在吊钩生补焊、打孔。吊钩表面必须保持光滑，不得有裂纹。严禁使用危险断面磨损程度达到原尺寸的10%、钩口开口尺寸比原尺寸增大15%、扭转变形超过10%、危险断面或颈部产生塑形变形的吊钩。板钩衬套磨损达原尺寸的50%时，应报废衬套。板钩心轴磨损达原尺寸的5%时，应报废心轴。

8）在日常检查、月检、年检中，凡不符合要求的均应立即维修，调整或更换零部件。维修应做到以下要求；

a. 维修时更换件应与原件材料、性能相同；

b. 结构件需焊修时，所用的材料、焊条及焊接质量等均应符合原结构件的质量标准；

c. 电动葫芦处于工作状态时，不许进行保养和维修。

2-8-33　提升架出土作业安全要点有哪些？

答：1）提升设备操作人员要持证上岗，提升设备要由技工定期保养，确保设备的完好率。

2）竖井口、维修平台周边安设防护栏杆，并加密目网保护；安设维修平台上下爬梯，外加护栏。

3）作业前应进行空载试验，运转正常以后方可作业。

4）作业时吊点应与重物的重心垂线重合，必须垂直起吊。吊物行走时，吊物的高度必须超过地面物体0.5m以上，严禁从人员上方通过。吊物不得长时间悬空停留。

5）作业结束后，应将电动葫芦停放在安全的位置，升起吊钩，切断电源。

6）土斗的吊绳卡环要拧紧并经常检查是否松动，以免在作业时发生意外事故。

7）现场两个电动葫芦作业时应错开距离，避免土斗发生碰撞事故。

8）施工时导洞内运输采用手推车，洞口设置溜土槽，溜土槽固定要牢固，不许出现侧斜滑移现象。导洞口要安设防护栏，以免手推车掉进竖井内。

9）通信设施：隧道暗挖施工时，上下配备对讲电话进行通讯联系。

2-8-34　隧道台阶法施工三步骤图示是怎样的？

答：见下表2-8-34。

台阶法施工步骤及说明　　　　　　　　　　　　　　　表 2-8-34

序号	图　　示	施工步骤说明
1		一、上台阶开挖，施打拱部超前支护小导管注浆； 1. 开挖上台阶土体，留核心土； 2. 小导管长度 $L=3.0$m
2		二、上台阶作初期支护； 1. 架立上台阶钢格栅； 2. 开挖核心土； 3. 打设锁脚锚管。

序号	图　　示	施工步骤说明
3		三、下台阶开挖支护 1. 开挖下台阶土体； 2. 架立下台阶钢格栅； 3. 挂网喷混凝土。

2-8-35　暗挖隧道（管廊）施工安全质量控制要点有哪些？

答：1）应遵循防坍、防位移设限的"管超前、严注浆、矩开挖、强支护、块封闭、勤量测"十八字原则。

2）工程项目开工前审查承包单位报送的施工组织设计应含抢险预案。2003 年国务院第 393 号文《建筑工程安全生产管理条例中对》达到一定规模的危险性较大的地下暗挖工程的专项施工方案施工单位还应组织专家进行论证、审查。因此未做好准备工作不准开工。

3）开工前审查专业分包单位的资质及关键工种作业人员的实际熟练及应急水平、不符合要求的人员不得进场。

4）把住原材料、半成品主控项目质检关。

不符合技术要求的不准使用。

5）测量放线定位应报本公司测量部复核。如设计要求进行监控量测则应按 DBJ 01-87—2005 13.7 节进行。

6）土方开挖后土质须保证满足施工要求的自稳时间。验槽时应有多方人员参加。开洞时上道工序应验收合格方可掘进施工。

7）首件钢筋格栅拱架验收应有多方（行业管理部门）参加。关键部位的焊接应进行旁站监理。对工程某些可能产生缺陷或产生缺陷的难以补救的部分旁站时及时指出存在的问题，制止错误的施工手段和方法，并及时上报施工中出现的问题，以便及时指令承包人纠正。

8）一衬喷射混凝土配合比必须准确计量。初期（一衬）应予埋注浆管，结构完成后应及时进行填充注浆。

9）防水层作业高度超过 1.5m 必须支搭作业平台。要审查高分子类涂料，防水施工时对喷涂机等操作工序进行安全技术交底单。

10）二衬现浇混凝土模板及其支撑体系支设完成后应进行检查验收，确认合格并形成文件后，方可浇筑混凝土。若采用压力密实混凝土，应审查其模板设计是否考虑压力密实混凝土所产生的附加应力。

11）特别注意各连接处的衬砌结构和回填压浆的质量监控。墙和拱圈的伸缩缝应与底板的伸缩缝对正、贯通。止水带安装应位置正确、牢固、闭合，止水带附近抹面应坚固密实美观。隧道底面、墙面光洁、平整坚实，不得有裂缝、空鼓、露筋等现象。

2-8-36　各种类型支护及其控制地面沉降的效果是怎样的？

答：城市软土层大断面隧道施工控制地面沉降时，要求支护及时、密贴、大刚度、早封闭。新奥法初期支护通常采用钢拱、网喷混凝土（软土层隧道径向锚杆使用的较少），二次衬砌采用模筑混凝土或网喷混凝土。采用新奥法施工，要求开挖后立即架钢拱、挂网、喷混凝土（自稳时间很短的地层需在架钢拱前先喷射一薄层混凝土）；要求喷混凝土与围岩密贴，不留空隙；要求支护刚度大，能控制地层变形，因此喷混凝土早期强度发展是控制地层变形、减小地面沉降的重要因素，现经常采用的格栅拱，主要是为了提高支护刚度；要求早封闭，这是减小沉降的重要因素，即使采用分步开挖法，也要尽量使各开挖步骤的支护是封闭的，必要时设临时仰拱，多余的支护不需要时再拆除，全部开挖完成后要及时封闭仰拱。

普通的喷混凝土难以满足上述对支护的要求，纤维喷混凝土具有一定的优越性，用来代替网喷混凝土，能更好地控制地面沉降。通过大型喷射混凝土试验板的荷载—变形试验发现，纤维喷混凝土不仅表现出与钢筋网喷混凝土相同的性能，而且在第一次开裂后具有更高的残余承载能力。试验还表明，含有纤维的喷混凝土衬砌，相当或优于通常的钢筋网喷混凝土衬砌，随着纤维长度的增加，其强度和延展性都有明显提高。

2-8-37　浅埋暗挖隧道施工控制沉降有哪些措施？

答：1）为了保持开挖面稳定，减小地面沉降，最常用的预加固方法是传统的注浆法加固地层。射流注浆是较新的注浆技术，常与传统的注浆方法配合使用，这样能具有更佳的控制沉降效果。

2）压密注浆作为沉降补救措施，能很好地修正沉降。

3）管棚（特别是长、大管棚）施作较复杂，常需要用专门设备。但管棚法较单纯注浆法具有更好的稳定开挖面、控制沉降的效果，且能提高掘进速度。超前插桩法是管棚法的变种，具有类似的控制沉降的效果，因其采用专门的配套设备，提高了施工速度。

4）软土层大断面隧道一般采用分步开挖法施工，需根据工程情况选择分步开挖方法，不同的分步开挖方法和开挖顺序对地面沉降有很大影响。

5）在有地下水且降水困难时，采用压缩空气法开挖较好，它能较好地控制沉降，又能减少预加固和降水费用。

6）采用分步开挖法弧导开挖时引起的沉降占总沉降的比例很大（约 50％），需予以特别注意，若采用机械预切槽法，则可大大减小这部分沉降。

7）及时进行网喷混凝土，对于控制地面沉降具有很好的效果。

8）无论采用何种措施减小地面沉降，及时封闭支护对于减小沉降都是很重要的。

2-8-38　富水地层的结构防水易出现什么问题？有何对策？

答：浅埋暗挖法通常采用复合式衬砌支护结构，在初期支护与二次衬砌之间铺设防水隔离层，辅之以二次衬砌防水混凝土，组成两道防水线，采用以防为主，防水板全包不给排水的防水原则，实践证明，这种防水结构在无水或少水地层是可行的，但在富水地层则表现出很大的不合理性，××地铁和××地铁×××线东段的实施结果表明，这种防水思路和结构是失败的，大致有以下几方面原因：

1）初期支护喷射混凝土表面难以保证平整，有锚杆之处钢筋头难以处理，这样防水隔离层的完整性很难得到保证，加之二次衬砌混凝土的施作，尤其是钢筋混凝土的施作也易造成防水层的破坏，使得形成封闭防水层结构的设计思想得不到落实，这是造成漏水的主要原因。

2）初期支护的防水性能较差，由于初期支护渗漏水，在防水隔离层与初期支护之间容易形成"水袋"。一旦防水层被破坏，"水袋"就在薄弱环节寻找出路，使初期支护和二次衬砌之间空隙也形成水环，造成二次衬砌施工缝漏水。

3）以防为主，区间隧道采用全包防水板。由于水存在于二次衬砌之外，水压直接作用在二次模筑衬砌上，增加了二次衬砌结构的承载。例如，某隧道工程由于底部水压过大，出现二次衬砌混凝土仰拱上鼓、开裂造成漏水。对于压力过大的水，必须为它找到出口，否则总会在薄弱环节出问题。因此，在富水地层必须根据以堵为主、限排为辅、防排结合的防水原则，区间防水板应铺设到边墙底部，防水板后面设系统排水盲管，使流入盲管的水经过预留在衬砌边墙底部的排水孔排入隧道两侧边沟内，这样可实现衬砌不裂、不渗、不漏，底部仰拱处于无水的衬砌上。

实践表明，地下工程浅埋暗挖法施工的结构防水问题，应根据其施工环境和条件采取以下改进措施：

1）加强初期支护的防水能力，提倡喷射防水混凝土，通过改善喷射混凝土配比、添加外加剂和改进喷射工艺等措施，提高初期喷射混凝土的防水能力；也可在初期支护与围岩间进行填充注浆，把地下水拒之于初期支护之外。

2）在初期支护表面布设一定数量的引水盲管，将少量初期支护渗漏水引排出去。防水板铺设到墙脚（仰拱不铺设防水层），配合二次衬砌防水混凝土防水。对于进入初期支护结构和二次衬砌之间的渗漏水，应遵照以排为主的原则处理。

2-8-39 隧道喷锚暗挖法施工一般规定有哪些？

答：1）隧道喷锚暗挖施工应充分利用围岩自承作用，开挖后及时施工初期支护结构并适时闭合，当开挖面围岩稳定时间不能满足初期支护结构施工时，应采取预加固措施。

2）工程开工前，应核对地质资料，调查沿线地下管线、构筑物及地面建筑物基础等，并制定保护措施。

3）隧道开挖面必须保持在无水条件下施工。采用降水施工时，应按有关规定执行。

4）隧道采用钻爆法施工时，必须事先编制爆破方案，报城市主管部门批准，并经公安部门同意后方可实施。

5）隧道施工中，应对地面、地层和支护结构的动态进行监测，并及时反馈信息。

2-8-40 竖井施工有何规定？

答：1）竖井应根据现场条件，宜利用通风道、车站出入口、单独或在隧道顶部设置。

2）竖井结构应根据地质、环境条件等，可采用地下连续墙、钻孔灌注桩或逆筑法等结构形式，并按相应的标准施工。

3）竖井尺寸应根据施工设备、土石方及材料运输、施工人员出入隧道和排水的需要确定。当竖井利用永久结构时，其尺寸尚应满足设计要求。

4）竖井与通道、通道与正洞连接处，应采取加固措施。

5）竖井应设防雨棚，井口周围应设防汛墙和栏杆。

6）竖井提升运输系统应符合下列规定：

（1）提升架必须经过计算，使用中应经常检查、维修和保养；

（2）提升设备不得超负荷作业，运输速度应符合设备技术要求；

（3）竖井上下应设联络信号。

2-8-41 超前导管及管棚施工规定有哪些？

答：1）超前导管或管棚应进行设计，其参数可按表 2-8-41 选用。

超前导管和管棚支护设计参数值 表 2-8-41

支护形式	适用地层	钢管直径（mm）	钢管长度(m)		钢管钻设注浆孔的间距（mm）	钢管沿拱的环向布置间距(mm)	钢管沿拱的环向外插角	沿隧道纵向的两排钢管搭接长度(m)
			每根长	总长度				
导管	土层	40～50	3～5	3～5	100～150	300～500	5°～15°	1
管棚	土层或不稳定岩体	80～180	4～6	10～40	100～150	300～500	不大于3°	1.5

注：1 导管和管棚采用的钢管应直顺，其不钻入围岩部分可不钻孔；

2 导管如锤击打入时，尾部应补强，前端应加工成尖锥形；

3 管棚采用的钢管纵向连接丝扣长度不小于 150mm，管箍长 200mm，并均采用厚壁钢管制作。

2）导管和管棚安装前应将工作面封闭严密、牢固，清理干净，并测放出钻设位置后方可施工。

3）导管采用钻孔施工时，其孔眼深度应大于导管长度；采用锤击或钻机顶入时，其顶入长度不应小于管长的90％。

4）管棚施工应符合下列规定：

（1）钻孔的外插角允许偏差为5‰；

（2）钻孔应由高孔位向低孔位进行；

（3）钻孔孔径应比钢管直径大30～40mm；

（4）遇卡钻、坍孔时应注浆后重钻；

（5）钻孔合格后应及时安装钢管，其接长时连接必须牢固。

5）导管和管棚注浆应符合下列规定：

（1）注浆浆液宜采用水泥或水泥砂浆，其水泥浆的水灰比为0.5～1，水泥砂浆配合比为1：0.5～3；

（2）注浆浆液必须充满钢管及周围的空隙并密实，其注浆量和压力应根据试验确定。

2-8-42　注浆加固规定有哪些？

答：1）注浆施工，在砂卵石地层中宜采用渗入注浆法；在砂层中宜采用劈裂法浆法；在黏土层中宜采用劈裂或电动硅化注浆法；在淤泥质软土层中，宜采用高压喷射注浆法。

2）隧道注浆，如条件允许宜在地面进行，否则，可在洞内沿周边超前预注浆，或导洞后对隧道周边进行径向注浆。

3）注浆材料应符合下列规定：

（1）具有良好的可注性；

（2）固结后收缩小，具有良好的粘结力和一定强度、抗渗、耐久和稳定性，当地下水有侵蚀作用时，应采用耐侵蚀性的材料；

（3）无毒并对环境污染小；

（4）注浆工艺简单，操作方便、安全。

4）注浆浆液应符合下列规定：

（1）预注浆和高压喷射注浆宜采用水泥浆、黏土水泥浆或化学浆液；

（2）壁后回填注浆宜采用水泥浆液、水泥砂浆或掺有石灰、粘土、粉煤灰等水泥浆液；

（3）注浆浆液配合比应经现场试验确定。

5）注浆孔距应经计算确定；壁后回填注浆孔应在初期支护结构施工时预留（埋），其间距宜为2～5m；高压喷射注浆的喷射孔距宜为0.4～2m。

6）注浆过程中应根据地质、注浆目的等控制注浆压力。注浆结束后应检查其效果，不合格者应补浆。注浆浆液达到设计强度后方可进行开挖。

7）注浆施工期间应对地下水取样检查，如有污染应采取措施。

8）注浆过程中浆液不得溢出地面及超出有效注浆范围。地面注浆结束后，注浆孔应封填密实。

2-8-43　隧道开挖施工方法有哪些？

答：1）隧道施工方法应根据地质、覆盖层厚度、结构断面及地面环境条件等，经过经济、技术比较后合理选用。

2）全断面法在稳定岩体中应采用光面或预裂爆破成型后施工仰拱，并按设计做初期支护结构或直接进行二次衬砌施工。

3）台阶法应根据地质和开挖断面跨度等可采用长、短和超短台阶施工，下台阶应在拱部初期支护结构基本稳定后开挖，在土层和不稳定岩体中的下台阶，应先施工边墙初期支护结构后方可开挖中间土体，并适时施工仰拱。

4）中隔壁法应采用台阶法先分部施工拱部初期支护结构后再分部施工下台阶及仰拱。上下台阶的左右洞体施工时，前后错开距离不应小于15m。

5）单侧壁导洞法施工，其导洞应结合边墙设置，跨度不宜大于0.5倍隧道宽度，洞顶宜至起拱线。施工时应先完成导洞后再施工上下台阶及仰拱。

6）双侧壁导洞法施工，其导洞跨度不宜大于0.3倍隧道宽度。施工时，左右导洞前后错开距离不应小于15m。并在导洞施工完后方可按台阶法施工上下台阶及仰拱。

7）双侧壁边桩导洞法施工，其导洞断面尺寸应满足边桩施工要求。施工应先完成边桩再开挖上台阶，并做好拱部初期支护结构后，方可按逆筑法施工下台阶至封底。

8）环形留核心土法施工，应先开挖上台阶的环形拱部，并及时施工初期支护结构后再开挖核心土。核心土应留坡度，并不得出现反坡。

上台阶施工完后，应按台阶法施工下台阶及仰拱。

9）双侧壁及梁柱导洞法施工，其侧壁导洞设置应符合相关规定，梁柱导洞断面尺寸应满足梁柱施工要求。施工时，相邻洞前后错开距离不应小于15m，并先开挖侧壁导洞和柱洞，施工完梁柱做好拱部初期支护结构后方可按台阶法施工下台阶及仰拱。

10）双侧壁桩、梁、柱导洞法施工，其导洞断面尺寸应满足桩、梁柱施工要求，如隧道设置底梁时，则上、下导洞中心线应在同一垂直面内。施工应先开挖导洞，做好桩、梁柱结构，上台阶拱部初期支护结构完成后，方可按逆筑法施工下台阶至封底。

2-8-44　隧道开挖规定有哪些?

答：1）隧道开挖前应制定防坍塌方案，备好抢险物资，并在现场堆码整齐。

2）隧道在稳定岩体中可先开挖后支护，支护结构距开挖面宜为5～10m；在土层和不稳定岩体中，初期支护的挖、支、喷三环节必须紧跟，当开挖面稳定时间满足不了初期支护施工时，应采取超前支护或注浆加固措施。

3）隧道开挖循环进尺，在土层和不稳定岩体中为0.5～1.2m；在稳定岩体中为1～1.5m。

4）隧道应按设计尺寸严格控制开挖断面，不得欠挖，其允许超挖值应符合表2-8-44的规定。

隧道允许超挖值（mm）　　　　　　　　　　　　　　　　表2-8-44

隧道开挖部位	岩层分类							
	爆破岩层						土质和不需爆破岩层	
	硬岩		中硬岩		软岩		平均	最大
	平均	最大	平均	最大	平均	最大		
拱部	100	200	150	250	150	250	100	150
边墙及仰拱	100	150	100	150	100	150	100	150

注：超挖或小规模坍方处理时，必须采用耐腐蚀材料回填，并做好回填注浆。

5）两条平行隧道（包括导洞），相距小于1倍隧道开挖跨度时，其前后开挖面错开距离不应小于15m。

6）同一条隧道相对开挖，当两工作面相距20m时应停挖一端，另一端继续开挖，并做好测量工作，及时纠偏，其中线贯通允许偏差为：平面位置±30mm，高程±20mm。

7）隧道台阶法施工，应在拱部初期支护结构基本稳定且喷射混凝土达到设计强度的70％以上时，方可进行下部台阶开挖，并应符合下列规定：

（1）边墙应采用单侧或双侧交错开挖，不得即上部结构同时悬空；

（2）一次循环开挖长度，稳定岩体不应大于 4m，土层和不稳定岩体不应大于 2m；

（3）边墙挖至设计高程后，必须立即支立钢筋格栅拱架并喷射混凝土；

（4）仰拱应根据监控量测结果及时施工。

8）通风道、出入口等横洞与正洞相连或变断面、交叉点等隧道开挖时，应采取加强措施。

9）隧道采用分布开挖时，必须保持各开挖阶段围岩及支护结构的稳定性。

10）隧道开挖过程中，应进行地质描述并做好记录，必要时尚应进行超前地质勘探。

2-8-45　隧道初期支护规定有哪些？

答：1）钢筋格栅和钢筋网宜在工厂加工。钢筋格栅第一榀制做好后应试拼，经检验合格后方可进行批量生产。

2）钢筋格栅和钢筋网采用的钢筋种类、型号、规格应符合设计要求，其施焊应符合设计及钢筋焊接标准的规定。

3）钢筋格栅加工应符合下列规定：

（1）拱架（包括顶拱和墙拱架）应圆顺，直墙架应直顺，允许偏差为：拱架矢高及弧长（0，+20）mm，墙架长度±20mm，拱、墙架横断面尺寸（高、宽）（0，+10）mm；

（2）钢筋格栅组装后应在同一平面内，允许偏差为：高度±30mm，宽度±20mm，扭曲度 20mm。

4）钢筋网加工允许偏差为：钢筋间距±10mm；钢筋搭接长±15mm。

5）钢筋格栅安装应符合下列规定：

（1）基面应坚实并清理干净，必要时应进行预加固；

（2）钢筋格栅应垂直线路中线，允许偏差为：横向±30mm，纵向±50mm，高程±30mm，垂直度 5‰；

（3）钢筋格栅与壁面应楔紧，每片钢筋格栅节点及相邻格栅纵向必须分别连接牢固。

6）钢筋网铺设应符合下列规定：

（1）铺设应平整，并与格栅或锚杆连接牢固；

（2）钢筋格栅采用双层钢筋网时，应在第一层铺设好后再铺第二层；

（3）每层钢筋网之间应搭接牢固，且搭接长度不应小于 200mm。

7）喷射混凝土应掺速凝剂，原材料应符合下列规定：

（1）水泥：优先选用普通硅酸盐水泥，标号不应低于 325 号，性能符合现行水泥标准；

（2）细骨料：采用中砂或粗砂，细度模数应大于 2.5，含水率控制在 5%～7%；

（3）粗骨料：采用卵石或碎石，粒径不应大于 15mm；

（4）骨料级配通过各筛径累计质量百分数应控制在表 2-8-45 的范围内；

骨料级配筛分率（%）　　　　　　　　　　　　　　　　　　　　表 2-8-45

项目＼骨料粒径(mm)	0.15	0.30	0.60	1.20	2.5	5	10	15
优	5～7	10～15	17～22	23～31	35～43	50～60	73～82	100
良	4～8	5～22	13～31	18～41	26～54	40～70	62～90	100

注：使用碱性速凝剂时，不得使用活性二氧化硅石料。

（5）水：采用饮用水；

（6）速凝剂：质量合格。使用前应做与水泥相容性试验及水泥净浆凝结效果试验，初凝时间不应超过 5min，终凝时间不应超过 10mm。

8）喷射混凝土的喷射机应具有良好的密封性，输料连续均匀，输料能力应满足混凝土施工的需要。

9）混合料应搅拌均匀并符合下列规定：

（1）配合比：水泥与砂石重量比应取 1：4～4.5。砂率应取 45%～55%，水灰比应取 0.4～0.45。速凝剂掺量应通过试验确定。

（2）原材料称量允许偏差为：水泥和速凝剂±2%，砂石±3%。

（3）运输和存放中严防受潮，大块石等杂物不得混入，装入喷射机前应过筛，混合料应随拌随用，存放时间不应超过 20min。

10）喷射混凝土前应清理场地，清扫受喷面；检查开挖尺寸，清除浮渣及堆积物；埋设控制喷射混凝土厚度的标志；对机具设备进行试运转。就绪后方可进行喷射混凝土作业。

11）喷射混凝土作业应紧跟开挖工作面，并符合下列规定：

（1）混凝土喷射应分片依次自下而上进行并先喷钢筋格栅与壁面间混凝土，然后再喷两钢筋格栅之间混凝土；

（2）每次喷射厚度为：边墙 70～100mm；拱顶 50～60mm；

（3）分层喷射时，应在前一层混凝土终凝后进行，如终凝 1h 后再喷射，应清洗喷层表面；

（4）喷层混凝土回弹量，边墙不宜大于 15%，拱部不宜大于 25%。

12）喷射混凝土 2h 后应养护，养护时间不应少于 14d，当气温低于+5℃时，不得喷水养护。

13）喷射混凝土施工区气温和混合料进入喷射机温度均不得低于+5℃。

喷射混凝土低于设计强度的 40%时不得受冻。

14）喷射混凝土结构试件制作及工程质量应符合下列规定：

（1）抗压强度和抗渗压力试件制作组数；同一配合比，区间或小于其断面的结构，每 20m 拱和墙各取一组抗压强度试件，车站各取二组；抗渗压力试件区间结构每 40m 取一组；车站每 20m 取一组。

（2）喷层与围岩以及喷层之间粘结应用锤击法检查。对喷层厚度，区间或小于区间断面的结构每 20m 检查一个断面，车站每 10m 检查一个断面。每个断面从拱顶中线起，每 2m 凿孔检查一个点。断面检查点 60%以上喷射厚度不小于设计厚度，最小值不小于设计厚度 1/3，厚度总平均值不小于设计厚度时，方为合格。

（3）喷射混凝土应密实、平整、无裂缝、脱落、漏喷、漏筋、空鼓、渗漏水等现象。平整度允许偏差为 30mm，且矢弦比不应大于 1/6。

15）锚杆应在初期支护结构喷射混凝土后及时安装。

16）锚杆钻孔孔位、孔深和孔径等应符合设计要求，允许偏差为：孔位±150mm；孔深，水泥砂浆锚杆±50mm，楔缝式锚杆 $^{+30}_{0}$mm，胀壳式锚杆 $^{+30}_{0}$mm，孔径，水泥砂浆锚杆应大于杆体直径 15mm，楔缝式锚杆应符合设计要求，胀壳式锚杆应小于杆体直径 1～3mm。

17）锚杆安装应符合下列规定：

（1）安装前应将孔内清理干净；

（2）水泥砂浆锚杆杆体应除锈、除油，安装时孔内砂浆应灌注饱满，锚杆外露长度不应大于 100mm；

（3）楔缝式和胀壳式锚杆应将杆体与部件事先组装好，安装时应先楔紧锚杆后再安托板并拧紧螺栓；

（4）检查合格后应填写记录。

18）锚杆应进行抗拔试验。同一批锚杆每 100 根应取一组试件，每组 3 根（不足 100 根也取 3 根），设计或材料变更时应另取试件。

同一批试件抗拔力的平均值不得小于设计锚固力，且同一批试件抗拔力最低值不应小于设计锚固力的 90%。

2-8-46　隧道防水层铺贴及二次衬砌规定有哪些？

答：1）防水层应在初期支护结构趋于基本稳定，并经隐检合格后方可进行铺贴。

2）铺贴防水层的基面应坚实、平整、圆顺、无漏水现象，基面不平整度为 50mm，阴阳角处理应符合相关规定。

3）防水层的衬层应沿隧道环向由拱顶向两侧依次铺贴平顺，并与基面固定牢固，其长、短边搭接长度均不应小于 50mm。

4）防水层塑料卷材铺贴应符合下列规定：

（1）卷材应沿隧道环向由拱顶向两侧依次铺贴，其搭接长度为：长、短边均不应小于 100mm；

（2）相邻两幅卷材接缝应错开，错开位置距结构转角处不应小于 600mm；

（3）卷材搭接处应采用双焊缝焊接，焊缝宽度不应小于 10mm，且均匀连续，不得有假焊、漏焊、焊焦、焊穿等现象；

（4）卷材应附于衬层上，并固定牢固，不得渗漏水。

5）隧道二次衬砌模板施工应符合下列规定：

（1）拱部模板应预留沉落量 10～30mm，其高程允许偏差为设计高程加预留沉落量 $^{+10}_{0}$ mm；

（2）变形缝端头模板处的填缝板中心应与初期支护结构变形缝重合；

（3）变形缝及垂直施工缝端头模板应与初期支护结构间的缝隙嵌堵严密，支立必须垂直、牢固；

（4）边墙与拱部模板应预留混凝土灌注及振捣孔口。

6）隧道二次衬砌混凝土灌注应符合下列规定：

（1）混凝土宜采用输送泵输送，坍落度应为：墙体 100～150mm，拱部 160～210mm；振捣不得触及防水层、钢筋、预埋件和模板；

（2）混凝土灌注至墙拱交界处，应间歇 1～1.5h 后方可继续灌注；

（3）混凝土强度达到 2.5MPa 时方可拆模。

2-8-47　隧道监控量测有哪些规定？

答：1）隧道施工前，应根据埋深、地质、地面环境、开挖断面和施工方法等按表 1984 的量测项目，拟定监控量测方案。

2）监控量测测点的初始读数，应在开挖循环节施工后 24h 内，并在下一循环节施工前取得，其测点距开挖工作面不得大于 2m。

3）量测数据应准确、可靠，并及时绘制时态曲线，当时态曲线趋于平衡时，应及时进行回归分析，并推算出最终值。

4）围岩和初期支护结构基本稳定应具备下列条件：

（1）隧道周边收敛速度有明显减缓趋势；

（2）收敛量已达总收敛量的 80% 以上；

（3）收敛速度小于 0.15mm/d 或拱顶位移速度小于 0.1mm/d。

5）隧道施工中出现下列情况之一时，应立即停工，采取措施进行处理：

（1）周边及开挖面塌方、滑坡及破裂；

（2）量测数据有不断增大的趋势；

（3）支护结构变形过大或出现明显的受力裂缝且不断发展；

（4）时态曲线长时间没有变缓的趋势。

监控量测项目和量测频率　　　　　　　　　　　表 2-8-47

类别	量测项目	量测仪器和工具	测点布置	量测频率
应测项目	围岩及支护状态	地质描述及拱架支护状态观察	每一开挖环	开挖后立即进行
	地表、地面建筑、地下管线及构筑物变化	水准仪和水平尺	每 10～50m 一个断面，每断面 7～11 个测点	开挖面距量测断面前后<2B 时 1～2 次/d 开挖面距量测断面前后<5B 时 1 次/2d 开挖面距量测断面前后>5B 时 1 次/周
	拱顶下沉	水准仪、钢尺等	每 5～30m 一个断面，每断面 1～3 个测点	开挖面距量测断面前后<2B 时 1～2 次/d 开挖面距量测断面前后<5B 时 1 次/2d 开挖面距量测断面前后>5B 时 1 次/周
	周边净空收敛位移	收敛计	每 5～100m 一个断面，每断面 2～3 个测点	开挖面距量测断面前后<2B 时 1～2 次/d 开挖面距量测断面前后<5B 时 1 次/2d 开挖面距量测断面前后>5B 时 1 次/周
	岩体爆破地面质点振动速度和噪声	声波仪及测振仪等	质点振速根据结构要求设点，噪声根据规定的测距设置	随爆破及时进行
选测项目	围岩内部位移	地面钻孔安放位移计、测斜仪等	取代表性地段设一断面，每断面 2～3 孔	开挖面距量测断面前后<2B 时 1～2 次/d 开挖面距量测断面前后<5B 时 1 次/2d 开挖面距量测断面前后>5B 时 1 次/周
	围岩压力及支护间应力	压力传感器	每代表性地段设一断面，每断面 15～20 个测点	开挖面距量测断面前后<2B 时 1～2 次/d 开挖面距量测断面前后<5B 时 1 次/2d 开挖面距量测断面前后>5B 时 1 次/周
	钢筋格栅拱架内力及外力	支柱压力计或其他测力计	每 10～30 榀钢拱架设一对测力计	开挖面距量测断面前后<2B 时 1～2 次/d 开挖面距量测断面前后<5B 时 1 次/2d 开挖面距量测断面前后>5B 时 1 次/周
	初期支护、二次衬砌内应力及表面应力	混凝土内的应变计及应力计	每代表性地段设一断面，每断面 11 个测点	开挖面距量测断面前后<2B 时 1～2 次/d 开挖面距量测断面前后<5B 时 1 次/2d 开挖面距量测断面前后>5B 时 1 次/周
	锚杆内力、抗拔力及表面应力	锚杆测力计及拉拔器	必要时进行	开挖面距量测断面前后<2B 时 1～2 次/d 开挖面距量测断面前后<5B 时 1 次/2d 开挖面距量测断面前后>5B 时 1 次/周

注：1　B 为隧道开挖跨度；

　　2　地质描述包括工程地质和水文地质。

　　3　当围岩和初期支护结构符合本规范第 7.8.3 条规定时方可停止量测。

2-8-48 隧道内运输有哪些规定？

答： 1）隧道内运输方式应根据开挖断面、运量和挖运机械设备等确定。

2）有轨线路铺设应符合下列规定：

（1）钢轨和道岔型号：钢轨不宜小于 24kg/m。并宜选用较大型号的道岔，必要时尚应安装转辙器。

（2）轨枕：铺设间距不应大于 0.7m，轨枕长应为轨距加 0.6m，上下面平整，道岔处铺长轨枕。

（3）平面曲线半径不应小于机动车或车辆轨距的 7 倍。

（4）线路铺设：道床应平整坚实，轨距允许偏差为 $^{+6}_{-2}$mm，曲线应加宽和超高，必要时可设轨距杆。直线地段两轨水平，钢轨接头处应铺两根枕木并保持水平，配件齐全并连接牢固。

（5）线间距：双线应保持两列车间距不小于 400mm。

（6）车辆距隧道壁、人行步道栏杆及隧道壁上的电缆不应小于 200mm。人行道宽度不应小于 700mm。

（7）井底车场和隧道内宜设双股道，如受条件限制设单股道时，错车线有效长度应满足最长列车运行要求。

3）有轨运输作业应符合下列规定：

（1）车辆装载限界：斗车高度不应大于 400mm，并不得超宽；平板车高度不应大于 1m，并有可靠固定措施，宽度不应大于 150mm。

（2）车辆不得超载，列车连接可靠，并设有刹车装置。

（3）两组列车同方向行驶时，其相距不应小于 60m，人推车辆时不应小于 20m。

（4）轨道外堆料距钢轨外缘不应小于 500mm，高度不应大于 1m，并堆码整齐。

（5）车辆运行中不得摘挂作业，严禁非司机驾驶。

（6）机动列车在视线不良弯道和通过道岔或错车时，行车速度不应大于 5km/h；在其他地段不应大于 15km/h。人推车辆速度不应大于 6km/h。

（7）轨道应随开挖面及时向前延伸。装卸车处设置车挡，卸土点应设置大于 1％的上坡道。

4）隧道内采用无轨运输时，运输道路应平整、坚实，并做好排水维修工作。其行车速度，施工作业面区不应大于 10km/h，其他区段不应大于 15km/h。

5）隧道内运输线路应设专人维修保养，线路两侧的废渣余料等应随时清理干净。

2-8-49 隧道供电和照明有哪些规定？

答： 1）隧道施工应设双回路电源，并有可靠切断装置。照明线路电压在施工区域内不得大于 36V，成洞和施工区以外地段可用 220V。

2）隧道内电缆线路布置与敷设应符合下列规定：

（1）成洞地段固定电线路应采用绝缘线；施工工作面区段的临时电线路宜采用橡套电缆；竖井及正线处宜采用铠装电缆。

（2）照明和动力电线（缆）安装在隧道同一侧时，应分层架设，电缆悬挂高度距地面不应小于 2m。

（3）36V 变压器应设置于安全、干燥处，机壳应接地。

（4）动力干线的每一支线必须装设开关及保险丝具。不得在动力线上架挂照明设施。

3）隧道施工范围内必须有足够照明。交通要道、工作面和设备集中处并应设置安全照明。

4）动力照明的配电箱应封闭严密，不得乱接电源，应设专人管理并经常检查、维修和保养。

5）空压机站输出的风压应能满足同时工作的各种风动机具的最大额定风量；设置的位置宜

在竖井地面附近，并应采取防水、降温、保温和消音措施。

6）高压风管及水管管径应经计算确定，其安装应符合下列规定：

（1）管材和闸阀安装前应检验合格并清洗干净；

（2）管路安装应直顺，接头严密；

（3）空压机站和供水总管处应设闸阀，干管每100～200m并设置分闸阀。

（4）高压风管长度大于1000m时，应在管路最低处设油水分离器并定期放出管中的积水和积油；

（5）隧道内宜安装在电缆线对面一侧，并不得妨碍交通和运输；

（6）管路前端距开挖面宜为30m，并且高压软管接至分风或分水器；

（7）严寒地区冬季隧道外水管应有防冻措施。

2-8-50　隧道通风防尘及防有害气体有哪些规定？

答：1）隧道内施工环境应符合下列规定：

（1）氧气含量按体积比不应小于20%；

（2）每立方米空气中含10%以上游离二氧化硅粉尘不应超过2mg；

（3）有害气体浓度：一氧化碳含量不应大于30mg/m^3；二氧化碳按体积计不应大于5‰；氮氧化物（换算成NO_2）含量不应大于5mg/m^3；

（4）气温不应超过28℃；

（5）噪声不应大于90dB。

2）隧道施工应采用机械通风。当主风机满足不了需要时，应设置局部通风系统。

3）隧道内通风应满足各施工作业面需要的最大风量，风量应按每人每分钟供应新鲜空气3m^{3}计算，风速为0.12～0.25m/s。

4）通风管径应经计算确定。风管安装与接续应符合下列规定：

（1）管路应直顺，接头严密。弯管半径不应小于风管直径的3倍。

（2）风管的风口距工作面的距离：压入式不宜大于15m，吸入式不宜大于5m。

（3）混合式通风，两组管路接续交错距离为20～30m。吸出式风管出风口应置于主风流循环的回风流中。

5）通风机运转中，必要时应采取消音措施。

通风过程中，应定期测试风量、风速、风压，发现风管风门破损、漏风应及时更换或修理。

6）隧道凿岩必须湿作业，装渣、放炮后必须喷雾洒水净化粉尘，喷射混凝土时必须采取防尘措施并定期测定粉尘和有害气体的浓度。

2-8-51　隧道喷锚暗挖法施工工程验收有哪些规定？

答：1）喷锚暗挖隧道施工应对下列项目进行中间检验，并符合本章有关规定：

（1）竖井开挖、结构和支撑施工以及提升设备安装；

（2）超前导管和管棚支护、注浆加固；

（3）钻爆施工的爆破参数、炮眼布置、钻设、装药、爆破后开挖断面的检查及锚杆的施工；

（4）隧道开挖方法及每一循环节掘进长度、支护距开挖面的距离、开挖断面尺寸及地质描述；

（5）初期支护结构钢筋格栅及钢筋网加工、安装以及喷射混凝土作业和质量；

（6）喷射和二次衬砌混凝土原材料、配合比、搅拌、试件的制作和试验；

（7）防水层材料及基层面检验和衬层、卷材的铺贴；

（8）二次衬砌结构钢筋加工及绑扎，模板支立，预埋件安装和混凝土灌注。

2）隧道结构竣工后，混凝土抗压强度和抗渗压力应符合设计要求，无露筋、漏振、露石，其允许偏差应符合表 2-8-51 的规定。

隧道二次衬砌结构允许偏差值（mm）

表 2-8-51

项　目	允许偏差值						
	内墙	仰拱	拱部	变形缝	柱子	预埋件	预留孔洞
平面位置	±10	—	—	±20	±10	±20	±20
垂直度(‰)	2	—	—	—	2	—	—
高程	—	±15	+30 −10	—	—	—	—
直顺度	—	—	—	5	—	—	—
平整度	15	20	15	—	5	—	—

注：1　本表不包括特殊要求项目的偏差标准；

　　2　平面位置以隧道线路中线为准进行测量。

3）工程竣工验收应提供下列资料：

（1）原材料、成品、半成品质量合格证；

（2）图纸会审记录、变更设计或洽商记录；

（3）各种试验报告和质量评定记录；

（4）工程测量定位记录；

（5）隐蔽工程验收记录；

（6）冬季施工热工计算及施工记录；

（7）监控量测记录；

（8）开竣工报告；

（9）竣工图。

2-8-52　锚杆喷射混凝土支护技术中常用的术语有哪些？

答：以下术语均引自《锚杆喷射混凝土支护技术规范》GB 50086—2001

1）初期支护

当设计要求隧洞的永久支护分期完成后，隧洞开挖后及时施工的支护，称为初期支护。

2）后期支护

隧洞初期支护完成后，经过一段时间，当围岩基本稳定，即隧洞周边相对位移和位移速度达到规定要求时，最后施工的支护，称为后期支护。

3）拱腰

隧洞拱顶至拱脚弧长的中点，称为拱腰。

4）隧洞周边位移

隧洞周边相对应两点间距离的变化，称为隧洞周边位移。

5）锚固力

锚杆对围岩所产生的约束力，称为锚固力。

6）抗拔力

阻止锚杆从岩体中拔出的力，称为抗拔力。

7）润周

水土隧洞过水断面的周长，称为润周。

8）点荷载强度指数

直径 50mm 圆柱形标准试件径向加压时的点荷载强度。

9）系统锚杆

为使围岩整体稳定，在隧洞周边上按一定格式布置的锚杆群，称为系统锚杆。

10）预应力锚杆

由锚头、预应力筋、锚固体组成，利用预应力筋自由段（张拉段）的弹性伸长，对锚杆施加预应力，以提供所需的主动支护拉力的长锚杆。本规范所指的预应力锚杆系指预应力值大于200kN、长度大于8.0m的锚杆。

11）缝管锚杆

将纵向开缝的薄壁钢管强行推入比其外径较小的钻孔中，借助钢管对孔壁的径向压力而起到摩擦锚固作用的锚杆。

12）水胀锚杆

将用薄壁钢管加工成的异形空腔杆体送入钻孔中，通过向该杆件空腔高压注水，使其膨胀并与孔壁产生的摩擦力而起到锚固作用的锚杆。

13）自钻式锚杆

将钻孔、注浆与锚固合为一体，中空钻杆即作为杆体的锚杆。

14）喷射混凝土

利用压缩空气或其他动力，将按一定配比拌制的混凝土混合物沿管路输送至喷头处，以较高速度垂直喷射于受喷面，依赖喷射过程中水泥与骨料的连续撞击，压密而成的一种混凝土。

15）水泥裹砂喷射混凝土

将按一定配比拌制而成的水泥裹砂砂浆和以粗骨料为主的混合料，分别用砂浆泵和喷射机输送至喷嘴附近相混合后，高速喷到受喷面上所形成的混凝土。

16）格栅钢架

用钢筋焊接加工而成的桁架式支架。

2-8-53 锚杆喷射混凝土质量检查有哪些规定和要求？

答：1）原材料与混合料的检查应遵守下列规定：

（1）每批材料到达工地后，应进行质量检查，合格后方可使用。

（2）喷射混凝土的混合料和锚杆用的水泥砂浆的配合比以及拌和的均匀性，每工作班检查次数不得少于两次；条件变化时，应及时检查。

2）喷射混凝土抗压强度的检查应遵守下列规定：

（1）喷射混凝土必须做抗压强度试验；当设计有其他要求时，可增做相应的性能试验。

（2）检查喷射混凝土抗压强度所需的试块应在工程施工中抽样制取。试块数量，每喷射 50～100m³ 混合料或混合料小于 50m³ 的独立工程，不得少于一组，每组试块不得少于 3 个；材料或配合比变更时，应另作一组。

（3）检查喷射混凝土抗压强度的标准试块应在一定规格的喷射混凝土板件上切割制取。试块为边长 100mm 的立方体，在标准养护条件下养护 28d，用标准试验方法测得的极限抗压强度，并乘以 0.95 的系数。

喷射混凝土抗压强度标准试块可按本规范附录 F 所列方法进行制作。

（4）当不具备制作抗压强度标准试块条件时，也可采用下列方法制作试块，检查喷射混凝土抗压强度。

①喷制混凝土大板，在标准养护条件下养护 7d 后，用钻芯机在大板上钻取芯样的方法制作试块。芯样边缘至大板周边的最小距离不应小于 50mm。

芯样的加工与试验方法应符合《钻取芯样法测定结构混凝土抗压强度技术规程》YBJ 209 的有关要求。

②亦可直接向边长为 150mm 的无底标准试模内喷射混凝土制作试块，其抗压强度换算系数，应通过试验确定。

（5）采用立方体试块做抗压强度试验时，加载方向必须与试块喷射成型方向垂直。

3）喷射混凝土抗压强度的验收应符合下列规定：

（1）同批喷射混凝土的抗压强度，应以同批内标准试块的抗压强度代表值来评定。

（2）同组试块应在同块大板上切割制取，对有明显缺陷的试块，应予舍弃。

（3）每组试块的抗压强度代表值为三个试块试验结果的平均值；当三个试块强度中的最大值或最小值之一与中间值之差超过中间值的 15% 时，可用中间值代表该组的强度；当三个试块强度中的最大值和最小值与中间值之差均超过中间值的 15%，该组试块不应作为强度评定的依据。

（4）重要工程的合格条件为：

$$f'_{ck} - K_1 S_n \geqslant 0.9 f_c$$
$$f'_{ckmin} \geqslant K_2 f_c$$

（5）一般工程的合格条件为：

$$f'_{ck} \geqslant f_c$$
$$f'_{cckmin} \geqslant 0.85 f_c$$

式中　f'_{ck}——施工阶段同批 n 组喷射混凝土试块抗压强度的平均值（MPa）；

f_c——喷射混凝土立方体抗压强度设计值（MPa）；

f'_{cckmin}——施工阶段同批 n 组喷射混凝土试块抗压强度的最小值（MPa）；

K_1，K_2——合格判定系数，按表 2-8-53（1）取值；

n——施工阶段每批喷射混凝土试块的抽样组数；

S_n——施工阶段同批 n 组喷射混凝土试块抗压强度的标准差（MPa）。

合格判定系数 K_1、K_2 值　　　　　　　　　表 2-8-53（1）

n	10～14	15～24	≥25
K_1	1.70	1.65	1.60
K_2	0.90	0.85	0.85

当同批试块组数 $n<10$ 时，可按 $f'_{ck} \geqslant 1.5 f_c$ 以及 $f'_{ckmin} \geqslant 0.95 f_c$ 验收。

（6）喷射混凝土强度不符合要求时，应查明原因，采取补强措施。

注：同批试块是指原材料和配合比基本相同的喷射混凝土试块。

4）喷射混凝土厚度的检查应遵守下列规定：

（1）喷层厚度可用凿孔法或其他方法检查。

（2）各类工程喷层厚度检查断面的数量可按表 2-8-53（2）确定，但每一个独立工程检查数量不得少于一个断面；每一个断面的检查点，应从拱部中线起，每间隔 2～3m 设一个，但一个断面上，拱部不应少于 3 个点，总计不应少于 5 个点。

（3）合格条件为：每个断面上，全部检查孔处的喷层厚度 60% 以上不应小于设计厚度；最小值不应小于设计厚度的 50%；同时，检查孔处厚度的平均值不应小于设计厚度；对重要工程的拱墙喷层厚度的检查结果，应分别进行统计。

喷射混凝土厚度检查断面间距（m）　　　　　　　表 2-8-53（2）

隧洞跨度	间　距	竖井直径	间　距
<5	40～50	<5	20～40
5～15	20～40	5～8	10～20
15～25	10～20	—	—

5）锚杆质量的检查应遵守下列规定：

（1）检查端头锚固型和摩擦型锚杆质量必须做抗拔力试验。试验数量，每 300 根锚杆必须抽样一组；设计变更或材料变更时，应另做一组，每组锚杆不得少于 3 根。

（2）锚杆质量合格条件为：

$$P_{An} \geqslant P_A$$
$$P_{Amin} \geqslant 0.9 P_A$$

式中　P_{An}——同批试件抗拔力的平均值（kN）；

　　　　P_A——锚杆设计锚固力（kN）；

　　　　P_{Amin}——同批试件抗拔力的最小值（kN）。

（3）锚杆抗拔力不符合要求时，可用加密锚杆的方法予以补强。

（4）全长粘结型锚杆，应检查砂浆密实度，注浆密实度大于 75％方为合格。

6）预应力锚杆的质量检查应遵守有关规定：

7）锚喷支护外观与隧洞断面尺寸应符合下列要求：

（1）断面尺寸符合设计要求；

（2）无漏喷、离鼓现象；

（3）无仍在扩展中或危及使用安全的裂缝；

（4）有防水要求的工程，不得漏水；

（5）锚杆尾端及钢筋网等不得外露。

2-8-54　锚杆喷射混凝土工程验收有哪些要求？

答：1）锚喷支护工程竣工后，应按设计要求和质量合格条件进行验收。

2）锚喷支护工程验收时，应提供下列资料：

（1）原材料出厂合格证，工地材料试验报告，代用材料试验报告；

（2）按规定的内容与格式提供锚喷支护施工记录；

（3）喷射混凝土强度、厚度、外观尺寸及锚杆抗拔力等检查和试验报告，预应力锚杆的性能试验与验收试验报告；

（4）施工期间的地质素描图；

（5）隐蔽工程检查验收记录；

（6）设计变更报告；

（7）工程重大问题处理文件；

（8）竣工图。

3）设计要求进行监控量测的工程，验收时，应提交相应的报告与资料：

（1）实际测点布置图；

（2）测量原始记录表及整理汇总资料，现场监控量测记录表；

（3）位移测量时态曲线图；

（4）量测信息反馈结果记录。

2-8-55　喷射混凝土与围岩粘结强度试验的方法有哪几种？各有何要求？

答：1）喷射混凝土与围岩的粘结强度试验应在现场进行。当条件不具备时，亦可在试验室用岩块近似地测定其粘结强度。

2）喷射混凝土与围岩的粘结强度的试验可采用预留试件拉拔法或钻芯拉拔法。

3）当采用预留试件拉拔法时，试验应在隧洞的边墙或拱部进行。试件应为圆柱体，直径直为 200～500mm，高可为 100mm。试验应符合下列步骤：

（1）在预定试验部位，施工的喷层厚度应在 100mm 以上，其表面宜平整；

（2）试件部位的混凝土喷射后，应立即用铲刀沿试件轮廓挖出宽 50mm 的槽，试件与四周的喷射混凝土应完全脱离，仅底面与围岩粘结；

（3）试验前，应将钢拉杆埋入试件中心并用环氧树脂砂胶粘结，设计的钢拉杆，应使其抗拔力大于喷射混凝土与岩石的粘结力；

（4）用适宜的拉拔设备将试件拉拔至破坏，根据拉拔力和粘结面积，进行粘结强度的计算。

4）当采用钻芯拉拔法时，应符合下列要求：

（1）主要设备应采用混凝土钻芯机、拉拔器和测力计。

（2）试验按下列步骤进行：

①用金刚石钻机在工程欲测部位垂直钻进喷层并深入围岩数厘米，形成芯样；

②将卡套插入芯样与围岩的空隙中，推压弹簧内套，使卡套卡紧芯样；

③安装拉拔器与测力仪；

④以每秒 20～40N 的速度缓慢加力，直到芯样断裂；

⑤按下列公式计算喷射混凝土与围岩的粘结强度：

$$f_{cr} = \frac{P_c}{A_c}\cos\alpha$$

式中　f_{cr}——喷射混凝土与岩石的粘结强度（MPa）；

P_c——芯样拉断时的荷载（N）；

A_c——芯样断裂面积（mm²）；

α——断裂面与芯样横截面交角（°）。

5）喷射混凝土与岩石块的粘结强度试验应符合下列要求：

（1）模板规格和形式：模板尺寸为 450mm×350mm×120mm（长×宽×高），其尺寸较小的一边为敞开状。

（2）试件制作应符合下列规定：

1）在预定进行粘结强度试验的隧洞区段，选择厚约 50mm、长宽尺寸略小于模板尺寸的岩块；

2）将选择好的岩块置于模板内，在与实际结构相同的条件下喷上混凝土，喷射前，先用水冲洗岩块表面；

3）喷成后，在与实际结构物相同的条件下养护至 7d 龄期，用切割法去掉周边，加工成边长为 100mm 的立方体试块（其中岩石和混凝土的厚度各为 50mm 左右），养护至 28d 龄期，在岩块与混凝土结合面处，用劈裂法求得混凝土与岩块的粘结强度值。

2-8-56 测定喷射混凝土粉尘有什么技术要求？

答：1）测定粉尘应采用滤膜称量法。

2）测定粉尘时，其测点位置、取样数量可按表 2-8-56 进行布置。

喷射混凝土粉尘测点位置和取样数量　　　　表 2-8-56

测尘地点	测 点 位 置	取样数（个）
喷头附近	距喷头 5.0m，离底板 1.5m，下风向设点	3
喷射机附近	距喷射机 1.0m，离底板 1.5m，下风向设点	3
洞内拌料处	距拌料处 2.0m，离底板 1.5m，下风向设点	3
喷射作业区	隧洞跨中，离底板 1.5m，作业区下风向设点	3

3）粉尘采样应在喷射混凝土作业正常、粉尘浓度稳定后进行。每一个试样的取样时间不得少于 3min。

4）占总数 80％及以上的测点试样的粉尘浓度，应达到本规范规定的标准，其他试样不得超过 20mg/m³。

2-8-57　喷射混凝土抗压强度标准试块制作方法是怎样的？

答：1）标准试块应采用从现场施工的喷射混凝土板件上切割成要求尺寸的方法制作。模具尺寸为 450mm×350mm×120mm（长×宽×高），其尺寸较小的一个边为敞开状。

2）标准试块制作应符合下列步骤：

（1）在喷射作业画附近，将模具敞开一侧朝下，以 80°（与水平面的夹角）左右置于墙脚。

（2）先在模具外的边墙上喷射，待操作正常后，将喷头移至模具位置，由下而上，逐层向模具内喷满混凝土。

（3）将喷满混凝土的模具移至安全地方，用三角抹刀刮平混凝土表面。

（4）在隧洞内潮湿环境中养护 1d 后脱模。将混凝土大板移至试验室，在标准养护条件下养护 7d，用切割机去掉周边和上表面（底面可不切割）后，加工成边长 100mm 的立方体试块。立方体式块的允许偏差，边边±1mm；直角≤2°。

3）加工后的边长为 100mm 的立方体试块继续在标准条件下养护至 28d 龄期，进行抗压强度试验。

2-8-58　隧道开挖施工过程中为保障隧道的稳定性，减少地层沉降，应采取什么措施？

答：主要应对措施包括：

（1）严格控制作业程序，采用对地层扰动小的"小分块，多循环，快封闭，勤量测，及时支撑，步步成环"的原则，施工前根据预测制定相应的控制预警标准，加大监控量测力度，合理安排施工进度。

（2）充分利用超前支护、初支背后注浆、监控量测等手段加固围岩。

（3）在地面上隧道范围内进行提前注浆或动态跟踪注浆，以控制地层沉降。

（4）隧道断面之间有高度的变化，采取中隔壁法（CD 法）和交叉中隔壁法（CRD 法）施工。

2-8-59　隧道断面转换为什么是隧道工程施工的难点？应采取什么措施？

答：1）隧道断面形式转换频繁，隧道开挖断面积比较大，如何保证隧道不同断面的转换过程中结构和环境安全是一个施工难点。

2）主要措施包括首先合理安排施工顺序，包括开挖顺序，衬砌施做顺序等。其次，合理设置变坡坡度。充分利用超前支护手段加固围岩，利用格栅钢架挂网喷射混凝土逐渐加宽加高断面，在大小不同的断面间架设不同大小的格栅并喷混凝土支护，逐渐过渡到大断面。

2-8-60　格栅钢架、钢筋网加工及安装要符合哪些要求？

答：格栅钢架在加工厂制作，格栅钢架的各段之间采用连接钢板、螺栓连接。格栅钢架加工、安装符合下列要求：

1）钢筋的加工焊接应符合钢筋焊接规定；

2）加工成型的格栅钢架应圆顺；

3）格栅钢架组装后应在同一个平面内；

4）格栅钢架保护层厚度应大于 25mm，其背后应保证喷射混凝土密实；

5）格栅钢架安设正确后，纵向必须连接牢固。

2-8-61　工程初期支护喷射混凝土施工要求有哪些？

答：严格控制混凝土施工配合比，配合比经试验确定，混凝土各项指标都必须满足设计及规范要求，混凝土拌合用料称量精度必须符合规范要求。

2）喷射混凝土在开挖面暴露后立即进行，作业符合平整、无裂缝、脱落、漏喷、空鼓、渗漏水等的要求。坚持实行"四不"制定：即喷射混凝土工序不完，掌子面不前进，喷射混凝土厚度不够不前进，混凝土喷射后发现问题未解决不前进，监测结构表面不安全不前进。

2-8-62　隧道工程初衬背后回填注浆动态管理的三大参数是什么？

答：初衬背后充填注浆作为控制围岩变形，减小地面沉降的一项重要措施，实际施工时应根据开挖断面大小、形式、施工方法、掘进速度、开挖时的超挖量、工作面的地层情况、是否塌方等方面灵活的调整注浆压力、注浆量和注浆时机三大参数，对注浆过程进行动态管理。

2-8-63　隧道临时支撑（中隔壁）拆除施工的分段长度为多长？监测的重点是什么？

答：1）隧道在二衬施工时，需拆除断面内的临时支撑拆除。为保证支撑拆除时的初衬结构安全，采取支撑拆除分段进行，按照各断面的特征确定分段长度，一般分段长度6m，不宜过大。

2）在拆除施工之前，先根据支撑拆除前后的隧道结构弯矩图及轴力图，在断面内进行结构变形监测布点。在拆除施工阶段加密监测频率，监测的重点是拱顶下沉和结构收敛，根据监测数据绘制变形-时间曲线，如变化绝对值或变化速率超过警戒值，立即采取措施，控制变形继续扩大。

2-8-64　防水施工的重点是什么？防水施工的要求有哪些？

答：1）本通道防水遵循"以防为主、防排结合、刚柔相济、多道防线、因地制宜、综合治理"的原则，其核心是"以结构自防为本，附加防水为辅"。混凝土结构的自防水是防水的重点。

2）施工要求：

（1）卷材防水施工

要求基层平整；防水卷材铺帖密实、无空鼓；搭接宽度符合规范要求。

（2）变形缝防水施工

变形缝是防水工程薄弱环节，也是结构自防水中的关键环节。

在混凝土浇筑前避免止水带被污物和水泥砂浆污损，表面有杂质须清理干净，以免混凝土与其咬合不紧密形成渗水通道。止水带的接头部位采用对接的方法，接头处选在结构应力较小的部位。

（3）施工缝防水施工

暗挖通道分段浇筑的混凝土施工缝分为纵向施工缝和环向施工缝两种，两种施工缝部位采用背贴式止水带或中埋止水条进行加强防水，同时在背贴式止水带两翼固定注浆管进行后续填充注浆，保证止水带与模筑混凝土之间的密贴。

（4）二次衬砌模筑防水混凝土

防水混凝土施工必须在围岩和初期支护基本稳定后进行，施工前做好初期支护的注浆堵水工作。同时加强混凝土质量控制，优选混凝土配合比，降低水灰比，适当掺入抗渗剂提高其抗渗性能，加入粉煤灰以降低混凝土的收缩及水化热；加强混凝土的拌和、运输全过程保证混凝土的和易性；严格振捣程序，提高混凝土的密实性；控制拆模时间，加强拆模后的养生管理，减少混凝土结构的微裂缝。

认真处理施工缝，保证混凝土的连续性。

（5）注浆防水施工

暗挖通道拱顶混凝土灌注采用泵送挤压混凝土施工工艺，由于客观原因，拱顶混凝土往往会产生不密实，灌不满等现象，对此部位的混凝土，采用在拱顶贴近防水层面预埋注浆管，一是作为排气孔，排除拱部空气，减小拱部泵送压力；二是通过灌注过程观察流浆情况检查混凝土灌满程度；三是作为注浆管，对二衬实施回填注浆，以弥补混凝土因收缩或未灌满造成拱顶空隙。且进一步堵截渗漏水。包括：初衬背后注浆和二衬背后注浆。控制适宜的注浆压力。

2-8-65 隧道工程二次衬砌施工部署是怎样的，各工序施工要求有哪些，请举例说明？

答：1）某隧道施工断面共有六个，二衬施工时拆除中隔壁的方法采用纵向分段凿除、分段施工二衬的方法。实际施工时的拆除长度根据拱顶下沉、洞体收敛及地表下沉的量测数据进行动太态调整。施工顺序为由北向南、由内向外倒退施工。

2）施工要求

（1）钢筋工程

为保护防水板，二衬钢筋在设计及规范允许的范围内尽量采用搭接连接的方式，直径小于$\Phi16$的钢筋采用搭接连接，大于$\Phi18$的钢筋采用焊接或锥螺纹连接。

二衬先安装底板钢筋（预留出与边墙钢筋的连接筋），后安装拱墙钢筋。底板钢筋施工时先铺设底层钢筋，后绑扎顶层钢筋，两层钢筋之间用架立筋支撑，以此保证两层钢筋的间距。拱墙钢筋先安装外圈钢筋，后绑扎内圈钢筋。绑扎拱墙钢筋时，搭设钢管作业平台。防水层侧钢筋接头采用锥螺纹连接或搭接连接，同一断面接头数量不大于钢筋数量的50%。两接头断面间隔≤1.0m。绑筋绑扎牢固、稳定，满足钢筋施工及验收规范。

（2）模板工程

本隧道结构因断面较多，各断面之间模板不能通用，因此二衬混凝土浇筑采用定型弧形钢模板体系。其中底板二衬混凝土浇筑采用吊模。

模板的施工质量需符合《混凝土结构工程施工质量验收规范》的要求，各类模板要保证工程结构和构件各部位尺寸及相互位置的正确性。

对模板及支撑结构进行验算，以保证其具有足够的强度、刚度和稳定性，防止发生变形和下沉。模板接缝要拼贴平密，避免漏浆。

模板安装后仔细检查各构件是否牢固，固定在模板上的预埋件和预留孔洞有无遗漏，安装是否牢固，位置是否准确，模板安装的偏差是否符合规范允许值，模板及支撑系统的整体稳定性是否良好。

（3）混凝土施工

二衬采用补偿收缩混凝土，具有良好的抗裂性能，主体结构防水混凝土在工程结构中不但承担防水作用，还要和钢筋一起承担结构受力作用。因此每道工序必须符合规范要求。

2-8-66 地铁连接通道旁站监理方案是怎样的？

答：1）工作主要依据：

《建设工程质量管理条例》

《建设工程监理规程》DBJ 01-41—2002

《建设工程监理规程》GB 50319—2000

《质量管理体系标准》GB/T 19000—2000

现行有关技术规范、规程、规定。

2）旁站监理的项目与频数：

旁站监理是指监理人员在本工程施工阶段监理中，对关键部位、关键工序的施工过程进行连续监控的活动。

监理单位编制旁站监理方案并对施工单位进行交底，施工单位根据监理单位制定的旁站监理方案，在需要实施旁站监理的项目施工前24小时书面通知项目监理机构。

根据对地铁连接通道工程的分析，现提出实施旁站监理的项目及部位如下表2-8-66。

表 2-8-66

序号	项　　目	监控要点或过程参数	旁站部位	旁站人
1	施工竖井初衬	圈梁土方开挖、圈梁钢筋绑扎、圈梁混凝土、竖井土方开挖、竖井网构钢架安装、竖井喷射混凝土等	圈梁钢筋绑扎、竖井有楣钢格栅安装、马头门环梁	略
2	隧道结构初衬	小导管超前注浆、原材料、混凝土强度、注浆参数、锚杆成孔深度、角度等、土方开挖、钢格栅加工、钢格栅安装、喷射混凝土	随道土方开挖、马头门进隧道部位钢格栅安装、结构断面转换钢格栅安装	略
3	隧道防水层	原材料、细部做法、方案符合性、成品保护	伸缩缝、与原结构交接部位处理	略
4	隧道二衬钢筋隐蔽过程	钢筋品种、规格、形状、尺寸、数量、锚固长度、接头位置、接头机械性能、方案符合性	节点部位	略
5	隧道二衬防水混凝土	强度、抗渗等级、坍落度、浇筑参数、混凝土接槎清理、方案符合性	二衬混凝土浇筑	略
6	土方回填	土源、分层厚度、干密度、夯实遍数、方案符合性	按层、段全数监控	略
7	电梯（电葫芦）调试	调试人员、设备、项目及参数	对电梯（电葫芦）逐台全过程监控	略
8	通风空调系统风量测试	测试设备、方法、参数等	测试过程监控	略
9	消防报警及控制系统试运转	人员、测试项目、结果、记录	系统试运行监控	略

3）旁站监理人员的主要职责：

（1）在旁站监理作业前要检查施工作业依据，施工企业现场质检人员到岗、特殊工种人员持证上岗以及施工机械、建筑材料准备情况。

（2）在现场监督关键部位、关键工序的施工执行批准的施工方案以及工程建设强制性标准情况。

（3）检查进场建筑材料、建筑构配件、设备和商品混凝土的质量检验报告等，并可在现场监督施工企业进行检验或者委托具有资格的第三方进行复验。在混凝土浇筑作业中，对商品混凝土的运输小票各项内容进行检查。在同区域不同强度等级的混凝土浇筑时，对浇筑地点和泵送地点分别设置 2 人，随时保持联系。

（4）做好旁站监理记录和监理日记，保存旁站监理原始资料。旁站监理记录的表格内容逐项认真填写。

（5）在旁站监理过程中及时发现和处理出现的质量问题，并如实准确地做好记录，必要时对发现和处理出现的质量问题的部位画图明示。

（6）凡旁站监理人员和施工企业现场质检人员未在旁站监理记录上签字，施工企业不得进行下一道工序施工。

（7）实施旁站监理时，发现施工企业有违反工程建设强制性标准行为的，有权责令施工企业立即整改。发现其施工活动已经或可能危及工程质量的，由总监理工程师下达局部暂停施工指令，或者采取其他应急措施。

（8）旁站监理记录是监理工程师依法行使有关签字权的依据。对于需要旁站监理的关键部位、关键工序施工，凡没有旁站监理记录的，监理工程师不予在相应文件上签字。

2-8-67　市政工程暗挖施工初期例行检查中常见的问题有哪些？

答：检查中常见的问题有下列几点：

1）安全方面：

（1）竖井电葫芦没有防雨、防雪设施。

（2）竖井已下挖 10m 未做环形支撑，沟槽周边围栏防护不到位。

2）施工质量：

（1）喷射混凝土配比已超过 3 个月，应在新进场水泥送检的同时重新申请喷射混凝土配比。

（2）现场施工计量工作做得很差：台秤形同虚设——无秤砣、料车上不去，无法称重。

（3）所用混凝土的拌料，应采用机械搅拌；现场却采用人工拌和。喷混凝土质量无法保证。

（4）南侧隧道二衬网构钢架安装施工中，有三榀钢拱架的双层钢筋被切断，只留了一层钢筋；会影响了二衬结构质量。

（5）伸缩缝木丝板未安。

（6）焊接不合格。

（7）钢筋、网片搭接不合格。

（8）拱架割断，未经设计认可。

2-8-68　乙工程对检查出来的安全隐患整改是怎样的，请举例说明？

答：竖井加设盘撑、见下交底单表 2-8-68。

安全技术交底单　　　　　　　　　　　　　　　　　　　　　表 2-8-68

安全技术交底 （表式 C 2-8）		编　号	21
工程名称		略	
施工单位		略	
交底项目（部位）	东北侧暗挖竖井加设盘撑	交底日期	2006 年 1 月 10 日

交底内容（安全措施及注意事项）

暗挖竖井下方有现况热力沟，现况热力沟西侧结构距离竖井内侧仅 10cm，由于竖井利用时间为 2 个月左右，为保证现况热力沟的安全需在竖井与现况热力沟相交处加设盘撑，盘撑采用 30 号工字钢，现况热力沟结构高度≤1.5m，加设一道盘撑，现况热力沟结构高度＞1.5m 加设两道盘撑。（示意图见图 2-8-68）

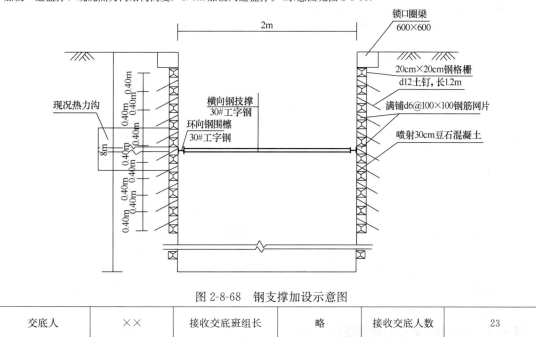

图 2-8-68　钢支撑加设示意图

交底人	××	接收交底班组长	略	接收交底人数	23

本表由施工单位填写并保存（一式三份：班组一份、安全员一份、交底人一份）

2-8-69　市政工程专家论证意见一般是怎样的，请举例说明？

答：见下表 2-8-69。

专家论证表　　　　　　　　　　　　　　　　　　　　　　　　表 2-8-69

危险性较大的分部分项工程专家论证表 表 AQ-C1-4				编号	略
工程名称	×××××与地铁连接通道工程				
总承包单位	略			项目负责人	
分包单位				项目负责人	
危险性较大的分项工程名称	×××××××××				
专家一览表　　略					
姓名	性别	年龄	工作单位	职务	职称	专业

专家论证意见：

一、该工程十分重要，所处环境复杂，应本着稳妥可靠、万无一失和确保安全的原则组织施工。

二、施工方案基本可行，下穿电力隧道和热力方沟采用两结构刚性接触是合理的。

三、鉴于工程地质条件差及施工环境条件复杂，建议对设计、施工方案进行如下优化和完善：

1. 为了降低施工风险及难度，设计应对通道平面、电梯集水坑的布设等进行优化。

2. 严格按浅埋暗挖"十八字"原则进行施工，采用 CRD 法施工要做到导洞初期支护早成环、环套环。

3. 通道开挖采用 0.5m 的步距是合理的，但要根据监测信息，在进出电力隧道和热力方沟各 2m 范围内调整为 0.33m。

4. 竖井及通道两侧超前小导管应按 30°～45°水平打设，浆液改为 TGRM 浆液（快凝、快硬水泥基浆液）。

5. 待一侧上下导洞贯通后再施做另一侧上下导洞，之后施做中洞；两侧上导洞需施做注浆锁脚锚管。

6. 竖井马头门增设环梁。

7. 以竖井为界，待所有导洞施做完毕再进行二衬施工；二衬采用满堂红支架体系。

8. 加强接口处的防水处理，以及防水板敷设、施工缝和变形缝的处理；采取有效措施确保二衬的施工质量。

9. 完善施工应急预案；加强监控量测，切实做到信息化施工。

10. 建议监理单位对通道开挖与初支、二衬施工进行旁站监理。

专家签名	组长（签字）：　　　　　　略 专家（签字）：	
项目经理部	（章）　　　　略	×年×月×日

注：本表由施工单位填报、建设单位、监理单位、施工单位各存一份。

2-8-70　变形观测的目的和作用是什么？

答：沉降观测可作为建筑物地基基础工程质量检查的依据之一，可做到信息化施工，同时为设计、施工人员提供了大量的实测数据，有利于其准确、经济地设计建筑物的变形允许值，是施工过程中不可缺少的一个重要环节。地下工程施工是在地层内部进行，施工引起的地层变形会导致地表建筑和既有的管线设施破坏，特别是城市进行地下隧道施工，对于隧道开挖过程引起地层的力学响应在时间和空间上的规律，不同施工方法的不同力学响应可以通过施工监测实现，并及时预测地层变形的发展，反馈施工，控制地下工程施工对环境的影响程度。因此，施工监测在施工中有着极其重要的作用。

2-8-71　沉降观测的范围有哪些？

答：沉降观测的主要范围是：区间结构线两侧外延 30m 范围内的地下、地面建筑物、构筑物、管线、地面及道路。各项观测数据相互验证，确保观测结果的可靠性，为合理确定各项施工参数提供依据，达到反馈指导施工的目的，真正做到信息化施工。

2-8-72　某工程地表沉降观测埋设几个基准点？

答：为了测定观测点的变形，需要布设一定数量的基准点。根据《建筑工程施工测量规程》的规定："每个工程至少应有 3 个稳定可靠的点作为基准点。"除考虑到基准点的稳定性、长期性、使用方便的特点之外，根据本工程的具体情况：施工场地内无固定建筑物，拟在施工区以外稳定的构、建筑物上设置 4 个墙水准点，若条件不具备时，根据现场条件也可埋设数个深埋基准点。

基准点 BM1-4 布设成为一个闭合环，用 TOPCON 水准仪、钢瓦水准尺进行两次往返观测，观测高差取平均。高程系统引测绘院导线点高程，用专业测量平差软件进行严密平差计算，求得各基准点的高程，作为沉降观测的依据。在观测过程中对基准点要定时联测，发现问题及时处理。

2-8-73　沉降观测点的埋设是怎样的？

答：沉降观测点的埋设时先用工程钻在地表钻孔，然后放入沉降测点。测点采用直径 20mm，长 500～1000mm 半圆头螺纹钢筋制成。将钢筋埋入至原状土层以下，四周用水泥砂浆填实。所有测点用红油漆标记并统一编号。

地下管线变形观测为什么要严格控制？

在地下工程的修建中，地中荷载的改变可引起地面不均匀下沉，不均匀下沉将造成地下管线的变形和破坏，因此应予以严格控制好地下管线的观测。

2-8-74　观测隧道拱顶下沉的作用和方法是什么？

答：1）监测暗挖施工时，隧道初期支护结构拱顶变形状况，分析数据、总结规律、以便施工顺利、安全进行。

2）观测方法：区间暗挖测点布置在每条隧道的顶部，随着隧道的形成而延伸。在区间暗挖段内每 5m 布一测点，材料选用直径 20 螺纹钢，做成弯钩状埋设或焊在拱顶，外露长度 5cm，外露部分打磨光滑，并用红油漆标记统一编号。与地表测点相对应。

2-8-75　隧道净空收敛监测的作用和方法是什么？

答：隧道净空收敛监测是隧道施工中一项必不可少的监测内容。由于地下工程自身固有的复杂性和变异性，传统的设计方法仅凭力学分析和强度验算难以全面、适时地反映出各种情况下支护系统的受力变化情况。围岩应力及环境条件发生变化，周边围岩及支护随着产生位移，该位移是围岩和支护力学行为变化最直接的综合反映，因此，隧道围岩位移具有十分重要的作用。

观测方法：埋设与隧道拱顶下沉测点对应，材料选用直径 20cm 螺纹钢，埋设或焊接导洞两侧，外露长宽 5cm，在外露的螺纹钢头部焊一圆形的铁环，并用红油漆标记统一编号。

2-8-76　隧道基底隆起监测的作用与方法是什么？

答：监测暗挖施工时，隧道初期支护结构拱顶变形状况、分析数据、总结规律，以便施工顺利、安全进行。

观测方法：与隧道拱顶下沉测点对应埋设，每 5m 一个测点，材料选用直径 20cm 螺纹钢埋设或焊接在初支格栅上，监测点应外露 1cm，外露部分打磨光滑，以减少与尺面接触不均匀的误差，用红油漆标记统一编号。

2-8-77　监测频率为多少？外业、内业要求是什么？

答：1）地表沉降：监测频率为开挖 1～15 天内 2 次/天；16～30 天内 2 天/次；31～90 天 2 次/周；拆除支撑时适当加密。地下管线、拱顶沉降、净空收敛的监测频率同上。

2）外业观测结束后，及时整理外业观测数据，对数据进行重新检查，并统计闭合差。确认外业观测无误后，进行内业计算。

3）内业计算时，数据的专业测绘平差软件中进行平差计算，解算出各点的高程值。确认观测点的高程中误差满足《建筑工程施工测量规程》DBJ 01-21—95后，在Excel电子表格中编制沉降观测成果表。

2-8-78 沉降观测精度为多少？

答：沉降观测等级为二等，采用国家二等水准测量方法施测，观测精度为：最弱点高程中误差：$\leqslant \pm 1.0$mm。

基准点的主要技术要求和观测方法见下表2-8-78（1）、（2）。

表2-8-78（1）

变形测量等级	相邻基准点高差中误差（mm）	每站高差中误差（mm）	往返较差、附合或环线闭合差（mm）	检测已测高差较差（mm）	使用仪器、观测方法及要求：用TOPCON水准仪，按国家二等水准观测的技术要求施测
二等	± 1.0	± 0.3	$\pm 0.6n$	$\pm 0.8n$	

注：n＝测站数；摘自《建筑工程施工测量规程》

沉降观测点的等级、精度和观测方法：

表2-8-78（2）

等级	变形点的高程中误差（mm）	相邻变形点高差中误差（mm）	往返较差、附合或环线闭和差（mm）	观测方法
二等	± 1.0	± 0.5	$\leqslant 0.6n$	按国家二等水准观测的技术要求施测

注：n＝测站数；摘自《建筑工程施工测量规程》

各期观测成果均应进行精度统计和评定，观测的实际精度均应满足DBJ 01—21—95《建筑工程施工测量规程》的要求。

2-8-79 工程观测通常使用什么仪器？技术指标和作业要求是什么？

答：1）通常使用TOPCON水准仪一台，铟瓦水准尺一副。该水准仪每年均定时送国家光电测距仪检测中心进行检定。

2）技术指标

（1）观测方法：光学测微法。

（2）观测顺序：（奇）后—前—前—后；（偶）前—后—后—前。

（3）视线长度$\leqslant 50$m，前后视距差$\leqslant \pm 1.0$m；前后视距累计$\leqslant \pm 3.0$m；视线离障碍物距离$\geqslant \pm 0.5$m。

（4）基辅分划读数差$\leqslant \pm 0.3$mm；基辅分划所测高差之差$\leqslant \pm 0.5$mm。

3）作业要求：

（1）使用同一仪器和设备。

（2）固定观测人员。

（3）在基本相同的环境和条件下工作。

（4）现场观测每站做到检查合格才能迁站。

（5）前后视位置稳定。

（6）阳光下观测必须用伞遮光，避免水泡不稳和光线不均对观测产生的影响。

（7）温度较高、风力较大等自然条件差时不能观测。

2-8-80 隧道工程监测项目有哪些？其目的是什么？监测点如何布置？

答：见下表 2-8-80。

监测项目 表 2-8-80

序号	监测项目	监测仪器	工程分项位置	监测目的
1	地层及支护情况	TOPCON 水准仪加测微器及钢钢尺	每次开挖后立即进行	掌握施工过程中，对周围土体、地下管线及周围建筑物的影响程度及影响范围
2	地表沉降	TOPCON 水准仪加测微器及钢钢尺	通道	
3	地下管线变形	TOPCON 水准仪加测微器及钢钢尺	电力方沟、热力方沟	
4	隧道拱顶下沉	TOPCON 水准仪加测微器及钢钢尺	通道	监测暗挖施工时，隧道初期支护结构拱顶变形状况，分析数据、总结规律，以便施工顺利、安全进行
5	隧道净空收敛	数显收敛计	通道	监测暗挖施工时，隧道初期支护结构净空收敛状况，分析数据、总结规律，以便施工顺利、安全进行
6	隧道基底隆起	TOPCON 水准仪加测微器及钢钢尺	通道	监测暗挖施工时，隧道初期支护结构基底变形状况，分析数据、总结规律，以便施工顺利、安全进行

2-8-81 北京市对沉降观测记录有何要求？

答：沉降观测记录

1）凡设计有要求的都要做沉降观测记录。但需甲方委托勘探处做，施工单位没有资格做。

2）按设计和规范要求设置沉降观测点，观测点的设置及观测方法参见北京市标准《建筑工程施工测量规程》DBJ 01-21—95 及有关设计施工规范。

3）沉降观测的次数和时间。

应按设计要求，一般第一次观测应在观测点安设稳固后及时进行。民用建筑每加高一层应观测 1 次，工业建筑应在不同荷载阶段分别进行观测，整个施工时间的观测不得少于 4 次。

工程竣工后观测次数：第一年 4 次，第二年 2 次，第三年后每年 1 次，直至下沉稳定为止。观测期限一般为：砂土地基 2 年，黏性土地基 5 年，软土地基 10 年。

当建筑物和构筑物突然发生大量沉降、不均匀沉降或严重的裂缝时，应立即进行逐日或几天一次的连续观测，同时应对裂缝进行观测。

4）建筑物裂缝观测，应在裂缝上设置可靠的观测标志（如石膏条等），观测后应绘制详图，画出裂缝的位置、形状和尺寸，并注明日期和编号。必要时应对裂缝照相。

5）沉降观测资料应及时整理归档保存，并应附有下列各项资料：

①根据水准点测量得出的每个观测点高程和逐次沉降量。并附沉降观测记录；

②根据建筑物和构筑物的平面图绘制观测点位置图，根据沉降观测结果绘制的沉降量、地基荷载与延续时间三者的关系曲线图及沉降量分布曲线图；

③计算出的建筑物和构筑物的平均沉降量、相对弯曲和相对倾斜值；

④水准点的平面布置图和构造图，测量沉降的全部原始资料；

⑤施工时建筑物和构筑物标高的水准测量记录及气象资料；

⑥根据上述内容编写的沉降观测分析报告（其中应有工程地质和工程设计的简要说明）。

2-8-82 简述浅埋暗挖施工工艺是怎样的？

答：浅埋暗挖施工方法是在浅埋软质地层的隧道中，基于新奥法而发展的一种工法。主要用于电力隧道的施工，也可用于地铁等其他隧道施工。隧道目前一般采用复合衬砌结构形式，初期支护（一衬、初衬）为 C20 喷射混凝土＋网构钢架＋钢筋网支护，二衬为模筑抗渗混凝土，二衬外包聚乙烯丙纶防水卷材，以加强隧道防水效果。主要施工内容有施工测量、监控量测、工作竖井施工、浅埋暗挖隧道施工、防水层施工、二衬模筑混凝土施工及附属构筑物施工等内容。初期支护是施工的重点和难点，施工中必须坚持"管超前、严注浆、短开挖、强支护、快封闭、勤量测"的十八字原则，确保隧道施工和周边建筑物、地下管线等的安全。

2-8-83 竖井土方开挖施工工艺是怎样的？

答：1）适用范围：

适用于暗挖竖井施工的土方开挖。

2）施工准备：

（1）材料要求：

①水泥：水泥的品种、级别、厂别等应符合混凝土配比通知单的要求，宜选用硅酸盐水泥、普通硅酸盐水泥，强度等级不低于 32.5 级。水泥进场应有产品合格证和出厂检验报告，进场后应对其强度、安定性及其他必要的性能指标进行取样复验，其质量必须符合 GB 175—2007 等的规定。当怀疑水泥有质量问题或出厂超过三个月，应进行复验，并按复验结果使用。

②集料：细集料应采用坚硬耐久的中砂或粗砂，细度模数宜大于 2.5，含水率宜控制在 5%～7%。粗集料应采用坚硬的卵石或碎石，粒径不宜大于 15mm。细集料、粗集料的质量符合现行国家标准 JGJ 52—2006 的规定，进场后应取样复验合格。

③钢筋：钢筋的品种、级别、规格和质量应符合设计要求，钢筋进场应有产品合格证和出厂检验报告，进场后按 GB 1499 等的规定抽取试件做力学性能试验。

④加工成型钢筋：必须符合加工单的规格、尺寸、形状、数量，外加工钢筋应有半成品出厂合格证。

⑤外加剂：外加剂的质量及应用应符合现行国家标准 GB 8076—2008、GB 50119—2013、现行国家标准《喷射混凝土用速凝剂》JC 477—2005 等和有关环境保护的规定。

⑥掺合料：混凝土中掺用矿物掺合料的质量应符合现行国家标准 GB/T 1596—2005 等的规定。所用掺合料的品种、级别和生产厂家应符合混凝土配比通知单的要求，掺合料应有出厂合格证或质量证明书、质量检测报告，进场应取样复验合格。

⑦水：宜采用饮用水或符合工程用水的有关规定，水中不应含有影响水泥正常凝结与硬化的有害杂质。

⑧型钢：工字钢、槽钢等，其质量应符合相应产品标准。

⑨焊接用焊条：应有产品出厂合格证，其质量应符合国家现行标准《非合金钢及细晶粒钢焊条》GB/T 5117—2012 或《热强钢焊条》GB/T 5118—2012 的规定。

（2）主要机具：

①机具：装载机、提升架、镐、铁锹、吊桶、罐笼等。

②测量设备：经纬仪、水准仪、全站仪。

（3）作业条件：

①根据现场条件和竖井井位搭设龙门架，保证较好地利用现场条件进行临时性堆存土。

②龙门架进行空载试验，并通过安全检查验收。

③开挖和运输设备准备就绪。

④必须保证竖井开挖在无水条件下施工，遇有地下水时，应采取降水措施、注浆止水等措施加以防治。

3）操作工艺：

（1）工艺流程：

①全断面开挖：

开挖全断面土方→支立全断面格栅→喷射混凝土→下一循环。

②分部开挖：

开挖半断面土方→支立半断面格栅→喷射混凝土→开挖另一半断面土方→支立另一半格栅→喷射混凝土→下一循环。

（2）操作方法：

①全断面开挖适用于土质稳定、开挖断面较小的竖井土方开挖；半断面开挖适用于土质较差或开挖断面较大的竖井土方开挖。

②采用人工开挖，龙门架吊土。

③严格按设计尺寸控制开挖断面，每循环开挖高度一般为0.6m。圈梁底和井底均须严格按设计高程开挖，不得超挖扰动原状土。

④施工竖井在地面以下1.5～3m位置设置锁口圈梁，圈梁上方可采用砖护壁或"钢格栅＋网片连接筋＋喷射混凝土"的临时支护结构，圈梁下方为竖井一衬支护结构。

4）质量标准：

（1）主控项目：

①竖井应按设计尺寸严格控制开挖断面，不得欠挖或超挖。开挖方法应符合设计要求。

②中线、高程必须符合设计要求。

（2）一般项目：

土方开挖质量允许偏差表见表2-8-83的规定。

土方开挖质量允许偏差表 表2-8-83

序号	项　目	允许偏差（mm）	检验频率		检验方法
			范围	点数	
1	轴线偏差	±30	每榀	4	挂中线用尺量每侧2点
2	高程	±30	每榀	1	用水准仪测量

5）质量记录：

（1）地基处理记录。

（2）地基钎探记录。

（3）施工通用记录。

（4）土层锚杆成孔记录。

（5）土层锚杆注浆记录。

（6）土层锚杆张拉锁定记录。

6）安全与环保：

（1）安全操作要求：

①土方作业时作业人员必须根据作业要求，佩戴防护用品。

②土方垂直运输时，作业人员必须撤至竖井边缘安全位置，待土斗落稳时方可靠近作业。

③挖土作业时必须按照安全技术交底要求操作，服从带班人员指挥。发现异常时必须立即处理，确认安全后方可继续作业；出现危险征兆时，应按照应急预案执行。

④作业中发现地下管道等构筑物、文物、不明物时，必须立即停止作业，并按要求处理或保护。在现况电力、通讯电缆 2m 范围内和现况燃气、热力、给水排水等管道 1m 范围内挖土时，必须在主管单位人员的监护下方可进行开挖。

（2）技术安全措施：

①开挖前应查明竖井井位处的地下障碍物的情况，对穿竖井的管线必须采取安全措施，制定应急预案。

②开挖作业期间应做好量测、地质核对和土层描述。

③竖井开挖过程中，施工人员应随时观察井壁和支护结构的稳定状况。发现井壁土体出现裂缝、位移或支护结构出现变形坍塌征兆时，必须停止作业，人员撤至安全地带，经处理确认安全，方可继续作业。

④开挖过程中随时注意地下管线等构筑物和文物，以免破坏现况管线和文物。

（3）环保措施：

土方集中存放时，存放处四周应严密围挡，土方堆积不得超过规定高度，未及时清运的土方应予以覆盖。

7）成品保护：

为保证竖井结构稳定，竖井土方开挖后应立即进行支护。

2-8-84　现场监控测量施工工艺是怎样的？

答：1）适用范围：

适用于采用浅埋暗挖法进行隧道施工的现场监控量测。现场监控量测为施工和设计提供工程安全和稳定信息，是隧道施工中的重要工序。

2）施工准备：

（1）仪器设备和工具：

①监测仪器：DS1 水准仪、DJ6 经纬仪、收敛计（净空位移计，精度 0.1mm）、可悬挂钢尺（精度 1mm）、铟钢水准尺、频率接受仪、振弦式土压力计、振弦式钢筋应力计、振弦式混凝土应变计、振弦式孔隙水压力计等。

②三脚架、花杆、尺垫、钢尺、计算器、记录手簿、铅笔等。

③水泥、砂石、钢制沉降测点、钢制固定收敛和拱顶下沉测点，粘接材料等。

（2）作业条件：

①监测单位已取得施工隧道线路地面平面、高程控制网和线路定测资料，并与施工单位签订监测合同。

②从事监控量测的人员应具备相应资质或岗位证书。

③对监控量测所需的特殊设备和工具进行专门的设计和加工。对监控量测所使用的仪器进行检定，使其具有足够的稳定性和精度，适于长期、连续监测工作的需要。

（3）技术准备：

①隧道施工前，应根据隧道规模，场地的工程地质和水文地质条件，支护类型和参数，施工方法，依据规范和设计对监控量测工作的要求，编制监控量测方案。一般监控量测项目见表 2-8-84（1）。表中的应测项目是保证隧道围岩稳定及施工安全和反映设计、施工状态而应进行的日常监测项目。

序号	项目名称	要求掌握的内容	量测工具与方法	测点布置
1	地质和支护状况观察	(1) 了解和掌握施工方法； (2) 开挖面围岩的自立性（无支护时围岩的稳定性）； (3) 土层、岩层、地下水情况，核对与勘察报告的相符性； (4) 支护衬砌变形、开裂情况； (5) 地表建筑物变形、下沉、开裂情况	简易观察工具，对地层、地下水性状及支护裂缝进行观察和描述	开挖和支护后即进行
2	周边位移	(1) 根据变形值、变形速度、变形收敛情况等用以判断围岩的稳定性； (2) 初期支护设计和施工的合理性； (3) 模筑二次衬砌的时间	各种类型收敛仪或全站仪配以测标	每 10～50m 一个断面，每断面 1～2 对测点或 3～5 个测标
3	拱顶下沉	监控拱顶的绝对下沉值，了解断面变化情况，判断拱顶的稳定性，防止塌方	水平仪、水准尺或全站仪配以测标	每 10～50m 一个断面，每断面 1 个测点或测标
4	地表下沉	判断隧道开挖对地表产生的影响及防止沉降措施的效果，判断对地面建筑物、地下管线及构筑物的影响，推测作用在隧道上的荷载范围	普通或精密水平仪、水准尺	每 5～20m 一个断面，每断面 7～15 个测点
5	初衬、二衬及背后空洞测试	(1) 初衬结构完成后，且在做防水工序前，用雷达探测结构厚度、楣架间距、背后空洞，检测一衬结构质量以及一衬结构与围岩的密贴情况； (2) 二衬结构完成后，仍需再次进行如上雷达探测测试工作，检测二衬结构质量及一衬和二衬结构密贴情况	地质雷达等物探仪器	拱部每隔 5m 一个环向断面，每个断面 5 个测点，纵向沿中线每 2.5m 一个测点，进行衬砌及背后空洞检测
6	围岩内部位移（地表设点）		地面钻孔中安设各类多点垂直位移计或测斜仪	每代表性地段一个断面，每断面 3～5 个测孔
7	围岩内部位移（洞内设点）		洞内钻孔中安设各类多点位移计	每代表性地段一个断面，每断面 3～5 个钻孔
8	围岩荷载及两层支护间压力	了解围岩形变压力和围岩压力以及两层衬砌间的接触应力和分布规律，检验支护衬砌受力情况	各种类型压力盒及应力计	每代表性地段一个断面，每断面 5～9 个测点

序号	项目名称	要求掌握的内容	量测工具与方法	测点布置
9	钢架内力及外力	根据衬砌混凝土和钢筋应力情况，判断衬砌设计参数是否正确，进一步推求围岩压力的大小和分布情况	各种类型应变计及支柱测力计	每10榀钢架中选1榀作量测，5～9个测力点
10	支护和衬砌的内应力、表面应力及裂缝		各类混凝土应力、应变计，表面应力解除法，测缝计或刻度放大镜	每代表性地段一个断面，每断面5～9个测点
11	锚杆或锚索内力及抗拔力		各类锚杆应力计，锚杆拉拔器，锚索测力计	每100根锚杆或锚索检测1～3根，或按设计要求检测

注：1～5项为施工应测项目，其他为选测项目。

②量测方案主要内容：工程概况，监控量测的项目、手段、方法和量测频率；选定量测断面，绘制测点布置图和细部做法详图；监控量测数据的整理和分析；围岩和支护稳定性评价；信息反馈。

③量测方案应纳入隧道施工组织设计，作为隧道施工的重要组成部分。

3）操作工艺

（1）工艺流程：

收集资料及现场调查→编制监测方案及工作计划→布置测点→监控量测→数据处理及分析→反馈报告→修改施工方案或继续按原方案施工。

（2）操作方法

①观察：施工期间应认真了解和掌握施工方法，详细观察开挖面围岩稳定情况，已施工地段的支护衬砌情况和地表建筑物安全状况。按隧道里程，使用专用手簿记录观察内容。

开挖面观察内容：

岩层、地层种类和分布情况及变化；岩层强度、风化和变质情况；节理裂隙发育程度和方向性；填充物的状态；断层的位置、走向和破碎程度；土的类别，砂卵石粒径。

开挖面稳定状态，拱部有无围岩剥落和坍塌现象。

涌水位置、涌水量、涌水压力和水质。

掌握隧道施工日进尺情况和初次衬砌施作时间。

开挖面观察应在每次开挖后进行。

已施工地段观察内容。

有无锚杆拉断、托板松动或陷入围岩的现象。

喷射混凝土是否产生裂缝、剥离和剪切破坏。

钢架变形、压屈位置和状态，钢架和喷射混凝土粘接情况。

衬砌变形、开裂和破坏情况；漏水大小范围，有无底鼓现象。

对已施工地段观察每天应至少进行一次。

地表观察：对施工影响范围内的地面沉降、开裂、滑移，地表水渗透及地表建筑物安全状况进行观察。

②地面沉降监测：

地面沉降监测网测设：

地面沉降监测网由水准基点和工作基点组成，须由3个以上水准基点构成。水准基点应远离施工影响区域（有条件应设立基岩点），埋设在冻土线以下的原状土层中，也可利用稳固建筑物，在其上设置墙上水准基点。地面沉降监测网应利用地铁隧道地面高程控制网，也可采用独立高程系。

工作基点应离开隧道施工沉降区不小于30m。

地面沉降监测点布设：

收集隧道定测成果，在地面明确表示隧道的平面位置。

按监测方案要求在隧道施工影响范围内（$B+2H$，B：隧道开挖跨度，H：隧道底板到地面的距离），沿隧道中线10～11个测点，测点间距2～5m。净空收敛和拱顶下沉测点应与其在同一断面。

最大施工影响范围内建筑物沉降观测点布置：一般建筑物地基变形特征表现为建筑物基础的局部倾斜、整体倾斜、沉降差、沉降，根据不同建筑物的特点和地基变形允许值的要求，布置沉降观测点。

对于整体刚度较好的多层和高层建筑、高耸结构物（倾斜值和平均沉降量），在测点布置时应考虑不同结构单元（可利用结构缝划分），在结构单元端部布置沉降观测点；观测点距离过大，可适当插入。

框架结构和单层排架结构柱基处（相邻柱基沉降差）。

砌体承重结构（局部倾斜值），观测点间距控制在6～10m范围内。

桥梁结构桥墩处。

隧道施工影响范围内地下管线及构筑物观测点的布置：对可进人的地下管线和构筑物应按每10m布置沉降观测点；对不可进人的地下管线和构筑物应在地面管线上方设置沉降观测点（间接），对十分重要的地下管线可采用抱箍式或套筒式测点（直接）；对沉降特别敏感的地下构筑物应制定专门的方案进行监测。

沉降观测方法：利用工作基点使用水准测量方法观测。将仪器架设在工作基点和观测点适中且通视良好位置，后视工作基点，前视观测点，待完成观测点观测后，再后视工作基点，完成此监控断面的观测。

初始读数的确定和监测频率：在施工前（开挖面距离监测断面5B或未受施工影响），以2次观测数据的平均值作为初始读数。监测频率见表2-8-84（2）：

地面沉降监测频率 表2-8-84（2）

开挖面距量测断面	>5B	2～5B	<2B
量测频率	1次/7d	1次/2d	1～2次/d

开挖面远离监测断面（>5B）时，依据位移速率的变化和位移数据收敛时，可减少监测次数，做到1次/月，1次/3个月，当位移速率小于0.1mm时，可停止观测。

③隧道净空变形量测：

隧道净空变形观测点布置与埋设：隧道净空变形观测点可选择单一测线（一般在拱脚处），也可选择多测线观测。测点加工时应保证测点与量测仪器连接圆环密贴，埋设时保证测点锚栓与围岩或支护稳固连接，变形一致，并制定明显警示标志，防止人为损坏。净空变形观测点应与地面沉降观测点在同一断面，测点应尽量靠近开挖面布置，其测点距开挖面不得大于2m，应在每环初次衬砌完成后24h以内，并在下一开挖循环开始前，记录初次读数，以两次数据的平均值作为初始读数。

观测方法：用于量测开挖后隧道净空变化的收敛计，可分为重锤式、弹簧式、电测式3种，一般选用弹簧式收敛计。量测时粗读元件为钢尺，细读元件为百分尺，钢尺每隔10mm打有小孔，以便根据收敛量调整粗读数。钢尺固定拉力由弹簧提供，有百分尺读取隧道周边两点间的相对位移，量测精度为 0.1mm，借助端部球铰可在水平和垂直平面内转动，以适应不同方向基线的要求。观测时将收敛计固定套筒与测点用锚塞连接，选择合适的孔位固定，读取粗读数，旋转手柄拉紧弹簧，读百分尺的细读数。

监测频率和停止观测的时间：

隧道净空变形监测频率见表 2-8-84（3）。

隧道净空变形监测频率 表 2-8-84（3）

开挖面距量测断面	$<2B$	$2 \sim 5B$	$<5B$
量测频率	1～2 次/d	1 次/2d	1 次/7d

隧道周边收敛速率有明显减缓趋势时，可减少观测次数到 1 次/月、1 次/3 个月，到收敛量小于 0.15mm/d 时，可停止观测。

拱顶下沉量测：拱顶下沉量测点应与净空收敛观测点在同一断面内，埋设时保证测点锚栓与围岩或支护稳定连接，保证测点与悬挂钢尺连接圆滑密贴。

工作点应设置在车站、竖井、隧道结构上，保证基点稳定可靠。工作基点距观测点 20～30m。测点应尽量靠近开挖面布置，其测点距开挖面不得大于 2m，应在每环初次衬砌完成后 24h 以内，并在下一开挖循环开始前，记录初次读数，以两次数据的平均值作为初始读数。

观测方法：利用工作基点使用水准测量方法观测。将钢尺悬挂于拱顶下沉测点位置，并保证其铅直下垂，仪器架设在工作基点和观测点适中且通视良好位置，后视工作基点，前视观测点，待完成观测点观测后，再后视工作基点，完成此监控断面的观测。观测精度 1mm。

监测频率和停止观测的时间：

拱顶下沉监测频率见表 2-8-84（4）。

拱顶下沉监测频率 表 2-8-84（4）

开挖面距量测断面	$<2B$	$2 \sim 5B$	$<5B$
量测频率	1～2 次/d	1 次/2d	1 次/7d

注：B 为隧道开挖跨度。

当位移速率有明显减缓趋势时，可减少观测次数到 1 次/月，1 次/3 个月，到变形量小于 0.1mm/d 时，可停止观测。

应力应变测试：包括围岩及初次衬砌与二次衬砌界面间压力测试，支护结构内力测试。

应力应变传感器的选择：传感器按变换原理可分为电阻式、电感式、振弦式、电容式、压电式、光电式传感器等。振弦式传感器结构简单，测试结果稳定，受温度影响小，易于防潮处理，被广泛用于隧道测试项目中。选择过程中应根据被测物理量幅值范围确定传感器的量程，并适当留出余量。选择最接近现场埋设情况的方法对传感器出厂标定曲线进行复验。

围岩及界面间压力计的布置与埋设：每代表性地段设一个量测断面，每个断面 15～20 测点。应根据围岩压力和围岩形变压力和分布情况，合理选择测点位置。

埋设围岩压力计时，应保证压力计受力膜片与围岩密贴，避免施工因素的干扰，确保压力计膜片与混凝土有效隔离，可在膜片表面涂抹黄油。将压力计的电缆线引出至观测集线箱内，按测点布置图编号，并测得初始数据。

钢筋应力计的布置与埋设：每 10～30 榀钢拱架设一个量测断面，钢筋应力的埋设位置应根据支护结构受力状况，选择截面受拉，受压最大值及拐点部位埋设。先将所测得受力主筋相应部位截去与钢筋应力计等长的部分，采用帮条双面焊将钢筋应力计与主筋焊成一整体。应特别注意保证传感器的自由变形。必要时可在传感器膜片部位表面涂抹黄油或缠绕塑料胶布使之与混凝土隔离。将钢筋应力计的电缆线引出至观测集线箱内，按测点布置图编号，并测得初始读数。

混凝土应变计的布置与埋设：每代表性地段设一个量测断面，每个断面 11 个测点，混凝土应变计的埋设位置应根据支护结构受力状况，选择截面受压最大值及拐点部位埋设。利用先期安装的钢格栅拱架固定应变计，注意保证传感器的自由变形，必要时可在传感器膜片部位表面涂抹黄油或缠绕塑料胶布使之与混凝土隔离。将混凝土应变计的电缆线引出至观测集线箱内，按测点布置图编号，并测得初始读数。

测试方法：采用频率接收器观测，依据传感器编号，读取频率并做好记录。通过传感器标定曲线，换算出相应的测试物理量值。并绘制相应变化曲线。监测频率见表 2-8-84（5）。

应力应变测试监测频率 表 2-8-84（5）

开挖面距量测断面	<2B	2～5B	<5B
量测频率	1～2 次/d	1 次/2d	1 次/7d

④量测数据处理与分析：

量测数据处理方法：可采用因果分析法（非线性回归分析法）、时间序列分析法等方法对量测数据进行处理，了解围岩应力状态、变形规律和稳定程度。一般选用位移—时间双曲线反映围岩和支护衬砌受力状态随时间变化的规律，可选用对数、指数和曲函数进行回归分析。观测数据不宜少于 25 个。对数函数适用于软弱围岩隧道开挖后初期变形的分析，指数和双曲函数可用来预估围岩变形最终值。时间序列分析法可用于围岩变形的短期预测。应力应变数据应结合隧道结构的受力特点，进行理论分析，对比测试数据，评价隧道设计和施工参数的合理性，必要时可进行反分析计算。

基本分析方法：将量测数据进行处理后，配合地质、施工各方面的信息，在与经验和理论所建立的标准进行比较。对于设计所确定的结构形式，支护衬砌设计参数、预留变形量、施工方法和工艺及各工序操作时间进行检验，如与原设计相符，则可继续施工，若差别较大，应立即修改设计，改变施工方法，调整作业时间，以求安全可靠，经济合理。

⑤围岩和支护稳定性评价：

根据位移值、位移速度和位移加速度，对围岩和支护稳定程度，是否调整支护参数、变更施工方法，二次衬砌施作时间，提出明确的意见。

围岩和初期支护结构基本稳定应具备下列条件：

隧道周边收敛速度有明显减缓趋势；

收敛量已达总收敛量的 80％以上；

收敛速度小于 0.15mm/d 或拱顶位移速度小于 0.1mm/d。

隧道施工中出现下列情况之一时，应立即停工，采取措施处理：

周边及开挖面塌方、滑坡及破裂；

地面沉降超过 30mm 且有不断增大的趋势；

收敛量和拱顶下沉量超过 15mm，且个测点位移均在加速，同时出现明显的受力裂缝且不断发展；

其他量测数据有不断增大的趋势；

建筑物地基局部倾斜和整体倾斜控制及总沉降量超过地基变形允许值。

⑥信息反馈：

通过监测数据的整理和分析，对围岩和支护稳定性进行评价，并及时传递给施工组织者和设计人员，以便指导下一步施工和修改支护设计。

4）质量标准

（1）监控量测测点、工作基点、基准点的埋设必须符合规范和监控量测方案的要求，并按监控量测方案规定的方法、精度和频率等进行观测。

（2）监控量测测点位置依据电力隧道平面施工控制点进行放样，其放样允许误差为±50mm。

（3）沉降观测点应埋设在当地标准冻深以下的原状土层中，并保证与土层共同变形。

（4）净空收敛和拱顶下沉观测测点应保证与围岩或衬砌连接牢固，其锚固长度应满足同直径钢筋在混凝土中锚固长度的要求。

（5）地面沉降监测网测设应符合现行国家标准《城市轨道交通工程测量规范》GB 50308—2008 精密水准测量的精度要求。

（6）地面沉降量测精确到1mm，净空位移量测精确到0.1mm，拱顶下沉量测精确到1mm。

（7）围岩压力和两层衬砌间接触压力测试精度为0.001MPa，支护结构内力（衬砌混凝土和钢筋应力）精度为0.1MPa。

5）质量记录：

（1）沉降观测记录。

（2）结构收敛观测成果记录。

（3）地中位移观测记录。

（4）拱顶下沉观测成果表。

6）安全与环保：

（1）进入施工现场人员必须进行现场安全教育，执行施工现场安全管理规定，配备必要的安全防护措施。

（2）在交通和其他施工活动繁忙地段进行测试必须设专人防护。

（3）密切注意围岩动态，监测工作开始前，应及时处理工作面危石和杂物。

（4）高空作业必须系安全带。

（5）监测仪器应架设在稳固位置，在使用过程中要严防磕碰和损坏，架设后测量人员不得离开，确保仪器在可控制的范围内。

7）成品保护：

（1）施工监测量测测点和基准点，应设立明显的警示标志和必要的防护措施，妥善保护。

（2）对施工人员进行保护监测桩点教育，在施工中不碰撞点位，不在点位上堆压物品，不遮挡点位之间视线。

（3）各类测点如在观测期间被损坏应及时恢复，保持监测工作的连续性。

2-8-85　地层超前注浆加固施工工艺是怎样的？

答：1）适用范围：

适用于暗挖隧道开挖前的地层超前注浆加固。

2）施工准备：

（1）材料要求：

①超前导管：一般宜采用 $\phi 32 \sim 48$ mm 的焊接钢管或无缝钢管制作，长度取 3～5m。

②水泥：宜采用强度等级为 32.5 级以上的硅酸盐水泥、普通硅酸盐水泥。水泥应有产品合格证和出厂试验报告，进场后应对强度、安全性及其他必要的性能指标进行取样复验。其质量必须符合现行国家标准《通用硅酸盐水泥》GB 175—2007 的规定。

③水玻璃：浓度 40～45Be′ 的水玻璃。

④硫酸：采用98%的浓硫酸。

⑤其他材料：改变浆液凝固时间的外加剂，如促凝剂、缓凝剂等。

（2）主要机具：

①空压机：额定压力不小于 0.7MPa，风量 9～12m³/min。

②注浆机：压力值应不小于 2MPa 的双液注浆机，泵量 80～150 L/min，泵压 3～5MPa。

③浆液搅拌机：能连续不断地对浆液进行搅拌，容量为 0.8～2m³。

④钻机：钻孔机具采用风动凿岩机或煤电钻，钻头直径 33mm，成孔直径为 36mm。

（3）作业条件：

①注浆机压力表、机械性能良好，高压管畅通。

②工作面、用电满足施工要求，照明光线充足。

（4）技术准备：

①已编制好注浆方案，并对有关人员进行技术交底。

②导管布设测量放线工作已经完成。

③已根据地质条件选择浆液种类，并确定配比。

3）操作工艺：

（1）工艺流程：

导管制作

掌子面成孔→超前导管安设→封孔→注浆→封堵注浆管

浆液制备

（2）操作方法：

①掌子面成孔：首先将封闭掌字面用喷射混凝土封闭，喷射混凝土厚度一般为 50～100mm；然后成孔，卵石含量较大的砂砾质土、黏性土层一般采用钻机钻孔，先用高压风清孔，然后用风镐将超前小导管打入孔内。自稳能力差的砂类土，一般采用吹管法成孔；有一定自稳能力且硬度不大的土层也可以直接将管打入。

②导管制成：在管壁钻孔间距为 100mm、孔径为 6mm 的花眼，沿直径螺旋状布置。导管前端应加工成锥形。

③超前导管安设：超前小导管应设于顶部范围内，小导管沿开挖轮廓线从格栅腹部穿过。超前导管安装必须满足设计要求。一般环向间距 300mm，长度 2.25m，仰角 5°～8°，超前小导管相互重叠 1.0m。

④封孔：超前小导管和孔壁之间的空隙应进行封堵，以防止浆液从管外溢出。

⑤浆液制备：根据开挖土质情况，应通过试验确定浆液品种。根据浆液品种，确定注浆压力和注浆设备。

改性水玻璃浆液：改性水玻璃浆液为硫酸与水玻璃配置而成，首先将 98% 的浓硫酸缓缓倒入盛水的量筒中，并用玻璃棒搅拌，最终稀释成 18%～20% 的稀硫酸。将浓度 40～45Be' 的水玻璃稀释成 18～20Be'。根据现场地质条件和凝结时间要求，经过试验后按照一定比例将稀硫酸与水玻璃配制成改性水玻璃溶液，pH 值控制在 2.4～4.0。为防止浆液在未注入土层之间凝固，应用小型搅拌机持续搅动，也可以用气泵从浆液底部送风使浆液翻动。改性水玻璃浆液初凝时间宜控制在 30min 左右，根据实际情况可加入少量的速凝剂或缓凝剂来调节。

水泥—水玻璃双液浆：水泥浆水灰比宜为 1∶1～1.5∶1，根据现场地质条件，经过试验确定双液浆配比，水泥浆与改性水玻璃浆液体积比宜为 1∶1～1∶0.5。

水泥浆：根据土质条件确定浆液配比，并掺入适量的早强剂。有特殊堵水要求时可采用超细水泥。

⑥注浆：

注浆方法：

改性水玻璃浆液：主要适用于砂类土，因凝结较快，一次不宜大量配置，应根据每个注浆孔的注浆量逐孔配置，注入时宜采用吹管法，先将浆液倒入容器中。该容器一端接送风管，另一端接注浆管，采用瞬间高压风将浆液吹进土体。

水泥—水玻璃双液浆：由于水泥浆和水玻璃浆液混合后凝结速度极快，水泥浆和水玻璃浆液在注入土体前不能混合，注入时必须采用专用双液浆注浆泵。

水泥浆：主要适用于空隙率比较大的土层，其特点是强度比较大，注入时宜采用注浆泵。

注浆顺序：注浆时相邻孔位应错开，交叉进行。注浆顺序一般由下而上，间隔对称注浆为宜。

注浆量：单根小导管注浆量：

$$Q = \pi R^2 l n\alpha\beta$$

式中　R——浆液扩散半径；

　　　l——注浆管长度；

　　　n——地层孔隙率；

　　　α——地层填充系数，一般取 0.8；

　　　β——浆液消耗系数，一般取 1.1～1.2。

注浆压力：

注水泥浆或改性水玻璃浆液：注入压力保持在 0.35～0.4MPa。

注水泥—水玻璃浆液：压力宜控制在 0.15～0.4MPa 之间，最大不得超过 0.5MPa。

注浆控制指标：

单根结束标准：注浆过程中，压力逐渐上升，流量逐渐减少，当压力达到注浆终压，注浆量达到设计注浆量的 80% 以上，可结束该孔注浆；注浆压力未能达到设计终压，注浆量已达到设计注浆量，并无漏浆现象，亦可结束该孔注浆。

本循环结束标准：所有注浆孔均达到注浆结束标准，无漏浆现象，即可结束本循环注浆。

⑦封堵注浆管：采用快硬性水泥封堵。注浆后，应根据注浆液种类和相应的加固效果，确定土层开挖时间，一般 2～4h 后，方可开挖土层。

4）质量标准：

（1）主控项目：

①小导管所用钢管的品种、级别、规格和数量必须符合设计要求。

检查方法：观察、钢尺检查，检查出厂合格证。

②注浆用水泥、外加剂等原材料必须符合设计要求及有关规范、标准的规定。

检查方法：检查出厂合格证、试验报告。

（2）一般项目：

①超前小导管的纵向搭接长度应符合设计要求。

检查方法：观察、尺量。

②浆液配比、注浆量及注浆压力应满足设计要求。

检查方法：查看压力表，检查注浆记录。

③开挖过程中应注意观察浆液扩散情况，观察地层是否达到了有效固结，有无漏水和流砂现象，以便修正下一循环的修正系数。

④重要部位注浆效果可采取取芯的办法检查。

⑤超前管注浆施工偏差应符合下表 2-8-85 的要求。

序　号	项　　目	允　许　偏　差（mm）	检　查　方　法
1	管长	±40	用钢尺量
2	花眼间距	±15	用钢尺量
3	孔位偏差	±40	用钢尺量
4	孔位方向（°）	2°	经纬仪测钻杆或实测
5	孔深	0，+50	用钢尺量

5）质量记录：

（1）小导管施工记录。

（2）大管棚施工记录。

（3）注浆检查记录。

6）安全与环保：

（1）安全操作要求：

①施工人员应戴安全帽，并根据所从事的工作穿戴相应的个人防护用品。设专人负责各种设备和施工过程中的安全隐患检查工作。

②空压机、注浆机等应由持有上岗证的专职人员进行操作。

③配置浆液时，应穿戴合格有效的防护用品，非专业配浆人员不得动用各种机具。

④各种设备、设施应该通过安全检验及性能检验合格后方可使用。

（2）技术安全措施：

①打管和注浆时应注意调查地下管线和地下构筑物，采取有效的保护措施，若发现前方有异物，查明情况制定措施后方可施工。

②采用浓硫酸稀释时应先将浓硫酸缓缓倒入水中，严禁将水直接倒入浓硫酸中。

③环保措施：

a. 应优先选用对环境影响小的浆液。

b. 浓硫酸应存放于仓库中，并由专人看管，严防丢失。

c. 超前小导管宜在加工厂加工，避免现场制作时的强噪声污染。

d. 应采取有效措施防止浆液遗洒。

浆液的配置量应计算准确，随拌随用，剩余的浆液不得随意泼洒。

7）成品保护

（1）注浆完成后，土层单轴抗压强度达到 0.3～0.5MPa，土层不坍塌方可开挖。

（2）开挖时应严格控制进尺在有效注浆范围内进行。

2-8-86　竖井马头门施工工艺是怎样的？

答：1）适用范围：适用于竖井马头门施工。

2）施工准备：

（1）材料要求：

①钢筋：钢筋的品种、级别、规格和质量应符合设计要求，钢筋进场应有产品合格证和出厂检验报告，进场后应按现行国家标准《钢筋混凝土用钢　第 1 部分：热轧光圆钢筋》GB 1499.1 等的规定抽取试件做力学性能试验。

②加工成型钢筋：必须符合加工单的规格、尺寸、形状、数量，外加工钢筋应有半成品出厂合格证。

③水泥：水泥的品种、级别、厂别等应符合混凝土配比通知单的要求，宜选用硅酸盐水泥、普通硅酸盐水泥，强度等级不低于 32.5 级。水泥进场应有产品合格证和出厂检验报告，进场后

应对其强度、安定性及其他必要的性能指标进行取样复验，其质量必须符合现行国家标准《通用硅酸盐水泥》GB 175—2007 等的规定。当怀疑水泥有质量问题或出厂超过三个月，应进行复验，并按复验结果使用。

④骨料：细骨料应采用坚硬耐久的中砂或粗砂，细度模数宜大于 2.5，含水率宜控制在 5%～7%。粗骨料应采用坚硬的卵石或碎石，粒径不宜大于 15mm。细骨料、粗骨料的质量符合现行国家标准《普通混凝土用砂、石质量及检验方法标准》JGJ 52—2006 的规定，进场后应取样复验合格。

⑤外加剂：外加剂的质量及应用应符合现行国家标准《混凝土外加剂》GB 8076—2008、《混凝土外加剂应用技术规范》GB 50119—2013、现行国家标准《喷射混凝土用速凝剂》JC 477—2005 等和有关环境保护的规定。

⑥水：宜采用饮用水或符合工程用水的有关规定，水中不应含有影响水泥正常凝结与硬化的有害杂质。

⑦小导管：一般采用 ϕ32mm 的钢管，长度 2～5m。

（2）施工机具（设备）：

①机具：风镐、空压机、混凝土喷射机、搅拌机、风枪、镐、铁锹、手推车、提升架等。

②测量设备：经纬仪、水准仪、全站仪、激光指向仪。

（3）作业条件

①竖井已施工至马头门部位。

②已测放出马头门位置控制点，并经过测量复核。

3）操作工艺：

（1）工艺流程：

竖井封底→超前小导管注浆→破除上部钢筋混凝土→支立马头门上部格栅→喷射上部混凝土→破除下部钢筋混凝土→支立马头门下部格栅→喷射下部混凝土。

（2）操作方法：

①超前小导管注浆加固地层：

马头门部位受力较复杂，当地层土质条件较差时，超前小导管注浆效果不理想或马头门开挖跨度大容易造成土体沉降。根据现场实际情况可采用超前小导管注浆等辅助施工方法加固马头门处土体，保证马头门开挖过程中地层稳定。

超前小导管沿拱部外轮廓线布设，一般采用 ϕ32mm 小导管，长度 2.25m，小导管环向间距为 300mm，仰角为 5°～8°，沿小导管压注水泥浆液等材料。

②开马头门：

开马头门时，自上而下用风镐破除拱顶部位井壁混凝土，将井壁环向钢格栅切割，安装隧道拱架的上拱，将环撑与拱架连接并焊接牢固。沿第一榀拱架上拱，向前掘进 50cm，安装第二榀拱架的上拱，焊接内外连接筋，并铺设内外层钢筋网和喷射混凝土。沿上拱继续向前掘进 50cm，安装第三榀拱架的上拱，焊接内外连接筋，并铺设内外层钢筋网和喷射混凝土，形成上拱超前的台阶型。最后破除隧道下部的井壁混凝土，将隧道拱架两侧立腿与竖井环撑垂直焊接牢固，喷射混凝土，完成马头门的开启。竖井榀架要同隧道榀架连接。

预留洞口：竖井开挖土质良好时，应在竖井施工中按照隧道中线、高程位置预留洞口。当竖井施工至隧道拱顶位置时，在隧道拱部轮廓线内喷射混凝土厚度可为 50～80mm。当竖井挖至可容纳隧道格栅钢架上半部（上榀）时，将上榀格栅钢架安装到预留位置，并与竖井环型格栅钢架焊接牢固。隧道格栅钢架两侧立腿应与竖井支护同步完成。

后开洞口：竖井所处土质条件较差时，竖井按设计要求封底后再开洞口。竖井完成后，在井壁上放线标出隧道开挖外轮廓。在隧道拱顶上方井壁混凝土上打孔，安装超前小导管。通过超前小导管压注水泥浆或改性水玻璃浆液。自上而下先用风镐破除拱顶部位井壁混凝土，将井壁环向格栅钢架切割。安装隧道格栅钢架的上拱（局部拆除，局部安装），将竖井环型格栅钢架与隧道格栅钢架连接并焊接牢固。沿第一榀格栅钢架上拱，向前掘进，安装第二榀格栅钢架的上拱，焊接内外连接筋，并铺设内外层钢筋网和喷射混凝土。沿上拱继续向前掘进500mm，安装第三榀格栅钢架的上拱，焊接内外连接筋，并铺设内外层钢筋网，喷射混凝土，形成上拱超前的台阶。破除隧道下部的井壁混凝土，将隧道格栅钢架两侧立腿与竖井环型格栅钢架垂直焊接牢固，喷射混凝土，完成洞口的开启。

马头门应及时封闭成环，增强洞口的安全性和稳定性。

圆形竖井开马头门时，马头门格栅支立时拱脚应与竖井壁暗柱焊接，马头门位置拱部格栅应密排两榀格栅。

③钢筋格栅、钢筋网、连接筋施工工艺，等同参照"格栅构件制作安装施工工艺"有关内容。

④喷射混凝土施工工艺，等同参照"格栅构件制作安装施工工艺"有关内容。

⑤应注意的问题：

马头门部位受力较复杂，当地层土质条件较差时，超前小导管注浆效果不理想或马头门开挖跨度大容易造成土体沉降。根据现场实际情况可采用超前锚杆，大管棚超前支护等辅助施工方法加固马头门处土体，避免马头门开挖过程中地层沉降。

4）质量标准：

（1）主控项目：

①马头门格栅和钢筋网采用的钢筋种类，型号，规格应符合设计要求。马头门位置和尺寸就严格按照图纸施工。

②马头门钢筋格栅应垂直支立，格栅制作时，主筋应采用完整的钢筋，避免接头。格栅应安装焊接牢固，纵向连接筋的焊接应按国家现行标准《钢筋焊接及验收规程》JGJ 18—2012的规定抽取焊接接头试件做力学性能检验，其质量应符合有关规程的规定。

③喷射混凝土的强度等级必须符合设计要求。用于检验结构混凝土强度的试件，应在喷射地点随机取样。

（2）一般项目：

①马头门位置允许偏差为：横向30mm，高程±20mm，垂直度5‰。马头门开挖轮廓应平直，圆顺。

②格栅安装允许偏差，等同参照"格栅构件制作安装施工工艺"有关内容。

③喷射混凝土允许偏差，等同参照"格栅构件制作安装施工工艺"有关内容。

5）质量记录：

参考上述质量记录相关内容。

6）安全与环保：

（1）安全操作要求：

①马头门应及时封闭成环，增强洞口的安全性和稳定性。

②马头门施工时，如果有地下水存在，特别是在土层和不稳定岩体中，容易造成失稳，不但无法施工，而且影响安全，因此遇有地下水时，必须采取降水或其他止水措施。

③马头施工过程中应加强对地表下沉，马头门结构拱顶下沉的监控量测，适当增加测量频率，发现异常时应及时采取措施，预防突然事故的发生。

④在马头门拱部需预埋背后注浆管，马头门进尺5m后应进行背后注浆。

⑤当马头门跨度较大时，马头门拱部可采用大管棚等超前支护技术，竖井应先施工完成，再凿除井壁进行马头门的施工，马头门跨度较大时应分部凿除井壁，施工马头门和开挖进洞。

（2）环保措施：

马头门土体注浆加固时选择水泥浆，水泥玻璃浆液等无毒，无污染的材料。

7）成品保护：

①马头门施工完成后应尽快进行隧道初期支护的施工，使马头门格栅与隧道格栅焊接，形成整体，共同受力。

②加工成型的钢筋格栅在运输，安装时应采取措施，防止钢筋格栅变形，装卸中禁止抛摔。

③马头门喷射混凝土后应根据所埋设的混凝土喷射标志，用铁铲或抹子将超过厚度标志的部分刮除，严禁拍打。

2-8-87 隧道土方开挖施工工艺是怎样的？

答：1）适用范围：

适用于暗挖隧道土方开挖。土方开挖方法：根据地质条件、隧道长度、断面大小、埋置深度及地面环境条件，并综合考虑安全、经济、工期等要求，开挖可选择下列基本方法：全断面开挖法、台阶法、环形开挖预留核心土法、中隔壁法（CD法）、交叉中隔壁法（CRD法）、双侧壁导洞法等。

2）施工准备：

（1）施工机具（设备）：

①机具：小型挖掘机、装载机、风镐、空压机、手推车、提升架、镐、铁锹、吊桶、罐笼等。

②测量设备：经纬仪、水准仪、全站仪、激光指向仪。

（2）作业条件：

①隧道开挖面必须保持在无水条件下施工，遇有地下水时，应采取降水、注浆止水等措施加以防治。

②竖井施工完毕，马头门已加固完成。

③暗挖隧道开挖前地层超前小导管注浆加固已完成。

④开挖和运输设备准备就绪。

（3）技术准备：

①隧道开挖前已核对地质资料，调查沿线地下管线、构筑物及地面建筑物基础等，并制定保护措施。

②隧道开挖前已根据建设单位交付的测量资料进行核对和交接，测设平面控制点和高程控制点等隧道测量。

③施工方案已经审批，并对有关人员进行技术、安全交底。

3）操作工艺：

A 全断面开挖法：全断面开挖法适用于土质稳定、断面较小的隧道施工。

（1）工艺流程：全断面开挖土方→支立格栅→喷射混凝土→下一循环。

（2）操作方法：全断面开挖采取自上而下一次开挖成形，沿着轮廓线开挖，一次开挖进尺应按照方案要求进行，并及时进行初期支护。适宜人工开挖或采用小型机械作业，机械开挖时为防止扰动周围土体，在周边预留200mm余土，人工清理。

B 台阶法开挖法：台阶法适用于土质较好的隧道施工。

（1）工艺流程：开挖上台阶土方→支立拱部格栅→喷射混凝土→开挖下台阶土方→支立边墙和底板格栅→喷射混凝土→下一循环。

（2）操作方法见图 2-8-87 （1）。

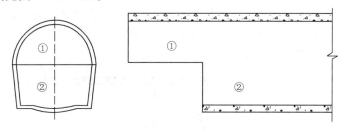

图 2-8-87（1）　台阶法开挖示意图

开挖采用台阶法开挖，先开挖①部土方，上台阶长度一般（1～1.5B）（B 为隧道开挖跨度），中间留核心土维系开挖面的稳定。上台阶的底部位置应根据地质和隧道开挖高度确定，一般情况下，宜在起拱线以下。当拱部围岩条件发生较大变化时，可适当延长或缩短台阶长度，确保开挖、支护质量及施工安全。先挖上台阶土方，开挖后及时支立待上部钢架、喷射混凝土形成初期支护结构。再挖去下台阶②部土方，及时施工侧墙和底板，尽快形成闭合环。采用人工开挖，手推车为运输工具，运至竖井，提升并卸至存土场。隧道开挖轮廓应以网构钢架作为参照，外保护层不得小于 50mm。严禁超挖，严格控制开挖步距，以防塌方，一般每循环开挖长度宜为 0.5～1.0m。

C　环形开挖预留核心土法：环形开挖预留核心土法适用于土质较差、断面较大的土质隧道施工。

（1）工艺流程：开挖上台阶环形拱部土方→支立拱部格栅→喷射混凝土→开挖核心土→开挖下台阶土方→支立墙体和仰拱格栅→喷射混凝土→下一循环。

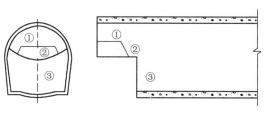

图 2-8-87（2）　预留核心土法开挖示意图

（2）操作方法见图 2-8-87（2）。

先开挖上台阶的环形拱①部土方，环形拱根据地质情况可分为一块或几块开挖，及时支护。当围岩地质条件差，自稳时间较短时，开挖前应在拱部设计开挖轮廓线以外，进行超前支护。在拱部初期支护的保护下再开挖②部核心土。核心土应留坡度，并不得出现反坡，核心土面积不应小于开挖断面 50%。上台阶施工完成后，应按台阶法施工下台阶及仰拱③部。环形开挖每循环开挖长度宜为 0.5～1.0m。

D　中隔壁法（CD 法）：适用于跨度较大、浅埋、软弱地质隧道施工。

（1）工艺流程：开挖左侧上台阶土方→支立拱部格栅和中隔壁→喷射混凝土→开挖左侧下台阶土方→支立墙底格栅和中隔壁→开挖右侧上台阶土方→支立拱部格栅→喷射混凝土→开挖右侧下台阶土方→支立墙底格栅喷→喷射混凝土→下一循环。

（2）操作方法

开挖时应将隧道断面分成左右两部分，先沿左侧自上而下分为两部分进行开挖，开挖方法同台阶法。每开挖一步均应及时施做初期支护。各部开挖时，周边轮廓应尽量圆顺，以减少应力集中。中隔壁依次分步连接，中隔壁设置宜为弧形或圆弧形。开挖中隔壁墙的右侧，其余部次数及支护形式与先开挖的左侧相同。左、右两侧纵向间距应拉开一定距离，一般不小于 15m。

E　交叉中隔壁法（CRD 法）：适用于大跨度、浅埋、软弱地质隧道施工。

（1）工艺流程：开挖左侧上台阶土方→支立拱部格栅、中隔壁、临时仰拱→喷射混凝土→开挖左侧中台阶土方→支立侧墙格栅、中隔壁、临时仰拱→喷射混凝土→开挖右侧下台阶土方→支立拱部格栅、临时仰拱→喷射混凝土→开挖右侧中台阶土方→支立侧墙格栅、临时仰拱→开挖右侧下台阶土方→支立墙、底板格栅→喷射混凝土→下一循环。

（2）操作方法，见图 2-8-87（3）

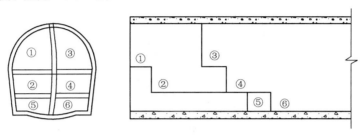

图 2-8-87（3）　交叉中隔壁法开挖示意图

交叉中隔壁法开挖时，采取自上而下分两步或多步台阶法开挖中隔壁的一侧，并及时支护，完成①～②部。开挖另一侧③～④部及支护。再开挖一侧的下部和另一侧的下部，形成左右两侧开挖及支护相互交叉顺利进行。除应满足中隔壁法施工的要求外，还应设置临时仰拱，每一步封闭成环，自上而下，交叉进行。

F　双侧壁导洞法：

（1）工艺流程：开挖两侧导坑土方→支立两侧导坑格栅→喷射混凝土→开挖拱部土方→支立拱部格栅→喷射混凝土→喷射混凝土→开挖下台阶土方→支立墙、底板格栅→喷射混凝土→下一循环。

（2）操作方法，见图 2-8-87（4）：

先开挖两侧壁导坑①部，侧壁导坑形状应近似于椭圆形，导坑断面宜为整个断面的 1/3，导坑开挖后应及时进行支护。①部进尺一定长度（根据现场实际情况确定）后开挖②部和③部，开挖方法同台阶法。

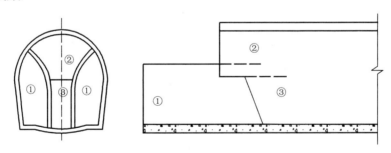

图 2-8-87（4）　双侧壁导洞法开挖示意图

4）质量标准

（1）主控项目：

①隧道开挖顺序及施工方法，应符合土层特点及设计要求，采用短台阶法开挖时，台阶长度不宜大于 1 倍隧道洞径。检查方法：观察检查和检查工程记录。

②隧道开挖轮廓应保证平直、圆顺。检查方法：观察和检查工程记录。

③隧道中线及高程的贯通误差横向贯通误差应小于 30mm；高程贯通误差应小于 30mm。检查方法：检查测量记录或实测。

（2）实测项目，见表 2-8-87。

序　号	项　　目	允许偏差（mm）	检　查　方　法
1	拱顶标高	+50，−0	量测隧道周边轮廓尺寸，绘制断面图校对
2	宽度	+50，−0	每 10～30mm 检查一次，在安装格栅钢架和喷射混凝土前进行

注　"+"为超挖，"−"为欠挖。

5）质量记录：

（1）施工通用记录。

（2）隧道支护施工记录。

（3）浅埋暗挖法施工检查记录。

6）安全与环保：

（1）应注意的问题：

①存在上层滞水时，应采取排水措施。

②加强地质的超前预报工作。用洛阳铲在上台阶开挖掌子面正中位置，向前掏挖 5m 深的一个探测洞，用于探知前方土质及土层含水率变化，根据探知的土层变化情况，提前做好相应的施工准备。

③隧道开挖过程中，施工人员应随时观察隧道侧壁和支护结构的稳定状况。发现土体出现裂缝、位移或支护结构出现变形坍塌征兆时，必须停止作业，人员撤至安全地带，经处理确认安全，方可继续作业。

④开挖过程中随时注意地下管线、构筑物、文物等，以免破坏现况管线和文物。

（2）安全操作要求：

①土方作业时作业人员必须根据作业要求，佩戴防护用品。

②土方垂直运输时，作业人员必须撤至竖井边缘安全位置，待土斗落稳时方可靠近作业。

③挖土作业时必须按照安全技术交底要求操作，服从带班人员指挥。发现异常时必须立即处理，确认安全后方可继续作业；出现危险征兆时，应按照应急预案执行。

（3）技术安全措施：

①开挖前应查明隧道沿线地下障碍物的情况，对隧道穿越地段的管线、人防、上部房屋等必须采取安全措施，制定应急预案。

②开挖作业期间应做好量测、地质核对和土层描述。

③隧道掘进掌子面应采用轴流式通风机压人式通风。根据每个施工竖井的工作面数量，设置相应数量的轴流风机，将新鲜空气经 $\phi300$ 胶质风筒送至工作面。

（4）环保措施：土方集中存放时，存放处四周应严密围挡，土方堆积不得超过规定高度，未及时清运的土方应予以覆盖。

7）成品保护：

为减少地面沉降，隧道土方开挖后应及时进行支护。

2-8-88　格栅构件制作安装施工工艺是怎样的？

答：1）适用范围：

适用于暗挖隧道初期支护钢筋格栅的制作安装。

2）施工准备：

（1）材料要求：

①钢筋：钢筋进场应有产品合格证和出厂检验报告，进场后，应按现行国家标准《钢筋混凝土用热轧带肋钢筋》GB 1499 的规定抽取试件做力学性能试验，其品种、级别、规格和质量应符合设计和有关规范要求。

②型钢：宜采用牌号 Q235-B、C、D 级的碳素结构钢，其质量标准应分别符合现行国家标准

《碳素结构钢》GB/T 700—2006 的规定，型钢进场必须有出厂质量证明书，其品种、型号、规格必须符合设计要求。

③焊接材料：手工焊接使用的焊条，应有产品出厂合格证，其质量应符合现行国家标准《非合金钢及细晶粒钢焊条》GB/T 5117—2012 的规定。焊条的选用应符合设计要求。自动焊或半自动采用的焊丝和焊剂，应与主题金属强度相适应。焊丝应符合现行国家标准《熔化焊用钢丝》GB/T 14957—1994 的规定。

（2）机具设备：

①主要设备：切断机、卷扬机、弯曲机、钻孔机、交流弧焊机等。

②检测设备：靠尺、塞尺、钢卷钢、经纬仪、激光仪。

（3）作业条件：

①钢筋加工平台已搭设，制作模具经验收合格。

②格栅钢架加工单位应具备相应的加工条件。加工现场应具备：质量管理体系、加工技术标准、质量控制及检验制度、加工人员专业岗位、加工方案、检验仪器及加工设备。

③格栅安装前，首榀拱架试拼装需经监理、设计、甲方验收合格。工作面土方已根据要求开挖到位。

3）操作工艺：

（1）工艺流程：

钢筋、型钢加工→焊接成型→验收→钢筋格栅架设→安装外层钢筋网片→焊接纵向连接筋→安装内层钢筋网片。

（2）操作方法：

①钢筋、型钢加工：应根据加工料表切出所需钢筋格栅的钢筋和型钢。根据平台、钢筋格栅模具调整主筋的钢筋加工形状。钢筋榀架主筋和"8"字加强筋之间，主筋与连接角钢之间均采用 J 502 焊条，双面施焊。"8"字筋布置要均匀，两个"8"字筋距离不得大于 100mm，每个间距误差要小于 5mm。严格按设计图纸尺寸加工竖井钢格栅、网片。

②应根据图纸要求组装焊接格栅各部件，端部型钢必须用连接螺栓与钢板孔紧固，以确保格栅各部件的连接孔位的准确。钢筋格栅在模具内初步点焊固定，将钢筋格栅从模具内取出，根据焊接规范及设计要求将钢筋格栅焊接成型，焊接时应均匀对称焊接，减少应力变形，避免钢筋格栅扭曲变形。

③格栅钢架焊接要满足以下验收要求：

焊缝要平顺、饱满、连续，无咬蚀、气孔、夹渣现象；焊接成品的焊缝药批要清理干净。

格栅钢架组装后整体平面度（翘曲）不大于 20mm，左右对称度不大于 10mm。

焊接部件（立腿，上拱、底梁）各根主筋的平行度要小于 5mm。

焊接部件的连接板（角钢）与主筋的垂直度小于 5mm。

"梅花结"布置要均匀，每个间距误差要小于 5mm。

现场试拼：首榀钢筋格栅必须进行地面试拼，场地应平整，经监理、设计、甲方验收合格后方可批量生产。周边拼装允许偏差为 ±30mm，平面翘曲应小于 20mm。

④格栅架设：隧道土方挖掘完成后，应立即安装格栅钢架。台阶法施工时先装上拱，支护稳定后再进行下拱施工。

现场试拼合格后，将格栅安放在设计位置，并进行预固定，格栅标高、位置必须用激光指向仪控制定位。

钢筋格栅安装定位后，应先紧固外侧螺栓，再紧固内侧螺栓，必要时也可用与主筋同型号的钢筋帮焊。

在卵石层安装拱架时，在拱角打锁角锚杆，保证拱架安装牢固，防止拱架下沉。

钢筋格栅，需与每一根超前钢管接触，并焊接使二者形成稳固的棚架。

⑤安装外层钢筋网片：

格栅安装完成后按设计要求沿格栅外侧进行钢筋网片的安装。

钢筋网片纵向和环向搭接宽度不小于 10cm，并预留出与下一循环的搭接位置，网片之间、网片与钢筋格栅、纵向连接筋应绑扎牢固。

⑥焊接纵向连接筋：

钢筋格栅安装定位后，应按图纸要求设置纵向连接筋。

在格栅钢架主筋内外两侧沿格栅钢架环向，每米布置两根 $\phi20mm$ 的连接筋，连接筋长度 700～950mm（当格栅钢架间距 500mm 时，连接筋为 700mm，格栅钢架间距 750mm，连接筋长度为 950mm），并与上一次的连接筋搭接 200mm，搭接时为保持纵向连接筋的水平一致，每次须上下交错。

当格栅钢架，连接筋，钢筋网安装连接绑扎牢固后，马上进行焊接，格栅钢架、连接筋彼此要满焊，钢筋网与格栅钢架要点焊连接。

安装内层钢筋网片：内层网片沿格栅内侧弧主筋和纵向连接筋上铺设，并绑扎牢固。

格栅钢架安装应符合下列要求：

格栅钢架各节点连接应牢固、焊渣应清除；

格栅钢架底脚应支垫稳固，相邻的纵向连接应牢固。

（3）冬雨期施工：

①雨期施工，进入现场的钢筋格栅应避免堆放在低洼处，露天存放时应垫高并加盖塑料布，竖井周围应有排水措施，防止雨水流入隧道内。

②冬期焊接时，当风力超过五级时应采取挡风措施，温度低于−20℃时停止焊接施工。

4）质量标准：

（1）主控项目：

①制作格栅、连接筋和钢筋网的钢材的品种、级别、规格、数量和质量必须符合设计要求。检查数量：全数检查。检查方法：观察，尺量，检查产品合格证、出厂检验报告和进场复验报告。

②钢筋和型钢焊接：检查数量：全数检查。检查方法：观察、敲击。

③在施工现场，应按照现行国家标准《钢筋焊接及验收规范》JGJ 18—2012 的规定抽取焊接接头试件做力学性能检验，其质量应符合有关规程的规定。检查数量：每 300 个接头一组。检验方法：检查产品合格证、接头力学性能试验报告。

（2）一般项目：

①钢筋格栅外观质量符合设计要求。检查数量：全数检查。检验方法：观察。

②钢筋格栅加工允许偏差表见下表 2-8-88（1）。

钢筋格栅加工允许偏差表　　　　　　　　　　　表 2-8-88（1）

序号	项　　　目		允许偏差（mm）	检验频率		检验方法
				范围	点数	
1	拱架（顶拱、墙拱）	矢高及弧长	+20，0	每榀	2	用尺量
		墙架长度	+20，0		1	
		拱、墙架横断面（高、宽）	+10，0		2	
2	格栅组装后外轮廓尺寸	高度	+30，0		1	
		宽度	+30，0		2	
		扭曲度	≤20		3	
3	钢筋网片	间距	±10	每张	2	

③钢筋格栅安装允许偏差见表 2-8-88（2）。

序号	项　目	允许偏差（mm）	检验频率		检验方法
			范围	点数	
1	横向和纵向	横向±20 纵向±50	每榀	2	用尺量
2	垂直度	±2°		2	垂球及用尺量
3	高程	±20		2	用尺量
4	纵向连接筋搭接长度	±15		2	用尺量
5	钢筋连接	≥100		2	用尺量

④钢筋网片加工允许偏差见表 2-8-88（3）。

序号	项　目	允许偏差（mm）	检验方法和频率
1	钢筋网间距	±10	钢尺量：抽查
2	钢筋网搭接长度	≥200	钢尺量：抽查

5）质量记录：

（1）材料试验报告。

（2）钢筋连接试验报告。

（3）半成品钢筋出厂合格证。

（4）钢构件出厂合格证。

（5）施工通用记录。

（6）隧道支护施工记录。

6）安全与环保：

（1）安全操作要求：

①进入施工现场必须穿戴安全帽和必要的劳动保护用品。

②特殊工种包括卷扬机司机、电焊工、电工等必须持证上岗。

③在电焊及气焊周围严禁堆放易燃、易爆物品。

④钢筋格栅码放高度不得超过 1.5m，并禁止抛摔。

⑤使用梯子时必须搭设在坚固的支持物上，不准立在凳子或台子上，梯脚要有防滑措施，梯子过高时应设专人扶持。

（2）环保要求：

①施工中应保持空气流通，必要时应进行强制通风以降低焊接烟尘。

②焊接施工宜选用环保焊机，减少产生有害气体对环境的污染。

7）成品保护：

（1）加工成型的钢筋格栅在运输、安装中禁止抛摔，避免变形。

（2）成型的钢筋格栅构件应归类码放整齐，防止应形或安装错误。

2-8-89　喷射混凝土（一衬）施工工艺是怎样的？

1）适用范围：

适用于暗挖隧道混凝土初衬结构潮喷工艺。

2）施工准备：

（1）材料要求：

①水泥：水泥的品种、级别、厂别等应符合混凝土配比通知单的要求，宜选用硅酸盐水泥、普通硅酸盐水泥，强度等级不低于 32.5 级。水泥进场应有产品合格证和出厂检验报告，进场后应对其强度、安定性及其他必要的性能指标进行取样复验，其质量必须符合现行国家标准《通用硅酸盐水泥》GB 175—2007 等的规定。当怀疑水泥有质量问题或出厂超过三个月，应进行复验，并按复验结果使用。

②集料：细集料应采用坚硬耐久的中砂或粗砂，细度模数宜大于 2.5，含水率宜控制在 5%～7%。粗集料应采用坚硬的卵石或碎石，粒径不宜大于 15mm。细集料、粗集料的质量符合国家现行标准《普通混凝土用砂、石质量及检验方法标准》JGJ 52—2006 的规定，进场后应取样复验合格。喷射混凝土用的集料级配应控制在表 2-8-89（1）范围内。

喷射混凝土集料通过各筛径的累积质量百分数　　　　　表 2-8-89（1）

集料通过量（%）	筛径直径（m）							
	0.15	0.30	0.60	1.20	2.50	5.00	10.00	15.00
优	5～7	10～15	17～22	23～31	34～43	50～60	73～82	100
良	4～8	5～22	13～31	18～41	26～54	40～70	62～90	100

③外加剂包括速凝剂和防水剂。外加剂的质量及应用应符合现行国家标准《混凝土外加剂》GB 8076—2008、《混凝土外加剂应用技术规范》GB 50119—2013、《喷射混凝土用速凝剂》JC 477—2005 等和有关环境保护的规定。所用外加剂的品种、生产厂家和牌号应符合混凝土配合比通知单的要求，外加剂应有产品说明书、出厂检验报告及合格证、性能检测报告，进场应复验。速凝剂应根据水泥品种、水灰比等，通过不同掺量的混凝土试验选择最佳掺量，使用前应做与水泥的相容性试验及水泥净浆凝结效果试验，初凝时间不应超过 5min，终凝时间不应超过 10min。在喷射混凝土中按设计要求掺加混凝土补偿收缩防水剂，掺加量根据实验确定，抗渗要求不小于设计规定。

④根据北京市地方标准《预防混凝土工程碱集料反应规定》的要求，水泥、外加剂必须有法定检测单位出具的碱含量检测报告，砂、石必须有法定检测单位出具的集料活性检测报告。混凝土中的氯化物和碱的总含量应符合现行国家标准《混凝土结构设计规范》GB 50010—2010 的规定，满足预防混凝土工程碱集料反应技术管理规定的要求。

⑤水：宜采用饮用水或符合工程用水的有关规定，水中不应含有影响水泥正常凝结与硬化的有害杂质。不得使用污水以及 pH 值小于 4 的酸性水。

（2）主要机具：

①搅拌机：宜采用强制式搅拌机。

②喷射机：密封性能良好，输料连续稳定。生产能力（混合料）为 3～5m³/h，允许输送的集料最大粒径为 25mm。输送距离（混合料），水平不小于 100m，垂直不小于 30m。

③空压机：选用的空压机应满足喷射机工作风压和耗风量的要求，排风量不应小于 9m³/h。

④辅助施工设备：

输料管应能承受 0.8MPa 以上的风压，并有良好的耐磨性。

供水设施应保证喷头处的水压力为 0.15～0.20MPa。

手推车、铁锹、台秤、计量器皿。

（3）作业条件：

①喷射混凝土的配合比已经过试验确定：水泥与砂、石的质量之比一般宜为：1:4～1:

4.5；水灰比宜为：0.4～0.5；砂率宜为45％～55％；外加剂（速凝剂和防水剂）的掺量已通过试验确定。

②计量设备现场安装调试完成，符合规范要求。

钢格栅、网片安装完成并通过隐检合格。

对机械设备、风、水管路，输料管路、电缆线路等已进行全面检查及试运转。

作业区有良好的通风和足够的照明装置。

受喷面有滴水、淋水时，喷射前进行处理：有明显出水点时，可埋设导管排水；降水效果不好的含水层，可设盲沟排水；已埋设好控制喷射混凝土厚度的标志。

（4）技术准备：

施工技术交底完成。

3）操作工艺：

（1）工艺流程：

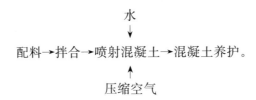

（2）操作方法：

①配料：原材料应严格按施工配合比要求进行称量，现场计量器具应定期进行校核。配料时应按砂、水泥、外加剂、石子的顺序将原材料放入搅拌机的料斗。

②拌合：

采用容量小于400L的强制式搅拌机时，搅拌时间不得少于60s。

采用自落式或滚筒式搅拌机时，搅拌时间不得少于120s。

混合料掺有外加剂时，搅拌时间应适当延长。

混合料应随拌随用。未掺入速凝剂的混合料，存放时间不应超过2h；干混合料掺速凝剂后，存放时间不应超过20min。混合料在运输、存放过程中应防止雨淋、滴水及大石块等杂物混入，装入喷射机前应过筛。

③喷射混凝土时，应确保喷射机供料连续均匀，且在机器正常运转时料斗内应保持足够的材料。作业开始时，应先送风送水，后开机，再给料；结束时，应待料喷完后再关机停风。喷射机作业时，喷头处的风压应在0.1MPa左右。喷射作业完毕或因故中断喷射时，应先停风停水，然后将喷射机和输料管内的积料清除干净。

混凝土喷射前应检查喷射机喷头的状况，使喷头保持良好的工作性能，同时应用高压风或人工清理受喷面。喷射时，喷头与受喷面应垂直，其保持在0.6～1.0m的距离，喷射手应注意调整水量，控制好水灰比，保持混凝土表面平整、润泽光滑、无干斑或滑移流淌等现象。

喷射时应分片依次自下而上进行，混凝土一次喷射厚度为：边墙70～100mm；拱部50～60mm。混凝土厚度较大时，应采用分层喷射，后一层喷射应在前一层混凝土终凝1h后再进行。

喷射时应先用风、水清洗喷层表面。严禁使用回弹料。

采用钢格栅支护时，应先喷格栅与围岩间的混凝土，然后喷射两个钢格栅之间的混凝土。钢格栅应全部被喷射混凝土覆盖，其主筋保护层厚度满足设计要求。

在遇水的地段进行喷射混凝土作业时应对渗漏水应先进行处理，可设导管排水引流后再进行喷射。喷射时，应先从远离漏渗水处开始，逐渐向渗漏处逼近。

在砂层地段进行喷射作业时，应首先紧贴砂层表面铺挂钢筋网，并用钢筋沿环向压紧后再喷射。喷射时，应首先喷一层加大速凝剂掺量的水泥砂浆，并适当减小喷射机的工作风压，待水泥砂浆形成薄壳后方可正式喷射。

④喷射混凝土终凝 2h 后应喷水养护，养护时间不得少于 14h；当气温低于＋5℃时，可采用覆盖式养护。

（3）冬雨期施工：

①喷射作业区的气温和混合料进入喷射机的温度均不应低于＋5℃。

②冬期喷射混凝土低于受冻临界强度前不得受冻，并应采取覆盖保温措施。

4）质量标准：

（1）主控项目：

①水泥进场时应对其品种、级别、包装、出厂日期等进行检查，并应对其强度、安定性及其他必要的性能指标进行复检，其质量必须符合现行国家标准《通用硅酸盐水泥》GB 175—2007 等的规定。当在使用中对水泥质量有怀疑或水泥出厂超过三个月时，应进行复检，并按复检结果使用。

检查数量：按同一生产厂家、同一等级、同一品种、同一批号且连续进场的水泥，袋装不超过 200t 为一批，每批抽样不少于 1 次。

检查方法：检查产品合格证、出厂检验报告和进场复验报告。

②混凝土掺用外加剂（防水剂、速凝剂）的质量及应用技术应符合现行国家标准《混凝土外加剂》GB 8067—2008、《混凝土外加剂应用技术规范》GB 50119—2013、《喷射混凝土用速凝剂》JC 477—2005 等和有关环境保护的规定。

检查数量：按进场批次和产品的抽样检验方案确定。

检验方法：检查产品合格证、出厂检验报告和进场复验报告。

③水泥、外加剂必须有法定检测单位出具的碱含量检测报告，砂、石必须有法定检测单位出具的集料活性检测报告。混凝土中的氯化物和碱的总含量应符合现行国家标准《混凝土结构设计规范》GB 50010—2010 的规定，满足《预防混凝土工程碱集料反应定》的要求。

检验方法：检查原材料试验报告和氯化物、碱的总含量计算书。

原材料称量允许偏差为：水泥、速凝剂均为：±2％；砂、石均为±3％。称量衡器应定期效验；当遇雨天或含水量有显著变化时应增加含水率的检测次数，并及时调整施工配合比。

④喷射混凝土的抗压强度必须符合设计要求。用于检验喷射混凝土强度的试件，应在喷射地点随机取样。抗压强度试件制作组数：同一配比，电力隧道每 20m 拱和墙各取一组抗压强度试件。检查喷射混凝土抗压强度所需试块应在工程施工中抽样制取。试件可采用边长 100mm（或 150mm）的立方体无底钢模喷射成型、现场钻取试件、大板切割等方法制作。试件在标准养护条件下养护 28d。

（2）一般项目：

①混凝土所用的粗、细集料的质量应符合现行国家标准《普通混凝土用砂、石质量及检验方法标准》JGJ 52—2006 等的规定。

检查数量：同产地同规格的砂、石料，以 600t 为一检验批。

检验方法：检查出厂合格证、供货单位提供的全面的质量检验报告和进场复试报告。

②拌制混凝土宜采用饮用水。当采用其他水源时，水质应符合现行国家标准《混凝土用水标准》JGJ 63—2006 的规定。

检查数量：同一水源检查报告不应少于一次。

检查方法：检查水质试验报告。

③喷射混凝土应密实、无裂缝、无脱落、无漏喷、无漏筋、无空鼓、无渗漏水等现象。

检查方法：观察。

④初期衬砌喷射混凝土质量允许偏差见下表 2-8-89（2）。

初衬隧道轮廓尺寸允许偏差及检查方法　　　　　　表 2-8-89（2）

序号	检查项目	允许偏差（mm）	检 查 方 法
1	隧道拱顶标高	+20～0	用水准仪检查，30m1 个点
2	隧道宽度	+20～0	用经纬仪及钢尺检查，30m1 处
3	喷层厚度	不应小于设计厚度	每 15m 检查 1 个断面，每个断面从拱部中线起，隔 1m 设 1 个检查点，但每个断面不得少于 5 个点

5）质量记录：

（1）水泥、砂、碎（卵）石试验报告。

（2）掺合料、外掺剂实验报告。

（3）喷射混凝土配合比申请单、通知单。

（4）混凝土浇筑申请书。

（5）混凝土开盘鉴定。

（6）混凝土浇筑记录。

（7）混凝土养护测温记录。

（8）混凝土抗压、抗渗、抗冻强度试验报告。

（9）混凝土试块强度统计、评定记录。

6）安全与环保：

（1）安全操作要求：

①施工中，应定期检查电源线路和设备的电器部件，确保用电安全。

②喷射机、风包、输水管等应进行密封性能和耐压试验，合格后方可使用。

③喷射混凝土施工作业中，要经常检查出料弯头、输料管和管路接头等有无磨损、击穿或松脱等现象，发现问题，应及时处理。

④处理机械故障时，必须使设备断电、停风。

⑤喷射作业中处理堵管时，应先停风，停止供料，顺着管路敲击，人工清理。

⑥喷射混凝土施工用的工作台架应牢固可靠，并应设置安全栏杆。

⑦喷射混凝土作业人员应穿戴防尘用具。

（2）环保措施：

①现场搅拌机等均应采取降噪措施，以降低机器噪声对周围环境的影响。

②喷射混凝土施工时应采取增加集料含水率、设置集尘器或除尘器、设置除尘帷幕等防尘措施。

7）成品保护：

（1）底板喷射混凝土强度未达到 1.2MPa 前，应采取保护措施后方可上人作业。

（2）注浆管应采取保护措施，防止喷射混凝土堵管。喷射混凝土后应根据所埋设的混凝土喷射管厚度标志，用铁锹或抹子将超过厚度标志的部分清楚，严禁拍打。

2-8-90　隧道初衬回填注浆施工工艺是怎样的？

答：1）适用范围：

适用于隧道初衬结构施工完成后回填注浆施工，一般应及时压注水泥砂浆以充填空隙，保证初衬结构与地层密贴。

2）施工准备：

（1）材料要求：

①注浆管：采用ϕ32mm钢管，长0.5m左右。

②水泥：宜选用硅酸盐水泥和普通硅酸盐水泥，水泥强度等级不低于32.5，水泥进场应有产品合格证和出厂检验报告，进场后应取样复验合格，其质量必须符合现行国家标准《通用硅酸盐水泥》GB 175—2007的规定。

③砂：宜采用中砂，砂浆的砂含量不超过5％，不得含有草根等杂物。使用前应用5mm孔径的筛子过筛。

④其他添加材料：粉煤灰、水玻璃、膨润土或黏土等。

（2）主要机具：

①注浆机：采用小型单液注浆机，注浆压力不小于2MPa，移动方便。

②拌浆设备：拌浆筒可根据隧道断面的大小和施工现场布置要求制作成圆筒形或槽形，搅拌容量应不小于0.5m³，宜采用机械搅拌。

③辅助施工设备：手推车、计量器具、高压注浆管等。

（3）作业条件：

①注浆前应清理预埋的注浆管，将管内杂物和丝扣位置的混凝土清理干净。

②对机械设备、计量器具、水管路、电缆线路等进行全面检查及试运转。

③作业区有良好的通风和足够的照明装置。

（4）技术准备：

①对水泥、粉煤灰等主要材料的性能应进行试验。

②注浆浆液的施工配合比和水玻璃的掺量应通过现场试验确定。

③原材料粉体按重量计，液体按体积计，称量允许偏差为±5％。

3）操作工艺

（1）工艺流程：

（调整浆液凝结时间）　　　　　　　（检查注浆设备）
　　　　　↓　　　　　　　　　　　　　↓
埋设注浆管→浆液配合比的确定→配料和拌合→灌注浆液→终止注浆。

（2）操作方法：

①埋设注浆管：注浆管为一端套丝的ϕ32mm钢管，长0.5m左右，当有超挖时应适当加长，保证套丝位置距喷射混凝土结构面100mm以上，以方便注浆管的连接。安装时未套丝端应贴近围岩面，注浆管应与钢格栅主筋焊接或绑扎牢固。注浆管应在钢筋格栅安装时预先埋设。埋设在拱顶，纵向间隔2m 1根，注浆管方向与开挖方向相反。

②浆液配合比的确定：

浆液一般为水泥砂浆，浆液配合比通过现场试验确定。砂浆砂灰比宜为1∶1.5～1∶3（重量比），水灰比宜为1∶1～1∶1.1。

③灌注浆液：隧道掘进10m以后，开始按图纸要求进行压力充填注浆。注浆作业点与掘进工作面保持5～10m的距离。当地层软弱或隧道上方有重要建（构）筑物时，应适当缩短距离。隧道通过障碍物后，要立即封闭工作面，进行注浆作业。背后注浆可采用注浆压力和注浆量进行综合控制。注浆压力的选定应考虑浆液的性能、注入范围及结构强度等因素，一般为0.1～0.4MPa。注浆时，要时刻观察压力和流量变化，压力逐渐上升，流量逐渐减少，当注浆压力达到设计终压，再稳定3min，即可结束本孔注浆。当注浆压力和注浆量出现异常时，应调查、分析原因，采取措施，如调整浆液配比或进行多次重复注浆等。回填注浆要做详细记录。

④终止注浆：每根注浆管注浆结束后封堵注浆口以免浆液回流，每次注浆结束后必须对制浆

设备、注浆泵和注浆管进行彻底清洗。整个注浆结束后，应对注浆孔和检查孔封填密实。

4) 质量标准：

(1) 主控项目：

①注浆用水泥、砂原材料必须符合设计要求及有关规范、标准的要求。

检查方法：检查出厂合格证、试验报告。

②浆液配合比应符合设计要求。

(2) 一般项目：

①注浆孔的数量、布置、间距、孔深应符合设计要求。

检查方法：观察、钢尺尺量。

②衬砌背后注浆管埋设距离的偏差应小于 100mm，注浆压力不低于 0.35MPa，注浆压力稳定保持不低于 3min。

检查方法：观察检查、尽量，仪表读数和现场记录。

③经雷达检测符合设计要求，注浆后初衬背后的土体应密实，不得有空隙。

检查方法：检查检测报告。

5) 质量记录：

注浆检查记录。

6) 安全与环保：

(1) 安全操作要求：

①施工中，应定期检查电源线路和注浆设备的电器部件，确保用电安全。

②经常检查和清洗注浆管，防止堵塞，发现问题，应及时处理。

③工作台架应牢固可靠。

④制浆作业时，作业人员应使用防尘用具和胶皮手套。

⑤当泵压出现异常增高，先松离合器，排除故障后方可继续施工。

(2) 环保措施：

①浆液配置时应加强作业区的通风。

②应采取有效措施防止浆液的遗洒和漏浆。

③浆液应随配随用，剩余的浆液不得随意弃置。

7) 成品保护：

(1) 注浆管埋设后应对套丝部位进行保护，应保持套丝部位的清洁，不得沾满混凝土或水泥浆。

(2) 严禁在注浆管上进行焊接或悬挂重物。

2-8-91 浅埋暗挖防水施工工艺是怎样的？

答：1) 适用范围：

适用于浅埋埋挖隧道、竖井和节点防水施工。

2) 施工准备：

(1) 材料要求：

①聚乙烯丙纶防水卷材，规格 $600g/m^2$。

②聚乙烯丙纶防水卷材，规格 $300g/m^2$（盖条）。

③水泥、中细砂。

④防水专用胶粘剂、乳白胶、粘接用胶。

(2) 主要机具：

①搅拌机。

②制胶容器、剪子、刮板、小器皿、刀子、台秤、腻刀、毛刷、扫帚、小铲。

（3）作业条件：

①当结构初衬做完，经甲方、设计、管理、监理单位验收合格。

②隧道已清理、冲洗，露出混凝土基面。隧道基面无漏水、漏筋。

③气候条件：该卷材的施工温度宜控制在5～25℃之间，气温高时，水泥聚合物灰浆黏度应低些，气温低时，水泥聚合物黏度应高些。

④找平层表面含水率应在30％～50％之间，水泥砂浆强度达到7.5MPa时方可进行施工，如过于干燥，应洒水至含水率合格为准。

3）操作工艺：

（1）工艺流程：

清理喷射混凝土基面→验收基层→堵漏及抹找平层防水→涂刷水泥聚合物灰浆→粘贴聚乙烯丙纶防水卷材→排气压实→粘贴盖条→检验复合卷材施工质量→底板防水保护层施工→验收。

（2）操作方法：

①清理基面：检查混凝土基面的漏水、漏筋情况，切割外露钢筋，外露注浆管等。基面上的钢筋头、钢管头以及易刺破防水层的一切杂物，必须割除，并在割除部位用水泥砂浆抹成圆曲面，以免防水层被扎破。

②漏点处理：进行漏点导流，对漏水严重的部位采取集中导流，埋设导流管，用胶管连接导流管到洞外；对独立漏点，采取凿孔埋管导流的方式进行导流。堵漏：用堵漏剂，高标号水泥砂浆对漏点周围进行封堵，严重部位还须注高分子化学浆补强。

③找平层：拌制水泥砂浆，配合比为水泥∶砂为1∶2.5～1∶3，水灰比为0.45。拌好的砂浆要在3h内用完。先将拌制好的水泥素灰浆均匀涂刷在混凝土基层表面，厚度约1～2mm，大约1h后抹砂浆层进行找平、压实，厚度约1.5～2cm。找平层技术要求：地下防水找平层应符合《地下工程防水技术规范》GB 50108—2001的规定。找平层转角处应做成约$R=30mm$的半圆角。

④拌制水泥粘接胶：粘贴防水层时，胶粘剂含量为水泥重量的2％～5％，即一贷水泥（50kg）配用一袋胶粘剂（1.0kg）。配制时将一袋胶粘剂与6～10kg的水泥干混均匀，然后边搅拌边将其加入到27.5～32.5kg的水中（相当于水泥重量的55％～65％，即2.5个外包装箱容积），搅拌均匀后逐渐加入剩余的水泥，边加入边搅拌，搅拌至无凝块、无沉淀、无气泡即可使用。

⑤铺贴卷材：首先应裁剪卷材，要考虑搭接在底板上，离直墙30cm。聚乙烯丙纶卷材在铺设时可以从拱顶开始向两侧下垂铺设，先粘贴边墙和拱顶，后粘贴底板，粘贴时，将基面及卷材均匀的涂刷聚合物灰浆，找正方向，上、下对正，同时在卷材表面上用刮板对粘接面排气压实，排出多余部分的聚合物灰浆。铺设时要注意与喷混凝土相密贴，不能拉得太紧或过松。要注意搭接余量，起拱线50cm以下，卷材可以纵向与隧道纵向，一致铺设。

⑥接缝盖条：复合防水卷材搭接宽度为120mm，相邻边接缝应错开1m以上，缝口压完粘实后，将溢出的水泥胶清净，再涂刷聚氨酯胶粘贴接缝盖条。

⑦防水层做完后，要在底板的防水层上抹2cm厚与二衬底板同标号的水泥砂浆保护层，防止绑扎钢筋时破坏防水层。

⑧应注意的问题：复合卷材施工必须在找平层自检合格后进行，原则上复合卷材的粘贴对基层的含水率无特殊要求，只要无明水即可施工。一般基层最佳含水率为25％～45％，复合卷材的施工效果较好。水泥聚合物涂刷后应立即铺贴卷材，以防时间过长聚合物灰浆中水分散发而影响粘贴质量。涂浆时不得有漏涂现象。铺贴时，必须保证搭接宽度。用刮板排气的同时，注意检

查卷材下有无硬性颗粒及其他杂物，将卷材垫起，如有杂物应取出重新粘贴。为防止进灰口位置的防水层由于混凝土的灌注而遭到破坏，在二衬混凝土浇筑前，注灰口位置的防水必须加铺一层，以确保防水层的密闭性。

4）质量标准：

（1）主控项目：

①所用防水材料性能指标及配合比必须符合设计要求及有关规定。

检查方法：检查原材料出厂合格证、现场配制记录及试验报告。

②粘贴方法、工艺必须符合设计要求及适应材料特性。

③粘贴防水层要均匀、连续，不得有气泡、气孔、漏涂等缺陷。

检查方法：观察检查。

（2）一般项目：

①无气泡及气孔漏涂，每30m隧道检查1次，其质量应符合以下要求：

合格：每10m² 不多于1处缺陷。

凡发生缺陷部位必须经过处理达到设计及有关规定要求。

检验方法：观察检查。

②涂层厚度要满足设计要求。

检查方法：根据所用材料及设计要求，采用涂层样板对比法进行检查。

③防水层铺设允许偏差见下表2-8-91。

防水层铺设允许偏差表　　　　　　　　表 2-8-91

序号	项　　目	规定值或允许偏差（mm）	检验频率		检 验 方 法
			范围	点数	
1	基层平整度	≤50	5m	2	用2m直尺量取最大值
2	卷材环向与纵向搭接宽度	≥100	5m	2	用尺量

5）质量记录：

（1）防水卷材试验报告。

（2）防水工程施工记录。

6）安全与环保：

（1）安全措施：

①作业人员应根据所用机具、材料和环境情况，按规定佩戴防护用品。

②施工现场应设置通风排气设备。

③作业现场严禁烟火。当需用火时，必须严格符合用火管理的规定。用火前必须履行申报手续，经消防管理人员检查核实，确认消防安全措施落实，并签发用火证后，方可明火作业。作业中必须由专人跟踪检查、监控，确认安全。作业后，必须熄火。

④防水层的原材料，应分门别类贮存在通风并温度符合规定的库房内，严禁将易燃、易爆和相互接触后能引起燃烧、爆炸的材料混合在一起。库房应严禁烟火，并应按消防部门的规定配备消防器材。

（2）环保措施：

作业中遗洒和剩余的废渣、边角料与清洗器具的残渣、废液，应及时清理，妥善处理，不得随意丢弃、掩埋或焚烧。

7）成品保护：

在二衬钢筋绑扎的时候，注意保护防水层，一旦发现防水层有破坏，及时进行修补。

2-8-92　模筑混凝土（二衬）施工工艺是怎样的？

1）适用范围：

适用于二衬模筑混凝土施工。

2）施工准备：

（1）材料要求：

①钢筋：钢筋的品种，级别，规格和质量应符合设计要求，钢筋进场应有产品合格证和出厂检验报告，进场后应按现行国家标准《钢筋混凝土用钢》GB 1499.1等的规定抽取试件做力学性能检验。当加工中发生脆断等特殊情况时，还需做化学成分检验，钢筋外表应无老锈和油污。

②定型组合钢模板。

③方木、木楔、支撑（木或钢），定型组合钢模板的附件（U形卡、紧固螺栓）、钢丝等。

④预拌混凝土：与预拌混凝土供应厂家签订供应合同，混凝土质量必须符合现行国家规范，标准及设计文件的要求，进场时应对混凝土质量检查验收。

（2）主要机具：

钢筋弯曲机，切割机，卷扬机，电动葫芦，脚手架，混凝土运输车，混凝土输送泵，振捣器。

（3）作业条件：

①隧道应有良好的通风和足够的照明装置。

②隧道防水层已验收完毕。

3）操作工艺：

（1）工艺流程：

基面清理、测量放线→底板钢筋绑扎→底板混凝土浇筑及养护→墙、拱顶钢筋绑扎→模板支立→拱墙混凝土浇筑→拱墙模板拆除→拱墙混凝土养护→验收。

（2）操作方法：

①基面清理，测量放线：将底板防水保护层杂物清理干净，然后放线弹出二衬两边墙位置线，底板控制线，控制点间距不大于5m，不得用铁钉或短钢筋，以免扎坏防水层。

②底板钢筋绑扎：略。

③底板混凝土浇筑及养护：略。

④墙、拱顶钢筋绑扎：略。

⑤模板支立：模板使用前要先在样台上复核，重复使用时应注意检查模板是否有变形，有变形时要及时修复。在使用前把模板板面、板边粘接的水泥浆清除干净，对因拆除而损坏边肋以及翘曲变形的模板进行平整、修复，保证接缝严密，板面平整。模板面涂刷隔离剂，以保证混凝土表面的外观质量。模板安装按施工图进行，修改时需得技术负责人的同意。支搭模板时要保证结构的净空和平顺度符合设计要求，同时要复核隧道的中线，准确无误后方可浇筑二衬混凝土。模板拼装时接头应整齐平顺，接头模板与壁面间隙应嵌堵紧密。合理选择送料口位置，一般可设在每仓长度的1/3处。模板及其支撑必须有足够的承载能力、刚性和稳定性，能有效地承受现浇混凝土的自重及侧压力，以及在施工过程中所产生的荷载。合模前要先检查防水层，确认防水层没有破坏才能合模。混凝土浇筑时必须派专人看守，发现问题及时处理。

⑥拱墙混凝土浇筑：浇筑前，应对模板、支撑、预埋件等进行检查，核对并做好记录，需与上层混凝土连接部位，应在浇筑前对浇筑混凝土进行剔凿，用压缩空气吹扫浮渣，洒水等预备工作。浇筑时，要控制浇筑速度及间歇时间，以保证模板不移位。混凝土采用预拌混凝土。浇筑前

检查泵管是否严密，泵管是否贯通。泵送混凝土要求专人掌握下料，现场设专人指挥，控制浇筑速度、侧墙混凝土浇筑高差及混凝土泵管压力。浇筑时要做好组织工作分工明确、交底清楚。浇筑混凝土时要派专人负责观察模板变化，防止漏浆、跑模。混凝土是否饱满可通过气孔和端头模板的漏浆状态来判断，应避免混凝土过满超压，损坏模板支架。

⑦拱墙混凝土养护：二衬混凝土达到强度拆模后，要派专人负责洒水养护。要求养护 7d 以上，隧道内要始终保持湿润。

2-8-93 隧道二衬背后注浆施工工艺是怎样的？

答：1）适用范围：

适用于暗挖隧道二衬结构完成后的背后注浆施工，以增强防水，充填因混凝土收缩造成的空隙。

2）施工准备：

（1）材料要求：

①注浆管：采用 $\phi 25\sim32mm$ 钢管，长度根据实际情况确定。

②水泥：宜选用硅酸盐水泥和普通硅酸盐水泥，水泥强度等级不低于 32.5 级，水泥进场应有产品合格证和出厂检验报告，进场后应取样复验合格，其质量必须符合现行国家标准《通用硅酸盐水泥》GB 175 的规定。

③砂：宜采用中砂，砂浆的砂含量不超过 5%，不得含有草根等杂物。使用前应用 5mm 孔径的筛子过筛。

（2）主要机具：

①注浆机：采用小型单液注浆机，注浆压力不小于 2MPa，移动方便。

②拌浆设备：拌浆筒可根据隧道断面的大小和施工现场布置要求制作成圆筒形或槽形，搅拌容量应不小于 0.5m³，宜采用机械搅拌。

③辅助施工设备：手推车、计量器具、高压注浆管等。

（3）作业条件：

①二衬背后回填注浆在二衬混凝土浇筑完成后进行。

②注浆前应清理预埋的注浆管，将管内杂物和丝扣位置的混凝土清理干净。

③对机械设备、计量器具、水管路、电缆线路等进行全面检查及试运转。

④作业区有良好的通风和足够的照明装置。

3）操作工艺：

（1）工艺流程：

埋设注浆管→浆液配合比的确定→配料和拌合→灌注浆液→终止注浆。

↑
检查注浆设备

（2）操作方法：

①埋设注浆管：二衬混凝土浇筑时，在每仓的两端各预留注浆孔 1 个，在二衬施工完毕后进行注浆，高端注浆，低端排气。安管时不得损坏防水层，管端距离防水层 1.5～20mm。隧道坡度小于 1%，每仓中间宜增设 1 个注浆管。埋设注浆管应采取防治管道堵塞的措施。

②浆液配合比的确定：浆液一般为水泥素浆，浆液水灰比宜为 1：1～1：1.1。

③灌注浆液：背后注浆顺序：隧道轴线由低到高，由下而上。注浆一般在每井段二衬结构施工完成或二衬混凝土浇筑完 14d 后进行。背后注浆可采用注浆压力和注浆量进行综合控制。注浆压力的选定应考虑浆液的性能、注入范围及结构强度等因素，一般为 0.1～0.4MPa。注浆时，要时刻观察压力和流量变化，压力逐渐上升，流量逐渐减少，当注浆压力达到设计终压，再稳定

2min，即可结束本孔注浆。当注浆压力和注浆量出现异常时，应调查、分析原因，采取措施，如调整浆液配比或进行多次重复注浆等。

④终止注浆：每根注浆管注浆结束后封堵注浆口以免浆液回流，每次注浆结束后必须对制浆设备、注浆泵和注浆管进行彻底清洗。整个注浆结束后，应对注浆孔和检查孔封填密实。

4）质量标准：

（1）注浆用水泥、砂原材料必须符合设计要求及有关规范、标准的要求。

检查方法：检查出厂合格证、试验报告。

（2）注浆孔的数量、布置、间距、孔深应符合设计要求。

检查方法：观察、钢尺尺量。

（3）注浆压力不低于 0.35MPa，注浆压力稳定保持不低于 2min。

检查方法：观察检查、尺量，仪表读数和现场记录。

（4）经雷达检测符合设计要求，注浆后二衬与初衬之间不得有空隙。

检查方法：检查检测报告。

5）质量记录：

注浆检查记录。

6）安全与环保：

（1）安全操作要求：

①施工中，应定期检查电源线路和注浆设备的电器部件，确保用电安全。

②经常检查和清洗注浆管，防止堵塞，发现问题，应及时处理。

③工作台架应牢固可靠。

④制浆作业时，作业人员应使用防尘用具和胶皮手套。

⑤当泵压出现异常增高，先松离合器，排除故障后方可继续施工。

（2）环保措施：

①浆液配置时应加强作业区的通风。

②应采取有效措施防止浆液的遗洒和漏浆。

③浆液应随配随用，剩余的浆液不得随意弃置。

7）成品保护：

（1）注浆管埋设后应对套丝部位进行保护，应保持套丝部位的清洁，不得沾满混凝土或水泥浆。

（2）严禁在注浆管上进行焊接或悬挂重物。

2-8-94　下述工程施工难点是什么？

答：该工程为××工程与某地铁东南出入口连接通道工程，中心线长 32.74m。通道为平顶直墙，由钢格栅＋喷射混凝土的初期支护与模筑混凝土的二次衬砌构成，两次衬砌之间设置柔性防水层，为 1.5mm 厚的 EBC 塑料防水板。初衬厚 300mm，二衬厚 800mm（顶板、底板 800mm，侧墙 700mm），开挖时设 250mm 厚的中隔墙、中隔板。

施工难点是该连接地铁的通道上方有一条现况既有热力方沟，这条热力方沟在连接通道上方与通道成 90°横穿，热力方法与通道的交叉长度为 3m。热力方沟位于连接通道施工竖井中线北 6.845m 位置，热力方沟的内空尺寸为 1.72m（高）×4.4m（宽），沟内底高程为 37.974m，热力方沟为锚喷衬砌结构，结构厚约为 500mm。

2-8-95　题 2-8-94 中的工程针对施工难点应采取什么措施？

答：现况热力方沟是××街南侧的重要管线。在通道施工中，对该条管线的保护是施工中的重中之重。难度很大。针对该条方沟的安全，制定如下的保护措施：（见图 2-8-95（1））

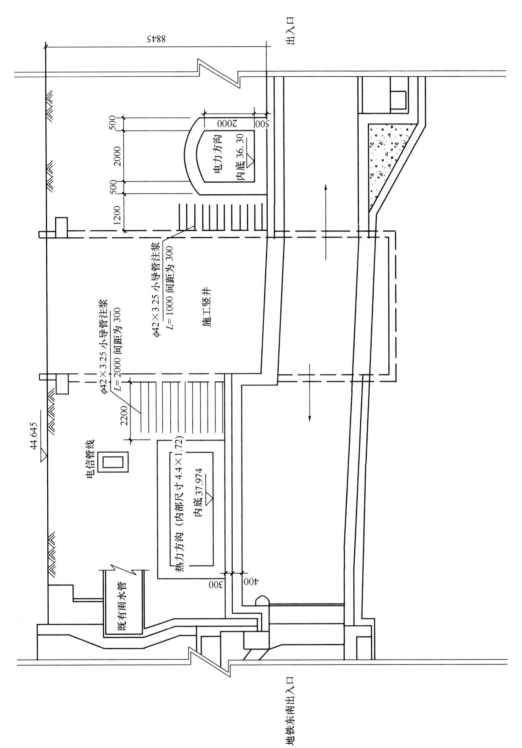

图 2-8-95 (1)　地铁站连接通道工程管线纵断面示意图

728

1）严格按照设计图纸的要求进行施工

根据设计图纸的要求，连接通道穿越既有方沟时，初衬格栅顶部与既有方沟结构零距离接触，及时喷射初衬混凝土。及时施作二衬结构。

2）及时做好初期支护

根据热力方沟的位置，位于连接通道施工竖井的南侧，在进行竖井施工的同时，通过竖井侧壁向热力方沟结构外侧土壤进行小导管注浆，加固方沟周边侧面土壤，提高方沟周围土体的强度和稳定性，从而保护现况方沟的稳定。

在通道通过热力方沟段时，暗挖法施工为保证开挖面的稳定，采用超前小导管注浆。采用"注浆一段，开挖一段，段段推进"方式，这样注浆根据每段的地质和注浆情况，及时做出反应，更具有灵活性；同时，更容易限定注浆范围，取得良好的注浆效果。

根据设计要求，通道开挖采用CRD工法施工，采用6导洞的施工措施，在通道下穿既有方沟时，由于顶部无法注浆，在开挖①（2）洞室时，分别对导洞两侧侧壁进行超前小导管注浆，用以加固既有方沟底部和两侧土壤，提高土壤对现有方沟的稳定性和承载力（见图2-8-95（2）、（3）。）

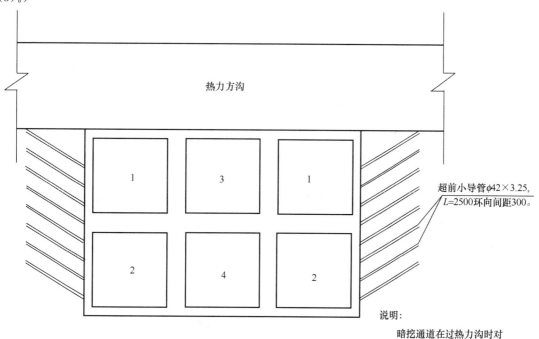

图2-8-95（2）　热力方沟段小导管注浆

小导管选用 ϕ42 普通水煤气花管，壁厚3.25mm。

在竖井井壁向既有方沟侧面土壤注浆位置，加固热力方沟的小导管长度为1000mm，纵横向间距500mm，梅花形布置。

开挖①（2）洞室时，向既有方沟底部土壤注浆加固的小导管长度，根据设计要求长为2.5m，环向间距300mm，纵向间距1000mm。

小导管前端加工成锥形，以便插打，并防止浆液前冲。小导管中间部位钻 ϕ8mm 溢浆孔，呈梅花形布置（防止注浆出现死角），间距110mm，属部1.0m范围内不钻孔防止漏浆，末端焊 ϕ6 环形箍筋，以防打设小导管时端部开裂，影响注浆管连接。小导管加工成形见下图。注

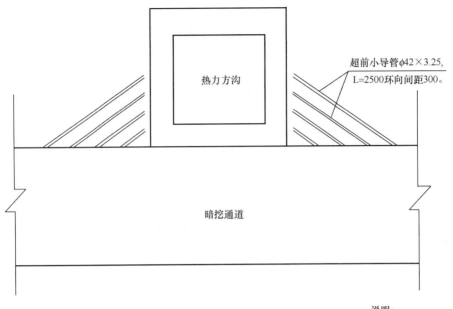

超前小导管φ42×3.25,
L=2500环向间距300。

说明:

1.暗挖通道在过热力沟时对
既有方沟两侧进行小导管注浆加固。

图 2-8-95 (3) 热力方沟段小导管注浆

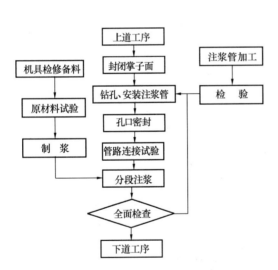

图 2-8-96 小导管注浆施工流程图

浆压力为 0.5～1.0MPa。管壁每隔 100～200 交错钻眼，眼孔直径 6～8mm。由于本暗挖段顶部处于粉细砂及中粗砂层中，根据现场试验确定，采用改性水玻璃浆液，水玻璃浓度 35Be～40Be，胶凝时间在 60min 左右。注浆压力控制在 0.3MPa～0.7MPa 之间，注浆体直径不小于 0.5m。为防止浆液外漏，必要时可在孔口处设置止浆塞。

小导管采用煤电钻或 YT28 风钻成孔，外插角控制在 30°，风镐打入。

3）采用安全合理的施工方法

地铁连接通道需要下穿热力方沟，为了保证既有热力方沟的安全，根据设计图纸的要求，下穿既有方沟位置，通道采用 6 导洞 CRD 法施工，依次进行①②导洞、③导洞、④导洞的施工，通过 6 导洞 CRD 法施工的施工，使每个导洞依次穿越既有方沟，开挖断面不会同时对既有热力方沟造成影响，6 导洞 CRD 法的施工，大大减少了下穿方沟的土方开挖断面，有效保证既有方沟的稳定。

2-8-96 小导管注浆施工工艺流程是怎样的?

答：超前小导管注浆施工内容主要包括封闭工作面、钻孔、安设小导管、注浆、效果检验等工序。其施工工艺流程见图 2-8-96。

2-8-97 题 2-8-74 中的工程应如何加强监控量测对施工的指导？

答：对连接通道下穿现况热力方沟的施工全过程，进行适时的监控量测，并在施工完成后，对热力方沟进行跟踪监测，保证热力沟的安全。监测项目见表 2-8-97。

监控量测项目表　　　　　　　　　　　　　　表 2-8-97

序号	量测项目	方法及工具	量测频率			控制值
			1～15 天	16～30 天	31～90 天	
1	地质及支护观察	观察、描绘	每次开挖后			
2	洞周收敛	收敛计	2 次/天	1 次/天	2 次/周	
3	顶板下沉	水准仪、钢尺				
4	底板隆起	水准仪、钢尺				
5	地表沉降	水准仪、钢尺				30mm
6	既有方沟沉降	水准仪、钢尺				20mm

根据设计对施工过程中，对热力方沟的监控量测要求，在热力方沟顶部埋设通至地面的钢筋，通过监测钢筋的位移来量测热力方沟的沉降。测点沿方沟轴线方向间隔 2m 布置。

通过对热力方沟的量测结果，适时调整施工方法的措施。

1）严格控制暗挖通道顶部沉降量以避免方沟发生过大变形。为子防止通道开挖过程中造成的不均匀沉降，施工中需重点做好热力方够周边土体的加固，然后及时开挖上顶，土方开挖留核心土，根据现场和监控量测的反馈，适当调整开挖步距和格栅间距，及早使导洞初衬格栅成环，及时网喷混凝土。

2）由于既有方沟和通道一衬结构紧密接触，不允许有过度的沉降变形，施工中一方面加强监控量测，另一方面加强注浆等有效地控制措施，对初支背后和方沟周围土体进行多次反复注浆，以使初支和土层始终紧密贴实。

2-8-98 浅埋暗挖下穿桥梁的隧道与上部桥梁的关系是怎样的，请举例说明？

答：某浅埋暗挖区段隧道设计过桥段长 104m，桥梁上部结构为跨度 23m×3 的预应力简支 T 梁；下部为厚 2m 的扩大基础，分两层浇筑，底层面积 5.5m×5.5m，上层面积 3m×3m，基础埋深 4.874m。扩大基础上为独立桥墩，两相邻桥墩上有盖梁相连。与区间隧道纵向相垂直方向一排上有 4 个基础，中心间距 11.546m；沿区间纵向有两排桥基，间距 21m。隧道埋深 17.9m，两隧道中心间距为 8.0m。隧道结构从一排 4 个基础中的中间 2 个基础正下方附近通过，结构顶与基础底之间净距为 11.66m（见图 2-8-98）

该区间段隧道左右线全部穿越砂卵石地层。砂卵石地层是一种典型的力学不稳定地层，颗粒之间空隙大，黏聚力小，颗粒之间点对点传力，地层反应灵敏，稍微受到扰动，就很容易破坏原来的相对稳定平衡状态而坍塌，引起较大的围岩扰动，使开挖面和洞壁都失去约束而产生不稳定。通过筛分试验表明，该处地层为卵石～圆砾层，粒径 20～

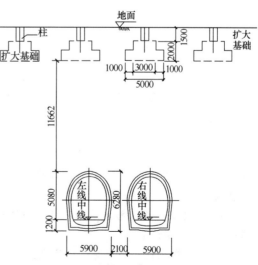

图 2-8-98　隧道与上部桥梁结构关系

70mm，最大粒径达到 150mm，含砂率 11%～30%，平均内摩擦角 35°左右，N 值 27～50，施工中遇到最大的卵石达 250mm。

2-8-99 题 2-8-98 工程中下穿桥梁隧道工程难点有哪些？

答：在砂卵石地层中采用浅埋暗挖法施工，存在以下难点：

1）超前小导管或注浆孔施工成孔难度大，施工速度慢；

2）砂卵石地层容易坍塌，地层成拱性差，超挖量较大，工作面稳定性难以保证；

3）由于没有地面降水条件，拱顶上方存在的上层滞水，易造成砂体的部分流失，增加地层沉降量控制的难度；

4）砂卵石地层中浅埋暗挖法隧道下穿桥墩桩基相对其他地层，容易造成不均匀沉降。

根据北京地铁施工有关规定，确认下穿大桥施工风险等级为一级，其中变形控制标准如下：桥台横向变形差异 5.0mm，纵向变形沉降 10mm。根据该工程特点，并参考《北京地铁施工监控量测试行稿》确定了该标段监测项目的监测控制值，见表 2-8-99。

变形分配监控量测控制参考值　　　　　　　　　　　　　　　　表 2-8-99

监测项目	控制值（mm）	警戒值（mm）	预警值（mm）	平均速率（mm/d）	最大速率（mm/d）
地表沉降	30	24	18	2	5
拱顶沉降	30	24	18	2	5
水平收敛	20	116	12	1	3
隧底隆起	10	8	6	/	/

2-8-100 题 2-8-98 工程区间下穿砂卵石层隧道施工步序是怎样的？

答：为了严格控制结构沉降，通过对比试验，研究提出了适用于砂卵石地层的前进式分段超前深沉注浆加固方案。

 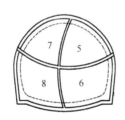

图 2-8-100　施工工序示意图

隧道采用 CRD 法进行施工，根据分析，确定区间两隧道按照导洞 1、2、3、4 和导洞 5、6、7、8 顺序施工，错距 10m。先施工 1 号导洞，为了减小各导洞之间的相互影响，待施工 10m 后，再施工 2 号导洞，依次施工其他导洞，直至完成（见图 2-8-100）。具体施工步骤如下：

第一步：施作超前支护，注浆加固地层，前后开挖两侧 1 号洞室，并预留核心土，施作初期支护；

第二步：继续前后开挖两侧 2 号洞室，施作初期支护，1、2 号洞室纵向间距 10m 左右；

第三步：施作超前支护，前后开挖两侧 3 号洞室，并预留核心土，施作初期支护，2 号与 3 号洞室纵向间距 10m；

第四步：继续前后开挖两侧 4 号洞室，施作初期支护，左侧 3 号与 4 号洞室纵向间距 10m；

第五步：待左洞开挖完毕，再以同样的方式开挖右导洞；

第六步：根据监测情况纵向分段拆除中隔墙，临时支撑，逐步完成侧洞底板防水与二次衬砌，先作业左洞，再作业右洞。

2-8-101 题 2-8-98 工程浅埋暗挖隧道下穿桥梁施工的结果如何？

答：1）主要结论如下：

（1）针对浅埋暗挖隧道下穿高粱桥施工，为控制沉降，必须对桥桩及随道周围地层采取加固措施；

（2）区间两隧道的施工顺序宜按照导洞 1、2、3、4 和导洞 5、6、7、8 顺序组织施工；

（3）单线隧道施工时，影响沉降的关键工序为导洞 1、2 和导洞 5、6 的施工；

（4）在错距为 30m 时，区间左右线施工相互影响甚微，为加快施工进度，左右线隧道可相对合理错距同时施工。

2）目前，区间左右线隧道均已安全穿越该桥 6 年多。工程实践表明，采取上述措施确保了地表沉降控制在 10mm 以内，桥桩横向差异沉降不大于 5mm 的目标。

2-8-102　北京地铁区间暗挖法施工技术要点有哪些？

答：1）地质、水文概况和暗挖施工原则

北京城区位于永定河洪水冲积扇形地的脊背上，地表层为第四纪洪水冲积物。区间隧道暗挖埋深在 30m 以内，区间断面穿越黏土层、粉细砂层和砂卵石层，上覆回填土层、细砂层和轻亚黏土层，下卧在砂砾石层上，潜水位埋深不一，施工时均不同程度地触及地下水。施工基本做法是"管超前、严注浆、短开挖、强支护、快封闭、勤量测"十八字诀为原则，也是暗挖法施工工艺要求和总结（见区间隧道断面图 2-8-102）。

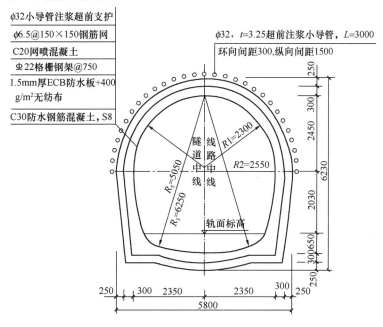

图 2-8-102　区间隧道断面示意图

2）区间暗挖法标准段设计

（1）结构尺寸：区间隧道断面内净空尺寸根据限界控制点坐标和施工测量误差确定，根据北京地区暗挖法设计和施工实践，确定初期支护为厚 30cm（或 25cm）喷射混凝土（内含钢格栅、钢筋网），二次衬砌为厚 25～30cm 模筑混凝土。

（2）施工方法和施工步骤：①开挖拱顶部分土体，架立拱顶格栅，及时喷射混凝土。②开挖侧墙部分土体，架立侧墙格栅，喷射侧墙部分混凝土。③开挖核心土和底拱土体，架立底拱格栅，喷射底拱混凝土形成封闭断面。④待喷射混凝土初期支护沉降和收敛稳定后，施做防水层。⑤最后进行二次衬砌模筑混凝土施工。至此，区间隧道全断面施工完毕。

（3）设计与施工要点：①在进行上台阶开挖作业时，需对拱顶范围的砂或砂砾石地层进行预注浆加固，即在拱顶轮廓线以外打设 ϕ42mm、间距 300mm、长 3m 的超前小导管预注浆液（水泥浆或水玻璃等），以稳定地层。小导管的外倾角 10°～15°，纵向相互搭接 1m。为保证隧道稳

定，减少地面沉降，核心土长度不得大于 5m。②施工中严格控制每一循环进尺在 $0.5\sim1.0m$ 范围内，一般规定第一循环步距为 0.75m，每一循环过程不得停顿，必须连续作业，尽早封闭成环。③隧道初期支护形成后，需对衬砌背后土体及时进行充填注浆，该浆液一般为 1：1 水注浆，点距掌子面不大于 5.0m，成洞一段注浆一段，不得滞后。

（4）设计计算：荷载计算原则，区间结构设计计算时，考虑以下几种荷载作用：土体压力、结构自重、地面活荷载、使用荷载、地震荷载。按以下几种荷载组合进行结构计算：基本荷载＋地面活荷载＋地震荷载；由于隧道覆土较薄，平均厚度约为开挖洞径的 $2\sim3$ 倍，故作用在隧道上的垂直压力和侧压力均按浅埋松散计算；地面活荷载在施工阶段按汽－10 级，使用阶段按汽超－20 级、挂－120 车辆荷载计算；隧道结构按地震烈度 8 度设防计算。

（5）地下水处理措施：地铁区间隧道埋深常见在 30m 内，各区间深度都不同程度地触及地下水，按地下水的埋藏条件可将地下水分为三类：即上层滞水、潜水和承压水。北京地铁工程根据地质、水文勘探情况和资料，可分别制定降水方式：分别为地下阻水、集水井降水（重力降水）和井点降水（强制降水）。①地下阻水主要采用地下连续墙、咬合桩、旋喷桩、高压注浆。②集水井降水主要采用设盲沟或明沟、盲管导流、集水井。③井点降水主要采用真空井点、管井井点、辐射井点、复合井点。

2-8-103　下述工程区间隧道结构怎样的？

答：本区间隧道标准断面形式采用马蹄形断面。标准段断面支护参数为：初期支护 250mm 厚 C20 网喷混凝土，钢架间距 0.5m，主筋 $\phi22$；二衬模筑 300mm 厚钢筋混凝土，抗渗等级为 S8。加强段断面适用于过房屋段，支护参数为：初期支护 250mm 厚 C20 网喷混凝土，钢架间距 0.5m，主筋 $\phi25$，并设临时横撑和锁脚锚管；二衬模筑 300mm 厚钢筋混凝土，抗渗等级为 S8。

加宽段断面支护参数按不同断面宽度，其初期支护分别采用 250mm、350mm 厚的 C20 网喷混凝土，由于渡线段地面满布房屋，钢架采用 $\phi25$ 主筋，间距 0.5m，并设临时支撑；二衬模筑厚度分别为 300、400、500mm 的 C30 钢筋混凝土，抗渗等级 S8。

2-8-104　题 2-8-103 工程施工采用什么方法？关键技术是什么？

答：在设计文件中，本区间隧道施工采用的是矿山法，也有人更正说是浅埋暗挖法。其理念仍然遵循了新奥法（NATM），主要指导思想是尽量使围岩保持稳定，不产生或少产生松动压力。浅埋暗挖技术主要指在松散地层、覆土浅、有地下水条件下，解决洞体塌方，有效控制地表下沉，合理运用各种方法，开挖复杂多变断面的技术组合。隧道工程局对此技术作过"管超前、严注浆、短开挖、快封闭、强支护、勤量测"的科学总结。其关键技术是：加固与改造地层，采取的主要方法为注浆技术的合理运用。地上、地下采取另种注浆形式注浆的实质在于胶结、增强与加固土体。

2-8-105　常见的注浆方法是什么？

答：小导管注浆是隧道施工常用的一种超前支护方法，工艺简单，易操作，对常见地层加固效果较为明显，其施工工艺如下：

1）超前小导管加工

一般采用 $\phi32$ 水煤气管，长度为 $1.5\sim3.0m$。

2）布管

为达到加固拱部土体目的一般沿拱部布置，环向间距 0.2m，采用煤电钻打孔。

3）注浆

超前注浆浆液采用 1：1 水泥-水玻璃双液浆（改性水玻璃），注浆压力 $0.6\sim0.8MPa$。

小导管超前注浆主要是利用浆液在地层中凝固胶结砂石，形成一定范围有一定强度的壳体，起到临时支护的作用。这种方法应用广泛，但只适用于中砂以上的围岩（软土层）。

2-8-106　特殊注浆方法是怎样的，请举例说明？

答：针对某区间隧道疏松的回填土层、地下的空洞、水囊、纵横向密布管路、地上建筑物等不利条件，采取了特殊注浆方法。

1) 超前探管注浆

本区间隧道地质条件复杂，在雷达探测中发现开挖洞体上方的土质疏松，并有空洞与水囊。为了开挖的安全，在普通的注浆工艺中增加了超前探管手段。

(1) 目的

隧道施工中为及时掌握前进方向地下构筑物具体情况，客观了解施工前方水文、地质，管道渗漏等情况，超前探明巷道前方顶部有害物体与隧道结构的位置关系，对掌子面采用探管进行超前预探。

(2) 布置方法

超前探管在拱顶及拱腰各布设一根，长度 4.5～6.0m，起到超前探测的作用。根据探测可能会出现几种情况，分别采取不同措施。

①水囊：根据探孔中水的贮存情况，判断水囊的大小。对于较大的水囊，扩大探测范围。在范围明确的前提下，一方面限量排放，同时注入与排放同等量的双液浆或 TGRM 特种浆液，直至将水囊中水排放完毕。小水囊采取直接排放，排放结束后利用探孔进行浆液填充。

②空穴：采用 1：2：0.3 比例的水泥砂浆填充密实后再行开挖作业。初支施作完毕后及时回填注浆，回填注浆管采取予埋 ϕ32 钢管，环向布设，根据空穴大小决定纵向间距，浆液采用结石率较高的材料，注浆压力控制在 0.2～0.5MPa。

③涌泥涌砂：对可能会出现涌泥、涌砂现象，首先采取封堵的方法控制大量泥砂流失，然后用自进式中空锚杆注入水泥浆或水泥砂浆（1：2：0.3）。一方面起到置换作用，另一方面加固土体，提高土体自稳能力。

由于采取了"有疑必探、先探后挖"的原则施工，工作面没出现过由地质条件突变而产生的塌方现象。

2) 污水管线保护注浆

本区间隧道在 K7+456～K7+490 段下穿污水管线，此管线距离结构近、管径大（ϕ1500）、流速急（1m/s），且年代久远渗漏严重；区间隧道左线的结构覆土不到 6m，拱顶土体大部分为回填土与杂填土。由于结构上方污水管无法进行导流，为保证施工安全，沿污水管线走向挖了一条纵导洞，利用纵导洞对污水管线进行打管注浆加固，避免施工沉降造成污水管线变形引起的不良后果。

(1) 纵导洞开挖支护

①支护参数：超前支护，采用 ϕ32×3.25 钢管，L=2.0m，环向间距 0.3m，纵向间距 0.5m，注 1：1 水泥—水玻璃浆双液浆，注浆压力 0.6～0.8MPa。回填注浆管，采用 ϕ32 钢管，L=0.8～1.5m，纵向 2m 一环，每环三根（现场根据实际渗漏情况可加密）。跟踪注浆，采用 ϕ32 注浆管，L=2m，径向排设，根据洞内观测值确定注浆的范围及注浆压力，浆液采用水泥—水玻璃双液浆。

②超前探管施工：在施作纵导洞时，为探明管线渗漏水情况，在隧道开挖前用煤电钻施作 3 个 5m 长的探孔，探察前方土质情况和积水情况。探孔分别设在拱部及两侧拱腰。探管的施作与超前探管注浆的方法相同。

(2) 对管线的加固

①土体加固：采用 ϕ32 注浆管长度 3.5m，梅花型布置，间距 0.4m。根据管线与隧道的空间位置关系确定注浆管的外插角，如图 2-8-106 所示。注浆材料采用水泥浆，浆液的配合比为 W：

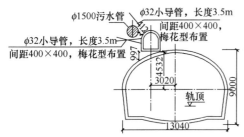

图 2-8-106　纵导洞与隧道结构、
污水管线关系图

C＝0.5～0.8：1，加 10％ 的 XPM 外加剂和 2％ 的调凝粉以提高浆液的强度并缩短浆液的凝胶时间。

注浆压力为 0.5～0.8MPa。

②管道接口加固：由于原污水管线采用的是顶管法施工，管节间渗漏水情况严重，需进行加固处理。利用探孔探测出各管节接口位置、标高，采用 ϕ32 注浆管对管节下方土体进行注浆加固，管长 5m，注 1：1：0.5～0.6（砂：水泥：水）的水泥砂浆，注浆压力为 0.5～0.7MPa。在管节下方形成托承体，对污水管进行了全面的加固。

2-8-107　地面注浆是怎样进行的？

答：根据地质雷达勘测与物探的结果，有些地段土质非常疏松并伴有少量空洞，设计要求对不同深度的土质疏松段进行注浆加固。加固范围为隧道结构外 5m，注浆孔纵、横向间距 3m，梅花型布置。

1）注浆材料及配合比

选用 P.O 32.5 普通硅酸盐水泥，浆液水灰比 0.5：1，内掺水泥用量 10％ 的 XPM 灌浆料和 2％ 的调凝粉。

2）注浆参数

①注浆管：采用 ϕ32 钢管，根据探孔深度采用不同长度，疏松深度≤2m，注浆管长 2.5m，加固面积 600m²；疏松深度≤3m，注浆管长 3.5m，加固面积 500m²；疏松深度≤7.5m，注浆管长 8m，加固面积 100m²。

②注浆压力：0.5～0.8MPa。

③注浆量：单孔注浆量根据围岩地质情况确定。

2-8-108　洞内前进式劈裂注浆是怎样的？

答：（1）施工参数

选用超细水泥-水玻璃双液浆，浆液配置参数见表 2-8-108（1）。

浆液配置参数表　　　　　　　　　　　　　　　表 2-8-108（1）

浆液种类	水泥品种	原水玻璃浓度	水灰比/（W/C）	体积比/（C/S）	稀水玻璃浓度
MC 超细水泥—水玻璃双液浆	MC 超细水泥	51Be	1～1.5：1.8	1：1	35Be

注：根据现场实际情况适当加入特种材料以增加可灌性和早期强度。

前进式止水注浆帷幕注浆管采用 ϕ108 钢管，注浆参数见表 2-8-108（2）注浆孔位布置见图 2-8-108。

注浆参数表　　　　　　　　　　　　　　　表 2-8-108（2）

序号	参数名称	注浆参数	序号	参数名称	注浆参数
1	注浆管间距/m	0.8	5	注浆终压/MPa	1.2～1.5
2	注浆段长/m	10～15	6	注浆步距/m	3.0
3	浆液扩散半径/m	1.0	7	止浆岩墙厚/cm	C20 喷射混凝土 30
4	注浆速度/（L/min）	40～60			

（2）注浆施工

采用双液注浆泵进行作业，前进式分段注浆工艺。即每钻进3m放入止浆塞，每次注浆段长0.6m，注完第一段后，后退注浆芯管，进行第二注浆段的钻孔。

（3）注浆顺序

充分考虑水源影响因素，采取由下向上注浆顺序。这样能有效地形成挤压、密实作用，同时达到防止浆液过远扩散，对地表建筑物造成危害或造成浆液浪费之目的。

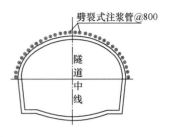

图 2-8-108　注浆孔位布置图

（4）注浆结束标准

①达到设计注浆量或设计注浆量的80%以上。

②达到设计终压值。

③注浆过程中漏浆严重，不得不停止注浆，但要详细记录，以便采取补救措施。

2-8-109　超浅埋暗挖工程有何特点？施工指导原则是什么？

答：1）特点为：

（1）浅覆土、覆土仅为开挖跨度的8.3%～12%，应属超浅埋。

（2）交通主干道路下暗挖施工不得中断行中，路面行车动载影响严重。

（3）由车站结构内部分层向北暗挖过街，衔接车站盖挖结构较为困难。

2）施工指导原则：

依据施工特点，暗挖初期支护系统确定为"分部开挖短台阶、锁脚锚管固边墙、中间支撑限形变、短管注浆紧支护、工序紧跟快封闭、量测反馈保安全"的施工指导原则。在施工中开展工艺技术试验研究工作，以探索超浅埋双层平顶直墙暗挖施工工艺技术。

2-8-110　下述工程单层平顶直墙暗挖施工方法是什么？

答：1）单层通道结构最大断面为 8.4m×5.7m，初期支护为钢格栅网喷 C20 混凝土厚350mm；二次衬砌为 C30、P8 抗渗混凝土，厚600～700mm。洞体开挖分成左右两部分，左右交替掘进。通道采用上、下台阶法进行土方开挖，台阶长度保持在 1.5～2.5m，左右两部分错开2.5m。每开挖 0.5m 立即进行锚喷支护。

2）在大于 6.5m 洞跨部位，随着开挖跨中加设钢格栅竖向支撑，增加支护刚度和限制初期支护的变形，同时辅以背后注浆，减缓地表沉降。

3）通道的防水层设在初衬喷射混凝土与二衬模筑混凝土之间，防水采用 ECB 卷材防水层。受中间临时支撑限制，需进行替换支撑，见图 2-8-110（1）、（2）。

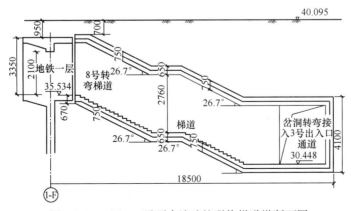

图 2-8-110（1）　平顶直墙暗挖联络梯道纵断面图

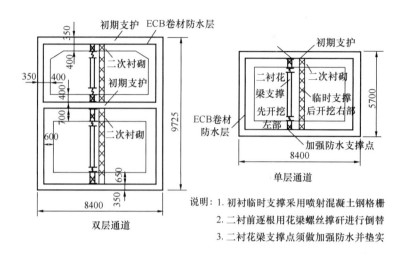

图 2-8-110（2）　　通道横断面结构施工示意图

2-8-111　双层平顶直墙暗挖施工方法是怎样的，请举例说明？

答：（1）双层通道的暗挖施工方向均由车站一、二层结构内向外凿除车站北侧墙的 $\phi600mm$ 护壁桩，先施工上层通道的初期支护至端墙，再施工下层通道的初期支护。

（2）由于直立边墙较高，开挖初衬后最大净高达 4.95m。为保持平顶直墙的稳定，在上下台阶钢格栅衔接部位及上层通道的底脚部，向斜下方钻孔打入 $\phi42mm$ 的锁脚锚管，注浆加固，以加强侧墙分部开挖后的承载能力，并约束支承点的变形。

（3）两层通道的初期支护是互相关联的，钢格栅在侧墙和中间临时支撑向下均预留 300mm 的连接板。下层风道开挖后继续接焊钢格栅，使上下层钢架连成一体。

（4）上下层通道在距终点 1mm 位置均需预留侧向岔洞的码头门，上层右侧可联接自行车梯道，下层左侧连接一层人行联络梯道。

2-8-112　双层平顶直墙暗挖主要工艺技术有哪些，请举例说明？

答：双层平顶直墙暗挖出入口的地下通道，在穿越××大街施工中，由于合理地选择开挖洞室的方法和恰当的支护措施，为洞室的稳定创造了条件，本工程主要工艺技术包括以下几点。

1）暗挖通道的外顶距道路层仅有 0.7～0.9m，其覆盖层多属于人工堆积层，即亚黏、亚砂堆土层和路床砂砾层，故采用小导管注浆改良地层受限制。施工中根据土层情况，采用 $\phi42mm$。 $L=1.5～2m$ 短钢管，在开挖前钻孔插入土层，采用注浆泵注浆。注浆材料采用水泥加粉煤灰，浆液水灰比为 0.45～0.6，粉煤灰掺量为水泥用量的 30%，压力控制在 0.2～0.3MPa，由于采用短进尺和紧跟开挖面的刚性支护，通道开挖未出现纵向坍落，并有效地减少地表沉降。

2）高边墙锁脚锚管

双层通道内净空上层高为 3.75m，下层为 4.95m，开挖时直立墙面需在下台阶接焊钢格栅，为保障侧墙的直顺度，限制侧墙的形变和加强支撑力，在台阶分割处采用 $\phi32mm$ 长 2.5m 的钢管，以水平角下倾 20°～25°钻孔插入边墙锁脚锚管；在夹层板的底脚部采用 $\phi42mm$ 长 3.5～4m 的钢管，下倾 15°的层间锁脚锚管，锚管均与格栅钢架焊接牢固，待喷射混凝土后再进行注浆加固，可有效地控制高边墙的变形。

3）中间竖向支撑

出入口通道初衬横跨为 8.4m，且覆土层较薄，钢格栅在跨中部位设计有插入式水平格栅连接榫槽，为保证安全在跨中安装竖向临时支撑，以减小跨中弯矩，施工时中间竖向支撑是支立在上台阶土体上的，必须待下台阶封底时，钢格栅才能下接支撑在底部喷射混凝土结构上，因此台阶上有 3~5 榀格栅钢架需支承在土体上。相邻的中间临时支撑之间用 ϕ20mm 钢拉杆，间隔 0.5m 与钢格栅焊接并喷射 C20 混凝土进行支护。

4）背后注浆技术

在已闭合的喷射混凝土支护结构内，通过顶部预留的注浆孔向支护结构外侧的空隙压注浆液，以填充空隙，主要作用是控制和减缓地表下沉，保障路面交通的安全。

平顶直墙外侧空隙的产生是多种因素造成的。主要有喷射混凝土水泥结硬时产生的收缩，上台阶拱脚垫不实及跨中钢格栅榫槽搭接部位侧向掏挖土洞等因素，如不及时填充，在土压和路面动载作用下，土体会逐渐松动直至引起地表下沉。根据开挖面和结构闭合状态，每成洞 3m 注浆填充一次，浆液选用水泥浆粉煤灰混合浆液，可提高浆液的固结率，注浆压力根据覆盖土层条件，一般控制在 0.15~0.2MPa 范围内，随支护施工封闭一段，注浆填充一段。

5）平顶超厚混凝土浇筑技术

与地铁车站二层相接的 2 号、3 号出入口通道内各装有 2 道防爆、闭气人防门，其二次衬砌混凝土的浇筑局部最大厚度为 1.65m。压力灌注混凝土的模板支撑体系采用 SZ 系列钢模板组合支撑，并针对超厚部位采用模内套管式压力泵送浇筑连接装置、内置式返浆连管器及充填注浆等工艺措施，有效地保障了平顶超厚混凝土结构的内在工程质量和混凝土外观的平整与严密。

2-8-113 双层平顶直墙暗挖施工中主要解决的问题有哪些，请举例说明？

答：为解决车站盖挖顶板和出入口暗挖通道结构及防水层的有效衔接，主通道与侧向岔洞的结构受力转换、竖向临时支撑与封闭式卷材防水层的矛盾及排水泵房暗挖逆作开挖等，在施工中采取了若干工艺技术变换措施，主要包括以下几点。

1）地面拉槽

地下通道的暗挖起点是紧贴车站顶板预留的檐板。暗挖通道须妥善地衔接盖挖逆作的顶板，确保不同材料的防水层过渡和连续封闭。

（1）结构衔接

车站盖挖逆作顶板厚 550mm，外探檐板宽 1.34m，防水层为双层 SBS 沥青防水卷材。而暗挖结构设计为复合式衬砌，初衬钢格栅标高比檐板高 250mm，二次衬砌为 C30、P8 抗渗混凝土厚 450mm；防水层为柔性 ECB 防水卷材。先、后结构混凝土之间设有结构伸缩缝，并安装橡胶止水带。

（2）施工方向

暗挖施工方向首先由车站一层凿除边桩后，向外暗挖掘进，受出入口门框仅 2.1m 的高度限制，在门框外侧暗挖平顶结构须向上抬高 1500mm，详见图 2-8-113。故暗挖起点为通道施工的第一个难点。通道施工须地面拉槽如下。

①在路面上对应出入口檐板位置放线，地面拉槽平面尺寸 8m×2.5m 和 10.5m×2.5m，开挖土方至檐板，在槽内东西两侧挖成深 1m 的凹槽形，以备后续安装钢架。

②施做防水层，采用与车站顶板相同的 SBS 防水材料接入暗挖结构内，接入长度不小于 0.8m，在暗挖一衬结构完成后再进行防水材料的过渡。

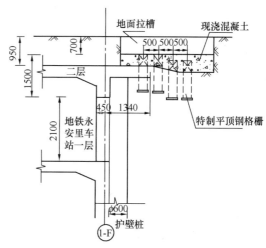

图 2-8-113 出入口与车站衔接地面拉槽图

（3）在顶板上方距檐板 200mm 处，安装第一榀钢格栅，并间隔 500mm 安装 3 榀钢格栅，现浇 C30 混凝土后及时养护，回填厂拌料，恢复路面。

（4）地面拉槽施工时间控制在夜间车流量较少的 23 时～第二天晨 5 时，晨 5 时～6 时要及时用方木、型钢和厚度 $\delta=20mm$ 钢板覆盖，保证车辆的正常通行。

2）侧向洞门的受力转换

出入口地下通道过街后，需要转弯连通自行车梯道；一、二层之间的联络通道及泵房，共有 8 个侧向暗挖平顶洞门须进行受力转换。暗挖通道的钢格栅是沿南北轴线间隔 500mm 排列的，侧向洞门与轴线垂直相交，洞门处的钢格栅需切除数榀钢架，开挖后新安装的钢格栅须旋转 90°顺序排列。故切除钢格栅使得平顶直墙结构局部受到破坏，影响了通道的整体性。该部位施工变换措施如下。

（1）沿岔洞洞门的上方，采用 $\phi42mm$ $L=2.5m$ 的钢管，间隔 1m 斜向穿过钢格栅，注浆加固洞门上方的土体。

（2）在距洞门 1m 位置的主通道内，加设一道竖向临时钢撑，以改善侧墙开洞后平顶直墙的受力状态。

（3）钢格栅间跳切断后，在岔洞安装首榀钢格栅时用钢拉杆与主通道钢格栅焊接牢固，待成洞封闭 2m 后再切除剩余钢格栅，形成侧向洞门。

3）中间竖向支撑的替换

对跨度大于 6.5m 的地下通道，结构中间有一道竖向喷射混凝土临时支撑。它的支撑力可满足施工期间的土体及地面车行荷载，但封闭式卷材防水在此部位受阻需断开，将破坏防水层的连续性，为此必须在防水施工前替换竖向支撑。

（1）支撑点的防水须加强处理，首先在距原支撑点平移 0.8m 的位置，用聚合水泥砂浆抹找平层，ECB 防水卷材铺成双层，在钢支撑连接板上垫厚 10mm 的 PVC 板，周边长连接板宽 25mm，以减轻对防水卷材的损害。

（2）临时支撑倒替时，应先支撑，后切割拆除。倒替后的竖向支撑采用 SZ 系列钢花梁，上、下连接螺旋支撑器，即方便紧固支撑，又便于二衬混凝土浇筑后的拆除。

（3）螺旋支撑器上接钢格栅短节，该短节顶在支点上，并永久地浇筑在二衬混凝土内。钢格栅短节穿过模板的部位应严密封堵，以免压力灌注二衬混凝土时灰浆从此结点漏出，形成蜂窝麻面，影响二衬混凝土的质量。

4）泵房竖向暗挖

在自行车通道转弯处开挖侧向洞门后，须下挖 3.4m 深的泵房集水坑。开挖集水坑前，须对泵房上部结构进行加固处理。

（1）沿泵房上、下部支护结构的钢格栅连接板处，采用 $\phi32mm$ 钢管，以下倾角为 20°钻孔插入边墙锁脚锚管，压注水泥浆，增加上部结构的支撑能力。

（2）在泵房上、下部结构分割线以上 0.8m 处，横向支顶型钢支撑，采用 20 号工字钢，两侧加焊钢托板，并用楔形铁支撑牢固，以增加侧向支撑力。

（3）泵房下层暗挖至设计位置后，对端头进行的封闭加固，采用 $\phi25mm$ 钢筋绑焊成格栅状，平面布置成井字形，在节点处用 $\phi25mm$、$L=1.5m$ 的钢筋打入土层与节点焊接，然后挂钢筋网喷射混凝土，形成泵房下部矩形喷射混凝土支护结构。

2-8-114 超浅埋暗挖实施效果如何，请举例说明？

答：×××地铁车站北侧单、双层平顶直墙出入口通道的暗挖支护结构，是在超浅覆土和交通繁忙的××大街下面横穿过街的。在施工技术研究与实施的过程中，运用浅埋暗挖施工原理，采取针对工程特点的综合施工技术和严格的施工管理，从而使双层平顶直墙暗挖结构的施工处于稳定状态，并成功地安全穿越××大街主干道路。有以下经验：

1）用暗挖法在城市道路下修建双层平顶直墙地下通道，必须运用综合施工技术，加固顶部土层及钢格栅竖向支撑能力。

2）下倾式边墙侧向注浆锁脚锚管，对于稳固双层平顶高直墙减少结构变形有着极其重要的作用。

3）合理地选择开挖方式，以能进行洞体掘进操作为前提的短台阶、快封闭方法，对抑制地表沉降有较好效果。

4）竖向临时支撑的及早架立是行之有效的，该支撑在防水层施工时的防护与逐根转换倒替，对于保证地下工程的防水效果是十分有效的。

5）量测数据表明：开挖方式与支护时机、地表下沉及结构变化之间的关系，经整理分析有关量测数据，为设计施工提供了在类似条件下的平顶直墙暗挖支护结构的相关参数，为修正设计和变更施工方法提供了科学依据。

2-8-115　超浅埋暗挖隧洞一次衬砌采取什么技术措施，请举例说明？

答：一次衬砌结构为钢筋格栅锚喷混凝土结构，厚度为300mm。

由于随洞开挖宽度过大（全宽5.1m）且钢筋格栅的安装又较为困难，为保证安全，减少地表下沉，此隧洞采用"眼镜"（侧壁导坑开挖）法施工工艺，即在隧洞中部增加一临时隔墙，墙厚30cm，把一个隧洞变成两个隧洞，施工最后再拆除临时隔墙。为减少跨中弯矩，分洞时可分偏洞（即一大一小）。由于变成两个隧洞施工，支护增强了，开槽跨度也缩小了。因此，在隧洞施工时可采用全断面开挖，即单个隧洞断面土方出完后一次安装钢筋格栅，完成锚喷混凝土作业。

纵向连接钢筋及网格钢筋要与格栅焊牢并保证钢筋的搭接长度。每架格栅的间距为50cm，其两底角处必须设置注浆锚管。

2-8-116　超浅埋暗挖隧洞二次衬砌采取什么技术措施，请举例说明？

答：1）由于此段隧洞为平顶隧洞，在进行二次衬砌时困难较大，因此隧洞二次结构应加大洞顶的两个斜角，从而保证二次衬砌的质量。

隧洞二次衬砌采用微膨胀混凝土，入模压力5MPa左右。

2）回填注浆

由于此段隧洞地处交通要道，为保证正常交通，防止地表下沉过大，因此必须及时采取回填注浆措施。

隧洞施工时每进尺2m封一次掘进面进行回填注浆，待浆液凝后方可继续开挖。

回填注浆浆液用水泥浆液，水灰比为1∶3。

隧洞一衬结构完成后必须对隧道进行二次注浆。

2-8-117　浅埋暗挖法的基本经验有哪些？

答：1）地层的预加固和预处理

开挖面土体稳定是采用浅埋暗挖的基本条件。当土体难以达到所需的稳定条件时，必须通过地层预回固和预处理来提高开挖面土体的自立性和稳定性，降低地下水位，这样一方面可达到无水施工，另一方面可以改善土体的物理力学特性。例如，含水砂层的水位下降实际就是砂土排水固结的过程。经常采用的预加固和预处理的措施有超前小导管注浆、工作面前方深孔注浆和大管棚超前支护。视具体情况可以单独使用，也可以配合使用。

2）隧道开挖和初期支护

浅埋暗挖法开挖原则强调"随开挖、随支护"。如何利用土体有限的自立时间进行开挖和支护作业，使土体开挖后暴露的时间尽可能短，使初期支护尽早封闭成环。就这一意义上说，选择适当的开挖方法就显得十分重要。

根据土体的稳定性和隧道断面的大小可以选择台阶法或分部开挖法、留核心土法等。每次开挖循环，以"短进尺"为原则，考虑控制钢筋格栅的间距。浅埋暗挖法常用的初期支护形式是钢筋格栅、钢筋网和喷混凝土，浅埋暗挖法要求初期支护具有足够的强度和刚度。在技术、经济的合理范围内，尽可能减小初期支护的变形量，目的是控制土体位移，减小地表沉降。之所以采用钢筋格栅，其原因一方面因为钢筋格栅在拼装成环后具有一定的强度和刚度，在喷混凝土尚未具备足够强度之前，钢筋格栅可以单独承担来自土层的一部分荷载。

3）二次衬砌

浅埋暗挖法通常采用模筑混凝土作为二次衬砌材料，它既是提高初期支护强度和刚度、增加初期支护安全储备的需要，也是支撑中间的防水隔离层、承受水压力的需要。通过监控量测，证明初期支护基本稳定，防水层铺设完毕，这是灌注二次衬砌的适当时机。

4）监控量测

利用监控量测获得的信息指导施工，这是浅埋暗挖法施工中必不可少的一个组成部分。地表位移、拱顶下沉、隧道边墙收敛等量测项目常被选为监控量测的必测项目，而土压力、土体位移、支护应力等可作为选测项目。

量测数据对隧道支护的受力变形状态起着重要的监控作用，量测数据的及时性与准确性应予足够重视。

2-8-118 暗挖工程常见问题及处理方法有哪些？

答：1）采用浅埋暗挖法必须处理好地下水

处理地下水有许多成功的方法：人工降低地下水位、地下连续墙阻水、帷幕注浆隔水、压缩空气排水、冻结法等。经过多种方法比较，认为在北京市区范围内，采取人工降低地下水位的方法比较经济，而且行之有效。

2）采用浅埋暗挖法要重视地下管道渗漏水的处理

施工前，探明开挖面前方的工程地质和水文地质工作是非常重要的。一般采用洛阳铲等简单工具就能大致了解到前方的土质和含水情况。如能采用红外线温度扫描仪等手段，查明上层滞水和管道漏水的情况，必能对制定相应对策提供可靠依据。

如发现有上层滞水和管道渗漏严重威胁隧道施工的情况，可以采取局部加密注浆、增设管棚等措施，必要时采用局部土壤冻结也是可取的。总之，要把一般降水难以奏效的上层滞水和管道漏水对浅埋暗挖法的潜在威胁，在开挖面到达之前加以消除。

3）管理、经验、监测在浅埋暗挖法中的作用

隧道采用浅埋暗挖法施工，施工安全取决于人们通过严格的管理和正确的工作实践，包括监控量测的反馈来控制施工作业，以减少风险。

浅埋暗挖法的十八字诀，尽人皆知，但是对它的理解和体会的深浅，实施中的坚决程度未必相同。严格的管理表现在对影响工作面稳定的因素始终紧抓不放。例如对地层预加固、预处理的质量，对于地下水的警觉，对支护紧跟开挖施作的及时性、短进尺、快封闭的重要性，以及对补偿注浆的作用等，要有严密的施工工艺和质量检查作保证。

2-8-119 北京地铁线路施工方法有哪几种？目前已建成多少千米？

答：地铁土建施工是由地铁线路中若干个车站与若干个区间及车辆段组成的，施工方法已由北京地铁一、二期工程的明挖法发展为暗挖法、盾构法、明挖法、地面路基、高架桥等多种施工方法进行。目前北京地铁区间施工中常见的暗挖法（暗挖法又称浅埋暗挖法和矿山法）、盾构法。什么是地铁区间？地铁区间就是地铁车站与车站之间距离，一般北京地铁区间为1km左右。对于北京来说，地铁规划线路多设在市区和近郊区。北京是我国政治、经济、文化交流中心，交通流量大都在市中心，同时地铁建设又要考虑平战结合，以及北京名胜古迹和文物古建甚多等原

因，故市区修建地铁线路均设在城市地面以下。

据统计资料：2010年底北京已建成地铁总里程达336km。

2-8-120　浅埋暗挖工程一般采取什么监测措施，请举例说明？

答：某工程中，在排降水的同时在地表放置了几十个观测点（见图2-8-120），用观测点来监控地表沉降的大小用以调节降水的频率，排除了由于降水会引起土质大面积不均匀沉降的现象。

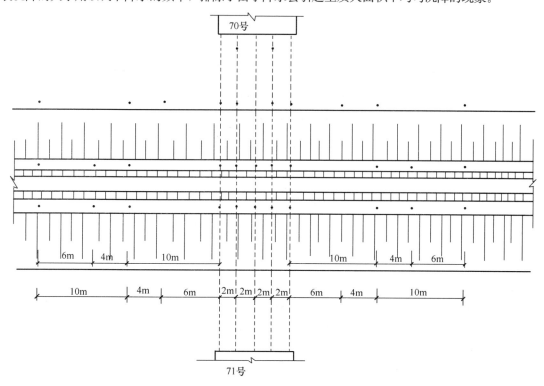

图2-8-120　地面沉降布点图（平面）

为了保证施工过程中能及时了解掌握土层的位移情况，又在路基顶部设置了一个竖向监测孔，应用英制BGS分层沉降仪来监测土体在指定深度内，在垂直方向上的沉降，密切掌握因开挖造成的土体位移而引起上层土体沉降的过程及趋势。此工作始于降水前，终于土建竣工后一个月左右。从施工过程中提供的监测数据情况来看此举十分必要，它可以随时提供不同深度层次土体的状况，用以及时采取加固措施，排除隐情，保证路基的稳定。为了监测在开挖过程中拱架顶部的变形和拱架结构的稳定性，我们做了拱顶下沉的观测。又为监测钢拱架在土压力的作用下的变形和产生变形的过程，我们做了拱脚收敛的观测、监控的仪器使用的是R式收敛计。在开挖土方和喷射一射混凝土后及时监测。取得了保证安全的重要监控指控。此法对施工过程提供了科学的依据。

2-8-121　大管棚超前支护的加固措施是怎样的，请举例说明？

答：该工程70～71号井段在穿越××铁路线2号及4号道岔十字枢区内，地质条件复杂，土质软弱，地下水位高，并为高填土铁路路堤，为保证路堤稳定，又采用了大管棚超前支护的加固措施。由于路基下结构顶部最大覆土高达12.5m，见图2-8-121。

大管棚设在双孔隧道的上方，呈拱形布置，拱顶标高32.5m，拱脚标高31.5m，管棚覆盖宽度为10m（图2-8-121），大管棚采用φ219直缝钢管，壁厚6mm，长度35m，管与管中心间距为40cm，管道在敷设前在管壁上打花孔径10mm，孔的中心间距，环向16mm，沿管轴向20cm，孔眼呈梅花状排列，管两端1m范围内不打孔，目的是便于压采。管道的敷设采用美国RD380型导航仪控制成孔轴线位置

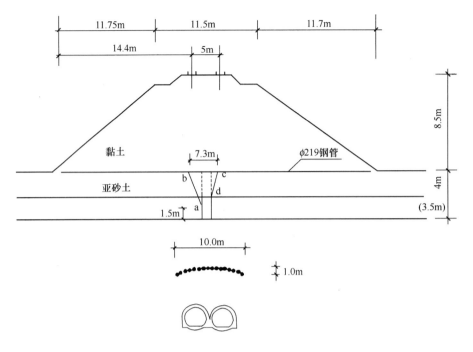

图 2-8-121　　断面示意图

和高程的 DBS10 型铺管钻机。为减少对原状土壤的扰动，钻孔及敷管应跳档进行，间距不小于两个孔距。开新孔必须在原孔注浆之后进行。此钻机在施工过程中先是成孔，然后再扩孔再敷设钢管，施钻中采用射水法成孔。钢管敷设后必须及时压力注浆，浆钢管周围的空隙和管内填满浆液，以保证土体密实稳定。水泥浆通过钢管壁上的小孔，压入空隙和土壤颗粒之中，与钢管形成一个整体，形成一个拱形扳体，从而可以承受作用于其上的土荷载和火车荷载，大管棚的设计计算采用了有限模拟施工过程，它的受力分析运用 Super SAP 程序计算其位移，最大弯矩剪力。实际施工过程中我们通过预先埋设在钢管内的测试原料，取得的数据说明计算依据是可靠的，并且大管棚确实起到了加固路轨下铁路路基的作用，保证了路基顶面土体沉降值在允许的 2cm 以内。

2-8-122　工程支撑开挖面稳定一般采用哪些措施，取得什么效果，请举例说明？

答：某工程在具体的土方施工之前，采用了超前小导管支护的做法，要求小导管先期打入与后期打入的搭接长度沿结构轴线方向不小于 1m，且小导管前端嵌入开挖面的土层的深度，沿轴线水平方向也不小于 1m，这就保证了土方掏挖时（按每榀骨架的长度 0.75m）不会出现塌方。另外，还采取了掘进过程中上台阶必须始终留有核心土的做法，核心土高度一般应大于 1.2m，其长度为 1.5～2m，用以支撑开挖面（掌子面）的稳定。从施工效果来看这种土方开挖办法对保证土体稳定相当有效，从而加快了施工的进度，路基下 35m 的施工段，从铁路路轨采用扣轧加固的办法后，火车慢点行驶，开始掘进到双洞可以承受全部荷载的一衬结构混凝土贯通，只用 14 个工作日，路基下的掘进和一衬钢筋混凝土喷护快速安全的施工完毕，打了个短平快，确保了铁路行车的安全。

通过对在一衬钢拱架上埋设的电阻应变片，用电阻应变仪的监测，对拱架的应变做了监测。对喷射混凝土形成一衬后结构中钢拱架的应变分布，为反算内力提供了数据。这将对荷载的计算做一个科学的比较。

总之通过这次在××河南岸污水干线××号井段，采用浅埋暗挖穿越铁路高覆土路堤处的施工工艺，排除了影响路基沉降的不利因素，确保铁路行车安全万无一失，为大管径管道穿越路基提供了一个新的可行的工艺。我们在施工过程中，注意了采用科学手段进行监测，取得数据用以指导施工，克服了盲目性。

2-8-123　何谓邻近施工？如何分类？

答：1）一般把新建结构物邻近相对既有结构物施工，且新建结构物施工可能对相对既有结构物的功能等造成不利影响的施工称为邻近施工。

2）邻近施工的分类

邻近施工的周边环境分类

根据工程实践，城市地铁施工，其周边环境一般按重要性程度分为重要周边环境和一般周边环境两种情况。

3）邻近施工的穿越方式分类

浅埋暗挖法隧道邻近施工分类可概括为3类：新建隧道邻近既有线施工、新建隧道邻近既有环境体施工和新建隧道邻近新建隧道。对浅埋暗挖法的新建隧道邻近新建隧道有下述几种含义：①相互独立永久结构的浅埋暗挖法隧道邻近浅埋暗挖法隧道施工。如同期施工的两条线间距较近的隧道施工。②同一永久结构的浅埋暗挖法隧道邻近浅埋暗挖法隧道施工。如大断面分割成2个导洞或多导洞群施工等。③浅埋暗挖法邻近同期应用明（盖）挖法与盾构法修建的隧道等。

从邻近施工的空间位置关系来分，邻近施工有并列、重叠和交叉3种位置关系。不管哪一种位置关系，穿越方式都可概括分为上穿、下穿与侧穿。

2-8-124　基于 AHP 的邻近施工环境风险源影响因素与相对重要性分析是怎样的？

答：基于层次分析法（AHP）建立的城市地铁工程邻近施工风险源重要性等级评价与控制模型如图 2-8-124 所示。由图 2-8-124 可计算各层次因素的权重，以及各影响因素的重要性排序。

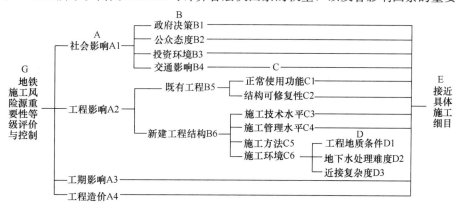

图 2-8-124　城市地铁工程邻近施工风险源重要性等级评价与控制模型图

2-8-125　邻近施工环境风险分级是怎样的？

答：邻近既有线施工环境风险的分级见表 2-8-125（1），邻近既有环境体施工环境风险的分级见表 2-8-125（2）。

邻近既有线施工环境风险分级　　　　　　　　表 2-8-125（1）

风险等级	下穿（垂直间隔）	上穿（垂直间隔）	侧穿（水平间隔）	
			新建比既有线位置高	新建比既有线位置低
特级	<5m			
一级	5m～1.0D	<5m	<0.5D	<1.0D
二级	1.0～2.0D	5m～1.5D	0.5～1.0D	<1.5D
三级	2.0～3.5D	1.5～3.0D	1.0～2.5D	1.5～2.5D
无风险	>3.5D	>3.0D	>2.5D	>2.5D

注：D 新建隧道外径，"间隔"是指既有隧道衬砌外侧到邻近工程距离。

风险等级	环境风险工程	新建隧道与既有环境体的相对关系	备　注
一级	重要桥梁（桩体）	邻近强烈影响区［穿越水平距离＜2.5d（d 为桩径），且破裂面影响桩长＞1/2］	其他邻近程度根据具体情况可降低一级
	重要市政管线	下穿或侧穿强烈影响区（＜5.0D）	强烈影响区外一般可降低一级
	重要建（构）筑物	下穿或侧穿显著影响区（≤1.0D）	其他影响范围结合建（构）筑物特点可进行调查
	河流、湖泊	下穿或侧穿	
二级	重要桥梁（桩体）	邻近显著影响区［穿越水平距离＞2.5d（d 为桩径），且破裂面影响桩长＜1/2 且＞1/3］	其他邻近程度根据具体情况可降低一级
	重要市政管线	下穿或侧穿显著影响区（＜1.0D）	一般影响区（≥1.0D）根据具体情况可降低一级
	重要建（构）筑物	下穿或侧穿一般影响区（1.0~1.5D）	
三级	重要桥梁（桩体）	邻近一般影响区［穿越水平距离＞2.5d（d 为桩径），且破裂面影响桩长＜1/3］	
	一般市政管线	下穿或侧穿显著影响区（＜1.0D）	强烈影响区可根据具体情况上调一级
	一级市政道路及其他市政基础设施工程	下穿或侧穿显著影响（＜1.0D）	强烈影响区可根据具体情况上调一级
	一般既有建（构）筑物、重要市政道路工程	下穿或侧穿显著影响区（≤1.0D）	强烈影响区可根据具体情况上调一级

2-8-126　邻近施工的安全性评估等级划分的依据是什么？

答：邻近施工可按详细评估、一般评估和只调查，不评估 3 个等级进行。评估等级的划分依据为：

1）对于环境安全风险等级为特级、一级、二级的既有建（构）筑物，必须进行详细评估；2）对于环境安全风险等级为三级的建（构）筑物，需进行一般评估；3）对于环境安全风险等级为无风险的建（构）筑物，可以只调查，不评估。

2-8-127　邻近既有线施工主要控制指标与基准是多少？

答：根据各个穿越方式的受影响特点、各个指标与施工阶段和其他指标的相关程度、施工中可操作性，拟在既有线穿越工程中采用既有地铁结构底板沉降量（隆起量）和沉降速率（隆起速率）作为控制指标。

当前控制基准的拟定仍只能在经验和统计的基础上加以制定。综合来说，应该根据调查情况、影响预测分析、类似工程经验、工程要求，并本着严格管理，给控制措施留出时间（余量）的原则综合制定控制基准。

根据北京地区的工程实践，车站上穿及下穿既有线控制基准为：轨道结构平移、沉降差分别为 6mm 和 10mm，日变化量分别为 2mm 和 3mm；道床开裂、隧道结构与道床脱离分别为 1mm 和 5mm，日变化量分别为 0.5mm 和 2mm；车站上（下）穿既有线轨道结构上浮（沉降）为 20mm（40mm），日变化量为 4mm。

2-8-128　邻近建（构）筑物施工主要控制指标与基准是多少？

答：邻近建（构）筑物施工控制指标主要有 2 个：建（构）筑物沉降和建（构）筑物倾斜。

尤其是建（构）筑物的不均匀沉降引发的建筑物倾斜则是判定建筑物是否安全的一个关键指标。

工程实践中，对一般建（构）筑物地表沉降按 30mm，建筑物倾斜按 3‰ 控制；对重要建（构）筑物地表沉降按 15～20mm，倾斜按 1‰ 控制；对特别重要的建（构）筑物地表沉降按 10mm，差异沉降按 5mm 控制。

邻近桥梁施工主要控制指标与基准是多少？

施工控制指标应包括但不限于以下指标内容：1）桥墩绝对沉降（单墩沉降）；2）横桥向同一盖梁下相邻桥墩之间的差异沉降；3）顺桥向相邻桥墩之间的差异沉降；4）桥基附近的地表沉降。

根据北京地区的工程实践，除预应力混凝土简支 T 梁顺桥向和横桥向差异沉降控制基准分别为 20mm 和 5mm 外，对其他桥梁结构类型，顺桥向和横桥向差异沉降均控制为 5mm。

2-8-129 邻近管线施工主要控制指标与基准是多少？

答：邻近施工中，一般以控制管线的接头（管线的差异沉降或管接头的倾斜值）满足正常运营的技术标准进行控制。限于实际工程中难以对管线进行有效监测，因此邻近管线施工的控制指标还是以允许的地表沉降并结合管线部位的地层沉降综合来确定。

对于承插式接头的铸铁水管、钢筋混凝土水管，2 个接头之间的局部倾斜值不应大于 0.0025；采用焊接接头的水管，2 个接头之间的局部倾斜值不应大于 0.006；采用焊接接头的煤气管，2 个接头之间的局部倾斜值不大于 0.002。另据工程实践，对有管线的地表沉降控制为：一般周边环境的区间隧道地表沉降不应大于 30mm，大断面隧道地表沉降不应大于 60mm；重要周边环境的区间隧道地表沉降不应大于 20mm，大断面隧道地表沉降不应大于 50mm。

2-8-130 中间地层变形最优化控制技术有哪些？

答：对浅埋暗挖法隧道，减弱变形影响的方法一般是采取对中间地层（松弛带）进行改良如注浆加固、冻结法等；隔断控制的方法可采取钻孔灌注桩、钢管桩、地下连续壁（搅拌桩、旋喷桩）或连续注浆墙等。

1）地层（松弛带）改良

在隧道内实施，按控制地层变形的作用效果从小到大依次为：拱部超前小导管→拱部超前小导管注浆→上半断面拱部超前小导管注浆→双排（层）超前注浆小导管→大管棚→超前注浆小导管＋正面土体注浆→双排（层）超前注浆小导管＋正面土体注浆→后退式超前深孔注浆（半断面或全断面）→水平旋喷→前进式超前深孔注浆（半断面或全断面）→袖阀管超前深孔注浆（半断面或全断面）。

2）隔断控制技术

当浅埋暗挖法隧道在强烈影响区侧穿建（构）筑物施工时，往往采用隔断控制技术。根据环境条件的要求，控制变形作用效果，自强而弱的控制措施有：钻孔灌注桩→钢管桩→搅拌桩或垂直旋喷桩→连续注浆墙→地表锚杆等。

工程实践中，多采用钻孔灌注桩、钢管桩和注浆墙。邻近施工不允许降水条件下，与搅拌桩或旋喷桩相配合采用。

3）双排（层）超前注浆小导管控制技术

双排（层）超前注浆小导管控制技术是近几年在邻近施工实践中发展的一种新方法。根据地层和环境条件，双排（层）小导管的第 1 排打设角度为 7～10°，第 2 排打设角度为 30～60°，环向间距为 0.3～0.4mm，然后向小导管注浆，待注浆土体达到强度后，再开挖土体。该方法可据邻近施工要求，灵活实施对地层的超前加固和改良，在原有第 1 排小导管加固壳体的基础上形成第 2 层缓冲壳体，进一步减缓或避免地层破坏后的沉降及建（构）筑物的损坏。

相比于其他方法，双排（层）超前注浆小导管具有如下特点：①地层的适应性强。可发挥打设小导管的高度灵活性。②可操作性强。不需要操作工作空间，如大管棚、水平旋喷和超前深孔注浆等必须留置最小的作业空间。③浆液选择与应用的高度调节与灵活性。可针对工程地质与水文地质条件，在同一个断面上灵活选择对地层适应性强的 2 种或 2 种以上的浆液，这是其他方法所不可比拟的。④可及时调整加固范围。这基于双排（层）小导管的 2 个特性：角度和长度的可调节性。

该方法自在动物园车站东北风道邻近施工成功应用后，目前已经在北京复杂环境条件下的施工中大量采用，带来了显著的经济与社会效益。

4）TGRM 分段前进式超前深孔注浆技术

TGRM 分段前进式深孔注浆技术，其实质是钻、注交替作业的一种注浆方式。即在施工中，实施钻一段、注一段，再钻一段、再注一段的钻、注交替方式进行钻孔注浆施工。每次钻孔注浆分段长度 2～3m。止浆方式采用孔口管法兰盘止浆。该工艺最初是为解决砂卵石地层其他深孔注浆工艺难以成孔问题而提出，经过应用中不断改进和完善，这种注浆施工方法解决了复杂环境条件下，城市暗挖隧道不同地层施工的多个注浆技术难题，已被广泛引用于北京地下工程的注浆施工。与其注浆工艺配套开发的具有早强性、耐久性、微膨胀性等特点的 TGRM 注浆材料，被统称为 TGRM 分段前进式超前深孔注浆工艺。

该技术自在北京地铁 4 号线隧道穿越西直门桥砂卵石地层施工成功开发以来，在北京乃至全国的地铁工程、交通下程、铁道工程、城市市政管线（缆）隧道以及南水北调工程中大量推广应用，成功地解决了邻近施工的沉降控制问题。

2-8-131　浅埋暗挖法隧道邻近施工结论有哪些？

答：1）城市地铁邻近施工，其周边环境一般按重要性程度可分为重要周边环境和一般周边环境。对浅埋暗挖法隧道邻近施工可概括为 3 类：新建隧道邻近既有线施工、新建隧道邻近既有环境体施工和新建隧道邻近新建隧道施工。

2）邻近既有线施工环境风险的分级可分为特级、一级、二级和三级；邻近既有环境体施工环境风险的分级可分为一级、二级和三级。根据邻近施工环境风险等级的划分，可将邻近施丁分为详细评估、一般评估和只调查，不评估 3 个评估等级。

3）为控制地表下沉和工作面开挖的稳定；实施地层预加固是浅埋暗挖法施工的关键。尽管超前预加固的作用效果明显，但对复杂地层条件，仅依靠常规超前预加固技术措施难以保证开挖面的稳定。

4）对邻近既有线施工，结合工程实践，提出了建（构）筑物与管线的控制指标与控制基准，有效地指导了邻近施工。

5）邻近施工变形控制包括 3 方面内容：①浅埋暗挖法自身施工的变形控制；②中间地层的变形控制；③既有土工环境结构体的加固或保护控制。因对地表土工环境建（构）筑物的加固与防护，一般都有相应的规范、规程和成熟的加固与防护技术措施，因此邻近施工变形最优化控制技术重点包含前述两大方面的变形控制。

6）针对浅埋暗挖法隧道邻近施工，系统开发了双排（层）超前小导管控制技术和分段前进式超前深孔注浆控制技术，在邻近工程实践中得到了推广应用，取得了显著的经济与社会效益。

7）隔断控制技术是浅埋暗挖法邻近强烈影响区施工的最为有效的变形控制技术。

8）对邻近施工注浆加固应采用永久加固型水泥基类浆液，慎重选择使用双液类浆液。

2.9　盖挖法施工

2-9-1　盖挖法的分类是怎样的？

答：地下结构的施工通常可分为开槽明挖法、暗挖法、半明挖法三大类。可以说盖挖法施工就是对首先修筑地下结构的顶板、然后在顶板的遮护下安全、顺利地修建地下结构其他部分的一大类半明挖施工方法的通称。按其支护结构的形式可以分为无边桩（墙）盖挖法和有边桩（墙）盖挖法两大类。按其主体结构的施工顺序，盖挖法可以细分为盖挖顺筑法、盖挖逆筑法、盖挖半逆筑法等几个分支。

2-9-2　何谓盖挖顺筑法？

答：在路面交通不能长期中断的道路下方修建地下结构时，可以采用盖挖顺筑法。这种方法首先由地表面依设计要求完成护壁桩或地下连续墙等围护结构和必要的横、纵梁，把预制的标准化模数的盖板（混凝土盖板或钢盖板）覆盖在挡土结构上，形成临时路面，恢复道路交通。而后在盖板下方进行土方开挖，直至地下结构底部的设计标高。然后再依照地上建筑物的常规施工顺序由下而上修建该地下结构的主体结构、进行防水处理。上述工序完成后，拆除临时顶盖，进行土方回填，并恢复地下管线或埋设新的管线。最后视需要拆除挡土结构的外露部分及恢复永久性道路（见图2-9-3）。深圳地铁科学馆站等几个车站就是成功采用盖挖顺筑法修建地铁车站的实例。

2-9-3　盖挖顺筑法施工的技术要点有哪些？

答：1）围护形式的选择

由图2-9-3盖挖顺筑法的施工过程可以看出，该法首先要在地面以下形成一个由顶盖和围护结构包围而成的巨大地下空间，而后再依照地上建筑物的常规施工顺序由下而上修建地下结构的主体结构。根据用途和需要，该围护结构既可以成为地下永久主体结构的一部分，承受永久荷载，也可以不作为地下永久主体结构的组成部分，仅在施工阶段承载。但是无论怎样，这个由顶盖和围护结构包围而成的巨大地下空间的安全和稳定是盖挖顺筑法成功的最根本的条件。因此，

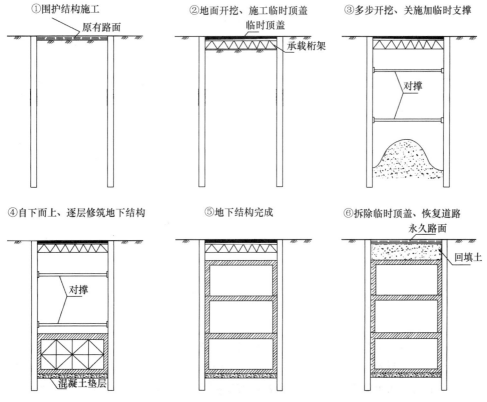

图 2-9-3　盖挖顺筑法施工示意图

根据现场条件、地下水位高低、开挖深度以及周围建筑物的邻近程度，选择确定围护结构的形式是盖挖顺筑法的第一个技术关键。

由于钻孔灌注桩施工设备简单、施工工艺成熟、容易满足增加刚度的要求、工程质量容易保证和造价较低等一系列优点，使得它在北方地下水位较低的第四纪地层的地下工程施工中往往成为围护结构的首选。但是在地下水位较高的情况下，选择止水性能好的地下连续墙或密排咬合桩作为围护结构，则降、排水容易，工程成功有保证。我国南方，多为饱和的软弱土层。在这种情况下，应以刚度大、止水性能好的地下连续墙为首选方案。例如上海地铁多采用地下连续墙技术。而为了降低造价、加快进度，已建成的深圳地铁的盖挖法车站则多采用人工挖孔咬合桩作为围护结构。

2）支撑的设置和地面沉降的控制

对于常见的地铁车站和地下商业结构，其结构形式往往深入地下 2～3 层。因此在施工过程中，所需要的地下空间净高度可达 20～25m。在长达数月的施工过程中，在地面或荷载和堆载的不断作用下，保证围护结构的安全和稳定，按照地区临近建筑的保护要求等级，控制地面沉降在设计允许的范围内，是盖挖顺筑法的另一个技术关键。

多道临时横向支撑是减少围护结构（护壁桩、连续墙）变形和内力的首选。通常是按照设计要求，随着顶盖下土体的逐层开挖，自上而下设置各道临时横撑。但是在地下结构施工过程中，随着结构的增高，各道临时横撑都面临拆除和通过已形成的正式结构再支撑的过程。直到正式结构及其外部防水层全部施工完成，在回填过程中，才把各道临时横撑全部拆除。为避免临时横撑的拆除和再支撑，也可以采用土体预应力锚索代替各道横撑。采用土体预应力锚索可以省去制造或租用大量的钢制临时对撑的费用，可使围护结构内部施工空间开阔，有利于组织施工。但是其缺点是：土体预应力锚索不易回收，而且会浸入地下结构外侧的地下空间，有时不容易得到规划部门的批准。特别是在附近地层中有重要管线存在的情况下，为了避免事故发生，应当慎用。

如果地下结构的宽度很大，例如像岛式地铁车站这样的建筑，则往往设有中间桩接中间柱的结构。在某些不设永久性中柱的情况下，为了缩短横撑的自由长度，防止横撑失稳，并承受横撑倾斜时产生的垂直分力以及行驶于覆盖结构上的车辆荷载，常常需要在建造侧壁围护结构的同时建造中间桩住以支承横撑。中间桩柱可以是钢筋混凝土钻孔灌注桩，也可以是预制的打入桩。在这种情况下中间桩柱一般为临时性结构，在主体结构完成时将其拆除。

3）降、排水施工

盖挖顺筑法施工，虽然是"棚盖下的明挖施工"，但是为了便于结构下部施工，必须使施工期间地下水位低于底板，否则将难于施工。因此在地下水位较高的情况下，有必要采用围护结构堵水、基坑内部降水等有效措施，保持围护墙内土层的地下水位稳定在基底以下，以保证施工顺利进行。

2-9-4 盖挖顺筑法的优缺点？有哪些？

答：盖挖顺筑法所形成的永久结构和地面常规施工方法建成的结构类似，基本上是按照基础—下层—上层的自然施工顺序形成的，不存在逆作施工所形成的结构应力逆转和"抽条施工"所形成的各部不均匀沉降及普遍存在的界面收缩应力问题。结构依次形成，整体性好，次生应力小；防水施工易于进行，防水效果较好。这都是盖挖顺筑法的优点。但是采用盖挖顺筑法施工，顶盖的费用较高，而且工程开始时要铺设临时顶盖、修建临时路面，工程结束时要拆除临时顶盖、修建正式路面，两次占用道路，对交通仍有不小的影响。另外，采用盖挖顺筑法施工，基坑围护结构独立承载时间可能会长达 1～2 年，虽有对撑受力，但其间的应力和变形也很难精确控制，所诱发的坑周地表沉降较大，对邻近建筑物安全的影响也较大。

2-9-5 盖挖逆筑法一般工艺过程是怎样的?

答: 在地下构筑物顶板覆土较浅、沿线建筑物过于靠近的情况下,为防止因基坑长期开挖而引起地表明显沉陷危及邻近建筑物的安全;或是为了避免盖挖顺筑法两次占用道路的弊病,可以采用盖挖逆筑法施工。盖挖逆筑法的施工步骤是:首先在地面向下做基坑的围护结构和中间桩柱(通常围护结构仅做到顶板搭接处,其余部分用便于拆除的临时挡土结构围护),然后可以在地面开挖至主体结构顶板底面标高,利用未开挖的土体作为土模,浇筑形成地下结构的永久顶板。该顶板同时也形成了围护结构的第一道强有力的支撑,起到了防止围护结构向基坑内部变形的作用。在顶板上回填土后将道路复原,可以铺设永久性路面,正式恢复交通。以后的工作都是在顶板覆盖下进行:自地下1层开始,按照-1、-2、-3……的顺序,自上而下逐层开挖,每挖完一层,即浇筑本层的底板(同时也是下一层的顶板)和边墙,逐层建造主体结构直至整体结构的底板。在这种情况下,永久结构是在盖挖的方式下自上而下逆向建成的,称为盖挖逆筑法(见图2-9-5(1))。盖挖逆筑法结构的边墙可以有两种不同的形式:单层墙和双层墙。单层墙是以临时支护结构(地下连续墙或经过锚喷连接的护壁桩形成的侧壁)直接作为永久结构的侧墙;双层墙是把临时支护结构(地下连续墙或经过锚喷连接的护壁桩形成的侧壁)作为承受施工期间荷载的主要结构,而在它们的内侧、在防水层的内部,浇筑永久结构的承力侧墙。单层墙的形式往往用于覆土较浅的小型地下通道,而双层墙的形式多用于重要的多层大型地下建筑,例如地铁车站。北京地铁复一八线永安里车站就是采用钻孔灌注桩作为围护结构、内部浇筑独立边墙的双层边墙的盖挖逆筑法结构的成功实例(见图2-9-5(2))。

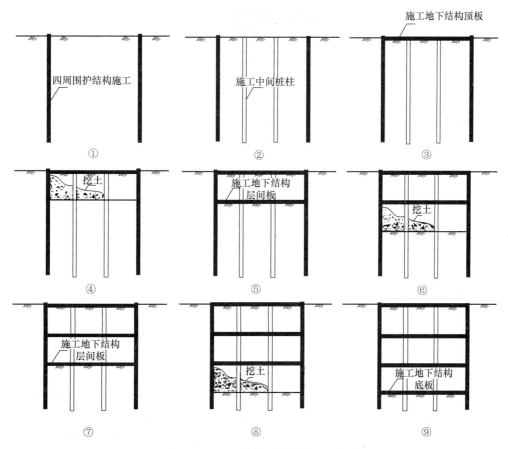

图 2-9-5(1) 盖挖逆筑法施工示意图

双层边墙结构，其各层底板的钢筋伸入侧墙浇筑为一体即可，单层边墙结构，其各层底板的钢筋多采用与护壁桩上预留外露钢筋或在地下连续墙上预留外露连接钢板连接后浇筑为一体的方式解决（见图 2-9-5（3））。

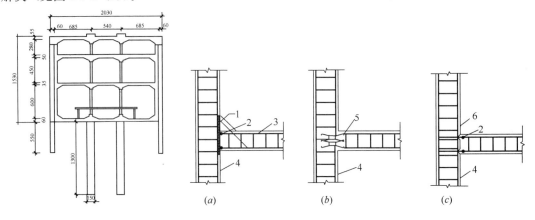

图 2-9-5（2）　北京永安
里地铁车站盖挖
逆筑法结构示意

图 2-9-5（3）　板、墙钢筋的连接方法
1—预埋钢板；2—电焊接头；3—板内钢筋；4—护壁桩或地下连续墙；
5—预埋剪力连接件；6—带剪力槽钢板

关于盖挖结构的板、墙连接，过去曾采用"黄砂构造层法"。此法是东北地区在盖挖法施工过程中创造的一种方法：在施工盖挖逆筑法的钻孔灌注桩时，为能准确可靠连接中间层的楼板、梁等结构层，需在灌注桩的混凝土时，在楼板、梁等结构层的高程位置，灌入优质黄砂代替该桩段的混凝土。待开挖到预定标高时，取出黄砂，暴露出该段桩的钢筋，再将楼板、梁等结构层的钢筋插入桩内，灌实混凝土，形成可靠连接（见图 2-9-5（4））。

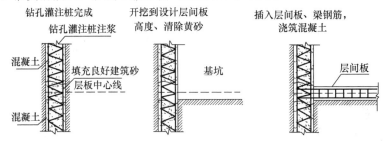

图 2-9-5（4）　"黄砂构造层法"施工示意图

2-9-6　盖挖逆筑法关键技术问题有哪些？

答：盖挖逆筑法施工所形成的结构最大的特点是：其主体结构是自上而下逆向建成的，因此与其他方法相比，盖挖法逆筑法带来了一系列特定的关键技术问题：

1）施工阶段和使用阶段结构的受力转换问题

盖挖逆筑法建成的永久结构的边墙、底板在施工阶段和使用阶段的受力状态和内力形式很不相同。对于采用双层墙的形式修建的地下构筑物，上面各层的内侧墙在浇筑初期（由于采用了微膨胀混凝土材料）一般为竖向受压；而在下层开挖时，由于要负担下一层的顶板的重量而变为竖向受拉；在结构竣工投入使用并完成最终沉降后，内侧墙竖向仍应受压……。除了最上层顶板外，其余各层顶板在本层施工时上挠，在下层施工时下挠……。受力状态的变化在结构各部分所形成的组合应力更为复杂。图 2-9-6（1）所示即为采用盖挖逆筑法修建的一个单跨双层地下结构施工过程中，结构顶板和地下一层边墙应力变化过程。

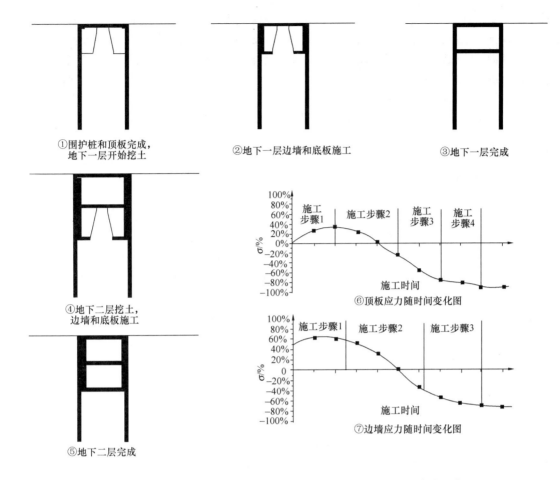

①围护桩和顶板完成，
地下一层开始挖土

②地下一层边墙和底板施工

③地下一层完成

④地下二层挖土，
边墙和底板施工

⑤地下二层完成

⑥顶板应力随时间变化图

⑦边墙应力随时间变化图

图 2-9-6（1）　采用盖挖逆作法施工过程中结构顶板和边墙应力变化

因此，依靠量测监控技术，把握好施工各阶段结构的受力体系转换，保证结构在施工和使用过程中均处于安全工作状态，是盖挖逆筑法施工的第一个技术关键。

2）结构各部位的连接和节点形成问题

采用盖挖逆筑法修建结构，顶板与围护结构、顶板与内侧墙、层间底板与内侧墙、层间底板与中柱之间连接的可靠性和合理性是施工过程中应特别注意的问题。采用双层墙的地下构筑物，各层形成的顺序一般为：顶板—底板—边墙。底板和边墙的连接可以按常规施工方法，靠底板钢筋伸入边墙，并采用分步浇筑解决。但由于边墙是在上部顶板混凝土达到设计强度后由下向上浇筑的，后浇筑的边墙顶面与顶板底的结合面常因边墙混凝土的收缩等原因可能出现数毫米宽的缝隙，对结构的强度、耐久性和防水性造成不良影响。因此对顶板（或层间板）与边墙的结合处要特别处理：在采用土模法浇筑顶板（或层间板）前通常在土模边缘边墙的设计位置，向下挖出浅槽，以便在顶板浇筑时形成边墙顶部的加腋，同时按设计要求在槽内向下层土体内插入竖向钢筋，作为顶板（或层间板）与边墙的预留连接钢筋（见图 2-9-6（2））。浇筑边墙时，边墙的竖向钢筋要自下而上绑起，并和顶板（或层间板）下伸的预留连接钢筋可靠连接。

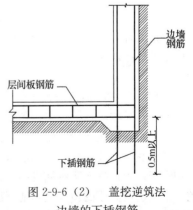

图 2-9-6（2）　盖挖逆筑法
边墙的下插钢筋

为便于混凝土的灌入，边墙模板顶部要做成多个向外倾斜排列的簸箕形下料斗。施工时纵向分段浇筑，以保证空气能自由排出、混凝土能充满边墙顶部和顶板（或层间板）下延部位之间的空间。为避免混凝土收缩出现缝隙，用于浇筑边墙最上部分的混凝土材料，需要采用特别配制的无收缩混凝土或微膨胀混凝土。

3）差异沉降诱发内力的问题

采用盖挖逆筑法修建地下结构，常常为了减少围护结构的变形和内力、加快施工进度、加快横向临时支撑周转，而在各层底板和侧墙的施工中采用沿开挖空间长度方向的"抽条施工"或"倒仓施工"法。这种施工方法虽可提高效率，但是各段结构先后成形，会出现因已浇筑的结构未达到设计强度或尚未形成完整、合理的结构就承受较大荷载导致各空间段的差异沉降和所诱发的次生内力，进而可能导致结构局部开裂或损坏的问题。

4）结构防水层分阶段形成问题

防水处理是盖挖逆筑法施工的技术难点：采用盖挖逆筑法施工时，若采用单层墙或复合墙，结构的防水层往往要被围护结构穿透，很难做好。只有采用双层墙，即围护结构与主体结构完全分离，无任何连结钢筋，才能在两者之间铺设完整的防水层。即使是这样，防水层的施作也有两个难点：

①结构的顶板和围护结构顶部形成刚性连接，顶板上层的防水层无法绕过围护结构顶部和边墙的防水层搭接，通常只能采用外包的方式解决（见图2-9-6（3））。

②在施工上一层结构的外防水层时，必须先在该层底板外缘挖出窄槽，将向下延伸的防水卷材暂时置于窄槽内，以便于施工下一层结构时搭接（见图2-9-6（4））。

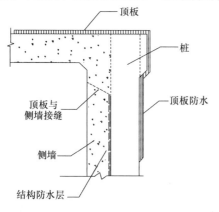
图 2-9-6（3） 盖挖逆筑法结构顶板和
边墙防水的交错部位

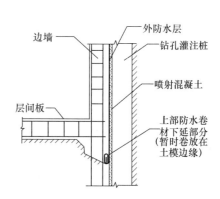
图 2-9-6（4） 盖挖逆筑法施工
边墙外防水层作法

除此之外，中桩的成孔和中柱的精确定位、提高顶板底部表面质量的脱模措施、边墙狭小空间内钢筋连接所用的专用设备、量测监控技术的应用等等问题都是盖挖逆筑法施工特有的技术问题。

2-9-7 盖挖半逆筑法有什么优点？

答：在某些特殊工程中，盖挖半逆筑法也得到了应用。

盖挖半逆筑法和盖挖顺筑法相似，也是在开挖地面、完成顶层板及恢复路面后，向下挖土至地下结构底板的设计标高，先建筑底板、再依次向上逐层建筑侧墙、楼板。但是与盖挖顺筑法的区别在于，盖挖顺筑法所完成的顶板是将来要拆除的临时性盖板，而不是永久结构的顶板；而盖挖半逆筑法所完成的顶板就是地下结构的顶部结构。因此，在地下结构完成后就不必要再一次挖开路面（见图2-9-7）。

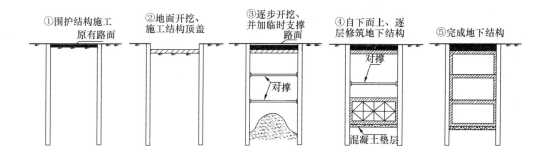

图 2-9-7　盖挖半逆筑法施工示意图

盖挖半逆筑法吸收了盖挖顺筑法和盖挖逆筑法两者的优点，可以避免进行地面二次开挖、减少了对交通的影响；除地下一层边墙和顶板为逆筑连接外，其余各层均为顺向施工，减少了结构的应力转换，对结构的整体性和使用寿命有利，结构的防水施工也变得简单可靠。

盖挖半逆筑法用于结构宽度较大、并有中间桩、柱存在的结构时，多道横撑和各层楼板的相互位置关系、施工交错处理、横撑的稳定性保证都是应当注意的问题。此外，在施工阶段，中桩和顶板中部已有力学连接，顶板边缘与围护结构连为一体，但各层却是自下而上依次建成，各层结构重量的一部分将通过楼板传递到中柱上。中柱的受力变化比较复杂、结构的总体沉降也比较复杂。设计阶段全面考虑、施工阶段现场观测，防止结构在中柱周围出现受力裂缝是十分必要的。

2-9-8　无边柱（墙）盖挖逆筑法施工方法是怎样的？

答：在土质及其力学性能较好的地区，修建覆土较浅、规模较小的单层地下结构（地下通道或隧道）有时采用无边桩（墙）盖挖逆筑法。

此种施工方法一般是：对应于顶板尺寸，在地表开挖长度相同、宽度比结构顶板宽出两翼（每侧延伸出不小于2～3m）的土槽为模，绑扎顶板钢筋，浇筑顶板（连同两翼）混凝土，形成带有两个附加翼板的顶板结构。在结构侧墙位置可以分段进行侧导洞开挖时、翼板下的土体和顶板下的核心土将共同承担顶板自重、地表活载和堆载的重量。此时可仿照隧道的暗挖法施工，自盖板一端开挖，按照绑底板钢筋—浇筑混凝土底板—绑边墙下部及中部钢筋—浇筑混凝土边墙—连接边墙钢筋和顶板下插预留钢筋—支边墙上部模板—灌筑微膨胀混凝土的方法，以3～5m左右为一仓，循环施工，完成整个地下结构（见图2-9-8）。为保证侧导洞开挖时土体的稳定，必要

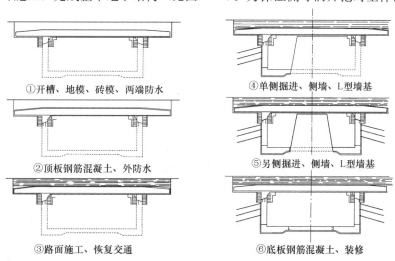

① 开槽、地模、砖模、两端防水

② 顶板钢筋混凝土、外防水

③ 路面施工、恢复交通

④ 单侧掘进、侧墙、L型墙基

⑤ 另侧掘进、侧墙、L型墙基

⑥ 底板钢筋混凝土、装修

图 2-9-8　无边柱（墙）盖挖逆筑法施工示意图

时可对两翼板下的土体采用超前注浆加固等技术措施。

2-9-9 无边桩盖挖逆筑法实用效果如何？存在什么问题？

答：1）这种施工方法简单易行、施工费用较低。用来修建小型地下通道，效果很好。北京市市政总公司 1992 年修建前门地区过街人行地下通道时创造性地应用了这种无边桩盖挖逆筑法。其中 4 号通道净宽度 7m，翼板宽约 2m，长度约 35m，双向开挖。7 号通道净宽 10.3m，翼板宽约 2.5m，长度约 62m，双向三断面开挖。在这两个地下通道的施工过程中，北京市市政总公司成功应用了计算机模拟开挖技术、附加翼板承载技术、UEA 微膨胀混凝土技术和盖挖逆筑法成套量测监控技术。观测了两个通道顶板的应力变化，证明了无边桩（墙）盖挖逆筑法结构应力变化存在特殊性和复杂性。该项成果获得北京市科技进步三等奖。这两座地下通道至今使用完好。

2）存在的问题

无边桩（墙）盖挖逆筑法存在的问题是：（1）顶板覆土过深或土质过差时采用该法不易成功；（2）施工所形成的结构整体性较差；（3）地表沉降不易控制。

2-9-10 隧道盖挖逆筑法施工一般规定有哪些？

答：1）盖挖逆筑法施工，必须保持围护墙内土层的地下水位稳定在基底 0.5m 以下。必要时应采取降水措施，并按有关规定执行。

2）盖挖逆筑法在施工围护墙、中间支承柱、顶板土方及结构的同时，应进行竖井及横洞施工。

3）隧道结构顶板钢筋混凝土结构施工完后，应迅速恢复地面。

4）隧道结构围护墙和支承柱，在底板未封闭前，必须验算其承载力和稳定性，必要时应采取加强措施。

2-9-11 隧道盖挖逆筑法围护墙及支承柱施工规定有哪些？

答：1）隧道结构围护墙采用钢筋混凝土灌注桩或地下连续墙时，位置必须正确，以线路中线为准，其允许偏差为：

（1）平面位置：

①支护桩：纵向±50mm、横向+30，0mm；

②地下连续墙+30，0mm。

（2）垂直度 3‰。

2）隧道结构支承柱采用钢管柱或钢筋混凝土灌注桩时，位置必须正确，垂直度符合设计要求，其平面位置以线路中线为准，允许偏差为：纵向±25mm、横向±20mm。

3）隧道结构的地下连续墙及钢筋混凝土支承柱与楼、底板结构结合处，除设计规定外，应按施工缝进行处理。

2-9-12 盖挖逆筑法施工土方开挖有哪些规定？

答：1）隧道结构顶板土方倒段施工时，应根据顶板结构施工的先后顺序进行开挖，并减少与地面干扰。

2）钢筋混凝土顶、楼、底板和梁的土方开挖时，必须严格控制高程，并应夯填密实、平整，其允许偏差为：高程+10，0mm；平整度 10mm，并在 1m 范围内不多于一处。

如遇有软弱或渣土层时，应采取换填或其他加固措施。

3）隧道洞内每一结构层土方，应根据地质和结构断面尺寸分层、分段进行开挖，其开挖断面坡度必须符合设计规定，不得出现反坡。

4）隧道洞内土方在未完成相应层的隧道结构前，不得继续开挖下层土方。

5）隧道洞内土方开挖，如围护墙结构需临时支撑时，应按设计位置及时设置，并按设计要求进行拆除。

2-9-13　盖挖逆筑法隧道结构施工有哪些规定?

答: 1) 隧道结构现浇钢筋混凝土模板,除应按有关要求施工外,尚应符合下列规定:

(1) 端头模板支立必须保证顶、楼、底板和中、边墙结构变形缝在同一平面内,并符合相关规定;

(2) 顶、楼板和梁结构不得直接利用地基做模板,如在地基上铺设底模板时,其高程、中线、宽度等偏差应符合有关规定。

2) 隧道结构钢筋,除应按有关要求施工外,尚应符合下列规定:

(1) 墙、柱结构预埋件位置应正确,预留钢筋搭接长度符合设计要求,并应采取保护措施;

(2) 顶板结构钢筋宜预先加工成骨架。

3) 隧道结构混凝土灌注,除应按本规范有关要求施工外,尚应符合下列规定:

(1) 洞内宜采用泵送混凝土,结构顶板宜采用早强混凝土;

(2) 结构边、中墙和底、楼板宜以变形缝为界单独灌注混凝土,如施工缝留置位置不符合本规范有关规定时,应经设计单位同意后方可留置;

(3) 墙、柱与顶、楼板结合部位预留的施工缝,经养护、处理后方可灌注新混凝土。

4) 隧道结构采用卷材或涂膜防水层时,除应按照有关要求施工外,尚应符合下列规定:

(1) 结构顶、楼、底板与边墙接茬处防水必须按设计规定进行处理;

(2) 变形缝处止水带应封闭严密。

2-9-14　带边桩的盖挖逆作法施工有何特点,请举例说明?

答: 某通道桥横穿高速公路(车行道全宽 35.2m),通道净宽 8m,净高 3.5m,主要为解决铺路的转弯车辆服务。原设计上部结构为钢筋混凝土实心板,下部为钢筋混凝土扩大基础桥台。在 1 号通道桥位置原有一座小通道,需在建新通道的同时拆除。

由于交通管理部门不同意断路明挖施工,为此决定采用先做承重钢桩,再做承重板梁,上面保证通车,下面掏洞修桥的带边桩的盖挖逆作法施工。表 2-9-14 是对普通明挖法和盖挖逆作法进行的可行性及经济比较。

表 2-9-14

序号	项目内容	普通明挖法施工	盖挖逆作法施工
1	技术难易	简单	较复杂
2	对交通的干扰	大	小
3	施工占用场地	大	小
4	地下地上拆迁量	大	小
5	对周围环境影响	大	小
6	施工安全	可靠	可靠
7	影响交通时间	全过程,时间长	仅在施工顶板时中断交通,时间短
8	工程造价	低	高

带边桩的盖挖逆作法,是先在桥址两侧做桩,然后用帽梁将桩联成一体,主体开挖后,再在帽梁上浇筑钢筋混凝土板梁。板梁上面可以很快恢复交通,板梁下面可安全进行旧通道拆除,施工新通道,见图 2-9-14。

为了不中断交通,上述施工以路中线为界半幅半幅施工。

2-9-15　带边桩盖挖逆作施工顺序及方法是怎样的,请举例说明?

答: 本题中示例参数同题 2-9-14。

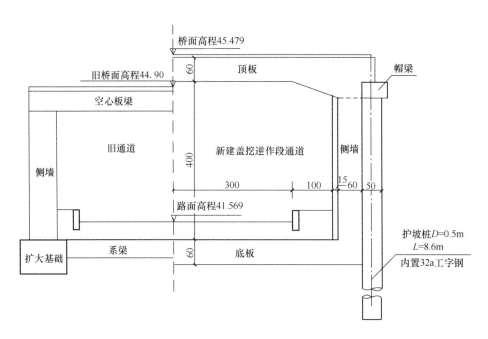

图 2-9-14　带边桩盖挖逆作法施工顺序

1）设置边桩

设置边桩的作用有两个：一是承重；二是护壁，保证侧壁土体稳定。

该工程设计的边桩为劲性骨架钻孔灌注桩，桩径 $D＝50cm$，桩长 8.6m，孔内埋设 32a 型工字钢，桩距 0.8m。在盖挖施工长 19.5m 范围内，两侧共设 48 根桩，以设计路永中为中线全幅埋设。根据地质水文报告和桩长数据，在桩位范围内无地下水，土质为亚粘土及亚砂土，因此该工程采用了长螺旋钻干钻成孔方法施工。边桩作为通道施工阶段的主要支承结构（受侧向土压力及竖向荷载影响），本身的质量保证非常重要。主要应保证桩位准确、混凝土灌注连续振捣密实以及桩的垂直度，将垂直偏差控制在 0.1°以内。

2）帽梁及顶板施工

当边桩混凝土达到强度后，进行帽梁及顶板施工。帽梁按半幅施工，竖向通缝内夹沥青木丝板。盖挖段现浇顶板厚 60cm，半幅宽 9.75m，长 10.18m。施工前先破除旧路面结构，用 20cm 二灰做好顶板的下卧层处理。顶板底模采用 12mm 厚酚醛覆膜胶合板，并将板缝用胶条密封，以保证顶板下表面的外观。通道护壁桩内侧做侧墙，最终与顶板和底板形成闭合框架结构，为此，必须保证顶板钢筋位置准确，以便侧墙施工。即：在顶板钢筋绑扎的同时，将侧墙上部钢筋按设计位置在帽梁内侧挖就的槽内绑好，然后在槽内回填砂子，形成一条侧墙钢筋预埋的砂基。

经实践，从边桩施工至帽梁及顶板施工，直至混凝土养生完毕放行交通，工期仅为 15d，体现了盖挖法对交通干扰小的优点。

3）旧通道结构拆除

在通道侧墙施工之前，要先拆除旧通道。为减少放行交通后通道桥顶板沉降，在新建通道结构未形成闭合框架前，东西半幅旧通道各分四段依次拆除。拆除的顺序是自上而下、由外向内。先采用机械破碎方法将旧通道板梁按顺序逐个拆除，在拆除板梁的同时将旧路结构破除，直至露出新建通道顶板下表面。

由于旧通道侧墙钢筋混凝土较厚（侧墙厚 0.7m）且通道内空间小，不能使用破碎机械从正面进行混凝土破除，因此决定采用高效无声破碎剂（简称 HSCA）进行静态破碎。在旧通道侧墙上满布 $\phi50mm$ 的灌注孔，孔深 0.65mm，孔距 0.2m×0.2m。将破碎剂按水灰比要求拌合成干硬状，做成条，按拆除顺序填入孔中，用木棍捣实。破碎剂填入后24h起作用，混凝土在48h内被全部胀裂，人工用风镐能很轻易地将破裂的侧墙混凝土块拆除。

2.10 导向钻进铺管施工

2-10-1 北京是怎样杜绝拉链工程的？

答：20世纪70年代，北京人对挖了又填、填了又挖的拉链工程大多印象深刻，铺设地下管线不论是饮水管、污水管、电缆、光缆、煤气管道等，都要先把路面挖开，不仅阻断了交通，增加了交通堵塞，许多长了多年的行道树也遭到了厄运，给居民造成很大不便。造成这种状况的根本原因是建设计划不统一，但施工方法落后也是重要因素。

于是非开挖技术就应运而生于20世纪80年代。借助GPS定位系统，施工人员只需在马路一端开一个小口子，相应的非开挖机械就会自动在地下探路，完成各类管线的铺设。最新的非开挖技术，还能使地下原有的管线实现扩容与更新，在北京的自来水、天然气管道改造领域，从根本上解决管线施工中存在的影响交通、影响市容、影响市民生活这三大难题，杜绝"拉链"工程。

目前北京市基础设施的市政地下管网改造已成为城市现代化发展的重要课题。老城区内使用年限在50年左右的排水管道约占管线总长度的70%，这部分管道腐蚀严重，设计管径偏小，已无法满足人口增加和生活水平提高后排水量大幅度增加的需要。但由于旧管道改造多在内城区，交通拥挤、道路狭窄、周围建筑物密集，采用传统的开槽施工方法进行施工越来越受到时间和空间的约束，目前，北京排水管网的改造中成功地应用非开挖液压扩管技术取得成功，施工工期比开挖施工缩短了50%，节约了施工拆迁费用。

2-10-2 非开挖铺设地下管线技术是指什么？

答：非开挖铺设地下管线技术是指利用岩土钻掘手段，在地表不挖槽的情况下，铺设、修复和更换地下管线的施工技术。该项技术与传统的"挖槽埋管法"相比，具有不破坏环境、不影响交通、施工周期短、成本低、社会效益和经济效益显著等优点。此外，还可在一些无法实施开挖作业的地区铺设管线。如：古籍保护区、闹市区、农作物及植被保护区，穿越高速公路、铁路、建筑物、河流等。非开挖铺管技术可广泛用于市政、电讯、电力、煤气、自来水、热力等管线工程部门。

地矿部勘探所立足于中国国情，已研究开发出非开挖定向（导向）钻进铺管技术和气动予及夯管锤铺管技术，并曾利用这两种技术在河北省廊坊市天然气管道工程、北京玉泉山污水管道穿越房屋工程、首都机场过飞机跑道铺管工程中成功地铺设了896m的管道。其中多条管道是在地下管网极为复杂的情况下铺设的，施工质量完全达到了甲方的要求。

2-10-3 非开挖定向钻进铺管技术是怎样的？

答：1）主要用途：非开挖穿越公路、铁路、河流、鱼塘和建筑物等，铺设直径小于300mm的钢管和PVC、PE管。还可用于长距离管棚支护、水平降水井工程等。

2）工作原理：先按设计轨迹打一导向孔，然后反拉扩孔，并将管道拉入孔内（见图2-10-3

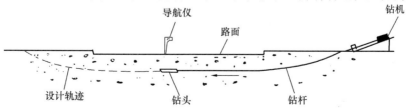

图2-10-3（1） 定向（导向）钻进铺管先导孔施工示意图

（1）、（2）、（3））。

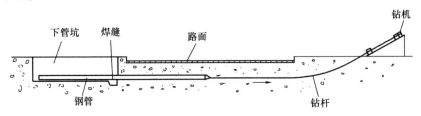

图 2-10-3（2） ϕ120 以上钢管铺设示意图

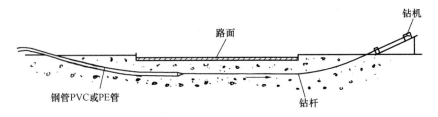

图 2-10-3（3） ϕ120 以下钢管或 PVC、PE 管铺设示意图

3）适用地层：黏土、亚黏土、粉砂土、回填土、流砂层、含少量砾石地层等。

4）施工场地：

①非开挖穿越铺设 ϕ120mm 以上的钢管，一侧需 3mm×5mm 的场地放置钻机等，另一侧需长 8～12m 的下管工作坑。

②非开挖穿越铺设 ϕ120mm 以下的钢管或 PVC、PE 管，一侧需 3×5m 的工作场地放置钻机等，另一侧需 4～8m 长的下管空间，不需挖坑。

5）铺管位置精度控制：钻孔前，先用管线仪将地下已有金属管线或电缆探明。钻孔时用随钻定向测控仪准确控制钻孔方向，使导向孔与设计轨迹重合。该仪器系自动显示，操作者在钻机旁即可知道地下钻头的位置。

6）设备：钻机、钻杆、导航仪和配套器具。

2-10-4 QDM 系列气动矛及夯管锤铺管技术是怎样的？

答：1）用途：用于穿越公路、铁路、建筑物等直线管线的铺设，铺管长度 50m 以内，管线直径 ϕ1000mm 以下。还可用于管棚支护和土锚杆工程。

2）工作原理：气动矛和夯管锤均以压缩空气为动力，压缩空气驱使冲锤向前冲击，从而将管线拉入或夯入地层中。

①见图 2-10-4（1），气动矛的予体自身进入地层，可以在予体进入地层的同时将管线带入，也可以在成孔以后将管线拉入。如进入中途遇地下障碍物，予体可受控反向冲击返回发射坑。该方法效率为每小时进尺 40～60m。

②见图 2-10-4（2），夯管锤是在钢管的后面将钢管夯入地层，原理与重锤夯管类似，但不需导轨，效率高，每小时可夯管 10～20m。

3）适应地层：黏土、亚黏土、砂土、回填土、流砂层等。

4）施工场地：

①铺设钢管，一侧需 6～10m 长的发射坑，另一侧需 1m 长的接收坑。

②铺设 PVC、PE 管，一侧需 3m 长的入射坑，另一侧需 2m 长的接收坑。

5）设备：

空压机、注油器、高压胶管、气动予或夯管锤、发射架、拉管器、瞄准器等，ϕ63mm、

ϕ108mm、ϕ180mm 三种直径系列。

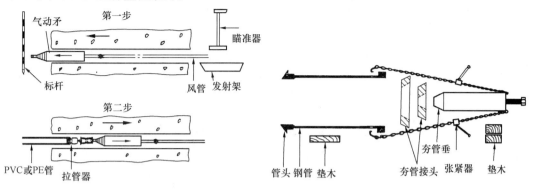

图 2-10-4（1）　气动矛铺管示意图　　　图 2-10-4（2）　夯管锤铺管示意图

2-10-5　非开挖铺设地下管线主要技术有哪些？用于何处？

答：非开挖铺设地下管线技术（简称非开挖铺管技术）是指利用岩土钻掘、导向测控等技术手段，在地表不挖槽和地层结构破坏极小的情况下，对诸如供水、煤气、天然气、污水、电信电缆等公用事业管线进行铺设的施工技术。主要技术有导向钻进、定向钻进、微型隧道掘进、冲击矛和夯管法铺管技术。非开挖铺管技术可用来铺设直径 40mm 至 2500mm 的各种地下管线，距离可达上千米。非开挖铺管技术与传统的"挖槽埋管法"相比，具有不污染环境、不影响交通、对地层结构破坏小、施工安全可靠、周期短、无需运输和堆放杂土、成本低、社会效益与经济效益显著等优点。此外，还可在一些无法实施开挖作业的地区铺设管线，如：古迹保护区、闹市区、农作物及植物被保护区、穿越高速公路、铁路、建筑物、河流等。非开挖铺管技术的应用领域很宽，它可广泛用于雨水、污水、电信、电力、煤气、油气、自来水、热力等管线工程，也可用于水平降水工程、管棚支护工程以及污染物防渗治理工程等。

2-10-6　非开挖铺设地下管线技术的发展情况怎样？

答：中国最早使用的非开挖方法是顶管法，顶管法的技术特点是：主要采用人工掘进，纠偏困难，不能在水下施工，一次顶进长度小。从 1985 年开始，现代的非开挖技术开始引入中国。首先是顶管技术在中国有了较大的发展，引入了中继间顶管技术、触变泥浆技术、自动测斜纠偏技术以及土压平衡和水压平衡技术。顶管直径从 20 世纪 50 年代的 800mm 发展到 3m；一次顶进长度从几十米发展到几百米。20 世纪 70 年代末，导向钻进技术、夯管法等现代非开挖技术逐渐被引进中国，对我国非开挖技术进步起到推动作用。

1994 年以来，中国地质科学院勘探技术研究所率先研制了导向钻进铺管钻机及施工工艺、气动矛、夯管锤施工工艺。目前已经推出 CBS 系列导向铺管钻机、M 系列气动矛、H 系列夯管锤在国内有较高的市场占有率，上百台钻机和数十台套夯管锤在全国两百多个大中城市进行非开挖铺管工程施工，完成铺管工作量五百多万米，最大铺管长度 380m，最大铺管直径 820mm，并解决了一次铺设 105m 长、ϕ108mm×24 根 PE 管的难题。

非开挖技术应用领域也在不断扩大，高精度、低散射的激光定向技术、计算机优化设计和控制等新技术也被广泛使用。

2-10-7　导向钻进铺管施工过程是怎样的？

答：导向钻进非开挖铺管技术是指利用地表放置的钻机、随钻测量仪器以及有关钻具，沿欲铺设管线的设计轨迹先钻一个导向孔，然后回扩孔，将孔径扩大到铺管要求的口径，并将管线同步或分步拉入以达到不开挖铺管的要求。如图 2-10-7 所示。该技术的关键部分是先导孔钻进技术，它是利用放置在钻头附近的探头发射信号，地表导向仪器可随时测出钻头位置、深度、顶角、工具面向角等参数，与钻机配合及时调整钻孔方向，实现有目标的引导式钻进，即导向钻进。导向钻进中，采用了带斜面的非对称式钻头，当回转和给进同时进行时，钻孔呈现直线延伸，当只给进不回转时，受斜面反力的作用，钻孔沿斜面法线的反方向延伸。因此，钻机操作人员可根据测出的钻进参数判断钻孔位置与设计轨迹的偏差，并随时进行调整，确保钻孔沿设计轨迹前进。

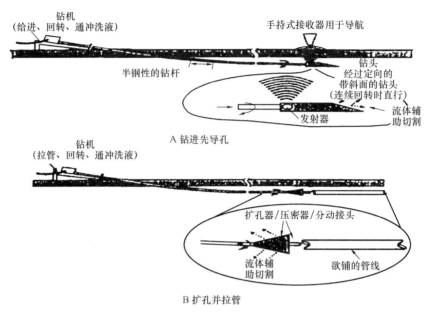

图 2-10-7　导向钻进非开挖铺管过程

2-10-8　导向钻进技术的特点是什么？

答：导向钻进非开挖铺管技术最显著的特点是：对地表的干扰较小；施工速度快；可控制铺管方向，施工精度高。尤其是在城市管网极为复杂的地区，可精确控制要铺管线位置，可以避免损坏其他地下设施，同时也可以保直钻铺设钢管，用于管棚支护、水平降水等工程施工。由于受到探测深度的限制，导向钻进的深度有限。

2-10-9　导向钻进技术配套设备有哪些？

答：导向钻进非开挖铺管施工用的钻具、仪器、设备主要有：导向钻具、钻杆、反向扩孔钻头、分动器、导向仪器、钻机、辅助顶推装置等。

导向钻具是由非对称钻头、探头盒组成。钻头上镶有硬质合金切削齿，装有一个硬质合金喷嘴。探头盒用来放置探头，探头盒上开有信号发射窗口，并用非金属材料密封，以防高压流体进入探头室。导向钻具用来成孔和变向，成孔是以高压水射流和切削作用同完成的，变向和控向是由非对称钻头、钻机、仪器的相互配合来实现。

钻杆是导向钻进铺管技术的关键部分之一，它具有高强度、高弹性、耐高压等基本特性。在反向扩孔回拉工作管线时，钻杆承受较大的拉力和扭矩，同时钻杆是在弯曲和回转状态下工作，因此钻杆的材料选择、热处理工艺以及丝扣设计加工必须重点考虑钻杆强度，包括高的抗疲劳强度。在导孔钻进中，钻孔可能是曲线或直线不断变化，因此钻杆应具有高的弹性和韧性。对于长距离的钻孔而言，钻杆的强度比柔度更为重要。因此，大多选择较大直径的钻杆。另外，钻杆也是输送高压流体的通道，钻杆连接部位必须耐高压。

反向扩孔钻头是导向钻进的重要工具之一，用来扩大导孔，便于拉管。不同地层及不同工作管径，应有多种结构形式的反扩钻头。常用的反向扩孔钻头有：冀片式刮刀钻头、镶齿切削式钻头、节齿钻头、牙轮钻头等。例如可用于含石块土层的铸钢钻头具有如下特点：

1）反螺旋切削刃，导流效果好，便于排屑。

2）流线性锥面，回转阻力小，卡钻机会少。

3）流线性锥面可将砖块、石块之类硬物不经破碎压入周围土层。

分动器放置在反扩钻头之后和将要接入的工作管之前，可实现反扩钻头旋转而拉入的工作管不回转。

导向仪是导向钻进的"眼睛"，它可以随钻测出钻头的地下位置、深度、顶角、工具面向角、温度等基本参数，使操作人员能及时、准确地掌握孔内情况并随时调整钻进参数，确保按预定的钻孔轨迹完成先导孔，实现准确铺管的目的。导向仪的测定范围、测试深度、可靠性、使用寿命等特性是导向仪的关键，常用的导向仪是手持步履跟踪式导向仪，它由三部分组成：地下探头、手持式地面接收机、同步显示器。一般导向仪是以无线电波为信号载体传输信息，也有个别公司用磁信号来进行探测。下面以无线电波式导向仪为例说明它的组成和原理。

探头装在导向钻头的探头盒内。钻进时，发射一定频率的电磁波，要测的信号以电磁波为载体传到地表，由地面接收机将信号译码并显示出来。探头内装有传感器、编码器、发射器、电源等，电源多用碱性干电池，寿命为 12～20h。手持式地面接收机是接收探头信号的地面跟踪仪器。它由解码器、微处理器、显示器等组成。使用它的操作人员在地表可随钻跟踪钻头位置，测出钻头深度、顶角、工具面向角、探头温度等参数。接收机还配有同步发射器，可将从探头接收的信息再发射出去，使钻机旁的同步显示器也可同时得到孔内信息，以便及时调整操作参数，减少人为的信息传递失误。同步显示器放置在钻机旁，供操作人员了解孔内信息。它是由信号接收器和显示器组成。

2-10-10 钻机的扭矩是一种什么指标？

答：钻机的扭矩是选择钻机的一项重要指标。在比较导向钻机性能时，对比钻机的回拖力是最常用的一个方法，然而回拖力不应该是一个最重要条件。因为，通过增加液压系统的压力或使用类似的方法可以容易地改变这项参数。由于增加推进与回拖力需发动机增加的功率很小，所以，提高钻机的回拖力可以很容易地做到。钻孔的形成主要靠钻机的扭矩和钻进液来完成，而不是钻机的推力和拉力。如果导向孔和预扩孔完成得非常理想，钻机本身可能始终用不到其标定的回拖能力。扩孔器的扩孔情况（切割面的压力）与导向孔的直径和要达到的扩孔孔径成函数关系，而与回拖力无关。回拖力只是用来移动穿越的管道重量。小口径的管道或塑料管，其总重量不是很大，一旦被拖进孔内，由于孔内膨润土制成的泥浆对管道的浮力，管道被拖动将不需非常大的回拖力。在施工中，钻机大部分时间要进行回转钻进，以实现对土层的切削和在钻进液的作用下排出土渣。

用于导向钻进非开挖铺管的钻机多为全液压动力头式钻机，例如 GBS-10 型钻机由拖车式动力机组和轮式全液压钻机两部分组成，拖车式动力机组包括：58kW 高速柴油机及由该柴油机直接驱动的液压油泵和高压水泵，另外还配有油箱、水箱和可卸式钻杆架。轮式全液压钻机可方便地移动行走，对正孔位，便于短距离迁移。该钻机主要技术为：

动力头转速：0～130r/min

额定回转扭矩：3500Nm

额定给进力：50kN

额定回拉力：120kN

钻进液主要用于稳定孔壁、降低回转扭矩和拉管阻力、冷却钻头和发射探头、清除钻进产生的土屑等。钻进液的基本组分是现场的淡水，大多数情况下，须在水中添加膨润土来增加钻进液的黏度。因此，它被视为导向钻进施工的"血液"，一般要求采用优质膨润土制备泥浆，有时视地层条件在泥浆中加入适量的聚合物。膨润土主要是由钠高岭石组成的天然黏土。

2-10-11 导向钻进施工技术有哪些？

答：导向钻进非开挖铺设地下管线施工技术主要包括导向孔施工和扩孔及铺管施工，其中关键技术是导向孔的设计和施工，导向孔的设计和施工受多因素的制约，最主要的有施工现场地表和地下情况。地表情况包括地形、地貌、周围建筑物、道路、河流等，地下情况包括地下原有公用管线、地下水位、地层情况等。因此，在导向孔设计和施工之前必须有详细的现场勘察资料。导向钻进非开挖铺管工程施工主要过程有：现场勘察；导向孔轨迹设计；施工前准备；导向孔施工；反拉扩孔及铺管施工；竣工资料编写。

2-10-12 导向孔轨迹设计是怎样的？

答：弧形导向孔轨迹如图 2-10-12 示，它由三段组成，第一造斜段、直线段和第二造斜段。直线长度是管道穿越障碍物的实际长度。第一造斜段是钻机上钻杆进入铺管深度的过渡段。对典型的导向钻进铺管施工，其导向孔的位置形态由以下五项基本参数决定：

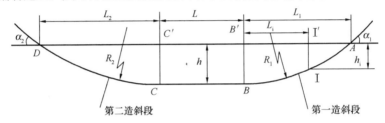

图 2-10-12

（1）穿越起点（图 2-10-12 中 B' 点）：由工程本身要求决定；

（2）穿越终点（图 2-10-12 中 C' 点）：由工程本身要求决定；

（3）铺管深度 h：根据工程的要求、现场勘查资料综合考虑而决定；

（4）第一造斜段曲率半径 R_1 的选取主要由钻杆最小曲率半径 R_d 和铺管深度 h 决定，根据经验公式：

$$R_d = 1200 \cdot d$$

式中：R_d 为最小曲率半径，mm；d 为钻杆直径，mm；一般取 $R_1 \geqslant R_d$。

（5）第二造斜段由率半径 R_2 与所辅管的弯曲半径有关，一般取 $R_2 \geqslant 1200D$（D 为钢管直径）。

导向孔的基本参数确定后，其他各项参数可用作图法或计算法来确定。

作图法：如图 2-10-12 所示，确定 B'、C' 点后，按其辅管深度 h 即可确定直线段轨迹 BC，长度为 L。作半径为 R_1 的圆与直径 BC 相切于 B 点，与 $B'C'$ 的延长线相交于 A 点，则该圆点在 A 点的切线与 AB' 的夹角为入射角 α_1，AB' 的长度即为造斜距离 L_1。用类似的方法亦可画出 CD 和求出 α_2、L_2。

计算法：根据有关计算公式推导后有如下关系：

$$L_1 = \sqrt{h(2R_1 - h)} \tag{1}$$

$$\alpha_1 = 2\text{arctg}\sqrt{\frac{h}{2R_1 - h}} \tag{2}$$

$$L_2 = \sqrt{h(2R_2 - h)} \tag{3}$$

$$\alpha_2 = 2\text{arctg}\sqrt{\frac{h}{2R_2 - h}} \tag{4}$$

式中　L_1、L_2——第一、二造斜段造斜距离；

　　　α_1——入口倾角；

　　　α_2——出口倾角；

　　　R_1——钻杆曲率半径；

　　　R_2——管道曲率半径；

　　　h——铺管深度。

设 I 点为第一造斜段 AB 上的一点，其对应地面 AD 上的 I′点即为导航仪所测深度 h_i 所在点，该点的倾斜角为 α_1 则有关系式：

$$h_i = h - R_i + \sqrt{R_1^2 - L_i^2} \tag{5}$$

$$\alpha_i = 2\mathrm{arctg}\sqrt{\frac{h - h_i}{2R_2 - h - h_i}} \tag{6}$$

式中　h_i——I 点轨迹深度；

　　　L_i——I′点和 B′点间距离；

　　　α_i——I 点轨迹倾角。

同样，如设 I 点为第二造斜段 CD 上的一点，可用（5）、（6）两式算出 I 点的深度 h_i 和倾角 α_i 进行作图法和计算法得出各参数之后，还应考虑其他因素对入口倾角、出口倾角的限制。

入口倾角：钻机倾角的可调范围是限制入口倾角的主要原因：对于地矿部勘探所设计的 GBS-10 型钻机，其倾角可调范围为 6°～23°，因此 6°≤α_1≤23°。若用 ϕ50mm 钻杆，取 R_1=60m，代入（2）式可算出 0.76≤h≤4.7m。一般工程，h≤0.7m 的情况很少。当 h>4.7mm 时，可采用两种方法使 α_1 小于 23°。

2-10-13　地层硬软与造斜效果是什么关系？

答：由于钻头是靠土层对造斜面的反作用力而使钻孔变向，故地层愈硬，造斜效果愈好；地层愈软，造斜效果愈差；当钻头前方为空洞时，将不能造斜。另外，给进速度对造斜效果也有影响。

2-10-14　造斜段的目的是什么？

答：造斜段钻进就是充分利用导向钻头的造斜原理，使钻孔实际轨迹尽可能接近钻孔设计轨迹。实钻中不可避免地会发生钻头偏离设计轨迹的情况，一般以采用深度控制为主，顶角控制为辅的方法来纠正钻孔偏差。造斜段的目的，就是使钻孔到达造斜终点时，其深度和倾角均符合设计钻孔轨迹要求。

2-10-15　直孔段如何保直钻进？

答：直孔段钻进的主要任务是保直钻进，但由于地层的软硬变化和导向钻头以及钻杆自身重力等作用，钻孔往往会发生偏斜，多数情况下是因重力作用而向下偏斜。当钻孔发生向下偏斜时，同样可用以深度控制为主，倾角控制为辅的方法对钻孔进行造斜钻进，直到钻孔接近设计轨迹，而后进行保直钻进。直孔段尤其要注意钻孔左右偏斜。对于铺设较大直径钢管，发生直孔段偏斜以后应慢慢纠正，偏斜量应控制在管径以内。

2-10-16　反拉扩孔铺管施工要点是什么？

答：1）施工步骤：①卸下导向钻头换上反扩钻头及分动器；②分动器后连接钻杆；③扩孔；④反扩钻头到达取钻头坑后，卸下反扩钻头及分动器，将前后钻杆连接起来；⑤反扩钻头及扩孔器与钻杆相连；⑥分动器后连接要铺管线；⑦反扩拉管；⑧反扩钻头到达取钻头坑后，使分动器与拉骨头脱离，并从钻杆上卸下反扩钻头；⑨取出剩余钻杆，铺管完成。

2）扩孔的目的主要是减小反扩拉管时的扩孔工作量。对于直径较小的管道可不进行专门的扩孔钻进，在扩孔的同时将管道拉入。对于直径较大的管道，若孔壁较稳定，可进行多级扩孔钻进，钻孔直径逐级增大。扩孔钻进时，同步拉入钻杆，使孔内始终有钻杆存在。

3）反扩拉管时先将拉管头与待铺管道连接，钢管采用焊接方式，连接 PE、PVC 管采用夹管装置连接，然后将接管头与分动器连接，随着钻杆的回拉，管道慢慢进入孔内。金属管拉完一根后，下入第二根管并和第一管焊接起来，焊缝按要求进行防腐处理。

2-10-17　竣工资料编写有何要求？

答：反拉扩孔铺管完成后，应用管线仪复查铺管位置和深度，得到业主的认可后全部现场施工工作即完成。根据导向孔的实际轨迹位置和复查获得的铺管精确位置绘制竣工图，完成竣工资料的编写。竣工资料应包括所铺管线的准确位置、与相邻其他管线的相对位置，是否完全达到设计要求，如果采取补救措施完成施工的，应说明它对原有地下管线或设施的影响，对地面设施是否有扰动。竣工资料的编写应准确无误，它是日后管线维护、检修的依据，也为以后的地下工程施工提供可靠的资料。此外，竣工资料还应包括施工日期、人员组织等内容。

2-10-18　非开挖铺管技术是什么发展的必然趋势？

答：非开挖铺设地下管线是现代文明发展的必然趋势。城市道路是城市赖以生存和发展的重要基础设施，是城市人流、物流、信息流的载体、城市经济运行的"大动脉"，良好的城市道路设施是城市现代化的重要标志。随着城市居民的现代文明意识的逐渐加强，开挖路面施工管线导致的社会问题和环境污染问题越来受到人们的关注：为了加强城市道路管理，保障城市道路完好，充分发挥城市道路功能，促进城市和社会发展，国务院于 1996 年 6 月 4 日以第 198 令发布《城市道路管理条例》，自 1996 年 10 月 1 日起实行。这是我国颁布的第一部有关城市道路的管理法规，是城市道路管理史的一项重要举措。该条例的出台，为非开挖技术的推广应用起到了积极推动作用。

我国现有城市 666 个（2002 年资料），每年大规模进行城市建设和地下基础设施建设。急待铺设、扩容、修复利更换大量的公用管线，如：全国通讯网的建设，需要铺设大量的光缆；"西气东输"、"北气南送"工程的管网建设改造、天然气进入千家万户都需要铺设大量的压力管道；电力系统增容，将过去的明线改为地下暗线等等。随着城市主干道不断加宽，高速公路、高等级公路的网络化，人们环保意识的不断增强，传统的挖槽埋管已不适应现代化建设的需要，现代非开挖铺管技术将逐步成为地下管线施工的主流。非开挖技术是地下管线施工的重要方法之一，有时甚至是唯一的方法。地下管网的现状和发展状况在很大程度上反映了非开挖施工的市场潜力，非开挖施工必将发展成为一个庞大的施工产业。中国非开挖技术市场的发展与中国现代化的进程密切相关，非开挖技术将在基础设施建设中发挥很大作用。

2-10-19　不开槽法施工一般规定有哪些？

答：1）不开槽施工方法中，一般顶管法适用于直径 800～3000mm 管道施工；盾构法适用于直径 2000mm 以上管道施工；浅埋暗挖法适用于直径 2000mm 以上管道施工；水平钻机、气动矛、定向钻、夯管锤等机具适用于直径 100～1000mm 管道施工。

2）采用不开槽施工管道均应编制独立的施工组织设计。施工组织设计应包括下列内容：

（1）施工现场平面布置图。

（2）施工方法选定与掘进机械的选型。

（3）工作竖井的选位、施做方法与检查井的施做方法。

（4）给水、排水、照明与动力供电（应设置双路电源或应急自备电源）消防、通风、通信等设计。

（5）施工用材料（管材、管片、钢筋格栅、防水材料、浆液原材料等）运输、贮存、安装与注浆、补浆方案。

（6）循环作业的方案与网络控制计划。

（7）配套辅助施工机械设备的选型和配置。

（8）穿越土层的掘进与水平、垂直运输方案。

（9）管道结构进入土体与脱离土体的技术措施。

（10）测量与监控方案。

（11）防漏电、防缺氧、防毒等安全监测和保护措施。

（12）施工安全技术措施。

3）施工前应掌握施工地段内的工程地质水文地质条件，现场水、电、运输、排水条件和地上、地下建（构）筑物的结构特征、基础做法与高程等，用以编制施工组织设计。

4）不开槽施工中的施工竖井（工作坑）宜设置在施工与运输条件较好，对周围建（构）筑影响少的管道检查井的井位。

5）施工前应采取降水措施将地下水降至竖井底部 500mm 以下，且工作竖井应进行抗浮校核。降水施工的管段，工程完成前，不得停止降水。

6）竖井四周与顶管工作坑四周及工作坑工作平台四周应设护栏。井（坑）内应设上、下梯道和排水设施。竖井四周应设高出地面 300mm 的挡墙。

7）始发竖井与接收竖井中，进出土体的洞口四周宜根据实际情况与选定的不开槽工法要求进行土体加固并对洞口设置易于装、拆的临时封堵设施。

8）施工中应根据选定的工法采取必要的土壤加固、减阻、填充浆液施工。并符合下列要求：

（1）加固土层用的注浆液应依据土层种类通过试验选定。采用水玻璃、改性水玻璃注浆加固时应取样进行注浆效果检查。注浆压力宜控制在 0.15～0.3MPa，最大不得超过 0.5MPa。注浆稳压时间不得小于 2min。注浆后，应根据注浆液种类及相应加固试验效果，确定土层开挖时间。一般 4～8h 后，方可开挖土层。

（2）减阻浆液宜采用触变泥浆。使用膨润土配制触变泥浆，应测定其胶质后，通过试验确定水、膨润土和碱的质量配合比。触变泥浆配制后，应静置 12～24h 方可使用。

（3）填充浆液宜采用水泥粉煤灰浆液。浆液应搅拌均匀，无结块。注浆压力应根据管顶以上覆土厚度确定，一般宜控制在 0.1～0.3MPa，砂卵石层中为 0.1～0.2MPa。注浆量按计算管壁与土层间隙量的 150% 控制。

9）施工中应建立管道方向偏差调整、注浆效果等控制信息系统，并指导施工。

10）施工中，应依据监控测量方案进行管道施工监控与测量。监控测量应符合《市政基础设施工程测量技术规程》Q/BMG 101 的有关规定。

11）施工中，应对每个工作循环进行量测、监控、纠偏并记录，保持进尺时间、长度，机械运行状态，管道中心线、高程动态变化等原始记录完好。

2-10-20 定向钻法施工有哪些要求和规定？

答：1）定向钻铺管适用于黏土、粉质黏土、粉砂、中砂等土层。

2）采用定向钻机铺管，宜根据铺管的种类、管径与走向要求，选择钻机。管径较大的管和重力流管道宜采用坑置式水平钻机铺管。曲线铺管宜采用地表始钻式钻机铺设管道。

3）选用定向钻机，应配置相应的定位与导向仪器与辅助设备。采用干式钻进应配置空气压缩机，采用湿式钻进应配置泥浆搅拌机、泥浆泵、泥浆净化与贮存设备。

4）施工前，应根据定向钻的机型、性能与管线铺设线范围地表工作条件、铺管深度、定位精度要求、有无干扰源等因素，经技术、经济比较后确定适宜的定位与导向系统。

5）施工前应根据管材最小允许曲率半径、钻杆的最小允许曲率半径、地层条件、现场条件、铺管深度确定合理的钻进轨迹曲线。地表始钻式钻机铺管入土角宜小于 22°，铺设钢管一般取 9°～12°；出土角宜不大于 10°，钢管一般为 4°～8°。

6）管材的最小曲率半径应依据材质、管壁厚、管径及运输介质确定，并应符合表 2-10-20（1）的规定。

各种管材的最小曲率半径　　　　　　表 2-10-20（1）

管　材	最小曲率半径	备　注
高密度聚乙烯管（HDPE）	＞100D	
钢管	＞1200D	
钢管	＞1500D	《城镇燃气输配工程施工及验收规范》CJJ 33—2005
钢管	＞1500D 且不得小于 300m	

注：表中 D 为管外径（mm）。

7）定向钻机铺管覆土深度应大于 6 倍钻孔直径，且在穿越水体时不得小于 5m。

8）定向钻机钻曲线孔时，其入土与出土段的钻孔应为直线形，其长度不得小于 10m。其钻孔的终孔直径宜为铺设管径的 1.2～1.5 倍。

9）地表始钻式定向钻机采用地面锚固时，其锚固力应满足钻孔作业时最大钻进扭矩与回拖铺管时的最大回拖力。采用工作坑内始钻式定向钻时，工作坑底的承载力应满足钻孔作业时的最大钻进扭矩与回拖铺管时的最大回拖力。

10）定向钻机的钻进最大扭矩与最大回拖力应经计算确定。选用钻机的能力宜为计算值的 1.3 倍。

11）定向钻铺管施工过程中使用的泥浆配制应符合下列规定：

（1）泥浆的黏度、密度、失水量、泥皮厚度、pH 值、动切力、静切力、胶体率等参数要满足使用功能，施工过程中还应控制含砂率。

（2）不同地层条件与不同铺管管径情况下的泥浆黏度如表 2-10-20（2）所示。

泥浆黏度（s）　　　　　　表 2-10-20（2）

管径（mm）	地　层						
	黏土	粉质黏土	粉砂	细砂	中砂	粗砂	软岩石
钻导向孔	30～40	35～40	40～45	40～45	45～50	50～55	45～50
＜273	30～40	35～40	40～45	40～45	45～50	50～55	45～50
273～426	30～40	35～40	40、45	40～45	45～50	55～60	50～55
426～529	40～45	40～45	45～50	45～50	50～55	55～60	50～55
＞529	45～50	45～50	50～55	55～65	55～65	65～70	55～65

注：本表所示泥浆黏度系用马式漏斗计测量数据。

（3）泥浆用量可按下式计算，并根据施工实际效果调整。

$$Q = K(D^2/13) \times 10^4$$

式中　Q——泥浆用量，L/m；

D——最大扩孔直径，m；

K——系数，通常在 2～5 之间，根据土质条件的不同从中选择，在黏性土壤中取 2～3，砂质地层或泥浆漏失严重的地质条件下，取 4～5。

（4）废弃泥浆的处理应符合环境保护要求。

12）施工前应根据设计要求的入土地点与出土地点测设管道的轴线高程，标出钻机安装位置与管道组装场地等，施工占地边界应设置围挡。

13）管道的组装长度应比设计穿越长度加长 20mm。

14）管道铺设后应按规定进行严密性试验。

2.11 污水处理厂及排水构筑物施工

2-11-1 污水处理方法有几种？

答：污水处理的基本方法，就是采用各种技术与手段，将污水中所含的污染物质分离去除、回收利用，或将其转化为无害物质，使水得到净化。

现代污水处理技术，按原理可分为物理处理法、化学处理法和生物化学处理法三类。

物理处理法：利用物理作用分离污水中呈悬浮状态的固体污染物质。方法有：筛滤法，沉淀法，上浮法，气浮法，过滤法和反渗透法等。

化学处理法：利用化学反应的作用，分离回收污水中处于各种形态的污染物质（包括悬浮的、溶解的、胶体的等）。主要方法由中和、混凝、电解、氧化还原、汽提、萃取、吸附、离子交换和电渗析等。化学处理法多用于处理生产污水。

生物化学处理法：是利用微生物的代谢作用，使污水中呈溶解、胶体状态的有机污染物转化为稳定的无害物质。主要方法可分为两大类，即利用好氧微生物作用的好氧法（好氧氧化法）和利用厌氧微生物作用的厌氧法（厌氧还原法）。前者广泛用于处理城市污水及有机性生产污水，其中有活性污泥法和生物膜法两种；后者多用于处理高浓度有机污水与污水处理过程中产生的污泥，现在也开始用于处理城市污水与低浓度有机污水。

城市污水与生产污水中的污染物是多种多样的，往往需要采用几种方法的组合，才能处理不同性质的污染物与污泥，达到净化的目的与排放标准。

2-11-2 污水处理技术划分为几级？

答：现代污水处理技术，按处理程度划分，可分为一级、二级和三级处理。

一级处理，要求去除污水中呈悬浮状态的固体污染物质，物理处理法大部分只能完成一级处理的要求。经过一级处理后的污水，BOD 一般可去除 30％左右，达不到排放标准。一级处理属于二级处理的预处理。

二级处理，主要去除污水中呈胶体和溶解状态的有机物质（即 BOD、COD 物质），去除率可达 90％以上，可使有机污染物达到排放标准。

三级处理，是在一级、二级处理后，进一步处理难降解的有机物、磷和氮等能够导致水体富营养化的可溶性无机物等。主要方法有生物脱氮除磷法、混凝沉淀法、砂滤法、活性炭吸附法、离子交换法和电渗析法等。三级处理是深度处理的同义语，但两者又不完全相同，三级处理常用于二级处理之后。而深度处理则以污水回收、再用为目的，在一级或二级处理后增加的处理工艺。

污泥是污水处理过程中的产物。城市污水处理产生的污泥含有大量有机物，富有肥分，可以作为农肥使用，但又含有大量细菌、寄生虫卵以及从生产污水中带来的重金属离子等，需要作稳定与无害化处理。污泥处理的主要方法是减量处理（如浓缩、脱水等），稳定处理（如厌氧消化法、好氧消化法等），综合利用，（如消化气利用，污泥农业利用等），最终处置（如干燥焚烧、填地投海；建筑材料等）。

城市污水处理的典型流程见图 2-11-2。

2-11-3 污水处理厂有哪些污水处理流程和设施？

答：废水处理厂是处理废水的场所，在城市也称污水处理厂或污水厂。设在工厂的常称处理站，出水放入城市排水管道时，处理站实际上是一种预处理设施。废水处理的一般目标是去除悬

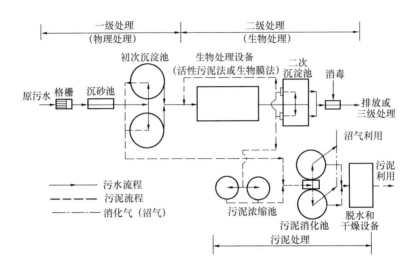

图 2-11-2　城市污水处理典型流程

浮物和改善耗氧性（即稳定有机物），有时还进行消毒和进一步的处理。工业废水的处理侧重于油类、悬浮物、重金属和高残留有机物的去除或转化，以及 pH 值的调整。

1）城市污水厂的流程依照需要的处理程度和经济分析确定。通常区分为三级：①一级处理。采用沉淀法，悬浮固体和五日生化需氧量的去除率一般可分别达到 60％和 30％左右。②二级处理。采用水的生物处理法，悬浮固体和五日生化需氧量的去除率一般都可达到 90％左右，采用高负荷率活性污泥法时五日生化需氧量去除率在 60％左右。③三级处理。尚未定型。

2）一级污水厂的主要处理构筑物是沉淀池。二级污水厂为生物处理。沉淀池再加生物器（曝气池、生物滤池、生物转盘或曝气生物滤池等）和后沉淀池。因前后都有沉淀池且作用有差别，故常称前者为初次沉淀池。还有辅助性的设施和处理沉淀污泥的设施。辅助性设施一般为格栅和淀淀池（也称杂粒池）。格栅去除块状物和布片等物。沉砂池去除易沉物的免在后续深池中积累，影响运行。处理污泥的设施一般是消化池和脱水设备（干化床或脱水机）。

3）废水处理厂建筑物通常有泵房、化验室、污泥脱水机房、修理工厂等。活性污泥法污水厂往往还有鼓风机械空气压缩机房。

2-11-4　何谓"三级处理"？

答：三级处理为物理化学处理（也称得化处理），简称物化法。物化法和生物法并列为水处理的两大类方法。最常用的物化法有混凝、沉淀、过滤、消毒、活性炭吸附和离子交换等。属于物化法的水处理方法有 40 余种，可分三种类型：①去除水中杂质，如制取饮用水、软水、高纯水以及咸水淡化和污水的深度处理；②在水中添加新的成分，如水的沉积物控制或腐蚀控制；③处理方法不涉及水中成分变化，如水的冷却和碳化处理。目前国内污水处理厂基本上只用常规的生物法。但一般生物法不能较多地去除水中的磷、氮以及一些生物难分解的有机物。为了满足水的再生或提高废水处理的程度，目前有些地区在生物处理的后面，再加一系列的物化处理。经过处理后的水用于工业冷却水和浇灌绿地和城市冲洗用水，物化法除用作污水的三级处理外还可作为某些含有机物和含无机物的工业废水的全部处理方法。

2-11-5　如何选择废水处理厂厂址？

答：厂址选择。废水处理厂的位置要配合废水的出路，考虑整个排水系统分期建设的需要，并服从城市用地规划。废水处理厂特别是设有污泥处理和脱水设备的污水厂，对周围环境质量有一定影响，应有适当的隔离绿带。发达的计算技术已使排水系统经济分析日趋完善，污水厂厂址的选择需与整个系统的规划同时解决。

北京在 20 世纪 90 年代修建了日处理能力为 100 万 m^3 高碑店污水处理厂，采用了活性污泥法处理污水，处理水质达到标准，运行正常。并部分污水进行三级处理。

2-11-6 废水排放到地表水体和土地有什么要求？

答：废水处理也称废水排放，据城市污水和工业废水排放。废水处理后可排放入地表水体、土地和作为水资源再次使用。

污水带来的有机物使水中溶解氧下降，低于 4mg/L 左右时，大多数鱼类的生活和自然生态系统的平衡均会受到影响。所以，水体的溶解氧一般应维持在 4mg/L 以上。废水经过生物处理后再排放入水体时，常常能够使水体水的溶解氧符合要求，但是如果受水水体是水流潴滞的湖泊、河口或海湾，就要求进一步对废水作除氮、除磷处理，限制氮和磷的含量。废水排放水体时，排水系统的出水口的位置要慎重选择，构造设计要完善，既要满足水体保护的要求，又要求经济合理。

2-11-7 何谓"排放土地"？

答：排放土地也称灌溉法或土地排放。废水处理后排放土地可以避免污染水体，又利用了水分和养分，促进了自然生态系统的平衡。但是必须排放合理，且长年排放，否则，将同时污染土地和水体。设作物一般到了分蘖才需灌溉。为维持长期的排放，可轮次分配绿地、草场、树林、渗水塘、生物塘等。同水体一样土地也有自净能力。如果在土地排放中出现尾水，就必须进行一定的处理，也须安排出路。

2-11-8 何谓城市潜在的第二水源？

答：城市污水经生物处理后再进行物化处理的中水是城市潜在的第二水源。目前世界一些缺水的国家都无研究开发利用。日本一些城市敷设专用管道输送中小用于喷灌绿地和冲洗用水。德国用于补给地下水，再作为给水厂的水源。欧洲莱茵河、泰晤士河、俄亥俄河在旱季海水中有 20%～50% 的水是城市污水厂深度处理水，而这些河流是城市水厂的水源。城市污水处理后达到饮用标准直接回用城市给水系统的，目前只有非洲的纳米比亚的温保和克市。其污水回收厂的处理能力约为全市供水量的 1/3。从理论上讲达到生活饮用水标准即可以饮用。对此有两种不同观点，一种观点认为在没有充分证明安全以前不应饮用；另一种观点认为，只要处理符合饮用水水质标准就可以饮用。

2-11-9 污水水质最常用检验参数是下面哪几种？

A. BOD5 B. COD C. 悬浮固体 SS D. 氮和磷 E. 浑浊度 F. 色度。

答：是 A、B、C、D 等 4 种。

2-11-10 简述排水工程的组成有哪三部分？

答：排水工程一般由排水管网，污水处理厂和最终处置设施三个部分组成。

2-11-11 排水管渠上附属构筑物有哪些？

答：排水管渠上的附属构筑物有（1）雨水口；（2）连接暗井；（3）溢流井；（4）检查井；（5）跌水井；（6）水封井；（7）倒虹管；（8）冲洗井；（9）防潮门；（10）换气井；（11）出水口。

2-11-12 污水的性质是怎样的？工业废水污染物质有几种？

答：1）生活污水一般不含有毒物质，但是，它具有适合微生物繁殖的条件，含有大量细菌和病原体，从卫生角度来看，具有一定危害性。

2）工业废水所含有的污染物质，概括起来可以分为以下几种：

（1）固体物质，其中包括不溶、难溶和可熔性固体。如选煤、钢铁、造纸、制糖等工业。

（2）耗氧物质，包括有机、无机物两种。前者易为生物降解，后者为还原性物质。这类污染物来源广泛，如制浆造纸、纤维等工业。

（3）有机合成物，包括合成洗涤剂、多氯联苯等一些高稳定的合成物质，难于生物降解，主要来源于有机化工厂。

（4）有毒物质，如氰、铬、铅、汞、镉及其他合物，有机磷、酚、醛等，其源于机械加工和化工等工业。

（5）油类物质，源于石油加工和机械等工业。

（6）无机物，包括水溶性氯化物，盐类及其他各种酸、碱性物质，源于各类化工厂。

（7）放射物，源于原子反应堆、工业及医疗部门等。

（8）高色度和高臭味物质，源于制革、造纸、染整以及某些化工厂等。

2-11-13　污水的水质污染指标有几种？

答：（1）固体物质，包括悬浮物、漂浮物和可沉物质。

（2）生物化学需氧量，简称生化需氧量，习惯用 BOD 表示系指在温度、时间都一定的条件下，微生物在分解、氧化水中有机物质的过程中，所消耗的游离氧数量，其单位为毫克/升或公斤/立方米。

（3）化学需氧量即用强氧化剂，如重铬酸钾在酸性条件下，能够将有机物氧化为 H_2O 和 CO_2，此时所测定的耗氧量即为化学需氧量 COD。

用高锰酸钾作氧化剂，测得的耗氧量称为高锰酸钾耗氧量或简称耗氧量用 OC 表示。

（4）总有机碳和总需氧量。

（5）有毒物质，某种物质达到一定浓度后会危害人体健康，危害水生物或影响污水生物处理。危害人体是要重点讨论的内容。主要有氰化物、汞、砷化物、镉、铬、铅。

（6）酸度和碱度。

2-11-14　何谓"水体自净"？

答：水体自净是指污染物排入水体后，使水体中的物质组成发生变化，破坏了原有的化学平衡，同时，污染物质也参与水体中的物质转化和循环过程，通过一系列物理、化学、物理化学和生物化学反应，污染物质被分离或分解，水体基本上或完全地恢复到原来的状态，使原有的生态平衡得到恢复，这个过程即水体自净。

2-11-15　污水处理有哪些基本方法？

答：污水处理，实质上就是采用各种手段和技术，将污水中的污染物质分离出来，或将其转化为无害的物质，从而使污水得到净化。

现代的污水处理技术，按作用原理，可分为物理法、化学法和生物法三种。常用的是生物法的活性污泥法。

1）污水处理的物理法

本法就是利用物理作用分离污水中主要呈悬浮固体状态的污染物质。属于物理法的处理法有筛滤、沉淀、上浮、气浮、过滤和反渗透等。

格栅：是由一组平行的金属栅条制成的框架，斜置在污水流经的渠道上，或泵站集水池进口处，用以截阻大块的呈悬浮或漂浮状态的污物。

沉砂池与沉淀池。沉淀的原理与给水是一样的，是水中的可沉固体物质，在重力作用下下沉，从而与水分离。这种工艺简单易行，分离效果良好，是污水处理的重要工艺，应用得非常广泛，在各种类型的污水处理系统中，沉淀几乎是不可缺少的一种工艺，而且还可能是多次采用。沉砂是去除污水中的固体无机物。沉淀在城市污水处理中的功能简述如下：

（1）在一级处理的污水处理系统中，沉淀是主要处理工艺，污水处理效果的高低，基本上是由沉淀的效果来控制的。

（2）在二级处理的污水处理系统中，沉淀具有多种功能，在生物处理设备前设初次沉淀池，以减轻后继处理设备的负荷，保证生物处理设备净化功能的正常发挥。在生物处理设备后设二次沉淀池，用以分离生物污泥，使处理水得到澄清。

无论一级或二级处理系统，都必须在沉淀之前设沉砂池，以去除砂粒类的无机颗粒。

（3）在灌溉或排入氧化塘前，污水也必须进行沉淀，以稳定水质，去除寄生虫卵和能够堵塞土壤孔隙的固体颗粒。

2）污水的化学处理法

本法就是利用化学反应的作用来分离、回收污水中各种状态的污染物质。属于化学法的主要处理方法有：中和、混凝、电解、氧化还原、汽提、萃取、吸附以及离子交换、电渗析等。化学处理法多用于处理工业生产污水。

3）污水的生物处理法

一级、二级和三级处理　这是按照污水处理的程度而分类的。一级处理主要是去除污水中呈悬浮状态的固体污染物质，物理处理法中的大部分只能完成一级处理的要求。经一级处理后的污水，BOD 只去除 30% 左右、仍不宜排放，还必须进行二级处理，因此，针对二级处理来说，一级处理又属于预处理。二级处理的主要任务是大幅度地去除污水中呈胶体和溶解状态的有机污染物质（即 BOD5），去除率可达 90% 以上，处理后的 BOD5 含量可能降到 20～30mg/L，生物处理的各种方法，只要正常运行都能达到这种要求。三级处理的目的在于进一步去除微生物未能降解的有机物和磷、氮等能够导致水富体营养化的可溶性无机物等。一、二级是城市污水处理经常采用的，又称为常规处理法。

活性污泥法　本法已成为有机性污水生物处理的主体。它于 1914 年在英国曼彻斯特市建成试验厂，至今有近百年的历史了。

2-11-16　活性污泥法的核心是什么？有哪几个重要参数及评价指标？

答：是活性污泥法的基本流程图。向生活污水注入空气（主要是空气中的氧）进行曝气，并持续一段时间后，污水中即生成一种絮凝体。这种絮凝体主要是由大量繁殖的微生物群体所构成，它易于沉淀分离，并使污水得到澄清，这就是活性污泥。其实质是，以污水中的有机物为培养基，在有氧条件下，对各种微生物群体进行混合连续培养，通过凝聚、吸附、氧化分解、沉淀等过程去除有机物的一种方法。

1）曝气池　曝气池是活性污泥法的核心，它决定着污水处理的效果。由于活性污泥法不断改进与发展，曝气池的形式与构造也愈来愈多样化，概括起来可以从以下几个方面分类：

（1）从混合液型可分为推流式、完全混合式和循环混合式三种；

（2）从平面形状可分为长方廊道形、圆形或方形、环形跑道形三种；

（3）从采用的曝气方式可分为鼓风曝气式、机械曝气式以及两者联合使用的联合式三种，但就鼓气曝气近年来又发展了微孔曝气、中微孔曝；

（4）从曝气池与二沉淀的关系可分为分建式和合建式两种。

2）重要参数及评价指标：

（1）污水 BOD 浓度（kg/m³）

（2）BOD 污泥负荷率 N_s

$$N_s = \frac{QL_a}{XV} \ [\text{kg BOD/（kg LSS·d）}]$$

Q 污水流量(m³/d)；L_a 进水 BOD 浓度(mg/L)；V 曝气池容积(m³)；X 混合液悬浮固体浓度。

（3）混合液悬浮固体 MLSS，即曝气池中污水和活性污泥混合后的混合液悬浮固体数量(mg/g)，也称混合液污泥浓度。它是计量曝气池中活性污泥数量多少的指标。

（4）混合液挥发性悬浮固体 MLVSS，即混合液中有机物的重量，它能较确切地代表活性污泥微生物量。一般，MLVSS/MLSS 比值较固定，对于生活污水，常在 0.75 左右。

（5）污泥沉降比 SV%，即曝气池混合液在 100mL 量筒中，静置沉淀 30min 后，沉淀污泥与混合液之体积比。正常活性污泥静沉 30min 后即达最大密度。它可反映曝气池正常运行时的污泥量，控制剩余污泥排放；可及时反映污泥膨胀等异常情况。

（6）污泥容积指数 SVI（前称污泥指数）即曝气池出口处混合液经 30min 静沉后，一克干污泥所占的容积以毫升计。

$$SVI = \frac{混合液 30min \text{ 静沉后容积（mL/L）}}{污泥干重（g/L）} = \frac{SV\% \times 10}{MLSS（g/L）}$$

（7）污泥龄 t_s，即曝气池中工作着的活性污泥总量与每日排放的剩余活性污泥量之比值，单位是日。运行稳定时，剩余污泥量也即新增污泥量，因此污泥龄就是新增污泥在曝气池中的平均停留时间，或污泥增长一倍所需要的时间。

2-11-17　何谓曝气法？分为几类？有何作用？

答： 1）所谓曝气是指水和空气充分接触以变换气态物质和去除水中挥发性物质的水处理方法，或使气体从水中逸出，如去除水的臭味或二氧化碳和硫化氢等有害气体；或使氧气溶入水中，以提高溶解氧浓度，达到除块、除渣或促进需要微生物降解有机物的目的。

2）在废水的活性污泥法中，混合液的溶解氧必须用曝气法补给。活性污泥法曝气池采用曝气方法可分两类：气泡曝气法和表面曝气法。

（1）气泡曝气法是压缩空气通过管道和布气泡备在水中形成细小的气泡，向上浮动通过水层。

（2）表面曝气法是用叶轮或施刷剧烈搅动水面，不断以新的界面和大气接触。

3）以上两种曝气法除供氧外，还具有搅拌作用，使活性污泥处于维持悬浮状态。

2-11-18　曝气技术有哪几种？

答： 生活给水水质处理及工业废水水质处理中，广泛地应用了曝气技术。大致看来，采用曝气技术有下列不同目的或作用。

1）除去原水中各种有害气体，如二氧化碳、硫化氢以及各种使人不快的臭味；

2）将原水中铁、锰等低价金属离子氧化为高价金属离子，生成溶解度较小的氢氧化物沉淀而被除去；

3）提供污水生物处理中好气性微生物繁殖所必需的氧，促进生物化学氧化作用。

由于具体条件不同，同时水质处理的目的也不同，采用的具体装置及技术参数也不同。例如在污水生物处理中，采用的曝气技术及装置就多种多样，如表 2-11-18 所示。其中，转刷曝气。

各种曝气技术的动力效率　　　　　　　　　　　　　表 2-11-18

序号	曝气技术或构筑物名称	动力效率 kg（O_2）/ kW·h	耗电指标 W·h/m³（水）	W·h kg（BOD）	备　注
1	活性污泥法	1.4	0.12～0.18	1.0～1.3	BOD：进水 100～218p.p.m 出水 8.9～11p.p.m
2	纯氧活性污泥法	1.5	0.09～0.26	0.93	BOD 进水 102～304p.p.m；出水 9～22p.p.m
3	转刷曝气	1.5～2.0	0.19～0.35	0.71～0.80	BOD：进水 268～445p.p.m 出水 10～14p.p.m
4	BSK 曝气器	3.4		0.71	泵形叶轮表曝器
5	新 Vortair 曝气器	4.5		0.87	平板叶轮表曝器
6	深井曝气	6			井深 97～301m
7	生物接触氧化法		0.075～0.036	0.67～0.56	BOD：进水 74～125p.p.m 出水 9.2～13.4p.p.m

2-11-19　转刷曝气是一种什么装置？有哪些优点？

答：1）曝气转刷是根据水的曝气充氧理论而发展起来的一种装置，其作用是依靠转刷的转动更新水——空气接触面，而将空气中氧导入水中。转刷的结构形式是一轴干上装有许多垂直干轴的板条制成，转刷的轴是水平安装在曝气池表面的一侧。如图 2-11-19 所示。转刷绕水平轴转动的同时，曝气池的水则作与转刷反向的转动。从而达到扩大水——空气接触界面及增加界面更新次数的目的。

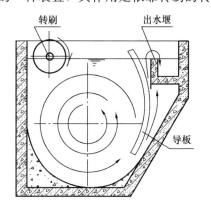

图 2-11-19　转刷曝气池横剖面示意图

转刷充氧的作用大致有如下四个方面：

（1）随着转刷转动而引起水的搅动，在转刷周围引起水和空气的混合，这种混合造成小空间中较大的水——空气接触表面，同时造成水体的紊流状态。

（2）水池表面的空气被转刷粉碎为细小的空气泡而被导入水中。

（3）曝气池中的水因转刷转动而产生水跃，即在池表面产生大小水波同时产生大量的小水珠，增加水的自然表面。

（4）曝气池表面一部分水由于转刷转动而产生水滴并被甩入空气中。

显然第一个作用在增大水——空气接触面及界面更新次数方面是主要的，它承担了绝大部分充氧任务。在原理上，它同目前国内广泛应用的表面曝气机是相同的。

2）有如下优点：

（1）同普遍鼓风曝气池比较，因其不需用专设鼓风机站及庞杂的空气管线，因此其投资较少。国外资料介绍，转刷曝气池的投资可节约 20%～30%，有的资料认为可以节约 40%。

（2）同普通曝气池相比，转刷曝气池的操作管理较灵活。污水处理中一个共同性的管理问题是污水的水质水量变化很大，应随着水的处理负荷而调节充氧量。表面曝气池依靠调节表曝机转速实现；鼓风曝气池则依靠调节鼓风机的台数或开关空气放散管的阀门实现。在以手工操作为主的情况下，是比较麻烦的。转刷曝气池充氧能力调节较容易，办法较多。有以下几种：

①调节转刷的转速，改变充氧能力。

②曝气池的出水堰板设计为活动的，有的资料称为"比例堰"，依靠调节出水堰板的高度来调节转刷的淹没深度。

③将转刷安装在浮筏上，可以依靠调节浮筏的荷重即依靠水的浮力大小变化来调节转刷的淹没深度。

④增减转刷的运转台数，改变曝气池总的充氧能力。

⑤对于曝气盘那样的转刷，可以通过增加盘片的数量来调节充氧能力。

（3）转刷用于氧化渠时，水深一般只有 1.0～1.5m，维也纳的布鲁门特尔污水处理厂氧化渠深也只有 2.5m；用于曝气池，也不过 3.0m 左右。因为水深过大，转刷所引起的单位体积界面面积 $\frac{A}{V_1}$ 值与界面更新次数 $\frac{1}{\sqrt{t}}$ 就小。因此，同一些深水构筑物如深水曝气池、塔式曝气池等比较，当场地较小时，它将受到限制。

（4）同其他曝气方法相比，尤其同一些新技术新工艺比较，其动力效率不够高，一般为 1.5～2.0kg（氧）/kW·h。

2-11-20　污水处理厂施工一般包括哪些构筑物和设施，请举例说明？

答：本污水处理厂是一座二级处理工艺的城市污水处理厂。近期规划污水处理能力 10 万

m³/日，共分四个系列。本次施工为第一系列，平均日处理污水量 4 万 m³/日，厂区占地 91 亩。

本污水处理厂工程除进水泵房；出水井计量槽；变电站土建部分按 80000m³/日处理能力设计外，其余均按 40000m³/日处理能力设计。厂区分为厂前区、污泥处理区、污水处理区、中水预留地。工程包括处理构筑物，各种管线及道路、供电系统、自控仪表系统、设备安装及附属建筑物等。见下图 2-11-20(1)、(2)、(3)、(4)、(5)。

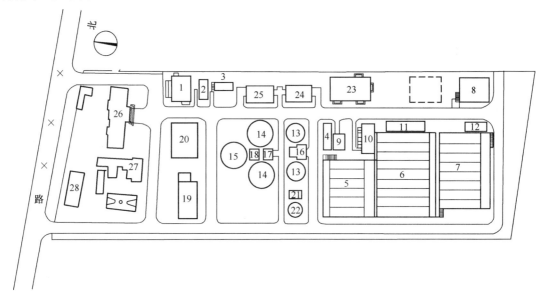

图 2-11-20（1）　厂区平布置图

1—进水泵房；2—出水井；3—计量槽；4—曝气沉砂池；5—初沉池；6—曝气池；7—二沉池；8—接触池；
9—罗茨风机房；10—回流污泥泵房；11—大鼓风机房；12—加氯间；13—浓缩池；14——级消化池；
15—二级消化池；16—浓缩池泵房；17—消化池泵房；18—沼气压缩机房；19—脱水机房；20—锅炉房；
21—水封闸室；22—沼气柜；23—变电站；24—库房；25—机修间；26—综合楼；27—食堂浴室；28—车库

图 2-11-20（2）　污水处理厂全景

图 2-11-20（3）　回流污泥泵房，螺旋泵清水运行

图 2-11-20（4）　微孔曝气头曝气试验

图 2-11-20（5）　曝气池

厂前区有 8 座附属建筑物面积 6508m²。水区构筑物 12 种共 18 座,泥区构筑物 8 种 11 座,钢筋混凝土现浇 19600m³,全厂埋设管线 29 种共 8392m,道路 11880m² 设备安装共计 62 合件。

2-11-21 题 2-11-20 中污水处理厂施工工艺流程是怎样的?

答:工艺流程见图 2-11-21

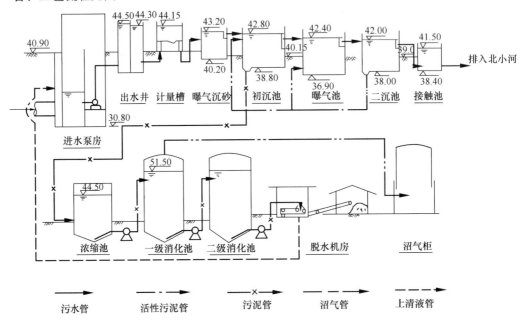

图 2-11-21 污水处理厂工艺流程图

污水处理区:进水泵房污水泵把污水干线来的城市污水由水位 33.77 提升到 44.50,为污水处理重力流提供足够的水位差,同时在污水进泵前除掉大于 20mm 的杂物。曝气沉砂池,初沉池构成污水的一级处理即物理处理,分别除去水中的砂粒和大部分悬浮物。曝气池、二沉池、回流污泥泵房构成污水的二级处理即生物化学处理,利用曝气池的活性污泥吃掉水中的有机物和剩余悬浮物降低水中的 BOD 和 SS 值。曝气池的曝气采用中微孔曝气头。加氯间、接触池平时只过水,当城市发生流行性传染病加氯消毒时使用。

污泥区:初沉池沉下的污泥经泵送到浓缩池进行污泥浓缩,减小污泥体积后,污泥泵把污泥打到一级消化池进行中温厌气消化处理。一级中温消化后的污泥再打到二级消化池进一步消化处理。经二级消化池消化后的污泥打到脱水机房脱水,脱水后的污泥成饼状运走做农肥。消化池厌气生化处理产生的沼气储存在沼气柜中,做为生活用气源,剩余部分,目前采用点天灯烧掉,今后,将进一步考虑回收利用。

2-11-22 题 2-11-20 中污水处理厂施工安排及工程质量是怎样的?

答:1)本污水处理厂施工安排分四阶段进行。第一阶段施工准备阶段,时间:1988 年 3 月 1 日~1988 年 7 月。在这个阶段中主要为主体结构施工创造条件,完成的主要任务有:

(1)厂区排水系统及除厂东侧路外的全部道路,北小河污水处理厂地下水位高,最高年分水位接近地面。厂区泥泞无法进入机械施工,这是保证施工进度的关键,因此在施工安排上把路下雨水管、厂西侧路及 A、B、C、D 四轴线正式路最先施工,并在 1988 年 6 月前完成,这样既保证了施工道路畅通和雨季排水问题,又节省了修临时路的费用。

(2)泵房±0.00 以下结构施工。进水泵房不仅是污水处理厂最深的构筑物,(埋深 11.2m,工序复杂,工期长)。又是保证亚运村厂馆施工的关键。因此是第一阶段重点:突击±0.000 以下的构筑物，于88年7月底完成。

（3）水区构筑物地下降水及开槽，为主体结构做准备，于1988年5月完。

第二阶段为结构施工阶段时间1989年2月～1989年10月完成了全部土建工程。

第三阶段为保一级通水阶段时间：1989年10月～1989年底完成的设备安装工程有：1. 变电站进水泵房电器系统；2. 一级水处理系统；3. 锅炉房及采暖系统。

第四阶段设备安装阶段，时间：1990年1月至90年6月，完成了全厂的机电设备安装，保证亚运会前具备运行条件。

2）土建结构设备安装质量情况：

（1）满水试验24座，渗水量全部低于$2L/m^2 \cdot d$标准，最大渗水量为$1.8L/m^2 \cdot d$。其中19座渗水量低于$1L/m^2 \cdot d$。

（2）三座消化池闭气压力9kPa，每昼夜压降最大340Pa。远低于1.8kPa/d压降标准。

（3）混凝土强度等级C25、抗渗S6、抗冻D50全部达到设计和质量标准要求。

（4）设备安装达到设计要求质量标准，运行安全可靠。

（5）初沉池、二沉池出水堰出水均匀。

2-11-23　污水处理厂施工主要工序保证施工质量的技术措施有哪些，请举例说明？

答：1）施工测量

市勘测处对厂区只交四个围墙角桩，对各构筑物及管线只给边桩的相对关系。为了保证各构筑物位置准确，施工前在厂区东西向、南北向分别做了①②③④A、B、C、D，8条控制轴线，其中D轴为垂直子午线的轴线。（见图2-11-23（1））构筑物及管线按其与控制轴线的关系放线，用极坐标的方法检验构筑物边角。这样既保证了结构放线操作简单准确，又避免了按构筑物与构筑物之间关系放线的累积误差。构筑物高程在污水处理厂是至关重要的，高程的准确与否直接影响污水处理厂的出水水质。施工前在全厂设二级水准点8个。结构施工时定期派专职测量员检验，并串测各构筑物之间的相对高程，防止出现各构筑物相对高程误差过大的现象。道轨、出水堰、闸板、浮渣槽安装时，每种构筑物用同一引到构筑物上并核验合格后的水准点。避免使用不同水准点或倒站所引起的微小误差。保证了堰板出渣槽及闸的高程精度。

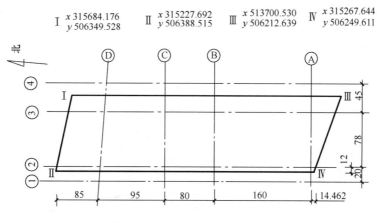

图2-11-23（1）　测量控制轴线

2）施工降水

污水处理厂需要施工降水的主要有两大块，一是进水泵房，二是水区构筑物。根据厂区地质资料看，土层渗透系数小，隔水层多的特点采用了轻型井点降水。

进水泵房埋深11.2m采用两层井点降水。（图2-11-23（2））并配有发电机，备停电时使用。施工时一直保持干槽施工，水位在槽下0.6m降水效果较理想。

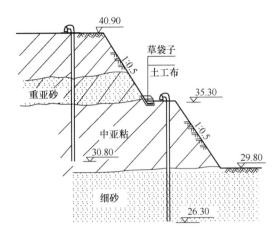

图 2-11-23（2）　泵房双层井点降水

初沉池、曝气池、二沉池合槽施工降水面积大达 12000m²。为了使降水速度快，效果好，井点降水采取两个措施。①平面井点布置成目字型；②采取深井点管，抽升透水较好的细中砂层中地下水。

3）构筑物施工

污水处理厂进水泵房、出水井、计量槽、曝气沉砂池、初沉池、曝气池、二沉池、接触池、浓缩池、消化池均为水工钢筋混凝土结构。钢筋为Ⅱ级钢筋。混凝土强度等级 C25，抗渗 S6，抗冻 D50。浓缩池、消化池为圆型其余为矩型。池高在 4m～12m 之间，壁厚 0.2～1.2m。矩型池内有挑檐、水渠、廊道、平台、几何尺寸复杂。池子全部要求满水试验。结构施工时为减少施工缝初沉池、曝气池、二沉池以设计沉降缝为界把池子分为若干仓。其余构筑物整体施工。每个构筑物（仓）分底板、侧墙、顶板或渠道三次灌筑。施工缝接茬，采用人工凿毛处理。

钢筋绑扎，为了保证两层距离准确，底板及侧墙均每隔 1.2～2m 加一钢筋焊制梯子做为支架，模板与钢筋间加素混凝土垫块。保证了混凝土浇筑时，人踩、振捣棒振，钢筋位置不变。

模板采用 SZ 系列组合钢模板，几何尺寸复杂部位辅助木模施工，底板与模板接触用 2mm 原塑料条夹缝以防漏浆。分部施工如下：

（1）底板混凝土

构筑物按分仓浇筑后，每仓（座）底板混凝土量在 150m³～400m³ 之间，底板厚 55～120cm。施工工序安排：底板模板→钢筋绑扎→吊八字模板→混凝土浇筑。混凝土浇筑时为防止层间接荐时间过长。浇筑时采用沿短边分层阶梯推进浇筑。每层浇筑不大于 30cm，用插入式振捣器振捣。第一层浇筑 6～7m 振捣完后浇第二层两层间隔时间不大于 40min。

混凝土表面成活采用在八字吊模上安装可调高程滑轨。滑轨用 10 号槽钢制做。滑轨高程用水平仪测量调正控制在 0～+5mm。再用特制杠尺放在滑轨上刮平混凝土表面。这样保证混凝土表面大面积平整，高程准确，混凝土初凝后上电动抹光机抹光压实。初沉池底板因工艺要求平整度较高，为了防止因局部含水量不同引起的表面不平整。施工时增设在杠尺刮完后混凝土表面，采用真空吸水工艺，真空吸水完后马上上电动抹光机抹光，成活后采取灌水淹没混凝土面 5～10cm 养生一星期。

（2）侧墙施工

污水处理厂构筑物围壁厚在 400～800mm 之间，高度 4～10m。混凝土一次浇筑 150m³～800m³ 之间。施工安排顺序：内模→钢筋→预理件（管）→外模（吊模）→混凝土浇筑。混凝土浇筑全部用商品混凝土。

①渠道施工：初沉池、曝气池、二沉池，上下游廊道上均有水渠。为保证廊道工作缝不漏水施工中采用渠道与周壁不留工作缝整体浇筑。模板吊模施工。

②平台、气槽施工、进水泵房、曝气池空管混凝土槽均在水面以上不存在渗水问题，施工周壁混凝土时在平台气槽位置预留插筋。周壁混凝土浇筑完后凿毛后再浇筑平台或气槽混凝土，降低了周壁混凝土支模和浇筑难度。

③混凝土振捣：采用 4～8m 插入式振捣棒振捣。进水泵房墙厚 800mm、深 10m，振捣时人下到钢筋内操作。周壁高在 6m 以下的混凝土振捣，操作人员站在墙上操作。深度超过 6m 的薄

墙浇筑采用开侧窗方法。

本污水处理厂各构筑物均有较大的预埋管，管径在$\phi450\sim\phi1500mm$。预埋管下是容易出质量问题的，施工中采用在预留管与钢筋焊牢，浇筑时在管一侧下灰，分层振捣，到灰高出管半径时同时插入两台振捣棒强力捣固，使混凝土流入另一侧的办法，保证预埋管底管密实（见图2-11-23（3））为防止侧墙挑檐出现沉降裂缝操作时采用混凝土振捣完$30\sim40min$补二次振捣减少裂缝出现。

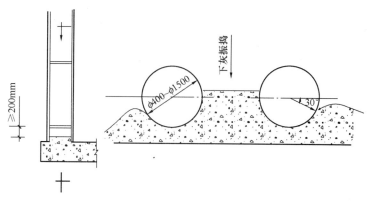

图2-11-23（3）　预埋管浇筑处理

④下灰：混凝土浇筑每层下灰厚度，及下灰不离析是保证混凝土密实的重要因素。周壁混凝土浇筑每层下灰不大于40cm、下灰点水平距离4m。深墙采用灰溜子下灰，溜口距混凝土面$1\sim1.5m$。

（3）消化池顶施工：

消化池为$\phi14m$圆型池，池顶为半径13.5m的壳体，壳体厚250mm。内顶用木模支搭，浇筑时每浇筑1m吊1m外模施工。

4）本污水处理厂结构工程1989年完成，当年不能运行。构筑物底板厚$50\sim70cm$在冰冻层以上，为了防止冬季结构下土基冻胀，过冬采用池内灌水防冻措施。既保证了池底土基不冻，又防止池子周壁冬季温差大出现裂缝。

5）回流污泥泵泥槽刮制

本污水处理厂回流污泥泵共6台$\phi1000mm$螺旋部分长7.4m的螺旋泵。泵安装与水平面夹角30°。工艺要求泵安装完后刮制泥槽，泥墙与螺旋泵叶轮间隙$0\sim3mm$。间隙过大泵效率低，没有将磨叶轮。施工中用螺旋泵叶轮刮泥槽的措施。具体操作如下：

（1）泵安装前流槽凿毛。

（2）泵安装好后在泵螺旋叶轮上对称焊厚1.5mm刮板两条，刮板长度同螺旋泵同长。（见图2-11-23（4））。

（3）刮板焊好后沿螺旋泵一头叶轮点焊$\phi10$钢筋，点焊间距$40\sim50cm$。

（4）粗刮：在螺旋泵下端下灰，正反转交错旋转螺泵，由下向上直到流槽刮完。

（5）人工抹流槽上沿，抹好后旋转叶轮转一至两周。

（6）剔掉点焊$\phi10$钢筋，并用平锉锉平焊瘤。

（7）细刮：在螺旋泵下端下灰，正反转交错旋转螺旋泵，由下向上直至流槽刮完。

（8）人工抹流槽上沿，抹好后旋转螺旋泵一至两周。

（9）养护3日后剔掉刮板。

施工中刮制工序很关键，两次刮制间隔不能太长。每层刮制要连续进行越快越好。

2-11-24　何谓吸附生物降解（AB）法？

答：AB法首先在联邦德国被开发用于城市污水处理，属超高负荷活性污泥法。其工艺由二

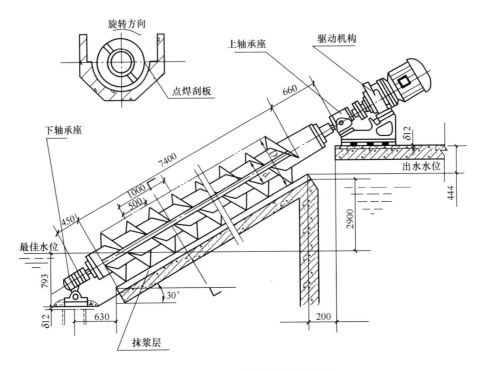

图 2-11-23（4）　螺旋泵流槽刮制

级流程组成，第一级 A 段以极高负荷运行，主要通过活性污泥的絮凝吸附能力去除 BOD 和 COD，对于污水中非溶解性有机物（包括悬浮物质和胶体物质）去除效率很高；第二级 B 段以低负荷运行，对第一级处理后尚残存在水中的有机物进行进一步处理，以保持良好的出水水质和较高的运行稳定性。AB 法一般不设初沉淀，A 段和 B 段的污泥回流系统严格分开，分别排泥。总体上讲，AB 工艺对 BOD、COD、SS、磷和氨氮的去除率，一般均高于常规活性污泥法。其突出优点是 A 段负荷高，抗冲击负荷能力很强，对 pH 和有毒物质的影响具有很大的缓冲作用，特别适用于处理浓度较高，水质水量变化较大的污水（这一点尤其适合石河子污水排放的特点），主要弱点为产泥量较高，给污泥处置和出路增加了困难。

AB 法的主要特点有：

1）与传统的活性污泥法相比，AB 法具有更高的处理效率和工艺稳定性；

2）与传统的活性污泥法相比，具有基建投资省，能耗低的特点；

3）对不同的污水组成和不断变化的水质具有较大的适应能力；

4）AB 法具有灵活的建造性，较易实现系统化分期建设方案，既可用于新污水厂的建造，也可用此法改造旧污水厂。对于新厂建设，先建高速率的 A 段有助于缓和建设资金的严重不足，并能使大量的污水得到较有效的处理。这是因为 A 段的去除率虽然只有 60% 左右，但去除单位 BOD 的费用相当低，不到普通活性污泥法的一半，基建投资也低于普通活性污泥法的一半，待资金充足后，很容易续建 B 段或其他处理流程。针对石河子的实际情况，采用分期建设方案比较符合目前的经济条件和环境要求，一期工程采用 AB 法的 A 段，二期工程扩建 B 段或采用芦苇湿地处理。其污水污泥处理工艺流程见下图 2-11-24。

2-11-25　何谓氧化沟法？

答：氧化沟法属于活性污泥法的一种变型，此法工艺流程简单，管理方便，处理效果较为稳定，但电耗和处理成本较高。其典型的构造由一个或若干个沟渠组成，池中设曝气推进设备，获得动能及溶解氧的混合液体在池内循环流动，可形成好氧、缺氧区，为污水生物脱氮创造条件。

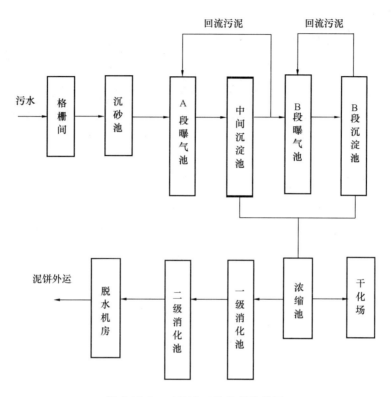

图 2-11-24 AB法工艺处理流程图

氧化沟的水力特性使污泥具有很好的絮凝特性，出水 SS 很低。巨大的循环倍数使进水达到快速稀释。氧化沟的污泥负荷低，泥龄长，生物群体大，停留时间长，因此抗冲击负荷能力强，出水水质稳定。氧化沟的表面积与传统法相比要大得多，但曝气形式为表曝，水的温降较大，这一点不太适合石河子的情况，当水温在 5° 以下时，处理效果很差，水温在 15°～25° 时运转效果最好。所以南方地区采用较多。在我国已建成的氧化沟有 20 余座，规模较大的 10 万 m³/d，在运行管理上也积累了一定的经验。

氧化沟设有一个沉淀池，生物污泥经过好氧稳定后直接脱水，工艺流程较其他方法简单，投资省，由于污泥部分生物能没有回收，电耗大于传统活性污泥法。其污水污泥处理工艺流程见下图 2-11-25。

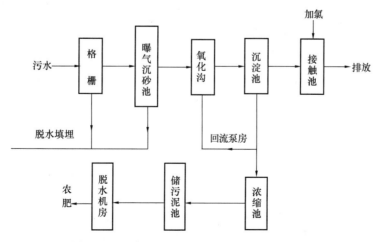

图 2-11-25 氧化沟法污水污泥处理工艺流程图

2-11-26 何谓加药混凝?

答: 混凝技术可用于污水的初级沉淀及活性污泥法之后的二次沉淀，在气温较高适宜的条件下，可获得较好的 BOD，COD 及 SS 的去除效果，工艺流程见图 2-11-26。

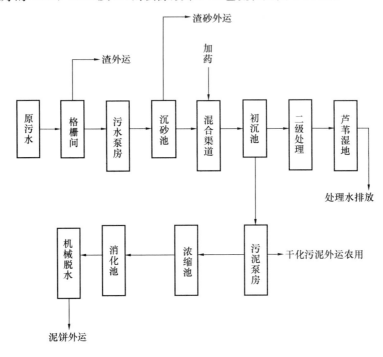

图 2-11-26 加药混凝处理工艺流程图

2-11-27 污水处理厂方案比较情况怎样，请举例说明?

答: 三个工艺方案的技术经济综合分析对比如下表所示（表 2-11-27）。

表 2-11-27

		方案Ⅰ：AB法	方案Ⅱ：氧化沟法	方案Ⅲ：加药混凝法
优点		1. 较好的工艺稳定性 2. 基建投资省能耗较低 3. 抗水质、水量的冲击负荷 4. 建造灵活，易实现系统化分期建设方案 5. 较好的投资效益	1. 工艺流程简单，管理工作量小 2. 耐冲击能力强，出水水质很好，稳定 3. 能除磷脱氮	1. 处理时间短，构筑物面积小 2. 不受有毒物质影响
缺点		1. 产泥量较高 2. 处理效率比方案Ⅱ低	1. 处理过程温度损失较大 2. 吨水电耗高	1. 受温度影响较大 2. 混凝效果影响因素复杂，较难控制 3. 化学污泥较难处理 4. 混凝剂价格较高，经济上难以承受
经济指标	占地面积	15hm²	10.95hm²	
	电耗	960kW	2400kW	
	全年电费	167 万元/年	422.25 万元/年	
	投资指标	520 元/m³ 污水	1400 元/m³ 污水	
	电费指标	0.03 元/m³ 污水	0.064 元/m³ 污水	
	运行指标	0.13 元/m³ 污水	0.5 元/m³ 污水	
	占地指标	1.0 元/m³ 污水	0.73 元/m³ 污水	
	工程总投资	7800 元	21100 元	

经综合分析比较，污水处理厂推荐采用方案Ⅰ，即一期工程采用 AB 法的 A 段，二期工程扩建 B 段或采用芦苇湿地处理。

2-11-28　污泥处理工艺的自然干化法的优缺点是什么？

答：污水处理过程中会产生大量的污泥，其中含有大量尚未分解的有机物和病原体，必须经过适当处理。目前国内对于大型污水厂，从污泥无害化和回收能源考虑，普遍采用厌氧中温消化处理污泥，在无氧条件下靠专性产酸菌和产甲烷菌，降解有机物，将其分解成甲烷、二氧化碳和水等物质。产生的沼气是一种热值很高的气体，可以用来直接驱动鼓风机、发电或供生活使用；污泥经消化后变为熟污泥，化学性质稳定，寄生虫卵及部分致病菌得到杀灭，基本达到无害化，熟污泥中含有大量有机质、磷、氮等营养成分，有条件的地方可作为农肥，提高农作物产量而且可以改良土壤，提高土壤肥力。考虑到石河子的经济实力，目前上消化工艺投资上难以承受，可结合其受沙漠环境影响，具有丰富的热量资源和广阔的土地这一特点，在一期工程中采用自然干化的方法，干化后的污泥直接用于土壤改良和农肥。

采用污泥干化场是污泥脱水最普通、最简单的方法，基建投资和运转费用都不大。但是干化场具有很多缺点，一般对于大型城市污水处理厂不宜采用。其主要缺点是：(1)需要占用大片土地；(2)受气候条件的影响大，因此工作不稳定；(3)污泥干化场周围臭气大，蚊蝇多，卫生情况较差，对周围环境会造成一定的影响；(4)对某些不易脱水的污泥或沉渣，污泥干化场很难使其干化；(5)管理污泥干化场所需的人力较多。考虑到干化场的上述局限性，干化场只宜用作分期建设方案中的过渡性方案，有必要在一期工程完成后，逐步考虑采用污泥中温厌氧消化工艺。

2-11-29　污水处理四种方法各有何特点？

答：见下表 2-11-29。

表 2-11-29

	传统活性污泥法	生物吸附—氧化法 （A—B 法）	厌氧—缺氧/好氧法 （A—A—O 法）	氧化沟活性污泥法
技术上 工艺	成熟	先进	先进 20 世纪 70 年代由南非、美国开发	成熟、可靠
●开发史	有几十年历史	1976 年由法国开发		1954 年荷兰开发。
●国外应用	最广泛和经常采用	法国、奥地利等国较多	近年来在发达国家中迅速推广采用。	20 世纪 60 年代以来在欧洲、北美、南非、澳大利亚等地迅速应用。
●国内应用	自 20 世纪 20 年代开始	20 世纪 90 年代初在外国贷款项目中应用	20 世纪 80 年代末在广州应用	在广东、桂林、昆明、邯郸等地应用
●处理程度 有机物质 氮	有效去除 去除有限	有效去除 略高于传统法 略高于传统法	有效去除 较高去除	有效去除 可实现脱氮等涤高处理要求
磷 ●适用性	去除有限 城市生活污水和工业废水	原污水有机质浓度较高和水质变化的城市生活污水或工业废水；或水质目标可分期标达的场所。	较高去除 除要求去除有机质外对除氮和除磷有较高要求时	
经济上 基建费用 （工程投资）	高	与传统法接近	与传统法接近	省于传统法
运行费用	高	略高于传统法	略高于传统法	

	传统活性污泥法	生物吸附—氧化法（A—B法）	厌氧—缺氧/好氧法（A—A—O法）	氧化沟活性污泥法
运行管理上	需有较高运行经验，管理较复杂	工序多、操作管理较传统法稍复杂	工序较多，对工艺系统的控制有较高和严格的要求。	工艺流程简单、构筑物少，不需设污泥消化池，处理效果稳定，出水水质好，运行维护方便。
社会和环境效益上	治理污染、改善环境质量、处理后出水可作为水资源用	同传统法	比传统法的处理水质更好	出水水质比传统法更好，污泥生成量少，恶臭较少。

2-11-30 城市污泥处理处置要达到哪四个化的目标？

答：在城市污水处理过程中总是会产生大量的污泥，这些污泥容量大，不稳定，易腐败，在恶臭。对于它的处理是十分重要且十分困难、十分复杂的。一方面，它是一种污染源，污染物的浓度远远高于污水中污染物的浓度，如不加处理，或处理不当，将会产生严重的二次污染；另一方面，它又是一种有效的生物能源——污泥中含有促进植物和农作物生长的氮、磷、钾等营养元素；有机物分解所产生的腐殖质，可以改良土壤，避免板结，提高肥力；同时，干燥的污泥又是一种低热值的燃料，可以用于建材制造和燃油提炼。因此，我们要综合考虑，优化系统，使污泥处理达到稳定化，无害化，减量化，资源化四个目标。

污泥的稳定处理有生物稳定法与化学稳定法两种。生物稳定法主要有厌氧消化、好氧消化、两段消化（先好氧消化，后厌氧消化）和堆肥法。化学稳定法以加石灰处理比较普遍，也有加氯、加过氧化物、加其他氧化剂的。

2-11-31 围堰的作用和要求是什么？

答：在施工地表水取水构筑物、地下水取水构筑物或泵房时，有时采用围堰的方法。围堰是临时性的建筑物，待取水构筑物施工完毕后，必须拆除它。因此，围堰的基本要求是坚固稳定，经济实用，施工迅速，并符合就地取材的原则。但同时必须保证取水构筑物在施工期间能安全和顺序进行施工。

2-11-32 围堰施工一般规定有哪些？

答：1）围堰应编制施工设计，其构造应简单，符合强度、稳定、防冲和抗渗要求，并应便于施工、维修和拆除。

2）围堰的施工设计，应包括以下主要内容：

（1）围堰平面布置图；

（2）河道缩窄后过水断面的壅水和波浪高度；

（3）围堰的强度和稳定性计算；

（4）围堰断面施工图；

（5）板桩加工图；

（6）围堰施工方法、施工材料和机具；

（7）围堰拆除方法与要求；

（8）安全措施。

3）围堰类型的选择，应根据河道的水文、地形、地质及地方材料、施工技术和装备等因素，经综合技术经济比较确定，并应符合表2-11-32的规定。

围堰类型	适 用 条 件	
	最大水深（m）	最大流速（m/s）
土围堰	2	0.5
草捆土围堰	5	3
草（麻）袋围堰	3.5	2
钢板桩围堰	—	3

围堰的适用范围　表 2-11-32

注：土、草捆土、草（麻）袋围堰适用于土质透水性较小的河床。

4）土、草（麻）袋、钢板桩围堰的顶面高程，宜高出施工期间的最高水位 0.5～0.7m；草捆土围堰的顶面高程宜高出施工期间的最高水位 1.0～1.5m。

5）围堰施工和拆除，不得影响航运和污染临近取水水源的水质。

2-11-33　土、草捆土、草（麻）袋围堰施工规定有哪些？

答：1）土、草捆土、草（麻）袋围堰填筑前，应清除堰底处河床上的树根、石块、表面淤泥及杂物等。

2）土、草捆土、草（麻）袋围堰应采用松散的黏性土，不得含有石块、垃圾、木块等杂物。冬期施工时不应使用冻土。

3）土、草捆土、草（麻）袋围堰施工过程中对堰体应随时进行观察、测量，如发生滑破、渗漏、淘刷等现象时，应分析原因，及时采取加固措施。

4）土围堰堰顶宽度，当不行驶机动车辆时不应小于 1.5m。堰内边坡坡度不宜陡于 1：1；堰外边坡坡度不宜陡于 1：2。当流速较大时，外坡面宜用草皮、柴排（树枝）、毛石或装土草袋等加以防护。

5）草捆土围堰应采用未经碾压的新鲜稻草或麦秸，其长度不应小于 50cm。

6）草捆土围堰堰底宽度宜为水深的 2.5～3 倍。堰体的草与土应铺筑平整，厚度均匀。

7）草捆土围堰的施工应符合下列规定：

（1）每个草捆长度宜为 150～180cm；直径宜为 40～50cm。迎水面和转弯处草捆应用麻绳捆扎，其他部位宜采用草绳捆扎。

（2）草捆拉绳应采用麻绳，其直径宜为 2cm；长度可按草捆预计下沉位置确定，宜为水深的三倍。

（3）草捆铺设应与堰体的轴线平行。草捆与草捆之间，横向应靠紧；纵向搭接应呈阶梯状。其搭接长度可按该层草捆所处水深确定，当水深等于或小于 3m 时，其搭接长度应为草捆长度的 1/2；当水深大于 3m 时，其搭接长度应为草捆长度的 2/3。

（4）草捆层上面宜用散草先将草捆间的凹处填平，再垂直于草捆铺设散草，其厚度宜为 20cm。

（5）散草层上面的铺土，应将散草全部覆盖，其厚度宜为 30～40cm。

（6）堰体下沉过程中，应随下沉速度放松拉绳，保持草捆下沉位置。沉底后应将拉绳固定在堰体上。

8）土、草捆土围堰填筑出水面后，或干筑土围堰时，填土均应分层压实。

9）草（麻）袋围堰的施工应符合下列规定：

（1）堰顶宽度宜为 1～2m。堰外边坡坡度视水深及流速确定，宜为 1：0.5～1：1.0；堰内边坡坡度宜为 1：0.2～1：0.5。

（2）草（麻）袋装土量宜为草（麻）袋容量的 2/3，袋口应缝合，不得漏土。

（3）土袋堆码时应平整密实，相互错缝。

（4）草（麻）袋围堰可采用粘土填心防渗。在流速较大处，堰外边坡草（麻）袋内可填装粗砂或砾石。

10）土、草捆土、草（麻）袋围堰填筑时，应由上游开始至下游合拢。拆除时应由下游开始，由堰顶至堰底、背水面至迎水面，逐步拆除。如采用爆破法拆除时，应采取安全措施。

2-11-34　钢板桩围堰施工规定有哪些？

答：1）新钢板桩材质和外型尺寸应符合国家现行有关标准的规定，并有出厂合格证，当有怀疑时应进行抽验。旧钢板桩经整修或焊接后，应采用2～3m长同类型钢板桩作锁口通过试验。

2）钢板桩顶端应设吊孔，并用钢板补强加固。钢板桩搬运起吊时，应防止锁口损坏和由于自重导致变形。在堆存期间应防止变形及锁口内积水。

3）接长的钢板桩应以同规格、等强度的材料焊接，焊接时应用夹具夹紧，先焊钢板桩接头，后焊连接钢板。

4）当起吊设备允许时，钢板桩可由2～3块拼成组合桩，每隔3～6m用夹具夹紧，夹具应与围堰形式相符。组拼时应在锁口内填充防水混合料，夹具夹紧后，应采用油灰和棉絮捻塞拼接缝。

5）插打钢板桩应符合下列规定：

（1）插打前，在锁口内应涂抹防水混合料。

（2）吊装钢板桩，当起重设备高度不够需要改变吊点位置时，吊点位置不得低于桩顶以下1/3桩长。

（3）钢板桩可采用锤击、震动或铺以射水等方法下沉。但在粘土中，不宜采用射水。锤击时应设桩帽。

（4）插打时，必须有可靠的导向设备。宜先将全部钢板桩逐根或逐组插打稳定，然后依次打到设计高程；当能保证钢板桩插打垂直时，可将每根或每组钢板桩一次插打到设计高程。

（5）最初插打的钢板桩，应详细检查其平面位置和垂直度。当发现倾斜时，应即予纠正。

（6）接长的钢板桩，其相邻两钢板桩的接头位置，应上下错开，不得小于2m。

（7）在同一围堰内，采用不同类型的钢板桩时，应将两种不同类型钢板桩的各一半拼接成异型钢板桩。

（8）钢板桩因倾斜无法合拢时，应采用特制的楔形钢板桩，楔形的上下宽度之差不得超过桩长的2%。

6）插打钢板桩的允许偏差应符合表2-11-34的规定。

插打钢板桩允许偏差　　　　　　　　　　　表 2-11-34

项　　目		允许偏差（mm）
轴线位置	陆上打桩	100
	水上打桩	200
顶部高程	陆上打桩	±100
	水上打桩	±200
垂直度		$L/100$，且不大于 100

注：L 为桩长（mm）。

7）拔出钢板桩前，应向围堰内灌水，使堰内外水位相等。拔桩应由下游开始。

2-11-35　水池基坑施工的要点是什么？

答：水池基础位于地下水位以下的情况很多。为顺利开挖基坑，必须首先解决好地下水的排除问题。对排水的要求，主要是使地下水的动水位下降到基坑底高程之下，并在构筑物施工过程以及构筑物具备抗浮条件和回填土尚未回填到原地下静水位以上时，严禁停止排水。

在施工排水方面，是继施工准备的方案阶段之后的具体要求，主要是不扰动地基和不发生泡槽事故。在条文方面，针对不少现场多采用"明排水"的情况，着重规定排水井的开挖顺序与构造，排水沟的开挖与土方开挖的配合，水池地基排水沟的处理措施，以及排水井的回填等。

对基坑开挖方面主要补充了软土边坡的保护措施以防坍塌，防止扰动地基及扰动后的处理措施，基坑底部为倒锥形时控制开挖尺寸的措施等。

对基坑的回填方面，主要补充了构筑物，地下部分必须检验合格后方可回填，回填土的压实度规定等。

2-11-36　基坑施工排水规定有哪些？

答：1）一般规定

（1）施工排水应编制施工设计，并应包括以下主要内容：

①排水量的计算；

②施工排水的方法选定；

③排水系统的平面布置和竖向布置以及抽水机械的选型和数量；

④排水井的构造，井点系统的构造，排放管渠的构造、断面和坡度；

⑤电渗排水所采用的设施及电极。

（2）施工排水系统排出的水，应输送至抽水影响半径范围以外，且不得破坏道路、河坡及其他构筑物，不得损害农田和影响交通。

（3）在施工排水过程中不得间断排水，并应对排水系统加强检查和维护。当构筑物未具备抗浮条件时，严禁停止排水。

（4）施工排水停止抽水后，排水井及拔除井点管所留的孔洞，应立即用砂、石等填实，地下静水位以上部分，可用粘土填实。

（5）冬期施工时，排水系统的管路应采取防冻措施；停止抽水后必须立即将泵体及进出水管内的存水放空。

2）明排水

（1）采用明排水施工时，排水井宜布置在基础范围以外且不得影响基坑的开挖及构筑物的施工。当基坑面积较大或基坑底部呈倒锥形时，可在基坑范围内设置，但应采取使集水井筒与基础紧密连结，并在终止排水时便于封堵的措施。

（2）排水井应在地下水位以下的土方开挖以前建成。

（3）排水井的井壁宜加支护；当土层稳定，井深不大于1.2m时可不加支护。

（4）排水井处于细砂、粉砂或轻亚粘土等土层时，应采取过滤或封闭措施。封底后的井底高程，应低于基坑底，且不宜小于1.2m。

（5）配合基坑的开挖，排水沟应及时开挖及降低深度。排水沟的深度不宜小于0.5m。

（6）基坑开挖至设计高程后排水沟的处理，宜符合下列规定：

①渗水量较少时，宜采用盲沟排水；

②渗水量较大，盲沟排水不能满足要求时，宜在排水沟内埋设直径150～200mm的排水管，排水管接口处留缝或排水管留滤水孔，管两侧和上部应采用卵石或碎石回填。

（7）排水管盲沟及排水井的结构布置及排水情况，应作施工记录。其格式应符合相关规定。

3）井点降水

（1）井点降水应使地下水位降至基坑底面以下不小于0.5m；对软土地基的水位降低深度宜适当加大。

（2）井点孔的直径应为井点管外径加 2 倍管外滤层厚度，滤层厚度宜为 10～15cm。井点孔应垂直，其深度可略大于井点管所需深度，超深部分宜用滤料回填。

（3）井点管的安装应居中，并保持垂直。填滤料时应对井点管口临时封堵。滤料应沿井点管四周均匀灌入；灌填高度应高出地下静水位。

（4）井点管安装后，可进行单井或分组试抽水，根据试抽水的结果，可对井点设计作必要的调整。

（5）轻型井点的集水总管底面及水泵基座的高程宜尽量降低。滤管的顶部高程，宜为井管处设计动水位以下，不小于 0.5m。

（6）井壁管长度偏差不应超过 ±100mm；井点管安装高程的偏差不应超过 ±100mm。

2-11-37 基坑开挖的规定有哪些？

答：1）基坑应编制施工设计并应包括以下主要内容：

（1）基坑施工平面布置图及开挖断面图；

（2）挖土、运土采用的机械数量与型号；

（3）基坑开挖的施工方法；

（4）采用支撑时，支撑的型式、结构、支拆方法及安全措施；

（5）坑上堆土位置及数量、多余土方的处置、运输路线以及土方挖运、填的平衡。

2）基坑底部为倒锥形时，坡度变换处应增设控制桩，沿圆弧方向的控制桩应加密。

3）地质条件良好、土质均匀，地下水位低于基坑底面高程，且挖方深度在 5m 以内边坡不加支撑的边坡最陡坡度应符合表 2-11-37 的规定。

深度在 5m 以内的基坑边坡的最陡坡度　　　　　　表 2-11-37

土的类别	边坡坡高（高：宽）		
	坡顶无荷载	坡顶有静载	坡顶有动载
中密的砂土	1：1.00	1：1.25	1：1.50
中密的碎石类土（充填物为砂土）	1：0.75	1：1.00	1：1.25
硬塑的轻亚黏土	1：0.67	1：0.75	1：1.00
中密的碎石类土（充填物为黏性土）	1：0.50	1：0.67	1：0.75
硬塑的亚黏土、黏土	1：0.33	1：0.50	1：0.67
老黄土	1：0.10	1：0.25	1：0.33
软土（经井点降水后）	1：1.00	—	—

注：1. 当有成熟施工经验时，可不受本表限制。
　　2. 在软土基坑坡顶不宜设置静载或动载，需要设置时，应对土的承载力和边坡的稳定性进行验算。

4）基坑支撑的设计应满足下列要求：

（1）支撑应具有足够的强度、刚度和稳定性。支撑部件的型号、尺寸、支撑点的布置、板桩的入土深度、锚杆的长度和直径等应经计算确定；

（2）不妨碍基坑开挖及构筑物的施工；

（3）支拆方便。

5）支撑的安装应符合下列规定：

（1）需要支撑的基坑，在开挖到规定深度时，应立即对基坑上部进行支撑，对下部边挖边支撑；

（2）设在基坑中下层的支撑梁及土锚杆，应在挖土至该深度后，及时安装；

（3）支撑的接点必须支紧或拉紧并牢固可靠。

6) 雨期施工时，基坑开挖必须采取防止坑外雨水流入基坑的措施。坑内雨水应及时排出。

7) 雨期施工，当基坑边坡不稳定时，其坡度应适当放缓；软土边坡应采取防护措施。

8) 基坑土方应随挖随运，当采用机械挖、运联合作业时，宜将适于回填的土分类堆存备用。

9) 基坑开挖至接近设计高程，发现土质与勘察不符或其他异常情况时，应由施工、建设、设计单位会同研究处理措施。

10) 地基不得扰动，也不得超挖。当局部扰动或超挖超过允许偏差时，应按下列规定处理，并做好施工记录。

（1）地基因排水不良被扰动时，应将扰动部分全部清除，可回填卵石、碎石或级配砂石；

（2）地基超挖时，应采用原土回填压实，其压实度不应低于原地基的天然密实度；当地基含水量较大时，可回填卵石、碎石或级配砂石；

（3）岩石地基局部超挖超过允许偏差时，应将基底碎碴全部清除，回填低强度混凝土或碎石。

11) 基坑开挖至设计高程后，应及时组织验收和进行下一工序的施工。基坑验收后应予保护，防止扰动。

12) 基坑质量应符合下列要求：

（1）天然地基应不被扰动，地基处理应符合设计要求；

（2）基底高程的允许偏差：当开挖土方时，应为 ±20mm；当开挖石方时，应为 +20、−200mm；

（3）底部尺寸不得妨碍构筑物的施工，并不小于施工设计规定；

（4）边坡坡度应符合本规范第 3）条的规定；

（5）支撑必须牢固安全。

2-11-38　基坑回填的规定有哪些？

答：1）基坑回填必须在构筑物的地下部分验收合格后及时进行。不做满水试验的构筑物，在其墙的强度未达到设计强度以前进行基坑回填时，其允许填土高度应与设计单位协商确定。

2）支撑的拆除应自下面上逐层进行，当基坑填土压实高度达到支撑梁或土锚杆的高度时，方可拆除支撑，拔除板桩后的孔洞应用砂填实。

3）雨期填土应经常检验土的含水量；随填随压，防止松土淋雨；填土时基坑四周被破坏的土堤及排水沟应及时修复。但雨天不宜填土。

4）冬期填土，在道路或管道通过的部位，不得回填冻土；其他部位可均匀掺入部分冻土，其数量不得超过填土总体积的 15%，且冻块尺寸不得大于 15cm。

5）基坑填土的质量应符合下列要求：

（1）回填土的压实度应符合设计要求；当设计无要求时，回填土的压实度不应低于 90%，地面有散水的，不应低于 95%；道路通过的部位，其回填土的压实度应符合国家现行有关标准规范的规定。

（2）填土表面应略高于地面，清理平整，并利于排水。

2-11-39　现浇钢筋混凝土水池施工为保证抗渗混凝土浇筑质量一般有哪些措施？

答：保证抗渗混凝土浇筑质量的措施有

（1）消除模板对混凝土浇筑质量的影响因素

①限制池壁浇筑层的高度，为保证池壁混凝土振捣密实，在安装池壁模板时将浇筑高度限制在 1.5m 以内。

②木模使用八字缝板。为防止木模板吸水后膨胀，规定竖向使用木板作为水池内模时，应在适当间隔处设置八字缝板，在木模板的膨胀力较大时挤出缝板而不致撑裂混凝土池壁。

③固定池壁内外模板的特制螺栓。规定采用两端可以拆卸的特制螺栓，两端拆卸后在池壁上留有 4～5cm 深的锥形槽，再以防水砂浆或细石防水混凝土嵌填，防止渗漏。

（2）混凝土的捣实

防水混凝土的配合比选定后，只是浇筑的抗渗混凝土有了符合抗渗要求的可能。如果搅拌，运输的作业也都符合规定，下一个主要工序就是浇筑。其中捣实是浇筑出抗渗混凝土的重要保证。

施工经验证明，在预留孔、预留洞、预。埋管、止水带以及装配式预应力混凝土水池壁板接缝处浇筑的混凝土往往由于捣实不够，很容易漏水，甚至达到相当严重的程度。给以后造成很大麻烦。因此，要求在这些部位浇筑混凝土时，除用机械振捣外，还应辅以人工捣固，以保证混凝土的密实。此外，在模板安装中，规定遇有孔径较大的预留孔洞或预埋管时，要求模板在孔口 1/4～1/3 处分层，也是为了混凝土的捣实。

（3）施工缝的预留形式和继续浇筑的要求

尽可能连续浇筑混凝土，避免留置或尽量减少留置施工缝，对减少水池的渗漏量是有利的。但施工缝有时难以避免，因而对施工缝的留置及继续浇筑应作一些必要的规定，以达到施工缝处不漏水的要求。为此，本章对此主要有以下两点考虑：

①关于施工缝的形状：施工缝的留置，应留在池壁上，且为水平施工缝。在池壁上一般不留置竖向施工缝。在池底板上不宜留施工缝。池壁上水平施工缝的形状有凸形的、凹形的、台阶形的、也有平接的，即各种形状都有。采取凸形、凹形等情状的目的是为了增加渗径，对抗渗有其有利的一面，但在内外侧都有钢筋的情况下，要求在施工缝处作成凸凹面，而且还要凿毛，冲洗干净，也有它困难的一面。所以本章对施工缝的形状不作规定。

②施工缝处继续浇筑混凝土

在施工缝处继续浇筑混凝土的要求是使新旧混凝土成为整体，且不得漏水。根据经验，水池的施工缝在续浇前凿毛冲洗干净非常重要。这一工序是比较麻烦的，尤其在钢筋较密，且采用人工凿毛时更是如此。但不这样就难以保证此处不漏水。在已硬化的混凝土表面上凿毛时，混凝土必须具备一定强度，才能在凿毛时不致使松动范围扩大。关于此强度的要求，在市政工程施工单位有的采用 1.2N/mm² 的，也有采用 2.5N/mm²，现统一规定为 2.5N/mm²。

（4）对水池混凝土浇筑顺序的规定

规定浇筑顺序的目的，在于减少或不留施工缝，混凝土浇筑层的压茬时间应在允许的时间范围内并尽可能缩短，以及要求浇筑层与层之间紧密结合。其主要内容如下：

①对大面积底板混凝土，可分组浇筑，但先后浇筑混凝土的压茬时间应在允许的范围之内。为达到大面积混凝土浇筑不留施工缝的规定，需要根据水池底板的混凝土工程量、搅拌、运输、浇筑混凝土的设备和人力安排，作出细致的施工设计。

②对倒锥壳底板和池壁混凝土的浇筑，应由低向高，分层交圈，连续浇筑。例如沉淀池，澄清池，消化池等不少水池采用倒锥壳形池底。一般地说，由最低处开始向高逐步浇筑，从常识看，也应是这个顺序，但在池底坡度不大时，为了方便，就可能从高向低处浇筑。这种浇筑顺序难以使浇筑的混凝土密实，均匀一致，而且在接茬处很容易疏松。为了避免这种弊病，因而明确规定由低向高浇筑。关于分层浇圈，连续浇筑的要求，目的是控制浇筑层的厚度，并保持与先浇混凝土的接茬在允许的间隔时间之内。

2-11-40　现浇钢筋混凝土水池为控制裂缝施工中应注意哪些问题？

答：钢筋混凝土构筑物或构件出现裂缝是普遍的现象。其中，有出现在表面的发裂，有一定深度和长度的局部开裂，严重的裂缝甚至可以贯通整个水池的断面，并穿透池壁的整个厚度。这些裂缝出现的时间，有在拆模时即已发现的，有在竣工以后尚未使用前出现的，也有在使用以后出现的。能不能对裂缝予以控制，首先应明确出现裂缝的原因，才能采取有效措施，防止裂缝的出现和控制裂缝开展。

钢筋混凝土裂缝的原因是多种多样的。在设计方面，例如，地基的反力分布假定与实际不符，钢筋用量不足和布置不当等；在施工方面，例如制备混凝土的原材料及配合比不符合要求、搅拌不匀、模板变形、漏浆、振捣不均匀不密实、养护不当等；在使用阶段，例如荷载、冰冻、侵蚀、放空等与设计条件不符等都是造成裂缝的因素、但在这些因素中造成开裂的根本原因是混凝土中产生的拉应力超过了其极限拉应力，或者说混凝土的变形超过了其允许变形，于是出现裂缝。正是由于裂缝的因素是多方面的，所以在施工中即使严格按照规定施工也不能保证不出现裂缝。另一方面，在施工中出现裂缝的因素也是错综复杂的，很难精确地计算出来。因此，在施工中控制裂缝的措施，主要是从出现裂缝的原因出发，在措施上作出具体规定。

在施工中控制裂缝的措施，已在现行国家有关标准规范中作了规定，例如，对模板的要求、混凝土原材料及其配合比的规定、搅拌运输的规定、浇筑的规定、以及养护的规定等等，这对有抗渗要求的混凝土水池都是适用的。本章所作的一些规定，则是在执行这些规定的同时，还应执行的补充规定，以使混凝土水池在施工期间防止出现裂缝或控制裂缝的开展。其中，补充的主要内容是控制温度裂缝和干缩裂缝的规定，即减小温差和加强养护的措施。

混凝土构件在有约束的条件下，由于温度变化产生的变形受到约束而产生内力。当内力为拉应力时，若拉应力大于混凝土的极限拉应力，混凝土就产生裂缝。这种温度的变化，可能由于混凝土与周围环境的温差，也可能由于混凝土构件表面与内部的温差引起的，但在热天和冬期浇筑混凝土由于温差而产生内力导致裂缝的情况最为常见。因此，针对热天和冬期施工的特点，在本规范中制定有关措施。

在热天浇筑混凝土时，由于气温和材料的温度高，搅拌后的混凝土温度就较高。混凝土浇筑后，由于水化热，使混凝土的温度继续上升。以后由于混凝土温度下降和气温下降（这种下降可以是日温差，也可以是季节温差）混凝土收缩，但由于约束条件，不能自由收缩而产生拉应力，从而可能产生裂缝。防止的措施是将浇筑混凝土的时间尽可能选在气温较低的时段，采用洒水和搭棚的措施使骨料降温和防晒，以及其他降低浇筑混凝土温度的措施等。

养护是浇筑混凝土后的重要工序。对热天养护混凝土，必须作到防止混凝土中水分散失，防止混凝土处于温度较高的环境之中。为此，及时覆盖洒水养护，避免暴晒和保证混凝土表面湿润，对防止干缩裂缝具有重要作用。

冬期浇筑混凝土时，为了防冻，制备混凝土的材料须要加热。浇筑后由于产生水化热，混凝土的温度较高，如果采用蓄热养护，在浇筑后的前几天，由于外界温度较低，混凝土温度下降后因产生收缩而出现拉应力。这时混凝土的抗拉强度较低，容易出现裂缝。如采用加热养护，则在停止养护或拆除模板以后与外界的低气温的温差较大时，混凝土产生收缩而可能产生裂缝。预防产生裂缝的措施主要是减小此温差。为此，本章规定：新浇筑的混凝土在受冻以前满足临界强度的前提下，应尽量降低浇筑温度，以达到防止开裂或减小开裂的目的。

当采用热养护时：包括蒸气养护和池内，加热养护，对最高温度限定分别不超过 30℃ 和 15℃，目的在于不使混凝土的温度与外界的温差过高。

2-11-41　装配式预应力混凝土水池施工特点有哪些？

答：装配式预应力混凝土水池，主要是针对现浇钢筋混凝土底板的圆形水池采用后张预应力池壁的情况编写的。包括底板上浇筑杯槽、壁板吊装及其接缝混凝土的浇筑，杯槽内填料顺序的规定，以及绕丝机缠丝和电热法施加预应力的施工规定等。现介绍以下几个主要特点。

1）壁板杯槽的内壁应与底板混凝土同时浇筑，不留施工缝。由于这一规定需要吊模，且要求在浇筑混凝土时模板不变形，并需限制内侧临近混凝土不凸起，其模板的安装比较麻烦，但有利于防止渗漏。

2）壁板之间的接缝混凝土，应在壁板之间的缝宽最大时浇筑。预制壁板吊装就位以后，壁板之间的缝宽随环境温度的变化而变化。其变化的规律，依是否已安装顶板，尤其是顶板是否已经联接并与壁板顶端是否已经联接有关。当已联接时，壁板之间的缝宽有可能在气温较高时缝宽较大，而气温较低时缝宽反而较小。这是因为气温较高时壁板宽度因热胀而增大，缝宽有所减小，但顶板因热胀而在径向也增长，将壁板顶端向外推移，使壁板缝宽增大。当前者的减小量小于后者的增大量时，则出现气温较高时虽然壁板宽度增大，但缝宽也增大的现象。因此，本章规定壁板接缝混凝土应在缝宽最大时浇筑，以免浇筑混凝土后缝宽继续增大，使接缝处开裂。

3）关于杯槽内壁板内侧填柔性料的工序安排现有两种做法：一种是在施加预应力前不填填料，以保持壁板底部自由滑动的条件；另一种是先填柔性填料然后施加预应力，可使柔性材料挤压紧密、有利于防渗。经过讨论，认为这两种方法都可以。

2-11-42　砖石砌筑水池施工重点有哪些？

答：砖石砌筑水池主要是针对现浇钢筋混凝土池底板，砖石砌筑池壁的中小型水池编写的，其内容主要包括砌筑材料、砌筑要求、养护，以及砌筑过程中纠偏方法的规定等，以保证砌体的设计强度。其中，重点是为了防渗而规定的预埋管、预埋件等与砌体的连接应采取防渗措施，不得在池壁上留脚手眼，以及料石砌体的勾缝等。

由于这类水池冬期施工难以保证工程质量，且增大工程造价，不宜冬期施工，所以对冬期施工未作规定。

2-11-43　水处理构筑物施工规定包括哪些方面？

答：这一部分是对水处理构筑物工艺特点要求方面所作的规定。将这部分规定与以. 上水池主体结构的规定结合起来，就可以对某些水处理构筑物有比较完整的施工规定。

给水排水处理构筑物，按处理工艺要求虽然有多种，但其中有些部分的要求则是共同的。例如：用于给水与排水的沉淀池都有平流式沉淀池、竖流式沉淀池和辐流式沉淀池。它们对堰板、孔口等进出水口在施工方面要求的质量标准是一致的，即都要求均匀进出水。因此，可以将具有共同要求的规定进行概括。在这一部分中，包括堰板、孔口等进出水口的施工质量标准，钢轨轨道铺设的施工质量标准，滤池滤料铺设施工，以及消化池的气密性检验方法和质量标准等。

2-11-44　水池施工的一般规定有哪些？

答：1）水池底板位于地下水位以下时，施工前应验算施工阶段的抗浮稳定性。当不能满足抗浮要求时，必须采取抗浮措施。

2）位于水池底板以下的管道，应经验收合格后再进行下一工序的施工。

3）水池施工完毕必须进行满水试验。在满水试验中并应进行外观检查，不得有漏水现象。水池渗水量按池壁和池底的浸湿总面积计算，钢筋混凝土水池不得超过 2L/（m² · d）；砖石砌体水池不得超过 3L/（m² · d）。试验方法应符合相关规定。

4）水池满水试验应在下列条件下进行：

（1）池体的混凝土或砖石砌体的砂浆已达到设计强度；

（2）现浇钢筋混凝土水池的防水层、防腐层施工及回填土以前；

（3）装配式预应力混凝土水池施加预应力以后，保护层喷涂以前；

（4）砖砌水池防水层施工以后，石砌水池勾缝以后；

（5）砖石水池满水试验与填土工序的先后安排符合设计规定。

5）水池满水试验前，应做好下列准备工作：

（1）将池内清理干净，修补池内外的缺陷，临时封堵预留孔洞、预埋管口及进出水口等，并检查充水及排水闸门，不得渗漏；

（2）设置水位观测标尺；

（3）标定水位测针；

（4）准备现场测定蒸发量的设备；

（5）充水的水源应采用清水，并做好充水和放水系统的设施。

6）水池满水试验应填写试验记录，其格式应符合本规范附录三附表3.2的规定。

7）满水试验合格后，应及时进行池壁外的各项工序及回填土方，池顶亦应及时均匀对称地回填。

8）水池在满水试验过程中，需要了解水池沉降量时，应编制测定沉降量的施工设计。并应根据施工设计测定水池的沉降量。

9）水泥砂浆防水层的水泥宜采用不低于325号的普通硅酸盐水泥、膨胀水泥或矿渣硅酸盐水泥；砂宜采用质地坚硬、级配良好的中砂，其含泥量不得超过3％。

10）水泥砂浆防水层的施工应符合下列规定：

（1）基层表面应清洁、平整、坚实、粗糙及充分湿润，但不得有积水；

（2）水泥砂浆的稠度宜控制在7～8cm，当采用机械喷涂时，水泥砂浆的稠度应经试验确定；

（3）掺外加剂的水泥砂浆防水层应分两层铺抹，其总厚度应按设计规定，但不宜小于20mm；

（4）刚性多层作法防水层每层宜连续操作，不留施工缝。当必须留施工缝时，应留成阶梯茬，按层次顺序，层层搭接。接茬部位距阴阳角的距离不应小于20cm；

（5）水泥砂浆应随拌随用；

（6）防水层的阴、阳角应做成圆弧形。

11）水泥砂浆防水层的操作环境温度不应低于5℃，且基层表面应保持0℃以上。

12）水泥砂浆防水层宜在凝结后覆盖并洒水养护，其外防水层在砌保护墙或回填土时，方可撤除养护。冬期施工应采取防冻措施。

13）水池的预埋管与外部管道连接时，跨越基坑的管下填土应密实，必要时可填灰土、砌砖或浇筑混凝土。

2-11-45　现浇钢筋混凝土水池施工的规定有哪些？

答：1）模板

（1）模板及其支架应根据结构形式、施工工艺、设备和材料供应等条件进行设计。模板设计应包括以下主要内容：

①模板的选型和选材；

②模板及其支架的强度、刚度及稳定性计算，其中包括支杆支承面积的计算，受力铁件的垫板厚度及与木材接触面积的计算；

③防止吊模变形和位移的措施；

④模板及其支架在风载作用下防止倾倒的构造措施；

⑤各部分模板的结构设计，各接点的构造，以及预埋件、止水片等的固定方法；

⑥隔离剂的选用；

⑦模板的拆除程序、方法及安全措施。

（2）池壁与顶板连续施工时，池壁内模立柱不得同时做为顶板模板的立柱，顶板支架的斜杆或横向连杆不得与池壁模板的杆体相连接。

（3）池壁模板可先安装一侧，绑完钢筋后，分层安装另一侧模板或采用一次安装到顶而分层预留操作窗口的施工方法。采用这些方法时，应符合下列规定：

①分层安装模板，其每层层高不宜超过1.5m，分层留置窗口时，窗口的层高及水平净距不宜超过1.5m，斜壁的模板及窗口的分层高度应适当减小。

②当有预留孔洞或预埋管时，宜在孔口或管口（外径）1/4～1/3高度处分层；当孔径或管外径小于200mm时，可不受此限制。

③分层模板及窗口模板应事先做好连接装置，使能迅速安装。安装一层模板或窗口模板的时间，应符合本规范第31条关于浇筑混凝土间歇时间的规定。

④分层安装模板或安装窗口模板时，应严防杂物落入模内。

（4）在安装池壁的最下一层模板时，应在适当位置预留清扫杂物用的窗口。在浇筑混凝土前，应将模板内部清扫干净，并经检验合格后，再将窗口封闭。

（5）测量有斜壁或斜底的圆形水池半径时，宜在水池中心设立测量支架或中心轴。

（6）池壁的整体式内模施工，当木模板为竖向木纹使用时，除应在浇筑前将模板充分湿透外，并应在模板适当间隔处设置八字缝板。拆模板时，应先拆内模。

（7）采用螺栓固定池壁模板时，应选用两端能拆卸的螺栓，螺栓中部宜加焊止水环；螺栓拆卸后，混凝土壁面应留有4～5cm深的锥形槽。

（8）止水带的质量应符合下列要求：

①金属止水带应平整、尺寸准确；其表面的铁锈、油污应清除干净，不得有砂眼、钉孔；

接头应按其厚度分别采用折叠咬接或搭接；搭接长度不得小于20mm；咬接或搭接必须采用双面焊接；

金属止水带在伸缩缝中的部分应涂防锈和防腐涂料；

②塑料或橡胶止水带的形状、尺寸及其材质的物理性能，均应符合设计要求，且无裂纹，无气泡。

接头应采用热接，不得采用叠接；接缝应平整牢固，不得有裂口、脱胶现象。T字接头，十字接头和Y字接头，应在工厂加工成型。

（9）止水带安装应牢固，位置准确，与变形缝垂直；其中心线应与变形缝中心线对正，不得在止水带上穿孔或用铁钉固定就位。

（10）固定在模板上的预埋管、预埋件的安装必须牢固，位置准确。安装前应清除铁锈和油污，安装后应作标志。

（11）模板支架的立柱和斜杆的支点应垫木板或方木。

（12）整体现浇混凝土模板安装的允许偏差应符合表2-11-45（1）的规定。

整体现浇混凝土模板安装允许偏差　　　　　　　表 2-11-45（1）

项　　目		允许偏差（mm）
轴线位置	底板	10
	池壁、柱、梁	5
高程		±5
平面尺寸（混凝土底板和池体的长、宽或直径）	$L \leqslant 20m$	±10
	$20m < L \leqslant 50m$	$±L/2000$
	$50m < L \leqslant 250m$	±25
混凝土结构截面尺寸	池壁、柱梁、顶板	±3
	洞、槽、沟净空，变形缝宽度	±5

项　　目		允许偏差（mm）
垂直度（池壁、柱）	$H\leqslant5m$	5
	$5m<H\leqslant20m$	$H/1000$
表面平整度（用2m直尺检查）		5
中心位置	预埋管、预埋件	3
	预留洞	5
相邻两表面高低差		

注：1. L为混凝土底板和池体的长、宽或直径、

　　2. H为池壁、柱的高度。

（13）整体现浇混凝土的模板及其支架的拆除，应符合下列规定：

①侧模板，应在混凝土强度能保证其表面及棱角不因拆除模板而受损坏时，方可拆除；

②底模板，应在与结构同条件养护的混凝土试块达到表 2-11-45（2）的规定强度，方可拆除。

整体现浇混凝土底模板拆模时所需混凝土强度　　　　　表 2-11-45（2）

结构类型	结构跨度（m）	达到设计强度的百分率（％）
板	$\leqslant2$	50
	>2，$\leqslant8$	70
梁	$\leqslant8$	70
	>8	100
拱、壳	$\leqslant8$	70
	>8	100
悬臂构件	$\leqslant2$	70
	>2	100

（14）冬期施工时，池壁模板应在混凝土表面温度与周围气温温差较小时拆除；温差不宜超过 15℃。拆模后必须立即覆盖保温。

2）钢筋

（1）钢筋的绑扎接头应符合下列规定：

①搭接长度的末端与钢筋弯曲处的距离，不得小于钢筋直径的 10 倍。接头不宜位于构件最大弯矩处；

②受拉区域内，Ⅰ级钢筋绑扎接头的末端应做弯钩；Ⅱ、Ⅲ级钢筋可不做弯钩；

③直径等于和小于 12mm 的受压Ⅰ级钢筋的末端，以及轴心受压构件中任意直径的受力钢筋的末端，可不做弯钩，但搭接长度不应小于钢筋直径的 30 倍；

④钢筋搭接处，应在中心和两端用铁丝扎牢；

⑤绑扎接头的搭接长度应符合表 2-11-45（3）的规定：

钢筋级别	受拉区	受压区
Ⅰ级	$30d_0$	$20d_0$
Ⅱ级	$35d_0$	$25d_0$
Ⅲ级	$40d_0$	$30d_0$
低碳冷拔钢丝（mm）	250	200

注：1. d_0 为钢筋直径。

2. 钢筋绑扎接头的搭接长度，除应符合本表要求外，在受拉区不得小于 250mm，在受压区不得小于 200mm。

3. 当混凝土设计强度大于 15MPa 时，其最小搭接长度应按表 2210-3 的规定执行；当混凝土设计强度为 15MPa 时，除低碳冷拔钢丝外，最小搭接长度应按表中数值增加 $5d_0$。

（2）受力钢筋的绑扎接头位置应相互错开，在受力钢筋直径 30 倍且不小于 500mm 的区段范围内，绑扎接头的受力钢筋截面面积占受力钢筋总截面面积的百分率，应符合下列规定：

①受压区不得超过 50％；

②受拉区不得超过 25％；但池壁底部施工缝处的预埋竖向钢筋可按 50％控制，并应按本规范所规定受拉区的钢筋搭接长度增加 20％。

（3）当底板钢筋采取焊接排架的方法固定时，排架的间距应根据钢筋的刚度适当选择。

（4）预埋件、预埋螺栓及插筋等，其埋入部分不得超过混凝土结构厚度的 3/4。

（5）钢筋位置的允许偏差应符合表 2-11-45（4）的规定。

项　　目		允许偏差（mm）
受力钢筋的间距		±10
受力钢筋的排距		±5
钢筋弯起点位置		20
箍筋、横向钢筋间距	绑扎骨架	±20
	焊接骨架	±10
焊接预埋件	中心线位置	3
	水平高差	+3
受力钢筋的保护层	基础	±10
	柱、梁	±5
	板、墙	±3

3）混凝土

（1）现浇混凝土应编制施工设计并应包括以下主要内容：

①混凝土配合比设计及外加剂的选择；

②混凝土的搅拌及运输；

③混凝土的分仓布置、浇筑顺序、速度及振捣方法；

④预留施工缝的位置及要求；

⑤预防混凝土施工裂缝的措施；

⑥季节性施工的特殊措施；

⑦控制工程质量的措施；

⑧搅拌、运输及振捣机械的型号与数量。

（2）水池主体结构部位的混凝土应使用同品种、同标号的水泥拌制。当不能满足全部主体结构混凝土的需用量时，底板、池壁、顶板等应采用同品种、同标号的水泥。

（3）配制现浇水池的混凝土，宜采用普通硅酸盐水泥、火山灰质硅酸盐水泥。当掺用外加剂时，可采用矿渣硅酸盐水泥。

冬期施工宜采用普通硅酸盐水泥。

有抗冻要求的混凝土，宜采用普通硅酸盐水泥，不宜采用火山灰质水泥。

（4）混凝土用的粗骨料，其最大颗粒粒径不得大于结构截面最小尺寸的1/4，且不得大于钢筋最小净距的3/4，并不宜大于40mm。其含泥量不应大于1%，吸水率不应大于1.5%。当采用多级级配时，其规格及级配应通过试验确定。

（5）混凝土的细骨料，宜采用中、粗砂，含泥量不应大于3%。

（6）拌制混凝土宜采用对钢筋、混凝土的强度、耐久性无影响的洁净水。

（7）配制混凝土时，根据施工要求宜掺入适宜的外加剂，外加剂应符合现行国家标准的规定。钢筋混凝土水池，混凝土中不得掺入氯盐。

（8）混凝土配合比的选择，应保证结构设计所规定的强度、抗掺、抗冻等标号和施工和易性的要求，并应通过计算和试配确定。

（9）配制坍落度大于5cm的混凝土时，应掺用外加剂。

（10）混凝土的浇筑必须在对模板和支架、钢筋、预埋管、预埋件以及止水带等经检查符合设计要求后，方可进行。

（11）采用振捣器捣实混凝土时，应符合下列规定：

①每一振点的振捣延续时间，应使混凝土表面呈现浮浆和不再沉落；

②采用插入式振捣器捣实混凝土的移动间距，不宜大于其作用半径的1.5倍；振捣器距离模板不应大于振捣器作用半径的1/2；并应尽量避免碰撞钢筋、模板、预埋管（件）等；振捣器应插入下层混凝土5cm。

③表面振动器的移动间距，应使振动器的平板覆盖已振实部分的边缘；

④浇筑预留孔洞、预埋管、预埋件及止水带等周边混凝土时，应辅以人工插捣。

（12）浇筑混凝土应连续进行；当需要间歇时，间歇时间应在前层混凝土凝结之前，将次层混凝土浇筑完毕。混凝土从搅拌机卸出到次层混凝土浇筑压茬的间歇时间，当气温小于25℃时，不应超过3h；气温大于或等于25℃时，不应超过2.5h；当超过时，应留置施工缝。

（13）在施工缝处继续浇筑混凝土时，应符合下列规定：

①已浇筑混凝土的抗压强度不应小于2.5N/mm²；

②在已硬化的混凝土表面上，应凿毛和冲洗干净，并保持湿润，但不得积水；

③在浇筑前，施工缝处应先铺一层与混凝土配比相同的水泥砂浆，其厚度宜为15～30mm；

④混凝土应细致捣实，使新旧混凝土紧密结合。

（14）混凝土底板和顶板，均应连续浇筑，不得留置施工缝。当设计有变形缝时，宜按变形缝分仓浇筑。池壁的施工缝，底部宜留在底板上面不小于20cm处，当底板与池壁连接有腋角时，宜留在腋角上面不小于 20cm 处；顶部宜留在顶板下面不小于 20cm 处，当有腋角时，宜留在腋角下部。

（15）浇筑大面积底板混凝土时，可分组浇筑，但先后浇筑混凝土的压茬时间应符合相关规定。

（16）浇筑倒锥壳底板或拱顶混凝土时，应由低向高，分层交圈，连续浇筑。

（17）浇筑池壁混凝土时，应分层交圈，连续筑。

（18）混凝土浇筑完毕后，应根据现场气温条件及时覆盖和洒水，养护期不少于 14d。池外壁在回填土时，方可撤除养护。

（19）在日最高气温高于 30℃ 的热天施工时，可根据情况选用下列措施：

①利用早晚气温较低的时间浇筑混凝土；

②适当增大混凝土的坍落度；

③掺入缓凝剂；

④石料经常洒水降温或加棚盖防晒；

⑤混凝土浇筑完毕后及时覆盖养护，防止曝晒，并应增加浇水次数，保持混凝土表面湿润。

（20）评定混凝土质量的试块应在浇筑地点制作，留置组数应符合下列规定：

①强度试块：

A. 标准养护试块；

a. 每工作班不应少于一组，每组三块；

b. 每拌制 100m³ 混凝土不应少于一组，每组三块；

B. 与结构同条件养护的试块：根据施工设计规定，按拆模、施加预应力和施工期间临时荷载等需要的数量留置。

②抗渗试块：每池按底板、池壁和顶板留置每一部位不应少于一组，每组六块。

③抗冻试块：根据设计要求的抗冻标号，按下列规定留置。

A. 冻融循环 25 次及 50 次；留置三组，每组三块；

B. 冻融循环 100 次及 100 次以上；留置五组，每组三块。

④冬期施工，应增置强度试块两组与水池同条件养护，一组用以检验混凝土受冻前的强度，另一组用以检验解冻后转入标准养护 28 天的强度；并应增置抗渗试块一组，用以检验解冻后转入标准养护 28d 的抗渗标号。

（21）混凝土的抗压、抗渗、抗冻试块应按下列规定进行评定；

①同批混凝土抗压试块的强度应按国家现行有关标准规范的规定评定；

②抗渗试块的抗渗标号不得低于设计规定；

③抗冻试块在按设计规定的循环次数进行冻融后，其抗压极限强度同检验用的相当龄期的试块抗压极限强度相比较，其降低值不得超过 25%；其重量损失不得超过 5%。

（22）冬期施工的混凝土应能满足冷却前达到要求的强度，并宜降低入模温度。

（23）当室外最低气温不低于 −15℃ 时，应采用蓄热法养护。对预留孔、洞以及迎风面等容易受冻部位，应加强保温措施。

（24）采用蒸气养护时，应使用低压饱和蒸汽均匀加热，最高温度不宜大于 30℃；升温速度不宜大于 10℃/h；降温速度不宜大于 5℃/h。

（25）采用池内加热养护时，池内温度不得低于 5℃，且不宜高于 15℃，并应洒水养护，保持湿润。池壁外侧应覆盖保温。

（26）现浇钢筋混凝土水池，不宜采用电热法养护。

（27）现浇钢筋混凝土水池施工的允许偏差不得超过表 2-11-45（5）的规定。

项　　目		允许偏差（mm）
轴线位置	底板	15
	池壁、柱、梁	8
高程	垫层、底板、池壁、柱、梁	±10
平面尺寸（底板和池体的长、宽或直径）	$L \leqslant 20m$	±20
	$20m < L \leqslant 50m$	$\pm L/1000$
	$500 < L \leqslant 250m$	±50
截面尺寸	池壁、柱、梁、顶板	$+10$ -5
	洞、槽、沟净空	±10
垂直度	$H \leqslant 5m$	8
	$5m < H \leqslant 20m$	$1.5H/1000$
表面平整度（用 2m 直尺检查）		10
中心位置	预埋件、预埋管	5
	预留洞	10

注：1. L 为底板和池体的长、宽或直径。

　　2. H 为池壁、柱的高度。

2-11-46　装配式预应力混凝土水池施工有哪些规定？

答：1）一般规定

（1）本节适用于现浇钢筋混凝土底板、预制梁、预制柱、预制壁板及后张预应力池壁的圆形水池。

（2）水池底板与壁板采用杯槽连接时，安装杯槽模板前，应复测杯槽中心线位置。杯槽模板必须安装牢固。

（3）杯槽内壁与底板的混凝土应同时浇筑，不应留置施工缝；外壁宜后浇。

（4）杯槽、杯口施工的允许偏差应符合表 2-11-46 （1）的规定。

杯槽、杯口施工允许偏差　　　　　表 2-11-46 （1）

项　目	允许偏差（mm）	项　目	允许偏差（mm）
轴线位置	8	底宽、顶宽	$+10$ -5
底面高程	±5	壁厚	±10

（5）施加预应力前，应先清除池壁外表面的混凝土浮粒、污物，壁板外侧接缝处宜采用水泥砂浆抹平压光，洒水养护。

（6）浇筑壁板接缝的混凝土强度应达到设计强度的 70％ 及以上，方可施加板壁环向预应力。

（7）施加预应力前，应在池壁上标记预应力钢丝、钢筋的位置和次序号。

（8）测定钢丝、钢筋预应力值的仪器应在使用前进行标定。

（9）带有锚具槽的壁板数量和布置，应符合设计规定；当设计无规定，且水池直径小于或等于 25m 时，可采用 4 块；直径大于 25m 或等于 50m 时，可采用 6 块；直径大于 50m 或等于 75m 时，可采用 8 块。并应沿水池的周长均匀布置。

（10）池壁缠丝或电热张拉钢筋前，在池壁周围，必须设置防护栏杆。

2）构件的制作及吊装

（1）预制构件的允许偏差应符合表 2-11-46（2）的规定。合格构件，应有证明书及合格印记。

预制构件允许偏差　　　　　　　　　　表 2-11-46（2）

项　目			允许偏差（mm）	
			板	梁、柱
长度			±5	−10
横截面尺寸		宽	−8	±5
		高	±5	±5
		肋　宽	+4 −2	—
		厚	+4 −2	—
板对角线差			10	—
直顺度（或曲梁的曲度）			L/1000 且不大于 20	L/750 且不大于 20
表面平整度（用 2m 直尺检查）			5	—
预埋件	中心线位置		5	5
	螺栓位置		5	5
	螺栓明露长度		+10 −5	+10 −5
预留孔洞中心线位置			5	5
受力钢筋的保护层			+5 −3	+10 −5

注：1. L 为构件长度（mm）。

2. 受力钢筋的保护层偏差，仅在必要时进行检查。

3. 横截面尺寸栏内的高，对板系指肋高。

（2）构件运输及吊装的混凝土强度应符合设计规定。当设计无规定时，不应低于设计强度的 70%。

（3）构件的堆放，应符合下列规定：

①应按构件的安装部位配套就近堆放；

②堆放时，应按设计受力条件支垫并保持稳定；对曲梁，应采用三点支承；

③堆放构件的场地，应平整夯实，并有排水措施；

④构件上的标志应向外。

（4）安装前构件应经复查合格，方可使用；有裂缝的构件，应进行鉴定。

（5）柱、梁及壁板等在安装前应标注中心线，并在杯槽、杯口上标出中心线。

（6）壁板安装前，应将不同类别的壁板板预定位置顺序编号。壁板两侧面宜凿毛，并将浮渣、松动的混凝土等冲洗干净。

（7）构件应按设计位置起吊，曲梁宜采用三点吊装。吊绳与构件平面的交角不应小于 45°；当小于 45°，应进行强度验算。

（8）构件安装就位后，应采取临时固定措施。对曲梁应在梁的跨中临时支撑。待上部二期混凝土达到设计强度的 70％及以上时，方可拆除支撑。

（9）安装的构件，必须在轴线位置及高程进行校正后，焊接或浇筑接头混凝土。

（10）柱、梁、壁板及顶板等安装的允许偏差应符合表 2-11-46（3）的规定。

柱、梁、壁板及顶板安装允许偏差 　　　　　　　　　　表 2-11-46（3）

项　次	项　　目		允许偏差（mm）
1	轴线位置		5
2	垂直度（柱、壁板）	H≤5m	5
		H＞5m	10
3	高程（柱、壁板）		±5
4	壁板间隙		±10

注：H 为柱或壁板的高度。

（11）装配式预应力混凝土水池壁板的接缝施工，应符合下列规定：

①壁板接缝的内模宜一次安装到顶，外模应分段随浇随支。分段支模高度不宜超过 1.5m；

②浇筑前，接缝的壁板表面应洒水保持湿润，模内应洁净；

③接缝的混凝土强度应符合设计规定，当设计无规定时，应比壁板混凝土强度提高一级；

④浇筑时间应根据气温和混凝土温度选在壁板间缝宽较大时进行；

⑤混凝土如有离析现象，应进行二次拌合；

⑥混凝土分层浇筑厚度不宜超过 250mm，并应采用机械振捣，配合人工捣固。

（12）杯槽中壁板里侧和外侧的填料可在施加预应力后进行，或在施加预应力前填塞里侧柔性防水填料。

3）壁板缠丝

（1）缠绕环向预应力钢丝时，应符合下列规定：

①预应力钢丝接头应采用 18～20 号铁丝并密排绑扎牢固，其搭接长度不应小于 250mm；

②缠绕预应力钢丝，应由池壁顶向下进行，第一圈距池顶的距离应按设计规定或依缠丝机设备确定，并不宜大于 500mm；

③池壁两端不能用绕丝机缠绕的部位，应在顶端和底端附近局部加密或改用电热张拉；

④已缠绕的钢丝，不得用尖硬或重物撞击。

（2）施加预应力时，每缠一盘钢丝应测定一次钢丝应力，并应作记录。记录格式应符合有关规定。

4）电热张拉钢筋

（1）电热张拉前，应根据电工、热工等参数计算伸长值，并应取一环作试张拉，进行验证。

（2）采用电热张拉时，预应力钢筋的弹性模量应由试验确定。

（3）电热张拉可采用螺丝端杆，墩粗头插 U 形垫板、带条锚具 U 形垫板或其他锚具。

（4）电热张拉应符合下列规定：

①张拉顺序，当设计无规定时，可由池壁顶端开始，逐环向下；

②与锚固肋相交处的钢筋应有良好的绝缘处理；

③端杆螺栓接电源处应除锈，并保持接触紧密；

④通电前，钢筋应测定初应力，张拉端应刻划伸长标记；

⑤通电后，应进行机、具、设备、线路绝缘检查，测定电流；

⑥电热温度不应超过 350℃；

⑦在张拉过程中，应采用木锤连续敲打各段钢筋；

⑧伸长值的允许偏差不得超过+10%、−5%；经电热达到规定伸长值后，应立即进行锚固，锚固必须牢固可靠；

⑨每一环预应力钢筋应对称张拉，并不得间断；

⑩电热张拉应一次完成。当必须重复张拉时的同一根钢筋的重复次数不得超过3次，当发生裂纹时，应更换预应力钢筋；

⑪通电张拉过程中，当发现钢筋伸长时间超过预计张拉时间过多，应立即停电检查。

（5）电热张拉预应力钢筋应力值的测定，应在每环钢筋中选一根钢筋，在两端和中间附近各设测点一处。测点的初读数应在钢筋初应力建立后，通电前测读；末读数应在断电并冷却后测读。

（6）电热张拉和试张拉及其预应力值的测定应作记录，其格式应符合有关规定。

5）预应力钢筋枪喷水泥砂浆保护层

（1）预应力钢筋保护层的施工应在满水试验合格后的满水条件下进行。

（2）枪喷水泥砂浆应符合下列规定：

①砂子粒径不得大于5mm；细度模量应为2.3～3.7，最优含水率应经试验确定，宜为1.5%～5.0%；

②水泥砂浆的配合比应符合设计要求，并经试验确定。当无条件试验时，其灰砂比宜为1：2～1：3；水灰比宜为0.25～0.35；

③砂浆应拌合均匀，随拌随喷，存放时间不得超过2h。

（3）喷浆作业应遵守下列规定：

①喷浆前，必须对受喷面进行除污去油清洗等处理。

②喷浆机罐内压力宜为0.5MPa；供水压力应相适应。输料管长度不宜小于10m；管径不宜小于25mm；

③喷浆应沿池壁的圆周方向自池身上端开始；喷口至受喷面的距离应以回弹物较少，喷层密实确定；

④喷枪应与喷射面保持垂直，当受障碍物影响时，其入射角不应大于15°；

⑤喷浆时应连环施射，出浆量应稳定和连续，不得滞射或扫射，并保持层厚均匀密实；

⑥喷浆宜在气温高于15℃时进行，当有大风、冰冻、降雨或当日最低气温低于0℃时，不得进行喷射作业。

（4）喷射完的水泥砂浆保护层，凝结后应加遮盖，保持湿润并不应少于14d。

（5）在进行下一工序时，应对水泥砂浆保护层进行外观和粘结情况的检查，当有空鼓现象时，应凿开检查。

砂浆保护层施工及质量检查应作记录。

2-11-47　砖石砌体水池施工有哪些规定？

答：1）一般规定

（1）砖石砌体所用的材料，应符合下列要求：

①机制普通粘土砖的强度等级不应低于MU7.5，其外观质量应符合设计规定，当无规定时，应符合国家现行标准《普通粘土砖》规定的一等砖的要求；

②石料应采用料石，质地坚实，无风化和裂纹，其强度等级不应低于MU20；

③砂子宜采用中、粗砂，质地坚硬、清洁、级配良好，使用前应过筛，其含泥量不应超过3%。

④砌筑砂浆应采用水泥砂浆。

（2）每座砖石砌体水池或每100³的砌体中，其砂浆强度等级应至少检查一次；每次应制作试块一组，每组六块。当组成砂浆材料有变更时，应增作试块。

（3）砂浆品种应符合设计要求，其强度应符合下列要求：

①同品种同强度等级砂浆各组试块的平均强度不得低于设计强度标准值；

②任意一组试块的强度不得低于设计强度标准值的 0.75 倍。

注：砂浆强度按单位工程内同品种同强度等级为同一验收批。当位单位工程中同品种同强度等级按取样规定仅有一组试块时，其强度不应低于设计强度标准值。

（4）砖石砌筑前应将砖石表面上的污物和水锈清除。砖石应浇水湿润，砖应浇透。

（5）砖石砌体中的预埋管应有防渗措施。当设计无规定时，可以满包混凝土将管固定，而后接砌，满包混凝土宜呈方形，其管外浇筑厚度不应小于 10cm。

（6）砖石砌体的池壁不得留设脚手眼和支搭脚手架。

（7）砖石砌体砌筑完毕，应即进行养护，养护时间不应少于 7d。

（8）砖石砌体水池不宜冬期施工。

2）砖砌水池

（1）砖砌池壁时，砌体各砖层间应上下错缝，内外搭砌，灰缝均匀一致。水平灰缝厚度和竖向灰缝宽度宜为 10mm，但不应小于 8mm，并不应大于 12mm。圆形池壁，里口灰缝宽度不应小于 5mm。

（2）砌砖时砂浆应满铺满挤，挤出的砂浆应随时刮平，严禁用水冲浆灌缝，严禁用敲击砌体的方法纠正偏差。

（3）砖砌体水池的施工允许偏差应符合表 2-11-47（1）的规定。

砖砌水池施工允许偏差 表 2-11-47（1）

项 目		允许偏差（mm）
轴线位置（池壁、隔墙、柱）		10
高程（池壁、隔墙、柱的顶面）		±15
平面尺寸（池体长、宽或直径）	$L \leqslant 20$m	±20
	$20 < L \leqslant 50$m	$\pm L/1000$
垂直度 （池壁、隔墙、柱）	$H \leqslant 5$m	8
	$H > 5$m	$1.5H/10000$
表面平整度（用 2m 直尺检查）	清水	5
	混水	8
中心位置	预埋件、预埋管	5
	预留洞	10

注：1. L 为池体长、宽或直径。

2. H 为池壁、隔墙或柱的高度。

3）料石砌体水池

（1）砌筑料石池壁时，应分层卧砌，上下错缝，丁、顺搭砌：水平缝宜采用坐灰法，竖向缝宜采用灌浆法。水平灰缝厚度宜为 10mm。竖向灰缝厚度：细料石、半细料石不宜大于 10mm；粗料石不宜大于 20mm。

（2）纠正料石砌筑位置的偏移时，应将料石提起，刮除灰浆后再砌，并应防止碰动邻近料石，严禁用撬移或敲击纠偏。

（3）料石砌体的勾缝应符合下列规定：

①在勾缝前，应将砌体表面上粘结的灰浆、泥污等清扫干净，并洒水湿润。

②勾缝灰浆宜采用细砂拌制的1：1.5水泥砂浆。

③勾缝深度宜为3～4cm，分2～3层填入，分层抹压密实。

（4）料石砌体水池施工允许偏差应符合表2-11-47（2）的规定。

料石砌体水池施工允许偏差　　　　　　　　　表 2-11-47（2）

项　　目		允许偏差（mm）
轴线位置（池壁）		10
高程（池壁顶面）		±15
平面尺寸（池体长、宽或直径）	$L{\leqslant}20m$	±20
	$20{<}L{\leqslant}50m$	±L/1000
砌体厚度		±10
		−5
垂直度（池壁）	$H{\leqslant}5m$	10
	$H{>}5m$	2H/1000
表面平整度（池壁用2m直尺检查）	清水	10
	混水	15
中心位置	预埋件、预埋管	5
	预留洞	10

注：1. L为池体长、宽或直径。

　　2. H为池壁高度。

2-11-48　处理构筑物施工规定有哪些？

答：1）构筑物均匀布水的进出口采用薄壁堰、穿孔槽或孔口时，其允许偏差应符合下列规定：

（1）同一水池内各堰顶、穿孔槽孔眼的底缘在同一水平面上，其水平度允许偏差应为±2mm。

（2）穿孔槽孔眼或穿孔墙孔眼的数量和尺寸应符合设计要求，其间距允许偏差应为±5mm。

2）构筑物清污设备的钢轨在铺设前应进行检查。当有弯曲、歪扭等变形时，应进行矫形。矫形后应符合下列规定：

（1）钢轨正面、侧面直顺度的允许偏差，应为钢轨长度的1/1500，且不得大于2mm。

（2）圆弧形钢轨中心线允许偏差，应为2mm。

（3）钢轨的两端面应平直，其垂直度允许偏差应为1mm。

3）轨道铺设的允许偏差，应符合表2-11-48的规定。

轨道铺设允许偏差　　　　　　　　　　表 2-11-48

项　　目	允许偏差（mm）	项　　目	允许偏差（mm）
轴线位置	5	轨道接头间隙	±0.5
轨顶高程	±2	轨道接头左、右、上三面错位	1
两轨间距或圆形轨道的半径	±2		

注：1. 轴线位置：对平行两直线轨道应为两平行轨道之间的中线；对圆形轨道，为其圆心位置。

　　2. 平行两直线轨道接头的位置应错开，其错开距离不应等于行走设备前后轮的轮距。

4）滤池池壁与滤砂层接触的部位，应按设计规定处理；当设计无规定时，应采取加糙措施。

5）滤料的铺装，应在滤池土建施工和设备安装完毕，并经验收合格后及时进行。当不能及时进行时，应采取防止杂物落入滤池和堵塞滤板的防护措施。

6）消化池经满水试验合格后，必须进行气密性试验。气密性试验压力宜为消化池工作压力的1.5倍；24h的气压降应不超过试验压力的20%。

气密性试验方法应符合有关规定。试验应作记录，试验记录表格应符合现行规范的规定。

2-11-49 泵房施工要求包括哪两部分？

答：泵房施工要求包括两部分，第一部分主要规定泵房内部工程项目的施工规定和质量标准，包括泵房中的隔水墙、电缆沟的抗渗标准，水泵与电机分装两个楼层时上下楼板预留洞位置的允许偏差，机电设备的基座二次灌浆及地脚螺栓施工规定等。对平板闸槽的施工要求及质量标准也有所规定。

第二部分主要采用沉井法修建泵房时，在执行《地基与基础工程施工及验收规范》的基础上所作的一些补充规定。主要包括沉井刃脚采用砖模时的要求，分节制作，分节下沉的沉井接高时模板支承的规定，沉井下沉前的准备工作，以及水下封底的一些施工规定等。

2-11-50 泵房施工一般规定有哪些？

答：1）泵房地下部分的混凝土及砖石砌体除应符合本章规定外，尚应按本水池的有关规定执行。

2）岸边式泵房宜在枯水期施工，并应在汛前施工至安全部位。当需度汛时，对已建部分应有防护措施。

3）泵房地下部分的内壁、隔水墙及底板均不得渗水。电缆沟内不得洇水。

4）大型轴流泵的现浇钢筋混凝土进、出口的变径流道断面，不得小于设计规定，其表面应光滑。

5）水泵和电机分装在两个楼层时，各层楼板的高程允许偏差应为±10mm；上下层楼板安装机电和水泵的预留洞中心位置应在同一垂直线上。其相对偏差应为5mm。

6）水泵与电动机基础施工的允许偏差应符合表2-11-50（1）的规定。

水泵与电动机基础施工允许偏差   表 2-11-50（1）

项 目		允许偏差（mm）
轴线位置		8
高程		−20
平面尺寸		±10
水平度		$L/200$，且不大于 10
垂直度		$H/200$，且不大于 10
预埋地脚螺栓	顶端高程	±20
	中心距（在跟部和顶部两处测量）	±2
地脚螺栓预留孔	中心位置	8
	深度	+20
	孔壁垂直度	10
预埋活动地脚螺栓锚板	中心位置	5
	高程	+20
	水平度（带槽的锚板）	5
	水平度（带螺纹的锚板）	2

注：1. L 为基础的长或宽（mm）。

 2. H 为基础的高（mm）。

 3. 轴线位置允许偏差，对管井是指与管井实际中心的偏差。

7）水泵与电机安装后，进行基座二次灌浆及地脚螺栓预留孔灌浆时，应遵守下列规定：

（1）地脚螺栓埋入混凝土部分的油污应清除干净。

（2）地脚螺栓的弯钩底端不应接触孔底，外缘离孔壁的距离不应小于15mm。

（3）当浇筑厚度大于或等于40mm时，宜采用细石混凝土灌筑；当小于40mm时，宜采用水泥砂浆灌筑。其标号均应比基座混凝土设计强度提高一级。

（4）混凝土或砂浆达到设计强度的75%以后，方可将螺栓对称拧紧。

8）水泵和电动机的基础与底板混凝土不同时浇筑时，其接触面除应按施工缝处理外，底板应预埋插筋。

平板闸闸槽安装允许偏差 表 2-11-50（2）

项　　目	允许偏差（mm）		项　　目	允许偏差（mm）
轴线位置	5		高程	±10
垂直度	$H/1000$，且不大于 20	底槛	水平度	3
两闸槽间净距	±5		平整度	2
闸槽扭曲（自身及两槽相对）	2			

注：H 为闸槽高度（mm）。

9）平板闸的闸槽安装位置应准确。闸槽定位及埋件固定完毕经检查合格后，应及时浇筑混凝土。闸槽安装的允许偏差应符合表 2-11-50（2）的规定。

10）采用转动螺旋泵成型螺旋泵槽时，应将槽面压实抹光。槽面与螺旋叶片外缘间的空隙应均匀一致，且不得小于 5mm。

11）现浇钢筋混凝土及砖石砌筑泵房施工的允许偏差应符合表 2-11-50（3）规定。

现浇钢筋混凝土及砖石砌筑泵房施工允许偏差 表 2-11-50（3）

项次	项　　目		允许偏差（mm）			
			混凝土	砖砌体	石　砌　体	
					毛料石	粗、细料石
1	轴线位置	混凝土底板、砖石墙基	15	10	20	15
		墙、柱、梁	8	10	15	10
2	高程	垫层、底板、墙、柱、梁	±10	±15	±15	±15
		吊装的支承面	−5	—	—	—
3	平面尺寸（长宽或直径）	$L \leqslant 20\text{m}$	±20	±20	±20	±20
		$20\text{m} < L \leqslant 50\text{m}$	±$L/1000$	±$L/1000$	±$L/1000$	±$L/1000$
		$50\text{m} < L \leqslant 250\text{m}$	±50	±50	±50	±50
4	截面尺寸	墙、柱、梁、顶板	+10 −5	—	+20 −10	+10 −5
		洞、槽、沟净空	±10	±20	±20	±20
5	垂直度	$H \leqslant 5\text{m}$	8	8	10	10
		$5\text{m} < H \leqslant 20\text{m}$	$1.5H/1000$	$1.5H/1000$	$2H/1000$	$2H/1000$
		$H > 20\text{m}$	30	—	—	—
6	表面平整度（用 2m 直尺检查）	平面 垫层、底板、顶板	10	—	—	—
		平面 墙、柱、梁	8	清水 5 混水 8	20	清水 10 混水 15
7	中心位置	预埋件、预埋管	5	5	5	5
		预留洞	10	10	10	10

注：1. L 为泵房的长、宽或直径。

　　2. H 为墙、柱等的高度。

2-11-51　沉井施工有哪些规定？

答：1）沉井应编制施工设计并应包括以下主要内容：

（1）施工平面及剖面（包括地质剖面）布置图；

（2）采用分节制作或一次制作，分节下沉或一次下沉的措施；

（3）沉井制作的地基处理要求及施工方法；

（4）刃脚的承垫及抽除的设计；

（5）沉井制作的模板设计；

（6）沉井制作的混凝土施工设计；

（7）分阶段计算下沉系数，制订减阻、加荷、防止突沉和超沉措施；

（8）排水下沉或不排水下沉的措施；

（9）沉井下沉遇到障碍物的处理措施；

（10）沉井下沉中的纠偏措施；

（11）挖土、出土、运输、堆土的方法及其机械设备的选用；

（12）封底方法及控制质量的措施；

（13）安全措施。

2）沉井施工应有详细的工程地质及水文地质资料和剖面图。其地质勘探钻孔深度应根据施工需要确定，但不得小于沉井双脚设计高程以下 5m。

3）采用砖模制作沉井刃脚时，其底模和斜面部分可采用砂浆砌筑；每隔适当距离砌成垂直缝。砖模表面可采用水泥砂浆抹面，并应涂一层隔离剂。

4）沉井制作的允许偏差，应符合表 2-11-51 的规定。

沉井制作的允许偏差　　　　　　　　　　表 2-11-51

项　　目		允许偏差（mm）
平面尺寸	长、宽	±0.5％，且不得大于 100
	曲线部分半径	±0.5％，且不得大于 50
	两对角线差	对角线长的 1％
井壁厚度		±15

5）刃脚斜面的模板应待混凝土强度达到设计强度的 70％及以上时，方可拆除。

6）当分节制作、分节下沉的沉井接高时，第二节及其以上各节的模板不应支撑于地面上。

7）沉井下沉前应做下列准备工作：

（1）将井壁、底梁与封底及底板连接部位凿毛。

（2）将预留孔、洞和预埋管临时封堵，并应严密牢固和便于拆除。对预留顶管孔，可在井壁内侧以钢板密封；外侧用黏性土填实。

（3）应在沉井的外壁四面中心对称画出标尺，内壁画出垂线。

8）泵房下部为大口并且采用沉井施工时，不得采用泥浆润滑套减阻。

9）沉井下沉完毕后的允许偏差应符合下列规定：

（1）刃脚平均高程与设计高程的偏差不得超过 100mm；当地层为软土层时，其允许偏差值可根据使用条件和施工条件确定；

（2）刃脚平面轴线位置的偏差，不得超过下沉总深度的 1％；当下沉总深度小于 10m 时，其偏差可为 100mm；

（3）沉井四角（圆形为相互垂直两直径与圆周的交点）中任何两角的刃脚底面高差，不得超过该两角间水平距的 1％，且最大不得超过 300mm；当两角间水平距离小于 10m 时，其刃脚底面高差可为 100mm。

注：下沉总深度，系指下沉前与下沉完毕后刃脚高程之差。

10）沉井干封底时，应待底板混凝土强度达到设计规定，且沉井满足抗浮要求时，方可停止抽水。将其排水井封闭，补浇底板混凝土。

11）采用导管法进行水下混凝土封底时，应遵守下列规定：

（1）基底的浮泥、沉积物和风化岩块等应清除干净。当为软土地基时，应铺以碎石或卵石垫层。

（2）混凝土凿毛处应洗刷干净。

（3）导管应采用直径为 200～300mm 的钢管制作，并应有足够的强度和刚度。导管内壁应光滑，管段的接头应密封良好并便于拆装。

（4）导管的数量应由计算确定。导管的有效作用半径可取 3～4m。其布置应使各导管的浇筑面积互相覆盖，对边沿或拐角处，可加设导管。

（5）导管设置的位置应准确。每根导管上端应装有数节 1.0m 长的短管；导管中应设球塞或隔板等隔水。采用球塞时，导管下端距井底的距离，应比球塞直径大 5～10cm；采用隔板或扇形活门时，其距离不宜大于 10cm。

（6）每根导管浇筑前，应备有足够的混凝土量，使开始浇筑时，能一次将导管底埋住。

（7）水下混凝土封底的浇筑顺序，应从低处开始，逐渐向周围扩大。当井内有隔墙、底梁或混凝土供应量受到限制时，应分格浇筑。

（8）每根导管的混凝土应连续浇筑，且导管埋入混凝土的深度不宜小于 1.0m。各导管间混凝土浇筑面的平均上升速度不应小于 0.25m/h 相邻导管间混凝土上升速度宜相近，终浇时混凝土面应略高于设计高程。

12）水下封底混凝土强度达到设计规定，且沉井能满足抗浮要求时，方可将井内水抽除。

2-11-52 地下水取水构筑物有哪些？

答：集取地下水的主要构筑物为管井，其次是大口井和渗渠。因管井已有规范，故本章只介绍大口井和渗渠的施工及验收规定。主要内容如下：

1）人工反滤层。人工反滤层是大口井和渗渠工程中的关键性施工项目，其施工质量对取水水质和构筑物使用寿命关系很大。因此对反滤材料的性质、粒径、含泥量、储存、运输、铺设以及铺设后的保护等作了一系列规定，以保证人工反滤层施工质量。

2）大口井中辐射管的施工。根据辐射管施工实践，施工方法曾采用锤打法、顶管法、水射法，但多是水射法与锤打法或顶管法的联合。近年来，国内采用钻井法修建直径小、深度大的井筒，用水平钻施工长达 50 米以上的辐射管获得成功。但总的看来，对不同颗粒的含水层尚未形成定型的施工设备，故对以上三种方法仅作原则性要求。

3）渗渠集水管的回填土压实度要求。由于渗渠多处于河滩，故一般对回填土的压实度不做规定。现考虑到回填土的密实与否，对集水管上的土压力影响甚大，故规定除设计无规定时，回填土应夯实，其压实度不得小于最佳压实度的 90%。

4）关于无砂混凝土的配合比施工规定。采用无砂混凝土制作大口井井筒或渗渠集水管具有省去人工反滤层的优点，现有不少工程采用。其配合比设计，一般采用铁道部第一勘察设计院的资料，本规范根据该院的资料，认为无砂混凝土的配合比设计仍应经过试验确定比较恰当。

2-11-53 大口井和渗渠施工一般规定有哪些？

答：1）采用无砂混凝土制作大口井井筒或渗渠集水管时，应经试验确定其骨料粒径、灰石比和水灰比。并应确定搅拌、浇筑和养护的施工措施，其渗透系数、阻砂能力和强度不应低于设计规定。

2）滤料的制备应符合下列规定：

（1）滤料的粒径及性质符合设计要求；

（2）滤料经过筛选并检验合格后，按不同规格堆放在干净的场地上，并防止杂物混入；

（3）标明堆放滤料的规格、数量和铺设的层次；

（4）滤料在铺设前应冲洗干净。其含泥量不应大于 1.0%（重量比）。

3）铺设大口井或渗渠的反滤层前，应将大口井中或渗渠河槽中的杂物全部清除，并经检查合格后，方可铺设反滤层。

4）滤料在运输和铺设过程中，应防止不同规格的滤料或其他杂物混入。

冬期施工时，滤料中不得含有冻块。

5）滤料的运送应采用溜槽或其他方法将滤料送至大口井底或渗渠槽底，不得直接由高处向下倾倒。

6）大口井或渗渠施工完毕并经检验合格后，应按下列规定进行抽水清洗：

（1）抽水清洗前应将大口井或渗渠中的泥砂和其他杂物清除干净。

（2）抽水清洗时，对大口井应在井中水位降到设计最低动水位以下停止抽水；对渗渠，应将集水井中水位抽降到集水管管底以下停止抽水。待水位回升至静水位左右应再行抽水。并应在抽水时取水样，测定含砂量。

当设备能力已经超过设计产水量而水位未达到上述要求时，可按实际抽水设备的能力抽水清洗。

（3）当水中的含砂量小于或等于 0.5ppm（体积比）时，停止抽水清洗。

（4）抽水清洗时的静水位、水位下降值及含砂量测定结果，应及时做好记录。

7）大口井或渗渠经过抽水清洗后，应按下列规定测定产水量：

（1）应测定大口井或渗渠集水井中的静水位；

（2）抽出的水应排至降水影响半径范围以外；

（3）按设计产水量进行抽水，并测定井中的相应动水位。当含水层的水文地质情况与设计不符时，应测定实际产水量及其相应的水位；

（4）测定产水量时，水位和水量的稳定延续时间，基岩地区不少于 8h；松散层地区不少于 4h；

（5）测定产水量宜采用薄壁堰；

（6）产水量及其相应的水位下降值的测定结果，应及时做记录；

（7）测定产水量宜在枯水期进行。

2-11-54　大口井施工规定有哪些？

答：1）井壁进水孔的反滤层必须按设计要求分层铺设，层次分明，装填密实。

当采用沉井法下沉井筒，并在下沉前铺设进水孔反滤层时，应在井壁内侧将进水孔临时封闭。

2）井筒下沉就位后应按设计要求整修井底，并经检验合格后方可进行下一工序。

当井底超挖时应回填，并填至井底设计高程。井底进水的大口井，宜采用与基底相同的砂砾料或与基底相邻的滤料回填；封底的大口井。宜采用粗砂、砾石或卵石等粗颗粒材料回填。

3）铺设大口井井底反滤层时，应符合下列规定：

（1）宜将井中水位降到井底以下；

（2）必须在前一层铺设完毕并经检验合格后，方可铺设次层；

（3）每层厚度不得小于该层时，的设计厚度。

4）辐射管管材的外观应直顺、无残缺、无裂缝，管端应呈平面且与管子轴线垂直。

5）辐射管的施工，应根据含水层的土类，辐射管的直径、长度、管材以及设备条件等，进行综合比较，选用锤打法、顶管法、水射法、水射法与锤打法或顶管法的联合以及其他方法。

（1）采用锤打法或顶管法时，应符合下列规定：

①辐射管的入土端应安装顶帽，施力端应安装管帽；

②锤打方向、千斤顶的轴线或合力作用线方向，应位于辐射管施力端的中心；

③千斤顶的支架应与底板固定；

④千斤顶的后背布置应符合设计要求。

（2）采用水射法时，应符合下列规定：

①高压胶管与喷射水枪的连接，必须过水通畅，安全可靠，且不得漏水；

②辐射管开始推进时，其入土端宜稍低于外露端；

③配合水枪射水，应缓缓推进射管。

6）每根辐射管的施工应连续作，不得中断。

7）辐射管施工完毕，应采用高压水冲洗，辐射管与预留孔之间的孔隙应封闭牢固，且不得漏砂。

8）当大口井周围散水下填黏土层时，应符合下列规定：

（1）黏土呈松散状态，不含有大于 5mm 的硬土块。且不含有卵石、木块等杂物；

（2）不使用冻土；

（3）分层铺设压实，压实度不小于 95％。

（4）黏土与井壁贴紧，且不漏夯。

9）新建复合井一般应先施工管井。建成的管井井口应临时封闭牢固。大口井施工时不得碰撞管井，且不得将管井作任何支撑使用。

2-11-55　渗渠施工规定有哪些？

答：1）渗渠沟槽的槽底及两壁应平整，其中心线至槽壁的宽度不得小于中心线至设计反滤层外缘的宽度，槽底高程的允许偏差应为±20mm。

当采用弧形基础时，其弧形曲线应与集水管的弧度基本吻合，且其中心线的允许偏差应为 20mm。

集水管与弧形基础之间的空隙，宜用砂石填充。

2）采用预制混凝土枕基现场安装时，枕基应与槽底接触稳定。枕基间铺设的滤料应捣实，并按枕基弧面最低点整平。枕基中心线的允许偏差应为 20mm；顶面高程的允许偏差应为±15mm；相邻枕基的中心距离允许偏差应为±20mm。

3）采用预制混凝土条形基础现浇管座时，应符合下列规定：

（1）条形基础与槽底接触稳定；

（2）条形基础的中心线的允许偏差为 20mm；顶面高程的允许偏差为±15mm；

（3）条形基础的上表面凿毛，并冲刷干净；

（4）浇筑管座时，在集水管两侧同时浇筑，集水管与条形基础间的三角区应填实，且不得使集水管位移。

4）下管前应对集水管作外观检查。凡有裂缝、缺口、露筋者不得使用。进水孔眼数量和总面积的允许偏差，应为设计值的±5％。下管时不得损伤集水管。

5）集水管铺设前应将管内外清扫干净，且不得有堵塞进水孔眼现象。铺设时，应使集水管无进水孔眼部分的中线位于管底，并用垫块将集水管固定。

6）集水管铺设的允许偏差，应符合表 2-11-55 的规定。

<table>
<tr><td colspan="5" align="center">集水管铺设允许偏差</td><td align="right">表 2-11-55</td></tr>
<tr><td align="center">项　　目</td><td align="center">允许偏差（mm）</td><td align="center">项　　目</td><td align="center">允许偏差（mm）</td></tr>
<tr><td align="center">轴线位置</td><td align="center">10</td><td align="center">对口间隙</td><td align="center">±5</td></tr>
<tr><td align="center">内底高程</td><td align="center">±20</td><td align="center">相邻两管节高差和左右错口</td><td align="center">5</td></tr>
</table>

注：对口间隙不得大于相邻滤层中的滤料最小直径。

7）铺设反滤层时，现场浇筑管座混凝土的强度应达到 5N/mm² 以上，方可铺设。

8）铺设反滤层应符合下列规定：

（1）集水管两侧的反滤层应对称分层铺设，每层厚度不宜超过 30cm，且不得使集水管产生位移；

（2）每层滤料应厚度均匀，层次清楚，其厚度不得小于该层的设计厚度；

（3）分段铺设时，相邻滤层的留茬应呈阶梯形。铺设接头时应层次分明。

9）反滤层铺设完毕应采取保护措施，严禁车辆、行人通行或堆放材料，抛掷杂物。

10）沟槽回填应符合下列规定：

（1）反滤层以上的回填土应符合设计规定；当设计无规定时，宜选用不含有害物质，不易堵塞反滤层的砂类土；

（2）若槽底以上原土成层分布，宜按原土层顺序回填；

（3）回填土时，宜对称于集水管中心线分层回填，并不得破坏反滤层和损伤集水管；

（4）冬期回填土时。反滤层以上 0.5m 范围内，不得回填冻土；

（5）回填土的压实度应按设计规定，当设计无规定时，压实度不得小于 90％。

11）渗渠施工完毕，应清除现场遗留的土方及其他杂物，恢复施工前的河床地形。

2-11-56　地表水取水构筑物包括哪三部分？施工要点有哪些？

答：包括活动式取水构筑物、取水头部和进水管道三部分。由于地表水取水水源多为江河，因而规定在施工时应不影响河道航运和有关设施，并应与航政、航道部门密切配合，保证施工及航运的安全。

移动式取水构筑物是针对缆车和浮船两种取水构筑物编写的。内容主要包括水下抛石基础的石料级配、抛石方法、夯实处理和抛石顶宽的规定，反滤层、垫层和斜坡道施工的顺序和施工允许偏差的规定，斜坡道上现浇或预制钢筋混凝土框架，斜坡道上钢筋混凝土轨枕、梁及轨道安装允许偏差，摇臂管调试和安装规定，浮船与摇臂管联合试运转的规定以及缆车、浮船接管车试运转的规定等。

在取水头部中，是针对预制箱式取水头部和管式取水头部两种构筑物编写的。主要内容是预制钢筋混凝土箱式取水头部、钢结构箱式和管式取水头部制作的允许偏差，取水头部的浮运，包括浮运前在构筑物土设置测量标志、浮运前的准备工作、浮运就位、以及下沉定位的允许偏差规定等。

进水管道是指取水头部至岸边泵房之间的钢管引水管道，包括水下埋管、架空管和水下顶管三部分。前二者主要是对管段采用拖运法或浮运法时的规定，以及管道铺没及联接的施工规定等。水下顶管，主要包括对顶管工具管的性能要求，利用沉井井壁作顶管后背的千斤顶后背设计，导轨、千斤顶安装允许偏差规定，顶管工具管穿墙的止水与防止流砂进入井内的措施，要求顶进过程中顶进速度与射水破土出泥量平衡，高程和轴线测量次数，纠偏规定，以及顶进完成后的允许偏差等。

2-11-57　取水构筑物施工一般规定有哪些？

1）地表水取水构筑物施工场地布置、土石方堆弃及排泥等，均不得影响航运、航道及港池水深；也不得影响堤岸及附近建筑物的稳定。施工中产生的废料、废液等应妥善处理。

2）施工船舶的停靠、锚泊、作业等，必须事先经有关航政、航道等部门的同意，当对航运有影响时，应提请有关部门密切配合，并进行必要的监测、监督，以保证施工和航行安全。

3）水下构筑物的基坑或沟槽开挖前，必须对施工范围内河床地形进行校测。

4）水下开挖基坑或沟槽应根据河道的水文、地质、航运等条件，确定水下挖泥、出泥及水下爆破、出碴等施工方案。必要时可进行试挖或试爆。

5）制作钢管的材料应有出厂合格证方可加工；加工后的管节应经焊接检验合格后，方可使用。

6）地表水取水构筑物竣工后，应及时拆除全部施工设施，清理现场，修复原有护坡、护岸等工程。

2-11-58　移动式取水构筑物施工规定有哪些？

答：1）移动式取水构筑物施工设计应包括以下主要内容：

（1）取水构筑物施工平面布置图及纵、横断面图；

（2）水下抛石方法；

（3）浇筑混凝土及预制构件现场组装；

（4）缆车或浮船及其联络管组装和试运转；

（5）水上打桩；

（6）水下安装。

2）水下抛石应符合下列规定：

（1）抛石顶宽不得小于设计规定；

（2）抛石时应采用对标控制位置；水流流速、水深及抛石方法对抛石位置的影响，宜通过试抛确定；

（3）抛石应有良好的级配；

（4）抛石应由深处向岸坡进行；

（5）抛石时应测水深。

3）对水下抛石需作夯实处理时，应预留夯沉量，其数值可按当地经验或现场试夯资料确定，宜为抛石厚度的 10%～20%。在水面附近无法夯实时，则应进行铺砌或人工抛埋。

4）水下基床抛石面的平整应符合下列规定：

（1）石料粒径：

粗平为 100～300mm；

细平为 20～40mm。

（2）平整宽度：

粗平时，为混凝土基础加宽 1.0～1.5m；

细平时，为混凝土基础加宽 0.5m。

（3）表面高程允许偏差：

粗平为 −150mm；

细平为 −50mm。

5）对易受水流、波浪、冲淤影响的部位，基床平整后应及时进行下一工序。

6）反滤层和垫层的铺设应符合下列规定：

（1）反滤层和垫层铺设后应立即浇筑混凝土面层或砌筑砖石面层，铺设时宜从坡脚或戗台开始自下而上施工；

（2）当分段铺设时，应采取措施，保证铺设段的稳定；

（3）分段连接处的反滤层，应铺成阶梯的接茬；

（4）分层铺设时，每层厚度的偏差不得超过±30mm；总厚度偏差不得超过±10％。

7）斜坡道应自下而上进行施工。当现浇混凝土坡度较陡时，应采取防止混凝土下滑的措施。

8）在水位以下的轨道枕、梁、底板，当采用预制混凝土构件时，应预埋安装测量标志的辅助铁件。

9）现浇混凝土和砖石砌筑的缆车、浮船接管车斜坡道施工的允许偏差，应符合表 2-11-58（1）的规定。

10）缆车、浮船接管车斜坡道上现浇钢筋混凝土框架施工的允许偏差，应符合表 2-11-58（2）的规定。

11）缆车、浮船接管车斜坡道上预制钢筋混凝土框架施工的允许偏差，应符合表 2-11-58（3）的规定。

现浇混土和砖，石砌筑的缆车、浮船
接管车斜坡道施工允许偏差

表 2-11-58（1）

项　　目		允许偏差（mm）
轴线位置		20
长度		±L/200
宽度		±20
厚度		±10
高程	设计枯水位以上	±10
	设计枯水位以下	±30
表面平整度（用 2m 直尺检查）		10
中心位置	预埋件	5
	预留孔	10

注：L 为斜坡道总长度（mm）。

缆车、浮船接管车斜坡道上现浇钢筋
混凝土框架施工允许偏差

表 2-11-58（2）

项　　目		允许偏差（mm）
轴线位置		20
长、宽		±10
高程（柱基、柱顶）		±10
垂直度		$H/200$，且不大于 15
水平度		$L/200$，且不大于 15
表面平整度（用 2m 直尺检查）		10
中心位置	预埋件	5
	预留孔	10

注：1. H 为柱的高度（mm）。
　　2. L 为单梁或板的长度（mm）。

缆车、浮船接管车斜坡道上预制钢筋混凝土框架施工允许偏差　　表 2-11-58（3）

项　　目		允许偏差（mm）		
		板	梁	柱
长度		+10 −5	+10 −5	+5 −10
宽度、高度或厚度		±5	±5	±5
直顺度		$L/1000$，且不大于 20	$L/750$，且不大于 20	$L/750$，且不大于 20
表面平整度（用 2m 直尺检查）		5	5	5
中心位置	预埋件	5	5	5
	预留孔	10	10	10

注：L 为构件长度（mm）。

12）缆车、浮船接管车斜坡道上预制框架安装的允许偏差，应符合表 2-11-58（4）的规定。

缆车、浮船接管车斜坡道上预制框架安装允许偏差　　　　表 2-11-58（4）

项　　目	允许偏差（mm）	项　　目	允许偏差（mm）
轴线位置	20	垂直度	$H/200$，且不大于 10
长、宽	±10	水平度	$L/200$，且不大于 10
高程（柱基、柱顶）	±10		

注：1. H 为柱的高度（mm）。

　　2. L 为单梁或板的长度（mm）。

13）缆车、浮船接管车斜坡道上钢筋混凝土轨枕、梁及轨道安装的允许偏差，应符合表 2-11-58（5）的规定。

缆车、浮船接管车斜坡道上轨枕、梁及轨道安装允许偏差　　　　表 2-11-58（5）

	项　　目	允许偏差（mm）		项　　目	允许偏差（mm）
钢筋混凝土轨枕、轨梁	轴线位置	10	轨道	轴线位置	5
	高程	+2 −5		高程	±2
	中心线间距	±5		同一横截面上两轨高差	2
	接头高差	5		两轨内距	±2
	轨梁柱跨间对角线差	15		钢轨接头左、右、上三面错位	1

14）摇臂管钢筋混凝土支墩，一般应在水位上涨至平台前完成。摇臂管钢筋混凝土支墩施工的允许偏差应符合表 2-11-58（6）的规定。

摇臂管钢筋混凝土支墩施工允许偏差　　　　表 2-11-58（6）

项　　目	允许偏差（mm）	项　　目		允许偏差（mm）
轴线位置	20	顶面平整度		10
长、宽或直径	±20	中心位置	预埋件	5
曲线部分的半径	±10		预留孔	10
顶面高程	±10			

15）摇臂管安装前应按设计条件测定挠度。如挠度超过设计规定，应会同设计单位采取补强措施，复测合格后方可安装。

16）摇臂管及摇臂接头应在组装前进行水压试验，不得渗漏。其试验压力应为设计压力的 1.25 倍，且不小于 0.4MPa。

17）摇臂摇头的铸件材质及零部件加工尺寸应符合设计规定。铸件切削加工后，不得进行导致铸件填料函部位变形的任何焊补。

18）摇臂接头应在岸上进行试组装调试，使接头能上、下、左、右转动灵活。

19）摇臂管安装应在下列条件下进行：

（1）摇臂接头的岸、船两端组装就位，调试完成；

（2）浮船上、下游锚固妥当，并能按施工要求移动泊位；

（3）江河流速不超过 1m/s，当超过时，应采取安全措施；

（4）避开雨天、雪天和五级以上的风天。

20）浮船与摇臂管联合试运转前应对浮船进行验收，并符合下列规定：

（1）浮船各部尺寸的允许偏差应符合表 2-11-58（7）的规定；

浮船各部尺寸允许偏差　　　　　　　　　　　　表 2-11-58 （7）

项　目		允许偏差（mm）		
		钢　船	钢筋混凝土船	木　船
长、宽		±15	±20	±20
高度		±10	±15	±15
板梁、横隔梁	高度	±5	±5	±5
	间距	±5	±10	±10
接头外边缘高差		$d/5$，且不大于 2	3	2
机组与设备位置		10	10	10
摇臂管支座中心位置		10	10	10

注：d 为板厚（mm）。

（2）船上吊装设备的布置应符合设计要求，并安装牢固；

（3）船上机电设备应安装完毕，电器设备联动应调试合格；

（4）进水口处应有防漂浮物的装置及清理设备；船舷外侧应防撞击设施；安全及防火器材应配置合理、完善；

（5）抛锚位置应正确，锚链和缆绳强度的安全系数应符合规定。

21）浮船与摇臂管联合试运转应按下列步骤进行，并作好记录。

（1）空载试运转：

①配电设备投试，一切用电设备试运转；

②测定摇臂管空载挠度；

③移动浮船泊位，检查摇臂管水平移动是否正常；

④测定浮船四角干舷高度。

（2）满载试运转：

①机组连续试运转 24h；

②测定浮船四角干舷高度，船体倾斜度应符合设计规定，当设计无规定，船体不允许向摇臂管方向倾斜；船体向水泵吸水管方向的倾斜度不得超过船宽的 2%，且不大于 100mm。当超过时，应会同有关单位协商处理；

③测定摇臂管的满载挠度；

④移动浮船泊位，检查摇臂管水平移动是否正常；

⑤检查摇臂接头，当有渗漏时，应调整填料函的尺寸。

22）缆车、浮船接管车的尺寸允许偏差应符合表 2-11-58 （8）的规定。

缆车、浮船接管车尺寸允许偏差　　　　　　　　表 2-11-58 （8）

项　目	允许偏差（mm）	项　目	允许偏差（mm）
轮中心距	±1	倾斜角	±30（′）
两对角轮距差	2	机组与设备位置	10
外型尺寸	±5	出水管中心位置	10

注：倾斜角为轮、轨接触平面与水平面的倾角。

23）缆车、浮船接管车试运转，应按下列步骤进行，并作好记录。

（1）配电设备投试，一切用电设备试运转；

（2）移动缆车、浮船接管车上下三次，行走必须平稳，出水管与斜坡管松、接正常；

（3）起重设备试吊合格；

（4）水泵机组连续试运转 24h。

2-11-59 取水头部施工规定有哪些？

答：1）取水头部应编制施工设计并应包括以下主要内容：

（1）取水头部施工平面布置图及纵、横断面图；

（2）取水头部制作；

（3）取水头部的基坑开挖；

（4）水上打桩；

（5）取水头部下水措施；

（6）取水头部浮运措施；

（7）取水头部下沉、定位及固定措施；

（8）混凝土预制构件水下组装。

2）取水头部制作场地应符合下列要求：

（1）取水头部制作场地周围应有足够供堆料、锚固、下滑、牵引以及安装施工机具、机电设备、牵引绳索的地段；

（2）地基承载力应满足取水头部的荷载要求。当达不到荷载要求时，应对地基进行加固处理。

3）取水头部水上打桩的允许偏差应符合表 2-11-59（1）的规定。

取水头部水上打桩允许偏差   表 2-11-59（1）

项 目		允许偏差（mm）
上面有盖梁的桩轴线位置	垂直于盖梁中心线	150
	平行于盖梁中心线	200
上面无纵横梁的桩轴线位置		1/2 桩径或边长
桩顶高程		+100 −50

4）预制箱式钢筋混凝土取水头部的允许偏差应符合表 2-11-59（2）的规定。

预制箱式钢筋混凝土取水头部允许偏差   表 2-11-59（2）

项 目	允许偏差（mm）	项 目		允许偏差（mm）
长、宽（直径）、高度	±20	表面平整度（用 2m 直尺检查）		10
厚度	+10 −5	中心位置	预埋件、预埋管	5
			预留孔	10

5）箱式和管式钢结构取水头部制作的允许偏差，应符合表 2-11-59（3）的规定。

箱式和管式钢结构取水头部制作的允许偏差   表 2-11-59（3）

项 目		允许偏差（mm）	
		箱 式	管 式
椭圆度		$D/200$，且不大于 20	$D/200$，且不大于 10
周长	$D \leqslant 1600$	±8	±8
	$D > 1600$	±12	±12
长、宽（多边形边长）、高度		1/200，且不大于 20	
端面垂直度		4	2
中心位置	进水管	10	10
	进水孔	20	20

注：D 为直径（mm）。

6）取水头部浮运前应设置下列测量标志：

（1）取水头部中心线的测量标志；

（2）取水头部进水管口中心测量标志；

（3）取水头部各角吃水深度的标尺，当圆形时为相互垂直两直径与圆周交点吃水深度的标尺；

（4）取水头部基坑定位的水上标志。

下沉后测量标志仍露出水面。

7）取水头部浮运前，应做下列准备工作：

（1）取水头部的混凝土强度达到设计规定，并经验收合格；

（2）取水头部清扫干净，水下孔洞全部封闭，不得漏水；

（3）拖曳缆绳绑扎牢固；

（4）下滑机具安装完毕，并经过试运转；

（5）检查取水头部下水后的吃水平衡，当不平衡时应采取浮托或配重措施；

（6）浮运拖轮、导向船及测量定位人员均做好准备工作。

8）取水头部的定位，应采用经纬仪三点交叉定位法。岸边的测量标志，应设在水位上涨不被淹没的稳固地段。

9）取水头部下沉定位的允许偏差应符合表 2-11-59（4）的规定。

取水头部下沉定位允许偏差　　　　　表 2-11-59（4）

项　　目	允许偏差（mm）	项　　目	允许偏差（mm）
轴线位置	150	扭转	10
顶面高程	±100		

10）取水头部定位后，应进行测量检查，当符合第 9）条的规定时，应及时进行固定，并按河道航行规定设立航行标志及安全保护设施。

2-11-60　进水管道施工规定有哪些?

答：1）水下埋管及架空管

（1）水下开挖沟槽整平后的高程偏差不得超过＋0、－300mm。

（2）水下开挖沟槽整平后，应及时下管。下管后，应即将管底两侧有孔洞的部分用砂石材料及时回填密实。

（3）用拖运法、浮运法、船运吊装法等铺设水下管道时，应采取措施保护管段及防腐层不受损伤。当有损伤时，应及时修补。

（4）管段吊装前应正确选用吊点，并进行吊装应力与变形验算。管子产生的应力与变形不得大于设计值；当超过时，应采取临时加固措施。

（5）管道采用浮运法时，应进行浮力计算；当浮力不足时，应按需要增设浮筒。下管时应使管道缓慢均匀下沉和就位。

（6）水下管道接头采用半圆箍连接时，应先在陆地或船上试接和校正，合格后方可进行下管和水下连接。管道在水下连接后，应由潜水员检查接头质量，并做好质量检查记录。

（7）水下埋管及水下架空管安装的允许偏差，应符合表 2-11-60（1）的规定。

水下埋管及水下架空管安装允许偏差　　　　　表 2-11-60（1）

项　　目		允许偏差（mm）	项　　目		允许偏差（mm）
轴线位置	水下埋管	200	高程	水下埋管	±150
	水下架空管	150		水下架空管	±100

2）水下顶管

（1）本节水下顶管适用于取水泵房与取水头部连接的直径大于1000mm钢制进水管道的顶管。

（2）水下顶管工具管的选用或制作，应根据管道外径和工程地质条件确定，其主要性能应符合下列要求：

①能抵抗最大正面阻力及周边摩阻力；

②能按最大纠偏角进行上、下、左、右纠偏；

③保证泥浆壁厚度；

④有水力破土和排泥能力；

⑤具有测量、准直和观测设施；

⑥有保障操作人员安全的措施；

⑦有处理事故的手段。

（3）利用沉井井壁作顶管后背时，后背设计应征得设计单位同意。后背与千斤顶接触的平面应与管段轴线垂直，其倾斜偏差不得超过5mm。

（4）顶管导轨安装的允许偏差，应符合表2-11-60（2）的规定。

顶管导轨安装允许偏差　　　　　　　　　　　　　表 2-11-60（2）

项　　目	允许偏差（mm）	项　　目	允许偏差（mm）
轴线位置	3	两轨内距	±2
高程	±2		

（5）安装顶管千斤顶应符合下列规定：

①千斤顶应沿管子圆周左右对称布置；

②在使用两台或两台以上千斤顶时，宜用型号相同的千斤顶；若千斤顶型号不同，则应按照管子两侧顶力相同的原则对称组合，并使千斤顶操作同步；

③千斤顶安装的位置和高程，应使其轴线与顶进钢管的轴线平行，对设计合力位置的偏差不得大于5mm；千斤顶头部向下允许偏差应为3mm，左右允许偏差应为2mm；

④千斤顶钢支架的刚度，应能保证千斤顶工作时的稳定，支架应与操作台底板固定，并不得在顶进时产生位移；

⑤千斤顶的后盖应与后背垫平、贴紧。

（6）顶管使用触变泥浆润滑剂时，触变泥浆的配比应通过试验确定。泥浆的供给不得间断。压浆应与顶进协调进行。

（7）顶管工具管必须经过调试合格，方可使用，调试的主要项目包括：环形止水、水力机械、泥浆润滑、气压、油压以及纠偏等系统的设备。

（8）工具管穿墙时，应采取防止水及砂涌入工作坑的措施，并宜将工具管前端稍微抬高。

（9）顶进过程中，应保持顶进速度与射水破土出泥量的平衡，并严禁超量排泥。

（10）采用加气压顶进时，应符合下列规定：

①工具管所有密封装置应密封良好；

②加气压力宜为水头压力的80%～90%；

③若顶进中正面阻力过大，可冲去工具管前舱格栅处部分土体，但不得冲射到工具管刃脚以外；

④当顶进停止时间较长时，应将吸泥闸门关闭，并加气压到内外压力平衡。

（11）顶管进程中，高程和轴线的测量，宜每顶进1m左右应测量一次；当顶进出现偏差时，宜每顶进 30cm 左右应测量一次。

（12）顶管中的纠偏应符合下列规定：

①纠偏必须在顶进中进行，严禁在停止顶进时纠偏；

②应不间断地分析管道顶进中偏移轨迹的变化，确定合理的纠偏幅度；

③每次纠偏角度不宜过大，并缓慢地调整纠偏角。纠偏角度可根据管径大小和顶进长度以及土质情况确定。宜为 5～20（′）；

④在纠偏中，应控制和调整射水破土量和射水破土方向，但不得破坏工具管刃脚外的土体；

⑤严格控制纠偏油泵的压力，不得使油泵压力上升过快；

⑥纠偏结束后应锁紧螺旋定位器。

（13）钢管顶进中的管段连接，应符合下列规定：

①管子轴线应一致。管口应对齐。其错口不得大于管壁厚的 10％，且不大于 2mm；

②连接管段时，不得切割管端；

③管段焊接后，经检验合格方可继续顶进。

（14）钢管顶进完成后的轴线偏差不得超过 200mm；管底高程偏差不得超过 ±200mm。

2-11-61　水塔施工要点有哪些？

答：水塔中包括基础、塔身和水柜三部分。

基础部分主要是壳体基础现场挖修土模及浇筑混凝土的规定，以及预制装配水柜提升对预埋螺栓的要求等。

塔身部分，包括整体现浇和预制装配的钢筋混凝土圆筒塔身、钢筋混凝土框架塔身和钢架、钢圆筒塔身。主要内容是分节预制钢筋混凝土圆筒塔身与现场装配的施工规定，钢筋混凝土框架塔身模板安装的规定，以及各种塔身的施工允许偏差。

水柜部分，包括钢丝网水泥倒锥壳水柜、钢筋混凝土水柜和钢水柜。其中，主要是水柜的制造与吊装。其中，钢筋混凝土水柜采用较多。但由于其施工规定大部分可按第五章《水池》执行。故此处仅补充倒锥壳水柜的施工特点、养护、以及圆筒形和倒锥壳水柜的施工允许偏差等。在钢水柜中主要是单支筒水柜吊装和单支筒全钢水塔整体吊装的规定。

关于钢丝网水泥倒锥壳水柜的条文较多，包括制造该种水柜的材料要求，筋网材料绑扎及施工规定，水泥砂浆的水灰比、灰砂比、拌制及使用的规定，现场浇筑或预制构件浇筑施工，强度检验、养护，组装质量标准等。

2-11-62　水塔施工一般规定有哪些？

答：1）水塔的钢筋混凝土基础、塔身及水柜，砖石塔身、钢塔身及钢水柜的施工，除应符合本章规定外，还应按现行有关标准规范的规定执行。

2）水塔避雷针的安装应符合下列规定：

（1）避雷针的安装应垂直，位置正确，安装牢固。

（2）接地体和接地线的安装，应位置准确，焊接牢固，并应检验接地体的接地电阻。

（3）利用塔身钢筋作导线时，应作标志，接头必须焊接牢固，并应检验接地电阻。

2-11-63　水塔基础施工规定有哪些？

答：1）"M" 型、球型等壳体基础的施工应符合下列规定：

（1）挖修土槽时，宜按 "十" 字或 "米" 字型布置，用特制的靠尺控制，先挖成标准槽，然后向两侧扩挖成型；

（2）土模表面的保护层宜采用 1：3 水泥砂浆抹面，其厚度宜为 15～20mm；浇筑混凝土时不得破坏；

（3）混凝土浇筑厚度的允许偏差应为 +5mm、-3mm。混凝土表面应抹压密实。

2）基础的预埋螺栓及滑模支承杆，应位置准确，并必须采取防止浇筑混凝土时发生位移的固定措施。

2-11-64 塔身施工规定有哪些?

答：1）钢筋混凝土圆筒塔身

（1）整体现浇钢筋混凝土圆筒塔身，可采用滑升模板或"三节模板倒用施工法"。采用滑升模板时，应符合有关国家现行标准规范的规定。

（2）预制钢筋混凝土圆筒塔身采用上、下节预埋扁钢环对接肘，其圆度应一致。钢环应用临时拉、撑控制圆度，上下口调平并找正位置后再与钢筋焊接。采用预留钢筋搭接时，上下节的预留钢筋应错开。

（3）预制钢筋混凝土圆筒塔身的装配应符合下列规定：

①装配前，检验每节圆筒的质量应合格；

②圆筒上口应标出控制轴线的中心位置；

③圆筒两端扁钢坏对接的接缝应按设计规定处理；设计无规定时，可采用 1:2 水泥砂浆抹压平整；

④圆筒采用预留钢筋搭接时，其接缝混凝土应比圆筒混凝土强度提高一级，混凝土表面应抹压平整。

（4）钢筋混凝土圆筒塔身施工的允许偏差应符合表 2-11-64（1）的规定。

钢筋混凝土圆筒塔身施工允许偏差　　　　表 2-11-64（1）

项　目	允许偏差（mm）	项　目	允许偏差（mm）
中心垂直度	1.5H/1000，且不大于 30	内外表面平整度（用弧长为 2m 的弧形尺检查）	10
壁厚	+10 −3	预埋管、预埋件中心位置	5
塔身直径	±20	预留孔中心位置	10

注：H 为圆筒塔身高度（mm）。

2）钢筋混凝土框架塔身

（1）现浇钢筋混凝土框架塔身模板的安装，应符合下列规定：

①支模前应核对框架基础预埋竖向钢筋的规格以及基面的轴线和高程；

②对框架必须具有控制其垂直度或倾斜度的措施；

③每节模板的高度不宜超过 1.5m。

（2）钢筋混凝土框架塔身施工的允许偏差应符合表 2-11-64（2）的规定。

钢筋混凝土框架塔身施工允许偏差　　　　表 2-11-64（2）

项　目	允许偏差（mm）	项　目	允许偏差（mm）
中心垂直度	1.5H/1000，且不大于 30	每节柱顶水平高差	5
相间距和对角线差	L/500	预埋件中心位置	5
框架节点距塔身中心的距离	±5		

注：1. H 为框架塔身高度（mm）。
　　2. L 为柱间距或对角线长（mm）。

3）钢架、钢圆筒塔身

（1）钢架塔身施工应符合下列规定：

①钢架塔身的主杆上应有中线标志；

②螺栓孔位不正需扩孔时，扩孔部分应不超过 2mm；当超过时，应堵焊后重新钻孔。不得用气割进行穿孔或扩孔；

③钢架构件的组装应紧密牢固。构件在交叉处遇有间隙时，应装设相应厚度的垫圈或垫板；

④用螺栓连接构件时，应符合下列要求：

a. 螺杆应与构件面垂直，螺头平面与构件间不得有间隙；

b. 螺母紧固后，外露丝扣应不少于两扣；

c. 承受剪力的螺栓，其丝扣不得位于连接构件的剪力面内；

d. 当必须加垫时，每端垫圈不应超过两个；

e. 螺栓穿入的方向，水平螺栓应由内向外；垂直螺栓应由下向上；

f. 钢架塔身的全部螺栓应紧固两次，每次在钢架组装后，第二次在水柜安装以后。

（2）钢架及钢圆筒塔身施工的允许偏差应符合表 2-11-64（3）的规定。

钢架及钢圆筒塔身施工允许偏差　　　　表 2-11-64（3）

项　目		允许偏差（mm）	
		钢架塔身	钢圆筒塔身
中心垂直度		$1.5H/1000$，且不大于 30	$1.5H/1000$，且不大于 30
柱间距和对角线差		$L/1000$	
钢架节点距塔身中心的距离		5	
塔身直径	$D \leqslant 2m$		$+D/200$
	$D > 2m$		$+10$
内外表面平整度（用弧长 2m 的弧形尺检查）			10
焊接附件及预留孔中心位置		5	5

注：1. H 为钢架或圆筒塔身高度（mm）。

　　2. L 为柱间距或对角线长（mm）。

　　3. D 为圆筒塔身直径（mm）。

4）砖石砌体塔身

（1）砌筑砖石塔身时，应按设计要求将各种预埋件砌入，不得预留孔洞再进行安装。

（2）砖石砌体塔身施工的允许偏差应符合表 2-11-64（4）的规定。

砖石砌体塔身允许偏差　　　　表 2-11-64（4）

项次	项　目		允许偏差（mm）	
			砖砌塔身	石砌塔身
1	中心垂直度		$1.5H/1000$	$2H/1000$
2	壁厚			$+20$ -10
3	塔身直径	$D \leqslant 5m$	$\pm D/100$	$\pm D/100$
		$D > 5m$	± 50	± 50
4	内外表面平整度（用弧长 2m 的弧形尺检查）		20	25
5	预埋管、预埋件中心位置		5	5
6	预留洞中心位置		10	10

注：1. H 为塔身高度（mm）。

　　2. D 为塔身直径（mm）

2-11-65　水柜施工规定有哪些?

答：1）一般规定

（1）水柜地面预制或装配时，必须对地基妥善处理。

（2）水柜下环梁穿插吊杆的预留孔应与塔顶提升装置的吊杆孔位置一致，并垂直对应。

（3）水柜在地面进行满水试验时，应对地下室底板及内墙采取防渗漏措施。

（4）钢丝网水泥及钢筋混凝土水柜的满水试验应符合下列规定：

①试验时，水柜强度应达到设计规定；

②保温水柜试验，应在保温层施工前进行；

③充水应分三次进行，每次充水宜为设计水深的 1/3，且静置时间不少于 3h；

④充水至设计水深后的观测时间，钢丝网水泥水柜不应少于 72h；钢筋混凝土水柜不应少于 48h；

⑤水柜及其配管穿越部分，均不得渗水、漏水；

⑥试验结果应作记录。

（5）水柜的保温层施工应符合下列规定：

①水柜的保温层，应在水柜的满水试验合格后进行喷涂或安装；

②采用装配式保温层时，保温罩上的固定装置应与水柜上预埋件位置一致；

③采用空气层保温时，保温罩接缝处的水泥砂浆必须填塞密实。

（6）水柜提升（或吊装）应编制施工设计，并应包括以下主要内容：

①提升方式的选定及需用机械的规格、数量；

②提升架的设计；

③提升杆件的材质、尺寸、构造及数量；

④保证平稳提升的措施；

⑤安全措施。

（7）钢丝网水泥及钢筋混凝土倒锥壳水柜的提升应符合下列规定：

①水柜中环梁及其以下部分结构强度达到设计规定后方可提升；

②提升前应在塔身外壁周围标明水柜底面的坐落位置，并检查提升架及机电设备等，必须保持完好；

③应先作提升试验，将水柜提升至离地面 0.2m 左右，对各部位进行详细检查，确认完全正常后，方可正式提升；

④水柜应掌握平稳上升；

⑤水柜下环梁底一般允许提升超过设计高程 0.2m，此时应即垫入支座，经调平固定后，徐徐使水柜就位，再与支座焊接固定。

2）钢丝网水泥倒锥壳水柜

（1）钢丝网水泥倒锥壳水柜的施工材料应符合下列规定：

①水泥宜采用普通硅酸盐水泥，其标号不应低于 425 号，不宜采用矿渣硅酸盐水泥或火山灰质硅酸盐水泥。

②砂的细度模量宜为 2.0～3.5；最大粒径不宜超过 4mm，并应过筛；含泥量不得大于 2%；云母含量不得大于 0.5%。

③钢丝网的规格应符合设计要求，其网格尺寸应均匀，且网面平直。

（2）钢丝网水泥倒锥壳水柜模板安装的允许偏差应符合表 2-11-65（1）及表 2-11-65（2）的规定。

钢丝网水泥倒锥壳水柜整体 现浇模板安装允许偏差 表 2-11-65（1）		钢丝网水泥倒锥壳水柜预制 构件模板安装允许偏差 表 2-11-65（2）	
项　目	允许偏差（mm）	项　目	允许偏差（mm）
轴线位置（对塔身轴线）	5	长度	±3
高度	±5	宽度	±2
平面尺寸	±5	厚度	±1
表面平整度（用弧长 2m 的弧形尺检查）	3	预留孔洞中心位置	2
		表面平整度（用 2m 直尺检查）	3

（3）钢丝网水泥倒锥壳水柜的筋网绑扎应符合下列规定：

①筋网表面应洁净，无油污；锈蚀的筋网应除锈。

②低碳冷拔钢丝的连接不应采用焊接。绑扎时搭接长度不宜小于 250mm。

③壳体纵筋必须平直，间距均匀，每根纵筋应用整根钢筋。

④钢丝网应铺平绷紧，不得有波浪、束腰、网泡、丝头外翘等现象。

⑤钢丝网的搭接长度，环向不得小于 100mm；竖向不得小于 50mm。上下层搭接位置应错开。

⑥筋网绑扎应采用 22 号铁丝或退火铁丝。绑扎时宜从中间向两端或沿一个方向进行。扎结点应按梅花形排列，其间距不宜大于 100mm（网边处不大于 50mm）。扎结点一般应在钢筋上；在无钢筋处的扎结点，不宜太紧或过松。

⑦严禁在网面上走动和抛掷物件。

⑧绑扎完成后应进行全面检查，补扎漏点和对不平处进行修整。

（4）钢丝网水泥砂浆，水灰比宜为 0.32～0.40；灰砂比宜为 1：1.5～1：7。

（5）水泥砂浆的拌制与使用应遵守下列规定：

①砂浆应拌合均匀。机械拌合时间不得小于 3min。

②砂浆应随拌随用。从拌好至用完，不宜超过 1h，初凝后的砂浆不得使用。

③抹压过程中砂浆不得加水稀释或撒干水泥吸水。

（6）抹压砂浆前，应将网层内清理干净。

（7）钢丝网水泥砂浆采用机械振动时，应根据构件形状选用适宜的振动器。砂浆应振至不再有明显下沉，无气泡逸出，表面出现稀浆时为止。

（8）现浇钢丝网水泥砂浆倒锥壳水柜可采用喷浆法或手工施浆。其施工顺序应自下而上，由中间向两边（或一边）环圈进行。

（9）采用喷浆法施工时，喷枪移动速度应均匀，不得滞射和扫射。喷嘴应与喷射面保持近于垂直，当受障碍物影响时，其入射角不宜大于 15°。喷嘴与喷射面控制的距离应以回弹物较少，喷浆层密实为宜。

（10）钢丝网保护层厚度应按设计规定；当无规定时，应为 3～5mm。

（11）手工施浆时，首先应进行压实抹平，使砂浆压入网内，避免中间夹空。无模施工时，其对面应有专人检查，待每个网孔均充满砂浆并稍突出时，方可加抹保护层砂浆，压实抹平。当保护层厚度不够，需补添砂浆时，应先将已抹平面进行刮糙，补浆后再压实抹平。

砂浆接茬及与环梁交角处应细致操作。交角处宜抹成圆角。

待砂浆的游离水析出后，应进行压光，消除气泡，提高密实度。压光宜进行三遍，最后一遍应在接近终凝时完成。

（12）采用机械振捣或喷浆法施工时，还应按第（11）条的规定，进行压光。

（13）水泥砂浆的抹压应一次连续成活；当不能一次成活时，接头处应在砂浆终凝前拉毛，接茬前应把该处浮渣清除，用水冲洗干净。

（14）水泥砂浆应在现场制作标准试块三组（每组三块），其中一组作标准养护，用以检验标号；两组随壳体养护，用以检验脱模、出厂或吊装时的水泥砂浆强度。

（15）水泥砂浆现浇壳体或预制构件的养护可选用薄膜养护、自然养护或蒸气养护，养护应在压光成活后及时进行。并应符合下列规定：

①自然养护：应保持砂浆表面充分湿润，养护时间不应少于 14d；

②蒸气养护：温度与时间应符合表 2-11-65（3）的规定。

蒸气养护温度与时间　　　　　　　　　表 2-11-65（3）

项　　目		温度与时间	项　　目	温度与时间
静置期	室温 10℃以下	＞12h	升温速度	10～15℃/h
	室温 10～25℃	＞8h	恒温	65～70℃，6～8h
	室温 25℃以上	＞6h	降温速度	10～15℃/h
			降温后浸水或覆盖洒水养护	10d

（16）水泥砂浆应达到设计强度标准值 0.70 倍方可脱模。

（17）钢丝网水泥倒锥壳水柜的施工质量应符合下列规定：

①水柜轴线位置对塔身中心的偏差不得大于 10mm；

②壳体内外表面平整度（用弧长 2m 的弧形尺检查）偏差不得大于 5mm；

③壳体裂缝宽度不得大于 0.05mm；

④壳体砂浆不得有空鼓和缺棱掉角；表面不得有露丝、露网、印网和气泡。累计有缺陷的面积不得大于 1.5m²，且缺陷应进行整修。

（18）预制的钢丝网水泥扇形板构件宜侧放，支架垫木应牢固稳定。

（19）预制装配式钢丝网水泥倒锥壳水柜，装配前应作好下列准备工作：

①下环梁企口面上，应测定每块壳体构件安装的中心位置，并检查其高程；

②应根据水塔中心线设置构件装配的控制桩，用以控制构件的起立高度及其顶部距水柜中心距离；

③构件接缝处表面必须凿毛，伸出的连接钢环应调整平顺，灌缝前应冲洗干净，并使接茬面湿润。

（20）倒锥壳水柜的装配应符合下列规定：

①构件吊装时，吊绳与构件接触处应设木垫板。起吊时，严禁猛起。吊离地面后，应即认真检查，确认平稳后，方准提升。

②装配时，宜按一个方向顺序进行。构件下端与下环梁拼接的三角缝，宜用薄铁板衬垫；三角缝的上面缝口应临时封堵，构件的临时支撑点应加垫木板。

③构件全部装配，并经调整就位后，方可固定穿筋。插入预留钢筋环内的两根穿筋，应各与预留钢环靠紧，并使用短钢筋，在接缝中每隔 0.5m 处与穿筋焊接。

④中环梁安装模板前，应检查已安装固定的倒锥壳壳体顶部高程，按实测高程作为安装模板控制水平的依据。混凝土浇筑前，应先埋设塔顶栏杆的预埋件和伸入顶盖接缝内的预留钢筋，并采取措施控制其位置。

⑤倒锥壳壳体的接缝施工宜在中环梁混凝土浇筑后进行。接缝宜从下向上灌筑、振动、抹压密实，并应由其中一缝向两边方向进行。

（21）水柜顶盖装配前，应先安装和固定上环梁底模。其装配、穿筋、接缝等施工可按照本节有关倒锥壳装配的规定执行。但接缝插入穿筋前必须将塔顶栏杆安装好。

3）钢筋混凝土水柜

（1）钢筋混凝土倒锥壳水柜的混凝土施工缝宜留在中环梁内。

（2）正锥壳顶盖模板的支撑点应与倒锥壳模板的支撑点相对应。

（3）浇筑钢筋混凝土倒锥壳和圆筒水柜的施工允许偏差应符合表 2-11-65（4）的规定。

钢筋混凝土倒锥壳、圆筒水柜施工允许偏差 表 2-11-65（4）

项　目	允许偏差（mm）	项　目	允许偏差（mm）
轴线位置（对塔身轴线）	10	表面平整度（用弧长 2m 的弧形尺检查）	10
水柜直径	±20		
壁厚	+10	预埋管、预埋件中心位置	5
	−3	预留孔中心位置	10

2-11-66　钢水柜施工规定有哪些？

答：1）钢水柜的吊装应符合下列规定：

（1）水柜吊装应视吊装机械性能选用一次吊装，或分柜底、柜壁及顶盖三组吊装；

（2）吊装前应先将吊机定位，并用吊钩试位，经试吊检验合格后，方可正式吊装；

（3）水柜内应在与吊点的相应位置加十字支撑，防止水柜起吊后变形。

2）整体吊装单支筒全钢水塔，应符合下列规定：

（1）吊立前，对吊装机具设备及地锚规格，必须指定专人进行检查。

（2）主牵引地锚、水塔中心、桅杆顶、制动地锚四点必须在一垂直面上。

（3）吊立离地时，应作一次全面检查，如发现问题，应落地调整，符合要求后，方可正式吊立。

（4）水塔必须一次立起，不得中途停下。立起至 70° 后，牵引速度应减缓。

（5）吊立过程中，现场人员均应远离塔高 1.2 倍的距离以外。

（6）水塔吊立完成，必须紧固地脚螺栓，并安装拉线后，方可上塔解除钢丝绳。

2-11-67　给水排水构筑物施工工程验收规定有哪些？

答：工程验收制度是检验工程质量必不可少的一道工序，也是保证工程质量的一项重要措施。本章对中间验收和竣工验收时的组织、验收内容及要求等作了明文规定。此外，为了对工程投入使用后的维修管理、扩建、改建、以及为标准规范修编等工作的需要，规定由建设单位将有关设计、施工及验收的文件和技术资料立卷归档。规定内容如下：

1）给水排水构筑物施工完毕，必须经过竣工验收合格后，方可投入使用。隐蔽工程必须经过中间验收合格后，方可进行下一工序。

2）中间验收应由施工单位会同建设单位、设计单位、质量监督部门共同进行。竣工验收应由建设单位组织施工、设计、管理（使用）、质量监督及有关单位联合进行；对重大建设项目可由建设单位报请主管部门组织验收。

3）中间验收时，应按各章规定的质量标准进行检验，并填写中间验收记录，其格式应符合有关规定。

4）竣工验收应提供下列资料：

（1）竣工图及设计变更文件；

（2）主要材料和制品的合格证或试验记录；

（3）施工测量记录；

（4）混凝土、砂浆、焊接及水密性气密性等试验、检验记录；

（5）施工记录；

（6）中间验收记录；

（7）工程质量检验评定记录；

（8）工程质量事故处理记录；

（9）其他。

5）竣工验收时，应核实竣工验收资料，并应进行必要的复验和外观检查，对下列项目应作出鉴定，并填写竣工验收鉴定书。

（1）构筑物的位置、高程、坡度、平面尺寸，管道及其附件等安装的位置和数量；

（2）结构强度、抗渗、抗冻的标号；

（3）水池及水柜等的水密性，消化池的气密性；

（4）外观；

（5）其他。

6）给水排水构筑物竣工验收后，建设单位应将有关设计、施工及验收的文件和技术资料立卷归档。

2-11-68　水池满水试验规定有哪些？

答：（一）充水

1）向水池内充水宜分三次进行：第一次充水为设计水深的1/3，第二次充水为设计水深的2/3；第三次充水至设计水深。

对大、中型水池，可先充水至池壁底部的施工缝以上，检查底板的抗渗质量，当无明显渗漏时，再继续充水至第一次充水深度。

2）充水时的水位上升速度不宜超过2m/d。相邻两次充水的间隔时间，不应小于24h。

3）每次充水宜测定24h的水位下降值，计算渗水量，并在充水过程中和充水以后，应对水池作外观检查。当发现渗水量过大时，应停止充水。待作出处理后方可继续充水。

4）当设计单位有特殊要求时，应按设计要求执行。

（二）水位观测

1）充水时的水位可用水位标尺测定。

2）充水至设计水深进行渗水量测定时，应采用水位测针测定水位。水位测针的读数精度应达1/10mm。

3）充水至设计水深后至开始进行渗水量测定的间隔时间，应不少于24h。

4）测读水位的初读数与末读数之间的间隔时间，应为24h。

5）连续测定的时间可依实际情况而定，如第一天测定的渗水量符合标准，应再测定一天；如第一天测定的渗水量超过允许标准，而以后的渗水量逐渐减少，可继续延长观测。

（三）蒸发量测定

1）现场测定蒸发量的设备，可采用直径，约为50cm，高约30cm的敞口钢板水箱，并设有测定水位的测针。水箱应检验，不得渗漏。

2）水箱应固定在水池中，水箱中充水深度可在20cm左右。

3）测读水池中水位的同时，测定水箱中的水位。

（四）水池的渗水量按下式计算。

$$q = \frac{A_1}{A_2}[(E_1 - E_2) - (e_1 - e_2)]$$

式中　g——渗水量（$1/m^2 d$）。

　　A_1——水池的水面面积（m^2）；

　　A_2——水池的浸湿总面积（m^2）；

　　E_1——水池中水位测针的初读数，即初读数（mm）；

　　E_2——测读 E_1 后24h，水池中水位测针的末读数，即末读数（mm）；

e_1——测读 E_1 时水箱中水位测针的读数（mm）；

e_2——测读 E_2 时水箱中水位测针的读数（mm）；

注：1. 当连续观测时，前次的 E_2，e_2，即为下次的 E_1 及 e_1。

2. 雨天时不做满水试验的渗水量测定。

3. 按上式计算结果，渗水量如超过规定标准，应经检查处理后重新进行测定。

2-11-69　消化池气密性试验规定有哪些？

（一）主要试验设备

1）压力计，可采用 U 形管水压计或其他类型的压力计，刻度精度至 1 毫米水柱，用于测量消化池内的气压。

2）温度计：用以测量消化池内的气温，刻度精度至 1℃。

3）大气压力计：用以测量大气压力，刻度精度至 daPa（10Pa）

4）空气压缩机一台。

（二）测读气压

1）池内充气至试验压力并稳定后，测读池内气压值，即初读数，间隔 24h，测读末读数。

2）在测读池内气压的同时，测读池内气温和大气压力，并将大气压力换算为与池内气压相同的单位。

（三）池内气压降可按下式计算：

$$\Delta p = (p_{d_1} + p_{a_1}) - (p_{d_2} + p_{a_2})\frac{273 + t_1}{273 + t_2}$$

式中　Δp——池内气压降（daPa）；

p_{d_1}——池内气压初读数（daPa）；

p_{d_2}——池内气压末读数（daPa）；

p_{a_1}——测量 p_{d_1} 时的相应大气压力（daPa）；

p_{a_2}——测量 p_{d_2} 时的相应大气压力（daPa）；

t_1——测量 p_{d_1} 时的相应池内气温（℃）；

t_2——测量 p_{d_2} 时的相应池内气温（℃）。

2-11-70　施工及检验记录表格有哪些？

答：有 8 种，见下表。

1）明排水施工记录表 2-11-70（1）。

明排水施工记录　　　　　　　　　　　　　　表 2-11-70（1）

工程名称_____　施工单位_____　构筑物名称_____

排水井号	1	2	3	4	5
井深（地面至井底）(m)					
基坑底高程（m）					
封底面高程（m）					
封底与基坑底高差（m）					
封底材料					
井身结构					
设置水泵型号及数量					
建成使用日期（年、月、日）					
终止抽水日期（年、月、日）					
回填完成日期（年、月、日）					
井身回填材料					
记事					

工程负责人_____　记录_____

注：附排水沟及排水井的结构图与平面布置图。

2）水池满水试验记录

水池满水试验记录

表 2-11-70（2）

工程名称_____ 建设单位_____ 水池名称_____ 施工单位_____

水池结构		允许渗水量（L/m²·d）		
水池平面尺寸（m）		平面面积 A_1（m²）		
水深（m）		湿润面积 A_2（m²）		
测读记录		初读	末读	两次读数差
测读时间（年、月、日、时、分）				
水池水位 E（mm）				
蒸发水箱水位 e（mm）				
大气温度（℃）				
水温（℃）				
实际渗水量		（m³/d）	［L/（m²·d）］	占允许量的百分率
参加单位和人员		建设单位	设计单位	质量监督部门	施工单位

3）壁板缠绕钢丝应力测定记录

壁板缠绕钢丝应力测定记录

表 2-11-70（3）

工程名称_____ 施工单位_____

构筑物名称_____ 构筑物外径（m）_____

锚固肋数_____ 钢筋环数_____

钢筋直径（mm）_____

每段钢筋长度（m）_____

日期 （年、月、日）	环号	肋号	平均应力 （N/mm²）	应力损失 （N/mm²）	应力损失 （%）	备注

工程负责人_____ 记录_____

4）电热张拉钢筋记录

电热张拉钢筋记录

表 2-11-70（4）

工程名称_____ 施工单位_____

构筑物名称_____ 构筑物外径（m）_____

锚固肋数_____ 钢筋环数_____

钢筋直径（mm）_____ 每段钢筋长度（m）_____

日期 （年、月、日）	气温 （℃）	环号	肋号	一次电压 （V）	一次电流 （A）	二次电压 （V）	二次电流 （A）	通电时间 （s）	钢筋表面温度 （℃）	伸长值 （mm）

工程负责人_____ 记录_____

5）电热张拉钢筋应力测定记录

电热张拉钢筋应力测定记录　　　　　　　　　　表 2-11-70（5）

工程名称_____　施工单位_____

构筑物名称_____

构筑物外径（m）_____

锚固肋数_____　钢筋环数_____

钢筋直径（mm）_____

每段钢筋长度（m）_____

日期 （年、月、日）	环号	肋号	测点	应变（mm）		应力 （MPa）
				初读数	未读数	

工程负责人_____　记录_____

6）污泥消化池气密性试验记录

污泥消化池气密性试验记录　　　　　　　　　　表 2-11-70（6）

工程名称_____　　　　建设单位_____

池　　号_____施工单位_____

气室顶面直径（m）		顶面面积（m²）	
气室底面直径（m）		底面面积（m²）	
充气高度（m）		气室体积（m³）	
测读记录	初读	未读	两次读数差
测读时间（年、月、日、时、分）			
池内气压 P_d（daPa）			
大气压力 P_a（daPa）			
池内气温 t（℃）			
池内水位 E（mm）			
压力降 Δp（daPa）			
压力降占试验压力（%）			
参加单位及人员	建设单位	设计单位	质量监督部门	施工单位

7）中间验收记录

中间验收记录 表 2-11-70（7）

工程名称_____ 建设单位_____
构筑物名称_____ 施工单位_____
构筑物部位_____ 验收日期_____
_____年_____月_____日

验收项目及数量				
质量情况及 验收意见				
参加单位 及人员	建设单位	设计单位	质量监督部门	施工单位

8）竣工验收鉴定书

竣工验收鉴定书 表 2-11-70（8）

工程名称_____ 建设单位_____
构筑物名称_____ 施工单位_____
开工日期_____年___月___日
竣工日期_____年___月___日
验收日期_____年___月___日

验收内容				
复验质量情况				
鉴定结果及 验收意见				
参加单位及人员	验收委员会或组长	建设单位	设计单位	质量监督部门
	施工单位	管理或使用单位	其他单位	

2-11-71 水池满水试验外观检查必须符合哪些规定？

答： 水池施工完毕必须进行满水试验。在满水试验中并应进行外观检查，不得有漏水现象。

2-11-72 水池满水试验如何计算？

答： 水池渗水量按池壁和池底的浸湿总面积计算，钢筋混凝土水池不得超过 $2L/（m^2 \cdot d）$；砖石砌体水池不得超过 $3L/（m^2 \cdot d）$。

2-11-73 水池满水试验前应作好哪些准备工作？

答： 水池满水试验前，应做好下列准备工作：

1）将池内清理干净，修补池内外的缺陷，临时封堵预留孔洞、预埋管口及进出水口等。并检查充水及排水闸门，不得渗漏；

2）设置水位观测标尺；

3）标定水位测针；

4）准备现场测定蒸发量的设备；

5）充水的水源应采用清水并做好充水和放水系统的设施。

2-11-74　水泥砂浆防水层施工应符合哪些规定？

答：水泥砂浆防水层的施工应符合下列规定：

1）基层表面应清洁、平整、坚实、粗糙及充分湿润，但不得有积水。

2）水泥砂浆的稠度宜控制在 7～8cm，当采用机械喷涂时，水泥砂浆的稠度应经试配确定。

3）掺外加剂的水泥砂浆防水层应分两层铺抹，其总厚度应按设计规定，但不宜小于 20mm。

4）刚性多层作法防水层每层宜连续操作，不留施工缝。当必须留施工缝时，应留成阶梯柱，按层次顺序，层层搭接。接茬部位距阴阳角的距离不应小于 20cm。

5）水泥砂浆应随拌随用。

6）防水层的阴、阳角应做成圆弧形。

2-11-75　杯槽、杯口施工允许偏差有何规定？

答：杯槽、杯口施工的允许偏差应符合表 2-11-75 的规定。

杯槽、杯口施工允许偏差　　　　　　　　　　表 2-11-75

项　目	允许偏差（mm）	项　目	允许偏差（mm）
轴线位置	8	底宽、顶宽	＋10 －5
底面高程	±5	壁厚	±10

注：1. L 为底板和池体的长、宽或直径。

　　2. 为池壁、柱的高度。

2-11-76　带有锚具槽的壁板数量和布置如何规定？

答：带有锚具槽的壁板数量和布置，应符合设计规定；当设计地规定，且水池直径小于或等于 25mm（原文如此）时，可采用 4 块；直径大于 25m 或等于 50m 时，可采用 6 块；直径大于 50m 或等于 75m 时，可采用 8 块。并应沿水池的周长均匀布置。

2-11-77　柱、梁、壁板及顶板安装允许偏差有何确定？

答：柱、梁、壁板及顶板等安装的允许偏差应符合表 2-11-77 的规定。

柱、梁、壁板及顶板安装允许偏差　　　　　　　表 2-11-77

项　目		允许偏差（mm）	项　目	允许偏差（mm）
轴线位置		5	高程（柱、壁板）	±5
垂直度 （柱、壁板）	$H \leqslant 5m$	5	壁板间隙	±10
	$H > 5m$	10		

注：H 为柱或壁板的高度。

2-11-78　沉井制作的允许偏差有何规定？

答：沉井制作的允许偏差，应符合表 2-11-78 的规定。

沉井制作的允许偏差　　　　　　　　　　　表 2-11-78

项　目		允许偏差（mm）
平面尺寸	长、宽	±0.5％，且不得大于 100
	曲线部分半径	±0.5％，且不得大于 50
	两对角线差	对角线长的 1％
井壁厚度		±15

2-11-79　沉井下沉完毕后的允许偏差应符合哪些规定？

答：沉井下沉完毕后的允许偏差应符合下列规定：

1）刃脚平均高程与设计高程的偏差不得超过 10m；当地层为软土层时，其允许偏差值可根据使用条件和施工条件确定。

2）刃脚平面轴线位置的偏差，不得超过下沉总深度的 1%；当下沉总深度小于 10m 时，其偏差可为 100mm。

3）沉井四角（圆形为相互垂直两直径与圆周的交点）中任何两角的刃脚底面高差，不得超过该两角间水平距离的 1%，且最大不得超过 300mm；当两角间水平距离小于 10m 时，其刃脚底面高差可为 100mm。

注：下沉总深度，系指下沉前与下沉完毕后刃脚高程之差。

2-11-80　采用导管法进行水下混凝土封底时应遵守哪些规定？

答：采用导管法进行水下混凝土封底时，应遵守下列规定：

1）基底的浮泥、沉积物和风化岩块等应清除干净。当为软土地基时，应铺以碎石或卵石垫层。

2）混凝土凿毛处应洗刷干净。

3）导管应采用直径为 200～300mm 的钢管制作，并应有足够的强度和刚度。导管内壁应光滑，管段的接头应密封良好并便于拆装。

4）导管的数量应由计算确定。导管的有效作用半径可取 3～4m。其布置应使各导管的浇筑面积互相覆盖，对边沿或拐角处，可加设导管。

5）导管设置的位置应准确。每根导管上端应装有数节 1.0m 长的短管；导管中应设球塞或隔板等隔水。采用球塞时，导管下端距井底的距离应比球塞直径大 5～10cm；采用隔板或扇形活门时，其距离不宜大于 10cm。

6）每根导管浇筑前，应备有足够的混凝土量，使开始浇筑时，能一次将导管底埋住。

7）水下混凝土封底的浇筑顺序，应从低处开始，逐渐向周围扩大。当井内有隔墙、底梁或混凝土供应量受到限制时，应分格浇筑。

8）每根导管的混凝土应连续浇筑，且导管埋入混凝土的深度不宜小于 1.0m。各导管间混凝土浇筑面的平均上升速度不应小于 0.25m/h；相邻导管间混凝土上升速度宜相近，终浇时混凝土面应略高于设计高程。

2-11-81　水塔避雷针的安装应符合哪些规定？

答：水塔避雷针的安装应符合上列规定：

（1）避雷针安装应垂直，位置准确，安装牢固。

（2）接地体和接地线的安装，应位置准确，焊接牢固，并应检验接地体的接地电阻。

（3）利用塔身钢筋作导线时，应作标志，接头必须焊接牢固，并应检验接地电阻。

2-11-82　钢筋混凝土圆筒塔身施工的允许偏差如何规定？

答：钢筋混凝土圆筒塔身施工的允许偏差应符合表 2-11-82 的规定。

钢筋混凝土圆筒塔身施工允许偏差　　　　　　　　　　表 2-11-82

项　目	允许偏差（mm）	项　目	允许偏差（mm）
中心垂直度	$1.5H/1000$ 且不大于 30	内外表面平整度（用弧长为 2m 的弧形检查）	10
壁厚	+10 −3	预埋管、预埋件中心位置	5
塔身直径	±20	预留孔中心位置	10

注：H 为圆筒塔身高度（mm）。

2-11-83　排水构筑物施工完毕，其中中间验收和竣工验收应符合哪些规定要求？

答：1）中间验收时，应按各章规定的质量标准进行检验，并填写中间验收记录。

2）竣工验收应提供下列资料：

（1）竣工图及设计变更文件；

（2）主要材料和制品的合格证或试验记录；

（3）施工测量记录；

（4）混凝土、砂浆、焊接及水密性、气密性等试验、检验记录；

（5）施工记录；

（6）中间验收记录；

（7）工程质量检验评定记录；

（8）工程质量事故处理记录；

（9）其他。

3）竣工验收时，应核实竣工验收资料，并应进行必要的复验和外观检查，对下列项目应作出鉴定，并填写竣工验收鉴定书。

（1）构筑物位置、高程、坡度、平面尺寸、管道及其附件等安装的位置和数量；

（2）结构强度、抗渗、抗冻的标号；

（3）水池及水柜等的水密性，消化池的气密性；

（4）外观；

（5）其他。

2-11-84　止水带质量应符合哪些要求？

答：止水带的质量应符合下列要求：

1）金属止水带应平整、尺寸准确，其表面的铁锈、油污应清除干净，不得有砂眼、钉孔；

接头应按其厚度分别采用折叠咬接或搭接；搭接长度不得小于20mm，咬接或搭接必须采用双面焊接；

金属止水带在伸缩缝中的部分应涂防锈和防腐涂料。

2）塑料或橡胶止水带的形状、尺寸及其材质的物理性能，均应符合设计要求，且无裂纹，无气泡。

接头应采用热接，不得采用叠接；接缝应平整牢固，不得有裂口、脱胶现象。T字接头、十字接头和Y字接头，应在工厂加工成型。

2-11-85　整体现浇混凝土模板安装应符合哪些规定？

答：整体现浇混凝土模板安装的允许偏差应符合表2-11-85的规定。

整体现浇混凝土模板安装允许偏差　　　　　　　表2-11-85

项　目		允许偏差
轴线位置	底板	10
	池壁、柱、梁	5
高程		±5
平面尺寸（混凝土底板和池体的长、宽或直径）	$L<20$	±10
	$20m<L<50m$	$±L/2000$
	$50m<L<250m$	±25
混凝土结构截面尺寸	池壁、柱梁、顶板	±3
	洞、槽、沟净空，变形缝宽度	±5

项　　　目		允许偏差
垂直度（池壁、柱）	$H<5m$	5
	$5m<H<20m$	$H/1000$
表面平整度（用2m直尺检查）		5
中心位置	预埋件、预埋管	3
	预留洞	5
相邻两表面高低差		2

注：1. L 为混凝土底板和池体的长、宽或直径。

2. H 为池壁、柱的高度。

2-11-86　整体现浇混凝土的模板及其支架的拆除有何规定？

答：整体现浇混凝土的模板及其支架的拆除，应符合下列规定：

1）侧模板，应在混凝土强度能保证其表面及棱角不因拆除模板而受损坏时，方可拆除；

2）底模板，应在与结构同条件养护的混凝土试块达到表 2-11-86 的规定强度，方可拆除。

整体现浇混凝土底模板拆模时所需混凝土强度　　　　表 2-11-86

结构类型	结构跨度（　）	达到设计强度的百分率（%）
板	<2	50
	$>2,<8$	70
梁	<8	70
	>8	100
拱、壳	<8	70
	>8	100
悬臂构件	<2	70
	>2	100

2-11-87　钢筋的绑扎接头应符合哪些规定？

答：钢筋的绑扎接头应符合下列规定：

1）搭接长度的末端与钢筋弯曲处的距离，不得小于钢筋直径的 10 倍。接头不宜位于构件最大弯矩处；

2）受拉区域内，Ⅰ级钢筋绑扎接头的末端应做弯钩；Ⅱ、Ⅲ级钢筋可不做弯钩；

3）直径等于和小于 12mm 的受压Ⅰ级钢筋的末端，以及轴心受压构件中任意直径的受力钢筋的末端，可不做弯钩，但搭接长度不应小于钢筋直径的 30 倍；

4）钢筋搭接处，应在中心和两端用铁丝扎牢；

5）绑扎接头的搭接长度应符合表 2-11-87 的规定。

钢筋绑扎接头的最小搭接长度　　　　表 2-11-87

钢筋级别	受拉区	受压区	钢筋级别	受拉区	受压区
Ⅰ级	$30d0$	$20d0$	Ⅲ级	$40d0$	$30d0$
Ⅱ级	$35d0$	$25d0$	低碳冷板钢丝（mm）	250	200

注：1. d 为钢筋直径。

2. 钢筋绑扎接头的搭接长度，除应符合本表要求外，在受拉区不得小于 250mm，在受压区不得小于 200mm。

3. 当混凝土设计强度大 15MPa 时，其最小搭接长度应按表 2-11-87 的规定执行；当混凝土设计强度为 15MPa 时，除低碳冷拔钢丝外，最小搭接长度应按表中数值增加 5d。

2-11-88　现浇水池的混凝土宜采用哪种水泥?

答: 配制现浇水池的混凝土,宜采用普通硅酸盐水泥、火山灰质硅酸盐水泥。当掺用外加剂时,可采用矿渣硅酸盐水泥。

冬期施工宜采用普通硅酸盐水泥。

有抗冻要求的混凝土,宜采用普通硅酸盐水泥,不宜采用火山灰质水泥。

2-11-89　连续浇筑的混凝土间歇时间如何规定?

答: 浇筑混凝土应连续进行;当需要间歇时,间歇时间应在前层混凝土凝结之前,将次层混凝土浇筑完毕。混凝土从搅拌机卸出到次层混凝土浇筑压茬的间歇时间,当气温小于 25℃ 时,不应超过 3h,气温大于或等于 25℃ 时,不应超过 2.5h;如超过时,应留置施工缝。

2-11-90　混凝土的养护时间、混凝土试块有何规定?

答: 1) 混凝土浇筑完毕后,应根据现场气温条件及时覆盖和洒水,养护期不少于 14d。池外壁在回填土时,方可撤除养护。

2) 评定混凝土质量的试块应在浇筑地点制作,留置组数应符合下列规定:

(1) 标准养护强度试块:

①每工作班不应少于一组,每组三块;②每拌制 100m³ 混凝土不应少于一组,每组三块;

(2) 与结构同条件养护的强度试块:

根据施工设计规定按拆模、施加预应力和施工期间临时荷载等需要的数量留置。

(3) 抗渗试决每池按底板、池壁和顶板留置每一部位不应少于一组,每组六块。

(4) 抗冻试块:根据设计要求的抗冻标号、按下列规定留置:

①冻融循环 25 次及 80 次:留置三组,每组三块;

②冻融循环 100 次及 100 次以上:留置五组,每组三块。

(5) 冬期施工,应增置强度试块两组与水池同条件养护,一组用以检验混凝土受冻前的强度,另一组用以检验解冻后转入标准养护 28d 的强度;并应增置抗渗试块一组,用以检验解冻后转入标准养护 28d 的抗渗标号。

2-11-91　混凝土抗渗、抗冻试块如何进行评定?

答: 混凝土的抗压、抗渗、抗冻试块应按下列规定进行评定:

1) 同批混凝土抗压试块的强度应按国家现行有关标准规范的规定评定:

2) 抗渗试块的抗渗标号不得低于设计规定;

3) 抗冻试块在按设计规定的循环次数进行冻融后,其抗压极限强度同检验用的相当龄期的试块抗压极限强度相比较,其降低值不得超过 25%;其重量损失不得超过 5%。

2-11-92　水泵与电动机基础施工的允许偏差如何规定?

答: 水泵与电动机基础施工的允许偏差应符合表 2-11-92 的规定。

水泵与电动机基础施工允许偏差　　　　　　　　表 2-11-92

项　　目		允许偏差(mm)
轴线位置		8
高程		-20
平面尺寸		±10
水平度		$L/200$,且不大于 10
垂直度		$H/200$,且不大于 10
预埋地脚螺栓	顶端高程	+20
	中心距(在跟部和顶部两处测量)	±2

项　　目		允许偏差（mm）
地脚螺栓预留孔	中心位置	8
	深度	+20
	孔壁垂直度	10
预埋活动地脚螺栓锚板	中心位置	5
	高　程	+20
	水平度（带槽的锚板）	5
	水平度（带螺纹的锚板）	2

注：1. *L* 为基础的长或宽（mm）。

2. *H* 为基础的高（mm）。

3. 轴线位置允许偏差，对管井是指与管井实际中心的偏差。

2-11-93　水泵与电机安装后，机座二次灌浆及地脚螺栓预留孔灌浆时应遵守哪些规定？

答：水泵与电机安装后，进行基座二次灌浆及地脚螺栓预留孔灌浆时，应遵守下列规定：

1）地脚螺栓埋入混凝土部分的油污应清除干净。

2）地脚螺栓的弯钩底端不应接触孔底，外缘离孔壁的距离不应小于15mm。

3）当浇筑厚度大于或等于40mm时，宜采用细石混凝土灌筑；当小于40mm时，宜采用水泥砂浆灌筑。其标号均应比基座混凝土设计强度提高一级。

4）混凝土或砂浆达到设计强度的75%以后，方可将螺栓对称拧紧。

2-11-94　水池满水试验充水有哪些要求？

答：1）向水池内充水宜分三次进行：第一次充水为设计水深的1/3；第二次充水为设计水深的2/3；第三次充水至设计水深。

对大、中型水池。可先充水至池壁底部的施工缝以上，检查底板的抗渗质量，当无明显渗漏时，再继续充水至第一次充水深度。

2）充水时的水位上升速度不宜超过2m/d。相邻两次充水的间隔时间、不应小于24h。

3）每次充水宜测读24h的水位下降值，计算渗水量，在充水过程中和充水以后，应对水池作外观检查。当发现渗水量过大时，应停止充水。待作出处理后方可继续充水。

4）当设计单位有特殊要求时，应按设计要求执行。

2-11-95　污水厂使用的各种材料与设备必须达到国家有关几种标准规定？

答：1）污水处理厂工程采用的各种材料与设备，其品种、规格、质量、性能应符合设计文件要求和国家现行有关标准规定。

2）污水处理厂工程所用各种材料与设备，必须符合国家有关环保、卫生、防火、防水，防冻、防爆炸、防腐蚀等标准的规定。

3）材料和设备进场时，应具备订购合同、产品质量合格证书、说明书、性能检测报告、进口产品的商检报告及证件等，不具备以上条件不得验收。

4）进场的材料和设备应按规定进行复验。复验的材料和设备，其各项指标应符合设计文件要求及本规范的规定。

5）国家规定或合同文件约定需要对材料进行见证检测的，应进行见证检测。

6）承担材料和设备检测的单位，应具备相应的资质。

7）进口设备与配件和材料，应按合同文件严格检验，不符合要求的不得使用。

8）所用材料、半成品、构件、配件、设备等，在运输、保管和施工过程中，必须采取有效措施防止损坏、锈蚀或变质。

9）现场配制的材料，如：混凝土、砂浆、防水涂料、胶粘剂等，应经检测或鉴定合格后使用。

10）施工过程中使用的原材料、成品或半成品等，应列入工程质量过程控制内容。

11）提倡推广应用新技术、新材料、新工艺、新设备的成果，不得使用国家明令淘汰的材料与设备。

2-11-96　机电设备安装工程验收应检查哪些文件？运行前应根据技术文件要求加注什么保证设备质量？

答：1）机电设备安装工程验收应检查下列文件：

（1）设备安装说明，电路原理图和接线图；

（2）设备使用说明书，运行和保养手册；

（3）防护及油漆标准；

（4）产品出厂合格证书、性能检测报告，材质证明书；

（5）设备开箱验收记录；

（6）设备试运转记录；

（7）中间交验记录；

（8）施工记录和监理检验记录。

2）机电设备安装应按产品技术文件要求进行试运转。

3）机电设备在运行前应根据技术文件要求加注润滑油脂。

2-11-97　格栅除污机安装允许偏差有何规定？

答：见表 2-11-97。

格栅除污机安装允许偏差和检验方法　　　　　　　　　表 2-11-97

项　次	项　目	允许偏差（mm）	检验方法
1	设备平面位置	20	尺量检查
2	设备标高	±20	用水准仪与直尺检查
3	栅条纵向面与导轨侧面平行度	≤0.5/1000	用细钢丝与直尺检查
4	设备安装倾角	±0.5°	用量角器与线坠检查

2-11-98　水泵安装允许偏差有何规定？

答：见表 2-11-98。

水泵安装允许偏差和检验方法　　　　　　　　　表 2-11-98

项次	项　目		允许偏差（mm）	检验方法
1	安装基准线	与建筑轴线距离	±10	尺量检查
		与设备平面位置	±5	仪器检验
		与设备标高	±5	仪器检验
2	泵体内水平度	纵向	≤0.05/1000	用水平尺检验
		横向	≤0.10/1000	
3	皮带轮、联轴器水平度		≤0.5/1000	
4	水泵轴导杆垂直度		＜1/1000，全长≤3	用线坠与直尺检查

2-11-99　鼓风装置安装允许偏差有何规定？

答：见表 2-11-99。

鼓风装置安装允许偏差应符合　　　　　　　　　　　　　　　　表 2-11-99

项　次	项　　　目	允许偏差（mm）	检　验　方　法
1	轴承轴纵、横水平度	≤0.2/1000	框架水平仪检查
2	轴承座局部间隙	≤0.1	用塞尺检查
3	机壳中心与转子中心重合度	≤2	用拉钢丝和直尺检查
4	设备平面位置	10	尺量检查
5	设备标高	±20	用水准仪与直尺检查

2-11-100　搅拌系统一般项目有哪些规定？

答：一般项目规定

1）搅拌、推流装置安装角应符合设计要求。

检验方法：检查施工记录。

2）搅拌机应有可靠的防腐蚀措施。检验方法：检查施工记录。

3）搅拌机应转动平稳、无卡阻、停滞等现象。检验方法：观察检查。

4）搅拌机（潜水搅拌机、絮凝搅拌机、澄清池搅拌机、消化池搅拌机等）及推流装置安装允许偏差应符合表 2-11-100（1）的规定。

搅拌、推流装置安装允许偏差和检验方法　　　　　　　　　　表 2-11-100（1）

项次	项　　　目	允许偏差（mm）	检　验　方　法
1	设备平面位置	20	尺量检查
2	设备标高	±20	用水准仪与直尺检查
3	导轨垂直度	1/1000	用线坠与直尺检查
4	设备安装角	<1°	用放线法、量角器检查
5	消化池搅拌机轴中心	≤10	用线坠直尺检查
6	消化池搅拌机叶片与导流筒间隙量	≤20	尺量检查
7	消化池搅拌机叶片下端摆动量	≤2	观察检查

5）搅拌轴安装允许偏差应符合表 2-11-100（2）。

搅拌轴安装允许偏差应符合　　　　　　　　　　　　　　　　表 2-11-100（2）

项次	项　　　目	允　许　偏　差			检验方法
		转数 （r/min）	下端摆动量 （mm）	浆叶对轴型直度 （mm）	
1	浆式、框式和提升叶轮搅拌器	≤32	≤1.5	为浆板长度的 4/1000 且≯5	仪表测量观察检查用线坠与直尺检查
2	推进式和圆盘平直叶涡轮式搅拌器	>32	≤1.0		
		100～400	≤0.75		

6）澄清池搅拌机的叶轮直径和浆板角度允许偏差应符合表 2-11-100（3）的规定。

项次	项　目	允许偏差						检验方法
		<1m	1～2m	>2m	<400mm	400～1000mm	>1000mm	
1	叶轮上、下面板平面度	3mm	4.5mm	6mm				线与尺量检查
2	叶轮出水口宽度	+2mm	+3mm	+4mm				
3	叶轮径向圆跳动	4mm	6mm	8mm				观察检查
4	浆板与叶轮下面板应垂直其度度偏差				±1°30	±1°15	±1°	量角器检查

2-11-101　曝气设备安装一般项目有哪些规定？

答：一般项目规定如下：

1）微孔曝气器的接点应紧密，管路基础应牢固、无泄漏。

2）系统安装完毕后，微孔曝气器管路应吹扫干净，出气孔不应堵塞。

3）微孔曝气装置应做清水曝气试验，保持出气均匀。

4）表面曝气设备和升降调节装置应灵敏可靠，并有锁紧装置。

5）表面曝气设备安装允许偏差应符合现行标准的规定。

2-11-102　刮泥机、吸刮泥机安装主控项目检查哪些项目？

答：主控项目规定如下：

1）设备安装前应对池子的几何尺寸、标高、池底平整度进行检测。

2）设备刮板与池底间隙应符合设计要求。

3）刮泥机和吸刮泥机设备的过载装置应动作灵敏可靠。

4）撇渣板和刮泥板不应有卡位、突跳现象。

2-11-103　启闭机及闸门安装一般项目有哪些规定？

答：一般项目规定如下：

1）设备安装前，密封面应清洗干净。

2）闸门框与构筑物之间应采取有效封闭措施，不得渗漏。

3）启闭机安装允许偏差应符合现行标准的规定。

2-11-104　格栅除污机主控项目检查哪些项目？

答：主控项目检查

1）格栅除污机安装在基础上应牢固。

2）格栅栅条对称中心与导轨的对称中心应符合要求，格栅栅条的纵向面与导轨侧面应平行。

3）耙齿与栅条的啮合应无卡阻，间隙应不大于 0.5mm，啮合深度应不小于 35mm。

4）栅片运行位置应正确，无卡阻、突跳现象。过载装置应动作灵敏可靠。栅片上的垃圾不应有回落渠内现象。

5）其他类型除污机的安装应满足设计要求。

2-11-105　水泵安装主控项目检查哪些项目？

答：主控项目

1）潜水泵必须设漏水、漏油、过载保护监测系统。

2）引导潜水泵升降的导杆必须平行且垂直，自动连接处的金属面之间应有效密封。

3）立式轴流泵的主轴轴线安装应保持垂直，连接牢固。

4）螺杆泵的泵体及泵夹套必须经液压试验合格后安装。

2-11-106 鼓风装置安装主控项目检查哪些项目？

答：主控项目

1）鼓风机基础与安装应严密。无松动。

2）联轴器组装、轴承座组装、主轴与轴瓦组装、轴瓦与轴颈间隙应符合设备技术要求。

3）鼓风装置安装后应进行清洗。

4）鼓风装置试车应按设备文件执行。

2-11-107 搅拌系统装置安装主控项目检查哪些项目？

答：主控项目

1）搅拌机的电机定子温升限值（电阻法）应符合现行国家标准《旋转电机质量验收规范》GB 50170 的规定。

2）搅拌机应设置密封泄漏保护装置。油箱水量不得超过油量的 10%。

3）搅拌、推流装置升降导轨应垂直、固定牢固、沿导轨升降自如。

4）搅拌，推流装置应设漏水、过载监测保护系统。

2-11-108 启闭机及闸门安装主控项目检查哪些项目？

答：启闭机及闸门安装主控项目

1）启闭机中心与闸门板推力吊耳中心应位于同一垂线，垂直度偏差应不大于全长的 1/1000。

2）闸门安装应牢固，密封面应严密。

3）启闭机开启应灵活，无卡阻和抖动现象。限位装置应灵敏、准确、可靠。

4）闸门标高及垂直度应符合设计要求。

2-11-109 砖砌雨污水检查井施工工艺适用于什么范围？

答：适用于地基承载力较好，地下水位较低的雨污水管道；

2-11-110 砖砌雨污水检查井施工对材料、机具有什么要求？

答：1）材料要求：

（1）水泥、砂、砖、掺合料及水等经检验合格，其数量应满足施工需要，质量要满足砂浆拌制的各项要求。

（2）砖、砂浆、盖板混凝土抗压强度应符合设计要求。

（3）井圈、井盖、踏步的选用符合设计要求。

2）施工机具与设备：

砂浆拌制设备、数量、能力应满足现场搅拌需要。

3）作业条件：

（1）排水管道检查井基础强度应满足设计要求，表面清理干净整洁。

（2）测设井位轴线位置并标示井底高程（流水面高程）。

（3）所用材料已运至施工现场，数量满足施工需要。

（4）施工用砂浆配合比已完成并满足施工需要。

（5）井室内未接通的备用支线管口已封堵完成。

4）技术准备：

（1）图纸（标准图集）会审已完成并进行了设计交底。

（2）施工人员获得了技术交底和安全交底，明确施工井位、砂浆等级等质量要求。

2-11-111 砖砌雨污水检查井施工工艺流程是怎样的？

答：工艺流程如下：

井底基础→砌筑井室及井内流槽，表面应用砂浆分层压实抹光→井室收口及井内壁原浆勾缝，踏步安装→预留支管的安装与井壁衔接处理→井身二次接高至规定高程→浇筑或安装井圈→井盖就位。

2-11-112　砖砌雨污水检查井施工操作要点有哪些？

答：1）井底基础应与管道基础同时浇筑。

2）砌筑井室时，用水冲净基础后，先铺一层砂浆，再压砖砌筑，必须做到满铺满挤，砖与砖间灰缝保持1cm。

3）排水管道检查井内的流槽应与井壁同时砌筑，当采用石砌时，表面应用砂浆分层压实抹光，流槽应与上下游管道接顺，管内底高程应符合本工艺质量标准的要求。

4）砖砌圆形检查井时，应随时检测直径尺寸，当需要收口时，如为四面收进，则每次收进不应大于30mm；如为三面改进，则每次收进不应大于50mm；砌筑检查井的内壁应采用原浆勾缝，在有抹面要求时，内壁抹面应分层压实，外壁用砂浆搓缝并应压实。

5）砖砌检查井的踏步应随砌随安，位置准确，踏步安装后在砌筑砂浆或混凝土未达到规定抗压强度前不得踩踏。

6）砖砌检查井的预留管应随砌随安，预留管的管径、方向、标高应符合设计要求，管与井壁衔接处应严密不得漏水，预留支管口应用低强底等级砂浆砌筑封口抹平。

7）当砖砌井身不能一次砌完，在二次接高时，应将原砖面的泥土杂物清理干净，再用水清洗砖面并浸透。

8）砖砌检查井接入圆管的管口应与井内壁平齐，当接入管径大于300mm时，应砌砖圈加固。管子穿越井室壁或井底，应留有30～50mm的环缝，用油麻、水泥砂浆，油麻-石棉水泥或黏土填塞并捣实。

9）砖砌检查井砌筑至规定高程后，应及时浇筑或安装井圈，盖好井盖。

2-11-113　砖砌雨污水检查井施工冬雨期施工有何要求？

答：1）雨期砌筑检查井时，应在管道铺设后一次砌起井身。为了防止漂管，必要时可在检查井的井室底部预留进水孔，但还土前必须砌堵严实。

2）冬期砖砌检查井应有覆盖等防寒措施，并应在两端管头加设风挡，必要时可采用抗冻砂浆砌筑。对于特殊严寒地区，管道施工应在解冻后砌筑。

2-11-114　砖砌雨污水检查井施工质量标准是怎样的？

答：1）主控项目：

（1）地基承载力必须符合设计要求。

（2）砖与砂浆强度等级必须符合设计要求。

（3）井盖选用符合设计要求，标识明显。

（4）井周边回填土必须符合设计要求。

2）一般项目：

（1）井壁砌筑应位置明确，灰浆饱满，灰缝平整，不得有通缝、瞎缝，抹面压光，不得有空鼓、裂缝等现象。

（2）井内流槽应平顺圆滑，不得有建筑垃圾等杂物。

（3）井室盖板尺寸及预留位置应准确，压墙尺寸符合设计要求，勾缝整齐。

（4）井圈、井盖应完整无损，安装稳固，位置准确。

（5）井室内未接通的备用支线管口应封堵。

（6）踏步应安装牢固，位置正确。

（7）砌筑检查井质量要求允许偏差见表2-11-114。

序号	项 目			允许偏差（mm）	检查频率		检查方法
					范围	点数	
1	井室尺寸	长、宽		±20	每座	2	用尺量长宽各计一点
2		直径			每座	2	
3	井筒直径			±20	每座	1	用尺量
4	井口高程	农田或绿地		+20，−30	每座	1	用水准仪测量
5		路面		与路面规定一致	每座	1	用水准仪测量
6	井底高程	安管	D≤1500	±10	每座	1	用水准仪测量
7			D＞1500	±15	每座	1	
8		顶管	D＜1500	+10，−20	每座	1	用水准仪测量
9			D≥1500	+20，−40	每座	1	
10	踏步安装	水平及垂直间距外露长度		±10	每座	1	用尺量取偏差较大者
11	脚窝	高、宽、深		±10	每座	1	用尺量取偏差较大者
12	流槽宽度			±10	每座	1	用尺量

注：1. 表中 D 为管径（mm）。

　　2. 接入检查井的支管管口露出井内壁不大于 2cm。

　　3. 农地、绿地中的井口应按有关规范要求高出地面。

2-11-115　砖砌检查井安全、环保与成品保护措施有哪些？

答：1）安全环保：

（1）基础强度达到《北京市给水排水管道工程施工技术规程》DBJ 01-47—2000 规定强度，并经验收合格后及时试工井室结构。

（2）井室施工作业现场应设防栏和安全标志。

（3）井室的踏步材料规格，安置位置，应符合设计规定，作业中应随砌随安，不得砌筑完成后，再凿孔后安装。

（4）井室完成后，应及时安装井盖。施工中断未安井盖的井室，必须临时加盖或设围挡、护栏，并加安全标志。

（5）位于道路上的井室井盖安装应符合相关标准规范。

（6）井室完成后，应及时回填土，清理现场；当日回填土不能完成时，必须设围挡或护栏，并加安全标志。

2）成品保护

（1）砌筑井室施工过程中要注意对预制盖板、砖进行保护，严禁磕碰。

（2）井室砌筑完成后，应及时安装井盖或临时加盖，以防止施工垃圾掉入井室内污染井室。

（3）要加强对井室及流槽抹面养护以防止出现抹面裂缝。

2-11-116　装配式雨污水检查井施工工艺流程是怎样的？

答：工艺流程如下：

砂砾石垫层→底板安装→井室、井筒安装→预埋连接件连接、防腐→井口吊装→1：2 水泥砂浆勾缝→井室与管道连接→井室内流槽砌筑→开口圈盖板安装。

2-11-117 装配式雨污水检查井施工操作要点有哪些？

答：1）砂砾石垫层厚度应满足设计要求，垫层长度、宽度尺寸应比预制混凝土井底板的长、宽尺寸各大 10cm。垫层夯实后用水平尺校平，垫层顶面高程符合设计要求，垫层应预留沉量。

2）采用专用吊具进行底板吊装，底板应水平就位，底板就位后，应对轴线及高程进行测量，底板轴线位置安装允许偏差±20mm。底板高程允许偏差±10mm。

3）井室、井筒应在底板安装位置经检验合格后进行安装。安装前应清除底板上的灰尘和杂物；按标示的轴线进行安装时应注意使管道的承口位于检查井的进水方向；插口位于检查井的出水方向。

4）井筒、井口吊装前应清除企口上的灰尘和杂物，企口部位湿润后，用 1∶2 水泥砂浆坐浆约厚 10mm。吊装时应使铁踏步的位置符合设计规定。

5）检查井预制构件全部就位后，用 1∶2 水泥砂浆对所有接缝里外勾平缝。

6）检查井和管道采用刚性连接时，管节端面宜与井内壁平齐，不得凸出，回缩量不得大于50mm，井壁预留孔与管节外壁间间隙，应按设计规定填塞；设计未规定时，应采用石棉水泥捻缝；再用水泥砂浆将管节与井内壁接顺，井外壁作 45°抹角。

7）应按设计要求施作井室内流槽，将上、下游管道接顺。

8）根据路面高程及井圈顶高程，确定铸铸井口圈下混凝土垫层厚度，垫层混凝土采用 C30；铸铁井圈安装应与四周路面平顺。

2-11-118 装配式雨污水检查井施工冬雨期施工措施有哪些？

答：1）掌握气象情况，规定雨期施工方案。

2）冬期装配式检查井施工应有覆盖等防寒措施，并应在两端管头加设风档。

2-11-119 装配式雨污水检查井施工质量标准是怎样的？

答：1）主控项目：

（1）地基承载力必须符合设计要求。

（2）砂浆、混凝土强度等级必须符合设计要求。

（3）井盖选用符合设计要求，标志明显。

（4）井周边回填土必须符合设计要求。

2）一般项目：

（1）底板与井室、井室盖板的拼缝水泥砂浆填塞严密，抹角光滑、平整。

（2）井室、井筒尺寸符合设计要求。

（3）检查井与管道接口连接，环形间隙应均匀，砂浆填塞密实、饱满。

（4）检查井质量要求及允许偏差，参见表 2-11-114。

2-11-120 装配式雨污水检查井施工安全、环保措施有哪些？

答：安全、环保：

（1）井室施工作业现场应设护栏和安全标志。

（2）装配式井室预制构件吊装、安装应符合"装配式混凝土管沟施工工艺"中的规定。

（3）井室吊装施工完成后，应及时安装井盖，施工中断未安井盖的井室，必须临时加盖或设围挡、护栏、并加安全标志。

2-11-121 装配式雨污水检查井施工成品保护措施有哪些？

答：（1）预制检查井底板、井室、井筒等构件在吊装、运输过程中严禁磕碰、损坏，应采用专用吊具进行吊装。

（2）构件吊装就位，勾缝完成后，要注意对勾缝进行养护，不得出现风干开裂。

（3）井室完成后要及时进行回填土，并清理现场。

2-11-122 北京市何时鉴定预制混凝土装配式检查井？鉴定意见如何？

答：2004年元月11日，由北京市市政管理委员会主持召开了北京某混凝土制品有限公司预制混凝土装配式检查井产品鉴定会。鉴定委员会听取了研制报告、检测报告和使用报告，观看了生产过程和产品的实际情况，经过认真讨论，鉴定意见如下：

1）该项目研究方向正确，鉴定资料齐全完整，符合鉴定要求。

2）该产品适应市政基础设施工程技术进步的需求，改变了砖砌检查井常规施工方法，实现管道装配化快速施工，提高了检查井总体质量和综合效益水平。

3）预制混凝土装配式检查井产品的生产工艺合理，施工工艺配套。该产品的整体质量和成套技术达到了国内同行业先进水平。

4）该产品具有明显的技术优势和推广应用前景，建议在北京地区推广应用。

2-11-123 市政工程混凝土模块砌体施工适用于什么范围？

答：本工法适用于城镇公用基础设施和厂矿企业排水工程的无内压的矩形排水管道、各类市政地下基础设施管线的矩形管沟、检查井、小室、道路的雨水口、城镇生活区化粪池、水处理池、排水泵站、安全等级不大于二级的贮液构筑物及挡土墙等。

2-11-124 市政工程混凝土模块砌体施工有哪些施工准备？

答：1）材料准备：

（1）混凝土模块强度等级为MU7.5、MU10、MU12.5，分别对应的混凝土强度等级为C25、C30、C35。

（2）砌筑砂浆强度等级为M10、M15。

（3）灌孔混凝土强度等级为C25、C30。

（4）钢筋（按图纸要求）。

2）施工机具：

切割机，$\phi 20m \sim \phi 30mm$ 插入式混凝土振动器，紧固器。

3）作业条件：

现场道路畅通、清理平整，满足施工作业条件。

4）技术准备：

（1）图纸（标准图集）会审已完成并进行了设计交底。

（2）施工操作人员获得了技术、安全交底。

（3）做好施工场地的物探工作，如遇障碍物应采取相应的措施。

2-11-125 市政工程混凝土模块砌体施工工艺流程是怎样的？

答：工艺流程：

井底混凝土垫层→底板钢筋并在钢筋上放置、固定首层模块→浇筑底板及首层模块→砌筑或干码模块→放置钢筋→砌筑结构支护、紧固→混凝土灌孔→砌筑勾缝→砌体结构养护→砌筑结构顶面铺干硬性砂浆→砌筑结构安放盖板→回填土方。

2-11-126 市政工程混凝土模块砌体施工操作要点有哪些？

答：1）砌筑前应将混凝土模块表面和孔洞内的杂物清理干净。

2）气候炎热干燥时，砌筑前宜对混凝土模块应进行喷水湿润。

3）首层模块应直接安放在底板钢筋龙骨上并进行固定，并保证混凝土底板与首层模块的一次浇筑。无配筋的底板应在混凝土初凝之前将首层模块植入底板30～50mm。

4）干码砌筑的各类型构筑物，每砌筑五层应修正累计误差，一次码砌高度应控制在4.0m以内。

5）砂浆砌筑应分层进行，铺浆宜使用专用工具均匀铺浆，应避免砂浆落入孔内。

6）混凝土直墙模块、弧形模块上下层应错缝对孔砌筑；混凝土轴头模块对缝对孔砌筑。

7）混凝土模块砌体灰缝应横平竖直，采用不低于 M7.5 水泥砂浆勾缝（设计有特殊要求的除外），勾缝后须清扫墙面。

8）混凝土模块砌筑后如出现扰动错位，应重新砌筑。

9）选用与混凝土模块相匹配的球墨铸铁踏步，踏步应随砌随安装，并做临时固定，灌孔混凝土未达到设计强度时不得扰动或踩踏。

10）在混凝土灌孔之前需做必要的临时支撑与紧固。

（1）混凝土弧形模块砌筑圆形构筑物，应在混凝土灌孔之前，将构筑物的最上层模块用紧固工具紧固，方可进行混凝土灌孔施工。

（2）混凝土轴头模块砌筑圆形构筑物，应在混凝土灌孔之前，使用木方竖向紧贴构筑物外壁间距约 600mm，在环向用紧固工具紧固，方可进行混凝土灌孔施工。

（3）混凝土直墙模块砌筑矩形构筑物，应在混凝土灌孔之前，对构筑物的角部及相关部位采取支护措施，方可进行混凝土灌孔施工。

11）钢筋设置、连接方式、锚固或搭接长度按图纸要求施工。

12）灌孔与振捣：

（1）灌孔前应检查、清除模块孔内的落地灰或杂物等，一定要保证孔底干净、孔道通畅；灌孔应在砌筑砂浆强度达到 1.0MPa 以上时方可进行（干码施工除外）。

（2）一次灌筑高度一般不大于 4.0m。

（3）灌孔混凝土必须按连续灌筑、分层捣实的原则进行施工，分层高度控制在 300～500mm，依次灌筑完成，不宜留施工缝。

（4）振动棒插入混凝土中上下移动振捣，直至无上升气泡时为最佳。振捣时，宜隔孔插振，不得漏振、过振。

13）严禁在混凝土模块砌体上留设脚手架孔。

14）变形缝按照设计要求设置及施工。

15）冬雨期施工：

（1）雨期施工应有防雨措施，降雨发生时，对新砌筑的混凝土模块砌体应及时进行遮盖，防止雨水冲刷、浸泡。

（2）冬期施工应参照执行《建筑工程冬期施工规程》JGJ/T 104—2011 的规定。

2-11-127 市政工程混凝土模块砌体施工质量标准是怎样的？

答：1）主控项目：

（1）地基承载力必须符合设计要求。

（2）砂浆、混凝土强度等级必须符合设计要求。

（3）井盖选用符合设计要求，标志明显。

（4）井周边回填土必须符合设计要求。

2）一般项目：

（1）井壁砌筑应位置明确，灌孔混凝土必须按连续灌筑，不宜留施工缝，振捣充实，不得漏振、过振。

（2）井室盖板尺寸及预留位置应准确，压墙尺寸符合设计要求，勾缝整齐。

（3）井圈、井盖应完整无损，安装稳固，位置准确。

（4）井室内未接通的备用支线管口应封堵。

（5）踏步应安装牢固，位置正确。

（6）混凝土模块砌筑允许偏差见表 2-11-127。

序号	项　　目		允许偏差（mm）	检 验 方 法
1	轴线位置偏移		±15	经纬仪或拉线和尺量检查
2	墙面垂直度	$H \leqslant 5.0$m 时	10	经纬仪或线坠挂线和尺量检查
		$H > 5.0$m 时	10	
3	表面平整度	清水墙 2.0m 以内	10	靠尺检查
4	水平灰缝平直度	清水墙 2.0m 以内	10	拉线和尺量检查
5	水平灰缝宽度	—	5～10	尺量检查
6	竖向灰缝宽度	—	6～14	尺量检查

2-11-128　市政工程混凝土模块砌体施工质量记录有哪几项？

答： 1）图纸审查记录。

2）设计交底记录。

3）技术交底记录。

4）预拌混凝土出厂合格证。

5）预制混凝土构件，管材进场抽检记录。

6）水泥试验报告。

7）砌筑块（混凝土模块）试验报告。

8）砂石验报告表。

9）钢材试验报告。

10）隐蔽工程检查记录。

11）地基钎探记录。

12）混凝土配合比申请单。

13）混凝土开盘鉴定。

14）混凝土浇筑记录。

15）混凝土养护测温记录。

16）砌筑砂浆抗压强度实验报告。

17）混凝土抗压强度试验报告。

18）钢筋连接试验报告。

19）工序（分项）质量评定表。

2-11-129　市政工程混凝土模块砌体施工安全、环保与成品保护措施有哪些？

答： 1）安全、环保措施：

（1）基础强度达到《北京市给水排水管道工程施工技术规程》DBJ 01-47—2000 规定强度，并经验收合格后及时试工井室结构。

（2）井室施工作业现场应设护栏和安全标志。

（3）井室的踏步材料规格、安置位置，应符合设计规定，作业中应随砌随安，不得砌筑完成后再凿孔后安装。

（4）井室完成后，应及时安装井盖。施工中断未安井盖的井室，必须临时加盖或设围挡、护栏，并加安全标志。

（5）位于道路上的井室井盖安装应符合相关标准规范。

（6）井室完成后，应及时回填土，清理现场；当日回填土不能完成时，必须设围挡或护栏，并加安全标志。

2）成品保护措施：

（1）砌筑井室施工过程中要注意对预制盖板、混凝土模块进行保护，严禁磕碰。

（2）在已绑扎好的钢筋上不得践踏或放置重物。

（3）井室砌筑完成后，应及时安装井盖或临时加盖，以防止施工垃圾掉入井室内污染井室。

2-11-130　进出水口构筑物适用于什么范围？

答：进出水口一般分为一字式翼墙和八字式翼墙两种，一字式用于与渠道顺接，八字式用于与渠道成 90°～135°交错相接。进出水口可用砖砌、石砌（片石、料石、块石等）及混凝土，但有冰冻情况时不可采用砖砌。

2-11-131　进出水口构筑物施工准备有哪些要求？

答：1）材料准备：

砖、水泥、砂、商品混凝土、预埋件、片石、料石、块石。

2）施工机具（设备）：

（1）搅拌机械：搅拌机。

（2）计量器具：磅秤、皮数杆、水平尺、2m 靠尺、卷尺、楔形塞尺、线坠。

（3）工具：大铲、刨镐、瓦刀、扁子、托线板、小白线、筛子、小水桶、灰槽、砖夹子、扫帚等。

3）作业条件：

（1）进出水口构筑物宜在枯水期施工。

（2）进出水口构筑物的基础应建在原状土上，当地积松软或被扰动时，可采用砂石回填、块石砌筑或填混凝土。处理后的地基应符合设计要求。

（3）进出水口的泄水孔必须畅通，不得倒流。

（4）翼墙变形缝应位置准确，安设顺直，上下贯通，其宽度允许偏差为 0～5mm。

4）技术准备：

（1）反虑层铺筑应符合设计要求；断面不得小于设计规定。

（2）进出水口构筑物施工应制定方案。

2-11-132　进出水口构筑物工艺流程是怎样的？

答：工艺流程：

拌制砂浆

基础开挖→护坦铺砌→翼墙砌筑→灌浆、勾虎皮缝→反滤层铺筑→回填土。

2-11-133　进出水口构筑物操作要点有哪些？

答：1）护坦干砌时，嵌缝应严密，不得松动；浆砌时，灰缝砂浆应饱满，缝宽均匀，无裂缝，无起鼓，表面平整。

2）管道出水口防潮闸门井的混凝土浇筑前，应将防潮闸门框架的预埋铁准确固定，并不得因混凝土的浇捣而产生位移。其预埋件允许偏差应符合现浇钢筋混凝土管渠模板安装允许偏差的规定。

3）护坡砌筑的施工顺序应自下而上，石块间相互交错，使砌体缝隙严密，砌块稳定，坡面平整，并不得有通缝。

4）干砌护坡应使砌体边沿封砌整齐、坚固。

5）翼墙背后填土应满足下列要求：

（1）在混凝土或砌筑砂浆达到设计抗压强度标准值以后，方可进行；当未达到设计抗压强度以前进行回填时，其允许填土高度应与设计单位协商确定；

（2）填土时，墙后不得有积水；

（3）墙后随铺设反滤层随填土，反滤层铺筑断面不得小于设计规定；泄水孔的滤层应根据设计要求铺设；

（4）回填土应分层压实，其压实度不得小于 95%。

6）冬雨期施工：

（1）墙体不宜冬期施工，必须冬期施工时，应采取防冻措施。

（2）冬期使用的砖，要求在砌筑前清除冰霜。

（3）冬期施工砂浆宜采用普通硅酸盐水泥拌制，砂中不得含有大于10mm的冻块。

（4）冬期施工材料加热时，水加热不超过80℃，砂加热不超过40℃。应采用两步投料法，即先拌合水泥和砂，再加水拌合。

（5）冬期施工砂浆使用温度不应低于+5℃。砌筑完成后，应及时覆盖保温。

（6）雨期施工时，应防止雨水冲刷砂浆，砂浆的稠度应适当减小。每日砌筑高度不宜大于1.2m。收工时应覆盖砌体表面。

2-11-134 进出水口构筑物质量标准是怎样的？

1）主控项目：

（1）构筑物必须建在原状土上。当地基松软或被扰动时，应按设计要求处理。

（2）泄水孔必须通畅，不得有倒坡。

（3）翼墙变形缝位置准确、上下贯通。

（4）混凝土、砂浆抗压强度应符合设计要求。

（5）砌体分层砌筑必须错缝，咬槎紧密，严禁有通缝。

2）一般项目：

（1）干砌块石护坡、护坦，嵌缝严密，不得松动，浆砌护坡、护坦，灰缝砂浆饱满、缝宽均匀、无裂缝、无起鼓、表面平整。

（2）反滤层、预埋件、防水设施必须符合设计与规范要求。

（3）翼墙变形缝安装直顺。

（4）翼墙背后填土应符合设计要求。

（5）进出水口构筑物允许偏差见表2-11-134。

进出水口构筑物允许偏差表   表 2-11-134

序号	项目	允许偏差（mm）			检验频率		检验方法
		浆砌料石、砖、砌块	（干）浆砌块石				
		挡土墙	挡土墙	护底护坡	范围	点数	
1	断面尺寸	±10	+20，−10	不小于设计规定	每个构筑物	3	用尺量长、宽、高各计1点
2	顶面高程	±10	±15	±20（坡脚顶面）		4	用水准仪测量
3	轴线位移	≤10	≤15			2	用经纬仪量，纵横各计1点
4	墙面垂直度	0.5%H且≤20	0.5%H且≤30			3	用垂线检验
5	平整度	≤5	≤30	≤30		3	用2m直尺或小线量取最大值
6	水平缝平直	≤10				4	拉10m小线量取较大值
7	护坡、墙面坡度	不陡于设计规定				4	用坡度尺检验
8	翼墙变形缝宽度	0，+5			每条	1	用尺量取较大值
9	预埋件中心位置	≤3			每件	1	用尺量纵横取较大值

注：1. H 为建筑物高度（mm）；
2. 砂浆取样与检验见《排水管（渠）工程施工质量检验标准》DBJ 01-13—2004标准中表6.5-1的表注，混凝土取样见该标准中表5.1的表注。

2-11-135 进出水口构筑物质量记录有哪几项？

答：1）砌筑块（砖）试验报告。

2）砌筑砂浆抗压强度试验报告。

3）砌筑砂浆试块强度统计、评定记录。

2-11-136 进出水口构筑物安全、环保与成品保护要什么要求？

答：1）管道临河道的出水口宜在枯水期施工。

2）墙体砌完后，未经有关人员复查之前，对轴线桩、高程桩应注意保护，不得碰撞。

3）对外露或预埋在墙体内的预埋件，应注意保护不得损坏，外露螺纹部分缠绕黑胶布予以保护。

4）在止水带、变形缝处，应用塑料薄膜或木板等遮盖，保持止水带、木丝板等防水材料不被损坏。

5）回填土方两侧应同时进行，回填土应分层夯实。

6）预埋件上残留的砂浆应及时清理干净。

7）抹灰层在凝结硬化期应防止曝晒、水冲、撞击、振动和受冻，以保证抹灰层有足够的强度。

2-11-137 抽升泵站施工适用于什么范围？

答：排水工程埋深较大面截面尺寸相对不大的取水构筑物，主要有三种结构类型，沉井结构现浇钢筋混凝土结构，砌筑结构。

2-11-138 抽升泵站施工有什么施工准备？

答：1）材料准备：

（1）模板应具有足够稳定性、刚度和强度，能可靠的承受灌注混凝土的质量和侧压力以及施工过程中所产生的荷载，便于拆装，模板的接缝不得漏浆并与脚手架不得发生联系。

（2）钢筋的品种、规格、数量应符合设计要求，有出场合格证经复验，见证取样检验合格。

（3）止水带及嵌缝材质、规格、型号、数量应符合设计要求。

（4）现场拌制混凝土时，水泥、砂、石、外加剂、掺合剂及水等经检验合格。其数量应满足施工需要，质量达到混凝土拌制的各项要求。

（5）混凝土配合比、抗压强度、抗渗、抗冻等要求的指标与施工和易性、坍落度应符合设计及规程规范的要求。

（6）砖砌块、砂浆配合比及强度应符合设计要求。

2）施工机具与设备：

土方开挖及运输设备，混凝土搅拌及振动设备，施工吊运等其他设备，其数量和能力应根据工程量、工期等要求确定。

3）作业条件：

（1）施工现场的供水、供电及排水设施应满足施工需要。

（2）施工范围内原有地上地下建（构）筑物及管线的位置、标高、现有形式及工程地质、水文资料已明确。

（3）模板、钢筋已进场并经检验合格，数量满足施工需要且已开始加工。

（4）现场道路畅通，清理平整，满足作业条件。

（5）施工范围内的障碍物已拆改完毕或采取有效的保护措施。

（6）工程测量防线工作已完成，并已设置完成了沉降观测点。

4）技术准备：

（1）图纸会审已完成并进行设计交底。

（2）施工组织设计、单项施工方案，已获得了相关单位审批手续。

（3）施工作业技术培训与技术、安全、环保交底已完成。

（4）工程原材料的复试检验及砂浆、混凝土配合比的选定已完成。

2-11-139　抽升泵站施工操作方法是怎样的？

答：1）沉井结构施工见图 2-11-139。

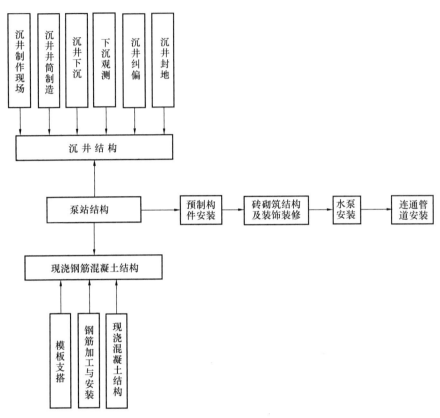

图 2-11-139　沉井结构施工步骤

2）现浇钢筋混凝土结构施工参阅《混凝土结构工程施工质量验收规范》GB 50204—2002。

3）构件安装时混凝土强度符合设计规定，当设计无规定时，不应低于设计强度标准的 70％，安装前，应经复查后方可使用，对有裂缝的构件应进行在支撑结构上划出中心线，标高及轴线位置。

4）构件应按设计位置起吊，吊绳与构件平面夹角应不小于 45°，当小于 45°时应进行强度验算。构件就位后，应采取保证构件稳定的临时加固措施。安装就位后，应采取保证构件稳定的临时加固措施。安装就位构件必须经校正后，方可焊接或浇筑接头混凝土。

5）砖砌筑结构参阅《砖砌排水沟（渠）管安装工艺》相关内容，装饰装修参阅《建筑装饰装修工程质量验收规范》GB 50210—2001 和《给水排水管道施工及验收规范》GB 50268—2008 相关要求执行。

6）水泵安装前，应对主要设备及附近进行清点，检查质量是否符合规定，数量是否正确，并准备好安装工具、吊装设备及消耗材料。

7）水泵安装前，应先确定水泵安装基础的尺寸，采用一次灌浆法和二次灌浆法固定底角螺栓后浇筑基础混凝土，水泵基础应一次浇筑完。

8）水泵安装前应对基础进行复查，混凝土强度必须符合要求，表面平整，平面尺寸、位置及标高符合设计要求。底脚螺栓的规格、位置、露头应符合设计或水泵机组安装要求，不得有偏差。对于有减振要求的基础，应符合设计要求。

9）安装底座时应将底座置于基础上，并套上底脚螺栓，调整底座的纵横中心位置与设计位置一致后，即可进行底脚螺栓二次灌浆并养护。

10）泵体安装视水泵重量大小，采用泵房内设置的永久起重设备或临时设置起重设备，并对水泵安装的中心线、水平和标高进行校正。

11）连通道支架安装位置应正确，埋设平整牢固，砂浆饱满，但不应突出墙面，与管道接顺应紧密。

12）钢管安装前，铁锈、污垢应清除干净，油漆颜色和光泽均匀，附着良好。不得有遗漏、脱皮、起折、起泡等现象。水压、气压试验必须符合设计要求。

13）进水管道安装要保证在任何情况下不能产生气囊。出水管道安装要做到定线准确，坡度符合设计要求；一般采用法兰连接以便装拆和维修。

2-11-140 抽升泵站施工质量标准是怎样的？

答：1）主控项目：

（1）沉井结构尺寸、混凝土强度均符合设计要求。

（2）沉井结构强度必须在第一节井的混凝土达到设计强度的100％，其上各节达到20％以后方可开始下沉作业。

（3）模板拆除时的混凝土强度应符合设计要求。

（4）受力钢筋的品种、级别、规格、数量必须符合设计要求。

（5）现浇混凝土结构不应有影响结构性能和安装使用功能的尺寸偏差。如出现超过尺寸允许偏差且影响结构性能和安全使用功能的部位应与有关方面研究处理。

（6）现浇混凝土结构的抗压、抗渗、抗冻指标及取样检验必须符合设计要求及相应现行规范规定。

（7）砖、砌块和砂浆强度等级必须符合设计要求。

（8）泵座与基座应接触严密，多台水泵并列时各种高程必须符合设计规定。

2）一般项目：

（1）沉井下沉至设计标高，必须继续观测其沉降量，在8h内下沉量不大于10m时，方可封底。

（2）结构外观无裂缝、无蜂窝、无空洞、无露筋。

（3）沉井下沉后内壁不得有渗漏现象，底板表面平整，并不得有渗漏现象。

（4）泵站沉井允许偏差见表2-11-140（1）。

（5）安装模板与支架时，其基础应具有足够的承载能力。

泵站沉井允许偏差　　　　　　　　　　表 2-11-140（1）

序号	项　目	允许偏差（mm）		检验频率		检验方法
		小型	大型	范围	点数	
1	轴线位置	≤1％H		每座	4	用经纬仪测量
2	底板高程	±40	+40，−60		4	用水准仪测量
3	垂直度	≤0.7％H	≤1％H		2	用水准仪测量

注：1. 表中 H 为沉井下沉深度（m）。

2. 沉井的外壁平面面积不小于250m²，且下沉深度 $H \geqslant 10$m，按大型检验；不具备以上两个条件，按小型检验。

预埋件和预留孔洞的允许偏差表   表 2-11-140（2）

序号	项 目		允许偏差（mm）	检验频率		检验方法
				范围	点数	
1	预埋钢板中心线位置		≤3	每件（孔）	1	用尺量
2	预埋管、预留孔中心位置		≤3			
3	插筋	中心线位置	≤5			
		外露长度	+10，0			
4	预埋螺栓	中心先位置	≤2			
		外露长度	+10，0			
5	预留洞	中心线位置	≤			
		尺寸	+10，0			

注：检查中心线位置时，应沿纵、横两个方向量测，并取其中的较大值。

现浇结构模板安装的允许偏差表   表 2-11-140（3）

序号	项 目		允许差值（mm）	检验频率		检验方法
				范围	点数	
1	轴线位置		≤5	每个构筑物	2	用钢尺量
2	底模上表面标高		±5		2	用水准仪或拉线；钢尺量
3	截面内部尺寸	基础	±10		3	用钢尺量
		柱、墙、梁	+4，-5			用钢尺量
4	垂直度	高度不大于5m	≤6		2	水准仪或吊线；钢尺量
		高度大于5m	≤8			水准仪或吊线；钢尺量
5	预留洞		≤2		4	用钢尺量
6	表在平整度		≤5		4	2m靠尺和塞尺

注：检查轴线位置时，应沿纵、横两个方向量测，并取其中较大值。

（6）应保证模板的结构尺寸和相互位置的准确性，模板应具有足够的稳定性、刚性和强度，模板支设应板缝严密，不得漏浆。

（7）预埋件和预留孔洞的允许偏差见表 2-11-140（2）。

（8）现浇结构模板安装的允许偏差见表 2-11-140（3）。

（9）预制构件模板安装的允许偏差见表 2-11-140（4）。

（10）受力钢筋的弯钩和弯折应符合《混凝土结构工程施工质量验收规范》GB 50204—2002 的规定。

预制构件模板安装的允许偏差表　　　　表 2-11-140（4）

序号	项目		允许差值（mm）	检验频率		检验方法
				范围	点数	
1	长度	板、梁	±5	每件（每一类型构件抽查10%且不小于3件）	1	钢尺量两角边，取其中较大值
		薄腹梁、桁架	±10			
		栓	0，−10			
		墙板	0，−5			
2	宽度	板、墙板	0，−5		2	钢尺量两端及中部，取其中较大值
		梁、薄腹梁、桁架、柱	+2，−5			
3	高（厚）度	基础	+2，−3		1	钢尺量两端及中部，取其中较大值
		墙板	0，−5			
		梁、薄腹梁、桁架、柱	+2，−5			
4	侧向弯曲	梁、板、柱	$L/1000$ 且≤15		1	拉线，钢尺量，最大弯曲度
		墙板、薄腹梁、桁架	$L/1500$ 且≤15			
5	板的表面平整度		≤3		1	2m靠尺和塞尺检查
6	相邻两板表面高低差		≤1			钢尺量
7	对角线差	板	≤7		1	钢尺量两个对角线
		墙板	≤5			
8	翘曲	板、墙板	$L/1500$		2	调平尺在两端量测
9	设计起拱	梁、薄腹梁、桁架	±3		1	拉线、钢尺量跨中

注：1. L 为构件长度（mm）；

　　2. 本表只作分项工程检验，不参与分部位及单位工作检验。

（11）除焊接封闭的环式箍筋外，箍筋的末端均应做弯钩，其形式应符合《混凝土结构工程施工质量验收规范》GB 50204—2002 的规定。

（12）钢筋加工的形状、尺寸应符合设计要求。

（13）钢筋加工的允许偏差见表 2-11-140（5）。

（14）钢筋安装的允许偏差见表 2-11-140（6）。

（15）现浇混凝土结构和外观质量不应有严重缺陷。如已出现严重缺陷，应按《市政基础设施工程质量检验与验收统一标准》DBJ 01—90 进行处理。

（16）预制构件的外观质量不应有一般缺陷。对已经出现的一般缺陷，应按技术方案进行处理，并重新检查验收。

钢筋加工的允许偏差　　　　表 2-11-140（5）

序号	项目	允许偏差（mm）	检验频率		检验方法
			范围	点数	
1	受力钢筋顺长度方向的长的净尺寸	±10	每根（每工作班，同一类型钢筋，同一加工设备抽检不少于3种）	1	用尺量
2	弯起钢筋的弯折位置	±20		1	
3	箍筋内净尺寸	±5		2	

序号	项　目			允许偏差（mm）	检验频率		检验方法
					范围	点数	
1	绑扎钢筋网	长、宽		±10	每片网或每骨架	2	用钢尺量
		网眼尺寸		±20		3	用钢尺量连续三档取最大值
2	绑扎钢筋网、骨架	长		±10		1	用钢尺量
		宽、高		±5		2	
3	截面内部尺寸	间距		±5	每个构件或构筑物	2	用钢尺量两端及中间各一点，取最大值
		排距		±10			
		保护层长度	基础	±10			用钢尺量
			柱、梁	±5			
			板、墙壳	±3			
4	绑扎箍筋，横向钢筋间距			±20			用钢尺量连续三档取最大值
5	钢筋弯起点位置			±20			用钢尺量
6	预埋件	中心线位置		≤5		1	用钢尺量
		水平高差		＋3，0			用钢尺和塞尺量

注：1. 检查预埋件中心线位置时，应沿纵横两个方向量测，并取其中的较大值。

　　2. 表中梁类、板类构件上部纵向受力钢筋保护层厚度的合格点率应达到 90％以上且不得有超过表中数值 1.5 倍尺寸偏差。

（17）异型预制构件（槽型、梯形、拱形）应符合设计要求。

（18）预制构件应在明显部位标明生产单位、结构型号、生产日期和质量验收标识。构件上的预埋件、插筋和预留孔洞的规格、位置和数量，应符合标准图和设计要求。

（19）在构件和相应的支撑结构上应标有中心线、标高等控制尺寸，并应按标准图或设计文件校核预埋件及连接钢筋等，并作出标高。

（20）构件安装位置准确，外观平顺，嵌缝严密。

（21）预制混凝土构件安装的允许偏差表见表 2-11-140 （7）。

（22）预制混凝土构件尺寸的允许偏差表见表 2-11-140 （8）。

预制混凝土构件安装的允许偏差表　　　　　　表 2-11-140 （7）

序号	项　目		允许偏差（mm）	检验频率		检验方法
				范围	点数	
1	平面位置		≤10	每个构件	1	用经纬仪测量
2	相邻两构件交点处顶面高程		≤10		2	用尺量
3	焊缝长度		不小于设计规定		1	抽查焊缝10%，每处计一点
4	吊车梁	中线偏差	≤5		1	用垂线或经纬仪测量
5		顶面高程	0，－5		1	用水准仪测量
6		相邻两梁端顶面高程	≤3		1	用尺量

预制混凝土构件尺寸的允许偏差表 表 2-11-140（8）

序号	项目		允许偏差（mm）	检验频率		检验方法
				范围	点数	
1	长度	板、梁	+10，−5	每构件	1	用钢尺量
		柱	+5，−10			
		墙板	±5			
		薄腹梁、桁架	±15，−10			
2	宽度高（厚）度	板、梁、柱、墙板、薄腹梁、桁架	±5			钢尺量一端及中部取其中较大值
3	侧向弯曲	梁、柱、板	L/750 且≤20			拉线、钢尺量最大侧向弯曲外
		墙板、薄腹梁、桁架	L/100 且≤20			
4	预埋件	中心线位置	≤10	每件		用钢尺量
		螺栓位置	≤5			
		螺栓外露长度	+10，−5			
5	预留孔	中心线位置	≤5	每孔		
6	预留洞	中心线位置	≤15	每洞		
7	主筋保护层厚度	板	+5，−3	每构件	2	钢尺或保护层厚度测定仪
		梁、柱、墙板、薄腹梁、桁架	+10，−5			
8	对角线差	板、墙板	≤10			用钢尺量两个对角线
9	表面平整度	板、墙板、柱、梁	≤5			2m 靠尺和塞尺
10	预应力构件预留孔道位置	梁、墙板、薄腹梁、桁架	≤3	每孔	1	用钢尺量
11	翘曲	板	L/750	每件		调平尺在两端量
		墙板	L/1000			

注：1. L 为预制混凝土构件长度（mm）；

2. 对形状复杂或有特殊要求的附件，其尺寸偏差应符合标准图或设计要求。

（23）砂浆必须饱满，砌筑方法正确，不得有通缝、瞎缝。其饱满度不得小于80%。

（24）清水墙面应保持清洁，勾缝深度应适度，勾缝应密实，深浅应一致，横竖缝交接处应平整。砌筑留槎水平投影长度不得小于高度的 2/3。

（25）砌筑结构允许偏差见表 2-11-140（9）。

（26）水泵安装地脚螺栓必须埋设牢固，丝扣外露部分不得锈蚀，水泵轴不得有弯曲，电动机应与水泵轴相符。

（27）水泵安装允许偏差见表 2-11-140（10）。

序号	项　目			允许偏差 (mm)	检验频率		检验方法
					范围	点数	
1	轴线位移			≤10	每个构筑物	2	用经纬仪和尺量
2	垂直度	每层		≤5			用2m拉线板量
		全高	≤10m	≤10			用经纬仪、吊线、尺量
			>10m	≤20			
3	基础顶面和楼面标高			±15		5	用水准仪和尺量
4	表面平整度	清水墙、柱		≤5		2	用2m靠尺和楔形塞尺量
		混水墙、柱		≤8			
5	门窗洞口高、宽（后塞口）			±5	每洞口	1	用尺量
6	外墙上下窗口偏移			≤20		1	以底层窗口为准，用经纬仪或吊线量
7	水平灰缝平直度	清水墙		≤7	每个构筑物	2	拉线用尺量
		混水墙		≤10			

注：建筑地面、装饰装修、屋面、建筑给水排水、电气工程质量检验标准可参照国家现行的《建筑工程施工质量验收统一标准》GB 50300 和与其配套的有关标准执行。

序号	项　目		允许偏差 (mm)	检验频率		检验方法
				范围	点数	
1	基座水平度		≤2	每台	4	用水准仪测量
2	地脚螺栓位置		≤2	每只	1	用尺量
3	泵体水平度		每m0.1			用水准仪测量
4	联轴器同心度	轴向倾斜	每m0.8	每台	5	在联轴器互相垂直四个位置上用水平仪、百分表测微螺钉和塞尺检查
5		径向倾斜	每m0.1			
6	皮带传动	平皮带	≤1.5			在主、从动皮带轮端面拉线用尺量
7		轮宽中心位移 三角皮带	≤1.0			

2-11-141　抽升泵站施工质量记录哪些项？

答：参见《市政基础设施工程资料管理规程》DBJ 01-71—2003。

1）图纸会审记录。

2）设计交底记录。

3）技术交底记录。

4）预拌混凝土构件、管材进场抽验记录。

5）水泥试验报告。

6）砌筑块（砖）试验报告。

7）砂试验报告。

8）碎石试验报告。

9）钢材试验报告。

10）隐蔽工程检验记录。

11）沉井（泵站）工程施工记录见表 C5-2-6。

12）砂浆配合比申请表。

13）混凝土配合比申请单。

14）构件吊装施工记录。

15）焊缝综合质量记录。

16）设备基础检查验收记录。

17）设备安装检查通用记录。

18）砌筑砂浆抗压强度试验报告。

19）混凝土抗压强度试验报告。

20）混凝土抗渗强度试验报告。

21）钢筋连接试验报告。

22）设备单机试运转记录（通用）。

23）设备强度/严密性试验报告。

24）工序（分项）质量评定表。

2-11-142　抽升泵站施工安全与环保措施有哪些？

答： 1）沉井侧面应在混凝土达到设计强度的 25％时方可拆模，刃脚侧模板应在混凝土达到设计强度的 25％时方可拆除。

2）沉井下沉过程中，作业平台、起重架、安全梯等设施不得固定在井壁上。应随时观测沉井的斜度和结构变形。确认合格，作业中应根据土质，入土深度和偏差情况及时调整挖土位置、方法，保持偏差在允许范围内。

3）沉井下沉后，应及时清除浮渣，平整基底，潜水检查或清理不排水沉井的基底时，应采取防止沉井突然下沉或歪斜的措施。

4）沉井基底经检查验收合格后应及时封底。封底前应在沉井顶部作业平台，作业平台结构应依跨度、荷载经计算确定，支搭必须牢固，临边必须设防护栏杆，作业前应进行检查，经验收确认合格并形成文件。

5）钢筋混凝土结构施工、砌体结构施工等同参照"现浇混凝土管沟施工工艺"及"砖沟砌筑施工工艺"的相关内容。